Jörg Stender
Betriebliches Weiterbildungsmanagement

W0228824

Herausgeber der Reihe „weiter@lernen"
Prof. Dr. Karlheinz A. Geißler
Prof. Dr. Klaus Harney
Prof. Dr. Günter Kutscha

Jörg Stender

Betriebliches Weiterbildungsmanagement

Mit Beiträgen von
Anja Knippel und
Monika Reemtsma-Theis

Ein Lehrbuch

S. Hirzel Verlag 2009

Bibliografische Information der Deutschen Bibliothek
Die Deutsche Bibliothek verzeichnet diese Publikation
in der Deutschen Nationalbibliografie; detaillierte
bibliografische Daten sind im Internet über
<http://dnb.ddb.de> abrufbar.

ISBN: 978-3-7776-1664-3

Vorwort

Das vorliegende Lehrbuch „Betriebliches Weiterbildungsmanagement" ist aus einer Vorlesung am Lehrstuhl für Wirtschaftspädagogik und Personalentwicklung der Friedrich-Alexander-Universität Erlangen-Nürnberg entstanden. Es beschäftigt sich mit Fragen der Aufbau- und Ablauforganisation in der betrieblichen Weiterbildung. Dieses Themengebiet ist vor allem – aber nicht nur! – für jene Studierenden von Interesse, die die Absicht haben, nach Ende ihres Studiums in Tätigkeitsfelder der Personalentwicklung oder Weiterbildung zu wechseln. Wie kann Weiterbildung systematisch vorbereitet und geplant werden? Wie kann erreicht werden, dass das, was Mitarbeiter in Weiterbildung lernen, auch am Arbeitsplatz angewandt wird? Wie kann der Erfolg von Weiterbildung geprüft und gesteuert werden? Welche Instrumente stehen zur Verfügung?

Auf den ersten Blick sind solche Fragen nur für Studierende der Wirtschaftspädagogik interessant, die in betriebliche Handlungsfelder einmünden. Doch wie sieht es mit jenen aus, die in den Bereich der Schule wechseln wollen? Ist dieses Thema für diese Klientel weitgehend irrelevant? Bei der Beantwortung dieser Frage könnte man sich formal mit dem Verweis auf die intendierte Doppelqualifikation beschränken, die ja eben erreichen will, dass die konkrete Berufsentscheidung bis zum Ende des Studiums offen bleiben soll. Allerdings gibt es auch gute inhaltliche Gründe, dass sich Lehrer mit Fragen des Weiterbildungsmanagements auseinandersetzen sollten. Hierauf wird im abschließenden Info-Kasten in Kapitel 1 näher eingegangen.

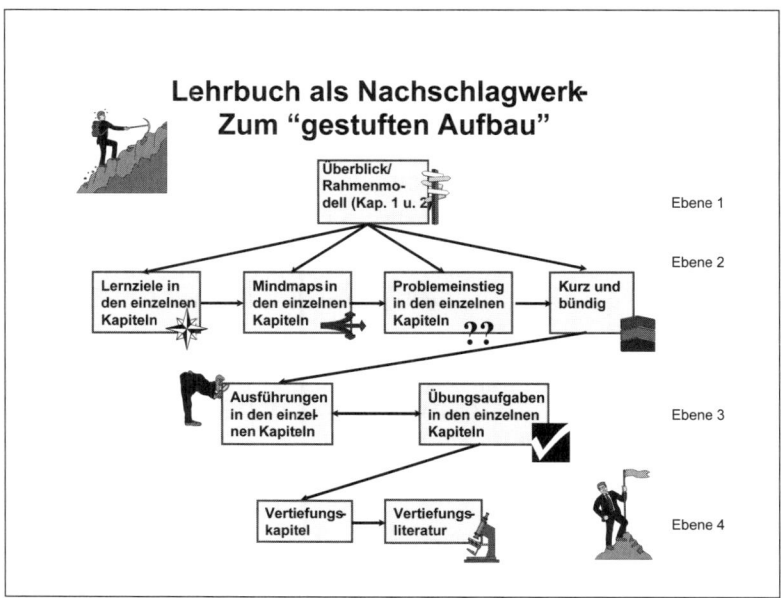

Das Lehrbuch wendet sich ausdrücklich an alle Studierenden der Wirtschaftspädagogik, selbst wenn sie keine Vorkenntnisse in diesem Bereich haben sollten. Es wird empfohlen, dieses Buch *studienbegleitend* einzusetzen. Sollte sich ein Studierender entschließen, einzelne Kapitel im „stand-alone-Betrieb", also ohne begleitende Vorlesung zu nutzen, so sei dringend angeraten, die in den einzelnen Kapiteln enthaltenen zahlreichen Übungen zu bearbeiten.

Darüber hinaus ist das Lehrbuch zugleich auch als Nachschlagwerk (etwa zur Prüfungsvorbereitung) konzipiert worden. Nachschlagwerke haben unter transferförderlichen Gesichtspunkten eine herausragende Funktion. Dabei kommt es *nicht auf den Umfang* und den *Detaillierungsgrad* der Ausführungen an, sondern auf das *Prinzip der „Stufung"* der Materialien. Dadurch sollen auf unterschiedlichen Differenzierungsebenen ein schneller Wiedereinstieg ermöglicht und Erinnerungsprozesse beim Leser ausgelöst werden. Vorangegangene Abbildung visualisiert die verwendete implizite Stufung der Materialien in diesem Lehrbuch.

Soll das Lehrbuch als Nachschlagwerk eingesetzt werden, so sei empfohlen, zunächst über den Überblick in Kapitel 1 und 2 einzusteigen. In Kapitel 1 werden zentrale Diskussions- und Entwicklungslinien als Diskussionshintergrund nachgezeichnet. In Kapitel 2 wird ein Rahmenmodell für das betriebliche Weiterbildungsmanagement entwickelt, in das die nachfolgenden Ausführungen ab Kapitel 3 eingeordnet werden können. Die zweite aufgeführte Ebene führt bereits etwas weiter in die Tiefe. Um ein zielgerichtetes Rekapitulieren zu ermöglichen, ist es ratsam, von den jeweils formulierten Lernzielen (sozusagen als „Kompass") auszugehen. Die ergänzenden MindMaps sollen darüber hinaus Erinnerungsprozesse bezüglich des Gangs der Argumentationen in den einzelnen Kapiteln auslösen und zugleich Verbindungslinien deutlich machen. Einen weiteren Einstieg auf dieser noch globalen Ebene, die das Gedächtnis reaktivieren will, bieten die jeweiligen Problemeinstiege in den einzelnen Kapiteln in Verbindung mit den Leitfäden durch die jeweiligen Abbildungen am jeweiligen Ende der Kapitel. Die dritte Ebene, nämlich die differenzierten Erläuterungen in den einzelnen Kapiteln, richtet sich vor allem an Studierende, die das Lehrbuch studienbegleitend einsetzen. Im Kontext der Nutzung als Nachschlagwerk können diese Ausführungen aber vor allem dann hilfreich sein, wenn noch „Erinnerungslücken" bestehen oder Bezüge zwischen den Diskussionslinien unklar geblieben sind. Die vierte Ebene schließlich, nämlich die der Vertiefungskapitel und -literatur, dient der Vertiefung der Ausführungen, aber zugleich auch der Flexibilisierung des angeeigneten Wissens. So werden die jeweiligen Inhalte in den Vertiefungskapiteln dieses Lehrbuchs bzw. in der Sekundärliteratur in der Regel in anderen Kontexten erörtert. Dies kann zugleich dazu beitragen, neue Bezüge zwischen verschiedenen Thematiken zu erschließen.

Herzlich danken möchte ich Frau Anja Knippel und Frau Dr. Monika Reemtsma-Theis für ihre Beiträge, die zum Gelingen dieses Werkes maßgeblich beigetragen haben. Auch Herrn Lehner danke ich für Korrekturarbeiten und die Erstellung zahlreicher Abbildungen sehr herzlich.

Nürnberg 2008
Prof. Dr. Jörg Stender

Inhaltsverzeichnis

1 Problemeinführung: Muddling-through als aussichtsreiche Strategie der betrieblichen Weiterbildungspraxis? – Ein Plädoyer für ein professionelles Weiterbildungsmanagement

Lernziele

- Eckdaten zu den Teilnahmequoten an der „allgemeinen" und „beruflichen" Weiterbildung kennen und langfristige von kurzfristigen Entwicklungen unterscheiden können.

- Die Krisensymptome in der aktuellen Entwicklung erläutern können.

- Die gängige Unterscheidung von „allgemeiner" und „beruflicher" Weiterbildung kritisch diskutieren können.

- „Formalisierte" von der „nicht-formalisierten" Weiterbildung unterscheiden können.

- Die Unterrepräsentanz von Geringerqualifizierten, Älteren und Erwerbspersonen mit Migrationshintergrund in der Weiterbildung erläutern und im Hinblick auf absehbare Folgen für die Unternehmen diskutieren können.

- Die Weiterbildungsintensität und das Weiterbildungsmanagement von KMU differenziert erläutern können.

- Die Haupteffekte des demographischen Wandels erläutern und personalpolitische Implikationen begründen können.

Gegenstand dieses Lehrbuchs ist die berufliche Weiterbildung in der Bundesrepublik Deutschland. Damit ist ein Handlungsfeld angesprochen, das für viele Wirtschaftspädagogen und Erwachsenenbildner ein attraktives Beschäftigungsfeld darstellt. Legt man die nicht-repräsentativen Befragungen des Autors bei den Wirtschaftspädagogik-Studierenden in Nürnberg zugrunde, so beabsichtigt etwa jeder dritte Absolvent, im Weiterbildungsmanagement tätig zu werden. Dieser Anteil variiert natürlich je nach konjunktureller Lage und den Beschäftigungsperspektiven in diesem Bereich. Doch: Wie sieht es mit diesen Perspektiven aus? Bislang ist immer von einem boomenden Sektor des Bildungssystems gesprochen worden. Bspw. weisen Gütl/Orthey/Laske (2006, S. 2) auf die stetig steigende Bedeutungszuschreibung an Weiterbildung hin. Neuerdings mehren sich allerdings die Stimmen, die von einer Krise in der beruflichen Weiterbildung reden. So legt der Berufspädagoge Antonius Lipsmeier dar, dass „es ... wohl unbestreitbar (ist, J.S.), dass es massive Krisensymptome und Umbrüche in der Weiterbildung gibt" (Lipsmeier 2004, S. 162). Ähnlich argumentiert der Weiterbildungsforscher Edgar Sauter. Zwar sei die Forderung nach Weiterbildung und lebenslangem Lernen allgemein akzeptiert, jedoch hinterließe die Realität ein eher ambivalentes Bild (Sauter 2004, S. 151). Woran wird diese Krise festgemacht? Welche Krisensymptome zeigen sich? Mit welchen Herausforderungen haben Wirtschaftspädagogen und Erwachsenenbildner in der beruflichen Weiterbildung in den nächsten Jahren zu rechnen?

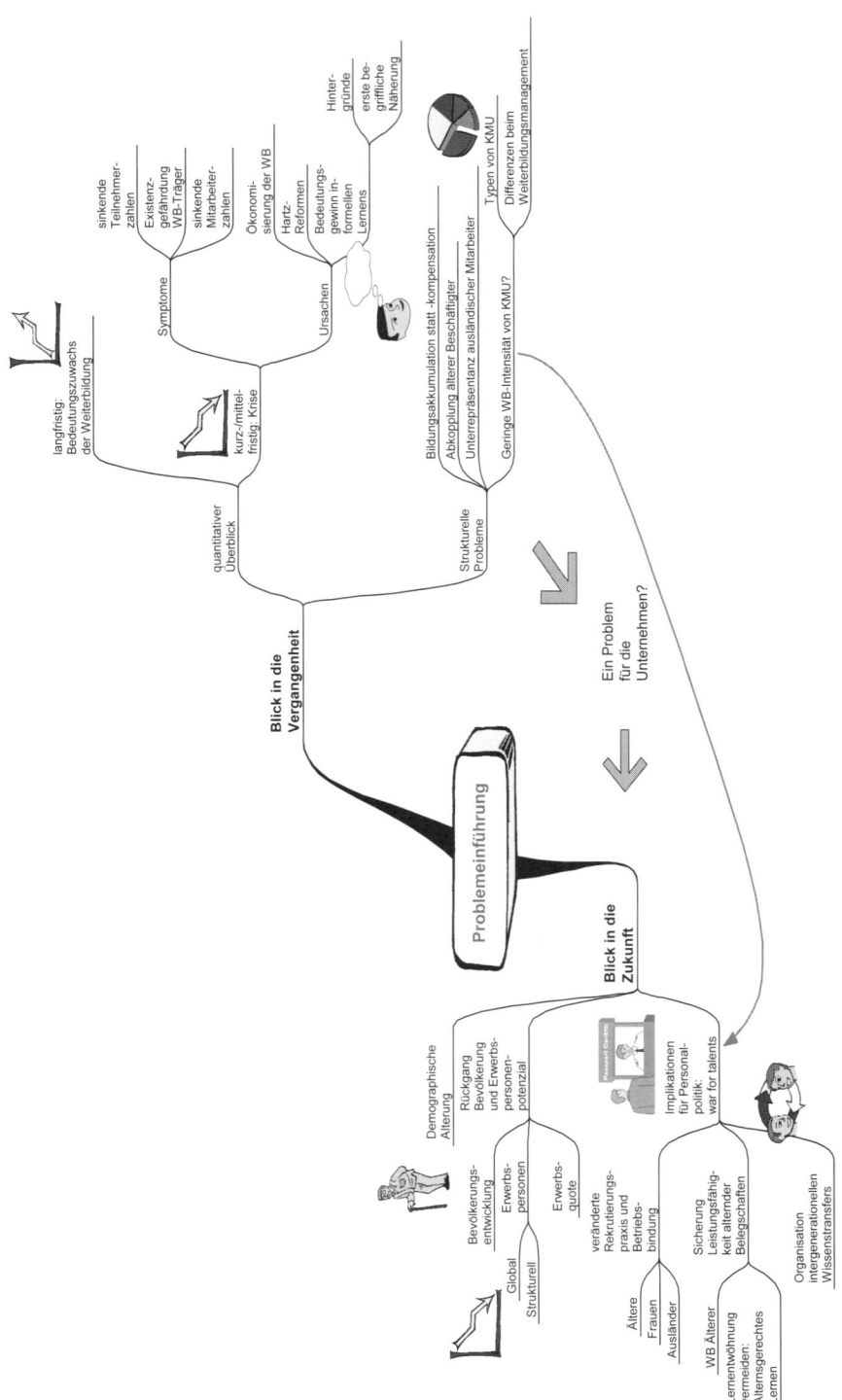

Abb. 1-1: Ablauf der Argumentationen

Vor diesem Hintergrund ist es erforderlich, zunächst einen groben Blick zurück auf wichtige Entwicklungstendenzen in der beruflichen Weiterbildung zu werfen. Dabei ist zwischen quantitativen und qualitativen Krisensymptomen zu unterscheiden. Dabei soll an dieser Stelle nicht angestrebt werden, alle Probleme in diesem Bereich möglichst umfassend darzustellen. Ergänzende Informationen hierzu wird es in einem späteren Kapitel dieses Lehrbuchs geben. Vielmehr sollen hier zentrale Strukturprobleme und -veränderungen angesprochen werden, die Weiterbildner insbesondere in den kommenden Jahren vor besondere Herausforderungen stellen werden. Dabei soll herausgearbeitet werden, dass ein professionelles Weiterbildungsmanagement in den Unternehmen, das sich bislang nach vorliegenden Befunden – auch darauf wird einzugehen sein – nur ausnahmsweise findet, zunehmend überlebenswichtig wird. Ein „Muddling-through", das sich bislang in vielen, vor allem bei kleinen und mittelständischen Unternehmen findet, wird in Zukunft kaum noch möglich sein, wenn Wachstum und Innovation der Betriebe nicht gefährdet werden sollen.

Parallel zur inhaltlichen Erörterung soll zugleich eine erste Einführung in begriffliche Grundlagen in der beruflichen Weiterbildung erfolgen. Die Argumentationsstruktur in diesem Kapitel ist Abbildung 1-1 zu entnehmen.

1.1   Ein Blick zurück: Bedeutungszuwachs oder Krise in der Weiterbildung?

Bereits einleitend wurde darauf hingewiesen, dass für die vorgebliche „Krise" der beruflichen Weiterbildung nicht nur quantitative, sondern auch qualitative Begründungsfiguren in die Debatten eingeführt werden. Richten wir daher zunächst einen kurzen Blick auf die Teilnehmerzahlen in der Weiterbildung, um hieraus erste Indizien für die Entwicklung dieses Bereichs und zugleich erste Hinweise auf Problembereiche in diesem Segment zu erhalten. Ein Blick in die Statistik belegt zunächst in *langfristiger Perspektive* den *Bedeutungszuwachs* der Weiterbildung (vgl. Abb. 1-2).

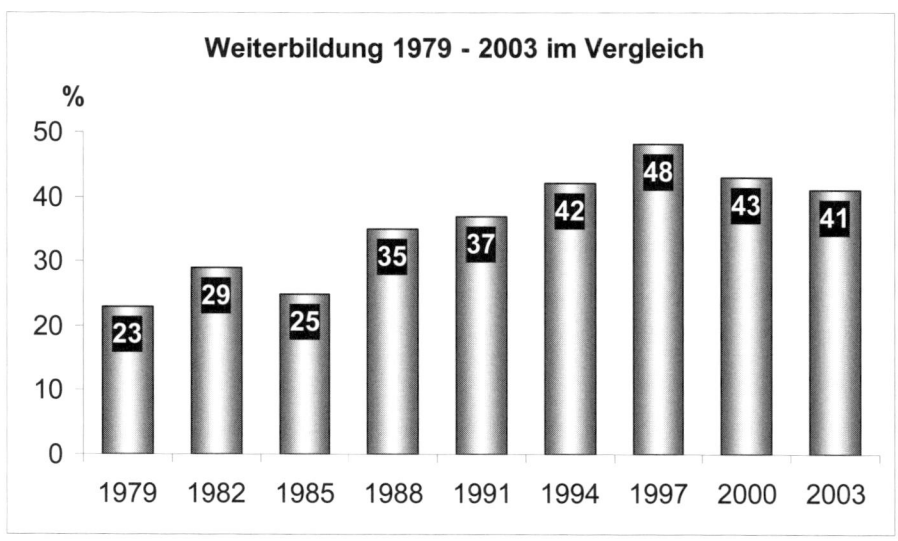

Abb. 1-2: Quantitativer Bedeutungszuwachs der Weiterbildung[1]

---
1   Quelle: BMBF (2005, S. 13).

Um die Grafik zu verstehen, ist es zunächst einmal erforderlich, die dem Berichtssystem Weiterbildung[2] zugrunde liegenden Begrifflichkeiten zu klären. Die ausgewiesene Teilnahmequote gibt den Prozentanteil der *Weiterbildungsteilnehmer* an allen Befragten in der repräsentativen Stichprobe wieder. Als *Weiterbildungsteilnehmer* werden wiederum jene Personen gezählt, die im jeweiligen Jahr (also z. B. in 2003) an beruflicher oder allgemeiner Weiterbildung *in Kursen oder Lehrgängen* teilgenommen haben. Man spricht hier von der so genannten *„formalisierten Weiterbildung"*, die von der *nicht-formalisierten (informellen) Weiterbildung*, die nicht lehrgangsmäßig stattfindet (z. B. am Arbeitsplatz durch Coaching), zu unterscheiden ist.[3]

In langfristiger Perspektive ist es gemäß den Angaben des Berichtssystem Weiterbildung IX von 2005 zu einem deutlichen Anstieg bei den Teilnahmefällen in der formalisierten Weiterbildung, also in Kursen und Lehrgängen, gekommen. Allerdings belegen die Ergebnisse auch, dass seit 1997 die Teilnahmequoten hier wieder leicht, wenngleich signifikant rückläufig sind. Dabei war der Rückgang in den neuen Bundesländern noch deutlich stärker als in den alten Bundesländern.[4] Die dargestellte Entwicklung, nämlich quantitativer Bedeutungszuwachs der formalisierten Weiterbildung bei langfristiger Betrachtungsweise und rückläufige Beteiligung bei kurz- oder mittelfristiger Perspektive, zeigt sich auch, wenn man zwischen der so genannten „allgemeinen" und „beruflichen" Weiterbildung differenziert.

Als Teilnehmer an *„allgemeiner Weiterbildung"* gilt im Berichtssystem Weiterbildung eine Person, die zumindest einen von 17 *genau spezifizierten thematischen Kursen* besucht hat. Beispielsweise gelten Themenfelder aus dem Bereich Gesundheit, Sprachen oder Ökologie als „allgemein". Ein solches Verständnis ist nicht unproblematisch und zumindest in der Wissenschaft umstritten.

Übung:

Bevor Sie weiter lesen:

1   Welche Abgrenzungsschwierigkeiten sehen Sie, wenn man allgemeine und berufliche Weiterbildung thematisch voneinander abgrenzt?

Die angesprochene Differenzierung in „allgemeine" und „berufliche" Weiterbildung ist deswegen problematisch, weil nahezu jeder Kurs „privat" oder „beruflich" verwertbar sein kann. Ein Sprachkurs kann den nachfolgenden Urlaubsaufenthalt vorbereiten oder aber auch beruflich relevant sein. Entscheidend für eine Zuordnung zu „allgemeiner" oder „beruflicher" Weiterbildung wären vor diesem Hintergrund die individuellen Verwertungsperspektiven. Dabei ist man dann allerdings mit dem Problem konfrontiert, dass sich auch diese im Zeitablauf ändern können, wie das folgende kurze Fallbeispiel verdeutlicht.

---

[2]   Beim Berichtssystem Weiterbildung handelt es sich um die einzige regelmäßige Stichprobenerhebung zu den Teilnahmezahlen und -strukturen im Weiterbildungsbereich. Sie wird im Auftrag des BMBF durchgeführt.

[3]   Die nicht-formalisierte Weiterbildung wird noch weiter unten kurz angerissen sowie in einem späteren Kapitel (4.5.2) ausführlich erläutert.

[4]   So fiel die Teilnahmequote in den alten Bundesländern von 48 % in 1997 auf 42 % in 2003, in den neuen Bundesländern dagegen von 49 % auf 38 % (BMBF 2005, S. 14).

Info

Ein Mitarbeiter eines international operierenden mittelständischen Unternehmens entscheidet sich, an einem betriebsintern durchgeführten Spanisch-Kurs teilzunehmen. Hintergrund ist sein Urlaubsinteresse in spanisch sprechenden Ländern. Im Unternehmen selbst kann er diese Sprachkompetenzen nicht einbringen, da er in einer Abteilung tätig ist, die für Nordeuropa zuständig ist.

Nach dem einjährigen Kurs verlässt er aufgrund betrieblicher Umstrukturierungen das Unternehmen und wechselt in ein anderes mittelständisches Unternehmen, das ebenfalls auf dem internationalen Markt tätig ist. Für die Personalauswahl waren die Spanisch-Kenntnisse von großer Bedeutung. Allerdings bietet das Unternehmen selbst keine Weiterbildungskurse an. Der Mitarbeiter entscheidet sich, weitere Spanisch-Kurse in der Freizeit und auf eigene Rechnung bei einem „Spracheninstitut" zu belegen.

Ursprünglich waren die individuellen Verwertungsperspektiven privater Natur, wurden dann aber später in einem anderen Unternehmen beruflich relevant. Vor diesem Hintergrund werden die „Schubladen-Etikette" „beruflich" und „allgemein" bei der Weiterbildung zunehmend kritisch gesehen, weil präzise Abgrenzungen nicht möglich sind. Zumindest lässt sich dies nicht an thematischen Inhalten festmachen, allenfalls retrospektiv aus der Sicht der verfolgten individuellen Verwertungsperspektiven. Aber auch diese Sichtweise ist - wie das Fallbeispiel zeigt - nicht immer trennscharf.

Dass den Autoren Abgrenzungsschwierigkeiten über eine thematische Ausdifferenzierung durchaus bewusst sind, wird auch daran deutlich, dass sie die Teilnahme an „beruflicher Weiterbildung" über einen anderen methodischen Weg versuchen zu erfassen:

„Als Teilnehmer/in an beruflicher Weiterbildung gilt, wer an einem oder mehreren der folgenden Kurse oder Lehrgänge teilgenommen hat: Umschulung, Aufstiegsfortbildung, Einarbeitung, Anpassungsweiterbildung sowie sonstige Lehrgänge/Kurse im Beruf. Die genauen Antwortvorgaben lauten wie folgt:

- ‚Ich habe mich mit Hilfe von Lehrgängen/Kursen auf einen anderen Beruf umschulen lassen.
- Ich habe an Lehrgängen/Kursen für den beruflichen Aufstieg teilgenommen.
- Ich habe im Betrieb an besonderen Lehrgängen/Kursen zur Einarbeitung in eine neue Arbeit teilgenommen.
- Ich habe an Lehrgängen/Kursen zur Anpassung an neue Aufgaben in meinem Beruf teilgenommen.
- Ich habe an sonstigen Lehrgängen/Kursen in meinem Beruf teilgenommen.'"
  (BMBF 2005, S. 20).

Hier wird versucht, die Teilnahme an beruflicher Weiterbildung aus einer *subjektiven Perspektive* heraus zu erfassen. Als berufliche Weiterbildung zählt dabei dann letztlich jede Form von Kursen, die aus der Perspektive des Befragten heraus dem Beruf dient. Der Fall im voran gegangenen Info-Kasten zeigt die Problematik eines solchen Verständnisses. Gleichwohl ist die Subjektperspektive die einzig sinnvolle und praktikable Möglichkeit, eine berufliche von einer allgemeinen Weiterbildung abzugrenzen. Viele Autoren plädieren dagegen dafür, auf eine solche Differenzierung zu verzichten.

Ausgehend von den Verständnissen im Berichtssystem Weiterbildung zeigen die Erhebungen, dass sich die oben genannten allgemeinen Entwicklungstendenzen so-

wohl im Bereich der so genannten allgemeinen als auch bei der beruflichen Weiterbildung niederschlagen (vgl. Abb. 1-3).

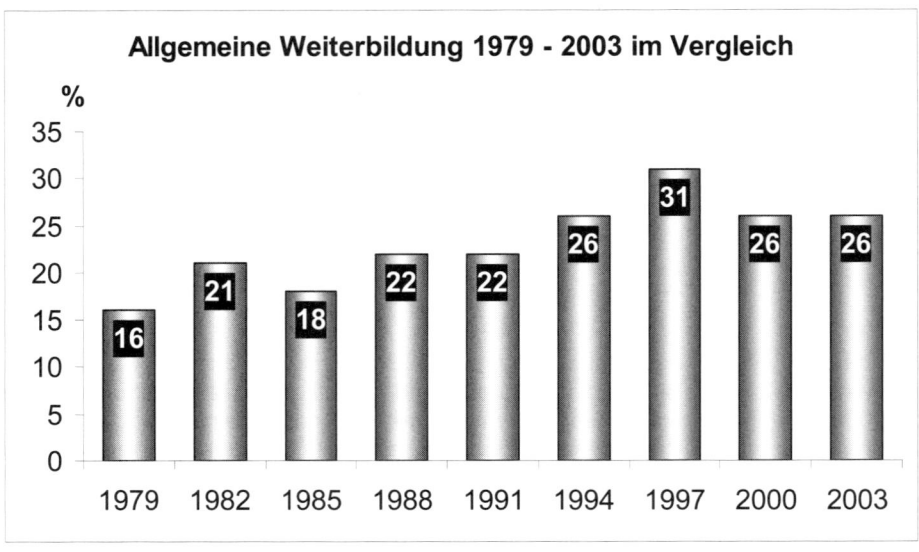

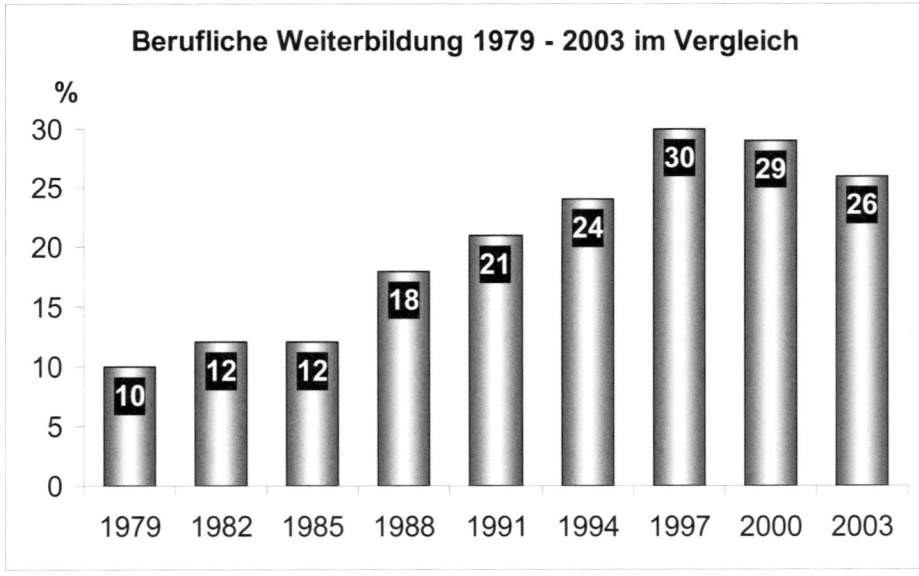

***Abb. 1-3: Teilnahmequoten an der allgemeinen und
beruflichen Weiterbildung 1979 - 2003***

In Bezug auf die *berufliche* Weiterbildung lässt sich im langfristigen Vergleich eine
massive Ausweitung der Teilnahmefälle feststellen. Zwischen 1979 und 1997 stieg
der Anteil von 10 % auf 30 %, bis 2003 sank dieser Anteil dann jedoch wieder auf
26 %. Dieser signifikante Rückgang der Teilnahmequoten ist *einer* der Begründungs-

linien für die Vertreter der „Krisenthese" bei der beruflichen Weiterbildung. Dieser Rückgang, der sich im Übrigen auch in anderen Statistiken, wie etwa bei der Bundesagentur für Arbeit, aber auch bei der betrieblichen Weiterbildung niederschlägt (BMBF 2005, S. 23)[5], wird flankiert durch die Klagen von Weiterbildungsträgern, die durch die Hartz-Gesetze ihre Existenz gefährdet sehen (Faulstich 2003). Erste dramatische Folgen lassen sich bereits für das Weiterbildungspersonal feststellen (Kraft 2006). Soweit Daten verfügbar, melden die verschiedenen Weiterbildungsträger deutlich sinkende Mitarbeiterzahlen. Besonders prekär ist die Lage im Bereich der von der Bundesagentur für Arbeit finanzierten beruflichen Weiterbildung, bei der infolge der Hartz-Reformen die Teilnehmerzahlen zwischen 2002 und 2004 von 340.000 auf 195.000 gesunken sind, mit der Folge dass – nach Schätzungen der GEW – zwischen 30.000 und 50.000 Arbeitsplätze für Weiterbildner weggefallen sind. Auch die Honorare sind deutlich gesunken.

Worauf der Rückgang seit 1997 zurückzuführen ist, kann auf Grund der Datenlage nicht abschließend beurteilt werden. Verschiedene Ursachen dürften dabei eine Rolle spielen: Zum einen sicher die wirtschaftliche Krise, die auch zu einer weiteren Ökonomisierung der betrieblich veranlassten Weiterbildung geführt hat.[6] Zum anderen die bereits angesprochenen Hartz-Reformen, die zu deutlich verschärften Förderbedingungen geführt haben. Schließlich kann darüber hinaus zumindest in langfristiger Perspektive der Bedeutungszuwachs neuer Formen von Weiterbildung eine Rolle spielen. Bislang war von der *formalisierten* Weiterbildung die Rede. Dabei wurde eine andere Form der Weiterbildung bislang systematisch ausgeblendet, die jedoch gerade im vergangenen Jahrzehnt eine starke Renaissance erfahren hat. Die Rede ist von *nicht formalisierten (informellen) Formen der Weiterbildung*.

Insbesondere in den 80er Jahren wurde es pädagogisch für sinnvoll erachtet, an die Stelle des eher beiläufigen Lernens am Arbeitsplatz systematische Formen des Qualifikationserwerbs in Form von Lehrgängen oder Kursen zu setzen. Eine Qualifizierung in der Arbeit wurde aus *didaktisch-methodischen Gründen* (z. B. weil sonst nur eine wenig systematische Qualifizierung möglich ist), aber auch aus *arbeitsorganisatorischen und ökonomischen Gründen* (Störung des Arbeitsablaufs) für immer weniger vertretbar gehalten. In Lehrgängen oder in anderen zentralen Bildungsstätten konnte dagegen in Ruhe und ohne Störung des Arbeitsablaufs gelernt werden. Dabei wurde auch in Kauf genommen, dass Lern- und Arbeitsfeld immer unterschiedlicher wurden, was auch motivational beim Lerner nicht unproblematisch ist.

Etwa ab Ende der 80er Jahre kam es mit der Einführung neuer Arbeitsorganisationskonzepte auch zu einem neuen Verständnis in der Weiterbildung. Den traditionellen Formen der Weiterbildung wurde zunehmend eine „Praxisferne" und mangelnde Verwertbarkeit vorgeworfen. Außerdem komme sie prinzipiell zu spät. „Weiche" Formen der Weiterbildung jenseits zentralisierter lehrgangsartiger Konzepte wurden da-

---

[5]   Auch eine Vergleichsstudie der Europäischen Kommission kommt zum Ergebnis, dass Deutschland vom Angebotsvolumen in der betrieblichen Weiterbildung her europaweit nur auf dem 9. Platz rangiert (Grünewald/Moraal/Schönfeld 2003). Eine weitere Studie des Bundesinstituts für Berufsbildung aus dem Jahr 2005 belegt einen negativen Trend: „So nahmen der Anteil weiterbildender Unternehmen und der Anteil der Unternehmen, die Weiterbildung in Form von Kursen und Seminaren anbieten, ab. Ebenfalls sank der Anteil der Beschäftigten, die an betrieblichen Weiterbildungskursen teilnahmen, leicht. Auch die finanziellen Aufwendungen der Unternehmen für diesen Bereich waren deutlich rückläufig" (http://www.bibb.de/de/31600.htm, Stand: 27.06.2008). Im Vergleich zu 1999 sind die Weiterbildungsinvestitionen der deutschen Unternehmen um knapp ein Viertel gesunken. EU-weit liegt der Anteil der Weiterbildungskosten an den Gesamtarbeitskosten nur noch in Norwegen, Belgien, Portugal, Estland und Griechenland niedriger (managerSeminare 7(2008)124, S. 11).

[6]   Hierauf wird im Kapitel 4.7 noch näher eingegangen.

her (wieder) entdeckt. Der Lernort Arbeitsplatz rückte wieder in den Fokus der Überlegungen. Dehnbostel/Pätzold (2004, S. 20 f.) sehen hierfür vor allem zwei Gründe
für diese Neubewertung: Aus *ökonomischer* Sicht käme der Ressource *Handlungswissen* und nicht nur der des *Fakten*wissens eine immer stärkere Bedeutung zu.
Über das Lernen in der Arbeit soll dieses Handlungswissen besser gefördert, aber
zugleich auch Innovationen in den Unternehmen generiert werden. Aus *arbeits- und
lernpsychologischer* Sicht wird das Lernen in der Arbeit zudem immer mehr auch als
ein zentraler Teil des menschlichen Entwicklungsprozesses verstanden. Dem Lernen
in der Arbeit wird demnach eine große Bedeutung für die Persönlichkeitsentwicklung
des Mitarbeiters zugeschrieben (vgl. u. a. Hacker/Skell 1993, Wächter/Modrow-Thiel
2002).

Seit den 90er Jahren sind daher auch vielfältige neue Formen des *informellen Lernens* – so der neue in der Wirtschaftspädagogik gängige Begriff – „entdeckt" und
vorgeschlagen worden: Das Lernen mit Fachliteratur, bei einem Coach, auf einer
Messe, in einem Internetforum usw. Problematisch hierbei ist allerdings, dass das informelle Lernen bislang weitgehend ungeplant und unsystematisch und auch ohne
pädagogische Gestaltung stattfindet. Lässt sich überhaupt das informelle Lernen,
das ja eben nicht formalisiert ist, gestalten? Welche der vielfältigen Formen des informellen Lernens lassen sich wie begleiten? Damit sind Fragen aufgeworfen, für die
die Forschung und die Praxis in den kommenden Jahren Antworten zu finden haben.
Auf das informelle Lernen und seine Formen sowie dessen partielle Gestaltbarkeit
als wirtschaftspädagogische Herausforderung wird in einem späteren Kapitel dieses
Buches (4.5.2) noch näher eingegangen.

Übung:

2   Eine Frage zur Reflexion: Durch Gespräche in anderen Abteilungen desselben Unterneh-
     mens können Mitarbeiter neue Erkenntnisse gewinnen. Sie können Einblick in neue fachliche
     Themengebiete erhalten. Zugleich werden möglicherweise Arbeitsabläufe im Unternehmen
     transparenter. Nehmen Sie an, Sie wären Weiterbildner in diesem Unternehmen und wollten
     diesen Erfahrungsaustausch als informelle Lernprozesse systematisch unterstützen: Wie
     würden Sie vorgehen? Dabei kommt es darauf an, zunächst die Rahmenbedingungen für
     solche regelmäßigen informellen Lernprozesse zu schaffen. Außerdem wäre zu überlegen,
     wie die gewonnenen Erfahrungen auch an weitere Kollegen weiter gegeben werden können,
     so dass diese informellen Lernprozesse nicht nur auf eine einzige Person beschränkt blei-
     ben.

Die Bedeutung des *informellen Lernens* spiegelt sich auch in den Daten des Berichtssystems Weiterbildung wieder, und dies obwohl gerade dieser Bereich statistisch nur schwer zu erfassen ist, wie bereits die zuvor genannten Beispiele für Formen des informellen Lernens erahnen lassen. Dies ist auch der Grund dafür, dass
die Erfassungskriterien dafür in der genannten periodischen Studie des BMBF wiederholt geändert worden sind, so dass Vergleiche und Zeitreihen kaum möglich sind.
Für 2003 wurde das informelle Lernen über folgende im Info-Kasten genannte Frage
versucht zu umreißen. Wenn im Folgenden die Fragestellung in Gänze wiedergegeben wird, dann deshalb, weil dadurch zugleich ein Einblick in die Vielschichtigkeit der
Ansätze des informellen Lernens geliefert wird.

Die große quantitative Bedeutung des informellen Lernens machen die Ergebnisse der genannten Studie deutlich. Demnach haben 2003 61 % der Befragten an einer oder mehreren der genannten Arten des Kenntniserwerbs partizipiert. Damit liegt diese Quote deutlich über der entsprechenden Quote bei der formalisierten Weiterbildung. Dominierende Lernformen sind dabei das Lernen durch Beobachten und Ausprobieren, das Lesen von Fachliteratur sowie das Unterweisen durch Kollegen und Vorgesetzte. Internetgestützte Lernformen nutzen immerhin bereits 7 % der Befragten. Gleichwohl haben diese „neuen" Lernformen traditionelle Formen der Weiterbildung noch keineswegs verdrängt. Nach einer Untersuchung von Beicht/Krekel/Walden (2006, S. 38) hat nämlich immerhin mehr als die Hälfte aller Weiterbildungsteilnehmer zumindest auch – d.h. neben informellen Formen der Weiterbildung – klassische formalisierte Trainings besucht.[7]

Info

Arten informellen Lernens im Berichtssystem Weiterbildung IX

„'Haben Sie im letzten Jahr, also 2003, oder in den letzten drei Jahren, also 2000 – 2003, eine oder mehrere der folgenden Aktivitäten ausgeführt? – Lehrgänge oder Kurse sind hier nicht gemeint!'

Zur Beantwortung waren folgende Antwortkategorien angegeben:

A: Berufsbezogener Besuch von **Fachmessen oder Kongressen**
B: Unterweisung oder Anlernen am Arbeitsplatz durch **Kollegen**
C: Unterweisung oder Anlernen am Arbeitsplatz durch **Vorgesetzte**
D: Unterweisung oder Anlernen am Arbeitsplatz durch **außerbetriebliche Personen**
E: Lernen durch **Beobachten und Ausprobieren** am Arbeitsplatz
F: Lernen am Arbeitsplatz mit Hilfe von **computerunterstützten Selbstlernprogrammen, berufsbezogenen Ton- oder Videokassetten** usw.
G: Nutzung von Lernangeboten u.ä. im **Internet** am Arbeitsplatz
H: Teilnahme an vom Betrieb organisierten **Fachbesuchen** in anderen Abteilungen / Bereichen oder planmäßiger Arbeitseinsatz in unterschiedlichen Abteilungen zur gezielten Lernförderung
I: Teilnahme an vom Betrieb organisierten **Austauschprogrammen** mit anderen Firmen
K: Teilnahme an **Qualitätszirkel, Werkstattzirkel, Lernstatt, Beteiligungsgruppe**
L: Lesen von berufsbezogenen Fach- und **Sachbüchern** oder berufsbezogenen Fach- und Spezialzeitschriften am Arbeitsplatz
M: Supervision am Arbeitsplatz oder **Coaching**
N: Systematischer Arbeitsplatzwechsel (z. B. **job-rotation**)
Nein, nichts davon" (BMBF 2005, S. 52).[8]

Die Annahme, dass die genannten weichen Formen der Weiterbildung ursächlich für den Rückgang der formalisierten Weiterbildung sind, lässt sich auf der Grundlage der vorliegenden Datenlage jedoch nicht abschließend klären. Denn vorliegende Teilinformationen deuten sogar darauf hin, dass es auch im Bereich des informellen Lernens zwischen 2000 und 2003 allenfalls zu einer Stagnation, wenn nicht gar ebenfalls zu einem Rückgang bei der Teilnahme gekommen ist.

---

[7] 57,3 % aller Weiterbildungsteilnehmer haben klassische Formen der Weiterbildung besucht, darunter 25,3 Prozentpunkte ausschließlich solche Kurse. Weitere 32 Prozentpunkte besuchten solche Trainings, erwarben aber neue Kenntnisse zusätzlich auch über informelle Formen der Weiterbildung.
[8] Hervorhebungen durch den Autor.

Zwischenzusammenfassung 1

Fasst man die bisherigen Ausführungen zur *quantitativen Entwicklung* in der Weiterbildung zusammen, so lässt sich feststellen, dass es sich bei diesem Bereich zwar langfristig gesehen um einen „boomenden" Sektor handelt, kurz- und mittelfristig gesehen befindet sich die Branche jedoch in einer massiven Umbruchphase, die die formalisierte Weiterbildung in eine Krise gestürzt hat: Rückläufige Teilnehmerzahlen, sinkende Beschäftigtenzahlen und Honorare. Immer zentraler werden dagegen die in den 90er Jahren (wieder-)entdeckten Formen des *informellen Lernens.* Sie haben zwischenzeitlich sogar ein quantitativ deutlich größeres Gewicht als die verschiedenen Formen des formellen Lernens erlangt. Problematisch an dieser Entwicklung ist allerdings, dass dieser Wandel – vom jetzigen Zeitpunkt aus gesehen – zugleich ein Wechsel weg von pädagogisch und systematisch geplanten Lernprozessen hin zu unsystematischen „Zufalls-Lernprozessen" bedeutet, wenn nicht Wege gefunden werden, wie sich zumindest Teilaspekte informeller Lernprozesse gestalten lassen. Hierin wird derzeit eine zentrale Herausforderung für die Weiterbildungsforschung und -praxis gesehen. Die Organisation informeller Lernprozesse wird damit zu einer zentralen Herausforderung eines professionellen Weiterbildungsmanagements in den Unternehmen.

Die Weiterbildungslandschaft steht indes vor weiteren gravierenden Problembereichen, deren Lösung in Zukunft noch von weitaus größerer Bedeutung sein wird als sie es bereits jetzt schon ist. Bislang sind lediglich die Globaldaten zur Weiterbildung betrachtet worden. Sie deuten – wie bereits angesprochen – auf gravierende Umbrüche zugunsten des informellen Lernens hin. Ausgeblendet wurde bei diesen Erörterungen, zu welchen strukturellen Verschiebungen es bei der Teilnahme an beruflicher Weiterbildung gekommen ist. Ältere Studien weisen beispielsweise darauf hin, dass berufliche Weiterbildung nicht nach dem Prinzip der *Bildungskompensation*, sondern nach dem der *Bildungsakkumulation* wirkt. Damit gemeint ist, dass gerade jene Beschäftigten, die über eine gute Vorbildung verfügen, auch an Weiterbildung überdurchschnittlich partizipieren. Dagegen nehmen Beschäftigte mit geringeren Vorqualifikationen seltener an Weiterbildung teil. Auch andere Beschäftigtengruppen, wie etwa Frauen oder ältere Erwerbstätige, aber auch ausländische Beschäftigte nehmen vergleichsweise selten an Weiterbildung teil. Hat der langfristige Boom im Weiterbildungsbereich daran etwas geändert? Und wenn diese Frage *negativ* beantwortet würde, dann stellt sich die Anschlussfrage, ob dies überhaupt eine bedeutsame Problematik für ein betriebliches Weiterbildungsmanagement darstellt. Sollte man es nicht weiter jedem einzelnen Mitarbeiter überlassen, ob er sich weiterbildet oder nicht. Denn schließlich droht die Gefahr der beruflichen Abkopplung, die jeden Einzelnen dazu veranlassen sollte, sich aus Eigeninitiative und aus Eigeninteresse weiterzubilden!

Schließlich ist auch danach zu fragen, ob die langfristig gestiegene Teilnehmerzahl an Weiterbildung auch dazu geführt hat, dass in den Betrieben Weiterbildung als zentrales Handlungsfeld der Unternehmensführung gesehen wird. Inwiefern werden Instrumente eines betrieblichen Weiterbildungsmanagements eingesetzt? Wird Weiterbildung in den Betrieben – zumindest auf einer mittelfristigen Perspektive – systematisch geplant, durchgeführt und kontrolliert?

Um diese Fragen zu beantworten ist zunächst noch einmal der Blick auf die langfristige Perspektive zu richten. Die vorliegenden Daten belegen, dass am langfristigen Boom in der Weiterbildungsbranche in der Vergangenheit nicht alle Beschäftigten und auch nicht alle Unternehmen gleichermaßen partizipiert haben. Insbesondere

Geißler und Heid (1987) sind auf die „Opfer der Qualifizierungsoffensive" eingegangen. Es ist hier weder möglich noch nötig, im Rahmen einer Problemeinführung differenziert auf alle diesbezüglichen Befunde einzugehen. Hervorgehoben seien lediglich einige Ergebnisse, die im Kontext absehbarer zukünftiger Entwicklungen, die nachfolgend angesprochen werden, von besonderer Bedeutung sein werden:

- Trotz der Ausweitung der Weiterbildungsaktivitäten nehmen **geringer Qualifizierte** immer noch seltener an Weiterbildung teil als Besserqualifizierte: So nahmen 16 % der Beschäftigten mit niedrigen Schulabschlüssen 2003 an formalisierter Weiterbildung teil, bei jenen mit mittleren Abschlüssen 32 % und bei Abiturienten 38 % (BMBF 2005, S. 28). Eng damit zusammenhängend ergeben sich auch erhebliche Unterschiede je nach beruflichem Abschluss, Art der Tätigkeit[9] und Einkommen. Zu ähnlichen Ergebnissen kommt auch eine Untersuchung von Beicht/Krekel/Walden (2006, S. 30 - 33). Weiterbildung verstärkt demnach eher qualifikatorische Differenzen zwischen den Beschäftigtengruppen anstatt sie auszugleichen. Auch im Bereich der informellen Weiterbildung kann weniger von einem *Kompensationsmodell* der Weiterbildung ausgegangen werden als vielmehr vom auch im gesamten Bereich der Weiterbildung gängigen Prinzip der *Bildungsakkumulation*, weil zumindest arbeitsintegriertes Lernen an die Voraussetzung *lernförderlicher Arbeitsstrukturen* gebunden ist, was jedoch zumindest für Arbeiten auf einfachem Qualifikationsniveau häufig nicht gegeben ist (Lipsmeier 2004).

  Weiterbildung – so die soziologische Argumentation – verstärkt Chancenungleichheiten statt sie auszugleichen. Merton (1985) spricht – in Anlehnung an das Evangelium nach Matthäus - vom „Matthäus-Prinzip": Vor allem jene, die bereits über positive Erfahrungen in Bildungsprozessen verfügen und einen leichteren Zugang zur Weiterbildung haben, weil sie bspw. eher vom Betrieb gefördert werden oder eine weiterbildungsintensivere Tätigkeit ausüben, nehmen signifikant häufiger an Weiterbildung teil als jene Beschäftigtengruppen, die über ein solches positives Merkmalssyndrom nicht verfügen. Für diesen „Segmentationszirkel" (Bolder 2006, S. 10) sind dabei weniger individuelle Motivationsmängel ursächlich als vielmehr Systemstrukturen, die zumindest zu unterschiedlichen individuellen Nutzenkalkulationen führen. Darauf wird im Vertiefungskapitel 4.4.3 näher eingegangen. Die Folge dieses Matthäus-Prinzips ist, dass ganze Beschäftigtengruppen immer weiter von Bildung abgekoppelt werden. Dies könnte man als individuelles Problem der Beschäftigten abtun, doch welche Risiken sind damit für die Unternehmen verbunden? Darauf wird im nächsten Abschnitt zurückzukommen sein.

- Auch **ältere Beschäftigte** nehmen weiterhin vergleichsweise selten an Weiterbildung teil. Während 2003 von den unter 50jährigen fast jeder Dritte an formalisierter beruflicher Weiterbildung teilgenommen hat, betrifft dies von den 50- bis 64jährigen gerade einmal rund jeden Sechsten (BMBF 2005, S. 25). Auch ältere Arbeitnehmer sind damit zunehmend von Qualifizierungsprozessen abgekoppelt. Allerdings spielt dabei auch eine Rolle, dass ältere Arbeitnehmer insgesamt seltener erwerbstätig sind. So kommt die genannte Studie von Beicht/Krekel/Walden (2006, S. 35), die sich nur auf Erwerbstätige bezieht, zum Ergebnis, dass die Teilnahmequoten lediglich bei den über 60jährigen leicht sinken, bei Frauen allerdings schon deutlich ab dem 50. Lebensjahr. Auch hier ließe sich argumentieren, dass dies ökonomisch durchaus

---

[9] Die Teilnahmequoten steigen mit dem Anspruch an die Tätigkeit (ausführend, qualifiziert, leitend).

rational sei, weil es wenig Sinn macht, in Arbeitskräfte zu investieren, die das Unternehmen bald verlassen werden. Doch ist eine solche Argumentation noch tragfähig?

- In geschlechtsspezifischer Hinsicht haben sich die Unterschiede in der Weiterbildungsbeteiligung in den vergangenen Jahren nivelliert. Während 1979 die Teilnahmequote der Männer an Weiterbildung noch 8 Prozentpunkte höher lag als bei *Frauen*, betrug die Differenz 2003 nur noch 2 Prozentpunkte, wobei die Differenz in der beruflichen Weiterbildung noch etwas größer ist (4 Prozentpunkte). Für diese Differenz sind verschiedene Faktoren ursächlich, nämlich ein insgesamt geringerer Grad an Erwerbstätigkeit bei Frauen, ein höherer Anteil von Teilzeitbeschäftigung, ein geringerer Anteil von Frauen in höheren Positionen und eine geringere berufliche Vorbildung bei weiblichen Beschäftigten. Mittlerweile nehmen Frauen sogar innerhalb vergleichbarer Gruppen etwas häufiger an Weiterbildung teil als Männer.

- Für *ausländische Erwerbstätige* liegen erst seit 1997 Daten vor, die zudem noch tendenziell zu positiv ausfallen dürften.[10] Gleichwohl belegen die Daten eine deutliche Unterrepräsentanz dieser Gruppe. 1997 nahmen 31 % der Deutschen, aber nur 15 % der ausländischen Erwerbspersonen an beruflicher Weiterbildung teil. Diese Anteile sind bis 2003 auf 27 % bzw. 13 % gesunken. Natürlich spielen hierbei auch diejenigen Strukturmerkmale bei der Erwerbstätigkeit eine Rolle, die schon bei der geschlechtsspezifischen Betrachtungsweise angesprochen worden sind, allerdings ist fraglich, ob sie die Unterschiede vollständig erklären. Für ein betriebliches Weiterbildungsmanagement wird vor diesem Hintergrund die Frage virulent, wie Erwerbstätige mit Migrationshintergründen besser gefördert werden können.

Übung:

3   Besorgen Sie sich über das Internet die jeweils aktuelle Fassung des Berichtssystems Weiterbildung. Zum Redaktionsschluss betraf dies die Ausgabe IX. Sie lässt sich finden über: http://www.bmbf.de/pub/berichtssystem_weiterbildung_9.pdf (Stand 15.05.2008). Analysieren Sie auf dieser Grundlage, wie sich die Teilnahme an „allgemeiner" und „beruflicher" Weiterbildung nach der beruflichen Stellung (Ungelernte, Facharbeiter, ausführende Angestellte, leitende Angestellte usw.) unterscheiden!

- Auch wenn man den Blick auf die verschiedenen *Arten von Unternehmen* richtet, so lassen sich markante Unterschiede feststellen. So belegen vorliegende Studien zunächst die deutlich geringere Partizipation von kleinen und mittleren Unternehmen (KMU) (vgl. Abb. 1-4).

Die Abbildung verdeutlicht zunächst noch einmal, dass es im Beobachtungszeitraum insgesamt zu einem deutlichen Anstieg bei den Weiterbildungsaktivitäten gekommen ist. Dies betraf aber nicht alle Betriebgrößenklassen im gleichen Ausmaß. So ist die Weiterbildungsintensität in KMU deutlich geringer als in Großbetrieben. Betrachtet man vorliegende Untersuchungen zum Weiterbildungsverhalten jedoch etwas genauer, so wird deutlich, dass sich hinter diesen globalen Angaben für die KMU polarisierende Wirklichkeiten verbergen.

---

10   Bei der Befragung mussten ausreichende Deutschkenntnisse für ein Interview vorliegen. Dies dürfte bei besser integrierten Ausländern eher der Fall sein als bei anderen.

So lassen sich *innerhalb der Gruppe der KMU* durchaus Unternehmen mit umfangreichen, aber auch solche weitgehend ohne Weiterbildungsaktivitäten finden. Dies wird vor allem deutlich, wenn man informelle Lernprozesse mit berücksichtigt. Die folgende Abb. 1-5, die auf Angaben des Instituts für angewandte Innovationsforschung (IAI) basiert, verdeutlicht exemplarisch am Beispiel des informellen Lernens die gravierenden Unterschiede zwischen den verschiedenen KMU.

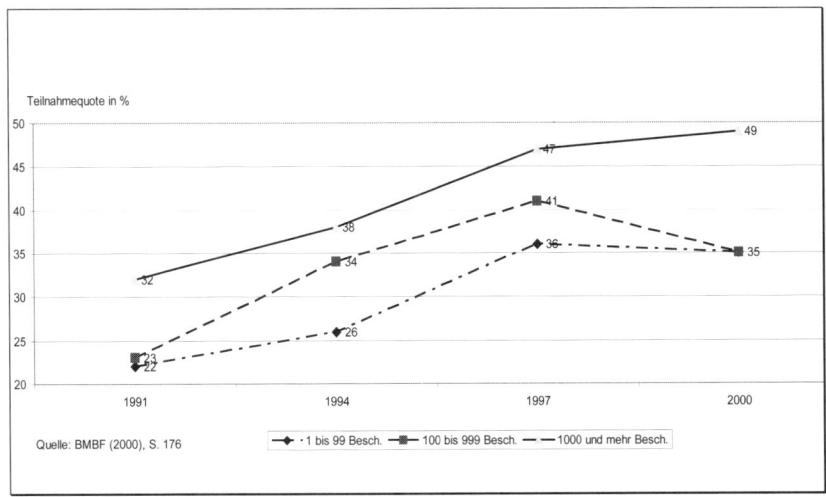

Abb. 1-4: Teilnahmequoten an beruflicher Weiterbildung nach Betriebsgrößenklassen

Nach Angaben des IAI setzen so genannte *entwicklungsdynamische KMU* die aufgeführten Lernformen durchweg häufiger ein als *entwicklungsstatische*. Gerade hinsichtlich arbeitsintegrierter Lernformen sind die Unterschiede am deutlichsten, aber auch in allen anderen Bereichen lassen sich diese Differenzen finden. Außerdem zeigt die Studie, dass die Unterschiede auch den formalisierten Bereich der Weiterbildung betreffen. So haben entwicklungsdynamische KMU signifikant häufiger ein festes Weiterbildungsbudget, und sie beschäftigen auch deutlich häufiger einen Spezialisten für Weiterbildung. Schließlich werden auch häufiger Weiterbildungsmaßnahmen evaluiert. Dabei weisen die entwicklungsdynamischen Unternehmen, also jene mit relativ umfangreichen Weiterbildungsaktivitäten, im Durchschnitt ein höheres Umsatz- und Mitarbeiterwachstum, aber auch einen höheren Innovationsgrad auf. Auch wenn über die Richtung des Zusammenhangs zwischen Weiterbildungsaktivitäten und Innovationsgrad damit noch nichts gesagt ist, wird zumindest deutlich, dass eine unzureichende Weiterbildungspraxis, wie sie bei vielen KMU zu finden sind, eine ungünstige Voraussetzung für die wirtschaftliche Entwicklung des Unternehmens darstellt. Wie disparat diese Weiterbildungspraxis aussieht, macht auch eine eigene Studie aus dem Jahr 2004 deutlich, in der rund 100 Unternehmen einer spezifischen Branche in Bayern befragt worden sind.[11]

---

[11]   Eine Repräsentativität konnte auch für diese Branche nicht erzielt werden, da Unternehmen unter 100 Mitarbeitern kaum erfasst werden konnten.

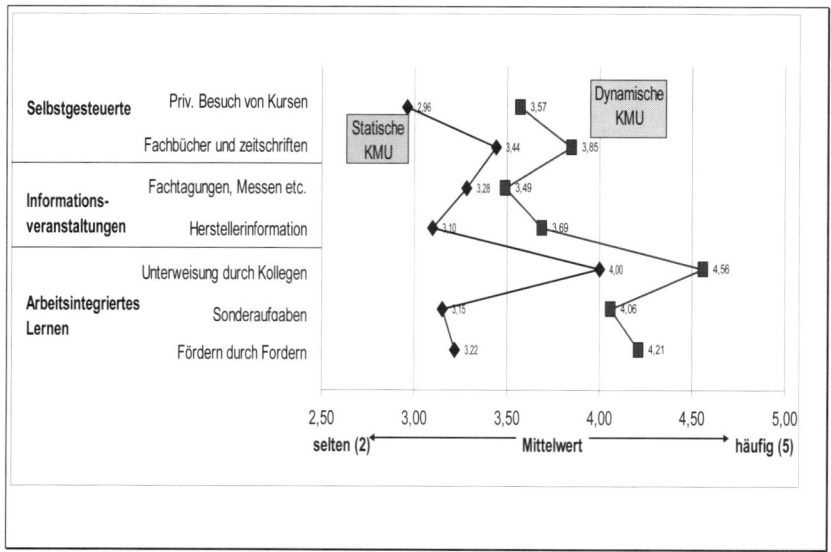

Abb. 1-5: Durchschnittlicher Einsatz erweiterter Formen der Kompetenz-entwicklung in entwicklungsdynamischen und -statischen KMU

	KMU / operative Personalarbeit	KMU / pragmatische Personalarbeit	KMU / systematische Personalarbeit	Großbetriebe / strategische Personalarbeit
Kennzeichen	• Keine Systematik • Ad-hoc-Schulung	• Erste WB/PE-Aktivitäten • Keine Systematik, aber Planungen	• Breite WB/PE-Aktivitäten	• Umfassende Gesamtkonzepte
Unterstützung	• Bislang geringes Problembewusstsein	• Breite Unterstützung von außen	• Gezielte Unterstützung von außen	• Eher „gebende" Funktion an KMU

Abb. 1-6: Typisierung der Personalarbeit in den Unternehmen der Befragung

Demnach sind weite Teile der KMU durch eine *operative, allenfalls pragmatische Personalarbeit* gekennzeichnet. Im Hinblick auf die Weiterbildung heißt dies, dass Weiterbildung weder systematisch geplant, durchgeführt noch kontrolliert wird. Allenfalls einzelne Instrumente eines Weiterbildungsmanagements werden punktuell eingesetzt. Allerdings finden sich auch KMU, die bereits umfangreiche Weiterbildungsaktivitäten, aber auch Maßnahmen der Personalentwicklung systematisch implementiert haben. Bei Großunternehmen lassen sich erwartungsgemäß umfassende Gesamtkonzepte finden, bei denen die einzelnen Instrumente eines Weiterbildungsmanagements aufeinander abgestimmt sind. Welche Instrumente der beruflichen Weiterbildung bislang überwiegend eingesetzt werden, verdeutlicht Abb. 1-7.

Demnach dominieren – sofern überhaupt Instrumente eines Weiterbildungs-managements eingesetzt werden – eher monetär orientierte Strategien. Maß-nahmen zur Erfolgskontrolle, wie etwa Gespräche vor und nach einem Semi-nar oder Bildungscontrolling-Ansätze[12] werden kaum, Strategien zur Unterstüt-zung der Anwendung von Gelerntem am Arbeitsplatz (Transferförderung, wie z. B. Unterstützung durch erfahrene Kollegen) so gut wie gar nicht eingesetzt.

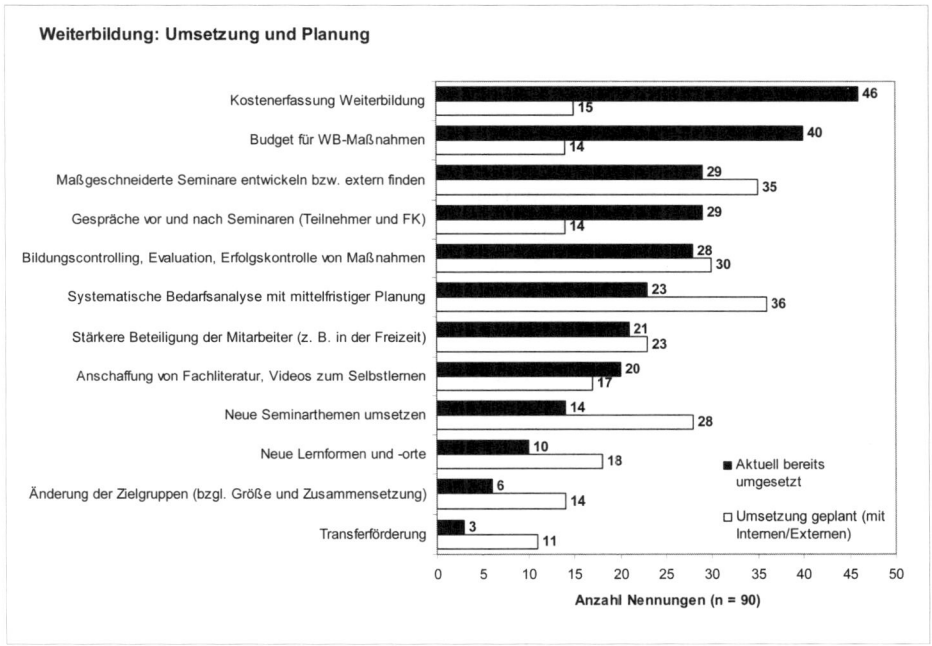

Abb. 1-7: Eingesetzte bzw. geplante Instrumente im Bereich der Weiterbildung

Zwischenzusammenfassung 2

Schaut man unter strukturellen Gesichtspunkten auf die Weiterbildungslandschaft, so zeigt sich, dass trotz der Ausweitung des Weiterbildungsvolumens weiterhin Un-gleichheiten erhalten geblieben sind. Ältere, Geringqualifizierte und Erwerbstätige mit Migrationshintergrund sind im Bereich der beruflichen Weiterbildung deutlich unter-repräsentiert, währenddessen die Unterschiede in geschlechtsspezifischer Perspek-tive eingeebnet worden sind. Der Blick auf die Weiterbildungspraxis gerade in KMU hat darüber hinaus gezeigt, dass Weiterbildung in vielen dieser Unternehmen eher beiläufig, zufällig und ad hoc praktiziert wird. Ein systematisches Weiterbildungsma-nagement fehlt in vielen Fällen. Dass dies nicht unproblematisch ist, deutet bereits der Befund der genannten IAI-Studie an, nach der es einen Zusammenhang mit dem Wachstum und dem Innovationsgrad eines Unternehmens gibt. Dabei ist davon aus-zugehen, dass eine solche defizitäre Weiterbildungspraxis in Zukunft für die betroffe-nen Unternehmen noch weitaus größere Probleme verursachen wird als bislang. Um

---

[12]   Auf die Begrifflichkeit wird in Kapitel 4.7 noch näher eingegangen.

dies zu begründen, ist ein kurzer „Blick in die Zukunft" erforderlich. Dabei wird dann auch der Frage nachgegangen, welche *Risiken für die Unternehmen* mit einem Ausblenden ganzer Beschäftigtengruppen aus der Weiterbildungspraxis verbunden sind.

1.2 Ein Blick nach vorne: Arbeitsmarkt im Umbruch und Konsequenzen für die Weiterbildung

Um die zukünftig veränderten Herausforderungen der Unternehmen im Bereich der beruflichen Weiterbildung, aber auch im Bereich der Personalentwicklung zu verdeutlichen, ist es erforderlich einen kurzen Blick auf die absehbaren Folgen des *demographischen Wandels* zu werfen. Zumindest zwei Effekte werden für die Unternehmen zentral sein:

1   Die demographische Alterung

2   Der Rückgang der Bevölkerungszahl und des Erwerbspersonenpotenzials

Zunächst zum zuerst genannten Aspekt:

Die demographische Alterung

Die Enquête-Kommission des Deutschen Bundestags beschreibt die demographische Alterung folgendermaßen: „Immer mehr Menschen erreichen ein immer höheres Lebensalter. So sehr diese Tatsache zu begrüßen ist, bedeutet dieser demographische Wandel eine große Herausforderung: eine Herausforderung für jeden Einzelnen, für die Familien, für die Gesellschaft, für die Wirtschaft und den Arbeitsmarkt, für die sozialen Sicherungssysteme wie für die Politik insgesamt" (Deutscher Bundestag 2002, S. 29).

Laut Statistischem Bundesamt betrug die Lebenserwartung im Jahr 2000 74,8 Jahre für Männer und 80,8 Jahre für Frauen. Für das Jahr 2020 rechnet das Statistische Bundesamt mit einer durchschnittlichen Lebenserwartung zwischen 76,7 und 78,4 Jahren für Männer und 83,0 und 84,1 Jahren für Frauen. Bis 2050 soll die Lebenserwartung nochmals steigen. Männer können dann durchschnittlich ein Alter zwischen 78,9 und 82,6 Jahren erreichen und Frauen zwischen 85,7 und 88,1 Jahren (vgl. Pötzsch/Sommer 2003, S. 15 f.). Dass diese Entwicklung der Lebenserwartung nicht ohne Konsequenzen für Wirtschaft und Gesellschaft und insbesondere für Personalrekrutierung, Personalentwicklung und berufliche Weiterbildung bleiben wird, liegt auf der Hand. Darauf wird weiter unten einzugehen sein.

Rückgang der Bevölkerungszahl und des Erwerbspersonenpotenzials

Der zweite Aspekt des demographischen Wandels ist der Rückgang der Bevölkerung an sich. Erhöht sich die vergangene und derzeitige Geburtenrate von 1,4 Kindern pro Frau nicht, kann die Bevölkerungszahl nicht konstant gehalten werden. „Um die gegenwärtige Bevölkerungszahl zu erhalten, müssten im Durchschnitt pro Elternpaar etwas mehr als 2 Kinder geboren werden (zusammengefasste Geburtenziffer von 2,1 pro Frau), die, wenn sie erwachsen sind, selbst wieder mindestens zwei Kinder bekommen und so die vorangegangenen Generationen ersetzen" (Pötzsch/Sommer 2003, S. 10). Wie wird sich vor diesem Hintergrund die Bevölkerung in den nächsten Jahrzehnten entwickeln? Dazu sollen drei Varianten der zehnten koordinierten Bevölkerungsprognose des Statistischen Bundesamtes im Folgenden dargestellt werden. Die Zuwanderung in den kommenden Jahren wird den Rückgang der Bevölkerung zwar bremsen, langfristig wird die Bevölkerung je nach Zuwanderung und Lebenserwartung allerdings zurückgehen: Nach der Maximal-Variante[13] erreicht die Bevölkerungszahl in Deutschland im Jahr 2050 ungefähr den gleichen Wert von heute, nämlich 81 Millionen. In der Minimal-Variante[14] kommt es zu einem Bevölkerungsrückgang im Jahr 2050 auf ca. 67 Millionen.[15] Die wahrscheinlichste Variante liegt in der Mitte bei einem Wanderungssaldo von 200.000 Personen und einer Lebenserwartung von 81 und 87 Jahren. Hier kommt man zu dem Ergebnis, dass die Bevölkerungszahl auf 75 Millionen Menschen zurückgeht (vgl. Pötzsch/Sommer 2003, S. 26 f.).

Die bisherige Darstellung des demographischen Wandels bezog sich allgemein auf die Bevölkerungsentwicklung. Dies war deshalb notwendig, weil die Vorausschätzung des Erwerbspersonenpotentials, aus dessen Pool künftige Arbeitnehmer rekrutiert werden, auf den Entwicklungen in der Bevölkerung beruht.[16] So spiegeln sich Demographie und Migration in der Altersstruktur des Erwerbspersonenpotenzials genauso wider, wie das Verhalten der erwerbsfähigen Personen in der Erwerbsquote (vgl. Fuchs/Dörfler 2005a S. 2; vgl. Fuchs/Thon 1999, S. 4). Zwar weichen die vorliegenden Szenarien voneinander ab, jedoch kommen alle tendenziell zu ähnlichen Ergebnissen: „Das Erwerbspersonenpotential, das sich aus den Erwerbstätigen, den registrierten Arbeitslosen und der Stillen Reserve zusammensetzt, wird aufgrund der demographischen Entwicklung langfristig sinken. Je nach Annahme über die künftige Entwicklung von Bevölkerung und Erwerbsbeteiligung setzt dieser Prozeß früher oder später ein, ist mit nur kleineren oder ganz erheblichen Veränderungen zu rechnen" (Fuchs/Thon 1999, S. 3).

So könnten bis zum Jahr 2050 18,2 Millionen weniger Menschen im erwerbsfähigen Alter sein als heute. „Dieser Rückgang verläuft zunächst langsam, wird dann aber immer stärker. Der demographische Effekt schlägt zunehmend durch" (Fuchs/Dörfler 2005a, S. 2; vgl. auch Fuchs/Thon 2001, S. 1). Ob es sich allerdings tatsächlich um 18,5 Millionen oder mehr oder weniger Personen handeln wird, die dem Arbeitsmarkt nicht mehr zur Verfügung stehen werden, hängt auch stark vom Wanderungssaldo ab, der in den nächsten Jahren erreicht werden wird. Es wird davon ausgegangen, dass bei den am wahrscheinlichsten angenommenen Wanderungssaldi zwischen 100.000 und 300.000 Personen die Erwerbsbevölkerung ab dem Jahr 2015 zurückgehen wird, je nach Wanderung dies aber auch schon ab 2012 der Fall sein kann. Die Enquête-Kommission des Deutschen Bundestags gibt sogar das Jahr 2010 an, obwohl sie von einem späteren Renteneintritt und einer steigenden Erwerbsbeteiligung der Frauen ausgeht (vgl. Deutscher Bundestag 2002, S. 153).

Fuchs und Dörfler geben an, dass das Erwerbspersonenpotenzial ab 2020 nur noch etwas mehr als 42,1 Millionen betragen wird und, bei einer angenommenen Wanderung von 100.000, in den folgenden 30 Jahren um 10,6 Mio. bis auf 31,5 Millionen im Jahr 2050 sinken wird. Auch eine höhere Zuwanderung kann diesen Rückgang nur noch geringfügig kompensieren. In allen Projektionen werden Wanderungsbewegungen mitberücksichtigt. Dies impliziert auch immer, dass der *Ausländeranteil an der*

---

[13]   Sie nimmt Maximalwerte sowohl für die Zuwanderung als auch für die Lebenserwartung an.
[14]   Sie nimmt die geringste Lebenserwartung und den geringsten Zuwanderungssaldo an.
[15]   Zu einem ähnlichen Ergebnis kommt das Institut für Arbeitsmarkt- und Berufsforschung (IAB). Das IAB schätzt, dass die Bevölkerungszahl in Deutschland völlig ohne Zuwanderung von 82,7 Millionen (Stand 31.12.2002) auf 58,4 Millionen im Jahr 2050 fallen wird (vgl. Fuchs/Söhnlein 2005, S. 21).
[16]   Das Erwerbspersonenpotenzial entspricht der Erwerbsbevölkerung, die aus der gesamten Bevölkerung im erwerbsfähigen Alter zwischen 15 und 64 Jahren besteht (vgl. Fuchs/Söhnlein 2005, S. 23).

Erwerbsbevölkerung steigen wird und in den Betrieben heterogenere Belegschaften entstehen. Denn immerhin würde der Anteil der ausländischen Bevölkerung am Erwerbspersonenpotenzial von 10 % auf 20 % (mit einer Nettozuwanderung von 200.000 Personen) im Jahr 2050 klettern.

Eine weitere strukturelle Veränderung des Erwerbspersonenpotenzials ist aufgrund der weiter oben dargestellten demographischen Alterung der Gesellschaft zu erwarten. So ist „in den nächsten 20 Jahren" mit „eine[r] merkliche[n], ja massive[n] Alterung" zu rechnen (Bellmann u. a. 2003, S. 139) So steigt nach Berechnungen des IAB der Anteil der 50- bis 64jährigen von 23 % im Jahr 2003 auf ca. 32 % im Jahr 2020 und wird ab 2040 die 30 % nicht mehr unterschreiten. Dies verdeutlicht, dass *in der älteren Altersgruppe viel Potenzial liegt, wenn es darum geht, die Lücken im sich abzeichnenden Fachkräfteangebot zu füllen.* Dazu müssten allerdings die Erwerbsquoten der älteren Arbeitnehmer angehoben werden. Denn neben der Demographie beeinflusst natürlich auch das *Erwerbsverhalten* das Arbeitskräfteangebot. Denn für den Arbeitsmarkt ist nicht nur das Erwerbspersonenpotenzial bedeutsam, sondern vor allem auch, wie viele davon dem Arbeitsmarkt tatsächlich zur Verfügung stehen. Dazu sollte man wissen, wie das Erwerbsverhalten gegenwärtig (2006) aussieht und wie es sich entwickeln wird.

Als Maß dient hierzu vor allem die *Erwerbsquote.* Sie gibt das Verhältnis „der Erwerbspersonen an allen Personen bestimmten Alters und Geschlechts" (Statistisches Bundesamt 2002) an. Laut Statistischem Bundesamt lag die Erwerbsquote von Männern im Jahr 2005 bei 80,4 % und für Frauen bei 66,8 %. Es wird davon ausgegangen, dass die Erwerbsquote, vor allem westdeutscher Frauen, weiter sehr stark ansteigt, zumindest in der mittleren Altersgruppe zwischen 30 und 60 Jahren. Die historisch gewachsene hohe Erwerbsquote ostdeutscher Frauen bleibt zwar weiterhin hoch, sinkt aber auf das Niveau westdeutscher Frauen. Man kann also annehmen, dass sich die Erwerbsquoten der Frauen in Ost- und Westdeutschland angleichen. Da die Erwerbsquote westdeutscher Frauen sehr stark ansteigt, wird auch die gesamte *Potenzialerwerbsquote der Frauen steigen* (vgl. Fuchs/Dörfler 2005a, S. 3; vgl. auch Breiholz u. a. 2005, S. 43). Es wird damit gerechnet, dass die Erwerbsquote der 60- bis unter 65jährigen Frauen bis zum Jahr 2020 auf 25 % (2003: 18,1 %) steigt. (vgl. Statistisches Bundesamt 2004, S. 100) Nach den Berechnungen des IAB soll die Erwerbsquote dieser Altersgruppe sogar bis auf über 40 % steigen, wobei hier die „Stille Reserve" mit eingerechnet ist.[17] Die Erwerbsquoten der Männer hingegen verändern sich auch deswegen kaum, weil die Erwerbsquoten ohnehin sehr hoch sind und die Obergrenze von 100 % in einigen Altersgruppen fast erreicht ist. Spielraum ergibt sich aber auch hier in den höheren Altersgruppen aufgrund der demographischen Alterung. „Bei den Männern wird die Erwerbsbeteiligung insbesondere in der Altersgruppe der 60- bis unter 65jährigen steigen. Hier wird bei den Deutschen bis zum Jahre 2020 mit einer Zunahme der Erwerbsquote auf 75 % und bei den Ausländern auf 70 % gerechnet" (Deutscher Bundestag 2002, S. 149). Für das Jahr 2050 nimmt das IAB allerdings an, dass die Potenzialerwerbsquote dieser Altersgruppe etwas über 60 % liegen wird. Deutlich wird, dass die Erwerbsquoten der jüngeren Männer sinken, wohingegen die der Älteren ansteigen wird (vgl. Fuchs/Dörfler 2005b, S. 15).

---

[17]   Das IAB erstellt Potenzialerwerbsquoten, die sich um die Stille Reserve, also alle Personen, die erwerbsfähig aber nicht offiziell arbeitssuchend gemeldet sind, von den Erwerbsquoten des Statistischen Bundesamtes unterscheiden (vgl. Fuchs/Dörfler 2005b, S. 6).

Implikationen für die betriebliche Personalpolitik und die berufliche Weiterbildung

Für die Unternehmen bedeutet der absehbare demographische Wandel, dass sie einen „war for talents" (Kordey/Korte 2006, S. 30) zu bestehen haben werden. Dies gilt natürlich vor allem für die Höherqualifiziertenebene, aber längst nicht nur den Akademikerbereich. Auch wenn in den nächsten Jahren weiter Rationalisierungspotenziale in den Unternehmen genutzt werden, wird es im Fachkräfte- und Akademikerbereich zunehmend schwieriger werden, freie Stellen mit geeigneten Kandidaten zu besetzen. Dies erfordert von den Unternehmen ein personalpolitisches Umdenken auf zumindest vier Ebenen, die hier nur spiegelstrichartig angesprochen werden können (vgl. ausführlich Bullinger/Buck/Schmidt 2003, Buck/Dworschak 2003, Kordey/Korte 2006):

1   Veränderte Rekrutierungspolitik

Angesichts der demographischen Entwicklung wird es darauf ankommen, auch verstärkt *Ältere, Frauen (z. B. nach der „Babypause") und Ausländer* zu rekrutieren. Eignungstests werden einen deutlich höheren Stellenwert erlangen müssen als es bislang der Fall ist. Deutschland nimmt einer britischen Studie zufolge dabei nämlich den letzten Rang von insgesamt zwölf Vergleichsländern ein. Nur sechs Prozent der deutschen, aber 74 Prozent der finnischen Unternehmen setzen auf fundierte Auswahltests.[18] Dabei spielt auch eine Rolle, dass in Zeiten eines vergleichsweise großen Arbeitskräfteangebots ein solches Instrument entbehrlich erscheint. Dies wird sich in Zukunft ändern. Zumal eine Fixierung auf jüngere, männliche Bewerber mit Berufserfahrung kaum mehr möglich sein wird, wenn offene Stellen besetzt werden sollen. Dabei ist auch ein Alters-Mix bei der Belegschaft anzustreben, um eine gestauchte oder gar alterszentrierte Alterspyramide bei den Beschäftigten zu vermeiden (Abb. 1-8). Viele Unternehmensdemographien weisen nämlich mittlerweile eine „gestauchte Alterspyramide" (Fläche C) auf, die sowohl durch eine Frühverrentungspolitik entstanden ist als auch dadurch, dass keine Nachfolger eingestellt worden sind. Diese gestauchte Alterspyramide wird sich in wenigen Jahren zu einer „alterszentrierten" entwickeln (Fläche D). Problematisch daran ist zum einen, dass in gut einem Jahrzehnt dann diese „Generation" blockweise aus dem Unternehmen ausscheiden wird – mit allen Konsequenzen im Hinblick auf den Verlust an Know-how, dem nur durch eine systematische Strategie zur Förderung des innerbetrieblichen Wissenstransfers begegnet werden kann. Zum anderen ergeben sich, wie das nachfolgende Beispiel im Info-Kasten verdeutlicht, qualifikatorische Probleme, die ein systematisches betriebliches Weiterbildungsmanagement erfordern.

Eine veränderte Rekrutierungspolitik hat aber auch Konsequenzen für den Bereich der beruflichen Weiterbildung. Betrieblicherseits ist nach geeigneten Wegen zu suchen, die genannten Gruppen durch geeignete Qualifizierungsmaßnahmen in der Einarbeitungsphase zu begleiten. Für die öffentlich geförderte Weiterbildung, beispielsweise bei der Bundesagentur für Arbeit, wird es zukünftig wieder stärker darauf ankommen, den bisherigen kurativen Ansatz[19]

---

18   Quelle: Westdeutsche Allgemeine Zeitung vom 15. Februar 2007.

19   „Kurativer Ansatz" meint, dass Weiterbildung ergriffen wird, um im Falle der Arbeitslosigkeit durch Qualifizierungsmaßnahmen die Chancen auf eine Wiederbeschäftigung zu verbessern. Bis in die

der Weiterbildungspolitik durch den in früheren Jahren bereits praktizierten Ansatz der präventiven Weiterbildungspolitik zu ersetzen. Damit gemeint ist, dass Qualifikationsdefizite, bspw. bei Älteren oder Frauen nach der Familienphase *vermieden statt beseitigt* werden müssen. Dabei werden KMU besonders gefordert sein, ihre gewohnten Denkmuster zu verändern, weil Großunternehmen aufgrund ihrer besseren Möglichkeiten, mit Lockangeboten Personal zu gewinnen, im „war for talents" besser positioniert sind.

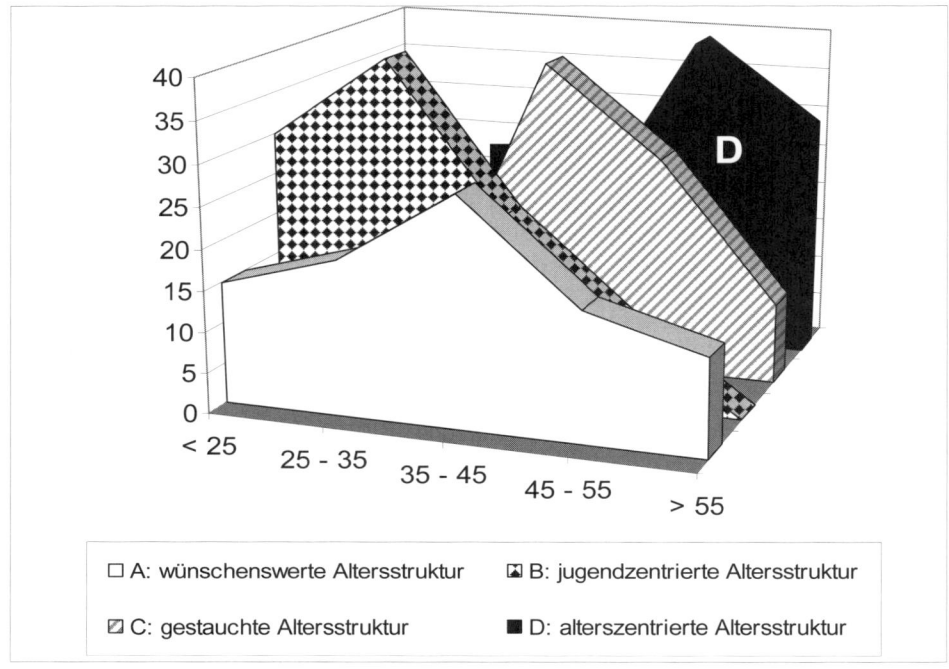

Abb. 1-8: Typische Altersstrukturen von Belegschaften[20]

2 Verstärkter Einsatz von Strategien der Betriebsbindung

Wenn es zunehmend schwierig wird, geeignetes Personal zu rekrutieren, dann kommt es auch darauf an, möglichst wenig qualifiziertes Personal zu verlieren, das dann zu ersetzen wäre. Dabei geht es unter anderem auch um die zuvor genannten Zielgruppen. Hier werden verschiedene Strategien vorgeschlagen.[21] Insbesondere ist hier auch die Personalentwicklung gefordert. Derzeit sind aufgrund der Altersstruktur in den Betrieben und der Etablierung flacher Hierarchien häufig (vertikale) Karrieremuster versperrt. Zu suchen ist daher auch nach Wegen, wie sich in den Unternehmen horizontale Karrieren

---

80erJahre wurde dagegen ein eher „präventiver Ansatz" favorisiert. Er versucht durch Weiterbildungsaktivitäten Arbeitslosigkeit und Dequalifizierung zu vermeiden.

[20] In Anlehnung an Mühlbradt/Schawilye (2005, S. 46).

[21] Hierzu zählen bspw. Maßnahmen zur Vereinbarkeit von Beruf und Familie (z. B. Teilzeitstellen, Telearbeit), der Arbeitszeitgestaltung (etwa flexible Arbeitszeiten, Sabbaticals) oder Maßnahmen der PE (s. Haupttext).

(Fachleiter- oder Projektleiter-Laufbahnen) entwickeln lassen. Auch in diesem Bereich sehen sich KMU vor besonderen Herausforderungen. Sie haben vielfach nicht nur im Bereich des Personalmarketings, sondern auch im Bereich der Betriebsbindungsstrategien Nachholbedarf (BMBF 2005b, S. 4). Solche Ansätze sind allein deswegen schon erforderlich, weil ein Verlust an Know-how durch den Weggang eines Mitarbeiters zumeist schmerzhafter ist als in großen Unternehmen.

Info ☝

Zu den Folgen einer alterszentrierten betrieblichen Alterspyramide

„Theoretisch könnte die Telekom mehr als 25000 Techniker zu ihren Kunden schicken. Doch längst nicht alle kennen sich mit den Produkten des eigenen Unternehmens aus. Das liegt an der Altersstruktur der Mitarbeiter. Mehr als jeder vierte von ihnen ist älter als 55 Jahre, das Durchschnittsalter liegt bei 49 Jahren und steigt stetig an. Müssen Router konfiguriert oder Netzwerkkarten eingebaut werden, sind viele von ihnen, die ihre Monteurausbildung in den Zeiten von Telefonbuchse und Klingeldraht gemacht haben, schlichtweg überfordert, jüngere Kollegen werden jedoch nicht eingestellt" (Die Welt vom 1. Februar 2007, S. 16).

---

3   *Sicherung der Leistungsfähigkeit alternder Belegschaften*

Angesichts *alternder Belegschaften* ist die Sicherung der Leistungsfähigkeit älterer Beschäftigter eine besonders wichtige Aufgabe zukünftiger Personalarbeit. Auch auf diesem Gebiet wird der Personalentwicklung und der beruflichen Weiterbildung eine bedeutende Rolle zukommen. Denn sie wird hauptsächlich dafür verantwortlich sein, dass die Belegschaften leistungsfähig und innovativ bleiben. Und zwar durch kontinuierliches, also lebenslanges Lernen. Die Personalentwicklung muss ein Klima schaffen, in dem es selbstverständlich ist, auch noch im Alter von Ende 50 eine Weiterbildung zu besuchen oder sich auf neue Aufgaben einzustellen. Dass dies heute noch keine Selbstverständlichkeit ist, zeigt der Blick auf die Teilnehmerzahlen älterer Beschäftigter, wie sie in einem voran gegangenen Abschnitt dargestellt worden sind. Ein Problem dabei ist, dass viele ältere Mitarbeiter „*lernentwöhnt*" sind. Sie nehmen an Entwicklungsmaßnahmen zumeist bereits seit längerer Zeit nicht mehr teil, mit der Folge, dass Anreize und Motivation fehlen, sich später in Alter weiter zu bilden (vgl. Brammer/Seitz/Rump 2001, S. 50; Bullinger/Buck/Schmidt 2003, S. 98). Auch aus diesem Grund sind Dequalifizierungsprozesse infolge des Ausblendens ganzer Beschäftigtengruppen aus der betrieblichen Förderung in der beruflichen Weiterbildung zu vermeiden. Bereits die mittleren Altersjahrgänge müssen kontinuierlich im Weiterbildungs- und Arbeitsprozess gefördert und gefordert werden, nicht nur um damit kurzfristig die Kompetenzen der Mitarbeiter zu erhalten oder gar zu verbessern, sondern langfristig auch, damit sich, wenn sie die „Altersgrenze" zum älteren Mitarbeiter überschritten haben, ihre *Lernbereitschaft* erhält (vgl. Deutscher Bundestag 2002, S. 159; Hentze/Hinkelmann 2005, S. 2). Das bfz in Nürnberg spricht hier von der Notwendigkeit des *alterns*gerechten Lernens.[22] Huber und Morschhäuser

---

[22]   Eine Übersicht hierzu finden Sie unter http://www.aqua-nordbayern.de/aqua/index.html (Stand 15.05.2008).

(2001, S. 83) schlagen vor, ältere, leistungsfähige Mitarbeiter in „biographisch ausgerichtete[n] Interviews" zu befragen, „inwieweit konkrete Gegebenheiten und Ereignisse im jeweiligen Betrieb aus Sicht der Betreffenden dazu beigetragen haben, über den Erwerbsverlauf hinweg leistungsfähig zu bleiben." Aus deren Erfahrung kann der Betrieb lernen, Arbeitsplätze so zu gestalten, dass die Beschäftigten während ihrer ganzen Erwerbsphase aktiv bleiben und gefordert sind.

Übung:

4   In der Literatur ist bislang der Begriff „altersgerechtes Lernen" verwandt worden. Neuerdings wird auch der Begriff „alternsgerechtes Lernen" angewendet. Was soll – vor dem Hintergrund der voran gegangenen Ausführungen – mit dieser veränderten Terminologie betont werden?

---

4   Organisation des intergenerationellen Wissenstransfers

„Wissen" wird als einer der entscheidenden künftigen Produktionsfaktoren für eine Volkswirtschaft angesehen. Man erwartet sich von ihm eine besonders positive Wirkung auf das Wirtschaftswachstum (vgl. Deutscher Bundestag 2002, S. 165). Auf betrieblicher Ebene spielt der Faktor Wissen mindestens eine genauso bedeutende Rolle. Das Wissen um die Strukturen eines Betriebs, das Wissen über den branchenspezifischen Markt und allen voran Erfahrungswissen sind entscheidende Wettbewerbsvorteile eines Unternehmens. „Hierbei gibt es zwei verschiedene Ausrichtungen oder Ebenen: 1. Erfahrung spielt zum einen eine Rolle bei der Entwicklung von Arbeitstechniken im engeren Sinne, die beim Umgang mit Maschinen, Informationen und Menschen zu größerer Effizienz führen … 2. Betroffen sind auch Strategien und die Berufsrolle im Allgemeinen: Entscheidungen fällen, zielorientiertes Planen und Handeln, Umgang mit Materialien und Informationen, der Stil und die Substanz bei der Interaktion mit Kollegen und Vorgesetzten, die Selbstregulation des Energieeinsatzes und der Stimmung sowie die Sorge um die eigene Gesundheit und Belastungsfähigkeit. Erfahrung bringt einen Leistungszuwachs daher besonders bei komplexen Tätigkeiten" (Frerichs 2005, S. 54 f.). Dieses Wissen liegt vor allem bei den heutigen Arbeitnehmern eines Unternehmens, die in einigen Jahren zu den „älteren Arbeitnehmern" zählen werden. Verlassen diese Altersgruppen gleichzeitig das Unternehmen – und für viele Unternehmen deuten die betriebsspezifischen Alterspyramiden genau darauf hin -, geht dieses Wissen verloren. Es gilt also, das vorhandene Wissen zu erhalten und an die nachfolgenden Generationen mit Hilfe gezielter Maßnahmen weiterzugeben. Möglichkeiten hierzu bieten bspw. altersheterogene Teamstrukturen oder Tandems, aber auch der gezielte Einsatz von Instrumenten des Wissenstransfers.[23]

1.3   Kurz und bündig

Die vier in Abschnitt 1.2 aufgeführten Strategien (Veränderte Rekrutierungspolitik, Strategien der Betriebsbindung, Sicherung der Lernfähigkeit einer alternden Beleg-

---

[23]   Beispiele sind etwa Wissenslandkarten, Meetings, Kaffeeecken zum Erfahrungsaustausch usw.

schaft sowie Organisation des intergenerationellen Wissenstransfers im Betrieb) zeigen exemplarisch, vor welchen Umbrüchen das Personal- und Weiterbildungsmanagement in den Unternehmen in den kommenden Jahren angesichts des demographischen Wandels (demographische Alterung, Rückgang der Bevölkerungszahl und
des Erwerbspersonenpotenzials; vgl. hierzu Abschnitt 1.2) stehen wird. Vor diesem
Hintergrund ist es auch aus volks- und betriebswirtschaftlicher Sicht höchst problematisch, wenn – wie Abschnitt 1.1 dargelegt –

- ganze Beschäftigtengruppen (Ältere, Ausländer, Geringerqualifizierte) im Bereich der beruflichen Weiterbildung vernachlässigt werden,

- formelle durch informelle Lernprozesse ersetzt werden, solange sie nicht systematisch in ein betriebliches Weiterbildungsmanagement einbezogen werden
  und wenn

- die weitaus größte Zahl an Unternehmen, nämlich die KMU, allenfalls – wenn
  überhaupt – über Ansätze eines systematischen Personal- und Weiterbildungsmanagements verfügen (vgl. Abb. 1-6 und 1-7).

Vor dem Hintergrund der in dieser einleitenden Problemstudie genannten Befunde
suchen immer mehr Unternehmen nach Wegen, wie sie ihr Personal- und Weiterbildungsmanagement professionalisieren können. Ein „Muddling-through" mit ungep-
lanten ad-hoc-Weiterbildungsaktivitäten ohne Erfolgskontrolle wird im Zuge des demographischen Wandels, aber auch im Kontext der strukturellen Umbrüche im Weiterbildungsbereich, immer mehr die Überlebensfähigkeit von Unternehmen gefährden. Der Verband der Bayerischen Metall- und Elektro-Industrie ist beispielsweise
vor dem Hintergrund der Befunde zum Ergebnis gekommen, dass es erforderlich sei,
ein externes *Zentrum für Weiterbildungsmanagement* zu gründen, das von 2007 an,
Unternehmen ihrer Branche beim Aufbau eines professionellen Weiterbildungsmanagements, aber auch in anderen Bereichen des Personalwesens unterstützt. Ein
solches Konzept wird in Kooperation von fbb in Nürnberg und dem Lehrstuhl für Wirtschaftspädagogik und Personalentwicklung, vertreten durch die Autoren dieses Buches, entwickelt und evaluiert. Dabei sollen Weiterbildungskurse und Leitfäden für
„Weiterbildner" zu Instrumenten des Weiterbildungsmanagements „Hilfe zur Selbsthilfe" leisten.

Dieses Lehrbuch verfolgt eine ähnliche Zielsetzung. Wie kann ein professionelles betriebliches Weiterbildungsmanagement aussehen? Welche Instrumente eines Weiterbildungsmanagement können in Unternehmen von der Planung über die Durchführung bis hin zur Kontrolle eingesetzt werden (ablaufbezogene Perspektive)? Welche Regelungen über den Aufbau von Weiterbildungsabteilungen sollten getroffen
werden (aufbaubezogene Perspektive)? Welche gesellschaftlich-politischen Rahmenbedingungen sind zu beachten?

Im folgenden Kapitel geht es zunächst um begriffliche Grundlagen des Weiterbildungsmanagements. Dabei soll zunächst eine Einordnung in die betriebliche Personalplanung und eine Abgrenzung zu den Handlungsfeldern der Personal- und Organisationsentwicklung vorgenommen werden. Im Anschluss daran soll überblickshaft
das Handlungsfeld des Weiterbildungsmanagements in Teilbereiche weiter binnendif-
ferenziert werden.

Info

Weiterbildungsmanagement – kein Thema für Lehrer?

Das Themenfeld „Weiterbildungsmanagement" scheint auf den ersten Blick klar auf den betrieblichen Bereich beschränkt zu sein. Warum sollen sich also angehende Handelslehrer damit beschäftigen, wenn sie doch später in schulischen Kontexten beschäftigt sein werden?

Wenn diese Überlegung je eine Grundlage gehabt hat, so trifft sie heute weniger denn je die Realität. Zum einen, weil das Thema Weiterbildung und Personalentwicklung an Schulen verstärkt an Bedeutung gewinnt, zum anderen weil Kenntnisse aus diesem Bereich zunehmend zur Voraussetzung der Besetzung innerschulischer Leitungsfunktionen werden. In den letzten Jahren ist nämlich die gesamte Lehrerbildung Gegenstand umfangreicher Diskussionen geworden. Insbesondere wird gefordert, dass Weiterbildung einen weitaus höheren Stellenwert bei Lehrern erhalten muss als bislang. „Das Lernen im Beruf ist innerhalb der Lehrerberufe bislang noch nicht in einem umfassenden Sinne als Teil der Lehrerbildung gesehen worden … Es gehört zu den Paradoxien der Bildungslandschaft, dass in der Berufskultur der Lehrerschaft … die Prinzipien kontinuierlichen individuellen, selbst- und fremdorganisierten beruflichen Weiterlernens immer noch nicht breit verankert sind" (Terhart 2000, S. 126).

Wie lässt sich diese Situation ändern? Zwei sich ergänzende Strategien sind ergriffen worden. Zum einen die Förderung von Weiterbildungteilnahmen auf individueller Ebene, zum anderen eine Veränderung des Lehrerfortbildungssystems auf organisatorisch-institutioneller Ebene. Zunächst zur zuerst genannten Strategie. Wie soll die Weiterbildungteilnahme bei Lehrern erhöht werden? Die Antwort lieferte bereits die Terhart-Studie: „Die Frage nach der Freiwilligkeit bzw. dem Pflichtcharakter von Fortbildung lässt sich in ihrer (möglichen) Brisanz dadurch reduzieren, dass zunächst einmal auf die *bereits bestehende gesetzliche Verpflichtung zur Fortbildung* hingewiesen wird" (ebd. S. 134). Infolgedessen haben in den nachfolgenden Jahren zahlreiche Bundesländer die Fortbildungsverpflichtung quantitativ präzisiert. So sind etwa in Bayern 12 Fortbildungstage in vier Jahren nachzuweisen.

Diese konkretisierte Fortbildungsverpflichtung geht einher mit strukturell-organisatorischen Veränderungen bei der Lehrerfortbildung (2. Strategie). Traditionelle Lehrerfortbildungsakademien werden aufgelöst oder auf spezifische Teilaspekte bei der Fortbildung beschränkt. Dagegen werden die Kompetenzen zur Weiterbildungsplanung und -organisation zunehmend in die Hände jeder einzelnen Schule gelegt. Sie haben Fortbildungspläne zu entwickeln und auf die jeweiligen Organisationsziele der Schule abzustimmen: „Lehrerfortbildung (sollte) eben nicht mehr *als individuelle(r) Wahlakt* (verstanden werden), sondern als Teil der Entwicklung der Einzelschule bzw. als *Teil von Personalentwicklung* innerhalb der einzelnen Schule" (ebd.). Kenntnisse aus dem Bereich der Weiterbildungsplanung und -organisation werden daher für Leitungsfunktionen zunehmend zur unabdingbaren Voraussetzung: „Ein System der vorauslaufenden Zusatzqualifizierung sollte für das gesamte Spektrum der Funktionsstellen geschaffen werden, d.h. von der Vorbereitung der Praktikumsmentoren bis hin zur Vorbereitung auf die Übernahme von Funktionen in Schulleitung und Schuladministration. Nur bei einer vorauslaufenden Qualifizierung kann dann … eine Auswahl unter den Geeignetsten erfolgen" (ebd., S. 136). Diese Entwicklung wird noch dadurch forciert, dass berufliche Schulen als Regionale Kompetenz- oder Bildungszentren zunehmend auch eigene Weiterbildungsangebote auf dem freien Markt offerieren (Stender 2006).

Für berufliche Schulen ergibt sich daher immer mehr dieselbe Situation wie für Weiterbildungsanbieter bzw. -nachfrager. Sie haben Weiterbildungsbedarf festzustellen, Planungen durchzuführen und den Erfolg von Weiterbildung zu kontrollieren.

Literatur

Adenauer, S.: Die Potenziale älterer Mitarbeiter im Betrieb erkennen und nutzen In: Angewandte Arbeitswissenschaft, H. 172/2002, S. 19 - 34.

Baigger, J. F.: Das Umdenken hat noch nicht begonnen – Ergebnisse einer Unternehmensbefragung. Aus: Loebe, H./Severing, E. (Hg.): Wettbewerbsfähig mit alternden Belegschaften Betriebliche Bildung und Beschäftigung im Zeichen des demografischen Wandels. Reihe: Wirtschaft und Weiterbildung, 34, Bielefeld 2005. S. 39 - 46.

Beicht, U./Krekel, E./Walden, G.: Berufliche Weiterbildung – Welche Kosten und welchen Nutzen haben die Teilnehmenden? Bonn 2006.

Bellmann, L./Hilpert, M./Kistler, E. u. a.: Herausforderungen des demografischen Wandels für den Arbeitsmarkt und die Betriebe, In: Mitteilungen aus der Arbeitsmarkt- und Berufsforschung, 36(2003)2, S. 133 - 149. URL: www.iab.de/asp/internet/dbdokShow.asp?pkyDoku=k031203n04 (12.10.2006). Berlin.

Bolder, A.: Support bleibt ein Fremdwort. In: Weiterbildung (2006)5, S. 8 - 11.

Brammer, G./Seitz, C./Rump, J.: Jung und Alt in Unternehmen – Generationsübergreifender Wissens- und Erfahrungsaustausch. In: Schemme, D. (Hg.): Qualifizierung, Personal- und Organisationsentwicklung mit älteren Mitarbeiterinnen und Mitarbeitern Probleme und Lösungsansätze, Bielefeld 2001. S. 28 - 46.

Breiholz, H./Duschek, K.-J./Hansch, E. u. a.: Leben und Arbeiten in Deutschland Ergebnisse des Mikrozensus 2004, Wiesbaden 2005. URL: www.destatis.de/presse/deutsch/pk/2004/mikrozensus_2003i.pdf (12.10.2006).

Buck, H./Dworschak, B.: Ageing and work in Germany – challenges and solutions. In: Buck, H./Dworschak, B. (Hg.): Ageing and work in Europe Strategies at company level and public policies in selected European countries, Stuttgart 2003, S. 27 - 46 URL: www.demotrans.de/documents/BR_DE_BR15.pdf (12.10.2006).

Bullinger, H.-J./Buck, H./Schmidt, S. L.: Die Arbeitswelt von morgen Alternde Belegschaften und Wissensintensivierung. In: DSWR, (2003)4, S. 98 - 100. URL: http://www.demotrans.de/documents/DSWR_04_S98_bis_S100.pdf (12.10.2006).

Bundesministerium für Bildung und Forschung: Zur technologischen Leistungsfähigkeit Deutschlands 2005, Bonn, Berlin 2005a.

Bundesministerium für Bildung und Forschung: Demografischer Wandel – (k)ein Problem! Werkzeuge für betriebliche Personalarbeit. Bonn 2005b.

Bundesministerium für Bildung und Forschung (BMBF) (Hg.): Berichtssystem Weiterbildung IX, Bonn/Berlin 2005.

Dehnbostel, P./Pätzold, G.: Lernförderliche Arbeitsgestaltung und die Neuorientierung betrieblicher Bildungsarbeit. In: Dehnbostel, P./Pätzold, G.: Innovationen und Tendenzen der betrieblichen Berufsbildung. Stuttgart 2004, S. 19 - 30.

Deutscher Bundestag (Hg.): Enquête-Kommission Demographischer Wandel, Berlin. Zur Sache; (2002)3.

Frerichs, F.: Das Arbeitspotenzial älterer Mitarbeiterinnen und Mitarbeiter im Betrieb. In: Loebe, H./Severing, E. (Hg.): Wettbewerbsfähig mit alternden Belegschaften Betriebliche Bildung und Beschäftigung im Zeichen des demografischen Wandels, Bielefeld. Wirtschaft und Weiterbildung. 34/2005; S. 49 - 57.

Faulstich, P.: Hartz-Gesetze – Konsequenzen und Alternativen. In: Gewerkschaftliche Bildungspolitik. 54(2003)5/6, S. 15 - 19.

Fuchs, J./Dörfler, K.: Projektionen des Arbeitsangebots bis 2050: Demografische Effekte sind nicht mehr zu bremsen. In: IAB Kurzbericht, H. 11/2005a, S. 1 - 5. URL: http://doku.iab.de/kurzber/2005/kb1105.pdf, am 12.10.2006.

Fuchs, J./Dörfler, K.: Projektion des Erwerbspersonenpotenzials bis 2050 Annahmen und Datengrundlage. In: IAB Forschungsbericht, H. 25/2005b, S. 1 - 38. URL: http://doku.iab.de/forschungsbericht/2005/fb2505.pdf (12.10.2006).

Fuchs, J./Söhnlein, D.: Vorausschätzung der Erwerbsbevölkerung bis 2050. In: IAB Forschungsbericht, H. 16/2005, S. 1 - 51. URL: http://doku.iab.de/forschungsbericht/2005/fb2005.pdf, am 12.10.2006.

Fuchs, J./Thon, M.: Potentialprojektion bis 2040: Nach 2010 sinkt das Angebot an Arbeitskräften. In: IAB Kurzbericht, H. 4/1999, S. 1 - 6. URL: http://www.iab.de/asp/internet/dbdokShow.asp?pkyDoku=i990521n01 (12.10.2006).

Geißler, Kh./Heid, H.: Die Opfer der Qualifizierungsoffensive. In: Geißler/Petsch/Schneider-Grube (Hg.): Opfer der Qualifizierungsoffensive, München 1987, S. 11 - 20.

Grünewald, U./Moraal, D./Schönfeld, G. (Hg.): Betriebliche Weiterbildung in Deutschland und Europa. Bielefeld 2003.

Gütl, B./Orthey, F.M./Laske, S.: Prolog. In: Gütl, B./Orthey, F.M./Laske, S. (Hg.): Bildungsmanagement. München/Mering, 2006, S. 1 - 12.

Hacker, W./Skell, W.: Lernen in der Arbeit. Berlin/Bonn 1993.

Hentze, H./Hinkelmann, D.: Alternde Belegschaften Herausforderung für die betriebliche Personalpolitik der Zukunft, Münster 2005. URL: www.ihk-nordwestfalen.de/volkswirtschaft_statistik/bindata/Gutachten_Demografie_II_2005_06.pdf (12.10.2006).

Huber, A./Morschhäuser, M.: Beratungsstrategien für eine alternsgerechte Arbeits- und Personalpolitik – Projektergebnisse und -erfahrungen. Aus: Buck, H./Schletz, A. (Hg.): Wege aus dem demographischen Dilemma durch Sensibilisierung, Beratung und Gestaltung, Stuttgart 2001. S. 80 - 88.

Kordey, N./Korte, W. B.: active@work Auswirkungen des demographischen Wandels auf Unternehmen und mögliche Maßnahmen zur Sicherung der Beschäftigung älterer Arbeitnehmer Literaturanalyse, Bonn. Empirica Schriftenreihe. Zukunft der Arbeit. 1/2006; URL: http://www.empirica.biz/empirica/publikationen/documents/No01-2006_active.pdf, am 12.10.2006.

Kraft, S.: Umbrüche in der Weiterbildung – dramatische Konsequenzen für das Weiterbildungspersonal. Deutsches Institut für Erwachsenenbildung. http://www.die-bonn.de/esprid/dokumente/doc-2006/kraft06_01.pdf (online veröffentlicht am 01.03.2006).

Kriegesmann, B./Lamping, S./Schwering, M.: Kompetenzentwicklung und Entwicklungsdynamik in KMU und Großunternehmen. Institut für angewandte Innovationsforschung. Bochum 2002.

Lipsmeier, A.: Von der institutionalisierten zur individualisierten Weiterbildung? Wissensmanagement im Kontext betrieblichen Lernens. In: Dehnbostel, P./Pätzold, G. (Hg.): Innovationen und Tendenzen betrieblicher Berufsbildung. Stuttgart 2004, S. 162 - 173.

Merton, R.: Der Matthäus-Effekt in der Wissenschaft. In: Merton, R.: Entwicklung und Wandel von Forschungsinteressen. Frankfurt 1985, S. 100 - 116.

Mühlbradt, T./Schawilye, R.: Analyse personalwirtschaftlicher Risiken und Potenziale. In: Institut für angewandte Arbeitswissenschaft e.V. (Hg.): Demografische Analyse und Strategieentwicklung in Unternehmen. Köln 2005, S. 249 - 261.

Pötzsch, O./Sommer, B.: Bevölkerung Deutschlands bis 2050 Ergebnisse der 10. koordinierten Bevölkerungsvorausberechnung – Presseexemplar, Wiesbaden 2003. URL: http://www.destatis.de/presse/deutsch/pk/2003/Bevoelkerung_2050.pdf (12.10.2006).

Sauter, E.: Neustrukturierung und Verstetigung betrieblicher Weiterbildung – Modelle und Beispiele. In: Dehnbostel, P./Pätzold, G. (Hg.): Innovationen und Tendenzen betrieblicher Berufsbildung. Stuttgart 2004, S. 151 - 161.

Statistisches Bundesamt (Hg.): 10 Jahre Erwerbsleben in Deutschland Zeitreihen zur Entwicklung der Erwerbsbeteiligung 1991 - 2001 Band 1 – Allgemeiner Teil, Wiesbaden 2002. URL: www.destatis.de/download/d/veroe/d_erwerbsl.pdf (12.10.2006).

Stender, J.: Berufsbildung in der Bundesrepublik Deutschland, 2 Bde., Stuttgart 2006.

Terhart, E. (Hg.): Perspektiven der Lehrerbildung in Deutschland, Weinheim/Basel 2000.

Wächter, H./Modrow-Thiel, B.: Arbeitsgestaltung als Personalentwicklung. In: Moldasch, M. (Hg.): Neue Arbeit – Neue Wissenschaft von Arbeit? Heidelberg 2002, S. 365 - 382.

2 Handlungsfelder des betrieblichen Weiterbildungsmanagements

Lernziele

- Das betriebliche Weiterbildungsmanagement in die Personalplanung von Unternehmen einordnen können.

- Ein begründetes Verständnis von Personalentwicklung in Auseinandersetzung mit vorliegenden Definitionen entwickeln können.

- Schnittfelder, aber auch die unterschiedlichen Perspektiven von Weiterbildung, verhaltensorientierter Personalentwicklung und Organisationsentwicklung erläutern können.

- Abgrenzungsschwierigkeiten von beruflicher Weiterbildung und Unterformen davon erläutern können.

- Handlungsfelder des betrieblichen Weiterbildungsmanagements erläutern können.

- Den Funktionszyklus der betrieblichen Weiterbildungsarbeit anhand eines Beispiels erläutern können.

- Begründen können, warum Transferförderung, Performance Improvement, Qualitätssicherung sowie Evaluation und Bildungscontrolling phasenübergreifende Aktivitäten darstellen.

- Die grundlegenden Ziele von Evaluation und Bildungscontrolling unterscheiden können.

2.1 Problembezug

Im vorangegangenen Kapitel ist dargelegt worden, dass nach vorliegenden Untersuchungen gerade KMU noch einen Nachholbedarf im Bereich des betrieblichen Weiterbildungsmanagements haben. Häufig werden allenfalls – wenn überhaupt – einzelne Instrumente isoliert voneinander eingesetzt. Diese Situation wird in Zukunft Wachstum und Innovation bedrohen, wenn extern kein geeignetes Personal zu rekrutieren ist. Der Personalentwicklung der Mitarbeiter kommt daher zunehmend eine existentielle Bedeutung zu. In Bayern ist es daher zur Gründung eines Zentrums für berufliche Weiterbildung gekommen, das die Unternehmen bei der Personalentwicklung und bei der beruflichen Weiterbildung unterstützen will. Dazu sollen Kurse und Workshops veranstaltet und Leitfäden verbreitet werden, die sich den verschiedenen Handlungsfeldern eines betrieblichen Weiterbildungsmanagements und der Personalentwicklung widmen sollen. Doch was sind die zentralen Handlungsfelder? Worauf haben Betriebe zu achten? In welchen Relationen stehen Weiterbildungsmanagement und Personalentwicklung zueinander? Welche Formen von Weiterbildung sind dabei zu unterscheiden? Die folgenden Ausführungen beschäftigen sich mit diesen Fragestellungen. Dabei soll zentral ein Strukturmodell für das betriebliche Weiterbildungsmanagement herausgearbeitet werden, das den Ausführungen in den nachfolgenden Kapiteln zugrunde gelegt wird. Während sich also die Diskussionen in den späteren Abschnitten auf *einzelne* Handlungsfelder beziehen, geht es im vorliegenden Kapitel um den *Zusammenhang der Handlungsfelder* miteinander. Die folgende Abbildung 2-1 visualisiert die zugrunde liegende Argumentationsstruktur.

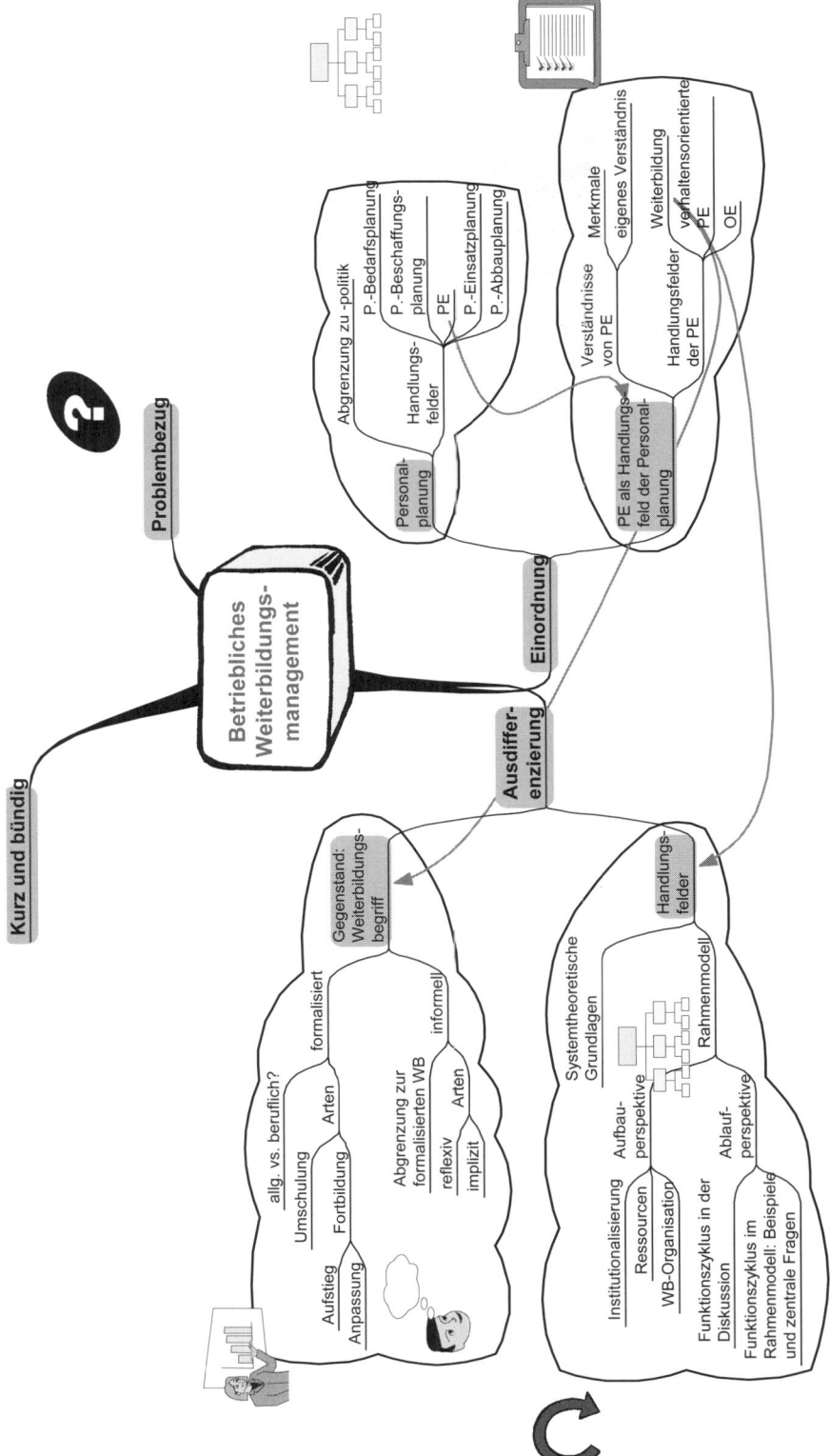

Abb. 2-1: Ablauf der Argumentationen

2.2 Der Blick nach außen: Wie lässt sich das betriebliche Weiterbildungsmanagement in die Personalplanung des Unternehmens einordnen?

Personalpolitik und Personalplanung gehören zu den zentralen Aufgaben jedes Unternehmens. Zwar entspricht die Praxis in KMU häufig immer noch eher einer „Buchhaltungstätigkeit" (Bosch/Kohl 1995)[24], in Großbetrieben ist es dagegen nicht nur zu einem starken Bedeutungszuwachs dieses Bereichs, sondern auch zu einer deutlichen Ausdifferenzierung der Handlungsfelder in der Personalpolitik und der (vorausschauenden) Personalplanung gekommen.

Mit der in Klammern gesetzten Konnotation „vorausschauend" soll der Unterschied zwischen den beiden Bereichen verdeutlicht werden. Während „Personal*politik*" alle betrieblichen Maßnahmen und Entscheidungen, die sich direkt mit dem Faktor „Personal" befassen, umfasst, ist Personal*planung* zukunftsbezogen ausgelegt. Sie versucht durch personalpolitische Maßnahmen auf künftige Entwicklungen zu reagieren (Bosch/Kohl 1995). Dabei lassen sich zumindest fünf zentrale Planungsfelder unterscheiden (vgl. Abb. 2-2). Einige kurz gefasste Hintergrund-Informationen zu den jeweiligen Teilbereichen der Personalplanung finden Sie im nachfolgenden Info-Kasten.

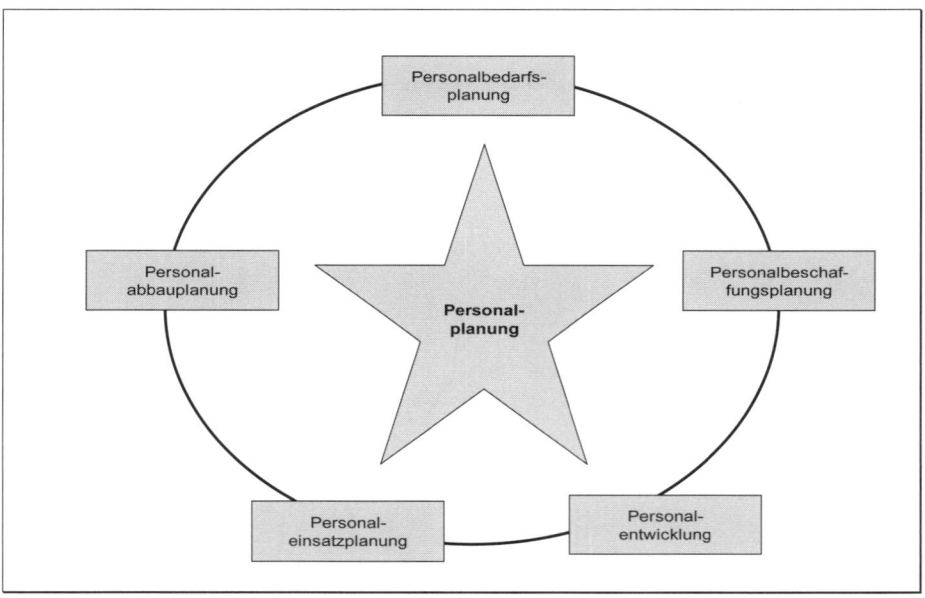

Abb. 2-2: Handlungsfelder der Personalplanung

Ein Handlungsfeld der Personalplanung betrifft die *Personalentwicklung*. Betrachtet man vorliegende Abhandlung zu diesem Themengebiet, so lässt sich ein buntscheckiges Bild von Verständnissen finden. Um zentrale Merkmale der Personalentwicklung herauszuarbeiten, ist es sinnvoll, sich zunächst einen Überblick über gängige Verständnisse zu verschaffen. Der folgende Info-Kasten fasst daher auch exemplarisch einige Auffassungen dazu zusammen.

---

[24] Eigene – allerdings nicht repräsentative Erhebungen in Bayern – belegen, dass diese Befunde nichts an Aktualität eingebüßt haben.

Info

Definitionen zu den Teilbereichen der Personalplanung:

- Aufgabe der Personalbedarfsplanung ist es, festzustellen, wie viele Arbeitskräfte (quantitative Bedarfsplanung), mit welchen Qualifikationen (qualitative Bedarfsplanung) an welchem Ort und zu welchem Zeitpunkt benötigt werden, um ein bestimmtes Produktions- oder Dienstleistungsprogramm zu realisieren.

- Gegenstand der Personalbeschaffung ist die Suche nach potenziellen Arbeitskräften und die Auswahl der Einzustellenden aus dem Kreis der Bewerber auf der Grundlage der Personalbedarfsplanung.

- Bei der Personaleinsatzplanung geht es um die Planung des konkreten Einsatzes der Arbeitnehmer unter Berücksichtigung der zeitlichen Verfügbarkeit, der qualifikatorischen Voraussetzung und der Leistungsanforderung.

- Bei der Personalabbauplanung geht es um die (frühzeitige) Planung von Personalreduzierungen und -veränderungen als Voraussetzung zum Ergreifen sozialverträglicher Gegen- oder Gestaltungsmaßnahmen.

- Zur Personalentwicklung vgl. den nachfolgenden Text.

Exemplarische Auswahl von **Definitionen zum Handlungsfeld Personalentwicklung**

„Personalentwicklung meint mit Blick auf den einzelnen Mitarbeiter die Förderung seiner allgemeinen Qualifikation in möglichst weitestgehender Angleichung der berechtigten Interessen des Betriebes und des Mitarbeiters. Mit Blick auf die gesamte Belegschaft stellt Personalentwicklung das Bemühen dar, ein qualifikatorisches Potential nach Arten, Standards sowie Mengen zu entwickeln und zu erhalten, das geeignet ist, einerseits einen wesentlichen Beitrag zur Erreichung der betrieblichen Ziele zu leisten und andererseits ein hohes Maß an Arbeitszufriedenheit der Mitarbeiter zu sichern" (Münch 1990, S. 224 f).

Personalentwicklung ist „... eine personalpolitische Funktion, die darauf abzielt, Belegschaftsmitgliedern aller hierarchischen Stufen Qualifikationen zur Bewältigung der gegenwärtigen und zukünftigen Anforderungen zu vermitteln. Sie beinhaltet die individuelle Förderung der Anlagen und Fähigkeiten der Betriebsangehörigen, insbesondere unter Berücksichtigung der Veränderungen der zukünftigen Anforderungen der Tätigkeiten und im Hinblick auf die Verfolgung betrieblicher und individueller Ziele" (Hentze 1986, S. 324).

„Das Ziel der Personalentwicklung ist somit die zur Aufgabenerfüllung notwendige langfristige Mitabeiterqualifizierung. Personalentwicklung ist die Synthese zwischen dem Unternehmensbedarf an qualifiziertem Leistungspotential einerseits und dem persönlichen Entwicklungsstreben der Mitarbeiter andererseits" (Bahlmann 1983, S. 308 f.).

Personalentwicklung ist der „... Änderungsprozeß der Personalausstattung im Hinblick auf Qualifikationen, Einstellungen und Verhalten durch betriebliche Maßnahmen einschließlich der Gestaltung der Arbeitssituation" (Zimmermann-Sonntag 1984, S. 1).

(Zitiert nach: Neuberger 1994, S. 5).

Übung:

Bevor Sie weiter lesen, sei zum tieferen Verständnis empfohlen, die vorangegangenen Definitionen zur Personalentwicklung selbstständig unter folgenden Fragestellungen zu analysieren:

1   Was ist der Gegenstandsbereich der Personalentwicklung? M.a.W.: Was ist zu „entwickeln"? Wo sehen Sie Unterschiede in den Verständnissen?

2   An welche übergeordneten Ziele ist Personalentwicklung gebunden?

Sucht man zunächst einmal nach Gemeinsamkeiten, so bezieht sich Personalentwicklung auf das *vorhandene Personal* in einem Unternehmen. Qualitativ veränderte Personalbedarfe lassen sich nämlich nicht nur durch externe Rekrutierungen (Personalbeschaffung) decken, sondern auch durch die gezielte Entwicklung von Personen innerhalb eines Unternehmens, bspw. im Hinblick auf die Besetzung einer vakanten Stelle.

Eine weitere Gemeinsamkeit besteht darin, dass es bei allen Verständnissen von Personalentwicklung (PE) zumindest, wenn nicht gar ausschließlich um die *Förderung von Qualifikationen* geht. Dies entspricht einem verbreiteten Verständnis auch in der Praxis. Demnach sind vor allem Qualifizierungsprozesse, also im weitesten Sinne Weiterbildungsaktivitäten, Gegenstand der PE. Abweichend hierzu geht die vierte Definition von Zimmermann-Sonntag deutlich weiter, denn sie rekurriert nicht nur auf Qualifikationen, sondern auch auf Einstellungen und Verhalten der Mitarbeiter. Damit wird eine personübergreifende Perspektive eingenommen, denn zumindest der Begriff „Verhalten" bezieht sich zumindest auch auf den interpersonalen Bereich. Zimmermann-Sonntag macht damit deutlich, dass PE sich nicht nur darauf beschränken kann, Fertigkeiten und Kenntnisse (durch Weiterbildung) zu vermitteln, sondern auch durch *verhaltensbezogene Maßnahmen* (wie etwa Teambildungsaktivitäten) die Effektivität ganzer Gruppen zu beeinflussen. Darüber hinaus betont Zimmermann-Sonntag auch die *„Gestaltung von Arbeitssituationen"* als einen Anknüpfungspunkt von Maßnahmen der PE. Denn Regeln und Strukturen im Unternehmen können – wie weiter unten noch angesprochen wird – der Entfaltung von Qualifikationen entgegenstehen.

Gemeinsam ist zumindest den ersten drei Verständnissen auch, dass es bei der Personalentwicklung auch darum geht, die *Interessen sowohl des Unternehmens als auch die Belange des Mitarbeiters* zu berücksichtigen. Eine solche Ausrichtung ist keineswegs selbstverständlich. So betont etwa Neuberger (1994, S. 3) in seinem Verständnis von PE, dass die „Zielsetzungen des *Unternehmens* (v. a.: Verwertungsabsicht) und nicht des *Mitarbeiters* … im Vordergrund" stehen.[25] Noch deutlicher wird Fred G. Becker: „Die vielfach in der Literatur zur Betriebspädagogik vorzufindende Basisthese, die dem individuellen (und nicht dem betrieblichen) Bildungsbedarf den Ausschlag für Bildungsaktivitäten gibt, ist doch eigentlich Sozialromantik. Die Mitarbeiter sind Mittel des Betriebes, ihre Qualifikation muss ‚verwertbar' sein" (Becker 2004, S. 61). Beide Autoren heben hervor, dass Personalentwicklung im Interesse des Betriebes und nicht des Mitarbeiters durchgeführt wird. Auch wenn im Detail diese Position kritikwürdig[26] erscheint, so scheinen die Unterschiede „lediglich" in der Betonung der Priorisierung der Ziele zu liegen. Weder lässt sich aus den oben

---

[25]   Kursiv im Original.

[26]   Legt man dieses Verständnis extensiv aus, so müsste sich jede PE-Maßnahme unmittelbar über die Verwertungsabsicht im Betrieb legitimieren lassen. Aber häufig, vielleicht sogar in aller Regel (wenn man etwa an KMU denkt), ist der betriebliche Bedarf zumindest auf einer mittel- oder gar langfristigen Perspektive völlig unbekannt. Und ein permanentes Ausblenden der Mitarbeiterinteressen würde auch zu motivationalen Problemen führen. Hinzu kommt, dass bei einzelnen Maßnahmen der Erfolg für das Unternehmen häufig unmittelbar gar nicht ersichtlich sein kann. Wie im Kontext des Bildungscontrolling-Ansatzes noch angesprochen wird, treten bspw. bei Weiterbildungsaktivitäten häufig Nebenerfolge auf, die für das Unternehmen weitaus wichtiger sind als der intendierte Haupteffekt. So kann z. B. die Schulung in einer Software (die vielleicht gar nicht im Unternehmen eingesetzt wird) zugleich die Präsentationsfähigkeit, aber auch – durch geeignete didaktische Arrangements – die Teamfähigkeit von Mitarbeitern fördern, was letztlich wieder dem Unternehmen zugute kommt. Da es zumindest auf der Zeitschiene immer Spielräume zwischen einer Abwägung betrieblicher und individueller Ziele gibt, erscheint es sinnvoll, diese auch im Rahmen von PE-Maßnahmen auszuleuchten. Eine Maßnahme die kurzfristig den individuellen Zielen dient, kann sich langfristig auch für das Unternehmen auszahlen.

genannten drei Verständnissen eine absolute Gleichrangigkeit der möglicherweise divergierenden Zielsetzungen ableiten, noch begründen die Ausführungen von Becker und Neuberger ein völliges Ausblenden der Ziele der Mitarbeiter. Die Definitionen von Münch, Hentze und Bahlmann verdeutlichen allerdings stärker, dass es auch darum gehen muss, den Zielen der Mitarbeiter soweit wie möglich – und das heißt: soweit es dem Unternehmen möglich und dienlich ist – Rechnung zu tragen. Mit der Divergenz der unterschiedlichen Rationalitäten in beiden Bereichen setzt sich Karlheinz Geißler in einem Interview kritisch auseinander (Geißler u. a. 2006, S. 59 f.) und schlussfolgert: „Wo liegt das Problem? Es liegt meines Erachtens darin, dass sich die VertreterInnen der widersprüchlichen Rationalitäten gegenseitig nicht akzeptieren und entweder die eine Rationalität über der jeweils anderen dominiert oder beide so harmonisiert werden, dass der Widerspruch zwischen ihnen verschwindet. Diese Strategien sind das Problem, weil sie die Produktivität der Widersprüchlichkeit leugnen ... Das kostet Anstrengung, die Differenz als einen Dauerwiderspruch, quasi als Realität zu akzeptieren". Geißler empfiehlt, die Verschiedenartigkeit der beiden Anforderungskategorien zu akzeptieren und bei jeder einzelnen Maßnahme zu versöhnen.

Ein weiterer Aspekt wird bei einigen der genannten Definitionen deutlich. Betont wird, dass es sich bei Maßnahmen der PE um *betriebliche Aktivitäten* handelt. Auch dies wird zum Teil anders gesehen. So betont etwa Neuberger (1994, S. 3), dass nicht nur systematisch geplante Veränderungen erfasst werden sollen, sondern auch die Selbst-Entwicklung bspw. beim informellen Lernen zu berücksichtigen wäre. Ein solches Verständnis erscheint problematisch. Zwar ist zuzustimmen, dass es nicht nur darum gehen kann, systematische Weiterbildungskurse im traditionellen Sinne (vgl. hierzu Kap. 1) zu planen, durchzuführen und zu kontrollieren. Vielmehr ist gerade angesichts der gewachsenen Bedeutung auch dem informellen Lernen verstärkt Rechnung zu tragen. Allerdings erscheint es wenig sinnvoll, jede Form informellen Lernens als PE-Maßnahme zu verstehen. Wenn etwa ein Mitarbeiter – natürlich in seiner Mittagspause! – beim Studieren der Börsenkurse einen neuen Begriff kennen lernt, den er auch im Unternehmen anwenden kann, aber nach kurzer Zeit möglicherweise wieder vergisst, so macht es wenig Sinn, hier von Personalentwicklung zu sprechen, da hier – wenn überhaupt – eher von Zufallslernprozessen auszugehen ist, die im Sinne von Wittwer (1982) eher einer unreflektierten Sammlung von Erfahrungen in der Berufspraxis entsprechen würden. Damit ist nicht gesagt, dass informelle Lernprozesse grundsätzlich nicht Gegenstand der PE sein können. Vielmehr sind zumindest Teile des informellen Lernens, nämlich das reflexive Lernen[27] gestaltungsfähig und –bedürftig. Wenn etwa das Lernen über einen Chat im Internet erfolgen soll, so ergeben sich hieraus für die Personalentwicklung Gestaltungsmöglichkeiten. Auch für das implizite, nicht reflektierte Lernen, als die andere Komponente des informellen Lernens, können zumindest durch den Betrieb günstige Rahmenbedingungen geschaffen werden. Gleichwohl ist aber in beiden Fällen *eine betriebliche (Gestaltungs-)Aktivität Ausgangspunkt der Lernprozesse*. Insofern macht es Sinn, auch weiterhin – wie in einigen der vorangegangenen Definitionen – Personalentwicklung als eine „betriebliche Maßnahme" zu verstehen und nicht auf Tatbestände auszudehnen, die weder vom Betrieb geplant noch intendiert waren. Allerdings sollte der Begriff „betriebliche Maßnahme" nicht zu eng ausgelegt werden, wenn damit auch das Schaffen geeigneter Rahmenbedingungen gemeint sein soll.

---

[27]   Vergleiche hierzu die einführenden Erläuterungen in Kapitel.1 und weiter unten in Abschnitt 2.3.1.

Im Rahmen dieses Lehrbuchs soll vor diesem Hintergrund – quasi als Rahmen für das zu diskutierende betriebliche Weiterbildungsmanagement – folgendes Verständnis von Personalentwicklung zugrunde gelegt werden:

Personalentwicklung umfasst alle **unternehmerischen Maßnahmen im weitesten Sinne***, die darauf gerichtet sind, das* **Arbeitsvermögen** *des* **Personals** *zu verändern oder zumindest zu erhalten. Hierzu zählen insbesondere Maßnahmen der* **Weiterbildung** *einschließlich der* **Gestaltung informeller Lernprozesse***, der Teamentwicklung (***verhaltensorientierte Personalentwicklung***) und der Etablierung geeigneter Regeln und Strukturen (***Organisationsentwicklung***) zur bestmöglichen Ausschöpfung des Arbeitsvermögens im Hinblick auf die Realisierung* **betrieblicher Zielsetzungen** *und unter* **weitestgehender Berücksichtigung individueller Ziele***.*

Mit diesem Verständnis soll deutlich gemacht werden:

- Personalentwicklung basiert auf **unternehmerischen Maßnahmen**. Zufalls(lern-)prozesse sollen nicht als PE-Aktivität interpretiert werden.

- Der Begriff „unternehmerische Maßnahme" soll nicht zu eng, sondern **„im weitesten Sinne"** interpretiert werden, um damit auch die Etablierung geeigneter Rahmenbedingungen als PE-Aktivität auffassen zu können.

- Durch den Begriff **„Arbeitsvermögen"** soll in Anlehnung an Neuberger (1994, S. 3) deutlich gemacht werden, dass es nicht um die manifeste Arbeitsleistung des Personals geht, sondern auch um deren *Potenzialität*. Damit ist eine latente Größe angesprochen, die zwar aktuell möglicherweise noch nicht dem Unternehmen als Nutzen zufließt, aber auch im Unternehmensinteresse erschließbar ist. Bspw. kann es sich dabei um Qualifikationspotenziale handeln, die eine Person in seiner Freizeit, bislang aber nicht im Unternehmen einbringt. PE kann dabei nach Strategien suchen, wie diese Potenziale für das Unternehmen erschlossen werden können.

- Der Begriff **„Personal"** soll darauf aufmerksam machen, dass es nicht nur darum gehen kann, einzelne Personen „zu entwickeln". Personal ist immer mehr als die Summe von Personen. Personal rekurriert auch immer zugleich auf die Beziehungen zwischen Personen und auf deren Einbindung in organisatorische Strukturen. Person, Beziehungen und organisatorische Strukturen sollen damit Gegenstand des Gestaltungsfeldes der Personalentwicklung sein.

- Daher sind **Weiterbildung, Team- und Organisationsentwicklung** Handlungsfelder der Personalentwicklung. Durch die besondere Betonung der **informellen Lernprozesse** soll der wachsenden Bedeutung dieses Bereichs Rechnung getragen werden. Allerdings soll es auch hier nur insofern berücksichtigt werden, als es um „Gestaltungsaktivitäten" des Unternehmens geht, also um eine bewusste Gestaltung solcher Lernprozesse.

- Mit dem Zusatz **„im Hinblick auf die Realisierung betrieblicher Zielsetzungen und unter weitestgehender Berücksichtigung individueller Ziele"** soll zum Ausdruck gebracht werden, dass einerseits die Interessen beider Seiten im Rahmen der PE zu berücksichtigen sind, dass aber andererseits die Realisierung betrieblicher Ziele die Randbedingung für die Einlösung individueller Ansprüche darstellen muss.

Ziel von PE-Maßnahmen ist also nicht nur, individuelle Qualifikationen zu fördern. Denn ein Mitarbeiter mag umfangreiche Kompetenzen haben, dennoch können sie – aus verschiedenen Gründen – möglicherweise gar nicht zur Entfaltung kommen. Zum einen sind Personen immer in soziale Zusammenhänge eingebunden. Jede einzelne Person mag dabei kompetent zur Erledigung seiner Aufgaben sein. Probleme könnten sich aber gerade aus dem Zusammenwirken dieser Personen ergeben. Das Stichwort „Mobbing" möge hier reichen. Die erfolgreiche Anwendung individueller Kompetenzen kann aber auch an den Aufbau- oder Ablaufstrukturen im Betrieb scheitern, etwa wenn ein Mitarbeiter auf rein ausführende Tätigkeiten beschränkt wird oder die Arbeitsatmosphäre durch Misstrauen und Kontrolle geprägt ist. Damit lassen sich drei Ansatzpunkte für Personalentwicklung identifizieren (vgl. Abb. 2-3).

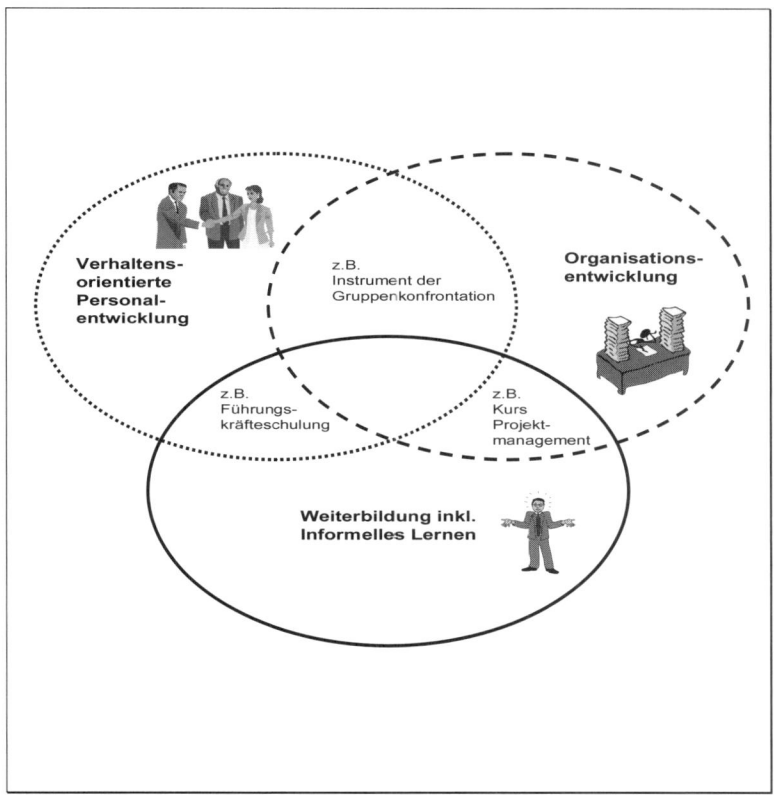

Abb. 2-3: Handlungsfelder der Personalentwicklung und deren Schnittfelder

In der Praxis richtet sich PE häufig ausschließlich auf das Individuum aus. Es wird bspw. versucht, Bildungsbedarfe zu ermitteln und wenn möglich, diese Bedarfe durch Weiterbildungsbedarfe zu decken. Bei dieser Betrachtungsweise wird eine *personenbezogene Perspektive* eingenommen. Die zentrale Fragestellung lautet: Wie kann das Arbeitsvermögen einer einzelnen Person durch geeignete unternehmerische Maßnahmen, insbesondere durch Weiterbildungsaktivitäten unter Abwägung der betrieblichen und individuellen Ziele, bestmöglich gefördert werden?

Weiterbildungsbedarfe sind aber nur ein Teilbereich eines umfassenden PE-Bedarfs, der sich auch auf *interpersonale Beziehungen* richtet. Funktioniert eine Arbeitsgruppe? Gibt es gruppeninterne Kooperationshemmnisse? Gibt es zwischen den Gruppen Schwierigkeiten? Die zentrale Fragestellung der verhaltensorientierten Personalentwicklung lautet hier: Wie kann das Arbeitsvermögen einer Gruppe durch geeignete unternehmerische Maßnahmen, insbesondere durch Maßnahmen der Teamentwicklung unter Abwägung der betrieblichen und individuellen Ziele bestmöglich gefördert werden?

Als dritten Ansatzpunkt kann ein PE-Bedarf im Bereich der Organisation liegen. Angesprochen sind hier Regeln, Strukturen, Vorschriften in einem Unternehmen, die förderlich oder hemmend sind. Ungerechte Entlohnung und Arbeitsverteilung, mangelnde Karriereperspektiven, rigide Kontrollmechanismen, unzureichende Informationskanäle usw. können die Entfaltung von Kompetenzen am Arbeitsplatz verhindern. Solche Problematiken sind Gegenstand der *Organisationsentwicklung* (OE). Die zentrale Fragestellung lautet hier: Wie kann das Arbeitsvermögen einer Gruppe und jedes Einzelnen durch geeignete unternehmerische Maßnahmen, insbesondere durch Maßnahmen der Organisationsentwicklung unter Abwägung der betrieblichen und individuellen Ziele bestmöglich gefördert werden?

Dabei existieren zwischen den genannten Handlungsfeldern durchaus Schnittstellen. Weiterbildungskurse im Rahmen der Führungskräfteschulung dienen zugleich der verhaltensorientierten Personalentwicklung (Umgang mit Mitarbeitern). Und ein Kurs in Projektmanagement kann zugleich der Etablierung geeigneter Regeln und Strukturen (OE) dienen. Schließlich zeigt das Instrument der Gruppenkonfrontation[28], dass Maßnahmen gleichzeitig verhaltensbezogen sein können, aber auch der Festlegung neuer Regeln und Strukturen dienen können.

Wenn im Folgenden vom betrieblichen Weiterbildungsmanagement die Rede ist, dann bezieht es sich vor dem Hintergrund der vorangegangenen Ausführungen auf nur *ein*, wenngleich zentrales Handlungsfeld der Personalentwicklung, nämlich auf den Bereich der betrieblichen Weiterbildung. Sie ist – wie die folgende Abbildung zusammenfassend darstellt – Teil der Personalentwicklung und damit Element der Personalplanung in Unternehmen.

---

[28] Beim Instrument der Gruppenkonfrontation werden mindest zwei verschiedene Gruppen (Teams) unter Leitung eines Moderators zusammengebracht, zwischen denen in der Kooperation Schwierigkeiten bestehen (zwei Abteilungen eines Unternehmens arbeiten nicht gut zusammen). Beim Gruppenkonfrontationstreffen erläutern die Gruppen, wie sie die jeweils andere Gruppe und ihre Arbeit sehen. Ziel ist festzustellen, wo die Ursachen der mangelnden Kooperation liegen. Sie können im Verhalten einzelner oder der Gruppe, aber auch in ungünstigen Regeln und Strukturen liegen, die den Kommunikationsfluss zwischen den Gruppen hindern.

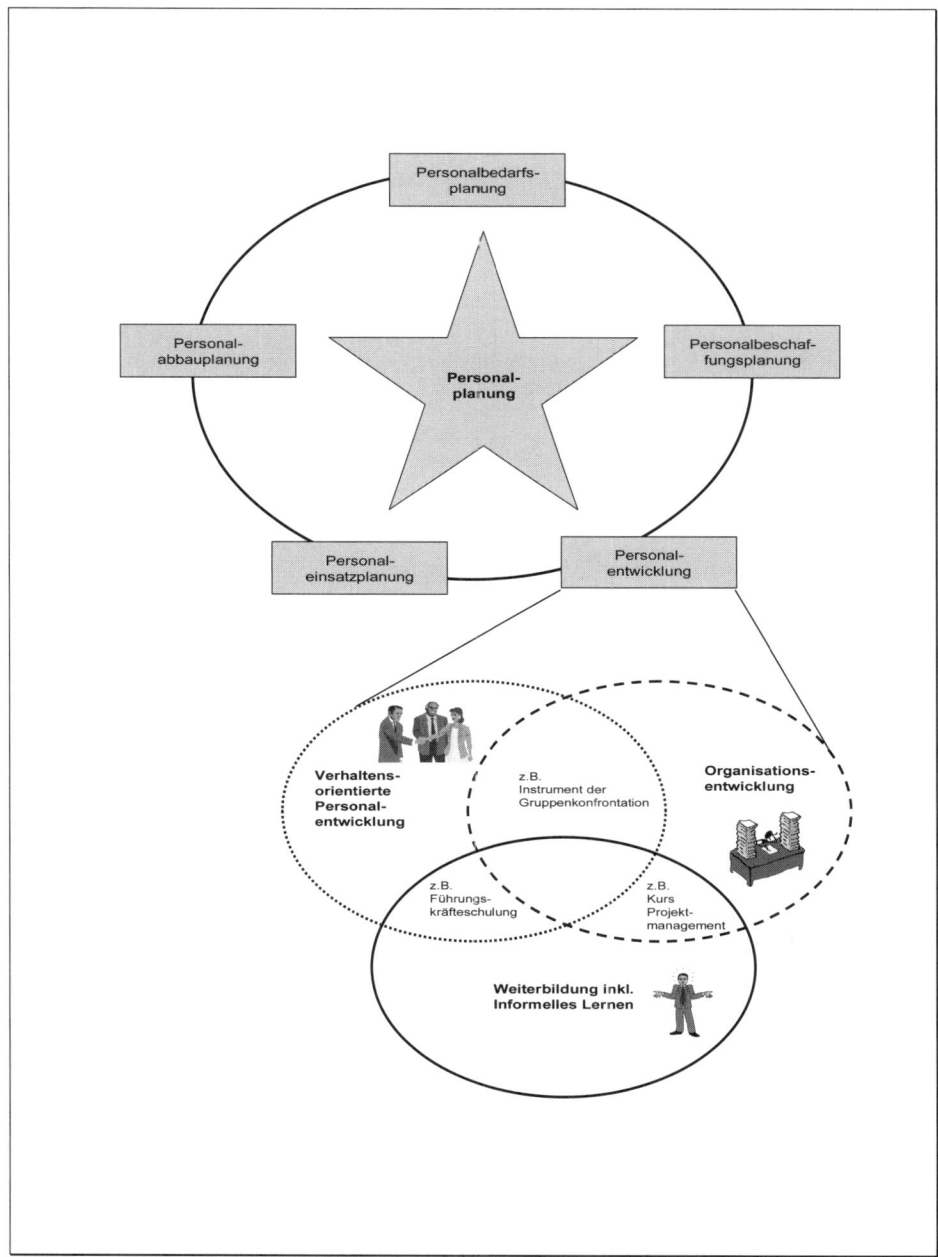

Abb. 2-4: Einordnung des Handlungsfelds der betrieblichen Weiterbildung in die Personalentwicklung und -planung

Übung:

3   Ordnen Sie die folgenden Aktivitäten dem Handlungsfeld Weiterbildung, verhaltensorientierte PE oder OE zu!

a)   Bei der Rollenanalyse-Technik (RAT) erfolgt quasi eine kooperativ erstellte Beschreibung der gegenseitigen Rollenerwartungen. Im ersten Schritt beschreibt der Inhaber einer Position (Fokalrolle) seine Einordnung, Aufgabe, Verantwortlichkeiten aus seiner Sicht. Im zweiten Schritt beschreibt er diesbezüglich auch seine Sicht auf die anderen Stelleninhaber. Im dritten Schritt werden die anderen Stelleninhaber gebeten, ihre Sicht auf die Rolle des ersten Stelleninhabers (Fokalrolle) zu verfassen. Im vierten Schritt fasst der Inhaber die Angaben zu einem Rollenprofil zusammen. Danach wechselt die Fokalrolle.

b)   Im Verbundmodellversuch QLIB (Qualifizierung von Lehrpersonal in Berufen mit hoher Innovationsgeschwindigkeit) haben Lehrer und Ausbildung an Fortbildungsveranstaltungen zu bestimmten Themenfeldern teilgenommen. Die Kurse waren so gestaltet, dass im Rahmen von Gruppenarbeit immer Lehrer und Ausbilder zusammengearbeitet haben, damit diese sich besser kennen lernen. Damit sollte erreicht werden, dass vielfach beobachtete gegenseitige Vorurteile zwischen Lehrern und Ausbildern abgebaut werden.

c)   Ein „Konfrontationstreffen" läuft typischerweise in folgenden Phasen ab: 1. Atmosphäre schaffen und Ziele verdeutlichen (Benennung von Problemen in der Arbeitsorganisation). 2. Informationen sammeln (Bilden von Arbeitsgruppen, in denen die Gruppenmitglieder ihre Sicht auf die Arbeitsorganisation darstellen). 3. Präsentation der Gruppenberichte/Zusammenfassung der Ergebnisse/Bilden von Themencluster (Top-Management und jede einzelne Gruppe wird mit neuen Sichtweisen auf die Arbeitsorganisation konfrontiert). 4. Prioritäten bei der Lösung setzen. 5. Top-Management trifft erste Entscheidungen. 6. Erfolgskontrolle (nach einigen Wochen).

2.3   Der Blick nach innen: Welche Handlungsfelder des betrieblichen Weiterbildungsmanagements lassen sich unterscheiden?

2.3.1   Was ist der Gegenstandsbereich?

Wenn es um die Diskussion des betrieblichen Weiterbildungsmanagements geht, dann ist zunächst der Gegenstandsbereich zu klären. Was ist Weiterbildung? Was ist berufliche Weiterbildung? Was ist betriebliche Weiterbildung?

Eine historische und weit verbreitete Begriffsdefinition zur Weiterbildung wurde 1970 vom Deutschen Bildungsrat veröffentlicht. Dieser beschreibt Weiterbildung als die „Fortsetzung oder Wiederaufnahme organisierten Lernens nach Abschluß einer unterschiedlich ausgedehnten ersten Bildungsphase … Das Ende der ersten Bildungsphase und damit der Beginn möglicher Weiterbildung ist in der Regel durch den Eintritt in die volle Erwerbstätigkeit gekennzeichnet … Das kurzfristige Anlernen oder Einarbeiten gehört nicht in den Rahmen der Weiterbildung" (Deutscher Bildungsrat 1970, S. 197). Im Laufe der Jahre hat sich dieses Verständnis durch unterschiedliche Zielsetzungen und Formen von Weiterbildung gewandelt. Insbesondere der Bedeutungsgewinn des informellen Lernens[29] hat dazu geführt, dass zunehmend auch dieser Bereich unter den Begriff „Weiterbildung" subsumiert wird. Im vorliegenden Lehrbuch soll diesem Verständnis gefolgt werden. Der Begriff der Weiterbildung soll demnach die formalisierte sowie die informelle Weiterbildung umfassen.

---

[29]   Zum Begriff vgl. die Skizzierung in Kapitel 1 und die ausführlichen Erläuterungen im Kapitel 4.5.2.

Formalisierte Weiterbildung

Bei den Erhebungen zum Berichtssystem Weiterbildung (BSW), die im Auftrag des Bundesministeriums für Bildung und Forschung seit 1979 regelmäßig durchgeführt werden, wird – wie bereits in Kapitel 1 angesprochen – die Weiterbildung analytisch in die berufliche und die allgemeine differenziert. Während die so genannte „allgemeine Weiterbildung" an spezifischen Themenfeldern festgemacht wird, wird bei den Erhebungen zur „beruflichen Weiterbildung" eine Subjektperspektive eingenommen.[30] Das heißt, es wird danach gefragt, ob eine Person aus subjektiver Sicht an Kursen teilgenommen hat, die dem Beruf dienen. Angesichts der in Kapitel 1 angesprochenen Abgrenzungsproblematik soll in diesem Lehrbuch auf eine thematische Unterscheidung von allgemeiner und beruflicher Weiterbildung verzichtet werden. *Sofern von beruflicher Weiterbildung die Rede ist, so sollen damit – im Bereich der formalisierten Weiterbildung – jene Kurse und Veranstaltungen gemeint sein, die aus Sicht eines Arbeitnehmers (einschließlich von Arbeitslosen) oder aus Sicht eines Unternehmens (einschließlich von Arbeitsvermittlungsinstitutionen und Bildungsträgern) einer beruflichen Tätigkeit dienen.* Damit wird ein etwas weiteres Verständnis als beim BSW vertreten, weil sich in der Praxis zeigt, dass der Sinn von Weiterbildungskursen, die vom Betrieb initiiert worden sind, aus subjektiver Sicht häufig nicht ersichtlich ist.

Die berufliche Weiterbildung lässt sich in Anlehnung an das neue Berufsbildungsgesetz von 2005 systematisch noch weiter unterteilen. Gemäß § 1 BBiG lässt sich zwischen beruflicher Umschulung und beruflicher Fortbildung unterscheiden. Die berufliche Umschulung soll gemäß § 1(3) zu einer anderen beruflichen Tätigkeit befähigen. Die berufliche Fortbildung soll es dagegen ermöglichen, die berufliche Handlungsfähigkeit zu erhalten und anzupassen oder zu erweitern und beruflich aufzusteigen (§1(2) BBiG).

Ähnliche Verständnisse werden dem Sozialgesetzbuch III (SGB III) zugrunde gelegt. Demnach handelt es sich bei der *beruflichen Umschulung* um Maßnahmen, die das Ziel haben, „einen beruflichen Abschluss zu vermitteln oder zu einer anderen beruflichen Tätigkeit zu befähigen." Demgegenüber definiert § 85(3) SGB III die *Fortbildung* als Maßnahme mit dem Ziel, „berufliche Kenntnisse, Fertigkeiten und Fähigkeiten zu erhalten, zu erweitern, der technischen Entwicklung anzupassen oder einen beruflichen Aufstieg zu ermöglichen". Damit sind in beiden Legaldefinitionen zwei Unterformen der Fortbildung angesprochen: Die *Anpassungsfortbildung* und die *Aufstiegsfortbildung*.

Neben dem Begriff der *beruflichen* Weiterbildung wird häufig der der *betrieblichen* Weiterbildung verwendet. Bei der betrieblichen Weiterbildung handelt es sich um *eine* Unterform der beruflichen Weiterbildung, die dadurch gekennzeichnet ist, dass sie direkt vom Unternehmen durchgeführt, initiiert oder finanziert, zumindest unterstützt wird. Lung deutet betriebliche Weiterbildung demnach als „konkrete Bestrebungen eines Betriebes mit dem Ziel, berufserfahrene Mitarbeiter im Hinblick auf spezifische Anforderungen (bezüglich Persönlichkeitseigenschaften) eines bestehenden oder geplanten Arbeitsplatzes zu schulen (zu trainieren, zu unterweisen), wobei die Wahl des Lernorts (innerbetrieblich, überbetrieblich, zwischenbetrieblich) und der Weiterbildungsmethode nicht festgelegt ist" (Lung 1996, S. 17). Auch im vorliegenden Lehrbuch soll – entsprechend dem weiter oben erläuterten Verständnis von Personalentwicklung folgend – eine berufliche Weiterbildung nur dann als betrieblich bezeichnet werden, wenn sie mit unternehmerischen Maßnahmen im weitesten Sinne,

---

[30]   Vgl. hierzu Kapitel 1.

also bspw. auch durch die Etablierung geeigneter Rahmenbedingungen für berufliche Lernprozesse, einhergehen.

Als eine spezifische Form der Anpassungsfortbildung kann auch das informelle Lernen gelten.[31]

Informelles Lernen

„Spätestens seit der kanadischen NALL-Studie[32] kann es ... als gesichertes Wissen angesehen werden, dass sich der überwiegende Teil des bewussten Erwachsenenlernens informell, also unter Bedingungen jenseits von Bildungseinrichtungen, abspielt; Schätzungen schwanken zwischen 70 und 90 Prozent" (Staudt/Kley 2001, S. 7 f.). Seither hat der Begriff des informellen Lernens auch im deutschsprachigen Raum Furore gemacht.

Der Begriff des informellen Lernens ist bereits kurz im einführenden Kapitel 1 angesprochen worden. Dabei wurde dargelegt, dass die „Krise" im Weiterbildungsbereich auch damit im Zusammenhang steht, dass zunehmend informelle Lernprozesse neben formalisierte (formelle) Lernprozesse getreten sind. Das informelle Lernen wird damit zumeist als Negativabgrenzung zu formellen Lernprozessen definiert. In der Praxis ergänzen sich meist beide Lern- und Weiterbildungsformen. Analytisch lassen sich beide Kategorien durch den Organisationsgrad des Lernarrangements unterscheiden.

Formalisiertes (formelles) Lernen ist pädagogisch geplant, didaktisch-methodisch aufbereitet, findet meist an spezifisch dafür vorbereiteten Lernorten statt, verfolgt spezifische (meist ausgewiesene) Lernziele und wird in der Regel durch pädagogisch geschultes Personal begleitet (Dehnbostel/Pätzold 2004, S. 27; Molzberger 2004, S. 88). Typische Beispiele sind externe oder betriebsinterne Kurse zu einem Thema, die dem Aufbau von Fachwissen dienen. Demgegenüber wird *informelles Lernen* aus der Arbeits- und Problemsituation gespeist. Das Lernergebnis ergibt sich aus Problemlösungen. Es wird meist nicht pädagogisch begleitet (ebd.). Beispiele hierfür sind Lernprozesse durch Beobachten, auf Kongressen, im Chat usw.

Das *informelle Lernen* lässt sich analytisch wiederum weiter ausdifferenzieren in das reflexive oder auch *Erfahrungslernen* einerseits und das *implizite Lernen* andererseits. Beim reflexiven Lernen, das auch Erfahrungslernen genannt wird, werden Erfahrungen bewusst reflektiert. Erfahrungen am Arbeitsplatz oder auf einer Messe oder im Chat werden bewusst in Reflexionsprozesse eingebunden und führen so zu Erkenntnisgewinnen und können so auch an andere weitergegeben werden. Das reflexive Lernen ist gestaltungsfähig und –bedürftig. So kann ein Coach solche Reflexionsprozesse anregen. In einer Studie aus dem IT-Bereich (Molzberger 2004) werden die individuellen Erfahrungen jedes Mitarbeiters in bewusst gestaltete kommunikative Arrangements (bspw. Teamsitzungen, Jour fix, Workshops) eingebettet, um Reflexionen anzuregen und Wissen auch für andere sichtbar zu machen.

Vom reflexiven Lernen als eine Form des informellen Lernens ist das *implizite Lernen* zu unterscheiden, das unbewusst im Zuge von Arbeitsvollzügen abläuft. „Das implizite Lernen generiert ... einen Lernprozess, dessen Verlauf und Ergebnis dem Ler-

---

[31] Derzeit ist nicht absehbar, inwiefern informelle Lernprozesse auch einer Aufstiegsfortbildung dienen können, da hier schwierige Mess- und Zertifizierungsprobleme zu lösen wären. Vor diesem Hintergrund wird das informelle Lernen im vorliegenden Zusammenhang als eine Sonderform der Anpassungsfortbildung verstanden.

[32] NALL steht für New Approaches of Lifelong Learning. Vgl. hierzu Livingstone (1998).

nenden nicht bewusst sind und nicht reflektiert werden, gleichwohl ist es verhaltenssteuernd. Lernen wird in der Situation unmittelbar erfahren, ohne dass Regeln und Gesetzmäßigkeiten erkannt oder gar zur Basis von strukturierten Lernprozessen gemacht würden" (Dehnbostel/Pätzold 2004, S. 24).

Auch wenn beide Formen des informellen Lernens im Zuge moderner Arbeitsprozesse an Bedeutung gewinnen, wird derzeit in Theorie und Praxis der Weiterbildung eine besondere Herausforderung im Bereich des reflexiven Lernens gesehen, weil hier durch bewusste Gestaltungsaktivitäten des Betriebes – bspw. durch die Etablierung geeigneter Rahmenbedingungen – ähnliche Lernprozesse in Gang gesetzt und Erfahrungen auch an andere weitergegeben werden können wie es in formalisierten Weiterbildungskursen der Fall ist. Reflexives Lernen, das durch betriebliche Initiativen angeregt wird, kann damit – den oben genannten Verständnissen folgend – zugleich als Element der betrieblichen Weiterbildung sowie der Personalentwicklung in Unternehmen verstanden werden.

Die folgende Abbildung 2-5 fasst die Ausführungen zu den begrifflichen Verständnissen im Weiterbildungsbereich visualisiert und schematisiert zusammen. Verkürzungen sind dabei unvermeidlich.

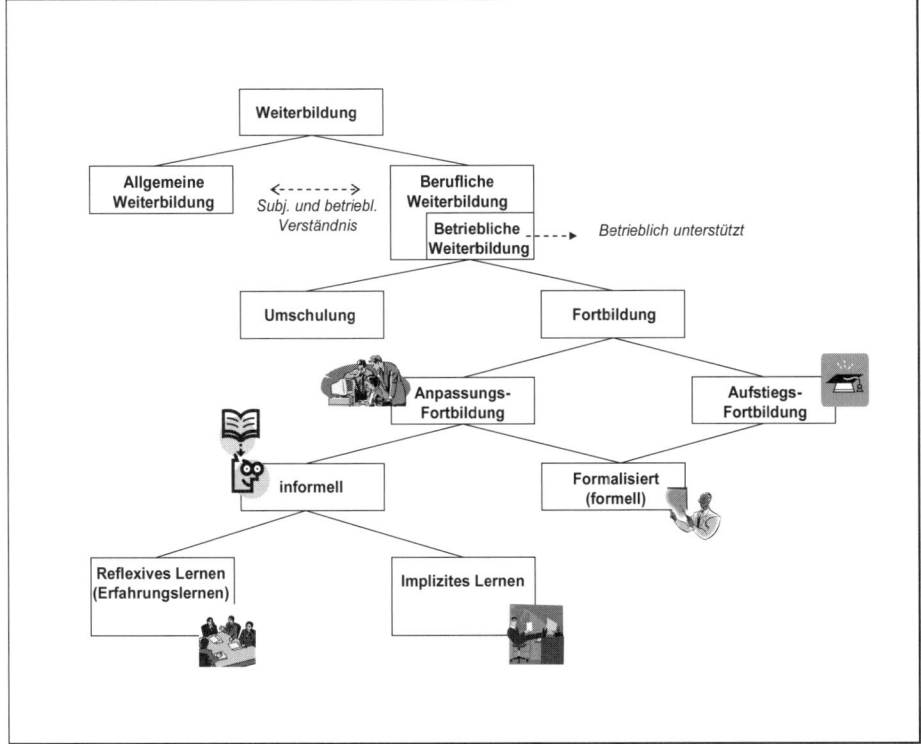

Abb. 2-5: Begriffliche Grundlagen in der Weiterbildung

> ## Übung: 🔍
>
> 4   Ordnen Sie die folgenden Weiterbildungsaktivitäten den in Abb. 2-5 genannten Weiterbildungsarten zu!
>
> a)   Im Verbundmodellversuch QLIB wird ein Arbeitskreis aus Mechatroniker-Lehrern und – Ausbildern gebildet, in dessen Rahmen sich beide Seiten über fachliche Inhalte und neue Entwicklungen in Betrieb und Schule austauschen.
>
> b)   Eine Sekretärin besucht einen Weiterbildungskurs, der sich auf die Neuerungen bei einem Textverarbeitungsprogramm bezieht.
>
> c)   Ein Handwerker besucht einen Meisterkurs.
>
> d)   Ein Versicherungskaufmann wird arbeitslos und macht eine Weiterbildung zum IT-Kaufmann.
>
> e)   Ein Vertriebsingenieur fährt zum Zwecke der Kundenakquise mehrfach zu Gesprächen nach China. Er erfährt dabei – auch durch eigene Fehler im Umgang mit Gesprächspartnern - einiges über die Kultur des Landes, ohne dass ihm das bewusst wird. Bei späteren Vehandlungen passieren ihm immer weniger Fehler im Umgang mit chinesischen Gesprächspartnern

2.3.2 Was umfasst das betriebliche Weiterbildungsmanagement?

Die Weiterbildung ist in den vergangenen Jahrzehnten Gegenstand vielfältiger Studien gewesen. Sowohl seitens der Forschung als auch von Seiten der Praxis wurden nicht nur Weiterbildungsprobleme erörtert, sondern auch geeignete Strategien entwickelt, wie darauf reagiert werden kann. Allerdings handelt es sich bei den meisten Ansätzen um isolierte Analysen und Empfehlungen zu einzelnen Teilaspekten der Weiterbildung: Welche Probleme verursacht eine Weiterbildungspraxis, die allein auf eine (kurzfristige) ad-hoc-Weiterbildung setzt, wenn Probleme im Arbeitsalltag auftreten? Wie kann eine langfristige Weiterbildungsplanung aussehen? Wie kann gewährleistet werden, dass das, was ein Mitarbeiter in der Weiterbildung gelernt hat, auch später im Arbeitsalltag angewendet wird (Transfer)? Wie kann der Erfolg von Weiterbildung gemessen werden (Evaluation)? Usw. Andere Abhandlungen beschäftigen sich eher mit der Frage, wie eine Weiterbildungsabteilung in Unternehmen sinnvoll gestaltet werden kann. Soll ein Mitarbeiter speziell für die Weiterbildung im Unternehmen zuständig sein? Oder soll ein Unternehmen mit anderen gemeinsam einen externen Weiterbildner beschäftigen, um dadurch Kosten zu sparen? Welches Budget ist für Weiterbildung vorzuhalten? Usw.

Alle diese Studien liefern wertvolle Hinweise auf die Gestaltungsnotwendigkeit und -möglichkeit spezifischer Handlungsfelder in der Weiterbildung. Weitaus seltener sind Ansätze, die die notwendigen Aktivitäten von Unternehmen im Bereich der Weiterbildung in ihrer Gesamtheit und bezüglich ihrer Interdependenzen betrachten. Welche betrieblichen Aktivitäten sind zur Planung, Steuerung und Organisation von Weiterbildung erforderlich? Wie lässt sich also die betriebliche Weiterbildung „managen"?

Die wenigen Abhandlungen zu dieser Thematik bauen zudem nicht aufeinander auf und lassen auch zumeist ein explizites theoretisches Fundament vermissen. Wenn im Folgenden ein eigenes Rahmenkonzept für das betriebliche Weiterbildungsmanagement entworfen wird, dann wird dabei an eine DFG-Studie von Bäumer (1999) angeknüpft. Der Autor analysiert aus empirischer und theoretischer Sicht Typen betrieblichen Weiterbildungsmanagements. Seine empirischen Erhebungen umfassen Fra-

gebogenerhebungen bei gut 100 Unternehmen[33] verschiedener Branchen und Be-
triebsgrößen. Ziel war die statistische Ermittlung von Typen betrieblicher Weiterbildung. Für jedes abgegrenzte Unternehmenscluster wurden anschließend je drei Fallstudien durchgeführt. Die empirischen Erhebungen wiederum basieren auf seinen
theoretischen Entwurf zum betrieblichen Weiterbildungsmanagement, der system-
theoretischer Provenienz ist.

Exkurs: Einige zentrale systemtheoretische Grundlagen

Es ist hier weder möglich noch nötig, den theoretischen Bezugsrahmen ausführlich
zu rezipieren. Diesbezüglich sei auf die Literatur verwiesen (Bäumer 1999, S. 13 –
72). An dieser Stelle seien nur einige zentrale Grundlagen zum tieferen Verständnis
kurz erläutert. Der Autor betont in Anlehnung an Steinmann/Schreyögg (1993, S.
125) die komplexitätsreduzierende Funktion von Systemen.

* Demnach erfolgt die Komplexitätsreduktion durch *Grenzziehungen zu anderen
  Systemen*. Mit bewusst geschaffenen Grenzen definieren Systeme (z. B. ein
  Weiterbildungssystem), was für sie Umwelt ist und welche Umwelt für sie
  mehr oder weniger relevant ist (Unternehmensleitung, Mitarbeiter, Kunden,
  politisches Umfeld).

* Komplexitätsreduktion erfolgt auch durch die *Bildung von Subsystemen*. Ein
  Unternehmen bildet bspw. die Subsysteme „Personal", „Marketing" usw. Zwar
  sind die Subsysteme nicht völlig autonom, haben jedoch auch eigene Steue-
  rungsmechanismen. So kann innerhalb des Systems Personalentwicklung ein
  Subsystem „betriebliche Weiterbildung" abgegrenzt werden, dass eigene
  Steuerungs- und Planungsmechanismen entwickelt.

* Die Komplexität von Systemen wird schließlich auch dadurch reduziert, dass
  Systeme eine *Struktur* herausbilden. Sie ist durch Regeln und Routinen definiert. Durch solche Regeln und Routinen werden Handlungserwartungen an
  alle Beteiligten festgelegt. Solche Regeln können mit Blick auf die betriebliche
  Weiterbildung bspw. darin bestehen, dass jährlich Mitarbeitergespräche
  durchzuführen sind, in denen auch Weiterbildungsbedarfe und Mitarbeiterpotenziale zu eruieren sind.

Unter systemtheoretischen Gesichtspunkten ist demnach die Frage zentral, welche
Regeln und Routinen zum betrieblichen Weiterbildungssystem gehören und welche
nicht (Umwelt). Im Folgenden soll – im Wesentlichen – zunächst dem Grundverständnis von Bäumer (1999, S. 25) zu den Systemgrenzen gefolgt werden, weil dieses gut kompatibel mit den weiter oben entwickelten Verständnissen zur betrieblichen Personalentwicklung und Weiterbildung ist. Demnach gehören zum betrieblichen Weiterbildungssystem alle diejenigen Regeln und Routinen, die sich unmittelbar
auf die Rahmenbedingungen für organisierte, betrieblich initiierte und/oder finanzierte
Lehr-/Lernprozesse nach Abschluss einer unterschiedlich ausgedehnten ersten Aus-
bildungsphase beziehen.

Im Unterschied zu Bäumer sollen unter „organisierte … Lehr-/Lernprozesse" aber
nicht nur formalisierte Weiterbildungsaktivitäten verstanden werden, sondern auch in-

---

[33] Fragebögen wurden an 320 Unternehmen verschickt. Vom Rücklauf waren 109 auswertbar.

formelle Lernprozesse, für die das Unternehmen bewusst geeignete förderlich Rahmenbedingungen, insbesondere für das reflexive Lernen, geschaffen hat.[34]

Vor dem Hintergrund dieses Verständnisses geht es beim betrieblichen Weiterbildungsmanagement also nicht um die Lehr-/Lernprozesse selbst, sondern um die *Regeln und Routinen im Betrieb, in die die Weiterbildungsaktivitäten eingebettet sind.*[35]

Diese Regeln und Routinen können sich einerseits auf den *Aufbau* eines betrieblichen Weiterbildungssystems beziehen, andererseits auf die *Abläufe* in einem Weiterbildungssystem. Die Regelungen bezüglich des Aufbaus des betrieblichen Weiterbildungssystems betreffen die Zuständigkeiten und die hierarchische Einbettung der Weiterbildung in das Unternehmen. Dabei stehen Fragen zur *Institutionalisierung*, zur *Ressourcenzuteilung* und zur *organisatorischen Einbindung* im Mittelpunkt. Bei den Regeln und Routinen zu den *Abläufen* im Weiterbildungssystem geht es um den *Prozessverlauf betrieblicher Weiterbildung*. Diesbezüglich liegen einige Abhandlungen vor, die die Ablauforganisation der Weiterbildung als Phasenmodell von der Planung über die Durchführung bis hin zur Kontrolle konzeptualisieren. An sie soll im Folgenden – wie weiter unten noch begründet wird – nur vom Grundprinzip her angeknüpft werden.

Ausgehend vom Grundverständnis, dass sich ein betriebliches Weiterbildungsmanagement auf die Regeln und Routinen bezüglich des Aufbaus des Weiterbildungssystems und dessen Abläufe zu beziehen hat, lassen sich die Handlungsfelder, wie in der folgenden Abbildung visualisiert, konzeptualisieren. Diese Handlungsfelder seien im Rahmen dieses Kapitels kurz erläutert, um einen Struktur- und Denkrahmen für die weiteren Erörterungen in diesem Lehrbuch zu schaffen. Jedes der angesprochenen Handlungsfelder wird in einem nachfolgenden Kapitel ausführlich diskutiert. Es sei empfohlen, die Ausführungen in den einzelnen Kapiteln immer wieder auf das in der folgenden Abbildung zusammengefasste Strukturmodell zu beziehen.

Zunächst zur *aufbaubezogenen Betrachtungsweise*. Lediglich einige kursorische Erläuterungen seien zu diesem Bereich zur Verdeutlichung gegeben.

- Im Bereich der *Institutionalisierung der Weiterbildung* ist zu klären, ob das Weiterbildungsmanagement als eigenständiger Funktionsbereich im Unternehmen betrachtet werden soll. Sollen Mitarbeiter hauptamtlich und ausschließlich für Fragen der Weiterbildung zuständig sein? Nach eigenen Befragungen in Bayern beschäftigte im Bereich Metall und Elektro nur gut jeder dritte Betrieb einen Spezialisten für PE und Weiterbildung. Denkbare Alternativen zu hauptamtlichen Weiterbildnern in einem Betrieb sind bspw. auch Verbundlösungen, bei denen sich mehrere Unternehmen einen „Personaler" oder „Weiterbildner" „teilen". Solche neueren Ansätze, die insbesondere für KMU von Vorteil sind, werden unter dem Stichwort „Externalisierung von Weiterbildung" thematisiert. In solchen Unternehmensnetzwerken ist dann ein profes-

---

[34] So ist Bäumer (1999) nicht vorbehaltlos zuzustimmen, wenn er darlegt, dass man bei nicht-organisierten – und damit meint er informellen – Lernprozessen nicht von Bildung sprechen könne, weil Reflexionsprozesse fehlen würden (S. 26). Wie weiter oben dargelegt wurde, wird derzeit gerade in der Einbettung informellen Lernens in Reflexionsprozesse (reflexives Lernen) eine große Herausforderung gesehen. Allerdings bedarf das reflexive Lernen auch der Etablierung geeigneter Rahmenbedingungen und insofern einer gewissen Organisation.

[35] Ähnlich betonen Gütl/Orthey (2006, S. 19) den steuernden Charakter von Bildungsmanagement: „Unter Bildungsmanagement wird … die professionelle Steuerung aller Rahmenbedingungen und aller personellen, interaktiven und organisationalen Voraussetzungen verstanden, damit Lernprozesse im eingangs definierten Sinn ermöglicht werden". In diesem Artikel gehen die Autoren auch ausführlich auf die Berufsrolle und die Kompetenzprofile von BildungsmanagerInnen ein.

sioneller Weiterbildner für die Planung, Steuerung und Kontrolle von Weiterbildung in allen Unternehmen des Netzwerks zuständig. Eine weitere Variante,
die ebenfalls eine Sonderform der Externalisierung darstellt, ist der Rückgriff
auf externe Dienstleister. Vor allem im Kontext des Weiterbildungsmarketings,
das noch in einem gesonderten Kapitel erörtert wird, gewinnen so genannte
Dienstleistungszentren im Weiterbildungsbereich an Bedeutung. Traditionelle
Weiterbildungsanbieter haben sich zu solchen Dienstleistungszentren weiter-
zuentwickeln, indem sie nicht nur fertige Weiterbildungskurse „von der Stange"
offerieren, sondern auch andere Dienstleitungen, wie etwa Weiterbildungsbedarfsanalysen im Betrieb. Solche Dienstleistungszentren übernehmen dann
als externer Faktor jene Funktion, die in Großbetrieben eigene Weiterbildungsabteilungen haben.

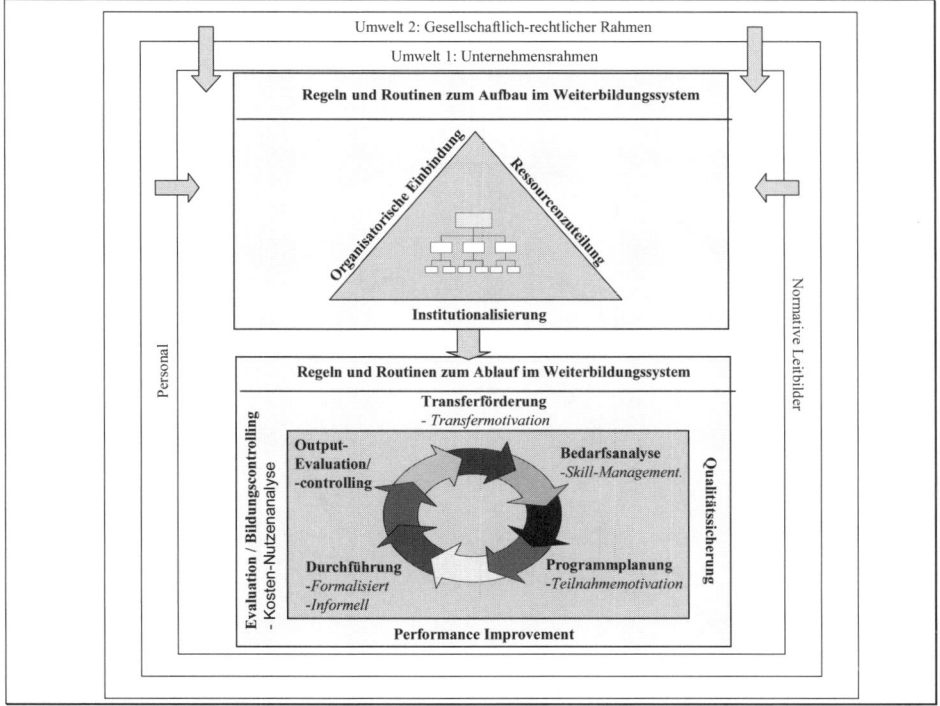

Abb. 2-6: Rahmenmodell zum betrieblichen Weiterbildungsmanagement

- Im Hinblick auf die *Ressourcenzuteilung* ist vor allem zu klären, ob ein eigenes
Budget für Weiterbildungsaktivitäten zur Verfügung gestellt werden soll. Ebenso ist festzulegen, ob weitere personelle Ressourcen – etwa durch Einbezug
weiterer nebenamtlichen Personals – zur Verfügung gestellt werden.

- Hinsichtlich der *Weiterbildungsorganisation* ist die Einbindung in das Unternehmen und die Bezüge zu anderen Abteilungen zu definieren, aber vor allem
auch, ob die Weiterbildungsorganisation zentral (mit Mitarbeitern, die sich auf
spezifische Teilaufgaben spezialisieren), dezentral (mit „Referenten" für spezifische Unternehmensteile, die problembezogen arbeiten) oder in Mischform

erfolgt. Vorliegende empirische Studien deuten darauf hin, dass zumindest in Großbetrieben die zentrale Organisationsform dominiert.

Die *ablaufbezogene Betrachtungsweise* fragt nach den Regeln und Routinen bezüglich der Weiterbildungsabläufe in den Betrieben. Hier sind bereits verschiedentlich Phasenmodelle entwickelt worden (vgl. z. B. Müller 1971, Dieterle 1983, Drumm 1982). Auch im Kontext der später zu diskutierenden Bildungscontrolling-Ansätze sind phasenorientierte Ansätze konzipiert worden (z. B. der „Endlosschleifenansatz" von Heeg/Jäger 1995 oder das Phasenkonzept nach Seeber 2001). Exemplarisch sei nur das „5-Phasen-Konzept" von Enderle (1995) kurz skizziert.

Der von Enderle vorgeschlagene Ansatz betrachtet den „Weiterbildungsprozess ... in seiner Gesamtheit und in seinen Wechselwirkungen zu anderen Bereichen" (Enderle 1995, S. 29). Er orientiert sich dabei am Funktionszyklus der betrieblichen Bildung. Ausgehend von Problemanalysen in den einzelnen Teilbereichen eines Bildungscontrolling-Kreislaufs interessieren primär die in der folgenden Abbildung genannten Kernpunkte.

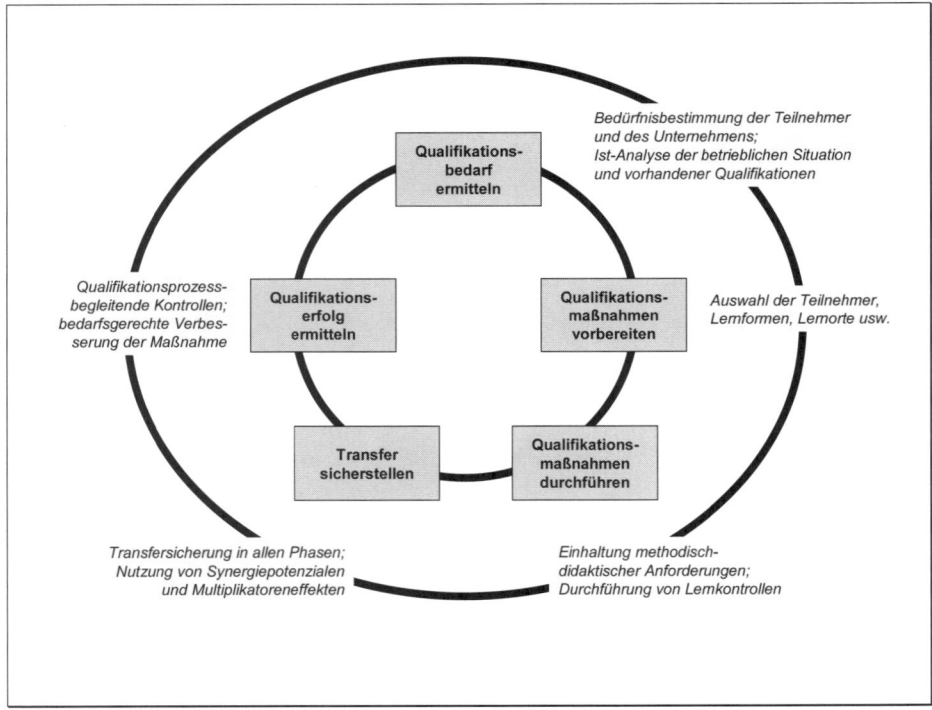

Abb. 2-7: Das 5-Phasen-Konzept von Enderle[36]

Im ersten Schritt ist der Qualifikationsbedarf zu ermitteln. Dazu sind Ist-Analysen zur betrieblichen Situation und zu den vorhandenen Qualifikationen durchzuführen. Anschließend sind die Qualifikationsmaßnahmen vorzubereiten. Dazu sind unter anderem die Teilnehmer, die Lernorte und die Lernformen zu bestimmen. In der dritten Phase sind die Qualifikationsmaßnahmen durchzuführen und gemäß didaktisch-

---

[36]   Quelle: In Anlehnung an Enderle (1995, S. 30).

methodischer Standards zu gestalten. Daran schließen sich Maßnahmen an, die den Transfer sichern sollen. Das heißt, es geht darum sicher zu stellen, dass das, was gelernt wird auch im Unternehmen angewandt wird. Schließlich ist der Erfolg einer Weiterbildungsmaßnahme zu registrieren.

So plausibel dieses Modell auf den ersten Blick erscheint, so enthält es allerdings Schwächen, die auch bei anderen Phasenansätzen zu finden sind. So wird Transfer-sicherung als eine der Durchführung nachgelagerte Phase verstanden. Wie aber in einem späteren Kapitel ausführlich dargestellt wird, umfasst Transfersicherung auch Maßnahmen im Vorfeld und im Laufe einer Weiterbildungsmaßnahme. Man denke etwa an Seminarvorbereitungsgespräche zwischen Vorgesetztem und Mitarbeiter, in denen „Transferzielprotokolle" erstellt werden. In ihnen wird konkret vereinbart, wel-che Inhalte nach Ende des Kurses angewendet und welche konkreten Ziele erreicht werden sollen. Auch sollte vereinbart werden, welche Arbeitsbedingungen erfüllt sein sollten, damit ein Transfer gelingt. Dieses eine Beispiel möge an dieser Stelle rei-chen, um zu verdeutlichen, dass Transferförderung keine zeitlich nachgelagerte Pha-se, sondern eine phasenübergreifende Aktivität darstellt. Ebenso ist es kritisch zu sehen, wenn Evaluation (und Bildungscontrolling) als letzte Phase begriffen werden. Zwar dienen Teilelemente von Evaluation und Bildungscontrolling der nachträglichen Erfolgskontrolle, allerdings beschränken sich beide Ansätze – wie ebenfalls später dargelegt wird – nicht auf die letzte Phase des Funktionszyklusses im Bildungsbe-reich. Vielmehr handelt es sich auch hier um eine phasenübergreifende Aktivität. An dieser Stelle möge nur ein einziges Beispiel reichen. Wenn etwa bei einem E-Learning-Ansatz die Lernplattform erstellt wird, so macht es wenig Sinn, mit einer Evaluation (Erfolgs-Bewertung) bis nach Ende der Durchführung des E-Learning-Ansatzes zu warten. Vielmehr ist es sinnvoll, bereits im Vorfeld diese Plattform be-züglich der didaktisch-methodischen Gestaltung zu bewerten. Man spricht hier von einer „Input-Evaluation".

Übung: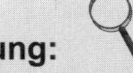

5   Geben Sie aus Ihren bisherigen Erfahrungen je ein Beispiel für eine transferförderliche Maß-nahme bei der Durchführung einer Weiterbildungsmaßnahme sowie für eine Prozess-Evaluation während einer Weiterbildungsmaßnahme! Umschreiben Sie mit wenigen Worten die jeweilige Strategie bzw. das jeweilige Instrument.

Vor diesem Hintergrund erfolgt die Phasenbildung im oben aufgeführten Rahmen-modell zum betrieblichen Weiterbildungsmanagement zum Teil etwas abweichend zu anderen Phasenmodellen. Im Folgenden sei dieser Phasenablauf anhand einer fikti-ven Fallstudie quasi „im Schnelldurchlauf" als advanced organizer kurz skizziert, um auf Problemstellungen innerhalb der einzelnen Phasen aufmerksam zu machen. Je-des Feld der ablaufbezogenen Betrachtungsweise wird in den nachfolgenden Kapi-teln bezüglich der Probleme und der Lösungsansätze ausführlich erläutert.

Fiktive Fallstudie

Ein privater Weiterbildungsanbieter hat seit Jahren erfolgreich IT-Kurse für private Nachfrager angeboten. Angesichts der in Kapitel 1 geschilderten Krise im Weiterbil-dungsbereich, die sich auch bei diesem Weiterbildungsträger bemerkbar gemacht hat, hat sich das Unternehmen vor einiger Zeit entschlossen, seine Dienstleistungspalette zu erweitern. Es will als „Dienstleistungszentrum im Weiterbildungsbereich" nicht nur Kurse „von der Stange" anbieten, sondern auch die Unternehmen bei der Planung, Durchführung und Kontrolle von Weiterbildung unterstützen. Dazu beschäftigt der Träger mehrere Weiterbildner, die die Aufgabe haben, gegen Gebühren und mit Unterstützung des jeweiligen Betriebes das betriebliche Weiterbildungsmanagement vorübergehend zu führen. Ein mittelständisches Unternehmen wird auf dieses Angebot aufmerksam. In einem ersten Gespräch legt die Unternehmensführung dar, dass in der neu gegründeten Abteilung Webdesign Probleme aufgetreten sind. Kunden würden sich über die Terminuntreue der Abteilung beschweren. Innerhalb der Abteilung ließe sich ein weit überdurchschnittlicher Krankenstand registrieren. Die Unternehmensleitung macht für die wiederholten Projektverzögerungen Qualifikationsdefizite verantwortlich. Daher möge das Dienstleistungszentrum im Weiterbildungsbereich prüfen, welche IT-Kurse förderlich seien. Betont wurde, dass solche Kurse, wenn sie denn durchgeführt würden, aber unbedingt so ausgelegt sein müssten, dass die Kursinhalte auch problemlos in den Arbeitsalltag integriert werden könnten. Dies habe der Kursanbieter sicher zu stellen. Da das mittelständische Unternehmen noch keine Erfahrungen mit dem Dienstleistungszentrum hat, wird vereinbart, dass auch der Erfolg einer solchen Weiterbildungsmaßnahme belegt werden sollte.

Es sei empfohlen, dass sich die Leser in die Rolle eines Weiterbildners beim genannten Dienstleistungszentrum versetzen. Wie könnte man diese Aufgabe angehen?

• Zunächst ist vom Kunden deutlich gemacht worden, dass Weiterbildungskurse den Bedarfen des Unternehmens entsprechen sollten. Doch wie lassen sich *Weiterbildungsbedarfe* (z. B. in der genannten Abteilung Webdesign) überhaupt feststellen? Eine verbreitete Praxis hierzu visualisiert die folgende Abbildung 2-8.

Technik und Arbeitsorganisation werden als gegeben angesehen oder von der Unternehmensführung angepasst. Daraus resultieren Anforderungen an den oder die Mitarbeiter. Eine Analyse der Lernvoraussetzungen bei den Mitarbeitern führt zum Ergebnis, ob die Kompetenzen den Anforderungen entsprechen oder nicht. Im letzten Fall wird dieses „Defizit" durch Weiterbildungsaktivitäten versucht zu beseitigen. Man spricht hier auch vom „Defizitmodell". Liegen die Ist-Kompetenzen unterhalb der Soll-Kompetenzen, so kennzeichnet dieses Defizit den Weiterbildungsbedarf, der durch eine ex-post-Weiterbildung gedeckt werden soll.

Übung:

6   Welche Probleme sehen Sie bei dieser Vorgehensweise für das Unternehmen?

Eine grundsätzlich andere Strategie sehen moderne Konzepte der Bedarfsanalysen vor, die allerdings nur bei mittel- und langfristigen Perspektiven einsetzbar sind (vgl. Abb. 2-9).

Demnach werden Technik und Arbeitsorganisation nicht als unveränderbar gegeben betrachtet, sondern als veränderbar. Unternehmen und Mitarbeiter betrachten Technik und Arbeitsorganisation und bringen ihr jeweiliges Know-How ein. Abgeleitet daraus werden Anforderungen an diese Bereiche. Welche

Änderungen sind sinnvoll? In diesem Zusammenhang werden auch die Anforderungen an die Mitarbeiter und Weiterbildung thematisiert. In Abhängigkeit von den Ergebnissen kommt es zu Weiterbildungsaktivitäten, aber auch zu Reorganisationen. Weiterbildung ist damit nicht mehr abhängige Größe anderer Planungsaktivitäten (von Technik und Arbeit), sondern ist ein elementares Gestaltungselement.

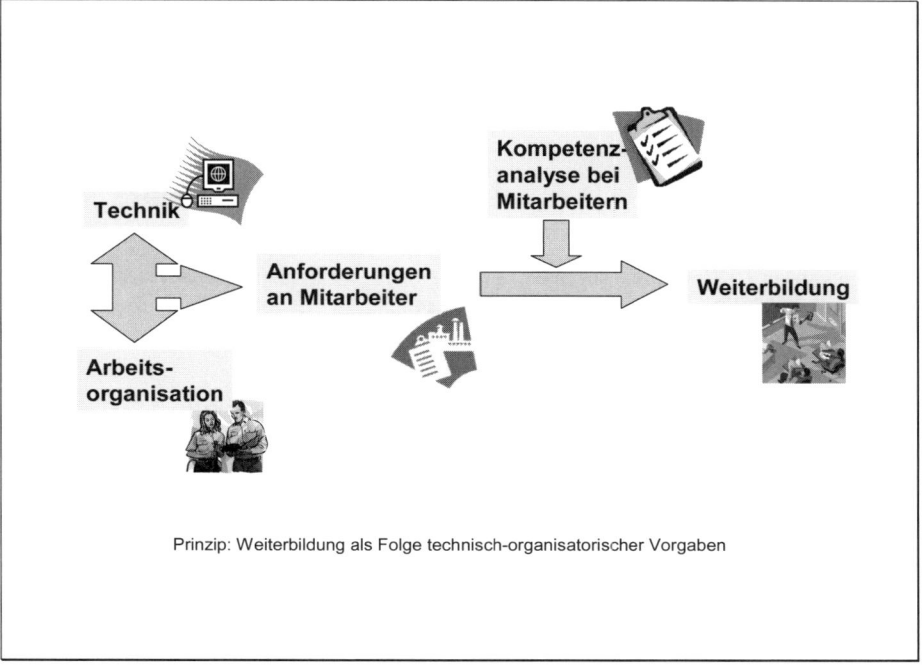

Prinzip: Weiterbildung als Folge technisch-organisatorischer Vorgaben

Abb. 2-8: Traditionelle Form der Weiterbildungsbedarfsanalyse

Übung:

7   Welche Vorzüge sehen Sie bei dieser Vorgehensweise für das Unternehmen?

8   Welches der beiden oben genannten Planungsmuster liegt warum der oben geschilderten Fallstudie zugrunde?

In der Praxis schließen sich die Vorgehensweisen nicht gegenseitig aus. Vielmehr wird es auf den Planungshorizont ankommen, welches Verfahren sinnvoll ist. In Kapitel 4.1 werden die genannten und andere idealtypische Planungsmuster erörtert und auf ihre Reichweiten hin diskutiert. Welche Vorzüge und welche Probleme sind mit welchen Planungsansätzen verbunden? Welche konkreten Instrumente, wie etwa Mitarbeitergespräche, lassen sich wie zur Bedarfsanalyse einsetzen? Wie lassen sich etwa Mitarbeiterkompetenzen oder gar –potenziale prinzipiell feststellen? Wie lassen sich Anforderungen, die aus Arbeit und Technik resultieren, bestimmen? Solche Fragestellungen sind auch Gegenstand des so genannten *Skill-Managements*, das in einer Vertiefung zu Kapitel 4 erörtert wird. Beim Skill-Management handelt es sich – vereinfacht gesprochen – um das Management von Fähigkeiten und Qualifikationen in einem Unternehmen. Zentrale Aufgaben dabei sind unter anderem die Identifizierung von gegenwärtigen und zukünftigen Anforderungen an die Mitarbeiter, aber auch die Feststellung der Kompetenzen der Mitarbeiter.

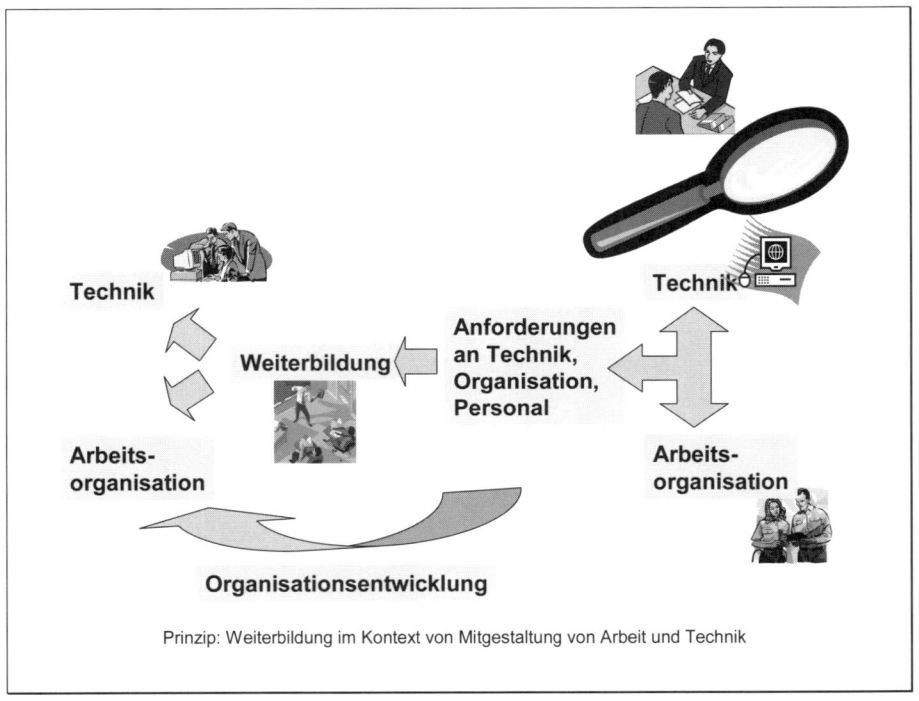

Prinzip: Weiterbildung im Kontext von Mitgestaltung von Arbeit und Technik

Abb. 2-9: Weiterbildungsbedarfsanalysen im Kontext von Technik- und Arbeitsgestaltung

• Zurück zur Fallstudie. Da der Weiterbildungsberater erst nach den Reorganisationen im Betrieb (Aufbau einer neuen Abteilung) hinzugezogen worden ist und nunmehr kurzfristige Lösungen erforderlich zu sein scheinen, kommen im vorliegenden Fall Bedarfsanalysen in Frage, die sich wohl eng an das zuerst genannte Planungsmuster anlehnen. Er könnte bspw. versuchen, auf der Grundlage von Stellenbeschreibungen und Organisationshandbüchern, aber auch auf der Basis von Nutzerhandbüchern für Software für die Mitarbeiter in der genannten Abteilung Anforderungen abzuleiten, um darauf aufbauend auf der Grundlage von Personalunterlagen, aber auch mittels Mitarbeitergesprächen festzustellen, ob Qualifikationsdefizite vorliegen, die durch Weiterbildungsaktivitäten zu decken wären. Wie würde nun weiter vorgegangen? Üblicherweise schließt sich hier meist schon die Programmplanung (von geeigneten Weiterbildungskursen) an. Allerdings ist dieser Schritt, auch wenn er in der Praxis durchaus üblich ist, verfrüht.

Zu fragen ist nämlich zunächst auch danach, wie gewährleistet werden kann, dass das, was in einem Kurs vermittelt werden soll, auch am Arbeitsplatz Anwendung finden kann. Damit ist das wichtige Themenfeld der *Transferförderung* angesprochen. Dieser Aspekt hat in der Weiterbildungspraxis bislang eine völlig unzureichende Beachtung gefunden. Häufig werden Mitarbeiter in Kurse „geschickt" und nach Kursende werden sie allenfalls – wenn überhaupt – noch gefragt, ob der Kurs denn etwas gebracht hätte. Unterstellt wird, dass jeder Mitarbeiter – ein Lernerfolg sei dabei vorausgesetzt – schon irgendwie das Gelernte am Arbeitsplatz anwenden würde. Dabei wird jedoch völlig außer Acht gelassen, dass ein solcher Transfer an vielfältigen Hürden scheitern kann. Jeder, der an einer Weiterbildungsmaßnahme als Erwerbstätiger schon einmal teilgenommen hat, kennt das Problem, dass sich nach Kursende erst einmal die Arbeit stapelt, da man wegen der Weiterbildung einige Zeit nicht am Arbeitsplatz sein konnte. Angesichts des Arbeitsdrucks wird zunächst versucht, das Liegengebliebene abzuarbeiten, die Kursinhalte werden dagegen zunächst nicht angewandt mit der Folge, dass rasches Vergessen droht. Ein Transfer kann also auch an *organisatorischen Rahmenbedingungen* scheitern. Denkbar ist auch, dass *personelle Gegebenheiten* einem Transfer entgegenstehen. So sind Mitarbeiter häufig gar nicht motiviert, Neues anzuwenden, denn dies bedeutet immer eine zusätzliche Anstrengung im Vergleich zu alten Arbeitsroutinen. Und schließlich kann ein Transfer natürlich auch an *Kursgegebenheiten* scheitern – ein mangelnder Praxisbezug stehe exemplarisch hierfür. Um solche Transferhürden zu beseitigen und um gigantische Fehlinvestitionen in Weiterbildung zu vermeiden, sind gezielte transferfördernde Maßnahmen erforderlich. Sie können nicht nur nach einem Weiterbildungskurs eingesetzt werden, sondern vielmehr auch schon im Vorfeld sowie parallel zur Weiterbildung. Deswegen ist das Handlungsfeld „Transferförderung" im obigen Strukturmodell auch nicht als Phase integriert, sondern als übergreifende Routine. Dies verdeutlicht auch die folgende Abbildung 2-10. Sie stellt ein idealtypisches Findungsraster für Strategien zur Überwindung der drei zentralen Transferhemmnisse zu je drei Zeitpunkten dar.

Eine transferförderliche Maßnahme *im Vorfeld* von Weiterbildungskursen, die *auf den Kurs* bzw. den Trainer ausgerichtet ist, könnte bspw. darin bestehen, dass der Weiterbildner in unserer Fallstudie die Mitarbeiter in der betreffenden Abteilung darum bittet, reale Probleme und Fälle am Arbeitsplatz dem Kursanbieter zu beschreiben, so dass diese dann im Kurs bearbeitet werden könnten. Eine Maßnahme aus dem Kursumfeld, die sich auf den Zeitraum nach Ende des Kurses bezieht, könnte z. B. sein, dass der Kursleiter als Tele-Coach zur Verfügung steht oder ein Follow-Up[37] anbietet.

In Kapitel 4.2 wird ausführlich thematisiert werden, was Transfer überhaupt bedeutet und wie es zu Störungen des Transferprozesses kommen kann. Darüber hinaus soll dann auch der Frage nachgegangen werden, wie sich der Transfer fördern lässt. Welche Strategien bieten sich an? Das oben aufgeführte Strukturraster wird hierzu eine Einordnungsfunktion übernehmen. Ein besonderes Gewicht wird dann auch der Frage zukommen, wie sich bei einem Teilnehmer eine *Transfermotivation* aufbauen lässt. Welche Möglichkeiten hat etwa ein Kursleiter, seine Kursteilnehmer zu motivieren, Gelerntes auch am Arbeitsplatz anzuwenden?

---

[37]   Follow-Ups sind Treffen ehemaliger Weiterbildungsteilnehmer, bei denen die Erörterung Anwendungsproblemen im Mittelpunkt steht.

	Vor der Trainingsmaßnahme	Während der Trainingsmaßnahme	Nach der Trainingsmaßnahme
Bezogen auf Arbeitsumfeld/ Organisation			
Bezogen auf Kurs/ Trainer			
Bezogen auf Teilnehmer			

Abb. 2-10: Strukturraster zur Entwicklung von Maßnahmen der Transferförderung

- Einen ähnlichen Gedanken wie die Transferförderung greift das *Performance Improvement* auf. Grundgedanke ist, dass die Effektivität eines Mitarbeiters hinter seinen Möglichkeiten zurückbleibt, wenn nicht alle Faktoren am Arbeitsplatz zur Verfügung gestellt werden, die der Arbeit förderlich sind. Auf Weiterbildung bezogen heißt dies, dass die Ineffektivität der Mitarbeiter (bspw. in der Abteilung Webdesign im Fallbeispiel) nicht auf Qualifikationsprobleme zurückgeführt werden müssen, sondern auch in Faktoren der Arbeitsumwelt begründet sein können. So könnte bspw. der Informationsfluss innerhalb der Abteilung gestört sein, Konkurrenzdenken zwischen den Kollegen die Effektivität der Gruppe behindern oder schlicht eine unzureichende Softwareausstattung für die Probleme ursächlich sein.

Performance Improvement richtet also seinen Blick stark auch auf die Ursachen von Defiziten. Es kann – bezogen auf mögliche Weiterbildungsaktivitäten – ebenfalls zu unterschiedlichen Zeitpunkten greifen und wird daher auch als eine übergreifende Aktivität verstanden. In Kapitel 4.3 werden die Grundlagen des Performance Improvement erörtert. Wie sieht ein Performance-Improvement-Prozess idealtypisch aus? Welche Fragestellungen sind zu bearbeiten und zu beantworten? Welche Instrumente werden eingesetzt?

- Der Weiterbildner im Fallbeispiel macht sich also parallel zum gesamten Funktionszyklus der Bildungsarbeit Gedanken über transferförderliche Strategien sowie über Wege, wie die Effektivität der Arbeit durch ergänzende Maßnahmen gefördert werden kann. Dies könnte bspw. bedeuten, dass er bei den weiter oben genannten Mitarbeitergesprächen nicht nur versucht, Qualifikationsdefizite zu eruieren, sondern auch herauszufinden, was die Ursachen für die Schwierigkeiten in der Abteilung aus Sicht der Betroffenen sind. Sind etwa ergänzende Maßnahmen der Organisationsentwicklung erforderlich? Im Hinblick auf die geplante Weiterbildungsmaßnahme könnte er – wie bereits angesprochen – versuchen, konkrete Fälle von den Betroffenen benannt zu bekommen. Auch müsste sich der Weiterbildner unter transferförderlichen Gesichtspunkten darüber Gedanken machen, ob etwa Vorab-Materialien zur Vorbereitung der Teilnehmer zur Verfügung gestellt werden sollten. Und für den Zeitraum nach Ende des Kurses könnten etwa Vorkehrungen für eine Nachbetreuung überdacht werden. Damit würde unser Weiterbildungsberater zugleich in die *Planungsphase* eintreten. In großen Unternehmen übernehmen Weiterbildungsabteilungen diese Planungsfunktion. KMU sind dagegen auf die Unterstützung von außen durch Weiterbildungsanbieter angewiesen. Dabei stehen diese Weiterbildungsanbieter selbst vor noch schwierigeren Aufgaben als innerbetriebliche Weiterbildungsabteilungen, weil erstere über weitaus weniger Informationen verfügen. Gleichwohl ist geradezu ihr Überleben daran geknüpft, dass ihre Programmplanungen nicht am Markt vorbei erfolgen. Wie aber kann die Programmplanung bei Weiterbildungsanbietern fundiert werden? Welche Schritte sind erforderlich bis es zu den bekannten „Programmbroschüren" der Anbieter kommt? Welche Informationsquellen bieten sich an, um Fehlplanungen zu vermeiden? Ist es überhaupt sinnvoll, zumindest allein auf „vorgefertigte Weiterbildungsangebote" zu setzen? Welche Alternativen bieten sich an? In unserem Fallbeispiel wird eine solche Alternative skizziert. Weiterbildungsangebote werden nicht mehr *„produktorientiert"* vorgefertigt, sondern *„kundenorientiert"* gemeinsam, etwa mit dem Kunden KMU, entwickelt. Auf beide Ansätze, deren Instrumente, Strategien und Reichweiten wird in Kapitel 4.4 näher eingegangen. Im vorliegenden Fallbeispiel sei unterstellt, dass der Weiterbildner nach Gesprächen mit den Mitarbeitern in der Abteilung und der Unternehmensleitung einen Software-Kurs sowie einen Kurs in Konfliktbewältigung vorschlägt, da seine Untersuchungen im Kontext des Performance Improvement auch ergeben haben, dass die Effektivität der Abteilung auch an unterschwelligen Konflikten leidet. Er wird dann vor diesem Hintergrund eine Grobplanung der Kurse (bezüglich Themenfelder, Art der Vermittlung, Dozent, Zeitpunkt, Ort) vornehmen. Die Detailplanung (konkretes didaktisch-methodisches Design) ist dagegen nicht Gegenstand dieser Phase, sie obliegt dem ausgewählten Kursleiter.

Ein weiterer Teilaspekt ist spätestens in dieser Phase zu berücksichtigen. Wenn Mitarbeiter für Weiterbildungskurse gewonnen werden sollen, dann besteht eine wesentliche Voraussetzung darin, dass die Mitarbeiter auch dazu *motiviert* sein müssen, an den Kursen teilzunehmen. Fallstudien zeigen immer wieder, dass Mitarbeiter häufig über lange Zeit an keiner Weiterbildung partizipieren, ja teilweise sogar aktiv Widerstand leisten, wenn sie einen Kurs besuchen sollen. Auch lässt sich in der Praxis immer wieder beobachten, dass der Lernerfolg von Teilnehmern angesichts eines Desinteresses ausbleibt. So wurden bspw. bei einem E-Learning-Ansatz, den der Autor evaluativ begleitete, zwei Teilnehmer zu Beginn des Vorhabens befragt, die angaben, dass sie lediglich vom Unternehmen in diese Maßnahme geschickt worden seien, weil diese kostenlos sei. Sie selbst hätten massive Vorbehalte gegenüber E-Learning. Während des Projekts zeigte sich, dass die betreffenden Teilnehmer sich an keinen virtuellen Übungen beteiligten und auch nicht Testaufgaben bearbeiteten. Der Lernerfolg blieb am Ende gering. Zu fragen ist: Wie lassen sich Teilnehmer für Weiterbildungskurse motivieren? Bedeutet „Nichtteilnahme" immer zugleich auch „Faulheit" oder „Bequemlichkeit"? Oder gibt es auch rationale Gründe, sich gegen Weiterbildung zu entscheiden. Von welchen Faktoren hängt die Weiterbildungsmotivation ab? Diese Fragen werden Gegenstand einer Vertiefung in Kapitel 4.4.3 sein.

Übung:

9   Im vorangegangenen Absatz ist von Motivation die Rede gewesen. Bereits weiter oben ist dieser Begriff schon einmal mit der Konnotation „Transfer" (Transfermotivation) erwähnt worden. Worauf zielt die im vorangegangenen Absatz angesprochene „Teilnahmemotivation" und worauf die „Transfermotivation"? Auf beide Begriffe wird in nachfolgenden Kapiteln noch ausführlich eingegangen.

• Für den Erfolg von Weiterbildungsmaßahmen ist auch deren Qualität entscheidend. KMU stehen hier vor besonderen Herausforderungen, denn sie sind meist auf externe Anbieter angewiesen. Doch woher sollen sie wissen, ob die Kurse des Anbieters qualitativ hochwertig sind? Hier setzen Maßnahmen der *Qualitätssicherung bei den Weiterbildungsanbietern* als phasenübergreifende Strategie an. Eine der bekanntesten Maßnahmen der Qualitätssicherung ist die ISO-9000 Zertifizierung. Für den gesamten Prozess der Weiterbildung von der Planung bis zur Kontrolle, werden Qualitätsstandards definiert. Dies bedeutet bspw. in unserer Fallstudie, dass der Weiterbildungsanbieter für sein Personal die Anforderungen spezifizieren sowie konkrete Leitziele seiner Weiterbildungsarbeit und Kontrollmechanismen festlegen muss usw. Auch für den Weiterbildungsberater sind Qualitätsstandards zu definieren. Diese Standards sind zu dokumentieren, und die Einhaltung dieser Regeln wird intern und extern geprüft (auditiert). Für unseren Weiterbildungsberater bedeutet dies, dass er zumindest in der Programmplanung auch die vordefinierten Standards des Anbieters zu berücksichtigen hat. Er hat auch die entsprechenden Vorkehrungen für die Erfolgskontrolle von Weiterbildungsaktivitäten zu treffen. Im Vorfeld der Beratungsaktivitäten beim Unternehmen kann er das Qualitätssicherungssystem des Anbieters als Marketing-Instrument zur Gewinnung des Kunden einsetzen. Mit einer Zertifizierung der „Qualität" einer Weiterbildungsinstitution und ihrer Angebote sind zahlreiche Vorzüge, aber auch Ansprüche verbunden. Allerdings stellt sich die Frage, ob Qualitätssicherungssysteme, wie etwa ISO-9000 tatsächlich die „Qualität" von Weiterbildungsangeboten garantiert. Dieser Frage wird in Kapitel 4.6 nachgegangen.

• An die Phase der Programmplanung schließt sich die Durchführung der Weiterbildung an. Dabei kann es sich – wie bislang im Fallbeispiel unterstellt – um externe Kurse handeln oder aber auch um Formen arbeitsplatznahen Lernens, wie etwa des E-Learnings. Hinzu kommen, wie bereits mehrfach angesprochen, die verschiedenen Formen des informellen Lernens. So könnte der Weiterbildner auch Konzepte entwickeln, wie geeignete Rahmenbedingungen für ein reflexives Lernen am Arbeitsplatz geschaffen werden könnten. Auf diese Phase wird ausführlich in Kap. 4.5 eingegangen.

- Mit der Durchführung von Weiterbildungsaktivitäten ist der Funktionszyklus betrieblicher Weiterbildungsaktivitäten nicht beendet. Das in Abb. 2-6 wiedergegebene Strukturmodell sieht – wie alle gängigen Kreislaufmodell zum Weiterbildungsmanagement – als letzte Phase eine abschließende Erfolgskontrolle vor. Im Unterschied zu anderen Konzepten wird diese Kontrolle hier jedoch als Teil eines umfassenden Evaluations- und Bildungscontrolling-Ansatzes als übergreifendes Handlungsfeld, verstanden. Wenn der Teilaspekt einer Output-Evaluation bzw. eines Output-Controlling dennoch als letzte Phase im Funktionszyklus gesondert ausgewiesen wird, dann erfolgt dies, weil gerade dieses Handlungsfeld betrieblichen Weiterbildungsmanagements auch in der Praxis weite Verbreitung gefunden hat. Zumindest Formen so genannter „Zufriedenheitsbögen" werden in nahezu allen Weiterbildungskursen abschließend eingesetzt. Betriebe beschränken sich meist darauf, ihre Mitarbeiter um mündliche Auskünfte zum Erfolg der Maßnahme zu bitten.

Auch unser Weiterbildungsberater hat sich Gedanken über die Instrumente zur Erfolgskontrolle zu machen. Soll er alleine auf Zufriedenheitsbögen setzen? Und wie sollen diese ggfs. gestaltet werden? Soll ergänzend zur „Zufriedenheitskontrolle" auch eine „Lernerfolgskontrolle" in Form von Tests durchgeführt werden? Und woran soll überhaupt der Erfolg gemessen werden? Zwei unterschiedliche Denkstrukturen lassen sich hier unterscheiden. Pädagogisch ist es von besonderem Interesse, ob die Weiterbildungsmaßnahme den individuellen Lernbedürfnissen und -voraussetzungen entspricht, und ob die Maßnahme so gestaltet ist, dass es zu einem Lernerfolg kommen wird. Ökonomisch ist von weitaus größerem Interesse, ob sich die Weiterbildungsinhalte in irgendeiner Form im Arbeitsalltag widerspiegeln („Transfer") und ob dies letztlich auch den Unternehmenserfolg positiv beeinflusst. Mit diesen beiden Perspektiven soll ein zentraler Unterschied zwischen Evaluations- und Bildungscontrolling-Ansätzen angesprochen sein. Auch wenn in der Literatur noch kein allseits akzeptiertes Verständnis dieser beiden Ansätze zu finden ist, so zeichnet sich doch ab – und dieses Verständnis soll auch im vorliegenden Lehrbuch vertreten werden -, dass Evaluationen *primär* nach dem pädagogischen, Bildungscontrolling nach dem *ökonomischen* Erfolg fragen, wie folgende Definition zum Bildungscontrolling von Heeg und Jäger exemplarisch verdeutlicht.

Info

Exemplarische Definition zum Handlungsfeld *Bildungscontrolling*

„Bildungscontrolling beinhaltet ein umfassendes Planungs-, Bewertungs- und Informationssystem zur Koordination der betrieblichen Bildungsprozesse in enger Abstimmung mit den Unternehmenszielen zur Erfassung und Darstellung der Effizienz und Effektivität sowie der Kosten von Bildungsprozessen"

(Heeg/Jäger 1995, S. 343).

Ebenso wie evaluative Ansätze versucht Bildungscontrolling eine geeignete Datenbasis („Informationssystem") zur Bewertung („Bewertungssystem") einer Maßnahme aus ihrer je spezifischen Perspektive heraus zusammenzustellen, um darauf aufbauend Empfehlungen für die weitere Ausgestaltung zu geben. Die spezifische Perspektive des Bildungscontrollings ist dabei die des Ökonomischen („in enger Abstimmung mit den Unternehmenszielen", „Effizienz", „Effektivität", „Kosten"). Insbesondere Kosten-Nutzenanalysen des Weiterbildungsprozesses haben in diesem Kontext einen zentralen Stellenwert. Unser Weiterbildungsberater hätte sich vor diesem Hintergrund nicht nur Gedanken darüber zu machen, wie er Zufriedenheitsbögen und Erfolgstests konzipiert, er hätte auch nach Wegen zu suchen, wie er unter Bildungscontrolling-Gesichtspunkten den Erfolg ökonomisch messen will. Beispielsweise könnte dies mit Bezug auf die Fallstudie anhand der Veränderung der Reklamationsquote und des Krankenstandes erfolgen. Allerdings stellen sich hier vielfältige methodische Probleme, die in Kapitel 4.7 ausführlich angesprochen werden. Kann der Erfolg bzw. Misserfolg wirklich der Weiterbildungsmaßnahme zugerechnet werden? An welchen Kriterien soll der Erfolg gemessen werden? Beim Softwarekurs in unserer Fallstudie ist die Situation noch vergleichsweise einfach, weil die Beherrschung der Software über Tests operationalisierbar erscheint. Schwieriger wird die Situation allerdings beim geplanten Kurs in Konfliktbewältigung. Anhand welcher Kriterien soll hier der Erfolg oder Misserfolg bewertet werden? Ein weiteres methodisches Problem besteht auch bezüglich der Frage, ob der Erfolg auch umfassend erfasst wird. So haben Weiterbildungsmaßnahmen häufig Nebenfolgen (z. B. Teamfähigkeit, Präsentationsfähigkeit, Sozialkompetenzen, Fähigkeit, sich selbstständig weiterzubilden usw.), die – auch unter ökonomischen Gesichtspunkten – häufig zumindest genauso wichtig sind wie der intendierte Haupteffekt.

Übung: 🔍

10   Eine Reflexionsfrage, auf die im Kapitel Evaluation und Bildungscontrolling noch näher eingegangen wird: Welchen Zusammenhang sehen Sie zwischen dem pädagogischen und dem ökonomischen Erfolg? Begründen Sie Ihre Aussagen!

Bei diesen Ausführungen wird auch deutlich werden, dass die skizzierte abschließende Bewertung integraler Bestandteil *umfassender Evaluations- und Bildungscontrolling-Aktivitäten* sein muss. Beispielsweise versucht die Prozess-Evaluation bzw. das Prozess-Controlling bereits bei der Durchführung von Weiterbildungsaktivitäten eine empirische Datenbasis (bspw. durch Beobachtung und Befragung) zu sammeln, um noch die laufenden Maßnahmen pädagogisch bzw. ökonomisch zu steuern. Evaluation und Bildungscontrolling sind daher nicht auf eine ex-post-Kontrolle beschränkt, sondern haben auch eine stark steuernde Funktion. Die oben aufgeführte Definition zum Bildungscontrolling spricht daher auch von einem „Planungssystem". Im Strukturmodell zum Weiterbildungsmanagement wird dies auch dadurch verdeutlicht, dass der Kreislauf nicht mit einer abschließenden Evaluation bzw. eines Output-Controllings beendet ist, sondern dass die so gewonnenen Daten wiederum die Basis für die nachfolgenden Planungsaktivitäten bilden.

2.4   Kurz und bündig

Im vorangegangenen Kapitel wird ein Denk- und Strukturrahmen für ein betriebliches Weiterbildungsmanagement entwickelt, das eine systematische Einordnung der nachfolgenden Erörterungen ermöglichen soll. Folgende Abbildung 2-11 stellt das betriebliche Weiterbildungsmanagement in den Kontext der betrieblichen Personalentwicklung und -planung.

Die Personalentwicklung (PE) repräsentiert *ein* Handlungsfeld der Personalplanung. Dabei weichen die Verständnisse darüber, was unter PE zu verstehen ist, zumindest im Detail voneinander ab. Konsens besteht lediglich darüber, dass sie sich auf das vorhandene Personal bezieht. Während die meisten Definitionen die Förderung von Qualifikationen in den Mittelpunkt stellen, subsumieren andere Verständnisse auch verhaltensorientierte Maßnahmen und Strategien der Organisationsentwicklung unter den Begriff der Personalentwicklung. Abweichende Interpretationen findet man auch bezüglich einer eventuellen Notwendigkeit betrieblicher Aktivitäten als Ausgangspunkt von PE-Maßnahmen. Kann man auch von PE sprechen, wenn der Betrieb gar nicht aktiv geworden ist? Unterschiedliche Ansichten – zumindest von der Betonung her – findet man darüber hinaus auch bezüglich der Fragestellung, ob ausschließlich die betrieblichen Interessen im Mittelpunkt von PE-Aktivitäten zu stehen haben oder ob auch die Mitarbeiter Berücksichtigung finden sollten. Das Verständnis von PE ist vor diesem Hintergrund also nicht von vorne herein als gegeben zu betrachten, sondern jeweils offen darzulegen. Im vorliegenden Buch wird von folgender Definition ausgegangen:

*Personalentwicklung umfasst alle **unternehmerischen Maßnahmen im weitesten Sinne**, die darauf gerichtet sind, das **Arbeitsvermögen** des **Personals** zu verändern oder zumindest zu erhalten. Hierzu zählen insbesondere Maßnahmen der **Weiterbildung** einschließlich der **Gestaltung informeller Lernprozesse**, der Teamentwicklung (**verhaltensorientierte Personalentwicklung**) und der Etablierung geeigneter Regeln und Strukturen (**Organisationsentwicklung**) zur bestmöglichen Ausschöpfung des Arbeitsvermögens im Hinblick auf die Realisierung **betrieblicher Zielsetzungen** und unter **weitestgehender Berücksichtigung individueller Ziele**.*

Damit ergeben sich die drei in der Abbildung 2-11 (Mitte) genannten Handlungsfelder der PE, die sich teilweise überschneiden. Während die Weiterbildung eine personenbezogene Perspektive (Qualifizierung) einnimmt, nimmt die verhaltensorientierte PE zwar auch eine personenbezogene, gleichwohl personenübergreifende Perspektive ein (Beeinflussung von Verhalten zwischen Personen). Die Organisationsentwicklung verlässt dagegen die Personenperspektive und fragt nach Regeln und Strukturen im Betrieb, die der Entfaltung von Kompetenzen entgegenstehen.

Die Weiterbildung stellt also nur eines von mehreren Handlungsfeldern der PE dar. Welche Formen von „Weiterbildung" dabei zu unterscheiden sind, visualisiert Abbildung 2-5.

Nachdem eine Einordnung und eine begriffliche Präzisierung vorgenommen worden ist, geht es im zweiten Teil der Ausführungen im Kapitel 2 um die Herausarbeitung eines Rahmenkonzepts für ein betriebliches Weiterbildungsmanagement (Abbildung 2-11 unten). Der Ansatz, der dabei auf systemtheoretische Grundlagen rekurriert, unterscheidet dabei zwischen Regeln und Routinen auf der Ebene des Aufbaus des Weiterbildungssystems sowie jenen bezüglich des Ablaufs im Weiterbildungssystem.

Auf der Ebene des Aufbaus sind Überlegungen bezüglich der organisatorischen Einbindung der Weiterbildung (zentrale, dezentrale, Misch-Organisation), der Ressourcenzuteilung (Budget) sowie der Institutionalisierung (eigene Abteilung, hauptamtliche Mitarbeiter) anzustellen. Im Hinblick auf den Ablauf von Weiterbildungsprozessen sind Regeln und Routinen zu definieren, die den gesamten Funktionszyklus von der Vorbereitung (Bedarfsanalyse) über Planung und Durchführung bis hin zur Kontrolle (Output-Evaluation bzw. -Controlling) umfassen.

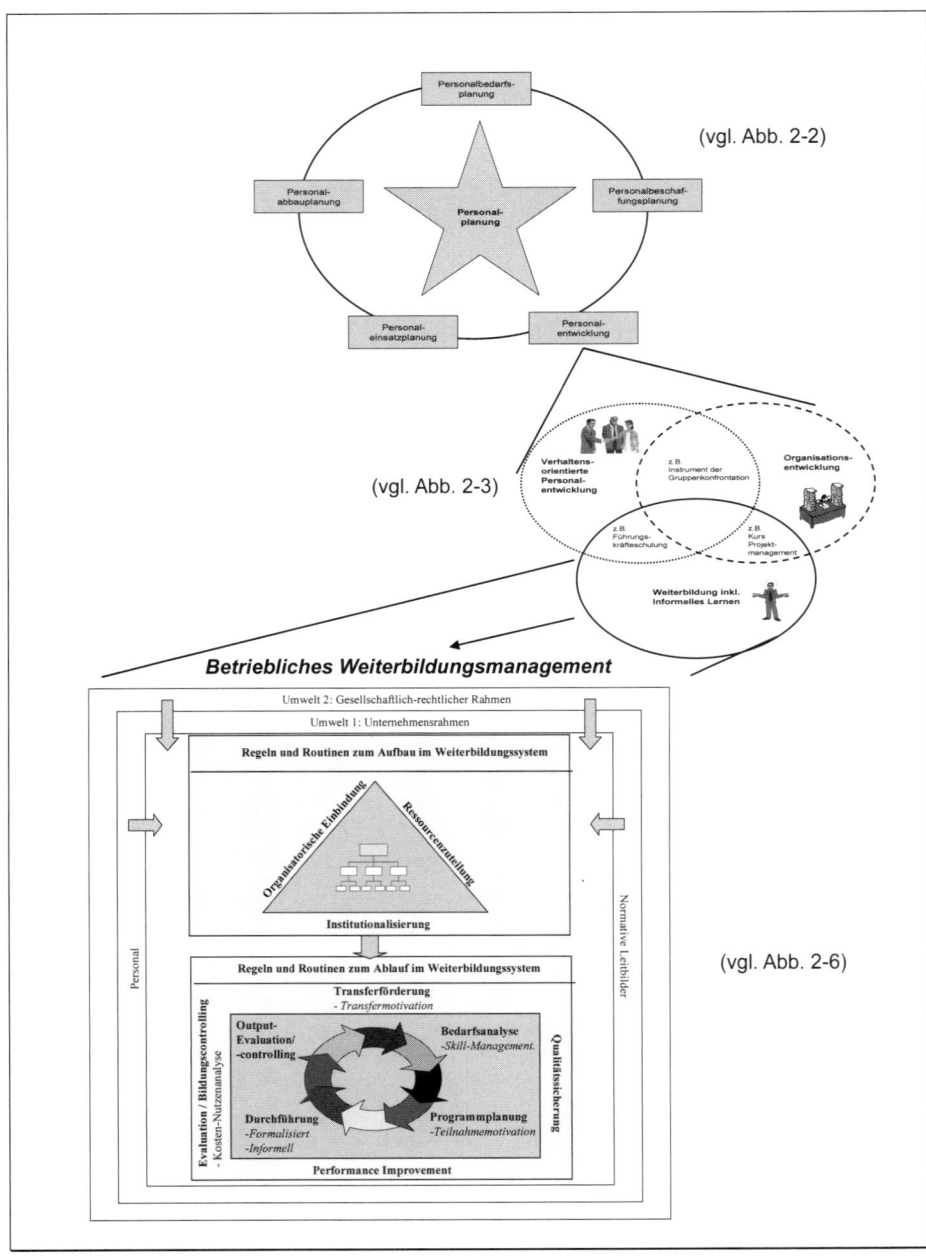

***Abb. 2-11: Betriebliches Weiterbildungsmanagement
im Kontext von Personalentwicklung und -planung***

Im vorliegenden Kapitel werden die einzelnen Handlungsfelder im Funktionszyklus exemplarisch anhand einer Fallstudie erläutert. Damit soll ein erster Einblick in die jeweilige Problematik gegeben werden, die in den nachfolgenden Kapiteln ausführlich behandelt werden (vgl. z. B. die Visualisierung der unterschiedlichen Planungsmuster bei der Bedarfsanalyse in den Abbildungen 2-8 und 2-9). Zugleich soll mit diesen Ausführungen der Zusammenhang zwischen den Teilaktivitäten verdeutlicht werden. Bei den Erörterungen wird auch thematisiert, dass sich – teilweise entgegen verbreiteten Verständnissen – einige Handlungsfelder, insbesondere die Transferförderung, das Performance Improvement, die Qualitätssicherung sowie die Evaluation und das Bildungscontrolling, nicht konsequent in einen Kreislaufprozess integrieren lassen, da sie als übergreifende Aktivitäten verstanden werden müssen, wie Abbildung 2-10 exemplarisch für die Transferförderung verdeutlicht.

Literatur

Bahlmann, W.: Systematische Personalentwicklung. Eine herausfordernde Aufgabe für Führungskräfte und Spezialisten. In Spie, U. (Hg.): Personalwesen als Managementaufgabe. Stuttgart 1983, S. 307 - 329.

Bäumer, J.: Weiterbildungsmanagement. Diss. München und Mehring 1999.

Becker, F. G.: Betriebliche Bildungsarbeit und Personalentwicklung – Qualifizierung von Berufspädagogen. In: Dehnbostel, P./Pätzold, G. (Hg.): Innovationen und Tendenzen der betrieblichen Berufsbildung. Stuttgart 2004, S. 55 - 62.

Bosch, G./Kohl, H./Schneider, W.: Handbuch Personalplanung. Köln 1995.

Bosch, G./Kohl, H.: Das System der Personalplanung im Rahmen der Unternehmensplanung. In: Bosch/Kohl/Schneider (1995, S. 23 - 58).

Dehnbostel, P./Pätzold, G.: Lernförderliche Arbeitsgestaltung und die Neuorientierung betrieblicher Bildungsarbeit. In: Dehnbostel, P./Pätzold, G.: Innovationen und Tendenzen der betrieblichen Berufsbildung. Stuttgart 2004, S. 19 - 30.

Deutscher Bildungsrat (Hg.): Empfehlungen der Bildungskommission, Strukturplan für das Bildungswesen, Stuttgart 1970.

Dieterle, W. K. M.: Betriebliche Weiterbildung – Problemfelder und Konzeptionen. Göttingen 1983.

Drumm, H. J.: Theorie und Praxis der Personalentwicklungsplanung. In: Zeitschrift für betriebswirtschaftliche Forschung. Sonderheft (1982)14, S. 50 - 63.

Enderle, W.: Bildungscontrolling. Die fünf Phasen der Wertschöpfungskette Bildung. In: Bankinformation (1995)7, S. 29 - 33.

Geißler, Kh. u. a.: Orientierungen und Werte von BildungsmanagerInnen: Thesen und Positionen zu einem „unmöglichen Beruf". In: Gütl, B./Orthey, F. M./Laske, S. (Hg.): Bildungsmanagement. München/Mering 2006, S. 57 - 74.

Gütl, B./Orthey, F. M.: Differenzen bilden: Bildungsmanagement heute. In: Gütl, B./Orthey, F. M./Laske, S.: Prolog. In: Gütl, B./Orthey, F. M./Laske, S. (Hg.): Bildungsmanagement. München/Mering 2006, S. 13 - 56.

Heeg, F.-J./Jäger, C.: Konzeption und Einführung einer Bildungscontrolling-Systematik. In Landsberg, G. v./Weiß, R. (Hg.): Bildungs-Controlling. 2. Auflage, Stuttgart 1995, S. 341 - 362.

Hentze, J.: Personalwirtschaftslehre. Grundlagen, Personalbedarfsermittlung, -beschaffung, -entwicklung und -einsatz. Bern 1986.

Livingston, D. W.: The Education Jobs Gap: Underemployment or Economic Democracy, Toronto 1998.

Lung, M.: Betriebliche Weiterbildung: Grundlagen und Gestaltung. Leonberg 1996.

Molzberger, G.: Informelles Lernen, und die betriebliche Gestaltung von Lernorganisationsformen – ein Blick auf kleine und mittelständische IT-Betriebe. In: Dehnbostel, P./Pätzold, G.: Innovationen und Tendenzen der betrieblichen Berufsbildung. Stuttgart 2004, S. 86 - 96.

Müller, W.: Kaderentwicklung und Kaderplanung. Berlin, Stuttgart, Wien 1971.

Münch, J.: Qualität, Kosten und Finanzierung betrieblicher Bildungsarbeit. In: Hoppenstedt Technik Tabellen Verlag (Hg.): Innerbetriebliche Weiterbildung. Darmstadt 1990, S. 223 - 250.

Neuberger, O.: Personalentwicklung, 2. Auflage. Stuttgart 1994.

Seeber, S.: Benchmarking – Ein Ansatz zur Steigerung von Effektivität und Effizienz beruflicher Bildung. In: Krekel, E. M./Bötel, C. (Hg.): Bedarfsanalyse, Nutzungsbewertung und Benchmarking – zentrale Elemente des Bildungscontrollings. Berlin/Bonn 2001, S. 125 - 161.

Staudt, E./Kley, T.: Formelles Lernen – informelles Lernen – Erfahrungslernen. Bochum 2001.

Steinmann, H./Schreyögg, G.: Management, 3. Aufl., Wiesbaden 1993.

Wittwer, W.: Weiterbildung im Betrieb. München, Wien, Baltimore 1982.

Zimmermann-Sonntag, B.: Einführung neuer Formen der Arbeitsorganisation im Ressort ‚Forschung und Entwicklung'. Unveröffentlichter Projektbericht für das BMFT. Kassel 1984.

3 Betriebliches Weiterbildungsmanagement: Aufbauorganisation (Anja Knippel)

Lernziele

- Die drei zentralen Merkmale der Aufbauorganisation benennen und mit Beispielen zentrale Fragestellungen diskutieren können.

- *Institutionalisierung:* Die Ausprägung von PE/Weiterbildung als eigenständigen Funktionsbereich – abhängig von der Unternehmensgröße – abwägen können.

- *Weiterbildungsorganisation:* Unterschiedliche Varianten innerhalb von Personal in ihren Vor- und Nachteilen und Auswirkungen auf das Weiterbildungsmanagement beschreiben können.

- *Ressourcenzuteilung:* Größenverhältnisse von Weiterbildungsinvestitionen deutscher Unternehmen sowie deren Zusammensetzung kennen. Die Rolle von Planung in der Weiterbildung deutscher Unternehmen exemplarisch anhand des Budgets aufzeigen können.

3.1 Problembezug

Auf den ersten Blick mag die Organisation der Weiterbildung und Personalentwicklung eher wie ein nachrangiges „Luxusproblem" erscheinen. Viele KMU stellen für Tätigkeiten dieser Art überhaupt keine spezialisierte Funktion zur Verfügung. Dann stellt sich die Frage der Aufbauorganisation gar nicht erst. Dennoch setzt die organisatorische Verankerung der Aufgaben PE/Weiterbildung nicht nur ein Signal innerhalb des Unternehmens. Es schafft auch die Voraussetzungen und Arbeitsbedingungen für PE und Weiterbildung (vgl. Abbildung 3.1-1).

Das Personalwesen sieht sich insgesamt häufig dem Vorwurf ausgesetzt, hohe Kosten zu verursachen, Verwalter zu sein und nicht zur Wertschöpfung des Unternehmens beizutragen. Hier kann zum einen die Aufstellung innerhalb des Personalmanagements Kundenorientierung und Bezug zum „Business" signalisieren. Außerdem gewinnt die Möglichkeit der Auslagerung von verwaltenden Tätigkeiten, um damit Kosteneinsparungen bei Standardprozessen (z. B. Lohn- und Gehaltsabrechnung) zu erzielen, an Bedeutung.

Die Aufgaben und Anforderungen an das Personalwesen sind zurzeit großen Veränderungen unterworfen. Dadurch ergeben sich Chancen für Personaler, die diese Entwicklung aktiv vorantreiben und ihre Vision in der Gestaltung umsetzen können. Vordenker einer pro-aktiven HR-Funktion ist Ulrich (1997), der vom Personalwesen fordert, in unterschiedlichen Rollen tätig zu werden, um zur Wertschöpfung des Unternehmens beizutragen. Dabei propagiert er die Abkehr vom Fokus auf Tätigkeiten der Personaler (Mitarbeiter einstellen, qualifizieren etc.) hin zu Ergebnissen und Wertbeiträgen (Veränderungsfähigkeit des Unternehmens fördern, Effizienz in administrativen Prozessen).

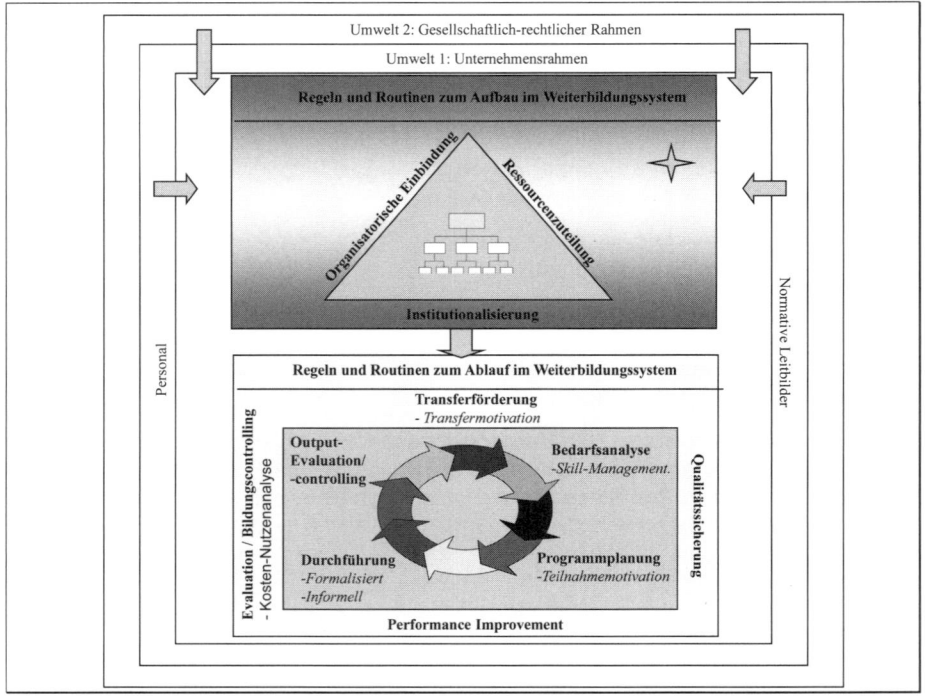

Abb. 3.1-1: Die Aufbauorganisation als Teil des Rahmenmodells zum betrieblichen Weiterbildungsmanagement

Umstrukturierung an der Tagesordnung

Laut einer Erhebung der DGFP haben 79 % der befragten Mitgliedsunternehmen in den letzten fünf Jahren im Personalwesen umstrukturiert. Als Ziele wurden genannt (DGFP 2006, S. 32): Personalarbeit professionalisieren (73 %), Kundenorientierung verbessern (67%), HR-Prozesse an die Geschäftsprozesse anpassen (57 %), Akzeptanz des Personalbereichs im Unternehmen erhöhen (51 %), Kosten senken (47 %), Konzentration auf Wertschöpfung (31 %), Flexibilität steigern (25 %), Transparenz schaffen (22 %), Kapazitätsgewinn (22 %). Aus der Aufzählung von Zielen ergibt sich die Agenda für das zeitgemäße Personalmanagement, was sich sicher auch auf die Teilbereiche Weiterbildung und Personalentwicklung übertragen lässt. PE muss professioneller interner Berater sein, eng verknüpft mit dem Kerngeschäft des Unternehmens, soll wertschöpfend und Kosten-bewusst arbeiten, Erfolge nachweisen und flexibel auf Bedarfe reagieren etc.

Selbstverständnis

Durch eine neue Organisationsform verändert sich natürlich nicht nur die äußere Form der Personalarbeit, sondern auch die Tätigkeit der HR-Mitarbeiter. Eine Zunahme der Beratungsleistungen von Personalern sieht auch eine Studie der Haufe Akademie und der Fachhochschule Deggendorf in 2006 unter knapp 450 mittelständischen Unternehmen bestätigt (Haufe Akademie/FH Deggendorf 2006). Demnach sind nicht nur die großen Unternehmen, sondern auch KMU von den aktuellen Umbrüchen und Neuausrichtungen der HR-Szene erfasst.

Zweifellos lässt sich ein Zusammenhang zwischen dem Selbstverständnis und der Positionierung von Personalfunktionen mit der Organisationsform ausmachen (vgl. hierzu Becker 2005, S. 529). So lassen die Veränderungen in Organigrammen deutscher HR-Funktionen auf ein Umdenken rückschließen. In einer DGFP-Studie geben die befragten Personaler an, sich als Berater der Führungskräfte zu verstehen (91 %)[38], als operativen Dienstleister (87 %) und als strategischen Business Partner (77 %). Gerade mal 37 % sehen ihre Rolle – entsprechend dem früheren Bild von verwaltenden Personalern – als Ordnungsfunktion im Unternehmen.

Individuelles Konzept

Da es sich bei der Organisation meist um gewachsene Strukturen handelt, gibt es eine Vielzahl von Varianten in der Praxis. Hier sollen im Folgenden die gängigsten Modelle mit ihren Vor- und Nachteilen skizziert werden. Und schließlich resümiert die DGFP in einer Studie zur Organisation des Personalmanagements: „Es gibt keinen ‚one best way' – jedes Unternehmen muss seine Personalmanagement-Organisation an seinen spezifischen Anforderungen ausrichten" (DGFP 2006, S. 43).

3.2 Institutionalisierung von Weiterbildung

3.2.1 Ansprechpartner für Weiterbildung im Unternehmen

Die Tatsache, ob eine bestimmte Person (oder Organisationseinheit) für die Weiterbildung im Unternehmen zuständig ist, hängt unmittelbar von der Größe eines Unternehmens ab: Während in Betrieben mit unter 50 Mitarbeitern weniger als ein Drittel einen Spezialisten für Weiterbildung haben, sind es bei Unternehmen mit mehr als 500 Mitarbeitern bereits drei Viertel (Statistisches Bundesamt 2008, S. 55).

Eine Umfrage unter Personalleitern ergab, dass knapp die Hälfte der Unternehmen keine oder weniger als eine Vollzeitkapazität für das Thema Weiterbildung zur Verfügung haben (Haufe Akademie/Fachhochschule Deggendorf 2006, S. 34)

---

[38] Die in Klammern angegebenen Werte beziehen sich auf die Zustimmung, ausgedrückt in „trifft voll zu" bzw. „trifft ziemlich zu"; weitere Items: „teils teils", „trifft kaum zu" und „trifft gar nicht zu"; n = 120 (DGFP 2006, S. 35).

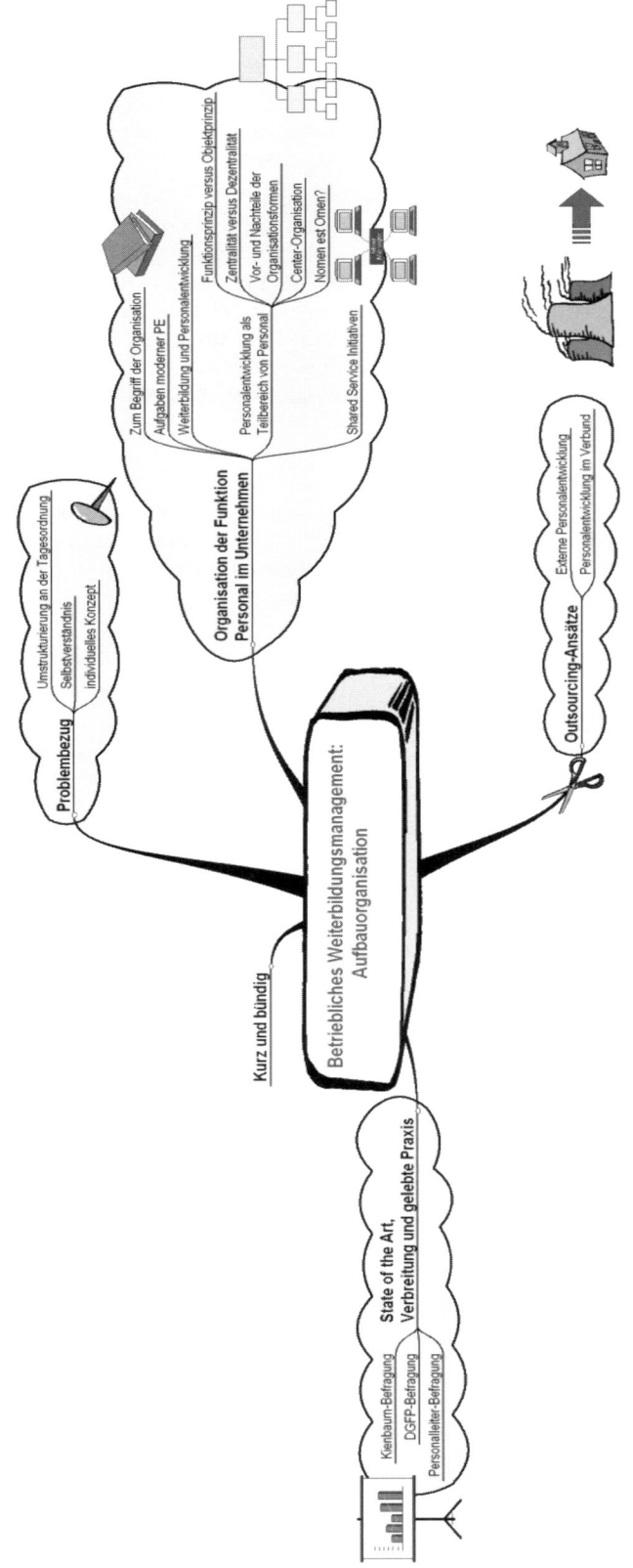

Abb. 3.1-2: Argumentationsverlauf im Kapitel 3

Bei knappen internen (personellen) Ressourcen wäre es naheliegend, auf externe Kapazitäten zurück zu greifen. Doch insb. KMU nutzen in deutlich geringerem Maße externe Dienstleister als große Unternehmen: Bei den Betrieben mit unter 250 Beschäftigten arbeiten weniger als ein Drittel manchmal mit externen Partnern zusammen, bei den Kleinbetrieben mit unter 20 Personen geben 70 % an, nie mit Externen in Weiterbildungsfragen zu kooperieren. Mit zunehmender Größe kehren sich die Verhältnisse um und die Beauftragung Externer wird zum Regelfall (Statistisches Bundesamt 2008, S. 56). Abbildung 3.2-1 zeigt, dass unter allen Personalmanagement-Aufgaben vor allem bei Training und Weiterbildung auf das Know-how externer Partner zurückgegriffen wird.

Für welche Personalmanagement-Aufgaben nutzen Sie derzeit das Know-how externer Partner? (Mehrfachnennungen)

Aufgabe	Wert	n
Training/ Weiterbildung	56	n=138
Arbeitssicherheit/Gesundheitsmanagement	45	n=136
Personalrekrutierung und -auswahl	42	n=138
Personalentwicklung	40	n=136
Compensation & Benefits	38	n=133
Auslandsentsendungen	34	n=123
Employer Branding/Personalmarketing	31	n=127
Talent Management/ Nachfolgeplanung	28	n=136
Lohn- und Gehaltsabrechnung	23	n=137
Personalfreisetzung	23	n=128
Berufsausbildung	20	n=131
Performance Management	18	n=136
Personalverwaltung	11	n=132
Personalbetreuung	10	n=136
Personalplanung und -controlling	5	n=134

Abb. 3.2-1: Nutzung von Know-how externer Partner für Personalmanagement-Aufgaben (DGFP 2008, S. 11)

3.2.2 Outsourcing-Ansätze

Neben den Varianten einer Ansiedlung von Personalentwicklungs-Aktivitäten inhouse (wenn auch mit der zuletzt thematisierten externen Zuarbeit), gibt es auch Outsourcing-Ansätze. Dies kann bei KMU dadurch bedingt sein, dass das Unternehmen zu klein ist um eine eigene spezialisierte Funktion PE bzw. Weiterbildung einzurichten. Dann können sich mehrere Unternehmen gemeinsam eine Personalentwicklung teilen (z. B. PE im Verbund). Bei großen Unternehmen hingegen spielen oft Kostenaspekte eine Rolle und die Bündelung ähnlicher Tätigkeiten im Konzern (z. B. Shared Service), oder extern bei einem Spezialisten wird erwogen, um Synergieeffekte zu nutzen.

Einer DGFP-Befragung zufolge ist der Großteil der Unternehmen skeptisch. 59 % der Befragten geben an, keine Personalaufgaben auszulagern, ein Drittel hat bereits externe Dienstleister beauftragt und weitere 7 % planen Outsourcing. Unter denjenigen Unternehmen, die Outsourcing praktizieren, geben 24 % an, Weiterbildung extern zu vergeben. Damit rangiert die Weiterbildung an Platz sieben der outgesourcten Aufgaben (DGFP 2006, S. 23). Unangefochtener Spitzenreiter sind administrative HR-Aufgaben und die Lohn- und Gehaltsabrechnung.

Die Fachzeitschrift „Personalwirtschaft" hat 2007 ein Sonderheft zum Thema „HR-Outsourcing" herausgegeben. Dies ist bereits ein Indiz für eine zunehmende Bedeutung des Themas in der Branche. Eine darin zitierte Studie mit über 600 befragten Personalleitern aus Unternehmen mit unter 5.000 Mitarbeitern ergibt, dass zwar 95 % der Personaler angeben, mit dem Thema Outsourcing vertraut zu sein (Erhard 2007). Für 66 % komme HR-Outsourcing prinzipiell nicht in Frage. Dabei ist die Zurückhaltung zur Auslagerung bei kleinen Unternehmen (mit 77 % bei bis 100 Mitarbeiter) stärker als bei größeren Firmen (58 % bei 500 bis 1.000 Mitarbeiter).

Warum werden Aufgaben des Personalwesens aus dem Unternehmen verlagert?

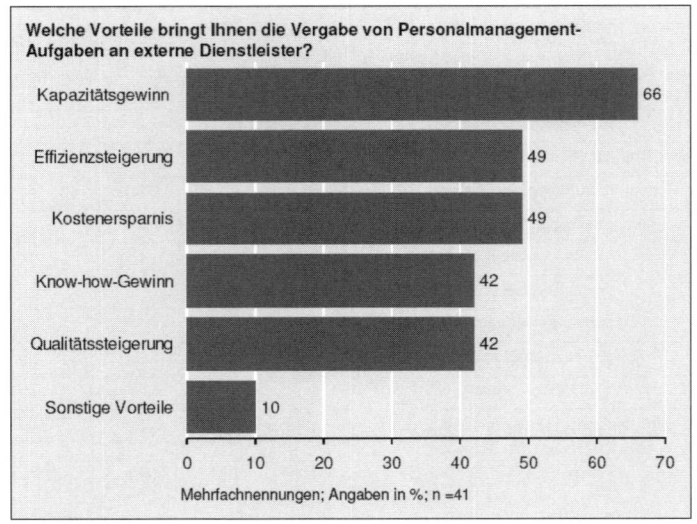

Abb. 3.2-2: Vorteile des Outsourcing von Personalaufgaben (DGFP 2006, S. 25)

Wie Abb. 3.2-2 verdeutlicht, ist Outsourcing grundsätzlich nicht nur für große Unternehmen attraktiv, sondern könnte auch für KMU sinnvoll erscheinen, die kurzfristig intern Kapazitäten z. B. für PE- und Weiterbildungsaufgaben nicht aufbauen können oder niemanden haben, der über das Know-how verfügt (Gloger 2002). Doch als Argument gegen Outsourcing spricht vor allem die Sorge vor Abhängigkeit (vgl. DGFP 2006, S. 26). Die Gefahr ist natürlich umso größer, je geringer das interne Expertenwissen ist, um externe Dienstleister sorgfältig auszuwählen, präzise zu beauftragen und zu steuern.

Im Folgenden werden zwei Outsourcing-Varianten kurz dargestellt. Zur vertieften Lektüre wird auf entsprechende Quellen verwiesen.

3.2.2.1 Externe Personalentwicklung

Wie bereits beschrieben, können unterschiedliche Gründe dafür sprechen, einzelne PE-Aktivitäten oder die gesamte PE außer Haus von einem externen Dienstleister erbringen zu lassen. In vielen Fällen ist davon zuerst die klassische Weiterbildung betroffen, weil sie als stärker standardisierbar und als weniger sensibel (mit Blick auf die Kernkompetenzen und Betriebsgeheimnisse) als andere PE-Aufgaben betrachtet wird.[39]

In einer Studie von TDS und der HR-Beratung Dr. Gerke & Associates (Erhard 2007) gaben gut 20 % der über 600 befragten Personalleiter an, die *Seminarorganisation* outgesourct zu haben. Bei knapp einem Viertel der Befragten soll dies künftig durch Externe geleistet werden.

Eine von Bertelsmann media worldwide durchgeführte Befragung von knapp 400 Personalleitern im Jahr 2007 ergab, dass die Meisten (47,4 Prozent) *Weiterbildung* in einer Mischform organisieren, an der interne und externe Dienstleister sowie die eigene Personalabteilung mitwirken (vgl. Abbildung 3.2-3).

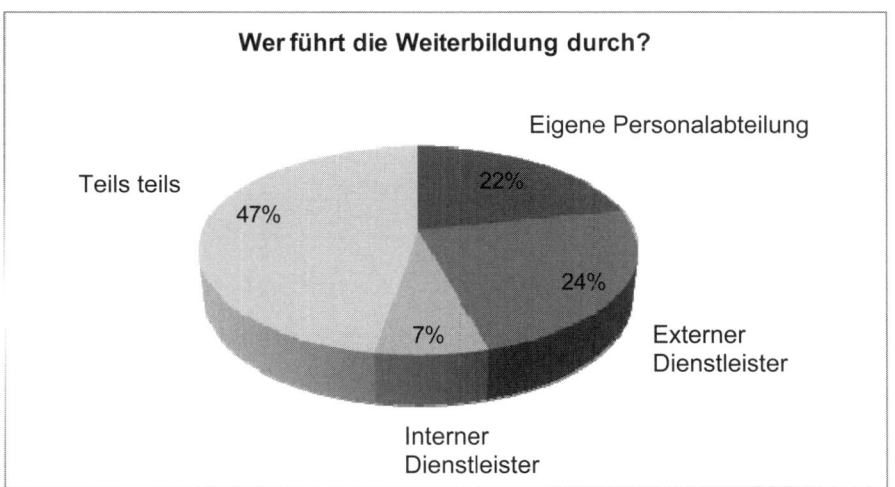

Abbildung 3.2-3: Durchführung der Weiterbildung (eigene Darstellung in Anlehnung an Bertelsmann media worldwide, S. 36)

Es ist also davon auszugehen, dass es in den seltensten Fällen die Reinform einer kompletten Auslagerung von PE-Aktivitäten gibt. Allerdings werben einige Beratungen und Trainingsanbieter damit, die komplette Bandbreite an PE-Aktivitäten extern durchzuführen (Gloger 2003).

Insbesondere, wenn Unternehmen Leistungen outsourcen und sich von Externen Leistungen gezielt zukaufen, braucht es einen präzisen Auftrag und eine gute Koordination durch Unternehmensinterne (Stichwort „Service Level Agreements", vgl. Gertz 2007). Wenn mehrere Berater oder Trainer für einen Auftraggeber arbeiten,

---

[39] Meixner (2007) unterscheidet bei HR-Aufgaben zwischen Werthaltigkeit und Komplexität. Je höher die Werthaltigkeit und die Komplexität von Aufgaben sind, desto geringer sind sie für die Auslagerung an externe Dienstleister geeignet. Personalentwicklung ist in seiner Einstufung „strategisch", was einer hohen Werthaltigkeit für das Unternehmen entspricht und sehr komplex.

sollten die Aktivitäten aufeinander abgestimmt und miteinander verknüpft werden. Eine Empfehlung für eine idealtypische Aufgabenteilung zwischen der PE-Funktion im Unternehmen, externen Trainern und Beratern beschreibt Fleck (zitiert in Graf 2002, S. 26):

Aufgaben und Kompetenzen	Unternehmen	Berater	Trainer
Analyse des Beratungsbedarfs	X	+	-
Analyse von Prozessen und Abläufen (inkl. Wertschöpfungskette, Kennzahlen, Stärken-Schwächen)	+	X	-
Analyse von Verhaltensweisen	+	-	X
Analyse von Erfolgsfaktoren und möglichen Messgrößen	+	X	-
Analyse der Personalentwicklungssysteme	+	-	X
Definition von Lernerfolgskriterien	+	-	X
Analyse des Qualifizierungsbedarfs	+	+	X
Analyse von Veränderungsbedarf	+	X	+
Konzeption und Neudefinition von Abläufen und Prozessen	+	X	-
Projektplanung, Projektorganisation	+	X	-
Projektmanagement	+	X	-
Potenzialanalyse	+	X	+
Implementierungen	+	X	X
Aufbau und Konzeption durchgängiger Qualitätssysteme (ISO, EFQM, TQM)	+	X	+
Qualifikation der Mitarbeiter	+	-	X
Mittel- und langfristige Begleitung der Mitarbeiter	+	X	X
Evaluation von Bildungsmaßnahmen (Trennung von Qualifikation und Evaluation)	+	X	+
Erfolgscontrolling (Trennung vom Umsetzung und Controlling)	+	X	-
	X = Durchführung		
	+ = Unterstützung		
	- = keine Beteiligung		

Abb. 3.2-4: Aufgabenteilung zwischen PE im Unternehmen mit externen Beratern und Trainern (Fleck zitiert in Graf 2002, S. 26)

Insbesondere für KMU ist es schwierig intern Know-how aufzubauen um Externe steuern zu können. Das bedeutet, dass hier die Abhängigkeit von externen Trainern und Beratern am größten ist.

Ein Ansatz, bei dem das gebündelte Know-how mehrerer kleiner und mittelständischer Unternehmen zur Ausrichtung und Steuerung der PE-Aktivitäten durch externe Berater genutzt wird, ist Personalentwicklung im Verbund.

3.2.2.2 Personalentwicklung im Verbund

Verbund-PE und externe PE haben viele Gemeinsamkeiten und in beiden Fällen handelt es sich um Konstrukte, in denen die PE-Arbeit von einem externen Anbieter erbracht wird. Verbund-PE ist eine Sonderform der externen PE, die häufig von KMU in Anspruch genommen wird und bei der in der Regel kein PE-Spezialist auf Unternehmensseite als Pendant zum beauftragten externen Dienstleister fungiert.

Im Folgenden soll dann von Verbund-PE gesprochen werden, wenn die Unternehmen untereinander vernetzt sind, sich austauschen und gemeinsame Aktivitäten entwickeln. Wenn jedoch ein Unternehmen einen Berater mit der Durchführung von PE-Aktivitäten beauftragt, ohne andere Kunden zu kennen und mit ihnen im Austausch zu stehen, dann soll es hier als externe PE betrachtet werden (wie in Abschnitt 3.2.2.1 thematisiert).

Die Idee der Verbund-PE ist insb. für KMU attraktiv, weil sie deutlich günstiger und flexibler ist, als eine eigene Fachkraft für Personalentwicklungsaufgaben einzustellen.[40] Bei Verbund-PE schließen sich mehrere regionale KMU zusammen und bezahlen einen Beitrag (oftmals abhängig von der Mitarbeiterzahl), von dem ein gemeinsamer Personalentwickler finanziert wird. Der Zusammenschluss kann in Form eines Vereins erfolgen oder von einem lokalen Bildungsanbieter koordiniert werden. Ein externer Vollzeit-Personalentwickler betreut – abhängig von der Größe der Unternehmen – circa zehn klein- und mittelständische Unternehmen.

Auf den ersten Blick liegen die Vorteile bei den Kosten für die beteiligten Unternehmen, die dann – zum Beispiel bei einem Zusammenschluss von zehn Unternehmen – ja nur etwa ein Zehntel einer vollen PE-Stelle betragen. Darüber hinaus gibt es Synergieeffekte bei der Durchführung von Maßnahmen. Entweder gibt es gemeinsame Angebote, z. B. Trainings für mehrere Unternehmen des Verbunds. Oder mit Trainern werden andere Konditionen verhandelt, wenn die Verbund-Unternehmen ihre Aktivitäten bündeln und dadurch gemeinsam in größerem Volumen Trainingsleistungen einkaufen.

Auf den zweiten Blick eröffnen sich weitere Vorteile für die Unternehmen. Der Erfahrungsaustausch zwischen den Verbund-Mitgliedern und die Vernetzung starten bei PE-Themen. Der gemeinsame Personalentwickler trägt Informationen zu geplanten PE-Vorhaben innerhalb des Verbunds weiter, so dass sich z. B. zwei Verbund-Unternehmen zusammen tun, die vorhaben, ein Mitarbeitergespräch einzuführen. Dann können beide Unternehmen ähnliche Instrumente einsetzen, Betriebsvereinbarungen austauschen, die Führungskräfte ggf. gemeinsam trainieren etc., was zum einen wieder Kosten spart bzw. Beratungszeit, die dann wieder für weitere Projekte genutzt werden kann. Zum anderen trägt der Unternehmens-übergreifende Erfahrungsaustausch zur Reflexion der eigenen Arbeit und einer Professionalisierung der Personalaktivitäten bei. Möglicherweise ergeben sich auf Basis der gewachsenen Kooperationsstrukturen zu PE-Themen aus den Kontakten zu Verbund-Unternehmen auch Anknüpfungspunkte zum fachlichen Austausch und zu Geschäftsbeziehungen.

Die folgende Tabelle stellt einige Ansätze von Verbund-PE gegenüber. Stand der Recherche ist 2006. Deutlich wird die Bandbreite der Möglichkeiten und der unter-

---

[40]   In vielen Fällen ist Verbund-PE auch deutlich günstiger, als im Vergleich dazu Beratungshonorare bei externer PE (vgl. hierzu die Kosten in Abb. 3.3-4). Hinzu kommt, dass einige Verbund-PE-Konzepte in einer Vereinsform realisiert wurden und – im Gegensatz zu Beratungen – keine Gewinnerzielungsabsicht besteht. Andere Verbund-PE-Konzepte erhalten Zuschüsse in der Pilotphase aus Modellversuchen oder von lokalen Institutionen der Weiterbildung.

schiedlichen Modalitäten. Der Beitrag variiert bei den Festbeträgen von 1.000,- bis 8.600,- Euro pro Jahr, wobei es auch Modelle gibt, bei denen sich der Beitrag an der Mitarbeiterzahl orientiert.

Anbieter	Proregio (IW Köln)	MACH2 e.V.	pew@re (BBQ bzw. Bildungswerk der bw. Wirtschaft)	PEPP e.V. Hochstift	3 Projekte (RKW Niedersachsen)
Angebot	Externe PE für die Bauwirtschaft: Vernetzung, gem. Trainings und Einzelberatung	Externe PE (in enger Kooperation mit WB-Angebot von MACH1)	Netzwerktreffen, Workshops und Beratung als „Hilfe zur Selbsthilfe", Aufbau von PE-Kompetenzen	Weitgehend externe PE; jährliche Treffen der Unternehmen; gem. Trainings	Beratung, Coaching, Training, PE-Kompetenz aufbauen (keine Erfa-Kreise)
Kosten für Unternehmen	€ 8.600,- p.A. für ein festes Stundenkontingent des Personalentwicklers	€2.050,- Grundbetrag zzgl. €9,- pro Mitarbeiter (ein PE'ler betreut ca. 15 Firmen)	€1.000,- p.A. (nach der Projektphase)	2.500,- Grundbetrag zzgl. €15,- pro Ma. (ein PE'ler betreut 10 Unternehmen)	€180,- bis 200,- pro Tag für Beratung, Training etc. ESF-gefördert, Forts. geplant
Mitglieder	7 im Projekt, inzwischen 0	10 zur Gründung, aktuell über 30	80 im Projekt, aktuell 11	7 Gründungsmitglieder, aktuell 10	Je Projekt 10 Unternehmen
Laufzeit	Projekt bis 2002; anschl. Forts. geplant; Stand 2006: aufgelöst	Existiert seit 1993	Existiert seit 11/2001; Projekt bis 02/2005	Seit 2002	3 Projekte laufen (erstes endet 09/2006), 1 neues startet demnächst
Info-Material	Leitfaden „PE im Verbund" als pdf beim IW beziehbar oder Text als FAQ bei liquide	Ausführliche Leistungsübersicht im Internet; in allen Artikeln zu Verbund-PE genannt	Viele Infos und z.B. Kooperationsvereinbarung im Internet	Ausführliche Leistungsübersicht im Internet	Aus laufenden Vorhaben (bisher) wenig veröffentlicht
Internet	www.liquide.de bzw. www.jensen-trainings.de	www.mach1-weiterbildung.de	www.peware.de (nach Projekt: www.ulmer-personalzirkel.de)	www.pepp-hochstift.de	www.rkw-nordwest.de

Abb. 3.2-5: Personalentwicklung für KMU im Verbund – Gegenüberstellung ausgewählter Vorhaben (Knippel 2006) [41]

Die erste Initiative war 1993 „Mach1". Inzwischen gibt es neben einigen regionalen Initiativen ein Meta-Netzwerk, das sog. „Kompetenzzentrum Netzwerkmanagement e.V.", das gegründet wurde, um Unternehmen, Institutionen und öffentliche Einrichtungen beim Aufbau von Netzwerken zu unterstützen und Beratungsleistungen zum Thema durch kompetentes Netzwerkmanagement anzubieten (Kompetenzzentrum Netzwerkmanagement 2008).

Übung:

1 Welche Gründe sprechen aus Ihrer Sicht für bzw. gegen eine externe bzw. outgesourcte Personalentwicklung bzw. Weiterbildung? Erklären Sie PE im Verbund mit eigenen Worten und recherchieren Sie im Internet bei einem der genannten Anbieter.

---

[41] Vgl. hierzu auch die Originalquellen bei Schmidt-Rudloff (2005), Jülicher (o. A. J.), Helbich (2005), Helbich/Ehnes (2001), Mach1 (2008), PEPP (2008), pew@re (2008) und RKW (2008).

3.3 Organisatorische Anbindung von Weiterbildung

3.3.1 Organisation der Funktion Personal im Unternehmen

3.3.1.1 Zum Begriff der Organisation

In Kapitel 3 ist Organisation der Weiterbildung i. S. v. organisatorische Ansiedelung der Funktion Weiterbildung gedacht. Gemeint ist also, ob Weiterbildung und Personalentwicklung eine eigenständige Funktion im Organigramm ist, wie etwa ein Team von Spezialisten, oder ob es sich um eine Aufgabe handelt, die als eine von mehreren z. B. von Personalreferenten erledigt wird.

Wie Weiterbildung organisatorisch umgesetzt wird – sprich von der Bedarfserhebung, über die Trainer-Auswahl bis hin zu Raumbelegung, Bewirtung, Teilnehmerlisten etc. – soll an dieser Stelle nicht vertieft werden. Die Abfolge der Teilschritte einer systematischen Weiterbildung ist im Wesentlichen dem Funktionskreislauf in Abschnitt 2.3.2 (Bedarfsanalyse, Planung/Konzept, Durchführung, Output-Evaluation und -Controlling) zu entnehmen und dem Kapitel 4. Der Rest erfolgt in Abhängigkeit von den Gegebenheiten (oder Gepflogenheiten) des ausrichtenden Unternehmens, wie z. B. die Frage nach Räumen, Ausstattung und Bewirtung.

3.3.1.2 Aufgaben moderner PE

Bevor wir uns den Varianten einer Organisation von Personalentwicklung und Weiterbildung zuwenden, soll zunächst noch einmal ein Blick auf das Spektrum der Aufgaben geworfen werden. Zils (zitiert nach Graf 2004, S. 197) umreißt das Aufgabengebiet so, dass seiner Ansicht nach zu den wesentlichen Tätigkeiten zählen:

- „die inhaltliche Mitwirkung bei der Strategieformulierung,

- die strategische Ableitung der Entwicklungsbedarfe,

- die intensive Abstimmung und Vermarktung der PE-Projekte mit Geschäftsleitung, Betriebsrat, Personaler, Führungspersonen,

- die sorgfältige Auswahl externer Trainer und Berater,

- die Einbindung der Schlüsselpersonen in PE-Projekte,

- die methodische und didaktische Konzeption,

- die eventuelle eigene Trainertätigkeit im Bereich der Kernkompetenzen,

- das Controlling der Entwicklungsprozesse und der Wertschöpfungskriterien,

- eine valide Potenzialanalyse,

- die Erarbeitung von Kriterien für die Auswahl von Entwicklungskandidaten,

- die Beratung von Führungspersonen im Blick auf Mitarbeiterentwicklung,

- die Sicherung der persönlichen PE."

An der Aufzählung wird deutlich, dass es sich um ein komplexeres Aufgabengebiet handelt, als die reine Ausrichtung von Weiterbildungskursen und Seminaren. Die Vielfalt und Bandbreite der PE wird auch daran deutlich, dass in Fachzeitschriften zunehmend der Rollenwechsel der Personalentwickler thematisiert wird, wie etwa unter der Überschrift „Vom Trainer zum Manager des Wandels" (Gloger 2000, S. 92)[42].

---

[42]   Vgl. hierzu auch Jansen (2001), Rohr/Surrey (2000), Weber/Kabst (2002), Schust (2001) sowie Sendele (2002) und Wunderer (2002).

PE soll zur Wettbewerbsfähigkeit des Unternehmens beitragen und kompetente Fachkräfte anziehen, binden und weiterentwickeln.

Weiterbildung in dem o. g. Verständnis von PE ist eingebettet in systematische, strategisch ausgerichtete Aktivitäten, die von Spezialisten ausgeführt werden. Um das auf hohem Niveau leisten zu können, bedarf es eines bestimmten Know-hows, was für eine Konzentration auf dieses Aufgabengebiet spricht. Auch wenn es nicht *die* Personalentwicklung gibt (i. S. v. die eine richtige oder beste), soll hier von einem hohen Professionalisierungsgrad ausgegangen werden. Wie pragmatisch die Umsetzung letztlich in Abstimmung an die Gegebenheiten des Unternehmens erfolgt, soll hier nicht thematisiert werden. Im Zentrum der folgenden Ausführungen steht die Frage, welche strukturellen (in der Organisation verankerten) Rahmenbedingungen – also Regeln und Routinen – sich bewährt haben, um hochwertige PE leisten zu können.

3.3.1.3 Weiterbildung und Personalentwicklung

Wie bereits in der Definition von Stender (in Kapitel 2 dieses Lehrbuchs) dargelegt, wird Weiterbildung als eine Teilfunktion von Personalentwicklung (PE) betrachtet. Einerseits gewinnt die PE in Unternehmen derzeit insgesamt an Bedeutung. Andererseits wird Weiterbildung als ein Teil davon gesehen, der potenziell ausgelagert werden kann. Untersuchungen bestätigen den Trend, dass Unternehmen aller Größen aus Kostengründen Weiterbildungsaufgaben auslagern. Dies kann bei KMU anders motiviert sein als bei Großunternehmen. Auf Formen der internen und externen Organisation von PE und Weiterbildung wird im Folgenden noch näher eingegangen.

In vielen Untersuchungen wird jedoch nicht explizit zwischen Weiterbildung und Personalentwicklung unterschieden. Nachdem hier ein Weiterbildungsverständnis zugrunde gelegt wird, das Training eingebettet in systematische Personalentwicklung sieht, soll hier auch keine künstliche (und Branchen-unübliche) Trennung vorgenommen werden. Entsprechend des Gegenstands wird also von beidem – von Weiterbildung bzw. betrieblichem Weiterbildungsmanagement und von Personalentwicklung gesprochen. Die Begriffe verdeutlichen jeweils, um welche Bezugsgröße es geht.

3.3.1.4 Personalentwicklung als Teilbereich von Personal

In einer ursprünglichen, relativ einfach strukturierten Organisation z. B. in KMU gibt es einen Bereich bzw. eine Abteilung Personal. Je nach Größe des Unternehmens gibt es hierfür einen Leiter, der sich hauptamtlich mit Personalfragen beschäftigt oder es geschieht in Personalunion mit anderen Aufgaben.

Sofern die Personalfunktion mehrere Mitarbeiter umfasst, bietet sich eine Aufgabenteilung und Spezialisierung an. In vielen KMU entsteht als erste eigene Funktion die Lohn- und Gehaltsabrechnung innerhalb von Personal. Je nach Branche und Bedeutung der Berufsausbildung gibt es häufig auch in mittelständischen Unternehmen einen hauptamtlichen Ausbilder, der z. B. für die Lehrwerkstatt zuständig ist. Teilweise übernimmt der Ausbilder dann (zunächst) auch einzelne Weiterbildungsaufgaben, bis der Bedarf und die Größe des Unternehmens eine eigene Spezialistenfunktion Personalentwicklung (PE) erforderlich machen. Teilweise unabhängig von der Ausprägung der PE-Stelle, teilweise im Zuge einer insgesamt stärkeren Ausdifferenzierung der Personalaufgaben (z. B. durch einen neuen Personalleiter) entstehen Personalbetreuungs-Stellen. Die sog. Personalreferenten, Personalberater oder Personalmanager sind in erster Linie Ansprechpartner für alle Führungskräfte und betreuen einen Mitarbeiterstamm in allen operativen Aufgaben – von der Einstellung über Versetzungen, Höhergruppierungen, Anmahnungen, Erziehungsurlaub oder Elternzeit bis hin zum Austritt bzw. einer Kündigung und der Zeugniserstellung.

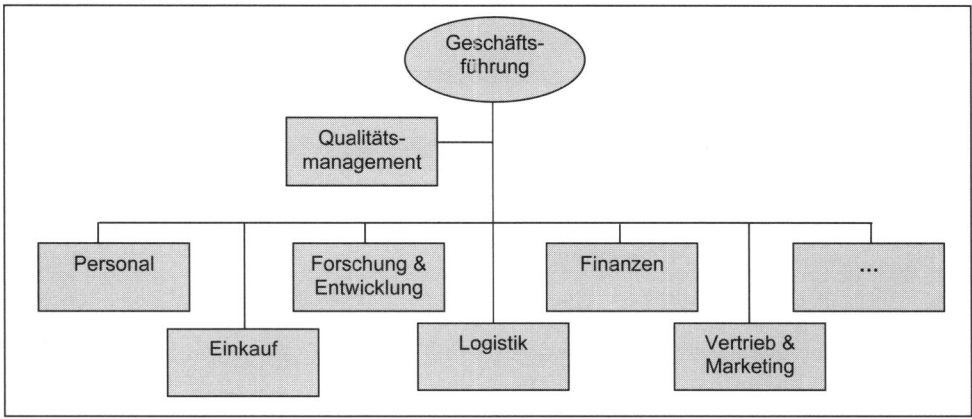

Abb. 3.3-1: Organigramm eines mittelständischen Unternehmens (eigene Darstellung)

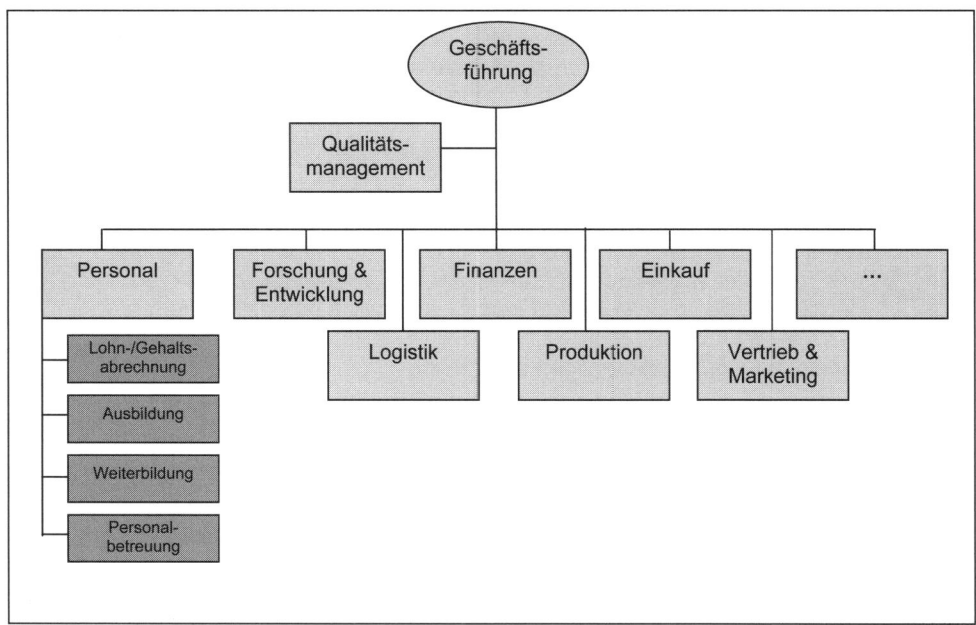

Abb. 3.3-2: Mögliche Ausprägung traditioneller Personalfunktionen (eigene Darstellung)

In kleinen Unternehmen ist Weiterbildung oft keine eigenständige Funktion, die von einer Vollzeitkraft ausgeführt wird. Erhebungen des Lehrstuhl zufolge, erfolgt die Besetzung einer PE-Stelle erst ab einer Unternehmensgröße von mindestens 750 oder gar 1.000 Mitarbeitern.[43]

Während also im ungünstigsten Fall in einem KMU ein Personalmitarbeiter nebenamtlich auch PE- und Weiterbildungsaufgaben übernimmt, können in größeren Unternehmen ähnliche Funktionen in Teams gebündelt werden. Die Frage stellt sich dann jedoch, wie die Aufgaben zusammengefasst werden.

Funktionsprinzip versus Objektprinzip

Grundsätzlich können nach DGFP (2006, S. 19 ff.) und Becker (2005, S. 543 ff.) drei Ansätze unterschieden werden:

- Rein *funktionale Aufgabengliederung*

  Hier steht die Funktion, also die Tätigkeit im Fokus, ähnliche Tätigkeiten werden organisational gebündelt. Z. B. ist ein Mitarbeiter bzw. eine Einheit für Personalentwicklung und Weiterbildung zuständig, ein Kollege bzw. eine andere Einheit für das Recruiting.

  Insbesondere in KMU und Unternehmen mit geringer Dynamik eignet sich die Funktionalorganisation. Die Aufgabenteilung ist transparent und die fachliche Spezialisierung ermöglicht hohe Kompetenz bei den PE'lern.

- Rein *objektbezogene Aufgabengliederung* oder *Divisionalorganisation*

  Hier steht das zu betreuende Objekt, also der interne Kunde im Mittelpunkt. Die Organisation innerhalb von Personal orientiert sich an den Betreuungsbereichen. Z. B. kann dies an Mitarbeitergruppen ausgerichtet sein – tarifliche und über- bzw. außertarifliche Mitarbeiter oder alle Mitarbeiter und Führungskräfte eines Fachbereichs. Das bedeutet, dass ein Personaler (oder ein Team) einen bestimmten Personenkreis rundum in allen Personalfragen betreut.

  Der Vorteil besteht vor allem in einer größeren Nähe der Personaler an den Bedarfen ihrer Betreuungsbereiche und der Kundenorientierung („one face to the customer"). Maßgeschneiderte Konzepte erhöhen die Akzeptanz. Doch der so vielseitig geforderte Personaler ist fachlich potenziell überfordert.

- Funktional *und* objektbezogen bzw. *Matrix-Organisation*

  Mischform aus beidem. Z. B. betreut ein Personaler einen bestimmten Mitarbeiterstamm in PE- und Weiterbildungsfragen, ein Kollege kümmert sich um das Recruiting für den Bereich.

---

43   Die Beschäftigtenzahl ist natürlich nur ein Anhaltspunkt. Bei den Befragungen handelt es sich um Unternehmen der Metall- und Elektroindustrie in Bayern. Dabei wird deutlich, dass neben der Größe eines Unternehmens auch die Art des Geschäfts (Bedeutung der Forschung & Entwicklung, Geschwindigkeit des technologischen Wandels, Anteil der hochqualifizierten Fachkräfte) Einfluss darauf haben, wie viel ein Unternehmen in Personalentwicklung investiert. Zunehmend wird auch die Arbeitgeber-Attraktivität wichtiger im Zusammenhang mit dem Fachkräftemangel; je schwerer ein Unternehmen geeignete Fachkräfte auf dem externen Markt findet und für sich gewinnen kann, desto entscheidender wird die Weiterbildung der vorhandenen Mitarbeiter sowie die Nutzung der Personalentwicklung als Unterscheidungsmerkmal in Verhandlungen mit Bewerbern.

Dieses Modell ist besonders in großen und dynamischen Unternehmen anzutreffen, weil es den komplexen Vernetzungen Rechnung trägt. Es stellt hohe Anforderungen an die Abstimmung und Koordination sowie die Konfliktkompetenz der Beteiligten aufgrund potenziell konkurrierender Parallelstrukturen.

Zusätzlich zu den drei Ausprägungen gewinnen auch im Personalwesen Projekte an Bedeutung, die die Primärorganisation der PE durch sekundäre Arbeitsformen wie Arbeitskreise oder Projektgruppen ergänzen.

Einer Untersuchung der DGFP (2006, S. 42) unter Mitgliedsunternehmen zufolge werden Personalaufgaben eher funktional gegliedert, wobei die Mehrheit der Befragten die Mischform praktiziert.

Zentralität versus Dezentralität

Becker (2005, S. 537) stellt fest, dass aktuell die Zentralisierung von Personalentwicklungs-Aktivitäten vorherrschend ist. Damit gemeint ist ein zentrales Personalwesen, das als eine Spezialistenfunktion PE-Aufgaben bündelt. Alternativ wäre eine dezentrale Abwicklung von PE-Aufgaben in den entsprechenden Linienfunktionen denkbar. Diese Variante ist nicht automatisch gleichzusetzen mit der objektbezogenen Gliederung oder der Divisionalorganisation. Wie weiter oben beschrieben, ist hierunter die Aufgabenteilung *innerhalb* von Personal gemeint. Dezentralisierung bedeutet aber in der Extremform, wie in Abb. 3.3-3 dargestellt, dass eine kleine Einheit Personal übergreifende Themen koordiniert und Instrumente konzipiert, die dann von Personalentwicklern umgesetzt werden, die den Fachfunktionen zugeordnet sind.

Doch auch bei der Frage nach Zentralisierung oder Dezentralisierung erweisen sich Mischformen als gängige Praxis (Becker 2005).

Eher im Zusammenhang mit einer zentralen Funktion Personalentwicklung und Weiterbildung sind zentrale Weiterbildungs-Budgets vorzufinden. Bei dezentralen Strukturen werden meistens auch die Kosten den betreffenden Abteilungs-Budgets belastet. Und schließlich werden im Zusammenhang mit neuen Organisationsstrukturen (Center-Organisation) auch häufig interne Kosten verrechnet. Über eine interne Leistungsverrechnung werden dann nicht nur Seminargebühren transparent, sondern auch Beratungsleistungen der Personalentwicklung dem beauftragenden Fachbereich zu marktüblichen Konditionen in Rechnung gestellt.

Übung: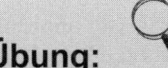

2   Welche Besonderheiten (Vor- und Nachteile sowie Schwierigkeiten) in der Umsetzung fallen Ihnen zu folgenden Organisationsformen ein:
- zentrale oder dezentrale Personalentwicklung bzw. Weiterbildung im Unternehmen,
- funktionale oder objektbezogene Aufgabengliederung innerhalb von Personal,
- Matrix-Organisation?

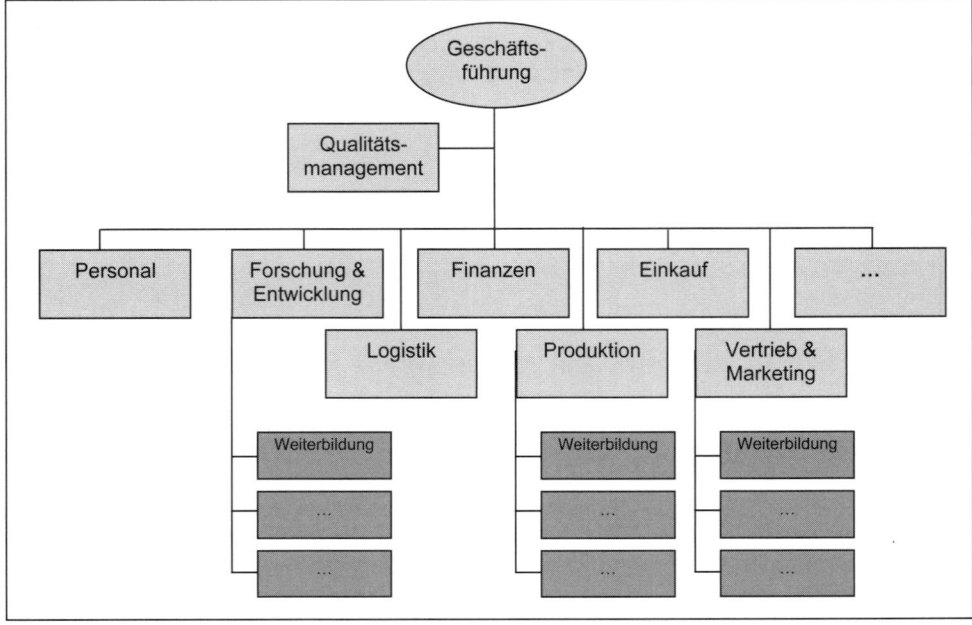

**Abb. 3.3-3: Variante Weiterbildung als dezentrale Einheit
(eigene Darstellung)**

Vor- und Nachteile der Organisationsformen

Zu den Vorteilen jeder Art von Bündelung gehört, dass dadurch der Aufbau von spezifischem Know-how möglich wird. Darüber hinaus ist eine Aufgabenteilung der Personalentwicklung/Weiterbildung in Teilgebiete und eine weitere Spezialisierung der Mitarbeiter innerhalb der Funktion möglich, z. B. nach Zielgruppen (Führungskräfte-Entwicklung, Verwaltungs- und Produktionsmitarbeiter), nach Inhalten (Fachthemen, Sozial- und Methodenkompetenzen) oder nach Methoden (E-Learning, Outdoor, Coaching, Workshop usw.). Der inhaltliche Austausch unter ähnlich spezialisierten Kollegen führt naturgemäß zu einer anderen Qualität der Arbeit als bei „Einzelkämpfern". Und schließlich kann die Bündelung ähnlicher Aufgaben (z. B. in der Seminarorganisation) auch zu Zeitersparnis und dadurch zu Kostensenkungen führen.

Nachteile einer zentralen Organisation werden i. d. R. demgegenüber in einer geringeren Kenntnis der spezifischen Bedarfe und Themen der internen Kunden gesehen. Ggf. tritt erschwerend eine räumliche Entfernung von den internen Kunden durch Zentralisierung hinzu (z. B. bei mehreren Standorten). Zusätzliche Abstimmungsschleifen mit anderen Einheiten innerhalb von HR sind bei starker Spezialisierung, und wenn nicht alles aus einer Hand erfolgt, notwendig. Für den internen Kunden bzw. die Führungskraft gestaltet sich der Kontakt zum Personal dadurch schwieriger, dass mehrere Ansprechpartner für unterschiedliche Themen zuständig sind. Und schließlich sind die einzelnen Maßnahmen und Instrumente aus dem HR-Bereich nicht optimal miteinander verzahnt (z. B. Weiterbildung, Recruiting, Beurteilung, Laufbahnplanung), wenn unterschiedliche Teilfunktionen dafür zuständig sind.

	Prinzip Bündelung: Zentrale PE bzw. funktionale Organisation	Prinzip Kundennähe: Dezentrale PE bzw. objektbezogene Organisation
Vorteile	• einheitliche PE-Konzepte • Standardisierung der Instrumente • Anbindung an Unternehmensstrategie • Frühe Einbindung in Unternehmensentscheidungen • Bündelung der PE-Aufgaben • Kosteneinsparungen (Vermeidung von Doppelarbeit und Abstimmung) • Akzeptanz und hoher Einfluss der PE	• Nah am Bedarf der Betreuungsbereiche und dadurch kurze Reaktionszeiten • Abbau von Schwellenängsten bzw. Akzeptanz der PE • Spezialisierung der PE-Mitarbeiter bzgl. der Betreuungseinheiten • Einbindung der Führungskräfte in PE-Aufgaben • Wettbewerb durch parallele PE-Mitarbeiter
Nachteile	• Standardisierung zulasten der Passgenauigkeit • Lange Reaktionszeiten bei Abteilungs-spezifischen Bedarfen • Mangelnde Berücksichtigung von Abteilungs-spezifischen Bedarfen • Geringe Mitwirkung der Führungskräfte bei PE-Aktivitäten • Bei zentralem Budget wenig zielgerichteter Einsatz der PE-Angebote (ggf. eher als Incentive)	• Parallele Doppel- oder Mehrfacharbeit • Hoher Kosten- und Zeitaufwand durch Ressourcenredundanz • Hoher Koordinationsaufwand • Zentrifugalwirkung: Abkopplung der dezentralen Einheiten

Abb. 3.3-4: Vor- und Nachteile der Organisationsprinzipien
(vgl. Becker 2005, S. 539 ff.)

In der Tabelle in Abb. 3.3-4 sind Vor- und Nachteile der thematisierten Organisationsformen gegenüber gestellt, wobei hier das Funktionsprinzip und die Zentralisierung einerseits und Objektprinzip und Dezentralisierung andererseits zusammengefasst wurden. Hintergrund ist, dass jeweils ähnliche Grundprinzipen greifen – nämlich die Frage nach der Bündelung und fachlichen Spezialisierung oder der Nähe am Kunden.

Übung:

3   Angenommen, Sie planen, nach dem Studium in einem Unternehmen im Personalbereich anzufangen. Ihr Herz schlägt für PE-Themen. Welche organisatorische Verankerung würden Sie sich für Ihren Traumjob wünschen? Warum? Gibt es Argumente, die für Sie als Berufsanfänger anders gewichtet sind, als für einen „alten Hasen" im Personalgeschäft?

3.3.1.5   Center-Organisation

Seit einigen Jahren verbreitet sich eine weitere Variante der Aufbauorganisation im Personalmanagement, die sog. Center-Struktur. Sie trägt dem Gedanken Rechnung, dass das Personalwesen unterschiedliche Aufgaben in verschiedenen Rollen erbringen muss. Der Ansatz geht auf Ulrich (1997, 1999a, b, c) zurück und wird heute von vielen HR-Experten propagiert (vgl. Wunderer 2002, Seufert/Euler/Christ 2007, Sattelberger 2006, Sendele 2002).

Kerngedanke von Ulrich (1997) ist, dass Personal dann Business Partner sein kann, der einen Wertschöpfungsbeitrag leistet und die Wettbewerbsfähigkeit des Unternehmens stärkt, wenn es vier Rollen ausfüllt:

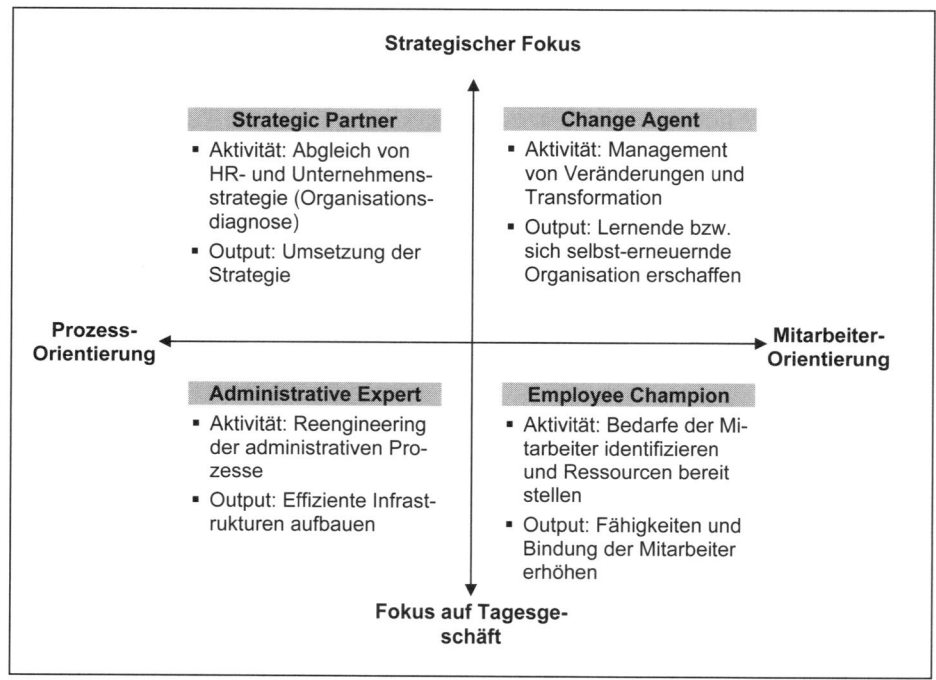

Abb. 3.3-5: Vier Rollen des Business Partner HR
(eigene Abbildung in Anlehnung an Ulrich 1998)

- Strategischer Partner (Rolle mit strategischem Fokus und Prozess-Orientierung),

- Change Agent (Rolle mit strategischem Fokus und Mitarbeiter-Orientierung),

- Administrative Expert (Rolle mit Fokus auf das Tagesgeschäft und Prozess-Orientierung) sowie

- Employee Champion (übersetzt mit „Anwalt der Beschäftigten" bei Ulrich 1998, Rolle mit Fokus auf das Tagesgeschäft und Mitarbeiter-Orientierung).

Für eine Umsetzung der Rollen und der unterschiedlichen Aufgaben gehen Unternehmen dann den Weg, eine Center-Struktur zu errichten. Auch steht der Begriff des „Business Partner" (verstanden als Multi-Rollen-Modell wie bei Ulrich 1997) in diesem Zusammenhang häufig sinnbildlich für eine wegweisende, neue Positionierung des HR-Managements.

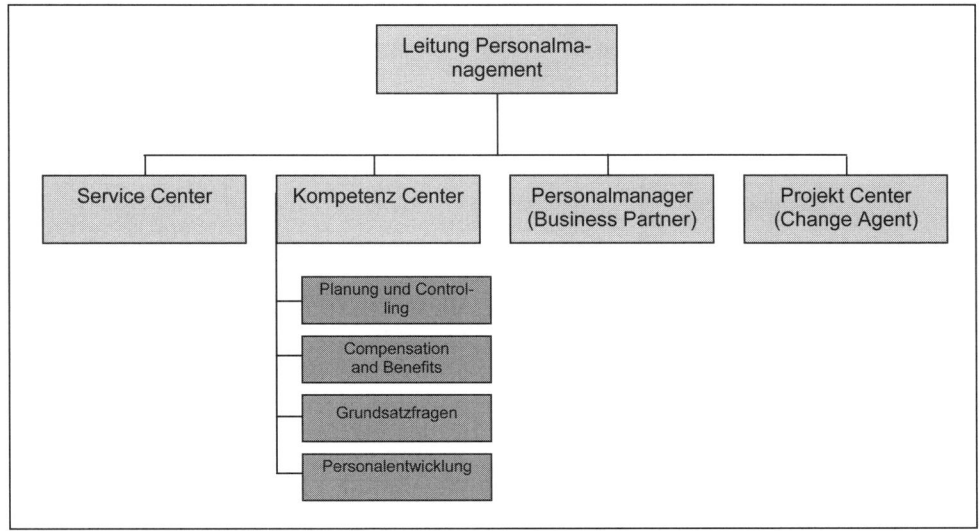

Abb. 3.3-6: Umsetzung des Prinzips One-Face-to-the-Customer und unterschiedlicher HR-Rollen in der Aufbauorganisation Personal (eigene Darstellung in Anlehnung an Kienbaum o. A. J., S. 22)

Mit den unterschiedlichen Rollen wird gleichzeitig das Prinzip der Kundenorientierung umgesetzt, dass der Kunde einen ersten Ansprechpartner hat. Analog zu einem Key Account Manager im Vertrieb, der Großkunden betreut, sind im Personalmanagement die Business Partner bzw. Personalmanager Betreuer der Führungskräfte. Für die Mitarbeiter agiert das Service Center wie eine Art Call Center, das zuständig für das „Massengeschäft" ist. Dort werden alle Standardanfragen abgewickelt, z. B. zur Abrechnung.

Als Ergebnis einer internen Kundenbefragung wurde der Personalbereich bei O2 Germany neu ausgerichtet. Zielsetzung war dabei, mehr und hochwertige Beratung in PE-, OE- und Change-Fragen anbieten zu können sowie das Prinzip „One Face to the Customer" umzusetzen. Es gibt in der neuen Organisation drei Stabstellen (HR-Strategie, Arbeitsrecht, Compensation Benefits) und daneben eine Struktur mit drei Abteilungen (Gorges/Rosengart 2007):

- Den *HR Consultants* als erste Ansprechpartner für die internen Kunden; ihre Organisation wurde der der Betreuungsbereiche angepasst, weshalb sie nochmals dreigeteilt sind.

- *HR-Service-Abteilung* für den administrativen Support und eine Spezialistengruppe für die Betreuung und Weiterentwicklung der HR-Systeme.

- Das *HR-Development-Team* bündelt die PE- und OE-Themen, berät in Change-Projekten und vermarktet O2 als attraktiven Arbeitgeber.

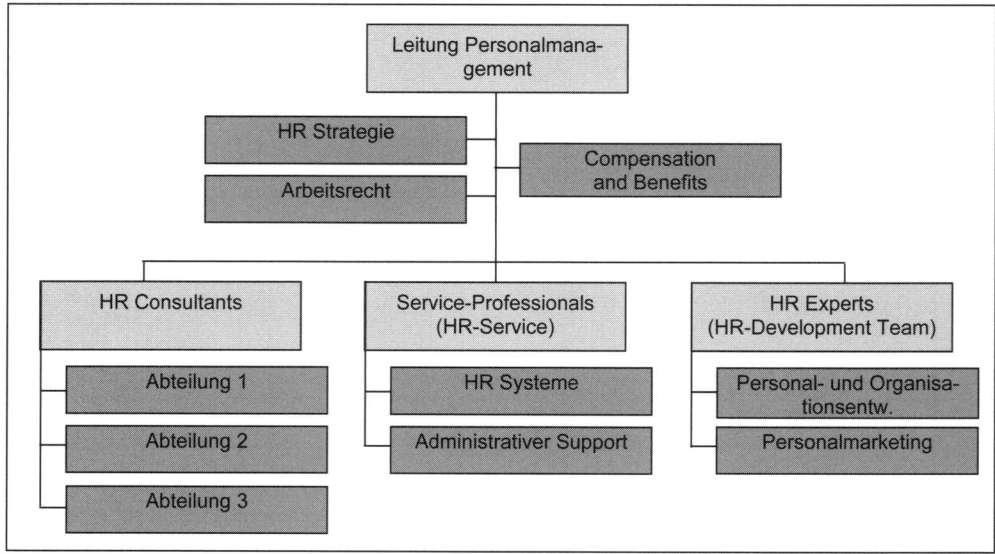

Abb. 3.3-7: Beispiel für die Struktur einer kundenorientierten Organisation bei O2 Germany (eigene Darstellung in Anlehnung an Gorges/Rosengart 2007)

Nomen est Omen?

Die Unterschiede in der Organisation und in den Begriffen sind nicht nur rein äußerlich, sondern stehen in Wechselwirkung mit Selbstverständnis, Positionierung und Anspruch, mit dem die HR-Aufgaben wahrgenommen werden (vgl. hierzu Becker 2005, S. 529 und Einsiedler/Breuer/Hollstegge/Janusch 2003, S. 29).

3.3.1.6 Shared Service Initiativen

Unter Shared Service wird verstanden, administrative Aufgaben zu bündeln und dadurch zu beschleunigen bzw. kostengünstiger abwickeln zu können (Scholz/Müller 2004). Die Erledigung erfolgt dann zumeist in Unternehmens- oder Konzern-internen Shared Service Centern (SSC), kann jedoch auch aus dem Unternehmen ausgelagert werden (vgl. hierzu die Ausführungen zu Outsourcing in Abschnitt 3.3). Neben den Kostenspareffekten werden auch Kapazitäten im Personalwesen frei, die dann für strategische und beratende Aufgaben genutzt werden können.

Insgesamt ist mit einer Zunahme der SSC zu rechnen, das Thema erfährt etwa seit Anfang dieses Jahrzehnts Verbreitung. Ackermann (2007) sieht bereits einen neuen Standard im HR-Bereich. Eine Studie seiner Beratung mit 29 Unternehmen (!) zufolge, haben rund 70 % der Befragten bereits ein SSC etabliert oder befinden sich in der Einführungsphase. Positive Effekte bestätigen 60 % der Anwender und 40 % der SSC-Erfahrenen (also etwa 7 Unternehmen) wollen Einsparungen von mehr als 10 % realisiert haben. Um die 70 % sehen in Trainings, Seminaren und Workshops eine „SSC-taugliche Personalfunktion".

Jordan/Hook (2003) berichten, dass die Einführung von Shared Services in HR bei der Deutschen Bank vor allem der Kundenorientierung dient. Auch wenn durch die Zentralisierung in einer Service-Einheit die regionale Struktur abgebaut wurde, konnte durch kurze Berichtswege, klare Verantwortlichkeiten und ein Konzept zu Kunden-Ansprechpartnern die Leistung mit Blick auf Kunden- und Serviceorientierung verbessert werden. Doch auch hier stehen vor allem administrative Prozesse im Fokus der Bündelung.

Shared Service wird also als Teil eines Center-Konzepts gesehen und nimmt in einer Reinform – nämlich der Bündelung von Weiterbildungsaufgaben – keine bedeutende Stellung für die Organisation der Personalentwicklung ein.

Nicht zu verwechseln – wenn auch begrifflich sehr naheliegend – ist Shared Service mit Shared-HR. Unter Shared-HR versteht Degner (2007), dass die Personalaufgaben dort, wo sie unmittelbar im Unternehmen anfallen, erledigt und dahin verlagert werden. Es kann also mit „verteilte Personalarbeit" übersetzt werden. Die Umverteilung geht in erheblichem Maße zu Lasten der Linienfunktionen eines Unternehmens, wodurch die eigentliche Personalfunktion sich stärker wertschöpfend einbringen kann. Dadurch – so der Plan – reduziert sich der bisherige Anteil von ca. 60 % administrativen Tätigkeiten im Personalwesen auf künftig 30 % zugunsten der Strategie (Zunahme von 10 auf 30 %) sowie Beratung und Coaching (Zuwachs von 30 auf 40 %).

3.4   Ressourcenzuteilung

Nachdem die personellen Ressourcen – sprich die Frage, welche Personen im Unternehmen für Weiterbildung zuständig sind, z. B. hauptamtliche Weiterbildner – bereits im Abschnitt 3.2 thematisiert wurden, soll es hier im Schwerpunkt um die finanziellen Ressourcen gehen. Dabei zeigt sich in Querbezügen immer wieder, dass die drei zentralen Aspekte der Regeln und Routinen der Aufbauorganisation von Weiterbildung im Unternehmen (Institutionalisierung, organisatorische Anbindung und Ressourcenausstattung) eng miteinander zusammen hängen. Entsprechende Verweise und ggf. auch Wiederholungen sind also durchaus gewollt.

3.4.1 Quantitative Annäherung

Zunächst einmal soll hier eine quantitative Annäherung an das Thema Ressource und Budget vorgenommen werden. Die Angaben, welches Volumen die Ausgaben für betriebliche Weiterbildung umfassen, gehen weit auseinander. Während das IWD – Institut der deutschen Wirtschaft – von insgesamt 26,8 Milliarden Euro für die betriebliche Weiterbildung im Jahr 2004 ausgeht (Werner 2006), schätzt das BIBB (Beicht/Berger/Moraal 2008) die Ausgaben der Unternehmen auf 10,5 Milliarden Euro. Unabhängig von der Höhe der Weiterbildungsinvestitionen sind die Unternehmen die „Key Accounts" in diesem Markt. Geschätzte 30 % der Finanzierung beruflicher Weiterbildung werden von ihnen getragen (Beicht/Berger/Moraal 2008).

Neben der *Unternehmensgröße* hat vor allem die *Branche* Einfluss auf die Höhe *der Ausgaben für Weiterbildung*. Im Durchschnitt investieren Unternehmen 1,6 % ihrer Personalaufwendungen für Weiterbildung (Statistisches Bundesamt 2008, S. 50). Bei Unternehmen mit weniger als 20 Beschäftigten sind es 2 % und bei Unternehmen mit 1.000 und mehr Mitarbeitern 1,7 %. Insgesamt wird allerdings davon ausgegangen, dass große Unternehmen vergleichsweise mehr in die Weiterbildung investieren (vgl. hierzu die Ausführungen in Abschnitt 1.1 dieses Lehrbuchs.)

Eine repräsentative Befragung des Statistischen Bundesamtes von knapp 3.000 Unternehmen im Jahr 2006 ergab rückblickend auf das Jahr 2005, dass im Durchschnitt

etwa jedes zweite Unternehmen Weiterbildung[44] anbietet (vgl. Statistischen Bundesamtes 2008, S. 25). Allerdings gibt es hier gravierende Unterschiede bei der Weiter-
bildungs-Aktivität zwischen den Unternehmensgrößen: Den Mitarbeitern in fast allen
Großunternehmen stehen Lehrgänge, Kurse und Seminare zur Verfügung, wohingegen dies in KMU (mit bis 250 Beschäftigten) nur in etwa der Hälfte der Betriebe möglich war (vgl. Schmidt 2007, S. 1228).

Dies bedeutet jedoch keineswegs, dass alle Mitarbeiter der Unternehmen, die Weiterbildung anbieten, auch daran teilgenommen haben. Hier kehrt sich der Größenef-
fekt um: In kleinen Betrieben nahm mehr als jeder Zweite an mindestens einer Weiterbildungsmaßnahme teil, in Großunternehmen liegt die Teilnamequote nur bei gut
einem Drittel (Schmidt 2007, S. 1228).

Wie viel Zeit wird dann in Weiterbildung investiert? Dies sind im Durchschnitt über alle Unternehmen und Größenklassen hinweg elf Stunden[45] pro Mitarbeiter und Jahr.
Und auch hier ist die Aktivität der KMU im Vergleich zu den Großunternehmen deutlich höher: während bei kleinen Betrieben (unter 20 Beschäftigte) die Teilnehmer sich
17 Stunden pro Jahr weiterbilden, tun dies Mitarbeiter großer Unternehmen (über
1.000 Beschäftigte) nur im Umfang von elf Stunden (Statistisches Bundesamt 2008,
S. 36). Die Zeit (als Teil der Arbeitszeit), in der Mitarbeiter an Weiterbildungsveranstaltungen teilnehmen, verursacht einen nicht unerheblichen Teil (sog. indirekte
Kosten) an den Gesamtkosten für Weiterbildung. Darauf wird in Kürze gesondert
eingegangen.

3.4.2 Weiterbildungs-Budget

Die Tatsache, dass Weiterbildung angeboten wird, bedeutet noch nicht, dass hierfür
ein Budget eingeplant ist. Das *Vorhandensein eines Budgets* an sich hängt von den
beiden Faktoren ab – Unternehmensgröße und Branche. Von kleinen Betrieben mit
unter 50 Beschäftigten haben circa 80 % kein Weiterbildungsbudget. Mit zunehmender Mitarbeiterzahl erhöht sich die Wahrscheinlichkeit für ein Weiterbildungsbudget
auf bis zu 65 % bei den Großunternehmen mit über 1.000 Mitarbeitern. Auch bei der
Branchenzuordnung gilt: Während Kredit- und Versicherungswirtschaft zu knapp 70
% über Weiterbildungsbudgets verfügen, ist dies im Baugewerbe, im Bergbau und im
Einzelhandel mit jeweils unter 20 % die Ausnahme (Statistisches Bundesamt 2008,
S. 61).

Käpplinger (2008, S. 12) hat einen hoch signifikanten Zusammenhang zwischen den
Variablen Weiterbildungsprogramm, -budget und Bildungsbedarfsanalysen ermittelt.
Existieren Weiterbildungsprogramme oder -budgets, dann erhöht sich die Wahrscheinlichkeit, dass Weiterbildung im Unternehmen angeboten wird, um jeweils ca. 9
% und bei Bildungsbedarfsanalysen sogar um 11 %.

Doch welchen Effekt haben Budgets für Weiterbildung? Zunächst einmal signalisiert
es den Stellenwert des Themas Weiterbildung im Unternehmen. Außerdem scheint
es eine kontinuierliche Größe in der Finanzplanung zu sein, wenn es im Voraus geplant wird. Zentrale Budgets erleichtern in vielen Fällen die Teilnahme an Weiterbil-

---

[44]   Gemeint ist hier und im Folgenden „Weiterbildung" im Sinne von Präsenzveranstaltungen wie z. B.
        Trainings und Seminaren und *nicht* – wie in der Definition der Handlungsfelder von PE (vgl. Abschnitt
        2.2 in diesem Lehrbuch) - informelles Lernen.
[45]   Hier ist der Durchschnitt aller Unternehmen, die Weiterbildung anbieten, zugrunde gelegt. Die Teil-
        nahmestunden über alle Unternehmen gemittelt beträgt nur neun Stunden (vgl. Statistisches Bundesamt
        2008, S. 35).

dung und machen die Entscheidung für einen Seminarbesuch etwas weniger abhängig von der Zahlungsbereitschaft des unmittelbaren Vorgesetzten. So kann ein zentrales Weiterbildungs-Budget die Inanspruchnahme von Weiterbildung deutlich begünstigen. Anderseits kritisiert Becker (2005, S. 539 ff.), dass ein zentrales Budget einen weniger zielgerichteten Einsatz der PE-Angebote zur Folge hat und Weiterbildung eher als Incentive genutzt wird.

3.4.3 Kosten von Weiterbildung

Die Gesamtkosten für Weiterbildung lassen sich in direkte und indirekte Kosten aufteilen. Zu den direkten Kosten zählen: Teilnahmegebühren für externe Seminare, oder bei internen Veranstaltungen die Honorarkosten für Trainer, Kosten für Räume und Ausstattung, Reisekosten und Personalaufwendungen für internes Weiterbildungspersonal. Die genaue Verteilung innerhalb der direkten Kosten ist der Abbildung 3.4-1 zu entnehmen.

Die indirekten Kosten entsprechen den Personalkosten der Teilnehmer während der Weiterbildung – sofern diese während der Arbeitszeit stattfindet. Werner (2006, S. 1) geht davon aus, dass gut ein Drittel direkte Kosten sind. Das Statistische Bundesamt (2008, S. 46) setzt für die direkten Kosten 46 % der Gesamtkosten an. Oder anders formuliert: die Lohnkosten übersteigen die direkten Kosten und betragen ca. 112 % der Ausgaben für Trainerhonorare, Reisekosten etc. Pro Mitarbeiter und Jahr belaufen sich die direkten Kosten auf 237 Euro und die indirekten Kosten auf 267 Euro (Statistisches Bundesamt 2008, S. 44). Mit Blick auf die Zusammensetzung der Gesamtkosten ist nachvollziehbar, warum Unternehmen bestrebt sind, Weiterbildung zum Teil außerhalb der Arbeitszeit durchzuführen. Mit einer Einbringung der Freizeit übernehmen die Mitarbeiter einen Teil der Weiterbildungskosten (hier der indirekten Kosten).

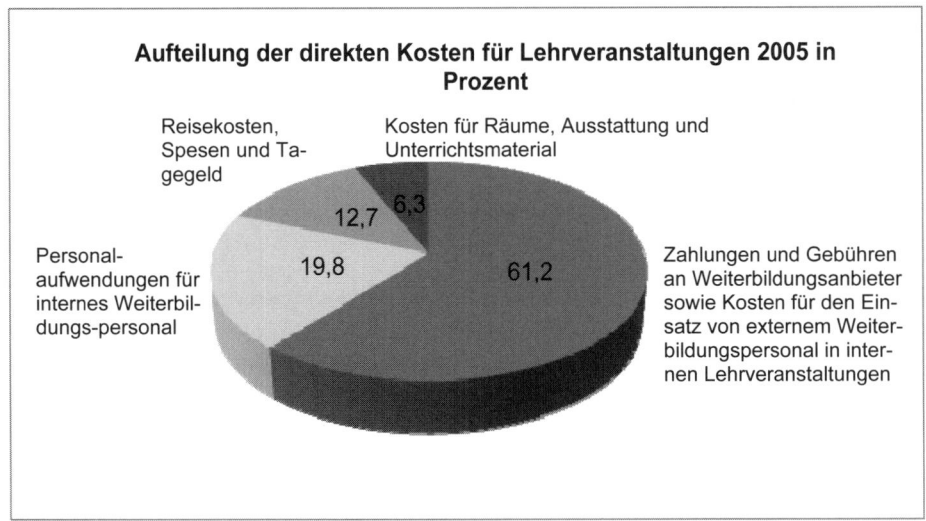

Abb. 3.4-1: Direkte Kosten für betriebliche Weiterbildung (eigene Darstellung in Anlehnung an Statistisches Bundesamt 2008, S. 43)

3.4.4 Ressourcen für Ansprechpartner, Räume und eigenes Lehrpersonal

Ein *Ansprechpartner oder eine zuständige Organisationseinheit für Weiterbildung* existiert in jedem dritten weiterbildenden Unternehmen (36 %). Das Vorhandensein einer solchen Spezialistenfunktion ist anhängig von der Größe des Unternehmens – bei mehr als 1.000 Mitarbeitern liegt die Wahrscheinlichkeit bei über 75 %, bei unter 50 Mitarbeitern bei gut 30 % (vgl. Schmidt 2007, S. 1230).

Auch *externe Beratung und Unterstützung* wird abhängig von der Größe des Unternehmens in Anspruch genommen: während 70 % der kleinen Betriebe (weniger 20 Beschäftigte) grundsätzlich ohne Externe arbeiten, praktizieren dies nur 33 % der Unternehmen mit über 1.000 Mitarbeitern. Dies könnte u. a. damit zu tun haben, dass kleine Unternehmen intern kein Know-how und auch keine Zeit haben, einen externen Dienstleister zu beauftragen und zu führen. Obwohl dies bei Großunternehmen eher gegeben ist, erbringen diese oftmals die Leistungen komplett intern, weshalb ein Drittel Weiterbildung ganz ohne externe Unterstützung betreibt.

Ein *eigenes oder gemeinsam betriebenes Weiterbildungszentrum* nutzen im Durchschnitt nur etwa 7 % aller Unternehmen, erwartungsgemäß vor allem Großunternehmen. Knapp 40 % der Unternehmen mit über 1.000 Mitarbeitern organisieren so ihre Weiterbildung, während deutlich unter 10 % der kleinen und mittleren Betriebe (bis 250 Beschäftigte) ein Bildungszentrum unterhalten (vgl. Schmidt 2007, S. 1230).

Ressourcen für *Lehrpersonal* fallen insbesondere bei den Großunternehmen ins Gewicht. Von den durchschnittlich 63 % internen Lehrveranstaltungen (gegenüber rund 37 % externer) entfällt der Löwenanteil auf Unternehmen mit über 1.000 Mitarbeitern, denn sie führen etwa drei Viertel der Maßnahmen inhouse durch (vgl. Statistisches Bundesamt 2008, S. 38).

3.4.5 Interne Leistungsverrechnung

Nachdem die einzelnen Kostenarten nun kurz skizziert wurden, stellt sich abschließend die Frage, wie Weiterbildung innerhalb des Unternehmens verrechnet wird. Zunehmend mehr in der Diskussion (insbesondere in Großunternehmen) ist die interne Verrechnung von Leistungen. In diesem Zusammenhang können auch die Aktivitäten einer Personalentwicklung oder Weiterbildung gemäß dem Aufwand den Fachbereichen verrechnet werden. Üblicherweise werden dann die Stunden z. B. für Beratung (z. B. zur Bedarfserhebung), Konzept oder Organisation von Weiterbildungsveranstaltungen auf Basis von Marktpreisen gebucht. Zum einen soll dies die Kostentransparenz der Zentralbereiche (→ wodurch entstehen im Unternehmen welche Kosten) erhöhen. Zum anderen wird auch für die Nachfrager im Unternehmen deutlich, welche Leistung die Servicefunktion PE/Weiterbildung erbringt und welcher Gegenwert auf dem Markt dafür bezahlt werden müsste.

Wird keine interne Leistungsverrechnung praktiziert, werden die Kosten für das Personal in der Organisationseinheit PE und Weiterbildung auf das gesamte Unternehmen anteilig umgelegt. Dies macht zunächst noch keine Aussage über den Umgang mit den direkten Kosten für Weiterbildung – d. h. es ist nicht unbedingt ein zentrales Budget gegeben. Möglicherweise bezahlen die Fachbereiche externe Kurse aus ihrem eigenen Budget. Für interne Veranstaltungen werden die Kosten für Trainerhonorare oftmals – durch die Anzahl der Teilnehmer geteilt – an die Teilnehmer entsendenden Bereiche weiter gereicht. Dabei wird oftmals nicht der Aufwand für die interne Organisation berücksichtigt (wie eben bei der internen Leistungsverrechnung beschrieben), sondern nur die auszahlungswirksamen Drittkosten.

> ## Übung: 🔍
>
> 4
>
> • Warum haben Ihrer Einschätzung nach insbesondere KMU kein Budget für Weiterbildung?
>
> • Wie setzen sich die Kosten für Weiterbildung zusammen, zu welchen Anteilen bestehen diese ungefähr aus direkten und indirekten Kosten und wie hoch ist ein Weiterbildungs-Budget gemessen an den Personalkosten?

3.5 State of the Art, Verbreitung und gelebte Praxis

Neben den vielen, zum Teil in den vorigen Abschnitten dieses Kapitels zitierten Erhebungen zur gelebten Praxis des Personalmanagements und insbesondere der Personalentwicklung und Weiterbildung in Deutschland, sollen hier nochmals drei Studien heraus gegriffen werden. Anhand der empirischen Befunde soll deutlich werden, welche Konzepte bereits umgesetzt sind und welche Entwicklungen sich derzeit zur Aufbauorganisation abzeichnen.

Allerdings unterliegen alle zitierten Quellen einer Einschränkung: große Unternehmen sind deutlich überrepräsentiert. Dies ist bei schriftlichen Befragungen sehr häufig der Fall und führt zu einer Verzerrung der Ergebnisse. Dennoch geben die folgenden Erhebungen Aufschluss über Verbreitung von „modernen Organisationsformen" der Weiterbildung und PE, wobei die Ergebnisse – aufgrund der benannten Stichprobenzusammenstellung – als ihrer Zeit voraus betrachtet werden können. Insbesondere KMU greifen organisatorische Veränderungen, die in Großunternehmen bereits praktiziert werden, um einige Jahre zeitversetzt auf.

3.5.1 Kienbaum-Befragung

Eine Befragung von Kienbaum in 2006 unter knapp 200 Unternehmen im deutschsprachigen Raum gibt einen Überblick über die gelebte Praxis und die Verbreitung der weiter oben beschriebenen Organisationsansätze (Kienbaum o. A. J., S. 23 ff.):

• Die Hälfte (50 %) hat bereits das Prinzip *„One Face to the Customer"* umgesetzt. Nachdem in der Befragung große Unternehmen überrepräsentiert sind[46], könnte es sich hierbei ausschließlich um Firmen mit mehr als 1.000 Beschäftigten handeln. KMU können das Prinzip meist nicht umsetzen, weil die Personalfunktion für eine derartige Segmentierung zu klein ist.[47]

• 34 % der von Kienbaum Befragten bündeln spezialisierte konzeptionelle Aufgaben in *Kompetenz Centern*.

• Change Manager, die *Veränderungsprojekte* professionell begleiten, gibt es erst in 23 % der befragten Unternehmen.

---

[46] Bei der Untersuchung von Kienbaum überwiegen Großunternehmen: 46,7 % der Befragten stammen aus Unternehmen mit weniger als 1.000 Beschäftigten, 36,2 % haben zwischen 1.000 und 10.000 Mitarbeiter, 17,1 % mehr als 10.000 (Kienbaum o. A. J., S. 9).

[47] Möglicherweise besteht in vielen KMU die Notwendigkeit zu „One Face to the Customer" gar nicht, weil die gesamte Personalfunktion eben klein und überschaubar ist und sich alle Mitarbeiter des Unternehmens kennen.

- 41 % der Großunternehmen haben Funktionen des Personalmanagements in ein *Shared Service Center* ausgelagert. Als Zielsetzung des Outsourcings liegt mit 80 % die Kostenreduzierung an erster Stelle (Kienbaum o. A. J.).

- Obwohl Personalentwicklung/Kompetenzmanagement als die wichtigste Funktion angesehen wird (70 % der Befragten schätzen die Bedeutung als hoch bzw. sehr hoch ein), entfallen 2006 in Deutschland nur weniger als ein Fünftel (18,6 %) der Personalkapazitäten auf diese Aufgaben (Kienbaum o. A. J., S. 19, S. 26). Der Löwenanteil liegt – auch in Zeiten der zunehmenden Auslagerung – derzeit bei der Personaladministration und Abrechnung mit 31,7 %.[48]

3.5.2 DGFP-Befragung

Bei einer Mitgliederbefragung der DGFP e. V. (Deutsche Gesellschaft für Personalführung) wurden insgesamt 121 Unternehmen[49] zur Organisation ihrer Personalarbeit befragt. Die Mehrheit der befragten Personen (56 %) sind Personalleiter (Vgl. DGFP 2006).

- 72 % der befragten Unternehmen bündeln strategische und konzeptionelle Aufgaben in sog. *Expertise oder Kompetenz Centern*.

- Zwei von drei Unternehmen (65 %) haben administrative Aufgaben in *Service Centern*. Zu den operativen Tätigkeiten zählen an erster Stelle die Personalverwaltung (81 % bei n = 74), gefolgt von Lohn- und Gehaltsabrechnung (78 %) und Recruiting (63 %).

- Etwa die Hälfte der Befragten (55 %) hat eine *Key Account* Organisation als *Business Partner*, Personalmanager oder Berater für die internen Kunden. Sie sind meist vor Ort, als dort angesiedelt, wo die zu betreuenden Einheiten und deren Führungskräfte sitzen. Neben den klassischen Betreuungsaufgaben zählen bei weniger als der Hälfte (43 % bei n = 65) auch Personalentwicklungsaufgaben dazu.

- Für gut die Hälfte (58 %) der Unternehmen gehören *Projekte* zu Personalthemen zur betrieblichen Normalität.

Erstaunlich ist die Präsenz des Themas einer Um- oder Neustrukturierung der Personalfunktion. 79 % der befragten Unternehmen haben in den letzten fünf Jahren einmal (54 %) oder sogar mehrmals (25 %) reorganisiert (DGFP 2006, S. 30 ff.). Auslöser für die neue Struktur waren vorwiegend ineffiziente Personalprozesse (47 %),

---

[48] Der Bereich „Personaladministration und Abrechnung" erzielt übrigens auch die besten Ergebnisse bei einer Selbsteinschätzung: Knapp 80 % der Befragten bewerten diese Funktion mit hoher bis sehr hoher Qualität. Im Vergleich dazu schneidet „Personalentwicklung/Kompetenzmanagement" mit nur gut 50 % gute/sehr gute Qualität deutlich schlechter ab (Kienbaum o. A. J., S. 17). „Kultur- und Change-Management" sowie „Personalstrategie und -politik" liegen mit Blick auf die Qualität mit nur gut 30 % gleichauf auf den letzten Plätzen.
„Kultur- und Change-Management", in der hier im Buch verwendeten Definition von Personalentwicklung enthalten, wird von knapp 50 % der Befragten mit hoher bzw. sehr hoher Bedeutung für das Unternehmen gesehen und liegt bei diesem Ranking auf Platz fünf, und damit noch weit vor „Personaladministration und Abrechnung", der nur gut 40 % eine hohe bzw. sehr hohe Bedeutung beimessen.

[49] Insgesamt sah die Verteilung auf unterschiedliche Unternehmensgrößen wie folgt aus: 7 % haben zwischen 50 und 500 Mitarbeiter, 26 % zwischen 500 und 1.000, 42 % zwischen 1.000 und 5.000, 10 % zwischen 5.000 und 10.000, 11 % zwischen 10.000 und 50.000 und 3 % mehr als 50.000 Beschäftigte.

Restrukturierung der Geschäftsbereiche (41 %) oder ein Wechsel des Personalleiters (39 %). Entsprechend sind auch die Ziele für die Reorganisation (vgl. Abb. 3.5-1).

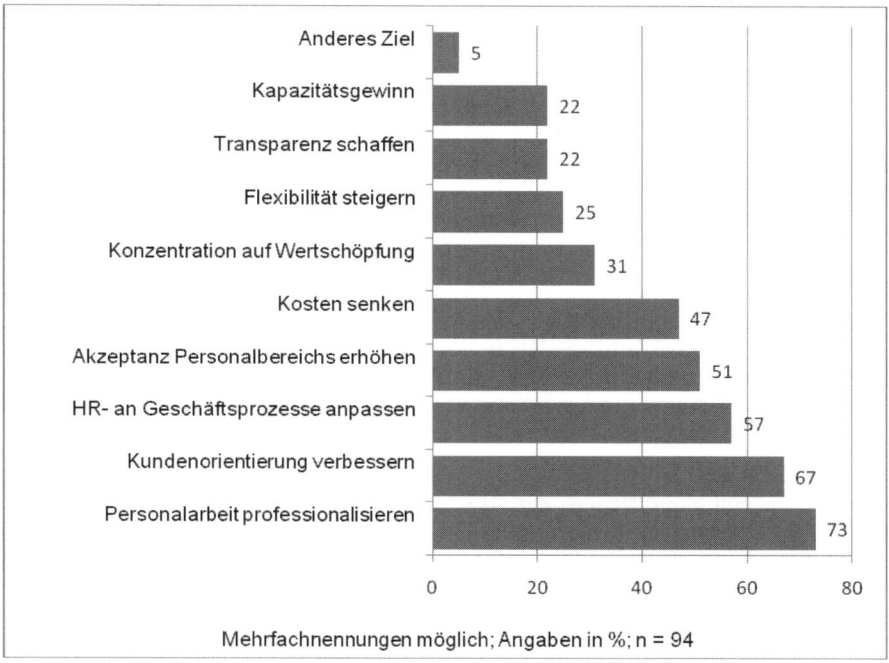

Abb. 3.5-1: Ziele der Reorganisation des Personalmanagements (eigene Darstellung in Anlehnung an DGFP 2006, S. 32)

3.5.3 Personalleiter-Befragung

Eine Befragung unter knapp 400 Personalleitern im Jahr 2007 ergab, dass bei rund der Hälfte der befragten Unternehmen eine Vollzeitkraft oder weniger mit dem Thema Weiterbildung betraut ist (Bertelsmann media worldwide, o. A. J., S. 34 ff.)[50]. Bei den Meisten (47,4 %) erfolgt die Durchführung der Weiterbildung in einer *Mischform*, an der interne und externe Dienstleister sowie die eigene Personalabteilung mitwirken. Für die Weiterbildung ist bei der überwiegenden Mehrheit eine *zentrale Einheit* verantwortlich – 54,2 % haben eine zentrale Organisationseinheit, 27,4 % eine Stabsfunktion, 14,4 % haben die Weiterbildung dezentral organisiert und bei 4 % ist ein Shared Service Center dafür zuständig.

3.6 Kurz und bündig

Die Organisation der Personalentwicklung und Weiterbildung hat weitreichende Konsequenzen für die Arbeit von PE und Weiterbildung. Daher lohnt es, einen Blick auf

---

50 Bei der Erhebung wurden auch KMU berücksichtigt; 63,1 % der befragten Unternehmen haben weniger als 500 Mitarbeiter, 9,1 % zwischen 500 und 1.000, 8,8 % zwischen 1.000 und 2.000, 6,2 % zwischen 2.000 und 5.000 sowie 12,8 % über 5.000 Beschäftigte (Bertelsmann media worldwide, o. A. J., S. 60).

die Vielfalt der praktizierten Varianten zu werfen und deren spezifischen Vor- und Nachteile für das jeweilige Unternehmen gegeneinander abzuwägen.

Unabhängig von der Entscheidung, ob die Funktion Weiterbildung intern oder extern erbracht wird, zählt sie zur Personalarbeit, deren Organisation insbesondere aus zwei Gründen[51] aktuell an Bedeutung gewinnt:

*   Zum einen wird über alle Branchen und Unternehmensgrößen hinweg nach Einsparpotenzialen gesucht. Dadurch geraten auch Personalbereiche unter Druck. Sofern ein Outsourcing administrativer Tätigkeiten Kostensenkung verspricht, wird es in Erwägung gezogen. Dabei ist der Blick vor allem auf die Effizienz gerichtet – also die Frage, ob die Personalaufgaben schneller, kostengünstiger oder schlanker wahrgenommen erbracht werden können.

*   Zum anderen wird hinterfragt, was Personal aktuell leistet und zum Unternehmenserfolg beitragen kann. Dabei ist der Blick auf die Effektivität gerichtet – also die Frage, ob die Funktion Personal alles leistet, was dem Unternehmen Wettbewerbsvorteile bringen kann. Themen der internen Beratung, der strategischen Ausrichtung von Personalarbeit, der Verknüpfung mit dem Kerngeschäft und der Begleitung von Veränderungsprozessen verdrängen die klassische Personalverwaltung.

Doch wie kann und soll die Funktion Personal organisatorisch aufgestellt sein, um möglichst effizient einen Beitrag zur Wertschöpfung zu leisten? Und inwieweit betrifft das Thema die Personalentwicklung und Weiterbildung als Teilbereich von Personal? Ganz grundsätzlich gesehen, gibt es die zwei Möglichkeiten – PE intern im Unternehmen zu betreiben, oder außer Haus zu verlagern. Abb. 3.6-1 fasst die Inhalte dieses Kapitels – dem Thema gemäß – in einer Art Organigramm zusammen.

Wenn die Personalentwicklung und Weiterbildung im Unternehmen angesiedelt sind, kann es entweder als *Teil von Personal* organisiert oder in einer *Shared Service* Initiative mit anderen administrativen Funktionen gebündelt sein. Innerhalb des Personals (sofern eine *zentrale Funktion* Personal bzw. Human Resources existiert) gibt es unterschiedliche Gliederungsprinzipien – die *Funktions- und die Objektorientierung*. Während Personalentwicklung/Weiterbildung bei der Funktionsorientierung als Spezialistenfunktion ausgeprägt wird, folgt das Objektprinzip der Logik der zu betreuenden Unternehmensbereiche. Ein Personaler wird also eine Einheit möglichst umfassend in allen Personalfragen beraten, darunter auch Themen der Personalentwicklung und Weiterbildung. In letzter Konsequenz bedeutet es, dass der Personaler auch innerhalb der Linienfunktion angesiedelt sein kann, was einer *Dezentralisierung* von Personalaufgaben gleichkommt.

Sofern PE und Weiterbildung nicht im Unternehmen erbracht wird, kommen u. a. zwei Outsourcing-Ansätze in Betracht: *externe Personalentwicklung* und als Sonderform *Personalentwicklung im Verbund*. In beiden Fällen wird die PE von Externen erbracht, meist gibt es auf Unternehmensseite keine Spezialistenfunktion für PE und Weiterbildung. Verbund-PE ist vor allem durch gemeinsame Aktivitäten mehrerer Unternehmen einer Region gekennzeichnet, deren spezifischer Mehrwert neben Kostenaspekten besonders in Austausch und Vernetzung der Verbund-Unternehmen zu PE-Fragen besteht.

---

51   Die in Abschnitt 3.4 bei der DGFP-Befragung aufgelisteten Gründe für eine Reorganisation des Personalmanagements lassen sich den beiden Kategorien Effizienz und Effektivität zuordnen. Aufgrund des Überblicks-Charakters dieses Abschnitts „Kurz und bündig" wurde auf eine vollständige Auflistung hier verzichtet.

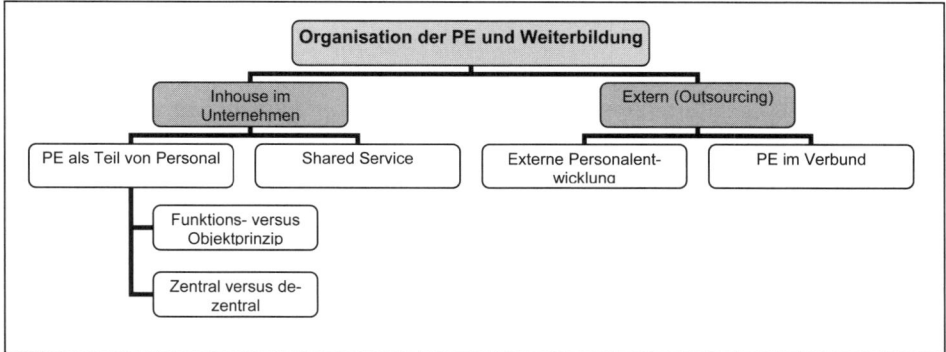

Abb. 3.6-1: Zusammenfassung der organisatorischen Varianten aus Kapitel 3 (eigene Darstellung)

Die Gründe, dass PE-Leistungen ausgelagert werden, können (z. B. abhängig von der Unternehmensgröße) unterschiedlich sein. Während in KMU oftmals für einen hauptamtlichen Personalentwickler gar nicht genug zu tun wäre, bietet sich Outsourcing an, um spezifisches Know-how in gewünschtem Umfang einzukaufen. In großen Unternehmen hingegen spielen gegenteilige Überlegungen eine Rolle, nämlich Einsparpotenziale durch Mengeneffekte.

Mit Blick auf die Verbreitung spielt Outsourcing von PE aktuell in deutschen Unternehmen noch keine wesentliche Rolle – deutlich stärker davon betroffen sind zunächst die administrativen Personalaufgaben. Sie gelten Unternehmens-übergreifend als leichter standardisierbar und sind weitaus weniger sensibel (i. S. v. erfolgskritisch für das Unternehmen) als Personalentwicklung.

Die Ressourcenzuteilung ist ein weiteres Kernmerkmal der Aufbauorganisation. Neben einer Annäherung an den Umfang der Ausgaben aller Unternehmen in Deutschland für Weiterbildung wurde eine Unterscheidung der Kostenarten thematisiert. Direkte Kosten können als Budget geplant werden, was jedoch nur eine Minderheit der Unternehmen (ca. ein Viertel) und insbesondere die Großen praktizieren. Die indirekten Kosten übersteigen die direkten und entstehen durch den Arbeitsausfall der Mitarbeiter während der Weiterbildungszeit. Weitere Kosten der Funktion PE und Weiterbildung (Arbeitszeit, Räume etc.) können intern nach Aufwand verrechnet oder nach einem Umlageschlüssel auf alle Einheiten verteilt werden.

Literatur

Ackermann, K.-F.: Shared-Service-Center HR in Deutschland – Erfahrungen und Erwartungen. HR-Panel. In: Personalwirtschaft (2007)5, S. 10 - 11.

Becker, M.: Personalentwicklung. Bildung, Förderung und Organisationsentwicklung in Theorie und Praxis, 4., aktualisierte und überarbeitete Auflage, Stuttgart 2005.

Beicht, U./Berger, K./Moraal, D.: Aufwendungen für berufliche Weiterbildung in Deutschland. In: Sozialer Fortschritt, Heft 10-11/2005, S. 256 - 266, als download erhältlich unter URL: http://www.bibb.de/de/30130.htm, abgerufen am 04.10.2008.

Bertelsmann media worldwide et al (Hg.): Personalleiter-Befragung 2007. Ergebnisse, o. A. J., o. A. O.

Classen, Martin/Kern, Dieter: Business-Partner HR. Auf der Suche nach dem Neuen. In Personalwirtschaft (2006)11, S. 18 - 22.

Degner, M.: Strategische Personalarbeit. Teilen, um zu gewinnen. In: Personalwirtschaft, (2007)4, S. 43 - 45.

DGFP e. V. (Hg.): Organisation des Personalmanagements. Ergebnisse einer Tendenzbefragung. Düsseldorf 2006.

DGFP e. V. (Hg.): Personalmanagement mit externen Partnern. Ergebnisse einer Tendenzbefragung. Düsseldorf 2008.

Einsiedler, H./Breuer, K./Hollstegge, S./Janusch, M.: Organisation der Personalentwicklung. Strategisch ausrichten, zielgenau planen, effektiv steuern. 2. Überarbeitete Auflage, München/Neuwied 2003.

Engel, A.: Personalentwicklung in KMU. Personalentwickler auf Abruf. In: managerSeminare, Heft 62(2003)1, S. 80 - 88.

Erhard, M.: Da ist noch mehr drin. Studie. In: Personalwirtschaft, (2007)12 Sonderheft HR-Outsourcing, S. 11 - 13.

Gertz, W.: Dem Partner auf die Finger klopfen. Service Level Agreements. In: Personalwirtschaft (2007)12 Sonderheft HR-Outsourcing, S. 8 - 10.

Graf, J. (Hg.): Seminare 2005. Das Jahrbuch der Management-Weiterbildung. Bonn 2004.

Gloger, A.: Outsourcing. Personal-Know-how einkaufen. In: managerSeminare, Heft 52(2002)1, S. 20 - 27.

Gloger, A.: Trainingsunternehmen. Engagiert als Komplettanbieter. In: managerSeminare, Heft 69(2003)9, S. 56 - 61.

Gloger, S.: Jongleur der Kompetenzen. Qualifizierung von Personalentwicklern. In: managerSeminare, Heft 42(2000)5, S. 90 - 96.

Gorges, H./Rosengart, N.: Spannende Rollen und Aufgaben. In: Personal-Magazin, (2007)8, Seite 82 - 83.

Haufe Akademie/Fachhochschule Deggendorf (Hg.): Chancen für den Mittelstand. Studie Personalmanagement 2006. Repräsentative Studie über die Gegenwart und Zukunft des Personalmanagements in mittelständischen Unternehmen Deutschlands. Deggendorf/Freiburg 2006.

Helbich, B.: Mehr Professionalität durch Verbundlösung. In: Arbeitgeber (2005)8, S. 10 - 11.

Helbich, B./Ehnes, F.: Weiterbildung im Verbund. In: management & training (2001)8, S. 14 - 17.

Jäger, Wolfgang/Hormann, Katrin/Hesse, Gero: Personalleiterstudie 2006 – Anspruch und Wirklichkeit. In: Personalwirtschaft (2006)12, S. 41 - 44.

Jansen, S. A.: Paradoxe Herausforderungen. Zehn Thesen für eine neue Personalarbeit. In: Personalmagazin, (2001)12, S. 10 - 11.

Jülicher, A.: Personalentwicklung im Verbund. Ein Leitfaden zur Initiierung und Gestaltung. Grundlage: ‚Proregio' Ein Projekt des Instituts der Deutschen Wirtschaft Köln (IW). Köln o. A. J.

Jordan, J./Hoock, B.: Shared-Services in HR. Schwerpunkt: HR-Award. In: Personalwirtschaft (2003)1, S. 22 - 25.

Käpplinger, B.: Abschlussbericht des Vorhabens 2.0.537 ‚Ratsexpertise'. URL: http://www2.bibb.de/tools/fodb/pdf/eb_20537.pdf, abgerufen am 03.10.2008.

Kienbaum Management Consultants (Hg.): Kienbaum HR-Strategie-Studie 2006. Strategie und Organisation des Human Resource Management im deutschsprachigen Raum, o. A. O., o. A. J.

Knippel, A.: Personalentwicklung für KMU im Verbund – Gegenüberstellung ausgewählter Vorhaben. Internes Arbeitspapier, Stand 02.2006.

Kompetenzzentrum Netzwerkmanagement (Hg.): Kooperation im Netzwerk - ein Erfolgsmodell für die Zukunft. URL: http://www.kompetenzzentrumnetzwerkmanagement.de, abgerufen am 18.03.2008.

Mach1 (Hg.): MACH1 Weiterbildung & MACH2 Personalentwicklung. URL: http://www.mach1-weiterbildung.de, abgerufen am 18.03.2008.

Meixner, S.: Aus dem Dornröschenschlaf wecken. In: Personalwirtschaft (2007)12 Sonderheft HR-Outsourcing, S. 18 - 19.

PEPP e. V. (Hg.): PEPP - Verein für Personalentwicklung im Hochstift e. V. URL: http://www.pepp-hochstift.de/, abgerufen am 18.03.2008.

pew@re (Hg.): Personalentwicklung mit kleinen und mittelständischen Unternehmen als strategischer Wettbewerbsvorteil. www.peware.de, abgerufen am 18.03.2008.

RKW (Hg.): Personalentwicklungsprojekte in den Regionen Weser-Ems, Weserbergland und Helmstedt. URL: www.rkw-nordwest.de/index.htm?tree_id=607&inhalt_id=669&lang=, abgerufen am 18.03.2008.

Rohr, S./Surrey, H.: Coach, Innovator und Cisionär: HR-Management im Wandel. In: Personalführung, (2000)12, S. 26 - 33.

Sattelberger, T.: Ein langer, dorniger Weg. Business-Partner HR. In: Personalwirtschaft, (2006)11, S. 10 - 16.

Schmidt, D.: Gestaltung und Organisation der beruflichen Weiterbildung in Unternehmen 2005. In: Statistisches Bundesamt • Wirtschaft und Statistik 12/2007, S. 1226 - 1235 oder als download: URL: http://www.destatis.de/jetspeed/portal/cms/Sites/destatis/Internet/DE/Content/Publikatio-nen/Querschnittsveroeffentlichungen/WirtschaftStatistik/BildungForschungKultur/BeruflWeiterbildungGestaltungOrganisation,property=file.pdf, abgerufen am 04.10.2008.

Schmidt-Rudloff, R.: Kooperationen helfen weiter. In: Arbeitgeber (2005)7, S. 10.

Scholz, C./Müller, S.: Shared Service Center (SSC) in der Personalabteilung. Impulsstatement zu ‚Personalmanagement im Dialog'. URL: www.competence-site.de/personalmanagement.nsf, abgerufen am 18.03.2008.

Schust, G.: Personaler von heute müssen umdenken. Wertschöpfung für das Unternehmen. In: Personalmagazin, (2001)10, S. 78 - 81.

Sendele, H.: Der neue Stellenwert des Personalmanagements in der Unternehmensführung. In: Personalführung, (2002)1, S. 18 - 20.

Seufert, S./Euler, D./Christ, M.: Aus der Rolle fallen. Strategische Personalentwicklung. In: Personalwirtschaft, (2007)3, S. 18 - 21.

Statistisches Bundesamt (Hg.): Berufliche Weiterbildung in Unternehmen. Dritte europäische Erhebung über die berufliche Weiterbildung in Unternehmen (CVTS3). Wiesbaden 2008, Download unter: URL: https://www-ec.destatis.de/csp/shop/sfg/bpm.html.cms.cBroker.cls?CSPCHD=0000000100 0039hp7lUf00000089R035OXpr3aFLHIImxA&cmspath=struktur,vollanzeige.cs p&ID=1021448, abgerufen am 04.10.2008.

Ulrich, D.: Human Resource Champions. The next Agenda for adding Value and delivering Results. Boston/Massachusetts 1997.

Ulrich, D. (1999a): Einleitung. In: Ulrich, Dave (Hg.): Strategisches Human-Resource-Management. München/Wien 1999, S. 7 - 30.

Ulrich, D. (1999b): Das neue Personalwesen: Mitgestalter der Unternehmenszukunft. In: Ulrich, Dave (Hg.): Strategisches Human-Resource-Management. München/Wien 1999, S. 33 - 51.

Ulrich, Dave (Hg.) (1999c): Strategisches Human-Resource-Management. München/Wien 1999.

Ulrich, D.: Das neue Personalwesen: Mitgestalter der Unternehmenszukunft. In: Harvard Business Manager (1998)6, S. 59 - 69.

Weber, W./Kabst, R.: HR-Management in Deutschland: ‚Situation besorgniserregend‘. Internationale Vergleichsstudie zur Situation des HR-Managements offenbart gravierende Defizite in Deutschland. In: Personalführung, (2002)10, S. 40 - 49.

Werner, D.: Trends und Kosten der betrieblichen Weiterbildung – Ergebnisse der IW-Weiterbildungserhebung 2005. IW-Trends – Vierteljahresschrift zur empirischen Wirtschaftsforschung aus dem Institut der deutschen Wirtschaft Köln, 33(2006)1 oder als download: URL: http://www.iwkoeln.de/data/pdf/content/trends01_06_2.pdf, abgerufen am 10.09.2008.

Wunderer, R.: Herausforderungen an das Personalwesen. In: Personal, (2002)6, S. 14 - 17.

Wuppertaler Kreis e. V. (Hg.): Dienstleistung Weiterbildung: Ein Leitfaden zur Kooperation mittelständischer Unternehmen mit Weiterbildungsinstituten. Köln 1998. URL: http://www.wkr-ev.de/leitfaeden/bericht52.pdf, abgerufen am 18.03.2008.

4 Betriebliches Weiterbildungsmanagement: Ablauforganisation

4.1 Strategien und Instrumente der Weiterbildungsbedarfsermittlung

Lernziele

- Den gängigen Begriff von „Weiterbildungsbedarf" als Differenz von Soll- und Ist-Kompetenz kennen und erläutern können.

- Die strategische von der operativen Bedarfsanalyse unterscheiden und Varianten zur Schließung einer Bedarfslücke erläutern können.

- Probleme der Soll- und Ist-Bestimmung anhand von Beispielen erläutern können.

- Den Findungsansatz bei der Weiterbildungsbedarfsanalyse vom Konstruktionsansatz unterscheiden können.

- Das technokratische Planungsmuster mit seinen Varianten erläutern und von anderen Planungsmustern unterscheiden sowie seine Reichweite beurteilen können.

- Die avantgardistische Praxis erläutern und von anderen Planungsmustern unterscheiden sowie seine Reichweite beurteilen können.

- Ablaufverfahren und Instrumente der Soll-/Ist-Bestimmung erläutern und kritisch beurteilen können.

- Den Begriff „Partizipation" von „Scheinpartizipation" abgrenzen können.

- Den potenzialorientierten Ansatz nach Staudt von anderen partizipativen Verfahren abgrenzen können.

- Erläutern können, durch welche Strategien sich verschiedene Arten von Potenzialen für das Unternehmen erschließen lassen.

- Typische Instrumente der Bedarfs- und Potenzialanalysen kennen und ihre Aussagekraft beurteilen können.

4.1.1 Problembezug

In Kapitel 2 sind die Handlungsfelder des betrieblichen Weiterbildungsmanagements bei der Ablauforganisation herausgearbeitet und anhand einer Fallstudie zu den typischen Tätigkeitsfeldern eines Bildungsberaters verdeutlicht worden. Dabei ist dargelegt worden, dass der dort genannte mittelständische Betrieb, Wert darauf lege, dass sich der IT-Kurs – sofern erforderlich - möglichst genau auf die Bedarfe des Unternehmens ausrichten solle. Dem Bildungsberater fällt damit zunächst – noch vor der Planung des didaktisch-methodischen Designs eines geeigneten Kurses – die Aufgabe zu, im Unternehmen den Weiterbildungsbedarf zu bestimmen. Nur wenn klar ist, welche Inhalte einem Mitarbeiter vermittelt werden sollen, kann auch der Kurs auf mikrodidaktischer Ebene zielgruppenadäquat geplant werden. Die Bestimmung eines Weiterbildungsbedarfs ist damit eines der wesentlichen Ausgangspunkte im Funktionszyklus des Weiterbildungsprozesses, wie er in Abbildung 4.1-1 noch einmal dargestellt und eingeordnet wird.

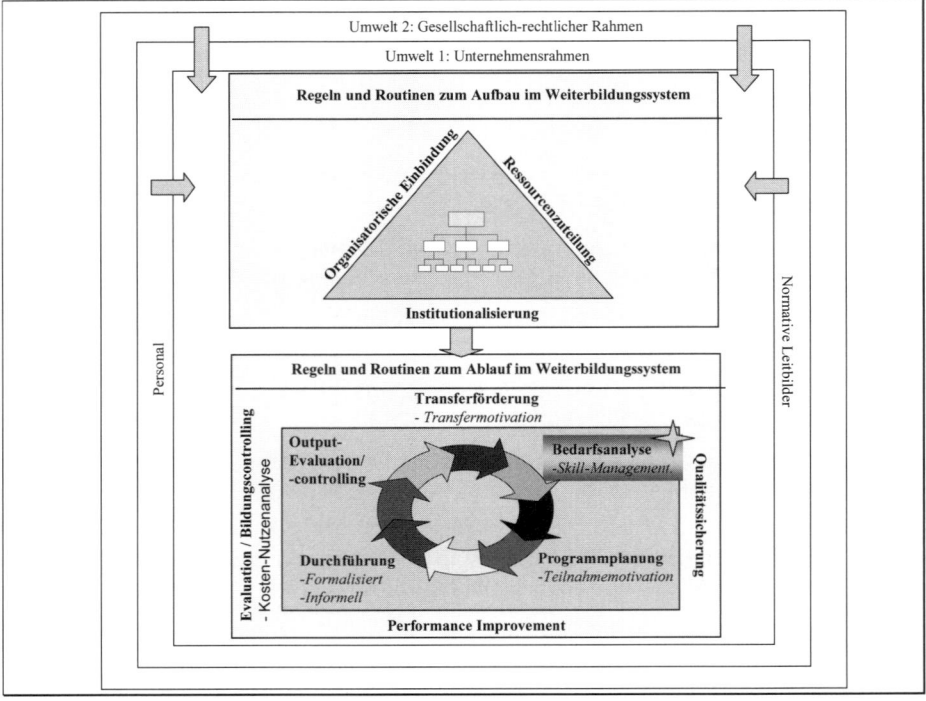

Abb. 4.1-1: Bedarfsanalyse als Handlungsfeld des betrieblichen Weiterbildungsmanagements

Die Ermittlung des Weiterbildungsbedarfs gehört zu den schwierigsten Aufgaben der betrieblichen Personalwirtschaft. Schon die Fragestellung, welche Kompetenzen ein Mitarbeiter benötigt, um den gegenwärtigen Arbeitsplatzanforderungen gerecht zu werden, wirft große Probleme auf. Welche Kompetenzen benötigt etwa ein Diplom-Handelslehrer, um seine Alltagsarbeit in einer Schule zu bewältigen? Schnell wird die Beantwortung dieser Frage zu einer nicht abschließbaren Liste von Einzelkompetenzen führen.

Umso schwieriger wird die Bestimmung von Weiterbildungsbedarf bei einer zukunftsbezogenen Betrachtungsweise: Technisch-arbeitsorganisatorische Entwicklungen, die wiederum neuen Weiterbildungsbedarf hervorrufen können, sind häufig kaum hinreichend genau prognostizierbar. Selbst wenn für einen Studierenden der Wirtschaftspädagogik unterstellt würde, dass er nach Ende seines Studiums in den Schuldienst wechseln würde (und nicht etwa in die betriebliche Bildungsarbeit oder zu freien Weiterbildungsträgern oder in die Bildungsforschung usw.), so wirft die Antizipierung des späteren beruflichen Tätigkeitsfeldes zusätzliche Probleme auf: Wie wird die Organisation „Schule" in fünf bis acht Jahren gestaltet sein, wo diese sich doch derzeit in einem umfassenden organisatorischen Wandlungsprozess befindet? Je nach Einschätzung dieser Entwicklung werden an die Absolventen der Wirtschaftspädagogik unterschiedliche Anforderungen gestellt werden.

Vor diesem Hintergrund ist es kaum verwunderlich, dass in den meisten Unternehmen ein Weiterbildungsbedarf – wenn überhaupt – dann nur relativ kurzfristig und eher unsystematisch sowie beiläufig zur Arbeit erfasst bzw. bestimmt wird. Weiterbildungsmaßnahmen werden in diesem Kontext meist ad-hoc ergriffen, wenn Probleme deutlich geworden sind.

Nach Repräsentativerhebungen des Bundesinstituts für Berufsbildung aus dem Jahr 1996 ermittelt nur etwa jedes dritte Klein- oder mittelständische Unternehmen in systematischer Form einen Weiterbildungsbedarf der Mitarbeiter. Und selbst in Großbetrieben betrifft dies nur zwei Drittel der Unternehmen. Zudem bleibt in dieser Erhebung noch ungeklärt, mittels welcher Instrumente dabei ein Weiterbildungsbedarf ermittelt wird. Eine Studie aus dem Jahr 1999 (Seusing/Bötel 2000, S. 25), in der es unter anderem um die Frage der eingesetzten Instrumente ging, verdeutlicht auch diesbezüglich eine defizitäre Situation.

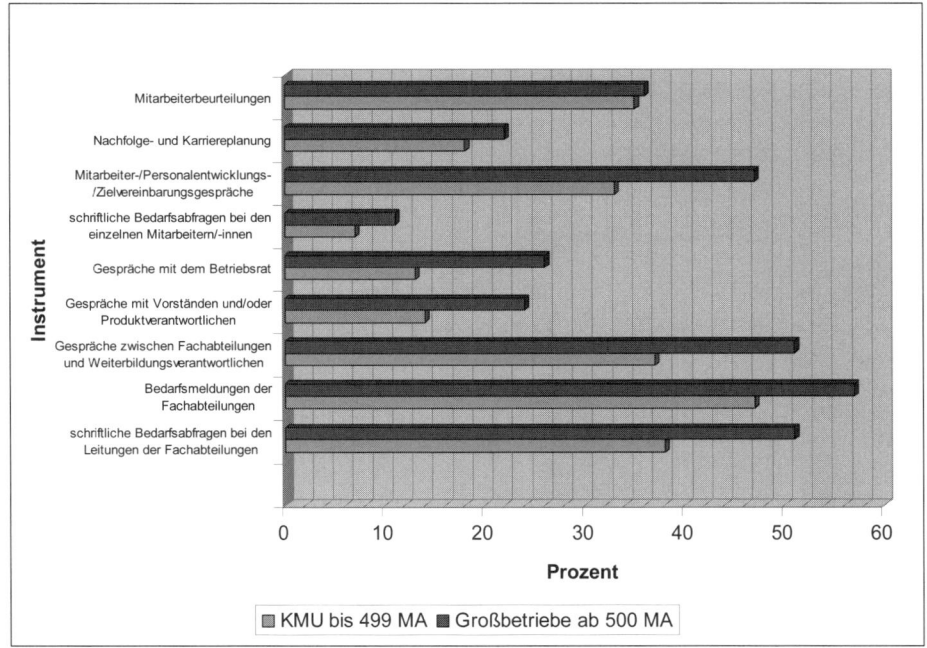

Abb. 4.1-2: Gängige Instrumente der Weiterbildungsbedarfsanalysen

Sofern Weiterbildungsbedarf überhaupt systematisch erhoben wird, dann dominieren Vorgesetztenbefragungen und -meldungen. Partizipative Verfahren, in denen die Mitarbeiter in die Bedarfserhebung mit einbezogen werden, finden dagegen seltener statt, wenngleich ihre Bedeutung, vor allem in Großbetrieben, in den letzten Jahren zugenommen hat.

Vor dem Hintergrund dieser Problematik widmen sich die folgenden Ausführungen der Fragestellung nach den gängigen Strategien und Instrumenten der Weiterbildungsbedarfsanalysen in Unternehmen. Der Argumentationsverlauf ist der Abbildung 4.1-3 zu entnehmen.

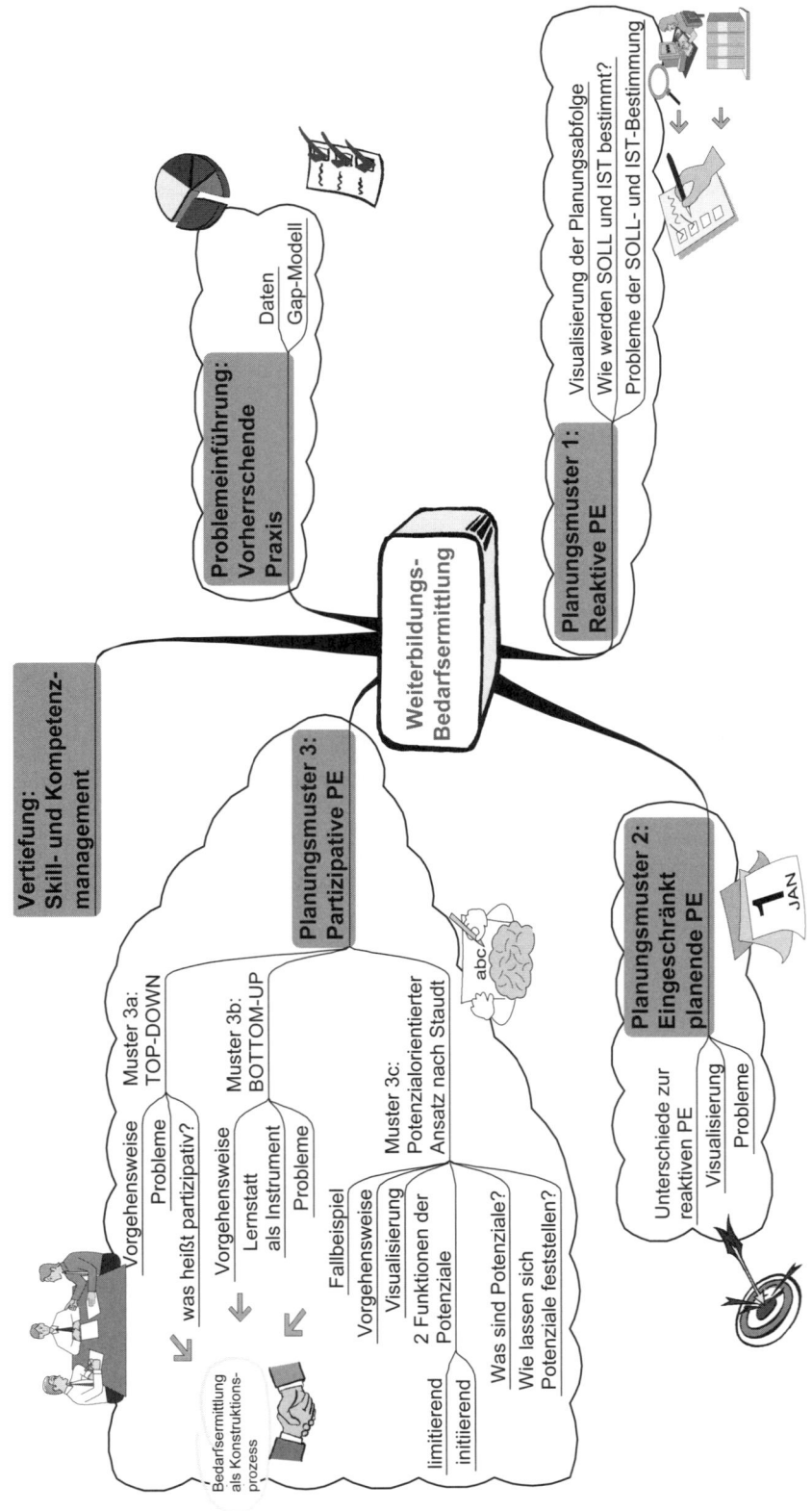

Abb. 4.1-3: Argumentationsverlauf im Kapitel

4.1.2 Bedarf als Gap zwischen Soll- und Ist-Kompetenzen

Wie lässt sich „Weiterbildungsbedarf" ermitteln? Was ist überhaupt „Weiterbildungs-bedarf"? In der betriebswirtschaftlichen Literatur wird Bedarf im Allgemeinen als eine Differenz zwischen einem Soll- und einem Ist-Zustand verstanden. Auf die Weiterbil-dung bezogen bedeutet „Bedarf" in diesem Verständnis also eine Differenz zwischen den Soll-Kompetenzen und den Ist-Kompetenzen eines Mitarbeiters. Abb. 4.1-4, die nachfolgend in diesem Abschnitt erörtert wird, visualisiert die Einflussfaktoren, unter-scheidet zwei grundlegende Formen bei der Bedarfsanalyse und fasst typische Be-arbeitungsstrategien spiegelstrichartig zusammen.

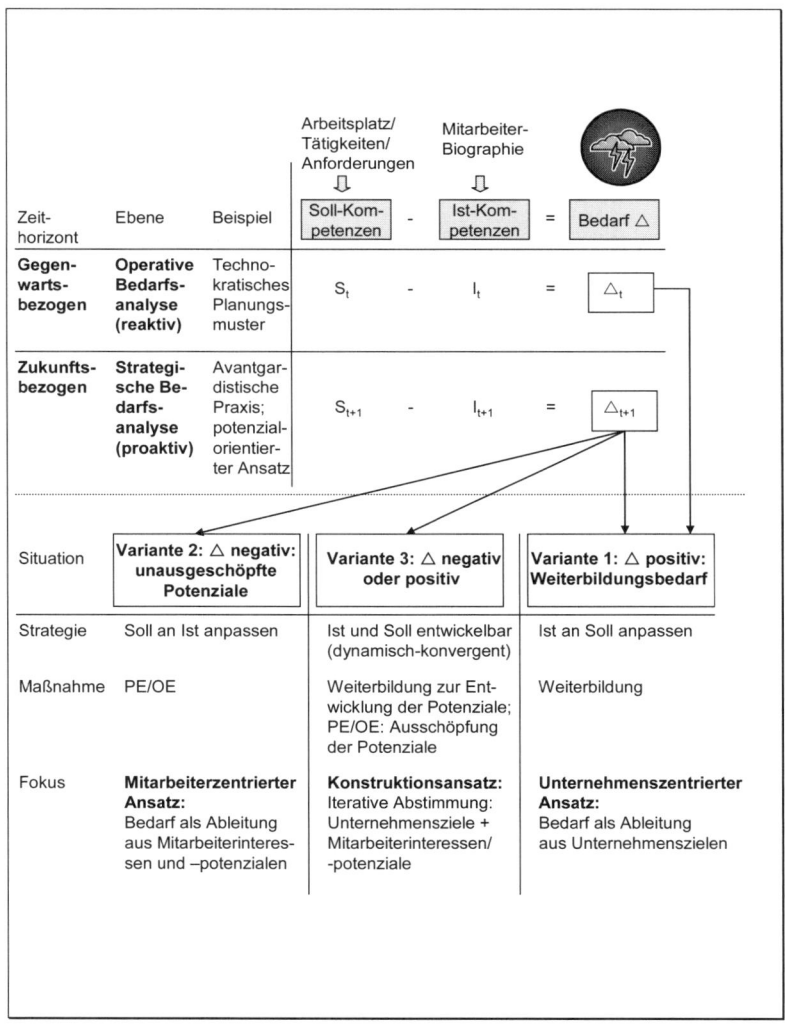

Abb. 4.1-4: Bedarf als Soll-Ist-Differenz im Weiterbildungsbereich

Zunächst: Wovon werden die Soll- bzw. Ist-Kompetenzen bestimmt? Was sind die *Einflussfaktoren*? Die *Soll-Kompetenzen* ergeben sich idealtypisch aus den *Tätigkeitsanforderungen am Arbeitsplatz*. Diese unterliegen einem permanenten Wandel, etwa infolge neuer unternehmens*interner* Strategien (veränderte Produktpalette, Arbeitsorganisation, technologische Ausstattung oder Rationalisierungen, Standortwechsel usw.) oder aber infolge *äußerer* Einflüsse (neue rechtliche Vorgaben, neue Konkurrenten, Globalisierung usw.). Alle diese Veränderungen können Folgen für die Tätigkeitsanforderungen am Arbeitsplatz und somit für die erforderlichen Soll-Kompetenzen haben. In einem späteren Abschnitt wird zu diskutieren sein, ob sich angesichts dieses Einflussgeflechts die Soll-Kompetenzen überhaupt hinreichend präzise bestimmen lassen.

Die *Ist-Kompetenzen* repräsentieren die Summe aller Fähigkeiten, Fertigkeiten und Verhaltensweisen zur Bewältigung der jeweiligen Arbeitssituationen. Sie werden beeinflusst durch die *Berufsbiographie* des Einzelnen, durch absolvierte Aus- und Weiterbildung, aber auch durch Berufserfahrungen. Hinzu kommen grundlegende Einstellungen, wie etwa Leistungsbereitschaft, Aufstiegsstreben usw., wie sie insbesondere für Verhaltensweisen von Bedeutung sind. Auch hier wird zu diskutieren sein, ob eine hinreichende Messbarkeit der Ist-Kompetenzen unterstellt werden kann.

Sowohl die Soll- als auch die Ist-Kompetenzen können im Analyseprozess der Bedarfsanalyse auf *zwei unterschiedliche Zeithorizonte* bezogen werden. Zum einen kann eine *gegenwartsbezogene* Betrachtungsweise eingenommen werden. Zu fragen ist in diesem Kontext, ob die Kompetenzen eines Mitarbeiters für seine derzeitigen Tätigkeiten und die daraus resultierenden Anforderungen ausreichen. Falls nicht, so können Weiterbildungsaktivitäten die Brücke zwischen den Soll- und Ist-Kompetenzen schlagen. Bei dieser Vorgehensweise lässt sich von einer *operativen Bedarfsanalyse* sprechen. Sie repräsentiert eine *reaktive* Herangehensweise. Arbeitsplatzstrukturen werden etabliert und die Bedarfsanalyse stellt retrospektiv fest, ob es zu einer Differenz zwischen den Soll- und Ist-Kompetenzen gekommen ist. Auch die Weiterbildung selbst nimmt eine reagierende Funktion ein, um die Qualifikationen der Mitarbeiter als abhängige Größe von Arbeit und Technik anzupassen. Exemplarisch für diese Praxis steht das im nächsten Abschnitt zu thematisierende *technokratische Planungsmuster*.

Soll- und Ist-Kompetenzen können im Analyseprozess aber auch auf einen *zukünftigen* Zeithorizont bezogen werden. Dann geht es nicht um einen derzeit bestehenden qualifikatorischen gap, sondern um einen in der Zukunft absehbaren Bedarf, der bspw. dadurch virulent werden kann, dass im Unternehmen Änderungen in der Produkt-/Dienstleistungspalette und/oder in der Aufbau-/Ablauforganisation geplant werden. Strategische Überlegungen auf der Managementebene bilden hier also den Ausgangspunkt der Überlegungen. Bei diesen prospektiven Abwägungen werden dabei dann zugleich die qualifikatorischen Konsequenzen mitbedacht. Man kann hierbei von einer *strategischen Bedarfsanalyse* sprechen, die proaktiv Weiterbildungsfragen mit bedenkt. Ein Beispiel für diese Herangehensweise ist die weiter unten zu thematisierende *avantgardistische Praxis*.

Die genannte Formel für die Bestimmung des Bedarfs lässt sich gedanklich auf die beiden genannten Zeithorizonte beziehen. In *gegenwartsbezogener Perspektive* ergibt sich die Aufgabe im Falle einer qualifikatorischen Lücke durch Weiterbildung die Ist-Kompetenzen eines Mitarbeiters oder einer Mitarbeitergruppe an die Soll-Kompetenzen, die sich aus den Arbeitsplatzstrukturen ergeben, anzupassen. Der Bedarf ergibt sich hier also in der Regel als abhängige Größe aus vorgelagerten Unternehmensentscheidungen (*unternehmenszentrierter Ansatz*): Ein Mitarbeiter hat Schwierigkeiten, mit einer neuen Software, die im Unternehmen eingeführt worden ist, zurechtzukommen. Oder es wird für einen Kundenauftrag eine neue Projektgruppe gebildet. Beim Projektstart wird festgestellt, dass nicht alle Mitarbeiter über die notwendigen Soll-Kompetenzen verfügen, so dass formelle oder informelle Weiterbildungsaktivitäten ad hoc erforderlich werden. Reichen die Kompetenzen dagegen aus (oder übertreffen sie gar die notwendigen Anforderungen), so sind bei dieser kurzfristigen Perspektive keine weiteren Aktivitäten erforderlich. Die Konstruktion von Weiterbildungsbedarf über das Gap-Verständnis wirft bei einer solchen gegenwartsbezogenen Betrachtungsweise zumindest das *Problem* auf, dass es in der Regel immer erst zu Problemen gekommen sein muss, bevor die Lücke geschlossen wird: Die Software wurde nicht kompetent eingesetzt oder das Projekt kommt vorübergehend ins Stocken, da die notwendigen Kompetenzen noch fehlen.

Eine *zukunftsbezogene Perspektive* vermeidet solche Schwierigkeiten. Dabei sind im Unterschied zur Variante 1 auch unterschiedliche Strategien zur Deckung des gaps denkbar und sinnvoll anwendbar. In *Variante 1* führen die simultanen Planungsprozesse bezüglich einer veränderten Produkt-/Dienstleistungspalette bzw. zu veränderten arbeitsorganisatorischen Strukturen sowie zu den damit zusammenhängenden personalpolitischen Implikationen zum Ergebnis, dass die Ist-Kompetenzen zur Bewältigung der voraussichtlichen Soll-Kompetenzen nicht ausreichen werden. Auch in diesem Fall sind (antizipative) Weiterbildungsaktivitäten sinnvoll, um das Personal an die Anforderungen, die sich aus der neuen Unternehmensstrategie ergeben, anzupassen (*unternehmenszentrierter Ansatz*).

Denkbar ist aber auch, dass das Ergebnis des Analyseprozesses, der später skizziert wird, einen negativen gap liefert (*Variante 2*). Das heißt: Die Ist-Kompetenzen eines Mitarbeiters übersteigen die Soll-Kompetenzen. In der Unternehmenspraxis führt dies häufig zu keinerlei weiteren personalpolitischen oder arbeitsorganisatorischen Überlegungen. Allerdings kann das Nichtausschöpfen von Mitarbeiterpotenzialen zumindest zu motivationalen Problemen führen. Auch verzichtet das Unternehmen auf Kompetenzen des Mitarbeiters, die durchaus nützlich für das Unternehmen sein können. Unausgeschöpfte Potenziale können daher auch als Anlass dafür genommen werden, die „Soll-Seite" an die „Ist-Seite" anzupassen. So können Veränderungen in der Arbeitsplatzstruktur (z. B. nach dem Prinzip des job enrichments[52] oder des job enlargements[53]) dazu genutzt werden, um die Differenz zwischen vorhandenen und geforderten Kompetenzen zu schließen. In dieser Variante sind also die Mitarbeiterinteressen und –potenziale *Ausgangspunkt* für mittelfristige Reorganisationsprozesse auf der arbeitsorganisatorischen Seite (*mitarbeiterzentrierter Ansatz*).

In der *dritten Variante* werden weder die Soll-Seite noch die Ist-Seite als fix gegeben betrachtet. Beide Seiten werden als entwickelbar erachtet. Arbeitsplatzstrukturen können ebenso verändert werden wie die Ist-Kompetenzen eines Mitarbeiters oder einer Mitarbeitergruppe. In den langfristigen Planungsprozessen wird darauf hingewirkt, dass Arbeitsplatzstrukturen im Interesse des Unternehmens und unter Berücksichtigung der Potenziale der Mitarbeiter ebenso weiterentwickelt werden wie die Kompetenzen der Mitarbeiter im Hinblick auf die zukünftigen Arbeitsplatzstrukturen. Dazu ist es erforderlich, dass die Mitarbeiter systematisch in alle Planungsprozesse, also bspw. auch in jene bezüglich der organisatorischen Veränderungen, mit einbe-

---

[52]   Mit job enrichment bezeichnet man die Aufgabenanreicherung, etwa um Planungs- und Entscheidungsaufgaben.

[53]   Mit job enlargement bezeichnet man eine Aufgabenerweiterung. Dabei geht es um zusätzliche, aber gleichartige Aufgaben.

zogen werden und nicht nur ein Mitspracherecht bei der Auswahl von Weiterbildungsaktivitäten erhalten. Man spricht hier vom *Konstruktionsansatz* oder vom *partizipativen Verfahren* (Kap. 4.1.5). Bedarf wird weder von der Soll-Seite her noch von der Ist-Seite her als fix determiniert angesehen, sondern als ein beidseitig konstruierbares Delta.

Der Begriff *„Konstruktionsansatz"* wird in der Literatur zum Teil als Pendant zu dem des *„Findungsansatzes"* gesehen. Variante 1 – und zwar im Hinblick auf beide Zeithorizonte – repräsentiert diese zuletzt genannte Strategie der Weiterbildungsbedarfsermittlung. Hier wird unterstellt, dass sich ein Weiterbildungsbedarf objektiv „finden" ließe, indem man die (voraussichtlichen) Soll- und Ist-Kompetenzen objektiv bestimmen könne. Person und Arbeitsplatz müssten in diesem Verständnis eindeutig mess- und quantifizierbar sein, um eindeutig einen Weiterbildungsbedarf ableiten zu können. Und Arbeitsplatzstrukturen müssten eindeutig (bspw. durch Managemententscheidungen) als vorgegeben und nicht mehr als veränderbar interpretiert werden. Vorausgesetzt, eine Bestimmung gemäß diesen Vorstellungen wäre hinreichend genau möglich,[54] so würde sich die Anschlussfrage stellen, welche Probleme mit einer solchen konzeptionellen Vorstellung für das jeweilige Unternehmen, aber auch für deren Mitarbeiter verbunden wären. Werden dadurch nicht auch Chancen vergeben? Die zuvor genannte Variante 3, die weiter unten noch detailliert diskutiert wird, deutet bereits darauf hin, dass weder die Ist-Seite noch die Soll-Seite unveränderbar sind und dass gerade in dieser beidseitigen Veränderlichkeit Chancen sowohl für das Unternehmen als auch für die Mitarbeiter liegen. So lassen sich – wie in Abschnitt 4.1.5.3 noch dargelegt wird – Mitarbeiterpotenziale durchaus durch geeignete Reorganisationen auch im Interesse von Unternehmen ausschöpfen. Deswegen erscheint es sinnvoll, bei der Bedarfsanalyse den Findungsansatz vor allem bei kurz- und mittelfristiger Perspektive zu praktizieren und ihn um den Konstruktionsansatz bei mittel- und langfristiger Perspektive zu ergänzen.

In der Unternehmenspraxis dominiert bislang Variante 1 (Findungsansatz) und dabei zumeist in einer gegenwartsbezogenen Betrachtungsweise. Das im nächsten Abschnitt diskutierte technokratische Planungsmuster repräsentiert diese Vorgehensweise. Variante 1 in zukunftsbezogener Betrachtungsweise findet dagegen vor allem in größeren Unternehmen Anwendung. Die avantgardistische Praxis, die im übernächsten Abschnitt thematisiert wird, zum Teil aber auch der Top-Down-Ansatz (Abschnitt 4.1.5.1) steht für diese Strategie. Variante 2 wird im vorliegenden Kontext nicht weiter erörtert, da es sich hier im Wesentlichen um Strategien der Organisationsentwicklung handelt. Variante 3 (Konstruktionsansatz) lässt sich mit seinen unterschiedlichen Instrumenten auch in unterschiedlichen Betriebsgrößenklassen finden. So findet die Bottom-Up-Strategie (Kap. 4.1.5.2), vor allem dann wenn sie unter Einsatz der Lernstatt[55] erfolgt, schwerpunktmäßig in größeren Unternehmen Anwendung. Der potenzialorientierte Ansatz (Kap. 4.1.5.3) wird dagegen – wenn überhaupt - eher in kleinen und mittelständischen Unternehmen eingesetzt.

---

[54] Um diese Fragen zu beantworten, ist es erforderlich, sich die Modellvorstellungen zur Bestimmung der Ist- und Soll-Kompetenzen beim Findungsansatz zu verdeutlichen. Hierauf wird in Kapitel 4.1.3 näher eingegangen.

[55] In der Lernstatt werden regelmäßig – z. B. einmal pro Woche eine Stunde - arbeitsplatzbezogene Probleme und Verbesserungsvorschläge einer Arbeitsgruppe diskutiert. Eine kurze Zusammenfassung zum Lernstattkonzept finden Sie bspw. bei: http://www.unternehmerinfo.de/Lexikon/L/Lernstatt.htm oder http://de.wikipedia.org/wiki/Lernstatt (Stand 15.05.2008).

4.1.3 Technokratisches Planungsmuster (Operative Bedarfsanalyse)

Das technokratische Planungsmuster ist der *Variante 1* im Gap-Konzept, und zwar in der *gegenwartsbezogenen Perspektive,* zuzuordnen. Bei diesem idealtypischen Planungsansatz (vgl. Abbildung 4.1-5) bilden Marktanalysen den Ausgangspunkt einer Kette eher kurzfristig orientierter Planungsprozesse.

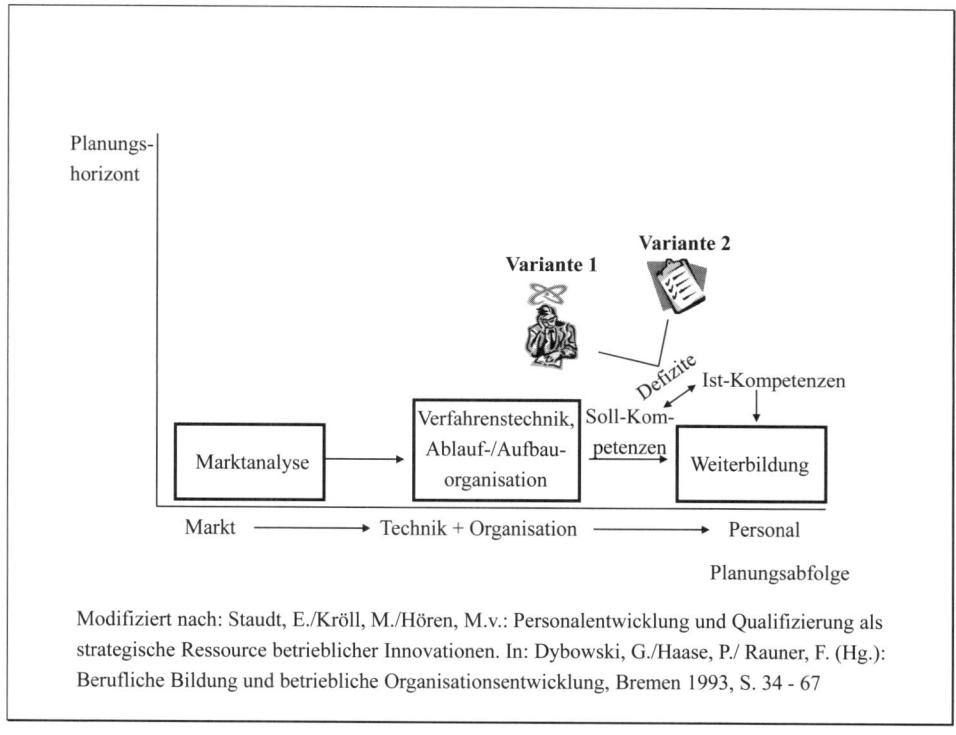

Abb. 4.1-5: Technokratisches Planungsmuster

Die Marktanalysen haben dabei zum Ziel, festzustellen, welches Produktions- oder Dienstleistungsprogramm auf dem Markt voraussichtlich auf Nachfrage treffen wird. Sind die Marktanalysen abgeschlossen, erfolgt im nächsten Schritt die Planung einer geeigneten Arbeitsorganisation und Technik, um das Produktions- und Dienstleistungsprogramm zu realisieren. Nach Umsetzung dieser Planungsschritte erfolgt zuletzt, quasi als abhängige Größe aller anderen Planungsschritte und zumeist ex post – also nach Einführung neuer Arbeitsplatzstrukturen oder neuer Technologien – die Identifizierung möglicher Weiterbildungsbedarfe. Dabei werden die Grundprinzipien des oben genannten Findungsansatzes zugrunde gelegt. Das heißt, es wird versucht festzustellen, welche Kompetenzen ein Mitarbeiter (als Folge der Marktanalysen und der jeweils gewählten Arbeitsorganisation und Technik) aufweisen soll (Soll-Kompetenzen) und welche er tatsächlich aufweist (Ist-Kompetenzen). Bei diesem Planungsmuster lassen sich in der Praxis zwei Hauptvarianten unterscheiden, die anhand von Fallbeispielen illustriert werden sollen.

Variante 1 dürfte das in der Unternehmenspraxis am weitesten verbreitete „Planungsmuster" repräsentieren (Merk 2006, S. 205; Grüner 2000, S. 129 f.). Hier wird es dem Mitarbeiter selbst überlassen festzustellen, ob ein gap zwischen Soll- und Ist-Kompetenzen besteht. Ein Beispiel möge dies verdeutlichen. Eine Universität führt ein neues Verwaltungsprogramm für die Eingabe von Veranstaltungsankündigungen für das Vorlesungsverzeichnis ein. Den Sekretärinnen wird diese Software über den zentralen Server zur Verfügung gestellt. Bei der Eingabe für das nächste Vorlesungsverzeichnis stellt eine Sekretärin fest, dass sie Schwierigkeiten hat, das Programm zu bedienen. In der Terminologie des oben genannten Planungsmusters sind aufgrund zentraler Unternehmensentscheidungen technisch-organisatorische Veränderungen vorgenommen worden (Einführung der Software). Nach dieser Einführung – in der Regel sogar erst zum Zeitpunkt einer Ernstsituation (hier: Eingabe der Veranstaltungsankündigungen) – wird den betroffenen Mitarbeitern deutlich, dass neue Anforderungen auf sie zugekommen sind (Soll-Kompetenzen), die sie mit ihren bisherigen Kompetenzen (Ist) noch nicht bewältigen können. Die Folge ist, dass dieses Delta – sofern es sich um engagierte Mitarbeiter handelt! – ad hoc durch Weiterbildung – sei es formeller oder informeller Art – geschlossen wird.

In dieser Variante wird Weiterbildung erst gar nicht systematisch geplant, sondern unsystematisch, eher beiläufig und ad hoc ergriffen, wenn ein Mitarbeiter eine qualifikatorische Lücke selbst erfährt. Von einer systematischen Bedarfsanalyse kann hier daher kaum gesprochen werden, weil hier weder Soll- noch Ist-Kompetenzen erfasst worden sind.

Das nachfolgende Beispiel, das *Variante 2* dieses Planungsmusters repräsentiert, zeigt, dass systematische Soll-Ist-Analysen allerdings auch das technokratische Planungsmuster sinnvoll stützen können. Ein Großbetrieb erhält einen Kundenauftrag, für dessen Abwicklung eine Projektgruppe gebildet wird. In diesem Unternehmen wird schon seit einigen Jahren ein so genanntes Skill-Management[56] betrieben. Daher sind Informationen darüber verfügbar, welcher Mitarbeiter über welche zentralen Kompetenzen verfügt. Diese Informationen über die Ist-Kompetenzen können bereits bei der Teambildung (Wahl der Arbeitsorganisation im oben genannten Planungsprozess) berücksichtigt werden, zugleich aber auch der gap-Analyse dienen. So können zu Beginn der Projektarbeiten die in den Unterlagen dokumentierten Kompetenzprofile der Projektmitarbeiter mit den aus den Projektanforderungen resultierenden Soll-Kompetenzen abgeglichen werden. Auch in diesem Beispiel handelt es sich prinzipiell um das technokratische Planungsmuster, weil eine Lücken-Identifizierung im Wesentlichen erst nach Ende aller vorgelagerten Entscheidungsprozesse erfolgt und Weiterbildung weiterhin ad hoc zu Beginn der Projektarbeiten ergriffen wird. Eine antizipative Bedarfsanalyse – bspw. in der Projektplanungsphase – ist im vorliegenden Beispiel nicht erfolgt.

Dieses Fallbeispiel zeigt zugleich auch, dass sich das technokratische Planungsmuster in der Unternehmenspraxis nicht verhindern lässt. Alle nachfolgend skizzierten Vorgehensweisen setzen nämlich einen *längeren zeitlichen Planungshorizont* voraus (zumindest mittelfristige Perspektive). Bei kurzfristigen Aufträgen, die in der Unternehmenspraxis die Regel darstellen dürften, ist das technokraktische Planungsmuster in einer seiner beiden Varianten allein schon aus zeitlichen Gründen meist zwingend geboten. Variante 2 (dokumentengestützte Vorgehensweise) hat dabei allerdings den Vorteil, dass eine gap-Analyse systematisch erfolgen kann und bereits die Auswahl der Projektmitarbeiter im Hinblick auf die Kompetenzprofile erfolgen kann.

---

[56]   Vgl. hierzu das Vertiefungskapitel 4.1.7.

Wie sind solche Dokumente zu den Soll-Ist-Profil-Vergleichen gestaltet? Abbildung 4.1-6 visualisiert ausschnittweise das Ergebnis eines solchen Profilvergleichs in einem realen Fallbeispiel.

Spalte 1 weist – abgeleitet aus der Unternehmensphilosophie - zunächst Kernkompetenzen des Unternehmens aus. Durch welche Eigenschaften soll sich das Unternehmen zentral auszeichnen. In einem zweiten Schritt (Spalte 2) wird versucht, daraus Soll-Kompetenzen für die Mitarbeiter abzuleiten. Das Schema stellt nur Ausschnitte aus einem komplexen Anforderungsprofil zusammen. So sind die ausgewiesen Soll-Kompetenzen natürlich durch Fach-/Methoden-/Sozialkompetenzen, die an den jeweiligen Arbeitsplätzen erforderlich sind, zu ergänzen. Im dritten Schritt, der in der Praxis meist nicht beachtet wird (Spalte 3) geht es darum, die Soll-Kompetenzen in beobachtbare Tatbestände zu überführen. So kann direkt kaum festgestellt, ob ein Mitarbeiter die Kompetenz hat „kundenorientiert" vorzugehen. Zu fragen ist also auch danach, woran die einzelnen Kompetenzen (z. B. Kundenorientierung) festgemacht werden sollen. Im vierten Schritt (Spalten 4 – 6, jeweils links oben) wird für die einzelnen Mitarbeitergruppen (im Beispiel Führungskräfte, Fachkräfte, ausführende Mitarbeiter) festgelegt, wie die Kompetenzen jeweils ausgeprägt sein sollen: Sind qualifizierte Kompetenzen erforderlich, reichen Grundlagenkenntnisse aus oder sind etwa entsprechende Kompetenzen bei einem Mitarbeiter gar nicht erforderlich. Hierfür werden häufig Rangskalen (im Beispiel von 1 bis 4) verwendet. Im letzten Schritt wird nach Einsatz geeigneter Instrumente eruiert, ob und ggfs. in welcher Ausprägung die Mitarbeitergruppen über die entsprechenden Kompetenzen verfügen (Spalten 4 – 6, jeweils rechts unten). Durch die Gegenüberstellung der jeweiligen Soll- und Ist-Ausprägung ergibt sich als Lücke zwischen den jeweils ausgewiesenen Werten der Weiterbildungsbedarf.

Wie man solche Profilvergleiche erstellt, wird im nächsten Abschnitt skizziert und im Vertiefungskapitel im Kontext von Kompetenz- und Skill-Management ausführlich erörtert. Hier nur soviel: Von der Grundidee her geht man bei der Bestimmung der *Soll-Kompetenzen* von der Vorstellung aus, dass der *Markt* mit seinen Erfordernissen letztlich *Technologie und Arbeitsplatzstrukturen* in einem Unternehmen vorprägt. Aus der gewählten Technologie und der Arbeitsorganisation lassen sich dann – so die Annahme – eindeutig die *Aufgaben* an einem Arbeitsplatz und aus diesen wiederum die *Tätigkeitsanforderungen* an den einzelnen Mitarbeiter ableiten. Diese Tätigkeitsanforderungen (als Soll-Kompetenzen) finden ihren Niederschlag in den Aufgaben-, Stellen- oder Tätigkeitsbeschreibungen des Unternehmens. Die *Ist-Kompetenzen* werden dagegen üblicherweise über *Unterlagen aus den Personalabteilungen* erschlossen, die ergänzt werden können um Informationen aus *Mitarbeitergesprächen*. So finden sich in den Personalunterlagen in der Regel Informationen über die *Ausbildung* und bisherige *Weiterbildungsaktivitäten* der Beschäftigten. Darüber hinaus enthalten sie eine Übersicht über bisherige *Tätigkeiten*, aus denen ebenfalls Hinweise auf Ist-Kompetenzen abgeleitet werden können.

Organisatorische Kompetenz	Soll-Kompetenz des Mitarbeiters: Der Mitarbeiter ...	Beobachtbare Items	Führungskraft Soll / Ist		Fachkraft Soll / Ist		Angelernter MA Soll / Ist	
Kompetenz 1								
Wir kennen unsere Kernprozesse in der Auftragsabwicklung und setzen unsere Instrumente effektiv und effizient ein. Wir haben jederzeit Transparenz, verstehen Auswirkungen auf andere Bereiche und Handeln bei Abweichungen schnell	soll Know-How und Erfahrung haben, Arbeitspläne zu erstellen	Er kann Arbeitsfolgen definieren	1	1	2	2	4	4
		Er kann Ablaufpläne erstellen	1	2	2	3	4	4
	soll ein Abweichungsmanagement professionell abwickeln	....						
Kompetenz 2								
Wir setzen Produktanforderungen unter Nutzung unserer eigenen Erfahrungen von der Musterphase bis zur Serienreife um. Dazu integrieren wir frürzeitg auch das Know How der Verfahrensentwicklung und anderer Netzwerkpartner	soll den aktuellen Stand der Technik kennen und anwenden können	Er kennt xxx Und kann anwenden (bereichsspezifisch)	2	1	1	1	3	3
	....	Er kennt yyy und kann anwenden (bereichsspezifisch)	2	3	1	3	3	3
	soll relevante Partner kennen und deren Know-How nutzen	....	1	1	2	2	4	4
Kompetenz 3	....							

Legende: 1 = Qualifizierte Kenntnisse erforderlich / vorhanden ... 4 = keine Kenntnisse erforderlich / vorhanden

Abb. 4.1-6: Ermittlung des Weiterbildungsbedarfs durch Soll-Ist-Vergleich

Übung:

1. Nehmen Sie an, Sie sollten in einem Unternehmen das Anforderungsprofil (Soll), wie es in der vorangegangenen Abbildung dargestellt ist, ermitteln. Mit welchen Schwierigkeiten sehen Sie sich konfrontiert? Welche Kompetenzbereiche lassen sich nur schwer hinreichend genau bestimmen?

2. Ein Gedankenexperiment: An der WISO der FAU Erlangen-Nürnberg soll ein neuer Professor für Wirtschaftspädagogik berufen werden. Legen Sie ein Anforderungsprofil fest, anhand dessen eine Berufungskommission prüfen kann, ob ein Bewerber geeignet ist oder Defizite aufweist, die ihn entweder nicht „listenfähig" werden lassen oder aber „Weiterbildungsbedarf" signalisieren.

3. Welche Probleme der Bestimmung der Ist-Kompetenzen sehen Sie, wenn auf vorliegende Personalunterlagen zurückgegriffen werden soll? Gehen Sie dabei vom vorangegangenen Gedankenexperiment aus. Jeder Bewerber stellt dazu der Berufungskommission umfangreiche Unterlagen zur Verfügung, aus denen bspw. zu entnehmen ist, welche Publikationen erstellt worden sind und welche Vorträge sowie welche Vorlesungen/Seminare gehalten worden sind. Wie beurteilen Sie die Reichweite solcher Dokumente im Hinblick auf das Anforderungsprofil?

4. Welche spezifischen Probleme resultieren für das Unternehmen und die Mitarbeiter aus der Planungsabfolge „Markt – Organisation/Technik – Personal"? Zur Beantwortung dieser Frage soll Ihnen eine kleine – reale - Fallstudie nach Fahner und Pucko helfen: Bei den Stadtverwaltungen in Duisburg und Wuppertal wurden bis Ende der 80er Jahre Büroassistentinnen in zentralen Schreibdiensten eingesetzt. Das Tätigkeitsfeld beschränkte sich weitgehend auf Schreibarbeiten an Schreibautomaten. Ende der 80er Jahre sollten in beiden Städten PC eingeführt werden. In Wuppertal wurde dabei die bisherige Arbeitsorganisation beibehalten. Die Schreibautomaten wurden lediglich durch PC ersetzt. Ein nennenswerter Weiterbildungsbedarf wurde nicht deutlich, da die Beschäftigten die PC weitgehend wie Schreibautomaten nutzten. Hinzu kam, dass der Krankenstand nach der Umstellung deutlich anstieg. In Duisburg wurde die Einführung der neuen Techniken dazu genutzt, die Arbeitsorganisation ein Stück weit den Kompetenzen der Beschäftigten anzupassen: Die zentralen Schreibdienste wurde zugunsten von Einzelsekretariaten aufgelöst, den Beschäftigten zusätzliche Befugnisse zugewiesen. So sollten sie nach der Umstellung Briefe nach der Aktenlage auch selbstständig verfassen dürfen. Infolgedessen wurden auch vielfältige Weiterbildungsaktivitäten ergriffen, der Krankenstand ist nicht gestiegen.

Wo liegen die Schwierigkeiten des technokratischen Planungsmusters? Warum ist es sinnvoll nur bei kurzfristigen Planungshorizonten einsetzbar und bedarf daher der Ergänzung um andere Strategien der Bedarfsanalyse?

Die *Bestimmung von Soll- und Ist-Kompetenzen ist präzise kaum möglich*. So ist bspw. Erfahrungswissen kaum dokumentierbar. Solche informell erworbenen Kompetenzen sind aber häufig entscheidender als bereits vorhandenes fachliches Wissen. Z. B. ist die Fähigkeit, sich in neue Programme selbstständig einarbeiten zu können, für die Präzisierung eines Weiterbildungsbedarfs möglicherweise entscheidender als bereits vorhandene Kenntnisse zu einem Programm. Auch sind die erforderlichen Methoden- und Sozialkompetenzen (Soll), zum Teil sogar die erforderlichen Fachkompetenzen präzise selbst aus *gegebenen* Kombinationen von Arbeitsorganisation und Technik kaum ableitbar. Allenfalls die „Handling"-Qualifikationen sind eindeutig ableitbar. Kaum eindeutig bestimmbar sind dagegen die so genannten Schlüsselqualifikationen. Entweder bleiben die Aussagen zu allgemein oder es wird der Versuch unternommen, sie hinreichend genau zu bestimmen, dann ist allerdings der Aufwand unangemessen hoch.

Übung: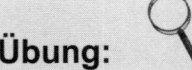

5   In einem mittelständischen Betrieb ist im Verwaltungsbereich ein neues EDV-System eingeführt worden. Nach Auskunft des EDV-Herstellers ist das System leicht handhabbar und nach kurzer Einweisung sofort einsetzbar. Wenige Wochen nach der Einführung mehren sich Berichte, dass sich Kunden über eine zunehmende Terminuntreue beschweren. Auch der Krankenstand im Betrieb hat deutlich zugenommen. Die Unternehmensleitung sieht – entgegen den Zusicherungen des EDV-Herstellers – die Ursachen in Qualifizierungsdefiziten der Betroffenen und bittet den Weiterbildungsbeauftragten, Qualifizierungsbedarfe festzustellen. Dazu greift dieser auf die Methode der Dokumentenanalyse zurück.

Frage a: Welche Dokumente können herangezogen werden, um Ist- und Soll-Qualifikationen der betroffenen Mitarbeiter zu ermitteln?

Neben der Dokumentenanalyse setzt der Weiterbildungsbeauftragte ein weiteres Instrument zur Bestimmung des Weiterbildungsbedarfs ein, nämlich die Fragebogenerhebung.

Der Fragebogen ist namentlich von jedem Mitarbeiter auszufüllen. Dadurch ist eine Verknüpfung mit der Personalakte möglich. Der Fragebogen ist kurz, um eine rasche Auswertung zu ermöglichen. Er enthält folgende Fragen:

1   Wie beurteilen Sie die vom Vorstand beschlossene Einführung des neuen EDV-Systems?
     Pos. ( )
     Neg. ( )

2   Ist bei Ihnen durch die Einführung des Systems die Arbeit
     leichter ( )
     schwerer ( ) geworden?

3   Sehen Sie bei sich selbst Qualifikationsdefizite?
     Ja ( ), welche? _____
     Nein ( )

4   Sind bei Ihnen folgende Kenntnisse vorhanden? (V = Vorhanden, M = Mittelmäßig ausgeprägt, N = Nicht vorhanden)
     Kennen der anwendungsspezifischen Einsatzfelder von DV-Systemen ( )
     Kennen von Komponenten von DV-Systemen ( )
     Beurteilung der Leistungsfähigkeit von DV-Systemen
     (usw. wie in Abbildung 4.1-6)

5   Sind Sie nicht auch der Meinung, dass für das eingeführte EDV-System ein Weiterbildungskurs nützlich sei?
     Ja ( )
     Nein ( )

6   Unabhängig vom eingeführten EDV-System: Wo sehen Sie für sich Weiterbildungsbedarf?
     _____

Frage b: Beurteilen Sie die Aussagekraft der einzelnen Fragen und des Fragebogens insgesamt!

Hinzu kommt, dass *Arbeit und Technik – wie bereits einleitend angesprochen - nicht fest und unveränderlich gegeben, sondern zumindest in längerfristiger Perspektive auch ein Stück weit den Kompetenzen bzw. den Qualifikationspotenzialen der Mitarbeiter anpassbar sind.* „Schlummernde" Qualifikationen können so durch geeignete Technik und Organisation im Interesse des Unternehmens und der Mitarbeiter ausgeschöpft werden. Welche Vorzüge eine solche Vorgehensweise hat, wird im Zusammenhang der Diskussionen zu einem „potenzialorientierten Ansatz" erörtert werden. Wenn es darum geht, die verfügbaren Kompetenzen der Mitarbeiter und die erschließbaren Potenziale auszuschöpfen, dann ist auch ein systematischer Einbezug der Mitarbeiter in die Planungsprozesse erforderlich. Man spricht hier von „partizipativen Verfahren". Sie werden weiter unten skizziert.

Ein weiteres Problem, das insbesondere aus dem technokratischen Planungsmuster resultiert, ist im time-lag des Verfahrens zu sehen. Weiterbildungsbedarf wird sehr spät, meist ex post, wenn also schon Defizite und Probleme deutlich geworden sind, bestimmt. Dies ist zumindest unter motivationalen Gesichtspunkten problematisch, da dann nicht nur fachliche „Defizite" zu beseitigen sind, sondern zugleich auch immer Akzeptanzbarrieren zu überwinden sind. Außerdem laufen Projekte bei dieser Vorgehensweise immer Gefahr, unnötig Zeit und Ressourcen zu verschwenden, da es zu Projektbeginn zu qualifikationsbedingten Friktionen kommen kann.

Das technokratische Planungsmuster, das bei kurzfristiger Perspektive unvermeidlich ist, darf aus den genannten Gründen nicht zum universellen und einzig einzusetzenden Verfahren der Bedarfsanalyse im Unternehmen werden. Denn der Ansatz zielt prinzipiell immer auf eine „Mangelbeseitigung", wenn Probleme im Unternehmen aufgetreten sind. Sinnvoll ist vielmehr eine solche „operative Bedarfsanalyse" durch eine vorausschauende Strategie zu ergänzen: Welche Veränderungen kommen im Unternehmen auf uns zu bzw. welche werden gewünscht? Und welche qualifikatorischen Konsequenzen hätte dies für den einzelnen Mitarbeiter bzw. für Mitarbeitergruppen? Solche Überlegungen sind Gegenstand der so genannten avantgardistischen Praxis, die im Folgenden erläutert wird. Andere gebräuchliche Begriffe für diese Strategie sind die „eingeschränkt planende Personalentwicklung" oder „strategische Bedarfsanalyse".

4.1.4 Avantgardistische Praxis (Strategische Bedarfsanalyse I)

Eine in Relation zum technokratischen Planungsmuster prinzipiell nur wenig veränderte Vorgehensweise weist die so genannte „avantgardistische Praxis" auf. Ein Interviewausschnitt aus einem Gespräch des Autors mit einem Personalverantwortlichen eines mittelständischen Unternehmens soll den zentralen Unterschied verdeutlichen (vgl. Abbildung 4.1-7).

Legt man die Aussagen des Personalverantwortlichen zugrunde, so wird im Unternehmen traditionell das zuvor beschriebene technokratische Planungsmuster angewendet. Vorgeschlagen wird, den Weiterbildungsbedarf früher, simultan mit den anderen Planungsprozessen zu bestimmen. Das Verfahren hat damit einen etwas längeren Zeithorizont als das zuvor erörterte. Visualisiert man die Vorgehensweise, so kann der Ablauf der Planungsschritte wie in Abbildung 4.1-8 dargestellt werden.

Bezieht man die avantgardistische Praxis auf die beiden Fallbeispiele im vorangegangenen Abschnitt, so wären dabei folgende Vorgehensweisen typisch. Im Fall der Einführung eines neuen Verwaltungsprogrammes zur Erstellung des Vorlesungsverzeichnisses wäre eine *frühzeitige Einbindung der Sekretärinnen mit frühzeitigen Weiterbildungsangeboten* sinnvoll, um Friktionen in der Ernstsituation bei der erstmaligen Erstellung des Vorlesungsverzeichnisses mittels der genannten Software zu vermeiden. Im Fallbeispiel des Kundenauftrages, der zur Etablierung einer neuen Projektgruppe geführt hat, könnten die qualifikatorischen Konsequenzen schon in der *Projektplanungsphase* mitbedacht werden. Hier hat der Projektleiter eine besondere Funktion bei der Bedarfsanalyse. Er kann so Startschwierigkeiten bei der Projektabwicklung minimieren (Abels/Wurzer 1997, S. 47).

St: Also das bedeutet ..., dass ... wenn solche Reorganisationen anstehen, Weiterbildung erst mal nicht Thema ist ... Kann man nicht schon früher in dem Zusammenhang Weiterbildung mit planen, im Zusammenhang von (Technik-) Planung und Reorganisation?

X: Sicherlich kann man das. Wenn man sich wirklich ..., wie Sie sagen, diese Gedanken vorher macht, dann kann man das sicherlich.

St: Wo erwarten Sie Schwierigkeiten?

X: Schwierigkeiten will ich gar nicht so sagen. Man macht sich überhaupt keine Gedanken darüber ... Da wird gesagt, wir machen das und das, und dann merken wir, da ist ein Defizit und dann geht man erst dran ... Es gibt wenige Weiterbildner auf dem Markt, die sagen, wir haben Euer Problem erkannt, wir machen was ... Die haben doch ihre Standard- "Berufe", die sie ausbilden, und die fahren sie schon seit 20 Jahren.

Abb. 4.1-7: Zur Praxis bei Weiterbildungsbedarfsanalysen

Der geschilderte Ansatz entspricht der in Abb. 4.1-4 (Kap. 4.1.2) skizzierten Variante 1, im Unterschied zum technokratischen Planungsmuster jedoch bezogen auf eine *vorausschauende* Perspektive. Daher kann auch von einer *strategischen* Bedarfs- analyse gesprochen werden. Dabei wird versucht, Unternehmensstrategien soweit herunter zu brechen, dass daraus zukünftig erforderliche Soll-Kompetenzen für Pro- jektgruppen, Abteilungen oder einzelne Mitarbeiter ableitbar werden. Zugleich wer- den die Ist-Kompetenzen im Unternehmen systematisch erfasst und den voraussich- tlichen Soll-Kompetenzen gegenübergestellt. Das Ergebnis ist eine Übersicht, wie sie in Abbildung 4.1-6 im voran gegangenen Abschnitt dargestellt worden ist. Im Unter- schied zum technokratischen Planungsmuster (operative Bedarfsanalyse) geht es jedoch im vorliegenden Zusammenhang um die zukünftig erforderlichen Soll- Kompetenzen, die an die Unternehmensstrategien rückgebunden sind.

Die Bestimmung vorausschauender Soll-Kompetenzen, aber auch der Ist- Kompetenzen in Abb. 4.1-6 wirft nicht unerhebliche Schwierigkeiten auf. Wie lassen diese sich methodisch ableiten? In der Unternehmenspraxis sind hierzu schon seit langem einige Instrumente und Verfahren gebräuchlich, die im Folgenden kurz skiz- ziert sein sollen. Die neueren Ansätze des Kompetenz- und Skill-Managements ge- hen dabei deutlich über die bislang gängigen Strategien hinaus, weil sie zwar auf durchaus gängige Instrumente zurückgreifen, aber diese zu einem Gesamtmodell verknüpfen. Hierüber wird im Vertiefungskapitel näher berichtet.

Welche Strategien der Soll-Ist-Bestimmung sind also bislang in den Unternehmen, genauer: in Großbetrieben gängig? Hierzu sind in der Literatur (Merk 2006, Becker, 2005, Meier 2005) verschiedene Phasenmodelle entwickelt worden, auf die nachfol- gend Bezug genommen wird.

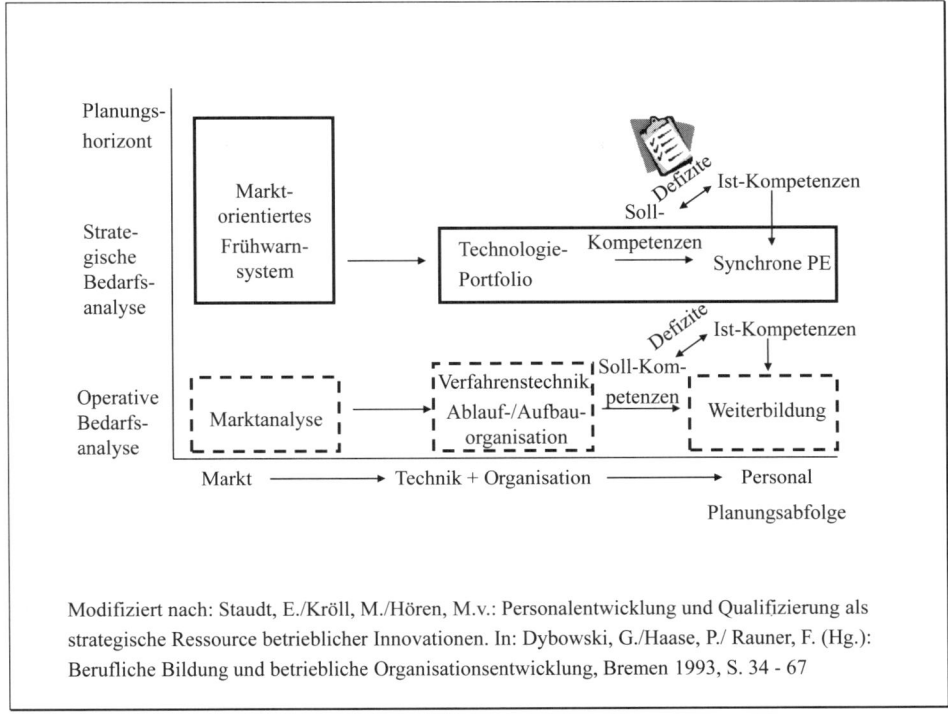

Abb. 4.1-8: Avantgardistische Praxis

Da Kompetenzanforderungen in diesem Modell durch Arbeitsplatz- und Tätigkeits-strukturen und diese wiederum durch Markterfordernisse als determiniert angesehen werden, bilden (1.) Stellenanalysen den Ausgangspunkt der Ableitungen (vgl. Abb. 4.1-9). Angesichts des Aufwandes solcher Verfahrensweisen werden solche Analysen häufig auch auf der Ebene von Stellengruppen (Stellen mit ähnlichen Tätigkeits-anforderungen) durchgeführt. Wichtigste Grundlage dafür können vorliegende Stellenbeschreibungen (1a) sein. Falls solche noch nicht vorliegen, so empfiehlt es sich, diese kooperativ zwischen Mitarbeiter und Vorgesetztem zu erstellen. Dabei geht es nicht darum, jede einzelne Aufgabe differenziert zu beschreiben, sondern die so genannten erfolgskritischen Tätigkeiten (1b) herauszuarbeiten. Als erfolgskritisch gelten jene Tätigkeiten, die direkt oder indirekt Probleme bei der Erfüllung der Unternehmensleistung hervorrufen, bspw. infolge einer mangelhaften Abwicklung eines Kundenauftrags oder durch Behinderung von Arbeitsabläufen bei anderen Mitarbeitern. Die Konzentration auf erfolgskritische Tätigkeiten erfolgt – ähnlich wie bei der Bündelung zu Stellengruppen – aus Gründen der Reduzierung des Arbeitsaufwandes. Im Falle einer strategischen Bedarfsanalyse (avantgardistische Praxis) bilden aber nicht die derzeitigen Tätigkeiten den alleinigen Ausgangspunkt der Bestimmung der Soll-Kompetenzen. Vielmehr soll eine proaktive Herangehensweise eingenommen werden. Daher sind auch die aus der Unternehmensstrategie abzuleitenden Veränderungen bei den Tätigkeiten (1c) in den Blick zu nehmen. Dazu kann die Personalabteilung Interviews mit der Geschäftsführung zu den geplanten Strategien durchführen. Diese wären dann in einem Top-Down-Prozess auf die einzelnen Abteilungen herunter zu brechen und innerhalb der einzelnen Abteilungen auf die einzelnen Mitarbeiter. Auch hierbei geht es dann lediglich um die erfolgskritischen neuen Tätigkeiten (1d).

Soll-Analyse		Ist-Analyse	
1.	**Stellen-/Stellengruppenanalyse** a) Erstellung/Auswertung von Stellenbeschreibungen b) Herausarbeiten erfolgskritischer Tätigkeiten c) bei strategischer Bedarfsanalyse: Welche Veränderungen ergeben sich aus der geplanten Unternehmensstrategie für die Tätigkeiten? d) welche davon sind erfolgskritisch?	3.	**Kompetenzanalyse** a) Über welche Formalqualifikationen (Aus-/ Weiterbildung) verfügt der Mitarbeiter? b) Welche Tätigkeiten hat der Mitarbeiter im Unternehmen schon ausgeübt (Erfahrungen)?
2.	**Anforderungsanalyse (ausgehend von erfolgskritischen Tätigkeiten)** a) Welche Anforderungen sind notwendig/wünschenswert? b) Anforderungen durch beobachtbare Items beschreiben c) Anforderungsprofil erstellen	4.	**Potenzialanalyse** a) Über welche schlummernden Kompetenzen verfügt der Mitarbeiter? b) Wie lassen sich die schlummernden Fähigkeiten entwickeln? c) Kompetenz- und Potenzialprofil erstellen
5.	**Soll-Ist-Vergleich**		

Abb. 4.1-9: Phasenablauf bei der Soll-Ist-Analyse der Mitarbeiterkompetenzen

Auf der Grundlage der erfolgskritischen Tätigkeiten geht es dann im zweiten Schritt darum, dafür die Anforderungen zu bestimmen (2.), die Mitarbeiter dieser Stelle bzw. Stellengruppe erfüllen müssen. Dabei sollte unterschieden werden, welche Anforderungen unabdingbar sind und welche „nur" wünschenswert sind (2a). Die Ableitungen sollten sich hierbei nicht nur auf notwendige/wünschenswerte Fachkompetenzen, sondern auch auf Sozial- und Methodenkompetenzen beziehen. Um die gesamte Verfahrensweise nicht zu komplex zu gestalten – bei den Ist-Analysen ist später empirisch der Frage nachzugehen, ob der/die Mitarbeiter diese Anforderungen erfüllen! – ist es empfehlenswert, sich auf nur wenige Anforderungen zu konzentrieren. Meier (2005) empfiehlt nicht mehr als 10 bis 15 Anforderungen herauszuarbeiten, Becker (2005) spricht von max. 8 verpflichtenden Verhaltenskriterien. Solche Verhaltenskriterien werden insbesondere im Kontext eines systematischen Kompetenzmanagements auch aus den Unternehmenszielen abgeleitet. So kann bspw. eine „kundenorientierte Herangehensweise" als eine Anforderung für (alle) Mitarbeitergruppen eines Unternehmens hergeleitet werden. Doch wie lässt sich „Kundenorientierung" messen? Dies verdeutlicht, dass die Anforderungen auf eine operationalisierbare

Ebene herunter gebrochen werden müssen. Dazu sind die Anforderungen durch beobachtbare Items (2c) zu beschreiben. Diese Items dienen später als Grundlage für die Ist-Analyse. Die (max. 15) Anforderungen sind schließlich in ein Anforderungsprofil zu übernehmen. Dabei sind auch Abstufungen bezüglich der Intensität, wie sie im exemplarischen Anforderungsprofil in Abb. 4.1-6 enthalten sind, sinnvoll.

Bislang wurde die Bestimmung der Soll-Kompetenzen erörtert. Wie lassen sich die Ist-Kompetenzen identifizieren? Hier geht es zunächst um die Dokumentation des aktuellen Qualifikationsstandes, und zwar im Kontext fachlicher, sozialer und methodischer Kompetenzen. Dazu können – sofern vorhanden und gepflegt – Personalunterlagen herangezogen werden. In ihnen sind in der Regel Formalqualifikationen (Ausbildung), absolvierte Weiterbildungsaktivitäten sowie die verschiedenen Tätigkeiten im Unternehmen dokumentiert. Besonderes Augenmerk ist auch hier auf die erfolgskritischen Kompetenzen zu legen. Zu deren Bestimmung sind nicht nur Personalunterlagen heranzuziehen, weil diese zumeist dafür zu undifferenziert sind, sondern vielmehr auch Primärerhebungen, bspw. im Rahmen von Mitarbeitergesprächen, durchzuführen. Bezüglich weiterer Instrumente sei auf Abschnitt 4.1.6 hingewiesen. Solche Primärerhebungen sind auch aus einem weiteren Grund zu favorisieren. Gerade wenn es um die strategische Weiterentwicklung von Unternehmen geht, spielen nicht nur die aktuell verfügbaren Kompetenzen, sondern vielmehr auch die latent schlummernden eine Rolle. Sie gilt es im Rahmen einer Potenzialanalyse (4.) zu bestimmen. Der Potenzialbegriff wird später im Kontext des potenzialorientierten Ansatzes noch ausführlich erörtert. Hier zur Verdeutlichung nur soviel: Jeder Mensch verfügt zumeist – aufgrund früherer Tätigkeiten bei anderen Unternehmen oder infolge von Freizeitaktivitäten - noch über Fähigkeiten oder Fertigkeiten, die bislang im Unternehmen gar nicht genutzt worden sind. Zum Teil müssen diese noch aktiviert werden, bspw. weil sie längere Zeit nicht angewendet worden sind. Solche Potenziale gilt es zu bestimmen (4a), weil sie für neue Tätigkeitsfelder (in neuen Projekten oder auf höherwertigen Stellen) von entscheidender Bedeutung sein können. Sind sie bspw. im Rahmen von Mitarbeitergesprächen identifiziert worden, so ist im nächsten Schritt zu überlegen, wie sie in geeigneter Form – etwa durch formelle Weiterbildung oder Coaching – entwickelt werden können (4b). Schließlich sind die relevanten Kompetenzen und Potenziale in ein individuelles Profil zu übernehmen (4c).

Im letzten Schritt (5) sind das Soll-Profil (aus 2c) und das Kompetenzprofil (aus 4c) in einer Synopse – wie sie in Abb. 4.1-6 aufgeführt worden ist – gegenüberzustellen und in eine Ursachen- und Folgenanalyse einzubetten. Was sind die Ursachen für Abweichungen? Liegen Sie in qualifikatorischen Defiziten oder in einer unzulänglichen Arbeitsorganisation? Wie kann erreicht werden, dass ggfs. das Delta geschlossen wird. Die Varianten 1 bis 3 in Abb. 4.1-4 geben mögliche Reaktionsweisen wider.

Das vorgestellte Ablaufschema gibt typische Arbeitsschritte beim Soll-Ist-Abgleich wider. Die Ausführungen dürfen jedoch nicht darüber hinwegtäuschen, dass die meisten dieser Schritte zumindest in der Praxis eher *intuitiv* gegangen werden. Folgende Probleme seien exemplarisch genannt:

- Welche Kompetenzen sind denn nun genau erfolgskritisch? Hat nicht letztlich jede Tätigkeit (sofern sie nicht überflüssig ist) eine Bedeutung für das Unternehmen? Hier können allenfalls pragmatische Entscheidungen getroffen werden.

- Wie lassen sich aus Tätigkeiten (z. B. Erstellen von Projektanträgen für die DFG) denn nun genau Anforderungen ableiten? Entweder droht man in eine schier endlose Aufzählung von einzelnen Anforderungen zu geraten oder in sehr allgemeine, nicht mehr beobachtbare Kategorien.

• Wie lassen sich aus geplanten organisatorischen Veränderungen (z. B. neue Abteilungsstruktur) voraussichtliche qualifikatorische Konsequenzen ableiten? Zumindest ist hier das Prognoseproblem zu berücksichtigen, das weiter unten noch angesprochen wird.

• Was sind die entscheidenden 8 bis 15 Kompetenzen, die zu erfüllen sind? Hier ist ein Auswahlproblem zu beachten.

• Wie lassen sich die ausgewählten Kompetenzen so durch Items beschreiben, dass sie beobachtbar werden? Wie gelangt man z. B. von der Anforderung „Kundenorientierung" zu beobachtbaren Kategorien. Um Soll-Ist-Vergleiche bei Weiterbildungsbedarfsanalysen auch nur halbwegs intersubjektiv nachprüfbar zu machen, wäre die Gundanforderung, dass die Kompetenzen messbar, nachvollziehbar und operationalisiert sind. Dies erfordert den Ausweis beobachtbarer Verhaltensanker. Bislang ist es auch in der Forschung nur zur Entwicklung weniger Skalen für ausgewählte Anforderungskomplexe gekommen. Bspw. existieren für das Konstrukt „Kundenorientierung", das in vielen Unternehmen als eine generelle Anforderung aus ihrer jeweiligen Grundphilosophie abgeleitet wird, zwei Instrumentarien: Das eine von Strack u. a. (2004), bei dem es um das Selbstverständnis von Kundenorientierung auf Seiten der Mitarbeiter geht[57], und das andere von Saxe und Weitz (1982), die eine Skala[58] mit 24 beobachtbaren Items entwickelt haben, die das Verhalten von Mitarbeitern gegenüber Kunden klassifiziert. In der Unternehmenspraxis werden dagegen solche Anforderungen, wenn überhaupt, zumeist eher intuitiv operationalisiert.

• Wie lassen sich auf der Ist-Seite individuelle Erfahrungen und Schlüsselqualifikationen eines Mitarbeiters hinreichend präzise beschreiben? Formalqualifikationen lassen sich wesentlich präziser identifizieren als informell erworbene Kompetenzen, die aber möglicherweise von weitaus größerer Bedeutung sind.

Die aufgezeigten Schwierigkeiten der Soll- und Ist-Bestimmung gelten gleichermaßen für das technokratische Planungsmuster (operative Bedarfsanalyse) sowie für die avantgardistische Praxis (strategische Bedarfsanalyse). Vergleicht man diese beiden Strategien, so wird deren ähnliche Vorgehensweise deutlich. So unterscheidet sich die avantgardistische Praxis „lediglich" darin vom technokratischen Planungsmuster, dass sie – zusätzlich zu modifizierenden kurzfristigen Planungen im Bedarfsfall (unterer Teil in der Abbildung 4.1-8) – auf mittelfristiger Ebene eine frühzeitigere Planung der qualifikatorischen Konsequenzen vorsieht. Werden technische oder organisatorische Veränderungen im Betrieb diskutiert, so werden dann zeitgleich personelle Konsequenzen mitbedacht, möglicherweise sogar im Vorfeld der Veränderungen Weiterbildungsaktivitäten ergriffen. Das Problem des time-lags und der damit zusammenhängenden motivationalen Komponente wird dadurch entschärft. Allerdings ändert diese Vorgehensweise prinzipiell nichts an den genannten Kritikpunkten bezüglich der Soll-Ist-Bestimmung im Rahmen eines Findungsansatzes. Vielmehr tritt hier ein neues Problem, nämlich ein Prognoseproblem, hinzu: Aufgrund vermuteter Tätigkeiten und vermuteter Fähigkeiten wird in diesem Ansatz Weiterbildung konzipiert.

---

57   Wie will ich vom Kunden wahrgenommen werden?
58   Angesprochen ist hier die „Selling Orientation Scale" (SOCO-Skala).

Welche Probleme mit einem solchen Ansatz verbunden sind, wird deutlich, wenn man ihn exemplarisch auf den schulischen Bereich überträgt. Ende der 90er Jahre wurden die so genannten „IT-Berufe" in Berufsschule und Betrieb eingeführt. Sie führten zu völlig neuen Anforderungen an die Lehrer. Wie sich nach der Einführung der Berufe zeigte, waren umfangreiche Weiterbildungsaktivitäten erforderlich, um den Ansprüchen gerecht zu werden. Prinzipiell wäre – wie in der avantgardistischen Praxis vorgesehen - die Bestimmung des Weiterbildungsbedarfs früher möglich gewesen, denn die Entwicklung der Ausbildungsordnungen und Rahmenlehrpläne ist bereits ein bis zwei Jahre im Vorfeld erfolgt. Allerdings kam hier ein Prognoseproblem deutlich zum Tragen. Denn an welchen Schulen die IT-Berufe unterrichtet werden sollten, war bis zuletzt unklar, hing dies doch auch damit zusammen, an welchen Standorten Unternehmen Auszubildende in diesen Berufen rekrutieren würden. Auch war im Vorfeld unklar, auf welche Akzeptanz diese Berufe stoßen würden. Damit war auch nicht vorauszusehen, wie groß der Bedarf an IT-Lehrern überhaupt sein würde. Und schließlich: Selbst wenn ein solcher Weiterbildungsbedarf bestimmbar gewesen wäre, so wäre die Umsetzung daran gescheitert, dass es kaum geeignete Fortbildungsangebote gab, zumindest nicht im notwendigen quantitativen Umfang.

Das Beispiel zeigt, dass sich trotz aller Unzulänglichkeiten die Anwendung des technokratischen Planungsmusters nicht vermeiden lässt. Es ist immer dann unerlässlich, wenn kurzfristige Planungshorizonte zwingend erforderlich sind. Wenn etwa ein Unternehmen einen Auftrag erhält und Projektgruppen zur Bearbeitung gebildet werden, so lassen sich ggfs. ad-hoc-Weiterbildungsaktivitäten und damit das technokratische Planungsmuster kaum vermeiden. Die auf einer mittelfristigen Perspektive ausgerichtete avantgardistische Praxis bietet sich also als Ergänzung, nicht aber als Ersatz für das technokratische Planungsmuster, das stets bei kurzfristigen Planungshorizonten Anwendung findet, an. Angesichts der angesprochenen prinzipiellen Probleme der avantgardistischen Praxis ist allerdings nach weiteren Planungsmustern zu suchen, die diese Problematiken reduzieren. Wenn also im Folgenden weitere alternative Planungsmuster diskutiert werden, dann haben auch sie *ergänzenden*, nicht aber ersetzenden Charakter. Nicht immer resultiert nämlich Weiterbildungsbedarf aus der Notwendigkeit, kurzfristig auf Markterfordernisse zu reagieren. Wenn es etwa um Planungen bezüglich einer veränderten Dienstleistungs- oder Produktpalette des Unternehmens geht oder aber um organisatorische Veränderungen im Unternehmen, so sind die Planungshorizonte deutlich länger und ermöglichen daher auch andere Planungsmuster bezüglich der Personalseite in diesem Change-Prozess.

4.1.5 Bedarfsermittlung als Konstruktionsprozess (Strategische Bedarfsanalyse II)

Angesichts der skizzierten Probleme des technokratischen Planungsmusters und der avantgardistischen Praxis, die beide – wie in der Einleitung dargelegt - dem so genannten Findungsansatz zuzuordnen sind, wird für einen grundlegenden Perspektivenwechsel bei der Bedarfsermittlung plädiert. Da Soll- und Ist-Kompetenzen sich nur schwer objektiv bestimmen lassen („Findungsansatz"), erscheint es sinnvoll, die genannten Planungsmuster in einer langfristigen Perspektive um andere Strategien zu ergänzen. Kerngedanke dabei ist, dass die Mitarbeiter systematisch in den gesamten Planungsprozess von Technik, Arbeitsorganisation und Weiterbildung einbezogen werden. Wie in der Einleitung dargelegt (Variante 3 in Abb. 4.1-4) werden weder Soll (wie im unternehmenszentrierten Ansatz) noch Ist (wie im mitarbeiterzentrierten Ansatz) als gegeben unterstellt. Vielmehr werden beide Seiten in einer langfristigen Perspektive als gestaltbar begriffen. Daher wird diese Strategie auch als *„Konstruktionsansatz"* bezeichnet, weil hier Weiterbildungsbedarf und Arbeitsorganisation/Technik unter Partizipation von Führungs- und Mitarbeiterseite „konstruiert" werden. Wegen der beidseitigen Beteiligung spricht man auch von *„partizipativen Verfahren"* bzw. von einer *„integrierten Personalentwicklung"*. Partizipation meint dabei allerdings *nicht nur den partiellen Einbezug von Mitarbeitern bei einzelnen Fragen beim Planungsprozess der Weiterbildung*. Dies soll eine kleine reale Fallstudie verdeutlichen.

In einem mittelständischen Unternehmen der Sensortechnik sollte die Arbeitsorganisation angepasst und effektiver gestaltet werden. Dazu wurden externe Experten zur Organisationsentwicklung beauftragt, Vorschläge zu entwickeln. Diese führten einzelne Gespräche mit ausgewählten Mitarbeitern (ausschließlich) über ihre *derzeitigen Aufgaben und Tätigkeitsfelder*. Geplante oder gewünschte Veränderungen wurden dagegen nicht thematisiert. Nach Vorlage des Gutachtens wurde vom Management eine Veränderung der Aufbau- und Ablauforganisation im Unternehmen beschlossen und im Rahmen einer Mitarbeiterversammlung vorgestellt. Danach wurden die Mitarbeiter in neue Abteilungen mit neuen Vorgesetzten versetzt. Diese Vorgesetzten führten dann mit den jeweiligen Mitarbeitern Mitarbeitergespräche durch, in denen das neue Tätigkeitsfeld sowie eventuell notwendige Weiterbildungsaktivitäten erörtert wurden.

Übung:

6   Nehmen Sie kritisch zu der These Stellung, dass es sich bei der genannten Fallstudie um ein „partizipatives Verfahren" im oben beschriebenen Sinn handelt. In welches Planungsmuster würden Sie die skizzierte Vorgehensweise einordnen?

Partizipation meint nicht nur, dass Mitarbeiter darüber entscheiden dürfen, ob und welche Weiterbildung sie wahrnehmen. Hier kann man eher von *„Scheinpartizipation"* sprechen, denn an der grundsätzlichen Planungsabfolge „Markt – Arbeitsorganisation/Technik – Personal (als abhängige Restgröße)" ändert sich prinzipiell nichts. Vielmehr erfordert „Partizipation" den Einbezug des Mitarbeiters in den gesamten Planungsprozess, also zumindest auch bei Fragen der Arbeitsorganisation und Technikeinführung oder sogar im Bereich der Marktplanungsprozesse. Bei diesem Ansatz wird Weiterbildungsbedarf in Form eines Verständigungsprozesses zwischen Unternehmen und betroffenen Mitarbeitern über Fragen von Arbeitsorganisation, Technik und Weiterbildung „konstruiert". Im zuvor angesprochenen Fallbeispiel wäre es bspw. möglich gewesen, im Zusammenhang mit den Gesprächen über die derzeitigen Tätigkeiten auch Vorschläge und Interessen der Mitarbeiter bezüglich der anstehenden Reorganisation mit zu erfassen.

Die Partizipation der Mitarbeiter verfolgt dabei nicht primär das Ziel der Förderung der Mitarbeiterzufriedenheit, sondern folgt durchaus ökonomischen Interessen. Welche Vorteile werden von einer solchen Vorgehensweise für das Unternehmen erwartet? Zum einen werden motivationale Vorteile auf Seiten der Beschäftigten erwartet. In der oben genannten Fallstudie war zu beobachten, dass während der Konzeptentwicklung durch Externe seitens der Beschäftigten intensive Bewerbungsaktivitäten ergriffen worden sind, da nicht absehbar war, welche Veränderungen auf den einzelnen Mitarbeiter im Unternehmen zukommen würden. Davon betroffen waren insbesondere gut qualifizierte Mitarbeiter, die auf dem externen Arbeitsmarkt vergleichsweise gute Arbeitsmarktchancen hatten. Ein weiterer Vorteil wird darin gesehen, dass das Know-how der Mitarbeiter in den Gestaltungsprozess von Arbeitsorganisation von Arbeit und Technik mit einfließen kann. Gerade auf der Mitarbeiterebene werden organisatorische Schwachstellen häufig schnell deutlich. Und schließlich: Häufig bleiben in einem Unternehmen vorhandene Kompetenzen eines Mitarbeiters und seine erschließbaren Potenziale ungenutzt. So verfügte bspw. ein Mitarbeiter aufgrund privater Weiterbildungsaktivitäten über fundierte Sprachkenntnisse in mehreren Sprachen. Dieses Potenzial blieb allerdings sowohl vor als auch nach der Reorganisation im international agierenden mittelständischen Betrieb ungenutzt. Gerade solche „schlummernden Kompetenzen" bieten aber häufig einen weiteren Anknüpfungspunkt für Produkt- und Dienstleistungsinnovationen in einem Unternehmen, wie weiter unten anhand einer weiteren Fallstudie dargelegt wird.

Bei den partizipativen Verfahren lassen sich idealtypisch zumindest drei Ansätze unterscheiden, die stichwortartig in Abb. 4.1-10 visualisiert werden.

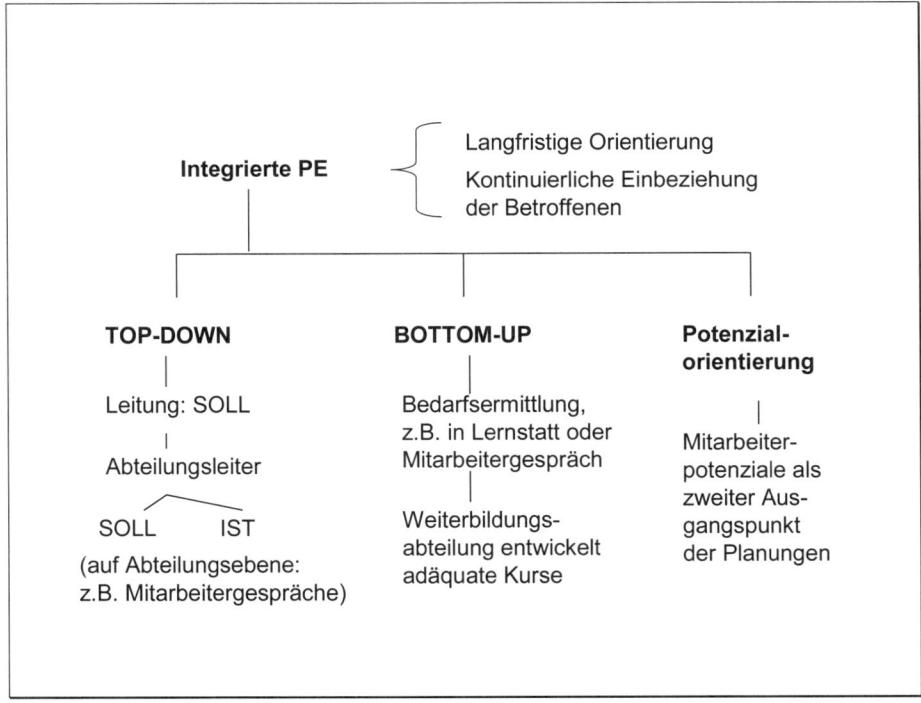

Abb. 4.1-10: Partizipative Verfahren

Alle Verfahren sind gleichermaßen durch eine eher langfristige Perspektive gekennzeichnet. Weiterbildung wird nicht mehr *nur* (aber auch!) kurzfristig oder gar ex post geplant, sondern langfristig bei allen Planungsprozessen im Unternehmen mitbedacht. Darüber hinaus erfolgt – wie bereits zuvor angesprochen – der systematische Einbezug möglichst *aller* (betroffenen) Mitarbeiter in den *gesamten* Planungsprozess mit der Zielsetzung der Abstimmung betrieblicher und individueller Bedürfnisse.

4.1.5.1 Top-Down-Ansatz

Im Top-Down-Ansatz definiert die Geschäftsführung ausgehend von den Unternehmensstrategien Aufgaben und daraus abgeleitete Soll-Werte für alle Abteilungen. Auf der dezentralen Ebene sind ausgehend von diesen Soll-Werten geeignete arbeitsorganisatorische Strukturen zu etablieren. Dazu sind Mitarbeitergespräche vorgesehen, in denen es darum geht, zum einen ein geeignetes Aufgabenspektrum und die daraus abgeleiteten individuellen Soll-Kompetenzen für jeden einzelnen Mitarbeiter der Abteilung zu bestimmen und zum anderen die jeweiligen Ist-Kompetenzen und Potenziale zu identifizieren. Aus dieser Gegenüberstellung resultiert Weiterbildungsbedarf. Zugleich werden dabei individuelle Förder- und Weiterbildungspläne kooperativ entwickelt und jährlich evaluiert.

Übung:

7   **Bevor Sie weiter lesen:** Ob es sich bei diesem Ansatz um ein partizipatives Verfahren im strengen Sinn handelt, ist zumindest umstritten. Welche Argumente sprechen gegen eine solche Typisierung, welche dafür?

Ob es sich bei diesem Verfahren um ein partizipatives handelt oder um eine spezifische Variante der avantgardistischen Praxis, hängt von der konkreten Ausgestaltung ab. Wenn etwa auf Abteilungsebene die Soll-Vorgaben lediglich auf die einzelnen Mitarbeiter herunter gebrochen werden und in Mitarbeitergesprächen erörtert wird, ob die Ist-Kompetenzen des einzelnen Mitarbeiters zur Bewältigung der neuen Soll-Kompetenzen ausreichen, ohne etwa mögliche Veränderungen bei den Arbeitsplatzstrukturen mit zu diskutieren, so wäre diese Vorgehensweise der avantgardistischen Praxis zuzuordnen. Denn letztlich lässt sich hier nicht von Partizipation im oben beschriebenen Sinne sprechen, weil Mitarbeiter sich im Kern den Vorgaben, die sich aus der Unternehmensstrategie ergeben, anpassen müssen. An der (antizipativen) Planungsabfolge Markt – Organisation/Technik – Personal hat sich bei dieser Strategie nichts Grundsätzliches geändert.

Ein etwas anderes Bild ergibt sich, wenn in den Mitarbeitergesprächen zugleich Veränderungen in der Arbeitsorganisation mit in den Blick genommen und mit den Mitarbeitern kooperativ entwickelt werden. In diesem Fall werden – zumindest auf Abteilungsebene – Soll- und Ist-Seite als gestaltbar im Interesse des Unternehmens und der Mitarbeiter begriffen. Weiterbildungsbedarf wird in diesem Fall partizipativ im Kontext der Gestaltung von Arbeitsplatzstrukturen „konstruiert".

4.1.5.2 Bottom-Up-Ansatz

Während es sich beim Top-Down-Ansatz um ein deduktives Verfahren handelt, bei dem aus den Unternehmensstrategien schrittweise qualifikatorische Konsequenzen gezogen werden, geht es beim Bottom-Up-Ansatz um ein induktives Verfahren, das von der Mitarbeiterseite und ihrem Expertenwissen ausgeht. Hier wird Qualifikationsbedarf grundsätzlich frühzeitig und dezentral, beispielsweise in einer Lernstatt oder aber auch in einem Mitarbeitergespräch, ermittelt.

Übung: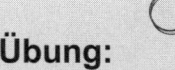

8   **Bevor Sie weiter lesen:** Informieren Sie sich im Internet über den Ansatz der Lernstatt. Skizzieren Sie mit eigenen Worten Ziele und Arbeitsweise in einer Lernstatt! Nehmen Sie an, Sie seien Moderator in einer Lernstatt und wollten die Lernstatt-Arbeit auch so gestalten, dass Weiterbildungsbedarf partizipativ ermittelt wird. Wie würden Sie vorgehen?

In der Lernstatt werden regelmäßig – z. B. einmal pro Woche eine Stunde - arbeitsplatzbezogene Probleme und Verbesserungsvorschläge einer Arbeitsgruppe diskutiert. Wenn während dieser Lernstatt-Arbeit ein Weiterbildungsbedarf festgestellt wird, so erfolgt unmittelbar eine Information an die Weiterbildungsabteilung. So wird bspw. in einem Unternehmen, das dieses Verfahren praktiziert, der Leiter der Weiterbildungsabteilung zum nächsten Treffen in der Lernstatt eingeladen. Ziel ist, möglichst kurzfristig (im angesprochenen Unternehmen möglichst binnen Wochenfrist) ein geeignetes Kursangebot zu entwickeln.

Übung:

9   In einem Unternehmen sind neue Software-Pakete eingeführt worden. Einen Monat nach der Einführung wird in der Lernstatt über die Erfahrungen damit diskutiert und Schwierigkeiten heraus gearbeitet. Es wird festgestellt, dass ein Teil der Mitarbeiter – entgegen den Zusagen des Software-Herstellers – für sich doch einen Weiterbildungsbedarf sehen. Der Leiter der Weiterbildungsabteilung wird in die Lernstatt eingeladen, und es wird vereinbart, dass für die Mitarbeiter eine Woche später ein innerbetrieblicher Weiterbildungskurs offeriert wird. Ordnen Sie diesen Ansatz in die bisher besprochenen idealtypischen Planungsmuster ein!

10   Zur Wiederholung: Erläutern Sie mit eigenen Worten die Grundgedanken und Probleme des „Findungsansatzes" und grenzen Sie diesen zum „technokratischen Planungsmuster" ab.

11   Zur Wiederholung: Erläutern Sie mit eigenen Worten die Vorgehensweise beim technokratischen Planungsmuster! Welche Probleme sind mit diesem idealtypischen Ansatz verbunden? Wie unterscheidet er sich von der „eingeschränkt planenden Personalentwicklung"?

12   Zur Wiederholung: Wie unterscheidet sich Partizipation von Scheinpartizipation?

13   Zur Wiederholung: Der Top-Down- und Bottom-Up-Ansatz werden üblicherweise zu den partizipativen Verfahren gezählt. Dies ist allerdings nicht unumstritten. Warum?

Idealtypisch handelt es sich hierbei um ein partizipatives Verfahren, weil in der Lernstattarbeit zugleich auch Fragen der Arbeitsorganisation und Technik erörtert und entsprechende Vorschläge entwickelt werden. Allerdings zeigen die Erfahrungen aus der Lernstattarbeit, dass dieses Instrument häufig Appendix traditioneller Organisationsstrukturen bleibt. Vorschläge werden entwickelt, an die Unternehmensleitung weitergeleitet und dort häufig verworfen, was wiederum zu Demotivationen bei der Lernstattarbeit und zu einer Nicht-Ausnutzung des Expertenwissens der Mitarbeiter führt. In diesem Fall steht dann zugleich in Frage, ob es sich dann im Kern noch um ein partizipatives Verfahren handelt.

4.1.5.3   Potenzialorientierter Ansatz

4.1.5.3.1 Vorgehensweise

Der potenzialorientierte Ansatz ist vom Betriebswirtschaftler Erich Staudt entwickelt worden. Die Grundgedanken des Ansatzes lassen sich durch eine kleine Fallbeschreibung von Staudt einführen.

Übung:

Eine westfälische Tischlerei mit einem qualifizierten Mitarbeiterstamm stand vor der Entscheidung, entweder Fenster oder exklusive Ladenausstattungen herzustellen. Sie entschied sich trotz der durchaus vorhandenen Nachfrage nach Fenstern für das mit hohem kreativem und konstruktivem Aufwand herzustellende höherwertige Produkt, da die Fähigkeiten der Mitarbeiter dafür besser geeignet waren und umfassender genutzt werden konnten. Daneben übernahm der Handwerksbetrieb in Kleinserienfertigung die Herstellung von Messepräsentationshilfen für große Industrieunternehmen einschließlich der Montage. Ein hochqualifizierter Mitarbeiter war zu Montagearbeiten jedoch nicht bereit, hätte die Serienfertigung als Dequalifizierung erlebt und arbeitete ohnehin lieber auf sich allein gestellt. Unter „normalen" Umständen hätte dieser Mitarbeiter bald den Betrieb verlassen. Die Tischlerei nahm jedoch seine Fähigkeiten und seine Eigenwilligkeit zum Anlass, zusätzlich in ihr Leistungsspektrum die Übernahme von hochwertigen und komplizierten Sonderaufträgen aufzunehmen; der Mitarbeiter wurde ausschließlich in diesem Bereich eingesetzt.

(aus: Staudt/Kröll/v.Hören 1993, S. 34 - 67).

14   Worin unterscheidet sich die Abstimmung von individuellen Qualifikationsprofilen (Ist) und Arbeitsplatzanforderungen (Soll) bei diesem Verfahren vom avantgardistischen Planungsmuster und von den beiden anderen besprochenen partizipativen Verfahren?

Angesichts der Mängel der bisher skizzierten Planungsmuster schlägt Staudt eine *teilweise* Umkehrung der Planungsschritte vor. Die Qualifikationen der Mitarbeiter werden dabei *nicht mehr nur* als Folge von anderen Faktoren geplant, sondern sie werden zum *zweiten* Ausgangspunkt aller Planungsprozesse erhoben. Gefragt wird nunmehr *auch* danach, welche organisatorischen und technischen Lösungen und letztlich sogar welche Produkte bzw. Dienstleistungen sich mit den verfügbaren Qualifikationspotenzialen erschließen lassen. Typische Fragen in diesem Kontext sind:

- Über welche Qualifikationspotenziale verfügen die Mitarbeiter?

- Welche Wünsche und Erwartungen sind bei ihnen vorhanden?

- Welche arbeitsorganisatorischen Maßnahmen sind vor diesem Hintergrund sinnvoll und machbar, um diese Potenziale auszuschöpfen?

- Welche neuen Güter und Dienstleistungen lassen sich dadurch (zusätzlich) erstellen?

Folgende Abbildung 4.1-11 visualisiert das Modell.

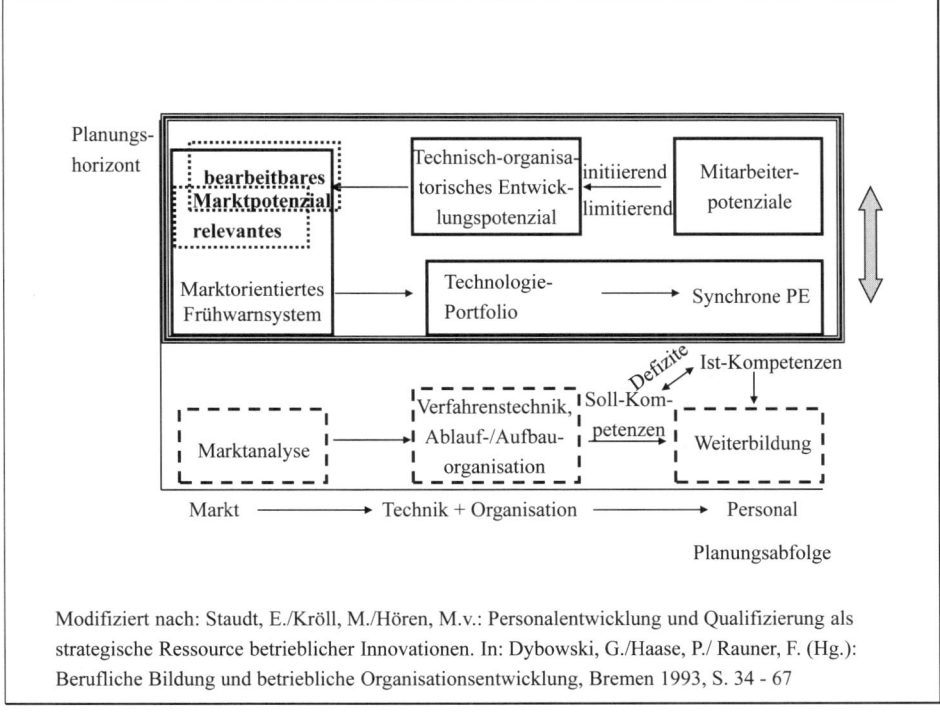

Abb. 4.1-11: Potenzialorientierter Ansatz nach Staudt

Moderne Ansätze der Personalentwicklung versuchen diese durchaus bei Kleinbetrieben und vor allem bei „Start-Ups" nicht unübliche Vorgehensweise auch auf Großbetriebe zu übertragen. Grundsätzlich wird das Qualifikationspotenzial der Beschäftigten zum *zweiten Ausgangspunkt* der Planungen erhoben. Gefragt wird in *dieser Perspektive* danach, wie das Qualifikationspotenzial der Beschäftigten durch Zuhilfenahme geeigneter Technik und Organisation optimal für das Unternehmen genutzt werden kann. Diese Planung *ersetzt nicht* traditionelle Planungsverfahren, sondern *ergänzt* sie, wie der mittlere und obere Ast in Abbildung 4.1-11 verdeutlicht! Notwendig ist nach Staudt ein iterativer Abstimmungsprozess beider Planungsperspektiven: Jede Planungsrichtung hat wieder Rückwirkungen auf die jeweils andere Planungsrichtung.

Die Mitarbeiterpotenziale haben dabei zwei Funktionen: Sie können limitierend und initiierend sein. Limitierend meint, dass die vorhandenen Potenziale technischorganisatorische Lösungen verhindern. Diese Potenziale können aber auch initiierenden Charakter haben, indem sie Auslöser für neue technisch-organisatorische Lösungen bzw. Produkte oder Dienstleistungen sind.

Kennzeichnend für diesen Ansatz ist also, dass Technik und Arbeitsorganisation nicht als vorgegeben betrachtet werden, sondern als Ergebnis eines Verständigungsprozesses aller Beteiligten. Ein Stück weit werden diese Prinzipien natürlich auch bei den übrigen partizipativen Verfahren berücksichtigt, etwa wenn es in der Lernstatt oder im Rahmen von Mitarbeitergesprächen um Förderperspektiven geht. Und auch bei der avantgardistischen Praxis können – wie das Ablaufschema in Abb.

4.1-9 (Punkt 4) verdeutlicht - Mitarbeiterpotenziale berücksichtigt werden. Allerdings bleiben solche Verfahren häufig Appendix traditioneller Planungsmuster, bei denen es letztlich nur darum geht, Potenziale für vorgegebene Unternehmensstrategien zu nutzen. Der Ansatz von Staudt geht hier ein gutes Stück weiter und fordert, dass *auch* (aber nicht nur!) danach gefragt werden sollte, wie die Unternehmensstrategien so verändert werden könnten, dass sie vorhandene Potenziale der Mitarbeiter im Interesse des Unternehmens ausschöpfen.

Übung:

15	Im vorangegangenen Text sind die Grundprinzipien des potenzialorientierten Ansatzes erläutert worden. Fassen Sie diese zunächst mit eigenen Worten zusammen und analysieren Sie dann die einführende Fallstudie im Abschnitt 4.1.5.3.1 daraufhin, durch welche Aspekte diese Grundprinzipien zum Ausdruck kommen.
16	Welche Vorzüge hat die skizzierte Vorgehensweise für das Unternehmen in Relation zu traditionellen Planungsmustern?
17	Nehmen Sie an, Sie wären Geschäftsführer in einem mittelständischen Unternehmen und wollen „Mitarbeiterpotenziale" als ein Ausgangspunkt im Ansatz bestimmen. Wie würden Sie vorgehen?
18	Bei der reaktiven Personalentwicklung (technokratisches Planungsmuster) umfasst die Zielgruppe von Weiterbildungsplanungen in der Regel nicht alle Mitarbeiter, die etwa von Neustrukturierungen betroffen sind. Aus ökonomischen Gründen richtet sich Weiterbildung vor allem an jene, die am meisten von Reorganisationen betroffen sind. Marginal Betroffene bleiben zumeist ausgespart. Unter methodischen Gesichtspunkten kommt für solcherart Weiterbildung prinzipiell zwar das gesamte Methodenrepertoire in Frage, vorzugsweise werden Defizite jedoch in Form interner oder externer Kurse „geheilt". Daher wird unter personellen Gesichtspunkten vor allem auch auf Fachexperten zurückgegriffen (Dozenten). Wer ist demgegenüber bei partizipativen Verfahren Zielgruppe? Welche zusätzlichen Methoden finden Anwendung? Welches zusätzliche Personal kommt zum Einsatz?
19	Weiter oben ist die Vorgehensweise bei der Reorganisation bei einem mittelständischen Unternehmen der Sensortechnik geschildert worden. Wie müsste das Verfahren geändert werden, wenn die Grundgedanken des potenzialorientierten Ansatzes nach Staudt verfolgt werden sollen?

4.1.5.3.2 Was ist Potenzial?

Der potenzialorientierte Ansatz nach Staudt verfolgt also von der Grundidee her die Strategie, nicht nur (aber auch!) unternehmensintern von der Marktseite her, sondern auch von der Personalseite her Planungsprozesse durchzuführen. In dieser zweiten Perspektive soll an den *Potenzialen* der Mitarbeiter eines Unternehmens angeknüpft werden. Was aber sind *Potenziale* und wie bestimmt man sie? Um sich dieser Problematik bewusst zu werden, sei dem Leser empfohlen, sich über seine bzw. ihre eigenen Potenziale Gedanken zu machen. Über welche Kompetenzen Sie im Moment verfügen, mag Ihnen vielleicht noch schnell deutlich werden, aber über welche Potenziale Sie verfügen, dürfte Ihnen selbst zumindest nicht sofort deutlich werden.

Dieses kurze Gedankenexperiment verweist bereits auf eine begriffliche Problematik. Der Begriff „Potenzial" wird in der Literatur keineswegs einheitlich verwandt. Häufig wird er synonym mit dem Begriff „Kompetenz" verwandt. Dies erscheint allerdings wenig sinnvoll, weil dadurch der wichtige Unterschied zwischen vorhandenen und latenten (durch Weiterbildung und veränderter Arbeitsorganisation erschließbaren) Kompetenzen verwischt wird. Die Mehrzahl der Autoren grenzt vor diesem Hintergrund den Potenzialbegriff bewusst vom Kompetenz- bzw. Qualifikationsbegriff ab, weil sie damit zum Ausdruck bringen wollen, dass Mitarbeiter entwicklungsfähig sind und daher auch über „schlummernde" Fähigkeiten verfügen, die bislang noch nicht zur Geltung gebracht worden sind.

So dient etwa für Schuler (2000) die Potenzialanalyse nicht dem Zweck, *beobachtbare* Fähigkeiten und Kenntnisse zu überprüfen, sondern sie soll ganz konkret dabei helfen, „das in einem Menschen noch Schlummernde, sich künftig erst Entfaltende, jedenfalls aber das nicht offensichtlich und leicht in seinem tagtäglichen Verhalten sich Realisierende und zu Beobachtende zu erkennen. Man möchte wissen, was noch in einer Person steckt, was noch von ihr zu erwarten ist" (Schuler 2000, S. 54).

Bei der *Betrachtung des Potenzials* einer Person steht folglich der Zukunftsaspekt im Vordergrund. Ausgehend von den derzeitigen Fähigkeiten bzw. Leistungen einer Person wird versucht, die Entwicklungsfähigkeit dieser Qualifikationsmerkmale zu erfassen. Es soll gezeigt werden, welche Fähigkeiten eine Person in der Zukunft besonders ausgeprägt zeigen oder entwickeln kann. Bei der *Leistungsbeurteilung* hingegen basiert die Einschätzung der Mitarbeiter auf vergangenem oder derzeitigem Verhalten und den daraus resultierenden Ergebnissen. Sie beinhaltet die Beurteilung der Bewältigung von Sach- und Führungsaufgaben und gibt Aufschluss über den derzeitigen Entwicklungsstand des Mitarbeiters. Sie ist auf die Vergleichbarkeit von Leistungen ausgerichtet, wobei die Orientierung an „objektiv" messbaren Zielen wie z. B. Verkaufs- oder Umsatzzahlen erfolgt. Leistungsbeurteilungen haben oftmals auch eine finanzielle Komponente, da sie als Grundlage für mögliche Gehaltserhöhungen dienen können (Schuler & Prochaska 1999).

Potenzial beinhaltet Anlagen in einer Person, die als Grundlage für die Bildung einer Kompetenz dienen können, sofern entsprechende Entwicklungsbedingungen vorhanden sind. Das Bestehen oder die Bildung eines Potenzials geht regelmäßig der entsprechenden Kompetenz voraus. Potenzialentstehung bzw. -bildung und Potenzialentwicklung sind daher die Basis einer Handlungskompetenz, oder einfach ausgedrückt: „Kompetenzen von Personen resultieren aus deren Potentialen" (Ulbrich 2004, S. 206). Dabei ist der Begriff „Anlagen" nicht im Sinne von „angeborenen Eigenschaften" fehl zu interpretieren. Vielmehr können diese Anlagen wiederum in anderen Situationen erworben worden sein. Wenn etwa ein Ingenieur in seiner Freizeit Spanischkurse besucht, weil er bevorzugt in Spanisch sprechenden Ländern seinen Urlaub verbringt, dann hat er eine wesentliche Anlage als Vertriebsingenieur für entsprechende Länder tätig zu werden. Dazu muss dieses Potenzial allerdings erst für das Unternehmen erschlossen werden, zum einen durch ergänzende Weiterbildungsmaßnahmen (Fachsprache) und zum anderen durch geeignete organisatorische Veränderungen (Zuweisen entsprechender Aufgaben, evt. neue Abteilungsstrukturen, die die Vertriebsaktivitäten auch nach sprachlichen Gesichtspunkten aufteilen).

Solche „schlummernden" Fähigkeiten bei den Mitarbeitern bieten gerade in einem potenzialorientierten Ansatz gute Ansatzpunkte für neue organisatorisch-technische Lösungen zur Erschließung neuer Marktsegmente. Solche Potenziale der Mitarbeiter können dabei prinzipiell dem jeweiligen Unternehmen bekannt, aber auch unbekannt sein. Versucht man die *Arten von Potenzialen aus Sicht eines Unternehmens* etwas genauer zu differenzieren, so gelangt man in Anlehnung an Nauendorf (1997) zu folgender Typisierung (vgl. Abb. 4.1-12).

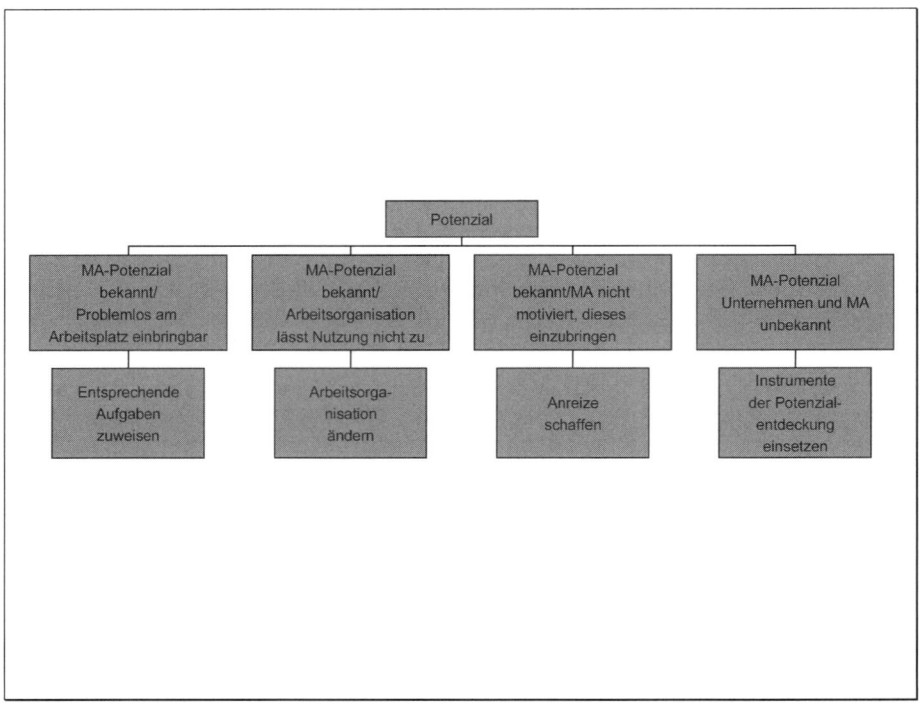

Abb. 4.1-12: Arten von Potenzialen

Im einfachsten Fall sind die Mitarbeiterpotenziale zumindest dem Mitarbeiter bekannt, und sie könnten prinzipiell auch problemlos am Arbeitsplatz eingebracht werden. Ein Beispiel mag diese Situation verdeutlichen: Eine Sekretärin in einem Fachsekretariat verfasst bislang immer nur Briefe nach Diktat, verfügt aber aufgrund ihrer langjährigen Erfahrung durchaus über das (bislang unausgeschöpfte) Potenzial, Briefe nach der Aktenlage selbstständig zu verfassen. Das zentrale Problem für eine Führungskraft besteht in diesem Fall darin, zunächst dieses Potenzial zu erkennen. Wenn es erkannt ist, dann kann dieses Potenzial problemlos durch eine entsprechende Aufgabenzuweisung ausgeschöpft werden. Bezogen auf das Planungsmuster von Staudt sind in diesem Fall nicht einmal Anpassungen von Arbeitsorganisation und Technik erforderlich.

Im zweiten Fall sind die Potenziale ebenfalls zumindest dem Mitarbeiter bekannt, allerdings lässt die bisherige Arbeitsorganisation die Ausschöpfung dieser Potenziale nicht zu. Das weiter oben genannte Beispiel zu den zentralen Schreibdiensten in Duisburg und Wuppertal steht hierfür exemplarisch. Erst durch eine geeignete Technikeinführung und einer Veränderung der Arbeitsorganisation (Etablierung von Fachsekretariaten) war die Ausschöpfung der Potenziale der Mitarbeiter möglich. Auch die von Staudt aufgeführte und weiter oben replizierte Fallstudie einer westfälischen Tischlerei ist in diesen „Ast" der Potenziale einzugruppieren. Die Aufgabe des Unternehmens besteht nicht nur darin, die Potenziale zu erkennen, sondern dann auch darin, eine geeignete Arbeitsorganisation und Technik zur Ausschöpfung dieser Potenziale zu wählen.

Im dritten Fall sind die Potenziale ebenfalls bekannt, aber der Mitarbeiter ist nicht motiviert, diese einzubringen. So bedeutet das Einbringen aller eigenen Potenziale in der Regel auch immer zusätzliche, zumindest neue Aufgaben und neue Anstrengungen. Motivational stellen solche zusätzlichen Anstrengungen häufig zunächst eine Hürde dar, die sich unternehmensseitig durch geeignete Anreize überwinden lassen. Im Fallbeispiel von Staudt stellte bereits die mit der Vermeidung von Montagearbeiten verbundene höhere Arbeitszufriedenheit des hochqualifizierten Mitarbeiters einen solchen Anreiz dar.

Im letzten Fall sind die Potenziale selbst dem Mitarbeiter noch unbekannt. Dies ist ein häufig zu beobachtendes Problem bei der Führungskräfteentwicklung. Zumindest in diesem Fall sind dann Instrumente der Potenzialanalyse einzusetzen. Aber auch in den anderen Fällen können einzelne solche Instrumente eingesetzt werden, weil ja grundsätzlich aus Sicht des Unternehmens das Problem besteht, Potenziale überhaupt zu erkennen. Dabei lassen sich prinzipiell *zwei verschiedene Varianten von Potenzialanalysen* unterscheiden:

- *„Anforderungsorientierte Potenzialanalysen"*: Hier geht es darum, festzustellen, ob eine Person für eine bekannte Position geeignet ist. Eine solche Fragestellung ist sowohl bei der Personalrekrutierung als auch bei der Personalentwicklung von Bedeutung. Im letzten Fall geht es bspw. Darum, zu klären, ob eine Person das Potenzial für eine höhere hierarchische Position hat und ob in diesem Zusammenhang Fördermaßnahmen erforderlich sind (Führungskräfteentwicklung). Bei der Potenzialanalyse sind daher vorab die genauen fachlichen und sozialen Anforderungen zu definieren. Nur wenn klar ist, welche Anforderungen zu bewältigen sind, kann auch geprüft werden, ob ein Mitarbeiter über Potenziale verfügt, die betreffende Stelle kompetent zu besetzen. „Je klarer und präziser zukünftige Anforderungen (dabei, J.S.) bestimmt sind, desto eher lassen sich entsprechende Indikatoren bei der Person finden, die Aufschluss über ihr Potential geben, mit diesen Anforderungen erfolgreich zurecht zu kommen" (vgl. Lang-von Wins/von Rosenstiel 2000, S. 75). Relevante Informationen über die Anforderungen lassen sich bspw. über Dokumenten- und Inhaltsanalysen, Interviews (etwa mit früheren Stelleninhabern), Fragebögen, Checklisten, Verhaltensbeobachtungen, der Critical-Incident-Technik[59] oder der Arbeitsanalyse gewinnen (vgl. z. B. Becker 2002, S. 314 f.).

- *„Personenorientierte Potenzialanalysen"*: Hier geht es nicht darum festzustellen, ob eine Person bestimmten Anforderungen genügen kann, sondern es wird danach gefragt, ob eine Person noch über Potenziale verfügt, die in irgendeiner Form für das Unternehmen gewinnbringend erschlossen werden können. Diese Fragestellung entspricht dem Staudt'schen Konzept des potenzialorientierten Ansatzes. Hier geht es eben nicht darum, Personal an vorgegebene und unveränderliche Strukturen anzupassen (für die Anforderungen zu bestimmen wären), sondern darum, Potenziale der Mitarbeiter zu eruieren, die durch geeignete arbeitsorganisatorische Veränderungen, aber auch durch Weiterbildungsmaßnahmen für das Unternehmen erschlossen werden können. Anforderungsanalysen für vordefinierte Stellen sind vor diesem Hintergrund hier entbehrlich.

Bereits diese grobe Zweiteilung macht deutlich, dass bei der Potenzialanalyse eine Vielzahl unterschiedlicher Instrumente zum Einsatz kommen kann. Im folgenden Unterabschnitt werden solche Instrumente kurz skizziert.

---

[59] Diese Technik wird noch im Kapitel 4.2 erläutert.

4.1.6 Instrumentelle Perspektive

4.1.6.1 Instrumente der Bedarfsanalyse

Das Spektrum einsetzbarer Instrumente bei der Bedarfsanalyse ist äußerst breit. Anwendung finden dabei zum einen *Analyseverfahren*, bei denen auf vorhandene Unterlagen zurückgegriffen wird. Beispielhaft genannt seien Dokumentenanalysen zu Projekten, kritischen Ereignissen, Personalunterlagen oder Weiterbildungsteilnahmen, Ergebnisse durchgeführter Arbeitsplatzanalysen oder Personalbeurteilungsverfahren, Trend- oder Qualifikationsanalysen auf der Grundlage vorhandener interner oder externer Informationsquellen usw. Zum anderen können *Erhebungsverfahren* zum Einsatz kommen, bei denen Primärdaten ermittelt werden. Dazu zählen z. B. Befragungs- oder Beobachtungsverfahren, Mitarbeitergespräche, Workshops, Benchmarking mit anderen Unternehmen, Delphi-Methoden usw.

Es ist hier nicht möglich die Vielzahl der verschiedenen einsetzbaren Instrumente zu thematisieren. Hierzu sei summarisch auf die Vertiefungsliteratur verwiesen (z. B. Krämer 2007, Merk 2006, Becker 2005, Grüner 2000). Im Folgenden seien je Planungsmuster (technokratisch und avantgardistisch) einige typische Instrumente genannt, ohne sie ausführlich vorstellen zu können. Auf die Instrumente der Potenzialanalyse (potenzialorientierter Ansatz) wird im nachfolgenden Kapitel 4.1.6.2 näher eingegangen. Die meisten der dort erörterten Instrumente können – in abgewandelter Form – auch bei der operativen und strategischen Bedarfsanalyse zum Einsatz kommen. Sie werden daher im vorliegenden Kontext zunächst nicht thematisiert.

Zunächst zur *operativen Bedarfsanalyse (technokratisches Planungsmuster)*. Hier ist nur jene Variante anzusprechen, bei der die gap-Analyse nicht rein der individuellen Defiziterfahrung des einzelnen Mitarbeiters überlassen wird. Da es sich um ein kurzfristiges Verfahren handelt, kommen aufwändige Primärerhebungen in der Regel nicht in Frage. Sinnvoll anwendbar ist hier – soweit verfügbar – die *Dokumentenanalyse*, und zwar sowohl auf der Soll-Seite als auch auf der Ist-Seite beim Weiterbildungsbedarf. So können bspw. bei der Bildung von Projektteams Auftragsunterlagen, Pflichtenhefte, Dokumentationen zu einzusetzenden Technologien oder Software-Produkte als Grundlage für Aufgabenbeschreibungen und daraus abzuleitende Soll-Kompetenzen fungieren. Auf der Ist-Seite sind eventuell vorliegende Kompetenzprofile oder Beurteilungen der Mitarbeiter und sonstige Personalunterlagen zu beleuchten sowie vorliegende ältere Projektberichte auszuwerten (bspw. im Hinblick auf aufgetretene Schwierigkeiten). Solche Unterlagen sind – angesichts der thematisierten Probleme bei der Soll-Ist-Bestimmung - vom Projektleiter vorsichtig zu interpretieren. Es empfiehlt sich, diese Ergebnisse in Form von *Mitarbeitergesprächen*, die im nachfolgenden Abschnitt skizziert werden, oder im Rahmen von *Workshops* kommunikativ zu validieren und Schlussfolgerungen für eventuellen Weiterbildungsbedarf zu ziehen.

Bei der *strategischen Bedarfsanalyse (avantgardistische Praxis)* besteht gegenüber der operativen Herangehensweise eine besondere Herausforderung darin, dass zukünftige Entwicklungen antizipiert werden müssen. Hier bieten *Trend- und Zeitreihenanalysen*, darauf aufbauende *Szenario-Techniken* sowie *Delphi-Methoden* einen geeigneten Weg (vgl. hierzu Becker 2005, S. 50 - 54). Auch *Interviewtechniken* (s. nachfolgender Abschnitt) können eingesetzt werden, um etwa geplante Veränderungen im Unternehmen zu identifizieren. Ebenso können im Rahmen einer Dokumentenanalyse Unternehmensphilosophien, Leitbilder, Geschäftsstrategien oder Führungsgrundsätze auf ableitbare Anforderungen hin analysiert werden. Auf der Ist-Seite können alle bei der operativen Bedarfsanalyse genannten Instrumente eingesetzt werden. Hinzu kommen jene Verfahren, die im Kontext des *Skill-Managements* erörtert werden (vgl. Vertiefungskapitel 4.1.7).

Um die Mitwirkung der Mitarbeiter sowohl bei der Bedarfsanalyse als auch bei der Teilnahme an Weiterbildung zu fördern, empfiehlt sich der ergänzende Einsatz von Anreizsystemen. Wenn zukünftig die Personalbindung in Unternehmen angesichts des absehbaren Fachkräftemangels einen zentralen Stellenwert bekommt, so sollten dann auch Anreize gesetzt werden, damit das Personal zumindest qualifikatorisch für Veränderungsprozesse gerüstet ist. Empfohlen werden hier Zeit- und Geldguthaben für Weiterbildungszwecke. Abels/Wurzer (1997) berichten in diesem Zusammenhang über ein mittelständisches Unternehmen, das für *alle* Mitarbeiter eine Weiterbildungspflicht (eine Weiterbildung pro Jahr) eingeführt hat. Die Mitarbeiter sind hierfür selbstverantwortlich. Das heißt, der Weiterbildungsbedarf wird auch von jedem einzelnen individuell bestimmt. Die entsprechende Weiterbildungsteilnahme wird vom Unternehmen finanziert und der Mitarbeiter wird hierfür auch freigestellt. Einzige Bedingung ist, dass der Mitarbeiter aus der Weiterbildung drei To-Do's für den Unternehmensalltag mitbringt. Ansonsten wird die Weiterbildung auf den Urlaub angerechnet. Bei dieser Vorgehensweise werden zum einen finanzielle und zeitliche Anreize (im Vergleich zur verbreiteten Strategie der eigenfinanzierten Weiterbildung in der Freizeit) gesetzt und zugleich Transferförderung (Kap. 4.2) systematisch in den Weiterbildungsprozess integriert.

4.1.6.2 Instrumente der Potenzialanalyse

Für die Bestimmung von Potenzialen lassen sich verschiedene, unterschiedlich aufwändige, Verfahren einsetzen. Im Folgenden sollen einige gängige Verfahren skizziert werden. Damit soll zum einen – auf einer *allgemeinen Ebene* - ein Überblick über die Vielfalt der Instrumente der Potenzialanalyse gegeben werden, zum anderen soll – auf einer *speziellen Ebene* – im vorliegenden Kontext nach geeigneten Verfahren zur Potenzialidentifizierung im Staudt'schen Ansatz gesucht werden. Eine Übersicht über die zu thematisierenden Verfahren gibt Abbildung 4.1-13.

Assessment Center (AC)

Ein häufig diskutiertes, in größeren Unternehmen auch angewandtes, gleichwohl umstrittenes Instrument sind Assessment Center. „Assessment-Center sind multiple diagnostische Verfahren, welche systematisch Verhaltensleistungen bzw. Verhaltensdefizite von Personen erfassen. Hierbei schätzen mehrere Beobachter gleichzeitig für einen oder mehrere Teilnehmer seine/ihre Leistung nach festgelegten Regeln in Bezug auf vorab definierte Anforderungsdimensionen ein" (vgl. Kleinmann 2003, S. 1).

Inhaltlich folgt das AC bei der *anforderungsorientierten* Potenzialanalyse dem simulationsorientierten Ansatz, d. h. ein AC simuliert den beruflichen Alltag. Konkret werden dabei zuvor definierte Anforderungsdimensionen, wie z. B. Kommunikationsfähigkeit, Teamfähigkeit, Durchsetzungskraft, Konfliktfähigkeit, Führungskompetenz etc. in situativen Übungen abgebildet und so für die Beobachter[60] sichtbar gemacht. Prinzipiell

---

[60]   Die Beobachter in einem AC sollten sich, wenn möglich, aus Managern (aber nicht die direkte Führungskraft) und Psychologen zusammensetzen, da so die höchste Vorhersagegenauigkeit erzielt werden kann, wobei eine Beobachterschulung vor Beginn des AC unerlässlich ist, um u. a. klassische Beobachtungsfehler bewusst zu machen. Am Ende des AC findet eine Beobachterkonferenz statt, in der die Beobachtungen besprochen und die Bewertung der Kandidaten vorgenommen wird, woraufhin die Kandi-

wird bei diesen situativen Übungen zwischen Einzelübungen (Postkorb, Präsentation, Fallstudie), Zweierübungen (Zweiergespräch) und Gruppendiskussionen unterschieden (Kleinmann 2003). Wird ein AC allerdings mit dem Ziel einer *personenorientierten* Potenzialanalyse durchgeführt – wie es der Staudt'sche Ansatz vorsieht
– so empfiehlt Kleinmann (2003) drei bis sechs Übungen, die wenig Praxisbezug zu
einer *konkreten* Position haben, wenig komplex sind und deren Anforderungsdimensionen für die Teilnehmer intransparent sind, weil von Interesse ist, welche Potenziale noch in einem Mitarbeiter schlummern, und zwar unabhängig von einer bestimmten Position.

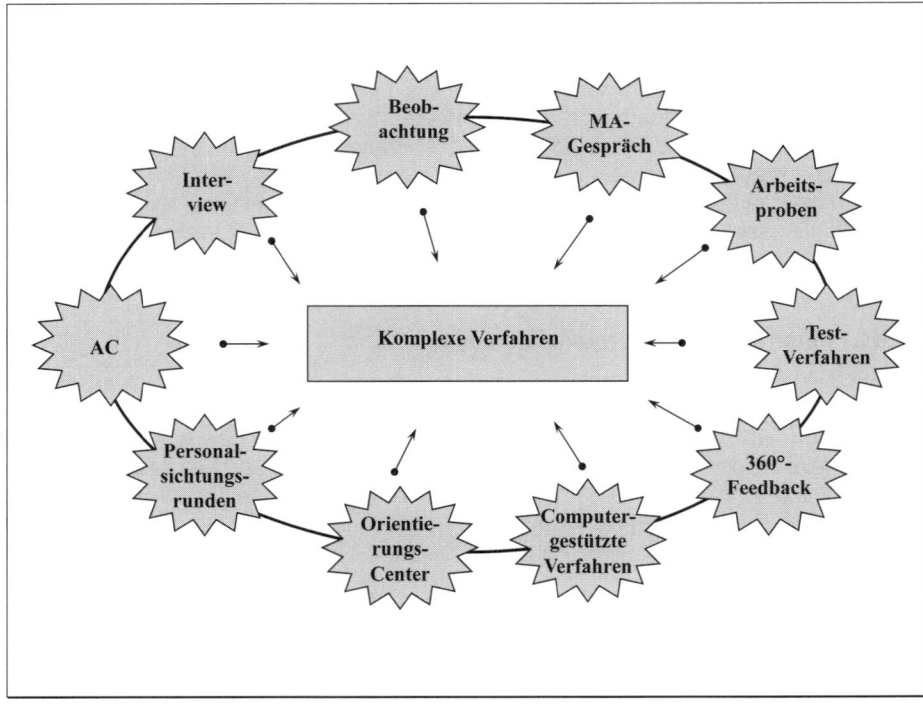

Abb. 4.1-13: Instrumente der Potenzialanalyse

Ein großer Vorteil des AC gegenüber anderen Potenzialanalyseinstrumenten ist,
dass die Kandidaten in verschiedenen Situationen von mehreren Beobachtern und
Beurteilern eingeschätzt werden, was sich positiv auf die Objektivität auswirkt. Zusätzlich unterliegen die Teilnehmer relativ gleichen Voraussetzungen in der Beo-
bachtungs- und Bewertungssituation, was die zugeschriebene Glaubwürdigkeit bei
Beurteilten und Vorgesetzten erhöht (Becker 2002). Auch müssen sich die Beurteiler
auf gemeinsame Urteilsmaßstäbe einigen, was einen Beitrag zur Reduzierung der
Möglichkeit bewusster wie unbeabsichtigter Protegierungen einzelner Kandidaten liefert (Moser/Zempel 2000).

---

daten einen ausführlichen Ergebnisbericht und in der Regel ein ausführliches Feedbackgespräch erhalten (Kleinmann 2003).

In einer Reihe von Studien hat sich gezeigt, dass AC prognostisch valide sind, wobei von einem Validitätswert von 0,36 ausgegangen werden kann (vgl. Schmidt/Hunter 2000, S. 23). Allerdings liegt dieser Wert deutlich unter dem Validitätswert von strukturierten Interviews (vgl. hierzu weiter unten). Dies hat dazu geführt, dass AC's zunehmend umstritten sind, wenn es um Potenzialanalysen geht. Diese kritische Sichtweise wird noch durch weitere Problematiken gestützt. So ist der tatsächliche Bezug zu berufsbezogenen Situationen in einem AC durchaus fraglich, weil es nicht dem Alltag entspricht, sich von mehreren Personen in einer bestimmten Zeitvorgabe bei der Bewältigung von bestimmten Aufgaben beobachten zu lassen. Da in der Praxis oftmals auch kein neutraler Moderator eingesetzt wird, um dadurch Kosten zu sparen, ist auch die Objektivität eines AC fraglich. Des Weiteren lässt sich in der Praxis häufig beobachten, dass entgegen den Empfehlungen der direkte Vorgesetzte oftmals als Beobachter agiert, was eine einseitige Beurteilung der Kandidaten bedingt, da im Normalfall dem Urteil des Vorgesetzten niemand widersprechen möchte. Außerdem ist mit einem AC ein erheblicher zeitlicher und finanzieller Aufwand verbunden. So liegen die Kosten eines AC zwischen 500 und 2500 Euro. Diese Bandbreite der Angaben lässt sich durch unterschiedliche Einsatzzwecke und durch die Häufigkeit der Durchführungen erklären (Kleinmann 2003). Schließlich lassen sich auch auf dem skizzierten Wege einer personenorientierten Potenzialanalyse mittels eines AC's nur schwer solche Potenziale feststellen, die erst durch die Etablierung neuer Tätigkeitsfelder im Unternehmen erschlossen werden können, denn auf die Vorabdefinition von Anforderungen wird ja auch hier nicht verzichtet. Im Staudt'schen Ansatz geht es aber ein Stück weit auch darum, die Anforderungen an die Potenziale anzupassen. Andere Instrumente (insbesondere Interviews) sind hierzu aussichtsreicher und zugleich weniger kostenintensiv.

Vor diesem Hintergrund ist es auch nicht verwunderlich, dass AC's im Vergleich zu anderen eignungsdiagnostischen Verfahren im Rahmen der Potenzialanalyse selten eingesetzt werden.

Interviews

Andere Unternehmen setzen daher eher auf Interviews, entweder durch die Personalentwickler des Unternehmens oder durch versierte Externe. Bei Interviews handelt es sich um das verbreitetste Verfahren zur Entdeckung und Beurteilung von beruflichem Potenzial bei Personen (Lang-von Wins/von Rosenstiel 2000). Allgemein versteht man unter einem Interview „eine zielgerichtete mündliche Kommunikation zwischen einem oder mehreren Interviewern und einem oder mehreren Befragten, wobei eine Informationssammlung über das Verhalten und Erleben der befragenden Person(en) im Vordergrund steht" (vgl. Sarges 1995, S. 475).

Gerade in Deutschland ist der Einsatz von Interviewverfahren sehr beliebt (Kleinmann 2003), wobei sie recht heterogen in Handhabung und Formen sind und sowohl bei der Personalrekrutierung als „Einstellungsinterviews", als auch in der Personalentwicklung als „Potenzialinterviews" zum Einsatz kommen können. Es können dabei folgende Interviewformen unterschieden werden.

Unstrukturierte Interviews

Beim unstrukturierten Interview handelt es sich um die offenste Form des Interviews, da der Interviewte ein Rahmenthema genannt bekommt, zu dem er sich völlig frei äußern kann. Dem Befragten ist freigestellt, das vorgegebene Thema weiter zu vertiefen oder sogar neue Aspekte hinzuzufügen (Wittenberg 1999). Vorteil dieser Interviewart ist zunächst einmal der geringere Zeitaufwand bei der Vorbereitung und Durchführung des Gespräches (Lang-von Wins/von Rosenstiel 2000). Des Weiteren erhält man durch die offene Gestaltung des Gespräches umfangreichere und aussagekräftigere Informationen über den Mitarbeiter, da dieser selbst aktiv wird und Themen anspricht, die ihm wichtig sind und die so bessere Rückschlüsse auf die Potenziale des Mitarbeiters zulassen. Die „schlummernden Kompetenzen" können folglich besser zutage treten.

Nachteil von Interviews mit geringem Strukturiertheitsgrad ist die im Vergleich zu strukturierten Interviews geringere Validität, die bei einem Wert von 0,38 liegt (vgl. Schmidt/Hunter 2000, S. 23). Folglich ist die Vergleichbarkeit der Ergebnisse mehrerer Interviews so gut wie gar nicht gegeben, was allerdings im Staudt'schen Ansatz auch nicht erforderlich ist.

Des Weiteren besteht die Gefahr, dass das Interview in eine Richtung steuert, die nicht gewollt ist oder auch zu sehr in die Tiefe und Breite geht. Die unterschiedlichen rhetorischen Fähigkeiten der Interviewten können sich in einem unstrukturierten Interview zum Nachteil auswirken, nämlich in dem Sinne, dass sich Personen mit besonders guten sprachlichen Fähigkeiten besser darstellen als Personen mit weniger rhetorischem Geschick, was zu Verzerrungen führen kann.

Strukturierte Interviews

Im Gegensatz zum unstrukturierten Interview gilt ein Gespräch als strukturiert, wenn Inhalt und Reihenfolgen der Fragen, Antwortklassen und Auswahlkategorien festgelegt sind. Der Interviewte muss folglich knapp und gezielt auf die ihm gestellten Fragen antworten, ein Nachfragen auf Seiten des Interviewten ist nicht erwünscht.

Vorteile dieser Interviewart sind die bessere Vergleichbarkeit und Quantifizierbarkeit der Befragungsdaten und die Verringerung der subjektiven Spielräume. Des Weiteren ist die Validität umso größer, je größer der Strukturiertheitsgrad eines Interviews ist, wobei sie einen Wert bei strukturierten Interviews von 0,51 annimmt (vgl. Schmidt/Hunter 2000, S. 23).

Im Gegensatz dazu, stellt ein hoher Strukturiertheitsgrad einen Nachteil auf Grund des damit einhergehenden höheren Aufwands bei der Erstellung und Durchführung des Gespräches dar (Lang-von Wins/von Rosenstiel 2000). Ein weiterer, nicht unerheblicher Nachteil des strukturierten Interviews im Zusammenhang mit der Potenzialanalyse ist, dass dadurch die „schlummernden Kompetenzen" der Personen eher schlecht entdeckt werden können, da der Interviewte nur auf die ihm gestellten Fragen reagieren und nicht agieren kann. Seine Potenziale können folglich durch die eng gefassten Antworten und fehlenden offenen Antworten schlecht ans Licht kommen. Das Interview kann nicht in die Tiefe gehen. Auf diesem Wege können Informationen verloren gehen bzw. nicht alles was interessant ist oder sein kann, wird erhoben (Jeserich 1996).

Halbstrukturierte Interviews

Das halbstrukturierte Interview stellt so zu sagen eine Zwischenform dar. Es zeichnet sich durch einen fest vorgegebenen Themenbereich und die Verwendung eines Interviewleitfadens, der dem Interviewer die Gestaltung der Frageformulierung und -anordnung mehr oder weniger freistellt, aus (Wittenberg 1999).

Sarges (1995) bezeichnet die Halbstrukturiertheit als vorherrschendes Merkmal von Interviews im Managementbereich, wobei diese Zwischenform die Nachteile beider herkömmlichen Interviewarten versucht zu kompensieren. „So wie der Interviewer einerseits das Gespräch strukturiert, so lässt er sich anderseits auch von dessen Fluss leiten, ohne auf eine Inventarisierung wichtiger Themenfelder zu verzichten" (vgl. Sarges 1995, S. 484). Dadurch werden auch Rückschlüsse auf „schlummernde Kompetenzen" möglich. Dabei kann angenommen werden, dass die Validität höher als 0,38 liegt, da diese mit wachsendem Strukturiertheitsgrad steigt und der Zeitaufwand bei der Vorbereitung und Durchführung des Gesprächs geringer ist als bei einem vollstrukturierten Interview.

Auf Grund der Tatsache, dass das halbstrukturierte Interview die Nachteile beider anderer Interviewformen versucht zu kompensieren, dennoch genügend Spielraum für die Entdeckung der Potenziale bleibt, bietet sich die Interviewform gut für Potenzialanalysen an.

Aber wie lassen sich durch unstrukturierte, halbstrukturierte oder strukturierte Interviews Potenziale entdecken? *Zwei Hauptvarianten* sind verbreitet (vgl. Abb. 4.1-14).

	... mit betroffenem Mitarbeiter	... mit Vorgesetztem des Mitarbeiters
Unstrukturierte Interviews	Offenes Gespräch über Erwartungen, Interessen, ungenutzte Potenziale	Offenes Gespräch über Einschätzungen des Vorgesetzten zu den Mitarbeiterpotenzialen und Entwicklungsmöglichkeiten
Halbstrukturierte Interviews	Leitfadengestütztes Gespräch über Erwartungen, Interessen, ungenutzte Potenziale	Leitfadengestütztes Gespräch über Einschätzungen des Vorgesetzten zu den Mitarbeiterpotenzialen und Entwicklungsmöglichkeiten
Strukturierte Interviews	Wenig geeignet	Wenig geeignet

Abb. 4.1-14: Arten von Potenzialinterviews

Zum einen können durch den Personalentwickler im Betrieb *Interviews mit den betroffenen Mitarbeitern* geführt werden. Hier geht es dann um Potenziale, die den Mitarbeitern selbst bewusst sind, zumindest im Gespräch bewusst gemacht werden können. In den Gesprächen muss es dann um jene Potenziale gehen, die der Mitarbeiter bisher am Arbeitsplatz noch nicht einbringen konnte. Indizien hierfür können Erfahrungen aus dem außerberuflichen Bereich, aber auch Erwartungen und Wünsche des Betroffenen sein.

Eine andere Interview-Strategie kann sich auf den *Vorgesetzten* beziehen. In diesen Befragungen des Vorgesetzten geht es dann um Einschätzungen oder Erwartungen des Vorgesetzten, ob neue Aufgaben von einem Mitarbeiter bewältigt werden können. Diese Interviewvariante trägt der Annahme Rechnung, dass der Vorgesetzte die Stärken und Schwächen seiner Mitarbeiter aus eigener Erfahrung am besten kennt. Im Normalfall geht es dabei um die Versetzung des Mitarbeiters auf eine höhere Position, wobei dann auch die Rede von einer „Vorgesetztenempfehlung" sein kann, die sich einer großen Akzeptanz auf Seiten der in einem Unternehmen mit der Potenzialanalyse betrauten Spezialisten erfreut (Lang-von Wins/von Rosenstiel 2000).

Diese Variante ist allerdings im vorliegenden Kontext in mehrfacher Hinsicht problematisch. Zum einen geht es wiederum – wie beim AC -, um die Bewältigung vordefinierter Aufgaben. Zum anderen besteht – in beiden Interviewvarianten – das Problem der Subjektivität der Aussagen. Insbesondere Vorgesetzte befinden sich dabei in einer Dilemma-Situation. Empfehlen Sie gute Mitarbeiter als solche mit hohem Potenzial, so begeben sie sich in das Risiko, diesen Mitarbeiter zu verlieren, im anderen Fall haben sie zumindest mit Unzufriedenheiten beim Mitarbeiter zu rechnen.[61]

Beobachtung

Vereinzelt gibt es auch Vorschläge, Potenziale durch Beobachtungen zu erfassen. Bereits im Zusammenhang von AC's werden Beobachtungen zur Potenzialanalyse eingesetzt. Allerdings können sie auch als eigenständiges Instrument eine Bedeutung erlangen, wenngleich die Aussagekraft kritisch zu hinterfragen ist.

---

[61] Eine weitere Variante besteht in den sog. Mangement-Audits, die überwiegend nach Fusionen, Firmenübernahmen usw. zum Einsatz kommen, um rasch einen Überblick über das Managementpotenzial zu erhalten. Als Auditoren werden dabei überwiegend externe Personalberater eingesetzt. Das methodische Vorgehen bei einem Management-Audit entspricht am ehesten einer multiplen Einzelpotenzialuntersuchung, wobei die Auditoren in einem ca. zwei- bis dreistündigen halbstandarisierten Interview versuchen, das Potenzial der jeweiligen Gesprächspartners zu ermitteln. Als Grundlage dient auch hier normalerweise ein Gesprächsleitfaden, der die Kompetenzen und die dahinter liegenden Potenzile abdecken soll. Auf Basis der (Kompetenz- bzw. Potenzial-) Einschätzungen durch die Auditoren wird dann der Entwicklungsbedarf abgeleitet, wobei die befragte Person nach dem Interview ein ausführliches Feedback über ihr im Interview festgestelltes Potenzial erhält. Der Vorteil dieser Methode kann darin gesehen werden, dass in relativ kurzer Zeit das Potenzial von Personen gemessen werden kann. Vor allem bei Unternehmen, die z. B. über keine eigene Personalabteilung und somit über keine eigenen internen Spezialisten in Sachen Personalmanagement verfügen, kann dies eine hilfreiche Unterstützung bei der Identifikation von Führungskräftepotential sein. Auch hat diese Methode weniger Laborcharakter (etwa im Gegensatz z. B. zu einem AC) und mindert durch die Einzelgespräche das Verlierergefühl. Allerdings ist fraglich, ob innerhalb von ein paar Stunden das Managementpotenzial von Personen valide festgestellt werden kann, und dies oftmals durch Auditoren, die zuvor noch keinen Kontakt zu den interviewten Personen hatten. Dies ist auch der Grund, weshalb die Akzeptanz bei den Teilnehmern nicht sehr groß sein dürfte. Auch verursacht dieses Verfahren hohe Kosten, die nach Volz-Holterhus (1999) je nach Umfang in Millionenhöhe liegen können.

Übung:

20   Sie sollen bei einem Mitarbeiter des Lehrstuhls für „Wirtschaftspädagogik und Personalentwicklung" durch Beobachtung seine Potenziale bestimmen. Wie würden Sie vorgehen? Ist dieses Verfahren geeignet, im Sinne von Staudt auf eine Veränderung der Dienstleistungspalette durch eine potenzialorientierte Anpassung der Arbeitsorganisation hinzuwirken?

Beobachtungen dienen in der Regel nur als „vorläufig vorgenommene Einschätzung von Potentialen" (Nauendorf 1997, S. 63). Üblicherweise erfolgt sie durch die direkte Führungskraft, die das Verhalten ihrer Mitarbeiter im natürlichen Umfeld des Arbeitsplatzes wahrnimmt und beobachtet und daraufhin erste Rückschlüsse auf deren Potenziale ziehen kann. Im Anschluss werden diese vorläufigen Beobachtungen im Normalfall mittels weiterer potenzialanalytischer Verfahren konkretisiert. So baut ein österreichisches Finanzunternehmen auf die Beobachtung durch den Vorgesetzten als Potenzialanalyseinstrument. Auf Grund von Beobachtungen des Verhaltens eines Mitarbeiters in der Vergangenheit und der Gegenwart soll auf seine zukünftigen Entwicklungsmöglichkeiten geschlossen werden. Nach Auffassung der Firma kann „im Unternehmenskontext niemand so umfassende und vielschichtige Eindrücke von einem Mitarbeiter gewinnen wie sein Vorgesetzter" (Schuh 2005, S. 11). Die Einschätzung des Vorgesetzten wird auch hier im Einzelfall durch geeignete Verfahren ergänzt. Als Standardinstrument der Parallelbewertung dient in diesem Unternehmen das Potenzialinterview.

Der Vorteil einer Vorgesetztenbeobachtung des Mitarbeiters liegt vor allem im geringen methodischen Aufwand. Als großer Nachteil sind allerdings die Urteilsfehler durch den Beobachter zu betrachten. Zudem ist fraglich, ob sich prinzipiell so Potenziale feststellen lassen. Beobachtet werden kann immer nur das, was offen zutage tritt. „Unbekannte Potenziale" lassen sich so nur schwer bestimmen. Daher wird dem Vorgesetzten immer eine subjektive Interpretationsleistung abverlangt: Aus tatsächlichem Verhalten soll auf unbekannte Potenziale geschlossen werden. Daher wird empfohlen dieses Instrument immer nur in Ergänzung zu anderen einzusetzen.

Allerdings lassen sich auch Szenarien konstruieren, in denen mittels direkter Beobachtung bislang unbekannte Potenziale erschlossen werden können. Denkbar ist es beispielsweise, den Mitarbeiter in ihm unbekannte Situationen (z. B. Präsentationen bei einem Kunden) zu bringen, um zu beobachten, wie er sich dabei verhält. Im weiter oben genannten Fallbeispiel von Staudt wäre es bspw. sinnvoll und möglich gewesen, den betreffenden hochqualifizierten Mitarbeiter, der mit der Reorganisation unzufrieden war, zunächst mit einzelnen Sonderaufträgen zu betrauen, um zu beobachten, wie er sich dabei bewährt. In diesem Fall wird das Instrument der Beobachtung in Verbindung mit dem Instrument der Arbeitsproben eingesetzt. Eine Visualisierung findet sich in Abb. 4-15 weiter unten.

Mitarbeitergespräche

Zur Potenzialanalyse sind schließlich auch Mitarbeitergespräche verbreitet. Das Mitarbeitergespräch wird definiert als periodisches Gespräch zwischen Vorgesetzten und Mitarbeiter, das einmal oder zweimal im Jahr stattfindet und abzugrenzen ist von täglichen Gesprächen zwischen den beiden Beteiligten (Becker 2002). Neben der Rückmeldung von Leistung und Verhalten, Stärken- und Schwächenanalyse, Abklären von Aufgaben und Zielen, Erkennen von Wünschen und Zielen der Mitarbeiter, kann im Rahmen eines Mitarbeitergesprächs auch eine Potenzialanalyse erfolgen.

Doch wie können im Rahmen eines Gesprächs zwischen Vorgesetztem und Mitarbeiter Potenziale entdeckt werden? Direkte Fragen nach den jeweiligen Potenzialen sind wenig geeignet, vielmehr muss es – in einer Teilphase des Mitarbeitergesprächs - um Interessen, Erwartungen oder Wünsche gehen, oder aber um Aktivitäten außerhalb des unmittelbaren Arbeitsplatzes, aus denen auf Potenziale geschlossen werden können (personenorientierte Potenzialanalyse). Diese Strategie ist in der oben genannten Fallstudie von Staudt zum Einsatz gekommen. Zum Teil ist diese Strategie der Mitarbeitergespräche dahingehend erweitert worden, dass *im Vorfeld des Gesprächs* Mitarbeiter eine Fallstudie zur Bearbeitung erhalten. Im Mitarbeitergespräch geht es dann um die jeweilige Strategie, wie der Mitarbeiter diese Problemsituation, die nichts mit der derzeitigen Tätigkeit des Mitarbeiters zu tun hat, lösen würde. Diese Herangehensweise dient eher einer *anforderungsorientierten* Potenzialanalyse.

Kunz (2004, S. 106) schlägt vier verschiedene Arten der Vernetzung von Mitarbeitergesprächen und Potenzialanalysen vor:

• Erörterung des Entwicklungspotenzials im Zusammenhang mit der Zukunftsplanung des Mitarbeiters.

• Ableiten von Potenzialeinschätzungen im Anschluss an das Mitarbeitergespräch. Die Führungskraft trifft nach dem Gespräch eine Potenzialaussage, welche zunächst nicht mit dem Mitarbeiter erörtert wird, sondern z. B. in sog. Personalsichtungsrunden[62] im Führungskreis hinterfragt wird. Diese Variante ist zwar in der Mitarbeiterkommunikation weniger offen gestaltet, besitzt aber den Vorteil, dass eine Potenzialaussage erst nach reiflicher Überlegung im Führungskreis abgeleitet wird.

• Treffen von Potenzialaussage durch die Führungskraft vor dem Mitarbeitergespräch. Diese vorab getroffenen Potenzialaussagen können dann im Gespräch mit den Mitarbeitern erörtert werden, wobei bei den Mitarbeitern dann leicht der Eindruck entstehen kann, dass die Meinungen der Führungskraft bereits festgelegt sind und nur geringer Erörterungsspielraum besteht.

• Zeitversetzte Erhebung von Potenzialaussagen. Im Zusammenhang mit dem Mitarbeitergespräch wird vollkommen auf Potenzialaussagen verzichtet und erst nach drei bis sechs Monaten gesondert Aussagen getroffen, z. B. im Rahmen des bereits vorgestellten Potenzialinterviews. Vorteil dieser Vorgehensweise ist, dass die Zielvereinbarung und Leistungsbeurteilung nicht mit der längerfristig angelegten Potenzialanalyse vermischt werden. Darüber hinaus dient dieses Vorgehen in manchen Fällen der Entlastung der Führungskraft, die sich getrennt auf die Potenzialanalyse und das Mitarbeitergespräch vorbereiten kann.

Bei einem Mitarbeitergespräch, das auch der Potenzialanalyse dienen soll, sollte immer ein mitarbeiterzentrierter Gesprächsstil gewählt werden.[63] Die Führungskraft

---

[62] Siehe hierzu weiter unten.

[63] Der mitarbeiterzentrierte Gesprächsstil unterscheidet sich vom so genannten Stressgespräch sowie von direktiven Gesprächen vor allem durch unterschiedliche Ausprägungen bei den Dimensionen „Lenkung durch den Vorgesetzten" und „Rücksichtnahme auf den Gesprächspartner". Beim mitarbeiterzentrierten Gespräch ist die Lenkung durch den Vorgesetzten gering (beim direktiven und beim Stressgespräch

sollte dem Mitarbeiter aufmerksam zuhören, ihn ausreden lassen und vor allem keinerlei Autorität zur Schau stellen (Neuberger 1998). Nur im Rahmen eines offenen Gesprächs, bei dem der Mitarbeiter frei zu Wort kommt, können Unzufriedenheiten, Interessen und Potenziale deutlich werden. Voraussetzung für ein für beide Seiten wertvolles Mitarbeitergespräch ist allerdings die Methodenkompetenz der Führungskraft bezüglich Gesprächsführung und Urteilsbildung, denn nur wenn die Führungskraft Urteilsfehler zu vermeiden weiß, kann das Potenzial annähernd objektiv erfasst werden. Kann diese Objektivität durch die Führungskraft nicht weitestgehend gewährleistet werden, ist die Gefahr der Urteilsverfälschung groß. Auch ist ein authentisches Auftreten des Vorgesetzten erforderlich. Ein „mitarbeiterzentrierter Gesprächsstil" bei einer ansonsten autoritären Führung wird kaum zu offenen Ausführungen auf Seiten der Mitarbeiter führen.

Auf die weiteren Instrumente zur Potenzialeinschätzung soll im Folgenden nur kursorisch eingegangen werden, da sie einen hohen Aufwand erfordern und daher vor allem für die Potenzialeinschätzung von Führungskräften in Großbetrieben geeignet sind.[64]

- *Arbeitsproben:* „Arbeitsproben sind Verfahren, die versuchen, das erfolgsrelevante Verhalten der Zielposition durch inhaltliche Nachbildung der Anforderungen unmittelbar zu prognostizieren" (Lang-von Wins/von Rosenstiel 2000, S. 83), wobei das erfolgsrelevante Verhalten dabei direkt beobachtet wird. Die Aussagekraft dieser Methode ist folglich umso größer, je repräsentativer und aktueller die Anforderungen der späteren Zielpositionen nachgebildet wurden. Bei ungelernten Arbeitern und Führungskräften wird eine Arbeitsprobe am wenigsten zur Potenzialanalyse herangezogen, da bei ungelernten Arbeitern in der Regel die Kosten einer Fehlbesetzung niedriger sind als der methodische Aufwand, der mit einer Arbeitsprobe verbunden ist. Bei Führungskräften wird mit der Inflexibilität des Instruments argumentiert, da die Abdeckung vieler unterschiedlicher Aspekte einschließlich individueller Gestaltungsmöglichkeiten und ein geringes Maß an Strukturiertheit der Anforderungen die Arbeitsprobe als Potenzialanalyseinstrument überfordern. Zur Validität von Arbeitsproben gibt es unterschiedliche Untersuchungen mit den unterschiedlichsten Validitätswerten, die von 0,25 bis 0,54 schwanken. Problematisch ist vor allem, dass die sorgfältige Konstruktion von Arbeitsproben einen großen Aufwand verursacht. Arbeitsproben gewinnen vor allem in Kombination mit anderen Instrumenten, wie etwa dem AC oder der Beobachtung, ihre Bedeutung, also als Bestandteil so genannter „kombinierter Verfahren". Sie lassen sich prinzipiell auch zur Potenzialeinschätzung im Sinne des Staudt'schen Ansatzes einsetzen. So sind etwa im oben genannten Fallbeispiel der Tischlerei bspw. Arbeitsproben in Kombination mit Beobachtungen oder Befragungen im neu kreierten Tätigkeitsfeld denkbar. Die folgende Abbildung 4.1-15 visualisiert eine solche Vorgehensweise am Beispiel eines Verfahrens bei RWE.

---

[64] hoch) sowie die Rücksichtnahme auf den Gesprächspartner hoch (beim Stressgespräch gering) (vgl. Neuberger 1998, S.156).
Auf die Erörterung „Biographischer Fragebögen" und „Bewerberunterlagen" wird verzichtet, weil sie vor allem im Kontext von Personal*rekrutierungen* eingesetzt werden.

Komplexes Verfahren der Potenzialentdeckung bei RWE

- **Führungskräftenachwuchs wird gezielt in neue Situationen gebracht:**
  - Referate halten bei Schulungen
  - Übernahme von Stellvertreteraufgaben
  - Mitarbeit in Gremien
  - gezielter Arbeitsplatzwechsel usw.

- **Beobachtung**
  - Durchsetzungsfähigkeit in Gremien
  - Rhetorische Fähigkeiten bei Referaten

- **Interviews**
  - mit Stelleninhabern bei Vertretung
  - mit Vorgesetzten bei Arbeitsplatzwechsel usw.

Abb. 4.1-15: Kombination von Arbeitsproben, Beobachtung und Interviews zur Potenzialidentifizierung

- *Psychologische Testverfahren:* Zu unterscheiden sind dabei Intelligenztests, Leistungstests und Persönlichkeitstests (Lang-von Wins/von Rosenstiel 2000, Becker 2002). *Intelligenztests* ermitteln die Denkfähigkeit und auch speziellere intellektuelle Fähigkeiten, wie sprach- oder zahlengebundenes Denken. Sie gehören zu den validesten Tests, um die Eignung für einen Beruf vorherzusagen. So liegt die Validität von Intelligenztests zur Vorhersage von beruflichem Erfolg bei 0,51 (Schmidt/Hunter 2000, S. 23).[65]

Im Gegensatz zu allgemeinen Intelligenztests beziehen sich *Leistungstests* auf spezifische Fähigkeiten. Da das Spektrum berufsrelevanter Fähigkeiten sehr weit ist, existiert eine große Bandbreite unterschiedlichster Verfahren, die sich ebenso auf handwerkliche und kaufmännische Ausbildungsberufe beziehen, wie auf Tätigkeitsfelder von Akademikern. Gegenstand der Messung sind feinmotorische Fertigkeiten, fachspezifisches Wissen, spezifische kognitive Fertigkeiten oder auch die Organisationsfähigkeit der Probanden (Kanning/Holling 2002). Ihr Einsatz ist vor allem dann sinnvoll, wenn neben den inhaltlichen Anforderungen, hohe spezielle Anforderungen in den entsprechenden Bereichen für eine Position gefragt sind.[66]

Persönlichkeitstests wiederum tragen der Hypothese Rechnung, dass in spezifischen Berufsfeldern nicht nur das kognitive und nicht-kognitive Leistungspotenzial erfolgsrelevant ist, sondern dass entsprechende Persönlichkeitsei-

---

[65]   Zu den gebräuchlichsten Intelligenztests zählen der Intelligenz-Struktur-Test, Mannheimer-Intelligenztest, Zahlen-Verbindungs-Test, Leistungs-Prüf-System, Hamburg-Wechsler-Intelligenztest usw. (Lang-von Wins/von Rosenstiel 2000).

[66]   Der Aufmerksamkeits-Belastungstest d2, Mechanisch-Technischer-Verständnistest, Bonner Konzentrationstest, Frankfurter Aufmerksamkeits-Inventar usw. gehören zu den gebräuchlichsten Leistungstests, wobei der zusätzliche Einsatz dieser Tests bzw. in Kombination mit Intelligenztests die Vorhersagekraft eines prognostischen Urteils erheblich erhöhen kann (vgl. Lang-von Wins/von Rosenstiel 2000, S. 87).

genschaften den Erfolg fördern und ihn erhöhen. Im Vergleich zu den Intelligenz- und Leistungstests konnten bisherige Studien allerdings nur eine geringe prognostische Validität von Persönlichkeitstests im beruflichen Bereich konstatieren. Dies mag mit daran liegen, dass Persönlichkeitstests ursprünglich als Diagnoseinstrument der klinischen Psychologie entwickelt wurden (Becker 2002). Kanning und Holling (2002) sind deshalb der Meinung, dass allgemeine Persönlichkeitstests in keinem Fall die alleinige Entscheidungsgrundlage für eine Stellenbesetzung darstellen sollten. In Kombination mit anderen Instrumenten, wie z. B. einem AC, lassen sie jedoch wertvolle Informationen erwarten.[67]

Der Vorteil von psychologischen Testverfahren liegt in ihrem hohen Standardisierungsgrad und in den hohen methodischen Ansprüchen, denen sie genügen müssen. Sie liefern objektive, zuverlässige und vergleichbare Ergebnisse, folglich ist die Interpretation der Ergebnisse genormt. Auch ist der Vorhersagewert für Kriterien des Berufserfolges vielfach bekannt (wie im Falle der Intelligenztests).

Ein großer Nachteil von psychologischen Testverfahren stellt die zumindest teilweise geringe Transparenz dar. Oftmals ist für den Probanden nicht nachvollziehbar, welche latenten Konstrukte hinter den Testfragen stecken, was sich negativ auf die soziale Validität dieser Potenzialanalyseinstrumente auswirkt. Dabei werden Intelligenz- und Leistungstests im Vergleich zu Persönlichkeitstests von den Probanden noch insgesamt besser akzeptiert, da der Bezug zu beruflichen Bereichen größer ist. Auf Grund der geringen Akzeptanz der Probanden rangieren die psychologischen Testverfahren auch bei Personalfachleuten als Instrument zur Potenzialeinschätzung auf den hintersten Plätzen (Lang- von Wins/von Rosenstiel 2000). Dazu trägt auch bei, dass die Verfahren hohe Anforderungen stellen. Der sachkundige Einsatz dieser Verfahren muss dafür ausgebildeten Fachleuten (im Normalfall handelt es sich dabei um Psychologen) vorbehalten sein, wenn Fehlurteile vermieden werden sollen. Als Instrument zur Potenzialorientierung im Sinne von Staudt sind sie kaum geeignet.

Auch eine eigene qualitative Studie[68] zum Einsatz von Potenzialanalyseinstrumenten in KMU kommt zu einem eher skeptischen Ergebnis bezüglich des Einsatzes dieses Instruments. In nur einem (von insgesamt sechs) Unternehmen wurde ein solcher Test eingesetzt. Die Personalverantwortliche hat dazu im Vorfeld ein Anforderungsprofil für jede Stelle präzisiert. Ein externes Beratungsinstitut hat dazu einen Persönlichkeitstest mit insgesamt 60 MC-Fragen entwickelt, der zu einem individuellen Persönlichkeitsprofil führt. Die Fragen zu sechs Dimensionen (etwa Sozialverhalten, Kommunikation, Vertrauen etc.) sind von den Mitarbeitern zu beantworten. Durch die Gegenüberstellung des individuellen mit dem Anforderungsprofil „sieht man schön, ob ein großer Gap existiert". Als Fazit zu den bisherigen Ergebnissen zieht die Personalverantwortliche: „Es ist jetzt bei keinem, bei dem ich sage, das ist das absolute Aha-Erlebnis. Die Mitarbeiter wissen es meistens sowieso, aber es ist einfach mal für die interessant das Feedback von außen zu bekommen"[69]. Ob diese Po-

---

[67] Der Freiburger Persönlichkeitsinventar, Trierer Persönlichkeitsfragebogen, 16-Persönlichkeits-Faktoren-Test usw. sind gebräuchliche Persönlichkeitstests (Lang-von Wins/von Rosenstiel 2000).

[68] Schweitzer, M.: Instrumente der Potentialanalyse unter besonderer Berücksichtigung der Ansprüche von KMU, Diplomarbeit, Nürnberg 2006.

[69] Transkript zu Interview C, Z. 163/164.

tenzialanalyse in einem bestimmten Rhythmus in Zukunft wiederholt wird, ist noch völlig offen: „Da haben wir jetzt noch keine Pläne, dass wir sagen, das machen wir in fünf Jahren wieder. Denn wer weiß, was sich bis dahin tut. Vielleicht gibt es bis dahin ganz andere Instrumente" (vgl. Interview C, Z. 155/156).

- *360°-Feedbacks:* Das 360°-Feedback lässt sich als systematische Beurteilung von Führungskräften (oder auch Mitarbeitern) eines Unternehmens auffassen. Es wird sowohl zur Leistungsbeurteilung als auch zur Potenzialanalyse und -entwicklung eingesetzt. Dabei erfolgt eine systematische Rückkopplung von Selbst- und Fremdwahrnehmung (Scherm/Sarges 2002). Die Beurteilung ist also multiperspektivisch angelegt und berücksichtigt neben der Selbstbeurteilung der Fokusperson (Feedbacknehmer) verschiedene Gruppen (Feedbackgeber) aus deren Arbeitsumgebung, wobei es sich dabei in der Regel um den Vorgesetzten, die Kollegen, die Mitarbeiter und um eine externe Quelle (z. B. Kunden) handelt. Mit diesem Rundum-Charakter soll möglichen Verzerrungen einer einseitigen und interessengebundenen Sichtweise nur einer Beurteilergruppe entgegen gewirkt werden. Das Feedback bezieht sich dabei auf tätigkeitsbezogene Potenziale, Kompetenzen, Fähigkeiten oder auch Verhaltensstile des Feedbacknehmers, und zwar in der Absicht, die beurteilten Potenziale und Kompetenzen im Sinne eines aktuellen oder zukünftig gewünschten Anforderungsprofils entfalten zu helfen.

Die Beurteilungsprofile werden in der Regel auf Grundlage schriftlicher, überwiegend standardisierter postalischer oder internetbasierter Befragungen erstellt, wobei die Anonymität dabei eine entscheidende Rolle spielt. Ihre Einhaltung stellt eine entscheidende Bedingung für den Erfolg eines 360°-Feedbacks dar. Denn können sich die Feedbackgeber nicht sicher sein, dass die von ihnen abgegebenen Einschätzungen weder vom Feedbacknehmer noch von den anderen Feedbackgebern ihrer Person zugeordnet werden können, dann kann es zu vermehrten Fehleinschätzungen kommen. Anhand der Selbst- und Fremdbeurteilungen werden Stärken und Schwächen der eingeschätzten Person abgeleitet, worauf Entwicklungsmaßnahmen initiiert werden können. Ein Nachteil dieser Methode kann sein, dass es trotz der Anonymität vereinzelt zu bewussten Fehleinschätzungen kommen kann. Es besteht z. B. die Gefahr, dass sich eine Person selbst überschätzt oder die Feedbackgeber zu milde Urteile abgeben, insbesondere dann, wenn sie negative Sanktionen zu befürchten haben. Dies hat eine geringere Validität dieser Methode zur Folge (Scherm/Sarges 2002). Ein weiterer Nachteil liegt im zeitlichen und methodischen Aufwand, der mit der Konzipierung, Durchführung und Auswertung der Fragebogenfeedbacks verbunden ist. Dennoch ist dieses Instrument in Kombination etwa mit dem Instrument der Arbeitsprobe prinzipiell auch dazu geeignet, Potenziale im Sinne von Staudt als Ausgangspunkt für technisch-organisatorische Veränderungen zu erfassen.

In der bereits erwähnten qualitativen Studie[70] zum Einsatz von Potenzialanalyseinstrumenten wurde das 360°-Feedback in einem mittelständischen Unternehmen regelmäßig (alle zwei Jahre) durchgeführt, und zwar als Instrument zur Potenzialbeurteilung von Führungskräften. Dabei wurde die jeweilige Führungskraft von ihrem Vorgesetzten, den Mitarbeitern und Kollegen hinsichtlich

---

[70] Schweitzer, M.: Instrumente der Potentialanalyse unter besonderer Berücksichtigung der Ansprüche von KMU, Diplomarbeit, Nürnberg 2006.

der fünf Kompetenzen Führungskompetenz, Markt- und Kundenkompetenz sowie persönliche, soziale und unternehmerische Kompetenz mit Hilfe eines Fragebogens eingeschätzt[71]. „Das Instrument ist bei den Mitarbeitern sehr gut angekommen, nach dem Motto: ‚wir werden gefragt'"[72], so der Gesprächspartner, der das 360°-Feedback alle zwei Jahre wieder durchführen lassen möchte.

- *Computergestützte Potenzialanalyse:* Sie basiert in der Regel auf computergestützten Planspielen. Die innerhalb dieser Szenarien zu bearbeitenden Aufgaben zeichnen sich dabei durch große Dynamik, Intransparenz und Komplexität aus, was der Realität in der Arbeitswelt (eines Managers) entspricht. Hauptsächlich werden mit diesen Simulationen Indikatoren für kognitives und problemlösendes Potenzial erfasst (Lang-von Wins/von Rosenstiel 2000). Das Szenario TEXTILFABRIK simuliert z. B. die Führung einer Textilfabrik. Das Planspiel AIRPORT simuliert dagegen die Geschäftsführung eines Flughafens, DISKO die Leitung eines Unternehmens, das elektronische Bauteile herstellt (Funke 1993). In solchen Simulationen muss der Proband zu unterschiedlichsten Problemstellungen Entscheidungen treffen. Auf Basis dieser Entscheidungen lässt sich das Ergebnis in einer Auswertungsphase mit vorgegebenen oder auch selbst angelegten Stichproben abgleichen. Dabei wird der Umgang des Kandidaten mit der Komplexität und Dynamik der Aufgaben unter kontrollierbaren Bedingungen beobachtet.

  Vorteil dieser computergestützten Verfahren stellt zunächst die Standardisierbarkeit in der Durchführung und Auswertung, die zum Teil oder ganz automatisiert werden kann, dar. Dies ist auch der Grund für die relativ hohe Akzeptanz auf Seiten der Probanden, da dadurch die Einwirkungsmöglichkeiten auf den Verlauf und das Ergebnis als begrenzt angesehen werden. Des Weiteren werden die Probanden durch die komplexen und dynamischen Aufgaben mit den Rückwirkungen ihres Handelns konfrontiert, was zu einer besseren Erfassung ihrer persönlichen Möglichkeiten führt (Lang-von Wins/von Rosenstiel 2000). Der Nachteil computergestützter Verfahren ist in der Vorgabe der Antwortmöglichkeiten zu sehen. Antworten können nicht offen abgefragt werden, was dazu führt, dass teilweise Antworten vorgegeben werden, die der Proband nicht in Betracht gezogen hätte. Folglich in der Realität auch nicht so gehandelt hätte. Darüber hinaus kann ein Nachteil in den Kosten eines solchen Szenarios gesehen werden, wobei die Preise erheblich schwanken. Als Instrument zur Identifizierung von Potenzialen im Sinne von Staudt ist es kaum geeignet, da es bei den genannten Planspielen eher um eine anforderungsorientierte Potenzialanalyse geht.

- *Orientierungs-Center (OC):* Mit einem OC wird eine direkte Potenzialeinschätzung durch Dritte nicht angestrebt. Stattdessen sollen den Teilnehmern durch das Absolvieren verschiedener Übungen ihre Stärken und Entwicklungsmöglichkeiten selbst stärker bewusst und klar werden, wodurch sie die Möglichkeit einer intensiven Selbstreflexion über gewünschte Zukunftsperspektiven, wie z. B. Übernahme einer Führungsposition, erhalten.

  Dies setzt einen hohen Selbsterfahrungscharakter und einen hohen Realitätsbezug der zu absolvierenden Aufgaben voraus (Paschen/Koreng 2002), wobei es sich dabei um Simulationen von typischen verhaltensbezogenen Anforde-

---

71   Transkript zu Interview A, Z. 162, 164.
72   Transkript zu Interview A, Z. 159/160.

rungen in einzelnen Positionen durch Übungen, Rollenspielen und strukturierten Aufgabenstellungen mit gruppendynamischen und kommunikativen Übungen handelt. Durch gezielte Rückmeldungen während und nach dem OC von in der Regel externen Trainern, Beratern und auch internen Personalfachleuten werden Impulse zur Weiterentwicklung der eigenen Kompetenzen bei den Teilnehmern erhofft. Folglich soll ein OC den Teilnehmern helfen, stärker aus eigenen Ressourcen heraus geeignete Karriere- und Entwicklungswege zu erkennen (Kunz 2004). Bei den Teilnehmern eines OC handelt es sich im Normalfall um bereits identifizierte Potenzialträger, was im Voraus z. B. durch Mitarbeitergespräche, Potenzialinterviews etc. geschehen kann. Im Anschluss daran kommt es zu einer Empfehlung der Teilnahme an einem OC durch den Vorgesetzten. Im Einzelfall können die Kandidaten auch auf eigenen Wunsch an einem OC teilnehmen (Gestmann 2002). Ein großer Vorteil dieser Methode liegt in der Reduktion der Verlierer-Problematik, denn ein Kandidat kann in einem OC durch die Selbstreflexion prüfen, welche Stärken und Schwächen er besitzt und ob er sich daraufhin z. B. eine Führungsposition zutraut (Kunz 2004). Auch dieses Instrument eignet sich eher im Rahmen einer anforderungsorientierten Potenzialanalyse, da die Übungen und Aufgaben praxisbezogen vorab definiert werden müssen.

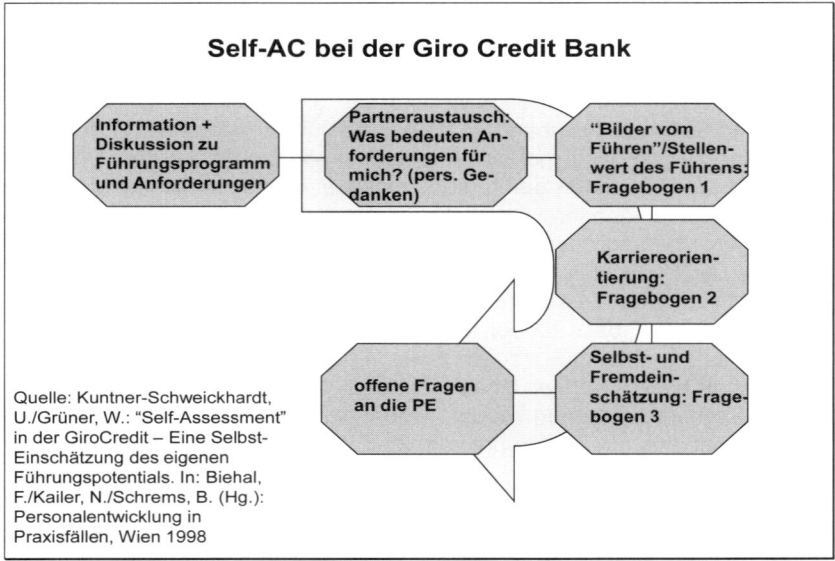

Abb. 4.1-16: Self-AC als Instrument der Potenzialeinschätzung

In eine ähnliche Richtung zielt ein „Self-Assessment-Center" bei der Giro Credit Bank. Im Unterschied zum zuvor dargestellten OC basiert es jedoch nicht auf realen Übungsaufgaben, sondern auf ein Set umfangreicher Fragebögen zur Selbstreflexion (z. B. über die subjektive Relevanz von Führungsfunktionen) und Fremdreflexion in der Gruppe. Abbildung 4.1-16 visualisiert das Verfahren stichwortartig.

- *Personalsichtungsrunden:* Der Grundgedanke einer firmenbezogenen Perso-
  nalsichtung basiert darauf, dass die Potenzialanalyse an Qualität und Aussa-
  gefähigkeit gewinnt, wenn sich die Führungskräfte eines Unternehmens über
  eigene Einschätzungen zum Potenzial ihrer Mitarbeiter systematisch austauschen (Kunz 2004). Personalsichtungsrunden erfolgen immer in einem potenzialanalytischen Gesamtkonzept, d.h. sie werden nicht alleine zur Potenzialanalyse herangezogen, sondern dienen zur „Absicherung" zuvor getroffener
  Potenzialaussagen über Mitarbeiter. Insofern stellt dieses Instrument zugleich
  ein Beispiel für ein „kombiniertes Verfahren" dar. Nachdem die Führungskräfte
  z. B. Potenzialinterviews mit ihren Mitarbeitern geführt haben, kommen diese
  in einer Personalsichtungsrunde zusammen und tauschen sich in einem strukturierten Dialog über die zuvor identifizierten Potenzialträger aus, wobei dies
  üblicherweise durch Moderation z. B. des Personalleiters geschieht. Die einzelne Führungskraft schildert hier noch einmal, warum sie einzelne Kandidaten als Potenzialträger einstuft, wo sie die Stärken sieht und wo ihrer Meinung
  nach Weiterbildungsbedarf besteht. Die Aussagen müssen anhand von Beobachtungen im Arbeitsalltag belegt werden, d.h. die Führungskraft kann nicht
  leichtfertig und subjektiv verzerrt Aussagen treffen, sondern muss seine Einschätzungen auch durch Verhaltensbeobachtungen der einzelnen Mitarbeiter
  in ihrem Arbeitsumfeld belegen. Nach den Ausführungen des direkten Vorgesetzten ergänzen die anwesenden Führungskräfte, die den Kandidaten auch
  kennen, wie sie diesen bisher erlebt haben und führen dies an Verhaltensbei-
  spielen aus. Dabei kann es durchaus dazu kommen, dass die Aussagen des
  direkten Vorgesetzten kritisch hinterfragt werden, was letztendlich durch solche Personalsichtungsrunden gewollt ist. Abschließend wird unter denjenigen,
  die den Kandidaten kennen und somit einschätzen können per Konsensent-
  scheidung festgelegt, ob es sich bei dem Kandidaten tatsächlich um einen Potenzialträger handelt, was dieser dann auch nach einer solchen Sichtungsrun-
  de mitgeteilt bekommt (Staron 2005).

  Es wird deutlich, dass im Mittelpunkt solcher Personalsichtungsrunden die inhaltliche Analyse der Vorgesetzteneinschätzung steht, wobei dies immer die
  Festlegung eines Maßnahmenbündels beinhalten sollte, um die einzelnen Potenzialeinschätzungen weiter zu überprüfen. Dazu können wiederum weiterführende Potenzialinterviews oder AC's bzw. OC's durchgeführt werden, aber
  auch Sonderaufgaben oder Projekte an die Potenzialkandidaten übertragen
  werden (Kunz 2004). Nachteile solcher Personalsichtungsrunden können sein,
  dass die Urteile der direkten Vorgesetzten von den anderen anwesenden Führungskräften nicht kritisch hinterfragt werden, da sie der Meinung sein können,
  dass der direkte Vorgesetzte den Kandidaten sowieso am besten kennt und
  am besten einschätzen kann. Allerdings stellt sich in der Tat die Frage, ob die
  anderen Führungskräfte, die nicht direkt etwas mit dem Kandidaten und seinem Arbeitsumfeld zu tun haben, überhaupt valide Einschätzungen über diesen abgeben können.

In größeren Unternehmen ist es verbreitet, bei der Potenzialanalyse die Instrumente
zu kombinieren, um die jeweiligen Nachteile (wie etwa Subjektivität und Validität) zu
minimieren. Hierbei spricht man von kombinierten oder komplexen Verfahren. Neben
dem weiter oben angesprochenen Beispiel (Abb. 4.1-15) lassen sich in der Literatur
viele weitere Praxisberichte finden (z. B. Staron 2005, Paschen 2003, Kunz 2000).
Empirische Studien zeigen, dass dabei insbesondere Arbeitsproben und strukturierte

Interviews durch ergänzende psychologische Testverfahren, vor allem Intelligenz-tests, an Aussagekraft gewinnen (vgl. Abb. 4.1-17 nach Schmidt/Hunter 2000, S. 23).

Auswahl-verfahren	Validität des Verfahrens	Korrelation bei Einsatz von Intelligenztests	Validitätszu-wachs durch die Ergänzung	Prozentzuwachs an Validität
Intelligenztest	.51			
Arbeitsproben	.54	.63	.12	24
Strukturiertes Interview	.51	.65	.14	27
Unstrukturiertes Interview	.38	.58	.07	14
Assessment Center	.36	.52	.01	2
Biographische Daten	.35	.52	.01	2

Abb. 4.1-17: Validität von Potenzialaussagen bei Personalauswahlentscheidungen

Das unstrukturierte Interview verzeichnet dagegen eine durchschnittliche Steigerung. Überraschenderweise kommt es zu einem sehr kleinen Zuwachs an Validität, wenn ein AC oder biografische Daten mit Intelligenztests kombiniert werden. Bei einem AC liegt dies vor allem daran, dass AC im Normalfall Intelligenztests bereits einschließen (Schmidt/Hunter 2000). In Großbetrieben wird insbesondere bei der Rekrutierung von Führungsnachwuchskräften häufig auf umfassende Potenzialanalyseprozesse zurückgegriffen, die aus mehreren Teilphasen bestehen und dabei unterschiedliche potenzialanalytische Instrumente kombinieren. Das in Abb. 4.1-15 dargestellte Ver-fahren stellt ein Beispiel hierzu dar. Vorteil dieser kombinierten Verfahren bzw. komp-lexen potenzialanalytischen Prozesse ist, dass die Potenzialaussage über einen Kandidaten bzw. Mitarbeiter objektiver, valider und somit aussagekräftiger wird. Si-cher ist jedoch, dass dies mit einem größeren personellen, zeitlichen und finanziellen Aufwand verbunden ist.

Aufwändige, vor allem kombinierte Verfahren, werden vor allem bei Großbetrieben eingesetzt. Für KMU eignen sich angesichts der geringen personellen Ressourcen nur weniger anspruchsvolle Instrumente. In einer qualitativen Studie zur Anwendung von Potenzialanalyseinstrumenten in KMU konnten drei kleinere sowie drei mittels-tändische Betriebe aus unterschiedlichen Branchen im Raum Nürnberg befragt wer-den.[73] Demnach findet das Mitarbeitergespräch am häufigsten Einsatz als Potenzial-analyseinstrument, wobei es dabei überwiegend um die Identifizierung der Stärken und Schwächen der Mitarbeiter und daran geknüpft um das Ableiten von Förder-maßnahmen geht. Auffallend ist hier, dass dieses potenzialanalytische Instrument in-sbesondere nur in jenen Unternehmen zum Einsatz kommt, die über eine eigene

---

[73]　Schweitzer, M.: Instrumente der Potentialanalyse unter besonderer Berücksichtigung der Ansprüche von KMU, Diplomarbeit, Nürnberg 2006.

Personalfunktion verfügen. Dies lässt vermuten, dass bereits die Konzipierung eines (teil-)strukturierten Mitarbeitergesprächs für Führungskräfte, die nicht allein für Personalfunktionen zuständig sind, angesichts ihrer Alltagsarbeit eine zu große Herausforderung darstellt. Aufwändigere potenzialanalytische Instrumente, wie etwa das 360°-Feedback oder die Potenzialanalyse auf Basis eines Persönlichkeitstests, kommen nur ganz vereinzelt in mittelständischen Unternehmen vor. Dabei wird dann auf externe Unterstützung zurückgegriffen.

Übung:

21   Berufliche Schulen finden sich in nahezu allen Bundesländern in einem markanten organisatorischen Wandel. Am deutlichsten wird dieser Wandel im Kontext der in verschiedenen Bundesländern bereits etablierten „Regionalen Kompetenzzentren".

a)   Erläutern Sie spiegelstrichartig zentrale Merkmale „Regionaler Kompetenzzentren"!

b)   Sie sind Schulleiter in einem „Regionalen Kompetenzzentrum" und stehen vor der Aufgabe, mittelfristig das durch Ihre Schule auf dem (regionalen) Weiterbildungsmarkt zu offerierende Weiterbildungsangebot zu planen. Dabei wollen Sie den Grundprinzipien des potenzialorientierten Ansatzes nach Staudt folgen. Skizzieren Sie die Vorgehensweise beim potenzialorientierten Planungsansatz nach Staudt!

c)   Wie würden Sie in Ihrer Schule als Schulleiter dabei vorgehen? Welche Instrumente der Markt- und Potenzialanalyse würden Sie für die vorliegenden Planungsaktivitäten (Programmplanung) einsetzen? Welche Informationen würden Sie damit mit welcher Zielsetzung erheben? Begründen Sie dabei auch, welche dieser Instrumente unter Kostengesichtspunkten und vor dem Hintergrund des Handlungsdrucks in den „Regionalen Kompetenzzentren" realistisch einsetzbar sind. M. a. W.: Es geht also nicht darum, dass Sie alle potenziellen Instrumente enumerativ aufzählen, sondern dass Sie diese begründet auswählen und kurz bezüglich der jeweiligen Ziele skizzieren.

4.1.7 Vertiefung: Skill-Management (Anja Knippel)

4.1.7.1 Problembezug

In den letzten Jahren hat das Human Capital – das Wissen und Können der Mitarbeiter eines Unternehmens – stark an Bedeutung gewonnen. Unternehmen sehen darin einen strategischen Wettbewerbsvorteil gegenüber ihren Konkurrenten (Grote/Kauffeld/Frieling, S. 9) und investieren gezielt in ihre Mitarbeiter. Außerdem wird Skill- und Kompetenzmanagement häufig im Zusammenhang mit der Kommunikation gegenüber Analysten und Finanzmärkten gesehen, als Weg in Richtung einer Humankapital-Bilanz (Nienaber 2007).

Der Bedeutungszuwachs von Kompetenzmanagement lässt sich vor allem an drei Ursachen (Nienaber 2007, S. 32) festmachen: Bedingt durch die konjunkturelle Erholung brauchen die Unternehmen insgesamt zunehmend mehr Arbeitskräfte. Im Zusammenhang mit der demografischen Entwicklung und der Verknappung junger und hoch-qualifizierter Fachkräfte steigen die Investitionen in die eigene Belegschaft, um Mitarbeiter im Unternehmen aus- und weiterzubilden und zu binden. Und schließlich erfordert die schnelle technische Entwicklung passgenaue Weiterbildung, um auf dem aktuellen Stand zu bleiben.

Skill- und Kompetenzmanagement kann – je nach Definition und Zielsetzung – entweder dem Wissensmanagement oder der Personalentwicklung zugeordnet werden und steht in einem engen Verhältnis mit der Unternehmensstrategie. Aus der Strategie abgeleitet werden die erfolgskritischen Kernkompetenzen eines Unternehmens, die in der Gesamtheit von allen Mitarbeitern aktuell erbracht werden, oder – mit Blick auf die Zukunft – ihnen in einigen Jahren zur Verfügung stehen sollen. Personalentwicklung und Weiterbildung erfährt auf diese Weise eine deutliche Aufwertung – erbringt sie doch auf diese Weise einen nachvollziehbaren Beitrag zur Sicherung des Unternehmens. Außerdem entkommt sie der oftmals reaktiven Rolle, wenn Weiterbildung quasi als „Reparaturbetrieb" oder „Feuerwehr" gesehen wird.

Personal wird also nicht als Kostenfaktor gesehen, sondern leistet als „Business Partner" einen Beitrag zur Wettbewerbsfähigkeit des Unternehmens. Die Unternehmensstrategie wird (über mehrere Stufen) bis auf die Individualebene herunter gebrochen, Anforderungen analysiert und Maßnahmen zum gezielten Abbau von Defiziten oder zur pro-aktiven Entwicklung von Mitarbeitern mit Blick auf zukünftige Anforderungen entwickelt. Mitarbeiter und Führungskräfte erhalten durch die konkreten aktuellen und künftigen Anforderungen (Soll-Profil) auf Kompetenzbasis eine Orientierung für ihre Arbeit. Die Strategie wird so übersetzt und der Beitrag des Einzelnen zum Gesamterfolg sichtbar. Aus der Passung von Mitarbeiter und Stelle (Soll-Ist-Vergleich) ergeben sich Handlungsbedarfe (Delta aus Soll und Ist), die durch entsprechende Maßnahmen abgearbeitet werden können, um so die Einsatzfähigkeit des Mitarbeiters und in Summe die Wettbewerbsfähigkeit des Unternehmens zu sichern (Nienaber 2007 und Jochmann 2007).

Einen wesentlichen Beitrag leistet in diesem Zusammenhang Skill- und Kompetenzmanagement für die systematische Ermittlung des Weiterbildungsbedarfs (Beck 2005). Mit zeitlichem Vorlauf können Kompetenzen im Unternehmen (z. B. durch Qualifizierungsprogramme) und auf Individualebene aufgebaut werden. Voraussetzung dafür ist die Erfassung der Kompetenzen und Abbildung in einem einheitlichen Kompetenzmodell. Auf dieser Basis werden alle Personalinstrumente miteinander verzahnt und ermöglichen einen kontinuierlichen Monitoring-Prozess der Skills bzw. Kompetenzen.

Trotz großen Interesses aus der Praxis an dem Thema spricht die tatsächliche Verbreitung von KOM eine andere Sprache – eher Großunternehmen und Konzerne investieren in eine systematische Erfassung der Kompetenzen und leiten die aktuellen und zukünftigen Qualifikationsbedarfe der Mitarbeiter aus der Unternehmensstrategie ab.[74] Allerdings kann Kompetenzmanagement auch für bestimmte Zielgruppen innerhalb eines Unternehmens und in KMU eingesetzt werden. Bereits bei weniger als 100 Mitarbeitern empfiehlt Nienaber (2007) ein Kompetenzmanagement zur effizienten Gestaltung von Expertensuche, Projektbesetzung und Weiterbildungs-Bedarfsanalyse.

4.1.7.2 Definitionen

Umgangssprachlich wird Skill-Management oder Kompetenzmanagement häufig mit „der richtige Mitarbeiter zur richtigen Zeit am richtigen Ort" umschrieben.[75] Anspruchsvoller wird es, wenn eine Abgrenzung zwischen Kompetenz- und Skill-Management unternommen wird (vgl. nachfolgende Abbildung).

---

[74] Vgl. hierzu exemplarisch Jochmann (2007).
[75] Vgl. exemplarisch Bäumer (o. J.), Beck (2005), Gloger (2003), Kayser/Sebald/Stolzenburg (2007) und de la Fontaine (2007).

Skill-Management (SKM)[76]	Kompetenzmanagement (KOM)
Skill-Management ist als „die Gesamtheit der betrieblichen Handlungen zu verstehen, welche individuelle Veränderungsprozesse der fachlichen und methodischen Fähigkeiten und Fertigkeiten des Menschen ermöglichen und reflektieren" (Beck 2005, S. 109).	Demgegenüber definiert der Autor Kompetenzmanagement als „die Gesamtheit der betrieblich induzierten, zielgerichteten und planvollen Handlungen, welche individuelle Veränderungsprozesse der Leistungspotenziale des Mitarbeiters ermöglichen, begleiten und reflektieren. Das Ziel ist, den Mitarbeiter zu befähigen, die expliziten Leistungsanforderungen erfüllen zu können und ihm darüber hinaus ein umfassend kompetentes Arbeitshandeln zu ermöglichen, damit er persönliche und betriebliche Ziele bestmöglich erreichen kann" (Beck 2005, S. 105).
„Skill Management umfasst [...] alle personellen und organisatorischen Maßnahmen zur Erfassung, Bewertung, Erhaltung, Erweiterung, Entwicklung und effizienteren Nutzung von Skills für die betriebliche Wertschöpfung" (Reinhardt 2007, S. 34).	„Kompetenzmanagement ist eine Managementdisziplin mit der Aufgabe, Kompetenzen zu beschreiben, transparent zu machen sowie den Transfer, die Nutzung und Entwicklung der Kompetenzen, orientiert an den persönlichen Zielen des Mitarbeiters sowie den Zielen der Unternehmung, sicherzustellen" (Reinhardt 2007, S. 34).
Biesalski/Abecker (2006) verstehen unter SKM einen Kompetenzkatalog, der die einzelnen, vorhandenen Mitarbeiterkompetenzen strukturiert abbildet.	Sie bezeichnen KOM als „Werkzeug der Personalentwicklung". „Kompetenzmanagement ist mehr als nur die reine Abbildung von Wissen und Können in einem Katalog. Es verfolgt einen ganzheitlichen Ansatz, der alle betroffenen Bereiche integriert" (Biesalski/Abecker 2006, S. 43).
	„Vereinfacht und zusammenfassend soll Kompetenzmanagement im Folgenden durch drei wesentliche Merkmale beschrieben werden: • Kompetenzmanagement basiert auf den Fähigkeiten, in diesem Sinne Kompetenzen, von Personen und kann auf Unternehmen übertragen werden. • Kompetenzen müssen organisiert, abgestimmt und weiterentwickelt werden. • Kompetenzen bestimmen sich aus den Geschäftstätigkeiten eines Unternehmens und sollten vom Kunden aus abgeleitet werden, damit die Wertschöpfung erkennbar wird" Fank (2004a, S. 5 f.).
	„Kompetenzmanagement ist ein integriertes dynamisches System der Personalrekrutierung, des Personaleinsatzes und der Personalentwicklung. Es führt eine kontinuierliche Anpassung der Kompetenzen an die neuen Aufgaben durch und berücksichtigt dabei strategische und organisatorische Veränderungen" (Cell Consulting 2002).

Manche Autoren unterscheiden nicht begrifflich zwischen Skill- und Kompetenzmanagement und verwenden beides synonym.[77] Den Definitionen, die überhaupt eine Unterscheidung und Abgrenzung treffen ist gemeinsam, dass sie Kompetenz-

---

[76]   In der Fachliteratur und im Internet existieren unterschiedliche Schreibweisen wie etwa Skillmanagement, Skill Management, Skills Management etc. (vgl. hierzu auch Beck 2005).

[77]   So z. B. Grote/Kauffeld/Frieling (2006), Gloger (2003) und Gillies (2003).

management grundsätzlich weiter fassen.[78] Meist geschieht die Abgrenzung auch mit Verweis auf den betriebswirtschaftlichen Begriff der *Kernkompetenzen* eines Unternehmens zur Steigerung der Wettbewerbsfähigkeit.[79] In diesem Zusammenhang tragen die Mitarbeiter in Summe dazu bei, dass das Unternehmen über ein bestimmtes Können verfügt, das sich von dem des Mitbewerbers abhebt. Die Kompetenzmanagement-Perspektive leitet sich als Ganzes eher aus einer betriebswirtschaftlichen Sicht der Unternehmenssteuerung ab. Neben Maßnahmen des Personalmanagements (z. B. Neueinstellungen, Personalabbau, Weiterbildung) sind auch andere Konsequenzen denkbar wie der Aufbau von Kompetenzen durch Unternehmenszukauf oder der Abbau durch Verkauf von Unternehmensteilen.

Kompetenzmanagement (KOM)
- Aus strategischen Unternehmenszielen abgeleitet und bezogen auf mehreren Ebenen (mindestens Unternehmens- und Individualebene)
- Ableitung von kurz-, mittel- und langfristigen Maßnahmen
- Ausrichtung des Unternehmens an vorhandenen Mitarbeiterpotenzialen und - Kompetenzen und/oder Ausrichtung der Mitarbeiterkompetenzen an der Vision und Strategie des Unternehmens
- Bündelung von Kompetenzen Einzelner als Wettbewerbsvorteil
- Bringt Unternehmens- und Mitarbeiterinteressen in Einklang

> **Skill-Management (SKM)**
> - Erfassen von Können bzw. Kompetenzen einzelner Mitarbeiter, von Gruppen und Organisationseinheiten
> - Abgleich von Soll- und Ist-Anforderungen
> - Ziel: Kompetenzen gezielt weiterentwickeln
> - Chance: Personalinstrumente verknüpfen und an gewonnener Datenbasis ausrichten

---

Abb. 4.1-18: Abgrenzung von Skill- und Kompetenzmanagement (eigene Darstellung in Anlehnung an die vorher genannten Definitionen)

Gegenüber den Kernkompetenzen eines Unternehmens sind Skills jedoch exakt einzelnen Mitarbeitern zuordenbar.[80] Hier findet sich eher die personalwirtschaftliche Be-

---

[78]   Wie etwa Fischer/Haasis (2006, S. 1), die von einem „schillernden" Begriff des Kompetenzmanagements sprechen, dessen Deutung an den potenzialorientierten Ansatz von Staudt erinnert (Vgl. vorangegangenen Abschnitt im Lehrbuch): „Spricht man von Kernkompetenzen und Kompetenzmanagement meint man […] die Ausrichtung des Leistungsspektrums eines Unternehmens (Unternehmensaufgaben) auf diejenigen durch Mitarbeiter verkörperten Potenziale (Wissen/Know-How/Skills, Regeln, Organisationsstrukturen und eingeübte Verfahrensweisen, Einstellungen, Unternehmenskultur), die dem Unternehmen gegenüber Wettbewerbern Vorteile verschaffen. Kompetenzmanagement kann in der Anpassung des Leistungsspektrums oder der Anpassung der zugrunde liegenden Mitarbeiter- und Organisationspotenziale bestehen."

[79]   Vgl. hierzu exemplarisch Grote/Kauffeld/Frieling (2006, insb. S. 9), Fischer/Haasis 2006, in beiden Fällen mit Verweis auf Prahalad/Hamel (1990), die den Begriff der Kernkompetenzen geprägt haben. Vgl. hierzu auch Prahalad/Hamel (1999), die sich dafür aussprechen, Kompetenzträger im Unternehmen zu identifizieren und als Konzernressourcen zu behandeln.

[80]   Hierin wird auch einer der Unterschiede zum Wissensmanagement gesehen, bei dem es um die Idee geht, Wissen unabhängig von Personen Dritten zugänglich zu machen. Beck (2005, S. 109) versteht

trachtung wieder, die in Anlehnung an Faix/Buchwald/Wetzler (1991) auch oft als Qualifikationsmanagement bezeichnet wird. Skill-Management kann also, wie Abb. 4.1-18 zeigt – als Teilbereich des Kompetenzmanagements verstanden werden.[81]

Im Folgenden wird – entsprechend den zitierten Originalquellen – sowohl von Skill-Management als auch von Kompetenzmanagement die Rede sein. Mit Blick auf die Ausrichtung des Kapitel 4 dieses Lehrbuchs sollen jedoch Aspekte der strategischen Unternehmensführung vernachlässigt werden und im Wesentlichen der Schwerpunkt auf Skill-Management gelegt werden, so wie in Abb. 4.1-18 aufgezeigt mit Blick auf seinen Beitrag zur Weiterbildungsbedarfsermittlung.

Übung:

22 Erklären Sie in Ihren eigenen Worten (und ohne auf die Definitionen zu schauen),

•   was Kompetenz- und Skill-Management ist und

•   was Ihrem ersten Eindruck nach zufolge eine mögliche Schnittmenge mit der Definition von Personalentwicklung (nach Stender 2008, in diesem Lehrbuch) sein könnte.

•   Wo vermuten Sie Anknüpfungspunkte zu anderen Aspekten der Personalentwicklung und Weiterbildung, die in anderen Kapiteln dieses Lehrbuchs beschrieben sind?

4.1.7.3 Einsatz, Nutzen und Schwerpunkte von Skill- und Kompetenzmanagement

Der Aufbau eines Skill- oder Kompetenzmanagement-Systems in einem Unternehmen oder für Teilbereiche ist mit erheblichem Aufwand verbunden. Anschließend muss fortlaufend in die Aktualisierung der Daten investiert werden, sonst verliert es schnell an Bedeutung. Im Folgenden soll der Schwerpunkt der Betrachtung zwar auf dem Beitrag von SKM und KOM zur Erhebung des Weiterbildungsbedarfs liegen (entsprechend sind diese Aspekte in der folgenden Abbildung grau hinterlegt). Dennoch ist für das Verständnis wichtig, die Einbindung in die gesamten Personalprozesse und -instrumente zu kennen. Daher werden sie hier ebenfalls thematisiert.

Der größte Nutzen von Skill- und Kompetenzmanagement entsteht dann für ein Unternehmen, wenn andere Instrumente der Personalarbeit damit verknüpft sind und die Daten nutzen können. Betrachtet man einen klassischen Personalprozess so beginnt der Einsatz von SKM/KOM bereits bei Neueinstellungen und endet beim Ausscheiden des Mitarbeiters mit der Zeugniserstellung bzw. Nachfolgeregelung:

•   Bei Neueinstellungen basieren die Anforderungskriterien auf einheitlichen Kompetenzen. Entsprechend liegt der Fokus des Auswahlverfahrens auf Kompetenzen und Skills.

---

[81] Wissensmanagement als einen Teilbereich des Kompetenzmanagements. Zur Abgrenzung von Wissensmanagement und Kompetenzmanagement siehe auch North/Reinhardt (2005, S. 29 ff) und Schnurer/Mandl (2004).

Die beschriebene Abgrenzung der beiden Begriffe scheint sich auch in der Praxis durchzusetzen. Eine Befragung von gut 200 in der Mehrzahl klein- und mittelständischen Unternehmen mittels Online-Fragebögen unter www.wissenskapital.de ergab, dass 80 % der Befragten Kompetenzmanagement als den umfangreicheren Ansatz sehen als reines Skill-Management. 65 % stimmten der Aussage zu, dass Kompetenzmanagement sowohl mitarbeiterbezogene Kompetenzen als auch die strategische Unternehmensausrichtung umfasst (Fank 2004b, S. 5).

- Daran schließt sich die geplante und systematische Einarbeitung des neuen Mitarbeiters, dessen Soll-Ist-Abgleich mit den Stellenanforderungen vor der Einstellung ermittelt wurde. Auf Grundlage der identifizierten Kompetenzlücken wird der Einarbeitungsplan erstellt und im Probezeit- oder Mitarbeitergespräch zwischen Führungskraft und neuem Mitarbeiter der Erfolg der Einarbeitungsmaßnahmen evaluiert. Bei eventuellen Abweichungen kann schnell gegengesteuert werden.

- In jährlichen Mitarbeitergesprächen werden weitere Qualifikationsbedarfe erfasst und gemeinsam zwischen Führungskraft und Mitarbeiter Maßnahmen geplant – jeweils mit Blick auf die aktuellen Stellenanforderungen oder mit Blick auf künftige Anforderungen und Entwicklungsmöglichkeiten.

- Wird der Mitarbeiter in einen Förderkreis aufgenommen mit dem Ziel interner Besetzungen von Führungspositionen, so sind die für die Zielgruppe vorgesehenen Entwicklungsmaßnahmen entweder auf konkrete aktuelle Stellenanforderungen (z. B. für Führungskräfte) bezogen oder sie entsprechen den antizipierten Kompetenzanforderungen, die sich aus der strategischen Ausrichtung des Unternehmens herunter brechen.

- Bei Vakanzen können Personaler und Führungskräfte anfordernder Bereiche auf Informationen aus SKM- oder KOM-Datenbanken zugreifen. Dies kann bei entsprechender Passung von Mitarbeiter und Stelle zu gezielten internen Wechseln und Versetzungen führen. Auch die Zusammenstellung von Projekt-Teams erfolgt mit Blick in entsprechende datenbankgestützte Informationssysteme.

- Beim Ausscheiden eines Mitarbeiters kann das Zeugnis fundiert auf Basis der gespeicherten Kompetenzprofile erstellt werden. Ein Nachfolger kann schnell entweder intern oder extern gesucht werden, weil die Anforderungen klar definiert sind. Im Außenauftritt wird auch – im Zuge des Personalmarketings und der Positionierung als attraktiver Arbeitgeber – damit argumentiert, dass das Unternehmen über ein Skill- und Kompetenzmanagement verfügt.

Nach dieser exemplarischen Aufstellung von Verknüpfungen des SKM-/KOM-Systems mit anderen Instrumenten der Personalarbeit soll nun der Nutzen betrachtet werden – und zwar aus Sicht unterschiedlicher Nutzergruppen.

Übung:

23 Wenn Sie sich die bestechenden Nutzenargumente in Abb. 4.1-19 ansehen, erscheint es verwunderlich, dass nicht alle Unternehmen über ein Kompetenz- und Skill-Management-System verfügen.

- Welche Gründe könnten Ihrer Erfahrung und Einschätzung nach dagegen sprechen, ein solches System einzuführen?

- Argumentieren Sie aus Sicht der vier o. g. Perspektiven: Führungskräfte, Mitarbeiter, Personalmanagement und (interner) Weiterbildungsanbieter bzw. Personalentwicklung.

Nutzen für Führungs-kräfte	Nutzen für Mitarbeiter	Nutzen für Personal-management	Nutzen für Weiterbil-dungsanbieter
• Überblick über Quali-fikationsstruktur im eigenen Bereich • Transparente Selbst-einschätzung der Mi-tarbeiter • Vereinfachtes Verwal-ten und Erstellen von Anforderungsprofilen • Gezielte Einarbeitung neuer Mitarbeiter • Gezielte Vorbereitung von Mitarbeitern auf neue Aufgaben • Bindung von Potenzi-alträgern • Experten im Unter-nehmen identifizieren, z. B. für die Besetz-ung von Projekt-Teams	• Transparente Ziel-setzung von Weiter-bildung erhöht Teil-nahmemotivation • Gezielte Förderung mit Blick auf künfti-ge Aufgabe • Höhere Zufrieden-heit, Identifikation und Motivation • Rückmeldung zur Selbsteinschätzung der eigenen Skills • Bessere Kommuni-kation mit der Füh-rungskraft • Experten im Unter-nehmen identifizie-ren • Einsatz entspre-chend Kompeten-zen	• Unterstützt qualitati-ve Personalplanung • Monitoring von Skill-Bestand und -Bedarf • Experten identifizie-ren • Frühe Identifikation von Vakanzen und Nachfolgeplanung (inkl. Einarbeitung im Arbeitsprozess) • Besetzung von Füh-rungspositionen aus den eigenen Reihen • Ganzheitliche Perso-nalentwicklung • Bedarfsgerechte Entwicklungs-Programme • Skill-Maps und Curri-cula erstellen	• Bedarfsgerechte Weiterbildungs-planung • Spezifische Bedarfe bereichsüber-greifend erkennen und bündeln • Exaktere Bedarfs-identifikation erhöht Erfolgs-wahrscheinlichkeit
Die weiterbildungsrelevanten Aspekte sind in der Tabelle grau unterlegt			

Abb. 4.1-19: Nutzenargumentation für unterschiedliche Zielgruppen (eigene Darstellung in Anlehnung an Beck 2005, S. 165 ff., Fischer/Haasis 2006, Bäumer 2002 und North/Reinhardt 2005, S. 13 ff.)

Nach dem zunächst etwas breiteren Blick auf alle Themen des Personalmanage-ments, veranschaulicht die folgende Abbildung die Querbezüge von SKM und KOM mit der Personalentwicklung. Dabei wird nochmals deutlich, dass Skill-Management sich nicht im Erstellen von Kompetenzkatalogen erschöpft. Die Pfeile stehen stell-vertretend für Informationen aus einem SKM-System, die in unterschiedlicher Weise in der PE-Arbeit genutzt werden können. So sind z. B. Informationen zu bereits er-fassten Skills und Kompetenzen auch Grundlage im Mitarbeitergespräch, sie fließen in eine systematische Bedarfsanalyse der Personalentwicklung ein, dienen für die Planung und Konzeption der Führungskräfte-Entwicklung etc. (Hier geht es also nicht um die Frage, wie die Daten für ein SKM-System erhoben werden, sondern worin existierende Daten einfließen.)

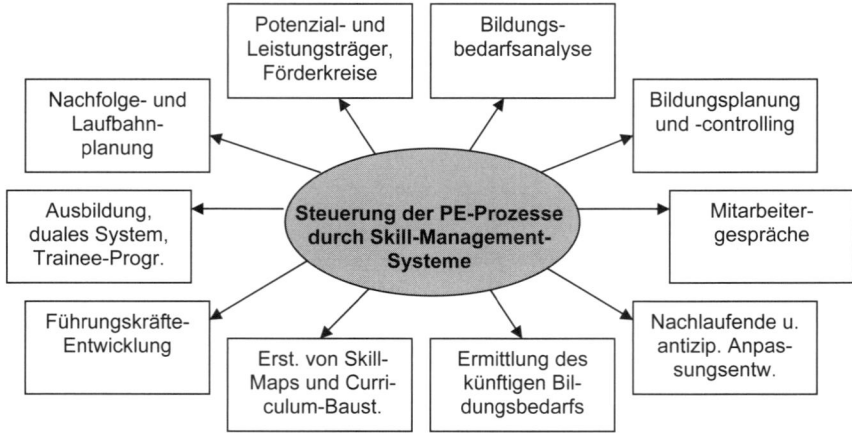

Abb. 4.1-20: Einsatzmöglichkeiten von Skill-Management-Systemen (in Anlehnung an Beck 2005, S. 135, Bäumer 2002, S. 2 f.)

4.1.7.4 Vorgehen und Phasenmodell von Skill- und Kompetenzmanagement

Beck (2005, S. 151 ff.) beschreibt das Phasenmodell des Skill-Management-Prozesses in vier Hauptschritten: Nach einer Analyse der aktuell und künftig benötigten Skills (Soll) werden die vorhandenen Skills der Mitarbeiter (Ist) erfasst. Anschließend findet ein Soll-Ist-Vergleich statt und der Entwicklungsbedarf wird ermittelt. Auf Basis der identifizierten Kompetenzlücken können Maßnahmen zur Entwicklung der Skills entwickelt und durchgeführt werden. Abschließend wird evaluiert, ob die Maßnahmen dazu geführt haben, dass die erforderlichen Kompetenzen (auf Individual- oder Unternehmensebene) vorhanden sind.[82] Dieses Vorgehen entspricht weitgehend dem Rahmenmodell des betrieblichen Weiterbildungsmanagements (Abbildung 2-11 in diesem Lehrbuch) – siehe folgende Abbildung.

Aus Platzgründen – und mit Blick auf die Vertiefung der Weiterbildungsbedarfs-Ermittlung – soll hier nicht weiter auf die Ableitung der Kompetenzen aus der Unternehmensstrategie eingegangen werden.[83]

Welchen spezifischen Beitrag leistet nun das Skill- oder Kompetenzmanagement zur Weiterbildungsbedarfsermittlung? Wie Abb. 4.1-21 zeigt, ist Skill- bzw. Kompetenzmanagement ein Weg, um die Unternehmensanforderungen (Organisationsebene) auf den einzelnen Mitarbeiter herunter zu brechen (individuelle Ebene). Damit wird die Arbeit der PE einerseits noch enger an der Unternehmensstrategie ausgerichtet, als dies mit anderen Verfahren der Bedarfsermittlung (z. B. Bottom-up Ansatz) der Fall ist. Dadurch leistet die Personalentwicklung einen wertschöpfenden Beitrag im Unternehmen. Zum anderen gelingt durch diese Übersetzungsarbeit eine Anbindung

---

[82] Anders bei Gloger (2003), der jedoch zunächst von einer Erfassung der Ist-Kompetenzen ausgeht und erst anschließend ein Kompetenzmodell erstellt. Bäumer (2002) stellt die Entwicklung eines Kompetenzmodells ebenfalls voran und baut darauf die Anforderungsanalyse auf. Im zweiten Schritt werden die Ist-Kompetenzen erhoben und anschließend in einer Managementkonferenz diskutiert. Als Viertes stehen schließlich die Maßnahmen zur Entwicklung, Förderung und Bindung der Mitarbeiter sowie zur Nachfolgeplanung.

[83] Vgl. hierzu exemplarisch Jochmann (2007).

der einzelnen Mitarbeiter an die Ausrichtung des Unternehmens, was Auswirkungen auf das Engagement und die Identifikation der Mitarbeiter haben dürfte.

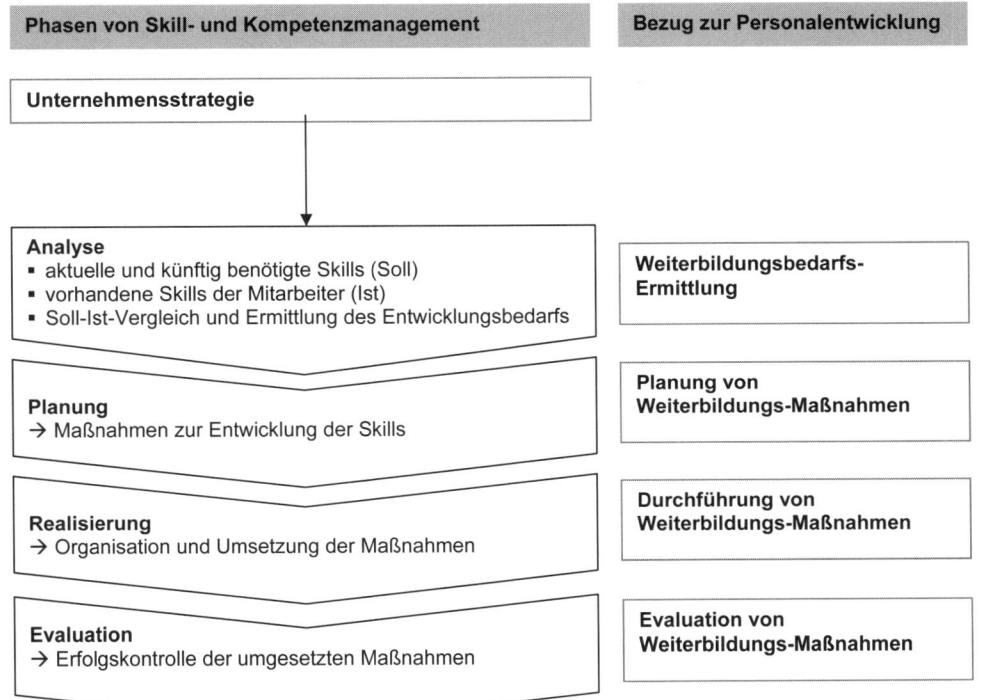

Abb. 4.1-21: Phasen von Skill-Management und Personalentwicklung (eigene Darstellung, Phasen von SKM in Anlehnung an Beck 2005, S. 151 ff.)

Über Kernkompetenzbereiche und Rollen werden einzelne Stellenprofile generiert, die für den einzelnen Mitarbeiter die gegenwärtigen und künftigen Anforderungen festlegen und ihm und der Führungskraft somit als Orientierungspunkt dienen (vgl. Jochmann 2007). Der Vorteil eines Kompetenzmodells besteht zum einen in der einheitlichen Sprache für alle im Unternehmen. Dadurch können Bedarfe auf Individualebene in der Personalentwicklung aggregiert werden und Maßnahmen zur Reaktion auf aktuelle Kompetenzlücken auch Bereichs-übergreifend entwickelt und angeboten werden.

Für die vorausschauende Personalplanung ergeben sich frühzeitig Hinweise, welche Kompetenzen in welcher Anzahl benötigt werden. Neben den klassischen PE-Instrumenten stehen darüber hinaus auch andere Wege offen, zu erwartende Kompetenzlücken zu schließen, wie z. B. Neueinstellungen, verstärkte Investitionen in die Ausbildung von Nachwuchskräften, Personalmarketing-Aktivitäten (etwa Gewinnung und Bindung von Studenten als Praktikanten und Diplomanden) oder etwa der Zukauf von Unternehmen mit den gewünschten Kompetenzen.

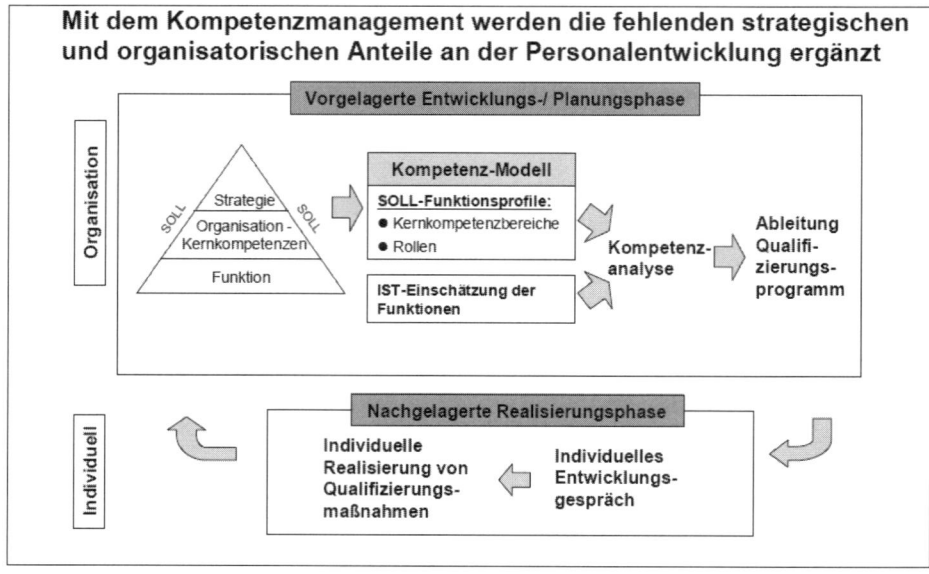

Abb. 4.1-22: Kompetenzmanagement-Modell von Cell Consulting
(2002, S. 18)

Mit Blick auf die Personalentwicklung und insbesondere die Weiterbildungsbedarfs-Ermittlung ist besonders die vorausschauende Planung von Bedeutung. Des Weiteren ergibt sich für den Mitarbeiter eine höhere Transparenz der aktuellen und künftigen Anforderungen und Kompetenzerwartungen an ihn. In die Planung der Maßnahmen wird er z. B. im Mitarbeitergespräch mit einbezogen und kann somit auf seine Employability Einfluss nehmen. Wenn Mitarbeiter erkennen, welchen Beitrag sie durch den gezielten Aufbau von Kompetenzen zur Sicherung der Wettbewerbsfähigkeit des Unternehmens und zur Sicherung ihres Arbeitsplatzes beitragen, ist mit einer höheren Teilnahmemotivation für Weiterbildungsveranstaltungen zu rechnen.

Übung:

24   Sie arbeiten in der Personalentwicklung eines Unternehmens mit ca. 3.000 Mitarbeitern, das seit Jahren Trainees ausbildet. In den letzten Jahren entstand immer gegen Ende des Programms ein monatelanger Verhandlungsprozess, bei dem die Personalentwicklung versucht, möglichst alle Trainees auf derzeit offene Stellen zu vermitteln. Der Personalleiter überträgt Ihnen nun die Aufgabe, ein Trainee-Konzept zu entwickeln, das näher an den Anforderungen des „Business" ist, wie er es ausdrückt.

•   Benennen Sie zunächst alle Informationen, die Sie vom Personalleiter brauchen, um das Konzept entwerfen zu können.

→   *Fortsetzung der Übung folgt einige Seiten später in diesem Abschnitt.*

4.1.7.5   Erfassung der Kompetenzen, Kompetenzmodelle

Wenn SKM oder KOM neu eingeführt werden soll, muss zunächst ein Unternehmens-eigenes Kompetenzmodell entwickelt werden. Die Notwendigkeit ergibt sich daraus, dass genau die erfolgsentscheidenden und Wettbewerbsvorteil sichernden Kompetenzen eines Unternehmens identifiziert werden sollen. Sie sind in engem Zusammenhang mit der Unternehmensstrategie zu sehen und leiten sich aus der Positionierung (Mission, Vision und Strategie), den Werten und dem Leitbild ab. Die erfolgsentscheidenden Mitarbeiterkompetenzen ergeben dann in Summe die Kernkompetenzen des Unternehmens.

Das Kompetenzmodell bildet die Grundlage für eine einheitliche Sprache im Unternehmen und ist Bezugspunkt für alle PE-Maßnahmen sowie die Beurteilung, Potenzialeinschätzung und Stellenbesetzung. „Es ist Ausgangspunkt für alle Formen der individuellen und strategischen Bildungsbedarfsanalyse – und definiert für Bildungscontrolling/Transfersicherung die Lernziele auf den Ebenen Wissen, Verhalten, Wirkungen und erzielte Job-relevante Resultate" (Jochmann 2007, S. 22).

Um aufzuzeigen, wie unterschiedlich Kompetenzmodelle sein können sind hier exemplarisch zwei abgebildet – das von Siemens und das von CSC Ploenzke.

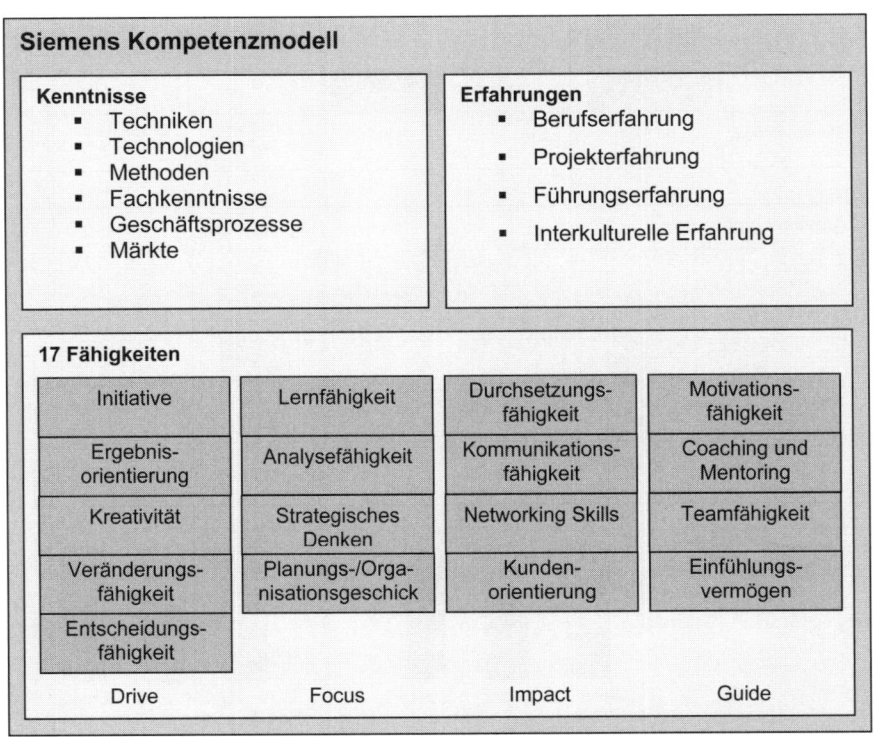

Abb. 4.1-23: Kompetenzmodell von Siemens (eigene Darstellung in Anlehnung an Leipoldt o. J. und Sanne 2004, S. 162)

Das Siemens-Modell setzt sich aus Kenntnissen, Erfahrungen und Fähigkeiten zusammen. Aus den insgesamt 17 Fähigkeiten werden für ein Master Job Profile dann maximal sechs ausgewählt, die die spezifischen Anforderungen am besten beschreiben. Die Bewertung der Kompetenzen erfolgt mittels freiwilliger Selbsteinschätzung durch den Mitarbeiter selbst und eine anschließende Fremdeinschätzung durch die

Führungskraft in den drei Stufen Basic, Advanced, Expert und enthält neben den aktuellen Ist-Kompetenzen auch die Relevanz und künftige Anforderungen.

Das Modell von CSC Ploenzke (heute CSC) unterscheidet – entsprechend der damaligen Branchen-bezogenen Organisation von Teams innerhalb der Beratungsfirma – zwischen Branchen- und Branchenübergreifender Kompetenz. Das Modell fokussiert auf Fach- und Methodenkompetenzen, soziale und personale Kompetenzen wurden in anderer Form im Mitarbeitergespräch durch Selbst- und Fremdeinschätzung diskutiert, jedoch nicht im System gespeichert. Die Bewertung erfolgte auch hier mittels einer dreistufigen Skala (Kennen, Können, Experte) – sowohl für die aktuelle Situation (schwarz ausgefüllte Flächen) als auch für die Planung in fünf Jahren (dunkle Flächen).

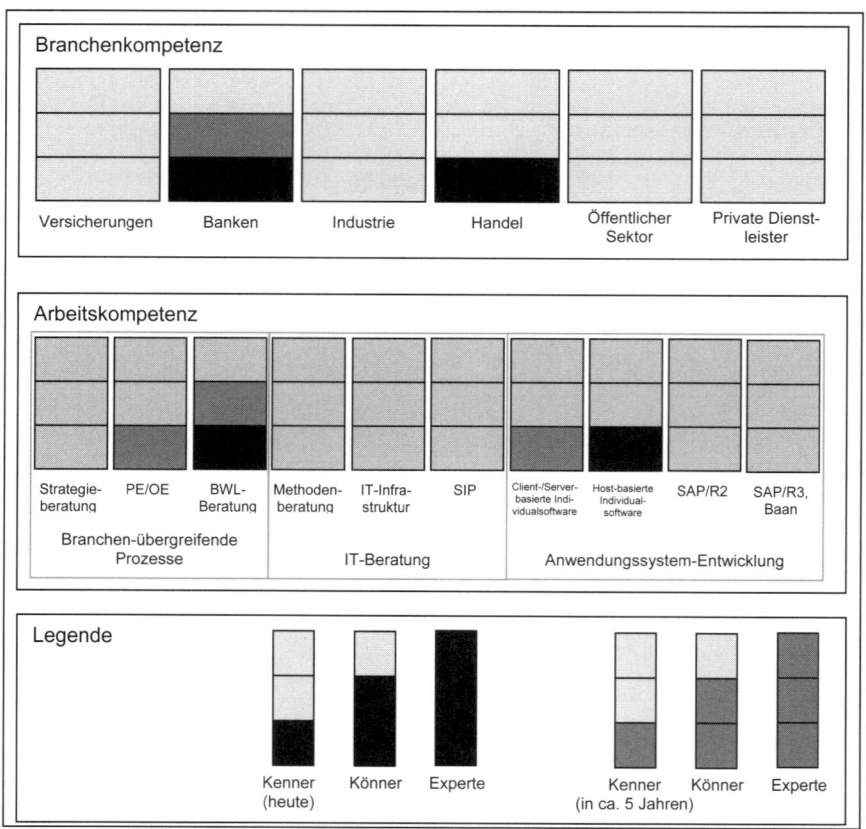

**Abb. 4.1-24: Kompetenzmodell von CSC Ploenzke
(eigene Abbildung in Anlehnung an Fuchs 1998, S. 84)**

Eine Gegenüberstellung ganz unterschiedlicher Kompetenzmodelle ist bei Grote/Kauffeld/Frieling (2006, S. 43) zu finden. Sie machen transparent, welche Bandbreite an Kompetenzkatalogen in der Praxis zu finden sind. So unterscheidet der Axa Konzern z. B. zwischen Fach-, Methoden-, Sozial- und Führungskompetenz. BHW betrachtet bei Auszubildenden neben Fach-, Methoden- und Sozial- auch die Selbst-kompetenz.

4.1.7.6 Skalen zur Kompetenzeinschätzung

Zur Einschätzung oder Messung der Kompetenzen existieren unterschiedliche Skalen und Modelle.[84] Neben einer prozentualen Einschätzung der Kompetenz mit Interpretationshinweisen von 0 – 40 % „erfüllt die durchschnittliche Ausprägung insgesamt überhaupt nicht" bis 91 – 100 % „übertrifft die durchschnittliche Ausprägung insgesamt deutlich" wie bei BHW unterscheidet z. B. die Commerzbank zwischen Grund- und Anwenderkenntnissen, sicherer Anwendung, umfassender Erfahrung, Experte und Tutor/Referent (Grote/Kauffeld/Frieling 2006, S. 48).

North/Reinhardt (2005, S. 52 ff.) bevorzugen mit Blick auf die Praxisanwendung eine simple Dreiereinstufung in Kenner, Könner, Experte, die bei Bedarf noch weiter unterteilt werden kann.

Kenner	Könner	Experte
Kenner verfügen über theoretisches Wissen mit geringer Anwendungserfahrung und sind in der Lage, vorstrukturierte Problemlösungen aus der Theorie auf praktische Fragestellungen anzuwenden.	Könner besitzen vielfache Erfahrung in der Anwendung ihres Wissens in konkreten beruflichen Situationen, Projekten oder Prozesse. Sie reagieren auf neue, unvorhergesehene Situationen mit entsprechender Professionalität.	Experten sind in der Lage, vollkommen selbstorganisiert und intuitiv Probleme zu antizipieren sowie neue Lösungen zu finden. Sie zeichnen sich durch eine profunde Kenntnis ihres Spezialgebietes aus. Sie beherrschen das Management komplexer und neuartiger Aufgaben und liefern dabei wertvolle Beiträge zur Weiterentwicklung des Unternehmens.

Abb. 4.1-25: Expertisemodell „Kenner-Könner-Experte"
nach North/Reinhardt (2005, S. 52 ff.)

Für die Einschätzung von Sozialkompetenzen verweisen die Autoren auf Schwierigkeiten bei der Erfassbarkeit und Beurteilung und empfehlen die Dreierskala „gering ausgeprägt", „ausgeprägt" und „stark ausgeprägt" (Grote/Kauffeld/Frieling 2006, S. 57).

4.1.7.7 Methoden zur Kompetenzeinschätzung

Die Messung oder Einschätzung der Kompetenzen ist durch Selbsteinschätzung eines Mitarbeiters, meist ergänzt durch die Fremdeinschätzung der Führungskraft in der Praxis weit verbreitet, weil sie – im Vergleich zu anderen Verfahren – relativ einfach durchzuführen ist (meist ohnehin etabliert im Rahmen von Beurteilungen und Mitarbeitergesprächen) und bei den Beteiligten entsprechend hohe Akzeptanz findet. Ebenso können die Kompetenzen durch aufwändigere Verfahren wie z. B. Assessment Center bzw. Development Center, Managementkonferenzen oder 360° Feedback. Beck (2005) hat eine Übersicht der grundsätzlichen Varianten zusammengestellt.

---

[84]   Vgl. hierzu Beck (2005, S. 147 ff.) oder Grote/Kauffeld/Frieling (2006, S. 47 f.).

		Bewertungsobjekt	
		Performance (Leistungserbringung in der Vergangenheit)	**Leistungspotenzial** (Leistungsvoraussetzungen für die Zukunft)
Bewertungssubjekt	Mitarbeiter	Selbstbeurteilung	Selbsteinschätzung
	Führungskraft	Fremdbeurteilung	Fremdeinschätzung

Abb. 4.1-26: Matrix der Diagnosemöglichkeiten im Skill-Management
(Beck 2005, S. 157)

Übung:

25   *Fortsetzung Trainee-Programm:*

Sie arbeiten in der Personalentwicklung eines Unternehmens mit ca. 3.000 Mitarbeitern, das seit Jahren Trainees ausbildet. In den letzten Jahren entstand immer gegen Ende des Programms ein monatelanger Verhandlungsprozess, bei dem die Personalentwicklung versucht, möglichst alle Trainees auf derzeit offene Stellen zu vermitteln.

Der Personalleiter überträgt Ihnen nun die Aufgabe, ein Trainee-Konzept zu entwickeln, das näher an den Anforderungen des „Business" ist, wie er es ausdrückt.

*   Beginnen Sie mit der Ableitung der Trainee-Kompetenzen aus der Unternehmensstrategie. Wie gehen Sie vor? Treffen Sie Annahmen wo nötig und wählen Sie einige Beispiele für Kompetenzen.

*   Welche Skalenform scheint Ihnen angemessen?

*   Wie könnten Sie die Kompetenzen der Kandidaten vor, während und nach der 18-monatigen Trainee-Ausbildung erfassen – welche Methoden schlagen Sie vor?

→ *Fortsetzung der Übung folgt einige Seiten später in diesem Abschnitt.*

4.1.7.8   Aufbau von SKM und KOM im Unternehmen

Wie beschrieben ist der Aufbau vom Skill- oder Kompetenzmanagement im Unternehmen ein aufwändiger und langwieriger Prozess. Nienaber (2007, S. 40 ff.) geht jedoch von vier Reifestufen des strategischen KOM aus und beschreibt, dass das Personalmanagement auch in frühen Entwicklungsstadien des Kompetenzmanagements wertvolle Beiträge zum Unternehmenserfolg leisten kann.

Auf der ersten Stufe wird *erfolgskritisches Können* des Unternehmens anhand von Kompetenzen beschrieben. Wichtig ist dabei das tatsächlich für das Unternehmen erfolgskritische Können zu identifizieren und nicht austauschbare Allgemeinplätze anzusammeln. Weiterhin sollte eine Übersetzung in konkrete Verhaltensanker erfolgen, die verdeutlichen, was eine bestimmte Kompetenz (z. B. Teamfähigkeit) für unterschiedliche Gruppen im Unternehmen bedeutet. Dabei wird unterschieden zwischen dem Status Quo (→ Was ist zurzeit für den Erfolg des Unternehmens wichtig?) und der Zukunft (→ Was wird in Zukunft für den Erfolg wichtig sein?). Nach der ersten Erfassung braucht es eine regelmäßige Aktualisierung, damit die Daten noch aussagekräftig sind. Bereits diese Stufe leistet durch das einheitliche Kompetenzverständnis und Modell sowie durch den Prozess der Ableitung von Kompetenzen aus der Unternehmensstrategie einen Beitrag zur Verständigung und Klärung im Unternehmen.

Bei der zweiten Stufe ist die *laufende Messung der Kompetenzen* als Basis für HR-Aktivitäten realisiert. Unterschiedliche Methoden zur Einschätzung der vorhandenen Kompetenzen (wie z. B. Selbsteinschätzung, Vorgesetzten- oder Experteneinschätzung, Mitarbeitergespräch) sind etabliert, wobei Regelmäßigkeit und Aussagekraft der Erhebung als entscheidende Erfolgsfaktoren für das SKM- bzw. KOM-System gelten. Dabei kommen klassische Beurteilungsprobleme[85] zum Tragen, die durch Führungskräfte-Trainings gemildert werden können.

Auf der dritten Stufe stehen *Kompetenzinformationen für strategische Unternehmensentscheidungen* zur Verfügung.

Erst auf der vierten Stufe gelingt es den Unternehmen die *Kompetenzen des Unternehmens und ihres systematischen Managements nach außen zu kommunizieren.* Als Adressaten kommen hierbei u. a. Analysten und Finanzmärkte (Stichwort Human Capital Management oder Humankapital-Bilanz) sowie potenzielle Bewerber in Frage. Und damit schließt sich die Argumentationskette vom Beginn dieses Abschnitts – der Begründung von Skill- und Kompetenzmanagement durch die Bedeutungszunahme des Wissens und Könnens von Mitarbeitern für den Unternehmenserfolg.

Im Zuge der Einführung von SKM oder KOM im Unternehmen werden auch Fragen nach der geeigneten Software-Lösung aufgeworfen. Die Menge der abzubildenden und auszuwertenden Daten erfordert eine entsprechende *IT-Lösung*, Anbieter sind inzwischen auf dem deutschen Markt vertreten. Dies soll hier nicht vertieft werden.[86] Ebenfalls nicht behandelt werden sollen hier – im Kapitel 4 Weiterbildungsbedarfs-Ermittlung – Aspekte der betrieblichen *Mitbestimmung.*[87] Allerdings betonen alle veröffentlichten Fallstudien, dass eine frühzeitige Einbindung des Betriebsrats für SKM- und KOM-Projekte erfolgskritisch ist.

4.1.7.9 Verbreitung von SKM und KOM

Studien zur Verbreitung von SKM und KOM zeigen auf, dass das Thema zwar in den letzten Jahren an Bedeutung gewonnen hat und in den Medien rege diskutiert wird. Im betrieblichen Alltag scheint ein systematisches Skill- oder Kompetenzmanagement jedoch eher die Ausnahme und in der Regel in größeren Unternehmen anzutreffen sein.

Zunächst zur Bedeutung des Themas: Nienaber (2007) bezieht sich auf die Studie „HR Barometer 2004/2006 von Capgemini (2004), in der Großunternehmen in Mitteleuropa zu aktuellen Aufgaben und künftigen Trends befragt wurden. Für 2006 rangiert das Thema Kompetenzmanagement unter den Top 5 Themen und wurde von etwa einem Drittel der Befragten als strategisch wichtiges Thema eingestuft. Die Bedeutungszunahme (von Rang 15 in 2004 auf Rang 4 für 2006) wird auch durch den

---

[85] Vgl. hierzu exemplarisch Grote/Kauffeld/Frieling (2006, S. 57 ff.).

[86] Exemplarisch sei hier auf einen Anbieter verwiesen: Executrack (www.executrack.de) bietet Software an, für die Erfassung und Speicherung von Daten im Zuge von Skill- und Kompetenzmanagement, wie z. B. Skill-Katalog, Kompetenzmodell mit 400 Kompetenzen in 18 Kategorien, Kompetenzprofile für Mitarbeiter, Stellen und Job Families, Profilabgleich, 360-Grad-Feedback, Potenzialanalysen, Interner Stellenmarkt & Project-Staffing, Gelbe Seiten & Expertensuche, Kandidaten-Ranking sowie Verdichtung und Analyse der Kompetenzen nach Abteilungen, Standorten etc.

[87] Die Hamburger Gesellschaft für Technologieberatung und Systementwicklung mbH hat eine Internetplattform eingerichtet mit einer Sammlung von Betriebsvereinbarungen zu allen Themen rund um den Computereinsatz im Unternehmen (www.tse.de). Weitere Hinweise sind z. B. bei North/Reinhardt (2005, S. 144 ff.) zu finden.

erwarteten Fachkräftemangel, den sog. War for Talents und den demografischen Wandel erklärt.[88]

Übung:

26 Fortsetzung Trainee-Programm:

Sie arbeiten in der Personalentwicklung eines Unternehmens mit ca. 3.000 Mitarbeitern, das seit Jahren Trainees ausbildet. In den letzten Jahren entstand immer gegen Ende des Programms ein monatelanger Verhandlungsprozess, bei dem die Personalentwicklung versucht, möglichst alle Trainees auf derzeit offene Stellen zu vermitteln.

Der Personalleiter überträgt Ihnen nun die Aufgabe, ein Trainee-Konzept zu entwickeln, das näher an den Anforderungen des „Business" ist, wie er es ausdrückt.

- Nachdem Sie nun das Grobkonzept mit dem Personalleiter abgestimmt haben, möchten Sie Ihre Ideen mit der aktuellen Trainee-Gruppe und mit den ehemaligen Trainees diskutieren, um weitere Meinungen einzuholen. Was sind Ihrer Meinung nach die entscheidenden Aspekte des Konzepts, bei denen die Zustimmung und Akzeptanz der (künftigen) Trainees wichtig ist? Wie können Sie diese Aspekte gestalten, damit die Trainees einen Nutzen für sich in SKM/KOM erkennen?

- Geplant ist zunächst die Einführung von SKM bzw. KOM als Pilotanwendung speziell für die Zielgruppe Trainees. Bei Erfolg hält der Personalleiter es für möglich, den Ansatz im Unternehmen auch auf andere Zielgruppen auszuweiten. Welche Zielgruppen kommen Ihrer Meinung nach noch in Betracht? (Treffen Sie Annahmen, wo nötig.)

Zur Verbreitung: Jochmann (2007, S. 14 ff.) schätzt auf Basis der Erfahrungen der Kienbaum Management Consultants, dass in Konzernen mit mehr als 10.000 Mitarbeitern über 70 Prozent über ein strategisches KOM verfügen. In diesen Unternehmen sei derzeit eine Ausweitung der Betrachtung von Führungs- und Nachfolge-Zielgruppen auf Projektmanager und Spezialisten zu beobachten sowie eine strategische Ausrichtung der betrieblichen Ausbildung. Allerdings wird der Anteil derer, die ihren Daten entnehmen können, welche Passung Soll- und Ist-Profile für bestimmte Job-Gruppen aufweisen, auf nur etwa zehn Prozent geschätzt, da dies eine Verzahnung mehrerer Personalentwicklungs-Instrumente auf Basis eines unternehmenseigenen Kompetenzmodells voraussetzt.

Bei Unternehmen zwischen 2.000 und 10.000 Mitarbeitern sind Anforderungsprofile für Führungskräfte zu 80 % vorhanden, 40 % betreiben ihre Anstrengungen mit strategischer Ausrichtung. Bei Firmen mit bis zu 2.000 Mitarbeitern haben sich Anforderungsprofile für Führungskräfte nur zu etwa 40 % verbreitet. Die Personalentwicklungsarbeit ist umso systematischer, je größer das Unternehmen ist.

Eine Studie vom Fraunhofer-Institut für Arbeitswirtschaft und Organisation IAO und der Managementberatung Mühlenhoff + Partner (Segedi 2006) ergab, dass nur die Hälfte der befragten Unternehmen die Kompetenzen der Mitarbeiter unregelmäßig oder gar nicht erheben. Gleichzeitig sehen diese Unternehmen einen bedeutenden Zusammenhang zwischen der Personalentwicklung und dem Erreichen der Unternehmensziele. Trotz der Notwendigkeit einer systematischen PE und Bindung qualifizierter Mitarbeiter analysieren mehr als 40 % der befragten Unternehmen nicht zukünftige Entwicklungen, die kompetenzrelevant sind. Beinahe jeder zweite Befragte

---

[88] Auch Fank (2004b) geht von einer Bedeutungszunahme aus. Seine Daten basieren auf Online-Befragungen über ein Wissensmanagement-Portal im Internet.

setzt für die Früherkennung von Kompetenzen gerade mal einen zeitlichen Vorlauf von einem Jahr an.

Cell Consulting (2002) kommt bei seiner Studie zum Schluss, dass die befragten Unternehmen deutliche Schwächen bei den sieben Faktoren aufweisen, die nach Meinung der Beratung ein gutes Kompetenzmanagement ausmachen. Von 100 möglichen Punkten erreichen deutsche Unternehmen gerade mal 45,7. Global agierende Unternehmen oder deren deutsche Töchter verfügen im Vergleich dazu über ein besseres Kompetenzmanagement.

Punktabzug geben die Berater vor allem für die fehlende Anbindung an die Unternehmensstrategie, die mangelnde Durchgängigkeit von Prozessen und der Verbindung von KOM mit den Instrumenten der Personalentwicklung. Auch fehlen häufig einheitliche Kompetenzmodelle innerhalb eines Unternehmens, das Monitoring bedarf eines Ausbaus und integrierte IT-Lösungen werden nicht systematisch genutzt. Gut abgeschnitten haben die deutschen Unternehmen allerdings bei der Akzeptanz ihrer implementierten Kompetenzmanagement-Systeme.

Insgesamt verdeutlichen Untersuchungen, dass die Möglichkeiten eines systematischen Skill- oder Kompetenzmanagements bei weitem nicht ausgeschöpft werden, um das Können der Mitarbeiter für die Sicherung der Wettbewerbsvorteile zu nutzen.

Übung:

27 Fortsetzung Praktikum Personal:

Sie sind (immer noch) Praktikant in der Personalabteilung eines mittelständischen Unternehmens mit knapp 1.000 Mitarbeitern. Der Personalentwickler hatte Sie gefragt, ob Sie sich im Studium mit Skill-Management beschäftigt haben und Sie um eine Empfehlung gebeten, ob es aus Ihrer Sicht für das Unternehmen geeignet sein könnte. Nach der Lektüre des Vertiefungsabschnitts sind einige oder alle Ihrer ursprünglichen Fragen beantwortet.

- Was raten Sie ihm grundsätzlich mit Blick auf den Einsatz von Skill- und Kompetenzmanagement im Unternehmen?

- Argumentieren Sie auch mit der zu erwartenden Entwicklung des Themas SKM/KOM in Deutschland.

- Was müssten Sie über das Unternehmen und die Personalarbeit wissen, um eine fundiertere Empfehlung aussprechen zu können? Erstellen Sie eine Art Checkliste für das Gespräch mit dem Personalentwickler.

4.1.7.10 Kritische Diskussion des Skill- und Kompetenzmanagements

Nachdem die Grundprinzipien des Skill- und Kompetenzmanagements skizziert wurden, sollen nun – ganz im Sinne eines Soll-Ist-Abgleichs – Anspruch und Wirklichkeit gegenüber gestellt werden. Dabei werden die Grundannahmen und Intentionen des Ansatzes (die hier nicht alle nochmals wiederholt werden) mit der Umsetzung und dabei zu erwartenden Schwierigkeiten in der Praxis konfrontiert.

Als Übersicht sind die kritischen Anmerkungen in einer Tabelle zusammen gefasst. Die Untergliederung bezieht sich einerseits auf die verschiedenen Betrachtungsebenen im Unternehmen und anderseits auf die Unterscheidung zwischen Konstrukt (wie ist es im Ansatz gemeint und was muss dabei grundsätzlich beachtet werden?) und Umsetzung (welche Aspekte müssen bei einer praktischen Durchführung umgesetzt werden?).

	Konstrukt	Umsetzung
Unternehmen	• Kernkompetenzen des Unternehmens herunter brechen in - Funktionsbündel - einzelne Kompetenzen • Potenziale des Ansatzes nutzen (in beide Richtungen) - zur Personalentwicklung - zur Unternehmensausrichtung • Beratung bei der Einführung erforderlich bzw. empfehlenswert • Chance: Verknüpfung mit anderen Personal- und Führungsinstrumenten nutzen	• Hohe Anfangsinvestitionen, bevor Nutzen eintritt (zeitlich versetzt und von Volumen abhängig) • Erforderlich: kompetente Personaler in hohen Entscheidungsgremien des Unternehmen • IT-technische Lösung (= Gemeinschaftsprojekt mit der IT) • Einigung mit dem Betriebsrat und Betriebsvereinbarung notwendig • Problem der Aktualität und der Überarbeitungszyklen • Programmmanagement (Zeitplan für Jahresgespräche)
Abteilung/Team	• Zusammenhang zwischen Unternehmenszielen und -ausrichtung mit Abteilung/Team wird sichtbar • Chance: Führungskraft in der Rolle als Personalentwickler vor Ort	• Führungskraft und deren Umsetzung vor Ort entscheidet über Qualität und Aktualität sowie über Nutzen (Verwendbarkeit) der Daten • Vorrang des operativen Geschäfts vor strategischen und Personal-/Führungsaufgaben • Hohe System-Komplexität für Führungskräfte • Nicht losgelöst (als isolierte Einzelmaßnahme) betreiben • Klare Rollenzuweisungen und Aufgabenteilung zwischen PE und Linien-Führungskräften
Stelle/Individuum	• Chance: Gesamtbild wird transparent (Soll-Ist-Abgleich und Delta) • Realistische Selbst- und Fremdeinschätzung • Gezielte Entwicklung (im Einzel- und Unternehmensinteresse) möglich → Employability	• Transparenz über künftige Anforderungen setzt realistische vorausschauende Einschätzung voraus (kann FK das leisten?)
Kompetenz	• Chance: Erfassung informell erworbener Kompetenzen (und damit auch Aufwertung des Lernens on-the-job)	• Chance: gemeinsame Reflexion von Führungskraft und Mitarbeiter und Austausch über Anforderungen (Soll), Beobachtungen (Ist) und Kompetenz-bezogene Entwicklungsmaßnahmen • Risiko: Führungskraft kann Inhalte nicht transportieren →Training erforderlich!

Abb. 4.1-27: Übersicht der kritischen Diskussion von SKM und KOM (eigene Darstellung)

Unternehmen

Auf Unternehmensebene sollen *Kernkompetenzen* für das Unternehmen definiert und herunter gebrochen werden in Funktionsbündel und einzelne Kompetenzen, die für das gesamte Unternehmen bedeutsam sind. Wie bereits in Abschnitt 4.1.4 kritisch kommentiert, erscheint es methodisch schwer nachvollziehbar, wie dieses Vorhaben umgesetzt werden soll.

In jedem Fall erfordert es kompetente Ansprechpartner im Personalmanagement bzw. in der Personalentwicklung, die in hohen *Entscheidungsgremien* des Unternehmens sitzen. Sie beraten das Management in der Einführung eines Skill- und Kompetenzmanagements und sorgen dafür, dass zu einem sehr frühen Zeitpunkt, bereits bei strategischen Überlegungen die Personalthemen mit gedacht und geplant werden können. Studien der dgfp (2006) und von Kienbaum (2006) belegen, dass dies in wenigen Unternehmen der Fall ist. Zudem sticht auch in der HR-Funktion häufig das operative Tagesgeschäft strategische Vorhaben aus.

Um die Potenziale des Ansatzes nutzen zu können, braucht es aber neben der Umsetzungsdimension eine strategische Ausrichtung. Nur dann, wenn KOM in *„beide Richtungen"* gedacht wird, bringt es dem Unternehmen den vollen Nutzen. Dann nämlich, wenn sowohl die Unternehmensziele frühzeitig zur Ausrichtung der Personalentwicklung genutzt werden und umgekehrt auch die Unternehmensausrichtung auf Informationen über die vorhandenen Humanressourcen basiert.

Mit dieser strategischen und langfristigen Ausrichtung besteht die Chance, *Verknüpfungen mit anderen Personal- und Führungsinstrumenten* zu nutzen. Die Personalentwicklung kann das SKM bzw. KOM so ausrichten, dass die erhobenen Daten für eine mehrfache Nutzung zur Verfügung stehen.[89] Dadurch gewinnt die Ausrichtung der Personalarbeit in vielen Feldern an Systematik.

Gerade aber die Nutzung der Daten in unterschiedlichen Zusammenhängen verdeutlicht, dass hier keine in der Personalentwicklung selbst entwickelte Excel-Liste ausreicht. Neben Anbietern auf dem externen Markt, die sich auf *komplexe Datenbank-Lösungen* spezialisiert haben, können mit der hauseigenen IT-Abteilung Anforderungen in Pflichtenheften definiert werden. Daraus ergibt sich meist ein Gemeinschaftsprojekt mit der IT, was im Zeitplan des Vorhabens zu berücksichtigen ist.

Und spätestens wenn es um die Speicherung personenbezogener Daten geht, muss der *Betriebsrat* eingebunden und eine Betriebsvereinbarung verhandelt werden. Je früher die Beteiligung der Mitbestimmung in die Projektgruppe erfolgt, desto besser. Festlegungen, auf die der Betriebsrat bestehen wird, sind neben den Zugriffsrechten (wer darf die Daten einsehen?), Inhalte (was genau wird erfasst?), Speicherdauer (wie lange werden Daten gespeichert?), Erhebungsmethode (wie werden Kompetenzen erhoben?), Einspruchsrechte (was, wenn der Mitarbeiter anderer Meinung ist als die Führungskraft?), Auswertung (welche Daten können – bezogen auf den Stelleninhaber und auch Funktions-übergreifend – ausgewertet werden?) etc.

Je komplexer ein Projekt wird, desto wichtiger kann es werden, *externe Beratung* hinzu zu ziehen. Damit kauft sich das Unternehmen für die Entwicklung des Systems Know-how aus bereits durchgeführten Vorhaben ein. Dadurch können sich allerdings die Kosten für das Vorhaben deutlich erhöhen.

Insgesamt ist festzustellen, dass bei der Einführung von SKM bzw. KOM *hohe Anfangsinvestitionen* erforderlich sind, bevor Nutzen eintritt. Dies ist zum einen in der zeitlichen Perspektive zu sehen – neben der Zeit einer Projektgruppe, die vor der Umsetzung und begleitend anfällt, sind auch die Effekte erst mit flächendeckender Einführung des Systems zu erwarten. Zum anderen sind die finanziellen Mittel in Be-

---

[89]   Vgl. Abb. 4.1-20, die Zusammenhänge zwischen einzelnen Instrumenten wie Stellenbesetzungen, Mitarbeitergesprächen, Bildungsbedarfsanalyse, Bildungscontrolling etc. aufzeigt.

rater und Datenbanklösungen zu berücksichtigen. Insgesamt kann der antizipierte Aufwand für Konzeption und Umsetzung insb. KMU abschrecken.

Und schließlich kann gleich vor Beginn des Projektes das Problem der *Aktualität* und der *Überarbeitungszyklen* benannt werden. Ein System mit alten Daten stiftet dem Unternehmen wenig Nutzen. Hier gilt es, bereits mit der Einführung einen Turnus zu etablieren, in dem alle Daten regelmäßig auf Aktualität überprüft werden.

Dazu müssen jedoch auf Unternehmensebene die *Informationen* möglichst *zeitnah* an zentraler Stelle zusammenfließen, gebündelt und interpretiert werden, damit der Unternehmensleitung schnell Entscheidungsempfehlungen vorliegen. Neben der später noch zu thematisierenden Rollenklärung erfordert dies im *Zeitplan* des gesamten Unternehmens eine Priorisierung des Themas KOM, ähnlich wie es für Jahresabschlüsse und Budgetplanungen üblich ist. Gemeint ist, dass die turnusgemäßen Jahresmitarbeitergespräche zwischen Führungskraft und Mitarbeiter zum Datenabgleich unternehmensweit parallel stattfinden. Bei der Neueinführung des Systems ist der zeitliche Aufwand zur Ersterfassung von Kompetenzen deutlich höher – ganz zu schweigen von den Trainings zum neuen System – und muss entsprechend (in einem *Programmmanagement* der Unternehmens-weiten Projekte) geplant werden.

Abteilung/Team

Ein großer Gewinn eines SKM oder KOM besteht mitunter darin, einen *Zusammenhang* zwischen Unternehmenszielen und -ausrichtung mit dem Beitrag der Abteilung bzw. des Team *sichtbar machen* zu können. Durch die intensive Auseinandersetzung mit den Inhalten beim Herunterbrechen der Unternehmensziele auf Abteilungsziele kann die Führungskraft die Themen für Mitarbeiter nachvollziehbar erklären. Allerdings setzt dies, wie bereits thematisiert, einen methodisch fundierten Ableitungsprozess voraus.

Eine weitere Chance des Ansatzes besteht darin, dass die Führungskraft in ihrer Rolle als *„Personalentwickler vor Ort"* gestärkt wird. Möglicherweise wird vielen Führungskräften auch erst im Zusammenhang mit dem Projekt SKM/KOM deutlich, welche Aufgaben sie diesbezüglich ihren Mitarbeitern und dem Unternehmen gegenüber haben.

Damit wird gleichzeitig deutlich, wie stark *Qualität und Aktualität der Daten* und somit deren Nutzen (i. S. v. Verwendbarkeit) von der einzelnen *Führungskraft abhängen*. Umso wichtiger erscheint es, das Projekt möglichst hoch im Unternehmen anzusiedeln und die strategische Bedeutung für das Unternehmen zu verdeutlichen. Schließlich geht es darum, auch neben dem meist *turbulenten operativen Geschäft*, eher strategische und Personal- und Führungsaufgaben wahrzunehmen.

Nicht zu unterschätzen ist auch, dass das ausgefeilte SKM- bzw. KOM-System *komplex* ist und für Linien-Führungskräfte, die ja meist in anderen Spezialgebieten als dem Personalwesen beheimatet sind, anspruchsvoll ist. Hierfür ist Training notwendig, worauf später noch einmal eingegangen werden soll.

Und schließlich kann SKM/KOM sinnvollerweise nicht losgelöst von anderen Instrumenten oder als *isolierte Einzelmaßnahme* betrieben werden. Welche Rolle dabei die Führungskräfte spielen, wer die Daten zusammenführt und welche Ansprechpartner die Vorgesetzten in Linienfunktionen bei der Anwendung beraten, sollte in einem entsprechenden Konzept (*Rollenzuweisung und Aufgabenbeschreibungen*: wer macht was?) festgehalten und veröffentlicht werden.

Stelle/Individuum

Auf der Ebene der einzelnen Stelle bzw. des einzelnen Mitarbeiters besteht die Chance darin, ein *Gesamtbild* transparent zu machen. Aus dem *Soll-Ist-Abgleich* wird ein *Delta* ermittelt, zu dem gemeinsam zwischen Mitarbeiter und Führungskraft Maßnahmen geplant werden.

Eine *realistische Selbst- und Fremdeinschätzung* verlangt sowohl vom Vorgesetzten als auch vom Stelleninhaber viel Disziplin, Sozial- und Methodenkompetenz. Auch an dieser Stelle sei wieder auf Trainings hingewiesen, die sicher wesentlich zu Akzeptanz und Erfolg des Vorhabens beitragen können.

Außerdem setzt die Thematisierung *künftiger Anforderungen* eine *vorausschauende Einschätzung* der Führungskraft voraus. Neben der Frage nach den vorhandenen Kompetenzen, stellt sich auch die Frage nach der Funktion des Vorgesetzten. Hat er/sie genug Einblick in Veränderungen des Marktes, des Berufsbildes, der Kundenanforderungen, technische Entwicklungen etc. – um für die eigene Abteilung und hier vor allem dem einzelnen Mitarbeiter erläutern zu können, wo die Reise hingehen soll?

Angenommen, die künftigen Anforderungen sind klar, dann wäre mit SKM/KOM möglich, im beiderseitigen Interesse (und im Sinne der sog. *Employability*) eine gezielte Entwicklung zu planen. Wie bereits vorher erläutert reicht das Maßnahmenspektrum bei einem umfassend betriebenen KOM von Personalentwicklung (z. B. Job-Rotation, Projektaufgaben, Stellvertretung, Training, Coaching) über Personalplanung (z. B. Nachfolgeplanung, Beförderung, Versetzung, Arbeitsplatzabbau) und Unternehmensausrichtung (z. B. Erschließung neuer Märkte, Zukauf von Unternehmen). Je früher die Maßnahmen thematisiert werden, desto eher kann auch eine Lösung im Interesse aller Beteiligten gefunden werden.

Kompetenz

Auf Ebene der einzelnen Kompetenzen besteht die Chance des Ansatzes darin, dass auch *informell erworbene Kompetenzen* berücksichtigt und erfasst werden. Dadurch erfährt auch das informelle Lernen im Arbeitsprozess (vgl. Kapitel 4.5 zur Durchführung von Weiterbildung) eine Aufwertung im Unternehmen. Viele dieser Kompetenzen sind dem Mitarbeiter nicht bewusst und eine gemeinsame Bestandsaufnahme mit der Führungskraft kann die Erfahrung des Mitarbeiters wertschätzen und ihn motivieren.

Eine weitere Chance besteht eben in der *gemeinsamen Reflexion* von Führungskraft und Mitarbeiter und dem Austausch über *Anforderungen* (Soll), *Verhalten* bzw. *Beobachtungen* (Ist) und daraus abgeleitete Kompetenz-bezogene *Entwicklungsmaßnahmen*. Denn häufig sind die Anforderungen nicht klar – oder wenn, dann sehr abstrakt und nicht mit konkreten Verhaltensankern hinterlegt. Beispiel: Was genau macht ein Mitarbeiter anders oder mehr als vorher, wenn die Unternehmensleitung Kundenorientierung als wichtige Prämisse ausruft? Hier kann mit der Führungskraft bezogen auf die Stelle besprochen werden, was genau erwartet wird und wie der Mitarbeiter das in der täglichen Praxis umsetzen kann.

Beide genannten Chancen setzen wiederum bei der *Führungskraft bestimmte Kompetenzen* voraus. Denn das Risiko besteht darin, dass es der Führungskraft nicht gelingt, die Inhalte zu transportieren. Selbst bei vergleichsweise einfachen Beurteilungssystemen sind Vorgesetzte oft nicht in der Lage, den Mitarbeitern die Kriterien, ihre Erwartungen und Beobachtungen zu verdeutlichen. Wenn jedoch die Anforderungen und Kriterien (hier beim SKM/KOM Kompetenzen) nicht transparent sind, entsteht Widerstand bei den Mitarbeitern gegen das System. Und auch hier kann letztlich Training zum Erfolg des Vorhabens beitragen. *Training* für alle Anwender, also Führungskräfte und Mitarbeiter, im Umgang mit dem *System* (Kompetenzen, Skalen, Datenerfassung, Auswertung etc.), mit *Beobachten und Bewertung* von Verhalten (Trennung von Wahrnehmung und Bewertung, Beurteilungsfehler etc.) und mit der *Gesprächssituation* (Grundlagen der Kommunikation, aktives Zuhören, Feedback geben etc.).

Die hier vorgenommene kritische Diskussion strebt nicht eine Bewertung des Skill- und Kompetenzmanagements an. Die in den vorherigen Abschnitten beschriebenen Ziele und Vorgehensweisen tragen bei guter Durchführung wesentlich zu einer Systematisierung und Professionalisierung der Personalentwicklung bei. Es geht also nicht um die Frage, ob SKM/KOM an sich sinnvoll ist, sondern wie sich die praktische Umsetzung gestalten lässt, damit die Vorteile und Chancen des Ansatzes bei gleichzeitig realistischer Einschätzung der Risiken und gezielter Vermeidung der Gefahren zum Tragen kommen.

Übung: 🔍

28   Sie sind Junior-Personalentwickler/in bei einem mittelständischen Unternehmen. Ihr Chef, der Personalleiter, fragt Sie nach einer Einschätzung, ob SKM/KOM für das Unternehmen in Frage kommen und was bei einer Einführung aus Ihrer Sicht zu beachten ist. Wie argumentieren Sie?

4.1.8 Kurz und bündig

Die Ermittlung des Weiterbildungsbedarfs gehört zu den schwierigsten Aufgaben der betrieblichen Personalwirtschaft. Nur jedes dritte KMU und nur zwei Drittel der Großbetriebe ermitteln in systematischer Form den Weiterbildungsbedarf der Mitarbeiter. Dabei dominieren Vorgesetztenbefragungen und –meldungen (vgl. Abb. 4.1-2). Bedarfsermittlung wird dabei üblicherweise im Sinne einer Gap-Analyse verstanden (vgl. Abb. 4.1-4). Durch mehr oder weniger akribische Verfahren wird versucht, die Anforderungen an einen Arbeitsplatz (als Soll-Kompetenzen) sowie das Kompetenzprofil eines Mitarbeiters (Ist-Kompetenzen) zu erfassen. Die Differenz wird als Weiterbildungsbedarf interpretiert. Dabei kann sich diese Soll-Ist-Analyse auf die Gegenwart beziehen (operative Bedarfsanalyse) oder auf einen zukünftigen Zeitpunkt, für den Bedarf (bspw. aus der Ableitung aus Unternehmensstrategien) antizipiert wird (strategische Bedarfsanalyse). Je nach Ausprägung der Differenz zwischen Soll und Ist bieten sich aus Unternehmenssicht verschiedene Varianten der Lückenschließung an (unterer Teil der Abbildung). Ein so definierter Weiterbildungsbedarf ließe sich objektiv „finden" („Findungsansatz": Variante 1 und 2 in der Abbildung), wenn unterstellt würde, dass die Person mit all ihren Kompetenzen eindeutig bestimmbar wäre und auch Arbeitsplatzstrukturen als unveränderlich vorausgesetzt werden könnten. Wie realistisch sind diese Annahmen? Wie problematisch diese Annahmen sind, zeigt sich, wenn man die zwei typischen Planungsmuster, nämlich das technokratische Planungsmuster und die avantgardistische Praxis beleuchtet.

Beim technokratischen Planungsmuster (vgl. Abbildung 4.1-5) bilden Marktanalysen den Ausgangspunkt einer Kette eher kurzfristig orientierter Planungsprozesse. Sind die Marktanalysen abgeschlossen, erfolgt im nächsten Schritt die Planung einer geeigneten Arbeitsorganisation und Technik, um das Produktions- und Dienstleistungsprogramm zu realisieren. Nach Umsetzung dieser Planungsschritte erfolgt zuletzt, quasi als abhängige Größe aller anderen Planungsschritte und zumeist ex post – also nach Einführung neuer Arbeitsplatzstrukturen oder neuer Technologien – die Identifizierung möglicher Weiterbildungsbedarfe, die in zwei verschiedenen Varianten erfolgen kann: Entweder man überlässt es dem Mitarbeiter selbst, solche Defizite zu erfahren und zu beseitigen (Regelfall) oder man stellt dieses Defizit auf der Grundlage von Dokumentenanalysen (z. B. Personalunterlagen, Auftragsunterlagen) fest, indem die Anforderungen in Soll- und die Mitarbeiterkompetenzen in Ist-Kompetenzprofile überführt und gegenübergestellt werden (Abb. 4.1-6). Ein Problem bei diesem Planungsmuster ist zunächst im Grundprinzip des Findungsansatzes begründet. Die Bestimmung von Soll- und Ist-Kompetenzen ist nämlich präzise kaum möglich. So ist bspw. Erfahrungswissen kaum dokumentierbar. Auch sind die erforderlichen Methoden- und Sozialkompetenzen (Soll), zum Teil sogar die erforderlichen Fachkompetenzen kaum präzise selbst aus gegebenen Kombinationen von Arbeitsorganisation und Technik ableitbar. Hinzu kommt, dass Arbeit und Technik nicht fest und unveränderlich gegeben, sondern auch ein Stück weit den Kompetenzen bzw. den Qualifikationspotenzialen der Mitarbeiter anpassbar sind. Diese Probleme betreffen auch die avantgardistische Praxis, weil auch sie den Grundprinzipien des Findungsansatzes folgen. Weitere Probleme des technokratischen Planungsmusters liegen im time-lag des Verfahrens, in motivationalen Aspekten, aber auch im systematischen Ausblenden des Know-Hows der Mitarbeiter etwa bei Reorganisationen.

Eine in Relation zum technokratischen Planungsmuster nur wenig veränderte Vorgehensweise weist die sog. „avantgardistische Praxis" auf, die in Abb. 4.1-7 durch ein Interviewausschnitt eingeführt und durch Abb. 4.1-8 visualisiert wird. Betrachtet man den Ansatz genauer, so unterscheidet er sich in der Vorgehensweise „lediglich" darin vom technokratischen Planungsmuster, dass er – zusätzlich zu modifizierenden kurzfristigen Planungen im Bedarfsfall (unterer Teil der Abbildung) – auf mittelfristiger Ebene eine frühzeitigere Planung der qualifikatorischen Konsequenzen vorsieht. Im Rahmen dieser strategischen Bedarfsanalyse wird im Rahmen eines Ablaufverfahrens (z. B. Phasenmodell in Abb. 4.1-9) versucht, aus den strategischen Zielen des Unternehmens schrittweise konkrete erfolgskritische Soll-Kompetenzen zukunftsbezogen abzuleiten und in beobachtbare Items zu überführen. Ebenso werden in diesem Verfahren schrittweise die Ist-Kompetenzen und –Potenziale ermittelt. Die Profile werden abschließend gegenübergestellt (Abb. 4.1-6; jedoch zukunftsbezogen).

Das Problem des time-lags und der damit zusammenhängenden motivationalen Komponente wird dadurch entschärft. Allerdings ändert diese Vorgehensweise prinzipiell nichts an den anderen Kritikpunkten bezüglich der Soll-Ist-Bestimmung im Rahmen eines Findungsansatzes. Vielmehr tritt hier ein neues Problem, nämlich ein Prognoseproblem, hinzu: Aufgrund vermuteter Tätigkeiten und vermuteter Fähigkeiten wird in diesem Ansatz Weiterbildung konzipiert.

Die Anwendung des Findungsansatzes sowie der avantgardistischen Praxis ist zwingend notwendig bei eher kurzfristigen Planungshorizonten. Wenn etwa ein Unternehmen einen Auftrag erhält und Projektgruppen zur Bearbeitung gebildet werden, so lassen sich ggfs. ad-hoc-Weiterbildungsaktivitäten und damit das technokratische Planungsmuster kaum vermeiden. Wenn also alternative Planungsmuster diskutiert wurden, dann haben sie ergänzenden, nicht aber ersetzenden Charakter. Nicht immer resultiert nämlich Weiterbildungsbedarf aus der Notwendigkeit, kurzfristig auf Markterfordernisse zu reagieren. Wenn es etwa um Planungen bezüglich einer veränderten Dienstleistungs- oder Produktpalette des Unternehmens geht oder aber um organisatorische Veränderungen im Unternehmen, so sind die Planungshorizonte deutlich länger und ermöglichen daher auch andere Planungsmuster bezüglich der Personalseite in diesem Change-Prozess.

Hier bieten sich bei der Feststellung von Weiterbildungsbedarfen Planungsmuster an, die dem Konstruktionsansatz (partizipative Verfahren) folgen. Dabei bedeutet „Partizipation" nicht allein, dass ein Mitarbeiter mit darüber bestimmen kann, ob und ggfs. in welche Weiterbildungsmaßnahme er geht („Scheinpartizipation"). Partizipation meint die umfassende Einbindung des Mitarbeiters in den gesamten Planungsprozess von Arbeit, Technik und Personal. Welche Vorteile werden von einer solchen Vorgehensweise für das Unternehmen erwartet? Zum einen werden motivationale Vorteile auf Seiten der Beschäftigten erwartet. Ein weiterer Vorteil wird darin gesehen, dass das Know-how der Mitarbeiter in den Gestaltungsprozess von Arbeitsorganisation von Arbeit und Technik mit einfließen kann. Und schließlich: Häufig bleiben in einem Unternehmen vorhandene Kompetenzen eines Mitarbeiters und seine erschließbaren Potenziale ungenutzt. Gerade sie bieten aber häufig einen weiteren Anknüpfungspunkt für Produkt- und Dienstleistungsinnovationen in einem Unternehmen. Bei den partizipativen Verfahren lassen sich idealtypisch zumindest drei Ansätze unterscheiden, die stichwortartig in Abb. 4.1-10 visualisiert werden. Alle Verfahren sind dabei gleichermaßen durch eine eher langfristige Perspektive gekennzeichnet (und nur in diesem Kontext anwendbar).

Während beim Top-Down-Ansatz sowie – zumindest, wenn man die Praxis betrachtet – auch beim Bottom-Up-Ansatz durchaus in Frage steht, ob sie überhaupt den partizipativen Verfahren zugeordnet werden können, werden beim potenzialorientierten Ansatz nach E. Staudt die Mitarbeiter systematisch in alle Planungsprozesse einbezogen. Angesichts der Probleme anderer Planungsmuster schlägt Staudt bei langfristigen Planungshorizonten eine *teilweise* Umkehrung der Planungsschritte vor. Die Qualifikationen der Mitarbeiter werden dabei *nicht mehr nur* als Folge von anderen Faktoren geplant, sondern sie werden zum *zweiten* Ausgangspunkt aller Planungsprozesse erhoben. Gefragt wird nunmehr auch danach, welche organisatorischen und technischen Lösungen und letztlich sogar welche Produkte bzw. Dienstleistungen sich mit den verfügbaren Qualifikationspotenzialen erschließen lassen (Abb. 4.1-11). Diese Planung *ersetzt nicht* traditionelle Planungsverfahren, sondern *ergänzt* sie. Die Mitarbeiterpotenziale haben dabei zwei Funktionen: Sie können limitierend und initiierend sein. Limitierend meint, dass die vorhandenen Potenziale technisch-organisatorische Lösungen verhindern. Diese Potenziale können aber auch initiierenden Charakter haben, indem sie Auslöser für neue technisch-organisatorische Lösungen bzw. Produkte oder Dienstleistungen sind.

Was aber sind *Potenziale* und wie bestimmt man sie? Der Begriff „Potenzial" wird in der Literatur keineswegs einheitlich verwandt. Häufig wird er synonym mit dem Begriff „Kompetenz" verwandt. Dies erscheint allerdings wenig sinnvoll, weil dadurch der wichtige Unterschied zwischen vorhandenen und latenten (erschließbaren) Kompetenzen verwischt wird. Die Mehrzahl der Autoren grenzt vor diesem Hintergrund den Potenzialbegriff bewusst vom Kompetenz- bzw. Qualifikationsbegriff ab, weil sie damit zum Ausdruck bringen wollen, dass Mitarbeiter entwicklungsfähig sind und daher auch über „schlummernde" Fähigkeiten verfügen, die bislang noch nicht zur Geltung gebracht worden sind. Versucht man die Arten von Potenzialen aus Sicht eines Unternehmens etwas genauer zu differenzieren, so gelangt man zur Typisierung in Abb. 4.1-12. Sie verweist auch darauf, dass sich Potenziale auf verschiedenen Wegen erschließen lassen. Für die Bestimmung von Potenzialen lassen sich verschiedene, unterschiedlich aufwändige, Verfahren einsetzen. Eine Übersicht über die zu thematisierenden Verfahren gibt Abbildung 4.1-13. Die Instrumente unterscheiden sich bezüglich des notwendigen Aufwandes, aber auch bezüglich der Objektivität und Validität der Ergebnisse. Die meisten Instrumente sind nur im Rahmen einer „anforderungsorientierten Potenzialanalyse" einsetzbar. D.h., es werden vorab Anforderungen (etwa für eine Führungsfunktion) definiert und es wird mittels der Instrumente geprüft, ob die Mitarbeiter das Potenzial haben, diesen Ansprüchen zu genügen. Staudt verfolgt dagegen einen eher personenorientierten Potenzialansatz. Hier geht es darum festzustellen, ob ein Mitarbeiter noch über Potenziale verfügt, die durch neue (zu Beginn des Verfahrens noch unbekannte) Tätigkeitsfelder und durch (noch unbekannte Technikunterstützung) für das Unternehmen ausgeschöpft werden können. Konkrete Anforderungen lassen sich daher im Rahmen von Potenzialanalysen vorab kaum festlegen. Daher bieten sich hier eher Instrumente an, die auf solche Vorgaben verzichten. Prinzipiell geeignet erscheinen Interviews (Abb. 4.1-14), Mitarbeitergespräche, Arbeitsproben i.V.m. Beobachtungen bei bislang unbekannten Tätigkeitsfeldern (vgl. z. B. Abb. 4.1-15). Prinzipiell geeignet, wenn auch aufwändig, sind 360°-Feedbacks und kombinierte Verfahren (Abb. 4.1-15/-16).

Das Skill- und Kompetenzmanagement ist ein Ansatz, um aus den strategischen Unternehmenszielen Kompetenzanforderungen für Gegenwart und Zukunft abzuleiten. In einem aufwändigen Verfahren wird ein Unternehmens-eigenes Kompetenzmodell erstellt, das die Kernkompetenzen auf Organisationsebene in einem mehrstufigen Verfahren auf die Individualebene herunter bricht. Mit einheitlicher Sprache werden Anforderungs- und Stellenprofile (Soll) für Job-Gruppen und einzelne Mitarbeiter erstellt, mit denen die Kompetenzen der Stelleninhaber abgeglichen werden (Soll-Ist-Vergleich). Anschließend werden Maßnahmen entwickelt, um Kompetenzlücken einzelner Mitarbeiter, Teams oder Organisationseinheiten zu schließen.

Durch dieses Vorgehen erhält die Personalentwicklung eine höhere Bedeutung und kann strategisch ausgerichtete PE-Maßnahmen umsetzen. Darüber hinaus liefert sie mit die Grundlage für Unternehmensentscheidungen, wenn transparent ist, welche für künftige Herausforderungen notwendigen Kompetenzen im Unternehmen vorhanden sind, welche aufgebaut oder extern zugekauft werden müssen. Im Sinne der Weiterbildungsbedarfs-Ermittlung können passgenaue Qualifikationsprogramme mit enger Anbindung an die Unternehmensstrategie mit längeren Planungsvorläufen realisiert werden. Die Personalentwicklung wird somit zum wichtigen „Business Partner", der einen Beitrag zur Sicherung der Kernkompetenzen im Unternehmen und mit dem richtigen Mitarbeiter zur richtigen Zeit am richtigen Ort zum strategischen Wettbewerbsvorteil beiträgt.

Literatur

Abels, E./Wurzer, J.: Inspektion von Ist und Soll – Weiterbildungsbedarf ermitteln. In: managerSeminare 27(1997)4, S. 44 - 55.

Bardeleben, R. v.: Strukturen betrieblicher Weiterbildung. Berlin 1986.

Bäumer, J.: Kompetenzmanagement in mittelständischen Unternehmen. Unterlage von Kienbaum Management Consultants GmbH, o. O, 2002 URL: www.kienbaum.de/cms/gfx/content/pdf/kompetenzmanagement _formatiert.pdf – am 06.04.2007.

Beck, S.: Skill-Management. Konzeption für die betriebliche Personalentwicklung. Wiesbaden 2005.

Becker, M.: Personalentwicklung: Bildung, Förderung und Organisationsentwicklung in Theorie und Praxis. 3., überarbeitete und erweiterte Auflage. Stuttgart 2002.

Becker, M.: Systematische Personalentwicklung. Stuttgart 2005.

Biesalski, E./Abecker, A.: Wenn wir wüssten, was wir wissen In: Personalwirtschaft 33(2006)6, S. 42 - 45.

Capgemini (Hg.): Studie HR-Barometer 2004/2006. Bedeutung, Strategien, Trends in der Personalarbeit. O. O. 2004, URL: www.capgemini.com.

Cell Consulting (Hg.): Studie Kompetenzmanagement, Management Summary, o. O. 2002, URL: http://www.competence-site.de/wissensmanagement.nsf/Attach Show!OpenFrameset&attachfile=/wissensmanagement.nsf/631E241FC50051 43C1256BA400475BC4/$File/Studie_Kompetenzmanagement.pdf.

De la Fontaine, A.: Competency Management@SV. Process, Methods and Tools. Präsentation der Siemens VDO. Regensburg 2007.

Fank, M. (2004a): White Paper Kompetenzmanagement. Institut für e-Management e. V. (IfeM). Köln 2004.

Fank, M. (2004b): Kompetenzmanagement 2004. Verbreitung, Akzeptanz und Entwicklung eines neuen Managementkonzepts. In: Knowledge Management in der Praxis, Band 5. Institut für e-Management e. V. (IfeM). Köln 2004.

Faix, W. G./Buchwald, C./Wetzler, R.: Skill-Management. Qualifikationsplanung für Unternehmen und Mitarbeiter. Wiesbaden 1991.

Fischer, H./Haasis, H.-D.: Was bedeutet Skill Management? Verkürzte Internet-Version des Beitrags. In: Haasis, H.-D.: Skill Management: Eine Vielzahl von Möglichkeiten und Chancen für KMU, Mittelstand und öffentliche Verwaltung, o.O. 2006. URL: http://www.information consultancy.com/aus %20Buch %20Grundlagen %20des %20Skill %20Managements.pdf.

Funke, U.: Computergestützte Eignungsdiagnostik mit komplexen dynamischen Szenarios. In: Zeitschrift für Arbeits- und Organisationspsychologie, 37(1993), S.109 - 117.

Fuchs, J.: Die neue Art der Karriere im schlanken Unternehmen. In: Harvard Business Manager 20(1998)4, S. 83 - 91.

Gestmann, M.: Mit System zum Erfolg. In: management & training 29(2002)12, S. 24 - 25.

Gillies, C.: Skillmanagement – Wissensträger identifizieren. In: managerSeminare, Heft 69 (2003)9, S. 78 - 84.

Gloger, A.: Kompetenzmanagement – Erfassen Sie Ihre Pfunde. In: managerSeminare, Heft 64 (2003)3, S. 78 - 83.

Grote, S./Kauffeld, S./Frieling, E. (Hg.): Kompetenzmanagement. Grundlagen und Praxisbeispiele. Stuttgart 2006.

Grüner, H.: Die Bestimmung des betrieblichen Weiterbildungsbedarfs. Frankfurt a.M. 2000.

Jeserich, W.: Personal- Förderkonzepte. Diagnose – und was kommt dann? München 1996.

Jochmann, W.: Von unternehmerischen Erfolgsfaktoren zu personalwirtschaftlichen Kompetenzmodellen. In: Jochmann, W./Gechter, S. (Hg.): Strategisches Kompetenzmanagement. Berlin Heidelberg 2007, S. 3 - 24.

Jochmann, W./Gechter, S. (Hg.): Strategisches Kompetenzmanagement. Berlin Heidelberg 2007.

Jöns, I. u. a.: Entwicklung zielgruppenspezifischer Kompetenzprofile. In: Personalführung 38(2005)9, S. 46 - 53.

Kanning, U./Holling, H.: Handbuch personaldiagnostischer Instrumente. Göttingen 2002.

Kayser, J./Sebald, H./Stolzenburg, J. H.: Corporate Values und strategisches Kompetenzmanagement in der unternehmerischen Umsetzung. In: Jochmann, W./Gechter, S. (Hg.): Strategisches Kompetenzmanagement. Berlin Heidelberg 2007, S. 139 - 168.

Kleinmann, M.: Assessment-Center. Göttingen 2003.

Krämer, M.: Grundlagen und Praxis der Personalentwicklung. Göttingen 2007.

Kunz, G.: Entwicklung nach Maß – Potenzialanalyse. In: managerSeminare 42(2000)5, S. 82 - 88.

Kunz, G.: Nachwuchs fürs Management. High Potentials erkennen und fördern. Wiesbaden 2004.

Lang-von Wins, T./Rosenstiel, L. v.: Potentialfeststellungsverfahren. In: Kleinmann, M./Strauß, B. (Hg.): Potentialfeststellung und Personalentwicklung. 2. Auflage, Göttingen 2000, S. 73 - 99.

Lang-von Wins, T.: Perspektiven der Potentialbeurteilung in Unternehmen: Probleme und Chancen. In: Rosenstiel, L. v./Lang-von Wins, T. (Hg.): Perspektiven der Potentialbeurteilung. Göttingen 2000, S. 155 - 179.

Leipoldt, T.: Competency Management – Fit für die Zukunft. URL: http://hr.monster.de/2825_de-DE_p1.asp am 21.04.2007.

Mauch, S.: Konzeption Kompetenz- und Wissensmanagement. Entwicklung, Steuerung und Nutzung von Kernkompetenzen in der Landesverwaltung. Ein Diskussionsbeitrag. Führungsakademie Baden-Württemberg. Karlsruhe 2004.

Meier, R.: Praxis Weiterbildung. Offenbach 2005.

Merk, R.: Weiterbildungsmanagement. Augsburg 2006.

Moser, K./Zempel, J.: Die Implementierung neuer Potentialanalyseverfahren in Organisationen. In: von Rosenstiel, L./Lang-von Wins, T. (Hg.): Perspektiven der Potentialbeurteilung. Göttingen 2000, S. 181 - 200.

Münch, J. (Hg.): Qualifikationspotentiale entdecken und fördern. Berlin 1997.

Nauendorf, W.: Potentialentwicklung und Karriereplanung bei angelernten Mitarbeitern. In: Münch, J. (Hg.): Qualifikationspotentiale entdecken und fördern. Beispiele innovativer Personalentwicklung aus deutschen Unternehmen. Berlin 1997, S. 47 - 69.

Neuberger, O.: Das Mitarbeitergespräch. Praktische Grundlagen für erfolgreiche Führungsarbeit. 4., bearbeitete Auflage. Leonberg 1998.

Nienaber, C.: Die Bedeutung des Kompetenzmanagements für die strategische Personalarbeit. In: Jochmann, W./Gechter, S. (Hg.): Strategisches Kompetenzmanagement. Berlin Heidelberg 2007, S. 25 - 46.

North, K./Reinhardt, K.: Kompetenzmanagement in der Praxis. Mitarbeiterkompetenzen systematisch identifizieren, nutzen und entwickeln. Wiesbaden 2005.

Palass, B.: Auf Draht. Skill-Datenbank: Gezielte Suche nach den besten Fachleuten im Haus. In: managermagazin 30(2000)12, S. 162 - 163.

Paschen, M./Koreng, M.: Orientierungs-Center bei Boehringer. In: management & training (2002)6, S. 28 - 31.

Paschen, M.: Einsicht ohne Verlierer – Potenzialanalyse. In: management&training (2003)10, S. 26 - 29.

Prahalad, C. K./Hamel, G.: The Core Competencies of the Corporation. In: Harvard Business Review, (1990)5, S. 79 - 91.

Prahalad, C. K./Hamel, G.: Nur Kernkompetenzen sichern das Überleben. In: Ulrich, D. (Hg.): Strategisches Human Resource Management. München Wien 1999, S. 52 - 73.

Reinhardt, K.: Kompetenzen steuern – Modell des integrativen Kompetenzmanagements, in: ERP Management, 3(2007)3.

Sanne, C.: Kompetenzmanagement mit dem Siemens Kompetenzmodell. In: Von Rosenstiel, L./Pieler, D./Glas, P. (Hg.): Strategisches Kompetenzmanagement. Von der Strategie zur Kompetenzentwicklung in der Praxis. Wiesbaden 2004, S. 159 - 167.

Sarges, W.: Interviews. In: Sarges, W. (Hg.): Management – Diagnostik. Göttingen 1995, S. 475 - 489.

Saxe, R./Weitz, B. A.: The SOCO Scale: A Measure of the Customer Orientation of Salespeople. Journal of Marketing Research 19(1982)3, S. 343 - 351.

Schenk, M./Schnauffer, H.-G./Staiger, M.: Integriertes Kompetenzmanagement: Modell und Vorgehen. In: Personalmanager, (2005)2, S. 38 - 39.

Scherm, M./Sarges, W.: 360°-Feedback. Göttingen 2002.

Schlaffke, W./Weiß, R. (Hg.): Tendenzen betrieblicher Weiterbildung. Köln 1990.

Schmidt, F./Hunter, J.: Meßbare Personmerkmale: Stabilität, Variabilität und Validität zur Vorhersage zukünftiger Berufsleistung und berufsbezogenen Lernens. In: Kleinmann, M./Strauß, B. (Hg.): Potentialfeststellung und Personalentwicklung. 2. Auflage, Göttingen 2000, S. 15 - 41.

Schnurer, K./Mandl, H.: Wissensmanagement mit dem Ziel des Kompetenzaufbaus. In: Von Rosenstiel, L./Pieler, D./Glas, P. (Hg.): Strategisches Kompetenzmanagement. Von der Strategie zur Kompetenzentwicklung in der Praxis. Wiesbaden 2004, S. 127 - 145.

Schürholz, D.: „Skill-Management" zur Unterstützung der dispositiven Aufgaben des Personalwesens – Konzeptvorschlag für einen ganzheitlichen Software-Ansatz auf Basis einer Anforderungsanalyse und einer empirischen Studie. Köln 2001.

Schuh, S.: Potenzialanalyse in der Generali Vienna Group. In: Hernsteiner (2005)2, S. 10 - 14.

Schuler, H./Prochaska, M.: Ermittlung personaler Merkmale: Leistungs- und Potenzialbeurteilung von Mitarbeiter. In: Sonntag, K. (Hg.): Personalentwicklungen in Organisationen. 2. Auflage, Göttingen 1999, S. 181 - 210.

Schuler, H.: Das Rätsel der Merkmals-Methoden-Effekte: Was ist „Potential" und wie lässt es sich messen? In: Rosenstiel, L. v./Lang-von Wins, T. (Hg.): Perspektiven der Potentialbeurteilung. Göttingen 2000, S. 53 - 71.

Segedi, J.: Kompetenzmanagement: Wissen, wer was weiß... Pressemitteilung zur Studie "Kompetenzmanagement in Unternehmen" vom Fraunhofer-Institut für Arbeitswirtschaft und Organisation IAO und der Managementberatung Mühlenhoff + Partner, Stuttgart 2006, URL: http://idw-online.de/pages/de/news189249 am 06.04.2007.

Seusing, B./Bötel, C.: Bedarfsanalyse – die betriebliche Praxis der Planung von Weiterbildungsbedarfen. In: Bötel, C./Krekel, E. (Hg.): Bedarfsanalyse, Nutzenbewertung und Benchmarking – Zentrale Elemente des Bildungscontrollings. Bonn 2000, S. 21 - 34.

Staron, M.: Mehr Augen für den Pool – Fallbeispiel: Potenzialerhebung bei der BSH. In: managerSeminare 87 (2005)6, S. 72 - 77.

Staudt, E./Kröll, M./Hören, M. v.: Personalentwicklung und Qualifizierung als strategische Ressource betrieblicher Innovationen. In: Dybowski, G./Haase, P./ Rauner, F. (Hg.): Berufliche Bildung und betriebliche Organisationsentwicklung, Bremen 1993, S. 34 - 67.

Strack, M. u. a.: Sozialperspektivische Imagepositionierung als Feedbackinstrument zur Unterstützung kundenorientierten Managements. In: Bungard, W./Koop, B./Liebig C. (Hg.): Psychologie und Wirtschaft leben. München 2004, S. 362 - 369.

Ulbrich, M.: Potentialanalyse und Entwicklungsprognose. Eine empirische Untersuchung zur sozialen Kompetenz. Köln 2004.

Ulrich, D. (Hg.): Strategisches Human Resource Management. München/Wien 1999.

Volz-Holterhus, E.: Führungskräfteentwicklung durch Management-Audit. In: Schwuchow, K./Gutmann, J. (Hg.): Jahrbuch Personalentwicklung und Weiterbildung 1999/2000. Neuwied, Kriftel 1999, S. 184 - 187.

Von Rosenstiel, L./Pieler, D./Glas, P. (Hg.): Strategisches Kompetenzmanagement. Von der Strategie zur Kompetenzentwicklung in der Praxis. Wiesbaden 2004.

Wittenberg, R.: Einführung in die Sozialwissenschaftlichen Methoden und ihre Anwendung in empirischen Untersuchungen I - Skript. Nürnberg: Arbeits- und Diskussionspapiere des Lehrstuhls für Soziologie (1999)99-5.

4.2   Transferförderung in der betrieblichen Weiterbildung

4.2.1 Problembezug

Lernziele

- Zwischen Lernerfolg und Transfererfolg unterscheiden und Beziehungen zwischen diesen Größen erläutern können.

- Den Begriff Lerntransfer erläutern können.

- Verschiedene Verlaufsformen des Lerntransfers unterscheiden und anhand von Beispielen erläutern können.

- Transferhemmende Faktoren anhand von Beispielen erläutern können.

- Maßnahmen der Transferförderung erläutern, ihre Reichweite beurteilen und in ein systematisches Raster einordnen können.

- Maßnahmen der Transferförderung auf konkrete Praxissituationen anwenden können und eigene Ideen dazu entwickeln.

- Instrumente zur Förderung einer Transfermotivation erläutern und theoretisch begründen können.

Fallbeispiel

Der wissenschaftliche Mitarbeiter Manfred E. hat bislang – wie seine Kollegen auch - mit einem bis dato gängigen Textverarbeitungsprogramm gearbeitet. Zwischenzeitlich ist jedoch ein neues Programm gängig geworden. Die meisten Mitarbeiter sind schrittweise darauf umgestiegen. Manfred E. wird von seinem Vorgesetzten gebeten, ebenfalls das neue Programm zu verwenden, damit es bei der innerbetrieblichen Weiterverarbeitung von Dokumenten zu keinen Friktionen kommen kann. Er solle dazu ein Seminar besuchen, um sich in dieses neue Programm einzuarbeiten. Manfred E. versucht dies zunächst abzuwenden, mit dem Argument, dass er sowieso derzeit sehr viel zu tun hätte, und das bisherige Programm für seine Arbeiten völlig ausreichend sei. Der Vorgesetzte besteht allerdings darauf, dass der Mitarbeiter eine Weiterbildungsmaßnahme besuchen soll. Vom Rechenzentrum der Universität wird ein thematisch einschlägiger dreitägiger Kurs angeboten, für den sich Manfred E. anmeldet. Im Vorfeld erhält E. vom Kursleiter eine Sammlung von vorbereitenden Materialien, mit denen er sich schon einmal vorab beschäftigen sollte, damit schon Grundkenntnisse vorhanden sind und alle Teilnehmer im Seminar vom gleichen Level ausgehen können. Kurz vor Beginn des Kurses erhält E. jedoch – zusätzlich zu den vorliegenden tagesaktuellen Aufgaben – noch den Auftrag einen Vortrag zu einem Projektthema zu halten. Gleichzeitig sind Projektberichte zu erstellen, da auch hier Fristen gesetzt worden sind. E. kommt daher nicht dazu, sich mit den vorbereitenden Materialien vertraut zu machen. Dennoch besucht er den Kurs. Allerdings hat er – weil er die vorbereitenden Materialien nicht studieren konnte - einige Schwierigkeiten, da andere bereits über entsprechende Vorkenntnisse verfügen. Dennoch lernt er zumindest den grundlegenden Umgang mit dem Programm, auch wenn er nicht alle Details versteht. Dazu hat auch beigetragen, dass er in Gedanken immer wieder bei seinem geplanten Vortag ist.

Ein Kollege, der ebenfalls bislang mit dem traditionellen Textverarbeitungsprogramm gearbeitet hat, aber über bessere Vorkenntnisse verfügt, äußert sich am Ende des Kurses deswegen über die Weiterbildungsmaßnahme insgesamt positiv, weil ihm deutlich geworden sei, dass die Textverarbeitungsprogramme eine ähnliche Menüführung haben, die auch bei anderen Programmen, wie etwa bei Tabellenkalkulationsprogrammen, Verwendung findet. Nach Ende des Kurses kommen beide Kollegen zurück an ihre jeweiligen Arbeitsplätze. Auf die Frage des Vorgesetzten, wie der Kurs war, legte Manfred E. dar, dass der Kurs nicht viel gebracht hätte, weil er ziemlich praxisfern gewesen sei. Es seien Dinge besprochen worden, die er gar nicht bräuchte und jene Aspekte, die für ihn wichtig gewesen wären, seien zu kurz gekommen. Auch sein Kollege legt dar, dass der Kurs nur wenig mit der eigenen

---

Tätigkeit zu tun gehabt hätte. Dass er vom Kurs profitiert hätte, führt er dagegen nicht aus, um nicht seinem Kollegen in den Rücken zu fallen. Manfred E. hat zwischenzeitlich noch die Bitte erhalten, seinen Vortrag auch noch sofort für eine Aufsatzpublikation zu verschriftlichen. Gleichzeitig hat er die Post und die E-Mails von nunmehr vier Tagen zu bearbeiten. Der Chef bittet ihn außerdem noch, einen Projektbericht, den E. gerade noch vor dem Kurs abgegeben hatte, binnen weniger Tage und vordringlich noch einmal zu überarbeiten. Manfred E. versucht dies zunächst mit dem neuen Programm zu erledigen. Allerdings merkt er sehr schnell, dass dies sehr viel langsamer vonstatten geht, weil er immer mal wieder in seinen Unterlagen blättern muss. Nach einer gewissen Zeit entscheidet er sich, die Texte doch mit dem alten Programm zu erstellen, weil dies schneller geht und der Arbeitsdruck hoch ist. Da auch in den darauf folgenden Wochen immer wieder vordringliche Arbeiten anliegen, kommt er gar nicht dazu, sich mit dem neuen Programm zu beschäftigen, so dass er weiter mit dem alten Programm arbeitet. Erst Monate später versucht er kurz wieder, das Programm anzuwenden. Allerdings zeigt sich, dass er so viel vergessen hat, dass er das Programm nunmehr gar nicht mehr anwenden kann. Sein Kollege hatte nach dem Kurs Urlaub und experimentierte in dieser Zeit mit dem Programm. Dabei gewann er rasch an Routine. Außerdem besorgte er sich ein neues Tabellenkalkulationsprogramm, in das er sich selbstständig einarbeitete. Dabei halfen ihm auch die Erkenntnisse aus dem Textverarbeitungskurs, weil ihm die Struktur der Oberfläche intuitiv deutlich wurde.

Wenn über den Erfolg von beruflicher Weiterbildung nachgedacht wird, dann geht es zumeist um die Frage, durch welche Strategien gesichert werden kann, dass die *Lernziele* im Kurs auch erreicht werden können. Dazu wird insbesondere über das didaktisch-methodische Design reflektiert. Aus Sicht des Unternehmens ist dieser *Lernerfolg* allerdings noch nicht hinreichend. Viel entscheidender ist, dass das, was gelernt worden ist, dann auch am Arbeitsplatz angewendet wird. Erst dieser *Transfererfolg* kann zu einem ökonomischen Nutzen für das Unternehmen führen. Der Lernerfolg ist für den Transfererfolg dabei lediglich eine *notwendige, allerdings noch nicht hinreichende Bedingung*, auch wenn in der Praxis vielfach wie selbstverständlich unterstellt wird, dass ein Lerner das Gelernte auch anwenden würde. Diese Annahme mag im Einzelfall zutreffen, ist aber keineswegs „selbstverständlich", da zwischen Lernerfolg und Transfererfolg ein *Transferprozess* liegt, der durch vielfältige Faktoren gestört sein kann. Will man also einen möglichst hohen Transfererfolg erreichen und damit ökonomische Fehlinvestitionen in Weiterbildung vermeiden, so gilt es, auf diese Faktoren systematisch Einfluss zu nehmen. Man spricht hier von *Transfer fördernden Maßnahmen*.

Dass Transferförderung eine wichtige Bedeutung hat, wird sowohl von der Theorie als von der Praxis konzediert. Gleichwohl wird diese Problematik völlig unzureichend beachtet. Kemm (1988, S. 26)[90] bringt dieses Problem auf den Punkt: „Transfer beginnt mit dem guten Vorsatz und hört leider oft schon dort wieder auf"! Warum kennzeichnet dies die verbreitete Praxis? Aus Sicht der Unternehmen erfordert Transferförderung einen Zusatzaufwand zur Weiterbildung, auch wenn dieser dabei häufig weit überschätzt wird, weil es – wie in diesem Kapitel noch dargestellt wird – eine Reihe von Transfer fördernden Instrumenten gibt, die wenig zeit- und kostenintensiv sind. Aus der Sicht des einzelnen Teilnehmers unterbleibt ein Transfer des Gelernten auf den Arbeitsplatz allein deswegen schon, weil damit immer eine individuelle Anstrengung verbunden ist. Daher ist immer das Risiko groß „in den alten (bewährten) und eingeübten Trott" zu verfallen. Zumindest verursacht dies in der Regel weniger Anstrengungen.

Im Folgenden soll zunächst der Transferprozess etwas genauer analysiert werden. Was heißt überhaupt Lerntransfer? Wie verläuft üblicherweise ein Transferprozess bzw. wie kann er verlaufen? In einem zweiten Schritt widmen wir uns der Frage, wel-

---

[90] Zitiert in: Lang, K.: Bildungs-Controlling, 2. Aufl., Wien 2006.

che Faktoren diesen Transferprozess stören können. Dabei soll es nicht darum gehen, eine Vielzahl von Störgrößen zu benennen. Ziel soll vielmehr sein, diese Einflüsse zu systematisieren. In einem letzten Schritt geht es dann um die Frage, durch welche Strategien man auf diese Faktoren Einfluss nehmen kann. Dabei wird deutlich werden, dass Maßnahmen nicht nur, was nahe liegen würde, nach Ende eines Kurses greifen können, sondern auch schon im Vorfeld und im Verlauf einer Weiterbildungsmaßnahme. Daher wird Transferförderung – anders als in anderen Kreislaufmodellen – auch als übergreifendes Feld und nicht als integraler Bestandteil des Funktionskreislaufs im Bildungsbereich verstanden (Abb. 4.2-1). Den Ablauf der Erörterungen visualisiert Abb. 4.2-2.

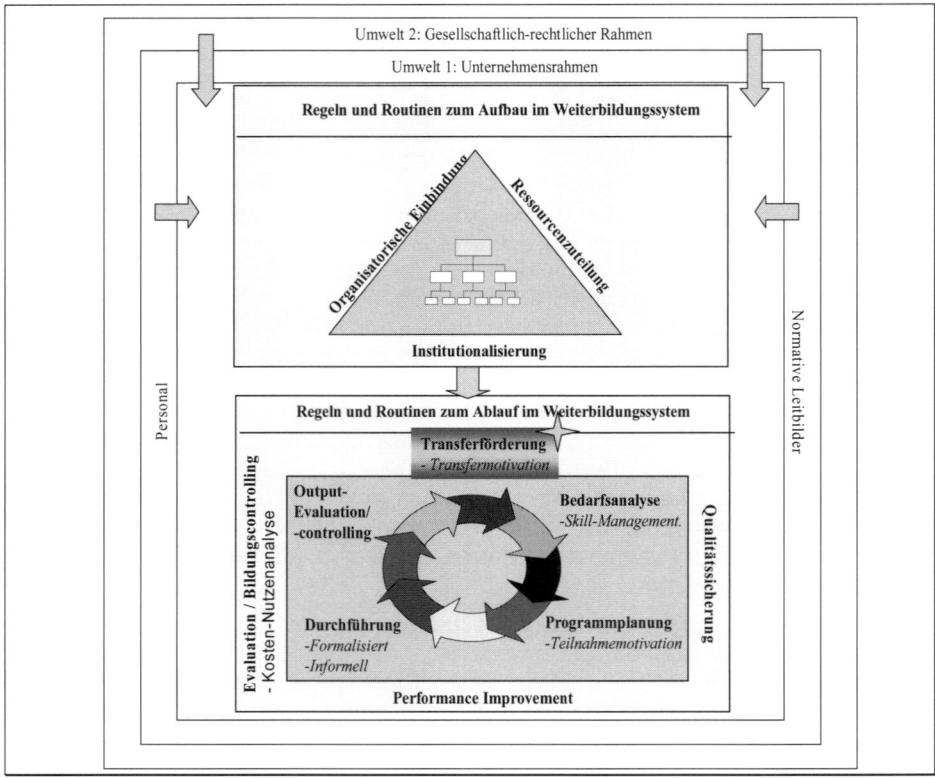

Abb. 4.2-1: Transferförderung als Handlungsfeld des betrieblichen Weiterbildungsmanagements

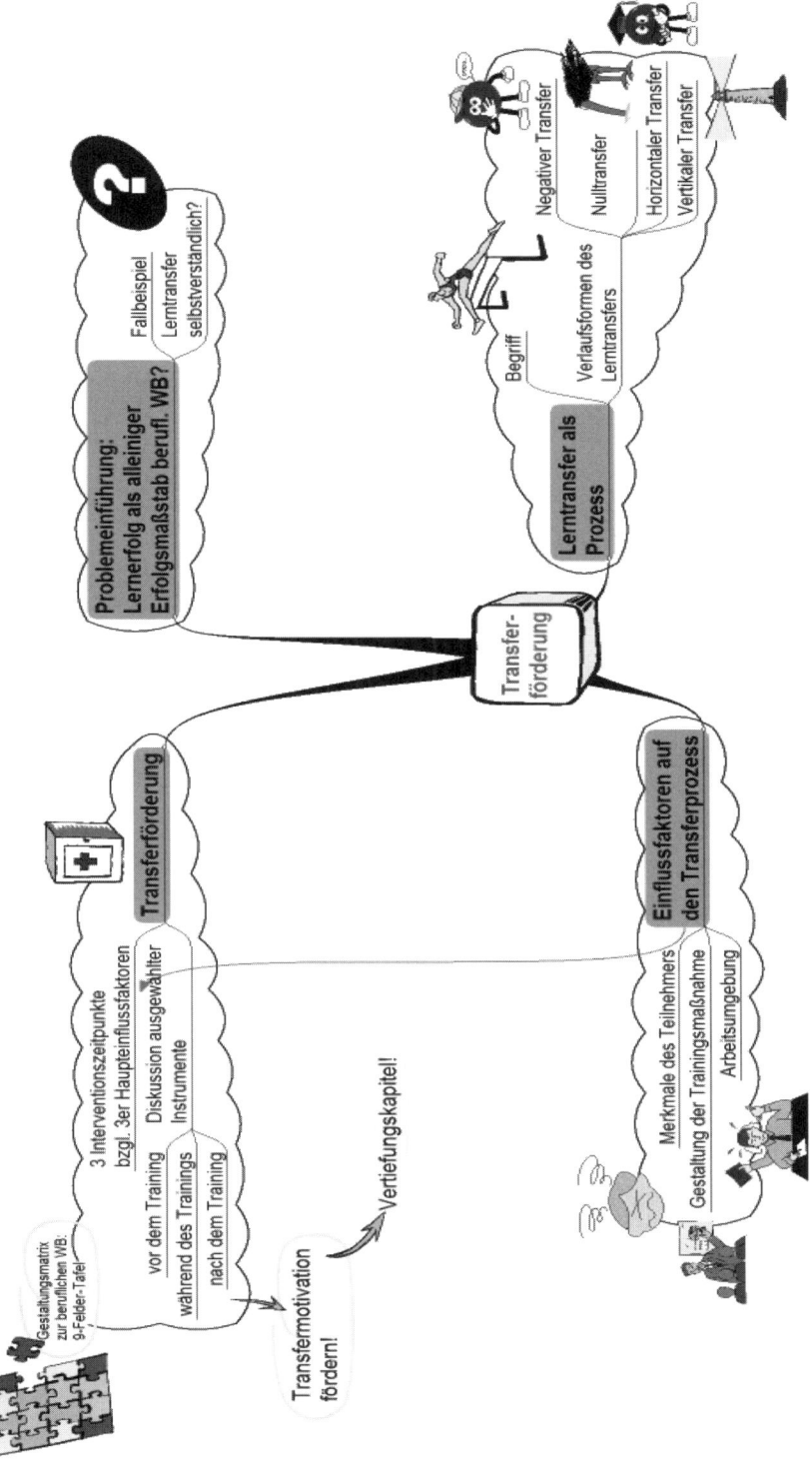

Abb. 4.2-2: Argumentationsverlauf im Kapitel

4.2.2 Lerntransfer als Prozess: Begriffliche Grundlagen

Der Begriff des Lerntransfers stammt aus der Lernpsychologie. Er wird zur Beschreibung jenes Prozesses verwendet, der „die Übertragung früher gelernter Reaktionen auf eine veränderte oder neue Situation ermöglicht" (Gage/Berliner 1996, S. 316). Auf die betriebliche Weiterbildung übertragen, bedeutet dies nach Bronner/Schröder (1983, S. 247), dass der Lernende im Erfolgsfall in der Lage ist, das im Rahmen einer Lehr-Lern-Maßnahme (*Lernfeld*) „früher Gelernte" später an seinem Arbeitsplatz („veränderte Situation"; *Funktionsfeld*) zu übertragen. Im Lernfeld geht es dabei vor allem (aber nicht nur[91]) um die Förderung des Lernerfolgs, im Funktionsfeld dagegen um die Unterstützung des Transfererfolgs. Diese Relationen lassen sich wie folgt visualisieren (Abb. 4.2-3)

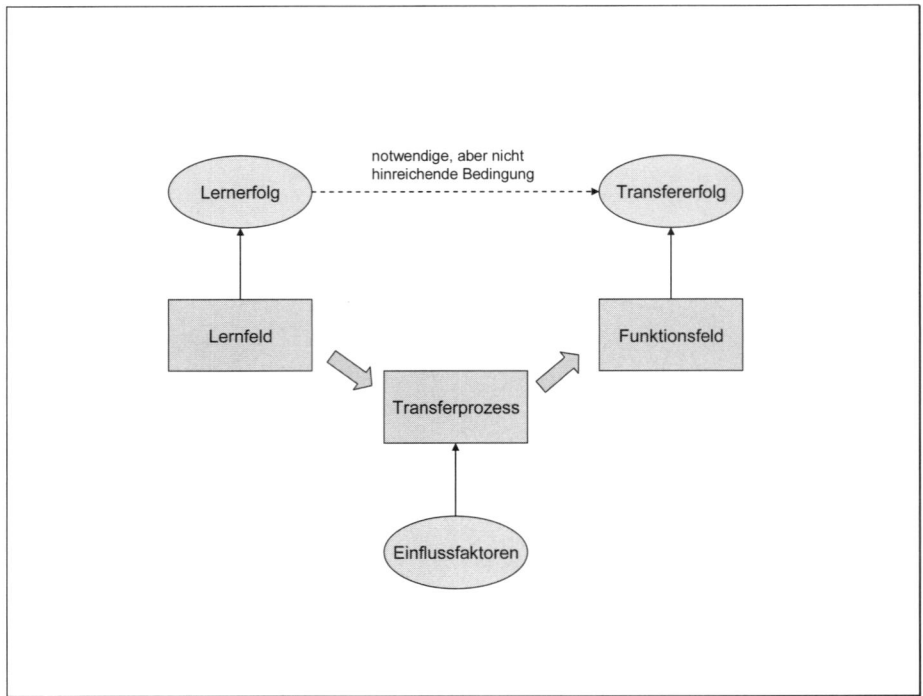

Abb. 4.2-3: Lerntransfer bei der Weiterbildung als Prozess zwischen Lern- und Funktionsfeld

Beim Übergang vom Lern- in das Funktionsfeld kommt es zu einem Transferprozess, der – wie später erörtert wird – durch vielfältige Einflussfaktoren beeinflusst wird. Sein Verlauf entscheidet letztlich, wie erfolgreich eine Weiterbildungsmaßnahme aus Unternehmenssicht ist. In Anlehnung an Mandl/Prenzel/Gräsel (1992) kann dieser Verlauf vier typischen Mustern folgen (Abb. 4.2-4).

---

[91] Auch im Lernfeld können – wie später dargelegt wird – Transfer fördernde Strategien etabliert werden.

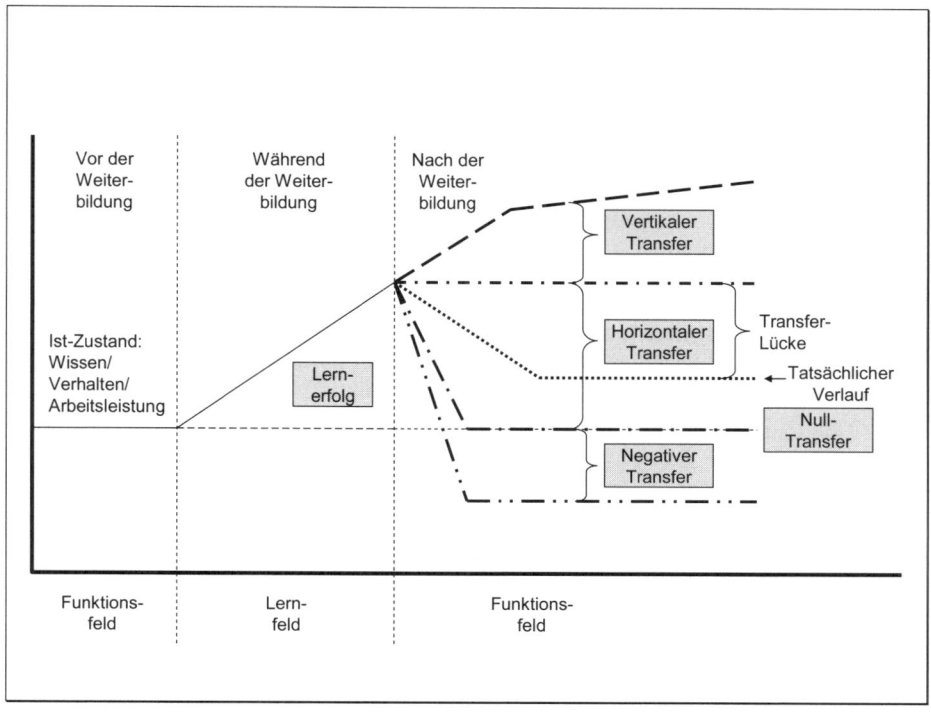

Abb. 4.2-4: Typische Verlaufsformen des Transferprozesses

Durch die Weiterbildungsaktivitäten im Lernfeld kommt es – im positiven Fall – zu einem Lernerfolg. Dieser Binnenerfolg repräsentiert den Wissenszuwachs durch die Weiterbildungsmaßnahme. Nur wenn es zu einem solchen Anstieg der Kompetenzen gekommen ist, macht es lernpsychologisch überhaupt Sinn, von Lerntransfer zu sprechen, denn definitorisch geht es um die Übertragung „gelernter Reaktionen" auf eine veränderte Situation. Wenn „nichts" gelernt worden ist, dann kann auch „nichts" auf eine veränderte Situation übertragen werden. Ein Lernerfolg ist damit Voraussetzung für einen Lerntransfer.

Nach Beendigung des Kurses kann der Transfer unterschiedlich verlaufen:

- *Negativer Transfer:* In diesem Fall behindern die im Lernfeld erworbenen Kompetenzen den Arbeitsablauf. Im einleitend genannten Fallbeispiel findet sich ein solcher Verlauf beim wissenschaftlichen Mitarbeiter Manfred E. Nachdem er aus dem Kurs zurückgekommen ist, versucht er das Gelernte anzuwenden, was ihm jedoch nicht gelingt. Zumindest kostet die Anwendung mehr Zeit als die routinemäßige Anwendung des alten Programms. Hintergrund für einen negativen Transfer ist häufig Verwirrung oder falsche Anwendung des Gelernten.

- *Null-Transfer:* Hier erfolgt keinerlei Transfer vom Lern- ins Funktionsfeld. Das Gelernte findet also keine Anwendung. Der ehemalige Weiterbildungsteilnehmer greift auf seine alten Kompetenzen zurück und verhält sich so, als ob er nichts gelernt hätte. Im obigen Fallbeispiel ist es bei Manfred E. schließlich zu einem Null-Transfer gekommen, denn nachdem ihn die Anwendungsversuche im Arbeitsablauf gestört haben, kehrte er zum alten Programm zurück und verhält sich so, als ob er den Weiterbildungskurs überhaupt nicht besucht hätte. Ein anderes Beispiel liefert das eigene Evaluationsprojekt „IT-Fit". Hierbei ging es um einen E-Learning-Ansatz, bei dem sich Lehrer und Ausbilder kooperativ IT-Inhalte aneignen sollten. Dazu wurde eine Lernplattform mit multimedial aufbereiteten Seminarunterlagen entwickelt. Außerdem wurden Chats, virtuelle Klassenräume, teletutorielle Begleitungen, Übungsmodule usw. offeriert. Eine Transferevaluation zeigte, dass ein Teil der Lehrer die gelernten Inhalte nach Kursende im Unterricht gar nicht anwendeten. Hintergrund hierfür war, dass sie im Moment auch nicht mit entsprechendem Unterricht betraut worden waren. Ihnen wurde also im Funktionsfeld gar nicht die Möglichkeit geboten, dass Erlernte anzuwenden. Dieser Befund ist in der Praxis zumindest nicht untypisch. Häufig scheitert Transfer bereits an der *mangelnden Gelegenheit* der Anwendung.

- *Horizontaler Transfer:* In diesem Fall werden zumindest Teile der erworbenen Kompetenzen am Arbeitsplatz angewendet. Werden alle erworbenen Kompetenzen angewendet, so ist es zum größtmöglichen horizontalen Transfer gekommen. Im Regelfall werden jedoch nur Teilelemente des Gelernten übertragen; es kommt so zu einer *Transferlücke*. Je geringer diese Transferlücke ist – beim negativen Transfer ist sie am größten –, desto positiver ist der Transferprozess verlaufen. In der betrieblichen Weiterbildung wird fälschlicherweise – ohne gezielte Fördermaßnahmen – ein horizontaler Transfer als von vorne herein gegeben unterstellt. Eine zentrale Aufgabe des betrieblichen Weiterbildungsmanagements, aber auch der Weiterbildungsinstitution sowie des Teilnehmers ist vor diesem Hintergrund darin zu sehen, durch geeignete die Weiterbildung flankierende Aktivitäten diese Transferlücke so klein wie möglich zu halten.

- *Vertikaler Transfer:* Der vertikale Transfer geht über den horizontalen Transfer hinaus. In diesem Fall wird nicht nur das Gelernte angewendet, sondern es erfolgt eine weitere Kompetenzsteigerung dadurch, dass durch erworbene Fach-, Methoden- oder Sozialkompetenzen weitere nach Kursende erschlossen werden. Im obigen Fallbeispiel ist es beim Kollegen von Manfred E. zu einem vertikalen Transfer gekommen. Er hat die Ähnlichkeit der Benutzeroberflächen erkannt und kann sich nunmehr schneller auch selbstständig in neue Programme einarbeiten. Ein anderes Beispiel: In einem Kurs zum Softwareprodukt Powerpoint hat ein Mitarbeiter beiläufig erfahren, wie man Vorträge geschickt aufbaut. Er überträgt diese Erfahrung und wendet sie bei seiner späteren Präsentationen im Unternehmen an. Der vertikale Transfer strahlt – quasi wie ein Leuchtturm – über das unmittelbar intendierte Lernziel hinaus. Während der horizontale Transfer auf Anwendungsprobleme gleicher Komplexität gerichtet ist, geht es beim vertikalen Transfer um Probleme höherer Komplexität.

Nur im Falle des horizontalen und des vertikalen Transfers kann von einem Transfererfolg gesprochen werden. Zumindest im Falle des Null- und des negativen Transfers hat sich die Weiterbildung aus Unternehmenssicht nicht rentiert.

Übung:

1   Ordnen Sie folgende Fälle den Verlaufsformen des Lerntransfers zu!

a)   Ein Mitarbeiter hat erfolgreich einen Weiterbildungskurs absolviert. Nach der Rückkehr stapelt sich bei ihm die Arbeit so hoch, dass es nicht zur Anwendung des Gelernten kommt.

b)   Im Verbundmodellversuch QLIB ist es zu kooperativen Fortbildungsveranstaltungen für Lehrer und Ausbilder gekommen. In den meisten Fällen ist es auch zu einer Anwendung des Gelernten gekommen. In einigen Fällen konnte zudem beobachtet werden, dass nach Ende des Kurses Lehrer und Ausbilder vermehrt aufeinander zu gegangen sind, um Unterrichts- und Ausbildungsmaterial auszutauschen.

c)   Ein Mitarbeiter hat in einem Kurs gar nichts verstanden und auch gar nichts gelernt. Nach der Rückkehr wendet er daher auch nichts an.

4.2.3 Einflussfaktoren auf den Transferprozess

Im vorangegangenen Abschnitt wurde dargelegt, dass der Transferprozess positiv oder negativ verlaufen kann. Zu fragen ist, von welchen Faktoren dies abhängt. Unmittelbar einsichtig ist, dass das didaktische Design einer Weiterbildungsmaßnahme den Lernerfolg und damit indirekt auch den Transfererfolg mitbestimmt. Doch ist ein ausgebliebener Transfer immer auf ein defizitäres Weiterbildungskonzept zurückzuführen? Betrachtet man vorliegende Studien zur Transferproblematik, so wird deutlich, dass der Transfer auch an anderen Einflussfaktoren scheitern kann. Baldwin/Ford (1988) haben im Rahmen einer umfassenden Sekundäranalyse vorliegender Studien zur Transferproblematik herausgefunden, dass sich die Vielfalt der Einflussgrößen zu drei Hauptfaktoren bündeln lassen: a) Merkmale des Teilnehmers, b) Merkmale der Weiterbildungsmaßnahme sowie c) Merkmale der Arbeitsumgebung (vgl. Abb. 4.2-5).

Das Modell von Baldwin und Ford hat breite Akzeptanz gefunden. Auch andere Untersuchungen bestätigen die genannten drei Haupteinflussfaktoren. Baldwin und Ford haben dabei keine eigenen empirischen Studien durchgeführt, sondern vorliegende systematisch ausgewertet. Dabei haben sie auch einen noch erheblichen Forschungsbedarf festgestellt. So konnten sie etwa zum Teil widersprüchliche Ergebnisse, aber auch Leerfelder bei der Transferforschung identifizieren, was angesichts der vielfältigen Interdependenzen zwischen den oben genannten Einflussfaktoren auch nicht verwunderlich ist. Um dies an einem Beispiel aus der Lehr-Lernforschung zu verdeutlichen: So kann ein und dieselbe Gestaltung eines Kurses (Faktor Kursgestaltung) je nach Zielgruppe (Faktor Teilnehmermerkmale) unterschiedlich effektiv im Hinblick auf den Lern- und Transfererfolg sein. Nach vorliegenden Befunden der Lehr-Lernforschung bevorzugen etwa Lernschwächere eher direktive, Lernstärkere dagegen eher non-direktive Vermittlungsformen, weil Lernschwächere häufig noch nicht über die geeigneten Strategien zum selbstgestützten Lernen verfügen. Auch der Faktor „Arbeitsumgebung" interagiert mit dem Faktor „Kursgestaltung". So sind arbeitsplatznahe Formen des Lernens an bestimmte Voraussetzungen, wie etwa ungestörtes Lernen, gebunden.

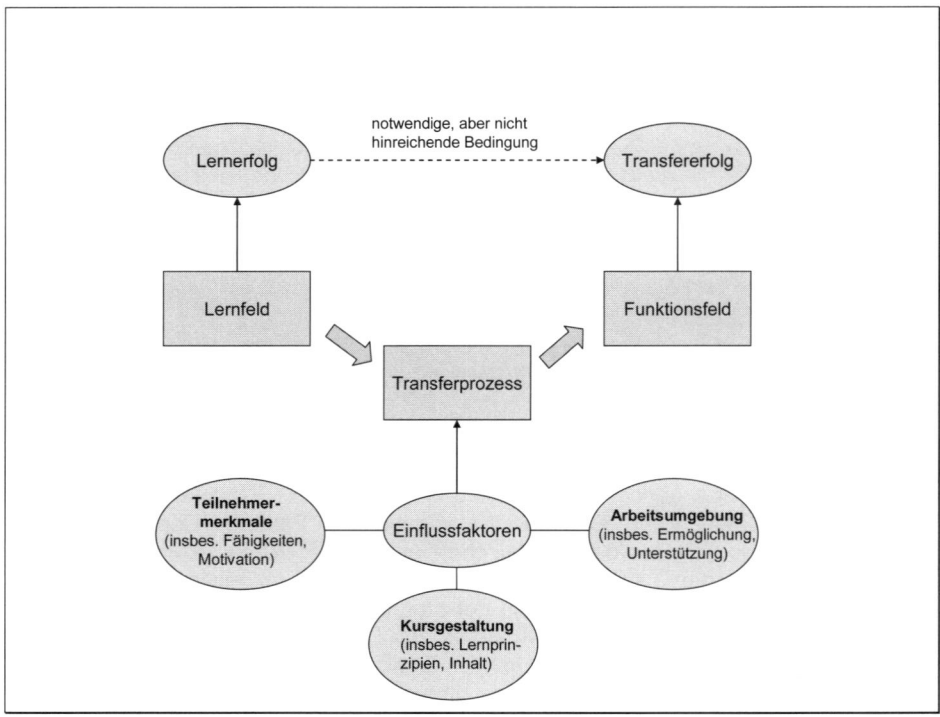

Abb. 4.2-5: Zentrale Einflussfaktoren auf den Transferprozess

Obwohl die Forschungen zur Transferproblematik also als noch nicht abgeschlossen bewertet werden können, so lassen sich doch auf der Grundlage der bislang vorliegenden Ergebnisse einige bedeutsame Einflussgrößen belegen. Im Folgenden sei je Hauptfaktor je eine exemplarisch genannt. Zur weiteren Vertiefung sei auf die Spezialliteratur zu dieser Thematik, insbesondere auf die von Baldwin und Ford (1988), verwiesen.

a) Teilnehmermerkmale

Bislang liegen auch hier nur wenige valide Ergebnisse darüber vor, inwieweit Persönlichkeitsfaktoren der Teilnehmer den Transfer beeinflussen. Allerdings wird konzediert, dass die Person selbst die wohl wichtigste Rolle beim Transfer spielt. Sie entscheidet letztlich darüber, ob es zu einer Anwendung des Gelernten kommt oder nicht. Als Teilnehmermerkmale, die für den Transfer relevant sind, werden Fähigkeiten und Fertigkeiten des einzelnen Mitarbeiters, aber auch dessen Einstellungen, Erwartungen und Motivationen angesehen. Empirisch belegt ist ein Zusammenhang zwischen der Freiwilligkeit einer Weiterbildungsteilnahme und dem Weiterbildungserfolg sowie zwischen der Art der Vorinformationen[92] und dem Lernertrag. In beiden Fällen lässt sich der Zusammenhang über motivationale Prozesse erklären. Bei einer freiwilligen Teilnahme und realistischen Vorinformationen ist die *Teilnahme*motivation hoch, was günstige Voraussetzungen für den Lernerfolg schafft. Auf die Teilnahme-

---

[92]   Sind die zur Kenntnis genommenen Vorabinformationen ausreichend und realistisch?

motivation wird weiter unten im Kontext der instrumentellen Perspektive (Kap. 4.2.4) noch näher eingegangen, nämlich bei der Erörterung von Transfermaßnahmen im Vorfeld von Weiterbildungsaktivitäten.

Daneben wird vor allem auch der *Transfer*motivation eine entscheidende Bedeutung zugemessen. Die Transfermotivation[93] beschreibt die Bereitschaft und das Interesse eines Lerners, Gelerntes anzuwenden. Ohne eine solche Transfermotivation beim Lerner wird ein Transfer von Gelerntem nicht gelingen. Man kann einen Weiterbildungskurs didaktisch noch so gut gestalten, alles was man damit erreichen kann ist, dass bessere Bedingungen für das Lernen des Einzelnen geschaffen werden. Keinen Willen zum Lernen bzw. zum Transfer zu haben, ist wohl einer der bedeutsamsten Faktoren für einen ausgebliebenen Transfer.

Man könnte gegen argumentieren, dass dies doch dem Vorgesetzten auffallen müsste. Ein aus der Sicht der Mitarbeiter probates Mittel ist dabei das Instrument der „externalen Attribuierung": Der Kurs sei praxisfern gewesen und man könne deswegen auch kaum etwas anwenden. Unabhängig von den tatsächlichen Ursachen, die durchaus in einer mangelnden Transfermotivation liegen können, werden die Ursachen für diesen Misserfolg aus Gründen des Selbstwertschutzes äußeren Umständen zugeschrieben. Auch im einleitenden Fallbeispiel hat dies eine Rolle gespielt. Manfred E. äußerte sich nach Ende des Kurses kritisch über die Weiterbildungsmaßnahme. Tatsächlich dürften zumindest aber auch andere Faktoren von erheblicher Bedeutung gewesen sein. So war er schon vor Beginn des Kurses kaum zur Teilnahme motiviert, auch während des Kurses war er mit seinen Gedanken weniger beim Kurs als bei seinem Vortrag und nach dem Kurs erschien es ihm weniger anstrengend mit dem alten Programm zu arbeiten als mit dem neuen. Dies alles lässt auf eine geringe Transfermotivation schließen. Aus Gründen des Selbstwertschutzes nennt er jedoch dem Vorgesetzten nicht die tatsächlichen Gründe, sondern schiebt sie äußeren Umständen („praxisferner Kurs") zu. Eine solche Problematik konnte der Autor auch bei seinem Evaluationsprojekt „IT-Fit" beobachten. Zwei Ausbilder hatten zu Beginn nur eine geringe Motivation, an diesem E-Learning-Ansatz zu partizipieren, weil sie Vorbehalte gegenüber E-Learning-Ansätzen hatten. Sie nähmen an dem Kurs nur deswegen teil, weil der Vorgesetzte sie mit dem Argument in die Maßnahme geschickt hätte, die Teilnahme sei kostenlos. Während des Kurses nutzten diese beiden Teilnehmer die zur Verfügung gestellten Materialien nur unzulänglich, auch nahmen sie an keinem der eingerichteten Diskussionsforen teil. Es verwunderte daher nicht, dass auch der Transfer schließlich misslang. Auch hier wurden dafür äußere Umstände verantwortlich gemacht: Im Arbeitsumfeld waren so viele Projekte zu erledigen, dass ein kontinuierliches Lernen gar nicht möglich gewesen wäre.

Über das Phänomen „externale Attribuierung" sowie auf die generelle Problematik der Transfermotivation wird im Vertiefungsteil 4.2.5 ausführlich eingegangen. Dabei wird auch erörtert werden, welche Möglichkeiten ein Kursleiter und ein Vorgesetzter haben, die Transfermotivation beim Teilnehmer zu fördern. Beispiele hierfür sind die weiter unten zu erörternden follow-up-Veranstaltungskonzepte (auf Seiten des Kursdesigns) sowie systematische Seminarnachbereitungsgespräche auf Seiten des Vorgesetzten.

---

[93]   Die Transfermotivation ist von der Teilnahmemotivation und der Durchhaltemotivation abzugrenzen. Vgl. hierzu das Vertiefungskapitel 4.4.3.

b) Gestaltung der Weiterbildungsmaßnahme

Auch im Bereich des Trainingsdesigns (Trainingsinhalt, Lehrmethode) gibt es noch keine umfassenden Ergebnisse im Hinblick auf die transferförderlichen Wirkungen. Am differenziertesten analysiert ist die lerntheoretische Fundierung. Praktiker empfehlen meist eine Lernsituation, die ähnlich zur Arbeitssituation zu gestalten sei. Hintergrund hierfür ist die „Theorie der identischen Elemente": Je mehr identische Elemente in der Lern- und Anwendungssituation zu finden sind, desto wahrscheinlicher wird ein Transfer. Als Konsequenz ergibt sich daraus bspw. auch, dass man sich in Kursen eher realen Problemen widmen sollte als fiktiven. Das Problem dieses Ansatzes liegt jedoch darin, dass bislang unklar ist, wann Ähnlichkeit überhaupt entsteht, wie viel Ähnlichkeit vorhanden sein muss und was unter „der Praxis" überhaupt zu verstehen ist.

Ein weiterer lerntheoretischer Befund betrifft die Sequenzierung von Lerninhalten. Demnach ist Wissen dann länger verfügbar, wenn der Lernprozess durch Pausen in kürzere Lernphasen unterteilt wird. Allerdings gilt dies nur, wenn komplexe Lernaufgaben dadurch nicht künstlich „zerstückelt" werden.

Auf die *lerntheoretische Fundierung des Transfers* wird spiegelstrichartig im Kontext der instrumentellen Perspektive (Kap. 4.2.4) eingegangen, nämlich bei der Erörterung der Transfermaßnahmen im Verlauf einer Weiterbildungsmaßnahme.

c) Arbeitsumgebung

Transferförderliche Maßnahmen in diesem Bereich finden ihre *Fundierung in der Organisationstheorie und -psychologie*. Praktiker verweisen auf eine hohe Bedeutung dieses Faktors beim Transfer. Allerdings gibt es auch hier nur wenige abgesicherte Ergebnisse, sondern vielmehr eher vielfältig verfügbare Alltagserfahrungen. Staudt und Kriegesmann (1999) belegen in einer Studie, dass der Lernerfolg und die Transfermotivation zwar notwendige Bedingungen eines gelungenen Transfers sind, allerdings sind beide Faktoren zusammen noch nicht hinreichend. Sie zeigen auf, dass auch eine angemessene Organisationsstruktur vorhanden sein muss. Erst wenn ein Mitarbeiter auch organisatorisch für eine Aufgabenerfüllung voll verantwortlich und zuständig ist und wenn im Rahmen dieser Aufgabenerfüllung auch die Möglichkeit besteht, die neu erworbenen Kompetenzen einzubringen, kann es zu einem Transfer kommen. Dieser Befund lässt sich durch zahlreiche Beispiele belegen.

Ein typisches Problem nach Rückkehr aus einer Weiterbildungsmaßnahme ist, dass es zu einer Arbeitsüberlastung kommt. Durch die Abwesenheit des Mitarbeiters ist Arbeit liegen geblieben, die nun vordringlich abgearbeitet werden muss. Auch im einleitenden Fallbeispiel war dies so. Manfred E. war nach Ende der Ausbildung mit vielfältigen vordringlichen Aufgaben konfrontiert, so dass eine Anwendung des Gelernten auch aus diesem Grund (und nicht nur aus transfermotivationstheoretischen Erwägungen heraus) eher unwahrscheinlich wurde. Je länger aber das Gelernte nicht angewendet wird, desto höher ist die Vergessensrate. Ein anderes Beispiel kann wiederum dem Evaluationsprojekt IT-Fit entnommen werden. Hier ist bei einer Reihe von Lehrern der Transfer unterblieben, weil sie – der Kernaussage Staudt/Kriegsmann folgend – derzeit gar nicht mit einem Unterricht betraut waren, der die Umsetzung der Weiterbildungsinhalte zuließ. Schließlich lassen sich in der Praxis häufig Fälle finden, bei denen der Transfer an einer mangelnden sozialen Unterstützung durch Kollegen oder Vorgesetzte gescheitert ist. Wenn etwa Vorgesetzte selbst über die Kompetenzen nicht verfügen, so kann es zu Blockaden bei Innovationen am Arbeitsplatz kommen. Auch Kollegen können neuen Verfahrensweisen gegenüber skeptisch sein, „weil wir es doch immer so gemacht haben" (Beharrungsvermögen). Schließlich können auch Konkurrenzgedanken zum Tragen kommen, nach dem Motto: „Warum ist der zur Weiterbildung geschickt worden und nicht ich?". Unter solchen Bedingungen droht ein möglicher Transfer subversiv unterlaufen zu werden.

Fasst man die Beispiele zusammen, so geht es im Bereich des Arbeitsumfelds darum, Transfergelegenheiten zu schaffen und Transferunterstützung, bspw. durch Vorgesetzte und Kollegen, zu leisten. Dies verdeutlicht, dass Transferförderung nicht nur eine zentrale Aufgabe einer Weiterbildungsabteilung ist, sondern in hohem Maße auch eine des Vorgesetzten. Allerdings hat auch die jeweilige Unternehmens- und Lernkultur eine wichtige Bedeutung. Auf die diesbezüglichen Instrumente wird im nachfolgenden Abschnitt noch näher eingegangen.

Die exemplarischen Ausführungen zu den drei Haupteinflussfaktoren beim Lerntransfer verdeutlichen, dass ein ausgebliebener Transfer keinesfalls zwangsläufig auf ein ungünstiges Kursdesign zurückgeführt werden muss, auch wenn vielfach Befragte eine solche Ursache external attribuieren.

4.2.4 Instrumentelle Perspektive: Strategien der Transferförderung

Wenn es um die Förderung des Lerntransfers geht, dann haben sich die Maßnahmen vor dem Hintergrund der Ausführungen in Abschnitt 4.2.3 auf alle drei Hauptfaktoren (Teilnehmermerkmale, Kursdesign, Arbeitsumfeld) zu beziehen. Dabei können die Transfer fördernden Strategien nicht nur während und nach der Weiterbildungsmaßnahme ergriffen werden, sinnvoll ist vielmehr bereits im Vorfeld des Kurses solche Aktivitäten zu ergreifen. Aus den drei Hauptfaktoren und den drei Interventionszeitpunkten lässt sich eine Gestaltungsmatrix zur Transferförderung ableiten (Abb. 4.2-6).

In der Kopfzeile sind die drei zentralen Haupteinflussfaktoren auf den Transferprozess nach Baldwin und Ford aufgeführt, in der Kopfspalte die drei Interventionszeitpunkte. Diese Matrix kann als Systematisierungsraster für die Vielzahl der mittlerweile etablierten, besser: diskutierten Instrumente der Transferförderung dienen. So gibt es Maßnahmen, die der Kursleiter im Vorfeld einer Weiterbildungsmaßnahme ergreifen kann. Ebenso können im Vorfeld, aber auch im Nachhinein Strategien durch den Vorgesetzten ergriffen werden usw. Dabei sind bei einem Instrument meist gleich zwei Matrixfelder betroffen. Zum einen ist der Ausgangspunkt von Aktivitäten zu markieren (z. B. der Kursleiter als Initiator), zum anderen aber auch der Adressat (z. B. der Teilnehmer oder der Vorgesetzte). Wenn etwa ein Kursleiter ausführliche Vorab-Informationen an die (potenziellen) Teilnehmer schickt, um falsche Erwartungen und einen dadurch bedingten geringen Lern- und Transfererfolg zu vermeiden, dann handelt es sich dabei um ein transferförderliches Instrument, das im Vorfeld von Weiterbildungsmaßnahmen eingesetzt, vom Kursleiter entwickelt und den Teilnehmern zur Verfügung gestellt wird.

Die in der vorangegangenen Übungsaufgabe angesprochenen Instrumente werden bei der nachfolgenden systematischen Erörterung wieder aufgegriffen. Aus der Vielzahl der in der Praxis vorgeschlagenen Instrumente seien im Folgenden einige exemplarisch vorgestellt.[94] Dabei wird für jedes Feld der Gestaltungsmatrix zumindest

---

[94]   Eine ausführliche und breite Darstellung geeigneter Instrumente findet sich bspw. bei Besser (2004). Einige der im Folgenden vorgestellten Instrumente sind auch diesem Werk entnommen.

ein Instrument skizziert. Damit soll verdeutlicht werden, dass es nicht so sehr darauf ankommt, auf eine *einzige* Strategie zu bauen, sondern vielmehr darauf, ein Gesamtkonzept der Transferförderung zu entwickeln, bei dem sich die Instrumente dadurch systematisch ergänzen, dass sie auf unterschiedliche Zeitpunkte und auf unterschiedliche Transferhemmnisse rekurrieren. Dabei ist nicht jedes Instrument in jeder Situation gleichermaßen effektiv einsetzbar. Die vorgestellten Instrumente sind daher keinesfalls als „Rezeptologie" misszuverstehen. In der Praxis des betrieblichen Weiterbildungsmanagements ist vielmehr eher nach geeigneten „Zutaten" zu suchen, die für die jeweils aktuelle Weiterbildungssituation passend sind.

	Kursdesign/ Trainer 	Teilnehmer 	Umfeld/ Vorgesetzter 
Maßnahmen vor der Weiterbildung			
Maßnahmen während der Weiterbildung - zu Beginn - im Verlauf - am Ende			
Maßnahmen nach der Weiterbildung			

Abb. 4.2-6: Gestaltungsmatrix der Transferförderung

Übung: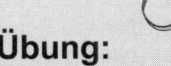

2 In den folgenden fünf ausgewählten Original-Zitaten schlagen die Interviewten explizit oder implizit Maßnahmen der Transferförderung vor. Versuchen Sie die Vorschläge zu den Instrumenten mit einem Begriff zu „etikettieren". Ordnen Sie die Vorschläge der Gestaltungsmatrix zu. Denken Sie daran, dass zumeist zwei Felder angesprochen sind.

Materialien zur Übungsaufgabe 2

E: *"Ne andere Geschichte ist, ja, wie werden Teilnehmer auf ein Seminar auch eingestimmt und vorbereitet. Für mich ist das 'ne Führungsaufgabe ... Für mich gehört das dazu, daß im Vorfeld der Vorgesetzte mit dem Mitarbeiter auch mal 'en Gespräch führt ... Was ham sie denn eigentlich für Erwartungen dazu? Und ich sag' Ihnen auch mal meine Erwartungen. Wie gesagt, das muß nicht lange sein. Das kann vielleicht zehn Minuten dauern. Aber es wird noch mal deutlich, es ist wichtig ... Nur ich erleb's eben häufig, man macht 'ne Bildungsbedarfsermittlung. Na ja, man macht Mitarbeitergespräche. Und da wird gesagt, ja, also das Seminar x, das könnt' ganz sinnvoll sein, geh' n sie mal dahin. Und dann wird das aufgeschrieben ... Da passiert schon was, es kann ja nicht schaden. Aber im Endeffekt genau zu sagen warum? Also ich denke, so 'n Gespräch wirkt bei manchem vielleicht wahre Wunder"* (Fall T, 327/362).

E: *"Mer sieht, okay, des Seminar interessiert mich jetzt vom Thema her. Bekommt aber zu wenig Informationen, was steckt denn genau dahinter? Ner, dann geht mer in so 'e Zwei- bis Drei-Tagesseminar und sagt sich eigentlich, des war, der Bereich, der mich interessiert hätt', des war im Prinzip, ... ja e' Randbereich ... Und des andere, des ich vielleicht schon weiß, oder für mich oder die Position gar net so wichtig ist, des hat mer jetzt eigentlich ausführlichst behandelt. Ner, daß mer vor allem im voraus vielleicht die Seminarinhalte mal wirklich sauber darlegt ... und wenn's mal zwei, drei Seiten is ... mer könnt' auch nachfragen, aber des macht mer dann auch nimmer ... Dann geh' ich rein und nach eins, zwei Stunden stell' ich eigentlich fest, des Seminar läuft irgendwie an einem vorbei, ner"* (Fall V, 509/552).

E: *"... viele Leute geh'n hin, dann sind sie in 'ner Besprechung, dann sind sie zwei Stund' aus' m Seminar draußen ... Da kommen wieder Fragen ... Des hält dann eigentlich die ganz Truppe dann wieder auf. Ner, da wer'n dann meistens Arbeitsgruppen gebildet. Ner, wenn mer noch Pech hat und so 'e Vierer-Gruppe und zwei Mann war'n jetzt da draußen, ner, dann kann mer's gleich dann zu zweit machen, ... wenn des Seminar ist, mer muß ja auch die Leut' die Ruhe lassen, daß sie wirklich in Ruhe auf ihr Seminar hingeh'n können."* (Fall V, 575/590).

E: *"Vielleicht müßt' man sich tatsächlich mal Gedanken drüber machen, ob man sich selber so 'en Ziel setzt. Sagt, was möcht' ich aus dem Seminar umsetzen. Und dann praktisch, vielleicht irgendwann emal 'en Anschluß-Seminar hat, wo ... mal angefragt wird, wie sieht's denn aus? Was habt ihr euch denn für Ziele gesetzt? Habt ihr des tatsächlich auch umgesetzt? Aber ganz vollkommen wertfrei, ohne daß des irgendwie unter'm Zwang is..."* (Fall M, 402/409).

E: *"...mer könnte über so 'ne Art Rückkehrergespräch nachdenken, daß mer die Chefs vergattert zu sagen, unmittelbar nach 'em Seminar red' mer, wenn du wieder da bist, was hast du jetzt eigentlich gelernt? Schilder' mal deine eigene Sicht. Und auch da von dem Vorgesetzten noch mal nach Zeitraum X 'en zweites Gespräch abverlangt, daß mer sagt, so wie, du warst vor zwei Monaten auf Seminar, was hast du denn jetzt eigentlich genutzt in deiner Arbeit? Also das ist sicherlich 'en Weg, der auch noch sehr stark unterdrückt wurde"* (Fall V, 306/314).

Mit den Ausführungen soll zugleich auch deutlich werden, dass transferförderliche Strategien nicht umfangreiche kostenträchtige Zusatzinvestitionen erfordern, sondern sich häufig auf bereits *etablierte Instrumente* im Unternehmen stützen können oder ohne großen Zusatzaufwand eingesetzt werden können. Die folgende Abbildung 4.2-7 fasst die Instrumente, die nachfolgend skizziert werden, in einer Übersicht zusammen und ordnet sie der Gestaltungsmatrix in Abb. 4.2-6 zu.

Auftragsklärung/Auftragsabschluss

Gerade bei externen Weiterbildungsanbietern dominiert nach wie vor eine produktorientierte Vorgehensweise:[95] Weiterbildungskurse werden auf der Grundlage eher allgemeiner Informationen zum Bedarf[96] vom Weiterbildungsanbieter thematisch grob geplant und vom Kursleiter auf einer Mikroebene didaktisch präzisiert. Doch das, was der Kursleiter zu einem Thema für bedeutsam erachtet, muss nicht identisch sein mit dem, was in einem Unternehmen wichtig ist. Im einleitenden Fallbeispiel wäre es bspw. denkbar, dass Serienbrieffunktionen für wissenschaftliche Mitarbeiter wenig bedeutsam sind, weil dies Gegenstand der Sekretariatsfunktionen sein könnte. Dafür könnte für Manfred E. die Thematik einer automatischen Erstellung von Inhaltsverzeichnissen höchst relevant sein. Soll der Transfer in den Arbeitsalltag gelingen, dann sind solche Präzisierungen zwischen Weiterbildungsanbieter und Nachfrager (Unternehmen, aber auch Teilnehmer) zu klären. Was ist aus deren Sicht das Ziel des Seminars? Was genau soll umgesetzt werden? Gibt es weitergehende Ziele, wie etwa eine Reduktion der Zeit bei der Auftragsabwicklung.[97]

Im Rahmen der Auftragsklärung ist der Kontext[98] der Weiterbildungsmaßnahme zu eruieren, Ziele[99] zu präzisieren und Transferverantwortlichkeiten[100] zu vereinbaren (Besser 2004, S. 34 ff.). Erst auf dieser Grundlage entwickelt der Kursleiter später sein Kursdesign und ein Konzept für transferförderliche Strategien. Beides zusammen sollte noch einmal an das Unternehmen und die (potenziellen) Teilnehmer rückgebunden werden. Die im Vorgespräch vereinbarten Ziele, Erfolgskriterien und Transferverantwortlichkeiten dienen zugleich als Gesprächsgrundlage beim *Auftragsabschluss* nach Ende der Weiterbildungsmaßnahme. Hier kann dann in einer Diskussion zwischen Weiterbildungsanbieter, Unternehmensvertreter und Teilnehmer geprüft werden, inwiefern es zu einem Transfererfolg gekommen ist und ggfs. warum nicht.

Die Auftragsklärung ist eine der zentralen transferförderlichen Strategien im Vorfeld von Weiterbildungsmaßnahmen. Die Aktivität sollte üblicherweise vom Kursanbieter ausgehen und auf das Arbeitsumfeld, aber auch auf den kommenden Teilnehmer gerichtet sein. Denkbar ist allerdings auch, dass die Auftragsklärung vom Unternehmen initiiert wird.

---

[95]   Eine ausführliche Erörterung dieses Konzepts finden Sie im Kapitel 4.4.2.1.

[96]   Zumeist auf der Grundlage der Teilnehmerstatistiken der voran gegangenen Periode.

[97]   Solche Ziele haben vor allem in Bildungscontrollingansätzen eine hohe Bedeutung. Vgl. hierzu Kapitel 4.7.3.

[98]   Fragen könnten etwa sein: Sind konkrete Probleme am Arbeitsplatz Ausgangspunkt der Weiterbildungsnachfrage? Welche Vorerfahrungen bei den potenziellen Teilnehmern liegen vor? Welche Arbeitsbedingungen sind beim Kursdesign zu berücksichtigen usw.

[99]   Fragen könnten etwa sein: Welche Ziele werden mit dem Kurs genau verfolgt? Was soll später am Arbeitsplatz angewendet werden? Welches Problem soll durch die Weiterbildung beseitigt werden?

[100]   Fragen könnten etwa sein: Welche Verantwortlichkeit beim Transfer liegt beim Trainer? Welche ergänzenden Strategien kann das Unternehmen bzw. der Teilnehmer einsetzen?

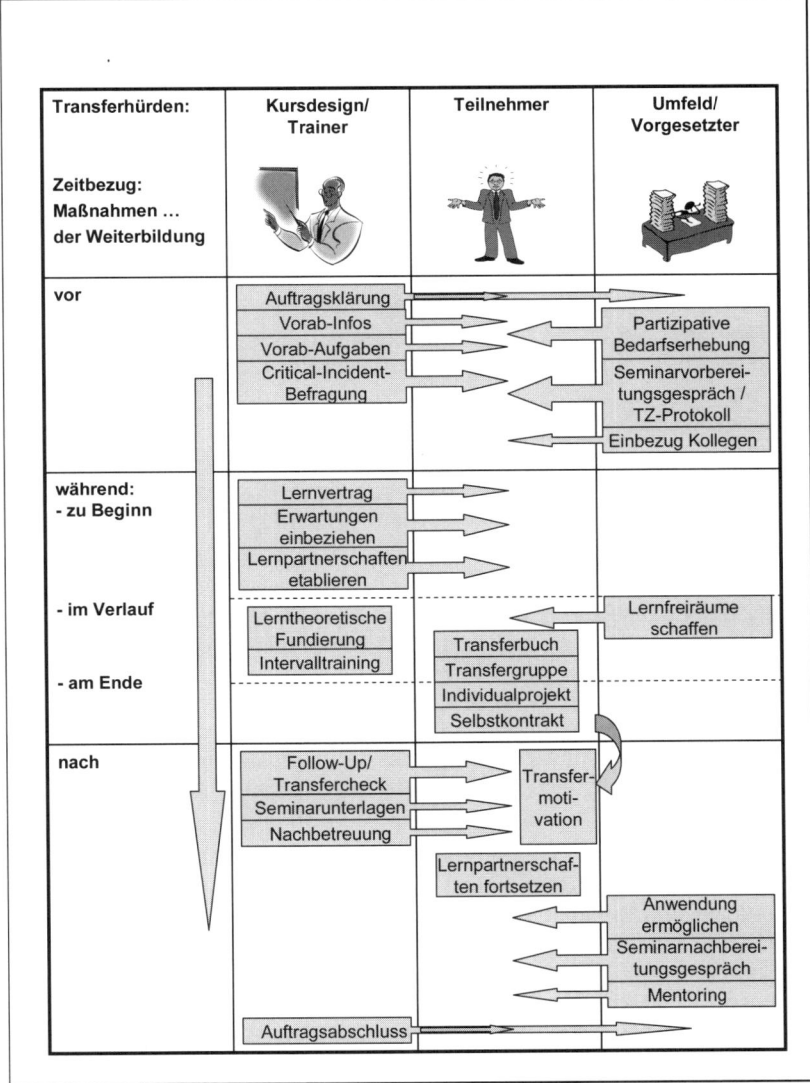

Abb. 4.2-7: Transferförderliche Instrumente zur Weiterbildung

Vorab-Informationen

Nicht immer ist es möglich, im Rahmen einer kundenorientierten Herangehensweise ein Seminar präzise auf ein Unternehmen auszurichten. Wenn es sich um Standardseminare handelt, an denen bspw. Teilnehmer aus vielen Unternehmen mit unterschiedlichen Interessen partizipieren, dann ist zumindest eine aussagekräftige Vorab-Information für die Teilnehmer erforderlich. Dadurch sollen *realistische Erwartungen* bei den Teilnehmern gefördert und Enttäuschungen vermieden werden. Dazu ist es sinnvoll, die Relevanz der Inhalte für die potenziellen Arbeitsplätze zu verdeutlichen.

In der vorangegangenen Übungsaufgabe hat Proband V. auf die Notwendigkeit detaillierter Vorab-Informationen verwiesen. Wie wichtig eine solche Maßnahme ist, wurde auch bei der Evaluation eines Fortbildungsansatzes an Universitäten für Lehrer im IT-Bereich deutlich. Bei diesem Ansatz konnten Lehrer an IT-Veranstaltungen der bayerischen Universitäten zu Fortbildungszwecken teilnehmen. In einer ersten Befragung nach dem ersten Semester dieser Maßnahme war die Bewertung zweigeteilt: Die eine Hälfte der Befragten äußerte sich positiv, die andere negativ. Ein weiteres Semester später änderte sich dieses Bild. Die positiven Bewertungen hatten Bestand, von den Skeptikern änderte eine Reihe der Befragten ihre Ansicht:

„Meine grundsätzliche Einschätzung hat sich zum Positiven gewandelt ... Ich erwarte nicht länger wirklich praxisrelevantes Wissen vermittelt zu bekommen. Vielmehr erhoffe ich mir durch die in den Veranstaltungen vorgetragenen Inhalte einen einigermaßen fundierten Background zu erhalten" (Gesprächspartner ANT 5).

„Ich habe das Studium mit dem Hintergedanken begonnen, dass ich das Erlernte an der Universität zu großen Teilen an der Universität einsetzen kann. Da dies leider nicht der Wirklichkeit entsprach, war ich frustriert ... Ich stimme meinen Aussagen von März 2001 noch zu, allerdings sehe ich diese Fortbildungsmaßnahme inzwischen positiver, da ich nicht mehr die Erwartungshaltung der direkten Umsetzung im Unterricht habe" (Gesprächspartner ANT 14).

Obwohl am Fortbildungskonzept nichts geändert wurde, ist es zu einer Umbewertung gekommen, die auf eine Veränderung der Erwartungshaltung zurückzuführen ist. Die Teilnehmer sind ursprünglich mit falschen Hoffnungen in die Weiterbildungsmaßnahme gegangen, was zu Enttäuschungen geführt hat. Erst eine realistische Erwartungshaltung führte zu einer positiven Bewertung. Transferevaluationen haben dementsprechend auch gezeigt, dass es sehr wohl zu einer (partiellen) Umsetzung des Gelernten gekommen ist, und zwar auch bei den Skeptikern. Die Lehrer berichteten davon, dass sie nunmehr eine größere Souveränität im Unterricht hätten, weil sie Hintergrundwissen erworben hätten, in das sie den Unterricht einbetten konnten.

Auch im Evaluationsprojekt IT-Fit führten falsche Einschätzungen über den wöchentlichen Zeitbedarf bei der Bearbeitung des ersten Moduls in diesem E-Learning-Ansatz zu massiven Unmutsäußerungen und Demotivationen. Informationen über

- Inhalt und Ablauf des Kurses,
- Ziele und
- notwendige Vorkenntnisse,
- den Zeitbedarf in Online- und Präsenzphasen bei E-Learning-Ansätzen,
- zur Verfügung gestellte Arbeitsmaterialien für Vertiefungen und spätere Anwendungen nach Ende des Kurses und
- über Follow-Ups zur Bearbeitung möglicher Transferprobleme am Arbeitsplatz

sind unter motivationalen Gesichtspunkten bedeutsam: „Ich hätte das ... eigentlich als selbstverständlich angesehen, dass man am Anfang informiert wird, was ... erreicht werden (soll) ... Das ist für mich ein Unterrichtsprinzip, dass ich den Schülern ... sage, wohin ... er kommen (soll) - und bei Erwachsenen halte ich es schon zweimal für notwendig" - so ein Lehrer in IT-Fit. Auch theoretisch lässt sich begründen, dass für die Entwicklung einer *Teilnahmemotivation* auf Seiten des Mitarbeiters Abschätzungen über den voraussichtlichen Nutzen und den damit zusammenhängenden Aufwand zentral sind.[101]

---

[101]   Vgl. hierzu Kapitel 4.4.3.

Die Beispiele zeigen, dass realistische Vorab-Informationen durch den Seminaranbieter im Vorfeld von Weiterbildungsmaßnahmen für den Lern- und Transfererfolg bei den Teilnehmern bedeutsam sind. Allerdings besteht das *Problem* dieses Instruments darin, dass die Teilnehmer aus Zeitgründen allenfalls Termin und Ort wahrnehmen und alles andere – wenn überhaupt - allenfalls oberflächlich zur Kenntnis nehmen. Dies gilt prinzipiell auch für E-Mail-gestützte Vorab-Informationen, da diese meist in der Flut der täglichen Mails „untergehen". Seminarleiter sollten daher *Anreize* setzen, damit sich die potenziellen Teilnehmer mit der Kursbeschreibung auseinandersetzen.

Vorab-Aufgaben

Vorab-Informationen dienen primär motivationalen Aspekten, Vorab-Aufgaben dagegen der *Aktivierung von Vorwissen* und damit zugleich der *Homogenisierung* der Teilnehmergruppe. Auch kann den Teilnehmern im Vorfeld deutlich werden, dass ihnen notwendige Kompetenzen noch fehlen, was ebenfalls motivationale Effekte auf die Weiterbildungsteilnahme haben kann.

Ein solches Instrument wird bei Befragungen von Weiterbildungsteilnehmern immer wieder vorgeschlagen. Allerdings zeigt sich auch hier die *beschränkte Reichweite* einer solchen Strategie. Dem Autor ist bei zahlreichen Evaluationen von Praxisansätzen, in denen dieses Instrument eingesetzt worden ist, kein einziger Fall bekannt, bei dem diese Vorab-Aufgaben dann auch tatsächlich von den Teilnehmern bearbeitet worden sind. Hintergrund sind auch hier die Arbeitszwänge, wie das oben genannte Fallbeispiel verdeutlichen soll. Auch hier hat Manfred E. die Vorab-Aufgaben wegen des anstehenden Vortrags nicht bearbeitet. Auch der Einsatz dieses Instrumentes erfordert daher *Anreize* für die Teilnehmer, sich auch in der Freizeit damit zu beschäftigen.

Übung:

3   Nehmen Sie an, Sie wären Kursleiter bei einem Weiterbildungsanbieter. Durch welche realistische Strategien (keine finanziellen Anreize!) könnten Sie versuchen zu erreichen, dass Ihre potenziellen Teilnehmer Vorab-Informationen zur Kenntnis nehmen und Vorab-Aufgaben bearbeiten?

Critical-Incident-Befragungen

Eine weitere Möglichkeit für den Seminarleiter, bereits im Vorfeld die Transferproblematik zu berücksichtigen, ist die Durchführung von Critical-Incident-Befragungen. Der Kursleiter erfragt – schriftlich oder mündlich – bei den kommenden Teilnehmern kritische Ereignisse, die für den Kurs relevant sein könnten. Beispielsweise könnten die potenziellen Teilnehmer einer Weiterbildungsmaßnahme „Umgang mit schwierigen Kunden" gebeten werden, solche kritischen Ereignisse im Vorfeld möglichst genau zu schildern. Eine solche Bitte sollte mit dem Hinweis versehen werden, dass diese Ereignisse dann im Seminar besprochen werden könnten. Dadurch kann die Veranstaltung auf die konkreten Arbeitsplatzprobleme der Teilnehmer ausgerichtet werden. Eine Alternativmethode hierzu sind Interviews zwischen Trainer und Teilnehmer im Vorfeld der Weiterbildungsmaßnahme. Dies könnte bspw. im Rahmen der – weiter oben erörterten – Auftragsklärung erfolgen.

Partizipative Bedarfserhebung

Bislang sind Maßnahmen erörtert worden, die primär vom Seminaranbieter ausgehen. Daneben ist es auch sinnvoll, im Vorfeld von Weiterbildungsaktivitäten *Maßnahmen im Arbeitsumfeld* zu ergreifen. Eine günstige Ausgangslage ergibt sich dabei dann, wenn der Weiterbildungsbedarf partizipativ ermittelt worden ist (vgl. Kap. 4.1.3). Dem Weiterbildungsteilnehmer wird so der Kontext der Maßnahme deutlich. Ziele müssen nicht durch den Vorgesetzten erklärt und der Mitarbeiter von ihnen überzeugt werden, sondern sie sind dem Mitarbeiter durch seine Beteiligung bei der Bedarfsanalyse bereits deutlich geworden. Wenn die Weiterbildung – wie etwa im potenzialorientierten Ansatz vorgesehen – auch dazu dient, dass Mitarbeiter ihre Interessen und Potenziale am Arbeitsplatz einbringen können, so sind dadurch wichtige Voraussetzungen für eine *Teilnahmemotivation* und damit zumindest für den Lernerfolg gelegt. Empirisch lässt sich dies durch den Befund von Hicks und Klimoski (1987) stützen, nach dem – wie bereits angesprochen – eine freiwillige Teilnahme und realistische Informationen positiv mit der Lernleistung korrelieren.

Über die Förderung der Teilnahmemotivation wird an späterer Stelle (Kap. 4.4.3) ausführlich berichtet. Hier nur soviel: Anhand des Vier-Phasen-Modells der Motivation nach Heckhausen (1987 a, b) lässt sich die Bedeutung von Kosten-, Nutzen-, Risikoabwägungen (kognitive Ebene) einerseits und Lernerfahrungen (affektive Ebene) andererseits im Hinblick auf die Teilnahmemotivation herausarbeiten. Auf den vorliegenden Kontext bezogen käme es daher darauf an, im Rahmen partizipativer Bedarfserhebungen, den *Nutzen* potenzieller Weiterbildungsaktivitäten für den Arbeitsplatz zu verdeutlichen (Vereinfachung der Arbeit, neue Tätigkeitsfelder, neue Handlungsspielräume, Karriereperspektiven etc.). Gleichzeitig sind die Risikoabwägungen und Lernerfahrungen des jeweiligen Mitarbeiters zu arrondieren. So können bspw. Versagensängste (etwa bei Gruppenlernprozessen) durch ein anderes Kursdesign, das den subjektiven Lernbedürfnissen entgegenkommt (etwa E-Learning), aufgefangen werden.

Partizipative Bedarfserhebungen bieten vor diesem Hintergrund einen wichtigen Stellhebel zur Förderung der Teilnahmemotivation und somit für den Lernerfolg in einer Weiterbildungsmaßnahme, was wiederum – wie in Abb. 4.2-3 verdeutlicht wurde – als eine notwendige Bedingung für den Transfererfolg zu gelten hat.

Seminarvor- und -nachbereitungsgespräch/Transferzielprotokoll

Ein Seminarvorbereitungsgespräch findet vor einer Weiterbildungsmaßnahme zwischen Vorgesetztem und Mitarbeiter statt. Ein solches Gespräch hat zunächst eine *Informationsfunktion* für beide Seiten. Auch in diesem Kontext kann der Nutzen von Weiterbildung als motivationstheoretischer Impuls verdeutlicht werden. Dem Vorgesetzten werden Ziele und Inhalte der Maßnahme verdeutlicht, dem Mitarbeiter die Intentionen, die mit der Weiterbildungsmaßnahme verbunden sind. Durch dieses Gespräch wird die *Bedeutung der Weiterbildung herausgestrichen*. Zentral ist dabei auch die Erörterung des *Transfers und der Transferbedingungen*: Was soll später konkret am Arbeitsplatz angewendet werden? Welche Bedingungen müssen erfüllt sein, damit es zu einem Transfer kommen kann? Sind bspw. zeitlich befristet Vertretungen nach Ende des Kurses möglich, um eine rasche Anwendung des Gelernten zu ermöglichen (Schaffen zeitlicher Freiräume)? Wird ggfs. die entsprechende Software am Arbeitsplatz installiert (Zurverfügungstellung der notwendigen Ressourcen)? Sind Mentoringphasen[102] realisierbar? Soll der Mitarbeiter eine Multiplikatorfunktion übernehmen? In der vorangegangenen Übungsaufgabe ist vom Probanden T. ein solches Gespräch vorgeschlagen worden. In den Seminarnachbereitungsgesprächen geht es dann um die Überprüfung der Zielsetzungen. Ggfs. ist zu eruieren, warum ein Transfer ausgeblieben ist.

In den Seminarvor- und –nachbereitungsgesprächen geht es auch darum, ein günstiges *Transferklima* zu schaffen. Rouiller und Goldstein (1993) haben das Transferklima operationalisiert und herausgearbeitet, dass für den Transfer Signale aus der Arbeitssituation einerseits und Konsequenzen andererseits entscheidend sind. Als Signale können Erinnerungshinweise, das Gelernte anzuwenden, oder aufmunternde Bemerkungen bei ersten Erfolgen fungieren. Der Vorgesetzte hat hier – bspw. im Rahmen von Seminarnachbereitungsgesprächen – eine zentrale Funktion. Dies gilt auch im Hinblick auf den zweiten genannten Faktor. So können (positive) Anreize zur Anwendung gesetzt werden (Transfer als Gegenstand von Leistungsbeurteilungen und Karrierevoraussetzung), aber auch (negative) Sanktionen. Hier kann auf das an anderer Stelle in diesem Lehrbuch aufgeführte Praxisbeispiel verwiesen werden, bei dem die Mitarbeiter frei Weiterbildungsaktivitäten wählen dürfen, jedoch mit der Maßgabe, dass drei „To-Do's" (Anwendungen in der Praxis) mitzubringen sind. Im Negativfall (und nur dann) wird die Weiterbildung auf den Urlaub angerechnet. In den Seminarnachbereitungsgesprächen hat der Vorgesetzte die Möglichkeit, „Signale" zu setzen und Konsequenzen zu verdeutlichen.

Vorbereitungsgespräche sind nicht nur im Falle von Weiterbildungskursen bei externen Anbietern sinnvoll, sie haben *auch bei arbeitsplatznahen Ansätzen*, wie etwa beim E-Learning, eine zentrale Bedeutung. Fast alle betrieblichen Lerner und alle Lehrer im Evaluationsprojekt IT-Fit haben angegeben, dass sie nicht parallel zu ihrer täglichen Arbeitszeit lernen konnten. Die Lernprozesse fanden überwiegend oder ganz in der Freizeit statt. Auch Nachfragen bei Kursabbrechern haben ergeben, dass vor allem eine *zu hohe Arbeitsbelastung* ursächlich dafür war. Dabei handelte es sich keineswegs um „vorgeschobene Gründe", wie ein Interviewausschnitt exemplarisch belegt: „Wir arbeiten projektorientiert - und da haben wir ein Projekt und das kann sich ausweiten, das kann gut laufen, dann brauchen wir halt nicht so viel Zeit, und wenn es nicht so gut läuft, dann muss man halt sehr viel Zeit aufwenden dafür ... und wenn ein Projekt wieder abgeschlossen ist, dann versucht man die Zeit wieder abzubauen .... wenn wieder viel Arbeit da ist, dann wird wieder viel gearbeitet, zum Teil von sechs Uhr morgens bis sieben Uhr abends ... und wenn man (dann) im Betrieb ist, ... dann kann man (wegen E-Learning) nicht sagen, ich hack jetzt auf dem Ding rum, geh jetzt weg, frag mich nichts". Auf Nachfrage legt der Mitarbeiter dar, dass die Inanspruchnahme des E-Learning-Kurses in IT-Fit zu Hause erfolgte und daher auch als Freizeit gewertet wurde, währenddessen traditionelle Präsenzfortbildungen mit Arbeitszeit verrechnet würden.

Auf diese *unterschiedlichen Bewertungen* wurde mehrfach sowohl von Lehrern als auch von betrieblichen Vertretern aufmerksam gemacht: „Die Kultur bei uns ist so: Wenn ... im Arbeitsplan steht „Weiterbildung", ist das kein Thema. Wenn ich aber sage, ich mache die acht Stunden nicht an einem Tag, sondern ich mache jeden Tag zwei Stunden und die zwei Stunden möchte ich nicht gestört werden am Arbeitsplatz - das geht nicht! Ich kann nicht sagen, von 8 bis 10 Uhr stelle ich ein Schild hin „Bitte

---

[102]   Vgl. hierzu die Ausführungen zu diesem Instrument weiter unten.

nicht stören - bilde mich weiter" - keine Chance! Wenn ich weg bin, bin ich weg!" Dies führt zum Teil zu massiven *Akzeptanzproblemen*. Zwar wird E-Learning prinzipiell befürwortet, jedoch nur unter der Voraussetzung einer Gleichbewertung. Ein (stark frustrierter) Lehrer hierzu: „ich ... (bin) dagegen ... viele fanden (... den E-Learning-Kurs) gut und dann sagt das Kultusministerium, da brauchen wir jetzt in Zukunft die Leute nicht mehr nach Dillingen[103] zu schicken und da sparen wir einen Haufen Geld, die Leute sollen das nebenbei machen. Da mache ich das nebenbei und mache (schon) die Computeradministration (sowieso) nebenbei ... Die ganze Sache (gemeint: E-Learning-Kurs in IT-Fit) ist gut durchdacht und gut gemacht, da brauchen wir nicht drüber reden, aber ich bin dagegen ... ich sehe die Gefahr, dass uns noch was aufs Auge gedrückt wird." Gerade weil bereits immer mehr dienstliche Aktivitäten in den Freizeitbereich verlagert worden sind - und auch betriebliche Vertreter sehen sich damit konfrontiert -, wird E-Learning zwar prinzipiell befürwortet allerdings zum Teil als eine Strategie der „Privatisierung von Weiterbildung" empfunden. Dies bedeutet allerdings nicht, dass das Einbringen von Freizeit grundsätzlich abgelehnt wird. Allerdings wird - ähnlich wie bei traditioneller Fortbildung - nach *geeigneten Anrechnungsmechanismen* gesucht.

Als wenig aussichtsreich werden bei projektorientierten bzw. weitgehend selbstorganisierten Arbeiten Modelle angesehen, die auf eine Umstrukturierung der Arbeit selbst zielen. Dies ließe sich für wenige Stunden pro Woche kaum legitimieren. Auch sind realistischerweise *im Team Schwierigkeiten* zu erwarten, wenn der eine Kollege lernt und der andere Kollege am benachbarten Schreibtisch die Arbeit erledigt. Hinzu kommen *Störungen am Arbeitsplatz*, die systematische und konzentrierte Lernprozesse häufig gar nicht ermöglichen. Die bekannten Probleme arbeitsplatzgebundenen Lernens haben in der Praxis zum Teil zur Einrichtung von separierten Lernräumen geführt. Auch diesbezüglich liegen jedoch unterschiedliche Erfahrungen vor. Je nach Arbeitsanfall und individuellen Präferenzen stoßen solche Lernräume nicht immer auf Akzeptanz.

Aussichtsreicher erscheint dagegen in „*Seminar*"vorbereitungsgesprächen zu entwickelnde individuelle Lernzeitmodelle, in denen je nach persönlichen Gegebenheiten im Hinblick auf den Arbeitsanfall und -ablauf Arbeitszeit und zumindest teilweise anrechenbare Freizeit kombiniert werden können. Sollten Zeitkontingente in der Arbeits-/Freizeit verfügbar sein, so bieten sich exemplarisch folgende Modelle an, die in einem Vorbereitungsgespräch zwischen Vorgesetztem und Mitarbeiter individuell vereinbart werden könnten:

- Lernen am Arbeitsplatz, während der Arbeitszeit,
- Lernen in Lernräumen während der Arbeitszeit,
- Lernen an den „Rändern" des Arbeitstages (vor und nach der Arbeit am Arbeitsplatz),
- Lernen zu Hause mit Zeitgutschriften,
- Lernen zu Hause ohne Zeitgutschriften.

Die Modelle lassen sich je nach individuellen Präferenzen und individuellen Personalentwicklungsperspektiven im Unternehmen, technischer Ausstattung des Arbeitsplatzes, des Lernraumes oder des häuslichen Arbeitszimmers und je nach voraussichtlichem Arbeitsanfall und -ablauf sowie je nach Kursdesign miteinander kombinieren.

---

[103] Gemeint ist die Lehrerfortbildungsinstitution in Bayern.

Die Ausführungen machen deutlich, dass Pauschallösungen im Hinblick auf eine lernförderliche Umfeldgestaltung beim E-Learning bzw. bei arbeitsplatznahen Lernformen generell kaum zu finden sind. Vor diesem Hintergrund plädieren wir für *Seminarvor- und ergänzende –nachbereitungsgespräche zwischen betroffenen Mitarbeitern und Vorgesetzten auch bei solchen Formen des Lernens.* Sie hätten allerdings weniger die Funktion, Arbeitsprozesse umzugestalten als vielmehr individuelle Lösungen im Hinblick auf die Lernzeit zu finden.

Auch aus einem weiteren Grund erscheinen solche Gespräche sinnvoll. Zentral für die Steuerung des Weiterbildungserfolgs ist die Festlegung von Evaluationskriterien. Will man über die Aussagekraft reiner „Happiness-Sheets"[104] am Ende eines Kurses hinaus, so sind im Vorfeld jene Kriterien zu vereinbaren, an denen der Erfolg der Fortbildungsmaßnahme im Nachhinein gemessen werden soll. Da bislang umfassende Bildungscontrolling-Ansätze, die den Erfolg von Weiterbildung aus der Unternehmensperspektive heraus eindeutig ableiten, ausstehen, bieten *dezentrale Ansätze*, in denen Vorgesetzte und Mitarbeiter Vereinbarungen über messbare Ziele oder beobachtbare Verhaltensänderungen treffen, einen geeigneten Ansatzpunkt (vgl. Kap. 4.7.3). In einem *Vorbereitungsgespräch* können Vorgesetzte und Mitarbeiter bspw. vereinbaren, welche *Kennzahlen* sich nach welchem Zeitraum nach Ende des Weiterbildungskurses ändern sollen. So könnte etwa eine bestimmte Reduktion der Reklamationsquote vereinbart werden oder eine vordefinierte Verbesserung der Beurteilung im Rahmen eines 360°-Feedbacks.

In der Weiterbildungspraxis vor allem in Großbetrieben sind im Kontext von Vorbereitungsgesprächen *Transferzielprotokolle* verbreitet, in denen Vorgesetzte und Mitarbeiter die getroffenen Vereinbarungen schriftlich und damit nachprüfbar dokumentieren. Die Schriftform dient dabei dazu, die *Verbindlichkeit* der Verabredungen zu erhöhen. Das Transferzielprotokoll spielt im Seminarnachbereitungsgespräch eine zentrale Rolle als Besprechungsgrundlage. Im Nachbereitungsgespräch geht es nicht nur darum, die Zufriedenheit des Mitarbeiters mit der Weiterbildungsmaßnahme zu eruieren, sondern vor allem auch darum, zu ermitteln, welche Transferziele erreicht werden konnten und welche nicht. Im letzten Fall ist dann der Frage nachzugehen, warum der Transfer (teilweise) gescheitert ist. Lag es am Kurs, am Teilnehmer oder sind die Vereinbarungen nicht eingehalten worden (bspw. keine Freistellung nach Ende des Kurses). Ggfs. ist zu klären, wie ein nachträglicher Transfer noch erreicht werden kann. Auf die Vorteile eines solchen Seminarnachbereitungsgesprächs hat auch Proband V. in der vorangegangenen Übungsaufgabe hingewiesen (letzter Interviewausschnitt).

Seminarvor- und –nachbereitungsgespräche verursachen für das Unternehmen nur einen geringen zeitlichen Mehraufwand, können aber maßgeblich dazu beitragen, dass ein Lernerfolg auch in einen Transfererfolg transformiert wird. Allerdings darf die Reichweite eines solchen Ansatzes insbesondere bei projektorientierten Arbeitsweisen auch nicht überschätzt werden. So sieht etwa die Hälfte der von uns befragten IT-Fit-Teilnehmer keinen Sinn in Mitarbeitergesprächen mit dem Vorgesetztem, denn dieser hätte auf den jeweiligen Arbeitsanfall und -ablauf nur sehr bedingt Einfluss.

---

[104] Damit gemeint sind Evaluationsbögen am Ende eines Kurses, in denen die Seminarteilnehmer ihre Zufriedenheit mit der Veranstaltung zum Ausdruck bringen sollen. Vgl. hierzu Kapitel 4.7.2.

Zum Seminarnachbereitungsgespräch

Über eine Anwendung von Seminarnachbereitungsgesprächen in einem völlig anderen Kontext berichtet der Berufspädagoge Günter Kutscha (Lehrstuhl für Berufspädagogik / Berufsbildungsforschung an der Universität Duisburg-Essen). So wurde er während seiner betrieblichen Ausbildung zum Bankkaufmann vom Ausbilder regelmäßig zu so genannten Transfergesprächen gebeten. In diesen Gesprächen wurde er gebeten, über die neu gelernten Inhalte in der Berufsschule zu berichten und Anwendungsmöglichkeiten im Betrieb aufzuzeigen. Falls der „junge Günter" keine Anwendungsmöglichkeit gesehen hat, erhielt er vom Ausbilder einen gesonderten Auftrag, durch den der Bezug deutlich werden sollte. Übrigens: Ein gelungenes Beispiel zur Förderung von Lernortkooperation jenseits umfangreicher Modellversuche!

Einbezug der Kollegen

Schließlich ist als lernumfeldbezogene Vorbereitungsmaßnahme auch der Kollegenkreis einzubeziehen. Die Gründe hierfür verdeutlichen wiederum einige Befragungsergebnisse aus dem Evaluationsprojekt IT-Fit: „Die Leute wollen das (gemeint: E-Learning) ja, aber das System lässt das nicht zu. Der Vorgesetzte lässt es nicht zu. Die Kollegen lassen es nicht zu, weil sie dann irgendwas übernehmen müssten. Da müsste dann miteinander gesprochen werden und man müsste sich absprechen, wie man das organisiert, da ist einfach die Flexibilität ... (im) System nicht da." Nicht allein aus Vertretungsgründen oder um Störungen während eines eventuellen Lernens am Arbeitsplatz zu vermeiden, ist ein Einbezug der Kollegen notwendig. Praktische Erfahrungen belegen, dass gerade bei Kollegen Akzeptanzbarrieren zu beobachten sind. Sie haben zwar zumindest teilweise die (sozialen) Kosten, nämlich zusätzliche Arbeit, zu tragen, profitieren aber nicht vom Nutzen der Weiterbildung. Schlimmer noch: Vielfach werden auch Risiken nach dem Motto „Warum der und nicht ich?" gesehen. Ein systematischer Einbezug der Kollegen zumindest auf der Ebene der Information über den Sinn der Fortbildung kann dem entgegenwirken. Auch die Übernahme einer Multiplikatorfunktion nach Ende einer Weiterbildung kann zu einem lernförderlichen Arbeitsklima beitragen.

Lernvertrag

Die bisher vorgestellten Instrumente werden *im Vorfeld* von Weiterbildungsmaßnahmen eingesetzt. Transferförderung kann aber auch *im Laufe* des Kurses erfolgen. Dabei lassen sich wiederum Instrumente unterscheiden, die typischerweise *zu Beginn, während oder am Ende* eines Kurses Anwendung finden können.

Das Instrument des Lernvertrags ist vor allem an angelsächsischen Hochschulen verbreitet: Lernende und Lehrende verpflichten sich gegenseitig zu bestimmten Aktivitäten. In Bezug auf die Weiterbildung könnte bspw. eine aktive Teilnahme, eine regelmäßige Bearbeitung von ergänzenden Seminarunterlagen oder das Einbringen realer Probleme aus dem Arbeitsalltag vereinbart werden. Eine solche Verpflichtung kann dann auch Grundlage für Interventionen seitens eines Seminarleiters sein. Insbesondere bei selbstorganisierten Lernprozessen, wie etwa beim E-Learning, können - so die Annahme - Selbstverpflichtungen die Verbindlichkeit erhöhen. Allerdings steht in Frage, ob sich die positiven Erfahrungen mit dem Vertragslernen in jedem Fall auf die berufliche Weiterbildung übertragen lassen. Die von uns befragten Teilnehmer in IT-Fit haben unterschiedliche, aber überwiegend skeptische Positionen hierzu: „Die Methode ist zwar hart, aber es würde mir vielleicht helfen, dass ich ... konsequent an dem Ganzen ... arbeite". Andere verweisen darauf, dass man sich auch dann um das Lernen „herum mogeln kann" und dass vor allem nicht voraus-

---

sehbar ist, „was in 7 Wochen alles passiert". Wieder andere halten nichts davon, weil dies demotivierend wirkt, weil „der Druck recht arg steigt". Lernverträge in der beruflichen Weiterbildung sollten aufgrund ihres doppelten Gesichts, einerseits Lerndisziplin zu fördern und einzufordern, andererseits aufgrund des erhöhten Drucks, auch Demotivationen zu erzeugen, allenfalls als *fakultatives* Element in der Weiterbildung eingesetzt werden.

Erfahrungen einbeziehen

Bereits mehrfach ist darauf hingewiesen worden, dass eine Einbeziehung der Erfahrungen der Teilnehmer unter transferförderlichen Gesichtspunkten von Bedeutung ist. Dies kann bspw. durch eine Critical-Incident-Befragung oder durch gezielte Interviews im Vorfeld von Weiterbildungsmaßnahmen erfolgen. Eine andere Möglichkeit besteht darin, solche Erfahrungen zu Beginn des Seminars zu eruieren. Im Projekt „IT-Fit" ist dies in einem Kick-Off-Workshop durch eine offene Diskussionsrunde erfolgt. Auf Flip-Charts wurden solche Erfahrungen stichwortartig festgehalten und zugleich Wünsche an den Seminarablauf dokumentiert. Wie die Evaluation später jedoch ergab, konnten die Teilnehmer später kaum erkennen, ob und wie im Kursablauf dann darauf Bezug genommen worden ist. Das systematische Abfragen von Erfahrungen und Wünschen macht nur dann Sinn, wenn sich dies für alle Teilnehmer sichtbar auch im Kursdesign niederschlägt. Ansonsten drohen Demotivationen, zumindest wird aber das Ziel eines solchen Instrumentes (Lösung realer Arbeitsplatzprobleme) nicht erreicht.

Besser (2004, S. 46) schlägt hier das *Instrument der „Selbstplanung"* vor. Dabei werden auf Metaplankarten Themen aufgeschrieben, die im Seminar behandelt werden sollen. Pflichtthemen, über die nicht verhandelt werden soll, können gesondert gekennzeichnet werden. Außerdem werden leere Karten zur Verfügung gestellt, auf die die Teilnehmer ihre Wünsche äußern können. Weitere Karten sind für die jeweilige Vorgabe eines Zeitrahmens sowie einer Unterrichtsmethode (für ein Thema) vorgesehen. Auch für das Thema Transfer können gesonderte Karten vorgesehen werden. Auf Pinnwänden ist eine Matrix vorgesehen, in der zum einen (waagerecht) die Themen, Dauer, Methode und Transfer nacheinander angeheftet werden können. Senkrecht ergeben sich daraus die differenzierten Seminarzeiten (Anfang und Ende eines Bausteins). Zunächst wird eine Delegation gebildet, die mit den Metaplankarten die Matrix ausfüllt und so den Seminarablauf konkret plant. Dabei legen sie ihre Überlegungen dar, das Auditorium kann Einwände erheben und Vorschläge machen. In einer Schlussrunde wird das Gesamtkonzept diskutiert. Eine *Schwierigkeit* bei dieser Methode besteht vor allem darin, dass die Teilnehmer meist noch nicht mit den Seminarinhalten vertraut sind und daher nur schwer abschätzen können, welcher Zeitaufwand erforderlich ist und welche Bausteine aufeinander aufbauen. Eine besondere Herausforderung besteht auch für den Seminarleiter, der bereit sein muss, flexibel sein vorbereitetes Kurskonzept völlig aufzugeben.

Lernpartnerschaften etablieren/fortsetzen

Lernpartnerschaften dienen bereits während der Weiterbildungsmaßnahme der Förderung des Lern-, aber auch des Transfererfolgs. So können Personen, die mit ähnlichen Aufgabenstellungen im Arbeitsalltag konfrontiert sind, zu Teams (etwa Lerntandems) zusammengeschlossen werden. Solche Tandems können sich bei etwaigen Lernproblemen gegenseitig unterstützen. Sie können auch zusammen Transfermöglichkeiten diskutieren. Solche Lernpartnerschaften gewinnen im Hinblick auf die Transferförderung dann eine besondere Qualität, wenn sie über das Seminarende hinaus erhalten bleibt. Lerntandems können sich dann nach Ende der Weiterbildung bei Anwendungsproblemen gegenseitig unterstützen, Missverständnisse durch gegenseitiges Erklären ausräumen, Erfahrungen austauschen und Lösungswege für die Überwindung von Transferhemmnissen diskutieren. Dabei bieten die modernen Kommunikationsmedien (E-Mail) eine geeignete Grundlage. Lerntandems können auch zu Erfahrungsaustauschgruppen mit mehr als zwei Mitgliedern ausgebaut werden. Diese Gruppen haben die Funktion, nach Ende des Weiterbildungskurses an der Festigung des Gelernten gemeinsam zu arbeiten und Anfangserfolge zu fördern.

Lernfreiräume schaffen

Sowohl bei Weiterbildungsaktivitäten bei externen Anbietern als auch bei arbeitsplatznahen Konzepten ist die Einräumung von Lernfreiräumen von herausragender Bedeutung. Im Hinblick auf externe Kurse ist die Vermeidung von Störungen während des Seminars unabdingbar. Proband V in der oben genannten Übungsaufgabe (drittes Zitat) schildert entsprechende (Negativ-)Erfahrungen. Eine Vermeidung von Störungen ist in der Regel nur möglich, wenn für die Seminarzeit (im Vorbereitungsgespräch) eine Vertretung vereinbart wird.

Auch im Falle des *Lernens am Arbeitsplatz* sind Ermöglichungsstrategien von hoher Bedeutung. Wenn keine Lernzeiten systematisch eingeräumt werden, dann wird auch die Reichweite aller anderen „Hilfsmaßnahmen", wie etwa bei Lernverträgen, gering sein: „Da wird keiner ... dieser Vorschläge etwas daran ändern. Wenn die Prioritäten im Betrieb so sind, wie sie jetzt im Moment sind, und die Priorität für eine Weiterbildung so ist, wie sie jetzt ist, dann wird kein Druck da irgendwas dran ändern. Das einzige, was ich mir im Moment so vorstelle, was wirklich eine Verbesserung dieses Fortbildungsangebots bringen könnte, wären eben verstärkte Präsenzveranstaltungen in diesem Zusammenhang".

Solange wie E-Learning als Freizeitaktivität bewertet wird, traditionelle Präsenzveranstaltungen aber durch Freistellungen zumindest teilweise auf die Arbeitszeit angerechnet wird, so lange stößt das prinzipiell befürwortete E-Learning auf Akzeptanzbarrieren. Fehlende Lernzeiten führen nur dazu, dass Lernangebote oberflächlich oder gar nicht durchgearbeitet werden. Und dies ist nicht nur pädagogisch, sondern vor allem auch ökonomisch fragwürdig! Die Vereinbarung von Lernzeitmodellen, wie sie im Kontext der Seminarvorbereitungsgespräche angesprochen worden sind, bietet hierzu eine aussichtsreiche organisatorische Strategie zur Gestaltung der Rahmenbedingungen bei arbeitsplatznahen Lernkonzepten.

Lerntheoretische Fundierung

In diesem Handlungsfeld geht es darum, Weiterbildungsveranstaltungen didaktischmethodisch so zu gestalten, dass transferförderliche Effekte davon ausgehen. Gelungener oder misslungener Transfer wird in diesem Bereich, der sich auf das *Lernfeld* bezieht, lerntheoretisch erklärt. Auf diese Thematik kann an dieser Stelle nicht vertiefend eingegangen werden, da dies *Gegenstand der Didaktik* ist. Spiegelstrichartig seien hier lediglich die diesbezüglichen zentralen Transfertheorien skizziert und die jeweiligen didaktische Konsequenzen benannt:

- **Transfer aus behavioristischer Sicht**

  In behavioristischer Perspektive geht es darum, durch eine formale Bildung eine allgemeine Denk- und Transferfähigkeit zu fördern. Damit soll der Lernende in die Lage versetzt werden, wechselnde Probleme zu lösen. Schon die Untersuchungen von Thorndike und Woodworth Anfang des 20. Jahrhunderts zeigten jedoch, dass die Erzeugung einer *generellen* Denkfähigkeit und deren Transfer auf verschiedene Problemstellungen nicht haltbar waren. So ließen sich keine signifikanten Unterschiede in der Wirkung verschiedener Fächer auf die Intelligenzleistung feststellen. Bestimmte Lerninhalte (wie etwa Mathematik) sind demnach nicht mehr oder weniger formal bildend, „denkschulend" und damit transferförderlich als andere. Denken und Lernen werden daher nunmehr als spezifischere Prozesse angesehen als die Formalbildungstheorie dies annahm. An diesem Punkt setzte Thorndike mit seiner Theorie der identischen Elemente an, die noch heute in der Weiterbildungspraxis eine hohe Bedeutung hat.

- **Transfer aus Sicht der Theorie der identischen Elemente**

  Nach Thorndike (1906) wird Transfer dadurch gefördert, dass eine Lernsituation möglichst viele identische Elemente zur Anwendungssituation aufweist, oder allgemeiner formuliert: Transfer wird dadurch gefördert, dass zwei Situationen identische Elemente aufweisen. Didaktisch gewendet bedeutet dies, dass Lern- und Anwendungssituation möglichst ähnlich sein sollen. Das Prinzip der Realitätsnähe wird so legitimiert: Lernaufgaben sind in enger Anlehnung an Arbeitsaufgaben zu konzipieren. Die Theorie der identischen Elemente weist allerdings Schwächen auf: Was identische Elemente sind und wie viele davon enthalten sein müssen, bleibt bei Thorndike ungeklärt. Auch ist unklar, welche Elemente identisch sein müssen und ob bestimmte Elemente variabel sind. Außerdem weist Thorndike selbst darauf hin, dass „identische Elemente" – wenn überhaupt – nicht immer für jeden gleichermaßen beobachtbar sind.[105] Das bedeutet dann aber auch, dass identische Elemente nicht objektiv bestimmbar, sondern immer nur subjektiv wahrnehmbar sind, was aus konstruktivistischer Sicht selbstverständlich ist. Die Theorie der identischen Elemente stellt also nur einen formalen „Beschreibungs- und Analyserahmen des Phänomens Lerntransfer (dar), der zwar die Basis für die Interpretation beobachtbarer Transferleistungen in unterschiedlichen Sachbereichen bilden kann, jedoch als solcher noch relativ aussagenleer ist und bestenfalls einige heuristische Anhaltspunkte zur Beurteilung der Transferwirksamkeit bestimmter Lernsituationen liefert (Fortmüller 1991, S. 41). Gleichwohl findet das in der Weiterbildungspraxis favorisierte *Konzept der Realitätsnähe* hier ihren theoretischen Ankerpunkt. Ein Nachteil dieses Ansatzes ist darin zu sehen, dass nur ein „naher" Transfer (in ähnliche Situationen) gefördert wird, nicht aber ein „weiter", weil nicht auf generalisierbare Erfahrungen hingearbeitet wird. Unvorhergesehene Veränderungen am Arbeitsplatz können so kaum berücksichtigt werden. An diesem Problem setzt die Generalisierungstheorie an.

- **Transfer aus Sicht der Generalisierungstheorie**

  Sie kann als Gegenkonzept zur Theorie der identischen Elemente verstanden werden. Transfer wir hier über die Anwendung allgemeingültiger Regeln und

---

[105] Fortmüller (1991, S. 32) zieht daraus – zu Recht – den Schluss, dass es sich bei dieser Aussage um eine Immunisierung der Theorie gegen jeden Falsifizierungsversuch handelt.

Prinzipien erklärt. Transfer wird demnach dadurch gefördert, dass Regeln gelernt werden, die nicht nur für einen Einzelfall gelten, sondern für eine ganze Gruppe von Problemen Gültigkeit haben. Die Theorie des Prinzipientransfers ist durch Untersuchungen, wie etwa die von Judd (1908) bestätigt. Didaktisch gewendet erfordert dieser Ansatz, dass beim Lernen Regeln und Prinzipien herausgearbeitet und auf verschiedene Problemsituationen, die die Anwendung der Regel ermöglichen, übertragen werden, um so beim Lerner Denk- und Problemlösestrategien zu fördern. Die Übertragung auf wechselnde Problemkontexte ist deswegen erforderlich, weil nach vorliegenden Untersuchungen die Regeln in inhaltsspezifische (subjektive) Schemata eingebunden sind, aus denen die Regel bzw. das Prinzip durch Variation der Inhalte gelöst werden muss. Auch dieser Ansatz weist Risiken auf. So kann ein mechanistisches Anwenden der Regel der Lösung einer Anwendungssituation unangemessen sein. Auch kann die Regel übergeneralisiert werden. Um dies zu vermeiden, ist es erforderlich, dass ein Lerner nicht nur die Regel versteht, sondern auch einschätzen kann, ob diese Regel zur Lösung eines Anwendungsproblems angemessen ist oder nicht. Daher kommt es didaktisch zentral auch darauf an zu vermitteln, *warum* die Anwendung einer Regel zur Problemlösung führt. Erforderlich ist also *einsichtiges* Lernen.[106]

- *Transfer aus kognitivistischer Sicht*

Beim *Kognitivismus* wird der Transfer durch Generalisation und Abstraktion gefördert. Wichtig für den Transfer ist dabei nicht so sehr die Vermittlung von Einzelheiten, sondern die Förderung des Aufbaus gedanklicher Konzepte, die durch zahlreiche Praxisbeispiele zu illustrieren sind. Ein aufzubauendes kognitives Schema stellt die Verbindung zwischen Lern- und Anwendungssituation her. Als didaktische Konsequenzen lassen sich ableiten: Das Herausarbeiten von allgemeinen Regeln, der Einsatz von Strukturierungshilfen zur Verdeutlichung der Regel (verbal oder graphisch wie bspw. über advanced organizer), die Anwendung von Regeln anhand verschiedener Beispiele und den Vergleich der jeweiligen Lösungswege zur Entwicklung kognitiver Schemata sowie die selbstständige Bearbeitung eines Anwendungsfalles.

- *Transfer aus konstruktivistischer Sicht*

Da es sich beim Konstruktivismus immer noch um keine abgeschlossene einheitliche Theorie, sondern eher um vielfältige theoretische Perspektiven handelt, soll hier nur auf gängige Lernprinzipien, die auch in der Praxis Anwendung finden können, eingegangen werden. Bei *konstruktivistischen Lernprinzipien* wird der Transfer durch situiertes Lernen gefördert. Dabei soll das Lernen an konkreten Fallsituationen verankert werden. Über die selbstgestützte Bearbeitung variierender Fälle soll der Prozess des Abstrahierens gefördert werden. Dabei werden *authentische Probleme aus multiplen Perspektiven* als Situationskontexte verwendet. Die Komplexität der Fallsituationen soll dabei schrittweise erhöht werden. Sechs didaktische Prinzipien werden in diesem Ansatz betont: a) Authentizität und Situiertheit (realer Praxisfall), b) multiple Kontexte (Übertragung in zunehmend anspruchsvollere Situationen), c) multiple Perspektiven (Variation der Zielsetzungen bzw. unterschiedliche Betonung von Problemaspekten zur Flexibilisierung des Wissens), d) kooperatives

---

[106] Fortmüller (1991, S. 108) weist diesbezüglich auf das Operationsproblem hin, dass „Einsicht" nur daran zu erkennen ist, ob die Transferaufgabe gelöst worden ist. Das bedeutet dann aber, dass die zu erklärende Variable (Transfer) mit der erklärenden Variable (Einsicht in die Regel) identisch ist.

Lernen (Interaktion mit anderen Lernern, Dozenten und Experten), e) Artikulation und Reflexion (kognitive Vorgänge sichtbar machen, um sie mit denen von anderen, insbesondere von Experten, zu vergleichen), f) Hineinwachsen in eine Expertenpraxis (Vertrautwerden mit den Arbeitsweisen/Strategien von Experten).

Intervalltraining/Follow-Up/Transfercheck

Unter Transfergesichtspunkten bietet ein Intervalltraining Vorzüge gegenüber einem einphasigen Kurskonzept. Häufig werden Anwendungsprobleme erst nach Ende eines Kurses deutlich. Diese können systematisch in den Kursablauf einbezogen werden, wenn das Kurskonzept von vorneherein *zweiphasig* ausgelegt ist. Auf eine erste Kursphase folgt dann eine Anwendungsphase am Arbeitsplatz. Darauf aufbauend erfolgt dann eine zweite Kursphase, in der dann zum einen die *Anwendungsprobleme am Arbeitsplatz* erörtert werden können, zum anderen aber auch noch *neue Kursinhalte* ergänzt werden können.

Ein solches Kurskonzept liegt nahe beim traditionellen Ansatz des *Follow-Ups*, bei dem sich jedoch die zweite Phase ausschließlich auf die Erörterung von Anwendungsproblemen beschränkt. Dabei kann im Rahmen eines *Transferchecks*[107] nach den Ursachen von Transferhemmnissen und nach geeigneten Lösungswegen gesucht werden. Auch Beispiele anderer Teilnehmer, mit welchen Strategien sie erreicht haben, das Gelernte umzusetzen, können diskutiert werden. Auch Missverständnisse bezüglich der Seminarinhalte können nachträglich noch ausgeräumt werden.

Intervalltraining und Follow-Up sind zwei wesentliche Strategien, über die ein Weiterbildungsanbieter verfügt, die Transfermotivation bei den Teilnehmern zu fördern. Beide Konzepte zielen auf die Realisation von Anfangserfolgen, die für die Entwicklung einer Transfermotivation von zentraler Bedeutung sind. Detaillierte Erläuterungen hierzu finden Sie im Vertiefungsabschnitt zu diesem Kapitel (4.2.5).

Transferbuch[108]

Das Transferbuch wird autonom vom Teilnehmer geführt, wird allerdings vom Seminaranbieter zur Verfügung gestellt. Das Transferbuch soll wie ein Tagebuch geführt werden. Es kann zum einen der Mitschrift der Seminarinhalte dienen, soll aber zum anderen auch zur Reflexion ermuntern. Zu jedem wichtigen Thema bzw. zu jeder Übung und an jedem Tagesabschluss sollen die Teilnehmer ihre persönlichen Erkenntnisse festhalten und notieren, was sie davon umsetzen wollen. Auch soll über den persönlichen Nutzen nachgedacht werden. Weitere Leitfragen können vom Seminarleiter als strukturleitend vorgegeben werden.

Das Transferbuch folgt dem Grundgedanken des *goal-setting-Ansatzes*, der im Kontext der Thematik der Transfermotivation im Vertiefungskapitel 4.2.5 erläutert wird. Wie dort dargelegt wird, hat sich allerdings gezeigt, dass der goal-setting-Ansatz eine besondere Wirksamkeit entfaltet, wenn er mit Strategien aus dem so genannten re-

---

[107]   Ein Transfercheck kann auch in anderer Form, bspw. in Form eines problemzentrierten Interviews erfolgen.

[108]   Vgl. ausführlich Besser (2004, S. 74 ff.).

lapse-prevention-Ansatz (Entwickeln von Rückfallvermeidungsstrategien) verbunden wird.[109]

Transfergruppe[110]

Kleingruppen von drei bis fünf Teilnehmern reflektieren einmal am Tag die jeweiligen Seminarthemen im Hinblick auf ihre Praxisverwertbarkeit. Jeder soll dabei darlegen, was für ihn relevant war, was er in der Praxis umsetzen kann und was man nicht verstanden hat. Die Diskussionen in den Gruppen können durch Leitfragen vorstrukturiert werden. Tauchen in einer Gruppe Fragen, Probleme oder Erkenntnisse auf, die auch für andere Seminarteilnehmer interessant sein können, so werden sie am Beginn des nächsten Seminartages erörtert. Durch die Diskussionen werden Transfermöglichkeiten deutlich, was der individuellen Zielfindung dienlich sein kann. Auch hier empfiehlt sich jedoch eine Ergänzung um weitere Instrumente, wie etwa das persönliche Projekt oder den Selbstkontrakt.

Individualprojekt[111]

Das persönliche Projekt wird am Ende eines Seminars vereinbart. Dabei handelt es sich um ein realistisches Vorhaben, das nach Seminarende durchgeführt werden soll. Dazu werden Tandems gebildet oder auf vorhandene Lernpartnerschaften zurückgegriffen. In dieser Tandemphase arbeitet jeder zunächst noch einmal seine wichtigsten Erfahrungen heraus. Vor diesem Hintergrund kreiert jeder sein eigenes „Kleinvorhaben", das ohne Steuerung von außen in kurzer Zeit nach Ende des Kurses realisierbar sein muss. Damit soll vermieden werden, dass die Motivation zur Durchführung nachlässt. Die Erfolgskriterien sollen dabei klar formuliert werden, damit sie nachprüfbar sind. Die Partner stellen sich die Projekte gegenseitig vor, der jeweils andere erhebt Einwände bezüglich der Realisierbarkeit. Hat der andere an typische Transferhemmnisse gedacht? Wie geht er damit um? Im Zweifelsfall muss das Kleinprojekt überarbeitet werden. Die Lernpartner kontaktieren sich nach einem festgesetzten Termin gegenseitig, um den Erfolg zu kontrollieren. Vorgeschlagen wird, dass die Kleinprojekte „emotional" angereichert und überzeugend im Plenum vorgestellt werden müssen. Eine solche emotionale Anreicherung hat hier dieselbe Funktion wie die Schriftform beim Transferzielprotokoll: Sie erhöht die Verbindlichkeit.

Bei diesem Ansatz finden sich sowohl Elemente des *goal-setting-Ansatzes* als auch des *relapse-prevention-Ansatzes*. Beide Konzepte werden im Vertiefungsteil als theoretische Grundlage erörtert.

Selbstkontrakt

Auch der Selbstkontrakt basiert auf den beiden vorgenannten theoretischen Ansätzen. Beim Selbstkontrakt wird ein Vertrag mit sich selbst abgeschlossen. Wichtiger Bestandteil ist die Formulierung konkreter Zielsetzungen bezüglich der Umsetzung (goal-setting-Ansatz). Für jede Zielsetzung hat sich der Teilnehmer darüber hinaus Gedanken zu machen, was ihn bei der Zielerreichung behindern kann (Transferhemmnisse) und wie er mit diesen Hemmnissen dann umgehen will (relapse-

---

[109]   Ausführliche Informationen hierzu finden Sie im Vertiefungsteil dieses Kapitels.
[110]   Vgl. ausführlich Besser (2004, S. 77 ff.).
[111]   Vgl. ausführlich Besser (2004, S. 118 ff.).

prevention-Ansatz). Eine Diskussion mit dem Seminarleiter kann dabei hilfreich sein, wenn es um die Entwicklung geeigneter Strategien geht, typische Transferhemmnisse zu überwinden. Der Selbstkontrakt kann dann als „Brief an mich selbst" nach einer gewissen Zeit zugestellt werden. Damit wird der Selbstverpflichtungscharakter erhöht. In der Übungsaufgabe 2 schlägt der Proband M. ein solches Instrument vor. Folgende Abb. 4.2-8 repräsentiert einen Selbstkontrakt, der im Rahmen eines Projektes des Autors eingesetzt worden ist.

Seminarunterlagen

Neben Follow-Ups bieten geeignete Arbeitsmaterialien eine weitere Möglichkeit, Anfangserfolge am Arbeitsplatz zu fördern. Solche Arbeitsmaterialien wirken dem Prozess des Vergessens entgegen, zumal dann, wenn eine unmittelbare Anwendung des Gelernten im Arbeitsfeld (noch) nicht möglich ist. Vergessen bedeutet nämlich nicht das Löschen von Informationen im Gedächtnis. Vielmehr muss später das Gelernte in geeigneter Form wieder reaktiviert werden. Dazu sind geeignete präzise Zusammenfassungen mit Visualisierungen sogar geeigneter als umfangreiche Erläuterungen und zahlreiche Praxisbeispiele, die auch verwirrende Effekte verursachen können (Fortmüller 2002, S. 13). Dies spricht jedoch nicht grundsätzlich gegen vertiefende Materialien, sie sollten allerdings erst für einen eventuellen „zweiten Zugriff" nach Studium der Zusammenfassung dienen. Gestuft aufgebaute Arbeitsmaterialien können so der Reaktivierung von Gelerntem in späteren Anwendungsphasen dienlich sein. Dieses Lehrbuch ist nach diesen Prinzipien aufgebaut worden. Die entsprechenden Erläuterungen dazu finden Sie im Vorwort zu diesem Buch.

Nachbetreuung

Seminaranbieter haben auch die Möglichkeit, Transferhemmnisse dadurch zu überwinden, dass sie für ihre ehemaligen Teilnehmer eine Nachbetreuung anbieten. Dies kann durch eine telefonische Hotline erfolgen. Ein zentraler Vorteil der neuen Telekommunikationsmedien ist, dass aufgrund der veränderten Kommunikationspotenziale auch neue Chancen zur Nachbetreuung über die eigentliche Lernzeit hinaus eröffnet werden. Die angesprochenen Transferprobleme können daher seitens des Kursanbieters nicht nur durch ein einmaliges Follow-Up, sondern auch durch eine den Arbeitsprozess begleitende teletutorielle Betreuung bei Bedarf bearbeitet werden.

Selbstkontrakt

Liebe(r) Seminarteilnehmer(in),

viele **feste Absichten** und **gute Ideen** werden doch nicht Wirklichkeit, weil sie in der Alltagspraxis aus Zeitgründen untergehen. Dieser Selbstkontrakt ist das Ergebnis einer Vielzahl von persönlichen Gesprächen mit Mitarbeitern, Vorgesetzten und Trainern eines Unternehmens. Er soll Ihnen helfen, Ihre **beruflichen** und **persönlichen Entwicklungsziele** am Ende der Trainingsmaßnahme zu dokumentieren. Ferner soll der Vertrag Sie dazu anregen, bereits im Rahmen der Trainingsmaßnahme über mögliche **Transferhindernisse nachzudenken.** Eine Diskussion mit Ihren Trainingskollegen und dem Dozenten kann dazu beitragen, sinnvolle **Strategien zu entwickeln,** um auch den langfristigen **Transfer zu sichern.**

Folgende Inhalte der Trainingsmaßnahme möchte ich künftig umsetzen	Bei der Umsetzung können folgende Hindernisse auftreten	Wie kann ich diese Hindernisse überwinden?
1		
2		
3		
4		

Abb. 4.2-8: Selbstkontrakt

Transfermotivation

Die zuletzt genannten Instrumente haben als gemeinsames Ziel, die Transfermotivation beim Teilnehmer zu fördern. So kann der Transfer auch an fehlerhaften Anwendungsversuchen oder am Festhalten an „eingeschliffenen" Arbeitsroutinen auf Seiten des Lerners scheitern. Um dies zu verhindern, ist es notwendig, eine „Transfer-motivation" beim Teilnehmer aufzubauen. Sie kann nicht als etwas „Gegebenes" un-terstellt werden, insbesondere Misserfolgserlebnisse am Anfang der Anwendung un-tergraben die Transfermotivation.

Bedeutsam für das Entwickeln einer Transfermotivation ist daher die subjektive Überzeugung, dass man die erworbenen Kompetenzen auch erfolgreich anwenden kann. Dafür sind Anfangserfolge entscheidend. Hierauf kann sowohl durch transfer-förderliche Strategien auf Seiten des Kursanbieters (bspw. durch Nachbetreuung, transferförderliche Seminarunterlagen, Follow-ups) als auch durch Gestaltungsinitia-tiven im Lern-/Anwendungsumfeld (bspw. durch Mentoring[112]) oder durch „Selbstver-pflichtungen" (bspw. Selbstkontrakt, persönliches Projekt) Einfluss genommen wer-den. Als ein Instrument auf personaler Ebene des Teilnehmers hat sich auch die Fortführung von Lernpartnerschaften bewährt. Sie können dazu beitragen, Anfangs-erfolge und damit die Transfermotivation zu fördern, indem gegenseitig Hilfe bei Ver-ständnis- und Umsetzungsproblemen geleistet wird. Das Thema „Transfermotivation" wird in Abschnitt 4.2.5 vertieft.

Anwendung ermöglichen

Zentralen Einfluss auf den positiven Verlauf des Transferprozesses hat auch das Ar-beitsumfeld. Wie bereits an anderer Stelle dargelegt, konnte bspw. im Evaluations-projekt IT-Fit mehr als ein Drittel der Teilnehmer das Gelernte nicht anwenden. Der Hauptgrund lag im Einsatzbereich der Lehrkräfte bzw. Ausbilder, denn sie unterrich-teten in anderen Jahrgängen oder anderen Programmiersprachen; z. T. wurde gar nicht oder in anderen Berufen ausgebildet. Organisatorische Faktoren, wie etwa un-geeignete Tätigkeitsstrukturen, Arbeitsdruck gerade am Ende eines Fortbildungskur-ses, eine defizitäre Lernkultur im Unternehmen, stellen Hauptfaktoren eines man-gelnden Lerntransfers dar. Damit steht selbst bei qualitativ hochwertigen Lernange-boten der ökonomische Erfolg von Weiterbildung in Frage. Will man gigantische Fehlinvestitionen in Weiterbildung vermeiden, so sind Gestaltungsstrategien im Ar-beits-/Lernumfeld unverzichtbar. Eine der wichtigsten Maßnahmen dabei ist, dass dem Mitarbeiter überhaupt die Möglichkeit geschaffen wird, das Gelernte anzuwen-den. Dies ist in einem *doppelten Sinn* zu verstehen.

Wenn der Transfer nicht durch eine hohe Vergessensrate beim Lerner erschwert werden soll, dann kommt der möglichst unmittelbaren Anwendung des Gelernten im Anwendungskontext des Arbeitsplatzes eine hohe Bedeutung zu. Diese ist jedoch, wie praktische Erfahrungen zeigen, häufig nicht gewährleistet. *Entweder fehlen An-wendungsmöglichkeiten* aufgrund der derzeitigen Tätigkeitsstruktur ganz (und das Gelernte wird allenfalls für spätere Tätigkeiten relevant) *oder Anwendungsversuche scheitern am hohen Arbeitsdruck*, da „Liegengebliebenes" während des Kurses ab-gearbeitet werden muss, wie das einleitende Fallbeispiel von Manfred E. verdeutli-chen soll. Solche transferhemmenden Faktoren bedürfen einer Gestaltung des Lern-umfelds. Aufgaben, die im Kontext der Weiterbildung relevant sind, müssen zuge-wiesen, notwendige Ausstattungen (wie bspw. Software) zur Verfügung gestellt und Arbeitsdruck für eine kurze Zeit der Anwendungserprobung (etwa durch Vertretungs-regelungen) reduziert werden.

---

[112]   Vgl. hierzu weiter unten.

Mentoring

Als eine weitere geeignete transferförderliche Strategie im Arbeitsumfeld bietet sich ein Mentoring durch versierte Kollegen an. Beim Mentoring findet eine Begleitung einer noch nicht erfahrenen Person (Mentee) durch eine erfahrene Person (Mentor) statt. Im Unterschied zum Coaching hat der Mentor als Ratgeber dabei keine neutrale Rolle, sondern nimmt aktiv Einfluss auf die Entwicklung des Mentees, zum Beispiel nach Ende eines Weiterbildungskurses. Der Mentor muss im vorliegenden Kontext zumindest über jene Kompetenzen verfügen, die in der Weiterbildung vermittelt worden sind. Darüber hinaus muss er als Berater – ähnlich wie ein Coach – über spezifische sozial-kommunikative Kompetenzen verfügen. Auch wenn es nicht unproblematisch ist, den Vorgesetzten mit einer Mentorfunktion zu betrauen, weil formale Anweisungs- und informelle Beratungsbeziehungen nicht immer klar getrennt werden können, wäre im Einzelfall zu prüfen, ob eine solche Lösung möglich ist. Dies setzt dann allerdings auch eine systematische Vorbereitung des Vorgesetzten auf diese Funktion voraus. In der Regel dürften versierte Kollegen eine solche Funktion übernehmen. Dabei können ehemalige Teilnehmer des in Rede stehenden Weiterbildungskurses eine Multiplikatorfunktion übernehmen.

Die vorangegangene Diskussion zu transferfördernden Instrumenten soll ein Spektrum möglicher Maßnamen andeuten. Keinesfalls soll damit suggeriert werden, dass alle Instrumente simultan eingesetzt werden sollten. Vielmehr kommt es darauf an, in einer konkreten betrieblichen Situation ein Gesamtkonzept mit sich ergänzenden Instrumenten zu etablieren. Kolozs (2006) skizziert einen solchen Praxisfall, der auf die Rolle der Führungskraft beim Wissenstransfer fokussiert ist.

4.2.5 Vertiefung: Transfermotivation

4.2.5.1 Problembezug

In den vorangegangenen Abschnitten ging es zunächst um drei zentrale Problemkomplexe im Zusammenhang der Thematik „Transferförderung in der betrieblichen Weiterbildung":

Übung:

Zur Wiederholung:

4   Was heißt Transfer?

5   Welchen positiven oder negativen Verlauf kann der Transferprozess nehmen?

6   Was sind in Anlehnung an Baldwin und Ford die zentralen Transfer hemmenden Faktoren?

Der Transfer von Gelerntem wird üblicherweise in der Praxis als selbstverständlich unterstellt. Ein Mitarbeiter, der an einer Weiterbildungsmaßnahme teilgenommen hat, wird irgendwie – so die Annahme – das Gelernte in seine Alltagsarbeit einfließen lassen. Angesichts der erörterten Transfer hemmenden Faktoren ist diese Annahme allerdings keineswegs selbstverständlich. Häufig kommt es zu einem Nulltransfer oder gar zu einem negativen Transfer. Soll der Transferprozess dagegen einen positiven Verlauf nehmen, so sind die Transfer hemmenden Faktoren durch den Weiterbildungsprozess flankierende transferförderliche Strategien zu überwinden. Durch sie wird der ökonomische Erfolg von Weiterbildung gefördert, denn nur dann, wenn das Gelernte auch in der Alltagspraxis angewendet wird, kann es zu einem ökonomischen Erfolg von Weiterbildung (für das Unternehmen) kommen. Solche Maßnahmen können vor, während oder nach einer Weiterbildungsmaßnahme greifen und sich jeweils auf die drei zentralen Transfer hemmenden Faktoren beziehen.

Im vorangegangenen Abschnitt sind ausgewählte Strategien zu verschiedenen Handlungsfeldern (in der Gestaltungsmatrix) erörtert worden. Eines dieser Handlungsfelder betrifft transferförderliche Strategien im Anschluss an Weiterbildungsmaßnahmen, die sich auf transferhemmende Faktoren im Bereich der Person beziehen. Entscheidende Bedeutung für einen Transfererfolg hat in diesem Feld die jeweilige *Transfermotivation*, die der einzelne Teilnehmer aufgebaut hat oder nicht.

Die Transfermotivation beschreibt die Bereitschaft und das Interesse eines Lerners, Gelerntes anzuwenden. Ohne eine solche Transfermotivation beim Lerner wird ein Transfer von Gelerntem nicht gelingen. Man kann einen Weiterbildungskurs didaktisch noch so gut gestalten, alles was man damit erreichen kann, ist, dass bessere Bedingungen für das Lernen des Einzelnen geschaffen werden. So wie das Lernen ein subjektiver Aneignungsprozess ist, für den mehr oder weniger gute Bedingungen geschaffen werden können, der aber niemals von einem Dozenten „erzwungen" werden kann, so können für den Transfer ebenfalls nur mehr oder minder gute Bedingungen geschaffen werden. Wenn der Mitarbeiter allerdings nicht gewillt oder interessiert ist, das Gelernte anzuwenden, so werden alle flankierenden Maßnahmen allenfalls eine begrenzte Reichweite haben.

Dass eine solche Transfermotivation keineswegs immer als selbstverständlich unterstellt werden kann, wird jeder, der bereits einmal einen beruflichen Weiterbildungskurs besucht hat, schnell nachvollziehen können. Die Anwendung von neu Gelerntem bedeutet nämlich immer eine gewisse Anstrengung. Außerdem sind häufig gewohnte Alltagsroutinen „über Bord zu werfen". Beides führt tendenziell eher zu Beharrungstendenzen und einem Rückgriff auf lang „Bewährtes". Dieses kleine Gedankenexperiment verdeutlicht, dass eine Transfermotivation nicht von vorne herein in jedem Fall automatisch unterstellt werden kann. Eine Transfermotivation ist damit eine notwendige, wenngleich nicht hinreichende Bedingung für einen Transfererfolg.

Wie aber lässt sich eine Transfermotivation beeinflussen? Hierüber sollen die folgenden Ausführungen Auskunft geben. Dazu sollen in einem Schritt motivationstheortische Erkenntnisse skizziert werden (Unterabschnitt 2). In einem zweiten Schritt (Unterabschnitt 3) sollen dann ausgewählte Ansätze zur Förderung der Transfermotivation, die in einem Weiterbildungskurs praktiziert werden können, vor diesem Hintergrund skizziert werden.

4.2.5.2 Motivationstheoretische Erkenntnisse: Motivation und Selbstwirksamkeit aus kognitiver Sicht

Eine entscheidende Bedingung für den Transfererfolg wird darin gesehen, beim Training eine Lern- und Transfermotivation aufzubauen und diese über einen längeren Zeitraum aufrechtzuerhalten. Als Erklärungsansatz für das Entstehen dieser Motivation erscheint die *Theorie der kognitiven Dissonanz* von Festinger geeignet zu sein. Diese Theorie geht davon aus, dass jede Dissonanz in der kognitiven Repräsentation eines Menschen als unangenehm empfunden wird und ihn deshalb dazu motiviert, Dissonanz abzubauen und Konsistenz herzustellen.[113] Auf die betriebliche Weiterbil-

---

[113]   Vgl. Festinger (1957), zitiert in: Heckhausen (1980), S. 158 f.

dung übertragen, bedeutet dies beispielsweise, dass eine grundlegende Motivation zum Erlernen und zum Transfer von Seminarinhalten dadurch aufgebaut werden kann, dass den Teilnehmern im Rahmen der Seminarvorbereitungsunterlagen und im Verlauf des Seminars Arbeitstechniken oder Verhaltensweisen dargestellt und vermittelt werden, die gegenüber den traditionellen als vorteilhaft eingestuft werden. Die dadurch entstehende so genannte kognitive Dissonanz und das Streben nach kognitiver Konsistenz würde dann beim Teilnehmer den Wunsch auf Erlernen und Anwenden dieser neuen Arbeitstechniken und Verhaltensweisen auslösen und so zum Aufbau einer grundsätzlichen Lern- und Transfermotivation führen. Die daraus hervorgehenden impliziten oder expliziten Handlungsabsichten können sich dann sogar in einer regelrechten Euphorie am Ende des Trainings widerspiegeln.

Die Aufgabe der Transferförderung würde nun darin bestehen, diese Transfermotivation so lange aufrechtzuerhalten, bis die neuen Handlungskompetenzen in das persönliche Wissens- und Verhaltensrepertoire übergegangen sind. Dies wird jedoch häufig nicht erreicht, weil die Erarbeitung von konkreten Schritten zur Planung des Anwendungstransfers zumeist ausbleibt. Im Funktionsfeld wird der Teilnehmer dann oftmals mit Transferwiderständen konfrontiert, was erneut zu einer so genannten kognitiven Dissonanz in der Form führt, dass die Seminarinhalte teilweise inkompatibel mit der Situation im Funktionsfeld erscheinen. Der Teilnehmer hat nun gemäß der Theorie der kognitiven Dissonanz grundsätzlich *drei Möglichkeiten*, die kognitive Dissonanz zu beseitigen[114].

Auf den Transfer bezogen besteht deshalb zum einen die Möglichkeit, dass er sich darum bemüht, die Transferwiderstände abzubauen, um durch einen positiven Transfer Konsistenz in der kognitiven Repräsentation herzustellen. Dies ist in der Regel jedoch mit erheblichen Anstrengungen verbunden. Um relativ schnell wieder die kognitive Konsistenz zu erreichen, wäre es am leichtesten, die Trainingsinhalte entweder abzuwerten (z. B. Praxisferne der Lerninhalte, Ungeeignetheit für die firmenspezifische Situation) oder andere Gründe für den mangelhaften Transfer hinzuzufügen (z. B. Arbeitsüberlastung, mangelnde Unterstützung im Arbeitsumfeld).

Diese beiden letzten Vorgehensweisen haben gemeinsam, dass der nicht erfolgte Anwendungstransfer nicht internal, sondern external attribuiert wird. Nach der *Theorie des Selbstwertschutzes* gehen Stahlberg/Osnabrügge/Frey (1985, S. 95) auch davon aus, dass Menschen grundsätzlich zum Schutz des eigenen Selbstwertgefühls dazu tendieren, eigene Misserfolge eher external zu attribuieren. Dies hat allerdings dann zur Folge, dass die Transfermotivation sehr schnell erlischt und deshalb der Erfolg von Weiterbildungsmaßnahmen oftmals als unbefriedigend bezeichnet werden muss. Um das zu vermeiden, sollte im Rahmen der Transferförderung danach getrachtet werden, dass Seminarteilnehmer Misserfolge beim Anwendungstransfer entsprechend der *Attributionstheorie von Weiner* weder internal und stabil noch external, sondern internal und variabel attribuieren, d. h. auf mangelnde eigene Anstrengung zurückführen (vgl. Abb. 4.2-9).[115] Was heißt das?

Misserfolge können zunächst einmal internal oder external attribuiert werden (Kopfzeile der Abbildung 4.2-9). Bei einer internalen Attribuierung führt man Misserfolge auf sich selbst, bei einer externalen auf äußere Umstände zurück. Dabei lässt sich jeweils unterscheiden, ob es sich dabei (aus Sicht des Betroffenen) um weitgehend unveränderbare („stabile") oder prinzipiell beeinflussbare („variable") Faktoren handelt.

---

114   Vgl. Festinger (1957), zitiert in: Heckhausen (1980), S. 159.
115   Vgl. Weiner (1972), zitiert in: Edelmann (1996), S. 378.

	Internal	External
Stabil	Fähigkeit	Schwierigkeit
Variabel	Anstrengung	Zufall

Abb. 4.2-9: Klassifikationsschema der Gründe für Handlungsergebnisse[116]

Bei einer externalen Attribuierung führt man also Misserfolge auf äußere Umstände zurück, und zwar auch dann, wenn tatsächlich andere Faktoren ursächlich sind. Daher spricht man ja auch von „Attribuierung". So weist man bspw. aus Gründen des Selbstwertschutzes Misserfolge äußeren Umständen zu, obwohl man sich selbst vielleicht gar nicht angestrengt hat, das Gelernte anzuwenden. Diese externalen Faktoren können dabei – wie eben angesprochen – aus Sicht des Betroffenen weitgehend unbeeinflussbar sein. Ein Beispiel aus dem Studentenleben: So kann man Misserfolge bei einer mündlichen Prüfung in Wirtschaftspädagogik darauf zurückführen, dass die zugrunde liegende Vorlesung so unverständlich gewesen ist, dass man nichts verstehen konnte. Dies kann, muss aber nicht mit der Realität übereinstimmen. Vielmehr kann es auch daran liegen, dass der betroffene Studierende (aus welchen Gründen auch immer), nur selten an der Vorlesung und der Übung teilgenommen hat, und auch am Ende des Semesters wegen der Vielzahl der Prüfungen dann auch noch nicht ausreichend Vorbereitungszeit hatte. Aus Gründen des Selbstwertschutzes wird er – etwa auf Nachfragen der Familie oder der Freunde – eher dazu tendieren, äußere Umstände für den Misserfolg heranzuziehen.

Allerdings können diese externalen Faktoren prinzipiell auch variabel sein: Wäre die Situation etwas anders gewesen, dann hätte man sicherlich die Prüfung bestanden. Aber ausgerechnet am Prüfungstag lagen vielleicht gesundheitliche Probleme vor, die die Leistungsfähigkeit oder das Konzentrationsvermögen deutlich reduziert haben. Daher wird es eher als ein „Zufall" angesehen, dass man die Prüfung nicht bestanden hat (auch wenn es de facto vielleicht doch an der mangelnden Vorbereitung gelegen hat).

Misserfolge können aber auch internal attribuiert werden. Man führt den Misserfolg auf sich selbst zurück. Auch hier lassen sich prinzipiell zwei verschiedene Varianten unterscheiden. Zum einen kann es sich dabei wiederum um Faktoren handeln, die der Einzelne kaum beeinflussen kann. Man schreibt das Durchfallen in der Prüfung (oder die schlechte Note) dem Mangel an eigener Fähigkeit zu: „Ich kann es nicht!" Eine solche Einstellung ist – gemäß der *Theorie zur Leistungsmotivation* nach Atkinson – vor allem bei *„Misserfolgsängstlichen"* verbreitet. Während *„erfolgsorientierte"* Menschen dazu tendieren, Erfolge sich selbst, Misserfolge aber äußeren Umständen zuzuschreiben, tendieren „Misserfolgsängstliche" eher dazu, Erfolge external zu attribuieren („Man hat Glück gehabt") und Misserfolge internal-stabil („Ich kann es einfach nicht"). Aus (vergangenen) Beratungsgesprächen bei Studierenden sind dem Autor dieses Buches eine Reihe solcher Selbstzuschreibungen bei Misserfolgen bekannt. Sie gehen dann häufig mit der Überlegung einher, das Studium abzubrechen.

Misserfolge können aber auch internal und variabel attribuiert werden. Man führt das negative Prüfungsergebnis auf sich selbst zurück und erkennt, dass man diese Situation durchaus hätte ändern können. Man hätte sich im vorangegangenen Semester und bei der Prüfungsvorbereitung nur mehr anstrengen müssen.

---

[116]   Vgl. Weiner (1972), zitiert in: Edelmann (1996), S. 378.

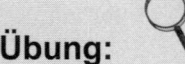

Übung:

7   Im vorangegangenen Text sind die vier verschiedenen Attribuierungsformen am Beispiel einer Prüfung in Wirtschaftspädagogik verdeutlicht worden. Geben Sie mindestens je ein Beispiel für die Begründung eines ausgebliebenen Transfers bei einer Weiterbildungsveranstaltung!

Transferförderung muss vor dem dargestellten Hintergrund zunächst darauf hinwirken, dass ein ausgebliebener Transfer möglichst nicht external attribuiert wird. Damit ist nicht gesagt, dass externale Faktoren nicht berücksichtigt werden sollen. Wenn ein ausgebliebener Transfer tatsächlich auf einen qualitativ unzulänglichen Kurs oder auf ein ungünstiges Arbeitsumfeld zurückzuführen ist, dann sind auch in diesen Handlungsfeldern Strategien zu ergreifen. Im vorliegenden Zusammenhang geht es aber um „Attribuierungsprozesse", die vorschnell den ausgebliebenen Transfer auf solche Faktoren zurückführen. Personalentwickler, die versuchen, die Ursachen eines ausgebliebenen Transfers durch Gespräche mit den Betroffenen zu eruieren, haben solche Attribuierungsprozesse immer zu beachten, und sie haben herauszufinden, ob der ausgebliebene Transfer – entgegen den Aussagen der Betroffenen – nicht vielleicht doch internal begründet ist.

Wenn es also darum geht, eine Transfermotivation beim Lerner positiv zu beeinflussen, muss es darum gehen, solche externalen Attribuierungen zu vermeiden und auf internale Attribuierungen hinzuwirken. Es ist dem Einzelnen zu verdeutlichen, dass der Einzelne auch selbst einen Einfluss darauf hat, ob es zu einem gelungenen Transfer kommt oder nicht. Dabei ist auch eine internal-stabile Attribuierung zu vermeiden, denn was ist damit gewonnen, wenn der Lerner den ausgebliebenen Transfer damit begründet, dass er einfach dazu nicht in der Lage ist? Sinnvoll ist dagegen auf eine internal-variable Attribuierung hinzuwirken, und zu verdeutlichen, dass letztlich eine eigene Anstrengung für den Transfererfolg entscheidend ist.

Um diese Form der Attribuierung zu unterstützen, ist es wichtig, dass der Teilnehmer über eine möglichst hohe *Selbstwirksamkeit* (self efficacy) verfügt, was die Gefahr vermindert, dass Transfermisserfolge internal und stabil attribuiert, d. h. auf mangelnde Fähigkeiten zurückgeführt werden.

Diese Auffassung deckt sich auch mit den Ausführungen von Tannenbaum u. a., die unter Bezug auf Jones darauf hinweisen, dass durch die Selbstwirksamkeit einer Person dessen Bereitschaft, etwas auszuprobieren, erhöht wird.[117] Daraus ziehen Tannenbaum u. a. wiederum die Schlussfolgerung, dass eine hohe Selbstwirksamkeit am Ende einer Trainingsmaßnahme den Anwendungstransfer begünstigt. Deshalb sollte bereits im Rahmen von Trainingsmaßnahmen auf den *Aufbau einer positiven Selbstwirksamkeit* geachtet werden, was entsprechend hohe Anforderungen an die Professionalität der Trainer stellt. Insbesondere sollten Übungssequenzen so gestaltet werden, dass *Erfolgserlebnisse* für die Teilnehmer erfahrbar werden. Erfolgserlebnisse sind nach Bandura (1997) eine zentrale Quelle für die Selbstwirksamkeit. In Bezug auf den Transfer erscheint dies vor allem deshalb wichtig, da Personen, die von ihrer Selbstwirksamkeit nicht überzeugt sind, bei Transferhindernissen schneller dazu tendieren, die Umsetzungsbemühungen einzustellen.[118] Gerade bei verhaltensbezogenen Trainingsmaßnahmen wird deshalb den Rollenspielen mit Videofeedback

---

[117]   Vgl. Jones (1986), zitiert in: Tannenbaum u. a. (1991), S. 759.
[118]   Vgl. Bandura (1992), zitiert in: Merzenich-Hieker (1996), S. 82.

und der Überzeugungsarbeit des Trainers eine hohe Bedeutung beigemessen (Merzenich-Hieker 1996, S. 85).

Insgesamt werden Art und Zeitpunkt von Feedback als sehr entscheidend im Rahmen der Förderung von Lernprozessen angesehen.[119] In Anlehnung an die Attributionstheorie von Weiner sollte Feedback so vermittelt werden, dass der Lernende Misserfolge internal und variabel attribuiert, d. h. auf mangelnde Anstrengung zurückführt. Zudem kann die Selbstwirksamkeit durch die *kognitive Vorwegnahme von zu erwartenden Schwierigkeiten* im Funktionsfeld unterstützt werden. Diese Rückfallvermeidungsstrategien können wiederum dazu beitragen, dass Transfermisserfolge nicht external attribuiert, d. h. nicht auf äußere Schwierigkeiten zurückgeführt werden, worauf im Rahmen des Relapse-Prevention-Ansatzes (vgl. weiter unten) noch näher eingegangen wird.

Schließlich erscheint es notwendig, dass Teilnehmer bei auftretenden Transferhindernissen einen vertrauensvollen Ansprechpartner haben, der ihnen bei der Überwindung von Schwierigkeiten zur Seite steht und positive Rückmeldungen gibt. Bandura (1997) bezeichnet „verbale Überzeugungen durch Dritte" als eine weitere zentrale Quelle zur Steigerung der Selbstwirksamkeit". Insbesondere der Führungskraft kommt dabei eine wichtige Funktion zu (Reischmann 1998, S. 269). Sie haben nämlich die Aufgabe, den einzelnen Mitarbeiter darin zu bestärken, dass er das Gelernte auch erfolgreich anwenden könne.

Eine andere Strategie, die Selbstwirksamkeit zu fördern besteht darin, den Weiterbildungsteilnehmern *Anfangserfolge* nach Ende einer Weiterbildungsmaßnahme zu ermöglichen. Auch hierbei geht es dann um Erfolgserlebnisse im Sinne Banduras (1997). Hierzu bieten sich vor allem Follow-Ups oder Intervalltrainingsmaßnahmen an. Durch solche Strategien kann subjektiv deutlich werden, dass man Erlerntes durchaus anwenden kann, wenn man sich Mühe gibt.

Ein ähnlicher Ansatz ist mit Bezug auf die Lehrerfortbildung im Modellversuch QLIB praktiziert worden. Hier sind so genannte *Transfermodule* entwickelt worden.

Übung:

8   Zur Wiederholung: Erläutern Sie mit eigenen Worten den Unterschied zwischen Follow-Ups und Intervalltrainingsmaßnahmen!

4.2.5.3   Praxisansätze zur Förderung der Transfermotivation

4.2.5.3.1 Transfermodule als Bestandteil des QLIB-Strukturkonzepts für die Lehrerfortbildung

Zur Einordnung seien zunächst die wesentlichen Eckpunkte des QLIB-Strukturkonzepts für die Lehrerfortbildung in Bayern und Schleswig-Holstein erläutert.

---

[119]   Vgl. Wexley/Thornton (1972), zitiert in: Baldwin/Ford (1988). S. 67.

Dieses Strukturkonzept wurde im Rahmen der Arbeiten zum Modellversuch QLIB[120] von der Wissenschaftlichen Begleitung[121] in Zusammenarbeit mit den Modellversuchsträgern in Bayern (ISB[122]) und Schleswig-Holstein (IPTS[123]) entwickelt.

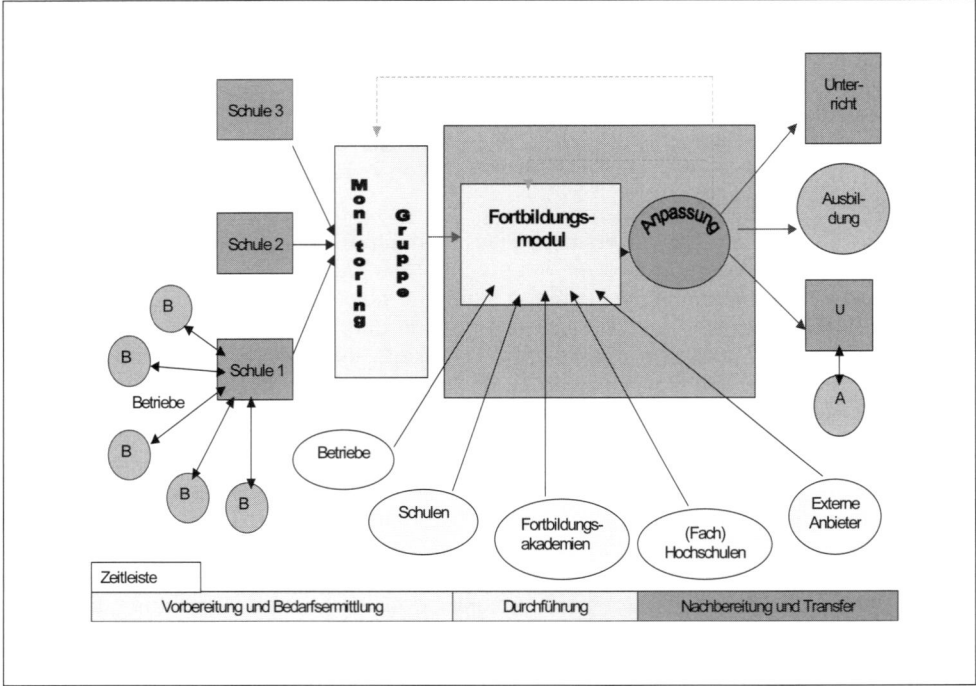

Abb. 4.2-10: Strukturkonzept für die kooperative Fortbildung von Lehrpersonal

Ein Eingangsbeispiel soll den „Durchlauf" durch das Konzept exemplarisch verdeutlichen. Es handelt sich dabei um eine gemeinsame Fortbildung von Lehrkräften der Berufsschule Altötting und Ausbildern eines großen Betriebes vor Ort. Die Fortbildung war nahezu zu gleichen Teilen von Vertretern beider Lernorte besetzt; fünf Lehrkräfte standen sechs Ausbildern gegenüber. Ausgangspunkt im Strukturkonzept ist die *Phase einer kooperativen Vorbereitung und Bedarfsermittlung*. In dieser Phase wurden von den betrieblichen und schulischen Beteiligten jeweils eigene Inhalts- und Zielperspektiven formuliert. Diese wurden verglichen, diskutiert und aufeinander abgestimmt. Da es die im Modell vorgesehene Monitoring-Gruppe im Herbst 2001 noch nicht gab, wurden alle planerischen und organisatorischen Aufgaben zunächst noch von den Lehrkräften und Ausbildern selbst übernommen. Hierbei entwickelte

---

120   Beim BLK-Verbundmodellversuch QLIB der Länder Bayern, Baden-Württemberg und Schleswig-Holstein geht es um die Qualifizierung von Lehrpersonal in Berufen mit hoher Innovationsgeschwindigkeit. Laufzeit des Modellversuchs: Oktober 2000 - September 2003.

121   Friedrich-Alexander-Universität Erlangen-Nürnberg, Lehrstuhl für Wirtschaftspädagogik und Personalentwicklung, Projektleitung: Prof. Dr. Jörg Stender, zuständige Mitarbeiter: Gerald Sailmann, Dipl.-Hdl. Silke Schurbohm.

122   Staatsinstitut für Schulpädagogik und Bildungsforschung.

123   Landesinstitut für Praxis und Theorie der Schule.

sich eine Aufgabenverteilung. Die betriebliche Seite stellte den Fortbildungsort zur Verfügung, die Lehrkräfte akquirierten im Verbund mit den Ausbildern einen geeigneten externen Fortbildungsträger und trafen Absprachen über die organisatorische und finanzielle Abwicklung. Auch wurde unter inhaltlichen Gesichtspunkten ein „Ablaufprofil" für die gewünschte Fortbildungsmaßnahme entwickelt, das an den Fortbildungsanbieter heran getragen wurde. Für diese Vorbereitungsarbeiten sind zwischenzeitlich im Modellversuch QLIB – wie weiter noch dargelegt wird – unterstützende Strukturen und Instrumente geschaffen worden.

An die Phase der lernortübergreifenden Vorbereitung schließt sich eine *kooperative Fortbildung* an. Im Eingangsbeispiel hatten sich beide Seiten auf das für beide Gruppen relevante Thema „Mechatronische Systeme über PROFIBUS steuern" geeinigt. Die Fortbildungsmaßnahme wurde im Herbst 2001 von einem externen Anbieter geleitet. Kerngedanke des QLIB-Strukturkonzepts ist dabei, auch andere als die traditionellen Lernorte der Lehrerfortbildung zu erschließen. Dabei kann es sich beispielsweise auch um betriebliche, universitäre oder Angebote anderer Fortbildungsinstitutionen handeln. Hier sind nach den Erfahrungen unserer Modellversuchsakteure geeignete aktuelle Fortbildungskurse verfügbar. Sie haben allerdings zum Teil den Nachteil, dass sie nicht auf die Zielgruppe der Lehrer und Ausbilder zugeschnitten sind. Daher münden die Fortbildungsteilnehmer nach einer zeitlich „gekürzten" Fortbildungsphase in eine so genannte *Transferphase*. Sie fand im Eingangsbeispiel im März 2002 statt.

Wie kann eine solche Transferphase aussehen und welche Vorteile werden dadurch für den Unterricht erzielt? Das Transferseminar wurde gemeinsam organisiert, jedoch von schulischer Seite moderiert. In dieser Veranstaltung konnten sowohl Ausbilder als auch Lehrer eigene didaktische Vorstellungen einbringen und zur Diskussion stellen. Der Einstieg in das Transferseminar erfolgte mit einer Rekapitulation der bisherigen Lerninhalte der Fortbildung. Im Anschluss daran wurde die weitere organisatorische und inhaltliche Vorgehensweise diskutiert. Die Teilnehmer kamen überein, die schul- und betriebspraktische Umsetzung der bisherigen Fortbildungsinhalte im Plenum zu erarbeiten. An anderen Modellversuchsstandorten hat sich dagegen das Prinzip einer Erarbeitung in Arbeitsgruppen durchgesetzt. Am Ende des Transferseminars stand dann ein praxisnahes Unterrichts-/Ausbildungskonzept zum Fortbildungsthema. Sofern mehrere Arbeitsgruppen parallel arbeiteten, standen gleich mehrere Unterrichts-/Ausbildungskonzepte zur Verfügung. Sie wurden als Ergebnis später über einen Server bei der Monitoring-Gruppe präsentiert.

Verallgemeinert man die Altöttinger Herangehensweise bei der Gestaltung von Transferseminaren, so lassen sich folgende *Prinzipien* ableiten: Die Nachbereitungsphase ist organisatorisch vom Fortbildungsmodul getrennt. Sie sieht ein Transferseminar/-modul vor, in dem die Fortbildungsinhalte kooperativ an Unterricht und Ausbildung angepasst werden. Dabei werden in Arbeitsgruppen Lehrentwürfe, Unterrichtsmaterialien und evtl. lernortübergreifende Projekte zu ausgewählten Fortbildungsinhalten entwickelt. In den Transferseminaren wird den Lehrpersonen ermöglicht, Gelerntes exemplarisch in konkrete Unterrichts- und Ausbildungskonzepte umzusetzen. Transferseminare ermöglichen die Planung von Unterricht und Ausbildung auf der Grundlage der Fortbildungsinhalte. In der kooperativen Nachbereitung ergeben sich auch wichtige Impulse für eine Abstimmung der Lehrinhalte zwischen Schule und Ausbildungsbetrieb. Die Anpassung kann in Abhängigkeit vom Lehrpersonal, der Sachausstattung des Lernortes und der zuvor abgestimmten Curricula standortspezifisch natürlich sehr unterschiedlich ausfallen.

Welche Erfahrungen konnten gemacht werden? Bei den durchgeführten Transferseminaren zeichnete sich ein vierteiliger Aufbau ab:

- Reflexion und Evaluation zur Fortbildungsmaßnahme (moderiert im Plenum),

- Klärung der Arbeitsorganisation/Gruppenbildung (moderiert im Plenum),

- Didaktische Arbeit (Arbeitsgruppen oder moderiert im Plenum),

- Präsentation der Ergebnisse und Diskussion (moderiert im Plenum).

In den Transferseminaren galt es, Fragen der Arbeitsorganisation bzw. der Aufgabenverteilung zu klären. Es wurden vielfältige didaktische Überlegungen – Sachanalyse, didaktische Reduktion und Unterrichtsverlaufsplanung – angestellt. Gruppenergebnisse wurden mit Hilfe von Strukturbildern visualisiert und dokumentiert. Des Weiteren wurden Lehrmaterialien erstellt. Die Gesamtergebnisse wurden im Anschluss diskutiert und zwischen den Gruppen ausgetauscht.

Aufgrund der Vielzahl der Arbeitsschritte bedürfen Transferseminare eines zeitlichen Mindestrahmens. Ein gemeinsamer Abend wurde von den Teilnehmern als sehr wichtig erachtet, da er quasi ein 'Open end' hinsichtlich der Diskussion ermöglicht. Transferseminare sollten daher nicht ein- oder halbtägig stattfinden, quasi als informeller Ausklang, sondern sich mindestens über zwei Tage erstrecken. Innerhalb der Arbeitsgruppen findet ein diskursiver Prozess statt. Dieser wurde als sehr lerneffektiv beurteilt. Wissenslücken, die trotz der im Vorfeld besuchten Fachfortbildung oftmals noch vorhanden sind, werden geschlossen. Zugleich kann eigenes didaktisches Planungswissen in die Gruppe eingebracht werden. Die Teilnehmer sind gleichzeitig Lernende und Lehrende. Die Problemlösungen werden von mehreren Personen durchdacht und die Kommunikation findet auf gleicher Ebene statt. Eine Lehrkraft nannte es ein „Ringen um die richtige Lösung". Der schul- und betriebsübergreifende Austausch führt auch dazu, dass es sich nicht um interne Lösungen handelt, sondern neue Perspektiven mit einfließen. Als Vorteil wurde auch genannt, dass man nach Abschluss des Transferseminars ein „Paket an ausgearbeiteten Lehreinheiten mit Materialien mit nach Hause nimmt".

Fasst man die Evaluationsergebnisse pointiert zusammen, so haben die Transfermodule die ihnen zugedachte transferfördernde Funktion voll erfüllt. Sie sind auf eine außerordentlich hohe Akzeptanz bei Lehrkräften gestoßen. Es gab teilweise geradezu „euphorische" Rückmeldungen, die im Kern darauf zielten, dieses Instrument, das ursprünglich nur als „second-best-Lösung" gedacht war – nämlich als didaktisches Korrektiv für „schuluntypische", nicht zielgruppenadäquate Lernorte in der Lehrerfortbildung –, als generelles Modell für die Lehrerfortbildung, also auch an traditionellen Lernorten, einzuführen. Aus der Sicht der Befragten handelt es sich beim Konzept „fachzentrierte Fortbildung + schulpraxisbezogenes Transfermodul" um einen „first-choice-Ansatz". Er „ermöglicht eine erhebliche Qualitätssteigerung der Lehrerfortbildung als bisher gängige Konzepte", so der IT-Lehrer Harald Faik im Abschlussbericht.

Auch aus theoretischer Sicht spricht vieles für die Vorzüge des 2-Phasen-Modell gegenüber dem konventionellen integrativen Ansatz von Fachtheorie und Fachdidaktik, jedenfalls gegenüber der bislang überwiegend praktizierten Form. Folgende Funktionen können den Transfermodulen zugeschrieben werden:

- *Transfertheoretisch:* Gezielte Transferförderung statt zufälliger (häufig ausbleibender) individueller Nachbereitung; Vernetzung von Theorie bzw. Betriebspraxis mit Schulpraxis; Unterstützung des Aneignungsprozesses von

Theorie bzw. Betriebspraxis durch Reflexion in Praxissituationen von Lehrern; beim E-Learning Klärung von Verständnis- und Transferproblemen sowie Reflexion und sozialer Austausch zum Gelernten; Antizipation und Entwicklung von Bearbeitungsstrategien bzgl. möglicher Transferhemmnisse;

- **Didaktisch:** Durch die praktizierte Gruppenarbeit: Hinterfragen eigener „eingeschliffener" didaktischer Handlungsmuster; Explikation und Reflexion des jeweiligen „impliziten Wissens".

- **Ökonomisch**: An die Stelle vielfacher zeitaufwändiger individueller Nachbereitungsaktivitäten tritt eine gemeinschaftliche Aufbereitung: „Die Erarbeitung im Team macht es viel einfacher und ist auch zeitlich merklich kürzer zu leisten als in Einzelarbeit ... Ich ... möchte es mir gar nicht vorstellen, wie aufwändig das gewesen wäre, alleine im stillen Kämmerchen die Thematik anzupacken ... Ich kann nur sagen, diese Dreiteilung ist dem Lehrer hilfreicher als die traditionelle Methode, wo wirklich nur eine Thematik erklärt wird und ... diese Übungsphasen relativ kurz und vorgegeben sind" (Lehrer S, Altötting, S. 5/6). Die Durchführung von Transfermodulen kann so insgesamt auch zu einer Entlastung der Lehrkräfte beitragen. Hinzu kommt unter ökonomischen Gesichtspunkten, dass in den Transferworkshops keine „teuren" Fachreferenten benötigt werden, sondern nur eine erfahrene Lehrkraft, die den Workshop moderiert.

Übung:

9   Das Konzept der Transfermodule im Modellversuch QLIB hat auch unter transfermotivationstheoretischen Gesichtspunkten zentrale Vorzüge. Interpretieren Sie dieses Konzept aus der weiter oben skizzierten Perspektive zur Förderung einer Transfermotivation heraus!

4.2.5.3.2 Der Goal-Setting-Ansatz

Ein anderer Ansatz zur Förderung der Transfermotivation ist der Goal-Setting-Ansatz. Der Ansatz des Goal-Setting hat in Form des Management by Objectives (MbO) bereits weite Verbreitung als Führungsinstrument. Während die Effektivität des Goal-Setting-Ansatzes insgesamt schon in vielerlei Bereichen nachgewiesen werden konnte, liegen im Bereich der Transferförderung bisher nur vereinzelte Untersuchungen vor (Wexley/Baldwin 1986, S. 504). Die Grundüberlegung dabei besteht im Wesentlichen darin, am Ende einer Trainingsmaßnahme operationale Ziele zur Umsetzung von Trainingsinhalten vorzugeben (assigned goal setting), sie gemeinsam zu vereinbaren (participative goal setting) oder sie vom Teilnehmer in Eigenverantwortung definieren zu lassen (self set goal setting). Letzteres hat vor allem in der Form des Selbstkontraktes mittlerweile einen relativ hohen Bekanntheitsgrad erlangt (Bronner/Schröder 1983, S. 257).

Wexley/Baldwin konnten anhand von früheren Forschungsarbeiten und unter Bezug auf eigene Untersuchungsergebnisse im Bereich von Zeitmanagementseminaren aufzeigen, dass sich sowohl bei der Vorgabe von Transferzielen als auch bei der kooperativen Zielfindung mit Trainer und/oder Vorgesetzen eindeutig positive Transfereffekte nachweisen lassen. Obwohl zwischen diesen beiden Vorgehensweisen keine signifikanten Ergebnisunterschiede erkennbar waren, treten gemäß Wexley/Baldwin dennoch mehrere Autoren ausdrücklich für eine partizipative Zielfindung im Rahmen der Transferförderung ein (Wexley/Baldwin 1986, S. 504 ff.). So verweist beispielsweise Hesketh darauf, dass durch die Partizipation des Teilnehmers der richtige Grad an Herausforderung ausgewählt werden kann, was die Wahrscheinlichkeit von frühzeitigen Erfolgserlebnissen erhöht. Diese könnte sich dann positiv auf die Selbstwirksamkeit auswirken, was wiederum die weiteren Transferbemühungen begünstigen würde (Hesketh 1997, S. 330).

Inwieweit sich die eigenverantwortliche Zielformulierung (Selbstkontrakt) positiv auf den Transfer auswirkt, wurde in den von Wexley/Baldwin analysierten Forschungsarbeiten leider nicht speziell untersucht. Ullrich konnte im Rahmen einer Untersuchung von Trainingsmaßnahmen im Bereich Verhandlungs- und Kommunikationstechnik, bei denen eine dritte Person im Rahmen einer Lernpartnerschaft über selbstverantwortlich gesetzte Transferziele informiert wurde, hochsignifikante Verbesserungen in der Fremdeinschätzung des Transfererfolgs nachweisen. Da dieses Transferinstrument jedoch auch mit einer Follow-up-Veranstaltung gekoppelt war, muss einschränkend gesagt werden, dass die positive Transfereinschätzung nicht allein der Zielsetzungsmethode zugeschrieben werden kann (Ullrich 1995, S. 135 ff.). In einer übergreifenden Literaturanalyse zum Thema Goal-Setting, die sich allerdings nicht auf das Setzen von Transferzielen bezieht, kommen Latham/Locke zu dem Ergebnis, dass "self-set goals are as effective as, but not more effective in increasing performance than goals, that are assigned or are set participately" (Latham/Locke 1991, S. 233). Die Selbstbestimmungstheorie der Motivation von Deci/Ryan besagt jedoch, dass hochwertige Lernergebnisse am ehesten dann zustande kommen, wenn selbstbestimmte Formen der Handlungsregulation dominieren (Deci/Ryan 1993, S. 233 f.). Auf den Anwendungstransfer übertragen, würde es danach als vorteilhaft erscheinen, wenn die Teilnehmer die Transferziele auch weitgehend selbständig festlegten. Bezüglich der Offenheit der Ziele führen Holling/Liepmann allerdings aus, dass allgemeine Studien zur Zielsetzungsmethode zeigten, dass es von Vorteil ist, wenn andere Personen über die Ziele informiert werden (Holling/Liepmann 1995, S. 302 f.).

Auf der Basis dieser verschiedenen Erkenntnisse erscheint nach Auffassung des Verfassers der Einsatz des Goal-Setting-Ansatzes sehr sinnvoll zu sein. Dabei sollten die Teilnehmer die Transferziele entweder kooperativ mit dem Vorgesetzten oder Trainer vereinbaren oder eigenverantwortlich festlegen. Im letzteren Fall sollte jedoch zur Erhöhung der Verbindlichkeit eine dritte Person (Lernpartner, Trainer, Vorgesetzter) über den Inhalt der Ziele informiert werden. Gerade im Hinblick auf die Selbstbestimmungstheorie der Motivation erscheint es aber sinnvoll zu sein, der Autonomie des Teilnehmers so viel Raum wie möglich zu geben.

4.2.5.3.3 Der Relapse-Prevention-Ansatz

Dieser Ansatz wurde ursprünglich für die Rückfallprävention bei der Beseitigung von Suchtverhalten entwickelt und erstmals von Marx als Selbstmanagementstrategie im Rahmen der Transferförderung vorgeschlagen. Ziel des Ansatzes ist es, den Rückfall in gewohnte Verhaltensweisen zu vermeiden. Dabei geht der Ansatz davon aus, dass durch die Bewusstmachung des Rückfallprozesses und die gedankliche Vorwegnahme transferhinderlicher Situationen so genannte *Coping-Strategien* entwickelt werden, die dann zu einem erhöhten Transfer beitragen können (Marx 1982, S. 437 f.). Zum einen lernt der Teilnehmer mit tatsächlichen Transferhindernissen umzugehen, wodurch die Gefahr vermindert wird, dass der Teilnehmer mangelnden Transfererfolg externen Faktoren zuschreibt, auf die er nicht vorbereitet war. Zum anderen kann der Erwerb von Coping-Strategien sich auch positiv auf die Selbstwirksamkeit (self-efficacy) auswirken. Je höher die Selbstwirksamkeit ist, desto geringer dürfte wiederum die Wahrscheinlichkeit sein, dass der Teilnehmer in alte Verhaltensweisen zurück verfällt. Mit jeder erfolgreichen Anwendung erhöht sich wiederum die Selbstwirksamkeit, wodurch der Transfer gefestigt wird (Marx 1982, S. 438).

Als spezifische Strategien der Rückfallprävention, die auch für didaktische Gestaltungsmaßnahmen in der Weiterbildungspraxis hilfreich sein können, nennt Marx (1982): a) Bewusstmachen des Rückfallprozesses, b) Identifizierung risikoreicher Situationen, c) Entwicklung von Bewältigungsstrategien, d) Verstärkung der Selbstwirksamkeit, e) Sensibilisierung für veränderungshemmende Denkprozesse.

Obwohl der dargestellte Ansatz auch im Hinblick auf die bereits dargestellte Attributionstheorie sinnvoll erscheint, liegen derzeit nur relativ wenige repräsentative Untersuchungen bezüglich seiner Wirksamkeit vor. Wexley/Baldwin haben im Rahmen des bereits erwähnten Zeitmanagementseminars den Relapse-Prevention-Ansatz mit dem Goal-Setting-Ansatz verglichen. Hierbei konnten sie in Bezug auf den Relapse-Prevention-Ansatz keine signifikante Transferverbesserung nachweisen (Wexley/Baldwin 1986, S. 510 ff.). Hierbei muss jedoch einschränkend erwähnt werden, dass die Teilnehmer ihre Coping-Strategien – entgegen dem Ansatz von Marx – nicht schriftlich niederlegen mussten und auch nicht gegenüber Dritter öffentlich machten. Ferner muss darauf hingewiesen werden, dass Marx in einer späteren Veröffentlichung zum Thema Relapse-Prevention betont, dass das Setzen von konkreten Zielen am Ende eines Trainingsprogramms unabdingbar ist (Marx/Ivey 1988, S. 148). Damit wird deutlich, dass der Relapse-Prevention-Ansatz nicht alternativ zum Goal-Setting-Ansatz Anwendung finden sollte, sondern das Setzen von Transferzielen begleiten soll. Eine in diesem Sinne von Noe/Sears/Fullenkamp durchgeführte Untersuchung im Bereich des Führungskräftetrainings machte deutlich, dass bereits eine kurze Zeitdauer, die für die Diskussion von Rückfallgefahren („slips") im Rahmen des Trainings genutzt wird, sich positiv auf den Transfer auswirken kann (Noe/Sears/Fullenkamp 1990, S. 324 ff.). Ferner verweist auch Haccoun in einem Artikel auf eigene Studien, in denen positive Effekte mit dem Relapse-Prevention-Ansatz nachgewiesen wurden (Haccoun 1997, S. 342).

Übung:

10	Die theoretischen Überlegungen zum Goal-Setting- und zum Relapse-Prevention-Ansatz haben zur Entwicklung eines Praxisinstruments geführt, das bereits angesprochen worden ist. Um welches Instrument handelt es sich? Geben Sie eine kurze Erläuterung dazu!
11	Zur Wiederholung: Unterscheiden Sie Transferzielprotokolle, Selbstkontrakte und Lernverträge!

4.2.6 Kurz und bündig

Wenn über den Erfolg von beruflicher Weiterbildung nachgedacht wird, dann geht es zumeist um die Frage, durch welche Strategien gesichert werden kann, dass die *Lernziele* im Kurs auch erreicht werden können. Dazu wird insbesondere über das didaktisch-methodische Design reflektiert. Aus Sicht des Unternehmens ist dieser *Lernerfolg* allerdings noch nicht hinreichend. Viel entscheidender ist, dass das, was gelernt worden ist, dann auch am Arbeitsplatz angewendet wird. Erst dieser *Trans-*

fererfolg kann zu einem ökonomischen Nutzen für das Unternehmen führen. Der Lernerfolg ist für den Transfererfolg dabei lediglich eine *notwendige, allerdings noch nicht hinreichende Bedingung.*

Der Begriff des Lerntransfers stammt aus der Lernpsychologie. Auf die betriebliche Weiterbildung übertragen, bedeutet er, dass der Lernende im Erfolgsfall in der Lage ist, das im Rahmen einer Lehr-Lern-Maßnahme (*Lernfeld*) „früher Gelernte" später an seinem Arbeitsplatz (*Funktionsfeld*) zu übertragen (Abb. 4.2-3). Beim Übergang vom Lern- in das Funktionsfeld kommt es zu einem Transferprozess, der mehr oder weniger erfolgreich verlaufen kann. Dementsprechend lassen sich vier typische Verlaufsmuster unterscheiden (Abb. 4.2-4). Nur im Falle des horizontalen und des vertikalen Transfers kann von einem Transfererfolg gesprochen werden. Zumindest im Falle des Null- und des negativen Transfers hat sich die Weiterbildung aus Unternehmenssicht nicht rentiert.

Wovon hängt dieser Verlauf ab? Vorliegende Transferstudien deuten auf eine Vielzahl von Faktoren hin, die diesen Prozess beeinflussen. Sie lassen sich zu drei Hauptfaktoren clustern (Abb. 4.2-5 unten). Soll ein Transfer gelingen, so haben sich entsprechende Fördermaßnahmen auf diese drei Einflussgrößen zu beziehen. Ansatzpunkte für transferförderliche Strategien sind demnach die Person des Teilnehmers, der Kurs bzw. der Trainer sowie das Arbeitsumfeld. Diese Fördermaßnahmen können dabei zu drei Zeitpunkten (vor, während, nach einer Weiterbildung) ergriffen werden. Daraus ergibt sich eine 3*3-Felder-Gestaltungsmatrix der Transferförderung (Abb. 4.2-6). In der Seminarpraxis sind zwischenzeitlich vielfältige Instrumente entwickelt worden, die sich in die genannte 9-Felder-Matrix einordnen lassen. Im vorliegenden Kapitel sind einige Instrumente exemplarisch skizziert und bezüglich ihrer Reichweite diskutiert worden (Abb. 4.2-7). Beispielsweise werden auf personaler Ebene während des Seminarverlaufs so genannte Selbstkontrakte (Abb. 4.2-8) eingesetzt. Sie haben zentral zum Ziel, die Transfermotivation auf Seiten der Teilnehmer zu fördern. Dies lässt sich auch theoretisch begründen.

Wie lässt sich eine Transfermotivation beeinflussen? Nach der *Theorie des Selbstwertschutzes* tendieren Menschen grundsätzlich zum Schutz des eigenen Selbstwertgefühls dazu, eigene Misserfolge eher external zu attribuieren. Dies hat allerdings dann zur Folge, dass die Transfermotivation sehr schnell erlischt und deshalb der Erfolg von Weiterbildungsmaßnahmen oftmals als unbefriedigend bezeichnet werden muss. Um das zu vermeiden, sollte im Rahmen der Transferförderung danach getrachtet werden, dass Seminarteilnehmer Misserfolge beim Anwendungstransfer entsprechend der *Attributionstheorie von Weiner* weder internal und stabil noch external, sondern internal und variabel attribuieren, d. h. auf mangelnde eigene Anstrengung zurückführen (vgl. Abb. 4.2-9). Um diese Form der Attribuierung zu unterstützen, ist es wichtig, dass der Teilnehmer über eine möglichst hohe *Selbstwirksamkeit* (self efficacy) verfügt. Deshalb sollte bereits im Rahmen von Trainingsmaßnahmen auf den *Aufbau einer positiven Selbstwirksamkeit* geachtet werden. Insbesondere sollten Übungssequenzen so gestaltet werden, dass *Erfolgserlebnisse* für die Teilnehmer erfahrbar werden. In Anlehnung an die Attributionstheorie von Weiner sollte auch ein Feedback so vermittelt werden, dass der Lernende Misserfolge internal und variabel attribuiert, d. h. auf mangelnde Anstrengung zurückführt. Zudem kann die Selbstwirksamkeit auch durch die *kognitive Vorwegnahme von zu erwartenden Schwierigkeiten* im Funktionsfeld unterstützt werden. Diese Rückfallvermeidungsstrategien können wiederum dazu beitragen, dass Transfermisserfolge nicht external attribuiert, d. h. nicht auf äußere Schwierigkeiten zurückgeführt werden (Relapse-Prevention-Ansatzes). Eine weitere Strategie, die Selbstwirksamkeit zu fördern besteht darin, den Weiterbildungsteilnehmern *Anfangserfolge* zur ermöglichen. Hierzu bieten sich vor allem Follow-Ups, Transferseminare (Abb. 4.2-10) oder Intervalltrainingsmaßnahmen an. Auch der Goal-Setting-Ansatz (Setzen konkreter, nachprüfbarer Ziele) kann in Verbindung mit dem Relapse-Prevention-Ansatz (Rückfallvermeidungsstrategien entwickeln) zur Förderung von Anfangserfolgen und damit zum Aufbau einer Transfermotivation beitragen.

Literatur

Baldwin, T. T./Ford, J. K.: Transfer of Training: A review and directions for future research. In: Personnel Psychology, 41/1988, S. 82.

Bandura, A.: Self-Efficacy: The Exercise of Control, New York 1997.

Besser, R.: Transfer: Damit Seminare Früchte tragen. 3. Aufl. Weinheim/Basel 2004.

Bronner, R./Schröder, W.: Weiterbildungserfolg. Modelle und Beispiele systematischer Erfolgssteuerung, Band 6, Hanser, München 1983.

Deci, E. L./Ryan, R. M.: Die Selbstbestimmungstheorie der Motivation und ihre Bedeutung für die Pädagogik. In: Zeitschrift für Pädagogik, Band 39, 1993, S. 223 - 238.

Edelmann, W.: Lernpsychologie Verlags Union, Weinheim 1996.

Fortmüller, R.: Der Einfluss des Lernens auf die Bewältigung von Problemen, Wien 1991.

Fortmüller, R.: Lerntransfer mit E-Learning sichern. In: Hohenstein, A./Wilbers, K. (Hg.): Handbuch E-Learning. Expertenwissen aus Wissenschaft und Praxis, Köln 2002, Punkt 6.3.

Gage, N./Berliner, D.: Pädagogische Psychologie, 5. Aufl., Weinheim 1996.

Gütl, B./Orthey, F. M./Laske, S. (Hg.): Bildungsmanagement. München/Mering 2006.

Haccoun, R. R.: Transfer and retention: Lets do both and avoid dilemmas. In: Applied psychology: An international review, Vol. 46, 1997, S. 340 - 344.

Heckhausen, H./Gollwitzer, P. M./Weinert, F. E. (Hg.): Jenseits des Rubikon. Der Wille in den Humanwissenschaften. Berlin 1987.

Heckhausen, H.: Intentionsgeleitetes Handeln und seine Fehler. In: Heckhausen/Gollwitzer/Weinert, 1987b, S. 143 - 175.

Heckhausen, H.: Motivation und Handeln: Lehrbuch der Motivationspsychologie, Springer-Verlag, Berlin 1980, S. 158 f.

Heckhausen, H.: Perspektiven einer Psychologie des Wollens. In: Heckhausen/Gollwitzer/Weinert, 1987a, S. 121 - 142.

Hesketh, B.: Dilemmas in training for transfer and retention. In: Applied Psychology: An international review. Vol. 46, 1997, S. 317 - 339.

Hicks, W. D./Klimoski, R. J.: Entry into training programs and its effects on trainig outcomes: A field experiment. In: Academy of Management Journal 30(1987), S. 542 - 552.

Holling, H./Liepmann, D.: Personalentwicklung. In: Schuler, H. (Hg.): Lehrbuch der Organisationspsychologie. Huber-Verlag, Bern 1995, S. 285 - 316.

Judd, C. H.: The Relation of Special Training to General Intelligence. In: Educational Review 36/1908, S. 28 - 42.

Kolozs, K.: Die Rolle der Führungskraft beim Wissenstransfer. In: Gütl/Orthey/Laske 2006, S. 269 - 289.

Latham, G. P./Locke, E. A.: Self-regulation through goal setting. In: Organizational Behavior and Human Decision Processes, 50, 1991, S. 212 - 247.

Mandl, H./Prenzel, M./Gräsel, C.: Das Problem des Lerntransfers in der betrieblichen Weiterbildung. In: Unterrichtswissenschaft 20(1992)2, S. 126 - 143.

Marx, R. D./Ivey, A. E.: Communication skills programs that last : Face to Face and relapse prevention. In: International journal for the advancement of counselling. Vol. 11, 1988, S. 135 - 151.

Marx, R. D.: Relapse Prevention for Managerial Training: A Model for Maintenance of Behavior Change. In: Academy of Management Review, Vol. 7, No. 3, 1982, S. 433 - 441.

Merzenich-Hieker, C.: Evaluation von Kommunikations- und Verhaltenstrainings in Organisationen, Shaker Verlag, Aachen 1996, S. 82.

Noe, R. A./Sears, J./Fullenkamp, A. M.: Relapse Training: Does it influence trainees´ post training behavior and cognitive strategies? In: Journal of business and psychology, Vol. 4, No. 3, 1990, S. 317 - 328.

Reischmann, J.: Wie lehrt man Kompetenz? Andragogisch-didaktische Überlegungen zwischen Wissen und Können. In: GdWZ, (1998)6, S. 267 - 271.

Rouiller, J. Z./Goldstein, I. L.: The Relationship Between Organisational Transfer Climate and Positive Transfer of Training. In: Human Resource Development Quarterly 4/1993, S. 377 - 390.

Stahlberg, D./Osnabrügge, G./Frey, D.: Die Theorie des Selbstwertschutzes und der Selbstwerterhöhung. In: Frey, D./Irle, M. (Hg.): Theorien der Spezialpsychologie: Motivations- und Informationsverarbeitungstheorien. Huber Verlag, Bern 1985. S. 78 - 124.

Staudt, E./Kriegesmann, B.: Weiterbildung: Ein Mythos zerbricht: der Widerspruch zwischen überzogenen Erwartungen und Mißerfolgen der Weiterbildung. Institut für Angewandte Innovationsforschung, Bochum 1999.

Tannenbaum S. u. a.: Meeting Tranee´s Expectations: The Influence of Training Fulfillment on the Devolpment of Commitment, Self-Efficacy an Motivation. In: Journal of Applied Psychology, Vol. 76, No. 6, 1991, S. 759 - 769.

Thorndike, E. L.: Principles of Teaching. New York 1906.

Ullrich, S.: Transfer in Management-Trainings: eine summative Evaluationsstudie zur Überprüfung eines transferunterstützenden Instruments. Deutscher Universitätsverlag, Wiesbaden 1995.

Wexley, K. N./Baldwin, T. T.: Posttraining strategies for facilitating positive transfer: an empirical exploration. In: Academy of Management Journal, Vol 29., No. 3, 1986, S. 503 - 520.

4.3   Performance Improvement Management (Anja Knippel)

> **Lernziele**
>
> - Den Ansatz (bzw. unterschiedliche Strömungen innerhalb) des Performance Improvement Management (PIM)[124] kennen und in seinen Grundzügen skizzieren können.
>
> - Unterschiedliche Modelle und Vertreter innerhalb des PIM kennen.
>
> - Ebenen und Einflussfaktoren der Performance unterscheiden können.
>
> - Typische Vorgehensschritte auf konkrete Fragestellungen übertragen können.
>
> - Überschneidungen und Unterschiede von PIM und klassischer Weiterbildung benennen und anhand von Beispielen erläutern können.
>
> - Aus der Vielfalt der theoretisch möglichen Interventionen für Fallbeispiele passende auswählen können.

4.3.1 Problembezug

Mitarbeiter als Wettbewerbsvorteil

In Zeiten der Globalisierung, der zunehmenden Wettbewerbs- und Veränderungsdynamik sowie der immer ähnlicher und austauschbar werdenden Güter gewinnen die Mitarbeiter als strategischer Vorteil eines Unternehmens an Bedeutung. Personalentwicklung und Weiterbildung sollen sicherstellen, dass Mitarbeiter über die geforderten Qualifikationen, Kenntnisse und Fertigkeiten verfügen, um die Unternehmensstrategie umzusetzen. Damit kommt dieser Funktion eine strategisch hohe Bedeutung zu, dennoch wird bei Einsparungen zunächst bei Weiterbildung und Training gekürzt.

Messbarkeit von Weiterbildungsinvestitionen

Mit steigendem Kostendruck erhöht sich zwangsläufig die Notwendigkeit, die Frage nach dem Nutzen der Personalentwicklung zu beantworten und Weiterbildungserfolge messbar zu machen.[125] Zum einen stellen sich die Probleme bzgl. des Transfers in der Praxis immer noch als weitgehend ungelöst heraus. Und auch die bisherigen Ansätze zur Nutzenmessung konnten wenig befriedigende Antworten liefern; die geringe Umsetzung in der Praxis, insb. in KMU spricht eine deutliche Sprache zur Praktikabilität und Akzeptanz der bekannten Methoden.

Einflussfaktoren auf menschliche Arbeitsleistung

Studien zur Mitarbeiterbindung (z. B. Gallup, http://germany.gallup.com/) oder zur Produktivität (z. B. www.proudfoot.de) belegen, dass neben den Kenntnissen, Fähig-

---

[124]   In der Literatur werden die Begriffe „Performance Improvement", „Improving Performance" und „Performance Improvement Management" meist synonym verwendet. Der folgende Abschnitt spricht von Performance Improvement Management (PIM), weil in dieser Formulierung der Steuerungsaspekt und Prozesscharakter einerseits zum Ausdruck kommt und die Einordnung als Managementaufgabe deutlich wird.

[125]   Vgl. die Kapitel zu Transfer (4.1) und Bildungscontrolling (4.7) in diesem Lehrbuch.

– 231 –

keiten und Fertigkeiten der Mitarbeiter und deren Motivation noch andere Faktoren eine maßgebliche Rolle spielen, wenn es um Ergebnisse geht. Der Führung kommt dabei eine entscheidende Rolle zu, die zum einen die Erwartungen an den Stelleninhaber transparent machen und Feedback zur Zielerreichung geben sollte.

Denn vielfach ist Mitarbeitern gar nicht bekannt, welche Anforderungen an sie gestellt werden und ob sie die gesteckten Ziele erreicht haben. In diesem Zusammenhang verwundert wohl kaum, dass eine Analyse der Ursachen – warum die Ziele nicht erreicht wurden – erst nicht auf breiter Basis erfolgt.

Ausrichtung der Personalarbeit am „Business"

Doch genau darum geht es im Management, Ergebnisse zu erzielen (www.malik-mzsg.ch). Wie hilfreich Personal bzw. PE und Weiterbildung hierfür sind, darum sind etwa seit dem Ende des letzten Jahrhunderts unter dem Stichwort der Positionierung der Personalarbeit (und insb. der PE) Diskussionen wieder neu entflammt. Mit Titeln zur Personalarbeit im neuen Jahrhundert bzw. -tausend haben viele Fachzeitschriften ausgeführt, wie Personal als „Business Partner" in Zeiten des Outsourcing von Unternehmensfunktionen überlebensfähig ist. Gefordert wird eine stärker strategisch ausgerichtete Personalarbeit, die mehr gestaltet als verwaltet und einen echten Wertschöpfungsbeitrag leistet, anstatt nur Kostenfaktor zu sein. So lautet oftmals der Vorwurf von Fachabteilungen, die (in der allgemeinen Diskussion unstrittig) zur Wertschöpfung im Unternehmen beitragen, dass Personalentwicklung und Weiterbildung das Geld ausgeben, das andere Einheiten verdienen. Und das mit fraglichen Ergebnissen – wie weiter oben skizziert.

Paradigmenwechsel: Vom Training zur Performance

Seit geraumer Zeit gibt es also eine „Wunderwaffe" im Überleben der Personalentwickler, Berater und Trainer. Unter dem Dach des PIM werden die Anforderungen eines Unternehmens bis zum einzelnen Mitarbeiter herunter gebrochen und ein Soll für den Einzelnen bestimmt. Bei Abweichungen der Soll-Ist-Analyse wird genau betrachtet, welche möglichen Ursachen in Betracht kommen. Die PIM-Fragestellung geht in ihrer Reichweite deutlich über eine Bildungsbedarfsanalyse hinaus. Die dann abgeleiteten Maßnahmen entstammen einem breiten Spektrum, das an unterschiedlichen Stellhebeln zur Verbesserung des Ergebnisses ansetzt – nicht nur am einzelnen Mitarbeiter oder Team. Meist wird eine Kombination von Interventionen umgesetzt, Trainings können dabei u. a. eine Rolle spielen.

Im Gegensatz zu klassischer Angebots-orientierter Weiterbildung greift PIM nicht auf ein vorgefasstes Spektrum an Seminaren zurück, sondern bietet maßgeschneiderte Lösungen, die messbare Ergebnisse erzielen sollen. Eine Evaluation der Interventionen ist immer im Konzept mit angelegt. PIM bindet die Führungskräfte in den gesamten Prozess eng mit ein und stellt damit einen Bezug zum Tagesgeschäft und Erfolgsbeiträge zur Zielerreichung sicher. Denn PIM ist an der Unternehmensstrategie und den Abteilungsanforderungen ausgerichtet; Verknüpfungen mit anderen Management-Tools (z. B. Balanced Scorecard) sind ausdrücklich gewünscht.

In der Konsequenz erfordert PIM eine Neuausrichtung der PE. Personalentwickler können zu Performance Consultants weiter gebildet werden, um ihren Blickwinkel zu verbreitern, die PIM-Analysetechniken anwenden, maßgeschneiderte Interventionen entwickeln und umsetzen zu können.

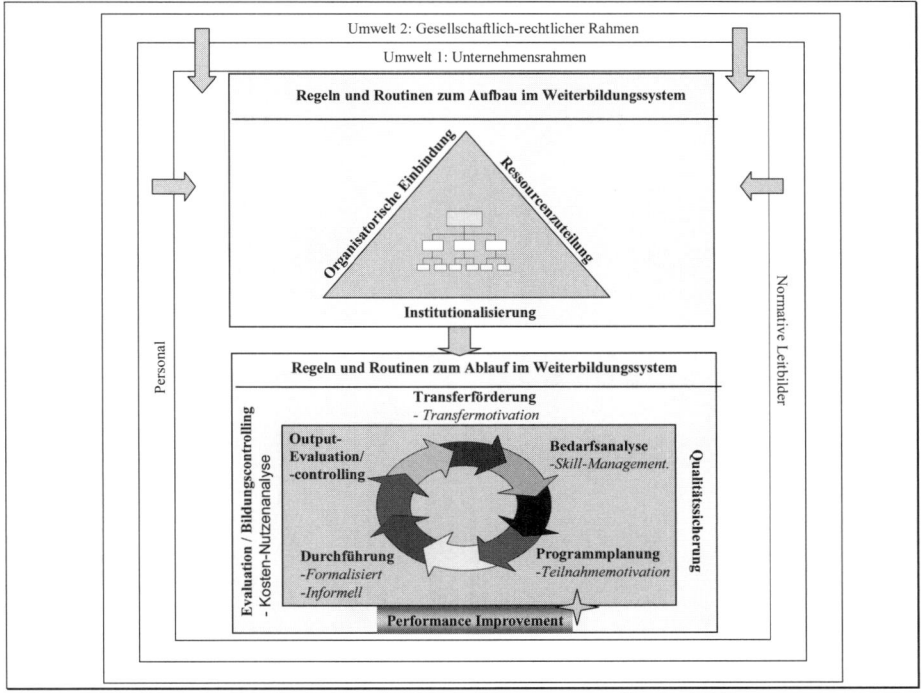

Abb. 4.3-1: Einordnung des Performance Improvement

4.3.2 Definitionen

Performance

Zunächst einmal zum Begriff der *Performance*: in Unterscheidung zu Kompetenz oder Performanz wird die englische Formulierung gebraucht, um den Beitrag eines Einzelnen oder einer Gruppe mit Blick auf die gesteckten Ziele zu bezeichnen.[126] Im folgenden Kapitel werden die Begriffe Performance, Ergebnis und Beitrag (nicht aber Leistung) synonym verwendet.

Lorenz (2003, S. 59) definiert Performance als „die Summe all jener Faktoren, die im geeigneten Zusammenspiel das ergeben, was der Zielgruppe oder dem Kunden nutzt". Lorenz/Oppitz (2001, S. 15) schlussfolgern daraus: „Performance und Performance-Entwicklung ist allein in den Konsequenzen bzw. in dem zu erwartenden Nutzen zu messen."

---

[126]   Lorenz/Oppitz (2001, S. 18 f.) unterscheiden die Begriffe ´Kompetenz´ (als „erlerntes Wissen"), ´Performanz´ (als „wiederholbare Anwendung des Erlernten") und ´Performance´ - wie bereits definiert.

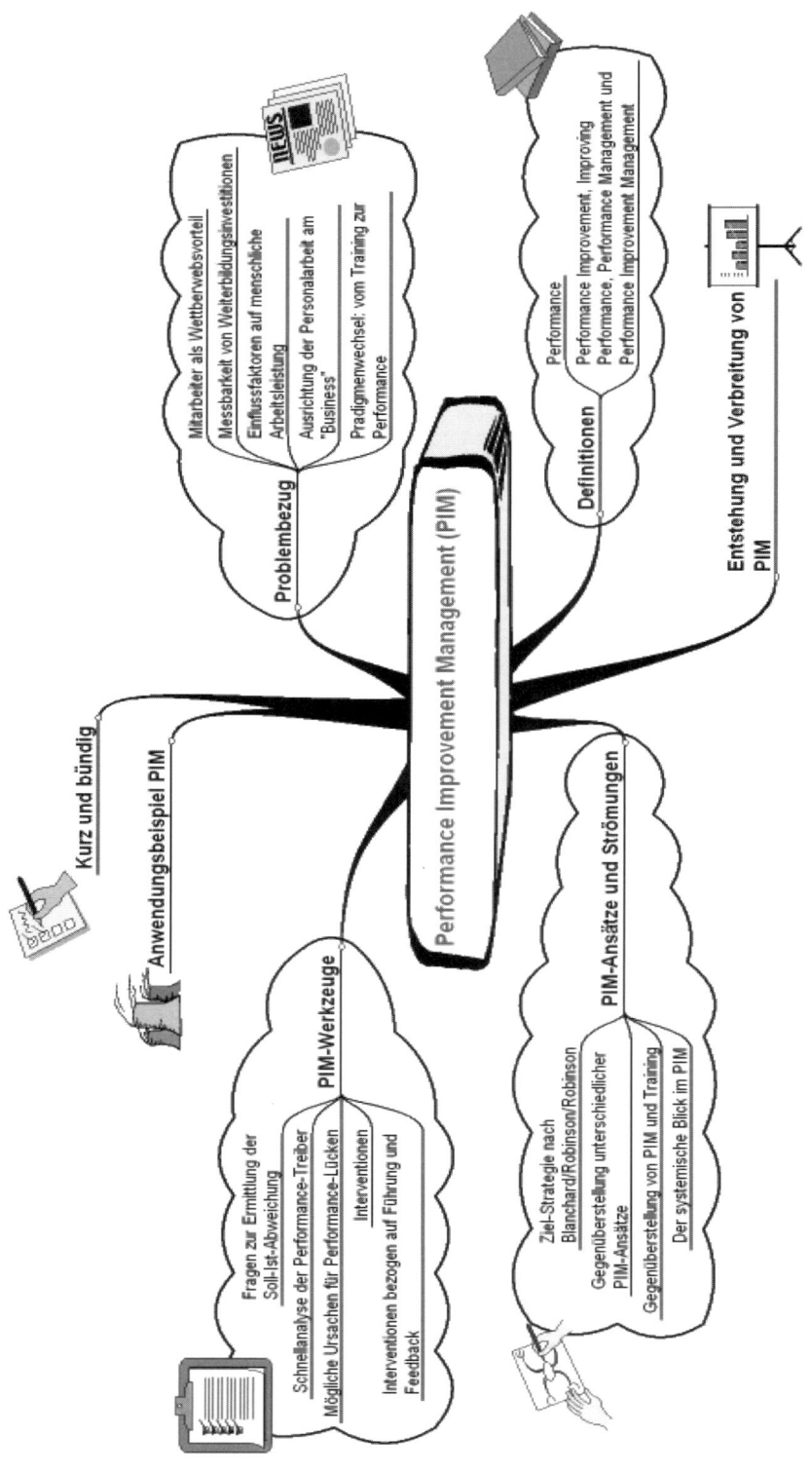

Abb. 4.3-2: Argumentationsverlauf im Kapitel 4.3

Für Sung (2003, S. 20) umfasst Performance eher nicht, „was man tut, also die Leistung, die man erbringt, sondern den Nutzen, das konkrete Ergebnis."

Die Betrachtung der Performance ist also *Output- und nicht Input-orientiert*. Es geht nicht darum, dass Mitarbeiter mehr wissen oder können oder gar mehr leisten. Es zählt, ob die Anforderungen erfüllt werden oder eine Strategie oder Zielsetzung umgesetzt ist.

<u>Performance Improvement (PI), Improving Performance (IP), Performance Management (PM) und Performance Improvement Management (PIM)</u>

Die einzelnen Definitionen von PI, IP, PM und PIM unterscheiden sich graduell, unterschiedliche Vertreter haben ihre eigenen Modelle entwickelt. Deshalb soll hier nicht eine vermeintlich einheitliche Definition stehen, sondern eine Sammlung unterschiedlicher Deutungen, die Gemeinsamkeiten und Abweichungen der Strömungen sichtbar machen.

Autor	Definition
Jetter (2004, S. 41)	„Unter `Performance Management` wird hier ein systematischer, an der Unternehmensstrategie ausgerichteter Management-Prozess verstanden, der gewährleisten soll, dass die Summe aller im Unternehmen erzielten Leistungen bzw. Ergebnisse den Leistungsanforderungen und Erwartungen an das Unternehmen entspricht und dadurch die Wettbewerbsfähigkeit des Unternehmens sicherstellt."
Lorenz/Oppitz (2003, S. 10)	„Improving Performance ist ein ganzheitlicher Ansatz, der sowohl Unternehmens- als auch Mitarbeiterfaktoren bei der Suche nach geeigneten Maßnahmen zur Leistungsverbesserung in Betracht zieht."
Wittkuhn (2005, S. 25)	„PI ist eine Methodologie, die hilft, Performance in und von Organisationen zu verstehen und zu gestalten."
Vester/Lorenz (2003, S. 79)	„Improving Performance ist ein sorgfältiger und systematischer Ansatz zur Ermittlung dessen, was Menschen daran hindert, den Nutzen zu stiften, der zum Erfolg des Unternehmens beiträgt. Dann werden Lösungen entwickelt, durch die diese Hemmnisse schnell und effektiv beseitigt werden, sodass die Mitarbeiter ihre Leistung verbessern und ihr Potenzial bei der Arbeit ganz ausschöpfen können."
Elliott (2001, S. 73)	„Improving Performance ist eine systematische Methode zur Verbesserung der Human Performance am Arbeitsplatz durch Maßnahmen wie Training der Fertigkeiten, Vermittlung neuen Wissens, Verbesserung der Arbeitsumgebung und Anreize für die Mitarbeiter."
ASTD	According to William J. Rothwell in ASTD Models for Human Performance Improvement, human performance improvement is the systematic process of discovering and analyzing important human performance gaps, planning for future improvements in human performance, designing and developing cost-effective and ethically justifiable solutions to close performance gaps, implementing the solutions, and evaluating the financial and nonfinancial results.

Jetter (2004, S. 42) weist darauf hin, dass sich vielfach in der Praxis hinter dem Begriff „Performance Management" einzelne Instrumente verbergen – wie etwa Balanced Scorecard, Zielvereinbarungssysteme, strategische Unternehmensplanung, Projektmanagementtechniken – meist jedoch kein Gesamtsystem zur Leistungssteuerung. PM ist also ein Ansatz, der verschiedene bestehende Instrumente miteinander verknüpft. „Um die Leistung auf Unternehmens-, Organisations-/ Prozess- und Mitarbeiterebene so zu orchestrieren und zu fokussieren, dass als Gesamter- gebnis die Wettbewerbsfähigkeit des gesamten Unternehmens nachhaltig gesteigert wird, ist ein ganzheitliches ´Management der Leitungen´ (Performance Management) erforderlich" (Jetter 2004, S. 40).

Bemerkenswert ist, dass viele Autoren den Begriff der „*Ganzheitlichkeit*" verwenden, wenn sie die Besonderheiten von PIM beschreiben. Hier ist gemeint, dass unter- schiedliche Stellhebel im Unternehmen in ihrem Zusammenwirken betrachtet wer- den, wenn es darum geht, die Performance zu optimieren.

Die folgenden Ausführungen in diesem Kapitel beziehen sich also auf unter- schiedliche Konzepte und weisen jeweils die Vertreter aus. Dennoch wird – wenn es um den gemeinsamen Kern geht – von *einem* PIM-Ansatz gesprochen. Um die Ter- minologie im Originalwortlaut zu erhalten, wurde darauf verzichtet, Aussagen anzug- leichen oder gar in einen einheitlichen sprachlichen Rahmen zu übersetzen. Die Un- terschiede, auch sprachlich, sind u. a. der Abb. 4.3-6 – einer Gegenüberstellung ausgewählter PIM-Modelle – zu entnehmen.

Info

What are the standards of Performance Technology?

The 10 standards of Performance Technology, which are based on four principles and following a sys- tematic process to improve performance, ensure that the Certified Performance Technologist has conducted his or her work in a manner that includes the following:

- Focus on results and help clients focus on results.
- Look at situations systemically taking into consideration the larger context including competing pressures, resource constraints, and anticipated change.
- Add value in how you do the work and through the work itself.
- Utilize partnerships or collaborate with clients and other experts as required.
- Systematic assessment of the need or opportunity.
- Systematic analysis of the work and workplace to identify the cause or factors that limit per- formance.
- Systematic design of the solution or specification of the requirements of the solution.
- Systematic development of all or some of the solution and its elements.
- Systematic implementation of the solution.
- Systematic evaluation of the process and the results.

Quelle: ISPI (www.ispi.org), International Society for Performance Improvement

Übung:

1. Erklären Sie in Ihren eigenen Worten (und ohne auf die Definitionen zu schauen),

- was 'Performance' ist und

- welche Gemeinsamkeiten Sie bei PI, IP, PM bzw. PIM ausmachen und was die gemeinsame Schnittmenge der einzelnen Vertreter ist, die hier im Folgenden als *ein* PIM-Ansatz verstanden werden soll.

- Grenzen Sie auch ab, was PIM Ihrer Ansicht nach nicht ist.

4.3.3 Entstehung und Verbreitung von PIM

Lorenz/Oppitz (2001, S. 16 ff.) zeichnen die Schwerpunkte der Personalentwicklung seit den 60er Jahren im Zeitraffer nach: Zunächst ging es um die Frage der Kompetenz und der Lerninhalte, in den 70ern wurde die Effizienz thematisiert und einzelne Lehrmethoden analysiert. In den 80ern rückte der Transfer ins Blickfeld und die Bemühungen richteten sich verstärkt darauf, das Gelernte auf den Arbeitsplatz übertragen zu können. In der nächsten Dekade, den 90ern, gewann das Controlling an Bedeutung und der Fokus wurde auf die Erfolgsmessung von Weiterbildung gerichtet. In diesem Jahrzehnt steht die Performance im Mittelpunkt, mit Blick auf den Nutzen für Unternehmen und Kunden.

In den USA ist der PIM-Ansatz entstanden und wird dort im Wesentlichen durch zwei Organisationen gebündelt: Die „ASTD – linking people, learning and performance" ist der führende Verband für Personalentwickler, Trainer und Weiterbildner mit Mitgliedern in über 100 Ländern (www.astd.org). Die Umbenennung der ASTD von ehemals „American Society für Training and Development" macht die Bedeutung der Performance-Orientierung sichtbar. Als zweite amerikanische Organisation ist die „ISPI – International Society for Performance Improvement" zu nennen, die in den USA zwar bezogen auf die Mitgliederzahl deutlich kleiner ist als die ASTD, jedoch stärker auf das Thema PIM fokussiert (www.ispi.org).

Beide Verbände verwenden zwar unterschiedliche Modelle und Begriffe, im Wesentlichen herrscht jedoch Übereinstimmung darin, dass es bei PIM darum geht:

- Performance-Anforderungen und -Lücken (sog. Gaps) zu identifizieren,

- Ursachen für die Gaps zu analysieren,

- Maßnahmen auszuwählen, zu entwickeln und durchzuführen sowie

- die Ergebnisse zu evaluieren.[127]

Inzwischen gibt es auch ein deutsches Netzwerk der ASTD, das hierzulande zum Thema PIM Konferenzen veranstaltet, eine Website betreibt und Fachbücher herausgibt (www.astd-germany.de). Die Beratung AMT (www.a-m-t.de) hat sich als Ausbilder und Zertifizierer von „Performances Coaches" (externe Berater und Trainer) und „Performance Consultants" (Führungskräfte und interne Berater) etabliert.[128]

---

[127] Vgl. Lorenz/Oppitz (2001, S. 21).

[128] Im Folgenden wird nicht zwischen „Performance Consultant" und „Performance Coach" unterschieden, sondern einheitlich der erstgenannte Begriff verwendet – unabhängig davon, ob der Berater Organisati-

Fachzeitschriften berichten von Zeit zu Zeit über das Thema, an eine feste PIM-Rubrik in einem Medium für die Zielgruppe Personalentwickler und Trainer ist jedoch nicht zu denken.[129]

Übung: 🔍

2
• Wie erklären Sie sich die bisher noch relativ geringe Verbreitung von PIM in Deutschland? Angenommen Sie arbeiten in einem mittelständischen Unternehmen im Personalwesen und nehmen dort Personalentwicklungsaufgaben wahr.

• Wie würde Ihre Führungskraft, der Personalleiter argumentieren, wenn sie mit ihm die Einführung von PIM diskutieren?

• Welche Vorbehalte könnten Führungskräfte anderer Fachabteilungen haben?

• Wie schätzen Sie die Reaktion von Mitarbeitern und Betriebsrat ein?

Falls Ihnen die Beantwortung der Frage an dieser Stelle zu schwer fällt, kommen Sie später, nachdem Sie sich mit einem PIM-Ansatz exemplarisch beschäftigt haben, noch einmal darauf zurück.

4.3.4 PIM-Ansätze und Strömungen

Von den unterschiedlichen PIM-Modellen wurde eines ausgewählt, das hier exemplarisch vorgestellt werden soll, um zu verdeutlichen wie PIM funktioniert. Anschließend steht eine Gegenüberstellung einzelner Modelle, um Gemeinsamkeiten und Unterschiede in den einzelnen Prozessschritten und in der Terminologie zu verdeutlichen.

4.3.4.1   „Ziel-Strategie" nach Blanchard/Robinson/Robinson (2003)

Die sog. Ziel-Strategie[130] ist eine Weiterentwicklung des Ansatzes von Dana und Jim Robinson (www.partners-in-change.com).[131] Sie besticht durch Kürze und Prägnanz und erscheint geeignet, um das Grundprinzip möglichst einfach zu erläutern. Ergänzt wird das Modell durch Anmerkungen anderer Autoren, die – entsprechend der Abb. 4.3-3 – den einzelnen Phasen des Performance-Prozesses zugeordnet wurden.

---

ons-intern oder -extern ist. (Zumal die begriffliche Unterscheidung nur bei AMT so getroffen wurde; andere Autoren verwenden zum Teil wieder andere Job Titel.).

129   Vgl. exemplarisch Bußmann/Engel (2002a), Bußmann/Engel (2002b), Lorenz (2001a), Pennig/Vogt (2005), Wang (2005) und Wittkuhn (2005).

130   Ziel ist ein Akronym, der Originaltitel im Englischen lautet „Zap the Gaps", wobei die Buchstaben von Gaps (= Lücken) ebenfalls für die einzelnen Prozessschritte stehen.

131   Ken Blanchard – bekannt durch die Reihe „Minuten-Manager" – hat das Modell der Robinsons, die mit als Pioniere der Performance-Denke gelten, in eine kleine Rahmenhandlung verpackt und in einem leicht verständlich geschriebenen Buch veranschaulicht. Dies zeigt, dass das Thema nicht nur Fachleuten in Personalentwicklung, Weiterbildung und Beratung zugänglich gemacht werden soll, sondern größere Verbreitung finden soll.

Vier Schritte zur Schließung von Performance-Lücken (englisch: gaps):

ZIEL-Strategie		Zap the GAPS	
Z	Ziele festlegen	G	Go for the Shoulds
I	Ist-Zustand analysieren	A	Analyse the Is
E	Ergründen der Ursachen	P	Pin down the causes
L	Lösungen festlegen	S	Select the right solutions

Abb. 4.3-3: Die Ziel-Strategie von Blanchard/Robinson/Robinson (2003)

Ziele festlegen

Im ersten Schritt werden die *Ziele festgelegt*. Diese werden in vier Kategorien von Anforderungen übersetzt, wie die folgende Abbildung[132] zeigt.

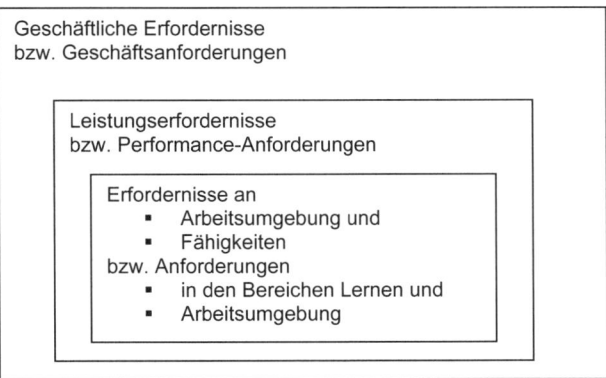

Abb. 4.3-4: Anforderungen in Performance Improvement-Prozessen (Blanchard/Robinson/Robinson 2003, S. 33 und Robinson/Robinson 2001, S. 30f) © 1995 Partners in Change, Inc.

Die oberste Stufe der Hierarchie bilden die *Geschäftsanforderungen* (oder geschäftlichen Erfordernisse). Gemeint sind hier die Ziele eines Unternehmens bzw. der Organisationseinheit wie etwa Marktanteil oder Kundenzufriedenheit. Daraus leiten sich die *Performance-Anforderungen* (oder Leistungserfordernisse) ab, die beschreiben, was die Mitarbeiter tun müssen, damit die Geschäftsanforderungen erreicht werden. *Lernanforderungen* definieren, über welche Kenntnisse und Fertigkeiten die Stelleninhaber verfügen müssen, um die geforderte Performance leisten zu können. *Anforderungen der Arbeitsumgebung* beziehen sich auf Systeme und Prozesse im Umfeld des Mitarbeiters.

Wichtig ist bei der Soll-Festlegung, zu überprüfen, ob die Anforderungen der einzelnen Ebenen miteinander kompatibel sind.

---

[132] Es wurden bewusst jeweils zwei alternative Formulierungen in den Kästchen verwendet, z. B. „Leistungserfordernisse bzw. Performance-Anforderungen". Sie entstammen unterschiedlichen Übersetzungen aus dem Amerikanischen und sind zur Verdeutlichung der Inhalte aufgenommen.

Ist-Zustand analysieren

Im zweiten Schritt wird der Ist-Zustand analysiert. Neben den erzielten Performance-Ergebnissen wird auch das Verhalten der Mitarbeiter betrachtet. Dabei geht es auch darum, Unterschiede zwischen dem Verhalten durchschnittlicher und überdurchschnittlicher Stelleninhabern zu identifizieren.

Abweichungen zwischen Soll und Ist werden als Gap oder Performance-Lücke bezeichnet.

Elliott (2001, S. 89 f.) benennt mögliche Widerstände und Probleme, die bei der Gap-Analyse und später dann auch bei der Ursachenermittlung auftreten können und mit denen der Performance Consultant professionell umgehen muss:

- Misstrauen und Fehlinformationen zur Analyse
  → Transparenz über die Analyse und deren Zielsetzung schaffen.

- Informationen werden als Fakten hingenommen
  → Klare Unterscheidung bei der Auswertung zwischen Meinungen und Ansichten einerseits und Fakten anderseits.

- Zugang zu Informationsquellen wird verweigert oder erschwert
  → Ansprechpartner eng einbinden und über Behinderungen bei der Analyse informieren. Insbesondere für die Ermittlung der exemplarischen Performance und Standards muss Zugang zu Informationen gewährleistet sein.

- Heikle Themen und Tabus
  → Behutsames und diplomatisches Vorgehen setzt die Kenntnis von Interna und brisanten Themen voraus. Ggf. muss das PIM-Projekt auch klar von anderen aktuellen Vorhaben (z. B. Stellenabbau) abgegrenzt werden, um nicht Missverständnisse entstehen zu lassen.

- Vorschläge halbherziger Lösungen
  → Maßstab ist der Wert der umgesetzten Lösungen muss die Kosten, die dadurch verursacht werden, übersteigen.

- Viele Entscheidungsträger und Ansprechpartner
  → Klare Benennung von Ansprechpartner und enge Zusammenarbeit mit der zuständigen (obersten) Führungskraft.

Ergründen der Ursachen

Für Performance-Lücken gibt es drei mögliche Ursachen, wobei die erste Kategorie – externe Faktoren – nicht beeinflussbar ist. Die internen Faktoren der Organisation umfassen das, was in Abb. 4.3-5 als Anforderungen der Arbeitsumgebung bezeichnet wurde. Die dritte Gruppe bündelt die Faktoren für Individuen, sprich die Anforderungen an Qualifikation und Fähigkeiten.

Hier wird deutlich, dass nicht voreilig einem Mitarbeiter (oder Gruppe von Mitarbeitern) die „Schuld in die Schuhe geschoben wird", wenn die geforderte Performance nicht erreicht wird. Mögliche Ursachen für eine Performance-Lücke können auch außerhalb des Stelleninhabers liegen und meist ist es eine Kombination mehrerer Ursachen.

LaBonte (2003, S. 117) verweist auf eigene Untersuchungen, denen zufolge die Ursachen mit bis zu 80 % in der Arbeitsumgebung begründet liegen. Lorenz/Oppitz (2005, S. 23) gehen davon aus, dass in über 80 % der Fälle eine Mischung aus individuellen und Umfeldbedingungen verantwortlich für die Performance-Gap sind. In diesem Zusammenhang verweisen die Autoren darauf, dass sowohl bei Führungskräften als auch bei Mitarbeitern eine Neigung zur externalen Zuschreibung besteht.[133] Dies muss bei der Ursachenermittlung also berücksichtigt werden.

Externe Faktoren für die Organisation	Interne Faktoren für die Organisation	Interne Faktoren für Individuen
Faktoren außerhalb des Einflusses der Organisation z.B. ökonomische Bedingungen, Konkurrenz, gesetzliche Regulierungen	Erfordernisse an die Arbeitsumgebung Faktoren im Einflussbereich von Management und Organisation 1. Klare Aufgaben und Erwartungen 2. Schulung und Unterstützung 3. Leistungsanreize 4. Betriebsabläufe, Arbeitsprozesse 5. Zugang zu Informationen, Personen, Geräten, Arbeitsmitteln	Erfordernisse an die Fähigkeiten Persönliche Faktoren, die gewährleisten, dass die Individuen in der Lage sind die erforderliche Leistung zu erbringen. 1. Fertigkeiten und Wissen 2. Angeborene Fähigkeiten

Gute Performance (gemessen an den Zielen)

Abb. 4.3-5: Einflussfaktoren menschlicher Leistung in Organisationen (in enger Anlehnung an Blanchard/Robinson/Robinson 2003, S. 76)

Lösungen festlegen

Im vierten Schritt werden geeignete Maßnahmen ausgewählt. Entsprechend der vorangegangenen Analyse kann eine Kombination verschiedener Interventionen umgesetzt werden. Training ist eine mögliche Variante, der Blick ist aber bewusst sehr viel weiter gewählt.

Lorenz (2003, S. 59) formuliert eine Frage, die hilft, herauszufinden, ob es sich um ein Performance-Problem handelt, das mit einem Training behoben werden kann: „Wie müsste das Problem lauten, wenn Training wirklich eine Lösung darstellen könnte?"

In einem späteren Abschnitt werden unterschiedliche Interventionsansätze stichpunktartig vorgestellt, um zu veranschaulichen, wie breit das PIM-Maßnahmenspektrum sein kann.

---

[133] Vgl. hierzu die Ausführungen in Abschnitt 4.2.5.2 zum Thema Motivation und Selbstwirksamkeit.

Info

Beispiel für die Bedeutung von Umfeldfaktoren auf Performance-förderliches Verhalten

Bei einer Kundenorientierungsschulung für Mitarbeiter eines Handwerksbetriebs für Gas-/ Wasser-Installation berichtet ein Monteur, er habe einer Stammkundin mal einen Dichtungsring an einem tropfenden Wasserhahn kostenlos ausgewechselt und sinngemäß mit „Geht auf's Haus, das ist unser Service!" kommentiert. Die Kundin war so erfreut, dass sie gleich – noch während der Monteur auf dem Rückweg in die Firma war – den Inhaber angerufen hat, um sich bei ihm zu bedanken. Der Monteur wurde von seinem Chef empfangen, der ihn laut (und vor Kollegen) gerügt hat, mit der Bemerkung „Haben wir etwas zu verschenken?!"

Es bleibt fraglich, ob eine Kundenorientierungsschulung für Mitarbeiter hier als (alleinige) Maßnahme effektiv ist, wenn es darum geht, die Kundenzufriedenheit und -bindung zu erhöhen.

4.3.4.2 Gegenüberstellung unterschiedlicher PIM-Ansätze

Nachdem nun die Ziel-Strategie exemplarisch erläutert wurde, um Grundprinzipien und Vorgehen zu veranschaulichen, sollen im Folgenden unterschiedliche Ansätze gegenüber gestellt werden. Geht man davon aus, dass wesentliche Aspekte eines PIM-Modells sich in einer Phase des Prozessablaufs wieder finden, dann verdeutlicht Abb. 4.3-6 die Unterschiede der Ansätze – zum einen wird sichtbar, worauf der Autor Gewicht gelegt hat und zum anderen stehen unterschiedliche Terminologien nebeneinander. Dennoch zeigt sich, dass – trotz kleiner Unterschiede in der Ausgestaltung – allen hier skizzierten PIM-Ansätzen einige Grundideen gemeinsam sind.

4.3.4.3 Gegenüberstellung von PIM und Training

Wie bereits ausgeführt, geht die Betrachtung von Performance deutlich über den Blickwinkel der Personalentwicklung und Weiterbildung hinaus. Training wird als Bestandteil des Maßnahmenspektrums innerhalb des PIM-Ansatzes betrachtet, also eine mögliche Option. Zu Abgrenzung und Überschneidungen sind in Abb. 4.3-7 beide Foki – klassische Personalentwicklung/Training und Performance Management – gegenüber gestellt.[134]

---

[134] Die Gegenüberstellung von Training und PIM ist aus unterschiedlichen Quellen zusammen gestellt. Entsprechend repräsentieren die Aussagen zu PIM unterschiedliche Ansätze. Dies erscheint hier vertretbar, weil ja auch für Training oder Personalentwicklung kein einheitliches Verständnis existiert und sich die Vertreter in ihren Definitionen und Modellen leicht unterschieden.

Vertreter und Ansatz PIM-Teilschritte	Vorgehen nach Ziel-Strategie (Blanchard/Robinson/Robinson 2003)	Vorgehen nach Stolovitch/ Keeps (2003)	Vorgehen nach AMT (Lorenz/Oppitz 2003)	Vorgehen nach Jetter (2004)	Vorgehen eines Certified Performance Technologists (ISPI)
SOLL	Ziele festlegen • Geschäftsanforderungen • Performance-Anforderungen • Anforderungen der Lern- und Arbeitsumgebung	Identifizierung der Geschäftsanforderungen Identifizierung der Performanceanforderungen	Input: • Performance Soll-Zustand • Performance Ist-Zustand • Gap-Analyse	Planung der Performance	Performance analysieren
IST	Ist-Zustand analysieren	Spezifizierung der gegenwärtigen Performance Definition des Gaps		Management der Performance	
Ursachen	Ergründen der Ursachen	Spezifizierung der Einflussfaktoren des Gaps			Ursachen analysieren
Maßnahmen konzipieren	Lösungen festlegen	Identifizierung geeigneter Interventionen Auswahl der Interventionen Entwicklung der Interventionen	Interventionen	Konsequenzen der Performance	Interventionen entwickeln, beurteilen, auswählen
Maßnahmen durchführen		Implementierung der Interventionen			Interventionen implementieren
Evaluation		Überprüfung und Verfeinerung der Interventionen	Output: Evaluation, Return on Investment		Interventionen implementieren (parallel zu allen vorherigen Schritten)

Abb. 4.3-6: Gegenüberstellung von PIM-Ansätzen unterschiedlicher Vertreter (eigene Darstellung)

Traditioneller Fokus	Performance-Fokus
Ziel ist Erwerb von Wissen und Fertigkeiten → Konzentration auf Lerninhalte	Erwerb von Fertigkeiten und Wissen als Mittel zum Zweck → Konzentration auf Tätigkeit
Keine spezifischen messbaren Ziele	Spezifische Ziele bzgl. Verhalten und Beitrag zum Geschäftsergebnis
Schwerpunkt auf Identifikation von Bildungsbedarfen und Lösung	Schwerpunkt auf Identifikation von Bedarfen und Maßnahmen zur „Nutzen-Stiftung"
Dienstleistung ist strukturierte Lernerfahrung (z. B. Seminar)	Dienstleistung zur Verbesserung der Arbeitsergebnisse
Auf einen Lösungstypus festgelegt: Training, Seminar	Nicht festgelegt, allen Lösungen – auch komplexen – gegenüber offen, Training als mögliche Alternative
Trainingsteilnehmer eher nicht ergebnisorientiert	Zielerwartungen für Teilnehmer transparent
Messlatte sind Trainingstage	Messlatte sind Fortschritte bei der Strategieumsetzung bzgl. Kosten-, Qualitäts-, Zeit- und Produktionsziele
Selten Front-End-Assessment; meist keine Ergebnis-Messung oder Kosten-Nutzen-Berechnungen; im Idealfall Evaluation analog 4-Ebenen-Modell von Kirkpatrick, teilweise ergänzt um ROI	Front-End-Assessment unerlässlich; Ergebnis- und Kosten-Nutzen-Berechnungen
nur im Einzelfall Identifikation von Hindernissen in der Arbeitsumgebung	Identifikation von Hindernissen in der Arbeitsumgebung
Erfolgskriterium: Qualität der Lösung	Erfolgskriterium: Performance-Veränderungen und operativer Nutzen

Abb. 4.3-7: Gegenüberstellung von Personalentwicklung/Training und Performance Management in Anlehnung an Robinson/Robinson (2001, S. 29), Phillips (2003, S. 126) und Vester/Lorenz (2003, S. 102)

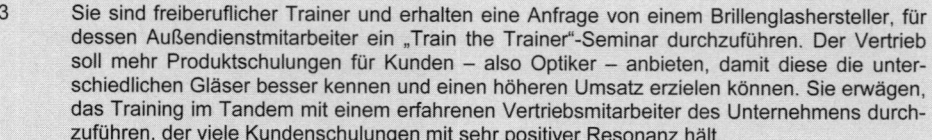

Übung:

3   Sie sind freiberuflicher Trainer und erhalten eine Anfrage von einem Brillenglashersteller, für dessen Außendienstmitarbeiter ein „Train the Trainer"-Seminar durchzuführen. Der Vertrieb soll mehr Produktschulungen für Kunden – also Optiker – anbieten, damit diese die unterschiedlichen Gläser besser kennen und einen höheren Umsatz erzielen können. Sie erwägen, das Training im Tandem mit einem erfahrenen Vertriebsmitarbeiter des Unternehmens durchzuführen, der viele Kundenschulungen mit sehr positiver Resonanz hält.

Wie gehen Sie vor, wenn Sie

a.) ein klassisches Training anbieten wollen oder

b.) Ideen aus dem PIM-Ansatz umsetzen möchten?

4.3.4.4   Der systemische Blick im PIM

Kennzeichnend für PIM ist der sog. systemische Blick. Gemeint ist dabei, dass insbesondere Zusammenhänge und Wechselwirkungen betrachtet werden. Dies kommt u. a. bei der Ursachenanalyse zum Tragen, wenn versucht wird, die wesentlichen Wurzeln des Performance-Problems zu erfassen. In jedem Fall wird nicht von einer „Schuld" ausgegangen, sondern ermittelt, was bisher hinderlich war, um eine geforderte Performance zu erbringen oder im positiven Fall sie begünstigt hat. (Vgl. hierzu das zehnte Prinzip im unten stehenden Infokasten.)

Aus Platzgründen soll hier lediglich kurz auf die systemische Sichtweise verwiesen werden, die ebenfalls den für PIM typischen weiteren Blick (über den Mitarbeiter und eventuelle Wissens- und Kompetenzlücken hinaus) und das Zusammenwirken unterschiedlicher Einflussfaktoren einschließt.

Info

Zehn Prinzipien des Performance Improvement (Wittkuhn 2003, S. 182)

1. Leistung ist immer das Resultat eines Leistungssystems.
2. Das Leistungssystem besteht aus Elementen, deren generelles Zusammenspiel bekannt ist, deren spezifisches Zusammenspiel im Unternehmensalltag den Beteiligten aber oft nicht bewusst ist.
3. Jedes Leistungssystem hat eine individuelle innere Logik, auf die sich die Mitarbeiter einstellen.
4. Die Analyse des Leistungssystems führt deshalb oft zu rationalen Erklärungen von ansonsten unverständlich erscheinenden Verhaltensweisen.
5. Aufgrund des Systemcharakters müssen alle Elemente auf einem Mindestniveau arbeiten, damit nachhaltig die gewünschte Leistung erzeugt wird.
6. Alle Elemente des Systems, bis auf zwei (Mitarbeiter und Management), können zielgerichtet gestaltet werden. Mitarbeiter und Management können nur beeinflusst werden.
7. Wenn ein Leistungsproblem entsteht, muss die erste Frage lauten: Wo hat das Leistungssystem Defizite?
8. In vielen Fällen liegen Gründe für unzureichende Mitarbeiterleistung in Defiziten in den gestaltbaren und nicht in den nur beeinflussbaren (Mitarbeiter und Management) Systemelementen.
9. Die Analyse des Leistungssystems zeigt oft, dass die zielgerichtete Gestaltung entsprechender Systemelemente indirekt die Beeinflussung von Management und Mitarbeitern in der gewünschten Richtung nach sich zieht.
10. Wenn gute Mitarbeiter in einem unzureichenden Leistungssystem arbeiten, wird das System immer gewinnen.

4.3.5 PIM-Werkzeuge

Zur Illustration der Bandbreite von Performance-Prozessen sind hier exemplarisch einige Checklisten, Übersichten und Beispiele zusammen getragen, die in Summe verdeutlichen, *wie* im PIM vorgegangen wird. Begonnen wird bei der Gap- und Ursachen-Analyse und nicht bei der Soll-Bestimmung oder Ist-Ermittlung, weil das in anderen betriebswirtschaftlichen Disziplinen geleistet wird. Die Balanced Scorecard sei hier stellvertretend als ein Instrument der Unternehmenssteuerung genannt, das sowohl die Ziele (Soll) als auch das Ist abbildet.

Fragen zur Ermittlung der Soll-Ist-Abweichungen

Vester/Lorenz (2003, S. 89 ff.) stellen ausführliche Fragenkataloge zur Erhebung des Ist- und Soll-Zustands zur Verfügung. Die Situation einer Organisationseinheit wird anhand dieser Leitfäden in einem Gespräch mit zwischen Führungskraft und Performance Consultant systematisch betrachtet und auf mögliche Performance-Gaps hin durchleuchtet.

Die *Ist-Ermittlung* gliedert sich in Aspekte zum Unternehmen (Umfeldfaktoren wie etwa Struktur der Einheit, Abläufe, Arbeitsbelastung, Betriebsklima, Ressourcenausstattung, Kunden und Zusammenarbeit) und zum Mitarbeiter und insb. dessen On-the-Job-Performance (z. B. Aufgaben, Qualifikation, Bildungsbedarfe, Verhalten, Unterschiede zwischen durchschnittlichen und überdurchschnittlichen Mitarbeitern, Konflikte, Motivation).

Bei der *Soll-Festlegung* wird ebenfalls nach Unternehmen (künftige Organisationsstruktur, geplante Mitarbeiterzahl und deren Kompetenzen, Priorisierung der Ziele, Beitrag der Einheit zur Wertschöpfungskette etc.) und Mitarbeiter (gewünschtes Verhalten, Information, Kompetenzen, Positionierung gegenüber Kunden, Ziele) unterschieden.

Schnellanalyse der Performance-Treiber (Lorenz/Oppitz 2005, S. 21 ff.)

Was versetzt die Mitarbeiter in die Lage, die geforderte Performance zu zeigen und im Unternehmen Nutzen zu stiften?

1. Klare (Unternehmens-)Ziele, Performance-Erwartungen und Entscheidungsstrukturen

2. Angemessene Belohnungs- bzw. Sanktionsmechanismen, die Performance erstrebenswert machen

3. Werkzeuge, Ressourcen und Materialien, mir denen Performance-Ziele erreicht werden können

4. Übereinstimmung der eigenen Fähigkeiten mit den Anforderungen am Arbeitsplatz

5. Intrinsische Motivation (Eigenmotivation), die geforderte Arbeit auszuüben

6. Systematisches Training, das den Anforderungen der Arbeit entspricht

Die ersten drei Punkte beziehen sich auf die Umgebung, vier bis sechs auf die Person des Stelleninhabers selbst. Diese Fragen dienen einer ersten Einschätzung der Situation (analog der Struktur des AMT-Modells der beiden Autoren). Im nächsten Schritt ist erforderlich, sich die einzelnen Aspekte genauer anzusehen.

Mögliche Ursachen für Performance-Lücken

Abweichungen der tatsächlichen Performance (IST) von der geforderten (SOLL) können grundsätzlich ganz unterschiedliche (und häufig zugleich mehrere) Ursachen haben. Dabei ist es wichtig, neben den personenbezogenen Faktoren (= traditioneller Weiterbildungs-Fokus) auch Einflüsse zu analysieren, die außerhalb des Stelleninhabers liegen.

Elliott (2001, S. 88) unterscheidet zwischen möglichen Ursachen bei Fertigkeiten/ Wissen der Mitarbeiter, ihrer Arbeitsumgebung und den Anreizen. Die von ihm formulierten Analyse-Fragen wurden hier zur Übersicht in Stichpunkte gekürzt. Zur Anwendung müssten also zu jedem Aspekt eine oder mehrere Fragen formuliert werden, wie z. B. ob Best Practices überhaupt existieren, von Mitarbeitern teilweise angewendet werden, es bereits Trainings für Mitarbeiter gab oder Arbeitshilfen vorhanden sind und genutzt werden etc.?

Fertigkeiten/Wissen	Arbeitsumgebung	Anreize
▪ Best Practice ▪ Mitarbeiter ▪ Arbeitshilfen	▪ Inputs ▪ Arbeitspensum ▪ Verhältnis Quantität und Qualität ▪ Leistungskriterien und Maßstab sowie deren Verwendung ▪ Arbeitsmittel, Ausrüstung und Hilfsmittel ▪ Arbeitsbedingungen und ergonomische Arbeitsplatzgestaltung ▪ Prozesse und Abläufe ▪ Gestaltungs- und Einflussmöglichkeiten ▪ Entscheidungsbefugnisse ...	▪ Subjektive Einschätzung der Mitarbeiter ihrer Arbeit ▪ Feedback zu Outputs: Vorhandensein und Form ▪ Konsequenzen für Performance: → Positive Konsequenz für falsches Verhalten oder → negative Konsequenz für richtiges Verhalten ▪ Verhältnis Aufwand und Ertrag (pos. Konsequenzen) ▪ Sinn der Arbeit ▪ Einigkeit über Ausführung ▪ Wahrgenommene Zuständigkeit und Ansiedlung der Aufgabe

Abb. 4.3-8: Anhaltspunkte zur Identifikation möglicher Ursachen für Performance-Lücken (Vgl. Elliott 2001, S. 88)

Lorenz (2001, S. 61) sieht mögliche Gründe für Performance-Probleme z. B. in Defiziten der Arbeitsumgebung, in hemmenden Strukturen oder Infrastrukturen, in einem demotivierenden Belohnungssystem, unzureichender Kommunikation bzw. einem Mangel an Information, fehlenden Ressourcen (z. B. zu wenig Mitarbeiter, Kapital, Maschinen), mangelnden Kenntnissen und Fertigkeiten, fehlender Motivation und Unterstützung, falscher Personalauswahl oder Störungen. Eine Systematisierung möglicher Ursachen in Anlehnung an das AMT-Modell und eine Zuordnung exemplarischer Interventionen ist in Abb. 4.3-9 zusammen gestellt.

Handlungsleitend bei der Gap-Analyse ist jedoch, dass insgesamt der Fokus auf den *Outputs* liegt – also auf der Performance der Mitarbeiter (z. B. was sie produzieren oder erreichen, was ihr Beitrag ist) – und nicht auf dem, was sie tun.

Das „was" und „wie" wird in dem Analyseschritt relevant, wenn es darum geht, zu ermitteln wie exemplarische Performer vorgehen, die überdurchschnittlich gute Ergebnisse erzielen. Es wird versucht, z. B. durch Befragung, heraus zu finden, was ihr Vorgehen von dem anderer Kollegen unterscheidet und warum es zu einer bessern Performance beiträgt. Eine hilfreiche Fragestellung hierzu nach Robinson/ Robinson (2001, S. 32) lautet: *„Was müssen die [Mitarbeiter] mehr, besser oder anders machen"*, um eine bestimmte Performance zu erzielen?

Mögliche Ursachen für Gaps und → Interventionsansätze			
	Architektur	**Motivation**	**Techniken**
Umgebung	klare (Unternehmens-) Ziele, Performance-Erwartungen und Entscheidungsstrukturen sowie fördernde Unternehmenskultur? → Organisation und Struktur verändern	angemessene Belohnungs- bzw. Sanktionsmechanismen, die Performance erstrebenswert machen, fördernde Gruppen- und Teamstruktur? → Anreize und Sanktionen, Arbeitsstruktur	Werkzeuge, Ressourcen und Materialien, mit denen Performance-Ziele erreicht werden können? → Ressourcen-Ausstattung, Projektmanagement, Information, Controlling
Person	Übereinstimmung der eigenen Fähigkeiten mit den Anforderungen am Arbeitsplatz? → Individuum und Stellenbesetzung, Persönlichkeit, Employability, Feedback-Kultur	intrinsische Motivation (Eigenmotivation), die geforderte Arbeit auszuüben? → Motivation, Werte, Einstellungen, Verantwortung und Entscheidung	systematisches Training, das den Anforderungen der Arbeit entspricht? → Training (bezogen auf Wissen) und Coaching (für die Umsetzung)

Abb. 4.3-9: Mögliche Ursachen für Gaps und Interventionsansätze
(in Anlehnung an Lorenz/Oppitz 2005, S. 21 ff. und S. 80
sowie Lorenz 2001b, S. 66)

Interventionen

Charakteristisch für PIM ist, dass – wie bereits beschrieben – die Maßnahmen aus einem breiten Spektrum stammen können und Training nur eine Option unter sehr vielen ist. Zum einen halten die PIM-Vertreter häufig die geringen Transfer-Erfolge vor Augen – Stolovitch/Keeps (2001, S. 186) verweisen auf Untersuchungen mit lediglich 10 bis 20 Prozent Übertragung von Gelerntem auf die Arbeitsumgebung.[135] Zum anderen wird Training wenn, dann in Verbindung mit anderen Maßnahmen eingesetzt, so dass die Umgebung die Umsetzung des Gelernten in Performance unterstützt oder begünstigt.

Im Folgenden sind mögliche Interventionsansätze mit Beispielen in den drei Bereichen Lernen, Arbeitsumgebung und Anreize zusammen gestellt.

---

[135] Robinson (2003, S. 69) verweist ebenfalls auf geringen Nutzen von Trainings (als alleinige Maßnahme) zur Verbesserung der Performance. Wenn in der Mehrzahl der Fälle – über 80 Prozent laut Lorenz/Oppitz (2005, S. 23) – eine Mischung aus Umgebungs- und Personenfaktoren Performance-Lücken verursacht, ergibt sich naheliegenderweise auch bei den Maßnahmen eine Kombination, die über den Fokus auf den Stelleninhaber hinausgeht.

Interventionen im Lernbereich	Interventionen zur Veränderung der Umgebung	Interventionen im Bereich Anreize, Konsequenzen, Motivation

• Natürliche Erfahrung
• Lernen durch Erfahrung
• Training on the Job
• Strukturiertes Training on the Job
• Simulation
• Rollenspiel
• Labor-Situation
• Training (live oder virtuell)
• Selbststudium
	• Bereitstellung von Informationen wie z. B.
	  - Standards
	  - Performance-Erwartungen
	  - Performance-Feedback
	  - Kataloge, Preislisten
	  - Firmenpolitik
	• Bereitstellung von Ressourcen
	  - Hilfsmittel
	  - ausreichend Zeit
	  - Kontakt zu Führungskraft
	  - Verfahren
	• Umgestaltung der Arbeitsumgebung
	  - Kooperations-Barrieren abbauen
	  - E-Mail
	  - Arbeitsabläufe gestalten
	  - Bürokratie abbauen
	  - Beleuchtung, Lärmschutz
	  - Netzwerke für Daten
	• Beseitigung störender Aufgaben
	  - Prioritätenblätter
	  - Aufgabenzuordnung
	  - Aufgaben delegieren oder eliminieren
	  - zusätzliche Mitarbeiter
	  - Routinetätigkeiten automatisieren
	• Auswahl
	  - Kompetenzprofile
	  - Assessmet-Center an Performance ausrichten
	  - Verhaltensziele
	  - Bewerberpools
	  - Schulung in Methoden
	• Unterstützung bieten
	  - Erwartungen und Performance besprechen
	  - zu Versuchen ermutigen
	  - Coaching
	  - Performance erfassen
	  - gute Performance anerkennen
	  - Ressourcen bereit stellen
		• Anreize bieten und Konsequenzen aufzeigen
		  - für Performance-System bezahlen
		  - Vergütung auf Teambasis
		  - Performance-orintierte Prämien
		  - Verkaufsprovisionen
		  - Aufstiegschancen
		  - Anerkennung
		  - Statusdenken
		  - Lob in Personalakte
		  - zusätzliche Ressourcen
		• Steigerung der Motivation
		  - Performance und Auswirkungen erläutern
		  - Performance und individuelle Entwicklung verknüpfen
		  - Arbeitsplatzsicherheit
		  - Herausforderung und Erreichbarkeit balancieren
		  - Wettbewerbe
		  - Selbstvertrauen fördern

Abb. 4.3-10: Mögliche Interventionen zur Performance-Steigerung (vgl. Stolovitch/Keeps 2001, S. 185 ff.)

Um aus den identifizierten Ursachen dann im nächsten Schritt die passenden Maßnahmen auszuwählen, haben Stolovitch/Keeps eine Arbeitshilfe – eine Art Checkliste – für Performance Consultants entwickelt.

Erkenntnis	Mögliche Intervention	☒
Den Mitarbeitern fehlen für ihre Arbeit wichtige Fertigkeiten oder Kenntnisse.	Training	
Den Mitarbeitern fehlen für ihre Arbeit wichtige Fertigkeiten oder Kenntnisse, doch gibt es leicht zugängliche Informationen, Verfahren, Checklisten zur Entscheidungsfindung oder Informationssysteme.	Arbeitshilfen	
Die Mitarbeiter haben keine klaren Performance-Erwartungen.	Performance-Erwartungen etablieren	
Es fehlen eindeutige Performance-Standards.	Performance-Standards etablieren	
Die Mitarbeiter werden nicht schnell und oft genug über ihre Performance informiert.	Feedback-Systeme	
Den Mitarbeitern fehlen Fertigkeiten, Kenntnisse, Hintergrund oder persönliche Eigenschaften, die nötig sind, um das gewünschte Performance-Niveau schnell zu erreichen.	Auswahl	
Die Mitarbeiter sehen sich Störungen ausgesetzt, die die gewünschte Performance verhindern oder sie zumindest nicht fördern.	Beseitigung der Störungen	
Die Mitarbeiter können nicht so arbeiten, wie es ursprünglich in der Strukturierung der Arbeit zur Erreichung des gewünschten Performance-Niveaus vorgesehen war.	Umstrukturierung der Arbeit	
Die Mitarbeiter stehen vor organisatorischen Hindernissen (im Bereich der Struktur, der Kommunikation, des Klimas, der Verwaltung oder der Infrastruktur), die ihre Performance beeinträchtigen.	Organisatorische Neugestaltung	
Die Performance der Mitarbeiter wird durch physische Hindernisse beeinträchtigt.	Neugestaltung der Umgebung	
Die Mitarbeiter arbeiten mit ineffizienten Prozessen, durch die die gewünschte Performance behindert wird.	Neugestaltung der Prozesse	
Die Mitarbeiter werden die gewünschte Performance nicht ausreichend belohnt oder sogar bestraft oder empfinden das Belohnungssystem als ungerecht.	Anreize/Konsequenzen	
Die Mitarbeiter messen der gewünschten Performance keinen Wert bei, sind nicht überzeugt, dass sie sie erbringen können, oder fühlen sich von ihr nicht genug gefordert.	Motivationssysteme	
Die erforderlichen Geräte, Materialien, Vorräte oder Unterstützungssysteme fehlen teilweise oder ganz.	Bereitstellung der Ressourcen	
Die Mitarbeiter haben keinen Zugang zu benötigten Informationen.	Bereitstellung der Informationen	
Die Vorgesetzten und das Management lassen es an Unterstützung und Ermutigung für die Mitarbeiter fehlen.	Mehr Unterstützung durch das Management	
Die Mitarbeiter werden nicht durch geeignete Spezialisten unterstützt.	Mehr Unterstützung durch Spezialisten	

Abb. 4.3-11: Arbeitshilfe zur Auswahl geeigneter Interventionen (Stolovitch/Keeps 2001, S. 195 f.)

Bei der Auswahl der Maßnahmen sind im Weiteren folgende Aspekte zu berücksichtigen: Passung mit Blick auf die Zielsetzung, Wirtschaftlichkeit, Realisierbarkeit, Akzeptanz im Unternehmen und bei den Mitarbeitern.[136]

Übung:

4   Sie sind externer Performance Coach und haben ein erstes Akquise-Gespräch mit dem Personalentwickler eines größeren mittelständischen Unternehmens mit ca. 1.000 Mitarbeitern. Seine spontane Reaktion auf Ihre Ausführungen zu Grundzügen von PIM ist positiv und er betont, dass die bisherigen PE-Aktivitäten im Unternehmen auch sehr systematisch und auf Basis einer fundierten Bedarfsanalyse durchgeführt wurden. Sie haben den Eindruck, dass er PIM zu eng sieht und möchten nun noch einmal präzisieren. Wie erklären Sie ihm, warum und inwieweit die Interventionen bei PIM über seinen Blick durch die „PE-Brille" hinausgehen? Wählen Sie Beispiele, die ihm verdeutlichen, welchen Nutzen die breitere Betrachtung und das vielfältige Spektrum aus Unternehmenssicht haben könnte.

Interventionen bezogen auf Führung und Feedback

Bisher wurde zunächst vermittelt, wie breit die Betrachtungsgrundlage beim PIM ist, und dass sie weit über die Sichtweise der PE hinausgeht. In der Praxis zeigt sich jedoch, dass sehr oft ähnliche Faktoren Verursacher für Performance-Defizite und nicht umgesetzte Strategien sind. Stolovitch/Keeps (2001, S. 194 f.) verweisen auf die 80/20-Regel, wonach die meisten Performance-Probleme mit einigen wenigen Interventionen gelöst werden können.

Was sind die häufigsten Ursachen für Performance-Gaps? Studien belegen einen hohen Zusammenhang zwischen der Führung und der Zufriedenheit der Mitarbeiter einerseits und zwischen der Mitarbeiterleistung und den erzielten Ergebnissen bzw. dem Unternehmenserfolg anderseits. Gute Führung beeinflusst das Engagement der Mitarbeiter, Krankenstand, Fehlzeiten und die Kundenzufriedenheit. Häufig kennen Mitarbeiter die an sie gestellten Anforderungen nicht und erhalten wenig oder keine Rückmeldung zur Zielerreichung.[137]

Studien aus den USA (ASTD) belegen, dass vor allem drei Faktoren einen erheblichen Einfluss auf mangelnde Performance haben:

- Mitarbeiter kennen die Anforderungen an sie bzw. die Stelle nicht (und wissen oft nicht, welchen Beitrag sie als Einzelner zum Unternehmenserfolg beitragen können),

- Führungskräfte können die Performance ihrer Mitarbeiter nicht einschätzen,

- Mitarbeitern fehlt es an Ressourcen, um die Soll-Performance zu leisten.

---

[136]   Vgl. zur Auswahl von Maßnahmen Stolovitch/Keeps (2001, S. 201 f.), die eine einfache Bewertungsmatrix zur Auswahl der Interventionen erstellt haben, in der die einzelnen Optionen nach den genannten Kriterien bepunktet werden.

[137]   Vgl. exemplarisch Jetter (2004, insb. Kapitel 1.4) zum Einfluss der Mitarbeiterleistung auf Unternehmensergebnisse, www.gallup.de zum Thema Mitarbeiterbindung und Engagement, Corporate Leadership Council (zitiert nach Lorenz/Oppitz 2005) zum Zusammenhang zwischen individueller Performance und Feedback.

In Anlehnung an eine Studie des Corporate Leadership Council (2002) entwickeln Lorenz/Oppitz (2005, S. 53) fünf Hinweise für Feedback, das sie als *„Performance Treiber"* bezeichnen:

- Mitarbeiter kennt Maßstab und Kriterien für seine Arbeit

- Führungskraft kennt Performance seiner Mitarbeiter

- Feedback nutzt Mitarbeitern zu einer schnelleren, besseren, leichteren Erledigung ihrer Arbeit

- Bei formalen Feedback (z. B. Mitarbeitergespräch) Schwerpunkt auf Lösungsorientierung (konstruktive Hinweise zur Performance-Steigerung) statt auf Schwächen und Defiziten

- Informelles Feedback ebenfalls konstruktiv und annehmbar formulieren

Als Konsequenz daraus lassen sich folgende Empfehlungen – in Anlehnung an die PIM-Prozessschritte – ableiten, die Führungskräfte (FK) in der Performance-Steigerung unterstützen:

1.) Geschäftsanforderungen in Abteilungs- und Mitarbeiterziele herunter brechen und kommunizieren

→ alle Mitarbeiter kennen die an sie gestellten Erwartungen bzgl. Ergebnisse

2.) Soll-Ist-Vergleich

→ die FK kennen die Ergebnisse der Mitarbeiter und können daraus Performance-Lücken ermitteln

→ FK informieren die Mitarbeiter regelmäßig und aktuell zum Soll-Ist-Vergleich

3.) Gemeinsame Analyse der Ursachen

→ Austausch zwischen FK und Mitarbeiter über die Rahmenbedingungen (z. B. Ressourcen, Struktur und Organisation) und Faktoren, die die Person des Mitarbeiters betreffen (z. B. Eignung für die Stelle, Fähigkeiten/Wissen, Motivation)

→ Einschätzung für die Performance förderlicher und hinderlicher Faktoren

4.) Interventionen auswählen

→ in Absprache zwischen FK und Mitarbeiter Ideen sammeln, bewerten und (eine Kombination mehrerer Maßnahmen) auswählen

5.) Maßnahmen umsetzen und evaluieren

→ laufendes Feedback zwischen FK und Mitarbeiter mit Blick auf die Ergebnisse bzw. die Performance und die Wirkung der Maßnahmen, ggf. gegensteuern

Der Schwerpunkt liegt hier nicht auf der bereits bekannten PIM-Schrittfolge, sondern in der Übersetzung in Feedback der Führungskraft an die unterstellten Mitarbeiter. Die hier genannten Empfehlungen sind keinesfalls neu und entstammen nicht dem

PIM, sondern erinnern an Führungsinstrumente wie das Mitarbeitergespräch. Lorenz/Oppitz (2005) schlagen einen sog. *Performance-Dialog* als Erweiterung des jährlichen Mitarbeitergesprächs in Verbindung mit laufender Rückmeldung zu Zielerreichung und Verhalten bzw. Erwartungen zwischen FK und MA vor.[138]

Übung:

5   Sie sind Personalentwickler/in in einem mittelständischen Unternehmen, das im vorigen Jahr Mitarbeitergespräche neu eingeführt hat. Sie erhalten den Auftrag, eine möglichst pragmatische Checkliste zu entwickeln für die Durchführung der jährlichen Mitarbeitergespräche unter Berücksichtigung des PIM-Ansatzes. Die Checkliste sollte neben einigen organisatorischen Hinweisen zur Durchführung auch exemplarische Fragen enthalten sowie Anregungen für die Vor- und Nachbereitung der Beteiligten geben.

6   Nachdem Sie einen Überblick über PIM erworben haben, überlegen Sie anhand des Inhaltsverzeichnisses dieses Lehrbuchs: Wo sehen Sie gedankliche Querverbindungen, Anknüpfungspunkte und Zusammenhänge zu anderen Kapiteln oder Abschnitten aus dem Themenspektrum der Weiterbildung und Personalentwicklung. Entwerfen Sie ein Schaubild, das die Bezüge verdeutlicht und erläutern Sie (mündlich) alle Schnittstellen, die Sie identifiziert haben, mit selbst gewählten Beispielen.

4.3.6 Anwendungsbeispiel PIM

Einführung von Teamarbeit in der Produktion

Ein Inhaber-geführtes größeres mittelständisches Unternehmen der Metall- und Elektroindustrie (Automobilzulieferer) mit knapp 1.000 Mitarbeitern hat in der Produktion auf Gruppenarbeit umgestellt.[139] Ziel ist die Steigerung der Produktivität um 20 Prozent innerhalb eines Jahres nach Einführung. Dies soll erreicht werden, indem die einzelnen Mitarbeiter besser zusammen arbeiten, Leerlauf und Wartezeiten reduzieren, Pausen überbrücken und den Informationsfluss bei der Schichtübergabe optimieren.

Dazu wurde den Gruppen mehr Verantwortung übertragen und sie sollen künftig Aufgaben, die bisher der Meister als Führungskraft übernommen hat, selbstständig übernehmen. Dazu zählen u. a. die Urlaubsplanung, die Anwesenheitsplanung (wer arbeitet wann und nimmt wann Zeitausgleich?) und die Arbeitseinteilung (wer an welcher Maschine?). In einem ersten Workshop für alle Mitarbeiter pro Meisterei wurde zu dem Konzept informiert, Gruppensprecher gewählt und Spielregeln für die Zusammenarbeit vereinbart.

Nach anfänglichen hoffnungsvollen Signalen mehren sich jetzt, ca. sechs Monate nach Umstellung von Einzelakkord auf Gruppenarbeit, kritische Stimmen und die Produktivität ist instabil. Insgesamt ist sie in einigen Teams gestiegen, in anderen gefallen – auffällig ist jedoch, dass sie sehr starken Schwankungen unterworfen ist.

Ein Freund von Ihnen ist freiberuflicher Trainer und mit der Konzeption und Durchführung von Workshops und Seminaren im Zusammenhang mit der Umstellung auf Gruppenarbeit beauftragt. Als Außenstehender hat er keinen tiefen Einblick in die Abläufe und das Tagesgeschäft, aber einige Hinweise hat er sich in den letzten Wo-

---

[138]   Vgl. hierzu auch Jetter (2004), der Mitarbeitergesprächen ein Teilkapitel seines Buches widmet (Kapitel 6.3, S. 277 bis 298).

[139]   Das folgende Fallbeispiel ist fiktiv für dieses Lehrbuch konstruiert.

chen eher unsystematisch notiert. Jetzt hat er Sie als Trainerkollege (und ausgebildeter Performance Coach) gebeten, einen Blick auf die Notizen zu werfen und mit ihm zu diskutieren, welche weiteren Schulungsmodule er anbieten könnte – um die Produktivitätsprobleme zu lösen und weitere Trainingstage verkaufen zu können.

Notizen zu Beobachtungen und Eindrücken des Trainers:

- *Entgelt*
  Umstellung des Entgelts der Produktionsmitarbeiter (von ehemals Einzelakkord) zum 01.01.2007, seither neue Zusammensetzung aus
  - Grundentgelt nach ERA[140]
  - Gruppenprämie (abhängig von der Produktivität der Gruppe)
  - Einzelprämie (abhängig von der individuellen Leistungsbeurteilung)
  Neben der Stammbelegschaft gibt es viele Leiharbeitnehmer, um auf Schwankungen der Auftragslage flexibel reagieren zu können

- *Beurteilungssystem*
  - Mitarbeiter fühlen sich unfair beurteilt und sind frustriert über geringen Punktwert
  - Mitarbeiter berichten: Kriterien teilweise erst im Gespräch erläutert
  - Meister wurden in der Anwendung geschult (1 Tag)
  - Kriterien sind z. B. Arbeitsausführung, Selbstständigkeit, Sorgfalt, Flexibilität, Verbesserungsvorschläge, Teamfähigkeit, Ordnung/Sauberkeit
  - maximale Durchschnitts-Punktezahl pro Meisterei von Personal festgelegt
  - Leiharbeitnehmer in der Produktion haben keine individuelle Prämie

- *Produktionsplanung*
  Probleme in der Abstimmung mit der Produktionsplanung; oftmals wird innerhalb eines Tages mehrfach an einer Maschine umgestellt (Umrüsten kostet Zeit, in der nicht produziert werden kann, was die Gruppenproduktivität senkt). Der zeitliche Vorlauf ist oft sehr knapp, so dass Mitarbeiter manchmal erst nach Schichtbeginn erfahren, dass sie wieder heim fahren können, weil kein Material da ist oder keine Aufträge.

- *Gruppengröße*
  Die Gruppen bestehen – zur Verbesserung der schichtübergreifenden Zusammenarbeit – aus allen drei Schichten. Mitarbeiter in großen Gruppen beklagen, dass sie ihre über 50 Kollegen zum Teil gar nicht kennen, insbesondere die aus anderen Schichten.

- Rolle der *Führungskräfte/Meister*

  → nur zum Teil Unterstützung der Gruppenarbeit; Vermutung: nicht alle stehen hinter dem Konzept? Vereinzelt Beschwerden von Mitarbeitern über ihren Meister, der z. B. getroffene Gruppenentscheidungen wieder rückgängig macht (Begründung: „Ich will das aber anders!")

- *Urlaubsplanung*
  Eines der heikelsten Themen innerhalb der Gruppen ist die Urlaubsplanung für August. Es ist die attraktivste Urlaubszeit und alle Eltern schulpflichtiger Kinder wollen in dieser Zeit in die Ferien. Damit die Produktion weiter laufen

---

[140] ERA steht für das Entgeltrahmenabkommen, das zwischen den beiden Tarifparteien dem Bayerischen Arbeitgeberverband und der Gewerkschaft IG Metall geschlossen wurde.

kann, muss eine Mindestabdeckung gewährleistet sein, was jedes Jahr in einigen Gruppen erneut zu heftigen Diskussionen und Spannungen führt. Wenn die Gruppen sich nicht selbst organisieren können, entscheidet der Meister und alle sind unzufrieden und verärgert (einschließlich Führungskraft). Nachdem die Produktionsplanung sehr kurzfristig agiert, kann zu Jahresbeginn nicht verbindlich der Urlaubsplan abgestimmt werden, weil nicht bekannt ist, wie viele Mitarbeiter arbeiten müssen. Auch das sorgt für Unmut.

- *Produktivität*
  Bei einer Werksführung durch die Produktion ist aufgefallen, dass die ausgehängten Zahlen und Auswertungen zur Produktivität und erzielten Stückzahl nicht aktuell, sondern teilweise Monate alt sind. PC-Zugang für Gruppensprecher ist nicht vorhanden, keine/wenig Transparenz über Performance-Ergebnisse.

- *Inhaber*
  Gerüchte über einen möglichen Verkauf der Firma, weil der Eigentümer bald in den Ruhestand geht und keiner der beiden Söhne die Firma übernehmen will. Mitarbeiter fühlen sich schlecht informiert.

Erste Ideen für weitere Trainings und Workshops:

- Schulungsreihe für Meister zum Thema Führung

- Schulungen für Gruppensprecher zu Teamarbeit, Besprechungen, Kommunikation und Konflikten

- Follow-up Workshops für alle Arbeitsgruppen

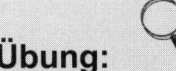

Übung:

7

- Was ist Ihr spontaner Eindruck?

- Ihr Freund fragt Sie um Ihre ehrliche Meinung. Wie argumentieren Sie fundiert auf Basis des PIM-Ansatzes?

- Was schlagen Sie ihm vor, wie man Ihrer Empfehlung nach weiter vorgehen könnte oder sollte? (Notieren Sie die einzelnen Prozessschritte)

- Wie gehen Sie mit seinen Vorschlägen zu weiteren Trainings und Workshops um?

Anhaltspunkte für eine Bearbeitung der vorangegangenen Aufgabe[141]

Vorgehen

→ zunächst Auswahl eines PIM-Modells oder Vorgehen wie hier eher allgemein benennen:

- Soll- bzw. Geschäftsanforderungen, Ziele benennen

---

[141] Die folgenden Hinweise sind nicht i. S. e. Musterlösung zu verstehen, sondern dienen lediglich als Anhaltspunkt für die eigenständige Bearbeitung. Bei der Beantwortung der einzelnen Fragen – z. B. der Argumentation dem Trainer gegenüber – reichen für den Übungseffekt ggf. Stichpunkte und eine mündliche Ausformulierung.

- Ist- bzw. wahrgenommene tatsächliche Situation erfassen

- Gap bzw. Abweichungen zwischen Soll und Ist identifizieren

- Ursachenanalyse durchführen

- Maßnahmen auswählen, konzipieren, umsetzen

- Evaluation vornehmen

Dann muss festgelegt werden, wer der Ansprechpartner und Auftraggeber des Trainers ist. Bisher war es vermutlich die Personalabteilung, die ihn damit beauftragt hat, die Einführung von Gruppenarbeit mit Trainings und Workshops zu unterstützen. Für ein PIM-Projekt wäre vermutlich der Werksleiter Ansprechpartner, weil er für die Performance-Prozesse der Produktion verantwortlich ist und über die Entscheidungskompetenzen verfügt, wenn Veränderungen umgesetzt werden sollen. Er kann dann die Meister über das geplante PIM-Projekt informieren und zur Mitwirkung auffordern.

Personaler aus dem Unternehmen können in die Analyse mit eingebunden werden sowie von Beginn an der Betriebsrat. Abhängig davon, was die Gap- und Ursachen-Analyse ergibt, sind andere Abteilungen (wie z. B. Produktionsplanung) hinzu zu ziehen.

Ursachenanalyse

Die Notizen liefern viele Hinweise, denen im Rahmen einer gründlichen Analyse nachgegangen werden sollte. Darüber hinaus sind bereits in der Beschreibung der Ausgangslage Aspekte enthalten, die Performance-Probleme auslösen könnten.

Zur Analyse der Ursachen könnten *Gespräche mit Meistern* geführt werden. Dabei sollte unterschieden werden zwischen solchen, in deren Zuständigkeitsbereich die Produktivität seit Einführung der Gruppenarbeit gestiegen ist (überdurchschnittliche Performance), durchschnittlichen und solchen, deren Produktivität mit der Gruppenarbeit abgenommen hat und unterdurchschnittlich ist. Dann erfolgt eine intensive Auseinandersetzung mit den sog. *exemplarischen Performern* – also denen mit einer überdurchschnittlichen Performance –, um herauszufinden, was die Meister und/oder Mitarbeiter in diesen Gruppen mehr, besser oder anders machen?

Nahe liegend erscheint auch eine Analyse des vorhandenen *Datenmaterials* wie etwa Produktivität, Planungsvorlauf und Planabweichungen (z. B. durch die Produktionsplanung selbst), Krankenstand (im Vergleich der Meistereien) etc. Allerdings sollten nicht anhand von Daten Schlüsse auf mögliche Ursachen gezogen werden, ohne die Vermutungen mit dem Auftraggeber, Meistern und Mitarbeitervertretern zu diskutieren.

Auch können Mitarbeiter direkt einbezogen werden, indem in *Workshops* erhoben wird, welche Faktoren als förderlich oder hinderlich empfunden werden, um die geforderte Performance zu erreichen. In *Einzelgesprächen* können Vertreter überdurchschnittlicher Gruppen (z. B. deren Sprecher) dazu befragt werden, welches Verhalten dazu dient, die Soll-Performance zu erreichen. Anschließend werden die Abweichungen zu durchschnittlichen und unterdurchschnittlichen Arbeitsgruppen ermittelt. Grundsätzlich sollte nicht nur mit Meistern darüber gesprochen werden, welches Mitarbeiterverhalten sie für Performance-förderlich halten, sondern direkt mit Mitarbeitern.

Das *Beurteilungssystem* kann einen wesentlichen Faktor für Demotivation darstellen und im schlimmsten Fall dafür sorgen, dass unzufriedene Mitarbeiter zu „Dienst nach Vorschrift" übergehen. Daher sollten sowohl die einzelnen Kriterien, das Schulungskonzept für Meister, die Vorgaben von Personal zur maximalen Durchschnittspunktzahl sowie eine Auswertung der erfolgten Bewertungen genauer betrachtet werden.

Gemäß der *systemischen Betrachtungsweise*[142] sollten die einzelnen Aspekte der Analyse miteinander gedanklich verknüpft werden. Möglicherweise ergibt sich eine Korrelation zwischen einem bestimmten „Beurteilungsmuster"[143] und der Produktivität der betreffenden Gruppen. Dies könnte entweder Hinweise auf das Führungs- und Beurteilungsverhalten liefern. Oder es könnte signalisieren, dass z. B. besonders kritische (oder undifferenzierte) Beurteilungen in einer Meisterei Demotivation und eine sinkende Produktivität nach sich ziehen können. Ein vermuteter Zusammenhang könnte z. B. über die täglichen Produktivitätskennzahlen nachvollzogen werden, weil sich vermutlich Tages-genau nachvollziehen lässt, wann die Beurteilungsgespräche statt gefunden haben. Zeichnet sich dann unmittelbar ein Einbruch in der Produktivität ab, ist in Gesprächen mit einzelnen Mitarbeitern (z. B. Gruppensprechern) oder Workshops mit Vertretern aus unterschiedlichen Meistereien der Einfluss der Beurteilung zu klären.

Spektrum der Maßnahmen

Nachdem es sich um ein fiktives Beispiel handelt, kann keine Ursachenanalyse durchgeführt werden. Entsprechend der Hinweise in der Schilderung der Ausgangssituation könnten Interventionen in die Richtung der hier skizzierten Stichpunkte gehen.

In der Realität käme nach der Analyse eine Auswahl und Priorisierung der Maßnahmen. In der folgenden Tabelle sind also lediglich Optionen für das Fallbeispiel aufgezeigt und es sind deutlich mehr einzelne Maßnahmen, als sinnvollerweise gleichzeitig umgesetzt werden können.

Die Tabelle dient zur Strukturierung der einzelnen Faktoren, wie sie im AMT-Modell beschrieben sind. Dabei mag es zu Beginn schwer fallen, die Interventionen den einzelnen Feldern zuzuordnen. (Es können übrigens auch Felder leer bleiben, es ist nicht entscheidend, zu jedem Aspekt Interventionen zu generieren.) Weitaus wichtiger als die unstrittige Zuordnung ist jedoch die ganzheitliche Betrachtung – ganz im Gegensatz zum Trainer, der lediglich durch die „Seminarbrille" auf die Symptome geschaut hat und daher nur Ideen für weitere Trainings und Workshops entwickelt hat. Wichtig ist auch, die Interventionen nicht isoliert zu betrachten, sondern in ihren wechselseitigen Zusammenhängen.

---

[142]   Vgl. hierzu Wittkuhn (2003).
[143]   Gemeint sind hier z. B. Skalenverschiebungen (einzelne Meister bewerten durchweg sehr positiv, andere sehr kritisch), breite oder sehr geringe Streuungen (Meister, die alle gleich bewerten und andere, die sehr differenziert beurteilen) oder andere Phänomene.

	Architektur	Motivation	Techniken
Umgebung	• Zusammenarbeit mit Produktionsplanung verbessern und Planungsvorlauf erhöhen • Größe der Teams reduzieren • Entscheidungsspielräume der Teams vergrößern	• Beurteilungssystem - Kriterien an Performance ausrichten - maximal erreichbare Durchschnitts-Punktzahl an Performance koppeln - Prämien für Leiharbeitnehmer • Persönliche Zielvereinbarung der Meister mit Gruppen-Performance koppeln • Aktuelle Performance der Gruppen (und ggf. Schichten) tagesaktuell sichtbar machen, z. B. Aushang	• PC- und E-Mail-Zugang für Gruppensprecher (→ Zugang zu Infos) • Aktuelle Infos zur Ist-Performance und Abweichungen vom Soll • Ressourcen: Urlaubsvertretung August mit Ferienarbeitern oder Leiharbeitnehmern (Anreiz: Erfolgs-abhängig, wenn vorher Performance erreicht wird) • Ggf. offene Information zu geplantem Verkauf des Unternehmens
Person	• Ggf. Eignung der Meister überprüfen • Ggf. Eignung der Gruppensprecher prüfen	• Entscheidungs- und Problemlösefähigkeit der Gruppen verbessern durch (extern) moderierte Besprechungen • Unterstützung durch FK für eigenverantwortliche Entscheidung und Problemlösung	• Workshops für Meister - Follow-up Beurteilung für Fragen aus der Anwendung und Gesprächstechnik - Führen von Teams - Performance-Coaching • Trainings für Gruppensprecher - Teamarbeit - Besprechungen - Kommunikation - Konflikte • Follow-up Workshops für ganze Gruppen

Abb. 4.3-12: Maßnahmenspektrum zur Fallstudie (inhaltlich eigene Darstellung in Anlehnung die Struktur des AMT-Performance Modells © 2000 auf Basis von Vester/Lorenz 2003, S. 80 und Lorenz/Oppitz 2001, S. 66)

Wie sich im Beispiel zeigt, sind die möglichen Ansatzpunkte zur Performance-Steigerung vielfältig und bedürfen einer sorgfältigen Auswahl in enger Abstimmung mit dem Auftraggeber und den Beteiligten.

4.3.7 Kurz und bündig

Performance Management, Performance Improvement, Improving Performance und Performance Improvement Management (PIM) sind alles Begriffe für eine systematische Bündelung von Anstrengungen, um die Ergebnisse und Leistungen einer Organisation in Hinblick auf die Ziele und Anforderungen auszurichten und zu maximieren. Während die Wurzeln von PIM von einigen Autoren bis in die 50er Jahre zurückverfolgt werden, zeichnet sich erst in den letzten Jahren ein Bedeutungszuwachs vor allem in den USA ab. Als ein Symptom dafür kann die Umbenennung der ehemals „American Society für Training and Development" (ASTD) in „ASTD – linking people, learning and performance" betrachtet werden.

In Deutschland gibt es bereits ein Netzwerk von Vertretern dieses Ansatzes und mehrere Anbieter haben Trainings entwickelt, die zum „Performance Berater", „Performance Coach" oder „Performance Consultant" ausbilden und zertifizieren. Als Zielgruppe werden in erster Linie sowohl Personalverantwortliche und Führungskräfte in Unternehmen gesehen, als auch freie Trainer und Berater. Eine weite Verbreitung im deutschsprachigen Raum hat jedoch noch nicht statt gefunden.

Unter Performance wird der Nutzen oder Beitrag zu gesetzten Zielen verstanden, der sich aus dem (sinnvollen) Zusammenwirken von Mitarbeitern in deren Arbeitsumfeld ergibt. Im Fokus liegt also nicht das Wissen eines Mitarbeiters und der Lernzuwachs bzw. das, was jemand tun soll. Vielmehr geht es darum, ob das, was heraus kommen soll, erreicht wird und welchen Nutzen oder Beitrag der Mitarbeiter damit (mit Blick auf die Ziele und Anforderungen) stiftet. Jetter (www.jetter-management.de) bezeichnet gar Performance Management als „die zentrale Management- und Führungsaufgabe!".

Auffällig sind gedankliche Querverbindungen des PIM zu anderen, hier im Lehrbuch beschriebenen Aspekten der Weiterbildung und Personalentwicklung: von der Bedarfsanalyse, über das Kompetenzmanagement bis hin zu Evaluation und Bildungscontrolling. Allerdings, PIM ist kein Personalentwicklungs-Ansatz, sondern greift deutlich weiter. Vielen Definitionen und Erklärungsversuchen ist der Begriff der „Ganzheitlichkeit" gemeinsam. So ist auch der Anspruch formuliert, denn es geht in jedem Fall um messbare Ergebnisse, die sich in den Zielen und Anforderungen einer Organisation niederschlagen.

Mögliche Maßnahmen können u. a. auch klassische Schulungen und Trainings umfassen. Meist werden jedoch unterschiedliche Interventionen kombiniert und vielfach sind darunter auch Maßnahmen, die nicht unmittelbar mit der Person des Stelleninhabers und seinen Fähigkeiten und Kenntnissen zu tun haben, sondern in dessen Umfeld liegen. So könnten Veränderungen in der Organisation oder in Strukturen, in der Ressourcenausstattung, Zugang zu Informationen, in Anreizsystemen o. ä. ebenfalls zu deutlichen Performance-Steigerungen führen.

Unterschiedliche Vertreter (z. B. Blanchard/Robinson, Jetter, Wittkuhn, Lorenz/Oppitz) haben jeweils ihre eigenen Modelle entwickelt, die sie in Beratung von Unternehmen und im Training von Performance Coaches vermarkten. Allen Ansätzen ist gemeinsam, dass zunächst die Soll-Ist-Abweichung ermittelt wird. Dabei wird immer eine Verknüpfung zu den betriebswirtschaftlichen Zielen hergestellt, wie sie z. B. aus der Balanced Scorecard eines Unternehmens hervorgehen. Im nächsten Schritt werden die Ursachen analysiert, wobei der Fokus nicht allein auf den Mitarbeitern liegt (und etwa unterstellt, dass sie ihre Aufgabe nicht beherrschen oder nicht motiviert sind), sondern auch Umfeldfaktoren mit einbezieht. Dazu zählen u. a. Organisation, Struktur, Ressourcen, Anreiz- und Sanktionsmechanismen. Anschließend werden passgenaue Maßnahmen entwickelt, deren Umsetzung evaluiert wird.

Den Führungskräften kommt im PIM eine entscheidende Rolle zu. Noch weniger als Personalentwicklung oder Weiterbildung in der klassischen Betrachtung an eine Personalfunktion delegiert werden kann, gelingt es, die Verantwortung dafür, dass Mitarbeiter einen Beitrag zur Zielerreichung leisten, von der Führungs- und Management-Aufgabe zu entkoppeln. Daher sollen auch interne Ansprechpartner für PIM (z. B. Mitarbeiter der Personalentwicklung oder einer Performance Abteilung) eng mit den Führungskräften zusammen arbeiten.

Literatur

Blanchard, K./Robinson, D./Robinson, J.: Mitten ins Ziel. Die Golfer-Strategie für Manager. Teams und Organisationen. Hamburg 2003.

Bußmann, N./Engel, A. (2002a): Beifall für die Performance. 1. Europäischer ASTD-Kongress, in: managerSeminare (2002)11/12, S. 51 - 54.

Bußmann, N./Engel, A. (2002b): Die Lücke zwischen Lernen und Handeln schließen, in: managerSeminare (2002)11/12, S. 55 - 57.

Elliott, P.: Modelle entwickeln und Lücken definieren – der Assessment-Prozess. In: Lorenz, T./Oppitz, S. (Hg.): Vom Training zur Performance. Improving Performance – Nutzen für Mitarbeiter und Unternehmen. Offenbach 2001, S. 73 - 92.

Gruwe, A.: Performance Improvement als strategisches Instrument der Unternehmensentwicklung, o. A. O. 2004.

Jetter, W.: Performance Management. Strategien umsetzen, Ziele realisieren, Mitarbeiter fördern, 2. Auflage, Stuttgart 2004.

LaBonte, T. J.: Workplace Learning und Performance – eine Fallstudie des Performance Improvement. In: Lorenz/Oppitz (2003), S. 105 - 124.

Lorenz, T. (2001a): Architektur, Motivation, Technik – Quellen der Performance-Lücken. In: Lorenz, T./Oppitz, S. (Hg.): Vom Training zur Performance. Improving Performance – Nutzen für Mitarbeiter und Unternehmen. Offenbach 2001, S. 55 - 72.

Lorenz, T. (2001b): An den richtigen Fäden ziehen. In: managerSeminare (2001)3, S. 59 - 66.

Lorenz, T.: Eine Einführung in Sinn und Nutzen von Performance Improvement. In: Lorenz/Oppitz (2003), S. 55 - 63.

Lorenz, T./Oppitz, S.: 30 Minuten zum erfolgreichen Performance-Dialog. Die Lücke zwischen den Jahresgesprächen schließen. Offenbach 2005.

Lorenz, T./Oppitz, S. (Hg.): Leading to Performance. Führungs- und Trainingserfolge nachhaltig umsetzen und messen. Offenbach 2003.

Lorenz, T./Oppitz, S. (Hg.): Vom Training zur Performance. Improving Performance – Nutzen für Mitarbeiter und Unternehmen. Offenbach 2001.

Pennig, S./Vogt, J.: Wirtschaftlichkeitsanalyse in der Personalentwicklung. Ein Steuerungsinstrument zur Strategieumsetzung. In: Personalführung (2005)9, S. 30 - 39.

Phillips, J. J.: Return on Investment – Evaluierung von Weiterbildungsinterventionen. In: Lorenz, T./Oppitz, S. (Hg.): Leading to Performance. Führungs- und Trainingserfolge nachhaltig umsetzen und messen. Offenbach 2003, S. 125 - 166.

Ringe, S.: Performance Improvement Management und Balanced Scorecard, Vergleich und Bewertung anhand ausgewählter Theorien, Aachen 2006.

Robinson, D. G.: Vom Training zur Performance: den Wandel vollziehen. In: Lorenz/Oppitz (2003), S. 64 - 76.

Robinson, D. G./Robinson, J. C.: Fokussierung auf Performance – Wie sieht das aus? In: Lorenz/Oppitz (2001.), S. 23 - 34.

Stolovitch, H./Keeps, E.: Interventionen eines Performance Coaches. In: Lorenz /Oppitz (2001), S. 176 - 219.

Sung, T.: Entwicklung zum Performance Consultant: Notwendigkeiten und Chancen. In: Lorenz/Oppitz (2003), S. 17 - 27.

Vester, M./Lorenz, T.: Vom Seminarverwalter zum Performance Coach. In: Lorenz/Oppitz (2003), S. 77 - 104.

Wang, E.: Performance Improvement. Zwischen Boston-Consulting und Birkenbihl. In: managerSeminare (2005)4, S. 18 - 24.

Wittkuhn, K.: Performance Management und Improvement. Die Kunst, immer noch etwas besser zu werden. In: Personalführung (2005)9, S. 22 - 29.

Wittkuhn, K.: Performance Management – eine systemische Betrachtung. In: Lorenz/Oppitz (2003), S. 167 - 188.

Elektronische Quellen:

International Society for Performance Improvement: pdf-Broschüre „Certified Performance Technologist", URL: www.ispi.org, www.certifiedpt.org, abgerufen am 11.04.2007.

Corporate Leadership Council: Building the High-Performance Workforce. Corporate Leadership Council 2002, URL: www.corporateleadershipcouncil.com oder https://www.clc.executiveboard.com/Public/Default.aspx, abgerufen am 14.04.2007.

URL: www.a-m-t.de, abgerufen am 15.04.2007.

URL: www.astd-germany.de, abgerufen am 15.04.2007.

URL: www.astd.org, abgerufen am 15.04.2007.

URL: www.ispi.org, abgerufen am 15.04.2007.

4.4 Programmplanung

4.4.1 Problembezug

Lernziele

- Die Programmplanung in das Konzept der Personalentwicklung und in den Weiterbildungsprozess einordnen können.

- Die Programmplanung und deren Bedeutung in eigenen Worten beschreiben können.

- Die Varianten der Programmplanung unterscheiden und deren Entstehungsgeschichte skizzieren können.

- Die Phasen und Strategien der traditionellen Programmplanung bei Weiterbildungsinstitutionen kennen.

- Die kundenorientierte von der produktorientierten Vorgehensweise abgrenzen können.

- Ziele, Analysen und Instrumente des Weiterbildungsmarketings erläutern können.

- Weiterbildungsmarketing auch als pädagogische Fragestellung begründen, deren Begrenzungen erkennen und Kritikpunkte an dem Ansatz aufzeigen können.

Die Teilnahmequoten an beruflicher Weiterbildung in Deutschland verzeichneten in den vergangenen Jahrzehnten – wie in Kapitel 1 dargelegt – bis Ende der 90er Jahre kontinuierliche Wachstumsraten. Betrug die Teilnahmequote 1979 noch 10 % so führte die Entwicklung zu dem Spitzenwert von 30 % im Jahre 1997. In Zeiten von zunehmender Globalisierung, Internationalisierung, technischen Innovationen und High-Tech-Industrien wurde Weiterbildung immer bedeutsamer, um im sich intensivierenden Wettbewerb Stand halten zu können.

Vor besondere Probleme waren und sind dabei KMU gestellt. Sie sind auf den freien Weiterbildungsmarkt und dessen Angebote angewiesen. Doch lassen sich aus Sicht der KMU auch immer geeignete Weiterbildungskurse finden? Dies würde voraussetzen, dass die Weiterbildungsanbieter ihre Angebote bedarfsorientiert planen würden. Dies stellt hohe Anforderungen an die Programmplanung dieser Institutionen. Wo liegen Bedarfe (in einer Region)? Welche Kursangebote des Vorjahres sind nicht mehr aktuell?

Das Thema der Programmplanung ist für die Weiterbildungsanbieter dabei besonders riskant, da mögliche Fehlplanungen in einer Periode sich Existenz gefährdend auswirken können. Diese Problematik wird in der jüngeren Vergangenheit noch dadurch verschärft, dass – wie ebenfalls in Kapitel 1 dargelegt worden ist – die Teilnahmequoten an Weiterbildung seit Ende der 90er Jahre wieder sinken, nicht zuletzt, weil formalisierte Weiterbildung (insbesondere durch externe Weiterbildungsanbieter) durch informelle Weiterbildungsaktivitäten am Arbeitsplatz ersetzt worden sind. Die Weiterbildungsanbieter stehen damit vor enormen Herausforderungen. Wird in einer Planungsperiode der Weiterbildungsbedarf falsch eingeschätzt bzw. neue Trends nicht erkannt, so droht dem Weiterbildungsanbieter dasselbe Schicksal wie bereits vielen anderen in den vergangenen Jahren: Sie verschwinden vom Weiterbildungsmarkt. Nur wenn ihr angebotenes Programm auch die Vorstellungen, Erwartungen und Bedürfnisse der Kunden anspricht, kann der Weiterbildungsanbieter erfolgreich sein. Daher verlangt die Programmplanung bei externen Weiterbildungsanbietern ein sehr gutes Gespür für die Bedarfe potenzieller Nachfrager. Erforderlich sind dabei umfassende Analysen im Vorfeld und verstärkt auch eine stärkere Kundenorientierung bei der Planung.

Eine Programmplanung in der Weiterbildung ist nicht nur bei externen Weiterbildungsanbietern erforderlich. Prinzipiell stehen innerbetriebliche Weiterbildungsabteilungen in Großbetrieben vor ähnlichen Problemen. Auch hier sind Weiterbildungsangebote, die sich an den Bedarfen der Beschäftigten des Betriebes orientieren, kurz, mittel- oder langfristig zu planen. Allerdings ist hier die Informationslage in der Regel besser, zumindest dann, wenn im Unternehmen Weiterbildungsbedarf – wie in Kapitel 4.1 beschrieben – zuvor systematisch eruiert worden ist (vgl. Abb. 4.4-1).

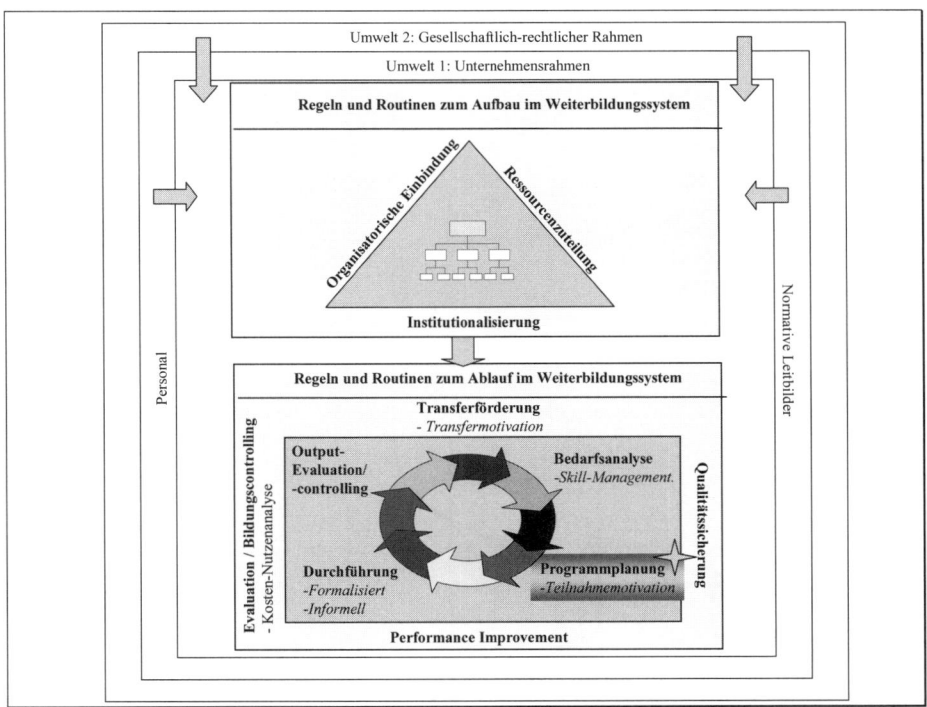

Abb. 4.4-1: Programmplanung als Handlungsfeld des betrieblichen Weiterbildungsmanagements

Externe Weiterbildungsanbieter, auf die insbesondere KMU angewiesen sind, stehen dagegen vor dem zusätzlichen Problem, erst eine geeignete Informationsbasis für ihre Planungsprozesse zu schaffen. Vor diesem Hintergrund soll die Problematik der Programmplanung im Folgenden aus ihrer Perspektive heraus erörtert werden. Die Argumentationsstruktur ist dem nachfolgenden Mindmap zu entnehmen. Die Vorgehensweise und Probleme sollen dabei anhand der folgenden fiktiven Fallstudie verdeutlicht werden.

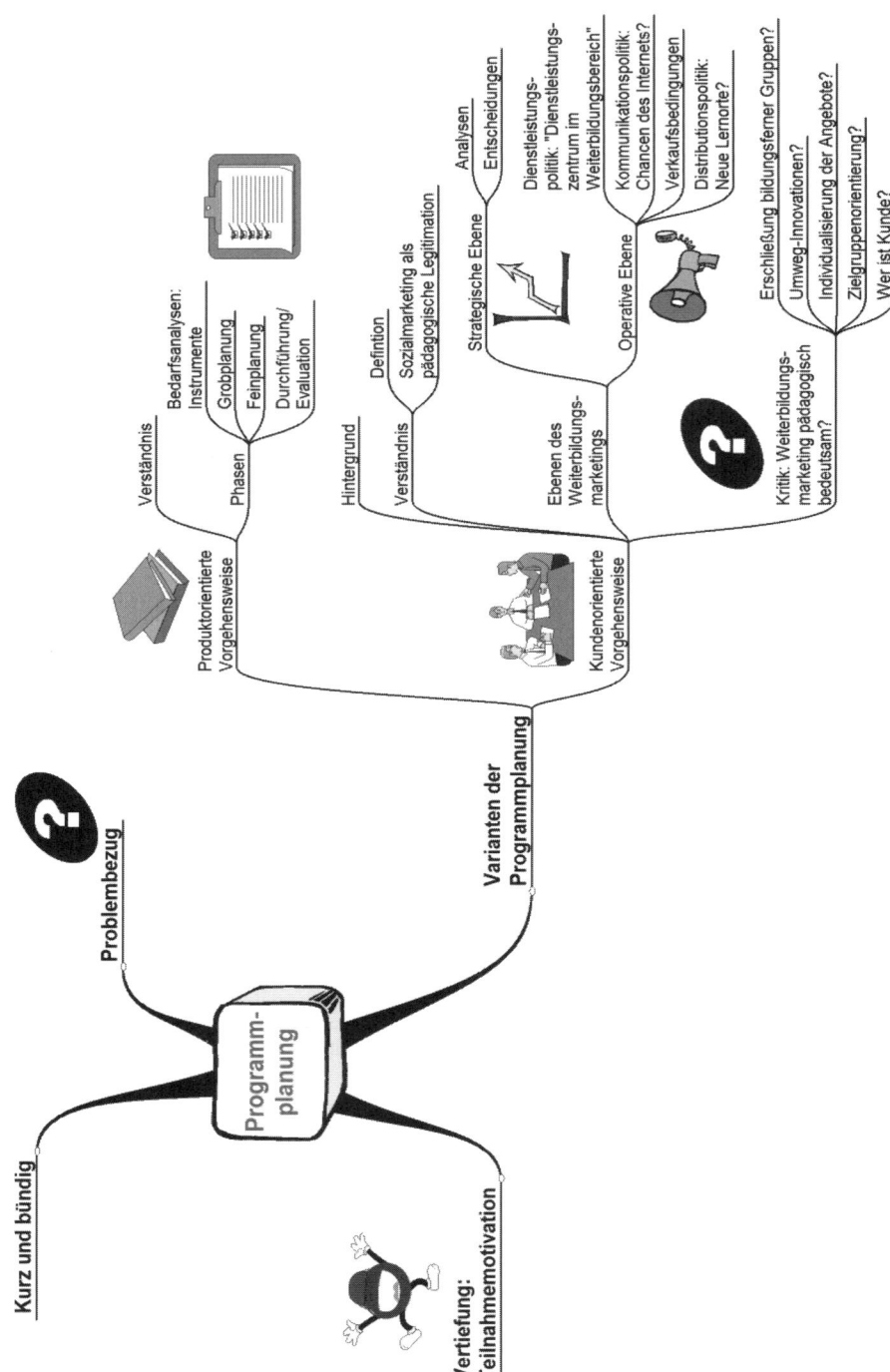

Kurz und bündig

Problembezug

Vertiefung: Teilnahmemotivation

Programm-planung

Varianten der Programmplanung

Produktorientierte Vorgehensweise
- Verständnis
- Bedarfsanalysen: Instrumente
- Phasen
  - Grobplanung
  - Feinplanung
  - Durchführung/ Evaluation

Kundenorientierte Vorgehensweise
- Hintergrund
- Verständnis
  - Defintion
  - Sozialmarketing als pädagogische Legitimation
- Ebenen des Weiterbildungs-marketings
  - Strategische Ebene
    - Analysen
    - Entscheidungen
  - Operative Ebene
    - Dienstleistungs-politik: "Dienstleistungs-zentrum im Weiterbildungsbereich"
    - Kommunikationspolitik: Chancen des Internets?
    - Verkaufsbedingungen
    - Distributionspolitik: Neue Lernorte?
- Kritik: Weiterbildungs-marketing pädagogisch bedeutsam?
  - Erschließung bildungsferner Gruppen?
  - Umweg-Innovationen?
  - Individualisierung der Angebote?
  - Zielgruppenorientierung?
  - Wer ist Kunde?

Abb. 4.4-2: Argumentationsverlauf im Kapitel

Fiktive Fallstudie ‚Go Future'

Die Firma `Go Future` ist ein berufliches Weiterbildungsinstitut mit Hauptsitz in Nürnberg, das sich seit 1992 verpflichtet, Unternehmen und Institutionen kompetenter Partner bei der Weiterbildung zu sein. Ziel ist es, durch ein weitgreifendes Instrumentarium den Erfolg von Unternehmen, aber auch jedes einzelnen Mitarbeiters zu steigern und auszubauen. Dabei konzentriert sich „Go Future" auf die Unterstützung bei der Festlegung und Umsetzung personalstrategischer Entscheidungen sowie bei der Durchführung personalrelevanter Maßnahmen. In Form von Beratung, Training und Coaching bietet „Go Future" einen Schlüssel zu den Leistungen und Potenzialen von Mitarbeitern und Unternehmen unter Berücksichtigung jedes Einzelnen durch individuelle Profile und Strategien. Schwerpunkt von `Go Future` sind Kurse im Bereich „Konflikt- und Zeitmanagement", „Kommunikation im Arbeitsalltag" und „Verkaufstraining". Nun möchte „Go Future" seine Programmplanung für das folgende Jahr erstellen und die Mitarbeiter überlegen sich, nach welchem Ansatz sie dabei vorgehen sollen. Zur Auswahl stehen der produktorientierte, traditionelle Ansatz und der kundenorientierte Ansatz, das Weiterbildungsmarketing.

4.4.2 Varianten der Programmplanung

4.4.2.1 Die traditionelle Programmplanung – ein produktorientierter Ansatz

4.4.2.1.1 Verständnis

Bei diesem Ansatz werden die Kurse eines Weiterbildungsanbieters auf der Grundlage meist unsystematisch ausgewerteter Sekundärquellen (Bedarfsanalysen) geplant. Dabei wird weitgehend auf eine detaillierte Markt- und Kundenbetrachtung verzichtet. Kurse, die bspw. in der Vergangenheit auf gute Akzeptanz gestoßen sind, werden weiter angeboten und „beworben". Ebenso werden neue Kurse ohne detaillierte Kundeninformationen entwickelt und angeboten, in der Hoffnung, dass sie auf Nachfrage stoßen werden. Mit anderen Worten: Man entwickelt ein Produkt „Weiterbildungskurs" und offeriert es auf dem Weiterbildungsmarkt. Daher auch die Bezeichnung *„produktorientierter Ansatz"*. Auf die Kurse wird jeweils über Broschüren und Annoncen aufmerksam gemacht.

4.4.2.1.2 Phasen und Strategien

Wie bereits zuvor angesprochen, baut die Programmplanung auf Bedarfsanalysen auf. Externe Weiterbildungsträger können dabei im Gegensatz zu Großbetrieben nicht auf die dort einsetzbaren Instrumente, wie z. B. das Technokratische Planungsmuster, die Avantgardistische Praxis oder die Partizipative Bedarfsermittlung, zurückgreifen – der Aufwand wäre zu groß. Gleichwohl haben auch sie Informationen zu beschaffen, die verhindern sollen, dass es zu Fehlplanungen kommt. Dies macht erforderlich, dass im Vorfeld der eigentlichen Planungsaktivitäten mittels verschiedener Instrumentarien eigene Bedarfsanalysen durchgeführt und im Nachhinein die Erfahrungen systematisch evaluiert werden. Der Planungsprozess bei externen Weiterbildungsanbietern lässt sich vor diesem Hintergrund in vier grobe Phasen unterteilen: In die Phase der Bedarfsermittlung, der Grobplanung, der Feinplanung sowie der Durchführung und Evaluation (vgl. Abb. 4.4-3).

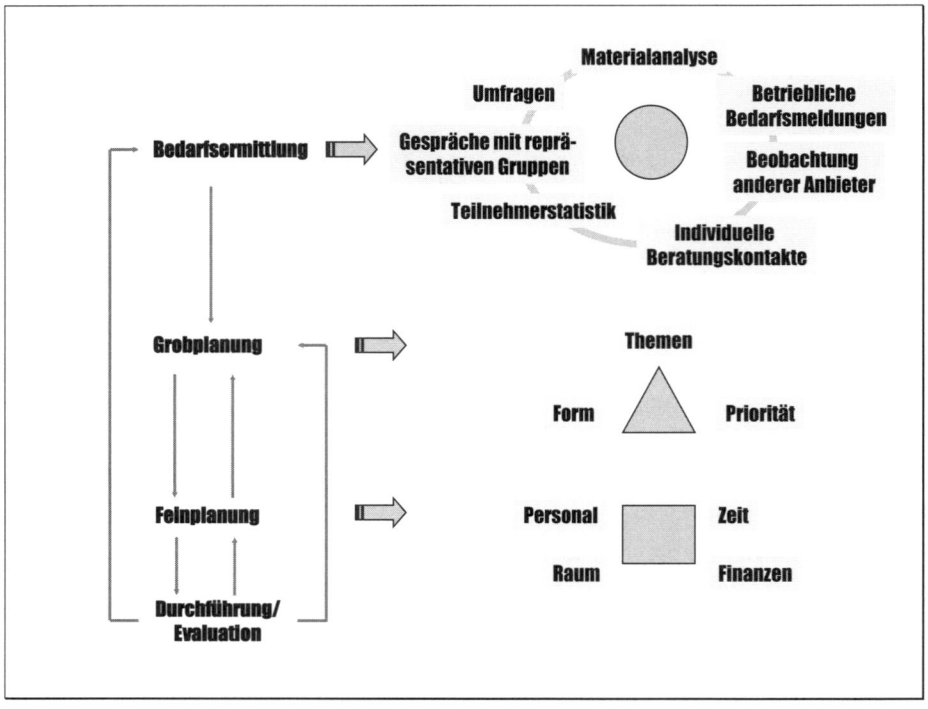

Abb. 4.4-3: Phasen der Programmplanung

4.4.2.1.2.1 Instrumentelle Perspektive: Phase der Bedarfsermittlung

Zunächst wird die Phase der Bedarfsermittlung näher skizziert. Häufig eingesetzte Instrumente der Bedarfsermittlung sind Materialanalysen, betriebliche Bedarfsmeldungen, Beobachtung der Konkurrenz, Beratungskontakte, Teilnehmerstatistiken aus dem Vorjahr, Gespräche und Umfragen.

Bei der *Materialanalyse* kann bspw. auf Massenmedien, Fachliteratur, Stellenanzeigen u. ä. zurückgegriffen werden. Aus *Massenmedien* lassen sich allgemeine Tendenzen ableiten. Welche Berufsfelder gewinnen an Bedeutung? Welches Berufsbild ist bedeutsamen Veränderungen unterworfen, wodurch Weiterbildungsbedarf evoziert werden könnte? Werden neue Zielgruppen für Weiterbildungsaktivitäten bedeutsam? So indiziert die absehbare demographische Entwicklung bspw. eine verstärkte Berücksichtigung von älteren Lernern sowie von Mitarbeitern mit Migrationshintergrund.

Etwas speziellere Bedarfe können über das Studieren von *Fachliteratur* gewonnen werden. Welche Entwicklungen lassen sich in den einzelnen Branchen feststellen? Welche Änderungen ergeben sich dabei für die Mitarbeiter? Der Kursplanung des Fortbildungszentrums Hochschullehre der FAU Erlangen-Nürnberg[144] gingen bspw.

---

144   Das Fortbildungszentrum Hochschullehre (FBZ-HL) der Friedrich-Alexander-Universität Erlangen-Nürnberg bietet hochschuldidaktische Veranstaltungen für alle wissenschaftliche Mitarbeiter und Professoren der Universität an. Die Teilnehmer haben für den Besuch Gebühren zu entrichten. Die Programmplanung erfolgt halbjährlich. Informationen werden über Programmbroschüren und über die Homepage (http://www.fbzhl.de) zur Verfügung gestellt.

differenzierte Auswertungen der hochschuldidaktischen Literatur voraus: Welche didaktisch-methodische Kompetenzen sind für Mitarbeiter von Universitäten bedeutsam? Auch durch den Abgleich von *Stellenanzeigen* (Soll-Komptenzen) mit den Aus-
bildungsplänen der jeweiligen Ausbildungsberufe (Ist-Kompetenzen) kann Weiterbildungsbedarf identifiziert werden. Zum Beispiel sind in der Ausbildung zur/zum Hotel-
kauffrau(-mann) keine Grundkenntnisse in mindestens zwei Fremdsprachen vorgesehen, dennoch wird in nahezu jeder Stellenanzeige auf die Unabdingbarkeit von
Fremdsprachenkenntnissen hingewiesen.

Eine weitere Form der Bedarfsermittlung stellen die *betrieblichen Bedarfsmeldungen*
dar. Diese erfolgen in der Regel eher selten, und wenn, dann erfolgen sie – weil Betriebe häufig das technokratische Planungsmuster verfolgen – mit einem äußerst
kurzen zeitlichen Vorlauf. Für Weiterbildungsplanungen können solche Nachfragen
also nur ein Indiz sein. Eine kurzfristige Befriedigung des Bedarfes wird häufig nicht
möglich sein, es sei denn, der externe Weiterbildungsanbieter verfügt im Rahmen
seines Standardangebotes bereits über geeignete Kurse. Und selbst, wenn ein Unternehmen dem externen Anbieter in zeitlicher Perspektive, die Möglichkeit verschafft, geeignete Kurse noch zu entwickeln, so stellt sich aus Sicht der Weiterbildungsinstitution die Kosten-Nutzen-Frage, denn ein sehr spezielles Angebot wird
möglicherweise nur auf eine geringe Nachfrage stoßen. Ein Ausweg aus einem solchen Dilemma kann darin bestehen, dass bei der Grobplanung (Phase 2) ein modul-
arisierter Ansatz verfolgt wird, bei dem Standardangebote des Anbieters mit betriebsspezifischen Spezialmodulen kombiniert werden.

Auch die *Beobachtung anderer Anbieter, insbes. der Konkurrenz* ist eine verbreitete
Form der Bedarfsermittlung. Sie ermöglicht einen guten Benchmark: Was bietet die
Konkurrenz an, warum sind andere Anbieter in welchen Bereichen erfolgreich? Aus
der Betrachtung der regionalen Abdeckungen von Weiterbildungskursen können
auch eventuelle Lücken identifiziert bzw. Nischen erkannt werden, die dann durch einen Weiterbildungsanbieter besetzt werden könnten. Doch wie gelangt man an die
relevanten Informationen? Eine Durchsicht der Programmbroschüren und Homepages alleine ist dabei wenig aussagekräftig, da darüber häufig nur wenig differenzierte
Informationen erschlossen werden können. Auch bleibt unklar, wie hoch die jeweilige
Nachfrage bei den ausgewiesenen Kursen ist bzw. ob der angekündigte Kurs überhaupt zustande kommt. Eine vielfach praktizierte Strategie ist dabei das „Hinein-
schmuggeln" in die Kundendatei des Konkurrenten. Durch „Probeanfragen" können
so weitere differenzierte Informationen erschlossen werden.

Auch eine Analyse von Weiterbildungsanbietern, mit denen man nicht unmittelbar
konkurriert, kann aufschlussreich sein. So richtet bspw. das Fortbildungszentrum
Hochschullehre der Friedrich-Alexander-Universität Erlangen-Nürnberg bei seinen
Planungen zum Weiterbildungsangebot für das kommende Semester immer auch
den Blick auf die entsprechenden Angebote anderer Hochschulen. Eine Konkurrenz-
beziehung zu den anderen Anbietern besteht hierbei jedoch nicht. Im Gegenteil kooperieren die Zentren in einem Netzwerk, um so das Angebot insgesamt für die Nachfrager (Wissenschaftliche Mitarbeiter) breiter zu machen. Auf die Vorzüge solcher
Netzwerke wird in Kapitel 5.2.5 näher eingegangen.

Eine weitere Form der Bedarfsermittlung ist in der Auswertung von individuellen *Be-
ratungskontakten* und *Gesprächen mit repräsentativen Gruppen* zu sehen. Mit Bera-
tungskontakten sind hier persönliche Nachfragen bei einem Weiterbildungsanbieter
gemeint. Gespräche mit repräsentativen Gruppen zielen dagegen auf die systematische Erschließung von Informationen über Dritte, die als „Experten" angesehen wer-

den können. Solche Experten können bspw. Vertreter aus Kammern, Arbeitsagenturen oder aus Verbänden bzw. Betrieben sein. Aufgrund des damit verbundenen Aufwandes werden solche Strategien weniger systematisch als vielmehr häufig zufällig im Rahmen eines allgemeinen Regionaldialogs eingesetzt. Eine Systematisierung dieser Strategie könnte bspw. dadurch erfolgen, dass regionale Weiterbildungskonferenzen etabliert werden, die in regelmäßigen Abständen tagen und auf denen relevante Informationen ausgetauscht werden können. Auch eine Vernetzung von Anbietern bietet hier Vorzüge, da es auch hier zu einem regelmäßigen Informationsaustausch kommen kann. Im Verbundmodellversuch QLIB sind bspw. Arbeitskreise aus Lehrern und Ausbildern eines Berufes (hier: Mechatroniker) eingerichtet worden, bei denen ein regelmäßiger Informationsaustausch über aktuelle Entwicklungen in den Betrieben und Schulen erfolgte. Diese Informationen dienten dann als Grundlage für Weiterbildungsplanungen in der Region.

Ebenfalls eher selten werden empirisch gestützte *Umfragen* (mittels Fragebögen oder Interviews) durchgeführt. Hauptnachteil dieser Methode ist die zumeist geringe Rücklaufquote sowie der damit verbundene Zeit- und Kostenaufwand. Aus Sicht der nachfragenden KMU stößt eine solche Strategie auf wenig Akzeptanz, wenn – im Extremfall – jeder einzelne Weiterbildungsanbieter eine solche Befragung durchführen wollte. Auch hier bieten regionale Qualifizierungsnetzwerke wenigstens prinzipiell Vorzüge, da eine koordinierte Umfrage durchgeführt werden könnte.

Das am häufigsten verwendete, und oftmals auch alleinige Instrument im Rahmen der Bedarfsermittlung, ist die *Analyse von Teilnehmerstatistiken* aus dem Vorjahr. In der Regel werden von den Weiterbildungsinstitutionen jene Kurse, die hohe Nachfrage hatten, „blind" wieder in das neue Programm aufgenommen. Kurse mit geringer Nachfrage werden dagegen entweder ganz aus dem Programm genommen oder nur noch in größeren Zyklen angeboten. Aber nicht nur die Gesamtnachfrage ist entscheidend, sondern auch die Qualität aus Sicht der Teilnehmer. Dazu führen nahezu alle Weiterbildungsanbieter am Ende eines Kurses Zufriedenheitsevaluationen (vgl. Kap. 4.7) durch. Negative Bewertungen indizieren dabei konzeptionelle und/oder personelle Veränderungen.

Ein reales Beispiel möge diese Phase verdeutlichen. Beim Fortbildungszentrum Hochschullehre wurde zu Beginn seiner Aktivitäten zunächst die hochschuldidaktische Literatur (Materialanalyse) ausgewertet. Auch wurde der Blick auf die Angebotslage bei anderen Universitäten gerichtet (Konkurrenzanalyse). Dabei wurde auch analysiert, wie hoch die Nachfrage in den jeweiligen Kursen dort ist. Ergänzend wurden Expertengespräche mit Fachvertretern aus der Hochschuldidaktik geführt. Schließlich wurde an der FAU Erlangen-Nürnberg eine E-Mail-gestützte Befragung bei allen wissenschaftlichen Mitarbeitern mit dem Ziel durchgeführt, die inhaltlichen Bedarfe kennen zu lernen und die bevorzugten Zeiträume für Weiterbildung zu eruieren. Auf dieser Informationsbasis erfolgte dann die Grobplanung des ersten Kursangebotes. In den nachfolgenden Semestern wurden diese Daten durch die Informationen aus der Teilnehmerstatistik und den Evaluationen ergänzt.

Fiktive Fallstudie ‚Go Future'

Das Institut „Go Future" entscheidet sich zunächst die *Teilnehmerstatistik* des vergangenen Jahres auszuwerten. Dabei stellen sie fest, dass die Kurse Zeit- und Konfliktmanagement sowie Kommunikation im Arbeitsalltag zu 95 % ausgelastet waren. Den Kurs Verkaufstraining allerdings besuchten nur 10 Personen, was einer Auslastung von 50 % entspricht. Die Ergebnisse der im Vorjahr durchgeführten Zufriedenheitsanalyse bestätigen „Go Future" in ihrem Kurs- und Qualitätsverständnis. Daher entschließt sich „Go Future" die Kurse Zeit- und Konfliktmanagement sowie Kommunikation im Arbeitsalltag auch im folgenden Jahr anzubieten. Der Kurs Verkaufstraining dagegen wird (zumindest vorübergehend) aus dem Programm gestrichen. Um aber den Kunden auch einen neuen Kurs anzubieten, ist „Go Future" bei ihrer *Materialanalyse* (Verfolgen der Fachliteratur) auf den steigenden Bedarf im Bereich Konfliktmanagement gestoßen. Gespräche mit Verbänden und Betrieben stützen diese Einschätzung (Gespräche mit repräsentativen Gruppen). Eine Durchsicht durch die Programmbroschüren anderer Anbieter in der Region zeigte darüber hinaus, dass nur ein einziger Anbieter einen solchen Kurs offeriert. Eine „Probenachfrage" bei diesem Anbieter hat darüber hinaus ergeben, dass dieser Kurs voll ausgebucht ist. Deshalb bietet „Go Future" zum bestehenden Grundkurs nun auch zusätzlich einen Aufbaukurs im Bereich Konfliktmanagement an.

4.4.2.1.2.2 Phase der Grobplanung

Der Phase der Bedarfsermittlung folgt die der Grobplanung, in der es vor allem um die Festlegung der Themenbereiche und der Form der Kurse sowie um die Erstellung einer Prioritätenliste geht. Zunächst werden die aus der Bedarfsermittlung identifizierten Themenfelder vorläufig festgelegt. Der Weiterbildungsanbieter entscheidet sich auf dieser Grundlage in einem nächsten Schritt, welcher Kurs welche Priorität erhält. Dabei werden in der Regel Kurse mit bereits existierenden Wartelisten aus dem Vorjahr oder vorliegenden individuellen Nachfragen bevorzugt. Entscheidungskriterien können dabei auch sein, dass zunächst der Kundenstamm bei den Planungen zu berücksichtigen ist. Aber auch die Ansprache neuer Kunden sollte Beachtung finden. Sind Themenfelder und Prioritätenliste vorläufig festgelegt, dann wird die Form der Kurse diskutiert. Die für die jeweiligen Kurse vorgesehenen Dozenten erhalten vom Weiterbildungsträger in der Regel Rahmenvorgaben bezüglich Art, Länge und Zeitpunkt etc.[145] Die Grobplanung sollte dabei nicht als endgültige Festlegung verstanden werden, da sich nach der Feinplanung Rückkopplungen ergeben können.

Ein Beispiel aus dem Fortbildungszentrum Hochschullehre der Friedrich-Alexander-Universität Erlangen-Nürnberg (FAU) möge auch diese Phase illustrieren. Bei der Prioritätensetzung wird zunächst auf die Warteliste zurückgegriffen. Kurse, für die die Nachfrage im vorangegangenen Semester nicht befriedigt werden konnte, werden erneut angeboten. In größeren Abständen werden auch immer wieder Veranstaltungen aufgenommen, für die immer wieder eine hohe Nachfrage registriert worden ist (z. B. Präsentationstechniken). Allerdings werden bewusst nicht immer nur die „erfolgreichen" Kurse offeriert, sondern immer wieder gezielt neue thematische Kurse, für die in den Bedarfsanalysen (Umfrage bei der Bedarfsanalyse in der FAU) zumindest vereinzelt Bedarf angemeldet worden ist. Damit sollen gezielt immer wieder neue Teilnehmergruppen angesprochen und zugleich Wiederholungsteilnehmern neue Optionen eröffnet werden. Bezüglich der Art der Vermittlung wird den Dozenten vorgegeben, dass ein hoher Anteil von Eigenaktivitäten bei den Kursteilnehmern in den Veranstaltungen vorzusehen sei. Zugleich müssen die Themen immer konkret auf das Handlungsfeld „Universität" bezogen werden. Bezüglich Zeitpunkt und Länge werden in der Regel ein- bis zweitägige Veranstaltungen an Donnerstagen/Freitagen

---

[145] Thierstein (2006, S. 413 – 419) empfiehlt, sich intensiv mit den impliziten Konzeptüberlegungen auseinanderzusetzen. Dazu gehören Leitideen, Zielgruppen, didaktische Prinzipien und Vieles mehr. Gemeint sind damit alle Prinzipien, die allen Veranstaltungen zugrunde gelegt werden sollen.

und an den Rändern der vorlesungsfreien Zeit vorgegeben, weil sich diese Zeiträume in der Bedarfsanalyse als attraktiv erwiesen haben.

Fiktive Fallstudie ‚Go Future'

Das Institut ‚Go Future' beginnt nun mit der Erstellung einer Grobplanung für das kommende Kursjahr.

Themen	Form	Priorität
Grundkurs Konfliktmanagement (A)	Wissenserwerb, Rollenspiele	1
Aufbaukurs Konfliktmanagement (B)	Wissenserwerb, Anwendungsübungen	2
Zeitmanagement (C)	Theorie, Fallstudien	4
Kommunikation am Arbeitsplatz (D)	Theorie, Fallstudien, Umsetzung	3

4.4.2.1.2.3 Phase der Feinplanung

Im Anschluss an die Grobplanung erstellen die Weiterbildungsanbieter eine Detailplanung (Feinplanung) der einzelnen Kurse. So muss geeignetes Personal rekrutiert, und eine detaillierte Zeit-, Raum- und Finanzplanung vorgenommen werden. Die ausgewählten Dozenten präzisieren auf Basis der Grobplanung die Kursgestaltung. Sie nehmen auch Einfluss auf die Zeitplanung des Kurses (Anzahl und Länge der Kurseinheiten, Termin). Der Weiterbildungsanbieter sollte dabei insbesondere die unterschiedliche zeitliche Verfügbarkeit der Zielgruppen der einzelnen Kurse unterscheiden (z. B. Arbeitslose vs. Berufstätige). So finden Tageskurse für Berufstätige in der Regel am Freitag oder Samstag statt. Die Erfassung der zeitlichen Präferenzen kann dabei in die Evaluation am Ende der Kurse integriert werden. Speziell bei der Festlegung des Kursortes sollte auf die Präferenzen der Teilnehmer geachtet werden, welche häufig vor einer langen Anreise zurückschrecken. Bei der Planung der Kursräume müssen vor allem die richtige Raumgröße und eine kursgerechte technische Ausstattung Berücksichtigung finden. In der Finanzplanung sollte sich der Weiterbildungsträger mit den Kosten der einzelnen Kurse (Raum, Personal etc.) auseinander setzen, um diese entsprechend durch die Kursgebühren abdecken zu können.

Lassen sich keine geeigneten Dozenten finden oder stehen zu den bevorzugten Terminen keine ausreichenden Raumkapazitäten bzw. die erforderliche Ausstattung (wie etwa PC) zur Verfügung, so ist die Prioritätenliste in der Phase der Grobplanung zu überdenken.

Fiktive Fallstudie ‚Go Future'

Die Feinplanung des Kursangebotes von Go Future.

Kurs	Personal	Dauer	Zeitpunkt	Ort	Raum	Gebüh-ren
A	Kathrin Müller-Wohlfarth	2 Tage á 6 Std.	3-mal monatlich	2-mal Nürnberg/ 1-mal Erlangen	VHS/Universität	120 €
B	Kathrin Müller-Wohlfarth	2 Tage á 6 Std.	3-mal monatlich	2-mal Nürnberg/ 1-mal Erlangen	VHS/Universität	120 €
C	Stefan Löw	1 Tag á 6 Std.	1-mal monatlich	Nürnberg	VHS	70 €
D	Rolf Kahn	2 x ½ Tag à 4 Std.	2-mal monatlich	1-mal Nürnberg/ 1-mal Erlangen	VHS/Universität	90 €

Die inhaltliche Detailplanung obliegt den verantwortlichen Dozenten. Für den Kurs Zeitmanagement könnte der vorgesehene Dozent bspw. folgende Inhaltskomponenten vorsehen:

- Analyse von Arbeitssituation, Tagesablauf und Vorgehensweisen.
- Realistische und konstruktive Zielsetzungen.
- Selbstorganisation: sinnvolle Arbeitsstrukturierung und -einteilung.
- Erstellung von Tages- und Wochenplanungen.
- Prioritäten erkennen und Aufgaben delegieren.
- Selbstmotivation und Verbesserung der Konzentrationsfähigkeit.
- Tageszeitbedingte Leistungskurve und sinnvolle Nutzung von Leistungstiefs.
- Erholungsphasen als Bestandteil der Planung – neue Energien „tanken".
- Erarbeitung von Stressbewältigungsstrategien und Entspannungstechniken.
- Arbeitsumgebung und Ablagesysteme.
- Ergebniskontrolle.

4.4.2.1.2.4 Phase der Durchführung und Evaluation

Auf die Feinplanung folgt die Phase der Durchführung und Evaluation. Um die inhaltliche Qualität des Kurses, die rhetorische und pädagogische Leistung der Referenten und die gesamte Organisation des Kurses zu überprüfen, erfolgt in der Regel am Ende des Kurses eine (Output-)Evaluation in Form einer Zufriedenheitsbefragung.[146] Die Ergebnisse dienen z. B. als Grundlage der Programmplanung des Folgejahres und als Anstoß des internen Qualitätsmanagementprozesses (Organisation, Personal, Catering etc.). Zwischen Durchführung und Grobplanung, Durchführung und Feinplanung sowie zwischen Feinplanung und Grobplanung kann es immer wieder zu Rück-

---

[146]   Zu den Begrifflichkeiten vgl. ausführlich Kapitel 4.7. Eine Output-Evaluation wird – anders als eine Input-, Prozess-, Kontext- oder Transferevaluation – am Ende eines Kurses durchgeführt. Zwei Formen sind dabei denkbar: Eine Zufriedenheitsevaluation sowie eine Erfolgevaluation (z. B. Abschlusstest).

kopplungen kommen (vgl. Abb. 4.4-3). Beispielsweise dann, wenn die Evaluation zu einem Kurs zu deutlich negativen Ergebnissen geführt hat.

Fiktive Fallstudie ‚Go Future'

„Go Future" führt die geplanten Kurse in Kooperation mit den Dozenten durch. Am Ende eines jeden Kurses erhalten die Teilnehmer von den Dozenten einen Beurteilungsbogen zu Evaluationszwecken. In diesem werden u. a. folgende Punkte abgefragt. Die Durchschnittsergebnisse sind ebenfalls angegeben. Dabei bedeutet 1 „sehr gut" … 6 „ungenügend".

- Erfüllung der Erwartungen an den Kurs (2,1)

- Beurteilung des Dozenten (2,3)

- Beurteilung der Organisation (1,8)

- Zufriedenheit mit den Kursinhalten (2,5)

- Lerneffekt (2,2)

- Zeitliche Präferenzen für kommende Kurse (7* 8-stündiger Kurs, 5* zwei halbtägige Kurse)

Die Beurteilungsergebnisse dienen „Go Future" als Grundlage für nachfolgende Planungen. Doch welche Schlussfolgerungen sind zu ziehen? Das Beispiel zeigt, dass Zufriedenheitsbögen interpretationsbedürftig sind. Ist eine Durchschnittsbeurteilung von 2,3 für den Dozenten gut oder schlecht? Was soll daraus geschlossen werden, wenn die Zufriedenheit mit den Kursinhalten bei 2,5 liegt? Während man bei der zuletzt genannten Frage noch offen nachfragen könnte, was verbesserungsfähig ist, bereitet das zuerst genannte Ergebnis schon mehr Schwierigkeiten. Es kann allenfalls in Zeitreihenperspektive ein individuelles Feedback an den Dozenten darstellen. Angesichts der vielfältigen Schwierigkeiten mit solchen Zufriedenheitsbögen ist deren Relevanz nicht ganz unumstritten. Allenfalls sehr negative Rückmeldungen und Verschlechterungen werden in der Praxis als Handlungsimpuls angesehen. Sinnvoller, aber auch aufwändiger sind dagegen Transferevaluationen. In ihnen wird der Frage nachgegangen, was von den Kursinhalten angewendet und was nicht angewendet wird. Und wenn der Transfer ausgeblieben ist, dann geht es um die Frage, worauf dies zurückzuführen ist, auf den Kurs, das Arbeitsumfeld oder die Person (vgl. Kap. 4.2). Auf die verschiedenen Formen der Evaluation wird in Kap. 4.7 ausführlich eingegangen.

Übung: 🔍

1   Bitte ergänzen Sie den folgenden Text:

Die traditionelle Programmplanung (_____orientierter Ansatz) teilt sich in die vier großen Bereiche Bedarfsermittlung, _____, Feinplanung und Durchführung/_____. Am Beginn des Weiterbildungsprozesses steht die _____. Diese kann mittels verschiedener Instrumente geschehen. Dazu gehören die _____analyse, Gespräche und die betrieblichen Bedarfs_____. Daran schließt sich die Grobplanung, in der es um die Festlegung der _____ , der Form und die Erstellung einer _____liste geht, an. In der _____planung geht es dann darum, geeignetes _____ zu rekrutieren und eine detaillierte Zeit-, Raum- und _____planung vorzunehmen. Der letzte Schritt im Planungsprozess ist die _____/Evaluation. Sie dient z. B. als Grundlage der Programmplanung des _____jahres und als Anstoß des internen Qualitätsmanagementprozesses.

4.4.2.2 Weiterbildungsmarketing – ein kundenorientierter Ansatz

4.4.2.2.1 Hintergrund

Betrachtet man die vorangegangen Ausführungen genauer, so lassen sich die Planungsaktivitäten, wie bereits angesprochen, als produktorientiert bezeichnen. (Standard-)Kurse werden entwickelt, beworben und angeboten, und zwar solange wie Nachfrage zu registrieren ist. Auch wenn noch heute verbreitet Bildungsträger an ihrer Produkt-/Dienstleistungsidee festhalten (Botschen/Liensberger 2006, S. 389), so hat das seit den 90er Jahren verstärkt diskutierte Weiterbildungsmarketing doch einen gewissen Perspektivenwechsel ausgelöst. Reklamiert wird demnach eine stärkere Kundenorientierung bei den Angeboten der Weiterbildungsträger. Von entscheidender Bedeutung für diesen Perspektivenwechsel war die Krise der öffentlichen Haushalte in den 90er Jahren, die dazu geführt hat, dass öffentliche Mittel für die Weiterbildung drastisch reduziert worden sind. Weiterbildungsanbieter waren deswegen gezwungen, sich neue Kundenkreise zu erschließen, wenn sie angesichts der Konkurrenzsituation und der Ansprüche auf Seiten der Nachfrager auf dem Weiterbildungsmarkt überleben wollten. Als potenzieller Kunde wurden vor allem KMU ins Auge gefasst, weil diese bislang an Weiterbildung unterproportional partizipiert und auch nicht die Ressourcen für eigene Weiterbildungsaktivitäten hatten. Eine häufige Klage dieser Klientel bestand aber gerade darin, dass externe Weiterbildungsanbieter „von der Stange her" Weiterbildung anbieten und den Bedarfen der KMU nicht gerecht würden. Notwendig war vor diesem Hintergrund eine kundenorientierte Herangehensweise, die dementsprechend in den Mittelpunkt des Ansatzes des Weiterbildungsmarketings gerückt worden ist.

Weiterbildungsmarketing kann dabei prinzipiell in unternehmensinterner Form oder als Marketing von Weiterbildungsanbietern erfolgen. Bei der *unternehmensinternen Form* geht es um das Marketing bezüglich betriebsinterner Weiterbildungsaktivitäten vor allem bei Großbetrieben. Es kann eher angebotsorientiert konzipiert sein, wenn alle zugrunde liegenden Weiterbildungsmanagementaktivitäten top-down erfolgen, oder eher nachfrageorientiert, wenn eine bottom-up-Strategie zugrunde liegt. Weiterbildungsmarketing hat hier die Funktion, auf strategischer Ebene mitarbeiterorientierte Konzepte und Angebote zu entwickeln und auf operativer Ebene eine möglichst hohe Teilnehmerzahl an Veranstaltungen der Weiterbildungsabteilung zu erreichen.

Beim *Marketing von Weiterbildungsanbietern*, das im vorliegenden Kontext nachfolgend näher beleuchtet werden soll, geht es um Marketingaktivitäten eines Weiterbildungsanbieters für den externen Markt.

4.4.2.2.2 Definitorische Einordnung und Abgrenzung

Nach Diller (2002) erfordern moderne Marketing-Ansätze eine Abkehr von produktorientierten Absatz-Konzepten und eine Hinwendung zu einer konsequenten Kundenorientierung. Was heißt das aber, wenn man dies auf den Bereich der Weiterbildung bezieht? Grundgedanke des Weiterbildungsmarketings ist – ausgehend von diesem Verständnis – die Abkehr vom „Prinzip der Kurskataloge" und eine Wandlung der Weiterbildungsinstitutionen hin zu *„Dienstleistungszentren im Weiterbildungsbereich"*, die nicht nur an die Stelle vorgefertigter Weiterbildungskurse kundenorientierte Weiterbildungsangebote zu offerieren haben, sondern darüber hinaus auch vielfältige andere Dienstleistungen, insbes. für KMU, zu erbringen haben. Diese Dienstleistungszentren haben in diesem Ansatz quasi jene Funktion für KMU zu übernehmen, die Weiterbildungsabteilungen in Großbetrieben innehaben. Das bedeutet auch, dass sie als Dienstleistungen für KMU bspw. Bedarfsanalysen in Betrieben durchzuführen, dort transferfördernde Strategien zu etablieren, Evaluationen durchzuführen haben usw.

Der Ansatz des Weiterbildungsmarketings kann dabei als eine Form des *Sozialmarketings* verstanden werden.[147] Das Sozialmarketing greift zwar auf die gleichen Instrumente wie das *kommerzielle Marketing* zurück, beide Ansätze verfolgen allerdings völlig verschiedene Zielsetzungen. Während das primäre Ziel des kommerziellen Marketings in der *Gewinnerzielung* zu suchen ist, ist das wesentliche Ziel des Sozialmarketing die *Lösung von sozialen und gesellschaftlichen Aufgaben.* So sind z. B. die Ziele der Volkshochschulen (Persönlichkeitsbildung, soziale Integration) mit denen von privaten Unternehmen (Unternehmenswertsteigerung) kaum zu vergleichen. Persönlichkeitsbildung oder soziale Integration werden als gesellschaftliche und soziale Aufgabe begriffen. Werden zur Erreichung dieser Ziele Weiterbildungsaktivitäten ergriffen, so dienen diesbezügliche Marketingaktivitäten sozialen Zwecken. Insofern kann Weiterbildungsmarketing als Sozialmarketing interpretiert werden, soweit es nicht nur – wie häufig bei privaten Weiterbildungsanbietern – der reinen Gewinnerzielung dient. Im zuletzt genannten Fall kann eher von kommerziellem Marketing gesprochen werden.

Bruhn und Tilmes (1994) definieren Sozialmarketing als die Planung, Organisation, Durchführung und Kontrolle von Marketingstrategien und -aktivitäten nichtkommerzieller Organisationen, die direkt oder indirekt auf die Lösung sozialer Aufgaben gerichtet sind. Für Kotler (1991) bedeutet Marketing für non-profit-Organisationen das wirksame Management der Austauschbeziehungen mit verschiedensten Märkten und Interessensgruppen. Demnach ist Weiterbildungsmarketing das Management zur Erzeugung von Nachfrage nach Bildungsprodukten bei Kunden auf dem Weiterbildungsmarkt. Da im Gegensatz zur produktorientierten Programmplanung der Kunde Einfluss auf die Gestaltung von Kursen nehmen kann, wird das Weiterbildungsmarketing auch als ein Kooperationsmodell[148] zwischen Weiterbildungsträger und Kunde verstanden. Das Konzept des Weiterbildungsmarketings ist daher auch als Abkehr von den über einen längeren Zeitraum angebotenen Standardkursen zu verstehen. Fokus ist der Kunde (KMU), mit dem in Interaktion „maßgeschneiderte" Kursprogramme gemeinsam entwickelt werden. Es erfolgt also quasi eine Individualisierung von Standardangeboten. Das bei einer Individualisierung der Kursplanung/Programmplanung zwangsläufig entstehende Problem der hohen Kosten wird häufig über ein Modularisierungskonzept (Angebot der Kurse in Modulbausteinen) gelöst.

Bildungsmarketing verfolgt dabei das Ziel, „den Aufbau, die Aufrechterhaltung und die Verstärkung der Beziehungen zum Bildungsnachfrager, anderen Partnern und gesellschaftlichen Anspruchsgruppen zu gestalten" (Bernecker 2001, S. 43). Dabei kommt der „Aufrechterhaltung" und „Verstärkung" vorhandener Beziehungen im Weiterbildungsbereich ein besonderes Gewicht zu, denn das Weiterbildungsmarketing folgt prinzipiell den Grundsätzen des Beziehungsmarketings. Demnach ist es einfacher und kostengünstiger, Kunden an sich zu binden als neue zu gewinnen. Dies ist für den Bereich der Weiterbildung deswegen von besonderer Bedeutung, weil angesichts der Intransparenz des Weiterbildungsmarktes Weiterbildung für die Nachfrager

---

[147] In einem breiteren Verständnis kann Weiterbildungsmarketing auch als Dienstleistungsmarketing begriffen werden (z. B. Bernecker 2001, S. 42). In diesem Verständnis bezieht sich das Konzept des Weiterbildungsmarketings sowohl auf profit- als auch auf non-profit-Unternehmen.

[148] Vgl. hierzu Kap. 5.2.5.

ein „Vertrauensgut" darstellt. Gerade KMU bauen daher auf funktionierende und bewährte Kooperationen mit Weiterbildungsanbietern.

Übung:

2   Im Weiterbildungsmarketing wird auf eine konsequente Kundenorientierung Wert gelegt. Dies erfordert prinzipiell auch eine weitgehende Individualisierung der Kurs- und Programmplanung. Doch wie ist dies für den Weiterbildungsanbieter ökonomisch realisierbar? Wenn bspw. ein Kurs nur für einen einzigen Betrieb und dabei womöglich nur für wenige Mitarbeiter angeboten werden soll, so müsste der Kurs so hohe Gebühren vorsehen, dass ein kleiner Betrieb kaum geneigt sein wird, diese aufzubringen. Werden dagegen geringere Gebühren erhoben, so ist man auf einen breiteren Nachfragerkreis angewiesen. Wie lässt sich diese prinzipielle Dilemma-Situation lösen? Bereits im vorangegangenen Kapitel zur traditionellen Programmplanung finden Sie diesbezüglich einen Hinweis.

Beim Weiterbildungsmarketing sind eine strategische und eine operative Ebene zu unterscheiden.

4.4.2.2.3 Strategische Ebene des Weiterbildungsmarketings

Um eine Programmplanung innerhalb des Ansatzes des Weiterbildungsmarketings vornehmen zu können, müssen zunächst Überlegungen auf strategischer Ebene angestellt werden. Raffée (1989, S. 5) bezeichnet das strategische Marketing als die „langfristige Dimension des Marketing als Führungskonzeption". Das strategische Weiterbildungsmarketing ist also langfristig und vorausschauend angelegt und fällt daher in den Verantwortungsbereich der oberen Hierarchieebenen. Es gibt quasi die „Marschrichtung" vor, legt aber keine konkreten Maßnahmen fest. So bezieht es sich etwa auf die Positionierung des gesamten Unternehmens und nicht etwa auf Marketingaktivitäten bezüglich einzelner Bereiche oder gar Kurse. Dabei geht es vor allem darum, Erfolgspotenziale für das gesamte Dienstleistungszentrum im Weiterbildungsbereich zu bestimmen. Daher ist eine Auseinandersetzung mit zukünftigen Entwicklungen erforderlich, um den Weiterbildungsanbieter klar, unterscheid- und wahrnehmbar auf attraktiven Marktsegmenten zu positionieren.

Die Basis für die strategischen Entscheidungen des Weiterbildungsanbieters (Wahl der Zielgruppen, Wahl der Positionierung, Erkennen der Strategischen Erfolgspositionen[149] und der Unique Selling Proposition[150]) bilden verschiedene Datenanalysen. Grob unterscheiden lassen sich Markt-, Trend- und Stärken- /Schwächenanalysen (vgl. Abb. 4.4-4).

---

[149]   Strategische Erfolgsposition sind wesentliche Stärken eines Weiterbildungsanbieters, die ihm von den anderen Anbietern unterscheiden und daher auch werblich kommuniziert werden sollen.
[150]   Unique Selling Proposition ist das einzigartige Verkaufsargument des Weiterbildungsanbieters, über welches er sich nachhaltig gegenüber der Konkurrenz differenzieren kann.

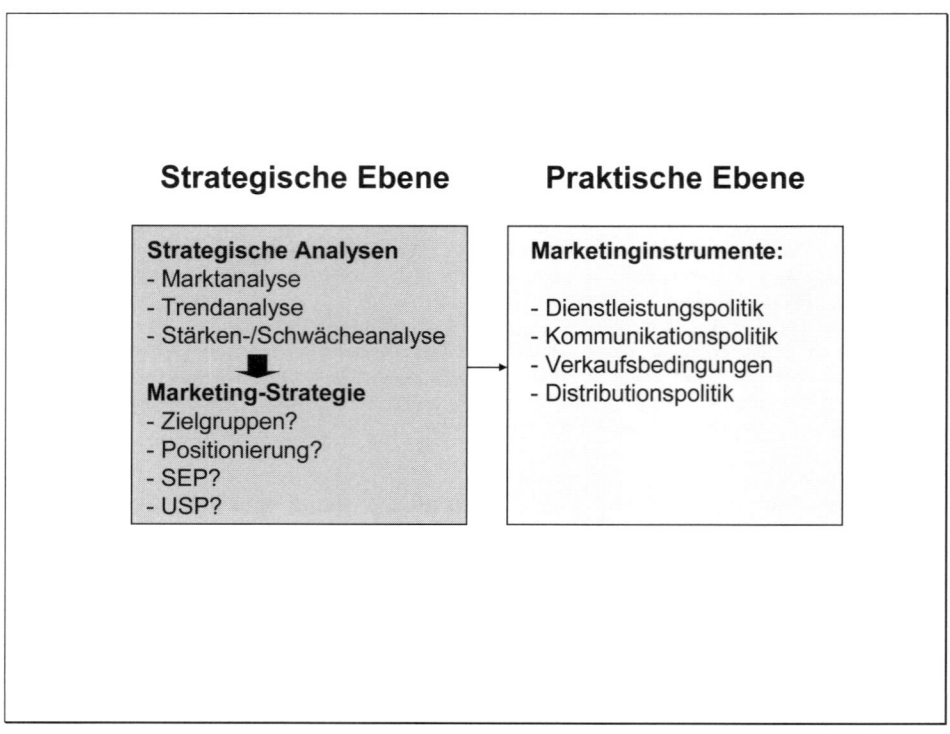

Abb. 4.4-4: Infrastruktur des Weiterbildungsmarketings

Zunächst zu den *Marktanalysen*.

Unter strategischen, also langfristigen Gesichtspunkten, ist für eine Weiterbildungsinstitution die Frage der Marktabgrenzung von eminenter Bedeutung. Je größer auf diesem Marktsegment die Kluft zwischen Nachfrage und Angebot ist, desto höher sind auch die Preise, die zu erzielen sind. Daher hat man sich klare Wettbewerbsvorteile gegenüber Mitbewerbern zu verschaffen. Will man sich klar und unterscheidbar positionieren und seine Marketingstrategien auf die jeweilige Zielgruppe ausrichten, so ist als Grundlage eines rationalen Entscheidungsprozesses zunächst eine fundierte Informationsbasis zu erstellen. Folgende typische Fragestellungen können dabei für die Ausgestaltung der Informationsbeschaffung leitend sein:

• In welcher Region sollen schwerpunktmäßig die Dienstleistungen offeriert werden (Standort)?

• Soll lokal, regional oder national agiert werden?

• Auf welche Inhalte soll sich der Anbieter fokussieren (IT, Führungsverhalten, Präsentation/Rhetorik, Teamentwicklung usw.)?

• Welche Art von Weiterbildungsmaßnahmen sollen angeboten werden (Seminare, Workshops, Outdoor-Kurse, E-Learning etc.)?

• Welche Zielgruppe soll angesprochen werden und welche Bedürfnisse hat sie (KMU, private Nachfrager, Geschäftsführer, Personalverantwortliche, leitende Angestellte usw.)?

- Ist überhaupt genügend Marktpotential für ein Vorhaben vorhanden? Wenn nein, wo liegt das größte Marktpotential?

- Usw.

Um für solche Fragestellungen eine geeignete Datenbasis zu schaffen bieten sich folgende – spiegelstrichartig genannten – Verfahren an:

- *Standortforschung* (Wahl des optimalen Standorts für das Dienstleistungszentrum im Weiterbildungsbereich),

- *Bedarfsanalyse* (In welchen Marktsegmenten – inhaltlich, methodisch, zielgruppenspezifisch – ist mit Nachfrage, besser noch mit Wachstum zu rechnen? Da externe Weiterbildungsanbieter allenfalls bei festen Kooperationen die Möglichkeit haben, betriebsintern Weiterbildungsbedarfsanalysen, wie sie in Kap. 4.1 dargestellt worden sind, durchzuführen, eignen sich hier eher jene Instrumente, die im vorangegangenen Abschnitt 4.4.1 erörtert wurden),

- *Wettbewerbsforschung* (Wer sind die aktuellen und potenziellen Wettbewerber im relevanten Marktsegment? Wie sind die Intensität und die Marktmacht auf der Nachfrageseite, sind geeignete Dozenten verfügbar? In welchem Marktstadium befindet sich das Marktsegment: Pionier- oder Wachstumsmarkt usw.?)

- *Qualitäts- und Zufriedenheitsforschung* (wie kann die Qualität unserer Angebote gewährleistet und den Kunden transparent gemacht werden? Hier bieten sich Zertifizierungsverfahren, wie in Kap. 4.6 dieses Lehrbuchs beschrieben, oder Evaluations- bzw. Bildungscontrollingansätze, wie in Kap. 4.7 skizziert, an. Vgl. hierzu auch Bernecker 2001, S. 51 - 56).

Zur Trendanalyse

Um mögliche neue Trends im relevanten Markt frühzeitig erkennen und auf diese dann auch entsprechend prospektiv reagieren zu können, sind sog. *Trendanalysen* sinnvoll anwendbar. So konnte in den vergangen Jahren – wie in Kapitel 1 dargelegt – die Nachfrage nach Weiterbildung zunächst einen starken Anstieg verzeichnen. Die Frage, die sich die Anbieter stellen müssen, ist, inwieweit dieses Wachstum aufrechterhalten werden kann. Der Nachfragerückgang seit 1997 und die dort angesprochene Krise der Weiterbildungsbranche könnten diesbezüglich bereits als Alarmsignale interpretiert werden. Ein Weiterbildungsanbieter hätte daher zu prüfen, ob ähnliche Entwicklungen sich auch auf dem für ihn relevanten Weiterbildungsmarkt (inhaltlich, regional, zielgruppenspezifisch) feststellen lassen. Auch eine Abschätzung des Steigerungspotentials in den nächsten Jahren sollte vorgenommen werden. Auch können Trendanalysen dazu dienen, neue attraktive Marktsegmente zu identifizieren. Trends können sich dabei auf verschiedenen Ebenen abzeichnen. Z. B.:

- Etablierung neuer Schlüsseltechnologien (z. B. Notebook),

- Neue Methoden der Schulung (z. B. Bedeutungsgewinn des informellen Lernens),

- Betriebliche Entwicklungen (z. B. zunehmender Bedarf an Serviceleistungen im Umfeld von Weiterbildung),

- Gesellschaftliche Entwicklungen (z. B. demographischer Wandel, altersgerechtes Lernen, wie es in Kapitel 1 skizziert worden ist),

- Konjunkturelle Entwicklungen (z. B. Massenentlassungen),

- Gesetzliche Entwicklungen (z. B. Streichung von Fördermitteln, Umstellung der Universitäten auf Bachelor- und Masterstudiengänge),

- Wirtschaftliche Entwicklungen (z. B. sektoraler Wandel – starker Anstieg des Dienstleistungssektors).

Im Rahmen der Trendanalysen kann auch auf die Instrumente der Materialanalyse, wie sie bei der traditionellen Programmplanung angesprochen worden sind (vgl. Kap. 4.4.2.1), zurückgegriffen werden.

Reales Fallbeispiel zbw

Ein reales Beispiel möge die Vorgehensweise erläutern. Wie in Kapitel 1 dargestellt, ist es in Nürnberg zum 01.01.2007 zur Gründung eines „Zentrums für betriebliches Weiterbildungsmanagement (zbw)" gekommen. Dieses Servicezentrum ist vom Verband der Bayerischen Metall- und Elektro-Industrie (VBM) initiiert und finanziert worden. Im Vorfeld sind dazu vom Lehrstuhl für Wirtschaftspädagogik und Personalentwicklung der FAU Erlangen-Nürnberg zunächst Markt- und Trendanalysen durchgeführt worden. Auf der Grundlage vorliegender Literatur konnte festgestellt werden, dass Personaler in KMU in hohem Maße auf Unterstützung bei ihrem betrieblichen Weiterbildungsmanagement angewiesen sind. Zwar existiert eine geringe Anzahl von Dienstleistern, die solche Unterstützungsleistungen offerieren, allerdings gegen hohe Gebühren, die die KMU nur selten bereit sind zu tragen. Um diese Einschätzung zu fundieren, sind Betriebsbefragungen in Bayern durchgeführt worden und Erfahrungsberichte aus ähnlich gelagerten Projekten ausgewertet worden. Diese Analysen unterstützen diese Einschätzung. Ein Bedarf ist demnach vorhanden, würde jedoch nur dann in konkrete Nachfrage transformiert werden, wenn nur geringfügige Gebühren erhoben würden. Dass in diesem Bereich mit einem *wachsenden* Bedarf zu rechnen ist, belegt eine Trendanalyse, wie sie in Kapitel 1 dieses Lehrbuchs dargestellt worden ist. Angesichts der demographischen Entwicklung ist bei den Unternehmen mit zunehmenden Schwierigkeiten beim Personalmanagement zu rechnen. Vor diesem Hintergrund offeriert nunmehr das neu gegründete zbw Tagungen, Workshops, Seminare und Publikationen im Themenfeld des betrieblichen Weiterbildungsmanagements, die sich vor allem an Personaler in KMU richten. Das Ziel ist dabei, „Hilfe zur Selbsthilfe" zu leisten.

Zur Stärken-/Schwächenanalyse

Neben einer Markt- und Trendanalyse haben Weiterbildungsanbieter auf der strategischen Ebene des Weiterbildungsmarketing auch eine *Stärken-/Schwächenanalyse* durchzuführen. Wenn es um die Profilierung eines Weiterbildungsanbieters geht, dann ist an deren Stärken anzuknüpfen, Schwächen sind dagegen zu bearbeiten. Eine Stärken-/Schwächenanalyse liefert hierzu die notwendigen Informationen. Diese Untersuchungen können prinzipiell aus drei Perspektiven heraus erfolgen.

a) Interne Perspektive

Ein Weiterbildungsträger kann über eine Reihe von Stärken, aber auch Schwächen verfügen, wie bspw. Investitionskraft, guter oder schlechter Standort, Equipment, Kompetenzen der Lehrkräfte, positives oder negatives Image etc. Nach Bernecker (2001, S. 64 f. in Anlehnung an Porter 1992) sollte im vorliegenden Kontext jeder Anbieter folgenden Fragen nachgehen:

- Reichen die eigenen Ressourcen für weiteres Wachstum?

- Ist die Flexibilität und Anpassungsfähigkeit des Weiterbildungsanbieters durch ausreichende Liquiditätsreserven und Managementkapazitäten noch gewährleistet?

- Ist es gelungen, einen stabilen Kundenstamm aufzubauen?

Zur internen Perspektive gehört aber auch zu analysieren, welche Kurse in welchem Marktsegment auf hohe bzw. niedrige Nachfrage bzw. positive bzw. negative Resonanz gestoßen ist. Viele Stärken, aber auch Schwächen sind allerdings nur dann als wirkliche Stärken/Schwächen einzustufen, wenn die Konkurrenz nicht ebenso über diese verfügt. Deshalb ist es sinnvoll neben der unternehmensinternen Stärken-/Schwächen-Analyse auch eine unternehmensexterne Konkurrenzanalyse vorzunehmen. Zur Identifizierung von Stärken und Schwächen kann auf alle unternehmensinterne Informationen (wie bspw. Teilnehmerstatistiken, Evaluationen) und Erfahrungen (etwa aus persönlichen Rückmeldungen) zurückgegriffen werden.

b) Externe Perspektive

Bei einer Konkurrenzanalyse sollte in jedem der kritischen Punkte (Stärken und Schwächen) detailliert die Position und die Verhaltensweisen der Konkurrenten betrachtet werden. Dies kann in Bezug auf das Unternehmen, das Dienstleistungsangebot und die Zielgruppen geschehen. Hinsichtlich des *Unternehmens* könnten bspw. die Lage, die Infrastruktur oder das Personal einen Wettbewerbsvorteil gegenüber Konkurrenten darstellen. Beim Fortbildungszentrum Hochschullehre der FAU Erlangen-Nürnberg (FBZ-HL) besteht im Hinblick auf das spezielle Marktsegment (Wissenschaftliche Mitarbeiter) eine Wettbewerbsstärke darin, dass alle Dozenten eigene Lehrerfahrungen an Universitäten gesammelt haben. Es gilt auch, das *Dienstleistungsangebot* im Vergleich zur Konkurrenz zu prüfen (Veranstaltungszeit, -häufigkeit, Fächerangebot, flankierende Beratungsaktivitäten, gesonderte Dienstleistungen, wie etwa die Durchführung von Bedarfsanalysen im Betrieb usw.). Die Betrachtung der *Zielgruppen* der Konkurrenz kann bisher vernachlässigte Nischen ausfindig machen. So hat eine Zielgruppenanalyse beim FBZ-HL ergeben, dass bislang nur wenige spezifische Weiterbildungsangebote im didaktisch-methodischen Bereich für wissenschaftliche Mitarbeiter an Universitäten existieren.

c) Normative Perspektive

Normativ meint in diesem Zusammenhang, dass Weiterbildungsanbieter sich auch über ihre Grundphilosophie, die dem Kursangebot zugrunde gelegt wird, profilieren können. Diese Grundphilosophie wirkt wie ein Gesetz, an dem alle Angebote auszurichten sind. Beispiele hierzu sind die VHS, die ihre Kurse am Leitziel der Persönlichkeitsentwicklung und der sozialen Integration ausrichten, oder die gewerkschaftlich orientierten Anbieter, die mit ihren Kursen eine aufklärende Funktion zu gesellschaftlich relevanten Themen verfolgen. Die Festlegung einer solchen Grundphilosophie wird in der Praxis meistens nur von den großen Institutionen genutzt und ist kein unbedingter Bestandteil der Stärken-/Schwächenanalyse. Allerdings können auch in dieser normativen Perspektive Stärken, für andere Zielgruppen jedoch zugleich auch Schwächen des Anbieters bestehen.

Im Beispiel des Servicezentrums Weiterbildung konnte keine Stärken-/Schwächenanalyse im engen Sinne durchgeführt werden, weil dieses Zentrum neu gegründet werden sollte. Allerdings gewinnt hier die externe Perspektive durchaus eine Bedeutung, da sich dieser neue Anbieter von anderen abgrenzen muss. So kann im Verbandsbezug eine Stärke gesehen werden, denn die zugeordneten Betriebe werden bevorzugt auf solche Angebote zurückgreifen. Außerdem genießt der Verband bei seinen Mitgliedern einen Vertrauensvorschuss. Eine Stärke kann auch darin gesehen werden, dass das Servicezentrum – im Gegensatz zu anderen privatwirtschaftlich arbeitenden Anbietern – nicht das Ziel verfolgt, Dienstleistungen so zu offerieren, dass sie immer wieder nachgefragt werden müssen (Kundenbindung). Im Gegenteil besteht beim Servicezentrum ein Interesse daran, die potenzielle Kundenklientel selbstständig zu machen, also Hilfe zur Selbsthilfe im Bereich des betrieblichen Weiterbildungsmanagements zu leisten.

Fiktive Fallstudie ‚Go Future'

Nachdem die Teilnahmequote an den Kursen gesunken ist, entscheidet sich Go Future, in Zukunft die Programmplanung nach den Grundprinzipien des Weiterbildungsmarketings zu erstellen. Dies bedeutet, dass zunächst einmal auf *strategischer Ebene* geklärt werden muss, wie sich der Weiterbildungsanbieter in Zukunft auf dem Markt positionieren will.

Da die Standortfrage nicht neu aufgeworfen werden soll, verzichtet man auf den Einsatz von Methoden der *Standortforschung*. Im Rahmen der *Bedarfsanalysen* wurde eine umfassende Materialanalyse durchgeführt, Fachzeitschriften der Weiterbildungsbranche wurden ausgewertet, im Internet wurde nach relevanten Informationen gesucht. Auch wurden Themen von Fachtagungen nach aktuellen Themen durchforstet. Alle Mitarbeiter trugen darüber hinaus ihre persönlichen Erfahrungen, die sie bspw. auch aus den Medien gewonnen haben, bei. Bei den Untersuchungen konnten keine Informationen gefunden werden, die darauf hindeuten würden, dass der im Moment besetzte Markt von Go Future (methodisch: Coaching, Training, Beratung) an Attraktivität verlieren würde. Unter inhaltlichen Gesichtspunkten kristallisierte sich jedoch heraus, dass „Verkaufstraining" auch bei anderen Anbietern auf geringes Interesse gestoßen ist. Zunehmend scheint aber immer mehr auch das Thema „Work-Life-Balance" im Weiterbildungsbereich an Bedeutung zu gewinnen. Auch rückt das Thema „Karriereplanung" bei vielen Mitarbeitern ganz weit nach vorne, weil durch schlanke Organisationen und die betrieblichen Altersstrukturen Aufstiegswege häufig verbaut sind.

Zusätzlich wurden *Trendanalysen* durchgeführt. Es kristallisierte sich dabei heraus, dass das Thema „alternsgerechtes Lernen" nicht nur en vogue ist, sondern in Zukunft angesichts der demographischen Entwicklung immer mehr an Bedeutung gewinnen wird. Auch das Themenfeld „Work-Life-Balance" dürfte demnach eher noch weiter an Bedeutung gewinnen.

Zur Validierung dieser ersten Ergebnisse wurden ergänzende Expertengespräche durchgeführt. Diesbezüglich wurden dabei „befreundete" Weiterbildungsanbieter sowie Vertreter aus Universitäten angesprochen. Auch wurde mit Kammern das Gespräch gesucht, um ein differenziertes Bild über die Probleme aus ihrer Sicht zu erhalten. Diese Gespräche bestätigten den ersten Eindruck, allerdings wurde deutlich, dass Kunden (KMU) zunehmend unternehmensspezifischere Kurse wünschten. Deutlich wurde auch, dass KMU als eines der größten Herausforderungen für die Zukunft ansehen, wie sie ihre immer älter werdende Stammbelegschaft angesichts des drohenden Fachkräftemangels qualifikatorisch fit halten könnten. Um eine letzte Überprüfung dieser Thesen vorzunehmen, wird schließlich noch beim gesamten Kundenstamm eine sehr kurze E-Mail-gestützte Befragung durchgeführt, um festzustellen, ob in den neuen Themenbereichen mit einer Nachfrage zu rechnen wäre.

Vor dem Hintergrund dieser ersten Ergebnisse wurde eine Stärken-Schwächen-Analyse (externe Perspektive: Konkurrenzanalyse) angeschlossen. Sie kam zum Ergebnis, dass im regionalen Umfeld bislang kein einziger Weiterbildungsanbieter beim bisherigen Themenspektrum spezielle Weiterbildungsveranstaltungen für ältere Mitarbeiter anbietet, obwohl gerade Kurse im Bereich von zeit- und Konfliktmanagement auch für Ältere besonders interessant sein dürften. Eine Durchsicht der Homepages der relevanten (regionalen) Konkurrenten hat darüber hinaus ergeben, dass auch noch keiner der anderen Anbieter Kurse im Bereich „Work-Life-Balance" anbieten würde – ebenfalls ein Themenfeld, das ältere Lerner ansprechen dürfte. Im Themenfeld „Karriereplanung" finden sich dagegen bereits einige Anbieter.

Wie eine *interne Stärken-Schwächenanalyse* ergab, verfügen zwei Mitarbeiter des Weiterbildungsanbieters bereits über umfassende Kenntnisse im Bereich „Work-Life-Balance"; im Bereich „Karriereplanung" fehlt allerdings geeignetes Personal. Da der Dozentenstamm überwiegend selbst höheren Alters ist (über 50!), wird im Thema „altersgerechtes Lernen" ebenfalls eine Stärke des eigenen Instituts gesehen, denn es kann eine Akzeptanz älterer Dozenten durch ältere Lerner unterstellt werden. Zudem könnte man sich hier als Pionier und Innovator auf dem Markt präsentieren. Bei den bisherigen Angeboten ergeben die Evaluationsergebnisse, dass vor allem im didaktischen Design nachzubessern ist, wenn die rückläufigen Teilnehmerzahlen gestoppt werden sollen.

Die Datenanalysen, die dem Management vorgelegt werden, kommen demnach zum Ergebnis, dass das bisherige thematische Feld um „Work-Life-Balance-Kurse" sinnvoll erweiterbar wäre, da hier zukünftig mit Nachfrage zu rechnen und kaum Konkurrenten festzustellen sind. Beim Thema „Karriereplanung" ist die Situation nicht so eindeutig. Zwar ist Nachfrage zu erwarten, jedoch lässt sich hier schon eine Reihe von Konkurrenten finden. Außerdem verfügt man bislang über kein geeignetes Personal. Im Hinblick auf eine Zielgruppenorientierung wird mit großer Bedarf bei Veranstaltungen für ältere Mitarbeiter gesehen. Hier könnte man als Pionier auf dem Weiterbildungsmarkt agieren. Denn auch hier gibt es kaum Konkurrenten und man selbst weist in diesem Bereich durchaus Stärken auf.

Zur Entwicklung von Marketing-Strategien (Positionierung und Zielgruppenfixierung)

Aufbauend auf die getätigten Datenanalysen erfolgt dann in einem zweiten Schritt die Entwicklung einer geeigneten *Marketingstrategie*. Dabei versuchen die Anbieter möglichst homogene Teilsegmente aus dem heterogenen Gesamtmarkt zu identifizieren, um diese dann mit einem möglichst exakt auf das gewählte Segment zugeschnittenem Angebot zu bedienen. Dabei geht es zum einen um eine genaue Zielgruppenidentifizierung (z. B. Geschäftsführer von KMU einer spezifischen Branche) und zum anderen um eine eindeutige Positionierung im Weiterbildungsmarkt.

Im Marketing bezeichnet eine Zielgruppe formal eine Teilgesamtheit auf einem Markt, die entweder a priori definiert ist (z. B. durch Branche, Beruf) oder im Zuge einer Marktsegmentierung deduktiv abgeleitet wird (Diller 2007, S. 22). Ziel einer solchen Marktsegmentierung ist unter anderem, heterogene Zielgruppen in möglichst homogene Teilgruppen zu zerlegen, um dadurch jede Zielgruppe durch geeignete Marketingstrategien ansprechen zu können. So erwies sich die Zielgruppe „wissenschaftliches Personal der Universität Erlangen/Nürnberg" beim Fortbildungszentrum Hochschullehre noch als zu grob. Unterschieden wird nunmehr nach den Teilgruppen „wissenschaftliche Mitarbeiter", „Professoren" und „Tutoren". Jede Teilgruppe wird mit spezifischen Angeboten in spezieller Weise angesprochen.

Die Positionierung des Weiterbildungsanbieters geht über die reine Zielgruppenbestimmung hinaus. Formal bedeutet Positionierung die Anordnung von Objekten in einem mehrdimensionalen Positionierungsraum. Trägt man Weiterbildungsanbieter in diesem mehrdimensionalen Achsensystem ein, so ergeben sich aus Sicht der Nachfrager mehr oder weniger ähnliche Institutionen, die entsprechend weit im Positionierungsraum voneinander entfernt sind (vgl. Abbildung 4.4-5).

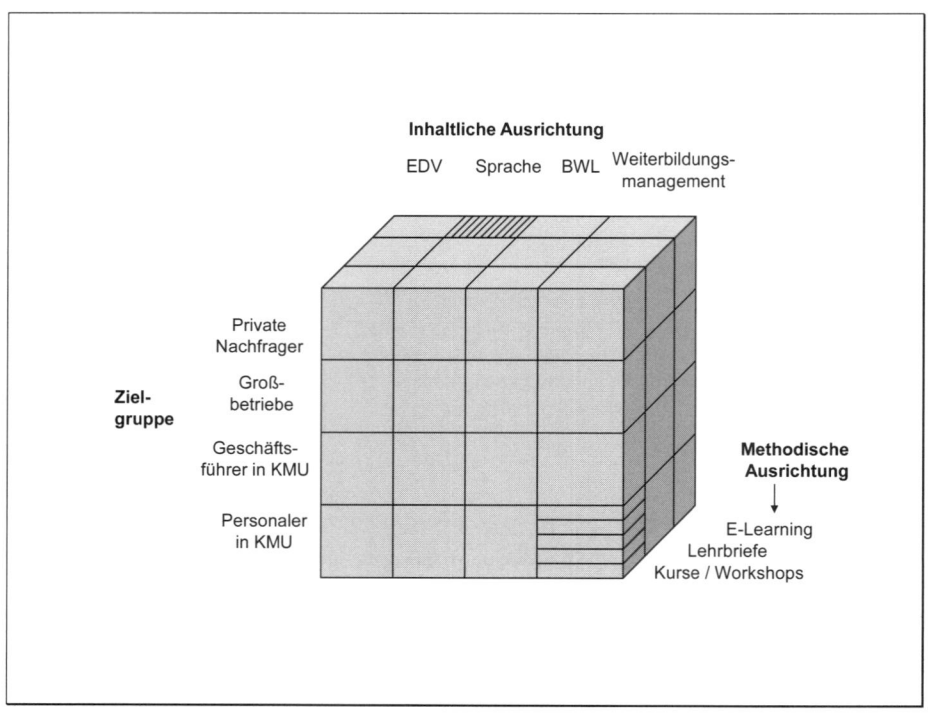

Abb. 4.4-5: Beispiel einer dreidimensionalen Marktsegmentierung[151]

Im Beispiel repräsentiert der Würfel rechts unten einen Weiterbildungsanbieter, der für Personaler in KMU Kurse und Workshops zum Thema Weiterbildungsmanagement offeriert. Der Würfel links oben stellt das Profil eines E-Learning-Anbieters im Bereich Sprachen dar, der sich an private Nachfrager richtet.

Die Positionierung kann als „Matching-Prozess" der eigenen Stärken und der für attraktiv befundenen Marktsegmente/Zielgruppen angesehen werden. In dem „Matching-Prozess" sollte versucht werden, die unternehmenseigenen Kernkompetenzen möglichst für die lukrativsten Zielgruppen anwenden zu können. Es ist hier im Rahmen dieses einführenden Lehrbuchs nicht möglich, umfassend auf die Aspekte der Entwicklung einer geeigneten Marketing-Strategie einzugehen. Hierzu sei auf die Spezialliteratur verwiesen. Bernecker (2001) verweist bspw. auf folgende zentrale Aspekte, die hier nur kursorisch erläutert werden sollen:

• *Marktabdeckungsstrategie:* Zu entscheiden ist zunächst, ob man den gesamten Markt abdecken, sich spezialisieren oder als Nischenanbieter positionieren will. Drei mögliche Beispiele hierzu:

    o   „Weiterbildungs-Supermarkt": Ein solcher Anbieter legt auf ein breites Fächerangebot für eine möglichst breite Kundenklientel Wert. Ein Beispiel für eine solche Positionierung ist die VHS.

---

[151]   In Anlehnung an Bernecker (2001, S. 112).

○   „Differenzierter Großanbieter": Ein differenzierter Großanbieter verfügt zwar immer noch über ein breites Kursangebot, spricht damit aber spezielle Zielgruppen an (z. B. Kammern oder Gewerkschaften).

○   „Spezialisten": Wer sich als Spezialist positioniert, fokussiert sich auf die Bedienung ganz spezieller Kundengruppen (wie z. B. bei der DATEV, die sich auf die Weiterbildung von Steuerberatern konzentriert). Das Spezialistentum muss sich dabei nicht allein auf spezifische Teilnehmergruppen beziehen, sondern kann sich bspw. auch auf Themenfelder (z. B. IT-Bereich), didaktisch-methodische Designs (z. B. E-Learning) oder spezifische Serviceangebote (Unterstützung beim betrieblichen Weiterbildungsmanagement) beziehen. Auch Kombinationen solcher Kriterien bieten sich zur Profilierung von „Spezialisten" an (vgl. hierzu den folgende Spiegelstrich).

• *Marktsegmentabgrenzung:* Die meisten Weiterbildungsanbieter profilieren sich als Spezialisten. In diesem Fall stellt sich die Frage nach einer geeigneten Marktsegmentierung. Sinnvoll sind – wie oben bereits angesprochen – mehrdimensionale Abgrenzungsstrategien. Bernecker schlägt ein dreidimensionales Konzept vor. Demnach sollte sich ein Weiterbildungsanbieter

a)   über die Zielgruppen (wie bspw. Großunternehmen, KMU, Geschäftsführer mittelständischer Unternehmen o.ä.),

b)   über die Inhalte (wie bspw. EDV, Sprachen, BWL o.ä.) sowie

c)   über die Methoden[152] (E-Learning, seminaristisches Lernen, Lehrtexte, Outdoor o.ä.) abgrenzen (vgl. hierzu auch die voran gegangene Abbildung).

• *Marktarealstrategien:* In Zusammenhang mit der Standortwahl ist zu bestimmen, ob man national, übernational oder regional agieren will. Dies ist abhängig von der Wettbewerbssituation im relevanten Marktsegment. Aber auch die Methodenwahl ist von entscheidender Bedeutung. Ein E-Learning-Anbieter wird ein anderes Marktareal im Blick haben als ein seminaristischer Anbieter an einem bestimmten Standort.

• *Marktfeldstrategie:* Festzulegen ist, mit welcher Strategie die Marktanteile im relevanten Segment des Weiterbildungsmarktes erhöht werden sollen. Zu denken ist etwa an Methodenerweiterungen, Zielgruppenerweiterungen, thematische Ausweitungen, eine intensivere Akquirierung im bisherigen Marktsegment usw. Auch hierbei kann das in der vorangegangenen Abbildung dargestellte Positionsraster hilfreich sein, indem man die Ist-Position des Weiterbildungsanbieters sowie die aus den Kunden-Präferenzen abgeleitete Soll-Position einträgt. Die Abbildung verdeutlicht dann optisch, welche der genannten Marktfeldstrategien erforderlich sind.

• *Timing-Strategie:* Zu überdenken ist, wann im relevanten Marktsegment der Markteintritt erfolgen soll (Pionier oder Folger?).

---

[152]   Bernecker spricht hier etwas unscharf von „Technologien".

Übung: 🔍

3   Skizzieren Sie das relevante Marktsegment und die Marktabdeckungsstrategie beim zbw, das weiter oben skizziert worden ist.

Real-Fallbeispiel FBZHL

Mögliche Bildungsmarketingstrategien seien am Beispiel des Fortbildungszentrums Hochschullehre (FBZHL) der FAU Erlangen-Nürnberg verdeutlicht.

- Das *relevante Marktsegment* wurde sowohl über *Inhalte* als auch über *Zielgruppen* abgegrenzt. Inhaltlich geht es um hochschuldidaktische Fortbildung für die Zielgruppe des wissenschaftlichen Personals der Universität. Dabei wurden unter Methodengesichtspunkten keine weiteren Marktabgrenzungen vorgenommen. Hintergrund hierfür war, dass bis 2003 in diesem Bereich keine Angebote vorhanden waren. Das wissenschaftliche Personal war auf Angebote externer Weiterbildungsveranstalter angewiesen, die jedoch – wie eine Konkurrenzanalyse gezeigt hat – nicht konkret auf die Belange universitärer Beschäftigten zugeschnitten waren.

- Als *Marktareal* wurde die *Universität Erlangen-Nürnberg* definiert, da – wie eine Bedarfsanalyse zeigte – von einer ausreichend großen Nachfrage ausgegangen werden konnte. Gleichwohl wurde eine Kooperation mit anderen Hochschulen (wie etwa mit Bamberg) geplant, wo sich ebenfalls hochschuldidaktische Fortbildungszentren etablierten.

- Das Fortbildungszentrum Hochschullehre der FAU Erlangen-Nürnberg profilierte sich – unter *Marktabdeckungsgesichtspunkten* – von Anfang an als *Spezialist*, indem es auf eine spezifische Klientel ausgerichtet ist (wissenschaftliche Mitarbeiter der Universität) und für diese spezifische Themenfelder offeriert (Kurse im Bereich Didaktik/Methodik in der Universität).

- Aus der Perspektive einer *Marktfeldstrategie* wurde zunächst eine beständige *thematische Ausweitung* verfolgt. Damit sollten sowohl neue Interessenten als auch Wiederholer angesprochen werden. In jüngerer Vergangenheit verfolgt das FBZHL das Prinzip einer *Zielgruppenerweiterung*. So wird versucht, durch gesonderte Veranstaltungen sowohl Professoren als auch Tutoren, die bislang kaum an den Veranstaltungen teilgenommen haben, als Interessenten zu gewinnen.

- Unter *Timing-Gesichtspunkten* war das FBZHL als *Pionier* tätig, da es 2003 auch an anderen bayerischen Universitäten ein solches Fortbildungszentrum noch nicht gab.

Schließlich ist ein Blick darauf zu richten, wie Wettbewerbsvorteile gegenüber den Konkurrenten realisiert werden können. Ausgehend von der Positionierung am Weiterbildungsmarkt werden die so genannten strategischen Erfolgspositionen (SEP) bestimmt. Dabei muss sich jeder Weiterbildungsanbieter seine spezifischen Stärken in Relation zu den Konkurrenten vor Augen führen und prüfen, welche davon sinnvoll und glaubwürdig kommuniziert werden können. SEPs von Weiterbildungsanbietern können bspw. der Standort, hoch qualifiziertes Personal oder ein spezielles Kursangebot sein. Auch spezielle Serviceangebote, die Konkurrenten nicht anbieten, gehören zu den SEPs. Bernecker (2001) verweist auf vier typische Wettbewerbsvorteile: Innovationsorientierung (Pionier am Markt), Qualitätsorientierung, Programmbreitenvorteile (viele Angebote für die Zielgruppe), Reputation/Image.

In einem nächsten Schritt gilt es zu prüfen, welche SEP zugleich auch als Unique Selling Proposition (USP), also als einzigartiges Verkaufsversprechen auf dem Weiterbildungsmarkt verwendet werden kann. Eine USP bezeichnet einen spezifischen Nutzen, den Konkurrenten nicht offerieren bzw. noch nicht für sich reklamieren. Im Idealfall handelt es sich beim USP um ein klares Alleinstellungsmerkmal gegenüber der Konkurrenz. Beispielsweise verfügt das vom Verband der Bayerischen Metall- und Elektro-Industrie initiierte und finanzierte „Servicezentrum Weiterbildung" über eine USP, die darin besteht, dass es kostenlose Weiterbildungskurse in Themenfeldern des betrieblichen Weiterbildungsmanagements für „Personaler" in Mitgliedunternehmen offeriert. USP brauchen aber nicht unbedingt monetärer Art zu sein, sie können auch physischer, psychischer, sozialer, räumlicher oder zeitlicher Art sein. USP müssen für den Kunden (Zielgruppe) bedeutsam sein, sie müssen für sie wahrnehmbar und von der Konkurrenz nicht leicht imitierbar sein.

Dieses einzigartige Verkaufsargument bildet dann den Schwerpunkt für die Kommunikationspolitik auf der operativen Ebene des Weiterbildungsmarketings.

Fiktive Fallstudie ‚Go Future'

Bei der nächsten Managementsitzung legt der Vorstand von `Go Future` die neue Marketingstrategie fest. `Go Future` möchte sich in Zukunft als Spezialist am Markt positionieren (Marktabdeckungsstrategie). Marktabgrenzung: Thematisch soll sich „Go Future" auf die Themenfelder Coaching, Training, Beratung und Work-Life-Balance konzentrieren. Das Thema „Karriereplanung" wird dagegen zunächst nicht weiter verfolgt, da hier bereits eine Vielzahl an Konkurrenten ähnliche Angebote unterbreitet. Unter Zielgruppengesichtspunkten will man verstärkt auf „ältere Lerner" setzen. Sie sollen verstärkt mit dem eigenen Personal und mit einer spezifischen altersgerechten Didaktik angesprochen werden. In diesem Bereich würde man als Pionier (Timing-Strategie) tätig werden. Aus der Perspektive einer Marktfeldstrategie wird also zunächst auf eine Zielgruppenerweiterung gesetzt. Im Erfolgsfall wird später auch an eine thematische Erweiterung für die genannte Zielgruppe gedacht. Das bisherige Marktareal soll dagegen unverändert bleiben. Das spezifische Profil der Weiterbildner im Hause sowie die altersgerechte Didaktik soll zugleich auch als USP glaubwürdig kommuniziert werden.

4.4.2.2.4 Operative Ebene des Weiterbildungsmanagements

Die operative Ebene des Weiterbildungsmanagements umfasst die vier klassischen Marketing Mix-Instrumente, auf die auch das kommerzielle Marketing zurückgreift (vgl. Abb. 4.4-4 weiter oben). Jeder Weiterbildungsanbieter versucht mit dem Einsatz verschiedener Instrumente aus den Bereichen der Dienstleistungspolitik (Produktpolitik), der Kommunikationspolitik, den Verkaufsbedingungen (Preispolitik) und der Distributionspolitik seine gewählte Marketing-Strategie umzusetzen und sich von den Wettbewerbern abzuheben.

Dienstleistungspolitik

Die Dienstleistungspolitik repräsentiert den zentralen Entescheidungsbereich innerhalb des Marketing-Mix. Die Produkt- und Dienstleistungspolitik beschäftigt sich mit allen Entscheidungen, die in Zusammenhang mit der Gestaltung des Leistungsprogramms eines Unternehmens stehen. Im Rahmen der *Dienstleistungspolitik von Weiterbildungsanbietern* geht es nicht nur, in der Praxis aber vor allem um die Kernkompetenz „Weiterbildung". Dabei ist die primäre Aufgabe, bestehende Weiterbildungsangebote mit Blick auf die zuvor abgegrenzten Marktsegmente zu pflegen, das heißt sie entsprechend den Erwartungen der Zielgruppe inhaltlich bzw. methodisch anzupassen. Daneben sind ergänzende neue Angebote zu entwickeln und alte Angebote, die den Ansprüchen des Marktsegments nicht mehr gerecht werden, zu eliminieren. Instrumente der Dienstleistungspolitik bei Bildungsanbieter sind dabei nach Bernecker (2001, S. 200 ff.) die

- Qualitätspolitik,

- Servicepolitik,

- Markenpolitik (Namensgebung und besondere Kennzeichnung zur Differenzierung von anderen Anbietern) und

- Beschwerdepolitik (Gegenmaßnahmen zur Vermeidung von Abwanderung).

Auf die beiden zuerst genannten Aspekte soll im vorliegenden Zusammenhang etwas ausführlicher eingegangen werden.

Zur *Qualitätspolitik*

Hier geht es darum, die Eigenschaften der Dienstleistung Weiterbildung im Interesse des Kunden zu präzisieren. Dabei können zum einen Qualitätsstandards[153], die im Kontext der Kommunikationspolitik den Kunden zu verdeutlichen sind, behilflich sein. Zum anderen besteht eine wesentliche Strategie darin, den potentiellen Kunden in den Prozess der Leistungserstellung einzubeziehen. Damit gemeint ist, dass der einzelne Kunde seine Interessen und Wünsche im Vorfeld einbringt und diese bei der Kursgestaltung berücksichtigt werden. Probleme entstehen immer dann, wenn in einer Weiterbildungsveranstaltung unterschiedliche Kunden mit abweichenden Vorstellungen vertreten sind. In diesem Fall ist es notwendig, dass ein Kursleiter – möglicherweise ausgehend von einem Standardkurs – die Konzeption so flexibel variiert, dass möglichst alle Ansprüche befriedigt werden.

Beispiel: An der WISO-Fakultät der FAU Erlangen-Nürnberg ist 2007 erstmals ein Workshop „Qualität der Lehre" für Professoren durch das Fortbildungszentrum Hochschullehre organisiert worden. Im Vorfeld dazu fand eine „Critical-Incident-Befragung" statt, an der sich alle Teilnehmer des Workshops beteiligt haben. Grundlage waren hier also nicht allgemeine Bedarfserhebungen, sondern konkrete Bedürfnisse jedes einzelnen Teilnehmers. Dem Kursleiter fiel dann die Aufgabe zu, auf dieser Grundlage die Konzeption des geplanten Workshops so auszugestalten, dass möglichst alle genannten critical incidents berücksichtigt werden konnten.

Zur *Servicepolitik*

Im Rahmen der Dienstleistungspolitik geht es nicht nur um eine kundenorientierte Konzeptentwicklung. Vielmehr unterstützen Serviceleistungen (Zusatzleistungen) im Umfeld dieser Kernaufgabe deren Absatz. Solche Serviceleistungen können erfolgen

- im Vorfeld von Weiterbildungsaktivitäten (z. B. Beratung, komfortable Anmeldesysteme, ausführliche Kursinformationen, Hotelreservierungen etc.),

- während der Weiterbildungsaktivitäten (z. B. Verpflegung, Freizeitgestaltung etc.),

- nach den Weiterbildungsaktivitäten (z. B. Nachschlagwerke, Hotline etc.).

In jüngerer Vergangenheit lassen sich bei den Weiterbildungsanbietern zunehmend Entwicklungen feststellen, die zu einem Verschwimmen der Grenzen zwischen Haupt- und Nebenleistungen führen. So wird im Kontext der Diskussionen im Weiterbildungsmarketing problematisiert, dass Weiterbildungsanbieter ihre Hauptleistung allein in der Weiterbildung sehen. Im Sinne des Weiterbildungsmarketings hat sich demnach ein Weiterbildungsinstitut idealtypisch nicht mehr nur als Kursanbieter zu

---

[153]   Vgl. Kapitel 4.6 in diesem Lehrbuch.

verstehen, sondern als „Dienstleistungszentrum im Weiterbildungsbereich". Die Institute übernehmen dabei dann jene Funktionen für die KMU, die in Großbetrieben unternehmensintern von Weiterbildungsabteilungen erledigt werden. Dabei kann es sich um Bedarfsanalysen beim Kunden, Transferförderungsmaßnahmen im Umfeld von Weiterbildungsaktivitäten beim Kunden oder um die Entwicklung geeigneter Evaluationskonzepte handeln. Insoweit können die Weiterbildungsinstitute dann auch als „externe Bildungsabteilung für KMU" angesehen werden. In diesem Fall können die angesprochenen Dienstleistungen nicht mehr nur als „Serviceleistung" zur Förderung der Hauptleistung Weiterbildung angesehen werden, sondern vielmehr als eigenständige Kernleistung des Dienstleistungszentrums im Weiterbildungsbereich.

Kommunikationspolitik

Das zweite Instrument der operativen Ebene des Weiterbildungsmarketings stellt die *Kommunikationspolitik* dar. Darunter sind alle Instrumente und Entscheidungen zu verstehen, die der Kommunikation mit der Umwelt des Dienstleistungszentrums im Weiterbildungsbereich, aber auch der internen Kommunikation dienen. Die Kommunikationspolitik ist von herausragender Bedeutung, da der Wettbewerbsvorteil vom Kunden auch wahrgenommen werden muss. Im Rahmen der Kommunikationspolitik muss es auch gelingen, die Teilnahmemotivation bei potentiellen Kunden zu wecken. Dazu ist ein Anknüpfen an die kognitiven und emotionalen Prozesse bei der Herausbildung solcher Teilnahmemotivationen sinnvoll (vgl. hierzu Vertiefungskapitel 4.4.3).

In diesem Bereich stehen den Anbietern zahlreiche Möglichkeiten zur Verfügung, um ihre SEP's und USP's zu kommunizieren. Neben

- der klassischen Mediawerbung,

- der Verkaufsförderung (aktionistische Werbeunterstützung am Ort des Verkaufs) und

- der Public Relations (Öffentlichkeitsarbeit)

- können dabei auch moderne Kommunikationsinstrumente eingesetzt werden.

Die Instrumente sind dabei aufeinander abzustimmen, damit sich für die Zielgruppe ein konsistentes Erscheinungsbild des Unternehmens ergibt.

Zur klassischen Mediawerbung

Die klassische Mediawerbung umfasst Printmedien, (Lokal-) TV, (Lokal-) Radiowerbung, Plakate, Anschreiben mit Programmflyern, Telefonmarketing, aber auch Werbung im Internet. TV- und Radiowerbung sind für Weiterbildungsunternehmen meist zu teuer, Printmedien meist zu ungezielt.[154] Direkte Anschreiben mit Programmflyern (und Telefonmarketing) werden häufig nicht zur Kenntnis genommen. So konnte der Autor im Zusammenhang des Aufbaus eines regionalen Informationssystems zur beruflichen Bildung feststellen, dass in Großbetrieben solche Flyer aufgrund der Masse erst gar nicht gelesen werden, währenddessen KMU solche Flyer häufig erst gar nicht erhalten und schon gar nicht zu jenem Zeitpunkt, zu dem Weiterbildungsbedarf bestünde. Plakate sind dagegen nur dann effektiv, wenn sie an jenen Orten präsentiert werden, wo die angesprochene Zielgruppe zu finden ist, wie bspw. auf Fachmessen.

---

[154] Zielgruppe muss Printmedium gerade dann zur Kenntnis nehmen, wenn Weiterbildungsbedarf besteht.

Vor allem die Internet-Nutzung bietet sich dagegen für die Dienstleistungszentren im Weiterbildungsbereich aufgrund der geringeren Kosten, der besseren Ansprache der Kunden und der größeren Aufmerksamkeit an. Möchte ein Kunde Informationen über ein Unternehmen einholen, besucht man die entsprechende Homepage. Daher ist eine übersichtlich und optisch ansprechend gestaltete Homepage für die genannten Dienstleistungszentren sehr wichtig. Der Vorteil dieses Mediums liegt auch darin, dass unterschiedliche Sinne angesprochen werden können und nicht nur eine „Einweg-Kommunikation" möglich ist. Allerdings steht die Intransparenz des Weiterbildungsmarktes der Effektivität dieses Instrumentes entgegen. So wird kaum ein KMU über verschiedene Homepages „surfen", um ein geeignetes Angebot zu finden. Auch hier bietet sich für Dienstleistungszentren im Weiterbildungsbereich der Weg der „Kooperation in Konkurrenz" an. Im Rahmen von Qualifizierungsnetzwerken (vgl. Kapitel 5.2.5) können die Angebote der beteiligten Weiterbildungsanbieter über eine gemeinsame Homepage und eine gemeinsame Datenbank zugänglich gemacht werden. Dies erhöht die Wahrscheinlichkeit, dass Nachfrager auf diese Homepage zugreifen.

Zur Verkaufsförderung

Im Weiterbildungsbereich haben vor allem Flyer und Broschüren, die an Veranstaltungsorten ausgeteilt werden, eine Bedeutung. So können Kunden, die einen Kurs besucht haben oder zumindest danach nachgefragt haben, mit Informationen über das weitere Angebot des Veranstalters versorgt werden. Dies kann zu einer intensiveren Kundenbindung führen.

Public Relations

In diesem Bereich geht es um den Aufbau von Firmenimage, um Vertrauen aufzubauen und den Bekanntheitsgrad zu steigern. Instrumente hierzu sind bspw. Pressekonferenzen oder Pressemitteilungen, die allerdings insbesondere für kleine Weiterbildungsinstitutionen kaum geeignet sind, wenn nicht damit herausragende Ereignisse kommuniziert werden, die Aufmerksamkeit erregen. Verbreitet sind dagegen Unternehmenslogos, spezielles Briefpapier und Kugelschreiber mit dem Namen der Institution. Alles dies trägt zur Corporate Identity und zur Kundenbindung bei. Auch Veröffentlichungen in der Fachpresse, Kundenzeitschriften oder Messestände sind verbreitete PR-Maßnahmen von Weiterbildungsinstitutionen.

Moderne Werbeformen

Durch den Einsatz von *Suchmaschinen-Marketing* können sich Anbieter stärker in den Fokus der potenziellen Kunden bringen. Wird z. B. der Begriff Weiterbildungskurs, oder IT-Kurs in eine Suchmaschine wie „google" oder „yahoo" eingegeben, besteht die Möglichkeit für die Anbieter entsprechende Werbung bzw. Verweise zu schalten.

Eine weitere Möglichkeit besteht im *Permission Marketing*. Hier wird der Adressat, bevor er Werbung erhält, um Erlaubnis gefragt. So können Dienstleistungszentren im Weiterbildungsbereich an ausgewählte KMU aus ihrer Datenbank eine EMail (oder Brief) mit der Information versenden, dass neue Kurse angeboten werden oder neue Dozenten gewonnen werden konnten. Dabei kann das Institut dann „höflich anfragen" (um Erlaubnis bitten = permission), ob es erwünscht sei, zukünftig mehr Informationen (Werbung) über den Anbieter zu erhalten. Diese neue Form der Ansprache verspricht eine höhere und qualitativ bessere Rücklaufquote als die herkömmlichen Anschreiben, ohne dabei das aktive Zugehen auf den Kunden zu vernachlässigen.

Andere moderne Werbeformen, wie etwa Event-Marketing oder Sponsoring, dürften aufgrund der Kosten allenfalls für größere Weiterbildungsinstitutionen geeignet sein.

Verkaufsbedingungen

Die *Verkaufbedingungen* (Preispolitik) der Dienstleistungszentren im Weiterbildungs-bereich beinhalten zum einen die Preisfestsetzung, -kalkulation, und -differenzierung, zum anderen aber auch die Festlegung der Zahlungskonditionen. Diller (2007, S. 517) sieht in der Preispolitik eine der „schärfsten Marketingwaffen(gattungen) im Marketing-Mix".

Auf die verschiedenen Möglichkeiten der Preisbildung kann hier nicht ausführlich eingegangen werden. Diesbezüglich sei auf die weiterführende Literatur verwiesen (z. B. Bernecker 2001, S. 241 - 248). Im Weiterbildungsbereich von Bedeutung sind Rabatt- und Bonussysteme. Beispielsweise kann es mit der Maßnahme der Preis-bündelung (z. B. zwei Kurse zum Preis von einem) gelingen, Kunden zu akquirieren und zu binden. Auch die Einführung eines Bonus System und die Gewährung von Firmenrabatten können zur Kundenbindung (Customer Relationship Management) beitragen. Auch kostenlose Zusatzangebote können sinnvoll sein.

Distributionspolitik

Das vierte und letzte Marketinginstrument der operativen Ebene der Programmpla-nung stellt die *Distributionspolitik* dar. Sie umfasst alle Instrumente, die den Verkauf und Vertrieb der Produkte eines Unternehmens beinhaltet. Hier stellt sich für die Dienstleistungszentren im Weiterbildungsbereich die Frage, „wie sie die Dienstleis-tung an ihre Kunden bringen." Hauptbestandteile sind hier die Klärung des

*   Seminarortes (beim Weiterbildungsanbieter, beim Kunden, um bspw. arbeits-platznahes Lernen zu ermöglichen, oder an einem dritten Ort, wie etwa einem Hotel) und der

*   Zeitfenster (Dauer und Zeitpunkt).

Sowohl Seminarort als auch Zeitfenster sind auf die Bedürfnisse der Kunden auszu-richten.

Alle vier Instrumente des Weiterbildungsmarketings sollten aufeinander abgestimmt und integriert gestaltet sein. Prinzipiell kann über jedes der vier Aktionsinstrumente ein USP erreicht werden. Sowohl die Themenvielfalt oder –originalität eines Weiter-bildungsanbieters als auch spezielle Rabattmodelle für Stammkunden (Betriebe) können zu einer nachhaltigen Differenzierung gegenüber den Konkurrenten am Wei-terbildungsmarkt führen. Auch die Instrumente der Kommunikationspolitik und der Distributionspolitik umfassen ausreichende Ansatzpunkte für die Erzielung eines USP.

Fiktive Fallstudie ‚Go Future'

`Go Future` entscheidet sich, ihre USP unter anderem über Printanzeigen in zielgruppengerechten Zeitschriften (Manager- und Weiterbildungsmagazine) zu kommunizieren. Des Weiteren wird ein Schwerpunkt auf die Neugestaltung der eigenen Homepage gelegt. Diese soll optisch ansprechender und besucherfreundlicher (Navigation) – gerade für die ältere Generation - gestaltet werden und zukünftig auch eine Buchungsplattform für Kurse aufweisen. Auch will man sich mit anderen Weiterbildungsanbietern zusammenschließen, um eine gemeinsame Homepage zu gestalten. Im Zuge der Neuorientierung führt `Go Future` erstmals einen Claim (Werbeslogan) ein, der in alle Kommunikationsmaßnahmen integriert wird: `Go Future – be successful!`. Um in Zukunft die Kunden stärker an das Institut zu binden führt `Go Future` ein Bonussystem ein. Pro Kursteilnehmer erhalten die Unternehmen 10 Punkte gutgeschrieben, bei gesammelten 100 Punkten gewährt `Go Future` einem Mitarbeiter des jeweiligen Unternehmens einen kostenlosen Kurs. Auch wird älteren Mitarbeitern über 50 der erste Kurs kostenlos offeriert.

Übung:

4 **Zur Wiederholung:** Nennen Sie die vier Marketing-Mix-Bereiche der operativen Ebene des Weiterbildungsmarketing und jeweils ein geeignetes Beispiel für Weiterbildungsanbieter.

4.4.2.2.5 Weiterbildungsmarketing – ein pädagogisch relevantes Thema?

Wie zu Beginn dieses Abschnitts gesehen, hat sich das Weiterbildungsmarketing in einer Zeit entwickelt, in der sich der Arbeits- und Personalmarkt in einem starken Wandel befanden. Weiterbildung wurde zu einem strategischen Erfolgsfaktor und der anhaltende Rückgang der öffentlichen Mittel für den Bereich der Weiterbildung führte zu einem verstärkten Konkurrenzdruck. Der produktorientierte Ansatz ist dadurch immer mehr in den Hintergrund geraten – der kundenorientierte Ansatz, das Weiterbildungsmarketing wurde als Gegenstrategie entwickelt.

Die Frage, die sich stellt, ist, ob das Weiterbildungsmarketing sich nicht nur ökonomisch, sondern auch pädagogisch legitimieren lässt. Eine Erschließung bislang bildungsferner Zielgruppen kann allenfalls als ein bescheidener Nebeneffekt angesehen werden. Argumentiert wird auch, dass durch Weiterbildungsmarketing Innovationen im Weiterbildungsbereich (z. B. neue Lernortkombinationen) evoziert werden könnten. Das Weiterbildungsmarketing fungiere hier quasi als Umweg-Innovator (Wilbers 1996). Allerdings ist dieser Erfolg in der Praxis fraglich, denn Innovationen wie bspw. neue Lernortkombinationen sind auch beim produktorientierten Ansatz möglich.

Der Vorteil des Weiterbildungsmarketing, eine Orientierung am Bedarf der Nachfrager zu leisten, ist ebenfalls kritisch zu hinterfragen. In der Praxis hat sich gezeigt, dass die Weiterbildungsanbieter auch in diesem Ansatz das Angebot, Entgelt, Raum- und Zeitwahl vorab festlegen und die Werbung gestalten. Kommt es zu individuellen Beratungen, dann wird im Rahmen der „kundenorientierten Kursgestaltung" häufig doch wieder auf Standardkurse aus dem Programm zurückgegriffen. Dies erfolgt in der Praxis allein schon aus Kostengründen, denn der Grundgedanke, für den Kunden (KMU) spezifische Angebote zu entwickeln, erweist sich aus ökonomischen Gründen häufig als nicht praktikabel. Daher lässt sich beobachten, dass die Weiterbildungsanbieter nach wie vor überwiegend Standardkurse anbieten, diese aber auf eine andere Art und Weise (aktiv) `verkaufen`.

Ein weiteres Argument des Weiterbildungsmarketings ist, dass man zielgruppen-orientiert fortbilden würde. Diesbezüglich ist darauf hinzuweisen, dass Weiterbildungsinstitutionen in vielfältige Trägerstrukturen eingebunden sind (Sloane 1997). Dies bedeutet, dass Weiterbildungsanbieter bei einer Marktanalyse das direkte, indirekte und das Makroumfeld immer im Auge behalten müssen. Die vorgebliche Flexibilität und die Orientierung an der Nachfrage werden dadurch erheblich erschwert, wenn nicht sogar ganz unterbunden. Als Beispiel seien die korporatistischen Bildungsträger genannt, die nur begrenzt bereit sein können, jedem betrieblichen Wunsch zu folgen, vor allem, wenn dies der normativen Grundorientierung des Trägers zuwider laufen würde. Demzufolge orientieren sich die mikrodidaktischen Entscheidungen nicht an den Lernbedürfnissen des einzelnen Mitarbeiters, sondern an den Vorgaben der Umwelt, bspw. im Hinblick auf die Kosten und die Dauer einzelner Kurse. Die Kurse orientieren sich also de facto nicht am Interesse des Kunden „Teilnehmer", sondern an externen Vorgaben.

Schließlich stellt sich die Frage, die bislang kaum theoretisch fundiert vom Weiterbildungsmarketing beantwortet worden ist, *wer* in diesem Ansatz überhaupt der *Kunde* ist – der Betrieb, der Weiterbildung initiiert (vielleicht nicht einmal finanziert) oder der Teilnehmer am Kurs. Je nachdem, wer als Kunde verstanden wird, kann man zu unterschiedlichen Schlussfolgerungen, zumindest auf didaktisch-methodischer Ebene gelangen.

Übung: 🔍

5	Geben Sie ein Beispiel für eine mögliche Interessenkollision zwischen betrieblichen und individuellen Interessen (als potenzielle Kundenbedürfnisse), wenn es um die Gestaltung von Weiterbildungskursen geht!

Es wird deutlich, dass Weiterbildungsmarketing nicht an sich gut oder schlecht ist. Vielmehr hängt es davon ab, welche Ziele man damit verfolgt. Die Methoden des Marketings stellen lediglich systematische Hilfsmittel zur Verfügung, mit deren Hilfe die gesteckten Ziele besser erreicht werden können.

4.4.3 Vertiefung: Zur Förderung der Teilnahmemotivation[155]

4.4.3.1 Problembezug

Auch wenn eine Programmplanung fundiert und kundenorientiert erfolgt ist, so ist der Erfolg für die Weiterbildungsinstitution damit keineswegs gesichert. Zumindest hat sich jeder Weiterbildungsanbieter, sei er betriebsintern oder -extern, auch Gedanken darüber zu machen, wie er Mitarbeiter für einen Kurs gewinnen kann. Marketingmaßnahmen alleine reichen dazu nicht aus. Vielmehr ist auch nach Wegen zu suchen, wie auf Seiten potenzieller Nachfrager eine Motivation aufgebaut werden kann, an einer Weiterbildungsmaßnahme teilzunehmen. Auch Vorgesetzte befinden sich zum Teil in einer solchen Situation. Wie kann er Mitarbeiter dazu bewegen, einen aus Sicht der Führungskraft sinnvollen Weiterbildungskurs zu besuchen?

---

[155] Bei diesem Abschnitt handelt es sich um eine aufbereitete Fassung von Stender (1996).

Betrachtet man die betriebspädagogischen Strategien zur Bearbeitung des Motivationsproblems in der Weiterbildung, so findet in der Praxis teilweise das Prinzip des „Qualifizierungszwangs" Anwendung. Auch im Lehrerbereich sind bspw. immer mehr Bundesländer dazu übergegangen, Weiterbildungsverpflichtungen in Form von Mindestdeputaten pro Jahr vorzugeben. Die Probleme angeordneter Weiterbildungsaktivitäten sind allerdings hinlänglich bekannt. Sie führen zu inneren Widerständen bis hin zum bekannten Problem des Wegschlafens, also der inneren Weiterbildungsabstinenz. Damit verbundene Misserfolge bei der Weiterbildungsteilnahme werden dann vom Teilnehmer external attribuiert. Dass eine solche Vorgehensweise allein schon wegen der geringen Möglichkeit der Erfolgskontrolle bei der Weiterbildung (vgl. Kap. 4.7.3) nur wenig Erfolg versprechend ist, zeigen exemplarisch die beiden Probanden im Evaluationsprojekt IT-Fit, die von vorne herein Vorbehalte gegenüber dem E-Learning-Kurs hatten, aber von ihrem Vorgesetzten geschickt worden sind, „weil der Kurs nichts kosten würde": Die beiden Probanden nutzten die zur Verfügung gestellten Lernmaterialien nur höchst selten, an den Foren und Übungsaufgaben nahmen sie überhaupt nicht teil. Es verwunderte daher auch nicht, dass es zu keinem Transfer in den Arbeitsalltag gekommen ist. Worauf dieser Misserfolg zurückzuführen ist, war für den Vorgesetzten kaum nachvollziehbar, wenn er es überhaupt nachprüfen *wollte* (worauf in der Praxis meist verzichtet wird): Lag es an den beiden Mitarbeitern oder war der Kurs „praxisfern"?

Auch *indirekte* Formen des Qualifizierungszwangs, die darauf setzen, dass Weiterbildung seitens der Mitarbeiter „von sich aus" ergriffen werden, um berufliche Abkopplungen zu vermeiden – nach Kuwan (1990) ein wesentlicher Anlass für Weiterbildung – erscheinen wenig effektiv. Zum einen, weil – wie in den folgenden Ausführungen auch dargelegt wird – nicht jeder Mitarbeiter nach beruflichem Aufstieg strebt. Zum anderen, weil angesichts der demographischen Entwicklung und den dadurch bedingten personellen Problemen in den Unternehmen (vgl. Kap. 1.2) solche Negativanreize an Bedeutung verlieren werden.

Das Prinzip des Qualifizierungszwangs hat also nur eine beschränkte Reichweite, zumindest erscheint es nicht effektiv. Lernanforderungen Dritter (Vorgesetzter) werden nämlich nur dann zu Lernhandlungen, wenn das Subjekt sie auch als Lernproblematik übernimmt (Holzkamp 1993). Voraussetzung hierfür ist allerdings das Entwickeln einer subjektiven Lernmotivation. Die meisten neueren betriebspädagogischen Ansätze rekurrieren daher in diesem Zusammenhang auf den Grundsatz der *Anreizsetzung*. Durch das Aufzeigen von Verwertungsperspektiven – etwa Vorteile am Arbeitsplatz oder neue berufliche Perspektiven – oder etwa durch das Offerieren von Weiterbildungsansätzen, die den Interessen der Lerner entgegenkommen sollen, wird versucht, die Lernmotivationen der Subjekte zu fördern, indem Lernanforderungen so uminterpretiert werden, dass sie subjektiv bedeutsam und attraktiv werden. Mitarbeitergespräche bieten hierfür ein geeignetes Forum.

Dass Strategien der Anreizsetzung *allein* jedoch nicht ausreichend sind, verdeutlichen plastisch Erfahrungen aus dem Lernstattkonzept. Solche Ansätze können sogar - wie Staudt (1995) darlegt – sehr schnell zu Frustrationen und Enttäuschungen führen und damit sogar zum Abbau individueller Lernmotivationen beitragen, wenn der Anreiz – hier etwa Verbesserung von Arbeitsbedingungen – verloren geht. Eine Enttäuschung über eine ausgebliebene „Belohnung" führt dann zu Vorbehalten gegenüber weiterem Lernen. Dieses Beispiel zeigt, dass Reformierungen allein im Bereich der Weiterbildung möglicherweise zu kurz greifen, wenngleich sie unverzichtbar sind. Sie können allenfalls für spezielle Zielgruppen und dann häufig nur kurzfristig eine motivierende Funktion ausüben, weil sie letztlich aufgrund des Anreizcharakters sehr schnell an Attraktivität verlieren können. Hinzu kommt, dass solche lernpsychologisch durchaus relevanten Lernbegründungen unter bildungstheoretischen Erwägungen fragwürdig erscheinen, denn Lernen wird hier letztlich als außengesteuerter Prozess verstanden und dient nicht der Subjektentwicklung, leistet also nicht Bildung im Sinne einer Selbstbildung der Individuen.[156]

Wenn es um die Förderung individueller Weiterbildungsmotivationen geht, so sind unseres Erachtens verstärkt auch Überlegungen anzustellen, wie über solche auf kurzfristige Wirksamkeit hin angelegte Maßnahmen hinaus längerfristige Bildungsaspirationen betrieblicherseits gefördert werden können. Im Folgenden soll auf der Folie der Ergebnisse eines DFG-geförderten Forschungsprojekts[157] zum Thema "Berufsverlauf und Weiterbildung" – neben der Erörterung von Einflussfaktoren auf die Teilnahmemotivation bei der Weiterbildung – auch der Frage nachgegangen werden, welcher Stellenwert in diesem Zusammenhang der beruflichen Erstausbildung - sowie vorangegangenen Weiterbildungsaktivitäten - zugemessen werden muss. Analysen zu motivationalen Prozessen beziehen sich bislang zumeist entweder allein auf den Bereich der Weiterbildung oder auf den der Ausbildung (z. B. Hardt u. a. 1996). Zusammenhänge zwischen motivationalen Prozessen der Ausbildung in Relation zur Weiterbildung, also Aspekte einer möglichen Motivationskontinuität zwischen beruflicher Erst- und Weiterbildung (Lipsmeier 1977), rücken dagegen weit weniger in den Blickwinkel. In den folgenden Abschnitten sollen zentrale Forschungsergebnisse der Untersuchung dargestellt und interpretiert werden. Dabei kann nur auf Teilaspekte eingegangen werden, Verkürzungen sind unvermeidlich.[158]

4.4.3.2 Zum Stand der Forschung: Weiterbildungsmotivation zwischen Segmentation und Nutzenkalkulation

Betrachtet man vorliegende Untersuchungen zur Weiterbildungsmotivation, so lässt sich ein uneinheitliches, ja zum Teil widersprüchliches Bild feststellen. Dabei spielen unterschiedliche methodische Herangehensweisen, theoretische Interpretationshorizonte, aber auch abweichende Begriffsverständnisse von Motivation eine Rolle. Je nachdem, ob man sich auf eine *„Teilnahme*motivation" bzw. auf eine "*Durchhalte*motivation" bezieht, sind auch unterschiedliche Einflussgrößen wahrscheinlich. Es ist daher unvermeidlich, die genauen Bezugspunkte einer Untersuchung zu markieren.

Unter Bildungsmotivation lässt sich die Gesamtheit hypothetischer Variablen verstehen, die als Aktivatoren des Bildungsverhaltens fungieren. Ihre Wirkung auf den Organismus kann dabei von *außen oder innen* erfolgen und damit das wahrnehmbare Bildungsverhalten nach Richtung, Stärke und Dauer determinieren (Feig 1986). Zentrale Dimensionen motivationaler Prozesse sind Aspekte des *Wählens und Wollens* (Nerdinger 1995). Erklärungsansätze zur Wahl zwischen Handlungsalternativen zielen auf die Richtung motivationaler Prozesse, währenddessen Untersuchungen zur Realisierung der gewählten Handlungsalternative auf die Intensität und die Persistenz des Handelns gerichtet sind. Heckhausen (1987a, 1987b) unterscheidet in seinem theoretischen Modell der Motivation *vier Phasen* des Handelns: Die *prädezisionale Motivation*, bei der es um die Wahl von Handlungsalternativen geht, die *präak-*

---

[156]   Hier wird der dem Begriff „Bildungsmanagement" innewohnende Konflikt zwischen der ökonomischen Kategorie „Management" und dem aus der Aufklärung stammende Begriff der „Bildung" – abzielend vor allem auf Autonomie und Freiheit des Geistes – deutlich (vgl. hierzu Gütl/Orthey/Laske 2006, S. 3).

[157]   Projekt-Nr. 0201301 (AZ Ku 1011/1-1). Projektleitung G. Kutscha, J. Stender.

[158]   Eine ausführliche Ergebnisdarstellung findet sich bei Stender (1996b).

tionale Volition mit der Ausrichtung des Handelns auf konkrete Ziele, die *aktionale Volition*, bei der es um die Umsetzung der Ziele geht, und die *postaktionale Motivation*, die die Bewertung des Erreichten betrifft (vgl. Abb. 4.4-6).

Im Folgenden sei das Modell zunächst zur Verdeutlichung bewusst auf einen anderen Bereich als dem der Weiterbildung bezogen. Es ist Samstagvormittag und Sie denken über Ihre Freizeitgestaltung am Nachmittag nach. In der prädezisionalen Motivationsphase geht es um die Abwägung von Handlungsalternativen. Anstoß hierfür sind meist konkrete Probleme. Unterstellen Sie, ein lieber Besuch (etwa von Ihren Eltern) hat leider abgesagt. Nun werden verschiedene Handlungsalternativen in Betracht gezogen: Ins Kino gehen, Schwimmen gehen, Rad fahren, ein Fußballspiel ansehen, ins Museum gehen oder auch einen Blick in den Wirtschaftspädagogik-Ordner werfen? Die Alternativen werden gegeneinander abgewogen und es bildet sich eine motivationale Tendenz heraus. Da Sie glauben, dass die Inhalte der Wirtschaftspädagogik-Veranstaltungen bereits ganz gut „sitzen", tendieren Sie nach Ihren Abwägungen (vorläufig und innerlich) dazu, ins Fußballstadion zu gehen.

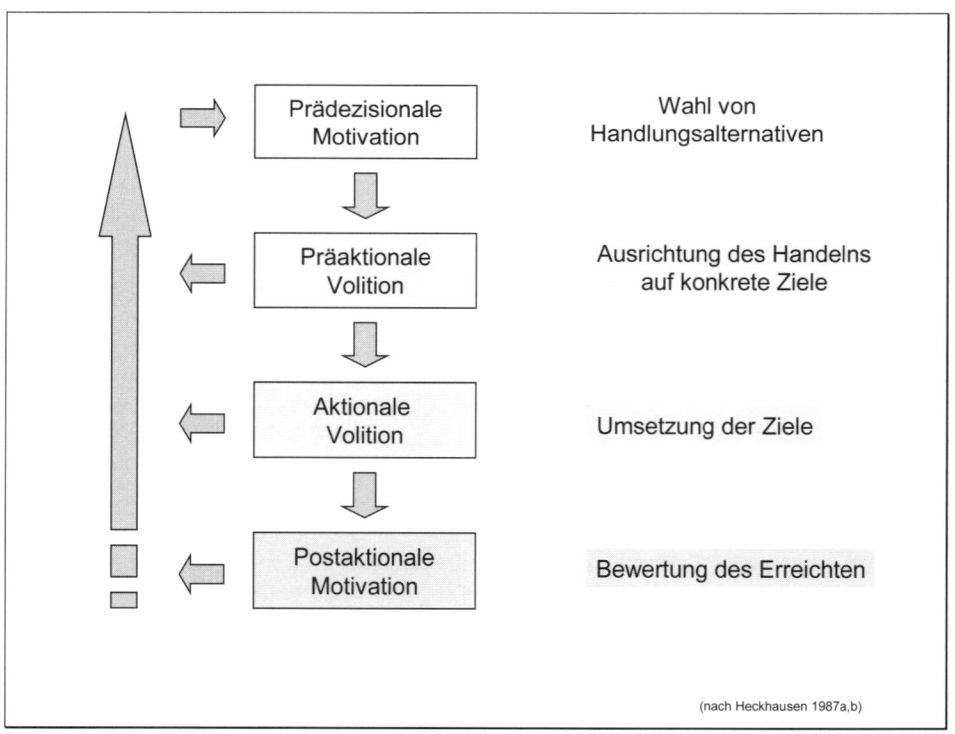

(nach Heckhausen 1987a,b)

Abb. 4.4-6: Vier-Phasen-Modell nach Heckhausen

In der Phase der präaktionalen Volition geht es dann um die Ausrichtung auf konkrete Ziele. Ausgehend von ihrer motivationalen Tendenz (der „Rubikon" Ihrer Abwägungen ist überschritten und sie gehen einer konkreten Handlungsalternative nach) holen Sie sich konkrete Informationen zu Ihrer „motivationalen Tendenz" ein: Welche Fußballmannschaft hat heute ein Heimspiel (da Sie in Nürnberg wohnen: Der 1. FC

Nürnberg oder die SpVgg Greuther Fürth)? Schaffe ich es, rechtzeitig dort und wieder zurück zu sein? Kann ich mir den Eintritt leisten? Wie stark ist der jeweilige Gegner? Welches Spiel wird wohl spannender? Wann fahren öffentliche Verkehrsmittel zum Stadion? Zum Abschluss dieser Phase wird eine Entscheidung getroffen: Da der „Club" zu Hause spielt und einen interessanten Gegner empfängt (und auch Karten noch verfügbar sind), fällt die Wahl auf das Spiel des 1. FC Nürnberg. Hätten sich allerdings keine interessanten Begegnungen ergeben oder wären bspw. keine Karten verfügbar gewesen, so würden Sie gedanklich in die erste Phase zurückfallen und erneut abwägen, welche Handlungsalternativen nun ergriffen werden könnten (z. B. doch den Wirtschaftspädagogik-Ordner ergreifen!).

In der dritten Phase werden die Ziele umgesetzt. Man fährt zum Stadion, kauft eine Eintrittskarte und nimmt die Plätze ein. Da das Spiel sehr abwechslungsreich und unterhaltsam ist, bleiben Sie bis zum Ende des Spiels. Denkbar wäre aber auch gewesen, dass Nürnberg sehr rasch 0:4 in Rückstand geraten wäre. Dann hätten Sie vielleicht aus Frust sehr schnell das Stadion verlassen und wären vorzeitig nach Hause gefahren. Schon auf diesem Rückweg, wären Sie wieder in die erste Phase zurückgefallen, und Sie hätten dann vermutlich sehr schnell die neue motivationale Tendenz entwickelt, dass Ihnen nur eine gute Literatur über diesen Frust hinweghelfen würde (Wirtschaftspädagogik-Ordner!).

Da Sie aber (leider) im Stadion geblieben sind, gelangen Sie in die Phase der postaktionalen Motivation. Da der 1. FC Nürnberg gewonnen und die Spieler auch gut gekämpft haben sowie die Stimmung im Stadion „super" war, bewerten Sie Ihre Nachmittagsgestaltung rückblickend als gut gelungen. Es könnten auch Gefühle wie Freude entstehen. Sie beschließen, in 14 Tagen erneut zum nächsten Spiel des 1. FC Nürnberg zu gehen: Ihre (rückblickenden) Bewertungen haben so Ihre späteren Teilnahmemotivationen beeinflusst.

Bezieht man dieses Phasenmodell nunmehr auf den Bereich der Weiterbildung, so geht es im Rahmen der prädezisionalen Motivation um die Initialkonstellationen von Lernhandlungen. Hier werden auf subjektiver Ebene Abwägungen über eine mögliche Teilnahme oder Abstinenz getroffen. Ergebnis dieser Überlegungen ist eine motivationale Tendenz, Weiterbildungsaktivitäten zu einem spezifischen Themenkomplex (etwa „Umgang mit Kunden") zu ergreifen oder nicht. Auslöser für solche Abwägungen sind meist konkrete Arbeitsplatzprobleme (etwa eine konfliktbehaftete Beratungssituation) oder ein Anstoß seitens des Vorgesetzten oder der Kollegen. In der Phase der präaktionalen Volition geht es dann um die Ausrichtung auf konkrete Weiterbildungsmaßnahmen. Welcher Kurs bei welchem Anbieter soll zu welchem Zeitpunkt besucht werden? Lässt sich die Teilnahme zeitlich und räumlich bei den jeweiligen Anbietern realisieren; ist es notwendig, den Kurs sofort zu besuchen oder reicht es auch, am Kurs in zwei Monaten teilzunehmen; kann ich die finanziellen Kosten tragen? Das Ergebnis der Phase der präaktionalen Volition kann auch darin bestehen, dass eine motivationale Tendenz nicht umgesetzt wird, etwa weil kein geeigneter Kurs gefunden wird.

Die ersten beiden Phasen im Modell von Heckhausen umschreiben den Begriff der *Teilnahmemotivation*", bei der es um die Bereitschaft oder das Interesse geht, an einer Weiterbildungsmaßnahme zu partizipieren. Demgegenüber bezieht sich die *Durchhaltemotivation*" auf die dritte Phase im Modell. In dieser Phase der aktionalen Volition kommt es zur Umsetzung der Ziele: Mitarbeiter nehmen an einer konkreten Weiterbildungsmaßnahme teil. Auch hier kann es zu einer Revision der ursprünglichen Absichten kommen, nämlich zum Abbruch oder zu einer inneren Abstinenz, weil die Maßnahme nicht den Erwartungen entspricht. Bei der Durchhaltemotivation geht es um die aufmerksame Zuwendung während eines Kurses. Um diese hoch zu halten, haben Kursleiter vor allem Möglichkeiten im didaktisch-methodischen Bereich. Nach Ende der Weiterbildungsmaßnahme kommt es beim Teilnehmer in der Phase der postaktionalen Motivation zu einer Bewertung des Kurses. Dabei kommt es zu einer Rückspiegelung der Erfahrungen an den Erwartungen. Die Bewertungen in der Phase der postaktionalen Motivation haben auf spätere Bildungsaktivitäten einen großen Einfluss, wie weiter unten noch dargelegt wird.[159]

Im Folgenden geht es um die Teilnahmemotivation im dargelegten Verständnis. Von welchen Faktoren wird sie beeinflusst? Oder anders ausgedrückt: Wie lässt sie sich fördern? In den 70er und in der ersten Hälfte der 80er Jahre sind in der Weiterbildungsforschung verstärkt Bemühungen unternommen worden, theoretische Modelle zur Erklärung der individuellen Teilnahmemotivation zu entwickeln. Alle Konzepte umfassen ein mehr oder weniger komplexes Netz von Einflussfaktoren. Ein erster wesentlicher Ansatz im deutschsprachigen Raum stammt von Gottwald und Brinkmann (1973). Die Autoren versuchen in ihrem Modell die Teilnahmemotivation durch Wechselwirkungen zwischen situationsorientierten und individuellen Merkmalen, die ihrerseits beide durch gesellschaftliche Bedingungen geprägt sind, zu erklären. Ein knappes Jahrzehnt später (1982) publiziert das Bundesministerium für Bildung und Wissenschaft ein Modell zur Erklärung tatsächlicher Weiterbildungsteilnahmen. Dieser Ansatz ist zwar im Hinblick auf die Zahl der berücksichtigten Faktoren umfassender, hinsichtlich der Teilnahmemotivation bleiben die unterstellten Zusammenhänge aber erstaunlich undifferenziert. So wird die Motivation ausschließlich im Zusammenhang mit der vorangegangenen Sozialisation gesehen. Darüber hinaus werden lediglich noch Rückwirkungen von vorausgegangenen Weiterbildungsteilnahmen erwartet.

Kritisch ist bei beiden Ansätzen hervorzuheben, dass sie keiner empirischen Überprüfung unterzogen worden sind. Angesichts der Komplexität der Modelle ist dies auch kaum möglich. Bei beiden Modellen dominiert die makrosoziologische Betrachtungsweise. Zu wenig berücksichtigt wird dagegen der Aspekt des Individualverhaltens bei Weiterbildungsüberlegungen. So werden beispielsweise Motive von Nichtteilnehmern an Qualifizierungsmaßnahmen weitgehend ausgeblendet. Darüber hinaus ist der statische Charakter der Modelle zu kritisieren. Dies gilt insbesondere für das Modell des Bundesministeriums für Bildung und Wissenschaft, in dem eine Änderung der Bildungsmotivation weitgehend nur infolge einer tatsächlichen Weiterbildungsteilnahme erfolgen kann.

Neuere Untersuchungen zum Weiterbildungsverhalten versuchen zumindest das empirische Defizit sowie insbesondere die mangelnde Informationslage bezüglich einer Weiterbildungsabstinenz auszugleichen (Bolder 1993, 2006, Holzer 2006). Zunehmend berücksichtigt werden dabei die Abwägungsprozesse nicht nur der weiterbildungsaktiven, sondern auch der -abstinenten Mitarbeiter. Allerdings wird den Einflussfaktoren je nach Forschungszusammenhang ein unterschiedlicher Stellenwert zugewiesen, zum Teil wird ihnen sogar keine eigene Erklärungskraft zugeschrieben.

Betrachtet man vorliegende empirische Analysen zur Erklärung der Teilnahmemotivation im Weiterbildungsbereich, so lassen sich zumindest zwei grobe Interpretationsmuster unterscheiden (vgl. Abb. 4.4-7).

---

[159] Das Ergebnis der Phase der postaktionalen Motivation ist nicht gleichzusetzen mit dem Begriff der Transfermotivation, bei der es um das Interesse und die Bereitschaft geht, das Gelernte anzuwenden. Vgl. hierzu die Vertiefung in Kapitel 4.2.5.

In dem einen Fall, der im Wesentlichen in bildungssoziologischen Studien vertreten wird, werden Weiterbildungsüberlegungen und -aktivitäten individuell als weitgehend durch vergangenheitsbezogene Faktoren vorgeprägt angesehen. Maßgeblich hierfür sind etwa Erfahrungen aus den Bereichen Familie, Schule und Ausbildung. Beim anderen Fall wird dagegen eher auf gegenwarts- bzw. zukunftsbezogene Aspekte rekurriert. Dieses entscheidungstheoretische Konzept stellt Nutzenüberlegungen der Erwerbstätigen in den Mittelpunkt.

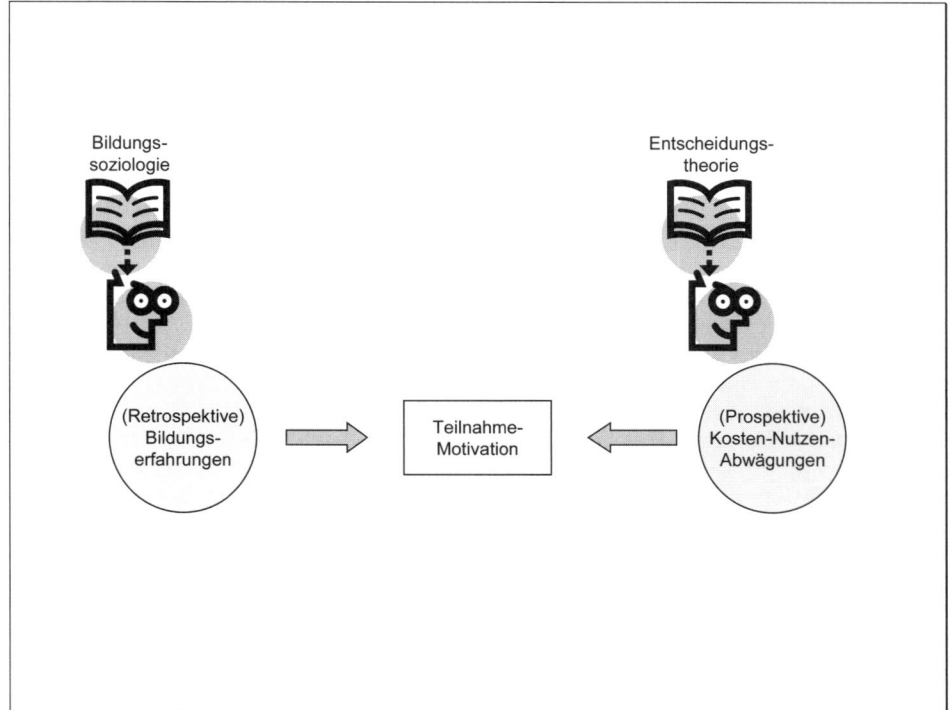

**Abb. 4.4-7: Argumentationslinien in empirischen Analysen
zur Teilnahmemotivation im Weiterbildungsbereich**

Im zuletzt genannten Konzept wird die individuelle Teilnahmemotivation in den Kontext von *Verwertungsperspektiven* gestellt. Erfahrungen aus der Vergangenheit spielen nur insofern eine Rolle als sie den Entscheidungsprozess beeinflussen. Ein Beispiel hierfür liefert eine Studie von Nord-Rüdiger/Kraak (1984). In einer Befragung von 123 Berufstätigen mittlerer und unterer beruflicher Qualifikationen und betrieblicher Positionen werden Weiterbildungsentscheidungen im Kontext allgemeiner Lebensziele und beruflicher Situationen analysiert. Nach den Daten dieser Untersuchung lassen sich - ähnlich wie bei Röchner (1987), der lediglich einen indirekten Einfluss soziodemographischer Variablen konstatiert - nur wenige Beziehungen zwischen Personenmerkmalen und der Teilnahmemotivation feststellen. Selbst die schulische Vorbildung hat keinen signifikanten Einfluss. Die Autoren schlussfolgern, dass es eher „darauf ankommt, ob Weiterbildungsangebote den Zielen der Adressaten entsprechen, zu ihnen passen und von den Adressaten als effektiv, als tauglich zur Zielerreichung angesehen werden" (Nord-Rüdiger/Kraak 1984, S. 138).

Zu einem ähnlichen Ergebnis kommt eine Studie des Instituts zur Erforschung sozialer Chancen (ISO). Nutzenüberlegungen bilden demnach den Kern individueller Weiterbildungsüberlegungen, und zwar auch im Fall einer Weiterbildungsabstinenz (Bolder 1993). Als Resümee halten die Autoren fest, „daß die Forderung nach beruflicher, gar lebenslanger Weiterbildung bei den Individuen nur dann auf praktizierte Gegenliebe stoßen dürfte, wenn sie als sinnvoll erfahren werden kann; das heißt: im Vollzug als interessant, als beruflich verwertbar und in einem angemessenen Verhältnis von Kosten- und Mühenaufwand und Ertrag im weitesten Sinn stehend. Andernfalls kommt es bei den Adressaten zu Ausweichverhalten, zu subtilen oder offenen Widerstandsstrategien" (Bolder 1993, S. 56). Kurz: Weiterbildung wird immer dann befürwortet, wenn man sie für *nützlich* hält. Vorangegangene (Bildungs-)Erfahrungen haben insofern eine Bedeutung als sie die Bewertung der Maßnahmen beeinflussen. Solche Erfahrungen können individueller oder kollektiv-segmentspezifischer Art sein.

Auch theoretische Konzepte zur Erklärung des Weiterbildungsverhaltens stellen die Verwertungsperspektive in den Mittelpunkt. Wahlüberlegungen in der prädezisionalen Motivationsphase werden in den Kontext des Prinzips der *Nutzenmaximierung* gestellt. Abwägungen erfolgen nach dem bekannten Erwartung-mal-Wert-Ansatz. Im Rahmen der Erwartungswerttheorie (Fredecker 1991) wird das Verhalten von Individuen als durch Bedürfnisse, Erwartungen und Situationen determiniert angesehen. Die Erwartungen lassen sich dabei nach zwei Ansätzen bestimmen: Entweder durch *Anstrengungs-Resultats-Relationen* oder aber durch *Resultats-Gratifikations-Relationen* (ebd.). Der Wert einer Gratifikation hängt von den individuellen Bedürfnissen und Zielen ab. Diese sind wiederum von vergangenheitsbezogenen Sozialisationsprozessen abhängig. Die tatsächlichen Teilnahmen hängen schließlich von der Einschätzung der Konsequenzen ab, die aus der Weiterbildung für die Problembewältigung resultieren. Handlungsbestimmend sind dabei die prognostischen Aufwendungen und Erträge.

Im Rahmen der Entscheidungstheorie (Weber 1985, 1987) wird das Weiterbildungsverhalten als Handhabung persönlicher Probleme verstanden. Ausgangspunkt ist eine *Problemwahrnehmung* in einer Entscheidungssituation (z. B. ein konkretes Arbeitsplatzproblem). In der entscheidungstheoretischen Terminologie (Lee 1977) nimmt in dieser Phase das Subjekt eine Diskrepanz zwischen dem gegebenen und einem angestrebten Zustand wahr. Es hat das Bedürfnis, diese Diskrepanz zu verringern. Für deren Beseitigung kommt auch die Inanspruchnahme von Weiterbildung in Frage. Sofern sich überhaupt eine Entscheidungssituation ergibt, so stellt sich in der Phase der Problemwahrnehmung die Frage des Kosten-Nutzen-Kalküls der verschiedenen Problemlösungshypothesen. Da es sich entscheidungstheoretisch um eine Entscheidung unter Ungewissheit handelt, spielen subjektive Bewertungen vor dem Hintergrund der Sozialisationserfahrungen eine entscheidende Rolle. Objektive Größen haben nur insofern eine Bedeutung, wie sie subjektiv verarbeitet werden. Kosten-Nutzen-Kalkulationen können so in gleichen Situationen zu unterschiedlichen Resultaten führen.

Zusammenfassend lässt sich sagen, dass Weiterbildungsentscheidungen in den dargestellten empirischen Studien und theoretischen Abhandlungen vor allem in den Kontext von *Verwertungsperspektiven* gestellt werden. Ein Weiterbildungsinteresse wird immer dann geäußert, wenn eine Qualifizierung als nützlich angesehen wird, sie unterbleibt, wenn ein solcher Nutzen nicht ersichtlich ist. Andere Untersuchungen stellen dagegen die *Relevanz solcher kognitiver Abwägungen bei Weiterbildungsentscheidungen in Frage.*

Nach einer Untersuchung von Martin (1987) hat für Weiterbildungsentscheidungen vor allem die allgemeine *Grundeinstellung gegenüber Bildungsmaßnahmen* eine erhebliche Bedeutung. Kognitive Erwägungen von Konsequenzen möglicher Bildungsmaßnahmen stehen dagegen eher im Dienst persönlichkeitsspezifischer Hintergrundfaktoren. Auch eine Untersuchung von Nord-Rüdiger/Kraak (1984) belegt, dass etwa Arbeitsplatzaspirationen mit subjektiven Bildungserfahrungen variieren, also vergangenheitsgeprägt sind.

Eine solche Prägung der Teilnahmemotivation durch segmentspezifische Bildungserfahrungen belegen auch weitere Forschungsergebnisse. So verweist eine eigene Untersuchung zu Berufsanfängern (Klose/Kutscha/Stender 1993) auf eine deutliche Abhängigkeit der Teilnahmemotivation von der erfahrenen Ausbildungsqualität. Eine Studie des Bundesinstituts für Bevölkerungsforschung (Hennen/Sudek 1985) kommt zu einem ähnlichen Ergebnis, nämlich, „daß bereits am Ende der Erstausbildung, vor Eintritt in das eigentliche Berufsleben, bei den Jugendlichen mit Weiterbildungsdispositionen gerechnet werden muß, die nach Umfang und Richtung bereits relativ festgefügt scheinen" (S. 171). Die Einstellung zur Weiterbildung und somit auch die Erreichbarkeit für die Weiterbildung sind bereits durch die jeweilige Berufsbiographie im weitesten Sinne festgelegt, nämlich durch Schule, Betrieb und bereits erfolgte Kontakte zur Weiterbildung (S. 174). Die dargestellten Studien, die dem Grundgedanken segmentierter Bildungs- und Berufsverläufe folgen, stellen Weiterbildungsentscheidungen vor allem in den Kontext (retrospektiver) Bildungserfahrungen. Prospektiven Nutzenüberlegungen werden bei Weiterbildungsentscheidungen teilweise keinen eigenen Erklärungswert zugewiesen. Sie haben bei diesen Erklärungsmustern allenfalls die Funktion, *grundlegende Einstellungen zu legitimeren.*

Die beiden Interpretationsmuster zur Weiterbildungsmotivation sind nur schwer zu vereinbaren, sie scheinen sogar widersprüchlich. Vor diesem Hintergrund stellen sich verschiedene forschungs- und theorierelevante Fragestellungen: Gehen bei der Konstituierung von Teilnahmemotivationen im Weiterbildungsbereich die Haupteffekte eher von prospektiven Verwertungsaspekten oder eher von retrospektiven Sozialisationsbedingungen aus? Welchen Stellenwert haben dabei vorgelagerte Ausbildungserfahrungen? Gibt es Zusammenhänge zwischen motivationalen Aspekten der Ausbildung und der Weiterbildung? Liegen Weiterbildungsüberlegungen grundsätzlich rationale Abwägungen zugrunde? Wirken Sozialisationen ausschließlich über Variationen individueller Zielbestimmungen auf die Weiterbildungsmotivation, also indirekt oder haben sie eine eigene Erklärungskraft? Spielen bei Weiterbildungsüberlegungen – sofern sie überhaupt eine Bedeutung haben – neben Kosten-Nutzenkalkulationen auch andere Faktoren eine Rolle?

4.4.3.3 Teilnahmemotivationen zwischen Erfahrungen und Erwartungen

4.4.3.3.1 Methodische Vorbemerkung: Zur Anlage der Untersuchung

Die im Folgenden dargestellten Analyse-Ergebnisse basieren vor allem auf Daten aus einem Forschungsvorhaben zu Qualifikationserwerb und -verwertung beim Übergang Duisburger Ausbildungsabsolventen in das Erwerbsleben.[160] Das Projekt

---

[160] Das Projekt war Teil eines interdisziplinären Gesamtprojekts "Weiterbildungsinformationssystem Mikroelektronik (WIM", das aus Mitteln der "Zukunftsinitiative Montanregionen (ZIM)" durch das Ministe-

bestand aus zwei sich ergänzenden Verlaufsstudien. Es handelte sich dabei zum einen um standardisierte Fragebogenerhebungen bei Jugendlichen aus insgesamt vier kaufmännischen und sechs gewerblich-technischen Berufen des Jahrganges 1989, zum anderen um problemzentrierte Intensivinterviews mit 50 Jugendlichen in zwei kaufmännischen und zwei gewerblich-technischen Berufen aus der oben genannten Stichprobe. Die Ausbildungsabsolventen bzw. Berufsanfänger wurden insgesamt dreimal befragt, und zwar in den Jahren 1989, 1990 und 1991. Die Auswahl der Berufe erfolgte dabei unter regionalen und problemgruppenspezifischen Aspekten.[161]

Im Rahmen eines DFG-geförderten Anschlussprojekts zum Thema „Berufsverlauf und Weiterbildung junger Fachkräfte" ist die vorhandene Datenbasis gesondert aufbereitet worden. Aufgrund von Datensatzbereinigungen infolge der üblichen Panelmortalität und der missing-value-Problematik sind von den ursprünglich 814 befragten Ausbildungsabsolventen der ersten Welle bzw. rund 350 Befragten der zweiten bzw. dritten Welle 217 in die Verbleibsanalyse einbezogen worden.

Bei der Mehrzahl der verfügbaren statistischen Informationen im Untersuchungspanel der quantitativen Längsschnittstudie handelt es sich um nominalskalierte Variablen. Um das vielschichtige Netz von Einflussfaktoren mit ihren interdependenten Beziehungen zu entwirren, sind mittels log-linearer Ansätze Erklärungsmodelle mit den zentralen Faktoren ermittelt worden. Als abhängige Variable der Verlaufsdatenanalyse fungiert die Wahrscheinlichkeit einer Teilnahmemotivation. Als Einflussfaktoren sind im Rahmen multivariater Analysen als unabhängige Größen gleichzeitig personale Merkmale (P_i), der jeweilige Zustand vor Eintritt des Ereignisses (Z_j), die Vorgeschichte der Probanden (V_k) sowie die Erwartungen der Betroffenen (Änderungen von Einstellungen/Ansprüchen mit zunehmender Beschäftigungsdauer; E_l) zu berücksichtigen. Demnach ergibt sich folgende zu untersuchende Abhängigkeit: $P(W)=f(P_i, Z_j, V_k, E_l)$.

Da es angesichts der Fallzahlen nicht möglich war, sämtliche verfügbaren Variablen gleichzeitig in einer simultanen Testprozedur zu berücksichtigen, sind bivariate Analysen vorgeschaltet worden, um so als signifikant erkannte Korrelationen schrittweise in multivariate Modelle einzufügen. Durch diese Vorgehensweise wird die Vielzahl vorhandener Signifikanzen auf wesentliche Effekte reduziert. Um die Validität der statistischen Informationen zu prüfen, sind im Vorfeld aller multivariaten Analysen die Angaben der Probanden zu den zentralen Kategorien Teilnahmemotivation und Ausbildungsqualität mit den Aussagen in den Intensivinterviews abgeglichen worden. In keinem Fall ließen sich Anhaltspunkte für nennenswerte Verzerrungen bei den Angaben in den Fragebögen finden.

Die multivariaten statistischen Analysen sind forschungsstrategisch in doppelter Hinsicht mit den zeitgleich durchgeführten Intensivinterviews verwoben. Die problemzentrierten Gespräche haben im vorliegenden Zusammenhang nicht nur die Funktion, die Validität der Angaben unserer Probanden in der quantitativen Längsschnittstudie zu prüfen, sie haben auch eine Kontrollfunktion im Hinblick auf die Ergebnisse der Analysen. Bei allen statistischen Analysen ist immer zu berücksichtigen, dass sie

---

[161]   rium für Wirtschaft und Mittelstand, Technologie und Verkehr des Landes Nordrhein-Westfalen finanziert wurde.

Aufgrund dieser Überlegungen wurden folgende Berufe ausgewählt: Industriekaufmann/Industriekauffrau, Einzelhandelskaufmann/Einzelhandelskauffrau, Bürokaufmann/Bürokauffrau, Rechtsanwalts- und Notargehilfe/Rechtsanwalts- und Notargehilfin, KFZ-Mechaniker/KFZ-Mechanikerin, Betriebsschlosser/Betriebsschlosserin, Maschinenschlosser/Maschinenschlosserin, Gas- und Wasserinstallateur/Gas- und Wasserinstallateurin, Elektroinstallateur/Elektroinstallateurin, Energieanlagenelektroniker/Energieanlagenelektronikerin.

naturgemäß auf Durchschnittsbetrachtungen basieren. Sie liefern Ergebnisse auf einer Makroebene, die für die Gesamtheit Gültigkeit beanspruchen. Auf der Mikroebene der einzelnen Subjekte können sich die Zusammenhänge anders darstellen. Aus diesem Grund sind im Rahmen des vorliegenden Projekts die Ergebnisse der statistischen Analysen an der von den Subjekten erlebten Realität gespiegelt worden. Dazu sind die problemzentrierten Intensivinterviews daraufhin analysiert worden, ob sich die statistisch ermittelten Wirkungszusammenhänge auch auf Einzelfallebene nachvollziehen lassen.

In die folgende Berichterstattung über die Ergebnisse der Längsschnittstudien sind ergänzende Befunde aus weiteren Untersuchungen integriert worden.

4.4.3.3.2 Ergebnisse der Untersuchung

Wie viele andere Analysen belegen auch unsere bivariaten Untersuchungen eine Vielzahl mit der Teilnahmemotivation korrelierender Variablen. Dabei erweisen sich sowohl aktuelle betriebliche Bedingungen als auch individuelle Erwartungen sowie Einstellungen zur Weiterbildung als bedeutsam für das Entwickeln eines Qualifizierungsinteresses. Diese Ergebnisse sind kompatibel mit beiden oben genannten Interpretationsmustern zur Herausbildung einer Teilnahmemotivation: Retrospektive Erfahrungen haben ebenso eine Bedeutung wie prospektive Erwartungen. Insbesondere haben auch Abwägungen im Hinblick auf den möglichen Nutzen von Weiterbildungsaktivitäten einen nachweisbaren Einfluss. Versucht man mittels log-linearer Analysen zentrale Einflussfaktoren zu extrahieren, so ergibt sich das in der folgenden Abbildung dargestellte Wirkungsgeflecht.

Für die Teilnahmemotivation zur Weiterbildung sind demnach insbesondere vier Aspekte von Belang: der Berufsbereich[162], Nutzen-/Risikoabwägungen bezüglich Weiterbildungsaktivitäten, die DV-Bedeutungszuschreibung[163] sowie die zeitlich vorgelagerte grundlegende Weiterbildungsmotivation.

Auch nach unseren Untersuchungen sind Abwägungen im Hinblick auf den Nutzen möglicher Weiterbildungsaktivitäten von großer Bedeutung. Verwertungsperspektiven stellen einen wesentlichen Aspekt im Abwägungsprozess der prädezisionalen Motivationsphase dar. Dies belegen nicht nur unsere multivariaten Analysen sondern auch viele unserer Intensivinterviews.

So wurde zum Teil sogar aktiver Widerstand gegen eine Weiterbildungsteilnahme geleistet, weil – aus subjektiver Sicht – kein Nutzen für die Mitarbeiterin ersichtlich war. Im vorliegenden Fall wurde eine Bürokauffrau vom Vorgesetzten aufgefordert, einen DV-Kurs zu besuchen. Sie lehnte aus zwei Gründen ab, zum einen sei der Kurs – wie sie von Kolleginnen gehört habe – auf DV-Freaks ausgerichtet, zum anderen hätte der Kurs nur wenig mit ihrer jetzigen Tätigkeit zu tun. Man könnte dies als externale Attribuierung[164] abtun und argumentieren, dass sie tatsächlich vielleicht gar kein Interesse an Weiterbildung gehabt hätte. Jedoch belegen ihre anderen Aktivitäten, dass sie sehr wohl weiterbildungsinteressiert war, wenn ihr der Nutzen daraus deutlich geworden wäre. So besucht sie aus Eigeninitiative einen Bilanzbuchhalterkurs bei der VHS. Andere Fallstudien zeigen, dass Mitarbeiter sogar bereit sind, in hohem Maße Freizeit und Geld zu investieren, wenn ihnen die beruflichen Perspektiven verdeutlicht werden.

---

162 Im kaufmännischen Bereich ist die Teilnahmemotivation deutlich höher als im gewerblich-technischen.
163 Angesichts der vorliegenden Thematik wird hierauf im Folgenden nicht näher eingegangen.
164 Vgl. hierzu Kapitel 4.2.5.3.

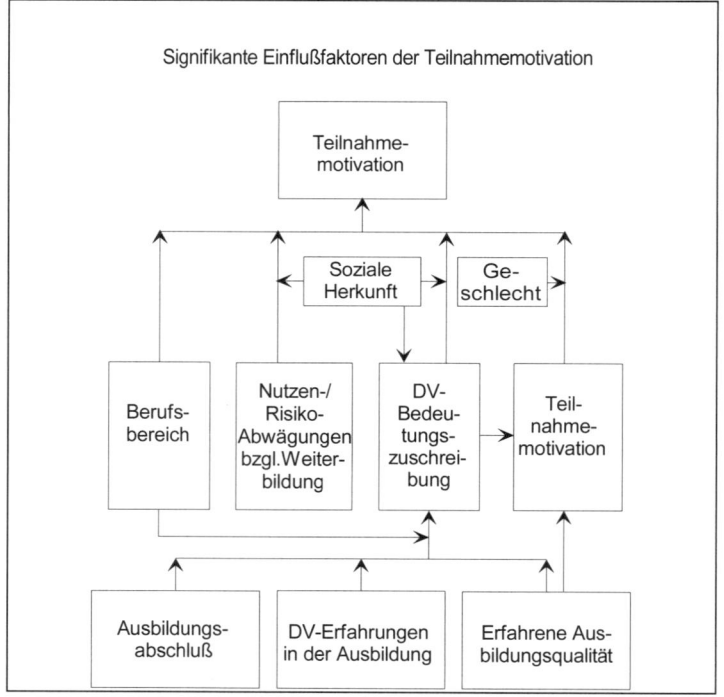

Abb. 4.4-8: Zentrale Einflussfaktoren auf die Teilnahmemotivation

Welche Nutzenerwartungen dabei Erwerbstätige an Weiterbildung (im Vorfeld) richten, verdeutlicht eine Studie des Bundesinstituts für Berufsbildung (Beicht/Krekel/Walden 2006, S. 131 - 179). Fasst man die Einzelaspekte faktoranalytisch zusammen, so lassen sich drei Hauptfaktoren bei den Erwartungen extrahieren (S. 136 ff.):

- „Absicherung und Verbesserung der beruflichen Situation" (Absicherung beruflicher Status, Minimierung Arbeitsplatzrisiko, Aufstieg, höherer Verdienst, anspruchsvollere Tätigkeiten etc.),

- „Kompetenzerweiterung und Persönlichkeitsentwicklung" (Verbesserung der beruflichen Leistungsfähigkeit, Informationen über neue Entwicklungen, Entwicklung der eigenen Person),

- „Schaffung einer eigenen materiellen Lebensgrundlage" (Chancenverbesserung, einen Arbeitsplatz zu erhalten).

Der nach einer Weiterbildung subjektiv wahrgenommene Nutzen weicht allerdings in der Regel von diesen Erwartungen ab. Dabei zeigt sich sowohl bei den Erwartungsfaktoren 1 als auch 2, dass folgende Beschäftigtengruppen über besonders hohe Risiken einer negativen Abweichung des tatsächlichen Nutzens von den Erwartungen aufweisen:

- Frauen,

- Ältere,

- Erwerbstätige ohne Berufsabschluss,

- Arbeitslose,

- Arbeiter und

- Erwerbstätige mit geringem Einkommen.

Dabei handelt es sich – wie in Kapitel 1 dargestellt – gerade um jene Erwerbstätigengruppen, die vergleichsweise selten an Weiterbildung teilnehmen. Zwar ist in der Untersuchung methodisch nicht auszuschließen, dass die Ursache für die negativen Diskrepanzen auch in unrealistischen Erwartungen liegen können, jedoch lässt sich, wenn man die Befunde weiterer Studien einbezieht, begründet vermuten, dass die ebenfalls in Kapitel 1 angesprochene „Segmentationsspirale" auch auf einen relativ geringen (subjektiven) Nutzen von Weiterbildung bei den genannten Beschäftigtengruppen zurückzuführen ist: „Die Erfahrung, doch immer wieder zu den Letzten zu gehören, zu jenen, denen anspruchsvollere, individuell anschlussfähige und wirklich weiterführende Weiterbildung eher nicht zuteil wird, prägt das Weiterbildungsverhalten entscheidend ... Praktisch ausgeschlossen, schließen sich vor allem An- und Ungelernte selbst aus; sie verweigern die Teilnahme, bleiben abstinent. Der ‚Segmentationszirkel' ist geschlossen" (Bolder 2006, S. 10).[165] Auch Faulstich (2006, S. 13) verweist auf ein „Sinnlosigkeitssyndrom", das bei weiterbildungsabstinenten Personen festzustellen ist. So hätten Nichtteilnehmer an Weiterbildung keine positiven Erwartungen daran, dass sich infolge von Weiterbildung irgendetwas an ihrer Berufs- und Lebenssituation ändern würde.

Neben Nutzenkalkulationen spielen auch Kostenabwägungen eine wesentliche Rolle. Nach einer Untersuchung von Beicht/Krekel/Walden (2006, S. 47 - 130) wendeten Erwerbstätige 2002 hochgerechnet etwa 13,8 Mrd. € - nach Abzug eventueller Kostenerstattungen – für Weiterbildung auf. Dabei umfasst das Kostenmodell sowohl direkte als auch indirekte Kosten[166], nicht aber kalkulatorische Kosten für den Freizeitverlust. Die Varianz der individuellen Weiterbildungskosten ist nach den Ergebnissen dieser Studie groß. Fast jeder zweite Weiterbildungsteilnehmer wendete keine Weiterbildungskosten auf, etwa weil diese durch den Arbeitgeber erstattet wurden. Immerhin 13 % wendeten im Berichtsjahr mehr als 1.000 € für Weiterbildungszwecke selbst auf. Dabei ergeben sich – nach den Ergebnissen der Studie – große Unterschiede je nach sozio-demographischen Merkmalen. Es ist hier weder möglich noch nötig, alle Ergebnisse im Detail zu replizieren – hierzu sei auf die Originalliteratur verwiesen –, jedoch lässt sich tendenziell feststellen, dass mit steigendem Schulabschlussniveau, mit der Höhe der beruflichen Position und mit steigendem Einkommen auch der Eigenaufwand für Weiterbildung steigt. Beispielsweise erhalten 47 % der Führungskräfte eine vollständige Kostenerstattung, dagegen 60 % der Erwerbstätigen mit rein ausführenden Tätigkeiten. Wenn jedoch Kosten anfallen, dann wenden Führungskräfte im Durchschnitt 862 € auf, Erwerbstätige mit rein ausführenden Tätigkeiten 707 € (ebd., S. 107). Vordergründig scheint dies der These zu widersprechen, dass auch die Weiterbildungskosten ein Hemmnis für die Weiterbildungsteilnahme bestimmter Arbeitnehmergruppen darstellen. Bedenkt man jedoch die unterschiedlichen Einkommenssituationen von rein ausführend tätigen Mitarbeitern und

---

[165] Auch aus Sicht eines Unternehmensverbandes werden die geringen Aufstiegsperspektiven von An- und Ungelernten (und damit die vergleichsweise geringen Nutzenperspektiven) als zentrale Barriere für die Weiterbildungsteilnahme dieser Gruppe angesehen (Schulte 2006, S. 6).

[166] Zu den direkten Kosten zählen etwa Teilnehmergebühren, Fahrtkosten, Kosten für auswärtige Mahlzeiten und Unterbringungen etc. Zu den indirekten Kosten wird vor allem ein fiktiver Einkommensverlust (durch Verzicht auf bezahlte Überstunden, unbezahlten Urlaub etc.) gezählt.

Führungskräften, dann wird deutlich, dass auch die direkten und indirekten Weiterbildungskosten einen Beitrag zur Stabilisierung der in Kapitel 1 angesprochenen Segmentationsspirale leisten. Dies korrespondiert auch mit Befunden zur Weiterbildungsabstinenz, über die Faulstich (2006, S. 13) berichtet. Demnach unterscheiden sich die Nicht- und Nie-Teilnehmer an Weiterbildung von den Teilnehmern vor allem durch die zur Verfügung stehenden Ressourcen an Geld und Zeit. Man spricht hier vom „Belastungssyndrom". Dieses bildet zusammen mit dem oben genannten „Sinnlosigkeitssyndrom" die beiden zentralen Faktoren, die mit Weiterbildungsabstinenz einhergehen.

Dennoch wäre es zu kurz gegriffen, wollte man die Überlegungen der potentiellen Teilnehmer *allein* auf den Faktor Nutzen und seine Relation zu möglichen Aufwendungen reduzieren. Nach unseren Untersuchungen spielen auch Abwägungen bezüglich möglicher *Risiken* eine entscheidende Rolle.

Mit einer *Nicht*teilnahme wird vor allem das Risiko der beruflichen Abkopplung verbunden, bei Überlegungen im Hinblick auf mögliche *Teilnahmen* kommen dagegen häufig Versagensängste auf, auch familiäre Konflikte infolge des zusätzlichen Zeitaufwands werden ebenso befürchtet wie finanzielle Fehlinvestitionen. Andere Beschäftigte artikulieren die Befürchtung, in Weiterbildungskursen gelangweilt zu werden. Risikoüberlegungen im Abwägungsprozess können – wie weiter unten noch dargelegt wird – dazu führen, dass eine mögliche Weiterbildungsteilnahme auch dann verworfen wird, wenn eine Kosten-Nutzenabwägung zu einem positiven Ergebnis führt: „Ich seh' das ja: Eine …, die war mal bei R.K., die war … Personalchefin … Die hat von morgens bis abends gearbeitet. Ich hab' da keine Lust zu, die hat ja auch kein Privatleben, ist auch nicht verheiratet, hat auch keine Kinder. Die saß von morgens bis abends … im Büro … Ich möchte mein Leben genießen, … will nicht nur arbeiten". In diesem Fall waren Aufstiegsperspektiven vorhanden, dennoch wurde auf eine notwendige Weiterbildung verzichtet, weil man durch einen Aufstieg Risiken für das Leben gesehen hat. In anderen Fällen wurde Weiterbildung abgelehnt, weil Weiterbildung für die Betroffenen sehr eng mit Schule konnotiert war und in der Schule Negativerfahrungen gesammelt worden sind. Weiterbildungsabstinenz stand hier im Kontext von Versagensängsten: „Bei mir bringt das … nichts, weil bei mir steht die Schule immer noch bis hier".

In der bereits mehrfach zitierten BIBB-Studie von Beicht/Krekel/Walden (2006, S. 47 f.) werden die Risikofaktoren unter den Begriff der „psychischen Kosten" subsumiert. Angesprochen werden damit Belastungsfaktoren, wie etwa Prüfungsängste, Lernstress, negative Einflüsse auf die familiäre Situation etc. Etwa jeder dritte Befragte empfand die Gesamtbelastung durch die Weiterbildung als hoch bzw. sehr hoch (S. 122). Dabei rangierten Belastungen durch fehlende Erholungszeiten und fehlende Ressourcen für familiäre Verpflichtungen weit vorne. Korreliert man die einzelnen Belastungsfaktoren mit sozio-demographischen Merkmalen, so lassen sich unter anderem folgende Zusammenhänge extrahieren:

- Frauen erfahren vergleichsweise häufig negative Auswirkungen auf familiäre Verpflichtungen und auf den Zeitdruck am Arbeitsplatz;

- für Personen ohne beruflichen Abschluss bzw. mit ausführenden Tätigkeiten bildet das Risiko, mit anderen in einer Lerngruppe zurechtzukommen zu müssen, eine hohe Hürde;

- für Arbeitslose und Personen mit ausführenden Tätigkeiten stellen darüber hinaus die finanziellen Rahmenbedingungen zusätzliche psychische Belastungen dar.

Faulstich (2006) verweist auf ein weiteres markantes Beispiel, bei dem Risikoabwägungen zu Verweigerungshaltungen geführt haben. So waren Weiterbildungsmaßnahmen in den „neuen Ländern" häufig durch hohe Abbruchraten und geringen Prüfungserfolg gekennzeichnet, weil die Beschäftigten eine Entwertung ihrer zuvor erworbenen höheren Formalqualifikationen erwarteten.

Auch die Befunde zur Risikokalkulation stehen im Einklang mit den Segmentationsbefunden. Tendenziell verbinden bestimmte Beschäftigtengruppen vergleichsweise hohe Risiken mit Weiterbildung. Allerdings sind die Unterschiede zwischen den Gruppen hier nicht so ausgeprägt, wie im Hinblick auf die Kosten- und Nutzenkalkulationen.

Insgesamt legen nicht nur die eigenen Analysen im Rahmen der doppelten Längsschnittstudie, sondern auch weitere Befunde den Schluss nahe, dass im Rahmen der prädezisionalen Motivationsphase Kosten-Nutzen-Risiko-Abwägungen eine wichtige Rolle spielen. Durch die je nach Beschäftigtengruppe unterschiedlichen Gegebenheiten bei den individuellen Kostenbelastungen, Nutzenperspektiven und Risikobedingungen wird zugleich der in Kapitel 1 angesprochene Segmentationszirkel stabilisiert.

Neben (prospektiven) Kosten-Nutzen-Risiko-Erwartungen haben nach unseren Analysen aber auch (retrospektive) Erfahrungen einen zentralen Stellenwert bei der Herausbildung einer motivationalen Tendenz. So wird die Teilnahmemotivation auch von zeitlich vorgelagerten Bildungsaspirationen mitbestimmt. Zwischen den zu verschiedenen Zeitpunkten gemessenen Teilnahmemotivationen besteht zwar ein statistisch signifikanter, aber keineswegs linearer Zusammenhang. Das Interesse, an weiteren Qualifizierungen teilzunehmen, erweist sich in zeitlicher Hinsicht als wenig stabil. Dies ist auch nicht verwunderlich, da es – wie unsere Untersuchung zeigt – von anderen Faktoren modifiziert wird.

4.4.3.3.3 Interpretation der Ergebnisse und Konsequenzen

Die Ergebnisse unserer Untersuchung machen deutlich, dass beide oben genannten Interpretationsmuster einer Relativierung bedürfen. Weder kann von einer „Festlegung" des Weiterbildungsverhaltens durch Bildungserfahrungen (Hennen/Sudek 1985) die Rede sein, noch von einer Determinierung durch individuelle Erwartungen und Situationen (Fredecker 1991). im Rahmen „rationaler Nutzen-Kalkulationen". Individuelle Teilnahmemotivationen entspringen beiden Aspekten: Prospektive Verwertungsperspektiven haben eine ebenso große Bedeutung wie retrospektive Sozialisationsbedingungen. Dabei wirken grundlegende Bildungsaspirationen nicht nur indirekt über Variationen individueller Bewertungen von Maßnahmen (Bolder 1993), sie haben vielmehr eine eigene Erklärungskraft. Dies zeigen nicht nur unsere multivariaten Analysen, auch die Interviews aus unserer biographisch orientierten Längsschnittstudie belegen die Wirksamkeit beider Aspekte. Beispiele für Nutzen- und Risikoabwägungen wurden bereits weiter oben gegeben. Hierauf soll hier deshalb nicht weiter eingegangen werden. Das folgende Fallbeispiel belegt, dass daneben auch grundlegende Bildungsdispositionen Weiterbildungsentscheidungen beeinflussen, bei diesem Probanden sogar eine größere Bedeutung haben.

Ein Einzelhandelskaufmann[167] hat seine Ausbildung in einem Rundfunkfachgeschäft absolviert. Mit der Ausbildung ist er insgesamt zufrieden. Mit DV hat er persönlich nichts zu tun gehabt. Ebenso nimmt er während seiner Ausbildungszeit an keinerlei Weiterbildungsmaßnahmen teil. Solche Maßnahmen hätte er auch, wenn überhaupt, nur während der Arbeitszeit wahrgenommen. Nach der Arbeit hätte er, wie er im ersten Interview betont, „keine Lust mehr, abends noch auf die Schule zu gehen", obwohl nach eigener Einschätzung eine umfangreiche Ausbildung in Verwaltungsangelegenheiten „von Nutzen" gewesen wäre. Nach einer kurzen Phase der Übergangsarbeitslosigkeit nimmt er eine ausbildungsadäquate Beschäftigung im Rundfunk/HiFi-Bereich auf. Die Arbeit ist inhaltlich anspruchsvoll und macht ihm Spaß. Der DV weist er nun einen höheren Stellenwert zu. Wenn man in diesem Bereich nicht am Ball bleibe, seien seiner Ansicht nach die vorhandenen Kenntnisse schnell weg. Aufstiegschancen zumindest in finanzieller Hinsicht sind im Betrieb für ihn durchaus denkbar. Trotz der positiven Rahmenbedingungen, die Verwertungsperspektiven deutlich werden lassen, kommt es im ersten Berufsjahr zu keinerlei organisierter Weiterbildung. Sein Interesse an DV habe er zwar zwischenzeitlich entdeckt, dennoch keinen Kurs gemacht. Als Gründe nennt er zum einen zeitliche Belastungen im Beruf, zum anderen verweist er ausdrücklich auf seine Lernunlust („nicht schon wieder lernen und pauken"). So hat er sich auch um Weiterbildungsfragen überhaupt noch nicht gekümmert. Der Proband ist auch im zweiten Berufsjahr im selben Betrieb tätig, ist jetzt jedoch relativ eigenständig für seine Abteilung zuständig. Weiterhin ist er außerordentlich zufrieden. Allerdings beschäftigt ihn mittlerweile seine berufliche Karriere sehr stark, da er nun an eine gemeinsame Wohnung mit seiner Freundin denkt. Seiner Meinung nach fehlt ihm für seine berufliche Karriere beispielsweise zum Filialleiter die Qualifikation. Er müsste an Schulungen teilnehmen. Auch DV-Kenntnisse hält er für seine berufliche Entwicklung für notwendig. Derartige Qualifikationen könnten sich für das Erreichen einer verantwortungsvollen Position, wie er sie sich wünscht, bereits heute als notwendig erweisen. Durch die Teilnahme an intensiven Schulungen hält er den gewünschten Aufstieg für möglich. Allerdings „reizt" ihn auch weiterhin eine Weiterbildungsteilnahme nicht. Man sei durch die tägliche Arbeit in einen „Trott" hineingekommen und es sei „schwer, da raus zu kommen". „Man denkt einen Abend darüber nach und dann geht man morgens wieder arbeiten und dann ist es wieder weg". Zum Teil sieht er die Gründe für die Nichtteilnahme auch in der ungünstigen Arbeitszeit. Allerdings sei er „von Haus aus ein sehr gemütlicher Mensch", der nach der Arbeit nicht große Lust hat, noch viel zu lernen.

Der Proband artikuliert und begründet berufliche Veränderungswünsche. Soll- und Istzustand weichen im „Entscheidungsprozess" voneinander ab. Berufliche Weiterbildung wird auch als geeignetes Mittel zur Realisierung beruflicher Aufstiege angesehen. Dennoch unterbleibt in diesem Beispiel eine Weiterbildung. In der entscheidungstheoretischen Terminologie ist dies darauf zurückzuführen, dass die (sozialen) Kosten als zu hoch erachtet werden. Abgesehen davon, dass sich im Beispiel die Frage stellt, ob es sich überhaupt um einen kognitiv rationalen Abwägungsprozess handelt (Proband: „man denkt einen Abend darüber nach ... und dann ist es wieder weg"), bleibt fraglich, ob der Proband überhaupt ein Kosten-Nutzen-Kalkül erstellt hat. Vielmehr scheint sich hier *trotz* aller Überlegungen eine grundlegende Einstellung zu Bildungsmaßnahmen durchzusetzen (Proband: „von zu Haus aus ein gemütlicher Mensch", der „keine Lust mehr (hat), abends noch auf die Schule zu gehen"). Diese Einstellung hält sich unabhängig von der jeweiligen Situation von der Ausbildung über die erste Tätigkeit, mit der er zufrieden ist, bis zur letzten Tätigkeit, bei der

---

[167]   Vgl. Klose/Kutscha/Stender (1993, S. 231-238).

Aufstiegswünsche sehr dringlich geworden sind, trotz aller Abwägungen unverändert durch. Die kognitiven Überlegungen dienen hier auch nicht lediglich der Validierung der grundlegenden Einstellungen (Martin 1987), denn diese führen zu einem anderen Ergebnis, als seine Bildungsaspirationen es erwarten lassen.

Grundlegende Einstellungen, die ihrerseits sozialisationsbedingt sind, haben – wie dieses Beispiel zeigt, aber auch unsere statistischen Analysen belegen – neben rationalen Überlegungen einen eigenen Stellenwert bei der Herausbildung von Weiterbildungsinteressen und bei der Umsetzung in Teilnahmen. Rationales Handeln ist – wie Gehlen (1950) dies formulierte – nur eine Sonderform menschlichen Handelns. Auch für Max Weber (1956) bestehen rationale Handlungsweisen gleichermaßen nebeneinander mit affektiven, triebbestimmten und traditionell eingeübten Handlungsweisen. Unsere Untersuchung zeigt, dass eine Erklärung des Weiterbildungsverhaltens alleine über rationale Entscheidungsprozesse ebenso zu kurz griffe, wie dessen ausschließliche Bestimmung über sozialisationsbedingte Bildungsaspirationen.

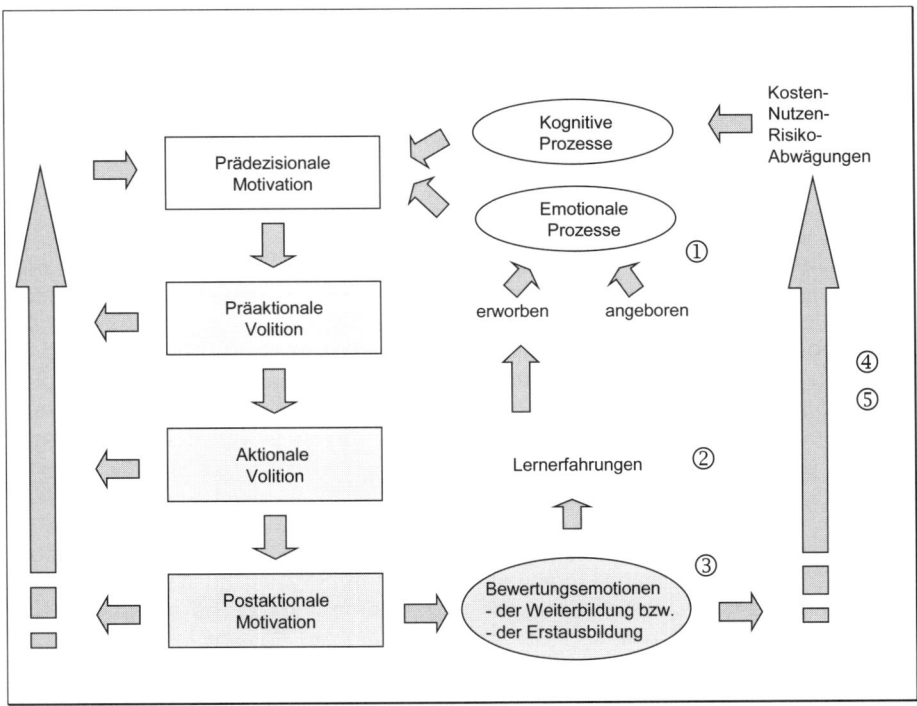

Abb. 4.4-9: Teilnahmemotivation zur Weiterbildung als Prozess

Bei der Herausbildung motivationaler Tendenzen sind nicht nur kognitive, sondern auch *emotionale Prozesse* von Belang (①). Wie die emotionspsychologischen Ansätze darlegen, können solche Emotionen *angeboren* oder auch *erworben* sein und bewusst oder unbewusst wirken. Erworbene Emotionen werden maßgeblich durch individuelle Lernerfahrungen (②) geprägt. Bei ähnlichen Situationen werden Affekte aktualisiert, die sich dann in Hoffnung oder Furcht manifestieren. Aus der Sicht der Berufsanfänger handelt es sich bei der beruflichen Weiterbildung bspw. um eine mit der Ausbildung vergleichbare Situation. Daher haben zu diesem Zeitpunkt Ausbildungserfahrungen in diesem Kontext für das Entwickeln einer Teilnahmemotivation einen zentralen Stellenwert. So führen etwa negative Erfahrungen im DV-Unterricht der Berufsschule zur Skepsis bezüglich verschulter DV-Kurse im Weiterbildungsbereich. Solche Kurse „bringen nichts", wie Probanden in den Interviews formulieren. In gleicher Weise beeinflussen Weiterbildungserfahrungen Überlegungen bezüglich späterer Weiterbildungsaktivitäten. Bspw. können auf diese Weise Negativerfahrungen im Umgang mit Mitlernenden zu den weiter oben genannten Befunden beitragen, nach denen Personen ohne Berufsabschluss und/oder mit rein ausführenden Tätigkeiten vergleichsweise häufig Ängste haben, mit einer Lernergruppe zurechtzukommen.

Emotionen spielen vor allem in der prädezisionalen und postaktionalen Motivationsphase eine zentrale Rolle (Schneider/Schmalt 1994). Bspw. bündeln sich die subjektiven Ausbildungserfahrungen am Ende einer Ausbildung zu Bewertungsemotionen (③), die später bewusst oder unbewusst die Teilnahmemotivationen in der prädezisionalen Motivationsphase von Weiterbildungsaktivitäten beeinflussen. Dadurch kommt es zu Beginn des Berufslebens zu einer *partiellen Motivationskontinuität* zwischen Aus- und Weiterbildung. Ebenso beeinflussen mit zunehmendem Abstand zu einer absolvierten Erstausbildung auch Bewertungen in der postaktionalen Motivationsphase einer bereits besuchten *Weiterbildungsmaßnahme* die prädezisionale Phase der Weiterbildungsmotivation bezüglich späterer Weiterbildungsaktivitäten. Dadurch, dass bestimmte Lernergruppen überdurchschnittlich häufig Negativerfahrungen bei Bildungsprozessen gemacht haben (wie beispielsweise bei Geringqualifizierten oder An- bzw. Ungelernten), kommt es dann auch zu *segmentationsstabilisierenden Effekten bereits auf der emotionalen Ebene.*

Postaktionale Motivationen der Ausbildung (und Weiterbildung) prägen neben und in Verbindung mit *rationalen Abwägungen zu den Kosten-Nutzen-Relationen* prädezisionale Motivationen zur Weiterbildung. Das Verhältnis zwischen Kognitionen und Emotionen wird dabei in den emotionspsychologischen Ansätzen unterschiedlich gesehen. Unsere Ergebnisse deuten auf eine relative Selbständigkeit beider Bereiche hin, wenngleich sich Hinweise finden lassen, dass auch kognitive Abwägungen zu Kosten und Nutzen zu Beginn des Berufslebens ihrerseits von den vorgelagerten Ausbildungserfahrungen mit beeinflusst werden (④). Auch die referierten Ergebnisse der Untersuchungen von Bolder (2006) und Faulstich (2006) verweisen auf einen Zusammenhang von kognitiven Überlegungen mit vorangegangenen Erfahrungen hin: Durch segmentspezifische Erfahrungen bspw. im Hinblick auf die Folgenlosigkeit von Weiterbildung bei bestimmten Beschäftigtengruppen oder infolge des „Belastungs-" und „Sinnlosigkeitssyndroms" bei diesen Arbeitnehmern kommt es *auch bei den rationalen Abwägungen im Hinblick auf die Kosten-Nutzen-Relationen einer Weiterbildung zu einer Stabilisierung der Segmentation.*

Auf der Ebene der Kognitionen spielen nach unseren Ergebnissen jedoch nicht nur Kosten-Nutzenüberlegungen, sondern auch *Risikoabwägungen* eine Rolle. Wie die Risikoforschung zeigt (Bechmann 1993), ist auch das Risiko einer Aktivität ein wichtiger Orientierungsfaktor für individuelles Verhalten. Angesichts einer grundsätzlich vorhandenen Unsicherheit über zukünftige Situationen werden als mögliche Folgen von Aktivitäten nicht nur ein potentieller Nutzen, sondern auch ein Schaden – als negative Konsequenz – einkalkuliert. Kosten-Nutzenanalysen sind hierzu nicht ausreichend, da selbst bei einer positiven Kosten-Nutzenrelation noch Risiken verbleiben können, die subjektiv als nicht akzeptabel erscheinen (Nowitzki 1993, Cogoy 1993). Empirische Untersuchungen zeigen, dass Risiko- und Nutzeneinschätzungen zwar nicht unabhängig voneinander sind, sich aber nicht wechselseitig determinieren (Jungermann/Slovic 1993). In der Risikoforschung wird unterstellt, dass die Beurteilung des Nutzens die Risiko-Akzeptanz beeinflusst. Wenn ein geringer Nutzen erwartet wird, so wird das Risiko tendenziell höher eingeschätzt und somit als weniger akzeptabel angesehen.

Im Hinblick auf die Weiterbildung werden nach unseren Ergebnissen sowohl mit einer Nichtteilnahme als auch mit einer Teilnahme Risiken verbunden. Bei einer Weiterbildungsabstinenz wird häufig das Problem der Abkopplung von weiteren beruflichen Entwicklungen gesehen. So äußern beispielsweise viele unserer Befragten, dass ohne DV beruflich nichts läuft, es bleibt keine andere Wahl, als sich damit zu beschäftigen. Das Risiko einer Nichtteilnahme wird bei diesen Jugendlichen so hoch eingeschätzt, dass es zu Weiterbildungsplanungen auch kommt, obwohl kein unmittelbarer Nutzen ersichtlich ist. Weiterbildung wird ergriffen, nicht weil ein Nutzen ersichtlich ist, sondern weil das Risiko eines beruflichen Abstiegs vermieden werden soll. Das Analyseergebnis von Kuwan (1990), nach dem eine Weiterbildungsteilnahme häufig auf eine konkrete Existenzbedrohung zurückzuführen ist, lässt sich im vorliegenden Kontext als Spezialfall einer Risikoabwägung verstehen: Weiterbildung wird ergriffen, um das Risiko einer Existenzbedrohung zu reduzieren. Umgekehrt unterbleiben teilweise Qualifizierungen, obwohl ein Nutzen ersichtlich ist, weil mit einer Teilnahme an Kursen Risiken verbunden werden. Dabei werden Risiken sowohl im Hinblick auf den voraussichtlichen Ertrag einer möglichen Weiterbildungsteilnahme gesehen (Mangelnde Verwertbarkeit des Gelernten) als auch hinsichtlich der Weiterbildungssituation selbst. Ein Beispiel hierfür sind Versagensängste. Bereits die Befürchtung des Scheiterns und nicht erst ein tatsächlicher Misserfolg führt zu Verunsicherungen (Mansel/Hurrelmann 1992), die zu einer Ablehnung von Qualifizierungsmaßnahmen führen können. Angst als Motiv führt zu Vermeidungsverhalten (Schneider/Schmalt 1994). Selbst bei einer positiven Kosten-Nutzen-Relation einer möglichen Weiterbildungsteilnahme wird in diesem Fall ein subjektiv inakzeptables Risiko (des Scheiterns) gesehen. Individuen mit stark ausgeprägten Angstdispositionen neigen verstärkt dazu, Situationen, die Gefährdungen des Selbstwertgefühls mit sich bringen können – und dies gilt auch für Weiterbildungssituationen –, als bedrohlich wahrzunehmen (ebd., S. 185). Weniger die Aufwendungen stehen in diesem Fall im Mittelpunkt der Abwägungen als vielmehr die Angst, in einer Lernsituation zu versagen.

Die dargestellten Risikoabwägungen stehen ebenso wie die Kosten-Nutzenüberlegungen wiederum im Zusammenhang mit vorgelagerten Erfahrungen (⑤). So sind beispielsweise Versagensängste häufig auf frühere Lernsituationen zurückzuführen. Damit lassen sich *auch auf der Ebene der Risikoabwägungen segmentations-stabilisierende Effekte* belegen.

Angesichts des Zusammenwirkens von Erfahrungen einerseits und Erwartungen andererseits im Rahmen prädezisionaler Motivationsphasen kommt es beim Übergang von der Ausbildung in die Erwerbstätigkeit oder zwischen verschiedenen Weiterbildungsaktivitäten auch nicht zu einer vollständigen, sondern nur zu einer *partiellen* Motivationskontinuität. Postaktionale Bewertungen der Ausbildung bilden die Basis für die Herausbildung einer motivationalen Tendenz zur Weiterbildung. Sie wirken direkt oder indirekt über Variationen kognitiver Nutzen-/Risikoabwägungen im Hinblick auf mögliche Weiterbildungsaktivitäten. Spätere Weiterbildungsteilnahmen, aber auch Nichtteilnahmen modifizieren im Rahmen der jeweiligen postaktionalen Bewertungen diese Motivationsbasis und bilden damit einen neuen Ausgangspunkt für die Herausbildung neuer Teilnahmemotivationen. Da jedoch im Rahmen dieses motivationalen Prozesses[168] Erfahrungen und Erwartungen stark segmentspezifisch geprägt sind, führt dies sowohl auf der Ebene der Kognition als auch auf der Ebene der Emotion in der Tendenz zugleich zu einer *partiellen Segmentationsspirale*. Diese ist jedoch angesichts des prozessualen Charakters nicht vollständig geschlossen, sondern angesichts permanenter Neubewertungen infolge neuer Erfahrungen vielmehr für betriebliche Förderaktivitäten offen.

Welche betrieblichen Aktivitäten erscheinen diesbezüglich aussichtsreich? Auch aus Sicht von Unternehmensverbänden lassen sich weiterbildungsabstinente Gruppen vor allem durch das Aufzeigen von Perspektiven, wie etwa im Hinblick auf berufliche Karrierewege horizontaler oder vertikaler Art, für die Weiterbildung motivieren (Schulte 2006, S. 7). Dadurch könnte – unter Nutzengesichtspunkten – zumindest das von Faulstich beschriebene „Sinnlosigkeitssyndrom" überwunden werden. Auch ist – unter Kostengesichtspunkten – den finanziellen Ressourcen der verschiedenen Beschäftigtengruppen Rechnung zu tragen. Und aus der Perspektive der Risikoabwägungen ist nach geeigneten didaktischen Arrangements zu suchen, die den subjektiven Bedürfnissen am ehesten entsprechen. Arbeitsplatznahe Weiterbildungsansätze (wie etwa E-Learning) oder andere Formen des informellen Lernens können individuell weniger angstbesetzt sein, wie traditionelle Lehr-Lern-Szenarien, mit denen bestimmte Erwerbstätigengruppen überwiegend Negativerfahrungen verbinden. Dies macht aber auch erforderlich, Mitarbeiter im Sinne eines partizipativen Verfahrens bei der Weiterbildungsbedarfsanalyse (vgl. Kap. 4.1.3) einzubeziehen, um so retrospektive Bildungserfahrungen, aber auch Risikoabwägungen durch geeignete Kurskonzepte berücksichtigen zu können, denn die „Klientelsegmente, also insbesondere die Un- und Angelernten, bedürfen einer aufsuchenden und abholenden Bildungsarbeit und einer lebensbegleitenden Bildungsberatung, die das Selbstkonzept der Einzelnen stützt und ihre eigene berufsbiographische Handlungs- und Gestaltungskompetenz fördert" (Bolder 2006, S. 10).

4.4.4 Kurz und bündig

Die Programmplanung bei der Weiterbildung ist für Weiterbildungsanbieter von existentieller Bedeutung. Fehlplanungen können in einem hart umkämpften Weiterbildungsmarkt schnell zu einer weiteren Bereinigung der Angebotslandschaft führen. Dabei sind externe Weiterbildungsanbieter in einer noch schwierigeren Lage als Weiterbildungsabteilungen in Großbetrieben, denn letztere verfügen zumeist über eine vergleichsweise günstige Informationslage, was die Weiterbildungsbedarfe im Betrieb angeht, zumindest dann, wenn entsprechende Analysen, wie sie in einem vorangegangenen Kapitel angesprochen worden sind, regelmäßig durchgeführt werden. Externe Weiterbildungsanbieter haben sich solche Informationen erst einmal zu erschließen, bevor es um die eigentlichen Planungsaktivitäten gehen kann. Die Programmplanung bei solchen Anbietern kann vor diesem Hintergrund als Teil eines Phasenmodells verstanden werden (Abb. 4.4-3).

---

[168]   Angesichts dieses Prozesscharakters wird deutlich, wie problematisch es ist, durch einmalige Befragungen Teilnahmemotivationen von Erwerbstätigen zu erfassen. Es erklärt auch, warum in verschiedenen Untersuchungen durchaus unterschiedliche Einflussfaktoren auf die Teilnahmemotivation extrahiert worden sind. Je nach Zeitpunkt wird quasi ein unterschiedliches „Bild" eines gesamten „Films" registriert. Zum Zeitpunkt des Ausbildungsabschlusses scheint das Weiterbildungsverhalten durch Bildungserfahrungen weitgehend festgelegt, wie Hennen/Sudek (1985) darlegen. Später kann es in konkreten Situationen den Anschein haben, dass dagegen individuelle Erwartungen das Qualifizierungsinteresse determinieren (Fredecker 1991).

In der Phase der Bedarfsanalyse kann unter anderem auf die in Abb. 4.4-3 genannten Instrumente zurückgegriffen werden. Dabei stellt diese Auflistung kein (abgeschlossenes) Rezept dar, bei dem immer alle genannten „Zutaten" zu berücksichtigen sind. Welche Instrumente sinnvoll einsetzbar sind und wie ergiebig die jeweiligen Quellen sind, hängt immer vom jeweiligen Einzelfall ab. Stärkste Verbreitung hat dabei vor allem die Auswertung von Teilnehmerstatistiken und Evaluationsbögen gefunden. Hohe Nachfrage bei großer Zufriedenheit führt meist zum Fortschreiben des Angebots, geringe Nachfrage zumindest zu einer Reduktion des Angebots in diesem Bereich und schlechtes Feedback zu einer Modifikation des Angebots. Allerdings ist ein Bezug der Programmplanung auf allein diese Informationen problematisch. Materialanalysen, Expertenbefragungen, Konkurrenzanalysen oder eigene Umfragen sind für eine fundierte Programmplanung unerlässlich.

Der Phase der Bedarfsermittlung folgt die der Grobplanung, in der es vor allem um die Festlegung der Themenbereiche und der Form der Kurse sowie um die Erstellung einer Prioritätenliste geht. Die Grobplanung sollte dabei nicht als endgültige Festlegung verstanden werden, da sich nach der Feinplanung Rückkopplungen ergeben können. Im Anschluss an die Grobplanung erstellen die Weiterbildungsanbieter eine Detailplanung (Feinplanung) der einzelnen Kurse. So muss geeignetes Personal rekrutiert, und eine detaillierte Zeit-, Raum- und Finanzplanung vorgenommen werden. Auf die Feinplanung folgt die Phase der Durchführung und Evaluation. Um die inhaltliche Qualität des Kurses, die rhetorische und pädagogische Leistung der Referenten und die gesamte Organisation des Kurses zu überprüfen, erfolgt in der Regel am Ende des Kurses eine (Output-)Evaluation in Form einer Zufriedenheitsbefragung. Die Ergebnisse dienen z. B. als Grundlage der Programmplanung des Folgejahres und als Anstoß des internen Qualitätsmanagementprozesses (Organisation, Personal, Catering etc.).

Betrachtet man den skizzierten Ansatz genauer, so lassen sich die Planungsaktivitäten als „produktorientiert" bezeichnen. Kurse, die bspw. in der Vergangenheit auf gute Akzeptanz gestoßen sind, werden weiter angeboten und „beworben". Ebenso werden neue Kurse ohne detaillierte Kundeninformationen entwickelt und angeboten, in der Hoffnung, dass sie auf Nachfrage stoßen werden. Mit anderen Worten: Man entwickelt ein (Standard-)Produkt „Weiterbildungskurs" und offeriert es auf dem Weiterbildungsmarkt. Daher auch die Bezeichnung *produktorientierter Ansatz*". Auf die Kurse wird jeweils über Broschüren und Annoncen aufmerksam gemacht. Einen grundlegenden Perspektivenwechsel hat das seit den 90er Jahren verstärkt diskutierte Weiterbildungsmarketing ausgelöst. Reklamiert wird demnach eine stärkere Kundenorientierung bei den Angeboten der Weiterbildungsträger. Für diese Entwicklung waren mehrere Gründe ausschlaggebend.

Grundgedanke des Weiterbildungsmarketings ist die Abkehr vom „Prinzip der Kurskataloge" und eine Wandlung der Weiterbildungsinstitutionen hin zu *„Dienstleistungszentren im Weiterbildungsbereich"*, die zum einen an die Stelle vorgefertigter „standardisierter Weiterbildungskurse" „kundenorientierte Weiterbildungsangebote" zu setzen haben. Zum anderen haben sie darüber hinaus auch vielfältige weitere Dienstleistungen, insb. für KMU, zu erbringen. Solche Dienstleistungszentren haben in diesem Ansatz quasi jene Funktion für KMU zu übernehmen, die Weiterbildungsabteilungen in Großbetrieben innehaben. Das bedeutet auch, dass sie als Dienstleistungen für KMU bspw. Bedarfsanalysen in Betrieben durchzuführen, dort transferfördernde Strategien zu etablieren, Evaluationen durchzuführen haben usw.

Pädagogisch lässt sich das Weiterbildungsmarketing als Sozialmarketing legitimieren. Hier werden Marketingaktivitäten eingesetzt, um soziale oder gesellschaftliche Ziele zu erreichen. Dazu setzt es allerdings dieselben Instrumente ein, wie das kommerzielle Marketing. Daher wird auch beim Weiterbildungsmarketing zwischen einer strategischen und einer operative Ebene unterschieden (Abb. 4.4-4).

Die Basis für die strategischen Entscheidungen des Weiterbildungsanbieters (Wahl der Zielgruppen, Wahl der Positionierung, Erkennen der Strategischen Erfolgspositionen und der Unique Selling Proposition bilden verschiedene Analysen: Eine Markt-, eine Trend- und eine Stärken- /Schwächenanalyse. Die Instrumente und die Entscheidungsgrößen werden im vorangegangenen Text anhand von Fallbeispielen erläutert.

Die strategischen Entscheidungen, vor allem die eigenen SEPs und USPs, bilden die Basis für die Marketingaktivitäten auf der operativen Ebene. Sie umfasst die vier klassischen Marketing Mix-Instrumente, auf die auch das kommerzielle Marketing zurückgreift (vgl. Abb. 4.4-4). Jeder Weiterbildungsanbieter versucht mit dem Einsatz verschiedener Instrumente aus den Bereichen der Dienstleistungspolitik (Produktpolitik), der Kommunikationspolitik, den Verkaufsbedingungen (Preispolitik) und der Distributionspolitik seine gewählte Marketing-Strategie umzusetzen und sich von den Wettbewerbern abzuheben.

Im Rahmen der *Dienstleistungspolitik* geht es nicht nur um das Produkt der Weiterbildung, vielmehr sind kundenorientierte Konzeptentwicklungen, Bedarfsanalysen und Beratungen gefragt. Im Bereich der *Kommunikationspolitik* stehen den Weiterbildungsanbietern zahlreiche Möglichkeiten zur Verfügung, um ihre SEP und USP zu kommunizieren. Die *Verkaufbedingungen* (Preispolitik) der Dienstleistungszentren im Weiterbildungsbereich beinhaltet zum einen die Preisfestsetzung, -kalkulation, und -differenzierung. Zum anderen aber auch bestimmte Rabatt- und Finanzierungsmodelle. Das vierte und letzte Marketinginstrument der operativen Ebene der Programmplanung stellt die *Distributionspolitik* dar. Hier stellt sich für die Dienstleistungszentren im Weiterbildungsbereich die Frage, „wie sie die Dienstleistung an ihre Kunden bringen." Hauptbestandteile sind hier die Klärung des Seminarortes (z. B. Teile des Seminars am Arbeitsplatz anbieten, um Transfer zu fördern) und der Zeitpunkte (während oder nach der Arbeitszeit).

Das Weiterbildungsmarketing als wirtschaftspädagogisches Thema ist nicht unumstritten. Zwar lässt es sich – wie zuvor dargestellt – *theoretisch* als Sozialmarketing pädagogisch legitimieren. Gleichwohl wird an der *realen Praxis* Kritik geübt. Eine Erschließung bislang bildungsferner Zielgruppen kann allenfalls als ein bescheidener Nebeneffekt angesehen werden. Auch eine Umweg-Innovation in der Weiterbildung – bspw. durch die Entwicklung neuer didaktisch-methodischer Konzepte – lässt sich kaum belegen. Auch der behauptete Vorteil des Weiterbildungsmarketings, eine Orientierung am Bedarf der Nachfrager zu leisten, ist ebenfalls kritisch zu hinterfragen. Häufig wird allein schon aus Kostengründen doch wieder auf Standardangebote zurückgegriffen. Schließlich scheitert eine intendierte Zielgruppenorientierung häufig auch an den Rahmenvorgaben, die durch die Trägerstrukturen gegeben sind. Schließlich stellt sich die Frage, die bislang kaum theoretisch fundiert vom Weiterbildungsmarketing beantwortet worden ist, *wer* in diesem Ansatz überhaupt der *Kunde* ist – der Betrieb, der Weiterbildung initiiert (vielleicht nicht einmal finanziert) oder der Teilnehmer am Kurs. Je nachdem, wer als Kunde verstanden wird, kann man zu unterschiedlichen Schlussfolgerungen, zumindest auf didaktisch-methodischer Ebene gelangen.

Auch wenn eine Programmplanung fundiert und kundenorientiert erfolgt ist, so ist der Erfolg für die Weiterbildungsinstitution damit keineswegs gesichert. Zumindest hat sich jeder Weiterbildungsanbieter, sei er betriebsintern oder –extern, auch Gedanken darüber zu machen, wie er Mitarbeiter für einen Kurs gewinnen kann. Marketingmaßnahmen alleine reichen dazu nicht aus. Vielmehr ist auch nach Wegen zu suchen, wie auf Seiten potenzieller Nachfrager eine Motivation aufgebaut werden kann, an einer Weiterbildungsmaßnahme teilzunehmen.

Unter Bildungsmotivation lässt sich die Gesamtheit hypothetischer Variablen verstehen, die als Aktivatoren des Bildungsverhaltens fungieren. Ihre Wirkung auf den Organismus kann dabei von *außen oder innen* erfolgen und damit das wahrnehmbare Bildungsverhalten nach Richtung, Stärke und Dauer determinieren. Heckhausen unterscheidet in seinem theoretischen Modell der Motivation *vier Phasen* des Handelns: Die *prädezisionale Motivation*, bei der es um die Wahl von Handlungsalternativen geht, die *präaktionale Volition* mit der Ausrichtung des Handelns auf konkrete Ziele, die *aktionale Volition*, bei der es um die Umsetzung der Ziele geht, und die *postaktionale Motivation*, die die Bewertung des Erreichten betrifft (Abb. 4.4-6). Die ersten beiden Phasen im Modell von Heckhausen umschreiben dabei den Begriff der „*Teilnahmemotivation*", bei der es um die Bereitschaft oder das Interesse geht, an einer Weiterbildungsmaßnahme zu partizipieren. Von welchen Faktoren wird sie beeinflusst? Oder anders ausgedrückt: Wie lässt sie sich fördern?

Betrachtet man vorliegende empirische Analysen zur Erklärung der Teilnahmemotivation im Weiterbildungsbereich, so lassen sich zumindest zwei grobe Interpretationsmuster unterscheiden (Abb. 4.4-7). In dem einen Fall, der im Wesentlichen in bildungssoziologischen Studien vertreten wird, werden Weiterbildungsüberlegungen und -aktivitäten individuell als weitgehend durch vergangenheitsbezogene Faktoren vorgeprägt angesehen. Maßgeblich hierfür sind etwa Erfahrungen aus den Bereichen Familie, Schule und Ausbildung. Beim anderen Fall wird dagegen eher auf gegenwarts- bzw. zukunftsbezogene Aspekte rekurriert. Dieses entscheidungstheoretische Konzept stellt Nutzenüberlegungen der Erwerbstätigen in den Mittelpunkt. Die beiden Interpretationsmuster zur Weiterbildungsmotivation sind nur schwer zu vereinbaren, sie scheinen sogar widersprüchlich.

Die Ergebnisse unserer Untersuchung machen deutlich, dass beide oben genannten Interpretationsmuster einer Relativierung bedürfen. Weder kann von einer „Festlegung" des Weiterbildungsverhaltens durch Bildungserfahrungen die Rede sein, noch von einer Determinierung durch individuelle Erwartungen und Situationen. im Rahmen „rationaler Nutzen-Kalkulationen". Individuelle Teilnahmemotivationen entspringen beiden Aspekten: Prospektive Verwertungsperspektiven haben eine ebenso große Bedeutung wie retrospektive Sozialisationsbedingungen. Dabei wirken grundlegende Bildungsaspirationen nicht nur indirekt über Variationen individueller Bewertungen von Maßnahmen, sie haben vielmehr eine eigene Erklärungskraft.

Bei der Herausbildung motivationaler Tendenzen (Abb. 4.4-9) sind nicht nur kognitive, sondern auch emotionale Prozesse von Belang. Wie die emotionspsychologischen Ansätze darlegen, können solche Emotionen angeboren oder auch erworben sein und bewusst oder unbewusst wirken. Erworbene Emotionen werden maßgeblich durch individuelle Lernerfahrungen geprägt. Bei ähnlichen Situationen werden Affekte aktualisiert, die sich dann in Hoffnung oder Furcht manifestieren. Emotionen spielen vor allem in der prädezisionalen und postaktionalen Motivationsphase eine zentrale Rolle. Postaktionale Motivationen der Ausbildung (und Weiterbildung) prägen neben und in Verbindung mit rationalen Abwägungen prädezisionale Motivationen zur Weiterbildung. Das Verhältnis zwischen Kognitionen und Emotionen wird dabei in den emotionspsychologischen Ansätzen unterschiedlich gesehen. Unsere Ergebnisse deuten auf eine relative Selbstständigkeit beider Bereiche hin, wenngleich sich Hinweise finden lassen, dass auch kognitive Abwägungen ihrerseits von solchen Erfahrungen mit beeinflusst werden. Postaktionale Bewertungen der Ausbildung bilden die Basis für die Herausbildung einer motivationalen Tendenz zur Weiterbildung. Sie wirken direkt oder indirekt über Variationen kognitiver Nutzen-/Risikoabwägungen im Hinblick auf mögliche Weiterbildungsaktivitäten. Spätere Weiterbildungsteilnahmen, aber auch Nichtteilnahmen modifizieren im Rahmen der jeweiligen postaktionaler Bewertungen diese Motivationsbasis und bilden damit einen neuen Ausgangspunkt für die Herausbildung neuer Teilnahmemotivationen.

Literatur

Arnold, R./Lipsmeier, A. (Hg.): Handbuch der Berufsbildung. Opladen 1995.

Bechmann, G. (Hg.): Risiko und Gesellschaft: Grundlagen und Ergebnisse interdisziplinärer Risikoforschung. Opladen 1993.

Beicht, U./Krekel, E./Walden, G.: Berufliche Weiterbildung – Welche Kosten und welchen Nutzen haben die Teilnehmenden? Bonn 2006.

Bernecker, M.: Bildungsmarketing. Sternenfels 2001.

Bolder, A.: Kosten und Nutzen von beschäftigungsnaher Weiterbildung. In: Meier/Rabe-Kleberg 1993, S. 47 - 60.

Bolder, A.: Support bleibt ein Fremdwort. In: Weiterbildung (2006)5, S. 8 - 11.

Botschen, M./Liensberger, P.: Marketing für BildungsmanagerInnen. In: Gütl, B./Orthey, F. M./Laske, S. (Hg.): Bildungsmanagement. München/Mering 2006, S. 385 - 406.

Bruhn, M./Tilmes, J.: Social Marketing. Einsatz des Marketing für nichtkommerzielle Organisationen. 2. Aufl. Stuttgart 1994.

Bundesministerium für Bildung und Wissenschaft (Hg.): Weiterbildung in Stichworten. Bonn 1982.

Buschfeld, D.: Kooperation an kaufmännischen Berufsschulen. Köln 1994.

Cogoy, M.: Risiko und Akzeptanz technologiepolitischer Entscheidungen. In: Bechmann 1993, S. 145 - 165.

Deutscher Bildungsrat (Hg.): Bildungsurlaub als Teil der Weiterbildung. Gutachten und Studien der Bildungskommission, Bd. 28 Stuttgart 1973.

Diller, H.: Grundprinzipien des Marketing, 1. Auflage, Nürnberg 2002.

Diller, H.: Grundprinzipien des Marketing. Nürnberg 2007.

Döring, O.: Strukturen der Zusammenarbeit von Betrieben und Weiterbildungsinstitutionen in der beruflichen Weiterbildung, Aachen 1995.

Faulstich, P.: Lernen – oder eben nicht. In: Weiterbildung (2006)5, S. 12 - 15.

Feig, R.: Motivation. In: Sarges/Fricke 1986, S. 416 - 425.

Förster, A./Kreuz, P.: Innovative Konzepte für Ihren Markterfolg – Marketing Trends, 2. Auflage, Wiesbaden 2006.

Fredecker, I.: Neue Arbeitseinsatzkonzepte und betriebliche Weiterbildung – Implikationen im personalstrategischen Zusammenhang. Bern/New York/Paris 1991.

Gaugler, E. (Hg.): Betriebliche Weiterbildung als Führungsaufgabe. Wiesbaden 1987.

Gehlen, A.: Der Mensch. Seine Natur und seine Stellung in der Welt. Bonn 1950.

Geißler, Kh.: Das duale System der industriellen Berufsausbildung hat keine Zukunft. In: Leviathan (1991)1, S. 68 - 77.

Gottwald, K./Brinkmann, C: Determinanten der Weiterbildungsmotivation. In: Deutscher Bildungsrat (1973).

Gütl, B./Orthey, F. M./Laske, S.: Prolog. In: Gütl, B./Orthey, F. M./Laske, S. (Hg.): Bildungsmanagement. München/Mering 2006, S. 1 - 12.

Hardt, B./Zaib, V./Kleinbeck, U./Metz-Göckel, H.: Untersuchungen zu Motivierungspotential und Lernmotivation in der kaufmännischen Erstausbildung. In: Zeitschrift für Berufs- und Wirtschaftspädagogik, Beiheft 13(1996), S. 128 - 149.

Heckhausen, H./Gollwitzer, P. M./Weinert, F. E. (Hg.): Jenseits des Rubikon. Der Wille in den Humanwissenschaften. Berlin 1987.

Heckhausen, H.: Intentionsgeleitetes Handeln und seine Fehler. In: Heckhausen/Gollwitzer/Weinert 1987b, S. 143 - 175.

Heckhausen, H.: Perspektiven einer Psychologie des Wollens. In: Heckhausen/Gollwitzer/Weinert 1987a, S. 121 - 142.

Hennen, M./Sudek, R.: Einstellungsdifferenzierung, Freizeitverhalten und Weiterbildungsmotivation von Berufsschülern, hg. vom Bundesinstitut für Bevölkerungsforschung. Wiesbaden 1985.

Hofbauer, H.: Untersuchungen des IAB über die Wirksamkeit der beruflichen Weiterbildung. In: Mitteilungen aus der Arbeitsmarkt- und Berufsforschung 14(1981)3, S. 246 - 262.

Holzer, D.: Weiterbildungsabstinenz macht Sinn. In: Weiterbildung (2006)5, S. 25 - 27.

Holzkamp, K.: Lernen – Subjektwissenschaftliche Grundlegung. Frankfurt/New York 1993.

Hungenberg, H.: Strategisches Management in Unternehmen, 3. überarbeitete und erweiterte Auflage, Wiesbaden 2004.

Jungermann, H./Slovic, P.: Die Psychologie der Kognition und Evaluation von Risiko. In: Bechmann 1993, S. 167 - 195.

Klose, J./Kutscha, G./Stender, J.: Berufsausbildung und Weiterbildung unter dem Einfluß neuer Technologien in kaufmännischen Berufen. Hg.: Bundesinstitut für Berufsbildung. Berichte zur beruflichen Bildung 161. Berlin und Bonn 1993.

Kotler, P.: Social marketing. Düsseldorf 1991.

Kuwan, H.: Weiterbildungsbarrieren. Ergebnisse einer Befragung typischer „Nicht-Teilnehmer" an Weiterbildungsveranstaltungen. In: Bundesminister für Bildung und Wissenschaft (Hg.): Reihe Bildung - Wissenschaft - Aktuell 7/1990. Bonn 1990.

Lee, W.: Psychologische Entscheidungstheorie. Decision Theory and Human Behavior. Weinheim und Basel 1977.

Lipsmeier, A.: Zum Problem der Kontinuität von beruflicher Erstausbildung und beruflicher Weiterbildung. In: Die deutsche Berufs- und Fachschule 73(1977)10, S. 723 - 737.

Mansel, J./Hurrelmann, K.: Belastungen Jugendlicher bei Statusübergängen. Eine Längsschnittstudie zu psychosomatischen Folgen beruflicher Veränderungen. In: Zeitschrift für Soziologie 21(1992)5, S. 366 - 384.

Martin, A.: Determinanten der individuellen Weiterbildungsentscheidung. In: Zeitschrift für Pädagogik 33(1987)1, S. 5 - 28.

Meier, A./Rabe-Kleberg, U. (Hg.): Weiterbildung, Lebenslauf, Sozialer Wandel. Neuwied 1993.

Nerdinger, F.W.: Motivation und Handeln in Organisationen. Stuttgart/Berlin/Köln 1995.

Nord-Rüdiger, D./Kraak, B.: Motivation und Strategien in der beruflichen Weiterbildung. In: Zeitschrift für erziehungs- und sozialwissenschaftliche Forschung 1(1984)1, S. 127 - 139.

Nowitzki, K.-D.: Konzepte zur Risiko- Abschätzung und -Bewertung. In: Bechmann 1993, S. 125 - 139.

o.V., Bildungsmanagement WS 04/05, URL: www.phil-fak.uniduesseldorf.de/.../V.2004.11.17.Bildungsmanagement.Leitung.v.Bildungseinrichtungen.ppt, 23.06.2006.

o.V., Modernes Weiterbildungsmarketing, URL: www.bmbf.de/pub/kaw_infodienst_01_04.pdf, 23.06.2006.

o.V., Weiterbildungsmarketing und Öffentlichkeitsarbeit, URL: www.tudresden.de/erzwibp/wiesner/Baust_Bildm3.pdf., 23.06.2006.

o.V., Weiterbildungsmarketing, URL: www.iatge.de/aktuell/veroeff/jahrbuch/jahrb05/09-langer.pdf, 23.06.2006.

o.V., Weiterbildungsmarketing, URL: www.lrtl.de/pdf/gGmbH/Pr_19102004.pdf, 23.06.2006.

Pätzold, G./Walden, G. (Hg.): Lernorte im dualen System der Berufsbildung. Berlin/Bonn 1995.

Porter, M. E.: Wettbewerbsstrategien. Frankfurt 1992.

Raffée, H.: Strategisches Marketing. Stuttgart 1989.

Röchner, M.: Personspezifische Aspekte und Determinanten der Weiterbildungsteilnahme. Eine empirische Analyse eines multivariaten Modells. Frankfurt/Main 1987.

Sarges, W./Fricke, R.: Psychologie für die Erwachsenenbildung/Weiterbildung. Göttingen 1986.

Schneider, K./Schmalt, H.-D.: Motivation. 2. Aufl. Stuttgart/Berlin/Köln 1994.

Schulte, I.: Bildung muss Vorteile schaffen. In: Weiterbildung (2006)5, S. 6 - 7.

Sloane, P.: Bildungsmarketing in wirtschaftspädagogischer Perspektive, URL: www.paed.uni-   muenchen.de/~paed/paed2/lehre/Wise0405/Tippelt /Weiterbildung/Weiterbildungsmarketing.pdf., 23.06.2006.

Staudt, E.: Integration von Personal- und Organisationsentwicklung in der beruflichen Weiterbildung. In: Arnold/Lipsmeier 1995, S. 183 - 199.

Stender, J.: Berufsverlauf und Weiterbildung junger Fachkräfte. Abschlußbericht zu einem DFG-geförderten Forschungsprojekt. Bochum 1996b.

Stender, J.: Qualifikationsaneignung und -verwertung im Bereich neuer Technologien. In: Wirtschaft und Erziehung 46(1994)9, S. 293 - 301.

Stender, J.: Zur Motivationskontinuität zwischen Aus- und Weiterbildung – Ergebnisse aus einer Studie bezüglich Berufsverlauf und Weiterbildung junger Fachkräfte. In: Zeitschrift für Berufs- und Wirtschaftspädagogik 92(1996a)5.

Thierstein, C.: Programmplanung und Konzeptentwicklung. In: Gütl, B./Orthey, F. M./Laske, S. (Hg.): Bildungsmanagement. München/Mering 2006, S. 407 - 419.

Weber, M.: Wirtschaft und Gesellschaft. Tübingen 1956.

Weber, W.: Betriebliche Weiterbildung. Stuttgart 1985.

Weber, W.: Das Weiterbildungsverhalten von Arbeitnehmern – Motor oder Bremse betrieblicher Anpassungsprozesse? In: Gaugler 1987, S. 119 - 139.

Wilbers, K.: Bildungsmarketing vs. Pädagogik: kritische Anmerkungen zu einem Spannungsverhältnis. In: Lernarrangements und Bildungsmarketing für multimediales Lernen. Nürnberg 1996, S. 226 - 257.

Zimmer, G.: Lernortkonkurrenz statt Lernortkooperation! In: Pätzold/Walden 1995, S. 329 - 344.

4.5   Durchführung von Weiterbildung (Monika Reemtsma-Theis)

Lernziele

- Formelle und informelle Lernformen erläutern können.

- Leistungsvorteile und Grenzen der Lernformen abwägen können.

- Begründen können, welche Aspekte der didaktischen Kategorien Lernziele und Lernvoraussetzungen für die Durchführung von betrieblichen Weiterbildungsmaßnahmen relevant sind.

- Lernformen im betrieblichen Kontext unterscheiden und systematisieren können.

- Eine begründete Auswahl von Lernformen hinsichtlich bestimmter Lernziele und Zielgruppen treffen können.

- Strategien der Handlungskontrolle in ihrer Bedeutung für die Durchhaltemotivation bei Weiterbildungsmaßnahmen begründen können.

- Ausgewählte Unterstützungsformen für Handlungskontrollmechanismen aus Sicht eines betrieblichen Weiterbildungsmanagements erläutern können.

4.5.1 Problembezug

Nachdem in den vorangegangenen Kapiteln die Ermittlung des Weiterbildungsbedarfs, die Planung von Weiterbildungsmaßnahmen sowie die Transferförderung thematisiert wurden, geht es im Folgenden um die konkrete (mikro-)didaktische Gestaltung und Förderung von Lehr-/ Lernprozessen im Rahmen betrieblicher Weiterbildung (Abb. 4.5-1).

Gemäß der einführenden Systematisierung (vgl. Kapitel 2.3.1 Gegenstandsbereich des Weiterbildungsmanagements) werden sowohl formelle Lernprozesse, wie z. B. innerbetriebliche Seminare betrachtet als auch Formen des informellen Lernens, die durch das Unternehmen angeregt werden und für die gezielt förderliche Rahmenbedingungen geschaffen werden. Es wird daher ein relativ weites Feld betrieblich initiierter und geförderter Lernprozesse in den Blick genommen. Diese Ausweitung des Blicks über klassische formalisierte Formen der Weiterbildung hinaus findet seine Begründung in der intensiven Diskussion um informelles Lernen, die teilweise so weit geht, informelle Lernprozesse als generell ‚besser' auszuweisen und das ‚Aussterben' der formalen Weiterbildung auszurufen. Diese plakativen Argumentationen (oder Behauptungen) können allerdings nur fundiert hinterfragt werden, indem man das Potential, aber auch die Grenzen der jeweiligen Lernform genauer untersucht.

In der konkreten Durchführung von Weiterbildung kann man sich allerdings nicht darauf beschränken, eine Lernform als prinzipiell geeignet auszuweisen, sondern die Aufgabe besteht darin, für eine möglichst Ziel führende Gestaltung konkreter Lehr-/Lernarrangements zu sorgen. Um dies leisten zu können, sind zentrale didaktische Fragen zu beantworten:

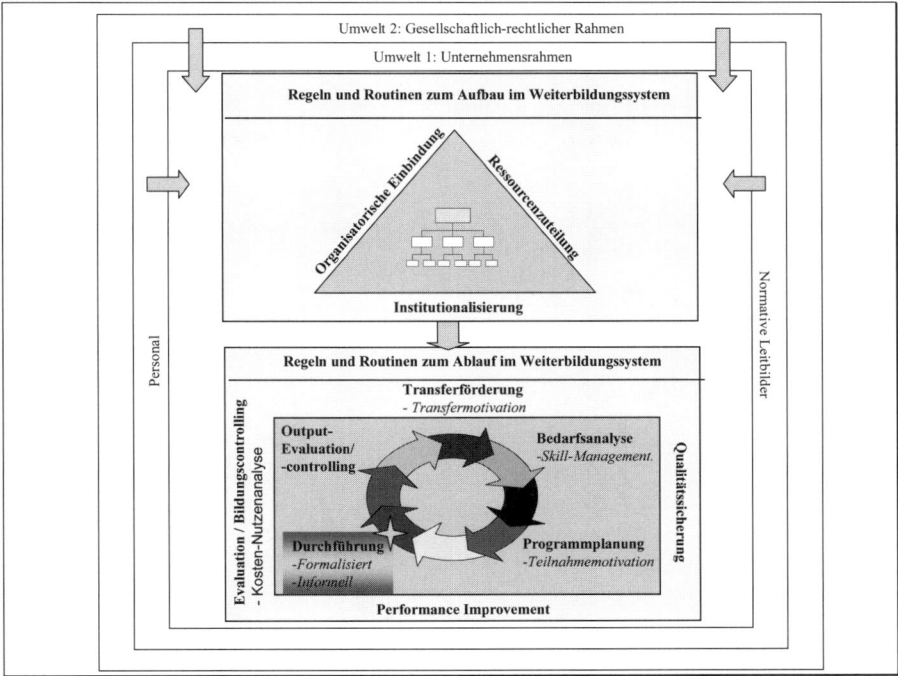

Abb. 4.5-1: Durchführung als Handlungsfeld des betrieblichen Weiterbildungsmanagements

- Welche konkreten *Lernziele* sollen mit einer Maßnahme erreicht werden?
- Wie lässt sich die *Zielgruppe* der Maßnahme hinsichtlich relevanter Kriterien für den Lernprozess beschreiben?
- Welche Möglichkeiten der gezielten Unterstützung von Lernprozessen gibt es und wie wähle ich die mit Blick auf das Lernziel und die Zielgruppe geeigneten *Unterstützungsformen* aus?

Diese grundlegenden Fragen sind zum einen von demjenigen zu beantworten, der die Gestaltung der Lehr-/Lernarrangements selbst vornimmt (also etwa der Dozent eines Seminars, der Moderator eines Workshops etc.). Sie stellen zum anderen aber auch eine Grundlage für die Auswahl von Bildungsanbietern dar, insofern, als man von Seiten des Weiterbildungsmanagements mit Blick auf die genannten Kategorien Begründungen für Gestaltungsvorschläge von den Anbietern einfordern und beurteilen können sollte.

Bevor mit den folgenden Ausführungen ein entsprechender didaktischer Rahmen aufgespannt wird, in den die grundlegenden Überlegungen zur Unterstützung von betrieblich initiierten Lernprozessen eingeordnet werden können, soll zunächst die intensiv geführte Diskussion um formelles und informelles Lernen näher beleuchtet werden. Der Ablauf der Argumentationen ist Abb. 4.5-2 zu entnehmen.

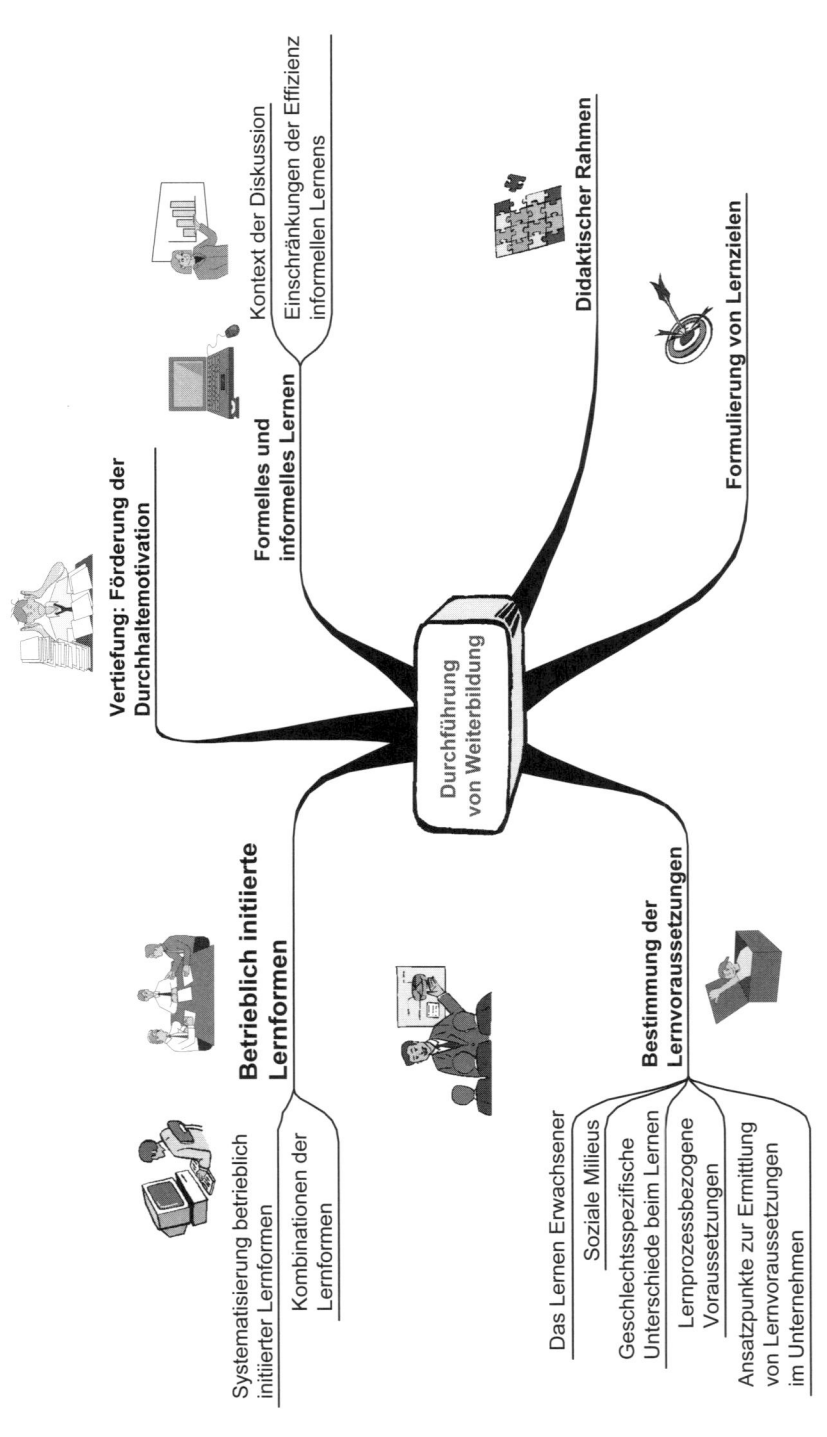

Abb. 4.5-2: Argumentationsverlauf im Kapitel

4.5.2 Formelles und informelles Lernen

„Formelle Lernprogramme ade. Lang lebe das informelle Lernen!" Mit diesem Jubel-ruf beginnt ein aktueller Artikel in managerSeminare (Heft 111, Juni 2007, S. 63 ff.) zu Chancen und Fördermöglichkeiten dieser inzwischen fast als Allheilmittel be-schworenen Lernform. Woher kommt diese in zahlreichen Veröffentlichungen und Veranstaltungen deutlich werdende Aufmerksamkeit für den angeblich „wichtigste(n) Learning-Trend der kommenden Jahre" (ebd. S. 63)?

Folgende Argumente werden meist für den Siegeszug des informellen Lernens ange-führt:

- Durch die sich stetig erhöhende Veränderungsgeschwindigkeit der Wirtschaft, aber auch anderer Lebensbereiche, ist das formelle, organisierte Lernen nicht in der Lage, alle Lernbedürfnisse und -notwendigkeiten schnell genug zu be-friedigen. Der Lernende muss daher selbst entscheiden, was er wie und wann lernen kann.

- Nach internationalen Studien unterschiedlicher Herkunft erwerben Mitarbeiter in Unternehmen nur ca. 20 - 30 % der für ihre Arbeit notwendigen Kompeten-zen in Workshops und Seminaren. Die weit überwiegenden 70 - 80 % werden dagegen auf informellem Wege erworben, etwa durch Gespräche mit Kolle-gen, Beobachtung, Mediennutzung etc. (vgl. beispielsweise Faure 1972).

- Auch das Berichtssystem Weiterbildung des Bundesministeriums für Bildung und Forschung (BMBF) von 2006 zeigt, dass ca. 26 % der Erwerbstätigen in Deutschland berufsbezogene Lehrgänge oder Kurse besuchen. Über 60 % dagegen nutzen eine oder mehrere Arten des informellen Lernens.

Das bedeutet, man ist dieser Argumentation zu Folge in der aus pädagogischer Sicht recht ungewöhnlichen Situation, dass die Lernenden das, was sie tun sollen, bereits in großem Umfang von sich aus tun.

Allerdings – so die Fortführung der Argumentation aus etwas kritischerer Sicht – ge-schieht dieses informelle Lernen oft unsystematisch und ineffizient, so dass die Lern-ergebnisse verbessert werden könnten, wenn man sinnvolle Unterstützungsmaß-nahmen entwickelte. Es gilt daher auch aus Unternehmenssicht die umfangreiche Ressource ‚informelles Lernen' besser zu nutzen.

Übung:

1	Wenn Sie sich an die bisherigen Lernprozesse in Ihrem Leben erinnern, wie schätzen Sie die Bedeutung des informellen Lernens gegenüber formellen Lernformen ein? Versuchen Sie zu systematisieren, welche ‚Dinge' Sie auf welche Weise (besser) gelernt haben.
2	Falls Sie eine Berufsausbildung oder längere Praktika absolviert haben, wie sahen hier die Relationen von formellen zu informellen Lernprozessen aus?

Bevor auf Möglichkeiten zur Förderung informeller Lernprozesse v. a. in betrieblichen Kontexten eingegangen werden kann, soll zunächst eine begriffliche Klärung und damit auch eine theoretische Einordnung des informellen Lernens erfolgen.

Wie bereits in der kurzen Einführung anklang, ist das informelle Lernen weniger or-ganisiert als das formelle Lernen und geschieht eher ‚nebenbei'. Bei dem Bemühen um weiter gehende begriffliche Klarheit begegnet man allerdings in der Literatur einer Reihe von Definitionsversuchen mit teils unterschiedlichen Schwerpunkten.[169] Immer wieder genannte Aspekte vieler Definitionen zeigt die folgende Gegenüberstellung der beiden Lernformen auf:

Informelles Lernen	Formelles Lernen
Lernen in der Arbeit, in der Freizeit, im Ehrenamt, in der Familie...	Lernen in pädagogisch organisierten Kontexten (Schule, Universität, Seminare, Workshops...)
selbstgesteuert	fremdgesteuert
(teilweise) unsystematisch	systematisiert
ad hoc, je nach situativer Anforderung	festgelegte Lernziele, Lernwege und Lernzeiten
kein offizieller Abschluss oder Zertifizierung	i. d. R. Erwerb von Bildungsabschlüssen oder Zertifizierungen möglich
kostengünstig	häufig mit hohen Kosten verbunden
Intention: Aufgabenbewältigung	Intention: Lernen
dezentral	zentral
Primärer Bezugspunkt: persönliche Erfahrung	Primärer Bezugspunkt: Fachsystematik, theoretische Zusammenhänge
Keine oder nur geringe Transferproblematik	Häufig große Probleme beim Transfer in die Praxis

Abb. 4.5-3: Kennzeichen informellen und formellen Lernens

Im Bereich des formellen Lernens wird häufig noch anhand des Kriteriums der offiziellen Zertifizierung das *formale* (vor allem schulische oder universitäre) und das *nicht-formale* Lernen (z. B. in betrieblichen Seminaren) unterschieden.

Als Teilformen des informellen Lernens werden zudem auf der einen Seite das Erfahrungslernen genannt, das über eine bewusste Reflexion von Erfahrungen erfolgt sowie auf der anderen Seite das implizite oder inzidentielle Lernen, das als ‚beiläufiges' Nebenprodukt anderer Tätigkeiten eher unbewusst und nicht zielgerichtet stattfindet (vgl. Dehnbostel 2002, S. 6). Die folgende Abbildung verdeutlicht diese Einteilung.

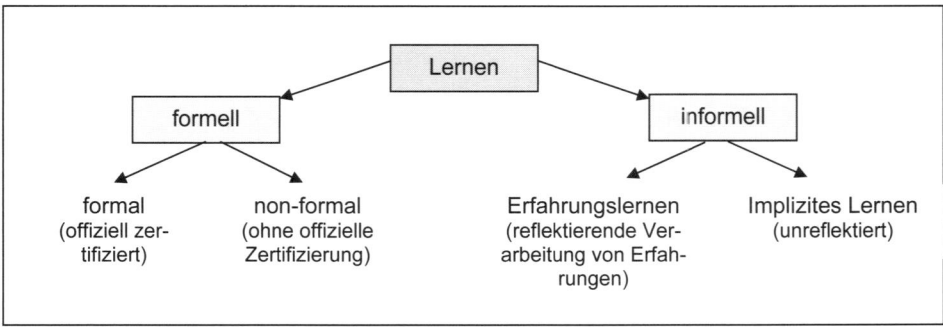

Abb. 4.5-4: Formelles und informelles Lernen

---

[169] Einen Überblick hierzu liefert z. B. Dohmen (2001, speziell S. 18 - 49).

Anhand der Kriterien Intentionalität, Bewusstheit, Planmäßigkeit und Zertifizierungs-form werden in der Literatur zahlreiche, sich teilweise überschneidende Abgrenzungen der Lernformen vorgenommen, denen hier nicht im Einzelnen nachgegangen werden soll. Vielmehr soll der Begriff des informellen Lernens gemäß der oben erfolgten Kennzeichnung auf alle Lernprozesse bezogen werden, die außerhalb pädagogisch organisierter Kontexte weitgehend selbstgesteuert mit dem primären Ziel einer konkreten Aufgaben- oder Problembewältigung erfolgen.

Lernt also beispielsweise ein Kind durch Beobachtung seines älteren Bruders, wie man eine Schere benutzt, bekommt ein Kleingartenbesitzer Tipps zur Unkrautbeseitigung von seinem Kleingarten-Nachbarn, erläutert eine Freundin dem genervten Freund das Ausfüllen der Steuererklärung oder befragt ein Mitarbeiter zu einem technischen Problem das Internet, so liegt in all diesen unterschiedlichen Fällen informelles Lernen vor.

Übung:

3   Finden Sie mindestens noch drei weitere Beispiele, welche Fähigkeiten man *im beruflichen Kontext* typischerweise über informelles Lernen erwirbt.

4.5.2.1   Entstehung und Kontext der Diskussion um informelles Lernen

Der Begriff des informellen Lernens wird häufig auf John Dewey zurückgeführt, der das informelle Lernen („informal education") als die natürliche Form des Lernens und der Erziehung bezeichnete und das formelle Lernen („formal education") als Ergänzung für komplexere Sachverhalte und Umfelder auswies (Dewey 1998; Erstausgabe 1938). Diese Unterscheidung wurde in zwei unterschiedlich ausgerichteten Kontexten aufgegriffen und weiter diskutiert. Zum einen ist dies eine (internationale) bildungspolitische Diskussion, in der es zentral um Lernwege und Lernchancen möglichst breiter Bevölkerungsgruppen geht. Zum anderen spielt informelles Lernen eine prominente Rolle im Kontext des betrieblichen Lernens und wird hier unter Stichwörtern wie „Lernen in der Arbeit" oder „Lernförderliche Arbeitsgestaltung" thematisiert.

- **Bildungspolitische Diskussion**

In der amerikanischen Erwachsenenbildung fanden Überlegungen zur Kombination formeller und informeller Lernformen bereits früh Beachtung (z. B. Knowles 1951). Eingang in die internationale Diskussion fand das informelle Lernen verstärkt nach dem Faure-Report der UNESCO (Faure 1972), in dem konstatiert wurde, dass ca. 70 % aller menschlichen Lernprozesse informeller Natur sind und man daher dieser Lernform mehr Beachtung schenken sollte. In der Folge wurde eine Reihe von internationalen Forschungsarbeiten angestoßen, die sich u. a. mit der Verschränkung formellen und informellen Lernens in Entwicklungsländern beschäftigten.[170]

Eine erste definitorische Unterscheidung in formale, non-formale und informelle Lernprozesse wurde in diesem Kontext von Coombs/Ahmed (1974) im Rahmen ihrer

---

[170]   Dies resultierte nicht zuletzt daraus, dass in Entwicklungsländern nicht formalisierte Lernprozesse traditionsgemäß eine große Rolle spielen, da die Installierung eines komplexen formalen Bildungssystems mit immensen Kosten verbunden ist (vgl. Schiersmann/Remmele 2002, S. 14).

Untersuchung von Bildungsprozessen in ländlichen Regionen vorgelegt, auf die sich auch heute noch viele, meist englischsprachige Veröffentlichungen beziehen[171].

In einer weiteren UNESCO-Publikation aus dem Jahre 1981 wird diese Dreiteilung durch die Kategorie der „incidential education" ergänzt, um jene Lernprozesse zu bezeichnen, die von Seiten des Lernenden unbewusst erfolgen (Evans 1981, S. 28). Diese weiterhin im UNESCO-Kontext verwendete Vierteilung findet sich z. B. auch als Grundlage für die statistische Erfassung des lebenslangen Lernens durch das Statistische Bundesamt (vgl. Hörner 2000).

Die v. a. aufgrund der Umwälzungen in der Arbeitswelt verstärkte Diskussion um lebenslanges Lernen intensivierte ebenfalls die Beschäftigung mit informellen Lernprozessen, die in der internationalen bildungspolitischen Diskussion als Chance gesehen werden, um Bildungsungleichheiten abzubauen. Es wird daher nach Möglichkeiten gesucht, vielfältige Lernchancen auch für Zielgruppen zu schaffen, die bislang eher als „bildungsfern" galten und oftmals Vorbehalte dem formalen Bildungssystem gegenüber haben. Damit soll ebenfalls ein Beitrag zur Sicherung der Beschäftigungsfähigkeit („Employability") weiter Bevölkerungsgruppen geleistet werden (vgl. z. B. Delors 1996, Kommission der Europäischen Gemeinschaften 2000).[172] Die Forschung und auch entsprechende Umsetzungsvorhaben scheinen in anderen europäischen Ländern und den USA dabei weiter fortgeschritten als in der Bundesrepublik (vgl. z. B. Dohmen 2001, S. Dehnbostel/Gonon 2002, S. 1).

- **Betriebliches Lernen**

Bis in die 80er Jahre des 20. Jahrhunderts war die berufs- und betriebspädagogische Diskussion von der Annahme geprägt, dass v. a. industrielle Arbeitsprozesse immer weniger Lernpotential zur Verfügung stellen und daher eine Verlagerung der Lernprozesse in zentrale Bildungsstätten erfolgen müsse. Dies führte zum großflächigen Aufbau von Lehrwerkstätten in der Industrie und überbetrieblicher Bildungseinrichtungen im Handwerk. Es zeigte sich jedoch recht schnell, dass diese Auslagerung des Lernens aus den Arbeitsprozessen sowohl zu Motivationsproblemen beim Lernen als auch zu Transferproblemen bei der Rückkehr an den Arbeitsplatz führte. Es stellte sich daher die Frage, ob solche Lernprozesse in pädagogisch organisierten Kontexten fern der Arbeit in der Lage sind, jene Handlungskompetenzen zu vermitteln, die zur Bewältigung der realen Arbeitssituation im Betrieb notwendig sind.

Zur gleichen Zeit entwickelte sich über die Einführung neuer Arbeits- und Organisationskonzepte (z. B. Gruppenarbeit, flachere Hierarchien) eine Gegentendenz zu dieser Zentralisierung, die unter den Stichwörtern Prozessorientierung und Reprofessionalisierung der Facharbeit zeigte, dass unter veränderten Bedingungen arbeitsplatzbezogenes Lernen durchaus sinnvolle Lernmöglichkeiten bereitstellen kann (vgl. Dehnbostel/Pätzold 2004, S. 20). In diese Diskussion wurde auch immer wieder das Begriffspaar formelles Lernen (für pädagogisch strukturiertes Lernen fern der Arbeit) und informelles Lernen (für Lernen im Prozess der Arbeit) eingebracht.

---

[171]   „Formal education" bezieht sich danach ausschließlich auf das institutionalisierte staatliche Bildungswesen. „Nonformal education" umfasst dagegen alle geplanten Lernprozesse, die außerhalb des staatlichen Bildungssystems stattfinden. „Informal learning" schließlich bezeichnet als dritte Form des Lernens jenen lebenslangen Prozess, bei dem aufgrund täglicher Erfahrungen und Auseinandersetzungen mit der Umwelt Wissen, Fertigkeiten und Einstellungen erworben werden.

[172]   Bei Schreiber-Barsch/Zeuner (2007) findet sich eine anschauliche Gegenüberstellung der verschiedenen Konzepte lebenslangen Lernens, die Bezüge zu den verschiedenen Akteuren und Interessenlagen herstellt.

Bis zum Jahrtausendwechsel lässt sich eine deutliche Trendwende hin zur stärkeren Präferierung informeller Lernprozesse für den Erwerb beruflicher Handlungskompetenz feststellen. Nun ist mit Blick auf formelle Lernprozesse z. B. die Rede vom „Mythos Weiterbildung" (in Anlehnung an Staudt/Kriegesmann 1999), dessen Entlarvung als kostenintensive und ineffiziente Lernform als überfällig postuliert wird.

Dabei werden die bereits erwähnten Probleme formellen Lernens zur Begründung herangezogen:

- Das dekontextualisiert erworbene Wissen erzeugt eine teilweise massive Transferproblematik bei der Übertragung in den betrieblichen Verwertungszusammenhang.
- Formelles Lernen ist zu langsam: Vom Erkennen der neuen Anforderung bis zu ihrer Umsetzung in Curricula vergeht zu viel Zeit, die man in sehr innovativen Kontexten einfach nicht hat.
- In formellen Lernkontexten wird i. d. R. explizites, aber kein erfahrungsbasiertes Wissen erworben, was aber zu einer umfassenden Handlungsfähigkeit notwendig ist (vgl. Staudt/Kley 2001, S. 6).

Ein Blick in die aktuellen Daten des Berichtssystems Weiterbildung (BSW IX) zeigt, dass informelle Lernprozesse in der beruflichen Weiterbildung aktuell nachweisbar eine große Rolle spielen:

Bundesweit nutzten 2003 rund 61 % der Erwerbstätigen eine oder mehrere Formen des informellen beruflichen Lernens. Damit liegt die Beteiligungsquote sehr viel höher als die an formalen Angeboten. In der Rangfolge der häufigsten Aktivitäten führen das Lernen durch Beobachten und Ausprobieren mit 38 %, gefolgt vom Lesen berufsbezogener Fachliteratur mit 35 %. Als nächste Lernformen werden die Unterweisung, das Anlernen durch Kollegen am Arbeitsplatz mit 25 % sowie das Anlernen durch Vorgesetzte mit 22 % genannt (vgl. BSW IX, S. 54) Es zeigt sich also, dass weiterhin die ‚klassischen' Formen des „learning by doing" sowie der Unterweisung am Arbeitsplatz als informelle Lernformen vorherrschen, dass aber auch eine relativ große Gruppe von Beschäftigten sich mit Fachliteratur auseinandersetzt.

Bei der Teilnahme an informeller beruflicher Weiterbildung zeigen sich allerdings sehr ähnliche gruppenspezifische Unterschiede wie bei den formalen Formen. Demnach sind vor allem Erwerbstätige ohne abgeschlossene Berufsausbildung, Arbeiter und ausländische Erwerbstätige unterrepräsentiert (vgl. ebd., S. 190 ff.). Dennoch lässt sich sagen, dass die informellen Formen der Weiterbildung insgesamt wesentlich mehr Personen aus diesen unterrepräsentierten Gruppen erreichen als die formelle Weiterbildung.

Ist die formelle Weiterbildung in Seminaren, Workshops etc. also ein Auslaufmodell, auf das in Zukunft weitgehend oder sogar völlig verzichtet werden kann? Um diese Frage zu beantworten, sei ein Blick auf die möglichen Unzulänglichkeiten und Grenzen informellen Lernens geworfen.

Übung:

4   Fassen Sie die Kernargumente der bildungspolitischen sowie der betrieblichen Sichtweise auf das informelle Lernen zusammen.

5   Welche Argumente erscheinen Ihnen mit Blick auf eine verstärkte Förderung informellen Lernens im Unternehmen stichhaltig?

6   Bevor Sie den folgenden Abschnitt lesen, überlegen Sie bitte, worin Sie Probleme bei einer starken Betonung informellen Lernens im Unternehmen sehen.

4.5.2.2 Einschränkungen der Effizienz informeller Lernprozesse

Das Potential des informellen Lernens wurde in den vorangegangenen Ausführungen deutlich: es ist erfahrungsbezogen, flexibel, es erfolgt selbstgesteuert und wird auch von Zielgruppen genutzt, die Vorbehalte dem formalen Bildungssystem gegenüber haben.

Unter welchen Voraussetzungen sich dieses Potential entfalten kann, soll mit den folgenden Ausführungen genauer betrachtet werden.

Zum einen wird ein prüfender Blick auf die beiden Varianten des informellen Lernens, das implizite oder inzidentielle sowie das Erfahrungslernen geworfen. Zum anderen wird der vermeintliche Leistungsvorteil der Selbststeuerung auf seine Voraussetzungen hin überprüft. Abschließend wird anhand eines Beispiels auf Probleme der Aussagekraft von Befragungen zum informellen Lernen hingewiesen.

Grenzen des impliziten und des Erfahrungslernens

Das *implizite Lernen* wird definiert als ein nicht-intentionales, nicht bewusstes und auch häufig nicht verbalisierbares Lernen. Es bezieht sich „nicht auf Regelkenntnis, sondern auf eine mehr gefühlsmäßig-ganzheitliche Reizaufnahme, Situationserfassung, Gestaltwahrnehmung, die jeweils nicht zu explizitem Wissen führt, sondern mehr im Bereich von Intuition und Gespür, Einfühlung und Improvisation bleibt." (Dohmen 2001, S. 34) Diese Lernform ist in ganzheitliche Umwelterfahrungen eingebettet und kann daher insbesondere durch vielfältiges Tätigsein, aber auch durch Nachahmen, durch Üben und Spielen gefördert werden (vgl. ebd.).

Leistungsvorteile dieser Art des Lernens zeigen sich bei vielen Lernprozessen im Kontext der Sozialisation, indem man z. B. lernt, wie man bestimmte Personen begrüßt, wie man sich bei Tisch verhält, wie man bei Spielen mitwirken kann etc. Vorteile zeigen sich aber auch in sehr komplexen Kontexten, die sich aufgrund der Vielfalt der zu beachtenden und interagierenden Faktoren einem rein analysierenden Zugriff sowie der Formulierung von Regeln und Gesetzmäßigkeiten weitgehend entziehen. Viele Kommunikationssituationen weisen eine solche Komplexität auf und in ihnen zeigt sich häufig die Fähigkeit, ein ‚Gespür' für die Situation zu bekommen und angemessen zu agieren. Fragt man eine Person, die z. B. gerade in einer Teamsitzung einen unterschwelligen Konflikt zwischen zwei Mitarbeitern aufgenommen und konstruktiv gewendet hat, wie sie dies denn im Einzelnen gemacht hat, wird man womöglich folgende Antwort bekommen: „Ich hatte einfach das Gefühl, dass da etwas anderes dahinter liegt, das endlich einmal ausgesprochen werden muss. Das kam mir alles so komisch vor, was sie vorher gesagt haben. Na ja, und dass man bei den beiden ein bisschen auf ihre Empfindlichkeiten achten muss, weiß hier auch jeder."

Dieses Beispiel zeigt, dass über implizites Lernen durchaus eine Handlungsfähigkeit für bestimmte Situationen gefördert werden kann – ein Erläutern der relevanten Situationsmerkmale sowie möglicher Handlungsoptionen und damit auch ein Zugänglichmachen für andere Personen ist jedoch rein aufgrund impliziten Lernens nicht möglich.[173]

Ein Beispiel von Wittwer (2005, S. 63 unter Verweis auf Straka 2001) zeigt deutlich die Defizite impliziten Lernens auf:

„Auf die Frage, was sie am Arbeitsplatz gelernt habe, antwortete eine Frau: ‚Was ich bislang nicht wusste, ist, dass ich im letzten Jahr ganz schön viel dazu gelernt haben muss. Ich komme mit meinem PC inzwischen ganz gut zurecht, irgendwie muss ich mir das angeeignet haben.'"

Die Aussage zeigt, dass hier zwar eine gewisse Handlungsfähigkeit erworben wurde (mit dem PC zurechtkommen), dass dieses Lernergebnis aber nicht genauer benannt und schon gar nicht der Weg dorthin – also der Lernprozess – beschrieben werden kann. Damit kann keine systematische Basis für weitere Lernprozesse gelegt werden, da es nichts gibt, was man übertragen und damit weiter nutzen könnte, außer vielleicht der Zuversicht, dass man sich auch bei der nächsten Herausforderung ‚irgendwie durchwursteln' wird.

Einen Schritt weiter hinsichtlich der Bewusstheit und Verbalisierbarkeit der Lernprozesse und -ergebnisse geht das *Erfahrungslernen*. Diese vor allem in der angelsächsischen Literatur intensiv diskutierte Lernform wird z. B. von Coleman und Chickering als herausragende Vertreter des Experiental Learning definiert als ein „Prozess, bei dem sich Veränderungen in Wissen, Kompetenz, Einstellung etc. aus dem unmittelbaren Erleben in der Umwelt und nicht aus einer durch Lehrer vermittelten Wissensüberlieferung ergeben" (zitiert in Dohmen 2001, S. 28).

Von Erfahrungslernen wird dabei allerdings noch nicht gesprochen, wenn in Auseinandersetzung mit der Umwelt lediglich zufällige Eindrücke aneinandergereiht werden. Die sinnlichen Eindrücke müssen im Zuge des Erfahrungslernens verglichen und in bisherige Erfahrungsstrukturen eingeordnet werden. Dehnbostel (2002, S. 6) erläutert hierzu: „Beim Erfahrungslernen werden Erfahrungen in Reflexionen eingebunden und führen zur Erkenntnis. Dies setzt allerdings voraus, dass die Handlungen nicht repetitiv erfolgen, sondern in Probleme, Herausforderungen und Ungewissheiten eingebunden sind und entsprechend auf den Handelnden einwirken."

Auch hierzu findet sich bei Wittwer (2005, S. 63) ein veranschaulichendes Beispiel:

Ein Dachdeckergeselle beschreibt seinen Lernprozess zur Aneignung eines neuen Verfahrens zur Abdichtung von Flachdächern folgendermaßen: „Ich hatte das (Folienschweißen mit Temperatur und Druck) noch gar nicht gemacht. Auch nicht angeguckt. (…) Habe das ausprobiert mit dem Föhnautomaten, die Temperatur eingestellt, geguckt, ob das zu heiß oder zu kalt war (…); die Naht durch Anheben mit dem Fingernagel oder einem spitzen Gegenstand überprüft. (…) Hab' immer wieder nachgecheckt, hochgezogen und gesehen. Als alles zusammen war, war es zusammen. (…) Ich wusste ja, wie das aussehen sollte."

---

[173]   Auch wenn hier gerade in dem Beispiel darauf abgehoben wurde, dass implizites Lernen in Kommunikationssituationen stattfindet, so soll damit keineswegs gesagt sein, dass man derartigen Situationen nicht sinnvoll und erfolgreich mit explizitem, auch in formellen Lernkontexten erworbenem Wissen begegnen kann.

Auch hier wird ein informeller Lernprozess beschrieben. Der Dachdeckergeselle kann jedoch im Gegensatz zum vorherigen Beispiel sein Lernziel benennen (er will Folienschweißen und wie die Naht am Ende aussehen soll, ist ihm bekannt). Unter Zuhilfenahme grundlegender Kenntnisse und Fertigkeiten hat er sich dann durch Versuch und Irrtum das Verfahren erarbeitet und kann auch die einzelnen Schritte seines Vorgehens benennen.

Was man nun allerdings nicht weiß, ist, ob eine qualitativ hochwertige, haltbare Naht entstanden ist, ob es einen einfacheren, sichereren Weg zum Ziel gegeben hätte, ob er die Technik auf andere Materialien übertragen könnte etc. Diese Aspekte deuten auf die Schwäche des reinen Erfahrungslernens hin: Das Erfahrungslernen – auch wenn sich damit ein sehr umfangreicher, praxistauglicher Erfahrungsschatz bilden lässt – bleibt immer dem konkreten Erfahrungsbereich verhaftet. Ein systematisches Wissen aber resultiert erst aus einer weiter gehenden, systematisierenden Reflexion, die dann zur Erkenntnis von Regeln, Gesetzmäßigkeiten und größeren Systemzusammenhängen führt. Dieser systematisierende Reflexionsschritt macht häufig eine gewisse Distanzierung von der unmittelbaren Erfahrung sowie die Unterstützung von anderen notwendig. Damit sind typische Leistungsvorteile formeller Lernprozesse angesprochen.

Für viele Lebensbereiche sind das Erfahrungslernen und seine Ergebnisse ausreichend zur Situationsbewältigung und sogar häufig einem rein formalisiert erworbenen Wissen in der praktischen Umsetzung überlegen. Seine Grenzen liegen jedoch zum einen in der relativen Beschränktheit auf einen mehr oder minder eng begrenzten Umweltbereich, was u. a. Probleme bei der Übertragung auf andere Bereiche mit sich bringt. Im betrieblichen Kontext wird der Erfahrungslernen ermöglichende Umweltbereich durch die Arbeitsaufgabe – ihren Inhalt und ihre Organisationsform – bestimmt; repetitive Tätigkeiten ohne Gestaltungsspielraum bieten daher keine Anreize zum Lernen.[174]

Zum anderen ist diese Lernform tendenziell darauf begrenzt, herauszufinden, *wie* etwas funktioniert. Wenn es dann funktioniert, unterbleibt häufig eine Suche nach besseren Lösungen, deren Begründung und Systematisierung. Eine kritische Reflexion der Lernergebnisse und -prozesse wird daher beim Funktionieren der Lösung nicht unmittelbar angeregt.

Grenzen der Selbststeuerung informeller Lernprozesse

In der Diskussion um informelles und auch um lebenslanges Lernen taucht immer wieder der in der Regel sehr positiv besetzte Begriff der Selbststeuerung von Lernprozessen auf. Auch verwandte Begriffe werden benutzt, wie etwa selbst organisiertes, selbst reguliertes, autonomes, eigenverantwortliches Lernen oder aus dem angelsächsischen Sprachraum kommend self-directed, self-guided und self-regulated learning, um diese Lernform von fremd gesteuertem Lernen (als eher schlechterer, veralteter Lernform) abzugrenzen. „Die auf einer allgemeinen Ebene zu beobachtende hohe Übereinstimmung in Bezug auf diese Zielperspektive verdeckt jedoch, dass im Einzelnen gar nicht immer klar ist, was genau gemeint ist. Es hat keine theoriebezogene Verständigung über diese Begrifflichkeit stattgefunden, und es werden unterschiedliche Konsequenzen für die Gestaltung pädagogischer Praxis gesehen." (Schiersmann/Remmele 2002, S. 55)

---

[174]   Zur Konkretisierung von lernförderlichen Arbeitsumgebungen vgl. das Kapitel 5 zu Unternehmenskultur.

Die begriffliche Unschärfe kann nicht zuletzt damit begründet werden, dass sich verschiedene Disziplinen mit teilweise unterschiedlichen Perspektiven dem selbstgesteuerten Lernen zuwenden. Dabei kann u. a. die lerntheoretische Perspektive konstruktivistischer Ansätze (z. B. Gerstenmaier/Mandl 1995, Friedrich/Mandl 1995), die auf die prinzipielle Eigenaktivität und Selbststeuerung der kognitiven Prozesse abhebt, genannt werden. Eine eher didaktische Perspektive hebt die Ermöglichung von Eigenaktivität der Lernenden in Lehr-/Lernarrangements hervor. Eine bildungs- und gesellschaftspolitische Perspektive verweist im Kontext der Selbststeuerung stärker darauf, dass Eigenaktivität und Selbststeuerung der Lernenden notwendig sind, um ihre Beschäftigungsfähigkeit in einer sich rasant verändernden Wirtschaft (Employability) zu erhalten.[175]

Es soll im Folgenden nicht darum gehen, die umfangreiche Diskussion zum selbstgesteuerten Lernen nachzuzeichnen.[176] Es soll vielmehr in knapper Form aufgezeigt werden, welche Kompetenzen notwendig erscheinen, um der gerade im Bereich des beruflichen Lernens vehement erhobenen Forderung nach vermehrtem selbstgesteuerten Lernen nachkommen zu können. Damit soll verdeutlicht werden, dass diese Lernform nicht voraussetzungslos von jedem Lernenden angewendet werden kann – zumindest nicht in jedem Umfang und mit der gewünschten Effizienz.

Zu diesem Zweck wird eine Übersicht aus Euler/Hahn (2004, S. 272 f.) in leicht modifizierter Form herangezogen, die relevante Lernstrategien beim selbstgesteuerten Lernen ausweist (Abb. 4.5-5). „Unter Lernstrategien werden mehr oder weniger komplexe, bewusst oder auch unbewusst eingesetzte Vorgehensweisen oder Pläne für Sequenzen von Handlungen verstanden, die zur Erreichung eines bestimmten Lernziels herangezogen werden (…) Sie regeln Lernprozesse beziehungsweise gewähren und unterstützen deren Ablauf." (Sarasin 1995, S. 8, zitiert in Euler/Hahn 2004, S. 270)

In der Abbildung wird unterschieden

- in Strategien, die sich auf den Lernrahmen beziehen (Lernziele formulieren, Lernvoraussetzungen einschätzen, Lernerfolge überprüfen),
- in Strategien, die sich auf die Gestaltung der Phasen des Lernprozesses beziehen (Primärstrategien) und
- Strategien, die im Sinne von Stützstrategien günstige Lernbedingungen schaffen bzw. erhalten sollen.
- Zudem werden metakognitive Prozesse aufgenommen, die dazu dienen, den Einsatz der Primär- und Stützstrategien zu planen, zu steuern und zu kontrollieren.[177]

Die Übersicht zeigt, wie viele Strategien vonnöten sind, um einen Lernprozess in selbstgesteuerter Form zielgerichtet und effizient ablaufen zu lassen. Gleichzeitig werden damit die vielfältigen ‚Stolpersteine' im Verlauf des Lernprozesses deutlich, die ohne Unterstützung zum Scheitern oder zumindest zur deutlichen Verringerung des Lernerfolgs führen können.

---

[175] „Bildungspolitisch kann diese Idee der Selbstorganisation und Selbstverantwortung des mündigen Bürgers auch dazu dienen, haushaltspolitische Einsparungsambitionen und eine ordnungspolitische Deregulierung zu legitimieren sowie eine Neuordnung der Verantwortlichkeit für die Weiterbildung zwischen Individuen, Wirtschaft; Gesellschaft und öffentlichen Händen umzusetzen." (Schiersmann/Remmele 2002, S. 58).

[176] Vgl. dazu beispielsweise Friedrich/Mandl (1992).

[177] Die bei Euler/Hahn erläuterten metakognitiven Prozesse werden hier nicht im Einzelnen aufgenommen und erläutert. Dazu sei auf die Originalquelle und die dortigen Referenzen verwiesen (vgl. Euler/Hahn 2004, S. 272 ff.).

Bezugspunkte für Lernstrategien	Ausprägungen			
Lernrahmen	• Bestimmung der Lernziele • Einschätzung der eigenen Lernvoraussetzungen • Überprüfung des Lernerfolgs			
Lernprozess (Primärstrategien)	Stufe der Schwierigkeit	Stufe der Lösung, des Tuns und Ausführens	Stufe des Behaltens und Einübens	Stufe des Transfers
Problemklärungsstrategien	Problem inhaltlich analysieren, Informationsbedarf einschätzen			
Informationsbeschaffungs- und verarbeitungsstrategien; Problemlösungsstrategien		Informationen beschaffen, ordnen und beurteilen; Trennung Wesentliches – Unwesentliches; Problemlösungen generieren, bewerten, auswählen, erproben		
Behaltens-/ Übungsstrategien			Problemlösungen repetieren/memorieren und elaborieren	
Transferstrategien				Problemlösungen auf andere Kontexte übertragen
Lernbedingungen (Stützstrategien)	Personale Bedingungen		Bedingungen der Lernumgebung	
	Zum Beispiel: • sich motivieren • sich konzentrieren • mit Angst umgehen		Zum Beispiel: • zeitliche Bedingungen klären/gestalten • räumliche Bedingungen klären/gestalten	
Metakognition (als Metawissen und Metastrategien)				

Abb. 4.5-5: Strategien selbstgesteuerten Lernens (nach Euler/Hahn 2004, S. 272 f.)

Ein weiterer Blick in das Berichtssystem Weiterbildung verdeutlicht dies: Im Rahmen der Untersuchung informeller Lernprozesse in der Weiterbildung wurde auch nach dem Unterstützungsbedarf beim „Selbstlernen"[178] außerhalb der Arbeitszeit gefragt.

Von den sog. Selbstlernern, die Schwierigkeiten beim Lernprozess einräumten, gaben 51 % an, ihnen habe es manchmal an professioneller Unterstützung, z. B. durch einen Trainer oder Lehrer gefehlt. 24 % vermissen die Unterstützung durch eine Lerngruppe. 32 % gaben an, sich zu leicht ablenken zu lassen oder zu verzetteln und 23 % haben Probleme die passenden Hilfsmittel wie z. B. Fachbücher oder Lernprogramme zu finden (vgl. BSW IX, S. 206 f.).

---

[178] Dieser Begriff erscheint etwas irreführend, da er suggeriert, dass es auch ein „Fremdlernen" gäbe. Daher sollte nach der hier vertretenen Auffassung eher von selbstgesteuerten Lernprozessen die Rede sein.

Auch wenn hier sicher noch ein genauerer Blick darauf notwendig wäre, was im Einzelnen von welchen Gruppen gelernt werden sollte, deutet die Benennung der Schwierigkeiten doch auf einen Bedarf an systematischer Lernunterstützung und Beratung hin, um Lernprozesse erfolgreich und effizient zu gestalten. Darauf verweisen auch Untersuchungen (z. B. Kuwan 2000, Arnold/Lehmann 1998), die die Gefahr der Verschärfung von Bildungsungleichheiten durch die Forderung nach selbstgesteuertem Lernen hervorheben.

Somit erscheint zumindest eine vollständige Selbststeuerung des Lernens als ein komplexes Lernziel, dessen Erreichung nicht durch kurzfristige Maßnahmen und schon gar nicht durch bloßes Fordern sichergestellt werden kann, wie es manchmal im Kontext der Diskussion um lebenslanges und auch informelles berufliches Lernen erfolgt.

Übung:

7	Auch das universitäre Lernen setzt stark auf die Fähigkeit der Studenten zur Selbststeuerung. Suchen Sie für die in der Übersicht aufgezählten Lernstrategien Beispiele, wie Sie die jeweilige Strategie konkret umgesetzt haben (z. B. bei einem Referat, bei der Vorbereitung auf eine Klausur etc.). In welchen Bereichen sehen Sie für sich noch Verbesserungsbedarf?
8	Wie könnte man Ihrer Ansicht nach in der Universität den Erwerb der genannten Lernstrategien gezielt unterstützen?

Probleme der Aussagekraft von Studien zum informellen Lernen

Die Euphorie bezüglich des informellen Lernens speist sich zum Teil auch aus Studien, die den Leistungsvorteil dieser Lernform angeblich belegen. Es kann hier keine Meta-Analyse derartiger Studien erfolgen, sondern es soll auf ein prinzipielles Problem der Argumentation anhand eines Beispiels hingewiesen werden. Um dies zu verdeutlichen, wird die Studie von Staudt/Kley „Formelles Lernen – informelles Lernen – Erfahrungslernen" von 2001 herangezogen. In dieser Studie wurden 304 Fach- und Führungskräfte schriftlich nach den wichtigsten Lernerfahrungen in ihrer Berufsbiographie befragt. Als kritische Zeitpunkte, an denen der Nutzen verschiedener Lernformen festgemacht werden sollte, wurden der Berufseinstieg und eine selbst gewählte Situation besonderer Herausforderungen (z. B. Unternehmenswechsel, erste Führungsposition) herausgegriffen (vgl. ebd. S. 18 f.).

Ohne die Ergebnisse der Studie im Einzelnen zu referieren, lässt sich mit Blick auf das Thema „Leistungsvorteile informellen Lernens" herausstellen, dass von den Befragten für ihren Berufseinstieg neben den als informelles Lernen bezeichneten Formen Einweisung, Beobachtung und Befragung die als „Erfahrungslernen" klassifizierten Lernformen des Ausprobierens, des Muddling Through und des Versuchs und Irrtums als sehr effektive Lernformen angesehen werden. Formelle Lernformen dagegen werden als weniger effektiv eingestuft (vgl. ebd., S. 29 ff.).

Für den zweiten Zeitpunkt im beruflichen Werdegang, den Karrierewechsel, verstärken sich die genannten Tendenzen noch etwas. Formelle und instruktionsbasierte Lernformen werden als am wenigsten effektiv eingestuft. Formen des informellen Erfahrungsaustauschs werden dagegen als durchweg hoch effektive Lernstrategien bewertet. Als effektivste Lernform wird das Learning by doing ausgewiesen.

Nun ist jedoch zu bedenken, dass die Daten allein durch Selbstauskünfte der Lernenden erhoben wurden. Es stellt sich daher die Frage, ob die Befragten dabei tatsächlich die Effizienz der Lernform im Blick hatten, oder ob beispielsweise Versuch und Irrtum oder Learning by doing die einzige Möglichkeit des Lernens zu den genannten Zeitpunkten darstellten, da keine formellen Lernangebote vorlagen. Daher musste u. U. einfach informell gelernt werden. Zudem hat diese Lernform einen sehr hohen Belohnungswert, wenn sie von (vermeintlichem?) Erfolg gekrönt ist, da sie das Gefühl vermittelt, es ‚alleine geschafft zu haben'.[179] Gerade die drei oben genannten Strategien des Ausprobierens werden aber häufig als ineffiziente Lernstrategien gekennzeichnet, da sie nur zufällig zum Erfolg führen und mit teilweise sehr langen ‚Lernumwegen' behaftet sind.

Aus den vorliegenden Selbstauskünften kann daher eigentlich nicht der Schluss auf wirklich höhere Effektivität der informellen Lernformen gezogen werden, sondern nur der, dass das Learning by doing und verwandte Lernformen aus Sicht der Befragten ‚irgendwie' funktioniert haben. Um den Nachweis zu erbringen, dass die genannten informellen Lernformen tatsächlich einen Leistungsvorteil haben, müsste man zumindest einen Vergleich mit Berufseinstiegen und Karrieresprüngen vornehmen, die mit Hilfe von formellen Angeboten oder Kombinationen von beidem bewältigt wurden. Auch ein solcher Vergleich wäre mit methodischen Schwierigkeiten behaftet, ließe aber überhaupt erst eine Gegenüberstellung zu.

Es zeigt sich daher bei näherem Hinsehen, dass die Ergebnisse der Untersuchung fast mehr Fragen aufwerfen als sie beantworten. Die bloße Gegenüberstellung nach Lernformen anhand von Selbstauskünften in den genannten Kategorien bringt letztlich nicht viel mehr Erkenntnisgewinn als die Aussage, dass Lernen in beruflichen Kontexten dann von den Lernenden als effektiv eingestuft wird, wenn es erfahrungsbezogen erfolgt.

Es sei jedoch hinzugefügt, dass die Autoren nicht der Gefahr erliegen, den vermeintlich nahe liegenden Schluss zu ziehen, dass formelle Lernformen aus Mangel an Effektivität von nun an für berufliche Lernprozesse abzuschaffen seien. Sie plädieren vielmehr für eine Kombination der Lernformen mit einer stärkeren Betonung erfahrungsorientierten Lernens (vgl. ebd. S. 41 ff.). Leider werden aus den Untersuchungsergebnissen keine Hinweise darauf entwickelt, für welche Themen oder Kompetenzbereiche welche Lernform in welcher Gestaltungsvariante sinnvoll erscheint.

Es scheint daher noch breiter empirischer Forschungsbedarf zu bestehen, um informelle Lernprozesse und ihre Ergebnisse bewerten und anderen Lernformen gegenüber stellen zu können. Auf den unbefriedigenden Forschungsstand hinsichtlich der Bewertung informellen Lernens weist auch Livingstone (1999, S. 80) mit einer markanten Aussage hin: „Was das Verständnis der Prozesse und Resultate des informellen Lernens betrifft, so bewegen wir uns (...) noch im *Ätherstadium*".

Auch wenn in der Zwischenzeit durch weitere Forschungsarbeiten das „Ätherstadium" verlassen wurde, scheint sowohl in theoretisch-klassifikatorischer Hinsicht als auch bezüglich der empirischen Stützung der Aussagen zur Effektivität der verschiedenen Lernformen noch weitergehender Klärungsbedarf zu bestehen (vgl. auch Schiersmann 2007, S. 27).

---

[179] Hierauf weisen auch die Autoren hin, indem sie in einer abschließenden Bewertung der Ergebnisse die Bedeutung einer gesteigerten Selbstwirksamkeit („Self-Efficacy") hervorheben (vgl. Staudt/Kley 2001, S. 44).

Die vorangegangenen Ausführungen zu formellem und informellem Lernen haben gezeigt, dass beide Lernformen sowohl Vor- als auch Nachteile aufweisen, so dass man nicht eine der Formen als prinzipiell besser ausweisen kann. Die Frage scheint also nicht zu sein: „Informelles oder formelles Lernen?", sondern sie muss differenzierter gestellt werden, mit Blick darauf, welcher Lernende welches Lernziel in welchem Lernkontext erreichen soll. Dies macht eine didaktische Argumentation notwendig, für die im Folgenden ein Rahmen gespannt werden soll.

4.5.3 Didaktischer Rahmen

Die Ausgangsfrage bei didaktischen Überlegungen – sowohl in einem schulischen als auch in einem betrieblichen Kontext lautet: Was soll von bestimmten Zielgruppen gelernt werden und auf welche Weise können die dazu notwendigen Lernprozesse möglichst erfolgreich unterstützt werden?

Didaktische Überlegungen erscheinen unmittelbar notwendig, wenn betriebliche Weiterbildung durch eigenes (Weiterbildungs-)Personal erfolgt; sie sind aber ebenso unerlässlich, wenn man von Seiten des betrieblichen Weiterbildungsmanagements unter verschiedenen externen Anbietern den geeigneten für bestimmte Maßnahmen auswählen möchte. Auch dann sollte die Auswahl neben notwendigen ökonomischen Erwägungen vor allem durch didaktische Kriterien gesteuert sein, um eine erfolgreiche Durchführung zu gewährleisten.

Die folgende Abbildung benennt die grundlegenden Aspekte einer entsprechenden didaktischen Argumentation:

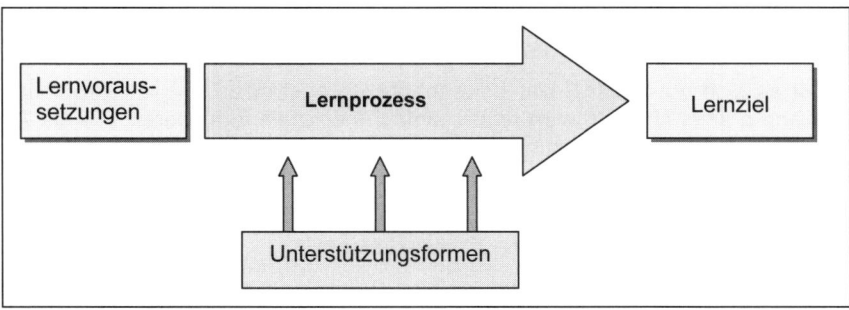

Abb. 4.5-6: Didaktischer Rahmen

Bevor man sich mit Blick auf die Durchführung von Weiterbildung konkrete Gedanken über die Unterstützung von Lernprozessen machen kann, muss zunächst geklärt werden, welche *Lernziele* überhaupt erreicht werden sollen, d. h. welche Handlungskompetenzen die Teilnehmer nach der Maßnahme erworben haben sollen. Die Vorgehensweisen zur Bestimmung von Ziel-Kompetenzen wurden bereits im Kapitel Bedarfsermittlung erläutert.

Daher soll an dieser Stelle relativ kurz auf die grundlegende Problematik der Formulierung von möglichst präzisen Lernzielen eingegangen werden.[180]

---

[180] Bezüglich der Legitimation von Lernzielen sei auf die weiterführende Literatur verwiesen. Eine Einführung in die Legitimationsproblematik liefern z. B. Euler/Hahn (2004, S. 121 ff.).

4.5.4 Formulierung von Lernzielen

Ausgangspunkt für Aktivitäten der betrieblichen Weiterbildung ist oftmals ein bestimmtes betriebliches Problem, z. B. Qualitätsprobleme in einer Fertigungslinie, die zu wiederholten Reklamationen von Kunden geführt haben.

Bevor die betriebliche Weiterbildung aktiv werden kann, muss man zunächst die Frage beantworten, ob sie überhaupt zur Problemlösung beitragen kann. Dies wäre der Fall, wenn das genannte Problem aufgrund mangelnder Kompetenzen der Mitarbeiter entstanden wäre, also wenn sie beispielsweise nicht in der Lage wären, das Teil oder Produkt den Qualitätsstandards gemäß zu fertigen, weil etwa mehrere neue Mitarbeiter nicht ausreichend eingearbeitet wurden.

Auch wenn es sich um ein Kommunikationsproblem im Team oder zwischen Teams handelt, z. B. weil notwendige Absprachen aufgrund eines unterschwelligen Konflikts unterbleiben, könnte die betriebliche Weiterbildung zur Problemlösung beitragen.

Im ersten Falle würde man klassisch beim Aufbau individueller Kompetenzen ansetzen (Einhaltung und Überprüfung von Qualitätsstandards); im zweiten Falle ginge es darum, den unterschwelligen Konflikt im Team (oder zwischen zwei Teams) zum Thema zu machen und einer möglichst konstruktiven Lösung zuzuführen.

Das genannte Qualitätsproblem wäre *kein* Weiterbildungsthema, wenn es etwa dadurch zustande käme, dass bestimme Zuständigkeiten nicht geklärt sind und deswegen Versäumnisse auftreten. Dann würde es sich um ein Organisations- und Führungsproblem handeln, das durch eine bessere Regelung der Zuständigkeiten abgestellt werden könnte. Ebenso könnte die mangelnde Qualität durch geringwertige Teile eines Zulieferers bedingt sein oder durch Probleme mit einer bestimmten Maschine. Auch dann würde die Weiterbildungsabteilung nicht aktiv werden müssen. In all jenen Fällen, in denen man jedoch mangelnde Kompetenzen von Einzelnen oder Teams als Ursache vermutet, kann Weiterbildung eine Lösungshilfe darstellen.

Handelt es sich um fachlich klar benennbare Kompetenzen, die zur Problemlösung zu erwerben sind, so kann man relativ einfach Lernziele formulieren, die die Zielgröße der Weiterbildungsmaßnahme darstellen. Hat etwa die fehlende Kompetenz eines Mitarbeiters, seine Maschine exakt zu justieren, zu dem Problem geführt, so könnte ein entsprechendes Lernziel lauten:

„Der Mitarbeiter kann die Maschine XY exakt einstellen.“

Dies könnte der Mitarbeiter beispielsweise durch klassische Unterweisung am Arbeitsplatz mit anschließenden Übungsphasen erlernen. Die Schritte vom Erkennen des Problems zur Formulierung von Lernzielen und zur Auswahl einer Lehr-/Lernmethode sind hier ohne größere Schwierigkeiten nachzuvollziehen.

Schaut man sich aber bereits ein weiteres Beispiel an, entsteht mehr Präzisierungsbedarf, um sinnvolle Weiterbildungsmaßnahmen zu gestalten. Nehmen wir an, das Qualitätsproblem resultierte daraus, dass die Mitarbeiter nicht in der Lage sind, Materialprobleme vor der Bearbeitung zu erkennen.

Hier könnte man das Lernziel formulieren: „Die Mitarbeiter können Materialprobleme erkennen.“ Nehmen wir jedoch an, dass es eine ganze Bandbreite möglicher Materialprobleme gibt, so muss man sich weitergehende Gedanken machen, welche dieser Probleme der Mitarbeiter auf jeden Fall kennen muss, bei welchen Indizien er ggf. einen erfahreneren Mitarbeiter zu Rate zieht etc.. Das bedeutet, aus Sicht der Weiterbildungsabteilung entsteht die Notwendigkeit zu weiterer Konkretisierung, um sicher zu stellen, dass die Weiterbildungsmaßnahme sinnvolle Ziele anstrebt und um angemessene Methoden der Lernunterstützung auswählen zu können. Denn hier ist es u. U. nicht mehr damit getan, dass ein erfahrener Mitarbeiter typische Materialprobleme erläutert und zeigt, sondern die Mitarbeiter müssten neben diesem Wissen um konkrete Materialprobleme aus der Vergangenheit auch Kriterien entwickeln, an denen sie neue Probleme erkennen könnten und so etwas wie ein gemeinsames ‚Frühwarnsystem' entwickeln, wenn sie den Verdacht auf Materialprobleme haben. Ohne dieses Beispiel weiter verfolgen zu wollen, sieht man jedoch, dass bei näherem Hinsehen schnell Konkretisierungsbedarf entsteht, ohne dessen Klärung keine sinnvolle Maßnahmengestaltung möglich ist.

Noch deutlicher wird dies, wenn man die zumindest vermeintlich klaren fachlichen Kompetenzen verlässt und sich z. B. kommunikativen Kompetenzen als Zielgrößen zuwendet. Um beim o. a. Beispiel zu bleiben, könnten kommunikative Probleme aufgrund nicht geklärter unterschwelliger Konflikte Ursache des Qualitätsproblems sein.

Nun könnte man recht pragmatisch als Ziel einer entsprechenden Bildungsmaßnahme formulieren: „Die Mitarbeiter reden besser miteinander" oder „die Mitarbeiter verbessern ihre Kommunikations- und Teamfähigkeit". Hier liegt ganz klar auf der Hand, dass man anhand dieser Zielvorgabe weder den betroffenen Mitarbeitern noch dem zuständigen Dozenten wirklich deutlich machen kann, was die Zielgruppe am Ende der Bildungsmaßnahme gelernt haben soll. Ebenso wenig kann man daraus Hinweise für eine sinnvolle Methodenwahl ableiten, und eine Vorstellung, wie man die Erreichung des Lernziels überprüfen soll, lässt sich ebenfalls schwerlich entwickeln.

Dies sind jedoch genau die Funktionen, die operationalisierte Lernziele haben:

- sie verdeutlichen sowohl dem Lernenden selbst als auch dem Lehrenden, ‚wohin die Reise geht', d. h. was der Lernende am Ende des Lernprozesses können soll,
- sie ermöglichen eine sinnvolle Wahl der Methoden zur Unterstützung des Lernprozesses,
- sie ermöglichen eine Kontrolle der Erreichung des angestrebten Lernziels.

Übung:

9   In einer Gruppenarbeit zur Vorbereitung einer gemeinsamen Unterrichtsstunde bemerken Sie bei einem Kommilitonen folgende Schwächen:

Zu den Treffen bringt er eine Menge zusätzlicher Literatur mit, die ihn aber anscheinend eher verwirrt.

Sie können den von ihm vorgelegten Unterlagen nicht entnehmen, ob er seine Teilaufgabe wirklich verstanden hat und sie bereits strukturiert angegangen ist.

In die Gruppendiskussionen bringt er sich kaum ein und auf Nachfragen regiert er ausweichend oder aggressiv.

Wenn Sie für diesen Kommilitonen eine Bildungsmaßnahme zum Thema „Effektive Mitarbeit bei Gruppenarbeiten" entwerfen sollten, welche Lernziele würden Sie aufgrund der vermuteten Defizite formulieren?

Bestandteile von Lernzielen

Um Lernziele zu formulieren, die den genannten Ansprüchen genügen, müssen sie mindestens eine *Inhalts-* und eine *Verhaltenskomponente* enthalten.

In dem Beispiel „Der Mitarbeiter kann die Maschine XY exakt einstellen" stellt „die Maschine XY" den Inhalt dar, auf den sich der Lernprozess bezieht. „Exakt einstellen" ist hier die Verhaltenskomponente, die anzeigt, was der Lernende mit dem Inhalt ‚machen' soll, um das Ziel zu erreichen. An diesem Beispiel zeigt sich aber schon, dass die beiden Komponenten bei ihrer Formulierung dahingehend zu überprüfen sind, ob sie präzise genug sind, um am Ende des Lernprozesses entscheiden zu können, ob das Ziel wirklich erreicht wurde. Im genannten Fall sollte man ggf. noch einmal darüber nachdenken, ob „exakt einstellen" schon ausreichend präzise ist, oder ob hier nicht eine Maßeinheit hilfreich wäre, z. B. „mit einer Toleranz von max. 0,1 mm exakt einstellen". In diesem Falle könnte man durch einfaches Nachmessen erkennen, ob das Ziel erreicht wurde.

Mager, ein früher und herausragender Autor im Kontext der Lernzielformulierung hat zur Überprüfung der Eindeutigkeit von Lernzielen den sog. „Du-Papa-Test" vorge-schlagen (Mager 1973, S. 38), bei dem man zur Kontrolle der Zielformulierung den Satz vervollständigen soll: „Du Papa, ich zeig Dir mal, wie ich … kann!"

Im Beispiel dürfte der Test mit „Du Papa, ich zeig Dir mal wie ich die Maschine XY mit einer Toleranz von 0,1 mm einstellen kann" bestanden sein.

Die vorher genannten Beispiele im kommunikativen Bereich dagegen tun sich mit dem Test etwas schwerer: „Du Papa, ich zeig dir mal, wie ich meine Kommunikati-ons- und Teamfähigkeit verbessert habe" erzeugt eher ein Schmunzeln als dass es eine klare Ausrichtung für einen Lernprozess vorgeben könnte.

Gerade Lernziele im kommunikativen Bereich bleiben aber häufig nebulös, da die Operationalisierung auch nicht ganz leicht ist und zudem oftmals die Hoffnung be-steht, dass man diese Kompetenzen auch ganz allgemein erwerben kann – eben im Sinne von „kommunikationsfähig werden". Hier gilt aber das Gleiche, was bereits im Zusammenhang mit fachlich orientierten Zielen gesagt wurde. Sowohl die Inhalts- als auch die Verhaltenskomponente sind nachvollziehbar zu präzisieren. Zudem gewinnt eine weitere Komponente, die *Situationskomponente*, an Bedeutung. Dies sei an ei-nem Beispiel verdeutlicht:

Das Lernziel „der Mitarbeiter erläutert das Qualitätsproblem" enthält zwar eine präzi-sierte Inhalts- („das Qualitätsproblem") und Verhaltenskomponente („erläutert"); es ist hier jedoch von besonderer Bedeutung, in welcher Situation er dies können soll. So ist es oftmals leicht, in einem inoffiziellen Zweiergespräch etwas zu erläutern, in einer Abteilungssitzung dagegen kann dies bereits viel schwieriger sein, weil man z. B. an-dere Medien einsetzen muss und aufgeregter ist. Daher ist die Situationskomponente gerade bei kommunikativen Lernzielen ein sehr wichtiger Bestandteil, der auch be-deutsam für den Lernprozess und die Unterstützungsmethoden sowie die Lernziel-kontrolle ist.

Diese knappen Ausführungen zeigen, dass der Formulierung von Lernzielen einige Aufmerksamkeit zu schenken ist, wenn sie ihre o. g. wichtigen Funktionen für den Lernprozess erfüllen können sollen.

4.5.5 Bestimmung der Lernvoraussetzungen

In einem nächsten Schritt der didaktischen Konkretisierungsarbeit ist die *Zielgruppe* mit ihren spezifischen *Lernvoraussetzungen* in den Blick zu nehmen. Eine pädagogi-sche Binsenweisheit lautet, dass man die Lernenden dort abholen soll, wo sie ste-hen. Oftmals weiß man allerdings gar nicht so genau, wer im Einzelnen wo steht. Auf rein fachliche Aspekte bezogen, lässt sich dies noch relativ leicht feststellen: Soll etwa ein Mitarbeiter in der Fertigung an einer neuen Maschine angelernt werden, so kann man als Lernvoraussetzung im technischen Bereich von der Bedienung der bisherigen Maschine ausgehen und die entsprechenden Kompetenzen zugrunde legen. Für den Lernprozess aber mindestens ebenso relevant im Sinne einer Lernvoraussetzung ist die Frage nach der Motivation des Mitarbeiters, sich mit der neuen Maschine auseinander zu setzen. Hier spielt etwa die Frage eine Rolle, wie der Mitarbeiter dieser technischen Neuerung insgesamt gegenüber steht, welche Erfahrungen er bei bisherigen Einarbeitungsprozessen gemacht hat, was er im Zusammenhang mit der neuen Maschine befürchtet oder für sich erhofft, wie seine aktuelle Belastungssituation etwa in gesundheitlicher oder familiärer Hinsicht aussieht etc..

Man sieht also, dass sich die Frage nach den Lernvoraussetzungen bei genauerem Hinsehen schnell ausweitet. Man kann aber auch unmittelbar erkennen, dass ihre Beantwortung in zentralen Aspekten unerlässlich ist, um mögliche Schwierigkeiten für den Lernprozess frühzeitig zu erkennen und entsprechende Unterstützungsmethoden auszuwählen.

Unter Lernvoraussetzungen sollen allgemein „diejenigen Handlungskompetenzen, die vor Beginn eines Lernprozesses als lernbedeutsam vermutet werden" (Euler/Hahn 2004, S. 155) verstanden werden. Die vorsichtige Formulierung „als lernbedeutsam vermutet werden" zeigt bereits, dass es keine allgemein gültige Liste mit bedeutsamen Handlungskompetenzen gibt, die man zur Ermittlung der Lernvoraussetzungen einer bestimmten Zielgruppe ‚abarbeiten' könnte. Es ist immer auch ein interpretativer Akt einzuschätzen, welche konkreten Voraussetzungen, die eine bestimmte Person in einen Lernprozess mitbringt, Relevanz gewinnen können. Dennoch gibt es eine Reihe von Aspekten, die überindividuell als relevant angenommen werden können und die die Überlegungen zu den Lernvoraussetzungen einer Person oder einer Gruppe anleiten können.

Im Folgenden werden zunächst relativ allgemein Kennzeichen des Lernens Erwachsener erläutert, um dann der Frage nachzugehen, ob man typische Lernvoraussetzungen für bestimmte Gruppen in der Weiterbildung voraussetzen kann. Anschließend wird anhand eines Beispiels der Frage nachgegangen, welche Lernvoraussetzungen mit Blick auf einen bestimmten Lernprozess als relevant eingeschätzt werden können.

4.5.5.1 Das Lernen Erwachsener

Versteht man unter Lernen die „zielgerichtete, relativ stabile Erweiterung beziehungsweise den erstmaligen Erwerb von Handlungskompetenzen" (Euler/Hahn 2004, S. 79), so wird deutlich, dass es sich im Erwachsenenalter seltener um den wirklichen erstmaligen Erwerb von Kompetenzen handelt, sondern dass der deutliche Schwerpunkt auf der *Erweiterung* bestehender Kompetenzen und deren Einordnung in bisherige Erfahrungen liegt. „Zwar wächst Lebenserfahrung nicht ohne weiteres mit dem kalendarischen Alter, aber jede Biografie ist zugleich eine Lernbiografie, in der neues Wissen mit vorhandenem Wissen verglichen, aufgrund früherer Erfahrungen ausgewählt und uminterpretiert wird (...). Während beim Kind das Neulernen überwiegt, ist Erwachsenenbildung vor allem Anschlusslernen" (Siebert 2006, S. 17). Dieses Anschlusslernen hat den Vorteil, dass mit den Lernprozessen nicht bei Null angefangen wird, sondern dass in den meisten Lebensbereichen – so auch im beruflichen Kontext – an Vorerfahrungen und Vorwissen angeknüpft werden kann. Dieser Vorteil ist je nach Art der Vorerfahrungen aber auch gleichzeitig ein möglicher Nachteil für folgende Lernprozesse, insofern, als es sich bei diesen Vorerfahrungen aufgrund negativer Erlebnisse um *Lernbarrieren* handeln kann.

Der Biographiebezug des Lernens ist das wahrscheinlich wichtigste Kennzeichen des Lernens Erwachsener und seine mangelnde Berücksichtigung kann dazu führen, dass die erwachsenen Lerner die intendierten Lernziele nicht erreichen – sei es, weil sie nicht die ‚richtige', d. h. ihnen angemessene Unterstützung erhalten oder sei es, dass sie sich dem als unpassend, irrelevant oder aufgezwungen empfundenen Lernen verschließen.

Siebert stellt in einer Zusammenschau zentraler Aspekte seiner „Didaktik aus konstruktivistischer Sicht" fest: „Erwachsene lassen sich (in der Regel) nicht belehren oder aufklären, Wahrheiten lassen sich nicht linear vermitteln. Erwachsene haben ihren „eigenen Kopf", machen sich ihre „eigenen Gedanken", sie denken (aufgrund der Autopoiese ihres Nervensystems) eigensinnig und eigenwillig. Eine Argumentation ist für den einen plausibel (...), für den anderen z. B. aufgrund seiner anders gearteten lebensgeschichtlichen Erfahrungen unverständlich oder indiskutabel." (Siebert 2006, S. 22)

Was erscheint neben dem generellen Biographiebezug des Lernens Erwachsener von Bedeutung? Gibt es beispielsweise prinzipielle Unterschiede in der Lernfähigkeit Erwachsener im Vergleich etwa zu jugendlichen Lernern?

Es gibt zwar eine umfangreiche Literatur zu Lernfähigkeit und Lernleistungen Erwachsener, die jedoch nicht mit allgemeinen Aussagen aufwarten kann. Das früher einmal verbreitete sog. Defizitmodell eines unvermeidlichen Abbaus von Fähigkeiten im Alter konnte empirisch nicht bestätigt werden, ebenso wenig scheint jedoch die hoffnungsfrohe These der unbegrenzten Lernfähigkeit Erwachsener zutreffend zu sein. Das Bild wird, wie so oft bei genauerem Hinsehen, bunter und differenzierter. Siebert fasst folgende Kernaussagen der lernpsychologischen Erwachsenenforschung zusammen:

- „Der Einfluss des kalendarischen Alters auf die Lernleistungen ist zunehmend relativiert worden, demgegenüber ist der Einfluss soziokultureller und lebensgeschichtlicher Faktoren aufgewertet worden. (...)
- Die individuellen Unterschiede werden mit zunehmendem Alter immer größer. So sind die Differenzen der Lernleistungen innerhalb einer Altersgruppe oft beträchtlicher als die Unterschiede zwischen verschiedenen Altersstufen, aber aus derselben »Bildungsschicht«.
- Korrelationen wischen Alter und Lernleistung sind nicht ohne weiteres ein Kausalzusammenhang. So beeinträchtigen Krankheiten, die im Alter häufig auftreten, gelegentlich die Lernfähigkeit, nicht das Alter selbst.
- Die Kompensationsthese besagt, dass ein Funktionsabbau durch eine Optimierung anderer Leistungen ausgeglichen werden kann, Eine abnehmende Gedächtniskapazität kann durch besondere »Lernsorgfalt« und Motivation kompensiert werden. (...)
- Viele Lernwiderstände sind nicht mit einer abnehmenden Lernfähigkeit zu erklären, sondern die Notwendigkeit und Sinnhaftigkeit der Lernanforderungen sind nicht einsichtig. Solche Lernbarrieren können durchaus psychohygienisch begründet und berechtigt sein." (Siebert 2006, S. 30 f.)
- Erfordert das Lernen die Veränderung identitätsrelevanter Aspekte, wie etwa Grundüberzeugungen oder emotionaler Muster, so verweigern sich Erwach-

sene häufig derartigen Anforderungen, um ihr Selbstkonzept vor Krisen und permanenter Infragestellung zu schützen. Eine gewisse Resistenz gegenüber den allgegenwärtigen Lern- und Flexibilitätsappellen kann daher durchaus auch als Selbstschutz gewertet werden.

- Eher lernungewohnte oder lernentwöhnte Erwachsene verfügen oftmals über unzureichende Lerntechniken, wie z. B. Gliederung von Inhalten, Herausfiltern relevanter Inhalte, protokollieren etc., was je nach Rahmen der Lernprozesse deren Erfolg beeinträchtigt. (Vgl. ebenda, S. 31)

Diese Aussagen zeigen auf, dass die Lernfähigkeit und Lernmotivation sich nicht schlicht in Abhängigkeit vom Lebensalter verändert, sondern dass offensichtlich viele Faktoren hier zusammenwirken:

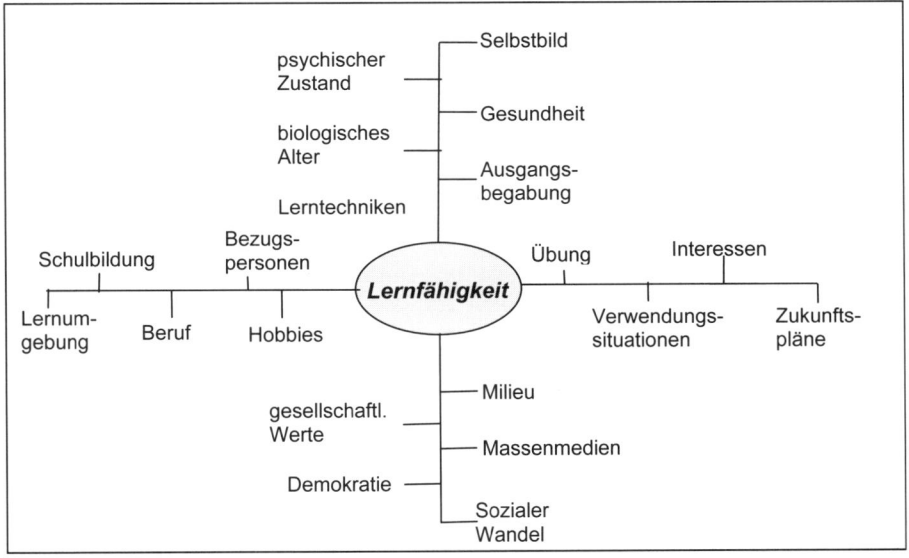

Abb. 4.5-7: Determinanten der Lernfähigkeit (aus Siebert 2006, S. 29)

Übung:

10   Wenn Sie sich den linken Zweig der Determinanten für die Lernfähigkeit anschauen, finden Sie fünf Faktoren (von der Schulbildung bis zu den Hobbies). Versuchen Sie für jeden Faktor eine förderliche und eine hinderliche Ausprägung für die Lernfähigkeit zu konkretisieren. (Z. B. für den Faktor Schulbildung die Arbeit an selbst gewählten Projekten (förderlich) oder die negative Sanktionierung von alternativen Lösungswegen durch die Lehrer (hinderlich)). Begründen Sie jeweils, welche positiven oder negativen Auswirkungen Sie auf die Lernfähigkeit erwarten.

Schaut man sich die zahlreichen Einflussfaktoren in der Abbildung an, so könnte man schnell zu dem Schluss kommen, dass es so viele unterschiedliche Ausprägungen der Faktoren gibt, dass wohl nur eine individuelle Bestimmung der Lernvoraussetzungen Sinn macht. Für die Verantwortlichen in der Planung und Durchführung von Weiterbildungsmaßnahmen ist es jedoch in aller Regel gar nicht möglich, die

Lernvoraussetzungen jedes einzelnen Teilnehmers zu kennen. Daher stellt sich die Frage, ob sich zwischen den Kategorien ‚alle Erwachsenen' und ‚jeder einzelne Lerner' zumindest Gruppen mit gemeinsamen lernrelevanten Kennzeichen ermitteln lassen.

Einen möglichen Ansatzpunkt hierzu stellt das in der Abbildung genannte Milieu dar.

4.5.5.2 Soziale Milieus als Einflussfaktor der Lernvoraussetzungen

Stände, Klassen, Schichten und Milieus sind Begriffe, die die soziale Struktur einer Gesellschaft kennzeichnen. Da sich die Struktur der Gesellschaft (ebenso wie der analysierende Blick auf sie) im Laufe der Zeit ändert, werden auch jeweils neue Begriffe zu ihrer Kennzeichnung herangezogen. Die Begriffe Stände, Klassen und Schichten heben dabei auf eine vertikale Gliederung der Gesellschaft ab, indem sie v. a. anhand der Kriterien Bildung, Beruf, Einkommen und Macht eine Über- und Unterordnung der gesellschaftlichen Gruppen vornehmen. In der neueren Forschung (ca. ab den 80er Jahren des letzten Jahrhunderts) wird verstärkt über soziale Milieus diskutiert. Dabei werden unter sozialen Milieus „üblicherweise Gruppen Gleichgesinnter verstanden, die jeweils ähnliche Werthaltungen, Prinzipien der Lebensgestaltung, Beziehungen zu Mitmenschen und Mentalitäten aufweisen. (…) Diejenigen, die dem gleichen sozialen Milieu angehören, interpretieren und gestalten ihre Umwelt folglich in ähnlicher Weise und unterschieden sich dadurch von anderen sozialen Milieus." (Hradil 2006, S. 4)

Es verwundert jedoch nicht, dass diese Prinzipien der Lebensgestaltung auch stark von Bildung und Einkommen – und damit von den klassischen Schichtkriterien abhängen. Daher können typische Unter-, Mittel- und Oberschichtmilieus unterschieden werden. Allerdings sind die Grenzen zwischen den Milieus fließend, da die abgebildeten Lebenswelten nicht exakt abgrenzbar sind und sich in permanenter Veränderung befinden.[181]

In der bekannten „Kartoffel-Grafik" der Sinus-Milieu-Studie werden die Milieus von oben nach unten nach sozialer Lage in Schichten verortet auf der Grundlage von Beruf, Bildung und Einkommen. Von links nach rechts werden die Milieus nach der Grundorientierung von traditionell bis postmodern eingeordnet. Die folgende Abbildung 4.5-8 greift zur Verdeutlichung drei Milieus heraus.[182]

Diese drei Milieus werden von Sinus-Sociovision folgendermaßen beschrieben, wobei die Kennzeichnungen, die sich primär auf die Konsumgewohnheiten beziehen, nicht mit aufgenommen wurden:

Sinus BC3 (Hedonisten) 11 %

Die spaßorientierte moderne Unterschicht/untere Mittelschicht: Verweigerung von Konventionen und Verhaltenserwartungen der Leistungsgesellschaft

Lebenswelt:

- Die Hedonisten sind die spaßorientierte untere Mittel- bis Unterschicht, immer auf der Suche nach Fun und Action, Unterhaltung und Bewegung (on the

---

[181] Bei internationalen Milieuvergleichen hat sich gezeigt, dass sich die Mentalitäten bestimmter Milieus über nationale Grenzen hinweg nur wenig unterscheiden. Innerhalb eines Landes sind die Unterschiede zwischen den Milieus jeweils weitaus größer. Dies führte zur Ausweisung transnationaler Meta-Milieus, die sich in ähnlicher Form in vielen Ländern finden lassen. (Vgl. Hradil 2006, S. 9 f.)

[182] Die komplette Original-Grafik mit allen Milieus findet sich unter http://www.sinus-sociovision.de.

road). Nur nicht sein wie "die Spießer". Gleichzeitig haben sie oft Träume von einem geordneten Leben mit Familie, geregeltem Einkommen und schönem Auto/Motorrad.

- Bezogen auf den Beruf führen viele eine Art Doppel-Leben, angepasst an den Berufsalltag, im Gegensatz zum hedonistischen Lebensstil in der Freizeit. Trotz und auf Grund dieser partiellen Anpassung haben sie häufig aggressive Underdog-Gefühle gegenüber ihrer (Arbeits-) Umwelt.

- Die Hedonisten leben ganz im Hier und Jetzt, möchten sich wenig Gedanken um die Zukunft machen. Dabei zeigen sie Spaß an der Provokation der "Spie-ßer" und der Identifikation mit "krassen" Szenen, Clubs und Fangemeinden.

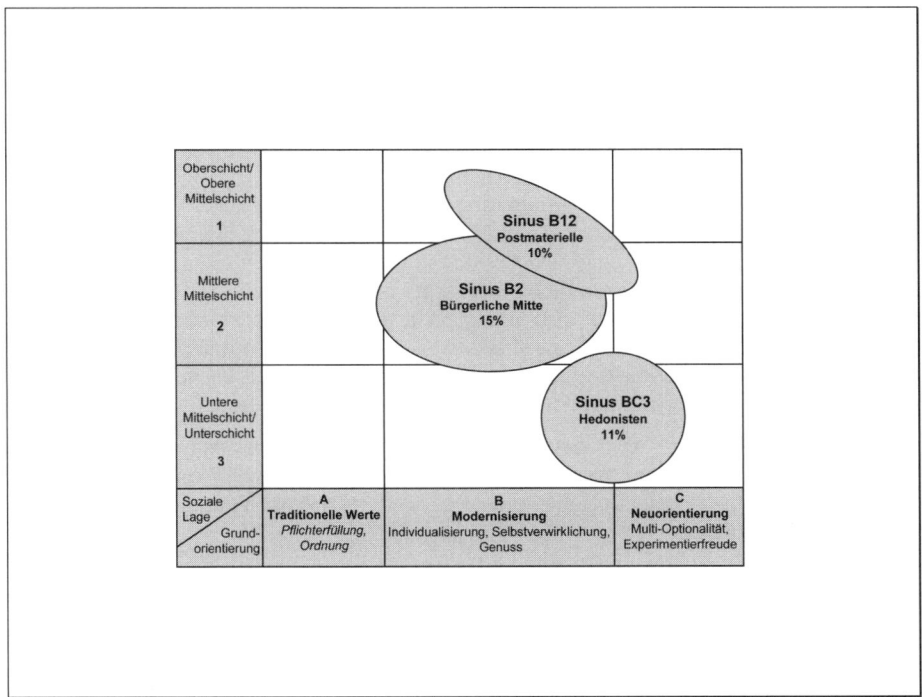

Abb. 4.5-8: Ausschnitt aus den Sinus-Milieus in Deutschland

Sinus B12 (Postmaterielle) 10 %

Das aufgeklärte Nach-68er-Milieu: Liberale Grundhaltung, postmaterielle Werte und intellektuelle Interessen

Lebenswelt:
- Die Postmateriellen sind überwiegend hochgebildet, kosmopolitisch und tole-rant. Gewöhnt, in globalen Zusammenhängen zu denken, setzen sie sich kri-tisch mit den Auswirkungen von Übertechnisierung und Globalisierung ausei-nander. Höchster Wert ist die Lebensqualität des Einzelnen.

- Sie haben großes Vertrauen in ihre eigenen Fähigkeiten und gehen souverän mit beruflichen Herausforderungen um. Sie wollen Erfolg im Beruf – aber nicht um jeden Preis.

- Ihre postmateriellen Ansprüche richten sich auf die Entfaltung ihrer individuellen Bedürfnisse und Neigungen, auf das Schaffen von Freiräumen für sich und auf mehr Zeitsouveränität.
- In hohem Maße sind sie interessiert an Literatur, Kunst und Kultur. Weiterbildung ist ein lebenslängliches Thema, weil sie sich mehr über Intellekt und Kreativität definieren als über Besitz und Konsum.

Sinus B2 (Bügerliche Mitte) 15 %

Der statusorientierte moderne Mainstream: Streben nach beruflicher und sozialer Etablierung, nach gesicherten und harmonischen Verhältnissen

Lebenswelt:
- Lebensziel der bürgerlichen Mitte ist es, in gut gesicherten, harmonischen Verhältnissen zu leben. Cocooning im gepflegten Ambiente, umgeben von gleichgesinnten und gleichsituierten Freunden prägt ihren Lebensrahmen.
- Sie zeigen Leistung und Zielstrebigkeit. Beruflicher Erfolg, eine gesicherte Position und die Etablierung in der Mitte der Gesellschaft sind ihnen wichtig. Manchmal sind sie geplagt von Abstiegsängsten.
- Sie wollen sich einen angemessenen Wohlstand erarbeiten, sich leisten können, worauf sie Lust haben. Dabei bleiben sie aber flexibel und realistisch.

Wie bereits diese knappe Kennzeichnung zeigt, lassen sich aus der Milieuzugehörigkeit auch Tendenzen bezüglich des Weiterbildungsinteresses ableiten. So wird man den Hedonisten mit einer spaßorientierten Hier-und-Jetzt-Mentalität aufgrund ihrer geringen Zukunftsorientierung und einer tendenziellen Verweigerung ‚spießiger Aktivitäten' keine intensiven Weiterbildungsbemühungen attestieren.

Bei den Postmateriellen wird ein lebenslanges Weiterbildungsinteresse sogar zur Kennzeichnung des Milieus herangezogen, da es substanziell für eine an Kreativität und Intellekt ausgerichtete Lebensweise ist. Hier erscheint Weiterbildung als Mittel zur Selbstverwirklichung.

Bei der bürgerlichen Mitte dagegen ist Weiterbildung eher ein Mittel der Statussicherung. Beruflicher Erfolg ist wichtig und man weiß, dass man dazu ‚up to date' sein muss. Weiterbildung kann dabei auch genutzt werden, um Abstiegsängsten entgegen zu wirken.

Man sieht also, dass in bestimmten gesellschaftlichen Milieus die Neigung zur Weiterbildung stärker ausgeprägt ist als in anderen. Dies lässt gewisse Rückschlüsse auf die Leichtigkeit zu, mit der man bestimmte Gruppen von Mitarbeitern zu Weiterbildungsaktivitäten bewegen bzw. auch auf ihre Eigenaktivität in dieser Hinsicht bauen kann. Weiterführende Hinweise zur Gestaltung von Weiterbildungsmaßnahmen erhält man über die Milieuzugehörigkeit jedoch nicht unmittelbar.[183]

Ein weiterer möglicher Ansatzpunkt, um gruppenspezifische Unterschiede zu ermitteln, stellt klassischerweise das Geschlecht dar. Dazu werden im Folgenden beispielhaft einige Befunde, die sich auf die Unterschiede bezüglich der Lernprozesse beziehen, vorgestellt.

---

[183] Bei detaillierteren Beschreibungen der Milieus kann man sicher noch einige methodische Hinweise erhalten, was z. B. die Vertrautheit mit modernen Medien oder die Selbststeuerung des Lernens anbelangt. In dieser Hinsicht werden v. a. die Milieus der modernen Performer und der Experimentalisten hervorgehoben.

4.5.5.3 Geschlechtsspezifische Unterschiede des Lernens Erwachsener

Die Forschung zu Geschlechterunterschieden, zu dem, was angeblich typisch männlich oder typisch weiblich ist, füllt ganze Bibliotheken und hat auch vor der modernen Ratgeberliteratur nicht Halt gemacht.[184] Wie ein roter Faden durchzieht diese Diskussion jedoch die Frage, ob die vorgefundenen empirischen Unterschiede bezüglich zahlreicher Kriterien, wie etwa des Leistungsverhaltens, der Schmerzempfindlichkeit, des Durchsetzungsvermögens, der Sprachstile etc. tatsächlich Geschlechterunterschiede sind oder ob nicht vielmehr andere Faktoren hier eine ursächliche Rolle spielen. So warnt etwa Faulstich-Wieland davor, zu vernachlässigen, „dass die Differenzen innerhalb der Gruppe der Frauen oft größer sind als die zwischen Frauen und Männern (...). (Faulstich-Wieland 1994, S. 18) Bei allen Unklarheiten und Kontroversen scheinen sich jedoch einige Tendenzen z. B. bezüglich präferierter Herangehensweisen an Thematiken und typischer Kommunikationsstile herauszukristallisieren, die für Lernprozesse in Gruppen von Bedeutung sind.

So zeigen beispielsweise Modellversuche zum Umgang von Frauen mit Technik und speziell mit dem Computer, dass Frauen danach fragen, „warum eine Maschine funktioniert und wofür sie nötig ist. Männer wollen vor allem wissen wie sie funktioniert (...)." (Siebert 2006, S. 44) Demnach sind Frauen auch stärker an den Zusammenhängen zwischen Technik und sozialen Fragestellungen interessiert (vgl. Faulstich 1992, S. 71).

Diese Tendenz erscheint etwa dann von Bedeutung, wenn innerbetriebliche Maßnahmen zur Einführung einer neuen Technik im Bürobereich geplant werden. Hier werden häufig männliche EDV-Spezialisten eingesetzt, die für eine meist weibliche Zielgruppe u. U. eine viel zu technikzentrierte Sichtweise einbringen und damit Lern- und Motivationsprobleme erzeugen können.

Auch einer Befragung der Akademie für Führungskräfte der Wirtschaft von 2007 zufolge glauben von 360 befragten Führungskräften ca. 50 %, dass es Unterschiede in den Lernprozessen von Männern und Frauen gibt. Zur Kennzeichnung dieser Unterschiede werden ähnliche Aspekte wie in der vorgenannten Untersuchung herangezogen:

„Männer richten ihren Fokus mehr auf die Sache, das Ziel, das Ergebnis. Frauen fokussieren eher auf Beziehungen und Kommunikation."

„Männer lernen in der Regel pragmatischer, emotionsloser, mehr auf sich bezogen, weniger auf den andern (Kollegen, Kunden, Mitarbeiter)."

„Männer sind eher an einzelnen Aspekten interessiert, Frauen sind an Zusammenhängen interessiert." (Akademie-Studie 2007: Lernen – Managen – Führen. URL: http://www.die-akademie.de/Studien)

In einer umfangreichen Untersuchung von Trömel-Plötz aus den 80er Jahren werden deutsche und amerikanische Studien zu geschlechtsspezifischen Sprachunterschieden ausgewertet. Zusammenfassend werden folgende Spezifika herausgestellt:

- Es gibt zahlreiche Hinweise darauf, dass Frauen kooperativer und verbindlicher kommunizieren, dass ihr Bemühen eher der Verständigung als der Positionsbehauptung gilt.

---

[184] Dies zeigen die Titel von Verkaufsschlagern, wie etwa: "Männer sind anders. Frauen auch" oder „Warum Männer lügen und Frauen immer Schuhe kaufen".

- Die Sprache von Frauen enthält mehr affektive Anteile durch die Verwendung gefühlsbetonter Adjektive und Verben. Die Männersprache ist dagegen sachlicher und distanzierter. Auch bezüglich der Gesprächsinhalte lässt sich ein ähnlicher Unterschied feststellen, da Frauen häufiger sozial-emotionale Themen erörtern.

- In der Sprache wird zudem deutlich, dass Frauen die Unterstützung einer Gruppe suchen, Männer dagegen häufiger Konfrontationen und Konflikte. „Z. B. sind es anscheinend nur Männer, die die Beiträge der anderen als unrelevant oder nicht existent bewerten, die das von anderen Gesagte korrigieren, zurechtrücken, mit den richtigen Akzenten versehen müssen und ihre eigenen Beiträge als die wichtigsten hinstellen. Männer reden mit Autorität, auch wenn sie keine Autorität haben." (Trömel-Plötz 1984, S. 27; zitiert in Siebert 2006, S. 46)

Diese Unterschiede können in geschlechtsgemischten Gruppen dazu führen, dass Frauen (gerade wenn sie in der Minderzahl sind) sozusagen ‚sprachlich überfahren' werden und damit ihre Anliegen und Ansichten nicht ausreichend Geltung bekommen. Darauf ist sowohl bei der Zusammenstellung der Gruppe zu achten (falls dies möglich ist) als auch vor allem bei der didaktischen Gestaltung der Maßnahme. So kann etwa durch Partner- oder Gruppenarbeiten gezielt die Meinung der teilnehmenden Frauen eingeholt und präsentiert werden, aber auch in Diskussionsphasen kann darauf geachtet werden, dass die Teilnehmer gleichmäßig zu Wort kommen. [185] Dieser Aspekt der Gleichbehandlung gilt natürlich immer, wenn eine Konstellation auftritt, in der ein oder wenige Teilnehmer die anderen zu dominieren drohen. Derartige Dominanzbestrebungen treten zwar häufig in der beschriebenen geschlechtstypischen Form auf, sind jedoch keineswegs auf diese beschränkt.

Man sieht nach diesem kurzen Blick auf verschiedene Gruppenspezifika (wie die hier herangezogene Milieuzugehörigkeit oder das Geschlecht), dass man bereits aus derartigen groben Zuordnungen didaktisch relevante Hinweise gewinnen kann. Die Hinweise reichen aber noch nicht aus, um einen individuellen Lernprozess zielorientiert zu unterstützen. Dazu bedarf es detaillierterer Informationen zu den lernprozessbezogenen Voraussetzungen der Teilnehmer.

4.5.5.4 Lernprozessbezogene Voraussetzungen

Zentrale Aspekte lernprozessbezogener Voraussetzungen im Folgenden vorgestellt und an einem Beispiel veranschaulicht. Folgende Bezugspunkte dieser Voraussetzungen werden dabei genauer betrachtet:

---

[185] Eine Sammlung von Forschungsarbeiten zur Frauenbildungsarbeit findet sich bspw. in Derichs-Kunstmann/Müthing (1993) unter dem Titel „Frauen lernen anders".

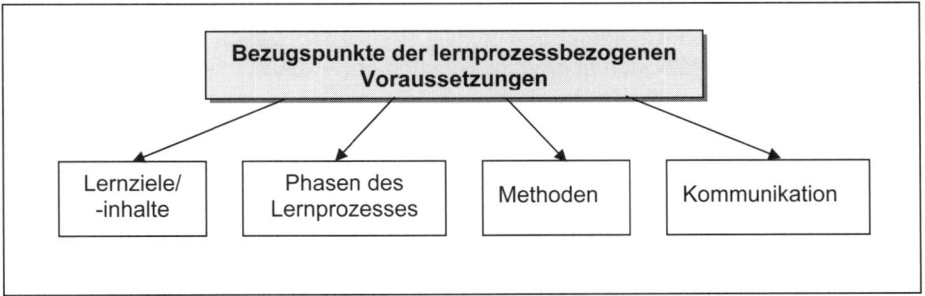

Abb. 4.5-9: Bezugspunkte der lernprozessbezogenen Voraussetzungen

Als Beispiel dient die Durchführung eines interkulturellen Trainings für Mitarbeiter aus der Montage eines Anlagenherstellers, die nach dem Training zu ihren ersten Einsätzen in verschiedene asiatische Ländern aufbrechen. Das Training soll dazu dienen, über die Einsatzländer zu *informieren*, *Verständnis* für die kulturellen Unterschiede zu *wecken* und konkretes *Verhalten* in typischen Situationen zu *trainieren*.

- Lernvoraussetzungen mit Bezug zu den konkreten *Lernzielen/-inhalten*:
- Welche Vorkenntnisse, Erfahrungen und Einstellungen bringen die Teilnehmer bezüglich der Entsendungsländer und ihrer Aufgabe dort mit?
- In dieser Hinsicht ist zum einen das Vorwissen relevant, um die Teilnehmer nicht mit längst Bekanntem zu langweilen oder sie im umgekehrtem Falle mit zu viel Unbekanntem zu überfordern und zu verunsichern. Die Ermittlung dieser Lernvoraussetzungen ist relativ einfach durch Abfragen im Vorfeld des Trainings möglich.
- Zum anderen prägen Vorerfahrungen und Einstellungen sehr stark die gesamte Sichtweise auf ein Land oder eine Region und damit auch das zu erwartende Verhalten den dortigen Mitarbeitern gegenüber. Die Ermittlung dieser Lernvoraussetzungen gestaltet sich schon schwieriger, da z. B. Vorurteile häufig nicht offen geäußert werden, da man weiß, dass sie sozial unerwünscht sind. Dennoch prägen sie das Verhalten. Manche Aspekte von Einstellungen sind zudem unbewusst, so dass ein Teilnehmer gar nicht über sie Auskunft geben könnte, da sie ihm selbst als 'blinde Flecken' nicht bewusst zugänglich sind. Derartige Aspekte können daher erst im direkten Kontakt durch ein bestimmtes Verhalten oder durch entsprechende Äußerungen erschlossen werden.
- Lernvoraussetzungen mit Bezug zu den *Phasen des Lernprozesses*:
- Welches Abstraktionsniveau haben die Teilnehmer, welche Strukturierungsfähigkeit haben sie bezüglich komplexer Inhalte aber auch bezüglich des eigenen Lernprozesses, inwieweit sind sie in der Lage, selbständig (Zwischen-)Ergebnisse zu dokumentieren, welches Lerntempo kann angenommen werden, wie intensiv und in welchen Formen kann die Anwendung/Übung es Gelernten erfolgen, welches Maß an Variation der behandelten Probleme ist transferförderlich?
- Die Beantwortung dieser Fragen dient dazu, die geplanten Inhalte zu präzisieren (erscheint beispielsweise eine abstrakte Einführung zum Kulturbegriff sinnvoll?) sowie geeignete Methoden auszuwählen, die die Lernprozesse der Teilnehmer unterstützen können (inwieweit sind selbstgesteuerte Phasen z. B. in Gruppenarbeiten sinnvoll, sollen Ergebnisse für alle sichtbar festgehalten werden, welche Medien sollen eingesetzt werden? etc.).

- Lernvoraussetzungen mit Bezug zum *Methodeneinsatz*:
- Auch wenn die Überlegungen zum Lernprozess bereits entscheidend zur Auswahl der Methoden beitragen, kommen noch zusätzliche Erwägungen hinzu:
- Sind die geplanten Methoden den Teilnehmern bereits vertraut oder erzeugt man großen Erklärungs- und Unterstützungsbedarf? Dies könnte etwa der Fall sein bei einer arbeitsteilig angelegten Gruppenarbeit (z. B. zu wichtigen Aspekten bei der Kommunikation mit typischen Ansprechpartnern im Ausland), bei der verschiedene Medien hinzugezogen werden sollen, deren Ergebnisse dann an Metaplanwänden präsentiert und rochierend ergänzt werden.
- In diesem Zusammenhang stellt sich die Frage, ob die notwendigen Handlungskompetenzen zur Nutzung der Methode vorhanden sind. Um im obigen Beispiel zu bleiben: Haben die Teilnehmer geeignete Suchstrategien, um im Internet relevante Informationen zu finden? Können sie diese zielorientiert auswählen und verdichten? Können Sie eine Metaplan-Präsentation sinnvoll strukturieren und gut lesbar gestalten?
- Gibt es relevante Einstellungen zu bestimmten Methoden? Sind die Teilnehmer etwa der Meinung dass Rollenspiele „Kinderkram" sind und für Erwachsene nichts bringen?
- Lernvoraussetzungen mit Bezug zur *Kommunikation*:
- Was ist hinsichtlich der Ausdrucksweise und des Sprachniveaus der Teilnehmer zu beachten? Schätzen die Teilnehmer beispielsweise einen eher lockeren Umgangston oder finden sie dies unangemessen? Kann die häufige Verwendung von Fremdwörtern zu Unsicherheit oder Abwehr führen?
- Ist hinsichtlich bestimmter Kommunikationsstrategien, wie etwa Ironie oder Provokation Vorsicht geboten, da diese zu Missverständnissen und Abwehr führen könnte?
- Gibt es ‚Empfindlichkeiten', die zu beachten sind? Wird z. B. die Betonung der Auslandserfahrungen des Dozenten als Arroganz ausgelegt? Führen direkte Ansprachen oder Aufforderungen der Teilnehmer zu Abwehr?

Diese beispielhaften Ausführungen zeigen, dass die genauere Kenntnis der lernprozessbezogenen Voraussetzungen der Teilnehmer entscheidend dazu beiträgt, einen angemessenen und anregenden Rahmen für das Lernen zu schaffen sowie negative Erlebnisse, die zu Abwehr und damit zur Verhinderung von Lernen führen können, zu vermeiden. Es stellt sich allerdings die Anschlussfrage, wie man derartige Informationen als betriebliches Weiterbildungsmanagement bekommen kann.

Übung:

11 a) Sie planen einen Workshop zum Thema „Umgang mit Kritik", in dem Sie mit den Mitarbeitern der Einkaufsabteilung einer mittelständischen Spezialdruckerei sowohl ihr Verhalten als Kritik Gebende als auch als Kritisierte analysieren und verbessern möchten. Dabei wollen Sie nach einem theoretischen Input zu den Themen Kritik und Gesprächsführung einige konkrete Gespräche mit Kollegen, dem Chef und Lieferanten besprechen und in Rollenspielen umsetzen.

11 b) In der Montage eines Messgeräteherstellers sollen die einzelnen Arbeitsgruppen stärker in das Qualitätsmanagement eingebunden werden. Dazu sollen 14-tägig ein- bis zweistündige Treffen stattfinden, in denen die Mitarbeiter gemeinsam Probleme und Schwachstellen ihrer Montagelinie analysieren und nach Problemlösungen suchen. Die Probleme und Lösungen sollen von den Mitarbeitern dokumentiert werden, was gleichzeitig als Beitrag zum Lernen am Arbeitsplatz gesehen wird.

Welche Lernvoraussetzungen erscheinen Ihnen jeweils besonders bedeutsam, um ein erfolgreiches Lernen zu ermöglichen? Begründen Sie bitte Ihre Auffassung.

4.5.5.5 Ansatzpunkte zur Ermittlung der Lernvoraussetzungen im Unternehmen

Prinzipiell können Informationen über lernprozessbezogene Lernvoraussetzungen vor allem von den Lernenden selbst sowie von Personen, die sie in Lernsituationen erlebt haben, gewonnen werden. Die letztgenannte Gruppe lässt sich dabei noch einmal in ‚Mit-Lernende' und in Lehrende unterteilen. Dies bezieht sich nicht nur auf seminarartige Lernsituationen, sondern auch auf das Lernen am Arbeitsplatz bspw. in Unterweisungs- oder Gruppendiskussionssituationen. Weitere Informationen zu bestehenden Kompetenzen und Einstellungen hinsichtlich des Lerninhalts oder kommunikativer Voraussetzungen können ebenso Arbeitskollegen und Vorgesetzte liefern.

Das bedeutet, relevante Informationen sind sehr wohl vorhanden – in der Regel werden sie jedoch nicht systematisch erhoben und dokumentiert, so dass sie für spätere Lernprozesse nur schwer nutzbar gemacht werden können.

In diesem Zusammenhang wird noch einmal deutlich, dass ein Kompetenz- oder Skillmanagementsystem auch für die Durchführung von Weiterbildung wertvolle Hinweise ermöglicht, insofern, als es mit Aussagen zu benötigten Kompetenzen die Formulierung von Lernzielen anleitet und i. S. individueller und kollektiver Ist-Stände Auskunft zu vorhandenen Kompetenzen einzelner Mitarbeiter, aber auch ganzer Bereiche liefert. Diese aktuellen Kompetenzen stellen einen relevanten Teil der Lernvoraussetzungen dar. Dabei hängt die Aussagekraft mit Blick auf Lernvoraussetzungen stark von der Systematik und dem Detaillierungsgrad der im jeweiligen System erfassten Kompetenzen ab (vgl. die Ausführungen im Kapitel 4.1.4 dieses Buches).

Auch Mitarbeitergespräche, z. B. als Seminarvor- und -nachbereitungsgespräche oder allgemeiner als Entwicklungsgespräche liefern der Führungskraft sowohl Einschätzungen der aktuellen Kompetenzen als auch konkrete Hinweise auf das Interesse und die Bereitschaft zur Weiterbildung sowie Informationen über Erfahrungen mit bestimmten Formen der Weiterbildung (vgl. Kapitel 4.2 Transferförderung). Derartige Informationen könnten etwa in einem ‚Weiterbildungspass' gesammelt werden, der Teil der Entwicklungsplanung des Mitarbeiters ist und dessen Informationen vom Weiterbildungsmanagement für die Planung und Durchführung geeigneter Bildungsmaßnahmen genutzt werden können. Letztlich können aber all diese Daten einem

Dozenten nur Hinweise – wenn auch sehr wichtige – für die konkrete Gestaltung einer bestimmten Bildungsmaßnahme liefern.

Für den Erfolg der Maßnahme spielt neben der Auswertung relevanter Vorinformationen zu den Teilnehmern die Fähigkeit des Dozenten zu einem umsichtigen, wertschätzenden und offenen Umgang mit den Teilnehmern eine entscheidende Rolle, um ihre Stärken und Schwächen sowie ihre Empfindlichkeiten *im* Lehr-/Lernprozess herausfinden und möglichst lernförderlich aufnehmen zu können.

4.5.6 Gestaltung und Unterstützung betrieblich initiierter Lernformen

Nachdem in den vorangegangen Abschnitten gemäß des didaktischen Grundmodells auf die Bestimmung der Lernziele und die Lernvoraussetzungen der Teilnehmer eingegangen wurde, wenden wir uns nun der Frage der Lernunterstützung zu. In schulischen oder eher seminaristisch angelegten Kontexten wird in diesem Zusammenhang in der Regel von (Unterrichts- oder Seminar-)Methoden gesprochen.

Da der Blick hier jedoch auf ein weites Spektrum von betrieblich initiierten Lernformen gerichtet werden soll, die zum Teil weit weniger oder sogar gar nicht von einem Dozenten oder Lehrenden 'gesteuert' werden, wird im Folgenden auch beim Gebrauch des Begriffs der Methode ein weites Verständnis unterlegt, das sich auf die *systematische Unterstützung von Lernprozessen* richtet.

Grundsätzlich geht es also um die Frage, was man tun kann, um die Lernenden bei der Erreichung der Lernziele zu unterstützen. Da man in didaktischen Kontexten davon ausgehen kann, dass es keinen „one best way" der Unterstützung geben kann, ist man als derjenige, der Methodenentscheidungen zu treffen hat, darauf verwiesen, den Methodeneinsatz zu begründen. Auch als Mitarbeiter im Weiterbildungsmanagement ist dieser Begründungszusammenhang wichtig, da die Auswahl von Bildungsanbietern nicht zuletzt anhand der Güte ihrer Begründung für die Wahl bestimmter Methoden erfolgen sollte.

Begründungen für Methodenentscheidungen können durch folgende Überlegungen in Anlehnung an Euler/Hahn (2004, S. 312 f.) angeleitet werden:

* Potenzialüberlegungen
Zunächst muss hier die Frage beantwortet werden, ob die in Betracht kommende Methode überhaupt geeignet erscheint, um ein spezifisches Lernziel zu erreichen. So ist z. B. zweifelhaft, ob man die Gesprächsführung einer Führungskraft dadurch verbessern kann, dass man sie über Kommunikationsmodelle und Gesprächstechniken durch einen Dozentenvortrag *informiert*. Dies kann möglicherweise ein Schritt im Lernprozess sein, um etwa auf typische Probleme in Gesprächen hinzuweisen – zum Lernerfolg im Sinne eines veränderten Handelns in Gesprächen wird dies sicher nicht führen können. Dazu wäre eine weitergehende Unterstützung beim Überführen des neuen Wissens in Handeln notwendig. So könnte man etwa dazu kommen, problematische Gesprächssituationen per Video zu analysieren, alternative Handlungsmöglichkeiten zu entwickeln und diese in Rollenspielen umzusetzen.
In einem zweiten Schritt sind dann Überlegungen zur weiteren Ausgestaltung der Methoden Videoanalyse und Rollenspiel notwendig. Die Entscheidung für eine Methodengrundform zeigt zwar einen Möglichkeitsrahmen an, wie dieser jedoch genutzt wird, hängt von der konkreten Ausgestaltung der Methode ab (s. weiter unten: Prozessüberlegungen)

- Adäquatheitsüberlegungen
  Diese Überlegungen beziehen sich auf die Angemessenheit der Methode mit Blick auf die Zielgruppe. Sind die Lernenden in der Lage, die gewählte Methode überhaupt anzuwenden? Dies stellt einen wichtigen Aspekt vor allem bei ungewohnten und selbstgesteuerten Lernformen dar. Welche Ausprägung der Methode scheint angemessen, um Überforderung oder Abwehr zu vermeiden? Wie kleinschrittig muss die Methode eingeführt werden? Und umgekehrt: Mit wie viel Steuerung von Seiten des Dozenten und kleinschrittigen Vorgaben unterfordert man andere Zielgruppen, die sich aus diesem Grunde dem Lernprozess verweigern?

- Prozessüberlegungen
  Wie soll die gewählte Methode konkret ausgeprägt werden, um die Schritte des Lernprozesses zielgerichtet unterstützen zu können? Hierzu sind differenzierte Überlegungen zur Sequenzierung und Detailgestaltung innerhalb der Methode notwendig, mit denen etwa einzelne Schritte in Problemlösungsprozessen gefördert werden können. Es geht hierbei z. B. um Fragen wie die Auswahl geeigneter Beispiele und deren medialer Aufbereitung, um die klare Formulierung von Arbeitsaufträgen, um geeignete Formen der Ergebnissicherung etc.

- Organisatorische Überlegungen
  Welche Methoden lassen sich unter den gegebenen Rahmenbedingungen überhaupt umsetzen (Zeitbudget, finanzieller Rahmen, räumliche Gegebenheiten etc.)? Welche Spielräume zur Veränderung der Rahmenbedingungen hat man (kurz- und mittelfristig)? Vielleicht würde man ja gerne die Mitarbeiter einer Fertigungslinie für eine Woche in ein schönes Seminarhotel schicken, um über Outdoortraining und andere Teambildungsmaßnahmen Spannungen in der Gruppe abzubauen. Nur kann man weder die Fertigung für eine Woche stilllegen, noch werden die dazu benötigten Mittel bewilligt. Daher müssen andere, organisatorisch machbare Formen für die durchaus mit Blick auf Zielerreichung und Zielgruppenangemessenheit sinnvolle Variante gesucht werden.

4.5.6.1 Systematisierung betrieblich initiierter Lernformen

In Unternehmen existiert eine Vielfalt von unterschiedlichen Lernformen und Methoden ihrer Unterstützung, die teils systematisch eingesetzt, teils aber auch eher zufällig und unverbunden genutzt werden. Es existieren hierzu unterschiedliche Systematisierungsversuche, die oftmals anhand der Kriterien Arbeitsbezug, Lernorte, Formalisierungsgrad oder Zielgruppe Unterscheidungen treffen.[186]

Im Folgenden soll in Anlehnung an die im Kontext des Forschungs- und Entwicklungsprogramms „Lernkultur Kompetenzentwicklung" entstandene Veröffentlichung „Lernformen für den Einsatz in kleinen und mittleren Unternehmen" (Jäckel/Kerlen/Pfeiffer/Wessels 2006) eine Systematisierung von relevanten betrieblichen Lernformen vorgenommen werden, die sowohl formelle als auch informelle Lernformen einbeziehen.

---

[186] Ein Überblick über verschiedene Systematisierungsansätze findet sich bei Schiersmann (2007, S. 86 ff.).

		Lernformen und Unterstützungsmöglichkeiten			
		Individuelles Lernen		**Kooperatives Lernen**	
		selbstgesteuert	**angeleitet**	**selbstgesteuert**	**angeleitet**
Arbeitsbezug des Lernens	**arbeits-immanent**	Learning by doing, Nutzung von Checklisten, Leitfäden, interne Wissensmanagement-systeme, Zugriff auf Intra- oder Internet	Unterweisung durch Vorgesetzte, Kollegen und Spezialisten	Projektarbeit, Gruppenarbeit	angeleitete Reflexions- oder Inputphasen
	arbeits-gebunden	Fachinformationen, Zeitschriften, interne Wissensmanagement-systeme, Zugriff auf Intra- oder Internet	Coaching, Mentoring	Meetings, Qualitätszirkel, Lerninseln, Lernstatt, Netzwerke, kollegiale Beratung	Interne Schulungen und Workshops
	arbeits-bezogen	Besuch von Fachmessen und Kongressen; E-Learning	E-Learning mit Tutorien, Coaching	Kollegiale Beratung, Netzwerke	Externe Schulungen, z. B. abschlussorientierte Weiterbildungen

Abb. 4.5-10 Übersicht betrieblich initiierter Lernformen

In der Vertikalen werden die Lernformen anhand ihres Arbeitsbezugs unterschieden:

„- arbeitsimmanent: Die Inhalte des Lernens sind äquivalent zu Inhalten des Arbeitsprozesses; innerhalb real ablaufender Arbeitshandlungen werden Lernfortschritte erzielt.
- arbeitsgebunden: Die Inhalte des Lernens werden durch den Arbeitsprozess bestimmt; Lern- und Arbeitsprozess sind jedoch nicht identisch.
- arbeitsbezogen: Die Inhalte des Lernens werden nicht durch den Arbeitsprozess bestimmt, stehen aber in weiterem Kontext zu diesem." (Jäckel et al. 2006, S. 14)

Das bedeutet, es finden sich in dieser Übersicht sowohl Konzepte, bei denen Arbeitsplätze und Arbeitsorganisationsformen dergestalt verändert wurden, dass sie im Vollzug der Arbeit mehr Lernpotential entfalten (v. a. Gruppen- und Projektarbeit) als auch Konzepte, die aus dem Bemühen resultieren, arbeitsnahe Lernprozesse zu ermöglichen, indem sie zeitliche Ressourcen sowie eine entsprechende Infrastruktur zur Verfügung stellen (z. B. Lernstatt, Lerninseln) sowie Formen, bei denen das Unternehmen lediglich Anregungen gibt und ggf. zeitliche Freiräume gewährt (z. B. Besuch von Fachmessen, externe Schulungen). Alle Lernformen bieten Ansatzpunkte einer betrieblichen Initiierung und Unterstützung, was die Voraussetzung darstellt, um im Rahmen des betrieblichen Weiterbildungsmanagements Gestaltungsoptionen zu bieten.

In der Horizontalen wird zunächst nach der Anzahl der beteiligten Lernenden in individuelles und kooperatives Lernen unterschieden. In einer zweiten Ebene wird anhand der primären Gestaltungsverantwortung für den Lernprozess in selbstgesteuerte und angeleitete Lernformen unterteilt. [187]

Mit dieser Übersicht wird keine Vollständigkeit möglicher betrieblicher Lernformen beansprucht, sondern eine Systematisierungshilfe angeboten. Zudem kann auch je nach konkreter Ausgestaltung der Lernform eine andere Zuordnung getroffen werden. So hängt z. B. die Einordnung von E-Learning oder Lernen mit Multimedia von den konkreten Inhalten und der Integration in den Arbeitsalltag ab, so dass es sowohl als arbeitsbezogen als auch als arbeitsgebunden gelten kann. In der betrieblichen Realität können diese Lernformen alleine oder in Kombinationen zur Erreichung von bestimmten Lernzielen eingesetzt werden.

Im Folgenden erfolgt eine kurze Skizzierung der angeführten Lernformen. Zur intensiveren Auseinandersetzung mit einzelnen Formen sei auf die weiterführende Literatur verwiesen (z. B. Severing 1994, Dybowski et al. 1999, Schiersmann/Remmele 2002, Jäckel et al. 2006).

Arbeitsimmanente Lernformen:

individuell/selbstgesteuert

Bei dieser im betrieblichen Alltag sehr weit verbreiteten Lernform werden im Arbeitsvollzug durch Learning by Doing vorhandene Handlungskompetenzen auf veränderte Situationen angepasst und damit erweitert. Durch Medien, wie Checklisten und Arbeitsanweisungen kann die Anwendung neuer Handlungsvarianten angeleitet und unterstützt werden.

Die 'Güte' des Lernprozesses hängt bei diesen häufig unbemerkt und 'nebenbei' ablaufenden Lernformen vor allem davon ab, inwieweit die Handlungsvarianten und ihre Ergebnisse reflektiert und systematisiert werden. Ein reines Lernen nach Versuch und Irrtum kann dabei zwar im Einzelfall zu erfolgreichen Handlungen führen – es tut dies aber nur zufällig und möglicherweise können die dabei gemachten Erfahrungen durch mangelnde Reflexion nicht für weitere Situationen genutzt werden (siehe die Ausführungen zu Grenzen des informellen Lernens unter 4.5.1.2).

individuell/angeleitet

Hierbei wird versucht, v. a. durch Erklären und Vormachen eines Experten (Vorgesetzter, Kollege, Spezialist) Kompetenzlücken beim Mitarbeiter zu schließen. Es handelt sich um die klassische Form der Unterweisung am Arbeitsplatz, die v. a. zur Einarbeitung oder beim Auftreten neuer Aufgaben genutzt wird. Diese Lernform ist ebenfalls weit verbreitet; der Lernerfolg hängt nicht zuletzt von der Fähigkeit des Experten ab, die Inhalte beim Erklären und Demonstrieren für den Lernenden zu strukturieren, nachvollziehbar zu machen und die Übung des Gelernten anzuleiten.

kooperativ/selbstgesteuert

Beim arbeitsimmanenten Lernen in kooperativer und selbstgesteuerter Form wird durch eine Arbeitsgruppe entweder ein einmalig auftretendes, komplexes Problem

---

[187]   In der ursprünglichen Neun-Felder-Matrix aus der genannten Veröffentlichung finden sich zur Untergliederung der Achse „Gestaltung des Lernens" die drei Formen „individuelles Lernen, „angeleitetes Lernen" und „kooperatives Lernen", die hier in o. a. Form modifiziert wurde. Auch bezüglich der angeführten Lernformen wurden Ergänzungen und Veränderungen vorgenommen.

bearbeitet (Projekt) oder sowohl wiederkehrende als auch besondere Probleme und Anforderungen der täglichen Arbeitsabläufe bewältigt (Gruppenarbeit). In der relativ engen Zusammenarbeit werden Lernprozesse nicht nur fachlichen Inhalts, sondern v. a. auch in der Kooperation und Koordination ermöglicht. Allerdings ist ein Mindestmaß an sozial-kommunikativen Kompetenzen zur Kooperation notwendig, um diese Arbeits- und Lernformen überhaupt zu ermöglichen.

kooperativ/angeleitet

Bei den vorgenannten Lernformen der Projekt- und Gruppenarbeit kann es vorkommen, dass zu bestimmten Fragen/Problemen gruppenexternes Know-How hinzugezogen wird, um Lösungen für anstehende Probleme zu finden. Hierbei ist ein fließender Übergang zu arbeitsgebundenen Lernformen zu sehen, je nachdem, ob die externe Unterstützung im laufenden Arbeitsprozess hinzugezogen wird (z. B. wird ein Experte aus einer anderen Abteilung zu einem Problem gehört) oder man sich aus dem unmittelbaren Arbeitsvollzug löst (z. B. wird der Umgang mit Konflikten in der Gruppe mit Hilfe eines externen Moderators thematisiert).

Arbeitsgebundene Lernformen

individuell/selbstgesteuert

Bei arbeitsgebundenen Lernformen ist der Lernprozess nicht mit dem Arbeitsprozess identisch, aber unmittelbar durch seine Anforderungen initiiert und beeinflusst. So werden in der individuellen, selbstgesteuerten Form durch die Mitarbeiter Fachzeitschriften, Bücher, Wissensmanagementsysteme, das Inter- oder Intranet herangezogen, um im Arbeitsprozess auftretende Probleme zu lösen. Dies kann auch fern vom Arbeitsplatz, z. B. zu Hause außerhalb der Arbeitszeit stattfinden.

individuell/angeleitet

In angeleiteter Form kann solch ein individuelles arbeitsgebundenes Lernen als Coaching oder Mentoring erfolgen. Dabei werden Anforderungen und Probleme aus der Arbeitssituation thematisiert und Lösungsmöglichkeiten entwickelt, ohne dass der Mentor oder Coach unmittelbar in die Arbeit eingebunden wäre. Gerade bei Führungskräften geht es häufig auch um Aspekte der Mitarbeiterführung und der Kommunikation.

kooperativ/selbstgesteuert

Hierunter fallen all jene Lernformen, bei denen Aufgaben und Probleme aus der täglichen Arbeit in einem begrenzten Zeitrahmen in Teams bearbeitet werden, wie z. B. in regelmäßigen Abteilungsmeetings. Es besteht ein enger Arbeitsbezug, wobei die Lernsituation jedoch aus der ‚normalen' Arbeit der Teilnehmer herausgehoben ist. Bestimmte Teams werden häufig auch arbeitsgruppen- oder abteilungsübergreifend besetzt, da die zu bearbeitenden Probleme mehrere Bereiche betreffen, wie z. B. Qualitätszirkel oder Netzwerke von Führungskräften.

kooperativ/angeleitet

Hier finden sich zum einen stärker vermittlungsorientierte Lernformen in Gruppen (z. B. eine interne Schulung zu einer neuen Software) als auch erarbeitungsorientierte Formen (z. B. ein Workshop zur Verbesserung der Kooperation zweier Abteilungen). Dabei werden in der ersten Form sowohl die Inhalte als auch die Methoden des Lernens von dem Lehrenden stark vorstrukturiert, in der zweiten Form hat man es eher mit einem Moderator von Problemlösungsprozessen zu tun, der nicht notwendigerweise ein fachlicher Experte sein muss.

Arbeitsbezogene Lernformen

individuell/selbstgesteuert

Diese Lernform erfolgt oftmals weitgehend unbemerkt vom Unternehmen, da sie häufig ohne direkte Intervention des Unternehmens umgesetzt wird und keine unmittelbare Auswirkung auf aktuelle Arbeitsabläufe hat. Hierunter fallen etwa Messe- und Kongressbesuche von Mitarbeitern, das Lesen von Lehrbüchern zu bestimmten Themen oder Aktivitäten im E-Learning-Bereich. Häufig handelt es sich hierbei um ein interesse- und/oder aufstiegsorientiertes Lernen, mit dem proaktiv ein weiteres inhaltliches Feld als des bisherigen Arbeitsplatzes abgedeckt wird. Derartige Lernprozesse können aber auch gezielt vom Unternehmen initiiert und z. B. durch Freistellungen oder Schaffung günstiger Arbeitszeitregelungen unterstütz werden, weshalb sie sich in der Übersicht als betrieblich initiierte Lernformen wieder finden.

individuell/angeleitet

In angeleiteter Form ist arbeitsbezogenes individuelles Lernen etwa als E-Learning mit Tutorien denkbar, in denen die Selbstlernphasen durch tutorielle Beratung zum Thema ergänzt werden. Eine etwas anders gelagerte Lernform stellt z. B. ein Coaching dar, bei dem ein Mitarbeiter Entwicklungswege, dazu notwendige Maßnahmen, aktuelle Stärken und Schwächen etc. mit einem Coach diskutiert, d. h. über den aktuellen Arbeitsplatz und seine konkreten Probleme hinausgehende Aspekte berät.

kooperativ/selbstgesteuert

Bei dieser Lernform werden arbeitsbezogene Themen in einer Gruppe diskutiert und Erfahrungen aus der Praxis ausgetauscht. Dies geschieht häufig in Form von Netzwerken oder kollegialer Beratung, z. B. von Vertretern der gleichen Position aus verschiedenen Unternehmen (z. B. Personalleiter). Aber auch informelle Formen des Austauschs können hierunter gezählt werden – bis zum täglichen Plausch am Kaffeeautomaten, wenn Themen mit Arbeitsbezug diskutiert werden.

kooperativ/angeleitet

Hierunter fallen alle Formen von Seminaren, die zwar einen Bezug zum beruflichen Handlungsfeld der Teilnehmer haben, aber nicht unmittelbar am Arbeitsplatz verwertbar sind. Häufig geht es bei dieser Lernform gezielt darum, ein breiteres Wissensspektrum abzudecken, für künftige Anforderungen gerüstet zu sein oder einen beruflichen Aufstieg vorzubereiten.

4.5.6.2   Kombinationen der Lernformen

Wozu kann nun diese Übersicht betrieblich initiierter Lernformen dienen?

Zum einen ermöglicht sie eine *Analyse* der aktuell im Unternehmen genutzten und gezielt unterstützten Lernformen. Dabei können Leerstellen und ggf. neue Ansatzpunkte für betriebliche Lernprozesse identifiziert werden.

Dies leitet über zur zweiten Nutzungsmöglichkeit als *Gestaltungsgrundlage*. Anhand der Matrix kann mit Blick auf bestimmte Lernziele und Zielgruppen abgewogen werden, welche Lernformen in sinnvoller Weise kombiniert werden können, um die Erreichung bestimmter Lernziele zu unterstützen. So kann etwa mit Blick auf den komplexen Lernprozess bei der Einarbeitung eines neuen Mitarbeiters systematisch abgewogen werden, welche Teillernziele etwa durch die klassische Einarbeitung am Arbeitsplatz durch den vorherigen Stelleninhaber oder einen Kollegen abgedeckt werden können, welche Ziele mit Hilfe von Checklisten und Arbeitsanweisungen selbstständig von dem neuen Mitarbeiter erreicht werden können und wozu er beispielsweise die Unterstützung eines erfahrenen Mitarbeiters in Form eines Mentoring benötigt. Im Anschluss an diese erste Phase der Einführung in die neue Aufgabe kann ein erster Einsatz in einem Projekt mit Kollegen erwogen werden, um z. B. angrenzende Aufgabenfelder und deren Zusammenwirken besser einschätzen zu lernen.

Eine Übersicht zur Systematisierung des Lernprozesses und entsprechender Unterstützungsformen am Beispiel der gerade beschriebenen Form der Einarbeitung zeigt die folgende Abbildung 4.5-11. Die Rubriken der Übersicht sind prinzipiell auch auf andere Lernziele und -prozesse übertragbar. Sehr wichtig ist auch hier wieder der begründete Ziel-Methoden-Bezug, der eine zielgerichtete Unterstützung der einzelnen Phasen des Lernprozesses ermöglicht.

Übung:

12   Herr Reinold war bisher als Außendienstmitarbeiter im Vertrieb von Haushaltsgeräten, v. a. Kaffee- und Espressomaschinen, tätig. Da er sich sehr bewährt hat, und immer gute Umsätze liefert, soll er ab dem nächsten Quartal als Führungskraft für den Bereich der hochwertigen Küchenmaschinen eingesetzt werden. Dann wird seine Aufgabe verstärkt in der Kundenpflege und v. a. der Neu-Akquise bestehen und die Mitarbeiterführung wird zu einem wichtigen Feld. Auch der regelmäßige Kontakt zur Produktentwicklung, um die Bedürfnisse der Kunden besser zu berücksichtigen, wird von ihm erwartet.

Entwerfen Sie bitte analog zu der folgenden Übersicht einen Plan zur Vorbereitung von Herrn Reinold auf seine neue Aufgabe. Versuchen Sie dabei unterschiedliche Lernformen einzubeziehen und begründen Sie jeweils ihren vermuteten Leistungsvorteil.

Groblernziel Einarbeitung: Der einzuarbeitende Mitarbeiter ist am Ende der Einarbeitungsphase in der Lage, die regulären Aufgaben seiner Stelle selbständig zu bewältigen. (Ergänzung durch Nennung der Aufgaben möglich)

Teillernziele	Unterstützungsform	Zeit
Der neue Mitarbeiter hat einen Überblick über den Aufgabenbereich der Abteilung und kann seine eigene Aufgabe einordnen.	Einführungsgespräch mit dem Abteilungsleiter (ggf. ergänzt durch Gruppenleiter, je nach Hierarchiestufen);	Erster Arbeitstag
Er kennt seine direkten Kollegen und deren Aufgaben.	Vorstellung der Kollegen; Skizzierung von deren Aufgaben.	Erster Arbeitstag
Er kennt die einzelnen Aufgaben und Abläufe seiner Stelle, die dazugehörige EDV-Unterstützung sowie wichtige Kontaktpersonen auch außerhalb seiner Abteilung.	Einarbeitung am Arbeitsplatz durch den bisherigen Stelleninhaber; Ergänzung und Vertiefung durch Kollegen XY	Zwei Wochen Ein bis zwei Monate
Er erledigt Routineaufgaben selbständig anhand von Arbeitsanweisungen und Checklisten Wöchentliches Feedback durch Kollegen XY	Arbeitsanweisung XY; Checkliste A, B und C	Aushändigung in der ersten Woche mit Erläuterung durch bisher. Stelleninhaber Wöchentliche Termine
Er wirkt in einem abteilungsübergreifenden Projekt mit: • Er kennt die abteilungsübergreifenden Zusammenhänge • Er festigt Kontakte • Er wird zum Ansprechpartner für sein Aufgabengebiet	Projekt zum Thema XY;	Nach ca. 6 Monaten

Abb. 4.5-11: Übersicht Unterstützungsformen zur Einarbeitung

Anhand dieses kleinen Beispiels lässt sich bereits erkennen, dass die Erarbeitung eines solchen ‚Lernplans' anhand der Übersicht betrieblicher Lernformen den Blick weiten kann für bisher wenig genutzte Lernformen und dass damit eine systematischere Betrachtung betrieblicher Lernprozesse möglich wird. Eine gewohnheitsmäßige Aussage wie „Einarbeitung heißt Unterweisung und dann Ausprobieren" kann einer kritischen Überprüfung unterzogen und durch bessere, d. h. der Erreichung der Lernziele zuträglichere Betrachtungsweise ersetzt werden. Dass bei den entsprechenden Planungen nicht nur die Potentiale verschiedener Lernformen sowie die Voraussetzungen und Vorlieben des Lernenden, sondern auch die betrieblichen Restriktionen zu beachten sind, versteht sich von selbst. Möglicherweise kann der Blick der Verantwortlichen mit einer solchen Systematik jedoch auf den Abbau von Restriktionen gelenkt werden, wenn man aufzeigen kann, welche Vorteile dies mit sich bringen würde. So könnte man etwa argumentieren, dass eine systematische Einarbeitung zwar zunächst Zeit und damit auch Geld kostet, dass sie jedoch hilft,

u. U. sehr teuere Fehler zu vermeiden und ein frühzeitigeres vollwertiges Arbeiten des neuen Mitarbeiters zu ermöglichen.

Auch im Bereich des sog. E-Learning lässt sich nach der Euphorie bezüglich der Potenziale und positiven Wirkungen in der Anfangsphase seiner Verbreitung nun eine Wende hin zu einer nüchterneren und teilweise auch kritischeren Bewertung verzeichnen, da das bloße Bereitstellen neuer elektronischer Medien nicht zu den erhofften Lernerfolgen führt. Diese Erkenntnis förderte ebenfalls eine stärkere Hinwendung zu Kombinationen von Lernformen, in diesem Fall von computer- oder netzbasierten Lernphasen mit Präsenzphasen. Das sog. „Blended Learning" liegt vor, „wenn eine didaktisch sinnvolle Verknüpfung von Präsenzlernen und elektronischen Lehr-/Lernkonzepten wie z. B. Computer Based Training (CBT) oder E-Learning im Rahmen einer organisierten und durchgängig betreuten Aus-, Fort- und Weiterbildungsmaßnahme erfolgt." (Auszug aus der Satzung des Blended Learning Network, URL: http://www.blended-learning-network.com)[188]

Es wird anhand dieser kurzen Kennzeichnung bereits deutlich, dass nicht irgendeine Kombination von E-Learning und Präsenzphasen gemeint ist, sondern dass sie didaktisch sinnvoll geplant und durchgängig betreut sein muss, um als Blended Learning zu gelten.

Es handelt sich daher um eine spezifische Form der Kombination von Lernformen, die jedoch dem gleichen Ziel dienen, wie andere, nicht durch neue Medien gestützter Kombinationen. Es werden nämlich „die sehr unterschiedlichen Lernformen so verzahnt und zu einer Einheit zusammengeführt, dass es gelingt, die Vorteile der jeweiligen Lernform einzubringen und die Nachteile der jeweils anderen Lernformen zu kompensieren." (Ebd.)

4.5.7 Vertiefung: Förderung der Durchhaltemotivation

In den bisherigen Ausführungen zur Teilnahme an Weiterbildungsmaßnahmen und Motivation ging es um die ersten beiden Phasen im Motivationsprozess, der Wahl von Handlungsalternativen und der Ausrichtung des Handelns auf konkrete Ziele (vgl. Kap. 4.4.3.2 in diesem Buch). Nehmen wir zur Verdeutlichung das Beispiel eines Mitarbeiters, in dessen Aufgabengebiet es aufgrund einer veränderten Projektstruktur zunehmend fällt, Präsentationen vorzubereiten oder auch selbst zu halten. Der Mitarbeiter hat zwar Grundkenntnisse in Power-Point, gewinnt aber immer stärker den Eindruck, dass diese nicht ausreichen.

In der Phase der prädezisionalen Motivation werden Handlungsalternativen abgewogen: Der Mitarbeiter könnte hoffen, dass sich die Aufgabenverteilung in nächster Zeit wieder ändert und einfach nichts tun. Er könnte versuchen, sich abends noch aufzuraffen und anhand eines Handbuchs tiefer in die Gestaltung von Powerpoint-Präsentationen einzusteigen. Er könnte auch an einer Schulung zu diesem Thema teilnehmen. Diese Phase der Abwägung endet, wenn sich der Mitarbeiter für eine der Alternativen entscheidet.

Mit der Fassung des Entschlusses, an einer gerade ausgeschriebenen internen Schulung (teils in der Arbeitszeit, teils in der Freizeit) teilzunehmen, wechselt der Mitarbeiter in die Phase der präaktionalen Volition. Volitionale, d. h. willentliche Hand-

---

[188] Vertiefende Informationen zu Blended-Learning-Konzepten finden sich beispielsweise in Sauter/Sauter (2002) oder Reinmann-Rothmeier (2003). Ein Leitfaden zur Gestaltung von Blended-Learning-Arrangements liegt von Geldermann u. a. (2005) vor.

lungssteuerung ist auf die Realisierung der Handlungsabsicht gerichtet. Daher beschränkt sich nun die Informationsverarbeitung auf die gewählte Alternative. Es geht also nicht mehr um Überlegungen mit dem Charakter „soll ich nun a oder b oder vielleicht doch lieber c?", sondern die gewählte Alternative wird konkretisiert und damit auch gegen gegenläufige Tendenzen abgesichert. So wird sich der Mitarbeiter genauer überlegen, wie er seine Arbeit an den Tagen der Schulung organisiert, er wird betroffene Kollegen über seine Abwesenheit informieren, sich überlegen, wann er an den Schulungstagen eigentlich zu Abend essen soll, welche Dinge er unbedingt in der Schulung erfahren will etc.[189]

Nun beginnt die Schulung und der Mitarbeiter tritt in die Phase der Handlung ein. In dieser Phase geht es darum, die Handlung (an der Schulung teilzunehmen) gegen mögliche konkurrierende Tendenzen (abzubrechen und die Zeit anderweitig zu nutzen) abzuschirmen. Es geht also um die Frage, was dazu beitragen kann, die Schulung gegen innere und ggf. auch äußere Widerstände durchzuhalten.

Zu der allgemeinen Frage des Durchhaltens von Handlungsabsichten wurde von Kuhl (1983) eine Theorie der Handlungskontrolle vorgelegt, in deren Rahmen er sich mit Prozessen beschäftigt, die eine Aufrechterhaltung der ursprünglichen Absicht beim Auftreten von Schwierigkeiten ermöglichen. Folgende Strategien der Handlungskontrolle werden unterschieden (Abb. 4.5-12):

- *Aufmerksamkeitskontrolle*
  Sie dient dazu, die Aufmerksamkeit auf handlungsrelevante und die Ausführung begünstigende Inhalte zu richten. In unserem Fall dient bereits die Situation der Schulung in einem speziellen Raum dazu, die Aufmerksamkeit zu bündeln. Bei dem Versuch, sich die gleichen Inhalte während der Arbeitszeit ‚nebenbei' zu erarbeiten, hätte man erheblich größere Schwierigkeiten in dieser Hinsicht.

- *Motivationskontrolle*
  Sie sorgt dafür, dass die der Entscheidung zugrunde liegende Motivationstendenz nachreguliert oder sogar gezielt gesteigert wird, um nachdrängende Motivationstendenzen abzuwehren. Der Mitarbeiter macht sich z. B. bei aufkommenden ‚Unlustgefühlen' während der Schulung klar, dass ihm folgende Präsentationen viel leichter von der Hand gehen werden und er möglicherweise sogar bei Präsentationen für den Vorstand hinzugezogen wird.

- *Emotionskontrolle*
  Sie wirkt darauf hin, realisationsfördernde Gefühle anzuregen und hemmende Gefühle zu verringern oder sogar zu verhindern. Eine typische Maßnahme in diesem Zusammenhang ist die Absteckung von Zwischenetappen und die Ermöglichung von zwischenzeitlichen Erfolgserlebnissen. Auch die gefühlsmäßige Vorwegnahme von späteren Erfolgen – z. B. durch die erwähnte Vorstandspräsentation – kann aufkommende negative Gefühle ‚im Zaum halten'.

- *Umweltkontrolle*
  Sie bezieht sich auf alle Maßnahmen, die darauf gerichtet sind, die Umwelt so zu verändern, dass für die Ausführung der Handlung möglichst günstige Bedingungen geschaffen sind. Dies können so kleine Dinge wie das Abschalten

---

[189] Heckhausen und Kuhl (1985) erläutern zur präaktionalen Phase, dass in deren Verlauf eine Überprüfung der Realisierungschancen für die gewählte Handlungsabsicht erfolgt, bezüglich der Gelegenheit zur Ausführung, der zur Verfügung stehenden Zeit, der Wichtigkeit und Dringlichkeit einer umgehenden Realisierung und bezüglich der Mittel zur Umsetzung. In abgekürzter Form werden diese Abwägungen als OTIUM-check bezeichnet.

des Handys oder das Mitnehmen eines Getränks, aber auch umfassendere Aspekte, wie etwa die Sicherstellung einer zuverlässigen Kinderbetreuung für die Zeit der abendlichen Abwesenheit sein (wobei Letzteres wahrscheinlich immer noch eher bei Mitarbeiter*innen* relevant sein dürfte).

Handlungskontrollmechanismus	Unterstützungsmaßnahme
Aufmerksamkeitskontrolle	• Schaffung eines nicht ablenkenden Rahmens für Bildungsmaßnahmen; • Berücksichtigung günstiger Zeitpunkte, zu denen der Mitarbeiter ,offen' für Neues sein kann; • abwechslungsreiche und zielgruppengerechte Gestaltung der Maßnahme
Motivationskontrolle	• Verdeutlichung des konkreten Nutzens einer Weiterbildung; • Einbettung von Weiterbildung in umfassendere Entwicklungsmaßnahmen; • Aufzeigen von vertikalen, aber auch horizontalen Karrierewegen; • Berücksichtigung unterschiedlicher Motivationen zur Teilnahme (fachlicher Nutzen, soziale Aspekte, Zertifizierung etc.)
Emotionskontrolle	• Abwechslungsreiche Gestaltung der Maßnahme, damit sie Spaß macht und Unlustgefühle weitgehend vermeidet; • Schaffung von Etappenzielen und Honorierung von deren Erreichung; • Unterstützung bei ,Durststrecken' durch Beratung; • Förderung des kollegialen Zusammenhalts in der Gruppe
Umweltkontrolle	• Absicherung eines reibungslosen Ablaufs am Arbeitsplatz für die Zeit der Abwesenheit; • Unterstützung der Weiterbildungsmaßnahme durch die Führungskraft; • Hilfe bei der Beseitigung zeitlicher Engpässe (z. B. Unterstützung der Kinderbetreuung v. a. bei Müttern, Berücksichtigung von beruflichen ,Stoßzeiten' etc.)
Handlungsorientierte Bewältigung von Misserfolgen	• Unterstützung bei der Ursachensuche; • Unterstützung beim ,Abhaken' des Misserfolgs z. B. durch Ausrichtung auf ein neues Vorhaben; • Unterstützung beim Ausprobieren neuer Handlungsmuster zur Bewältigung von Aufgaben ; • Honorierung von mehrfachen Versuchen; • Unterstützung bei der Ablösung von nicht realisierbar erscheinenden Absichten
Sparsamkeit der Informationsverarbeitung	• Signalisierung von Gesprächsbereitschaft, falls Zweifel an der Maßnahme oder ihrer Bewältigung aufkommen; • Förderung von kollegialem Austausch, um Zweifel zu thematisieren und zu beseitigen

Abb. 4.5-12: Unterstützung von Handlungskontrollmechanismen

- *Handlungsorientierte Bewältigung von Misserfolgen*
  Sie sorgt zum einen für eine Ausschöpfung des eigenen Handlungsrepertoires bei Misserfolgen und zum anderen für das Abstandnehmen von unerreichbaren Zielen. Da letzteres für eine Powerpoint-Schulung nicht relevant erscheint, geht es um Mechanismen, die Teil-Misserfolge im Rahmen der Schulung verarbeiten helfen, wenn etwa eine gestellte Aufgabe nicht oder falsch gelöst wurde. Zu einem konstruktiven Umgang mit derartigen Misserfolgen erscheint es notwendig, deren Ursachen sachlich zu analysieren und sich dann bei Bedarf Hilfe zu suchen. Der Mitarbeiter könnte also nach einer falsch gelösten Aufgabe überlegen, ob er einzelne Aspekte wirklich nicht verstanden hat oder ob es an mangelnder Konzentration bei der Aufgabenbearbeitung lag, da er seine Fähigkeiten zu hoch eingeschätzt hat. Im ersten Fall müsste er ggf. noch einmal nachfragen oder nachlesen, im zweiten Fall seine Einstellung etwas ändern und die Aufgaben ernster nehmen.
- *Sparsamkeit der Informationsverarbeitung*
  Sie wirkt darauf hin, dass der Prozess der Abwägung von Handlungsalternativen abgebrochen wird, wenn eine weitere Abwägung die Ausführung der aktuellen Handlung gefährden würde. So könnte eine ständige Überlegung in der Schulung, ob man nicht doch besser eine bestimmte Arbeit hätte fertig stellen sollen statt an der heutigen Schulung teilzunehmen oder in Anbetracht des Hochzeitstages besser nach Hause gefahren wäre, dazu führen, dass man sich nicht mehr auf die behandelten Inhalte konzentrieren kann.

Die genannten Strategien führen dazu, dass man Handlungsabsichten (Teilnahme an einer Bildungsmaßnahme) willentlich gegen aufkommende, konkurrierende Tendenzen (Abbruch) abschirmen kann. Aus Sicht eines Gestalters und/oder Organisators von Bildungsmaßnahmen kann die Kenntnis dieser Mechanismen dazu beitragen, auch in dieser Hinsicht unterstützend tätig zu werden. Wie könnte aber eine solche Unterstützung aussehen? In den bisherigen Ausführungen erscheint es so, als sei es alleine Sache des Handelnden selbst, diese Mechanismen zu aktivieren.[190]

Mit der folgenden Tabelle wird versucht, einige Anregungen zur Unterstützung der genannten Handlungskontrollmechanismen zu geben, die geeignet erscheinen, die Gefahr des Abbruchs von Bildungsmaßnahmen wegen auftretender Schwierigkeiten zu verringern.

Die geschilderten Mechanismen im Kontext einer volitionalen, d. h. willentlichen Handlungssteuerung, werden, wie schon mehrfach betont wurde, immer dann notwendig, wenn Schwierigkeiten im Handlungsablauf auftauchen und/oder sich andere Handlungstendenzen in den Vordergrund schieben.

Motivationale Handlungssteuerung

Nun kennt aber auch jeder (hoffentlich!) aus eigener Erfahrung, dass man selbst komplexe Handlungen gelegentlich gerne ausführt und nicht ständig gegen anders-

---

[190] Bereits die Alltagserfahrung zeigt, dass Menschen unterschiedlich effektiv in der Umsetzung von Handlungsabsichten sind. Einigen fällt es leicht, auch bei auftretenden Schwierigkeiten ihre Absichten zu realisieren, andere scheinen bei der Umsetzung ihrer Absichten vielfältige Probleme zu haben und immer wieder zu scheitern. Diese unterschiedlichen Tendenzen werden unter den Begriffen der Handlungs- und der Lageorientierung diskutiert, die als Persönlichkeitsdispositionen über die Sozialisation erworben werden (vgl. beispielsweise Kuhl 1995).

lautende Tendenzen ankämpfen muss. In motivationstheoretischer Diktion spricht man in diesen Fällen nicht von volitionaler, sondern von motivationaler Handlungssteuerung. Sie liegt immer dann vor, wenn die aktuelle Emotion und Motivation mit der Handlungstendenz übereinstimmen. Bei motivational initiierten und gesteuerten Handlungen ist nicht jede Teilhandlung notwendigerweise bewusst und auch die teilweise hohe Anstrengung wird nicht als solche empfunden. Typischerweise kennt man dies etwa von sportlichen oder künstlerischen Tätigkeiten. Nach Csikzentmihalyi (1975) wird das damit teilweise einhergehende „Flow"-Erleben folgendermaßen gekennzeichnet:

> „- man ist frei von Reflexionen über sich selbst,
> - man fühlt sich eins mit der Tätigkeit,
> - die Zeit verstreicht subjektiv schneller und es kann zum gänzlichen Verlust des Zeitempfindens kommen,
> - die Wahrnehmung ist auf die handlungsrelevanten Situationsreize eingegrenzt, irrelevante Aspekte werden ausgeblendet,
> - die Konzentration wird nicht als willkürlich gesteuert erlebt, sondern kommt ‚wie von selbst',
> - das Handeln ist fließend und glatt (...)" (Sokolowski 1993, S. 118)

Nun ist es sicher zu viel verlangt, dass Weiterbildungsmaßnahmen bei den Teilnehmern regelmäßig ‚Flow-Erleben' erzeugen sollen. Die durchaus berechtigte Frage ist jedoch, wie es gelingen kann, mehr motivationale Handlungssteuerung zu ermöglichen, auch wenn bei komplexeren und längerfristig angelegten Handlungszielen davon auszugehen ist, dass sie zumindest zeitweise der volitionalen Steuerung bedürfen.

Eine grundlegende, stärkere motivationale Stützung eines Vorhabens, wie etwa einer Weiterbildungsteilnahme, ist tendenziell dann zu erwarten, wenn man sich einen hohen Nutzen aus der Teilnahme erwartet und keine negativen Erfahrungen mit ähnlichen Maßnahmen vorliegen. Es wurde bereits in den Ausführungen zur Teilnahmemotivation erläutert, dass diese mit dem Vorliegen der genannten Aspekte steigt. Es zeigt sich nun bei näherem Hinsehen, dass damit ebenso ein „Durchhalten" in der Bildungsmaßnahme ermöglicht wird, da eine motivationale Handlungssteuerung unterstützt wird. Das bedeutet, wenn es gelingt, einem Mitarbeiter den Nutzen einer Bildungsmaßnahme glaubhaft deutlich zu machen und für positive Erfahrungen mit Bildungsmaßnahmen zu sorgen, so kann nicht nur seine Teilnahmemotivation i. S. der Bereitschaft, überhaupt an der Maßnahme teilzunehmen, erhöht werden, sondern es dient gleichzeitig dazu, seine „Durchhaltemotivation" zu stärken.

In diesem Zusammenhang zeigen sich deutliche Bezüge zu den Maßnahmen einer gezielten Bedarfsermittlung und Transferförderung, die dazu beitragen, die Interessen und Sichtweisen des Mitarbeiters frühzeitig einzubeziehen sowie die Nutzungsmöglichkeiten des Gelernten zu verdeutlichen und sicherzustellen. Diese Maßnahmen können als geeignet angesehen werden, um sowohl die Teilnahme- als auch die Durchhaltemotivation zu begünstigen.

4.5.8 Kurz und bündig

In diesem Kapitel „Durchführung von Weiterbildung" wurde der Frage nachgegangen, wie man Lernprozesse im Kontext der betrieblichen Weiterbildung initiieren und fördern kann.

Die gerade im betrieblichen Kontext intensiv geführte Diskussion um die beiden Lernformen des formellen und des informellen Lernens zeigt, dass ein genauerer Blick auf die Potentiale, aber auch die Grenzen der jeweiligen Lernform notwendig ist, um sie zielgerichtet nutzen zu können. Die Grenzen des aktuell stark propagierten informellen Lernens sind v. a. in seiner mangelnden Reflexivität (v. a. beim impliziten Lernen), in seinem oft engen Situationsbezug (auch beim Erfahrungslernen) sowie in den Problemen bei der Selbststeuerung des Lernens zu sehen. Werden diese Einschränkungen nicht beachtet, bzw. versäumt man es, sie durch geeignete Maßnahmen aufzufangen, so können informelle Lernprozesse die an sie gesetzten Erwartungen als flexible, selbstgesteuerte und anwendungsbezogene Lernform nicht erfüllen.

Um entscheiden zu können, auf welche Weise in der betrieblichen Weiterbildung sinnvoll gelernt werden kann, sind daher weiter gehende Überlegungen als die bloße Abwägung der genannten beiden Lernformen notwendig. Für diese Überlegungen wurde ein einfacher didaktischer Rahmen dargelegt, innerhalb dessen die Kategorien Lernziele, Lernvoraussetzungen und Unterstützungsformen ausgewiesen und näher beleuchtet wurden.

Lernziele stellen einen zentralen Bezugspunkt der Aktivitäten des Lernenden und auch des Lehrenden dar, insofern, als sie die Richtung der jeweiligen Aktivitäten vorgeben, die Methodenwahl anleiten und auch eine Kontrolle der Zielerreichung ermöglichen. Diese wichtigen Funktionen im Lernprozess können sie allerdings nur erfüllen, wenn sie in operationalisierter Form formuliert wurden, d. h. wenn die Inhalts-, die Verhaltens- und die Situationskomponente des jeweiligen Lernziels in präzisierter Form ausgewiesen wurde.

Die Ermittlung der *Lernvoraussetzungen* ist notwendig, um die Lernenden „dort abzuholen, wo sie stehen" und ihnen hilfreiche Unterstützung im Lernprozess bieten zu können. Leider tragen die Mitarbeiter keine ‚Lernvoraussetzungspässe' mit sich, aus denen man jederzeit relevante Aspekte ablesen könnte. Daher ist man gezwungen, ihre Voraussetzungen zu ermitteln bzw. einzuschätzen. Als Hintergründe zur Einschätzung wurden typische Aspekte des Lernens Erwachsener, die Milieuzugehörigkeit und das Geschlecht angesprochen. Informationen über konkrete lernprozessbezogene Voraussetzungen kann man prinzipiell durch den Lernenden selbst, aber auch durch Kollegen oder den Vorgesetzten erhalten. Auch in diesem Zusammenhang stellen Mitarbeitergespräche zur Vor- und Nachbereitung von Bildungsmaßnahmen ein wichtiges Instrument dar.

Zur Systematisierung der Vielfalt prinzipiell nutzbarer betrieblich initiierter *Lernformen* wurde eine Übersicht eingeführt, die auf der einen Achse individuelle und kooperative Lernformen unterscheidet und auf der anderen Achse eine Gliederung anhand des Arbeitsbezugs des Lernens vornimmt. Diese Matrix gibt zum einen eine Übersicht über zahlreiche Lernformen und kann damit anregen, die im Unternehmen genutzte Palette an Lernformen zu analysieren und gezielt zu erweitern. Dabei sind einzelne Lernformen oder Kombinationen immer mit Blick auf ihre Eignung zur Erreichung eines bestimmten Lernziels bei einer bestimmten Zielgruppe hin zu überprüfen. Nur weil eine Lernform oder Methode im Moment als ‚modern' gilt, muss sie noch lange nicht zielführend sein. Auch Kombinationen von Lernformen sind hinsichtlich des Beitrags des jeweiligen Bausteins zur Zielerreichung zu überprüfen.

Voraussetzung dafür, dass ein Lernender die Lernziele erreicht, ist nicht zuletzt, dass er an der Bildungsmaßnahme bis zum Ende aktiv teilnimmt. Damit ist die Problematik der *„Durchhaltemotivation"* angesprochen. Um dieses Durchhalten zu ermöglichen und genau nicht der Tendenz zum Abbruch oder zum Abschalten zu erliegen, sind verschiedene Mechanismen der Handlungskontrolle notwendig. Bezüglich dieser Mechanismen bestehen große individuelle Unterschiede, die dazu führen, dass manche Menschen viel eher dazu neigen, bei auftretenden Schwierigkeiten aufzugeben. Diese grundlegenden individuellen Unterschiede kann man mit den Mitteln des betrieblichen Weiterbildungsmanagements nicht aufheben; es gibt jedoch Unterstützungsmaßnahmen für die Durchhaltemotivation, die die Gefahr von Abbrüchen verringern können. Teilweise decken sich diese Maßnahmen mit jenen zur Transfersicherung. Dazu gehören etwa die Verdeutlichung des Nutzens einer Weiterbildung oder die Unterstützung der Weiterbildungsmaßnahme durch die Führungskraft. Aber auch in der Maßnahme selbst kann durch abwechslungsreiche Gestaltung, durch Schaffung von Etappenzielen und der Honorierung ihrer Erreichung, der Unterstützung bei Misserfolgserlebnissen etc. viel getan werden, um die Durchhaltemotivation der Teilnehmer aufrecht zu erhalten.

Literatur

Arnold, R./Lehmann, B.: Selbstgesteuertes Lernen im Fernstudium. In: Derichs-Kunstmann, K./Faulstich, P. (Hg.): Selbstorganisiertes Lernen als Problem der Erwachsenenbildung. Frankfurt 1998, S. 89 - 100.

Bellmann, L.: Datenlage und Interpretation der Weiterbildung in Deutschland. Bielefeld 2003.

Bundesministerium für Bildung und Forschung (BMBF) (Hg.): Berichtssystem Weiterbildung IX, Bonn/Berlin 2005.

Bilger, F.: Migranten und Migrantinnen – eine weitgehend unbekannte Zielgruppe in der Weiterbildung. In: REPORT. Zeitschrift für Weiterbildungsforschung, (2006)2, S. 21 ff.

Coombs, Ph. H./Ahmed, M.: Attacking Rural Poverty: How Nonformal Education can help. Baltimore, London 1974.

Csikzentmihalyi, M.: Beyond Boredom and Anxiety. San Francisco 1975.

Dehnbostel, P. (2002): Informelles Lernen – Aktualität und begrifflich-inhaltliche Einordnungen. In: Dehnbostel, P./Gonon, P. (Hg.): Informelles Lernen – Eine Herausforderung für die berufliche Aus- und Weiterbildung. Bielefeld 2002, S. 3 - 12.

Dehnbostel, P./Pätzold, G.: Lernförderliche Arbeitsgestaltung und die Neuorientierung betrieblicher Bildungsarbeit. In: Dehnbostel, P./Pätzold, G. (Hg.): Innovationen und Tendenzen der betrieblichen Berufsbildung. Beiheft 18 der Zeitschrift für Berufs- und Wirtschaftspädagogik, Stuttgart 2004, S. 19 - 30.

Delors, J. (UNESCO): Learning: The Treasure Within. Report to UNESCO of the International Commission on Education for the Twenty-first Century. Paris 1996.

Derichs-Kunstmann, K./Müthing, B. (Hg.): Frauen lernen anders. Theorie und Praxis der Weiterbildung für Frauen. Bielefeld 1993.

Dewey, J. (1998): Experience and Education. (Erstausgabe 1938) 60th anniversary ed., West Lafayette/Ind. 1998.

Dohmen. G.: Das informelle Lernen. Die internationale Erschließung einer bisher vernachlässigten Grundform menschlichen Lernens für das lebenslange Lernen aller. Hg. vom Bundesministerium für Bildung und Forschung. Bonn 2001 (URL: www.bmbf.de/pub/das_informelle_lernen.pdf).

Dybowski, G./Töpfer, A./Dehnbostel, P./Kling, J.: Betriebliche Innovations- und Lernstrategien: Implikationen für berufliche Bildungs- und betriebliche Personalentwicklungsprozesse BILSTRAT. In: Bundesinstitut für Berufsbildung (Hg.): Berichte zur Beruflichen Bildung 228. Bielefeld 1999.

Euler, D./Hahn, A.: Wirtschaftsdidaktik. Bern, Stuttgart, Wien 2004.

Evans, D. R.: The planning of nonformal education. Fundamentals of educational planning - 30. UNESCO, International Institute for Educational Planning. Paris 1981.

Expertenkommission Finanzierung Lebenslangen Lernens (Hg.): Finanzierung Lebenslangen Lernens – der Weg in die Zukunft. Bielefeld 2004.

Faulstich, P. u. a.: Weiterbildung für die 90er Jahre. Weinheim 1992.

Faulstich-Wieland, H.: Frauen(forschung) in der Erwachsenenbildung. In: REPORT 34/1994, S. 13 ff.

Faure, E. et al.: Learning to Be: The World of Education Today and Tomorrow. Paris 1972.

Frese, M./Sabini, J. (Hg.): Goal-directed behaviour: Psychological theory and research on action. Hillsdale, NY 1985.

Friedrich, H. F./Mandl, H. (Hg.): Lern- und Denkstrategien. Göttingen 1992.

Geldermann, B./Günther, D./Mohr, B./Sack, C./Reglin, T.: Blended Learning für die betriebliche Praxis. Leitfaden für die Bildungspraxis Bd. 5. Bielefeld 2005.

Gerstenmaier, J./Mandl, H.: Wissenserwerb unter konstruktivistischer Perspektive. In: Zeitschrift für Pädagogik 41(1995)6, S. 867 - 888.

Gonon, P.: Informelles Lernen – ein kurzer historischer Abriss von John Dewey zur heutigen Weiterbildung. In: Dehnbostel, P./Gonon, P. (Hg.): Informelles Lernen – Eine Herausforderung für die berufliche Aus- und Weiterbildung. Bielefeld 2002, S. 13.-.23.

Heckhausen, H./Kuhl, J. (1985): From wishes to action: The dead ends and short cuts on the long way to action. In: Frese/Sabini (1985), S. 131 - 160.

Hörner, W.: Towards a statistical framework for monitoring progress towards lifelong learning. In: The INES-Compendium – Contribution from the INES Networks and Working Groups, Tokyo 2000.

Hradil, S.: Soziale Milieus – eine praxiorientierte Forschungsperspektive. In: Aus Politik und Zeitgeschichte 44-45/2006, S. 3 - 10.

Jäkel, L./Kerlen, C./Pfeiffer, I./Wessels, J.: Lernformen für den Einsatz in kleinen und mittleren Unternehmen. Berlin 2006.

Kommission der Europäischen Gemeinschaften: Memorandum über Lebenslanges Lernen (Arbeitsdokument der Kommissionsdienststellen, Ratsdok. 12880/00; SEK (2000) 1832). Brüssel 2000.

Kuhl, J.: Motivation, Konflikt und Handlungskontrolle. Berlin u. a. 1983.

Kuhl, J.: Handlungs- und Lageorientierung. (1995) In: Sarges (1995), S. 303 - 316.

Kuwan, H.: Empirische Ergebnisse zum selbstgesteuerten Lernen in Deutschland. In: Straka, G.A./Delicat, H. (Hg.): Selbstständiges Lernen – Konzepte und empirische Befunde. Forschungs- und Praxisbericht Nr. 5. Bremen 2000. http://www-user.uni-bremen.de/~los/forschbericht.html, ohne Seitenangabe (Stand 23.07.08).

Livingstone, D. W.: Informelles Lernen in der Wissensgesellschaft. In: QUEM-report, Heft 60. Kompetenz für Europa. Wandel durch Lernen – Lernen im Wandel. Berlin 1999, S. 65 - 92.

Mager, R.: Zielanalyse. Weinheim 1973.

Reinmann-Rothmeier, G.: Didaktische Innovationen durch Blended Learning. Leitlinien anhand eines Beispiels aus der Hochschule. Bern 2003.

Sarasin, S.: Das Lernen und Lehren von Lernstrategien. Hamburg 1995.

Sarges, W. (Hg.): Management-Diagnostik. 2. Aufl., Göttingen u. a. 1995.

Sauter, A./Sauter, W.: Blended Learning. Effiziente Integration von E-Learning und Präsenztraining. Neuwied 2002.

Schiersmann, C.: Berufliche Weiterbildung. Wiesbaden 2007.

Schiersmann, C./Remmele, H.: Neue Lernarrangements in Betrieben. Theoretische Fundierung – Einsatzfelder – Verbreitung. QUEM-Report, Heft 75. Berlin 2002.

Severing, E.: Arbeitsplatznahe Weiterbildung. Betriebspädagogische Konzepte und betriebliche Umsetzungsstrategien. Neuwied 1994.

Siebert, H.: Didaktisches Handeln in der Erwachsenenbildung. 5. überarbeitete Auflage. Augsburg 2006.

Sokolowski, K.: Emotion und Volition. Göttingen 1993.

Staudt, E./Kley, T.: Formelles Lernen – informelles Lernen – Erfahrungslernen: Wo liegt der Schlüssel zur Kompetenzentwicklung von Fach- und Führungskräften? Eine kompetenzbiographische Studie beruflicher Innovationsprozesse. Berichte aus der angewandten Innovationsforschung hg. von Erich Staudt. Bochum 2001.

Staudt, E./Kriegesmann, B.: Weiterbildung. Ein Mythos zerbricht – Der Widerspruch zwischen überzogenen Erwartungen und Misserfolgen der Weiterbildung. Bochum 1999.

Wittwer, W.: Übergreifende Aspekte im Kontext der individuellen Dokumentation von Kompetenzen. In: Frank, I./Gutschow, K./Münchhausen, G.: Informelles Lernen. Verfahren zur Dokumentation und Anerkennung im Spannungsfeld von individuellen, betrieblichen und gesellschaftlichen Anforderungen. Bielefeld 2005.

4.6 Qualitätsmanagement in der Weiterbildung (Anja Knippel)

4.6.1 Problembezug

Lernziele

- Wichtige Aspekte von Qualität mit seinen Besonderheiten der Weiterbildung in eigenen Worten benennen und erläutern können.

- Hintergründe der Qualitätsdiskussion kennen und nach Argumenten der Anbieter- und Nachfragerseite unterscheiden und gegenüber stellen können.

- Unterschiedliche Ansätze und Konzepte des Qualitätsmanagements von Weiterbildung erläutern und mit Vor- und Nachteilen zur Sicherung von Weiterbildungsqualität abwägen können.

In den Neunziger Jahren wurde in der deutschen Wirtschaft heftig über Qualität diskutiert: Qualität wurde zum Unterscheidungsmerkmal in hart umkämpften Märkten. Kennzeichnend war dabei das Umdenken zum sog. Qualitäts*management* (sprich der Einbeziehung aller am Erstellungsprozess Beteiligten mit dem Ziel, hohe Qualität zu produzieren; QM). Analog ist im Rahmenmodell dieses Lehrbuchs (vgl. Abbildung 4.6-1) die Qualitätssicherung nicht als eine Phase im Weiterbildungszyklus eingezeichnet – etwa am Ende, nach Durchführung der Weiterbildung –, sondern steht am Rand und durchzieht damit alle Phasen.

Während allerdings im industriellen Sektor Standardisierung zur Fehlervermeidung beiträgt und verhältnismäßig leicht mit Prüf- und Messverfahren kontrolliert werden kann, ob ein Produkt den geforderten Vorgaben entspricht, ist bei Dienstleistungen Individualisierung gefordert – nicht zuletzt weil der Kunde selbst unmittelbar beteiligt ist.

Qualität von Bildung ist ein komplexes Konstrukt und die Auffassungen gehen auseinander, welchen Nutzen gängige Qualitätskonzepte hier stiften können. Insbesondere mit dem Argument, Weiterbildung sei schließlich viel zu individuell und prozessorientiert, als dass man mit starren und bürokratischen Verfahrensanweisungen sinnvoll zu einer Qualitätsverbesserung beitragen könnte. So wurden viele Jahre von Personalern, Trainern und Bildungsanbietern die Qualitäts-Bemühungen der Industrie als haltlos für die Weiterbildung von sich gewiesen.

Dennoch waren die Auswirkungen auf die Branche deutlich: SGB-III-geförderte Maßnahmen setzen beim Bildungsträger ein nachgewiesenes QM-System voraus, die Stiftung Warentest veröffentlichte in den letzten Jahren Weiterbildungstests und Checklisten, zertifizierte Unternehmen bevorzugen ihrerseits zertifizierte Lieferanten – auch im Bildungsbereich. Es kommt Bewegung in die Bildungsbranche, deren mangelnde Transparenz von Nachfragerseite beklagt wird und deren „schwarze Schafe" – sehr zum Ärger der Anbieter – im Dickicht Unterschlupf finden.

Inzwischen liegen unterschiedliche Erfahrungen aus der Weiterbildung mit einer Vielzahl an Qualitätskonzepten vor – Weiterbildungsinstitute lassen sich ISO-zertifizieren, Volkshochschulen arbeiten nach dem EFQM-Modell, in Modellversuchen wurden sowohl eigene, speziell auf die Weiterbildung zugeschnittene Verfahren entwickelt, als auch pragmatische Modelle der Selbstreflektion erprobt.

Doch was bringt der Aufwand, einer systematischen Auseinandersetzung mit Qualitätsfragen tatsächlich mit Blick auf das gewünschte Ergebnis, auf Lernen und Transfer? Zunächst einmal wird deutlich, dass sich die aktuell in Deutschland gängigen QM-Ansätze gravierend unterscheiden – und das nicht nur vom Konzept her, sondern auch mit Blick auf die besonderen Gegebenheiten der Qualität von Weiterbildung.

Im Folgenden sollen daher einige Ansätze und Zertifizierungen skizziert und gegenüber gestellt sowie mit Blick auf ihre Passung zur Weiterbildung kritisch hinterfragt werden.

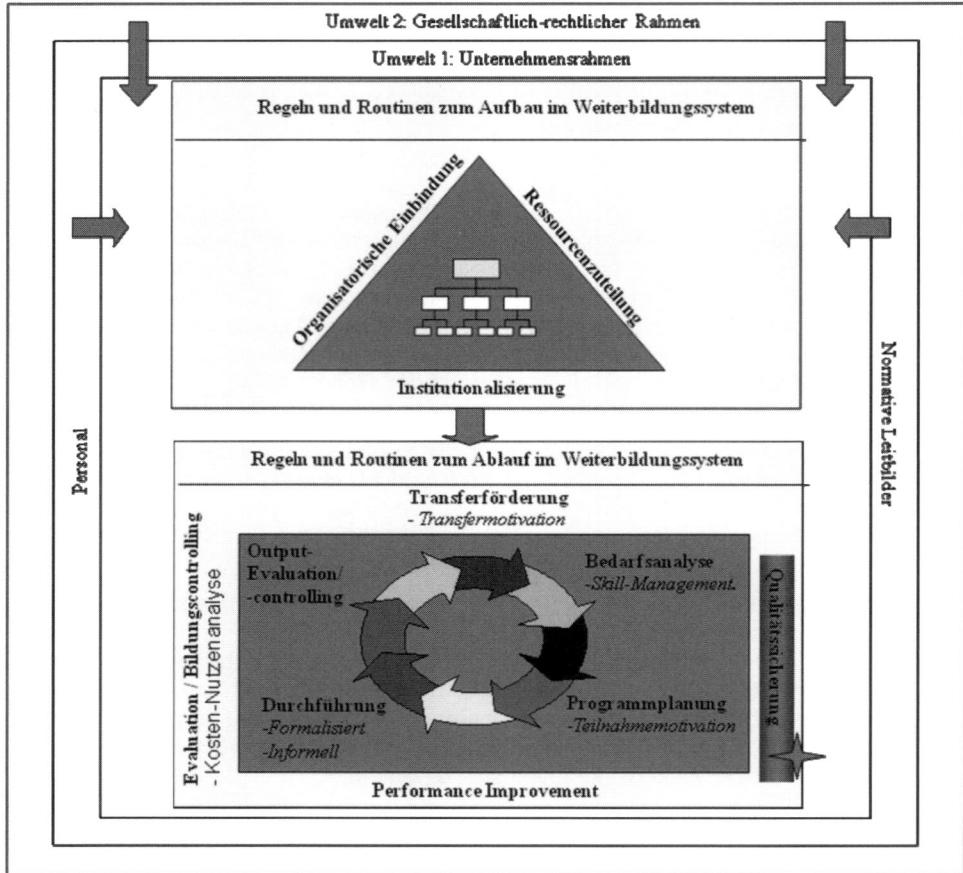

Abb. 4.6-1: Qualitätsmanagement als Handlungsfeld des betrieblichen Weiterbildungsmanagements

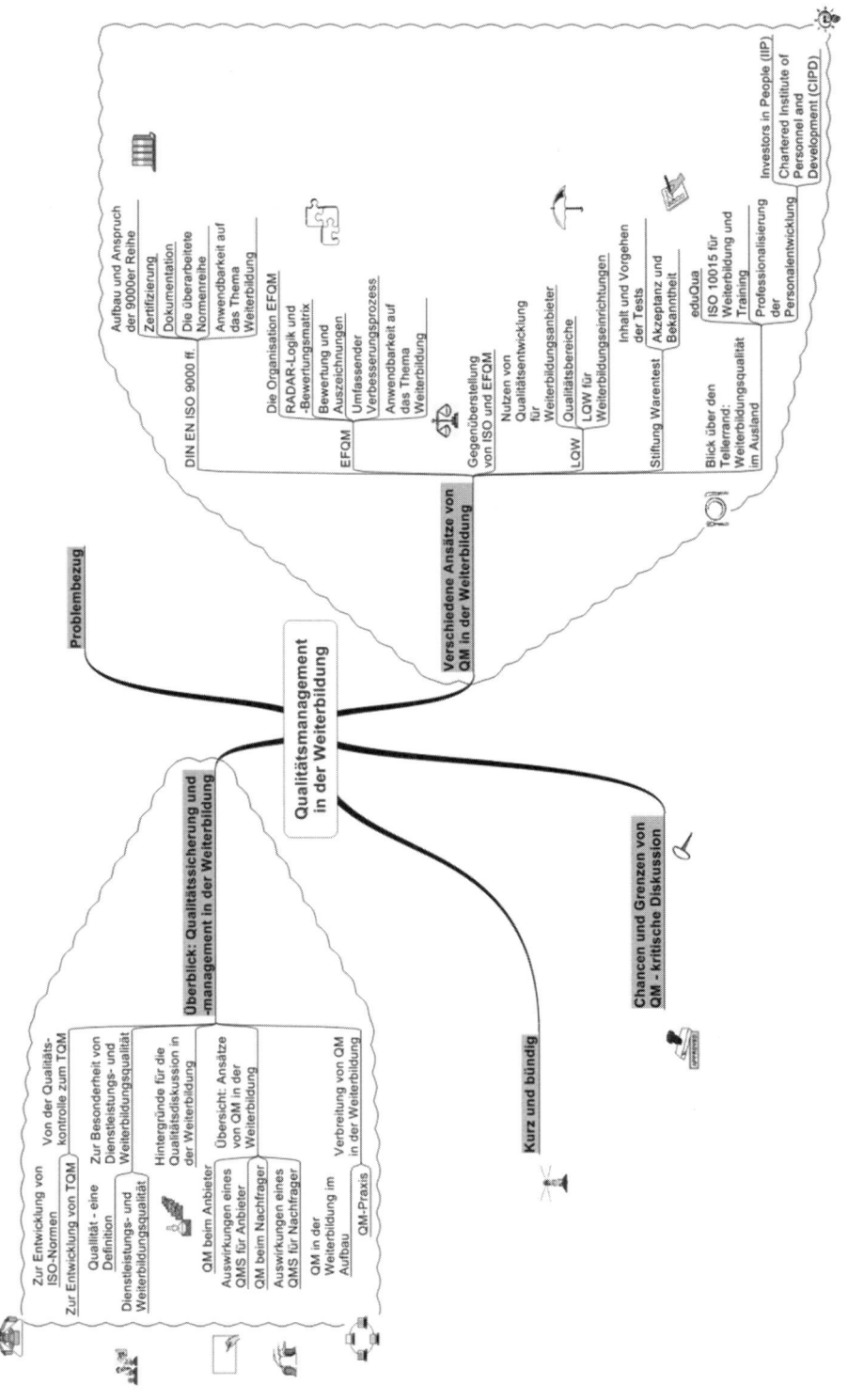

Qualitätsmanagement in der Weiterbildung

Problembezug

Verschiedene Ansätze von QM in der Weiterbildung

- DIN EN ISO 9000 ff.
  - Aufbau und Anspruch der 9000er Reihe
  - Zertifizierung
  - Dokumentation
  - Die überarbeitete Normenreihe
  - Anwendbarkeit auf das Thema Weiterbildung
- EFQM
  - Die Organisation EFQM
  - RADAR-Logik und -Bewertungsmatrix
  - Bewertung und Auszeichnungen
  - Umfassender Verbesserungsprozess
  - Anwendbarkeit auf das Thema Weiterbildung
- LQW
  - Gegenüberstellung von ISO und EFQM
  - Nutzen von Qualitätsentwicklung für Weiterbildungsanbieter
  - Qualitätsbereiche
  - LQW für Weiterbildungseinrichtungen
- Stiftung Warentest
  - Inhalt und Vorgehen der Tests
  - Akzeptanz und Bekanntheit
- Blick über den Tellerrand: Weiterbildungsqualität im Ausland
  - eduQua
  - ISO 10015 für Weiterbildung und Training
  - Professionalisierung der Personalentwicklung
  - Investors in People (IiP)
  - Chartered Institute of Personnel and Development (CIPD)

Überblick: Qualitätssicherung und -management in der Weiterbildung

- Zur Entwicklung von ISO-Normen
- Von der Qualitätskontrolle zum TQM
- Zur Entwicklung von TQM
- Qualität - eine Definition
- Zur Besonderheit von Dienstleistungs- und Weiterbildungsqualität
- Dienstleistungs- und Weiterbildungsqualität
- Hintergründe für die Qualitätsdiskussion in der Weiterbildung
- QM beim Anbieter
- Auswirkungen eines QMS für Anbieter
- Übersicht: Ansätze von QM in der Weiterbildung
- QM beim Nachfrager
- Auswirkungen eines QMS für Nachfrager
- QM in der Weiterbildung im Aufbau
- QM-Praxis
- Verbreitung von QM in der Weiterbildung

Chancen und Grenzen von QM - kritische Diskussion

Kurz und bündig

Abb. 4.6-2: Argumentationsverlauf im Kapitel 4.6

4.6.2 Überblick: Qualitätssicherung und -management in der Weiterbildung

Bevor auf einzelne Ansätze des Qualitätsmanagement und die Besonderheiten zum Thema Weiterbildung eingegangen wird, soll zunächst ein kurzer Überblick zum Thema allgemein gegeben werden.

4.6.2.1 Von der Qualitätskontrolle zum TQM

Das heutige, in der Industrie anzutreffende Verständnis von Qualität und Qualitätsmanagement hat sich im Laufe der Jahrzehnte entwickelt. Dabei gibt es neben der historischen Betrachtung auch regionale Phänomene. So hat sich z. B. Japan, nach dem zweiten Weltkrieg wirtschaftlich und industriell am Boden, vom Billiganbieter und Imitator zu einem Vorbild für Qualität entwickelt. Und nicht zuletzt gibt es unterschiedliche Ansätze, die ursprünglich sehr weit auseinander lagen, deren Annäherung sich in den letzten Jahren abzeichnet.

Zunächst zu den grundsätzlichen Paradigmen in der zeitlichen Entwicklung. In der Literatur werden drei sog. Qualitätswellen unterschieden (vgl. Dietz 1996, S. 12): Die erste begann Anfang des 20. Jahrhunderts mit *Qualitätskontrollen* (i. S. v. Endkontrolle) der industriellen Produktion. Die zweite Welle ab den 30er Jahren verlagerte die *Qualitätssicherung* bereits in den Planungs-, Entwicklungs- und Herstellprozess. Mit TQM (*Total Quality Management*) als umfassender Ansatz von Führung und Mitarbeiterbeteiligung setzte in den 90ern die dritte Welle ein.

Zur Entwicklung von ISO-Normen

In den 80er Jahren gewann die Qualität von Produkten an Bedeutung, um sich im zunehmend internationalen Wettbewerb von Billiganbietern aus Fernost abzugrenzen. Die Qualitätsanforderungen wurden dann auch an die Zulieferer weitergegeben. In bestimmten Branchen (z. B. in der Automobilindustrie) wurden vermehrt auch die Produktions- und Qualitätssicherungssysteme der Zulieferer zertifiziert. Nachdem diese Zertifizierung aber abnehmerspezifisch war, entstanden auf beiden Seiten – bei Zulieferern und Abnehmern – hohe Kosten für die Audits, weshalb die ISO-Norm entstanden ist. Sie bescheinigt mit einem Zertifikat die Erfüllung von Mindestanforderungen an Qualitätssicherungssysteme durch eine unabhängige Stelle (vgl. Hartwich 1997, S. 65).

1979 wurde die britische ISO-Vorläufer-Norm vom British Standard Institute (BSI) heraus gegeben. 1987 wurde die britische Norm fast vollständig von der *International Standard Organization (ISO)* übernommen und als Serie ISO 9000 veröffentlicht. In Deutschland trägt sie die Abkürzung *DIN für Deutsches Institut für Normierung* und heißt dort DIN ISO 9000 ff. Seit 1994 hat der Name noch einen europäischen Zusatz bekommen, die Bezeichnung *DIN EN ISO 9000 ff.* steht für die europäische Norm und die Anerkennung durch das Europäische Komitee für Normung, *Comité Européen de Normalisation/CEN* (Dietz 1996, S. 42 ff.).

Zur Entwicklung von Total Quality Management (TQM)

Auch wenn TQM überwiegend mit Japan und der dort ansässigen Automobilindustrie assoziiert wird, ist es eigentlich ein „amerikanischer Export". Die beiden amerikanischen Qualitätspioniere *Edward W. Deming*[191] und *Joseph M. Juran* wanderten in den 50er Jahren nach Japan aus, weil ihre Ansätze in den USA aufgrund der wirtschaftlichen Situation nicht auf Resonanz stießen. Hartwich (1997) spricht sogar von „Entwicklungshilfe in Sachen Qualität", um beim dortigen Aufbau der Industrie das Qualitätswesen zu unterstützen, damit Japan das „Image des billigen Imitators" abschütteln konnte. Wie wir heute wissen, waren die beiden Herren in ihrer Mission erfolgreich und japanische Unternehmen gelten heute als Vorbilder der TQM-Philosophie (Dietz 1996, S. 12 f. und Hartwich 1997, S. 70 ff.).

1987 wurde der amerikanische Qualitätspreis *„Malcolm Baldrige National Quality Award"* (MBNQA) per Gesetz ins Leben gerufen, um TQM in der amerikanischen Industrie zu fördern. Seither verleiht der Präsident der USA jährlich die Auszeichnung. Der MBNQA basiert auf einem Punkteschema, sieben Kategorien (u. a. „Human Resource Development and Management"), 28 Prüfmerkmalen und 89 Prüfbereichen (vgl. Thombansen et al 1994, S. 63 und Hartwich 1997, S. 77).

Ein Jahr später, 1988, wurde in Europa die *European Foundation for Quality Management* (EFQM) gegründet, deren Preis, der *European Quality Award* (EQA), seit 1992 jährlich verliehen wird (vgl. Abschnitt 4.6.3.2 in diesem Kapitel). Der EQA basiert auf ähnlichen Kriterien wie der MBNQA (vgl. Hartwich 1997, S. 77).

Total Quality Management (TQM) steht für **T** wie *„total"* – Abläufe über die gesamte Wertschöpfungskette ganzheitlich betrachten, alle Mitarbeiter und Abteilungen, die am Prozess beteiligt sind, aktiv einbinden, alle Produkte und Dienstleistungen. Das **Q** bezieht sich auf die *„Qualität"* – wobei der Begriff weit über Produktqualität hinaus geht: mit fehlerfreien Produkten und Dienstleistungen (richtig beim ersten Mal) Kundenerwartungen erfüllen und kontinuierlich an einer Verbesserung arbeiten. **M** steht für *„Management"* – weil Qualität als Führungsaufgabe verstanden wird, die sich in den Unternehmenszielen und konsistentem Handeln niederschlägt, sich an Spitzenleistungen orientiert, Initiative und Verantwortung der Mitarbeiter und Teams fördert (vgl. Braun/Lawrence 1997, S. 2 und Holla 2002, S. 44).

Wie beschrieben kam TQM aus Japan in den Westen und wurde in den 80ern in die amerikanischen und europäischen Qualitätsbestrebungen aufgenommen. Der Ansatz geht über die reine Produktqualität hinaus und zielt auf eine kontinuierliche Verbesserung ab.[192]

Die acht Grundsätze des TQM seien hier nur als Schlagworte aufgelistet: Prozessorientierung, Mitarbeiterorientierung, Kontinuität, Preis, Kommunikation, Produkt-/ Dienstleistungsqualität, Termine, Kundenzufriedenheit (Holla 2002, S. 46).

Wie sich in den Ausführungen zum EFQM-Modell zeigen wird, ist es stark an der TQM-Philosophie orientiert. Dies zeigt sich sowohl in den einzelnen Kriterien des EFQM-Modells als auch im Vorgehen der Bewertung.

---

[191] Allgemein bekannt wurde Deming insbesondere durch den nach ihm benannten Deming-Kreis (englisch PDCA bzw. deutsch PTCA-Zyklus), auf dessen Grundprinzip z. B. auch das EFQM-Modell aufbaut: P – Planen, T – Tun, C – Checken, A – Agieren (vgl. Hartwich 1997, S. 70 f. und Imai 1994, S. 32 f.).

[192] Vgl. exemplarisch Holla (2002, S. 44 ff.) und Braun/Lawrence (1997) sowie die Definition zu Qualität von Imai (1994) in Abschnitt 4.6.2.6 dieses Kapitels.

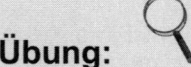

Übung:

1	Fassen Sie die hier skizzierte Entwicklung der QM-Konzepte in eigenen Worten zusammen. Was unterscheidet den Anspruch der Normenreihe ISO von den TQM-Konzepten?

4.6.2.2 Zur Besonderheit von Dienstleistungs- und Weiterbildungsqualität

Während sich die Qualität eines technischen Produktes relativ leicht bestimmen lässt, ist die Frage nach der Qualität bei Dienstleistungen und insbesondere bei Weiterbildung komplex. Dies soll im Folgenden aufgezeigt werden.

Übung:

2	Was ist für Sie Qualität und bei welchen Produkten und Dienstleistungen achten Sie besonders darauf? Woran könnten Sie als Teilnehmer die Qualität einer Weiterbildung festmachen?

Qualität – eine Definition

Obgleich der Begriff „Qualität" ursprünglich wertneutral ist, wird er häufig positiv belegt (vgl. Ebbinghaus/Krekel 2006, S. 7). Die Norm DIN EN ISO 9000:2005 definiert Qualität als den *„Grad, in dem ein Satz inhärenter Merkmale Anforderungen erfüllt"* (Wuppertaler Kreis 2006, S. 39). Während es sich hier um einen relativ eng gefassten Qualitätsbegriff handelt, geht das japanische Verständnis deutlich weiter. Imai (1994, S. 31), einer der Autoren zu Kaizen[193] umschreibt es so: *„Im weitesten Sinn ist Qualität etwas, das verbessert werden kann. In diesem Kontext bezieht sie sich nicht nur auf Produkte und Dienstleistungen, sondern auch darauf, wie Menschen arbeiten, wie Maschinen bedient werden und wie man mit Systemen und Richtlinien umgeht. Dieser Qualitätsbegriff beinhaltet alle Aspekte menschlichen Verhaltens."*

Übertragen auf die Weiterbildung scheint die erste Definition wenig hilfreich und passend. Neben einigen Besonderheiten von Dienstleistungen im Allgemeinen, sollen auch bildungsspezifische Aspekte thematisiert werden.

Dienstleistungs- und Weiterbildungsqualität

Benkenstein (zitiert in Dietz 1996, S. 7) beschreibt drei *Besonderheiten von Dienstleistungen*: *Intangibilität* – das Ergebnis einer Dienstleistung ist nicht greifbar und entzieht sich damit einer objektiven Messung oder Qualitätskontrolle. *Integration des externen Faktors* – die Leistung wird unmittelbar im Beisein des Kunden erstellt und der Kunde selbst ist Teil des Ergebnisses. Somit ist die Dienstleistung auch vom Auftrag abhängig, den der Kunde i. d. R. formuliert. *Einfluss des menschlichen Faktors* – die Dienstleistung ist abhängig von Tagesform der Interagierenden, von der Kompe-

---

[193] Kaizen steht für ständige Verbesserung, die sowohl Mitarbeiter als auch Führungskräfte aktiv einbezieht (Imai 1994, S. 23). Wandel sei in Japan Teil der Lebensart und der Grundannahme, dass das Leben (beruflich und privat) ständiger Verbesserung bedürfe.

tenz des Dienstleisters, der Verfassung des Kunden und dem gelingenden Zusammenspiel von Kunde und Dienstleister.

Besonderheiten der Dienstleistung Weiterbildung

Bereits an den drei o. g. Merkmalen wird deutlich, dass Dienstleistungen nur bedingt standardisierbar sind, gerade weil es ja um etwas sehr Persönliches und Individuelles geht. Hinzu kommen noch weitere Aspekte, die insbesondere für die *Dienstleistung Weiterbildung* zutreffen und die Komplexität des Konstrukts Qualität in diesem Zusammenhang weiter erhöhen (vgl. Dietz 1996, S. 9):

- Hoher Einfluss und Beteiligung des Kunden, der bei der Weiterbildung nicht nur anwesend, sondern aktiv beteiligt ist.

- Weiterbildung kann nicht konsumiert werden, sondern der Lerner muss sich etwas aktiv aneignen.

- Der Erfolg einer Weiterbildung ergibt sich aus dem Zusammenwirken von Lehrendem und Lernendem.

- Weiterbildung ist individuell – Seminare sind einzigartig in der Konstellation der Rahmenbedingungen, der Zusammensetzung der Teilnehmer und der Tagesform des Lehrenden.

- Es besteht ein hohes Entscheidungsrisiko, weil das Ergebnis vom Kunden nicht vorab begutachtet werden kann. Teilweise tritt der Erfolg zeitversetzt nach Abschluss der Weiterbildung (im Lernfeld), bei der Anwendung im beruflichen Arbeitsalltag (Funktionsfeld) ein.

- Unterschiedliche Teilnehmer der gleichen Maßnahme haben ggf. unterschiedliche Ziele und Erwartungen. Insbesondere Ziele im Verhaltensbereich sind möglicherweise subjektiv und schwer operationalisierbar.

- Im „Dreiecks- oder Vierecks-Verhältnis" zwischen Auftraggeber (z. B. die Personalentwicklung eines Unternehmens), Führungskraft, Mitarbeiter bzw. Teilnehmer und Trainer existieren unterschiedliche Vorstellungen über Ziele und Erfolg der Maßnahme.

Dietz (1996, S. 10 f.) leitet daraus folgende Konsequenzen für die Qualitätsdiskussion in der Weiterbildung ab: „Für eine konsequente Qualitätssteuerung der Weiterbildung müsste die gesamte Prozesskette von der Wahrnehmung eines Problems, über die Planung und Zielsetzung, die Trainingsentwicklung und -durchführung bis zur Implementierung im Unternehmen betrachtet werden. Hierfür ist eine intensive Zusammenarbeit zwischen Auftraggeber und Anbieter notwendig, wobei alle Beteiligten, sowie das organisatorische Umfeld einzubeziehen sind."

Holla (2002) leitet aus seiner Recherche ebenfalls ein sehr umfassendes, von ihm sog. *neues Qualitätsverständnis für die Weiterbildung* ab. Für ihn ist Qualität ein „Patchwork-Begriff", der u. a. folgende Aspekte umfasst: Weiterbildungsqualität steht für ein Konzept und ist kein permanenter Zustand, es beinhaltet eine ganzheitliche Betrachtungsweise und ein Denken in Prozessen und setzt voraus, dass alle Beteiligten gemeinsam Verantwortung für das Ergebnis tragen. Dazu reichen eine Kunden- und Dienstleistungsorientierung des Bildungsanbieters nicht aus, denn der Teilnehmer ist nicht nur Dienstleistungsempfänger, sondern engagiert sich selbst aktiv für den Wissenserwerb (vgl. Holla 2002, S. 37).

Was folgt daraus für den Anbieter von Weiterbildung? Zech (2008a) geht davon aus, dass Konzepte aus der Industrie nicht auf die Weiterbildung übertragbar sind und fordert eigene QM-Ansätze, die die weiterbildungsspezifischen Gegebenheiten berücksichtigen. Er macht die *Qualität einer Bildungsorganisation* u. a. daran fest, dass sie ihre Weiterbildungsaktivitäten systematisch steuern, erfolgreiches Lernen fördern, kontinuierlich evaluieren und an einer Optimierung arbeiten (vgl. Zech 2008a, S. 14).

Seit etwa 2000 wird zunehmend weniger von Qualitätskontrolle oder -management gesprochen, sondern vermehrt von *„Qualitätsentwicklung"* in der Weiterbildung. Holla (2002, S. 78 f.) sieht in Qualitätsentwicklung kein Gegenkonzept zu TQM. Dennoch ist es ein offener Ansatz, der vor allem dem Spezifikum bei Weiterbildung Rechnung trägt, dass Lernprozesse nur bedingt im Vorfeld standardisierbar sind. Sie entstehen im prozesshaften Zusammenspiel zwischen Lernenden und Lehrenden jedes Mal neu. Dazu braucht es die Reflexionsfähigkeit einer lernenden Organisation und die aktive Beteiligung aller am Lernprozess.

Insgesamt lässt sich festhalten, dass kein Qualitätsmodell (auch kein weiterbildungsspezifisches) eine Definition von *pädagogischer Qualität* liefert. Systematische Verfahren der Qualitätsentwicklung fördern im Idealfall einen Diskussionsprozess, in dem die Vorstellungen von Qualität der betreffenden Organisation und ihrer Beteiligten – die Erfahrungen, Kompetenzen, Werte etc. – formuliert werden (vgl. Heimlich 2003, S. 126 ff.).

Übung:

3   Warum ist es so schwer, eine einheitliche Definition von *Weiterbildungsqualität* zu finden? Skizzieren Sie in eigenen Worten die Besonderheiten von Dienstleistungs- und Weiterbildungsqualität.

4   Welche Gründe sprechen dafür, sich über Qualität der Weiterbildung Gedanken zu machen? Sammeln Sie Aspekte aus der Perspektive der Anbieter (Weiterbildungsträger oder Trainer) und der Nachfrager (Unternehmen).

4.6.2.3   Hintergründe für die Qualitätsdiskussion in der Weiterbildung

Während die Diskussion zum Thema bereits seit Beginn der 90er Jahre geführt wird, zeichnet sich die Umsetzung erst gegen Ende der 90er Jahre ab (Krekel/Balli 2006, S. 23). Doch warum wird überhaupt so heftig über die Qualität der Weiterbildung diskutiert? Nicht jeder Trend aus der Industrie überträgt sich automatisch auf die Bildungsbranche.

Gründe für die Qualitätsdiskussion in der Weiterbildung werden u. a. in der vielfach beklagten *Intransparenz des Marktes* gesehen, die es Nachfragern schwer macht, sich zurecht zu finden und seriöse oder geeignete Angebote bzw. Anbieter von anderen zu unterscheiden. Höhere Transparenz und *Glaubwürdigkeit* sind also im Interesse der Nachfrager; von einer Erschwernis für die sog. „schwarzen Schafe" profitieren allerdings auch die Anbieter (vgl. Krekel/Balli 2006, S. 21 f. und Thombansen et al 1994, S. 11 und 24). Zech sieht in einer höheren Qualität die Chance, das *Vertrauen* von Kunden zu gewinnen, und zwar primär durch konsequente Kunden- bzw. Lernerorientierung (Zech 2008a, S. 14).

Neben der gewünschten Orientierung führen auch *Kosteneinsparungen* auf Nachfrager- bzw. Förderseite, also in Unternehmen und beim Staat dazu, dass bei knappen Budgets sorgfältiger ausgewählt wird (vgl. Krekel/Balli 2006, S. 21 f.).

Außerdem verändert sich die Branche der Bildungsanbieter und *Effizienz* gewinnt durch Konzentrationsprozesse und Zusammenschlüsse von Anbietern an Bedeutung (vgl. Thombansen et al 1994, S. 24 ff.). Insofern gestalten Organisationen, die sich in Zeiten des Wandels selbst aktiv verändern, ihre Umwelt und Märkte. Außerdem profilieren sich Weiterbildungsanbieter, die einen wirtschaftlichen Umgang mit Ressourcen dokumentieren, in Zeiten knapper Ressourcen (Zech 2008a, S. 14).

Und schließlich wollen die Kunden *mehr Leistung* für ihr Geld und damit eine höhere Qualität (vgl. Thombansen et al 1994, S. 24 ff.). Nicht unterschätzt werden darf auch der Effekt, dass Unternehmen, die selbst ein QM-System haben, häufig nur noch Zulieferer mit einem zertifizierten Qualitätsmanagementsystem akzeptieren (Doerr 1997, S. 20, vgl. auch Krewerth 2006, S. 78).

Nachdem das Thema in der Industrie so starke Verbreitung gefunden hat, wurde es auch als Gegenstand der Weiterbildung nachgefragt. Der *Schulungsbedarf* an Qualitätsthemen stieg dramatisch an und Bildungsträger, die ISO 9000 als Trainingsinhalt anbieten, lassen sich aus Gründen der Glaubwürdigkeit letztlich auch selbst zertifizieren (vgl. Doerr 1997, S. 21).

Damit die *Mitarbeiter* auf Seiten der Bildungsanbieter *motiviert* bleiben, trotz steigender Anforderungen von Kunden und hohem Kostendruck, lohnen sich Investitionen in effiziente Prozesse (vgl. Zech 2008a, S. 14).

Die skizzierten Gründe lassen erkennen, welche Erwartungen der Beteiligten sich an Qualitätsmanagement in der Weiterbildung knüpfen und, dass sich aus einem systematisch betriebenen Qualitätsmanagement sowohl Chancen für Anbieter als auch für Nachfrager ergeben. Diese sind in der folgenden Abbildung nochmals gegenüber gestellt.

Die Kombination der beiden erstgenannten Aspekte – ein intransparenter Markt und knappe Mittel – führen zu einem hohen *Sicherheitsbedürfnis* der Nachfrager bei der Auswahlentscheidung. Nachdem, wie bereits beschrieben, für die Dienstleistung Weiterbildung im Vorfeld keine Garantie für das Ergebnis übernommen werden kann, erwecken *Zertifikate* und *Gütesiegel* von unabhängiger Stelle den Glauben der Kunden, dass es sich um einen professionellen Anbieter handelt. Was ein solches Zertifikat nun tatsächlich über Qualität aussagt und welche Auswirkung das auf die Weiterbildung hat, wird Thema der nächsten Abschnitte sein und zusammenfassend in einer kritischen Diskussion thematisiert.

Übung:

5 Wenn Sie sich für eine berufliche Weiterbildung entscheiden – von Ihnen ausgewählt, gebucht und bezahlt – welche der genannten Aspekte wären Ihnen als Nachfrager wichtig? Suchen Sie sich ein Beispiel für eine Weiterbildung, die Ihnen in Ihrer Wunschposition (z. B. als Lehrer oder als Personaler) nutzt.

	Anbieter	Nachfrager
Markttransparenz	Klare Abgrenzung im Markt von „schwarzen Schafen", Glaubwürdigkeit und Vertrauen von Kunden	Orientierung und gezielte Auswahl von Anbietern und Maßnahmen, mehr Sicherheit bei Auswahlentscheidungen
Wirtschaftlichkeit	Gestaltung von effizienten Abläufen und Strukturen	Nutzung effizienter (wirtschaftliche) und effektiver (zielgerichtete) Weiterbildung
Ergebnis	Motivierte Mitarbeiter trotz steigender Anforderungen	Mehr Leistung, hohe Qualität

Abb. 4.6-3: Gegenüberstellung der Chancen von QM in der Weiterbildung für Anbieter und Nachfrager (eigene Darstellung)

Abschließend wird noch auf einen weiteren wesentlichen Grund verwiesen, der in der betrieblichen Weiterbildung häufig außer Acht gelassen wird – die staatlich geförderte Weiterbildung. Entsprechend des Schwerpunkts dieses Buches mit dem Titel „Betriebliches Weiterbildungsmanagement" soll der Aspekt der *SGB-III-Förderung* hier nicht weiter vertieft werden. Hingewiesen sei lediglich auf eine Gesetzesänderung, die vorschreibt, dass Bildungsträger, die öffentliche Förderung beziehen, seit 2003 über ein System zur Qualitätssicherung verfügen müssen.[194]

4.6.2.4   Übersicht: Ansätze von QM in der Weiterbildung

Wie sich bereits bei der begrifflichen Annäherung im vorigen Abschnitt gezeigt hat, handelt es sich bei Weiterbildungs-Qualität um ein komplexes Konstrukt. Entsprechend gibt es unterschiedliche Ansatzpunkte, sich einer systematischen Qualitätssicherung zu nähern. Um bei der Unterscheidung von Anbieter und Nachfrager zu bleiben, gehen wir der Einfachheit halber von folgender Konstellation aus: Ein Unternehmen bzw. ein Personalentwickler oder Weiterbildner wählt unter mehreren Bildungsanbietern einen aus und beauftragt eine bestimmte Trainingsmaßnahme.

Die Unterscheidung zwischen der Perspektive des Anbieters und Nachfragers ist deshalb so wichtig, weil sich QM – je nach Blickwinkel – auf völlig unterschiedliche Aspekte beziehen kann. Um einen „Rundum-Blick" zu ermöglichen, gliedert sich dieses Kapitel wie folgt: Für die Beschreibung der einzelnen QM-Ansätze wird aus Sicht eines Bildungsanbieters hinterfragt, welchen Nutzen ein solches Qualitätsmanagementsystem (QMS) mit Blick auf die Weiterbildungsqualität stiften kann bzw. welche Chancen und Risiken damit verbunden sein können. Darüber hinaus werden zwei Ansätze kurz vorgestellt, die sich ausschließlich auf die Nachfragerseite beziehen und die Qualität der internen PE-Aktivitäten sichern sollen. Und schließlich geht die kritische Diskussion der Frage nach, ob und inwieweit QM beim Anbieter die Qualität der Weiterbildung für den Nachfrager verbessern kann.

---

[194]   Siehe zum Thema SGB-III-Förderung exemplarisch Krekel/Balli (2006, S. 16 ff.), von Fürstenberg (2004, S. 7 f.), Holla (2002, S. 66 ff.) und Balli (2006, S. 100).

QM beim Anbieter

Hier gibt es QM-Konzepte, die sich auf die gesamte Organisation (hier i. S. v. Institution), also den *Bildungsträger als Ganzes* beziehen. Dabei kann es sich um rein intern festgelegte Standards handeln, die lediglich in eigener Regie umgesetzt und überprüft werden, also die sog. Selbstevaluation. Alternativ sind Konzepte, die neben einer internen Überprüfung eine externe Begutachtung und Rückmeldung mit einschließen. Dies können entweder Zertifikate (z. B. ISO) oder Auszeichnungen (z. B. EQA) sein, die entweder bildungsspezifisch sind (z. B. LQW) oder allgemein (z. B. die Industrienorm ISO 9000 ff.).

Andere Konzepte sind *maßnahmenbezogen*. Auch hier gibt es interne Verfahren (z. B. Evaluation durch Feedbackbögen der Teilnehmer oder durch Stimmungsbarometer) und solche, die auf einer externen Einschätzung (z. B. Stiftung Warentest) basieren.

QM beim Nachfrager

Auch beim Nachfrager können Formen der Selbstevaluation mit Blick auf das gesamte Unternehmen und einem qualitätssichernden Zusammenspiel der einzelnen Funktionen praktiziert werden. Darüber hinaus gibt es auch auf Unternehmensseite die gängigen externen Qualitäts-Zertifizierungen und -Preise.

Mit Blick auf die Einheit der Personalentwicklung oder Weiterbildung gibt es eine in Deutschland wenig bekannte DIN 10015 als Leitfaden für Schulungen (DGQ 2003), der intern angewendet werden kann, auch wenn die Norm in Deutschland (bisher) nicht übernommen wurde. Als externe Auszeichnung gibt es das britische Zertifikat *Investors in People*, das eine systematische Personalentwicklungsarbeit bescheinigt, die an den Unternehmenszielen ausgerichtet ist.

Sofern sich ein Nachfrager-Unternehmen als Ganzes einem QM-Ansatz verschrieben hat, ergeben sich daraus Anforderungen an die Personalarbeit und insbesondere für die betriebliche Weiterbildung. Nachdem die Bandbreite der QM-Konzepte umrissen wurde, soll es nun um die inhaltlichen Auswirkungen von QM in einer Organisation (Bildungsanbieter oder Unternehmen) gehen.

Allen QM-Ansätzen gemeinsam ist die Auffassung, dass die Qualitätsmanagementaktivitäten zentral koordiniert und systematisch umgesetzt werden müssen. Daher wird im Folgenden davon ausgegangen, dass den Bemühungen auf Anbieter- und Nachfragerseite ein *Qualitätsmanagementsystem* (QMS) zugrunde liegt.

Auswirkung eines QMS für Weiterbildungsanbieter

Auf Anbieterseite spielt Qualitätsmanagement und Zertifizierung eine Rolle im Marketing und kann als Unterscheidungsmerkmal von anderen Anbietern genutzt werden. Die Pfeile stellen die Verbindung zwischen dem Nachfrager, hier einem Unternehmen, und einigen Weiterbildungsanbietern dar.

Hier einige Beispiele, welche Aspekte ein QMS eines Weiterbildungsanbieters regelt: Vom Vorgehen zur Konzeption neuer Trainings über Kriterien für die Auswahl von Dozenten bis hin zur Evaluation von Maßnahmen sind darin beschrieben.

QM-Konzepte in der Weiterbildung							
Anbieter: Bildungsinstitut, Trainer				Nachfrager: Unternehmen			
Organisation (i. S. v. Institution)		Maßnahme		Organisation (Unternehmen)		Personalentw./ Weiterbildung	
intern	extern	intern	extern	intern	extern	intern	extern
Selbst-evaluation	DIN EN ISO 9000 ff.	Evaluation (Feedback, Stimmungs-barometer)	Anforderungs-katalog der Bundesagentur für Arbeit	Selbst-evaluation	DIN EN ISO 9000 ff.	DIN EN ISO 10015	IIP (Investors in People)
KVP-Gruppe, Qualitäts-zirkel[195]	EQA (EFQM-Modell)		Stiftung War-entest		EQA (EFQM-Modell)	Kollegiale Beratung	Checklisten (z. B. BIBB)
	LQW		LQB			Bildungs-controlling	
	Anforderungs-katalog der Bundesagentur für Arbeit						

Abb. 4.6-4: Übersicht QM-Konzepte auf Anbieter- und Nachfragerseite in der Weiterbildung (eigene Darstellung)[196]

Auswirkungen eines QMS für Nachfrager

Eine ISO-Zertifizierung (weitgehend analog auch andere QM-Ansätze) hat Auswirkungen auf die Personalarbeit eines Unternehmens und dabei insb. auf die Personalentwicklung und Weiterbildung. Diese Funktion wird durch ISO und EFQM oder andere TQM-Aktivitäten deutlich *aufgewertet*: Im EFQM-Modell widmet sich der Bereich der „Mitarbeiterorientierung" der Weiterentwicklung von Fähigkeiten und Kenntnissen der Beschäftigten. Bei der ISO 9000 ff. ist der Bezugspunkt das „Ressourcen-management", zu dem auch die Mitarbeiter eines Unternehmens zählen (vgl. Krewerth 2006, S. 84).

Darüber hinaus ergeben sich z. B. aus einer Zertifizierung Anforderungen an die Professionalität der Weiterbildungsorganisation (hier gemeint ist die *Ablauf*organisation). Das heißt, die Funktion Personalentwicklung bzw. Weiterbildung setzt – wie alle anderen Einheiten – die Vorgaben des QM-Systems im Unternehmen um. Folgt man dem Funktionszyklus der Weiterbildung (vgl. Abschnitt 2.3.2 in diesem Buch), so wirkt sich QM u. a. auf folgende Aspekte des Weiterbildungsmanagements aus – hier nur einige Beispiele.

---

[195] Erwähnt werden sog. „Konti-Zirkel" z. B. bei Böttger/Walter (1997), die in Anlehnung an Qualitätszirkel (vgl. Imai 1994) im Technologie- und Berufsbildungszentrum Paderborn der kontinuierlichen Selbstqualifizierung der Dozenten und Ausbilder dienten.
KVP steht hier für kontinuierlicher Verbesserungsprozess (vgl. Imai 1994).

[196] Die Darstellung versteht sich als Synopse in Anlehnung an folgende Quellen: Holla (2002, S. 49), Krekel/Balli (2006, S. 24) und Balli (2006, S. 101 ff.)
Einen systematischen Überblick unterschiedlicher Qualitätsmodelle und QM-Ansätze – u. a. ISO 9000 ff. und EFQM sowie LQW und andere weiterbildungsspezifische Ansätze – gibt Veltjens (2006). Darin werden Kosten, Dauer des Projekts, Zertifizierung, Beratung, Verbreitung und die Schwerpunkte der unterschiedlichen Ansätze in einer Matrix gegenüber gestellt.

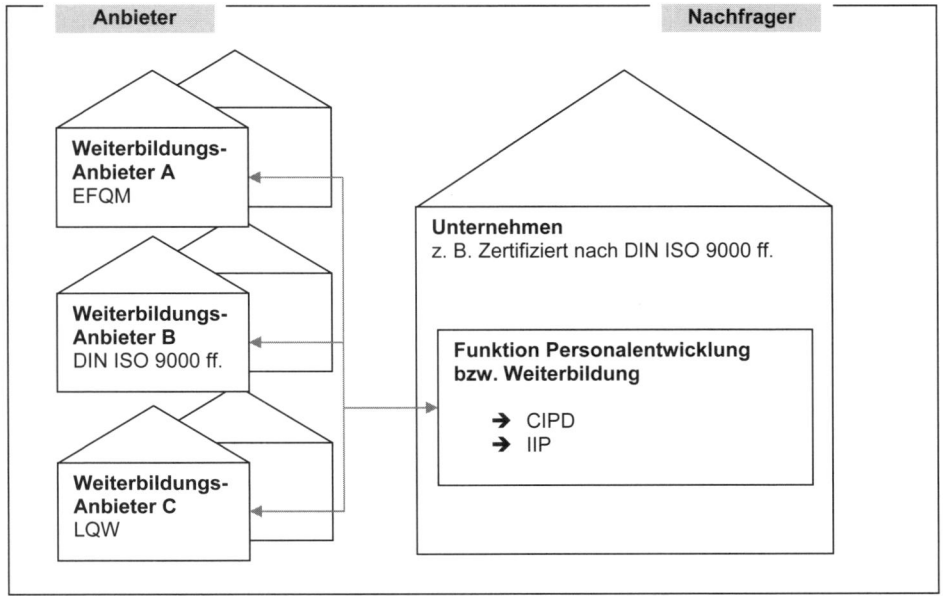

Abb. 4.6-5: Qualitätsmanagement und Weiterbildung – Anknüpfungspunkte auf Anbieter- und Nachfragerseite (eigene Darstellung)

Bildungsbedarfe: Im Rahmen eines QMS wird verlangt, die Bildungsbedarfe systematisch zu erheben (z. B. durch Mitarbeitergespräche) und zu dokumentieren sowie zu planen, wie und mit welchen Qualifizierungs-Maßnahmen reagiert werden soll (Informationen hierzu finden Sie in Kapitel 4.1 in diesem Lehrbuch).

Qualifizierungsmatrix: Ein QMS verlangt Transparenz über die Kompetenzen der Mitarbeiter, die in einer Qualifizierungsmatrix erfasst werden. So ist z. B. in der Produktion auf einen Blick ersichtlich, wer einen Lötkurs besucht hat und an einer bestimmten Maschine arbeiten darf (vgl. hierzu Kapitel 4.1.3 und 4.1.7).

Planung und Organisation: Die Zuständigkeiten und Prozesse der Funktion Personalentwicklung (PE) bzw. Weiterbildung werden im Rahmen des QMS dokumentiert und verbindlich Schritt für Schritt in Verfahrensanweisungen (VA) beschrieben. So gibt es VA für die Durchführung interner Schulungen – von der Ausschreibung und Anmeldung der Teilnehmer, über die Organisation und Dokumentation z. B. über Teilnahmelisten und anschließende Teilnahmezertifikate, bis hin zur Auswertung der Zufriedenheitsfragebögen (vgl. hierzu Kap. 3 und 4.4).

Auswahl von Trainern und Weiterbildungsanbietern: Auch die Auswahl von Trainern und Anbietern muss in einer VA geregelt sein und gemäß der Vorgabe systematisch erfolgen. Darin können Kriterien für die Anbieterauswahl festgelegt sein. Dabei kann das Qualitätsmanagement eines Weiterbildungsanbieters eine wichtige Rolle bei der Auswahlentscheidung spielen.

Wirksamkeit bzw. Effektivität von Weiterbildung: Die neue ISO-Norm schreibt vor, auch die Effektivität von Weiterbildung zu überprüfen. Festgelegt ist nicht, in welcher Form dies erfolgt, oder dass ein ausgereiftes Bildungscontrolling existieren muss. Ggf. kann eine dokumentierte Auswertung in Form eines Seminarnachgesprächs zwischen Führungskraft und Seminarteilnehmer stattfinden. Oder die Auswertung der Feedbackbögen wird dokumentiert. Das entsprechende Vorgehen ist ebenfalls in einer VA festzulegen (vgl. hierzu Kap. 4.7).

Nachdem der Schwerpunkt des Lehrbuchs auf der Ablauforganisation von Weiterbildung liegt, wird dieser Aspekt hier nicht weiter vertieft, sondern auf die einzelnen Kapitel verwiesen. Wichtig erscheint der Zusammenhang mit Qualitätsmanagement insofern, dass Qualität nicht erst unmittelbar im Training und nur vom Lehrenden „produziert" wird, sondern sich über alle Phasen erstreckt und alle Beteiligten einschließt (vgl. Dietz 1996).

Übung:

6	Zeichnen Sie einen Funktionszyklus Weiterbildung (vgl. Abschnitt 2.3.2 im Buch) und wählen Sie ein eigenes Beispiel für ein Training. Spielen Sie nun gedanklich den Zyklus durch und überlegen, inwieweit die einzelnen Phasen i. S. e. Qualitätssicherung gestaltet werden können und welche Beteiligten eingebunden werden sollten.

4.6.2.5   Verbreitung von QM in der Weiterbildung

Bevor auf einzelne QM-Ansätze detailliert eingegangen wird, soll hier ein Überblick voran gestellt werden, inwieweit systematisch betriebenes Qualitätsmanagement in der Weiterbildung etabliert ist, welche Konzepte sich bisher durchgesetzt haben und mit welchen Entwicklungen gerechnet wird.

QM in der Weiterbildung im Aufbau

Krekel/Balli (2006) stellen fest, dass zwar die Diskussion bereits seit Beginn der 90er Jahre anhält, die Umsetzung allerdings erst gegen Ende der 90er Jahre begonnen hat (vgl. Krekel/Balli 2006, S. 23). Eine im Auftrag des Bundesinstituts für Berufsbildung (BIBB) durchgeführte Telefonbefragung von ca. 1.500 Weiterbildungseinrichtungen bestätigt diese Einschätzung in Zahlen und ergab, dass beinahe drei Viertel der Befragten davon ausgehen, dass die Qualitätsentwicklung in der Weiterbildung noch am Anfang steht. 90 % erwarten eine weitere *Bedeutungszunahme der Qualitätsentwicklung* (40 % sagen, es wird „viel wichtiger werden", 50 % „wichtiger werden"; BMBF 2006, S. 395 f.).

Praktizierte QM in der Weiterbildung

Anbieter

Die meiste Verbreitung bisher finden wenig standardisierte Verfahren, in denen ein Trainer oder Institut nach eigenen Überlegungen Evaluation der Weiterbildung anstellt. Entsprechend gering ist die Aussagekraft und Vergleichbarkeit für Außenstehende. Vermutlich aus diesem Grund nimmt die Verbreitung anerkannter Zertifikate und Gütesiegel zu. Eine Befragung 2002 hat ergeben, dass 76 % der Weiterbildungsanbieter Selbstevaluation praktizieren, was jedoch auch bedeutet, dass knapp ein Viertel der Anbieter dies nicht tut. Immerhin 29 % orientieren ihre Qualitätssicherung an ISO und 15 % an EFQM (Krekel/Balli 2006, S. 23).

Warum sich Weiterbildungsanbieter mit dem Thema Qualität beschäftigen, dieser Frage ging eine Erhebung im Rahmen des „Berichtssystem Weiterbildung" nach, bei der ca. 1.500 Anbieter befragt wurden. Als Gründe für Qualitätsaktivitäten wurde an erster Stelle mit 95 % der Wunsch nach Qualitätsverbesserung genannt, was einer intrinsischen Motivation gleichkommt. Allerdings folgen dicht ausschließlich extrinsische Motivatoren, wie z. B. die Nutzung für Marketingzwecke (92 %), der Druck von Nachfragern und Wettbewerbern (64 %) oder gesetzliche Vorgaben (48 %) bzw. Förderrichtlinien (43 %) knüpfen die Auftragsvergabe an ein QMS (vgl. BMBF 2006, S. 397).

Der Aufbau eines QMS ist mit hohem zeitlichen und finanziellen Aufwand verbunden. Vor diesem Hintergrund scheint es nachvollziehbar, dass die Weiterbildungsanbieter überwiegend eigene Mittel einsetzen (Selbstevaluation) und nur bei entsprechendem Druck von außen auch standardisierte Verfahren nutzen.

Nachfrager

Im Abschnitt „Hintergrund zu QM" wurde beschrieben, dass sich vor allem Nachfrager einen Nutzen von QM versprechen. Eine kritische Betrachtung der Nachfragerseite ergibt allerdings, dass sich weiterbildungsaktive Betriebe überproportional häufig bei Erhebungen zu Weiterbildungsthemen äußern. Daraus schließt Krewerth (2006, S. 66), dass die gelebte Praxis der Qualitätssicherung in Unternehmen weniger systematisch ist, als aus den Studien extrapoliert werden könnte. Möglicherweise stecken also nicht nur die Anbieter – d. h. die Bildungsträger – in ihren Qualitätsbemühungen noch in den Kinderschuhen, sondern auch die Nachfrager – also die Personalentwicklungsverantwortlichen in den Unternehmen. Gemäß dem Marktprinzip steigt die Aktivität der Anbieter in Qualitätsfragen, wenn die Nachfrager dies einfordern. Die wenige Verbreitung systematischer PE auf Unternehmensseite könnte also ein Grund dafür sein, dass systematisches QM bei Anbietern noch nicht flächendeckend etabliert ist.

Eine (nicht repräsentative) bfz-Befragung unter 80 Unternehmen unterschiedlicher Größen aus dem Jahre 2003 ergab, dass nur 20 % der Befragten bei der Auswahl auf eine Zertifizierung nach einem anerkannten Qualitätsmanagementsystem bzw. nach anderen Gütesiegeln (19 %) entscheiden (Krewerth 2006, S. 79).

Krewerth (2006) ist der Frage nachgegangen, inwieweit Unternehmen qualitätssichernde Instrumente in ihrer Personalarbeit bzw. Weiterbildung anwenden. Er kommt dabei zu ernüchternden Erkenntnissen. So verfügen nur 22 % der Unternehmen in Deutschland (CVTS II-Erhebung 1999 mit über 3.200 Beteiligten) über einen

Weiterbildungsplan. Zwar ermitteln 65 % die Zufriedenheit der Teilnehmer, nur 21 % überprüfen, ob die Ziele erreicht wurden.[197]

Mit der Größe eines Unternehmens steigt der Verbreitungsgrad von systematisch betriebenem Qualitätsmanagement: während in Unternehmen mit 10 bis 50 Mitarbeitern nur 8 % einen *ganzheitlichen Ansatz wie TQM oder EFQM* betreiben, sind es bei Unternehmen mit 51 bis 500 Mitarbeitern bereits mit 16 % doppelt so viele und mit über 500 Mitarbeitern 27 % mehr als dreimal so viele (vgl. Krewerth 2006, S. 87 ff.).

Laut einem ISO-Survey existierten 2004 in Deutschland 26.654 zertifizierte QM-Systeme. Aus dem Excellence Barometer der Deutschen Gesellschaft für Qualität e. V. ebenfalls aus dem Jahr 2004 geht hervor, dass 66 % aller deutschen Unternehmen über eine ISO-Zertifizierung verfügen. Während dies bei den kleinen Unternehmen (10 - 50 Beschäftigte) nur 33 % sind, haben 66 % der mittleren (51 - 100 Beschäftigte) und 73 % der Großunternehmen mit über 500 Beschäftigten ISO 9000 ff. eingeführt (Krewerth 2006, S. 85 ff.).

4.6.3 Verschiedene Ansätze von QM in der Weiterbildung

Erhebungen zeigen, dass sich die Praxis der Qualitätssicherung und -entwicklung in Deutschland aktuell vor allem zwischen drei Ansätzen bewegt – DIN EN ISO 9000 ff., EFQM-Modell und Selbstevaluation (vgl. Faulstich/Gnahs/Sauter 2003). Da Selbstevaluation im besonderen Maße auf individuellen Überlegungen und Zielsetzungen des Bildungsträgers beruht, fällt es schwer hier ein sog. Konzept auszumachen. Problematisiert wird häufig im Zusammenhang mit Selbstevaluation, dass sie zu unverbindlich ist und daher wenig Aussagekraft für Kunden besitzt.

Vor diesem Hintergrund werden im Folgenden zunächst die beiden „Klassiker" *ISO* und *EFQM* vorgestellt. Ihnen wird – entsprechend ihrer Verbreitung – mehr Platz eingeräumt als anderen Modellen, die anschließend beschrieben werden. Dazu zählen *LQW*, die Weiterbildungstests der *Stiftung Warentest* und abschließend noch drei Ansätze aus dem Ausland.

4.6.3.1   DIN EN ISO 9000 ff

Aufbau und Anspruch der 9000er Reihe

Die Normenreihe 9000 besteht aus mehreren Einzelteilen, die in Fachkreisen immer als DIN EN ISO 9000 ff. abgekürzt wird (vgl. Dietz 1996, S. 48 ff.):

- DIN EN ISO 9000 ist ein *Leitfaden* für die Normenreihe, erklärt Begriffe und QM-Konzepte.

- DIN EN ISO 9001 ist die umfassendste der 9000er Normen, weil sie auch Design/Entwicklung von Produkten und Dienstleistungen thematisiert. Ihr Gegenstand ist die Vermeidung von Fehlern in allen Phasen der Wertschöpfung.

- DIN EN ISO 9002 ist die Norm für Produktion, Montage und Wartung von Produkten und Dienstleistungen, deren Design bereits festgelegt ist. (In der Weiterbildung wäre das z. B. die Durchführung von Kursen, deren Inhalte und Konzept bereits vorliegen.)

Zertifizierungsnormen

---

[197]   Vgl. hierzu auch die Ausführungen im Kapitel 4.7 zu Bildungscontrolling und Evaluation in diesem Buch.

- DIN EN ISO 9003 ist die am engsten gefasste Norm der Reihe und konzentriert sich auf die Endprüfung von Produkten und Dienstleistungen.

- DIN EN ISO 9004 ist ein *Leitfaden* zur Verbesserung unternehmensinterner Strukturen. Sie beschreibt den Aufbau eines QM-Systems und ist eine Interpretationshilfe für Dienstleistungsunternehmen. Darüber hinaus enthält sie auch Vorgaben mit Blick auf Ausbildung und Schulung.

Innerhalb der Normenreihe werden die 9001 bis 9003 als Zertifizierungsnormen bezeichnet, während 9000 und 9004 eine andere Funktion haben und zur Erläuterung und Umsetzungshilfe dienen.

Die ISO 9000 ff. bescheinigt einem Unternehmen ein einheitliches System, wie die Qualitätspolitik definiert und die Umsetzung gehandhabt wird. Es geht also explizit nicht um Produktqualität (vgl. Dietz 1996, S. 42 ff.).

Zertifizierung

Im ersten Schritt führt das Unternehmen eine *Selbstauditierung* durch, mit dem Ziel, sich zu einer Einhaltung der Forderungen der DIN EN ISO 9000 ff. zu verpflichten. In einer Zertifizierung „zweiter Art" führt der Kunde einen Audit beim Zulieferer durch (*Kundenaudit*) und überzeugt sich vor Ort selbst von dessen QM-System. Nachdem diese Art für alle Beteiligten kosten- und zeitaufwändig ist und mehrere Abnehmer parallel arbeiten, führen *unabhängige Prüfinstitute* Zertifizierungen durch (vgl. Dietz 1996, S. 43 ff.). Bevor ein Zertifikat ausgestellt wird, wird ein mehrschrittiger Prüfprozess durchlaufen (vgl. Dietz 1996, S. 45 ff.).

Audit-Vorbereitung: Neben der Abstimmung des Vorgehens und der Vertragsdetails erhält das Unternehmen einen Fragebogen zur Selbstbeurteilung. Auf Grundlage der Selbsteinschätzung kann der Zertifizierer Empfehlungen für die Überarbeitung des QM-Systems aussprechen, die ggf. mit Beratung eines Dritten (also nicht dem neutralen Prüfinstitut) umgesetzt wird.

Prüfung des QM-Handbuchs: Ein Auditor prüft die Konformität der Anforderungen aus der Norm. Eventuelle Mängel werden rückgemeldet und können vor der nächsten Stufe beseitigt werden.

Audit im Unternehmen: Das Zertifizierungsaudit erfolgt nach einem vorab erstellten Auditplan. Darin ist festgelegt, welche Regelungen mit Blick auf Einhaltung und Umsetzung überprüft werden sollen. Die Erkenntnisse (inkl. eventuelle Mängel) aus dem Audit werden anschließend in einem Audit- und Abweichungsbericht für das Unternehmen dokumentiert.

Erteilung des Zertifikats: Entsprechend der Auditergebnisse wird entweder gleich ein Zertifikat erteilt oder ein Nachaudit angesetzt. Bei geringen Abweichungen kann das Unternehmen auch einen Bericht einreichen, in dem die Behebung der festgestellten Mängel dokumentiert wird.

Dokumentation

Wesentliche Bedeutung kommt in einem zertifizierten Unternehmen der Dokumentation des QM-Systems zu. Dabei ist sogar festgelegt, welche Struktur die Dokumente aufweisen und wie die Gliederung des QM-Handbuchs auszusehen hat. Nicht zuletzt

deshalb wird der ISO-Normenreihe von Kritikern auch häufig Formalismus und Bürokratie vorgeworfen.

Wichtig für das Verständnis der ISO-Norm ist, dass die einzelnen Dokumente eine
unterschiedliche Reichweite aufweisen: Das QM-Handbuch ist für das gesamte Unternehmen verbindlich und dokumentiert (eher abstrakt) alle wesentlichen Prozesse
und Verantwortlichkeiten im Unternehmen. Deutlich konkreter und damit auch detaillierter sind die Verfahrensanweisungen, die von den zuständigen Einheiten erstellt
werden. Sie beschreiben z. B. Schnittstellen und Zuständigkeiten innerhalb des Unternehmens und verweisen auf Arbeitsanweisungen. Arbeits- oder Prüfanweisungen
geben Schritt für Schritt den festgelegten Ablauf einer Tätigkeit wieder.

Reichweite	Anwendung	Dokument
Ganzes Unternehmen	Intern: Unternehmensleitung, Abteilungsleitung Extern: auf Anforderung (z. B. durch Kunden)	QM-Handbuch
Teilbereiche, Abteilung	Nur intern: bezogen auf die Abteilung bzw. Einheit	(QM-) Verfahrensanweisungen, Organisationsrichtlinien
Sachgebiet, Arbeitsplatz	Nur intern: bezogen auf die unmittelbare Tätigkeit	Arbeitsanweisungen, Prüf- anweisungen etc.

Abb. 4.6-6: Dokumentation des QM-Systems
(eigene Abbildung in Anlehnung an Bartz/Mesenholl/Keuper 1997, S. 126)

Die überarbeitete Normenreihe

Im Jahr 2000 stand eine wesentliche Überarbeitung der 9000er-Normenreihe an,
weshalb häufig in der Literatur die Fassung benannt wird, auf die sich der Autor bezieht (z. B. DIN EN ISO 9000:2000). Das Thema *Schulung* hat gegenüber der alten
Norm an Bedeutung gewonnen. Weiterbildung soll systematisch geplant, die Durchführung dokumentiert und der Erfolg evaluiert werden (vgl. Simon 2001).

Die neuformulierte Normenreihe DIN ISO 9001 folgt einem *prozessorientierten* Aufbau. Ein kontinuierlicher Verbesserungsprozess wird zur Optimierung des QM-
Systems angestrebt. Die *Kundenorientierung* hat einen zentralen Stellenwert eingenommen. Und schließlich wurde der *Dokumentationsaufwand* gegenüber der Vor-
gängerrichtlinie reduziert (vgl. Moos 2001, S. 13).

Anwendbarkeit auf das Thema Weiterbildung

Da die ISO Normenreihe auf technische Umgebungen ausgerichtet ist und von Inge-
nieuren formuliert wurde, halten viele Autoren die Übertragung auf die Weiterbildung
für „nicht unproblematisch" (Dietz 1996, S. 55). In dem Zusammenhang wird i. d. R.
auf die Besonderheiten der Dienstleistung Weiterbildung verwiesen (vgl. Abschnitt

4.6.2.2 in diesem Kapitel). Im Folgenden sind einige Aspekte zusammen gestellt, inwieweit eine ISO-Zertifizierung für Bildungsanbieter Chancen mit sich bringt oder Risiken.

Die Haupt-Chance von ISO besteht darin, dass die Abläufe so festgelegt und standardisiert werden, dass sich dadurch zwangsläufig die Transparenz innerhalb einer Organisation erhöht. Gerade in formell geführten Trainingsinstituten, deren Strukturen oftmals nicht dem Wachstum angepasst wurden, können klare Prozesse und Zuständigkeit auch die Qualität der Weiterbildung begünstigen. Einen direkten Zusammenhang – i. S. v. standardisierte Prozesse führen automatisch zu guter Weiterbildung – gibt es nicht. Demgegenüber steht bei der Einführung eines QMS nach ISO ein hoher Aufwand für die Dokumentation.

Chancen für Bildungsanbieter	Risiken für Bildungsanbieter
• *Transparenz* Markttransparenz für Anbieter und Nachfrager und Strukturierung des Marktes	• *Aufwand* Hoher Aufwand (finanziell und zeitlich, organisatorisch)
• *Vertrauen* höheres Kundenvertrauen und Wegfall von Kundenaudits sowie Kundenorientierung	• *Inflexibilität* Starre Strukturen der Norm fördern inflexibles, formales und bürokratisches Verhalten
• *Verbesserung* Impulse zur Verbesserung, Kunden- und Teilnehmerorientierung	• *Bürokratie* Fokus liegt oftmals auf Dokumentation und (bürokratischer, formaler Festschreibung im) QM-Handbuch sowie auf Zertifizierung anstatt auf Reflexion und Austausch über Qualitätsverständnis
• *Prozesse/Organisation* Prozessorientierung und Überarbeitung der internen Abläufe	
• *Qualität* Verbesserung der Abläufe und Organisationsstrukturen und damit Voraussetzung für verbesserte Produkt- und Dienstleistungsqualität	• *Image-Verwässerung* Gefahr: sofern der Qualitätsgedanke nicht wirklich in der Organisation umgesetzt wird, sondern nur ein Zertifikat angestrebt wird, kann dies letztlich zu einer Verschlechterung des Zertifikat-Images führen.
• *Marketing* Positive (zeitlich begrenzte) Imagewirkung und allgemein anerkanntes Zertifikat als Voraussetzung für Aufträge	
• *Fehlerfrüherkennung und -vermeidung* Kostensenkung sowie Reduzierung von Reklamationen und Nacharbeit	

Abb. 4.6-7: Chancen und Risiken einer ISO-Zertifizierung für Bildungsanbieter (eigene Darstellung)[198]

---

[198] vgl. Dietz (1996, S. 62 f.), Holla (2002, S. 59 ff.), von Fürstenberg (2004, S. 13 f.) und Sauter (1997, S. 56 ff.).

Info

Beispiel Dokumentationspflicht bei ISO

Ein fiktives Beispiel, das sich so ähnlich bei vielen Bildungsanbietern zugetragen haben könnte, soll den Widerstand gegen die Dokumentations- und Nachweispflicht veranschaulichen:

Trainingsinstitut XY ist ein landesweit tätiger Anbieter. Die Zentrale hat eine ISO-Zertifizierung veranlasst, weil damit zum einen Imagegewinne erwartet werden, insbesondere bei selbst ISO-zertifizierten Kunden. Zum anderen sollen künftig auch Schulungen aus dem Themenspektrum Qualitätsmanagement angeboten werden, so dass die Glaubwürdigkeit höher ist, wenn der Bildungsanbieter selbst ein zertifiziertes QMS nachweisen kann.

Nach jedem Training füllen nicht nur die Teilnehmer einen Feedbackbogen aus, sondern auch der Trainer vermerkt auf einem entsprechenden Fragebogen, ob z. B. organisatorisch alles geklappt hat. Ein junger Trainer füllt das Formular pflichtbewusst aus und übergibt es nach der Schulung dem Institutsleiter. Dieser ist über kritische schriftliche Rückmeldung erbost, weil er dann nachweisen und dokumentieren muss, ob und inwieweit er der Behebung der organisatorischen Mängel nachgegangen ist, um diese künftig auszuschalten. „Sag mir beim nächsten Mal doch einfach, was nicht geklappt hat und schreib in den Bogen rein, dass alles OK war.", fordert der Leiter den Trainer auf.

Möglicherweise haben andere Trainer gleich von vornherein den informellen Weg der Klärung gewählt, weil ihnen das sorgfältige Ausfüllen des Formulars nach Veranstaltungsende zu mühsam war.

Übung:

7   Was spricht aus Sicht des Leiters dafür, die organisatorischen Mängel informell zu regeln? Wie erklären Sie sich sein Verhalten?

8   Was ist vermutlich die ursprüngliche Intention des QMS, dass es eine schriftliche Dokumentation der Mängelbehebung fordert?

9   Inwieweit könnte ein konsequent umgesetztes QMS nach ISO-Standard die Weiterbildungsqualität positiv beeinflussen? Denken Sie sich zur Erläuterung ein Beispiel aus.

4.6.3.2   EFQM

Die Organisation EFQM

Die „European Foundation for Quality Management" (EFQM) ist ein Zusammenschluss europäischer Unternehmen und Institutionen, die im Total Quality Management (TQM) einen wegweisenden Ansatz zur Weltmarktstellung Europas sehen (vgl. Wunderer 1995).

Info

„EFQM - European Foundation for Quality Management, Brüssel

Die EFQM entstand 1988 durch den Zusammenschluss von 14 führenden europäischen Unternehmen (…) als gemeinnützige Organisation auf Mitgliederbasis (…). Heute sind mehr als 600 Organisationen aus der Mehrzahl der Länder Europas und aus diversen Branchen Mitglied der EFQM. (…)

Vision der EFQM ist die herausragende Positionierung europäischer Organisationen im globalen Wettbewerb. Mission der EFQM ist es, den Organisationen in Europa eine umfassende Managementmethode an die Hand zu geben, mit der sie Excellence, nachhaltige Spitzenleistungen auf allen Managementebenen, erreichen können.

Die EFQM hat dazu in Zusammenarbeit mit ihren Partnern das EFQM-Modell für Excellence, ein aus neun Kriterien bestehendes Managementmodell, entwickelt. Es wird herangezogen, um den Reifegrad einer Organisation zu beurteilen, ihre Verbesserungspotenziale herauszufiltern, zielgerichtet an kontinuierlicher Verbesserung zu arbeiten und sich mit anderen Organisationen zu vergleichen (Benchmarking). Das EFQM Modell für Excellence ist auch die Bewertungsgrundlage des Europäischen Qualitätspreises (European Quality Award). Seit 2003 verleiht die EFQM zudem an die Zweitplatzierten *Prize Winners* spezielle Preise für besondere Leistungen auf dem Gebiet der "Grundkonzepte der Excellence".

Gewinner des EQA haben Vorbildfunktion: sie haben auf dem Weg zu Excellence herausragende Spitzenleistungen auf allen Managementebenen erbracht und arbeiten effizient an kontinuierlicher Weiterverbesserung. Nach den Kriterien des EFQM Modells für Excellence wird auch im Herbst jeden Jahres der nationale deutsche Qualitätspreis "Ludwig-Erhard-Preis - Auszeichnung für Spitzenleistungen im Wettbewerb" verliehen."

(EFQM 2008)

Das EFQM-Modell

Das EFQM-Modell basiert auf acht sog. *Grundkonzepten*, die stark mit seinen neun Komponenten (vgl. Abbildung 4.6-9) korrespondieren (EFQM 2003, S. 6 ff.): *Ergebnisorientierung, Ausrichtung auf den Kunden, Führung und Zielkonsequenz, Management mittels Prozessen und Fakten, Mitarbeiterentwicklung und -beteiligung, kontinuierliches Lernen, Innovation und Verbesserung, Entwicklung von Partnerschaften* und *soziale Verantwortung.*

Dem EFQM-Modell liegt folgender Aufbau zugrunde, der sich auch optisch in vielen Abbildungen ausmachen lässt:

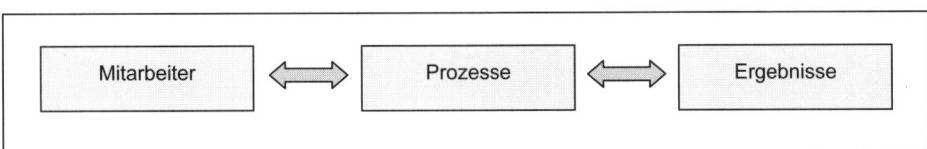

Abb. 4.6-8: Aufbau des EFQM-Modells
(eigene Abbildung in Anlehnung an Wunderer/Gering/Hauser 1997, S. 8)

Das EFQM-Modell versteht sich als unverbindliche Rahmenstruktur, die in zwei Hauptgruppen untergliedert ist – in *Befähiger* (gemeint ist, wie eine Organisation ihre Hauptaktivitäten abwickelt) und *Ergebnisse* (EFQM 2003, S. 5). Die beiden Hauptgruppen sind mit je 50 % gleich stark gewichtet (vgl. Abb. 4.6-9).

Das Modell kombiniert also diejenigen Aspekte, die für Unternehmen – egal welcher Größe und Branche – im TQM als erfolgsrelevant gesehen werden. Dabei wird unterschieden, wie der Erfolg erreicht werden kann: die Gewichtung der Befähiger zeigt auf, worauf in der Unternehmensführung Schwerpunkte zu legen sind. Außerdem zeigen die Ergebnisse auf, woran Unternehmenserfolg entsprechend des TQM-Verständnisses festgemacht wird. Die Pfeile in Abbildung 4.6-9 signalisieren, dass exzellente Befähiger in Summe zu guten Ergebnissen führen, während Innovation und Lernen wiederum die Befähiger verbessert. Es wird also davon ausgegangen, dass ein Unternehmen nicht einmal eine Einschätzung entsprechend des EFQM-Modells vornimmt und dann alles immer so beibehält. Vielmehr wird von einem ständigen Lernprozess ausgegangen – wie bereits in dem sog. Grundkonzept „kontinuierliches Lernen, Innovation und Verbesserung" festgeschrieben ist.

Das Modell dient als Rahmen und steht für das TQM-Verständnis. Es kann z. B. für die Selbstbewertung, eine Bewertung durch Dritte oder für Benchmarking mit anderen Unternehmen genutzt werden und bildet die Grundlage für die Bewerbung um den Europäischen Qualitätspreis, EQA (vgl. EFQM 1999, S. 32).

Führung und Personalmanagement haben einen besonders hohen Stellenwert inne. Sie sind in sechs der insgesamt neun Komponenten des EFQM-Modells enthalten und spiegeln sich auch in einem hohen Anteil der prozentualen Gewichtung wider (vgl. Wunderer 1995). Mit Blick auf das Thema des Lehrbuchs und die Auswirkungen auf QM in der Weiterbildung sind im Folgenden Infokasten die Unterkriterien zu Mitarbeiterorientierung aufgelistet.[199]

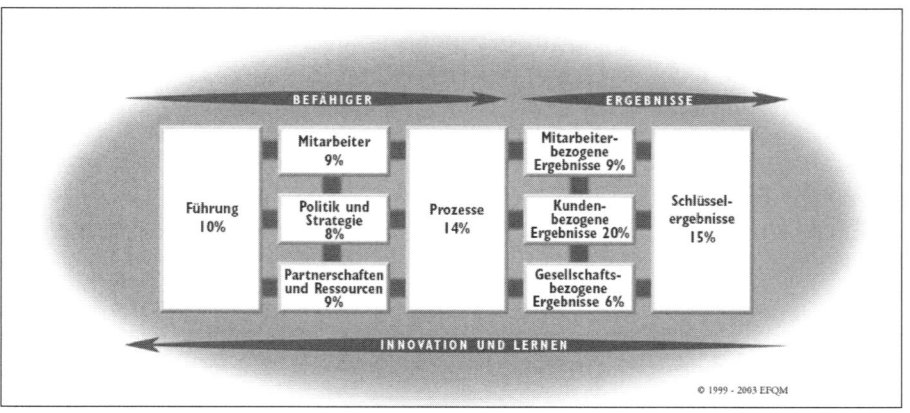

Abbildung 4.6-9: EFQM-Modell für Excellence (EFQM 2003, S. 12)

---

199   Auch wenn an dieser Stelle im Wesentlichen die Perspektive eines Bildungsanbieters eingenommen wird, soll hier auf die Bedeutung von EFQM im Unternehmen (Weiterbildungsnachfrager) kurz hingewiesen werden. Das Kriterium verdeutlicht den hohen Stellenwert, den eine Funktion PE bzw. Weiterbildungsmanagement hat, wenn ein Unternehmen EFQM umsetzt. Für einen Weiterbildungs-Anbieter, der EFQM umsetzt, sind mit Blick auf die Weiterbildungs-Qualität andere Aspekte (wie z. B. Kundenorientierung) noch entscheidender.

Info

Mitarbeiterorientierung – Unterkriterien

„Exzellente Organisationen managen, entwickeln und entfalten das gesamte Potenzial ihrer Mitarbeiter auf der Individual-, Team- und Organisationsebene. Fairness und Chancengleichheit werden aktiv gefördert, die Mitarbeiter werden eingebunden und zum Handeln ermächtigt. Die Organisation sorgt für die Mitarbeiter, kommuniziert, zollt Anerkennung und belohnt in einer die Mitarbeiter motivierenden Weise. Sie schafft so die Selbstverpflichtung der Mitarbeiter, ihre Fähigkeiten und ihr Wissen zum Vorteil der Organisation einzusetzen.

3a. Mitarbeiterressourcen werden geplant, gemanagt und verbessert

3b. Das Wissen und die Kompetenzen der Mitarbeiter werden ermittelt, ausgebaut und aufrechterhalten

3c. Mitarbeiter werden beteiligt und zu selbstständigem Handeln ermächtigt

3d. Die Mitarbeiter und die Organisation führen einen Dialog

3e. Mitarbeiter werden belohnt, anerkannt und betreut"

(EFQM 2003, S. 13)

An dem Beispiel der „Mitarbeiterorientierung" wird deutlich, dass das Modell nicht im Einzelnen vorgibt, wie ein Kriterium umgesetzt werden soll. Dennoch liefern die Unterkriterien Anhaltspunkte, welche Aspekte darunter subsumiert werden können und im Personalmanagement eines erfolgreichen Unternehmens berücksichtigt sind. Konkret soll dies am Unterkriterium 3b veranschaulicht werden: Das Modell legt nicht standardisiert fest, *wie* Wissen und Kompetenzen der Mitarbeiter identifiziert, entwickelt und erhalten werden. Allerdings macht es deutlich, dass Unternehmen dies regeln sollten. Management und Personalentwicklung haben hierbei alle Freiheiten, eigene Konzepte zu entwickeln. Es soll lediglich nachgewiesen werden, welche Systematik dem Thema zugrunde liegt. Vorhandensein einer Systematik und der Reifegrad einer Organisation werden dann anhand der RADAR-Logik bewertet.

RADAR-Logik und -Bewertungsmatrix

RADAR ist ein Akronym und steht für **R**esults (Ergebnisse), **A**pproach (Vorgehen), **D**eployment (Umsetzung), **A**ssessment and **R**eview (Bewertung und Überprüfung). Die Hauptgruppe der Befähiger werden anhand von *Vorgehen*, *Umsetzung*, *Bewertung* und *Überprüfung* eingeschätzt, die Ergebnisse lassen sich in Zahlen ausdrücken (vgl. EFQM 2003, S. 5).

Die RADAR-Bewertungsmethodik ist u. a. Grundlage für die Verleihung des EQA. Maximal möglich sind 1.000 Punkte. Sie teilen sich entsprechend der Gewichtung auf die neun Kriterien auf. Jedes Befähiger-Kriterium umfasst jeweils vier bis fünf Unterkriterien, die einzeln anhand der Bewertungsmatrix eingeschätzt werden. Die Prozentwerte werden addiert und durch die Anzahl der Teilkriterien dividiert. Die Ergebnis-Kriterien haben jeweils zwei Unterkriterien. Hier wird analog vorgegangen. Aus den Teilsummen der einzelnen Kriterien wird eine Gesamtpunktzahl errechnet, bei der die Kriterien entsprechend des Modells gewichtet werden, z. B. Führung mit 1,0 gewichtet und Prozesse mit 1,4 (vgl. EFQM 1999, S. 34 ff.).

Bewertung und Auszeichnung

Zentrale Bedeutung hat die Selbstbewertung im Rahmen des EFQM-Ansatzes. Das Qualitätskonzept strebt den kontinuierlichen Verbesserungsprozess an und soll als Rahmengerüst Anhaltspunkte zur laufenden Überprüfung und Verbesserung liefern.

Für eine Bewerbung auf der ersten Stufe *„Committed to Excellence"* sind folgende Schritte – in Verbindung mit Kosten in Höhe von ca. 4.000 Euro an das deutsche EFQM Center – erforderlich (vgl. EFQM 2008): Zunächst erfolgt eine Selbstbewertung, in der *Stärken* und *Verbesserungspotenziale* identifiziert werden. Im zweiten Schritt wird die Umsetzung von *Verbesserungsvorhaben* nachgewiesen. Abschließend werden die Unterlagen durch einen *Validator* begutachtet und Vor-Ort-Visitation durchgeführt.

Das EFQM-Programm unterscheidet *drei verschiedene Stufen*, sog. Levels of Excellence (vgl. EFQM 2003, S. 10):

Committed to Excellence – Verpflichtung zu Excellence: Zu dieser Stufe zählen Organisationen, die sich zum einen auf Basis des Modells selbst bewerten und daraus Verbesserungsmaßnahmen ableiten und zum anderen deren Umsetzung nachweisen. Bereits eine formale Anerkennung auf der untersten Stufe kann für Werbung und Marketing eingesetzt werden.

Recognised for Excellence – Anerkennung für Excellence: Unternehmen, die sich an der Systematik des EFQM-Modells orientieren und sich strukturiert mit ihren Stärken und Verbesserungspotenzialen auseinander setzen, bewerben sich um diese Stufe. Ab 400 (von insg. 1.000) Punkten wird eine formale Anerkennung ausgestellt, die zu Werbezwecken genutzt werden kann.

European Quality Award (EQA): Der EQA wird seit 1992 jährlich an Organisationen verliehen mit „Weltklasse-Standards in Bezug auf Qualität". Die höchste Stufe ist mit hohem Prestige verbunden. Deutsche Unternehmen erhalten den Ludwig-Erhard-Preis.

Umfassender Verbesserungsprozess

EFQM ist kein einmaliger Ansatz, der nach erfolgreichem Durchlaufen und Erhalt einer Auszeichnung abgeschlossen ist - zumal Unternehmen, die sich neu mit dem Ansatz beschäftigen, bestenfalls auf der untersten Stufe landen, um sich dann in den Folgejahren weiter nach oben zu arbeiten. Angestrebt wird stattdessen ein kontinuierlicher Verbesserungsprozess. Grundlage dafür bildet die Selbstbewertung mit den entsprechenden Umsetzungsvorhaben, die jährlich in eigener Regie wiederholt werden kann.

Anwendbarkeit auf das Thema Weiterbildung

Das EFQM-Modell ist nicht speziell für die Weiterbildung entwickelt worden, weshalb sich die Frage stellt, welche Chancen und Risiken sich für Bildungsanbieter ergeben.

Als wesentlicher Vorteil wird bei EFQM gesehen, dass es sich aufgrund des offenen Konzepts gut auf Bildungsanbieter anpassen lässt. Außerdem findet bei der Einführung eine tiefe Beschäftigung mit einem Managementkonzept statt, das kontinuierliches Lernen der Organisation und eine starke Mitarbeiterbeteiligung voraussetzt. Im Gegensatz zu ISO kann ein TQM-Konzept nicht nur auf dem Papier bestehen. Wenn das QMS mit Leben gefüllt wird, hat es auch Chancen, die Weiterbildungsqualität positiv zu beeinflussen.

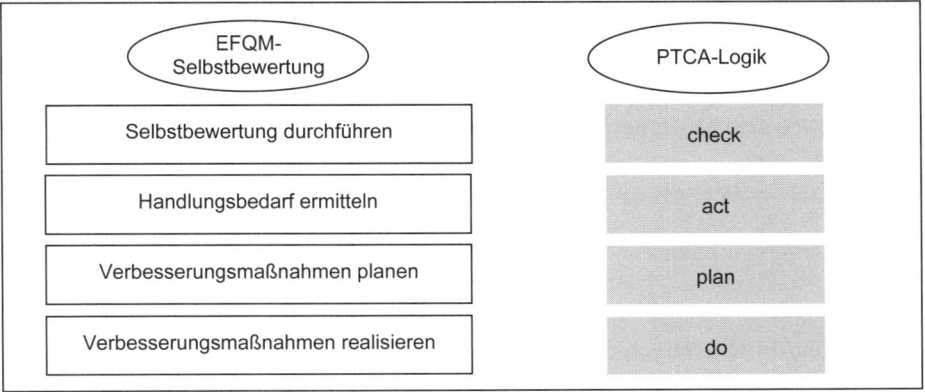

Abbildung 4.6-10: Kontinuierliche Verbesserung durch jährliche Selbstbewertung (eigene Darstellung in Anlehnung an Hartwich 1997, S. 79)

Demgegenüber stehen auch bei EFQM Kritikpunkte, die sich vor allem auf den Aufwand beziehen. Es ist eben kein schnelles Gütesiegel, das sich für Marketingzwecke erwerben ließe. Darüber hinaus mahnen Wunderer/Gering/Hauser (1997, S. 14 f.) an, dass nicht ersichtlich ist, was das spezifisch europäische an dem Modell sei. Auch die Gewichtung der neun Faktoren erscheint den Autoren eher willkürlich. Und natürlich zieht auch bei EFQM ein gutes Abschneiden nicht automatisch eine hohe Weiterbildungsqualität nach sich.

Chancen für Bildungsanbieter	Risiken für Bildungsanbieter
• nicht zertifizierungsorientiert, • offenes System und • dennoch mit umfassendem Anspruch, • mit anderen QM-Modellen kombinierbar (z. B. mit ISO oder LQW), • Mitarbeiter- und Prozessorientiert und • auf kontinuierlichen Verbesserungsprozess ausgerichtet	• Für kleine Bildungsanbieter hoher Aufwand für externe Assessments und sehr komplex; • Viele Unterkriterien verleiten zu einer „Checklisten-Mentalität" und zu „tayloristisch-mechanischer Umsetzung"; • Interpretationsschwierigkeiten durch Kriterien: die Unterpunkte innerhalb der Kriterien sind nicht überschneidungsfrei; • Wenig konkrete Vorschläge zur Implementierung (setzt hohe Veränderungskompetenz des Managements voraus)

Abb. 4.6-11: Chancen und Risiken des EQA für Bildungsanbieter (eigene Darstellung)[200]

---

[200]   vgl. von Fürstenberg (2004, S. 23 f.) zu den Vorteilen und Chancen sowie Wunderer (1995, S. 18) und Wunderer/Gering/Hauser (1997, S. 14 f.) zu den Nachteilen bzw. Risiken der EFQM.

4.6.3.3 Gegenüberstellung ISO und EFQM

Nachdem es sich bei den beiden erstgenannten QM-Konzepten um sehr bekannte und weit verbreitete Ansätze handelt, sollen sie hier gegenüber gestellt werden – um nochmals Ähnlichkeiten und Unterschiede zu verdeutlichen.

Das EFQM-Modell geht in seinem Anspruch deutlich über die ISO-Normenreihe hinaus. Dies ist insbesondere bei der alten ISO-Norm deutlich. Durch die Überarbeitung der 9000er-Reihe im Jahr 2000 hat eine Annäherung der beiden Konzepte statt gefunden, wie sich gleich noch zeigen wird.

So unterschiedlich beide Konzepte auch in ihrem Anspruch und Vorgehen sein mögen, sie stehen nicht als unvereinbare Alternativen nebeneinander. Einige Autoren sehen eine ISO-Zertifizierung auch als möglichen Einstieg, um anschließend mit EFQM oder einem anderen TQM-Konzept weiter zu arbeiten (vgl. u. a. Thombansen et al 1994, S. 10 und 63, Hartwich 1997, S. 80).

Die nachfolgende Tabelle verdeutlicht zum einen den Unterschied der Schwerpunkte von ISO und EFQM. Durch die Prozentzahlen wird deutlich, dass der Schwerpunkt der ISO-Norm – in der alten und auch in der neuen Fassung – auf dem Thema Prozesse und deren Dokumentation liegt. Der EFQM-Ansatz hingegen ist deutlich breiter angelegt, deckt viele Aspekte ab, die in der ISO gar nicht vorkommen oder nur geringe Bedeutung haben und zielt auf eine ganzheitliche Unternehmensführung ab. Simon sieht in dem europäischen Ansatz etwas, das über die „hierarchisch-konservativen, teilweise kontraproduktiven Empfehlungen" (Simon 1999, S. 130) der ISO-Normenreihe hinaus geht: „Das EFQM-Modell ist ein interessanter Versuch der Integration von Personalentwicklung und Unternehmens-, Qualitäts-, Kunden-, Prozess- und Innovationsorientierung" (Simon 1999, S. 133).

Im Folgenden soll der Versuch einer systematischen Gegenüberstellung erfolgen. Dabei ist zu beachten, dass sich die beiden Quellen, die der Tabelle zugrunde liegen, auf unterschiedliche Versionen der ISO-Normenreihe beziehen: Aufgrund des Datums der Veröffentlichung handelt es sich bei Simon jeweils um die „alte" Fassung. Während EFQM im Wesentlichen die holprigen Formulierungen überarbeitet und den Aspekt der Nachhaltigkeit und Corporate Social Responsibility (CSR) hervorgehoben hat, wurden bei ISO weitreichendere Veränderungen mit Blick auf Kunden- und Prozessorientierung vorgenommen (vgl. hierzu den entsprechenden Abschnitt bei der Beschreibung der ISO-Normenreihe). Voss/Stoschek (2002) beziehen sich auf die beiden „neuen" Quellen.

Die Gegenüberstellung zeigt auch auf, in welchen Bereichen die ISO in ihrer Überarbeitung von 2000 „nachgerüstet" hat und inzwischen dem umfassenden TQM-Gedanken näher kommt. Denn die unterschiedlichen Prozentzahlen einer Übereinstimmung zwischen EFQM und ISO sind weniger auf unterschiedliche Einschätzungen der Autoren zurück zu führen, sondern verdeutlichen, dass sich die ISO-Norm in der Fassung aus dem Jahr 2000 dem EFQM-Modell angenähert hat. Während Simon (1999) noch mehrere EFQM-Kriterien identifiziert hat, die keine Entsprechung in der ISO haben, trifft dies auf die neue Norm aus dem Jahr 2000 laut Voss/Stoschek (2002) nicht mehr zu.

EFQM je 100 %	ISO 9000 (Simon 1999)	ISO 9000:2000 (Voss/Stoschek 2002)
Führung	35 %	30 %
Mitarbeiterorientierung	40 %	20 %
Politik/Strategie	35 %	30 %
Partnerschaften & Ressourcen	0 %	45 %
Prozesse	95 %	90 %
Mitarbeiterzufriedenheit bzw. mitarbeiterbezogene Ergebnisse	0 %	10 %
Kundenzufriedenheit	0 %	40 %
Gesellschaft/Image	0 %	20 %
Ergebnisse	0 %	40 %

Abb. 4.6-12: Gegenüberstellung und Gewichtung von Aspekten bei EFQM und ISO (Simon 1999, S. 131 sowie Voss/Stoschek 2002, S. 1004 f.)

4.6.3.4 Lernerorientierte Qualitätstestierung in der Weiterbildung (LQW)

Nachdem aus der Bildungsbranche häufig Kritik geübt wird, dass die gängigen QM-Verfahren nicht oder nur schwer auf die spezifischen Gegebenheiten des Lernens übertragbar sind, wurde in einem BLK-Modellversuch („Lernerorientierte Qualitätstestierug in Weiterbildungsnetzwerken") ein QM-Ansatz für Bildungseinrichtungen entwickelt und erprobt. Inzwischen liegt die zweite, überarbeitete Version vor, die in der Branche zunehmend an Beachtung und Verbreitung gewinnt.

Bevor der LQW-Ansatz in seinen Grundzügen vorgestellt wird, soll der Mitbegründer in ein paar aktuellen Zitaten zu Wort kommen. Sie umreißen den Hintergrund der Qualitätsdiskussion in der Weiterbildung der letzten Jahre, vor dem LQW entstanden ist.

Info

Zitate von Zech rund um die Weiterbildungsqualität

- „Der Zertifizierungswahn macht vor nichts und niemand mehr Halt. (...) Ohne Zertifizierung darf man bald das Haus nicht mehr verlassen." (Zech 2008b, S. 23)

- „Das technokratische Abarbeiten von Schemata oder Checklisten ist in der Qualitätsentwicklung von Bildungsanbietern kontraproduktiv." (Zech 2008a, S. 13)

- „Qualität in der Bildung entsteht weder durch administrative Kontrolle noch durch bürokratische Formalisierungen." (Zech 2008a, S. 15)

- „Gerade in einer Branche, in der kein fertiges Produkt vom Verkäufer zum Käufer wandert, sondern der kundige Kunde – sprich der Lernende – seinen Lernerfolg selbst steuert und selbst verantwortet, entsteht Qualität oft in innovativer Abweichung vom Standard, im Suchen und Finden von individuellen Lernwegen und Lösungsstrategien. Lehren wird unter diesen Umständen zur Lernprozessberatung, und Qualitätsentwicklung schafft die dazu erforderlichen Bedingungen gelungenen Lernens." (Zech 2008b, S. 23)

Bei LQW steht – Nomen est Omen – der Lerner im Mittelpunkt. In dem Ansatz geht es darum, „Ermöglichungsbedingungen" von Bildung und Lernen zu verbessern (vgl. Zech 2008a, S. 13). Um dem Anspruch gerecht zu werden, Bildungsanbieter so auszurichten, dass sie Lernen individuell fördern und begleiten, erfordert es mehr als ein QM-Handbuch – es braucht einen Organisationsentwicklungsprozess. In diesem Zusammenhang liefert LQW ein Rahmenwerk für die überwiegend intrinsisch motivierten Organisationen, die den Weg der Qualitätsentwicklung gewählt haben. Und damit steht LQW und seine Anwender ganz im Gegensatz zu den Forderungen nach Qualitätskontrollen, die eher das Erreichen von Zertifikaten anstreben (vgl. Zech 2008b, S. 22 f.).

Nutzen von Qualitätsentwicklung

Wenn es Anwendern von LQW demnach nicht primär um ein Zertifikat für Marketingzwecke geht, sondern um eine tatsächliche Verbesserung der Weiterbildungsqualität, was ist dann der Nutzen? Mit einer Qualitätsentwicklung nach LQW lassen sich nach Zech (2008a) folgende Effekte erzielen:

Nutzen für Bildungsanbieter/Organisation	Nutzen für Nachfrager bzw. Kunde/Markt
Mitarbeiter • Leitbildentwicklung stärkt die Identität und Identifikation • Steigende pädagogische Professionalität • Verbesserte Zusammenarbeit durch Transparenz der Arbeitsbereiche und Zuständigkeiten • Selbstreflexion fördert Wertigkeit und Motivation	• Höhere Kundenzufriedenheit durch Kundenfokus • Höhere Lernerfolge der Teilnehmer durch Kunden- bzw. Lernerorientierung • Evaluation ermöglicht Früherkennung von Chancen und Entwicklungspotenzialen • Positionierung und positive Imagewirkung
Management • Straffung und Systematisierung der Abläufe • Klare Ziele erleichtern die Steuerung der Organisation • Ausrichtung an gemeinsamen Grundsätzen und Entscheidungstransparenz	

Abb. 4.6-13: Nutzen von Qualitätsentwicklung für den Bildungsanbieter u. den Nachfrager (eigene Darstellung in Anlehnung an Zech 2008a, S. 15)

Qualitätsbereiche

Im Gegensatz zu anderen, bereits vorgestellten QM-Ansätzen handelt es sich bei LQW um einen weiterbildungsspezifischen Ansatz. Dementsprechend orientiert sich das Konzept in Begriffen und Aufbau an den Gegebenheiten eines Bildungsträgers.

Abbildung 4.6-14 zeigt auf, dass zunächst mit grundlegenden Klärungen begonnen wird – mit einem Leitbild und einer Festlegung, was unter „gelungenem Lernen" verstanden wird. Daneben sind die Qualitätsbereiche aufgelistet, die bei LQW jeweils mit Leitfäden und Checklisten zur Umsetzung hinterlegt sind. Ebenfalls markiert ist die Visitation. Soll ein Testat erworben werden, erfolgt nach einem internen Prozess der Auseinandersetzung mit Qualitätsfragen ein Besuch durch einen geschulten Gutachter. LQW kann aber auch den eigenen internen Qualitätsbemühungen dienen, ohne dass eine externe Begutachtung stattfindet. Dieses Weiterbildungs-QMS ist so konzipiert, dass bereits die Beschäftigung damit die Weiterbildungsqualität positiv beeinflussen soll.

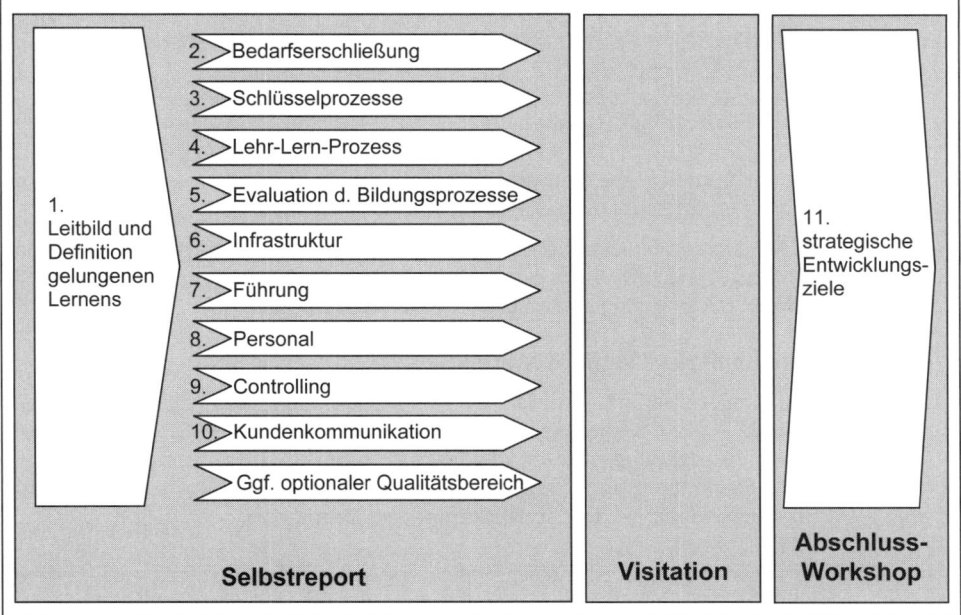

Abb. 4.6-14: Die Qualitätsbereiche von LQW (Zech 2008a und LQW 2008)

Info

Zu den einzelnen Qualitätsbereichen (QB) sind <u>Leitfragen</u> formuliert, die zur Bewertung im Rahmen der Organisationsentwicklung in einer Art Checkliste oder Fragebogen veröffentlicht sind (Zech 2008, S. 21 ff.):

- „QB *Leitbild*: Wie kann die Leitbildentwicklung gelingen, bei der alle Mitarbeiter beteiligt werden und sich hinterher mit dem Leitbild identifizieren?

- QB *Bedarfserschließung*: Wie kann es uns glücken, die Bedürfnisse unserer Zielgruppen und die gesellschaftlichen Entwicklungstrends zutreffend zu erfassen?

- QB *Schlüsselprozesse*: Wie können wir sicherstellen, dass unsere Kooperationen und Abstimmungen im Rahmen unserer zentralen Arbeitsprozesse gelingen?

- QB *Lehr-Lern-Prozess*: Wie können wir gelingendes Lernen der Teilnehmenden ermöglichen und fördern?

- QB *Evaluation*: Wie können wir feststellen, dass das Lernen der Teilnehmenden gelungen ist?

- *QB Infrastruktur:* Wie können wir unsere Lern- und Arbeitsräume für gelingendes Lernen und Arbeiten gestalten?

- *QB Führung:* Wie kann es unserer Leitung gelingen, die Organisation auf Kurs zu halten und die Mitarbeitenden zielorientiert zu führen?

- *QB Personal:* Wie kann unsere Personalentwicklung so gelingen, dass wir gemeinsam unsere Organisationsziele erreichen?

- *QB Marketing:* Wie können wir unsere Auftraggeber, Förderer und Kunden von unserer Qualität überzeugen?

- *QB Kundenkommunikation:* Wie kann es uns gelingen, unsere Kunden so zu informieren, zu beraten, zu begleiten und zu unterstützen, dass sie sich bei uns wohlfühlen?

- *QB Controlling:* Wie können wir mit unseren Kennzahlen das erfassen und bewerten, was wir als unseren spezifischen Erfolg betrachten?

- *QB Strategisches Management:* Wie kann uns die Gestaltung der Zukunft unserer Organisation gelingen, um weiterhin den Anforderungen unserer Umwelt entsprechen zu können?

Auffallend ist die Sprache, die sich grundsätzlich von der formalen und stark von Imperativen geprägten Formulierungen der ISO-Normen abhebt.

Nachdem LQW sich auf die gesamte Organisation eines Bildungsträgers bezieht, wurde inzwischen mit „LQB" auch ein „kleiner Ableger" geschaffen, der eine Zertifizierung einzelner Bildungsangebote vorsieht (vgl. LQB 2008).

Anwendbarkeit auf das Thema Weiterbildung

Die Frage der Anwendbarkeit von LQW für die Weiterbildung stellt sich – wie bereits ausgeführt wurde – nicht in gleichem Sinne wie etwa bei ISO und EFQM. Nachdem LQW ja speziell für das Thema Weiterbildung entwickelt wurde, wird eine Passung voraus gesetzt. Dennoch gibt es auch hier sowohl Chancen und Vorteile des Ansatzes, die spezifischen Nachteilen und Risiken gegenüberstehen.

Chancen für Bildungsanbieter	Risiken für Bildungsanbieter
• Anerkanntes Verfahren mit Blick auf die Zulassung zur SGB-III-Förderung • Weiterbildungs-spezifischer Ansatz, Lernprozess im Zentrum der Betrachtung • Dokumentation auf das notwendige Mindestmaß begrenzt • Leitbild steht am Anfang der QM-Diskussion • Modell bietet erprobten Rahmen und Verfahren für die Qualitätsentwicklung in der Weiterbildung und ist dennoch relativ offen gehalten • Kontinuierlicher Verbesserungsprozess mit Qualitätsentwicklung angestrebt	• Grundsätzliche Prozessorientierung (wie z. B. bei ISO 9000 ff. oder EFQM) fehlt • Begriff „Schlüsselprozess" ist ungewöhnlich, weicht von gängigen Unterscheidungen in Primär- und Sekundärprozesse ab. Dadurch fehlt Gesamtbezugsrahmen • Keine systematische Überprüfung des Selbstreports durch Externe (auch nicht im Rahmen der Visitation)

Abb. 4.6-15: Chancen und Risiken von LQW für Bildungsanbieter (eigene Darstellung)[201]

---

[201]   vgl. von Fürstenberg (2004, S. 16 f.).

4.6.3.5   Bildungstests

Inhalt und Vorgehen der Tests

Ursprünglich mit dem Ziel des Verbraucherschutzes wurden die Weiterbildungstests der Stiftung Warentest entwickelt. Sie beziehen sich entweder auf einzelne Veranstaltungen (und sind damit nicht auf einen Anbieter gerichtet) oder thematisieren übergreifende Angebote rund um die Weiterbildung (vgl. Holla 2002, S. 71 ff.). Stiftung Warentest gilt bei befragten Weiterbildungsanbietern als seriös und glaubwürdig. Der Nutzen wird vor allem in einer höheren Transparenz auf dem Weiterbildungsmarkt gesehen (vgl. Kuwan/Waschbüsch 2007).

Die bisher 20 Untersuchungen der Stiftung Warentest zum Thema Weiterbildung werden jetzt reduziert, eine eigens für das Thema geschaffene Abteilung wurde zum Jahresende 2007 wieder aufgelöst, weil das Bundesministerium für Bildung und Forschung die Förderung der letzten fünf Jahre um die Hälfte gekürzt hat. Zwar soll es weiterhin Bildungstests geben, der Umfang muss jedoch deutlich reduziert werden, denn aufgrund der Unabhängigkeit der Stiftung kommen Sponsoren aus der Wirtschaft nicht in Frage (vgl. Kösters 2008).

Die Stiftung Warentest bewertet neben der inhaltlichen und didaktischen Qualität auch Service, Ausstattung, Organisation und Geschäftsbedingungen. Bereits seit den 70er Jahren wurden Fernlehrgänge, EDV-Kurse und Sprachreisen getestet, neu und in deutlich größerem Umfang hat seit 2002 ein 14-köpfiges Team auch Fach- und Verhaltens-Trainings, eLearning-Programme und Umschulungen unter die Lupe genommen (siehe unten). Die Testergebnisse werden in der Zeitschrift „Test" veröffentlicht, die Ergebnisse beruhen auf Inhaltsanalysen, Fragebogenerhebungen, verdeckten teilnehmenden Beobachtungen und Teilnehmerbefragungen (vgl. Kösters 2008 und Holla 2002, S. 71 ff.).

Die Stiftung Warentest hat in den letzten fünf Jahren Folgendes zum Thema Weiterbildung getestet: Sprachkurse und -reisen für Erwachsene (Selbstlernkurse PC und Audio, Präsenzseminare etc.), Trainings zu Verkauf, Marketing und Public Relations, Weiterbildung zum Ernährungsberater, Lernsoftware sowie Beratungsangebote zur Weiterbildung.

Dazu erschienen sind insg. *fünf Sonderhefte zu Weiterbildungsthemen, Checklisten, Übersichten mit Qualifikationsanforderungen* in vier Branchen, *Leitfäden und Tipps* z. B. zu Finanzierung und Förderung beruflicher Weiterbildung.

Akzeptanz und Bekanntheit

Die Stiftung Warentest selbst sieht ihre Weiterbildungstests als „wichtigen Baustein der Qualitätssicherung auf dem Weiterbildungsmarkt" (Stiftung Warentest 2008). Auf einer Abschlusstagung der Pilotphase zu Weiterbildungstests wurden die Ergebnisse einer externen Evaluation vorgestellt. Der auf der Tagung angekündigte Regelbetrieb und die sicher gestellte Weiterfinanzierung haben sich inzwischen als weniger tragfähig erwiesen als zunächst eingeschätzt.

Kuwan/Waschbüsch (2007, S. 8 f.) haben das Interesse an Weiterbildungstests aus Anbieter- und Nachfragersicht erhoben. Dabei fällt auf, dass die nicht getesteten Weiterbildungsanbieter (n = 783) die Wichtigkeit von Weiterbildungstests deutlich verhaltener einschätzen (nur 34 % antworten mit wichtig bzw. sehr wichtig) als die getesteten (n = 116, 49 % wichtig/sehr wichtig), was Abb. 4.6-16 zu entnehmen ist.

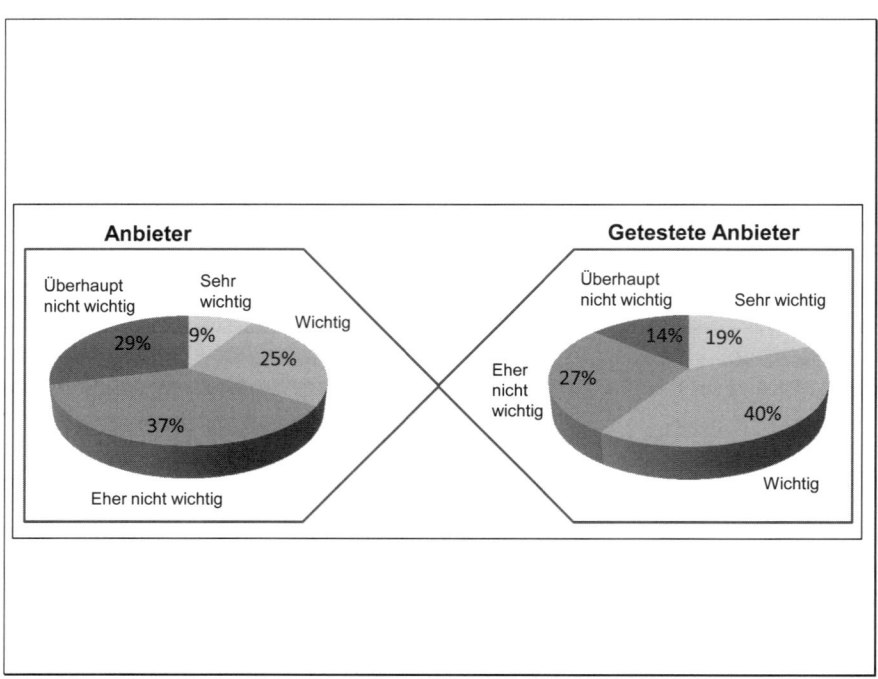

**Abb. 4.6-16: Wichtigkeit von Weiterbildungstests aus Anbietersicht
(Kuwan/Waschbüsch 2007, S. 9)**

Abb. 4.6-17 verdeutlicht, dass vor allem die potenziellen Nachfrager in der Bevölkerung und aktiven Nutzer von Weiterbildung die Bedeutung der Tests höher einschätzen (54 % wichtig/sehr wichtig) als die Anbieter (61 % wichtig/sehr wichtig). Damit
bestätigt sich die Intention der Stiftung Warentest, die ja dem Schutz der Verbraucher
und mit Blick auf die Weiterbildung vor allem den Nachfragern und Teilnehmern dienen soll (vgl. Kuwan/Waschbüsch 2007).

Die Bekanntheit von Weiterbildungstests an sich stieg 2007 gegenüber einer Befragung aus 2005. In einer repräsentativen Umfrage gaben zuletzt 13 % an, einen Test
gelesen zu haben (Kuwan/Waschbüsch 2007, S. 11). Die Befragten geben an, dass
sich für sie durch die Lektüre von Tests die Transparenz erhöht hat und gehen mehr-
heitlich davon aus, dass es auch positive Auswirkungen auf die Qualität von Weiterbildung hat (vgl. Balli 2006, S. 101).

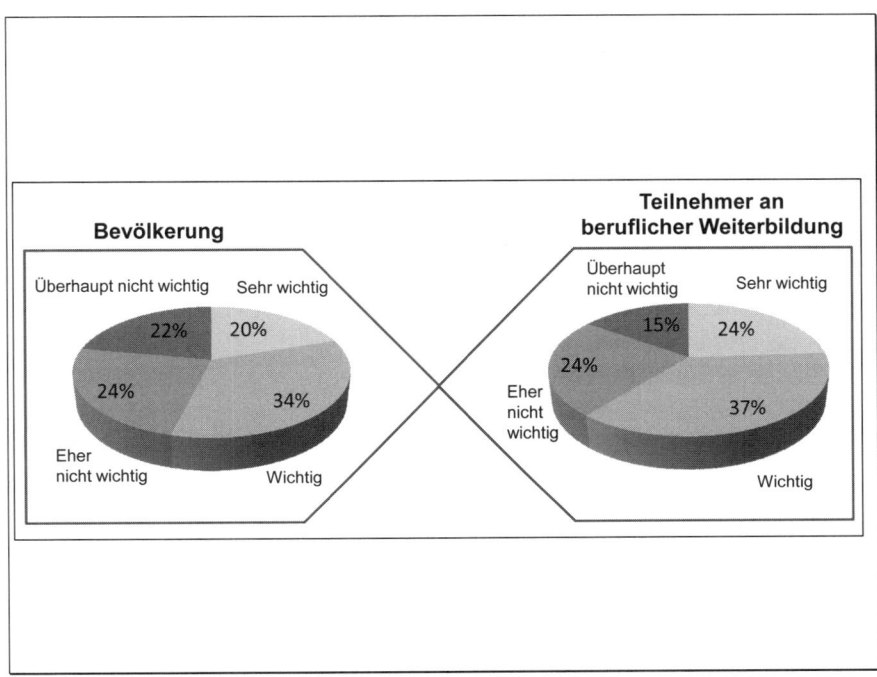

Abb. 4.6-17: Wichtigkeit von Weiterbildungstests aus Nachfragersicht (Kuwan/Waschbüsch 2007, S. 8)

Anwendbarkeit auf das Thema Weiterbildung

Stiftung Warentest hat für die Bildungstests eine eigene Abteilung ins Leben gerufen und spezielle Testverfahren für Weiterbildungsveranstaltungen konzipiert. Daher stellt sich hier nicht die grundsätzlich Frage, ob die Weiterbildungstests für das Thema geeignet sind. Gleichwohl sollen auch hier Chancen und Risiken aufgezeigt werden.

Die Chance der Bildungstests liegt sicher in der hohen Bekanntheit der Stiftung Warentest und dem Vertrauen in ihre Unabhängigkeit begründet. Durch die Veröffentlichungen gewinnt das Thema Weiterbildung in den Medien an Präsenz, was der ganzen Branche und damit ausdrücklich auch nicht getesteten Anbietern zugute kommen kann. Und – im Gegensatz zu ISO – geht es nicht um eine bürokratische Dokumentation von Abläufen, sondern hier wird tatsächlich die Weiterbildung selbst getestet. Allerdings kann immer nur ein winziges Schlaglicht auf ein Kursthema mit einer überschaubaren Anzahl an Anbietern geworfen werden. Der Großteil der Branche bleibt im Dunkeln. Und letztlich wird eben nur eine einzige Veranstaltung getestet, was dann über das Ansehen eines Bildungsanbieters entscheidet. Hat also ausgerechnet der Trainer am Tag des heimlichen Tests einen schlechten Tag und Schwierigkeiten mit der Gruppe, fällt das Ergebnis schlecht aus. Auch ist nicht transparent, wie die Stiftung Warentest die Bildungsanbieter auswählt. Vermutlich haben kleine und regionale oder stark inhaltlich spezialisierte Anbieter jedoch schlechte Chancen, getestet zu werden.

Außerdem beschränkt sich das Testspektrum auf offene Seminare. Der gesamte Markt der Firmen-internen Weiterbildung (und der dort vorrangig tätigen Anbieter) bleibt damit außen vor.

Chancen für Bildungsanbieter	Risiken für Bildungsanbieter
• Anerkannte Institution (Stiftung Warentest) • Nutzung für Marketingzwecke möglich • Aufwertung des Themas Weiterbildung in den Medien • Die tatsächliche Weiterbildung wird getestet und nicht bürokratische Standards	• Nur kleine Ausschnitte des gesamten Angebots können getestet werden • Kleine und regionale Anbieter haben geringe Chancen auf Test • Ggf. „Pech": getestet wird nur eine einzige Veranstaltung

Abb. 4.6-18: Chancen und Risiken von Bildungstests für Bildungsanbieter (eigene Darstellung)[202]

4.6.3.6 Gegenüberstellung einiger QM-Ansätze

Im Sinne einer Zusammenschau werden hier die Chancen und Risiken aus den einzelnen Teilkapiteln noch einmal verkürzt gegenüber gestellt. Dabei sei betont, dass allein die Anzahl von Chancen oder Risiken keinen Schluss über die Eignung oder Bedeutung eines Ansatzes für die Branche zulässt.[203]

---

[202] Zu den Weiterbildungstests gibt es keine Quellen, die explizit Chancen und Risiken gegenüber stellen. Die Angaben in der Abbildung 4.6-16 gehen i. w. S. zurück auf Kösters (2008), Holla (2002) und Stiftung Warentest (2008) sowie Kuwan/Waschbüsch (2007).

[203] Zur Verbreitung der einzelnen Ansätze vgl. Abschnitt 4.6.2.5 Verbreitung von QM in der Weiterbildung.

Chancen für Bildungsanbieter	Risiken für Bildungsanbieter
DIN EN ISO 9000 ff.	
<ul><li>Markttransparenz</li><li>Kundenvertrauen</li><li>Impulse zur Verbesserung</li><li>Prozesse und Organisation optimieren</li><li>Qualität und Kundenorientierung erhöhen</li><li>Zertifikat für Marketing-Zwecke</li><li>Fehlerfrüherkennung und -vermeidung</li></ul>	<ul><li>Hoher Aufwand</li><li>Inflexibilität des Systems</li><li>Bürokratie und Dokumentation</li><li>Image-Verwässerung des Zertifikats</li></ul>
EFQM	
<ul><li>Nicht zertifizierungsorientiert</li><li>Offenes System und</li><li>Umfassender Anspruch</li><li>Mit anderen QM-Modellen kombinierbar</li><li>Mitarbeiter- und prozessorientiert und</li><li>Kontinuierlicher Verbesserungsprozess</li></ul>	<ul><li>Hoher Aufwand und sehr komplex</li><li>Ggf. „Checklisten-Mentalität"</li><li>Interpretationsschwierigkeiten</li><li>Wenig Implementierungsvorschläge</li></ul>
LQW	
<ul><li>Anerkanntes Verfahren bzgl. SGB-III-Förderung</li><li>Weiterbildungsspezifischer Ansatz</li><li>Dokumentation auf Mindestmaß begrenzt</li><li>Leitbild am Anfang</li><li>Erprobter Rahmen, dennoch relativ offen</li><li>Kontinuierlicher Verbesserungsprozess</li></ul>	<ul><li>Keine grundsätzliche Prozessorientierung</li><li>Fehlender Gesamtbezugsrahmen</li><li>Keine systematische Überprüfung durch Externe</li></ul>
Stiftung Warentest	
<ul><li>Anerkannte Institution (Stiftung Warentest)</li><li>Nutzung für Marketingzwecke möglich</li><li>Aufwertung des Themas in den Medien</li><li>Weiterbildung wird getestet</li></ul>	<ul><li>Nur kleine Ausschnitte des Angebots</li><li>Kleine und regionale Anbieter haben geringe Chancen auf Test</li><li>Ggf. „Pech": getestet wird nur eine einzige Veranstaltung</li></ul>

Abb. 4.6-19: Gegenüberstellung der Chancen und Risiken einzelner QM-Ansätze für Bildungsanbieter (eigene Darstellung)

4.6.3.7 Blick über den Tellerrand: Weiterbildungsqualität im Ausland

In Deutschland weitgehend unbekannte Ansätze

Auch wenn in Deutschland das Thema viel Beachtung findet und seit mehr als fünfzehn Jahren intensiv diskutiert wird, bleiben manche Ansätze aus dem Ausland weitgehend ungeachtet. Nachdem sie hier in der Weiterbildungspraxis bei Anbietern und Nachfragern kaum eine Rolle spielen, sollen sie im Folgenden nur grob und steckbriefartig umrissen werden.

eduQua

Interessante Anregungen enthält das Schweizer System *eduQua*, weil es speziell für die Weiterbildung entwickelt wurde. Es beruht auf sechs Qualitätskriterien, auf denen das Zertifizierungsverfahren basiert (eduQua 2004, S. 12):

1. Angebote, die den Bildungsbedarf und die Bildungsbedürfnisse der Kundinnen und Kunden befriedigen

2. Nachhaltiger Lernerfolg der Teilnehmenden

3. Transparente Darstellung der Angebote und pädagogischen Leitideen

4. Kundenorientierte, ökonomische, effiziente und effektive Leistungserbringung

5. Engagierte Ausbildende, welche fachlich, methodisch und didaktisch auf dem neuesten Stand sind

6. Bewusstsein für Qualitätssicherung und -entwicklung.

Trotz seines Zuschnitts auf das Thema Weiterbildung und dem hohen Stellenwert in der Schweiz, wurde eduQua bisher in der deutschen Qualitätsdiskussion weitgehend vernachlässigt.[204]

ISO 10015 für Weiterbildung und Training

Neben der produktionsorientierten DIN EN ISO 9000 ff., die sich – wie bereits ausgeführt – nur schwer auf die Weiterbildung übertragen lässt, gibt es eine ISO 10015, speziell zum Thema Weiterbildung und Training. Wie die DGQ berichtet, wurde bei einem Treffen 2003 in Bukarest mit Delegierten aus 37 Ländern entschieden, dass die ISO 10015:1999-12 "Qualitätsmanagement – Leitfaden für Schulung" in Deutschland auch weiterhin nicht übernommen und für die nächsten fünf Jahre zurück gestellt wird (DGQ 2003, S. 3). Eine erneute Überprüfung stünde demnach in 2008 an.

Professionalisierung der Personalentwicklung

Neben QM-Konzepten, die eine Organisation (z. B. einen Weiterbildungsträger oder ein Unternehmen) betreffen, gibt es Ansätze, um speziell die Qualität der Funktion Personalentwicklung bzw. Weiterbildung im Unternehmen zu sichern und die Professionalisierung zu erhöhen. Dafür stehen exemplarisch die beiden britischen Ansätze *IIP* (Investors in People) und *CIPD* (Chartered Institute of Personnel and Development).[205]

Investors in People (IIP)

"Investors in People" ist ein britisches Zertifikat oder Gütesiegel für professionelle und an den Unternehmenszielen ausgerichtete Personalentwicklungs- und Weiterbildungsaktivitäten sowie vorbildliche Führungskultur. Es bietet mit einer Mischung aus Selbst- und Fremdeinschätzung einen erprobten Rahmen, um ein Unternehmen durch systematische Personalarbeit wettbewerbsfähig zu machen.

---

[204] Kurze Erwähnung fand das Thema bisher u. a. bei Faulstich/Gnahs/Sauter (2003), Gnahs (2002) und Brehm (2008).

[205] Auch die deutsche Gesellschaft für Personalführung (dgfp 2007) erhebt regelmäßig den Professionalisierungsgrad in ihrem sog. „pix" (Professionalisierungsindex des Personalmanagements). Allerdings gibt es in Deutschland kein Zertifikat für gute Personalarbeit.

Anhand von zehn Indikatoren liefert IIP Vergleichsdaten für ein Benchmarking, nach denen die Effizienz der PE- und Weiterbildungs-Investitionen beurteilt werden können. Übergeordnetes Ziel ist eine systematische Ausrichtung der Personalentwicklung an den Unternehmenszielen (vgl. Investors in People 2008 UK, TNT 2008).

CIPD (Chartered Institute of Personnel and Development)

Aktivitäten in Richtung einer Professionalisierung in der Weiterbildung (analog zur internationalen Zertifikatorientierung im Projektmanagement) gibt es in Großbritannien. Das britische System zertifiziert traditionell auch kleinere Teilqualifikationen im Vergleich zu deutschen Bildungsabschlüssen (Berufsausbildung oder Hochschulabschluss). Dort lassen sich viele HR-Professionals inzwischen zertifizieren. Seit 1976 existiert das CIPD (Chartered Institute of Personnel and Development), dessen Mitglieder eine Akkreditierung durchlaufen haben. Die Palette an Themen zur Qualifizierung, Spezialisierung und Akkreditierung ist breit (vgl. CIPD 2008, Gloger 1999).

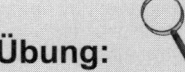

Übung:

10	Als Zusammenfassung: Was bringt QM Ihrer Einschätzung nach aus Anbieter- und Nachfragersicht?
11	Welcher von den vorgestellten QM-Ansätzen erscheint Ihnen für Weiterbildung besonders geeignet und warum?

4.6.4 Chancen und Grenzen von QM – Kritische Diskussion

Während das BIBB in den 90er Jahren empfohlen hat, für Bildungsanbieter eine Zertifizierung nach ISO 9000 ff. zu forcieren (vgl. Krekel/Balli 2006, S. 22), haben sich neben EFQM als weiterem Standard viele Ansätze der Selbstevaluation entwickelt. Darüber hinaus gibt es u. a. mit LQW Versuche, einerseits den spezifischen Gegebenheiten der Weiterbildung Rechnung zu tragen und anderseits einheitlichere Rahmen zu bieten, als bei einer formlosen Selbstevaluation.

Insgesamt stellt sich aber die Frage, welche Bezüge zu den eingangs skizzierten Gründen und Hintergründen der Qualitätsdiskussion in der Weiterbildung (vgl. Abschnitt 4.6.2.3) existieren. Ursprünglich sollte es ja um mehr *Transparenz und Orientierung* für die Nachfrager in einem unübersichtlichen Markt gehen. Was können die beschriebenen QM-Konzepte hier realistisch leisten? Zunächst konnten sich Weiterbildungsanbieter durch anerkannte Zertifikate wie z. B. eine ISO-Zertifizierung einen gewissen Marketingvorteil gegenüber anderen Anbietern verschaffen. Allerdings haben – auch wenn die Bedeutung von QM in der Weiterbildung eher noch weiter zunehmen wird – Zertifikate an Glanz verloren. Immer deutlicher wird, dass ein Zertifikat eben nicht für gute Weiterbildungsqualität steht oder stehen kann. Lediglich der Versuch einer systematischen Auseinandersetzung mit Qualitätsfragen und Verfahren wird attestiert.

Weitere Anlässe für die Auseinandersetzung mit Qualität waren u. a. Fragen der *Effizienz* und der *organisatorischen Abläufe*. Hier kann ein Qualitätsmanagementkonzept wertvolle Impulse setzen. Je nach Ansatz müssen Abläufe dokumentiert und

mit Blick auf Verbesserungspotenziale analysiert werden. Das mag die Sekundär-
prozesse eines Bildungsanbieters professionalisieren. Ob damit automatisch die
Qualität der Primärprozesse, also der Weiterbildung selbst, steigt, ist fraglich.

Info ☝

Eine Auswahl kritischer Zitate zu QM in der Weiterbildung

„Eine ISO-Zertifizierung ohne aktives Qualitätsmanagement – nur damit man das Papier an der Wand
hängen hat – bringt das Unternehmen kaum einen Schritt weiter." (Thombansen et al 1994, S. 10)

„Mit der Zertifizierung allein sind deshalb auch noch keinerlei Verbesserungen der Qualität und Produkte verbunden." (Hartwich 1997, S. 70)

„Die Strukturierung organisatorischer Prozesse schafft den Rahmen für die Gestaltung pädagogischer
Prozesse und fordert die Beteiligten dazu heraus, eine spezifische Sichtweise für diese zu entwickeln."
(Heimlich 2003, S. 126)

„Eines der wichtigsten Themen in der Weiterbildungspolititk der vergangenen Jahre war die Qualitätssicherung in der Weiterbildung. [...] Die Mitglieder des Wuppertaler Kreises betrachten diese auf den
Bereich der Weiterbildung beschränkten Neuentwicklungen überwiegend skeptisch, ihnen wird nur eine geringe qualitätssichernde Wirkung und geringe Bedeutung für den Weiterbildungsmarkt zugesprochen. Statt dessen setzen die meisten führenden Institute der Wirtschaft auf den internationalen In-
dustriestandard des Qualitätsmanagements nach der Normenreihe ISO 9000ff." (Wuppertaler Kreis
2005)

„Insgesamt erschien nach den Ergebnissen der Fallanalysen die Qualitätsvarianz innerhalb von Konzepten größer als die zwischen Konzepten." (BMBF 2006, S. 397)

"Qualitätssicherungssysteme können allenfalls die *Förderung* von Qualität bewirken." (Krekel/Balli
2006, S. 23, Hervorhebung im Original)

„Was sagt die Zertifizierung eines Weiterbildungsanbieters über die Qualität seiner Arbeit aus? Ein
Zertifikat nach DIN EN ISO 9000 ff. sagt zunächst einmal wenig über die Qualität der Weiterbildungs-
leistungen des Anbieters aus. Vielmehr ist es eher ein Nachweis für die Qualität der Organisation bzw.
der organisatorischen Abläufe. Durch die Zertifizierung macht eine Weiterbildungseinrichtung deutlich,
dass die Bedürfnisse und die Qualitätsansprüche ihrer Kunden im Mittelpunkt ihrer organisatorischen
Anstrengungen stehen und dass sie systematisch daran arbeitet, diese Anforderungen zu erfüllen. In
der Regel hat die durch die Zertifizierung dokumentierte Qualität einer Organisation aber auch positiven Einfluss auf die Qualität ihrer Produkte und Dienstleistungen." (Liquide 2008)

Unabhängig vom QM-Ansatz kann ein Bildungsanbieter Qualität ernsthaft anstreben
und sich damit aktiv auseinander setzen. Dazu sind grundsätzlich alle vorgestellten
Ansätze – also ISO, EFQM und LQW – geeignet, sogar die Selbstevaluation, wenn
ein entsprechendes Konzept hinterlegt ist. Jeder QM-Ansatz erfährt allerdings da
seine Grenzen, wo nur für die Außenwirkung ein Zertifikat angestrebt wird. Papier ist
geduldig. Dann werden alle QM-Ansätze zum inhaltsleeren Gerüst. Investitionen in
Audits und Zertifizierungen sind dann auch betriebswirtschaftlich fragwürdig.

Andererseits stellen die unterschiedlichen QM-Ansätze mit ihren jeweiligen spezifischen Vor- und Nachteilen – insbesondere, wenn sie sorgfältig und passgenau ausgewählt werden – eine Chance dar. Sie bieten jeweils einen Rahmen für eine systematische Auseinandersetzung im Unternehmen, geben Anlass zur Diskussion und
erfordern die Festlegung von Mindeststandards. Grundsätzlich gilt für Anbieter und

Nachfrager: QM (ob mit oder ohne Zertifizierung) *kann* die Qualität von Weiterbildung deutlich verbessern – muss aber nicht.

Als Erfolgsfaktoren werden meist das Commitment der Führung benannt und die Einbindung der Mitarbeiter. Fehlt eines von beiden, bleibt das QMS hinter den Möglichkeiten zurück.

Auch ganz pragmatische Ansätze sind je nach Zielsetzung in Betracht zu ziehen, wenn es um Qualitätsentwicklung geht. Es gilt, nach den entscheidenden Hebeln für eine Verbesserung zu suchen und ganzheitlich vorzugehen, also die *gesamte Prozesskette in den Blick* zu nehmen. Die wesentliche Verbesserung leitet sich nämlich aus einem Zusammenspiel aller Beteiligten ab – sie beginnt bei der Ermittlung und Präzisierung des Bildungsbedarfs z. B. zwischen Führungskraft und Mitarbeiter, setzt sich in Auswahl von Maßnahme (Seminar? Inhouse oder extern?) und Anbieter durch die Personalentwicklung fort, zieht sich durch die inhaltliche Beauftragung des Trainers (bei Inhouse-Seminaren zu Inhalten, Zielsetzung, Unternehmen etc.), über das Vorgespräch zwischen Führungskraft und Teilnehmer, zur Durchführung mit Ausstattung, Räumen, Teilnehmergruppe, Tagesform von Lernern und Trainern bis hin zur anschließenden Umsetzung und einer Unterstützung durch die Führungskraft beim Transfer.

Im Unternehmen gibt es im Idealfall dafür eine Spezialfunktion, die Personalentwicklung (vgl. Kapitel 3 in diesem Lehrbuch). Sie kennt die komplexen PE-Prozesse mit den einzelnen Variablen und berät Führungskräfte und Mitarbeiter bei einer gelingenden Umsetzung. Qualität in der Weiterbildung kann also neben allen bekannten QM-Verfahren auch bedeuten, in die (Professionalisierung der) Funktion Personalentwickler zu investieren und Führungskräfte als Personalentwickler vor Ort zu sensibilisieren und zu schulen.

Wenn sich dann auch diese Spezialfunktion laufend selbst in Frage stellt und eine Qualitätsoffensive innerhalb der PE startet (z. B. durch IIP oder CIPD), dann wäre das die konsequente Umsetzung zum organisationalen Lernen und der kontinuierlichen Verbesserung.

Übung:

| 12 | Ein Kommilitone befragt Sie zu diesem Kapitel und bittet um einen kurze Zusammenfassung des Themas Weiterbildungsqualität. Was erscheint Ihnen persönlich wichtig zum Thema und welches persönliche Fazit ziehen Sie? |

4.6.5 Kurz und bündig

Die Qualitätsdiskussion der letzten Jahre in der Weiterbildung hat unterschiedliche Auslöser. Der Bedeutungszuwachs von Qualität in der Industrie in den 80er und 90er Jahren hatte zweierlei Auswirkungen auf die betriebliche Weiterbildung: zum einen ist die Organisation der Weiterbildung von dem unternehmenseigenen QM-System beeinflusst, was u. a. eine exaktere Dokumentation der PE-Arbeit zur Folge hat. Zum anderen gibt es eine Tendenz, dass zertifizierte Unternehmen auch im Trainingsbereich bevorzugt Anbieter mit einem nachgewiesenen QM-System wählen.

Neben den Entwicklungen in der Industrie hat eine Gesetzesänderung mit Blick auf die SGB-III-Förderung in der Branche für Furore gesorgt und Bildungsträger, die in beiden Segmenten der Weiterbildung tätig sind, sehen sich mit neuen Anforderungen an ihr QM-System konfrontiert. Darüber hinaus wurden oftmals Gründe der mangelnden Transparenz im Markt und die sog. „schwarzen Schafe" auf Anbieterseite angeführt, die für Nachfrager mit zunehmend knapperen Budgets bei gleichzeitig steigenden Anforderungen Sicherheit bei der Auswahlentscheidung erforderlich machen.

Die in Deutschland derzeit praktizierten Verfahren beschränken sich im Wesentlichen (noch) auf ISO 9000 ff., EFQM und Selbstevaluation.

Eine *ISO-Zertifizierung* bescheinigt ein Verfahren, nach dem im Unternehmen die Qualität der Produkte und Dienstleistungen gesichert wird – aber eben nicht die Qualität der Produkte und Dienstleistungen selbst. Es geht also primär um die Prozesssicherheit – sprich die Verwaltung sowie einem Training vor- und nachgelagerter Prozesse. Die Hauptkritik wird neben einem hohen Aufwand in Dokumentation (QM-Handbuch, Verfahrensanweisungen, Arbeitsanweisungen) auch darin gesehen, dass die Industrienorm schwer auf Weiterbildung und deren Besonderheiten übertragbar ist. Zumal meist festgestellt wird, dass eine Zertifizierung eines Bildungsträgers nichts über die Qualität einer Weiterbildungsmaßnahme aussagt.

Die *EFQM* verfolgt einen ganzheitlicheren TQM-Ansatz mit dem Ziel eines kontinuierlichen Verbesserungsprozesses. Gegenstand der Betrachtung sind Aspekte wie Führung und Management sowie Mitarbeiter- und Kundenorientierung. EFQM vergibt keine Zertifikate, sondern verleiht als Anreiz den Europäischen Qualitätspreis (EQA).

Da die Modelle der *Selbstevaluation* individuell je Einrichtung entstehen, können sie hier nicht zusammenfassend beschrieben werden. Im Einzelfall muss geprüft werden, ob das System geeignet ist, die Qualität der angebotenen Weiterbildung zu sichern.

Weitere Ansätze, die in Deutschland zunehmend mehr Bekanntheit erfahren, sind *LQW* und die Weiterbildungstests der *Stiftung Warentest*. Darüber hinaus gibt es im Ausland weitere Modelle, die hierzulande bislang weitgehend unbeachtet sind (eduQua, ISO 10015, CIPD und IIP).

Vergleiche der Ansätze zeigen, dass es große Unterschiede in der Auslegung aller QM-Konzepte gibt. Dementsprechend gering ist auch die Aussagekraft bestimmter Zertifikate, Preise oder Nachweise. Sie dokumentieren das Bemühen um und eine Auseinandersetzung mit dem Thema Qualität. Auch wenn beides – eine systematische Reflexion der Organisation, Prozesse, Weiterbildungsangebote etc. sowie die Dokumentation der Abläufe – sicher sinnvoll und hilfreich mit Blick auf die Weiterbildungsqualität ist, kann es kein Garant für eine erfolgreiche Lehr-Lernsituation sein. Dazu muss der gesamte Prozess betrachtet werden, für den der Bildungsträger nur in Ausschnitten zuständig ist.

So bleibt Unternehmen, die Bildungsanbieter auswählen und beauftragen nach wie vor die Pflicht der sorgfältigen Prüfung. Vor allem aber kann eine interne Funktion Personalentwicklung oder Weiterbildung im Unternehmen dazu beitragen, den gesamten Prozess – von der Bedarfserhebung über die Auswahl der Maßnahme bis zur Transferunterstützung – möglichst systematisch und lernförderlich mit allen Beteiligten zu gestalten. Dazu zählt mitunter auch die Beauftragung eines Trainers mit allen erforderlichen Informationen für ein gelingendes Lernen.

Literatur

Balli, C.: Qualitätssicherungsinstrumente für Weiterbildungsinteressierte – Überlegungen zur Eignung dieses Ansatzes und Beschreibung aktueller Beispiele. In: BIBB (Hg.): Qualitätssicherung beruflicher Aus- und Weiterbildung. Ergebnisse aus dem BIBB. Heft 78, Bonn 2006, S. 95 - 114.

Bartz, W. J./Mesenholl, H.-J./Keuper, R.: Umsetzung von Qualitätsansprüchen in die Praxis – Das Konzept der Technischen Akademie Esslingen. In: Bartz et al 1997, S. 109 – 145.

Bartz, W. J./Mutscheller, E./Weiß, R. (Hg.): Qualität in der beruflichen Weiterbildung: Konzepte und Erfahrungen. Köln 1997.

BIBB (Hg.): Checkliste ‚Qualität beruflicher Weiterbildung'. Bonn 2001. (6. Überarbeitete Auflage 2008 im Internet als Download unter: URL: http://www.bibb.de/dokumente/pdf/checkliste_berufliche_weiterbildung.pdf, abgerufen am 14.09.2008).

BIBB (Hg.): Qualitätssicherung beruflicher Aus- und Weiterbildung. Ergebnisse aus dem BIBB. Heft 78, Bonn 2006.

BMBF (Hg.): Berichtssystem Weiterbildung IX. Integrierter Gesamtbericht zur Weiterbildungssituation in Deutschland. Bonn/Berlin 2006. URL: http://www.bmbf.de/pub/berichtssystem_weiterbildung_neun.pdf, abgerufen am 22.02.2008.

Böttger, R./Walter, H.-J.: Die Bedeutung der Einbeziehung des Personals in die kontinuierliche Qualitätsverbesserung der Leistungserbringung beim Bildungsträger im Kundensegment Betriebe/KMU. In: tbz-Paderborn/HwK-Koblenz/bfz-Nürnberg/ISOB-Regensburg (Hg.): Qualitätssicherung in der Weiterbildung – Anwendungsorientierung und Integration aller Beteiligten als Qualitätskriterien im Weiterbildungsprozess. Paderborn 1997, S. 67 - 77.

Braun, K./Lawrence, C.: TQM-Trainer: Ziele vereinbaren, Werte identifizieren, Benchmarks festlegen, kontinuierliche Verbesserung. München/Wien 1997.

Brehm, K.-H.: Qualitätstestierung in der Weiterbildung. Und woher bitte kommen die Tester? URL: http://www.rosenheim.de/it_region/veranstaltungen/dokumente/Qualitaetstestierung_WB.pdf, abgerufen am 28.02.2008.

CIPD (Hg.): URL: http://www.cipd.co.uk, abgerufen am 22.02.2008.

DIE (Hg.): Checkliste für Weiterbildungsinteressierte. URL: http://www.die-bonn.de, abgerufen am 26.03.2008.

Dietz, S.: Qualitätsmanagement in Weiterbildungseinrichtungen: Zertifizierung nach DIN EN ISO 9001 für Einrichtungen der beruflichen Weiterbildung. Münster 1996.

Dgfp (Hg.): Professionalisierung des Personalmanagements. Ergebnisse der pix-Befragung 2007. URL: http://www1.dgfp.com/dgfp/data/pages/DGFP_e.V/Produkte_-_Dienstleistungen/Veroeffentlichungen/PraxisPapiere/pix_2007/index.php, abgerufen am 02.03.2008.

DGQ (Hg.): Qualitätsmanagement (ISO-Arbeit): ISO/TC 176 ‚Qualitätsmanagement und Qualitätssicherung'. Berlin 2003. URL:

http://www.dqs.de/servlet/BlobServer/ISO-TC-176.pdf?blobcol=urldatei&blobheader=application%2Fpdf&blobkey=id&blobtable=DQSDownload&blobwhere=1075100596534, abgerufen am 28.02.2008.

Doerr, K.: Bildungsträger auf ISO-Kurs. Perspektiven des Qualitätsmanagements im Bildungsbereich. In: Zertifizierung, (1997)5, S. 20 - 23.

Ebbinghaus, M./Krekel, E. M.: Einführung in das wissenschaftliche Diskussionspapier. In: BIBB (Hg.): Qualitätssicherung beruflicher Aus- und Weiterbildung. Ergebnisse aus dem BIBB. Heft 78, Bonn 2006, S. 7 - 12.

eduQua (Hg.): Handbuch. Information über das Verfahren Anleitung zur Zertifizierung. eduQua Schweizerisches Qualitätszertifikat für Weiterbildungsinstitutionen, o. A. O. 2004. URL: http://www.eduqua.ch/pdf/eduqua_handbuch.pdf, abgerufen am 29.02.2008.

EFQM (2008a) (Hg.): Excellence einführen. Broschüre der Deutschen EFQM, Brüssel.. 2003. URL: http://www.deutsche-efqm.de/download/Excellence_einfuehren_2003(5).pdf, abgerufen am 23.02.3008.

EFQM (2008b) (Hg.): URL: http://www.deutsche-efqm.de, abgerufen am 23.02.2008.

EFQM (Hg.): Das EFQM-Modell für Excellence. Öffentlicher Dienst und Soziale Einrichtungen. Brüssel 1999.

Faulstich, P./Gnahs, D./Sauter, E.: Qualitätsmanagement in der beruflichen Weiterbildung: ein Gestaltungsvorschlag. Gutachten im Auftrag von: Gewerkschaft Erziehung und Wissenschaft (GEW), IG Metall, Vereinte Dienstleistungsgewerkschaft (ver.di). Berlin/Hamburg/Hannover März 2003. URL: http://www.azwv.de/dokum/gutachten_faulstich_gnahs.pdf, abgerufen am 28.02.2008.

Gloger, A.: Zertifizierung im HR-Bereich als Beitrag zur Professionalisierung. In: Personalführung, (1999)9, S. 26 - 31.

Gnahs, D.: Neuere Entwicklungen in der Qualitätsdiskussion. Vortrag auf der Fachtagung ‚Region Starkenburg – Qualität in der beruflichen Weiterbildung' am 20. Juni 2002 in Darmstadt. URL: http://www.tu-darmstadt.de/pvw/abt_i/wb/Vort20-06/Vortrag-Gnahs-20-06-02.pdf, abgerufen am 28.02.2008.

Gonon, P.: Wirkung oft ungewiss. Qualitätsentwicklung, -management, und -sicherung – die Qualität der Qualität. In: Weiterbildung, (2008)1, S. 12 - 15.

Hartwich, E.: Von der Zertifizierung zum Total Quality Management. In: Bartz, W. J./Mutscheller, E./Weiß, R. (Hg.): Qualität in der beruflichen Weiterbildung: Konzepte und Erfahrungen. Köln 1997, S. 63 - 81.

Heimlich, C.: Qualitätsentwicklung in Weiterbildungseinrichtungen. Deutsches Institut für Erwachsenenbildung (DIE), o.A. O., 2003, online: URL: http://www.die-bonn.de/publikationen/online-texte/, abgerufen am 26.02.2008.

Holla, B.: Qualitätsentwicklung in der Weiterbildung durch praxisorientierte Evaluation. Frankfurt am Main 2002.

Imai, M.: Kaizen: der Schlüssel zum Erfolg der Japaner im Wettbewerb. 6. Ausg., Berlin/Frankfurt 1994.

Investors in People AT (Hg.): Der IIP Standard. URL: http://www.investorsinpeople.at/, abgerufen am 18.02.2008.

Investors in People UK (Hg.): URL: http://www.investorsinpeople.co.uk/, abgerufen am 18.02.2008.

Kösters, W.: Ein erfolgreiches Instrument vor dem Aus? In: Weiterbildung, (2008)1, S. 6 - 7.

Krekel, E. M./Balli, C.: Stand und Perspektiven der Qualitätsdiskussion zur beruflichen Aus- und Weiterbildung. In: BIBB (Hg.): Qualitätssicherung beruflicher Aus- und Weiterbildung. Ergebnisse aus dem BIBB. Heft 78. Bonn 2006, S. 13 - 30.

Krewerth, A.: Funktionen und Verbreitung von qualitätssichernden Istrumenten in der betrieblichen Weiterbildung – Kernerträge empirischer Studien. In: BIBB (Hg.): Qualitätssicherung beruflicher Aus- und Weiterbildung. Ergebnisse aus dem BIBB. Heft 78, Bonn 2006, S. 65 - 94.

Kuwan, H./Waschbüsch, Y.: Wirkungen von Weiterbildungstests: Nachfrager- und Anbieterperspektiven. Präsentation von Ergebnissen bei der ‚Bilanztagung Bildungstests' von Stiftung Warentest / Bundesministerium für Bildung und Forschung. Berlin 1007. URL: http://www.test.de/filestore/wbt-abschluss.kuwan.pdf?path=/46/b1/402b642b-8263-4aa0-b908-257cac220ff6-file.pdf&key=5EA77916F3E38FEE4A2DFE47A0BC285DF3116F9C abgerufen am 20.02.2008.

Liquide (Hg.): LIQUIDE-FAQs: Häufig gestellte Fragen und Antworten. Themenschwerpunkt 3: Unternehmen, Bildungsanbieter & Organisation von Qualifizierungen. URL: http://www.liquide.de/index.htm, abgerufen am 18.02.2008.

LQB (Hg.): LQB - die Lernerorientierte Qualitätstestierung für Bildungsveranstaltungen. URL: http://www.artset-lqb.de/html/startseite.html, abgerufen am 28.02.2008.

LQW (Hg.): Lernerorientierte Qualitätstestierung in der Weiterbildung. Das Qualitätsentwicklungs- und -testierungsmodell. Verfahren. URL: http://www.artset-lqw.de/lqwcms/index.php?id=3, abgerufen am 28.02.2008.

Moos, B.: DIN ISO im neuen Gewand. In: wirtschaft & weiterbildung, (2001)2, S. 10 - 13.

Sauter, E.: Was können Qualitätsstandards in der Weiterbildung leisten? In: Bartz et al 1997, S. 47 - 62.

Seminarmarkt (Hg.): Wissenswertes zum Thema Weiterbildung. Checklisten. URL: http://www.seminarmarkt.de/quali3.html?urlID=61&ItemKategorie=102, abgerufen am 18.02.2008.

Simon, W.: Das EFQM-Modell: die bessere Alternative zur DIN ISO 9000 ff. In: Personal, (1999)3, S. 130 - 133.

Simon, W.: ISO 9000: Was Trainer jetzt beachten müssen. In: wirtschaft & weiterbildung, (2001)5, S. 30 - 31.

Stadlbauer, A.: Effektivität und Effizienz in der Erwachsenenbildung. Linz 2004.

Stiftung Warentest (Hg.): Abschlusstagung Weiterbildungstests, Wichtiger Baustein der Qualitätssicherung. Meldungen zum Thema Weiterbildungstests. URL:

http://www.test.de/themen/bildung-soziales/http://www.test.de/themen/bildung-soziales/weiterbildung/meldung/-/1605326/1605326/, abgerufen am 20.02.2008.

tbz-Paderborn/HwK-Koblenz/bfz-Nürnberg/ISOB-Regensburg (Hg.): Qualitätssicherung in der Weiterbildung – Anwendungsorientierung und Integration aller Beteiligten als Qualitätskriterien im Weiterbildungsprozess. Paderborn 1997.

TNT (Hg.): Personalentwicklung bei TNT Express. Investors in People. URL: http://www.tnt.de/__C1256CFE002B2C2D.nsf/html/935368e77b84bc7cc1256 d5f0041689b.html, abgerufen am 18.02.2008.

Tödt, K.: Gelungenes Lernen. Beispiel: Lernerorientierte Qualitätstestierung für Bildungsveranstaltungen (LQB). In: Weiterbildung, (2008)1, S. 16 - 17.

Thombansen, U./Laske, M./Possler, C./Rasmussen, B.: Vertrauen durch Qualität. Qualitätsmanagement in Weiterbildungsunternehmen. München 1994.

Uemminghaus, M.: Das Lernergebnis im Mittelpunkt. Beispiel: Lernerfolgskontrolle als Methode der Qualitätssicherung. In: Weiterbildung, (2008)1, S. 19 - 21.

Veltjens, B.: Qualitätsmodelle im Überblick. Deutsches Institut für Erwachsenenbildung (DIE). Bonn 2006.

von Fürstenberg, C.: Qualitätsmanagement in der Weiterbildung. DIN EN ISO 9001:2000, LQW, Gütesiegel-Modelle und TQM mit einem EFQM-Praxisbeispiel. Heidelberg 2004.

Voss, R./Stoschek, J.: Ähnliche Zielsetzung. Studie: Unterschiede zwischen ISO 9001:2000 und EFQM-Modell. In: QZ - Qualität und Zuverlässigkeit, (2002)10. S. 1004 -1005.

Walther, P.: Qualitätsmanagement in der Weiterbildung. Den Lerner im Blick. In: managerSeminare Heft 74, März 2004, S. 16 - 24.

Wunderer, R./Gering, V./Hauser, R.: Qualitätsorientiertes Personalmanagement. Das Europäische Qualitätsmodell als unternehmerische Herausforderung. München, Wien 1997.

Wunderer, R.: Qualitätsförderung und Personal-Management am Beispiel des Europäischen Modells. In: Personalwirtschaft, (1995)6, S. 15 - 8.

Wuppertaler Kreis e. V. (Hg.): Trends in der Weiterbildung. Verbandsumfrage 2005. Presseinformation, Köln 2005.

Wuppertaler Kreis e. V./CERTQUA (Hg.): Qualitätsmanagement und Zertifizierung in der Weiterbildung nach dem internationalen Standards ISO 9000:2000. Neuwied, Kriftel 2002.

Wuppertaler Kreis e. V./CERTQUA (Hg.): Qualitätsmanagement und Zertifizierung in Bildungsorganisationen auf der Basis des internationalen Standards DIN EN ISO 9001:2000. 2. überarb. Aufl., Augsburg 2006.

Zech, R. (2008a): Handbuch Qualität in der Weiterbildung. Weinheim und Basel 2008.

Zech, R. (2008b): Selbstreflexion fördern – nicht Kontrolle ausüben! Gegenrede: Sinn und Unsinn von Testierungen. In: Weiterbildung, (2008)1, S. 22 - 24.

Zech, R. (Hg.): Qualität durch Reflexivität. Lernerorientierte Qualitätsentwicklung in der Praxis. Hannover 2004.

4.7 Evaluation und Bildungscontrolling

4.7.1 Problembezug

Lernziele

- Die verschiedenen Perspektiven von Weiterbildungs-Evaluation und -Controlling erkennen und erläutern können.

- Die Handlungsfelder von Weiterbildungs-Evaluationen und -Controlling anhand von Beispielen erläutern können.

- Die typischen Schritte der Planung, Durchführung und Auswertung einer Evaluation kennen und auf konkrete Weiterbildungsmaßnahmen anwenden können.

- Instrumente der Evaluation kennen und auf evaluative Problemstellungen anwenden können.

- Ein Design für einen Bildungscontrolling-Ansatz für eine beispielhafte Weiterbildungsmaßnahme entwickeln können.

- Probleme der Nutzenmessung erläutern können.

- Ein theoretisches Konzept der Nutzenmessung erläutern und kritisch bewerten können.

Auch wenn die Weiterbildung für viele Betriebe immer bedeutsamer und als Investition in das Humankapital verstanden wird, so betrifft die Forderung nach Kostensenkung, die sich über alle Unternehmensbereiche erstreckt, auch die betriebliche Weiterbildung. Während in den 70er und 80er Jahren die Weiterbildungsabteilungen großer Unternehmen häufig Weiterbildungskataloge erstellten, die sie den Mitarbeitern zusandten, damit die Mitarbeiter sich daraus nach Wunsch Angebote aussuchen konnten, hat sich seither die Weiterbildungssituation in den Unternehmen deutlich verändert. Verstärkt sind Weiterbildungsabteilungen zu Profit-Center umgestaltet worden. Von den Weiterbildungsverantwortlichen wird dabei erwartet, dass der betriebliche Qualifizierungsbedarf der Mitarbeiter nicht nur rechtzeitig erkannt wird, sondern dass die erforderlichen Maßnahmen dann auch „effizient" durchgeführt werden. Dies bedeutet aus Unternehmenssicht, dass die Weiterbildung möglichst geringe Kosten verursachen und einen möglichst großen Nutzen stiften soll.

In vielen Unternehmen sind die Budgets der Weiterbildungsabteilungen in den letzten Jahren vor diesem Hintergrund zur Disposition gestellt worden. Die Weiterbildungsverantwortlichen sind angesichts dieses „Effizienz-Denkens" aufgefordert worden, die Kosten zu legitimieren und zu reduzieren und gleichzeitig die Angebote strikt bedarfsorientiert statt – wie bislang („Weiterbildungskataloge") – angebotsorientiert auszurichten. Zudem ist auch der Nutzen von Weiterbildungsaktivitäten nachzuweisen.

Doch: Wie misst man den Nutzen einer Weiterbildung? Wie misst man etwa den Nutzen eines Textverarbeitungskurses? Und noch schwieriger: Wie misst man den Nutzen von Seminaren, in denen es um die Förderung von Soft-Skills geht – etwa im Bereich der Mitarbeiterführung?

Insgesamt nimmt also in der jüngeren Vergangenheit das Interesse an einer verstärkten Steuerung des Weiterbildungsgeschehens in einem Unternehmen zu. In diesem Zusammenhang werden in jüngster Zeit verstärkt auch sog. Bildungs-Controlling-

Konzepte diskutiert. Sie sollen der Verbesserung der betrieblichen Bildungsarbeit dienen. Bildungs-Controlling darf dabei keineswegs als Weiterbildungs-Kontrolle missverstanden werden: Im Mittelpunkt des Controllings steht vielmehr ein zukunfts-orientiertes Handeln, ein in die Zukunft gerichtetes Steuern von Abläufen und Prozessen. Im Gegensatz dazu bezieht sich Kontrolle mehr auf die Vergangenheit. Mit Einführung einer Bildungs-Controlling-Sicht ändert sich also auch der Blickwinkel der Bildungsarbeit von der Ex-Post-Orientierung zu einer Ex-Ante-Orientierung.

Als Forschungsthema wurde Bildungs-Controlling erst in jüngerer Zeit richtig entdeckt. 1990 wurde das Thema erstmals vom Institut der deutschen Wirtschaft andiskutiert. Trotz dieses mit Beginn der neunziger Jahre einsetzenden erheblichen Bedeutungszuwachses wird dem Bildungs-Controlling in den Unternehmen jedoch bislang keine eigenständige Funktion zugeschrieben. Es wird häufig als Teilbereich der betrieblichen Personalarbeit gesehen. Eine Auswertung von Stellenanzeigen im Juli 1997 machte deutlich, dass im Gegensatz zum betriebswirtschaftlichen Controlling für den Bildungsbereich bislang kaum Controller gesucht werden. Doch was ist denn nun überhaupt Bildungs-Controlling? Worauf bezieht es sich? Was sind typische Tätigkeitsfelder? Auch wenn das Stichwort Bildungs-Controlling in kaum einer aktuellen Abhandlung zur betrieblichen Weiterbildung fehlt, so geht doch mit der Verwendung eine erhebliche Unschärfe einher! Bildungs-Controlling wird dabei häufig – ebenso wie Evaluation (Rotering-Steinberg 2006, S. 218 und S. 225) – im Zusammenhang mit anderen Begriffen verwendet, wie etwa mit denen in Abbildung 4.7-1 genannten.

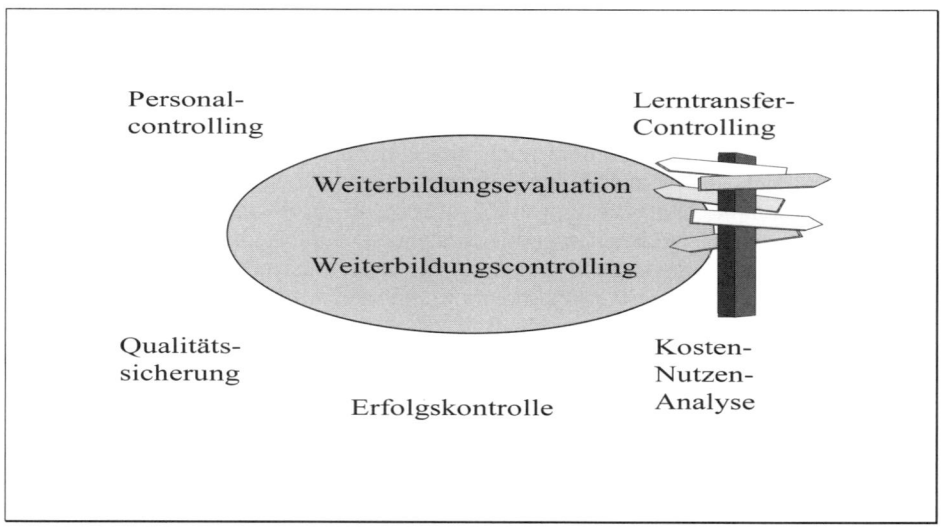

Abb. 4.7-1: Begriffsvielfalt im Kontext von
Weiterbildungsevaluation und -controlling

Es gibt dabei in der Literatur Überschneidungen, Unter- und Überordnungen, aber in jedem Fall keine Einheitlichkeit, denn fast jeder Autor hat eigene Zuordnungen. Vor allem ist der Bezug zu jenem Konzept unklar, das in den letzten Jahren die betriebliche Weiterbildung in starkem Maße geprägt hat und immer noch prägt, nämlich der Evaluation von Bildungsmaßnahmen. Was also ist Evaluation und wie unterscheiden sich evaluative Ansätze von Maßnahmen des Weiterbildungs-Controllings? Gibt es überhaupt Unterschiede – oder sind es – worauf Praktiker häufig verweisen – Synonyme?

Mit diesen Fragestellungen ist der Rahmen für die folgenden Ausführungen gesetzt. Eine Einordnung des Handlungsfelds Weiterbildungsevaluation und -controlling ist der folgenden Abbildung 4.7-2 zu entnehmen. Dabei werden die Begrifflichkeiten an gleich zwei Stellen im Kreislaufmodell verwandt. Zum einen als Feld innerhalb des Kreislaufs. Damit ist angesprochen, dass am Ende von Weiterbildungsmaßnahmen versucht wird, den ökonomischen oder pädagogischen Erfolg der Aktivitäten festzustellen. Man spricht hier von der so genannten Output-Evaluation bzw. vom Output-Controlling. In der Praxis beschränken sich die evaluativen bzw. Controlling-Aktivitäten häufig auf diesen Aspekt. Daher betrachten die meisten theoretischen Ablaufmodelle zum Weiterbildungsmanagement dieses Handlungsfeld auch als „Endpunkt" im Kreislaufmodell. Allerdings übersieht dies, dass Evaluationen und Controlling sich nicht nur auf den Output von Weiterbildung beziehen. Wie später noch dargelegt wird, beziehen sich Evaluation und Controlling auch auf alle Teilaspekte bei der Planung und Durchführung von Weiterbildung. Daher werden im vorliegenden Kontext beide Strategien zugleich auch als übergreifendes Handlungsfeld begriffen.

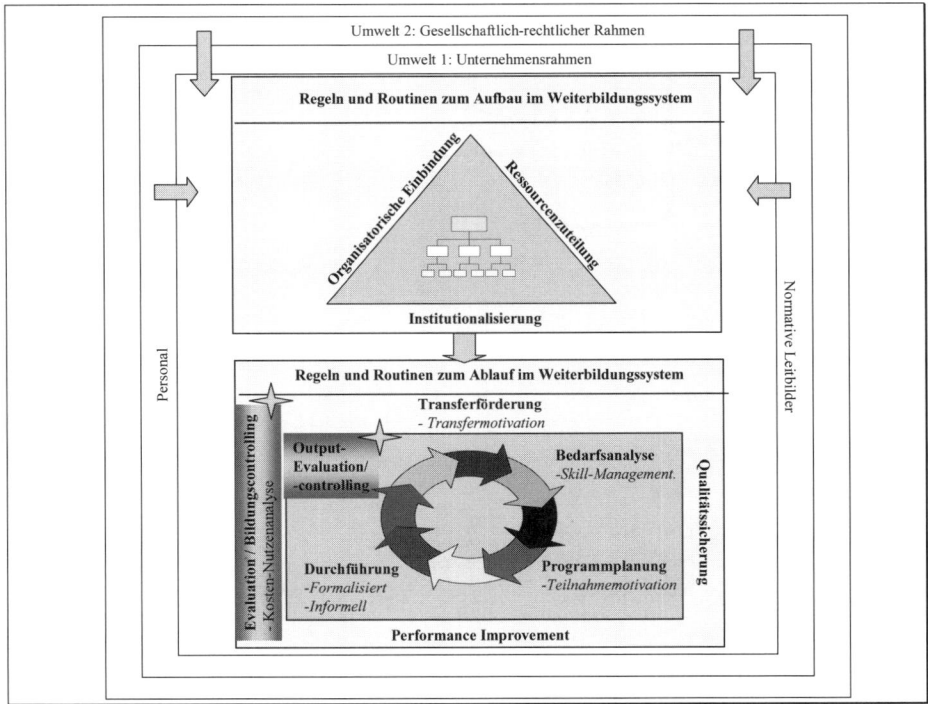

Abb. 4.7-2: Weiterbildungs-Evaluation und -Controlling als Handlungsfelder des betrieblichen Weiterbildungsmanagements

Der Ablauf der Erörterungen ist in Abbildung 4.7-3 graphisch wiedergegeben.

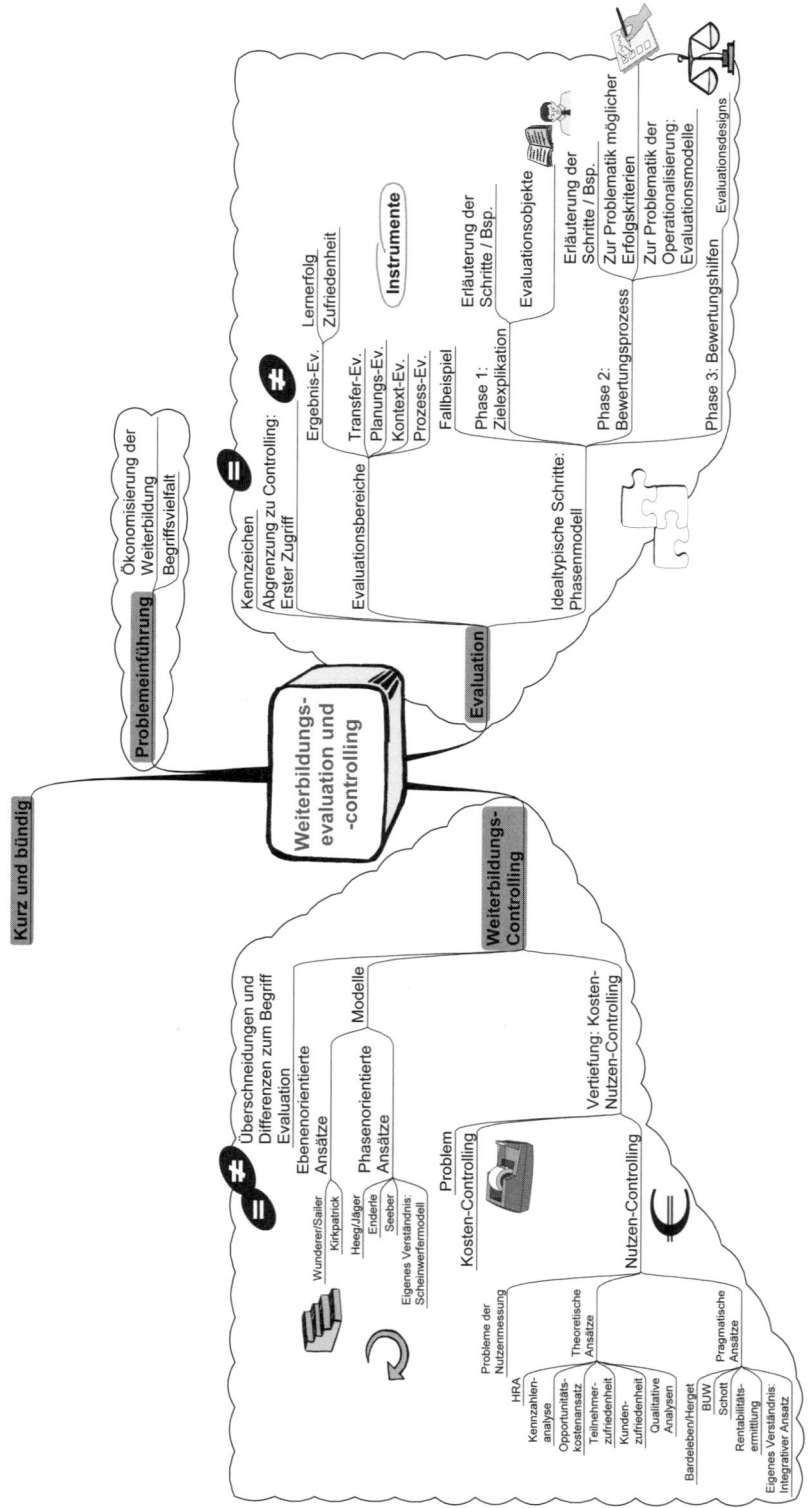

Abb. 4.7-3: Ablauf der Argumentationen

4.7.2 Evaluation von Bildungsmaßnahmen

4.7.2.1 Zum Begriff

Was verbirgt sich hinter dem Begriff „Evaluation"? Bislang hat sich in der Literatur keine einheitliche Definition durchgesetzt. Franklin und Trasher karikieren das Begriffswirrwarr in diesem Bereich mit der Formulierung, dass es derzeit etwa genau so viele Definitionen von Evaluation gäbe, wie Evaluatoren existieren würden.

Krekel/Seusing (1999, S. 14 f.) definieren „Evaluation" beispielsweise wie folgt: „Der Begriff der Evaluation meint allgemein die Bewertung bzw. die Beurteilung von Prozessen oder Zuständen anhand selbstgesetzter oder vorgegebener Ziele, und zwar mit Hilfe empirisch erhobener Befunde und zum Zwecke der Steuerung und Verbesserung der Prozesse oder Zustände."

Götz (1999, S. 24) arbeitet in Auseinandersetzung mit vorliegenden Definitionen folgendes Verständnis von Evaluation heraus: „Es geht ... um das Werten oder die Bewertung von Sachen oder Sachverhalten. In pädagogischen Feldern wird mittels Evaluierungen versucht, über den wesentlichen Gehalt, den Grad der Zielerreichung oder kurz die *Wirksamkeit*[206] von Bildungsmaßnahmen Aussagen zu machen. Diese Wirksamkeitsprüfung bedient sich wissenschaftlicher Verfahrensweisen und hat das Ziel, die Qualität von Bildung zu optimieren. Das Kriterium der Optimierung ist abhängig von den jeweils vorherrschenden Werte- und Normenvorstellungen eines (beurteilenden) Systems."

Übung:

1	Bevor Sie weiter lesen: Durch welche Merkmale lässt sich eine Weiterbildungsevaluation kennzeichnen?
2	Wie lässt sich – vor dem Hintergrund der Definitionen – „Weiterbildungskontrolle" von „Weiterbildungsevaluation" abgrenzen?

Wodurch lassen sich – ausgehend von den exemplarisch aufgeführten Definitionen – Weiterbildungs-Evaluationen kennzeichnen. Drei Merkmale sind zentral:

- *Bewertung anhand empirischer Daten*

  Eine Weiterbildungs-Evaluation basiert immer auf empirischen Befunden („mit Hilfe empirisch erhobener Befunde", „bedient sich wissenschaftlicher Verfahrensweisen"). Mittels Befragungen, Beobachtungen oder Tests werden Daten bspw. zu einem Weiterbildungskurs erhoben. Sie bilden die Basis für Interpretationen der jeweiligen Weiterbildungssituation. Im Vorfeld von Weiterbildungs-Evaluationen ist diesbezüglich festzulegen, anhand welcher Kriterien der Erfolg oder Misserfolg gemessen, mittels welcher Instrumente die empirische Basis erhoben werden soll, wer an der Interpretation der Datenbasis beteiligt ist und wie Fehlinterpretationen vermieden werden können.

---

[206] Kursiv im Original.

- *Zielorientierung der Evaluation*

  Mit einer Evaluation verfolgt man immer spezifische Zielsetzungen („anhand selbstgesetzter oder vorgegebener Ziele", „Grad der Zielerreichung"). Wenn eine Evaluation durchgeführt werden soll, so muss deren Ziel klar definiert sein. Für die Anlage einer Evaluation macht es einen großen Unterschied, ob man die Qualität der Lehr-Lern-Prozesse in einer Weiterbildungsmaßnahme verbessern oder ob man deren Effizienz im Hinblick auf die Erreichung der Unternehmensziele steigern will („Das Kriterium der Optimierung ist abhängig von den jeweils vorherrschenden Werte- und Normenvorstellungen eines (beurteilenden) Systems."). Die beiden genannten Zielsetzungen repräsentieren die beiden Hauptargumentationsmuster, wenn es um die Ziele von Evaluationen und Bildungscontrolling geht. Verfolgt man das primäre Ziel der *Qualitätsverbesserung der Bildungsarbeit*, dann geht es um das Erkennen von Stärken und Schwächen der bisherigen Bildungsarbeit aus pädagogischer Sicht. Typische Instrumente sind dabei Befragungen, Beobachtungen, aber auch Tests bei den Teilnehmern von Weiterbildungskursen. Bei den Evaluationen geht es vor allem darum, den Lernerfolg in einer Maßnahme zu erhöhen. Bspw. nehmen dabei Fragen zum didaktisch-methodischen Design eine zentrale Rolle ein. Eine diesbezügliche Interpretation der gewonnenen Datenbasis könnte bspw. zum Ergebnis kommen, dass Lernschwierigkeiten und ein ausgebliebener Anwendungserfolg in einem Kurs auf eine zu große Teilnehmerzahl und auf das Fehlen von vorbereitenden Lernmaterialien sowie einer unzulänglichen Nachbetreuung zurückzuführen ist. Weiterbildungs-Evaluation ist damit schwerpunktmäßig in pädagogische Kontexte eingebunden und wird daher auch überwiegend in der berufs- und wirtschaftspädagogischen Literatur zur Weiterbildung verwendet.

  Der Controlling-Begriff wird dagegen in der Wirtschaftspädagogik kaum verwandt und zum Teil sogar abgelehnt. Er wird eher im Kontext der oben genannten zweiten prinzipiellen Zielausrichtung verwendet. Hier geht es vor allem um die Steigerung von Effizienz von Weiterbildung im Hinblick auf die Erreichung der Unternehmensziele. Von Landsberg (1995) formuliert als typische Zielsetzungen von Bildungscontrolling-Aktivitäten:

  o Die begleitende Kontrolle aller kostenwirksamen Vorgänge in der Weiterbildung;

  o das Aufzeigen der Bewegungen in der Gewinn- und Verlustrechnung infolge von Weiterbildung;

  o Bildungscontrolling habe dabei ein Wächter der Wirtschaftlichkeit von Weiterbildung zu sein.

Weiterbildung wird hier also im Kontext ihres Beitrags zu den Unternehmenszielen diskutiert. Weiterbildung hat in dieser Perspektive ihren Beitrag zur Sicherung des Unternehmens zu leisten. Daher muss sich Weiterbildung auch an Rentabilitätsgesichtspunkten messen lassen. Dieser Erfolg ergibt sich dabei aus den monetär bewerteten Aufwendungen und Erträgen für Weiterbildung. Maßnahmen zur Anhebung der Qualität der Lehr-Lernprozesse können dabei – zumindest vordergründig – diesen Zielsetzungen widersprechen. So sind Kleingruppenarbeit und Nachbetreuung durchaus kostenträchtig und werden daher häufig gerade von kleinen und mittelständischen Unternehmen abgelehnt. Dass diese verbreitete Sichtweise verkürzt ist, wird im Schlussteil dieses Kapitels noch deutlich werden. Bildungscontrolling unterscheidet sich von Evaluation also zunächst im Zielfokus. Während Evaluationen eher in pädagogischen Kontexten zu finden sind, steht Bildungscontrolling mit den genannten Fragestellungen eher in einem ökonomischen Kontext. Inwiefern sich dies in den jeweiligen Handlungsfeldern niederschlägt, wird später diskutiert.

- *Empfehlungscharakter (Planungsgrundlage)*

  Evaluationen und Bildungscontrolling verfolgen nicht nur das Ziel, ex-post zu bewerten, sondern daraus begründete Empfehlungen für spätere Weiterbildungsaktivitäten abzuleiten („zum Zwecke der Steuerung und Verbesserung", „Es geht ... um das Werten oder Bewerten"). Wenn die Ergebnisse einer Evaluation bspw. darauf hindeuten, dass der Lernerfolg angesichts eines nicht zielgruppenadäquaten didaktisch-methodischen Designs gering ist, dann münden die Evaluationen im letzten Schritt in Empfehlungen zur Weiterentwicklung des Kurses in diesem Bereich.

Im Kern beinhaltet also Weiterbildungsevaluation ein umfassendes

- Informationssystem („Erhebung empirischer Daten"),

- Bewertungssystem („Bewertung empirischer Daten") und

- Planungssystem („Empfehlung von Maßnahmen auf der Grundlage der Bewertung der empirischen Befunde")

- zur Koordination der betrieblichen Weiterbildungsarbeit mit der Zielsetzung der Qualitätsverbesserung der Lehr-Lernprozesse unter Zugrundelegung pädagogischer Kriterien (Zielorientierung: Qualitätsverbesserung der Bildungsarbeit).

Auf das Verständnis zum Weiterbildungscontrolling wird einleitend zu Abschnitt 4.7.3 eingegangen.

4.7.2.2 Evaluationsbereiche

Evaluationen können sich typischer Weise auf fünf Handlungsfelder beziehen (vgl. Abbildung 4.7-4).

Evaluationen können sich zunächst einmal auf das *Ergebnis* einer Weiterbildungsmaßnahme beziehen (Ergebnis-Evaluation in Abb. 4.7-4). Man bezieht sich hier also auf das Feld „Output" im Kreislaufmodell des betrieblichen Weiterbildungsmanagements in ablaufbezogener Betrachtungsweise. Zwei Fragestellungen sind dabei von Relevanz:

a)   Wie ist der Lernerfolg von Teilnehmern einzuschätzen? Hier spricht man von einer *Lernerfolgs-Evaluation*. Typische Instrumente sind dabei die klassischen Testverfahren. In der Praxis verbreitet sind auch Befragungen zur subjektiven Einschätzung des Lernerfolgs. Eine Fragestellung könnte hier bspw. sein, ob ein Teilnehmer aus seiner Sicht die (subjektiv) verfolgten Lernziele eines Kurses erreicht hat.

b)   Wie zufrieden sind die Teilnehmer mit dem Kurs? Diese Fragestellung ist typisch für eine *Zufriedenheits-Evaluation*. Hier geht es bspw. um die Zufriedenheit mit dem Kursleiter, mit dem Kursdesign, mit den Inhalten, mit dem affektiven Klima im Kurs, mit den Materialien usw. Typische Instrumente sind dabei Fragebögen („Happiness-Sheets") oder problemzentrierte Interviews.

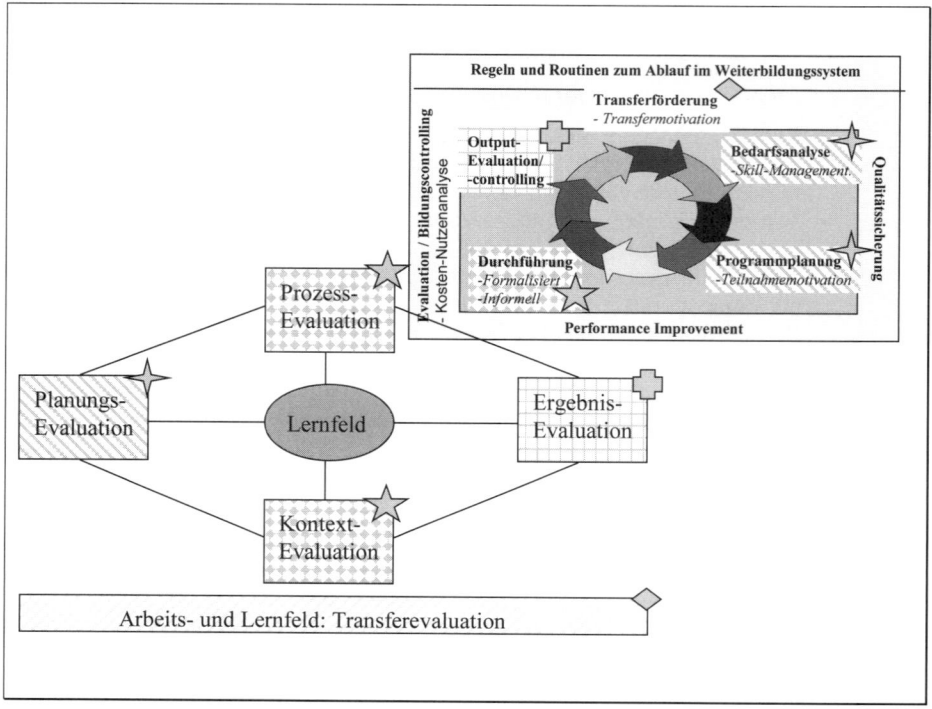

Abb. 4.7-4: Evaluationsbereiche

Im Vier-Ebenen-Ansatz der Wirksamkeit von Weiterbildungsmaßnahmen nach Kirkpatrick, der in Kap. 4.7.3.2.1 ausführlich erläutert wird, geht es bei den vorgenannten Evaluationen um die Ebenen 1 und 2. Zum Ansatz von Kirkpatrick an dieser Stelle nur soviel: Kirkpatrick unterscheidet vier Stufen des Erfolges einer Weiterbildungsmaßnahme: 1. Stufe: Zufriedenheit der Teilnehmer (Wie erleben die Teilnehmer die Veranstaltung?), 2. Stufe: Lernerfolg der Teilnehmer (Welche Fertigkeiten, Kenntnisse, Einstellungen haben sie erworben?), 3. Stufe: Anwendung des Erlernten (Wie gelingt der Lerntransfer?), 4. Stufe des Erfolges: Auswirkungen auf den Unternehmenserfolg (Werden zusätzliche Erträge für das Unternehmen produziert?).

Bei der Zufriedenheitsevaluation der Ebene 1 geht es im Allgemeinen um affektive Reaktionen der Teilnehmer, zum anderen aber auch um Nützlichkeitsbewertungen im Hinblick auf den eigenen Arbeitsplatz. Solche Befragungen werden meist mittels eines standardisierten Fragebogens am Ende eines Kurses durchgeführt. Zum Einsatz kommen aber auch Stimmungsbarometer[207] oder Blitzlichter[208]. In der Pra-

---

[207] Eine Kurzbeschreibung und weiterführende Literaturhinweise hierzu finden Sie bspw. unter: http://www.sowi-online.de/methoden/lexikon/stimmungsbarometer-boettger.htm (Stand 16.05.2008).

xis ist dieses Instrument häufig das einzig eingesetzte, das überhaupt Schlussfolgerungen auf den Erfolg einer Maßnahme zulässt. Zum Teil werden solche Fragebögen in den Betrieben durch (mündliche) Feedbackgespräche zwischen Vorgesetztem und Mitarbeiter ergänzt. Dabei bleiben die Rückmeldungen in der Regel jedoch eher oberflächlich. Fragen richten sich eher auf eine *allgemeine* Bewertung („War das Seminar in Ordnung?") als auf eine *konkrete* („Was werden Sie am Arbeitsplatz anwenden?").

Bei der Lernerfolgsevaluation der Stufe 2 geht es um die Feststellung von affektiven, behavioralen, und kognitiven Lernerträgen (Ryschka/Solga/Mattenklott 2005, S. 304). In der affektiven Dimension geht es um den Erwerb von Einstellungen (z. B. Kundenorientierung) oder Motivationen. Sie können über Persönlichkeitsfragebogen oder Interviews erfasst werden. Im behavioralen Bereich geht es um das Erlernen von Handlungsabläufen (z. B. Bedienung von Geräten). Hier kommen Verhaltensbeobachtungen in Form von Übungen (etwa in Form von Rollenspielen) in Frage. Kognitive Lernerträge (Wissen) können über Lerntests erfasst werden.

Übung:

3   Besteht zwischen Lernerfolg und Zufriedenheit notwendigerweise ein eindeutiger Zusammenhang? Geben Sie Beispiele zu Ihrer Einschätzung! Eine kritisch abwägende Antwort finden Sie in Kapitel 4.7.3.2.1, wenn der Vier-Ebenen-Ansatz von Kirkpatrick diskutiert wird.

Wenn ein Weiterbildungsteilnehmer einen Lernerfolg erzielt hat, so bedeutet dies nicht notwendigerweise, dass er das Gelernte auch später am Arbeitsplatz anwendet. Wie in Kapitel 4.2 angesprochen, ist hierzu ein Transferprozess erforderlich, der keinesfalls als selbstverständlich unterstellt werden kann. Ob es zu einem solchen Transfer gekommen ist oder nicht bzw. an welchen Faktoren ein Transfer gescheitert ist, ist Gegenstand einer Transfer-Evaluation (vgl. Abb. 4.7-4). Hier geht es im Vier-Ebenen-Ansatz von Kirkpatrick um die Stufe 3. Im Gegensatz zu den anderen Evaluationsbereichen bezieht sie sich nicht nur auf das Lern-, sondern auch auf das Arbeitsfeld des Lerners. Im Kreislaufmodell des betrieblichen Weiterbildungsmanagements bezieht sich die Transfer-Evaluation auf das Handlungsfeld „Transferförderung": Die Transfer-Evaluation liefert dazu eine geeignete Informationsbasis, um Regeln und Routinen zur Transferförderung zu implementieren. Typische Instrumente einer Transfer-Evaluation sind problemzentrierte Interviews, Follow-Ups oder Mitabeitergespräche. Fragebögen können zwar auch Hinweise liefern, jedoch können sie nicht jenen Detaillierungsgrad aufweisen, der erforderlich ist, um Transferhemmnisse eindeutig zu identifizieren. In der Praxis wird der Lerntransfer in den Unternehmen nur selten überprüft.

---

208   Eine Kurzbeschreibung hierzu finden Sie bspw. unter: http://wiki.zum.de/Blitzlicht (Stand 16.05.2008).

Übung: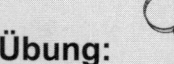

4   Nehmen Sie an, Sie haben mittels einer Fragebogenaktion drei Monate nach Ende eines Weiterbildungskurses eine Nachbefragung durchgeführt. Dabei fällt Ihnen auf, dass ein Teil der ehemaligen Teilnehmer angibt, ein Transfer sei ausgeblieben, weil der Kurs so praxisfern gewesen ist. Warum können Sie aus diesem Ergebnis zunächst noch nicht schließen, dass der Kurs wirklich wenig mit dem jeweiligen Arbeitsplatz zu tun hatte? Argumentieren Sie dabei mit Erkenntnissen aus der Diskussion um die Transfermotivation!

Transfer-Evaluation wird üblicherweise in der Literatur als eine der Weiterbildungsmaßnahme zeitlich nachgelagerte Aktivität verstanden. Dabei handelt es sich jedoch um ein etwas verkürztes Verständnis. Wie Sie aus Kapitel 4.2 wissen, greifen transferförderliche Maßnahmen vor, während und nach dem Ende einer Weiterbildungsmaßnahme.

Übung:

5   **Zur Wiederholung:** Geben Sie Beispiele für transferfördernde Maßnahmen im Vorfeld von Weiterbildungsmaßnahmen! Was ist deren Ziel und auf welche transferhemmenden Faktoren sind sie gerichtet?

Entsprechend zu dieser zeitlichen Strukturierung können sich *Transfer-Evaluationen* prinzipiell auch auf den Zeitraum vor, während und nach einer Weiterbildungsmaßnahme beziehen. Wenn Transfer-Evaluation – wie zuvor angesprochen – eine geeignete Informationsbasis liefern sollen, um Regeln und Routinen zur Transferförderung zu implementieren, dann haben sie nicht nur zu beantworten, ob es zu einem Transfer gekommen ist und ggfs. warum nicht, vielmehr haben sie auch Erkenntnisse über den Erfolg und zu den Problemen des Einsatzes transferfördernder Instrumente zu liefern. Wenn etwa Weiterbildungsteilnehmer zur Vorbereitung auf einen Kurs vorbereitende Materialien erhalten und durcharbeiten sollen, dann kann sich eine Transfer-Evaluation auf den Nutzungsgrad und die Anwendungshemmnisse dieser Materialien beziehen. Transfer-Evaluationen können auch der Frage nachgehen, wie erfolgreich der Einsatz von Transferzielprotokollen ist und welche Schwierigkeiten dabei auftreten.

Bei der *Planungs- oder Input-Evaluation* (vgl. Abb. 4.7-4) geht es um die Untersuchung aller vorbereitenden Aktivitäten von Weiterbildung, insbesondere um die Ziel- und Konzeptanalyse. Die Input-Evaluationen können sich auf die Teilnehmer beziehen, aber auch auf die Methoden, die Medien oder den Trainer. Welcher Weiterbildungsbedarf existiert? Lassen sich eventuelle Arbeitsplatzprobleme durch Weiterbildung beheben (oder sind etwa Maßnahmen aus dem Bereich der verhaltensorientierten Personalentwicklung erforderlich)? Welche Lernvoraussetzungen haben die Teilnehmer? Sind die Inhalte und die zur Verfügung gestellten Materialien eines bereits mehrfach durchgeführten Kurses noch aktuell? Sind die Trainer verfügbar? Usw. Typische Instrumente sind hier Dokumentenanalysen, Mitarbeitergespräche, aber auch Fragebögen. Im Kreislaufmodell des betrieblichen Weiterbildungsmanagements bezieht sich die Input-Evaluation auf die Handlungsfelder Bedarfsanalyse und Programmplanung, für die sie eine geeignete Informationsbasis zur Verfügung zu stellen hat.

In den Bereich der *Kontext-Evaluierungen* (vgl. Abb. 4.7-4) fällt die Analyse nach den geeigneten Rahmenbedingungen beim Lernfeld (Handlungsfeld: Durchführung der Weiterbildung). Hier geht es vor allem um die Ausstattung des Lernorts. Sind geeignete Räumlichkeiten und Infrastruktur verfügbar? Sind Beamer und Flipcharts vorhanden? Aber auch: Sind die finanziellen, zeitlichen und personellen Ressourcen vorhanden? Hier dominieren Dokumentenanalysen und Beobachtungen.

Schließlich können sich Evaluationen auf den Zeitraum während der Durchführung eines Kurses beziehen. Man spricht hier von der *Prozess-Evaluation* (vgl. Abb. 4.7-4). Hier geht es um den adäquaten Verlauf einer Weiterbildungsmaßnahme. Während das Ziel einer Ergebnis-Evaluation vor allem ist, spätere Weiterbildungsmaßnahmen zu verbessern, kann eine Prozess-Evaluation dazu beitragen, bereits den laufenden Kurs weiter zu verbessern. Welche Lernschwierigkeiten treten auf und wie geht der Dozent damit um? Dazu sind vor allem alle Evaluationsinstrumente geeignet, die dem Dozenten ein sofortiges Feedback ermöglichen. Beispiele hierzu sind etwa Stimmungsbarometer oder Metaplantechnik. Aber auch alle formalisierten Verfahren der Beobachtung können hier Anwendung finden. Ryschka/Solga/Mattenklott (2005, S. 300) weisen darauf hin, dass solche Beobachtungen auch eine geeignete Interpretationshilfe bei der Beurteilung eines eventuell ausgebliebenen Zufriedenheits-, Lern- oder Transfererfolgs darstellen können.

Übung:

6	Das Fortbildungszentrum Hochschullehre (FBZHL) an der FAU in Erlangen-Nürnberg führt Weiterbildungskurse für das wissenschaftliche Personal der Universität im didaktisch-methodischen Bereich durch. Der Autor dieses Lehrbuchs ist im März 2004 zum Beauftragten für das FBZHL ernannt worden. Zuvor hat das FBZHL im Jahr 2003 etwa 20 Kurse durchgeführt. Anlässlich der Übernahme der Funktion erschien es sinnvoll, die Arbeit im FBZHL durch geeignete Evaluationen zu unterstützen und weiter zu verbessern. Sie sind Mitarbeiter im FBZHL und werden gebeten, ein geeignetes Evaluationskonzept vorzuschlagen, das alle fünf Evaluationsbereiche umfasst. Geben Sie zu jedem Bereich mindestens zwei Problemstellungen an, denen Sie nachgehen würden. Skizzieren Sie dabei auch, wie Sie dabei vorgehen würden und welche Instrumente Sie dabei einsetzen würden! Dabei können Sie auch auf die Ausführungen zur instrumentellen Perspektive weiter unten zurückgreifen.
7	In der Einführung zu diesem Kapitel ist darauf hingewiesen worden, dass der Begriff „Weiterbildungs-Evaluation" und „Weiterbildungs-Kontrolle" teilweise synonym, teilweise aber auch in Abgrenzung voneinander verwendet werden. Welchem Evaluationsbereich kann der Begriff „Weiterbildungs-Kontrolle" zugeordnet werden, wenn man die Unterschiede zwischen diesen beiden Begriffen betonen will?

4.7.2.3 Phasen der Evaluation

Die typischen Phasen einer Evaluation seien anhand eines konkreten Fallbeispiels aus einem eigenen Projekt verdeutlicht. Zum besseren Verständnis seien die Eckpunkte des Weiterbildungskurses vorangestellt.

Fallstudie IT-Fit

IT-Fit bietet eine Plattform für eine dezentrale Fortbildung von Lehrern und Ausbildern im IT-Bereich. Damit soll eine Grundlage für ein selbstorganisiertes Lernen nach individuellen Bedürfnissen und Voraussetzungen für Lehrer und Ausbilder im IT-Bereich geschaffen werden. Zugleich verfolgt der Ansatz jenseits der Intention der Vermittlung fachlicher Inhalte weitergesteckte Ziele. So soll zugleich der Wissensaustausch zwischen Berufsschullehrern und betrieblichen Ausbildern gefördert werden.

Im Rahmen der Pilotphase zwischen 2001 und 2003 sind drei IT-Module entwickelt und erprobt worden: Visual Basic, Windows 2000/Netzwerke und Projektmanagement. Die Lernphase in jedem Online-Modul dauerte jeweils etwa acht Wochen. Zu Beginn jedes Moduls erfolgte ein Kick-Off-Workshop. Damit sollte eine Vertrauensbasis für die nachfolgenden netzgestützten Kommunikationen geschaffen werden. Daneben ging es im Start-Workshop aber auch um die Erfassung von Teilnehmerinteressen und den übenden Umgang mit der Lernplattform. Im Anschluss an den Kick-Off-Workshop begann die Online-Phase, bei der die Lerner vom Arbeitsplatz aus bzw. von zu Hause über das Internet auf die Lernplattform zugegriffen haben. Jedes Modul schloss mit einem Präsenzworkshop ab. Hier ging es um die Aufarbeitung von Lernschwierigkeiten, aber auch um den Austausch von praktischen Erfahrungen zum Thema.

Die Lernplattform selbst umfasste insgesamt 10 Elemente, von denen hier nur wenige skizziert werden sollen. Modul a: Jedes Online-Modul umfasste ca. 20 bis 30 Lerneinheiten, die der Lerner nach Vorgaben im wöchentlichen Rhythmus zu bearbeiten hatte. Auf aufwendige multimediale Angebote wurde dabei bewusst verzichtet, um die technischen Anforderungen am Arbeitsplatz bzw. zu Hause möglichst niedrig zu halten. In jeder Lerneinheit waren auch MC-Tests zur raschen Selbstevaluation vorgesehen. Modul b: Während es im Modul „Prüfungen" um Fremdevaluationen durch den Teletutor ging, wurden im Übungsmodul problemorientierte Aufgaben zur Selbstüberprüfung mittels Musterlösungen gelöst. Allerdings war die Nutzung dieser Option „angesichts eines fehlenden Drucks" und angesichts fehlender zeitlicher Freiräume beim Lernen in der Pilotphase von IT-Fit eher gering geblieben. Modul c: Ein Erfahrungsaustausch zwischen Lehrern und Ausbildern ergibt sich nicht automatisch, sondern muss initiiert werden. In IT-Fit ist versucht worden, dies über ein virtuelles Klassenzimmer, aber auch über kooperativ zu bewältigende Aufgaben zu erreichen. Sowohl das virtuelle Klassenzimmer als auch die Teamaufgaben sind aber trotz aller didaktischen Gestaltungsarbeiten – um es vorsichtig zu formulieren – eher spärlich in Anspruch genommen worden. Hintergrund hierfür war, dass zeitliche Freiräume bei Lehrern und Ausbildern nicht zur Verfügung standen. Modul d: Der Teletutor ist von zentraler Bedeutung für den Lernerfolg, weil er alle Steuerungsfunktionen bei diesem E-Learning-Ansatz übernimmt. Er berät bei Lernproblemen, moderiert im virtuellen Klassenzimmer, ist für die Korrektur der Prüfungsaufgaben und ein geeignetes Feedback verantwortlich, stellt Skripte in den Downloadbereich ein, steuert die Bearbeitung von Teamaufgaben, stellt Informationen über das Forum oder den Newsletter zur Verfügung und steht für Rückfragen über E-Mail oder einmal pro Woche „live" über den Chat zur Verfügung. Die Beurteilung seiner Arbeit war in den Evaluationen ausgesprochen positiv.

Die folgende Abbildung (in Anlehnung an Wottawa/Thierau 1998) gibt einen Überblick über die idealtypischen Schritte einer Evaluation. In der oberen Zeile finden Sie quasi die Grobschritte einer Evaluation, die jeweils darunter in Teilschritte zergliedert werden.

Idealtypische Schritte bei der Evaluation von Weiterbildung

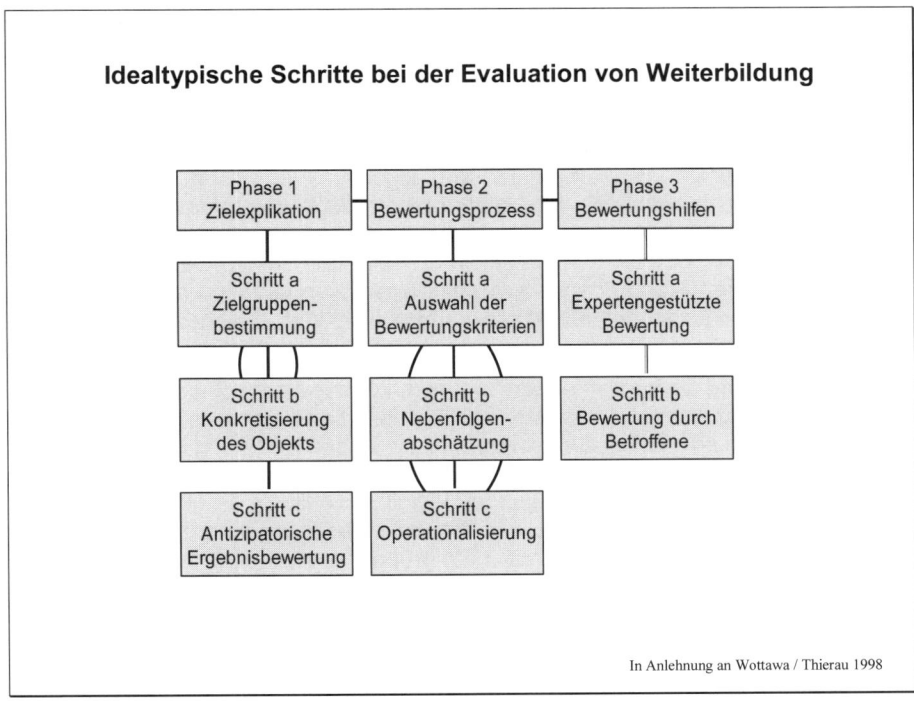

In Anlehnung an Wottawa / Thierau 1998

Abb. 4.7-5: Idealtypische Schritte bei der Evaluation von Weiterbildung

Beginnen wir mit der Phase der *Zielexplikation*. Hier geht es zunächst einmal darum zu klären, welche Ziele mit einer Evaluation verbunden sind. Auf den ersten Blick hört sich dies trivial an, ist es jedoch nicht. Nur selten ist ein Evaluationsauftrag so konkret, dass man gleich mit der Datenerhebung anfangen kann. In Unternehmen heißt es häufig: „Kümmern Sie sich mal um den Kurs xy, da läuft irgend etwas schief. Da kommen immer wieder Beschwerden". Ein solcher Auftrag ist sehr offen – ohne weitergehende Informationen ist die Planung der Datenerhebung nicht möglich.

Auch im genannten E-Learning-Projekt war dies so. Vom Auftraggeber wurde lediglich dargelegt, dass ein E-Learning-Kurs für Lehrer und Ausbilder durchgeführt werden solle. Dieser Ansatz solle evaluiert werden. Weitere Informationen wurden zunächst nicht gegeben, außer einer stichwortartigen Beschreibung der geplanten Maßnahme (Themenfelder, Module, Dauer der Module, Beginn/Ende). Der Auftrag war also – und dies ist nicht untypisch – sehr offen formuliert. Als Evaluator hat man sich daher zunächst zu fragen: Was genau soll denn bei diesem Ansatz evaluiert werden? Die Lernplattform – das Kursdesign – die Materialien – die Tutoren – die Teilnehmer?

Was soll der Inhalt der Empfehlungen sein? Geht es etwa darum, eine möglichst kostengünstige Maßnahme (im Sinne des Bildungscontrollings) zu realisieren oder geht es darum, die Maßnahme didaktisch nach den Regeln eines Wirtschaftspädagogen zu optimieren? Je nachdem, was erwartet wird, wird man zu unterschiedlichen Empfehlungen kommen – und je nachdem, welche Empfehlungen man abgeben soll, wird auch die Datenerhebung anders aussehen. Wie verschafft man sich also Klarheit über die Ziele (Phase 1)?

Prinzipiell kann man *sich selbst* Gedanken über die Ziele der Evaluation machen oder aber die Ziele in einer Diskussion *mit anderen gemeinsam* entwickeln. Beide Strategien haben Vor- und Nachteile. Meist ist eine Kombination beider Strategien sinnvoll und erforderlich. Empfohlen wird allgemein (wie in Abb. 4.7-5 angegeben), *Zielgruppen zu bestimmen, von denen man etwas Konkreteres über mögliche Ziele der Evaluation hören kann.* Erfahrungsgemäß können solche Gespräche aber nicht völlig unvorbereitet stattfinden, wenn man nicht seinen Gesprächspartner mit der allgemeinen Frage überfordern will: „Was sollen wir denn nun genau evaluieren?" – In der Regel bekommt man dann als Antwort: „Machen Sie sich mal Gedanken hierzu".

Deswegen sind die beiden ersten Unterschritte der ersten Phase als *„sukzessiver Abstimmungsprozess"* zu verstehen. Für den Evaluator empfiehlt es sich, zunächst einmal sich selbst Gedanken über eine Konkretisierung des Evaluationsobjektes zu machen. Dabei ist es sinnvoll, dass dies zunächst auf einer sehr groben Ebene erfolgt, da diese Überlegungen lediglich die Basis für nachfolgende Expertengespräche dienen sollen. Zugleich sind Überlegungen anzustellen, mit wem darüber gesprochen werden soll („Zielgruppenbestimmung"). Zwei Zielgruppen standen beim Ansatz IT-Fit von vorne herein fest: a) Der Auftraggeber und b) die it-akademie als Entwickler des Ansatzes.

Beide Zielgruppen können und hatten auch unterschiedliche Interessen im Hinblick auf die Evaluation. Während von der Akademie sehr stark didaktische Empfehlungen in den Vordergrund gerückt wurden (was können wir didaktisch besser machen?), wurde vom Auftraggeber sehr stark der Kostenaspekt eines E-Learning-Ansatzes in den Vordergrund gerückt. Dies kann – wie bereits angesprochen – durchaus zu sehr unterschiedlichen Empfehlungen führen. Beiden Zielgruppen sind im genannten Fallbeispiel die ersten Überlegungen der Evaluatoren in einem ersten Gespräch vorgestellt worden. Die Ausgangsskizze des Evaluationsteams bildete quasi die Basis von Gesprächen, in denen der Ansatz diskursiv weiterentwickelt worden ist. Ohne solche Vorlagen drohen solche Gespräche unstrukturiert zu verlaufen.

Im Rahmen der Gespräche ist auch erörtert worden, welche weiteren Zielgruppen noch wegen der Ausgestaltung der Evaluationen angesprochen werden können. Ausgehend vom Thema „Transfer" wurde schnell deutlich, dass (wegen der möglichen transferhemmenden Einflussfaktoren) auch die potenziellen Teilnehmer einbezogen werden müssen – und wegen der organisatorischen Rahmenbedingungen auch deren Vorgesetzte usw.

Die Zielgruppen, die Auskunft über mögliche Ziele einer Evaluation geben können, sind somit schrittweise bestimmt worden. Wottawa und Thierau schlagen zur Zielgruppenbestimmung vor, auf die Methode der Assoziationsketten zurückzugreifen. Dabei geht es darum, durch Nachdenken in einem ersten Schritt zunächst Betroffenen*gruppen* möglichst umfassend zu identifizieren (Auftraggeber, Weiterbildungsanbieter, Teilnehmer), um diese dann in einem zweiten Schritt weiter auszudifferenzieren (Weiterbildungsleiter, Kursleiter; Teilnehmer, Vorgesetzter des Teilnehmers usw.). Eine solche Kettenbildung zur Zielgruppenidentifizierung kann dabei je nach Bedarf mit unterschiedlichem Detaillierungsgrad erfolgen (vgl. ausführlich Wottawa/Thierau 1998, S. 85 f.) Zugleich sind in den Gesprächen im Fallbeispiel die Themen schrittweise immer weiter differenziert worden (Schritt 1b:

„Konkretisierung des Objekts"). Eine Methode, die hierbei Anwendung finden kann ist die des Brainstormings.

Info ☝

Brainstorming

Brainstorming ist eine Methode zur Ideengenerierung und Kreativitätsförderung. Ausgangspunkt ist eine Problemstellung („was genau soll evaluiert werden?"), für die in einer relativ kurzen Zeit (etwa 15 – 30 Minuten) in freier Assoziation Lösungsvorschläge entwickelt werden sollen. Dabei ist jede Idee erlaubt, Kritik jedoch unzulässig. In dieser Phase steht die Quantität der Vorschläge vor der Qualität. Ideen anderer dürfen dabei weiterentwickelt werden. Daher sind in dieser Brainstorming-phase ein hohes Tempo und eine parallele Visualisierung sinnvoll. In einer zweiten Phase geht es um eine Systematisierung und Gruppierung der Vorschläge. Auch können dann neue Ideen ergänzt werden.

Das Ergebnis der ersten beiden Schritte war im Fallbeispiel, dass innerhalb der ersten Wochen Klarheit darüber geschaffen wurde, was genau zu evaluieren ist. Dabei war für die Ideenfindung folgendes Klassifikationsschema hilfreich (vgl. Abbildung 4.7-6):

Bereiche Objekte	Planungs-Evaluation	Prozess-Evaluation	Kontext-Evaluation	Output-Evaluation	Transfer-Evaluation
Personen					
Methode + Inhalte					
Material					
Lern-umfeld					

Abb. 4.7-6: Klassifikationsschema zur Generierung von Evaluationsthemen

Die Kopfspalte enthält dabei mögliche Evaluationsobjekte, die Kopfzeile potenzielle Evaluationsbereiche. Aus dieser Kombination lassen sich Themen für Evaluationen systematisch ableiten. Es sei empfohlen, dies anhand einer konkreten Weiterbildungsmaßnahme selbst „durchzuspielen". Hier nur ein paar Beispiele:

- Transfer-Evaluation/Personen: Haben sich die Teilnehmer auf den Kurs vorbereitet? Sind mit den Vorgesetzten Mitarbeitergespräche geführt worden?

- Transfer-Evaluation/Materialien: Sind die Teilnehmer vorab ausreichend über die Inhalte des Kurses informiert worden; gab es ausreichend Vorbereitungsmaterial, um sich in die jeweiligen Themen einzuarbeiten?

- Transfer-Evaluation/Umfeldbedingungen: Sind am Arbeitsplatz Freiräume für das Lernen vorhanden bzw. vereinbart worden?

- Planungs-Evaluation/Methode und Inhalt: Ist die Lernplattform nach den didaktischen Prinzipien multimedialen Lernens gestaltet?

- Prozess-Evaluation/Materialien: Wie sind die Lerntests (MC) gestaltet und welche Schwierigkeiten sind damit verbunden?

- Prozess-Evaluation/Person: Wie ist die Intensität der Teilnahme beim E-Learning? Was führt zu einem Abbruch, was fördert die regelmäßige Teilnahme, was sind Lernprobleme?

- Prozess-Evaluation/Methode und Inhalt: Besteht die Notwendigkeit von zusätzlichen Präsenzphasen?

Das in der Abbildung 4.7-6 aufgeführte Raster hat – wie diese Beispiele zeigen – lediglich die Funktion, die eigene Ideengenerierung für Evaluationsthemen zu fördern.

Noch ein kurzer Hinweis zum letzten Schritt der ersten Phase. Idealtypisch ist eine antizipatorische Ergebnisbewertung vorzunehmen. Worum geht es dabei? Häufig gelangen Evaluationen zu Ergebnissen, die wiederum die Problemsichten der Betroffenen/Auftraggeber verändern. Im Fallbeispiel IT-Fit sind die Evaluationen zum Ergebnis gekommen, dass E-Learning mehrerer flankierender Präsenzveranstaltungen bedarf. Im ersten Modul ist lediglich ein Kick-Off-Workshop durchgeführt worden. Dies hat sich als völlig unzureichend erwiesen. Bei den weiteren Modulen wurde – vor dem Hintergrund der Evaluationsergebnisse – ein weiterer Abschluss-Workshop hinzugefügt. Auch dies erwies sich noch als zu wenig. Mit diesem Ergebnis wurde aber das zugrunde gelegte Ziel, mittels E-Learning möglichst kostenminimal zu qualifizieren, zunehmend in Frage gestellt. Auch wurde damit in Frage gestellt, ob ein E-Learning-Ansatz dann noch Vorteile gegenüber reinen Präsenzveranstaltungen aufweisen würde. Sinnvoll wäre gewesen, solche möglichen Konsequenzen im Vorfeld zu erörtern. Zur Teilphase der antizipatorischen Ergebnisbewertung gehört aber auch, dass mit den Betroffenen im Vorfeld darüber diskutiert werden muss, wie die weitere Vorgehensweise aussehen soll, wenn die Teil-Evaluationen (bspw. zur Gestaltung der Plattform) nicht positiv ausfallen. Zu hoch ist das Risiko, dass weitere Evaluationsschritte dann „subversiv" unterlaufen werden, was allerdings im eigenen Evaluationsprojekt nicht festgestellt werden konnte.

Kommen wir jetzt zur zweiten Phase, dem Bewertungsprozess. Das Ergebnis der ersten Phase ist, dass am Ende dem Evaluationsteam klar ist, welchen Themenfeldern im Rahmen der Evaluation nachzugehen ist. Unklar ist dann immer noch, wie die Evaluationen durchzuführen sind, um eine geeignete Informationsbasis zur

Bearbeitung der Fragestellungen zu erhalten: Anhand welcher Kriterien soll gemessen werden, ob das Ziel eines Weiterbildungskurses erreicht worden ist und wie sollen dann die Kriterien operationalisiert werden? Diese Auswahl der Bewertungskriterien ist der erste Schritt der zweiten Phase.

In der Phase 2a geht es zunächst um die Auswahl der Bewertungskriterien. Vordergründig erscheint dies unproblematisch, beispielsweise dann, wenn es etwa um Weiterbildungsmaßnahmen aus dem Bereich der „Hard-Skills" geht. Wenn bspw. ein Software-Kurs evaluiert werden soll, dann könnten eine Reihe kognitiver Lernziele formuliert werden, die dann wiederum als Evaluationskriterien dienen können. Am Ende eines Kurses könnten dann entsprechende Tests durchgeführt werden.

Doch können dies hinreichende Erfolgsparameter für eine Weiterbildungsmaßnahme sein? Zum einen übersieht dies die Transferproblematik. Versucht man den Transfer über eine Nachbefragung zu erfassen, so wird die Definition eindeutiger Bewertungskriterien schon sehr viel schwieriger. Eine übliche Frage in diesem Zusammenhang ist: „Wie viel vom Gelernten können Sie am Arbeitsplatz anwenden?" Doch was fängt man mit dem Ergebnis an, dass ein Mitarbeiter mit dem Anwendungsgrad unzufrieden ist? Liegen die Ursachen am Kurs oder eher beim Lerner oder eher am Arbeitsplatz?

Noch schwieriger wird die Festlegung von Bewertungskriterien, wenn die sog. Soft-Skills einbezogen werden. So kann der Besuch jeder Weiterbildungsmaßnahme bspw. auch die Arbeitsmotivation oder die Kooperationsbereitschaft der Teilnehmer beeinflussen. Solche Nebenfolgen von Weiterbildung sind (auch aus Sicht der Unternehmen) teilweise bedeutsamer als der Erwerb von Hard-Skills.

Die Auswahl geeigneter Bewertungskriterien gehört zu den schwierigsten Aspekten evaluativer Verfahren und auch des Bildungs-Controllings. Schon aus diesem Grund sind Evaluation und Bildungs-Controlling in Theorie und Praxis nicht unumstritten. Bei einem Blick in die Literatur findet man Positionen, die von der grundsätzlichen Unmöglichkeit, den Erfolg einer Weiterbildungsmaßnahme festzustellen, bis hin zu einer Vielzahl pragmatischer Ansätze, eben diesen Erfolg zu quantifizieren, reichen. Warum ist die Erfolgsmessung im Weiterbildungsbereich so schwierig? Zwei Gründe sind zunächst hervorzuheben:

- *Unscharfe Erfolgskriterien:* Woran wird Erfolg gemessen? Im Prinzip müssten alle Weiterbildungsfolgen berücksichtigt werden, also z. B. auch der Erwerb von Sozial- und Methodenkompetenzen in einem eher fachlich orientierten Weiterbildungsseminar. Doch dies lässt sich nur schwer valide belegen. So können bestimmte intendierte Lernziele (wie etwa Förderung der Selbstständigkeit durch ein geeignetes didaktisch-methodisches Design) aus Sicht der Teilnehmer sogar zu einer negativen Beurteilung führen, weil sie individuell ein anderes Lehr-Lernkonzept (konsumtives Zuhören) bevorzugen.

- *Unscharfe Erfolgsfaktoren:* Worauf ist der Erfolg bzw. Misserfolg von Weiterbildung zurückzuführen? Auf den Trainer, auf die Methode, auf die Lehr-Lern-Situation oder auf den Lerner? Bildung ist ein besonderes Gut, weil der Lerner Subjekt des Lernprozesses ist, d. h. er ist selbst an der Qualität der Weiterbildung beteiligt.

Auf weitere Probleme der Erfolgsmessung wird im Kontext des Bildungscontrollings eingegangen, wenn die Problematik der Nutzenmessung thematisiert wird (vgl. Abschnitt 4.7.3.3.3).

Die Erarbeitung von Bewertungskriterien kann immer nur am konkreten Fall erfolgen. Im Rahmen des Projekts „IT-Fit" ging es u. a. darum, eine geeignete Lernplattform für das E-Learning für Lehrer und Ausbilder zu entwickeln. Die Lerner (also Lehrer und Ausbilder) sollten von der Lernplattform wöchentlich Lernmodule zu spezifischen Themen abrufen und bearbeiten. Dazu waren sowohl Texte als auch Visualisierungen und Übungsaufgaben, aber auch Chats und eine „E-Mail-Hotline" vorgesehen. Aufgabe des Evaluationsteams war es unter anderem, die Gestaltung der Lernplattform zu evaluieren, mit dem Ziel noch möglichst während des Kurses Empfehlungen zur weiteren Verbesserung zu geben. Angesichts der genannten Intention ergab sich zunächst die Notwendigkeit einer formativen[209], also begleitenden, Evaluation. Woran sollte aber die Qualität der Lernplattform gemessen werden? Schnell besteht die Gefahr eines enumerativen Aufzählens von Kriterien, die einem Evaluator wichtig erscheinen. Eine solche Vorgehensweise erscheint wenig sinnvoll, da die Auswahlkriterien bereits über das Ergebnis mit entscheiden. Vor diesem Hintergrund haben sich die Evaluatoren im Fallbeispiel IT-Fit für einen theoretischen Zugriff auf die Didaktik multimedialen Lernens entschieden und die dort genannten Empfehlungen in konkrete Fragestellungen überführt, die als Bewertungsraster für die Evaluatoren bei einer *Dokumentenanalyse* dienten. Der folgende Ausschnitt des Fragebogens verdeutlicht das Ergebnis dieser Überlegungen zur Identifizierung der Evaluationskriterien (vgl. Abb. 4.7-7).

Lernziele:	
Welche Lernziele sollen erreicht werden?	
Sind die Lernziele ausgewiesen?	
Sind die Lernziele angemessen operationalisiert?	
Können die Lernziele durch die Arbeit mit dem E-Learning-Angebot gefördert werden?	
Lernvoraussetzungen:	
Wird das Lernangebot der technischen Ausstattung auf Seiten der Teilnehmer gerecht?	
Wie geht man mit heterogenen Lernvoraussetzungen um?	
Ist der Kurs zielgruppenorientiert aufbereitet?	
Welche methodischen Impulse könnten Schwierigkeiten bereiten?	
Zeitkomponente:	
Sind die Zeitvorgaben für die Bearbeitung der Materialien realistisch?	
Verwertbarkeitskomponente:	
Sind ein Teil der Materialien digital verfügbar und im Arbeitsalltag der Teilnehmer verwendbar?	
Präsentationskomponente:	
ÜBERGREIFENDE ASPEKTE	
Werden auf einer Seite soviel Informationen dargeboten, wie der Lerner zusammenhängend verarbeiten soll?	
Werden Möglichkeiten des dynamischen Textaufbaus genutzt?	
Bietet die internetbasierte Aufbereitung der Inhalte didaktische Vorteile gegenüber konventionellen Medien (z. B. Buch)?	
Sind die Bildschirmseiten übersichtlich gestaltet?	
Sind die einzelnen Bestandteile in einen festen Orientierungsrahmen eingebettet?	
Ist die Relation zwischen Text und Visualisierung von Informationen angemessen?	
Kann der Lerner die Materialien als Hardcopy ausdrucken oder stehen ihm Printmedien mit gleichen Inhalten zur Verfügung?	
Textgestaltung:	
Berücksichtigt Textlänge und -menge die Voraussetzungen des Lerners (Konzentration, sprachli-	

---

[209] Zum Begriff s. weiter unten.

che Kompetenz, usw.)	
Werden zentrale Begriffe usw. hervorgehoben?	
Verstärken Hervorhebungen die inhaltlichen Aussagen oder lenken sie ab?	
Werden Texte in kurzen, prägnanten Sätzen und Aussagen dargestellt?	
Ist die Orthographie, Interpunktion, Grammatik richtig?	
Sind verwendete Abkürzungen und Fachausdrücke aussagekräftig und möglichst einfach?	
Ist die Darstellung in einer zielgruppenangemessenen Verständnisfolge aufgebaut oder erfolgt sie rein nach fachsystematischen Kriterien?	
Ist die Hierachisierungstiefe der Hypertextstruktur angemessen?	
VISUALISIERUNG DER INFORMATION	
Welche Darstellungsformen werden verwendet?	
Welche didaktischen Funktionen sollen die Bilder haben? Erfüllen die Bilder diese Funktionen?	
Unterstützen die Bilder die Veranschaulichung des Lernstoffes?	
Ablaufsteuerungskomponente:	
Ist die Navigation übersichtlich?	
Ist die Navigation einsichtig?	
Welche Wahlmöglichkeiten stehen dem Teilnehmer zur Verfügung?	
Kann der Teilnehmer Lernzeiten, -strategien, Lernweg, Pausen und die Dauer der einzelnen Lernphasen individuell bestimmen?	
Wird der aktuelle Bearbeitungsstand des Teilnehmers festgehalten?	
Sind die Lerninhalte in einzelne Module mit klar definiertem Anfang und Ende gegliedert?	
Enthalten die Lernmaterialien Hinweise darüber, wo ergänzende Informationen zum Lernstoff gefunden werden können? Sind Hyperlinks zur ergänzenden Information integriert?	
Motivierungskomponente:	
ANREGENDE GESTALTUNG VON BILD UND TEXT	
Werden Beispiele gegeben, die repräsentativ und einprägsam sind?	
Werden die Benutzer direkt angesprochen, um die Anonymität aufzubrechen?	
Wird durch den Einsatz von Bildern, Metaphern, Geschichten und Effekten die Neugier der Teilnehmer geweckt?	
AUFBAU UND AUFRECHTERHALTUNG VON AUFMERKSAMKEIT	
Bekommt der Teilnehmer bezüglich der Lerninhalte Denkanstöße?	
Sind die Unterlagen zur Unterstützung und Vertiefung des Lernstoffes in Anlehnung an die Leittextmethode oder alternative Hilfen für selbstgesteuertes Lernen gestaltet?	
Wird der Teilnehmer zur gedanklichen Auseinandersetzung, Hinterfragung des Lernstoffes angeregt?	
PRAXISBEZUG	
Werden praxisrelevante Inhalte und Probleme aufgegriffen?	
Werden praxisnahe Erfolgskontrollen offeriert?	
GESTALTUNG DER RÜCKMELDUNG	
Welche Art des Feedbacks wird gegeben? Welche Fragetypen werden verwendet?	
Werden die Fragen den verschiedenen Kompetenzbereichen und Taxonomiestufen gerecht?	
Wirkt das Feedback bestrafend oder motivierend?	
Bekommt der Teilnehmer Informationen über seinen individuellen Lernfortschritt?	

Abb. 4.7-7: Praxisbeispiel zur Festlegung von Bewertungskriterien (Bewertung eines E-Learning-Angebots auf der Basis theoretisch begründeter Qualitätskriterien)[210]

Wottawa und Thierau (1998) empfehlen, in der Phase 2 einer Evaluation auch eine *Nebenfolgenabschätzung* vorzunehmen. Jede Evaluation kann neben den intendierten Effekten auch Nebenfolgen haben. Beispielsweise könnte während der Evaluation eines E-Learning-Ansatzes festgestellt werden, dass ergänzende Präsenzveranstaltungen sinnvoll wären („blended learning"). Dies könnte aber zu Le-

---

[210] Der Bewertungsbogen stützt sich mit Ausnahme der Fragen zur Zeit- und Verwertbarkeitskomponente sowie der Betonung des Praxisbezugs in weiten Teilen auf Euler, D.: Didaktik des computerunterstützten Lernens. Nürnberg 1992.

gitimationsproblemen beim E-Learning-Anbieter führen. Wenn etwa drei ergänzende reale Treffen für notwendig erachtet werden, dann könnte schnell die Frage aufgeworfen werden, macht dann überhaupt ein E-Learning-Ansatz noch Sinn? Dies könnte zum einen zu Blockaden bei der Evaluierung führen bis hin zu bewusst unzulänglich gestalteten Workshops, um die mangelnde Effektivität eines solchen Konzepts zu „demonstrieren". Solche (potenziellen) Nebenfolgen sind erfahrungsgemäß mit den Betroffenen nur schwer kommunizierbar. Daher ist auch die Ideengenerierung bezüglich möglicher Nebenfolge äußerst schwierig. Wottawa und Thierau schlagen dazu eine anonymisierte Ideensammlung (etwa über die Metaplantechnik) vor. Wenn solche aufwändigen Verfahren in der Praxis allerdings nicht möglich sind, dann sollte zumindest bei allen Konstruktionsprozessen beim Evaluationsdesign systematisch die Frage nach möglichen Nebenfolgen für die Betroffenen mitbedacht werden. Gegebenenfalls sind dann beim Evaluationsdesign Modifikationen vorzunehmen oder potenzielle Resultate mit dem Betroffenen bezüglich möglicher Nebenwirkungen vorab und behutsam zu kommunizieren.

In der Phase der Operationalisierung (Phase 2c) geht es um die Frage, wie die konkrete Datenerhebung aussehen soll. Wie wird evaluiert (Evaluationsmodelle)? Welche Instrumente sollen dabei eingesetzt werden? Folgende Abbildung 4.7-8 ordnet verbreitete Instrumente den Evaluationsmodellen zu. Dabei handelt es sich um eine nicht abgeschlossene Liste.

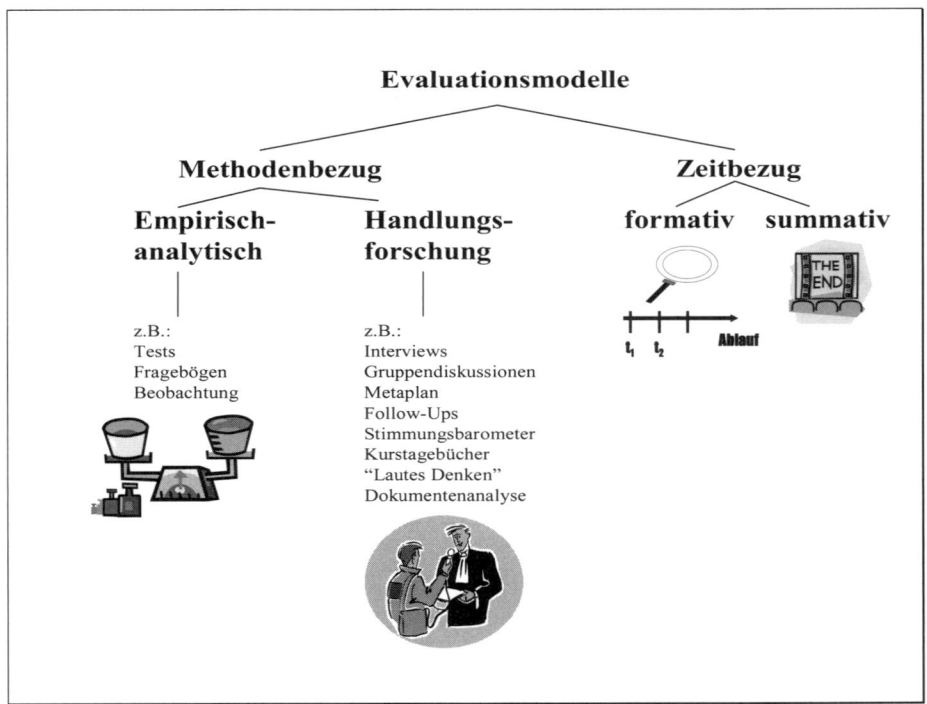

Abb. 4.7-8: Instrumente der Weiterbildungsevaluation

Prinzipiell lassen sich zunächst in temporaler Hinsicht zwei Arten von Evaluationen feststellen: Die summative und die formative Evaluation. „Bei der formativen Evaluation werden die durch den Evaluationsprozess gewonnenen Erkenntnisse schon während des zu überprüfenden Bildungsganges ... in Veränderungen des Bildungsganges umgesetzt und damit Optimierungseffekte angestrebt. Es handelt sich also bei der formativen Evaluation um einen iterativen Prozess der Findung und Umsetzung von Evaluationsergebnissen ... Bei der summativen Evaluation wird dagegen die zu evaluierende Bildungsmaßnahme während des Evaluationsprozesses soweit wie möglich konstant gehalten. Die Ergebnisse der Evaluation werden am Ende der Bildungsmaßnahme ... als Summe von Einzelergebnissen und als Beziehungsgeflecht in einem Abschlussbericht festgestellt. Daraus können dann Konsequenzen für die Beendigung oder für die Weiterführung der Bildungsmaßnahme (in gleicher oder veränderter Form) gezogen werden" (Münch/Müller 1988, S. 33). Bei der formativen Evaluation geht es eher um ein Beratungskonzept, währenddessen es bei der summativen Evaluation eher um ein Gutachter-Modell geht (Will u. a. 1987).

Summative Evaluationen haben meist legitimierenden Charakter, etwa dem Geldgeber gegenüber. Formative Evaluationen begleiten dagegen den gesamten Prozess einer Weiterbildungsmaßnahme von der Planung bis zum Transfer. Meist sind dabei mehrere Evaluationsrunden vorgesehen. Durch solche Evaluationen sind Korrekturmöglichkeiten bereits während des laufenden Kurses (und nicht nur für den nachfolgenden) möglich. Beim Evaluationsprojekt IT-Fit handelte es sich um eine formative Evaluation. Bereits im Vorfeld des E-Learning-Ansatzes wurde die Lernplattform evaluiert und Empfehlungen zur didaktischen Weiterentwicklung gegeben. Im Kick-Off-Workshop wurden Gruppen-Diskussionen mit den Teilnehmern zu den Erwartungen und den arbeitsorganisatorischen Rahmenbedingungen durchgeführt. Auch hieraus wurden Rückschlüsse für den laufenden E-Learning-Ansatz gezogen. Im Laufe des Kurses wurden per Dokumentenanalyse die Interaktionen über die Plattform ausgewertet und per E-Mail-Befragungen der Teilnehmer durchgeführt usw. Alle Einzel-Evaluationen führten zu sofortigen Rückmeldungen und boten die Chance, noch den laufenden Kurs anzupassen. Auch die nachfolgenden Kursmodule wurden nach demselben Prinzip evaluiert.

Evaluationen kann man aber auch danach unterscheiden, ob sie eher einem empirisch-analytischen Denkrahmen entstammen oder eher dem Grundkonzept einer Handlungsforschung.[211] Bei den zuerst genannten Modellen geht es primär um die Erfassung *quantitativer Merkmale* (etwa durch Fragebögen oder Tests). Bei den zuletzt genannten geht es mehr um die Erhebung *qualitativer Informationen*, etwa zu Transferhemmnissen oder Lernschwierigkeiten beim einzelnen Lerner. Daher werden hier eher ganzheitliche Methoden, vor allem Interviews oder Tagebücher eingesetzt. Der in Abb. 4.7-7 aufgeführte Leitfaden repräsentiert bspw. die Vorgehensweise bei einer kriteriengeleiteten Dokumentenanalyse: Anhand vorgegebener Kriterien werden Dokumentationen (im Beispiel zur Plattform) ausgewertet.

Es ist hier nicht möglich, ausführlich die Entwicklung geeigneter Instrumentarien zu erörtern. Beispielsweise füllen die Regeln zur Entwicklung von Fragebögen (Operationalisierung) oder jene zur Durchführung problemzentrierter Interviews ganze Monographien, auf die hier lediglich summarisch verwiesen werden kann.[212]

---

[211] Rotering-Steinberg (2006, S. 222 f.) verwenden stattdessen – wie andere auch – die Begriffe quantitative und qualitative Verfahren. In diesem Artikel geht die Autorin auch auf die Vor- und Nachteile der genannten Strategien ein.

[212] Vgl. z. B. Lamnek (1988/1989); Witzel (1982); Holm (1991).

Auch bezüglich anderer Instrumente der Evaluation sei auf die Spezialliteratur zu diesem Thema verwiesen.[213]

Fragen für die AKZEPTANZBEFRAGUNG am Ende des Kurses	
Frage	Interpretation
Hat Ihnen das E-Learning Spaß gemacht? ☐ ja ☐ nein	Die Antwort lässt Rückschlüsse auf die Akzeptanz des Angebots und die grundsätzliche Akzeptanz von E-Learning zu.
Würden Sie vor dem Hintergrund der Erfahrungen mit dem E-Learning-Angebot wieder einen internetbasierten Weiterbildungskurs besuchen? ☐ ja, auf jeden Fall ☐ grundsätzlich ja, aber nur wenn das Angebot anders gestaltet wird. ☐ nein	Hier sind ebenfalls Rückschlüsse auf die Akzeptanz des E-Learning-Angebots möglich. Lerner, die eine der ersten beiden Antworten wählen, akzeptieren die Weiterbildungsform E-Learning. Allerdings weist die zweite Antwort auf Ausgestaltungsprobleme des konkreten Angebots hin. Tritt diese Antwort vermehrt auf, dann sollten die Teilnehmer zu ihren Verbesserungsvorschlägen befragt werden.
Wie stufen Sie Ihren Lernerfolg ein? ☐ sehr gut ☐ eher gut ☐ weniger gut ☐ schlecht	Statt der Messung des Lernerfolgs kann eine Selbsteinschätzung durch die Lerner erfolgen. Dabei ist zu beachten, ob die Teilnehmer sich eher streng oder wohlwollend einschätzen.
Können Sie die Kenntnisse, die Sie im Kurs erworben haben, in Ihrer Arbeit anwenden? ☐ ja ☐ ja, teilweise, weil_____ ☐ nein, da	Diese Frage gibt Hinweise auf den Transfererfolg des Kurses. Die offenen Antworten decken mögliche Transferprobleme auf, die durch die Gestalter des Kurses oder die Verantwortlichen in den Unternehmen, die E-Learning nutzen, behoben werden sollten.
Welche Erwartungen hatten Sie an den Kurs? ☐ Ich wollte Grundkenntnisse zu Windows 2000/Netzwerke erwerben. ☐ Ich wollte neue Ideen zur Unterrichtsgestaltung in der Schule bzw. Gestaltung von Lernsituationen im Betrieb bekommen. ☐ Ich wollte neue Kontakte zu Lehrkräften und/oder Ausbildern knüpfen.	Die nächsten zwei Fragen gleichen die Erwartungen der Teilnehmer und die Realisation dieser Erwartungen durch den Kurs ab. An dieser Stelle finden Sie die Inhalte eines Moduls aus IT-Fit. Natürlich müssen Sie die Fragen aus den Lernzielen Ihres Kurses oder den Erwartungen, die ihre Teilnehmer zu Beginn des Kurses formulierten, bilden.
Welche Ziele konnten Ihrer Meinung nach durch den Kurs erreicht werden? ☐ Ich konnte Grundkenntnisse zu Windows 2000/Netzwerke erwerben. ☐ Ich habe neue Ideen zur Unterrichtsgestaltung in der Schule bzw. Gestaltung von Lernsituationen im Betrieb bekommen. ☐ Ich habe neue Kontakte zu Lehrkräften und/oder Ausbildern geknüpft.	Siehe vorherige Interpretation
Erfüllten die behandelten Themen und Inhalte insgesamt Ihre Erwartungen? ☐ ja ☐ nein	Antworten die Teilnehmer auf diese Frage mit "nein", dann könnte der Lern- und/oder der Transfererfolg des Kurses gering sein. Da die Teilnehmer andere Erwartungen hatten, könnte das Interesse an den Inhalten fehlen bzw. ihre Anwendung im Arbeitsumfeld für irrelevant erachtet werden.

Abb. 4.7-9: Beispiel für einen Akzeptanzfragebogen zu einem Weiterbildungskurs

---

[213] Vgl. z. B.: Rabenstein/Reichel/Thannhoffer (1998); Götz (1999).

Das Ergebnis der zweiten Phase einer Evaluation ist meist eine Vielzahl von Daten (Cross-Tabs aus Fragebögen, Transkripte aus Interviews, Auswertungen aus Dokumentenanalysen usw.). Ziel einer Evaluation ist jedoch nicht, lediglich Daten zu sammeln, sondern vielmehr auf ihrer Grundlage, Empfehlungen abzugeben. Dazu gehört auch, dass Daten interpretiert werden müssen. In der Regel interpretiert der Evaluator die Daten. Allerdings können Daten meist unterschiedlich interpretiert werden. Wenn also lediglich der Evaluator die empirische Basis interpretiert, so besteht die Gefahr von Fehlinterpretationen. Prinzipiell bestehen zwei Möglichkeiten, dieses Risiko zu reduzieren. Zum einen können unternehmensinterne oder -externe *Experten* zum Thema herangezogen werden, um den Interpretationsprozess mit weiteren Bewertungen abzugleichen. Im oben genannten Beispiel von IT-Fit sind die Ergebnisse der Interpretationen einem Arbeitskreis aus Weiterbildungsleitern verschiedener Unternehmen vorgestellt worden. Ziel der Präsentation war, zu überprüfen, ob die Interpretationen der Evaluatoren zu den Aussagen der Teilnehmer haltbar sind oder nicht. Ein zweiter Weg die Objektivität der Interpretationen zu steigern, besteht darin, die Interpretationen an die *Betroffenen* rückzubinden. Im Falle von IT-Fit wurden etwa die Interpretationen der Ergebnisse der Fragebogenaktion zur Gestaltung der Lernplattform den Kursteilnehmern zur Diskussion gestellt. Gerade dieser zweite Weg reduziert die Gefahr, dass die Aussagen der Teilnehmer falsch interpretiert werden, weil sie nach Ende der Erhebung auch in den Interpretationsprozess mit einbezogen werden.

Auch wenn Phase 2 und 3 – analytisch getrennt – nacheinander aufgeführt worden sind, so überlagern sich doch diese Phasen häufig. So wechselten sich im genannten eigenen Evaluationsprojekt zum E-Learning-Ansatz diese Phasen angesichts mehrerer Evaluationsrunden wiederholt ab. Dies gilt erst recht, wenn es zu komplexen Evaluationsdesigns – wie insbesondere bei vergleichenden Evaluationen – kommt.

Bislang sind *nicht-vergleichende* Evaluationsdesigns (Evaluationsdesign 1 in Abb. 4.7-10) erörtert worden. Sie sind in der Praxis weit verbreitet, weil sie erheblich weniger aufwändig und damit weniger kostenträchtig sind. Die Evaluation in „IT-Fit" ist ein Beispiel dafür. Hier können Fragestellungen nach der Akzeptanz, nach dem Lernerfolg, nach der Inanspruchnahme der Materialien usw. beantwortet werden. Nicht zu beantworten ist dagegen die Frage, ob der Lernerfolg durch die spezifische Herangehensweise (E-Learning) erreicht worden ist oder ob dieser Ansatz anderen Lernformen (Präsenzlernen) unterlegen ist. Hierfür sind *vergleichende* Evaluationen erforderlich.

Eine *vergleichende* Evaluation kann in zwei Perspektiven ausgelegt werden. Zum einen kann man zwei (oder mehr) verschiedene Gruppen miteinander vergleichen (Lerner in einem E-Learning-Ansatz vs. Lerner in einer reinen Präsenzgruppe; Evaluationsdesigns 3 und 4 in Abb. 4.7-10). Zum anderen können Vergleiche in temporaler Hinsicht erfolgen (Evaluationsdesigns 2 und 4 in Abb. 4.7-10). Beispielsweise kann die Akzeptanz von E-Learning vor Beginn eines Kurses mit jener nach Ende eines Kurses verglichen werden. Durch zeitliche Vergleiche können Entwicklungen verdeutlicht werden. Auch zur Feststellung von Lernerfolg wären prinzipiell zeitlich-vergleichende Evaluationsdesigns erforderlich, da – streng genommen – nur so ein Lernzuwachs messbar ist. Wenn etwa durch das verbreitete Evaluationsdesign 1 festgestellt würde, dass die Lernziele eines Kurses erreicht worden sind, so wäre ohne einen Vergleich zunächst nicht auszuschließen, dass die Teilnehmer bereits im Vorfeld über entsprechende Kompetenzen verfügt haben. Wenn dennoch Design 1 häufig angewandt wird, dann erfolgt dies zumeist aus Kosten- und Zeitgründen. Man begnügt sich dabei dann häufig mit ergänzenden Fragestellungen zur subjektiven Einschätzung darüber, ob es durch den Kurs zu einem Kompetenzzuwachs gekommen ist. Durch einen Gruppenvergleich kann der Frage nachgegangen werden, ob Veränderungen durch den speziellen Kurs zustande gekommen sind oder durch einen anderen Kurs vielleicht sogar noch besser zu erreichen gewesen wären oder ob die festgestellten Veränderungen rein zufällig sind, etwa weil Mitarbeiter am Arbeitsplatz ohne Weiterbildungskurs durch informelles oder gar implizites Lernen zum selben Ergebnis gekommen sind. Durch Gruppenvergleiche kann man also der Frage nachgehen, ob Veränderungen auf die (evaluierte) Maßnahme zurückzuführen sind oder nicht.

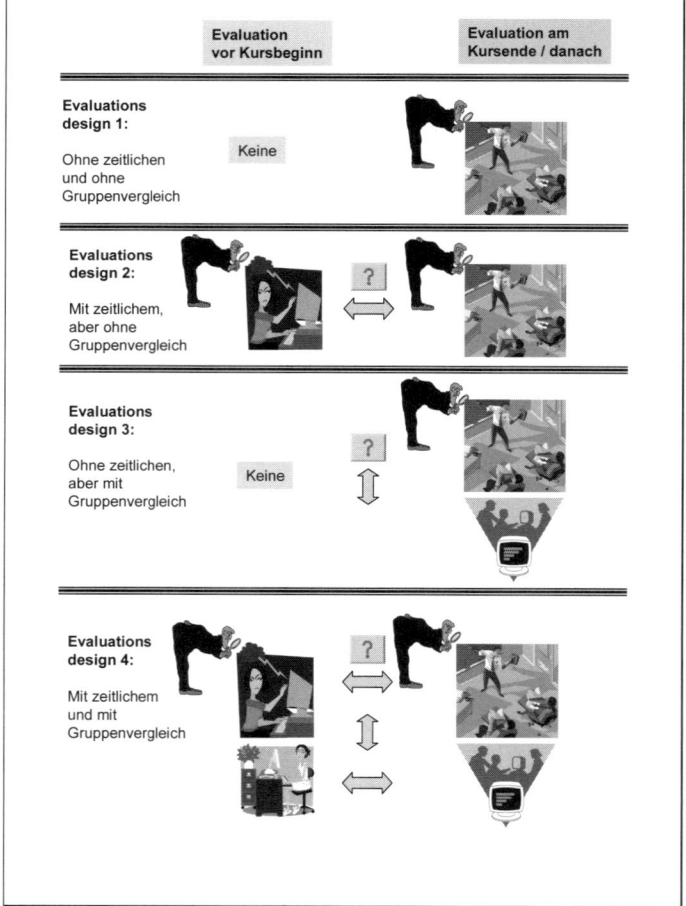

Abb. 4.7-10: Typische Evaluationsdesigns

Weitere, noch komplexere Designs sind denkbar, allerdings meist nur im wissenschaftlichen Bereich verbreitet. So kann man beispielsweise durch das Evaluationsdesign auch dem Placebo-Effekt nachgehen (zwei Kontrollgruppen) oder der

Frage nachgehen, wie stabil ein festgestellter Effekt ist (mindestens drei Mess-zeitpunkte).

Übung:

8   Entwickeln Sie ein Evaluationsdesign gemäß der vorangegangenen Typisierung für folgen-den Praxisfall: Der Verband der Bayerischen Metall- und Elektroindustrie möchte die Be-rufswahlvorbereitung bei Schulabgängern verbessern. Bislang ist im letzten Schuljahr ein Info-Bus zu den Schulen gefahren. Im Bus lagen Informationsmaterialien, aber auch An-schauungsobjekte zu bislang „unattraktiven" Ausbildungsberufen aus. Die Schüler konnten sich in diesem Bus damit vor Ort über diese Berufe informieren. Der VBM hatte jedoch die Vermutung, dass sich die Attraktivität dieses Konzeptes im Laufe der Jahre „abgenutzt" hat und hat daher ein neues Konzept entwickelt. Statt des Busses soll ein Truck eingesetzt werden, auch bei den Ausstellungsstücken sind Veränderungen vorgesehen (Einsatz neuer Technologien). Sie sollen eine Evaluation dazu durchführen. Welchen Fragestellungen würden Sie mit welchem der oben genannten Designs nachgehen?

9   Ein anderes Beispiel zur Thematik, das sich bereits auf den nachfolgend zu erörternden Ansatz des Bildungs-Controllings bezieht. Sie sind Leiter einer Weiterbildungsabteilung und wollen den ökonomischen Erfolg einer Trainingsmaßnahme abschätzen. Ihnen ist bekannt, dass in zwei Abteilungen häufig mit Reklamationen durch Kunden zu rechen ist. Auch ha-ben Sie gehört, dass der Krankenstand dort relativ hoch ist. Sie planen daher eine Weiter-bildungsmaßnahme, wollen aber wenigstens ein paar grundlegende Informationen haben, ob der Kurs erfolgreich war. Entwerfen Sie ein geeignetes Evaluationsdesign.

4.7.3 Weiterbildungscontrolling[214]

4.7.3.1 Verständnis

Kommen wir nun zum Begriff Weiterbildungscontrolling. Auch zu diesem Begriff lassen sich vielfältige Verständnisse finden. Bspw. definiert Pieler die Absicht von Weiterbildungscontrolling so:

"Ziel des Weiterbildungscontrollings ist es, die Effizienz und Effektivität der Wei-terbildung unter Beachtung der ökonomischen und sozialen Zielsetzungen des Unternehmens zu erhöhen und die Anpassungsfähigkeit an Veränderungen in der Um- und Innenwelt des Unternehmens zu steigern" (Pieler 1998, S. 156).

Eine andere Definition stamm von Heeg und Jäger (1995, S. 343). Demnach bein-haltet „Bildungscontrolling … ein umfassendes Planungs-, Bewertungs- und Infor-mationssystem zur Koordination der betrieblichen Bildungsprozesse in enger Ab-stimmung mit den Unternehmenszielen zur Erfassung und Darstellung der Effi-zienz und der Effektivität sowie der Kosten von Bildungsprozessen."

Vergleicht man diese Definitionen mit dem weiter oben herausgearbeiteten Eva-luationsverständnis, so werden die Ähnlichkeiten deutlich. In beiden Bereichen geht es darum, ein Informations-, Bewertungs- und Planungssystem im Hinblick auf die betriebliche Weiterbildungsarbeit aufzubauen. Während jedoch Evaluatio-nen vor allem mit der primären Zielsetzung durchgeführt werden, die Qualität von Lehr-Lern-Prozessen aus pädagogischer Perspektive zu verbessern, geht es beim Weiterbildungscontrolling um die Optimierung unter Kosten-Nutzen-Aspekten.

---

[214]   An der Ausarbeitung dieses Abschnitts hat Herr Frank Fleischmann mitgewirkt.

Bildungscontrolling steht – wie beide Verständnisse verdeutlichen – in einer betriebswirtschaftlichen, Evaluation hingegen eher in einer pädagogischen Tradition. Im Unterschied zum Bildungscontrolling ist Evaluation stärker „pädagogisch konnotiert" (Gnahs/Krekel 1999, S. 14, ähnlich auch Merk 2006, S. 397). Vor dem Hintergrund erziehungswissenschaftlicher und didaktischer Theorien geht es vor allem um die Frage, wie sich Evaluationen so anlegen lassen, dass sie den Lehr- und Lernprozess beschreiben, bewerten und verbessern helfen. Bildungsmaßnahmen sind insbesondere in Bezug auf ihre Planung, Durchführung, ihre Ergebnisse im Lernfeld und besonders auf ihre Auswirkungen im Funktionsfeld hin zu überprüfen. Mit Hilfe der (betriebs-)pädagogischen Evaluationsansätze sollen demnach die Ziele der Bildungsarbeit besser erreicht werden (Fehlau 1998, S. 78). Im Gegensatz dazu bemüht sich das Bildungscontrolling vor meist betriebswirtschaftlichem Hintergrund, Aufschluss über die Rentabilität der durchgeführten Maßnahmen zu geben. Ökonomische Bewertungen ergänzen Messung und Steuerung des Lern- und Transfererfolgs.

Weiterbildungs-Controlling ist also primär ökonomisch ausgerichtet. Eine dominierende Rolle spielen Kennzahlen, die Kosten und Nutzen von Weiterbildung für den Betrieb belegen sollen. Evaluation ist hingegen eher pädagogisch ausgerichtet. Evaluative Maßnahmen zielen eher darauf ab, den pädagogischen Erfolg von Bildungsmaßnahmen zu sichern. Kosten-Nutzenabwägungen spielen hier kaum eine Rolle. In der Diskussion zum Bildungs-Controlling wird zwar zugestanden, dass die rein ökonomische Perspektive problematisch sei. So fordern etwa Becker, aber auch Weiß, dass Bildungscontrolling „bimental" ausgerichtet sein sollte. Damit ist gemeint, dass betriebswirtschaftliche mit pädagogischen Gesichtspunkten zusammengeführt werden müssten. Und auch das Institut der Deutschen Wirtschaft stellt in ihrem Gutachten von 1990 fest:

„Im Sinne einer effizienten Erfolgssteuerung von Weiterbildung müsste ein solches, eher bildungsfernes betriebswirtschaftliches Controlling durch ein bildungsnahes, genuin betriebspädagogisches Controlling ergänzt werden ... Konkret heißt dies: Betriebswirt und Pädagoge/Psychologe sollten die Steuerung des Bildungsgeschehens im Dialog realisieren" (BMBW 1990, S. 99).

Auch wenn die notwendige Ergänzung der betriebswirtschaftlichen Perspektive durch eine pädagogische allseitig anerkannt ist, ist bislang weder ein entsprechendes wissenschaftliches Gesamtkonzept entwickelt worden, noch hat ein solcher bimentaler Ansatz in der Praxis bislang Eingang gefunden.

In einem Projekt des Bundesinstituts für Berufsbildung und des Instituts für Entwicklungsplanung und Strukturforschung an der Universität Hannover, das Ende 1999 beendet worden ist, ist von vielen Experten und Praktikern Bildungscontrolling als Modeerscheinung abgetan worden – also als ein Begriff, der gerade mal Konjunktur hat, der aber im Wesentlichen mit Evaluation identisch ist. Allerdings würde Bildungscontrolling eben mehr die ökonomische Seite des Bildungsprozesses betonen und – über das hinaus, was in der Evaluation schon lange gang und gäbe ist – die Frage nach dem Nutzen und der Wirtschaftlichkeit betrieblicher Bildungsarbeit herausstellen.

In der BIBB-Erhebung von 1997 gab nur jeder zehnte Großbetrieb und jedes dreizehnte KMU an, dass sie ihre Weiterbildungsarbeit sehr stark am Konzept des Bildungscontrollings ausrichten würden. Jeder zweite bis dritte Betrieb gab jedoch an, dass Teilaspekte berücksichtigt würden. Betriebswirtschaftliche Controlling-

Ansätze, die versuchen, Kosten-Nutzen-Relationen zu quantifizieren, sind – so die Ergebnisse der Untersuchungen – also bislang eher die Ausnahme.

Was sind denn nun – aus Sicht der Betriebe – die zentralen Konzepte zur Verbesserung der betrieblichen Bildungsarbeit? Abbildung 4.7-11 bis 4.7-13 stellen Informationen auf der Grundlage der Befragung des Bundesinstituts für Berufsbildung zusammen (v. Bardeleben/Herget 1999). Bei dieser Befragung ist bewusst keine Definition von Bildungscontrolling vorgegeben worden, so dass sich in den Ergebnissen auch die unterschiedlichen Verständnisse bezüglich dieses Begriffes widerspiegeln.

Unter Planungsgesichtspunkten (Abb. 4.7-11) stehen – aus Sicht der Betriebe – die Ermittlung des Weiterbildungsbedarfs und die Jahresplanung von Weiterbildung im Mittelpunkt der Controlling-Aktivitäten. An dieser Stelle wird deutlich, dass im Alltagssprachgebrauch zum Teil kaum Unterschiede zwischen „Weiterbildungscontrolling" und „Weiterbildungsmanagement" gesehen werden.

Unter dem Gesichtspunkt der Bewertung von Maßnahmen dominieren abschließende schriftliche oder – vor allem bei KMU – mündliche Bewertungen. Auch subjektive Bewertungen während einer Weiterbildungsmaßnahme werden als ein Controllingelement verstanden. Legt man dieses Praxisverständnis zugrunde, dann liefern Controllingansätze vor allem eine Informationsbasis zur Bewertung von Maßnahmen.

Aus Kosten-Nutzenperspektive beschränkt sich Bildungscontrolling vor allem auf die Kostenerfassung von Weiterbildung. Ansätze zur Nutzenmessung sind äußerst selten. Und dies hat vor allem seinen Grund in der Problematik der Nutzenmessung, auf die in der Vertiefung zu diesem Kapitel ausführlich eingegangen wird. Eine Beschränkung auf die reine Kostenperspektive birgt jedoch das Risiko, dass Weiterbildung in den Unternehmen lediglich als „Kostenfaktor" betrachtet wird. Umso dringlicher ist es, nach praktikablen Wegen zur Nutzenabschätzung zu suchen.

Die Befragungsergebnisse insgesamt machen deutlich, dass es in den Unternehmen bislang noch nicht zu einer Implementierung eines umfassenden Weiterbildungs-Controlling-Ansatzes gekommen ist. Allenfalls einzelne Instrumente werden isoliert voneinander eingesetzt. Oder aber, traditionelle Ansätze des Weiterbildungsmanagements oder der Evaluation werden nunmehr dem Ansatz „Weiterbildungscontrolling" zugeordnet. Vor diesem Hintergrund erscheint es notwendig, einen Blick auf die theoretische Diskussion zum Bildungscontrolling zu werfen.

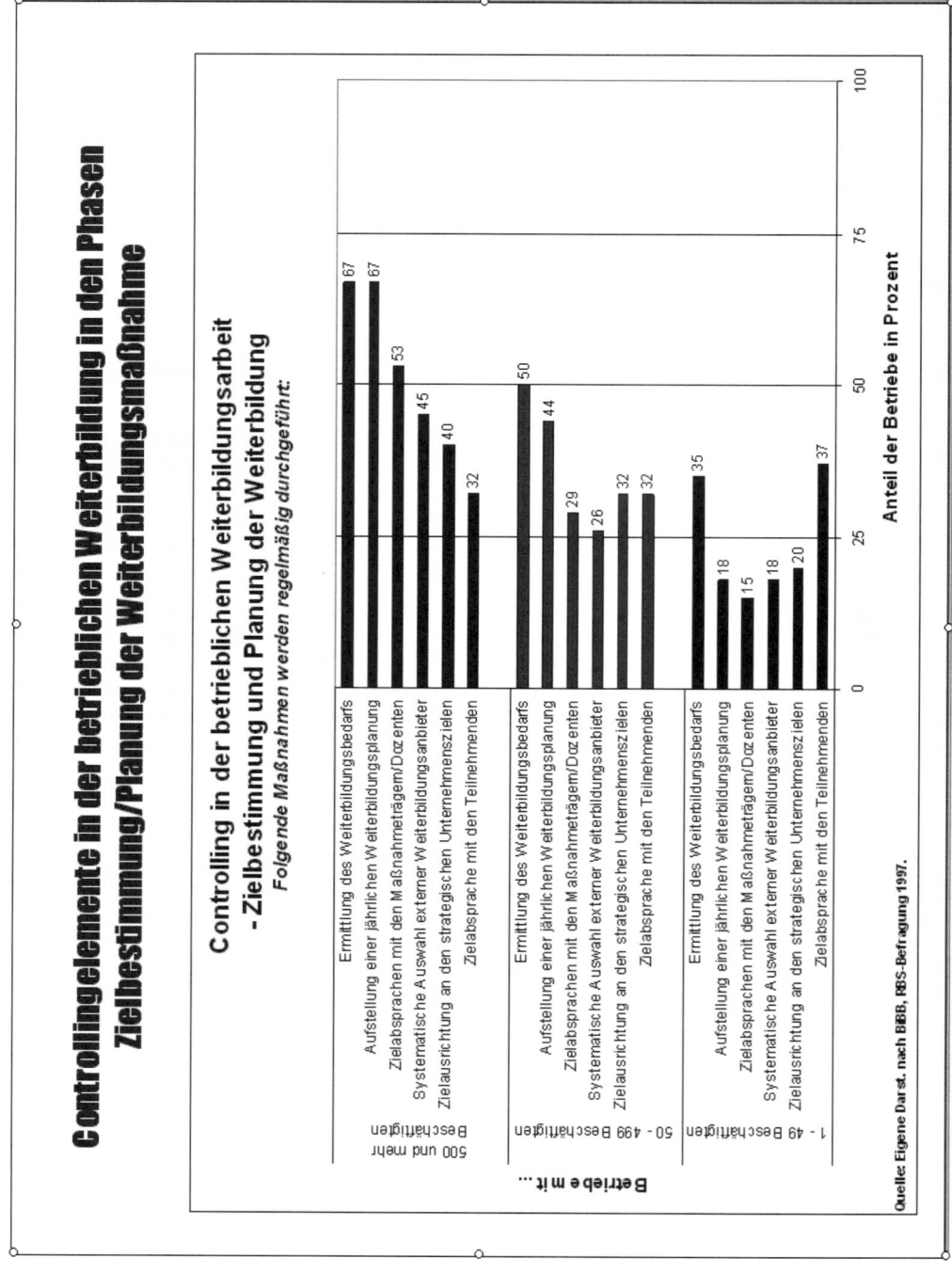

Abb. 4.7-11: Controllingelemente in der betrieblichen Weiterbildung in den Phasen Zielbestimmung/Planung der Weiterbildungsmaßnahme

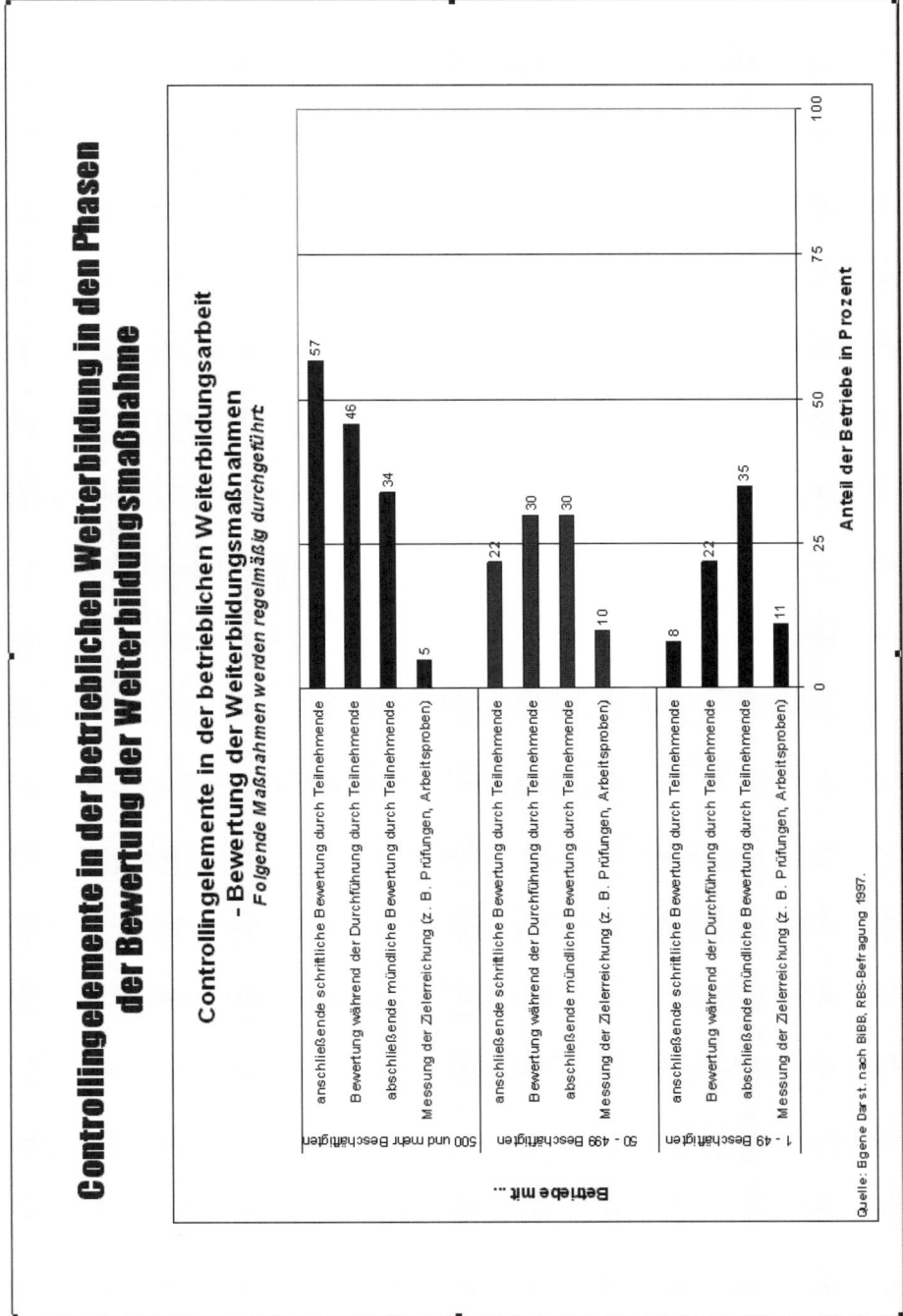

**Abb. 4.7-12: Controllingelemente in der betriebli-
chen Weiterbildung in den Phasen der Bewertung
der Weiterbildungsmaßnahme**

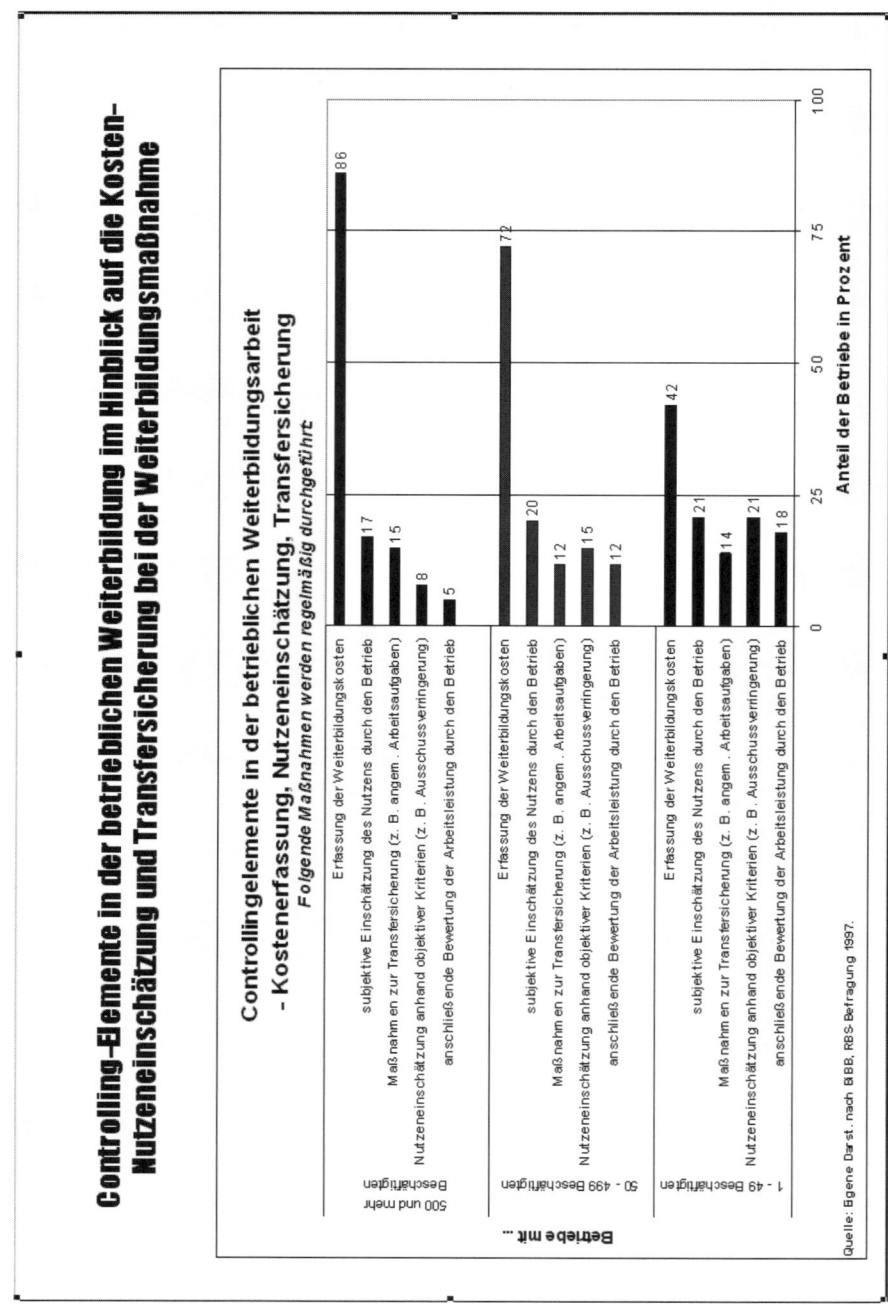

**Abb. 4.7-13: Controlling-Elemente in der betrieblichen Weiter-
bildung im Hinblick auf die Kosten-Nutzeneinschätzung und
Transfersicherung bei der Weiterbildungsmaßnahme**

Auch wenn in der Betriebswirtschaftslehre schon seit über hundert Jahren von Controlling die Rede ist, so ist erst seit Beginn der neunziger Jahre von *Bildungs*controlling die Rede. Controlling – und damit auch Bildungscontrolling – ist dabei gegenwarts- und zukunftsorientiert, während Kontrolle eher vergangenheitsorientiert ist. Controlling umfasst demnach auch die Basis für das Planen, Kontrollieren und Steuern von Weiterbildung. Dies zeigt auch ein Blick auf die verschiedenen Ansätze des Bildungscontrollings.

4.7.3.2 Ansätze und Modelle des Bildungscontrollings

Den aktuellen Entwicklungsstand des Bildungscontrollings kennzeichnet eine Vielzahl unterschiedlicher Konzeptionalisierungsansätze. Je nach Kontext umfassen diese unterschiedliche Betrachtungsebenen, sind eher pragmatisch-praktisch orientiert oder theoretisch-konzeptionell ausgerichtet. Sie umfassen unterschiedliche Mess- und Operationalisierungsmodelle, die differenzierte Aufgaben und Funktionen zu erfüllen haben (Seeber 1997, S. 29).

Im Folgenden sollen zwei zentrale Typen von Bildungscontrolling-Ansätzen unterschieden werden: Ebenenorientierte und phasenorientierte Ansätze. Gerlich (1999) benennt daneben noch weitere Ansatztypen, die sich jedoch – genauer betrachtet – im Wesentlichen nur mit einem Unteraspekt des Bildungscontrollings, nämlich der Kosten-Nutzenanalyse, beschäftigen. Diese werden im Vertiefungsteil dieses Kapitels erörtert. Gerlich benennt zum Beispiel als weitere Ansätze:

- kostenanalytischer Ansatz,[215]

- investitionstheoretischer Ansatz,[216]

- kennzahlenorientierter Ansatz, [217]

- handlungsorientierter Ansatz.[218]

4.7.3.2.1 Ebenenorientierte Ansätze

Bei den ebenenorientierten Ansätzen konzentriert man sich auf den Bereich der Wirkungsanalyse von Weiterbildung. Der Erfolg von Weiterbildung lässt sich demnach auf verschiedenen Ebenen untersuchen. Auf jeder Ebene werden Weiterbildung und deren Wirkungen aus einem speziellen Blickwinkel heraus untersucht, wobei auf höchster Ebene meist der Beitrag zum Unternehmenserfolg einer Überprüfung unterliegt. In der Regel bauen die einzelnen Ebenen aufeinander auf, so dass ein „positives" Ergebnis in einer vorgelagerten Stufe Voraussetzung für den Erfolg in der nachfolgenden Ebene ist.

---

[215] Vgl. hierzu z. B. die nachfolgenden Ausführungen zum Drei-Ebenen-Ansatz von Wunderer und Sailer (1987 a,b) sowie in Abschnitt 4.7.3.3.2.

[216] Vgl. hierzu Abschnitt 4.7.3.4.1.

[217] Vgl. hierzu Abschnitt 4.7.3.3.4.1.

[218] Dieser Ansatz beschränkt sich nicht allein auf Kosten-Nutzen-Aspekte. Bei diesem Konzept wird Bildungscontrolling als ein Konzept konfiguriert, bei dem Steuerungsaktivitäten dezentral in Form von Vereinbarungen zwischen Vorgesetzten und Mitarbeiter – etwa in Form von Transferzielprotokollen (vgl. Kapitel 4.2.4) – erfolgen. Dabei erfolgen dezentral Zielvereinbarung, Zielerreichungskontrolle und Abweichungsanalyse. Einen Ansatz, der diesen Prinzipien weitgehend folgt, finden Sie im Abschnitt 4.7.3.3.4.2: Modell nach v. Bardeleben/Herget.

- *Drei-Ebenen-Ansatz von Wunderer/Sailer*

Der Ansatz von *Wunderer/Sailer* entstammt ursprünglich dem Personalcontrolling und erweist sich dementsprechend als stark kostenorientiert. Er lässt sich aber auch auf das Bildungscontrolling übertragen. Als Dimensionen bzw. Untersuchungsebenen unterscheiden die Autoren zwischen dem Kosten-, Effizienz- und Effektivitäts-Controlling (vgl. Abb. 4.7-14) (Wunderer/Sailer 1987 a, b).

Bei dem Ansatz zeigt sich dessen starker Bezug zum betriebswirtschaftlichen Controllingverständnis, bei dem es vor allem um die kostenmäßige Optimierung von Prozessen geht. Positiv zu bewerten ist die klare Systematik, die dem Anwender als Gerüst für eine ökonomische Strukturierung der eigenen Weiterbildungsprozesse dienen kann. Entsprechend werden auch einige Beurteilungskriterien vorgeschlagen, bei denen es sich vor allem um leicht messbare Kriterien handelt, die sich zu einer rein an ökonomischen Gesichtspunkten orientierten Steuerung eignen und meist ohnehin im internen Berichtswesen erfasst werden.

Kritisch zu beurteilen ist aber, dass das „Besondere" von Bildung in keiner Form Berücksichtigung findet. Ein bimental ausgerichtetes Bildungscontrolling sollte aber notwendigerweise sowohl ökonomische als auch pädagogische Aspekte einbeziehen. Der Ansatz ist somit in seiner Herangehensweise zu einseitig und eignet sich nur bedingt als Bildungscontrollingmodell.

Ebene	Gegenstand	Verständnis, Schwerpunkt betrieblicher Bildungsarbeit	Beurteilungskriterien
Kosten-Controlling	Kosten/Periode	Weiterbildung als Kostenfaktor	Betriebswirtschaftliche Kostenrechnung, Budgets
Effizienz-Controlling	Kosten/Prozess	Preisorientierung	Zeitaufzeichnungen, Kostenvergleiche, Kalkulationen
Effektivitäts-Controlling	Erträge/Kosten	Weiterbildung als Investition in Humankapital	Arbeitsproduktivität, Indikatoren

Abb. 4.7-14: Die 3-Ebenen des Personalcontrollings

- *Vier-Ebenen-Ansatz vom Kirkpatrick*

Bereits im Jahr 1959 entwickelte Kirkpatrick sein bis heute gängiges Modell zur Evaluierung von Bildungsprozessen, das nach wie vor die Basis für unternehmensspezifische Bildungscontrollingmodelle bildet (Buchhester 2003, S. 93; Gloger 2004, S. 27). Es ist chronologisch aufgebaut und hierarchisch, eindimensional ausgerichtet. Kirkpatrick unterscheidet vier Ebenen, auf denen Controllingmaßnahmen ansetzen können: Zufriedenheit der Teilnehmer („reaction"), Lernerfolg („learning"), Verhalten („behavior") und Unternehmenserfolg („results") (Pichler 2005, S. 34 f.). Jede Ebene ist – nach den Überlegungen von Kirkpatrick – die Voraussetzung dafür, dass ein Erfolg auf der nächst höheren Ebene erreicht werden kann. Abbildung 4.7-15 visualisiert das Modell.

Auf der ersten Ebene (Stufe) wird der Bildungserfolg anhand von Zufriedenheits- und Nutzenbewertungen der Teilnehmer beurteilt. Wie bereits in Kap. 4.7.2.2 angesprochen, kommen dabei vor allem Fragebögen, Stimmungsbarometer oder Blitzlichter zum Einsatz. Auf der zweiten Ebene geht es um den Lernerfolg bei den Teilnehmern. Je nach Art der Lernziele finden Lerntests simulative Übungen oder etwa Persönlichkeitstests Anwendung. Auf der dritten Ebene wird Erfolg am Grad der Anwendung des Gelernten gemessen (Transferevaluation). Auf der obersten Ebene wird der Frage nachgegangen, ob sich das veränderte Verhalten der Mitarbeiter (Ebene 3) auch in veränderten geschäftlichen Erfolgskriterien niedergeschlagen hat. So kann sich zwar ein Seminar zur Mitarbeiterführung in veränderten Verhaltensweisen des Vorgesetzten am Arbeitsplatz niederschlagen (Transfer), es muss sich aber unter diesen Bedingungen nicht notwendigerweise positiv auf das Unternehmensergebnis auswirken. Denkbar wäre z. B., dass Vorgesetzte nunmehr zu nachsichtig agieren, was möglicherweise sogar negative Auswirkungen auf den Unternehmenserfolg haben könnte. Geschäftliche Erfolge lassen sich durch harte (quantitative) Kriterien (Kennzahlen), aber auch durch weiche (qualitative) Größen belegen. Für Letztere sind vor allem psychologische Messverfahren zur Verobjektivierung gebräuchlich. Auf Kennzahlmodelle und qualitative Verfahren wird weiter unten im Vertiefungskapitel näher eingegangen.

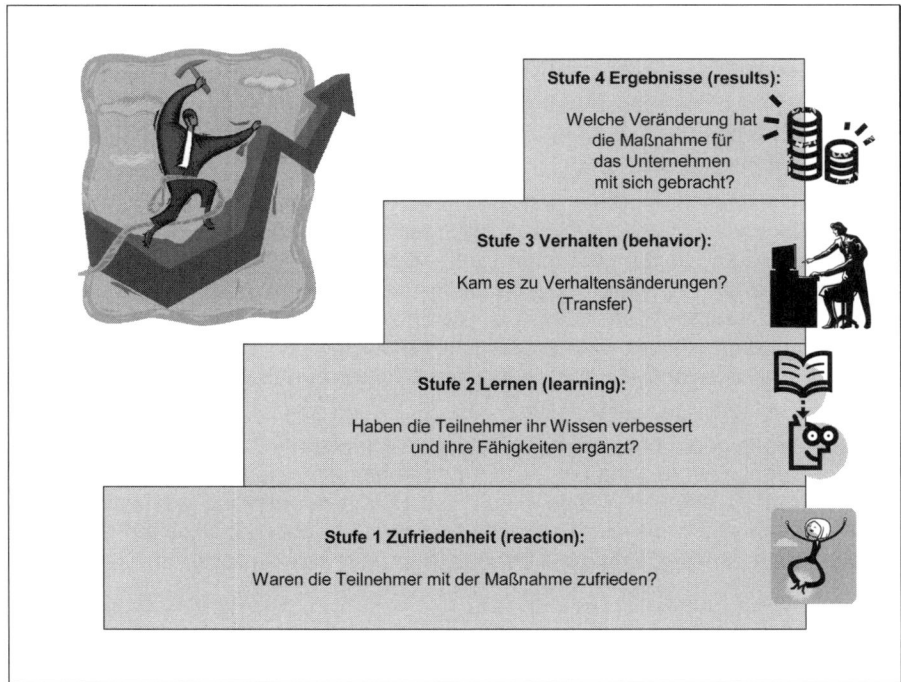

Abb. 4.7-15: Vier-Ebenen-Ansatz von Kirkpatrick[219]

Kirkpatrick geht auf jeder Ebene seines Modells von einer zentralen Fragestellung aus, die es mit Hilfe von geeigneten Controllinginstrumenten zu beantworten gilt. Die klare Systematik erleichtert die Zuordnung der Instrumente zur jeweiligen Ebene, so dass es

---

[219]   Quelle: In Anlehnung an Phillips (2000, S. 10).

sich als Basiskonzept einer Erfolgsmessung im Bildungsbereich sehr gut eignet. Der komplexe Wirkungszusammenhang zwischen Weiterbildung und Unternehmenserfolg wird verdeutlicht. Hingegen merkt Eichenberger (1992, S. 68) kritisch an, dass infolge „exogener Einflussfaktoren auf das Verhalten die Kausalkette von Bildungsmaßnahmen – Reaktion darauf – Lerntransfer und Verhaltensänderung am Arbeitsplatz" nicht ohne weiteres knüpfbar ist. In Frage zu stellen ist ferner, inwieweit der Lernerfolg tatsächlich zu einer besseren Leistung am Arbeitsplatz führt. Die Ausführungen zur Transferförderung haben dies bereits verdeutlicht. Ebenso muss bezweifelt werden, ob jede Intervention Veränderungen auf allen Stufen impliziert (ebd., S. 63 f.). Während es auf den oberen Stufen weitgehend unstrittig ist, dass die jeweils darunter liegende Stufe eine notwendige, wenngleich noch nicht hinreichende Bedingung für den Erfolg auf der nächst höheren Stufe darstellt, ist dies auf der untersten Stufe nicht unumstritten. Während ohne Lernerfolg kein Transfererfolg vorstellbar ist und ohne Transfererfolg kein Unternehmenserfolg infolge der Weiterbildung, ist Zufriedenheit eine günstige, aber keineswegs unabdingbare Voraussetzung für den Lernerfolg. Eine Zufriedenheit fördert die Durchhaltemotivation und lässt daher höhere Lernerfolge erwarten. Allerdings ist es vorstellbar, dass es auch zu Lernerfolgen gekommen ist, obwohl ein Teilnehmer unzufrieden geblieben ist, bspw. dann, wenn etwa ein Kurs nicht den individuellen Erwartungen entsprochen hat. Bspw. ist vom Autor eine Lehrerfortbildungsmaßnahme an Universitäten evaluiert worden. Etwa die Hälfte der Befragten hatte sich aufgrund eines „mangelnden Praxisbezugs" unzufrieden mit dieser Weiterbildungsmaßnahme geäußert. Ein Semester später ergab eine Nachbefragung, dass sehr wohl Inhalte gelernt worden und sogar im Unterricht angewandt worden sind. Zugleich äußerten sich nunmehr sogar einige dieser Skeptiker positiver. Hintergrund für diese Situation war, dass die Lehrer mit falschen Erwartungen in den Kurs eingetreten sind. Später wurde ihnen klar, dass es um Hintergrundinformationen ging, die sie im Unterricht nunmehr sehr viel sicherer auftreten lassen.

Auch vorliegende empirische Untersuchungen belegen, dass es zwischen den genannten Stufen kaum Zusammenhänge gibt. Alliger u. a. (1997) belegen, dass affektive Reaktionen (Stufe 1) weder mit Lernerfolg (Stufe 2) noch mit Transfererfolg (Stufe 3) korrelieren. Zwischen Lern- und Transfererfolg existiert demnach ein schwacher bis mittlerer Zusammenhang, was auch nicht verwunderlich, weil der Lernerfolg – wie angesprochen – notwendige, aber keineswegs hinreichende Bedingung für einen Transfererfolg ist.

Bei den beiden genannten ebenenorientierten Ansätzen geht es jeweils darum, eine geeignete Datenbasis zu schaffen, um Informationen über den Erfolg auf den verschiedenen Ebenen zu erhalten. Diese durch das Bildungscontrolling geschaffene Informationsbasis dient dann als Grundlage für Maßnahmen des betrieblichen Weiterbildungsmanagements, um den Erfolg auf der obersten Ebene zu fördern.

4.7.3.2.2 Prozess- bzw. phasenorientierte Ansätze

Phasenorientierte Ansätze orientieren sich am Funktionszyklus betrieblicher Bildungsarbeit und ordnen den Teilbereichen eigene Bildungscontrollingfunktionen zu, die durch Instrumente entsprechend auszugestalten sind. [220]

---

[220] Es ist hier nicht möglich, alle phasenorientierten Ansätze zu erörtern. Weitere stammen z. B. von Hummel (2001) und Papmehl (1990).

•   *Endlosschleifenansatz von Heeg/Jäger*

In Abschnitt 4.7.3.1 kam bereits bei der Erörterung von Definitionen die Bedeutung der Informations-, Koordinations- und Steuerungsfunktion des Bildungscontrollings zum Ausdruck. Aus Sicht von Heeg und Jäger ist die Verzahnung zwischen den Unternehmenszielen und den Bildungsprozessen von entscheidender Bedeutung für das Bildungscontrolling. Die betriebliche Bildung muss im Einklang mit der Unternehmensstrategie stehen, denn nur durch eine enge Abstimmung lassen sich Kosten und Nutzen von Weiterbildung möglichst genau einer Maßnahme zuordnen. Nach Ansicht der Autoren nimmt Bildungscontrolling hierbei eine wichtige Rolle ein. Dazu bedarf es eines geeigneten Informationsinstrumentariums, das die entsprechenden Informationen auf jeder Hierarchieebene zur Verfügung stellt, um sie strategisch, taktisch und operativ auswerten zu können (Buchhester 2000, S. 91). Die Abbildung 4.7-16 verdeutlicht diesen Regelkreis:

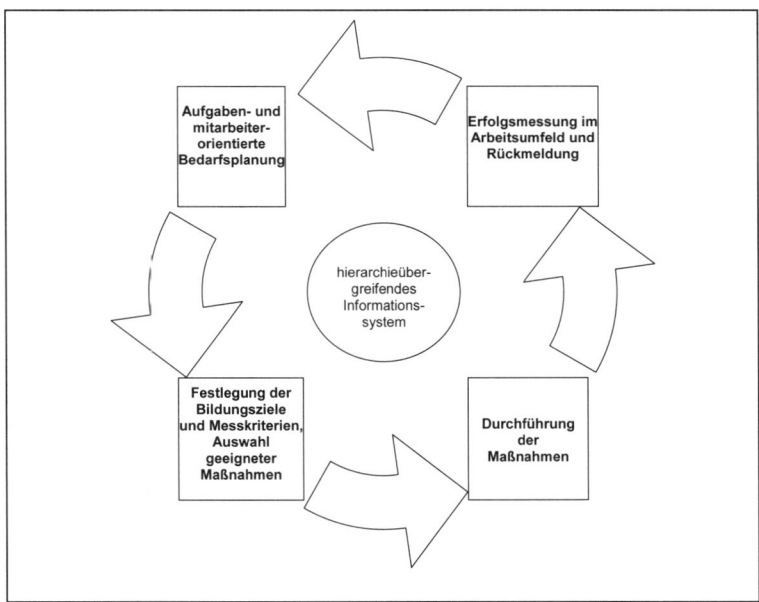

Abb. 4.7-16: Endlosschleife des Bildungscontrollings[221]

Beim Ansatz von Heeg/Jäger kommt die Ganzheitlichkeit des Bildungscontrollings im Sinne eines permanenten Handlungskreislaufs deutlich zum Ausdruck. Positiv hervorzuheben ist, dass in den Handlungsprozess alle Unternehmensebenen einzubeziehen sind. Bildungsabteilung, betriebliche Vorgesetzte und Trainer sollten gleichermaßen Zugriff auf das Informationssystem und die relevanten qualitativen und quantitativen Daten haben, so dass sich daraus leichter strategische Entscheidungen im Sinne der Unternehmensziele ableiten lassen.

Als Nachteil ist zu sehen, dass das Modell vorwiegend deskriptiven Charakter besitzt. Neben einer allgemeinen Ablaufbeschreibung fehlen konkrete Hinweise auf entspre-

---

[221]   Quelle: In Anlehnung an Heeg/Jäger (1995, S. 345).

chende Gestaltungsinstrumente. Die Ausgestaltung der einzelnen Teilphasen bleibt wie auch beim Modell von Enderle, das im Folgenden skizziert wird, dem Anwender überlassen. Ferner findet die Kostenbetrachtung im Modell keinerlei Berücksichtigung, obwohl diese in der Definition explizit erwähnt wird. Der Ansatz von Heeg/Jäger besitzt demzufolge nur begrenzte Aussagekraft und eignet sich lediglich als Entwurfs- und Orientierungsskizze für ein Bildungscontrollingsystem.

- *Fünf-Phasen-Konzept von Enderle*

Der von Enderle vorgeschlagene Ansatz betrachtet den „Weiterbildungsprozeß [...] in seiner Gesamtheit und in seinen Wechselwirkungen zu anderen Bereichen" (Enderle 1995, S. 29). Er orientiert sich dabei am besagten Funktionszyklus der betrieblichen Bildung. Ausgehend von Problemanalysen in den einzelnen Teilbereichen des Bildungscontrolling-Kreislaufs interessieren primär die folgenden Kernpunkte (Abb. 4.7-17).

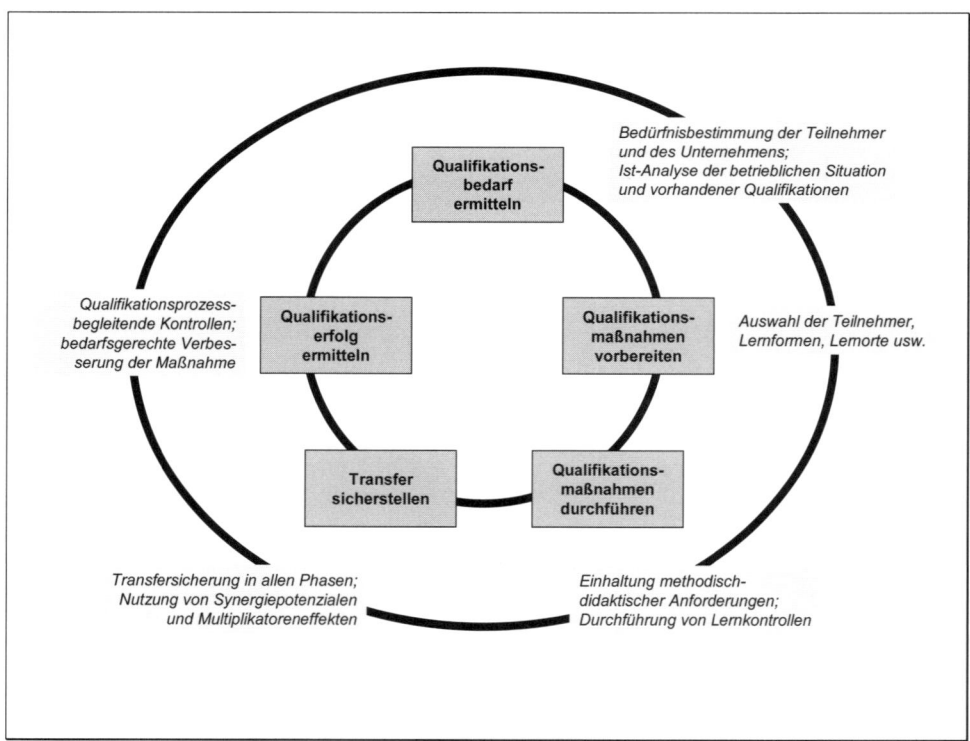

Abb. 4.7-17: Kreislauf und Kernaufgaben des Bildungscontrollings[222]

Obwohl Enderle für die Bearbeitung der Phasen einige spezifische Kernaufgaben vorschlägt, bleibt die Ausgestaltung weitestgehend dem Anwender überlassen. Auch bleibt unklar, ob Bildungscontrolling und Bildungsmanagement als Ident begriffen werden oder in welchen Relationen sie zueinander stehen. Positiv ist auch, dass es den Kreislaufge-

---

[222]   Quelle: In Ahnlehnung an Enderle (1995, S. 30).

danken des Bildungscontrollings betont, d. h., alle Weiterbildungsmaßnahmen stets auf Verbesserungsmöglichkeiten hin zu überprüfen.

- *Phasenkonzept nach Seeber*

Das wohl am häufigsten in der Literatur zur Systematisierung des Bildungscontrollings eingesetzte Modell stammt von Seeber.[223] Es orientiert sich wie die meisten anderen Modelle auch an den Phasen des Bildungskreislaufs und ordnet diesem die entsprechenden Bildungscontrollingfunktionen zu (Abb. 4.7-18).

Die Bedeutung der einzelnen Controllingkomponenten variiert von Unternehmen zu Unternehmen, da es den jeweiligen Gegebenheiten in der Praxis Rechnung zu tragen gilt. Jedem Teilbereich lässt sich unterschiedliches Steuerungspotential beimessen, je nachdem, welchen Aspekt das Management betont. Die in Abbildung 4.7-15 enthaltenen Komponenten sind jeweils losgelöst voneinander betrachtbar und analytisch zerlegbar. Sie stehen untereinander aber in vielfältigen Beziehungen und Abhängigkeiten (Seeber 2000, S. 36).

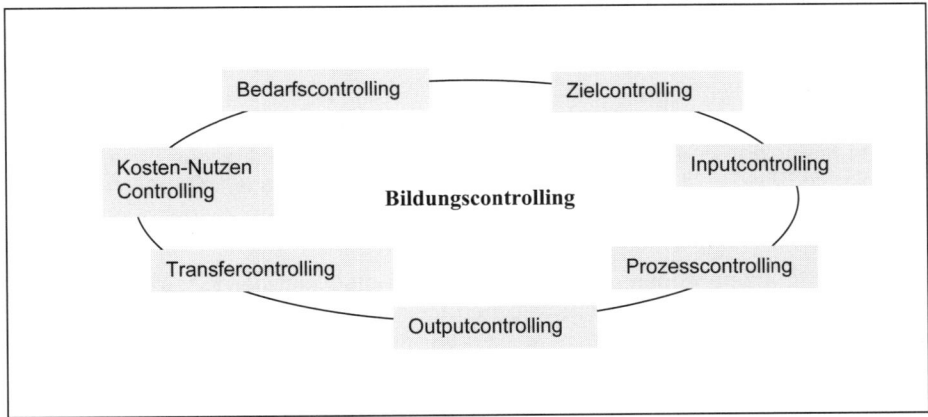

Abb. 4.7-18: Komponenten des Bildungscontrollings[224]

- *Bedarfs- und Zielcontrolling*

Der Schwerpunkt beim Bedarfs- und Zielcontrolling liegt in der Ableitung des Weiterbildungsbedarfs aus den Unternehmenszielen. Bei der Bedarfsanalyse vergleicht man im Rahmen einer Anforderungsanalyse die gegenwärtigen und zukünftigen Aufgaben des Unternehmens mit den verfügbaren Mitarbeiterqualifikationen, d. h., es finden Soll-Ist-Vergleiche statt (Seeber 2000, S. 38). In unmittelbarem Zusammenhang zum Bedarfscontrolling steht das Zielcontrolling, das die Bildungs- und Personalentwicklungsziele des Unternehmens und die individuellen Karriere- und Weiterbildungsoptionen des Mitarbeiters aufeinander abstimmt. Alle Bildungsziele gilt es, in einen nachvollziehbaren rationalen Zusammenhang und die so entstandene betriebliche Zielhierarchie mit den didaktischen Zielen der Weiterbildung in Einklang zu bringen (Bank 2000, S. 66). Bei

---

[223]   Ähnliche Systematisierungsansätze finden sich bei Becker (1995, S. 66 ff.); Berthel (1994, S. 336 ff.); Beywl/Geiter (1996, S. 14 f.).
[224]   Quelle: Vgl. Seeber (2001, S. 133 f.).

dieser Präzisierung wird bereits deutlich, dass keine klare Differenzierung zwischen Weiterbildungscontrolling und Weiterbildungsmanagement getroffen wird.

- *Inputcontrolling*

Die Funktion des Inputcontrollings besteht hauptsächlich in der systematischen Erhebung, Aufbereitung, Verdichtung und Analyse von Informationen über die zur Verfügung stehenden Ressourcen im Bildungsbereich des Unternehmens (Teilnehmer, Lehrpersonal, Ausstattung, Lernumfeld) (Seeber/Krekel/van Buer 2000, S. 12). Zum Standardprogramm des Inputcontrollings in Unternehmen zählen außerdem die Konzeption von Weiterbildungsmaßnahmen sowie die Beurteilung der Dozenten auf Basis der durchgeführten Seminare. Die Konzeption der Qualifizierungsmaßnahmen im Detail erfolgt zwischen der Weiterbildungsabteilung und den anfordernden Bereichen. Im Rahmen des Inputcontrollings ist auch die Zusammenarbeit mit externen Anbietern zu koordinieren (Weiß 1994, S. 33). Auch hier wird deutlich, dass das Weiterbildungscontrolling nicht nur die Funktion hat, ein Informations- und Bewertungssystem zu entwickeln, vielmehr subsumiert Seeber bspw. auch Koordinationstätigkeiten mit externen Anbietern als Teilelement unter Bildungscontrolling.

- *Prozesscontrolling*

Sofern die strukturellen Bedingungen für eine Durchführung der Weiterbildungsmaßnahmen festgelegt sind, werden im Rahmen des Prozesscontrollings Faktoren identifiziert, die die Effektivität der Lehr- und Lernprozesse beeinflussen. Gegenstand des Untersuchungsbereichs sind demnach alle Lernprozesse, das Lehrangebot und die Lernstrategie der Teilnehmer (Seeber 2000, S. 41).

Stärker als in jedem anderen Controlling-Bereich erscheint der Einsatz ökonomischer Controllinginstrumente unter ökonomischen Gesichtspunkten im Bereich des Prozesscontrollings fraglich. Im Vorfeld ist zu klären, inwieweit im Bereich didaktischer Entscheidungen ein am Effizienzkriterium orientiertes Controlling denkbar ist und überhaupt Sinn macht. Braukmann/Dietrich (1994, S. 99) bringen das Problem präzise zum Ausdruck:

„Im Kern geht es um die Frage, ob teure durch preiswertere Faktorenkomplexausprägungen so ersetzt werden können, dass die Erreichung eines gewünschten bzw. vorgegebenen Minimalkatalogs an Lernzielen bei allen Alternativen gewährleistet ist."

Mit Hilfe des Controllings überprüft man z. B. didaktische Entscheidungen des Trainers auf ihre Wirksamkeit hin und greift gegebenenfalls steuernd ein. Zu bezweifeln ist aber, ob sich didaktische Entscheidungen untereinander austauschen lassen. Es müsste sichergestellt sein, dass dies nicht mit einer Veränderung des Lernresultats einhergeht. Voraussetzung ist demnach, dass die Qualität der Maßnahme auch unter Beachtung des Effizienzkriteriums konstant bliebe.

- *Outputcontrolling*

Im Rahmen des Bildungscontrollings hat Outputcontrolling primär die kurzfristigen Bildungsergebnisse zum Gegenstand, setzt demzufolge in erster Linie unmittelbar nach Abschluss einer Bildungsmaßnahme an. Jeder Bildungsprozess zielt auf ein bestimmtes Lernergebnis ab. Der Lernende soll „Kenntnisse erworben, Fertigkeiten entwickelt oder Kompetenzen erweitert haben" (Ebbinghaus 2000, S. 118). Ein erster Schritt zur Bestimmung des Ertrags von Bildungs- und Qualifikationsprozessen ist demnach die Ermittlung des Lernerfolgs. Im Rahmen des Outputcontrollings wird außerdem die Zufriedenheit der Teilnehmer mit der Maßnahme überprüft, ergänzt durch quantitative Erhebungen beispielsweise zur Zahl der durchgeführten Veranstaltungen, Teilnehmerzahlen, Teilnehmertage etc. (Pech 2001, S. 202 f.).

- *Transfercontrolling*

Ein Training, auch wenn es für sich betrachtet eine hohe Qualität hat, ist nur dann eine wirklich sinnvolle Investition und ein Beitrag zum Erfolg des Unternehmens, wenn tatsächlich ein Transfer in die Praxis erfolgt. Die Aufgaben des Transfercontrollings sind demnach die Bestimmung des Transfererfolgs, die Implementierung von transferfördernden Maßnahmen sowie der Abbau transferhemmender Faktoren in der Phase der Bildungsplanung und -durchführung. Somit handelt es sich um eine Form des Controllings, die in allen Phasen des Bildungsprozesses steuernd eingreift.

- *Kosten-Nutzen Controlling*

Traditionell gesehen liegt das Hauptaugenmerk im Bildungscontrolling auf Aspekten der Wirtschaftlichkeit. Zunächst werden im Rahmen des *Kostencontrolling* die Kosten der Bildungsaktivitäten innerhalb einer Periode erfasst und gesteuert. Das *Nutzencontrolling* dient anschließend dazu, die Wirtschaftlichkeit der Qualifizierungsmaßnahmen zu überprüfen. Untersucht wird dabei theoretisch jeder der oben genannten Teilbereiche, inwieweit Optimierungen im ökonomischen Sinne sich vornehmen lassen, d. h. es erfolgt eine Gegenüberstellung der eingesetzten Kosten und des gewonnenen Nutzens. Dazu gehört auch insbesondere die Bewertung des Beitrags der Weiterbildung zum Unternehmenserfolg. Eine ausführliche Diskussion hierzu finden Sie in Vertiefungskapitel 4.7.3.3.

- *Eigenes Verständnis*

Auch im vorliegenden Kontext soll eine phasenbezogene Betrachtungsweise eingenommen werden, da so eine systematische Verknüpfung von betrieblichem Weiterbildungsmanagement einerseits und betrieblichem Weiterbildungscontrolling bzw. Weiterbildungsevaluation andererseits möglich wird. Im Unterschied zu Seeber soll aber zwischen den Ansätzen zumindest analytisch differenziert werden. So wie Evaluationen die Informations- und Bewertungsbasis für das betriebliche Weiterbildungsmanagement bilden, so wird – der eingangs erwähnten Definition von Heeg und Jäger folgend – auch das Bildungscontrolling als eine Informations-, Bewertungs- und Planungsgrundlage dafür begriffen (ähnlich auch Merk 2006, S. 402). Dabei betrachten Evaluation und Bildungscontrolling den Funktionszyklus der Bildungsarbeit aus unterschiedlichen Perspektiven (Abb. 4.7-19).

Bildungscontrolling und Evaluation beinhalten ein umfassendes Planungs-, Bewertungs- und Informationssystem zur Koordination der betrieblichen Bildungsprozesse. Während dabei beim Bildungscontrolling primär eine enge Abstimmung mit den Unternehmenszielen zur Erfassung und Darstellung der Effizienz und der Effektivität sowie der Kosten von Bildungsprozessen erfolgt, verfolgt die Evaluation primär die Zielsetzung der Qualitätsverbesserung der Lehr-Lernprozesse unter Zugrundelegung pädagogischer Kriterien. Bildungscontrolling und Evaluation bilden damit die informationelle Grundlage für die Etablierung von Regeln und Routinen beim betrieblichen Weiterbildungsmanagement. Beispielsweise liefert eine Transferevaluation bzw. das Transfercontrolling Informationen über den gelungenen oder misslungenen Transfer einer Weiterbildungsmaßnahme und leitet daraus Empfehlungen ab. Das betriebliche Weiterbildungsmanagement hat auf dieser Grundlage Regeln und Routinen bezüglich der Transferförderung im Unternehmen zu definieren, wie etwa die routinisierte Durchführung von Seminarvor- und -nachbereitungsgesprächen. Die Erhebung von Daten zur Bedarfsanalyse kann je nach Primärfokus als evaluative oder Controlling-Aktivität verstanden werden. Die Etablierung partizipativer Verfahren der Bedarfsanalyse gehört als Regel bzw. Routine in den Bereich des betrieblichen Weiterbildungsmanagements. Im Unterschied zu Seeber werden daher koordinative Aufgaben im Zusammenhang mit externen Weiterbildungsanbietern als Gegenstandsbereich des betrieblichen Weiterbildungsmanagements, nicht aber des Weiterbildungscontrollings begriffen.

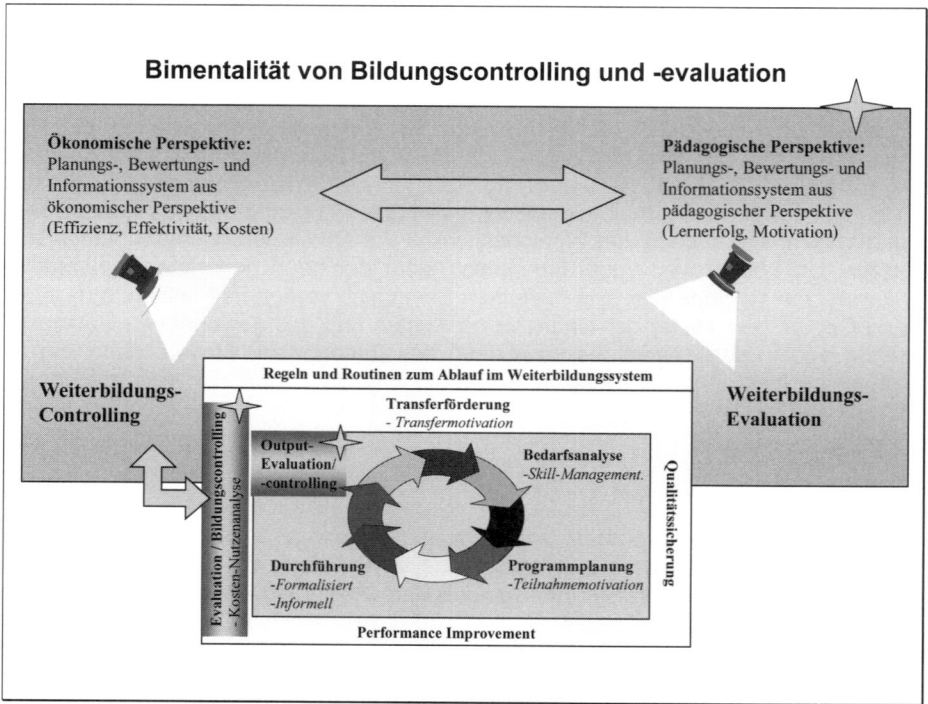

Abb. 4.7-19: Handlungsfelder von Weiterbildungsevaluation und -controlling

Gleichwohl lassen sich die genannten Ansätze allenfalls analytisch voneinander trennen. Denn ein betriebliches Weiterbildungsmanagement ohne geeignete Informationsbasis kann kaum rationale Entscheidungen treffen. Und Weiterbildungsevaluationen oder Weiterbildungscontrollinganätze ohne Maßnahmen des Weiterbildungsmanagements verfolgen allenfalls einen Selbstzweck.

Weiterbildungscontrolling und Weiterbildungsevaluation bauen demnach ein Informations-, Bewertungs- und Planungssystem für alle Handlungsfelder des betrieblichen Weiterbildungsmanagements auf. Die entsprechenden zyklusspezifischen bzw. -übergreifenden Aktivitäten können dabei – wie bereits mehrfach angesprochen – aus unterschiedlichen Perspektiven beleuchtet werden. Controlling setzt einen betriebswirtschaftlichen Akzent, Evaluation einen eher pädagogischen. Ziel evaluativer Maßnahmen ist, Ansatzpunkte dafür zu finden, wie die Aneignung von Bildung durch die Teilnehmer gefördert werden kann. Dies ist eine betont pädagogische Fragestellung. Ziel von Controlling-Maßnahmen ist, Ansatzpunkte dafür zu finden, wie die Wirtschaftlichkeit von Bildungsaktivitäten im Betrieb verbessert werden kann. Dies ist eine betont ökonomische Fragestellung. Je nach Perspektive können unterschiedliche Aktivitäten ergriffen und Schlussfolgerungen gezogen werden.

Verschulte Standard-Seminare mit einer möglichst großen Teilnehmerzahl mögen unter betriebswirtschaftlichen Rentabilitätsgesichtspunkten als effizient beurteilt werden, unter dem Gesichtspunkt der Aneignung von Bildung sind solche Maßnahmen häufig ineffektiv. Evaluative Maßnahmen und Controlling-Aktivitäten rekurrieren zwar – wie vorhin gesagt – auf vergleichbare Phasen, aber die notwendigen Analysen werden dabei aus verschiedenen Blickwinkeln betrachtet. Auf die verschiedenen Phasen der Bildungsarbeit werden quasi unterschiedliche Scheinwerfer gerichtet, die ein- und denselben Sachverhalt aus verschiedenen Richtungen beleuchten!

Das beschriebene Effizienz-Denken beim Bildungscontrolling ist vielen Pädagogen allerdings „ein Dorn im Auge", denn es bedeutet für sie nicht zuletzt einen Angriff auf die „wahre" Bildung (Arnold 1999, S. 87). Alle „wesentlichen pädagogischen Werte" – so die verbreitete Meinung – „werden auf dem Altar der ökonomischen Vernunft geopfert und damit die Pädagogik der Ökonomie dienstbar gemacht" (Geißler 1994. S. 263). Geißler hält diese Sichtweise dagegen für wenig sinnvoll und vertritt die Ansicht, dass beide Disziplinen vielmehr in einer Art komplementärer Beziehung zueinander stehen sollten, um eine optimale Verwendung knapper Ressourcen im Bildungsbereich zu ermöglichen (ebd., S. 264).

Kritisch ist hierzu allerdings anzumerken, dass diese unterschiedlichen Blickwinkel, die in der Praxis durchaus üblich sind, Zusammenhänge zwischen der pädagogischen und der ökonomischen Perspektive weitgehend ausblenden. Denn was pädagogisch fragwürdig ist, ist häufig auch ökonomisch problematisch. Wenn bspw. in einem Kurs lediglich „träges Wissen" vermittelt wird, dann wird auch – dem Ebenenansatz von Kirkpatrick folgend – der Transfererfolg und letztlich der ökonomische Erfolg gering bleiben. Die Unterscheidung zwischen Evaluation und Bildungscontrolling ist damit letztlich „künstlich", weil sie sich nur auf die *primären* Perspektiven der jeweiligen Ansätze bezieht. Bildungscontrolling setzt *primär* auf den ökonomischen Erfolg, muss aber *sekundär* danach fragen, wie Weiterbildungsmaßnahmen vor diesem Hintergrund pädagogisch sinnvoll zu gestalten sind, damit es überhaupt zu einem ökonomischen Erfolg kommen kann. Umgekehrt zielen Evaluationen *primär* auf die Verbesserung von Lehr-Lernprozessen. Da diese jedoch niemals in einem „luftleeren Raum" stattfinden, müssen Evaluationen immer die ökonomische Perspektive zumindest *sekundär* als Rahmenbedingungen mit bedenken.

4.7.3.3 Vertiefung: Kosten-Nutzen-Controlling in der Weiterbildung

4.7.3.3.1 Problembezug

Das mit Abstand bedeutsamste Controlling-Element in der betrieblichen Weiterbildung ist das der Erfassung von Weiterbildungskosten. Nutzeneinschätzungen werden demgegenüber schon erheblich seltener durchgeführt. Noch seltener sind Ansätze einer „objektiven" Nutzenmessung. Wenn es aber um die Wirtschaftlichkeit von Bildungsarbeit in Betrieben geht, dann reichen reine Kostenerfassungen keinesfalls aus, vielmehr müssen auch halbwegs solide Informationen über den Nutzen verfügbar sein. Aber gerade daran mangelt es. In der Bildungsökonomie gibt es dabei eine intensive Debatte darüber, inwieweit eine solche Nutzenschätzung überhaupt möglich ist bzw. zu realistischen und verwertbaren Ergebnissen führt (Walden 2000, S. 174). Gleichwohl wurden in der betrieblichen Praxis und auf wissenschaftlicher Ebene Modelle für eine Abschätzung des Nutzens von Bildungsmaßnahmen entwickelt, die im Folgenden diskutiert werden sollen.

Als nicht unproblematisch erweist sich allerdings auch, die Kosten von Weiterbildung zu präzisieren. So verfügt jedes Unternehmen über gewisse Spielräume im Hinblick darauf, welche Arten von Weiterbildungskosten in einem Controlling berücksichtigt werden sollen. Daher soll nachfolgend zunächst eine Präzisierung des Begriffs Kosten und danach der des Nutzens im Kontext der Weiterbildung erfolgen.

4.7.3.3.2 Kosten der betrieblichen Weiterbildung

4.7.3.3.2.1 Problematik des Kostenbegriffs

Obwohl es in der betriebswirtschaftlichen Literatur keinen allgemein anerkannten Kostenbegriff gibt, wird unter „Kosten" meist der wertmäßige Verzehr von Gütern und Dienstleistungen zur Erfüllung der betrieblichen Leistungserstellung verstanden (Schmalen 2001, S. 647). Nach diesem Verständnis setzten sich Kosten aus zwei Komponenten zusammen, der *Mengen-* und *Wertkomponente.* Die Weiterbildungskosten sind dementsprechend das Produkt aus der Faktormenge, dem *Mengengerüst* und dem Wert je Mengeneinheit, dem *Wertgerüst* (Falk 2000, S. 471). Übertragen auf den Weiterbildungsbereich, ist diese Definition deswegen problematisch, weil Unternehmen in der Praxis nur Teile des Wert- und Mengengerüstes liefern, beispielsweise die Kosten des Weiterbildungspersonals oder die Seminargebühren. Vielfach stehen die relevanten Daten im Unternehmen nur in eingeschränktem Maße zur Verfügung oder sind nur unter erheblichem Aufwand verfügbar (Weiß 1996, S. 146). Ferner kommt als Besonderheit hinzu, dass es sich bei den betrieblichen Weiterbildungskosten größtenteils um innerbetriebliche Leistungen handelt, die nicht für den externen Markt konzipiert sind. Eine Kalkulation ist deshalb meist nicht über Marktpreise, sondern nur über Selbstkosten möglich. Gleichzeitig werden aber in erheblichen Umfang Produktionsfaktoren von der Weiterbildung in Anspruch genommen.

Im Rahmen der Weiterbildung geht es also bei dieser Betrachtungsweise stets um einen Verzehr von Gütern und Dienstleistungen, der im Rahmen des betrieblichen Rechnungswesens bewertet werden muss. Im Einzelfall kann diese Bewertung ganz unterschiedlich ausfallen, denn die Kosten in den Betrieben werden nicht nach einem einheitlichen Muster erfasst. Von jedem Betrieb ist eine Entscheidung zu treffen, welcher Teil der Weiterbildungskosten und welche Arten von Kosten in einem Controlling berücksichtigt werden sollen. Eine allgemein gültige Regel gibt es hierfür nicht, entscheidend sind vielmehr die jeweiligen Gegebenheiten im Unternehmen.

4.7.3.3.2.2 Systematik der Kostenarten

In der betrieblichen Praxis haben sich verschiedene Vorgehensweisen etabliert, anhand derer die betrieblichen Weiterbildungskosten erfasst werden können. Auch in der Literatur haben sich unterschiedliche Begrifflichkeiten etabliert, wie bspw. direkte Kosten vs. indirekte Kosten, direkt zurechenbare Kosten vs. indirekt zurechenbare Kosten, fixe Kosten vs. variable Kosten usw.

Im Folgenden soll das in der folgenden Abbildung wiedergegebene Schema zugrunde gelegt werden (Weiß 1996, S. 140 f.).

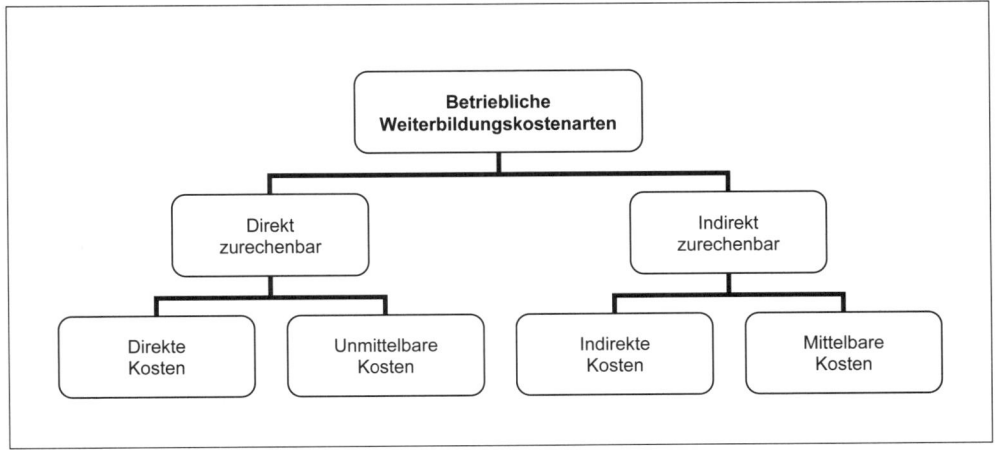

Abb. 4.7-20: Kostenarten der betrieblichen Weiterbildung

Unterschieden wird zwischen direkt zurechenbaren und indirekt zurechenbaren Weiterbildungskosten. Bei der zuletzt genannten Kostenart müssen die Aufwendungen erst berechnet und anteilmäßig einer Weiterbildungsmaßnahme zugeordnet werden.

Zunächst zu den *direkt zurechenbaren* Kosten. Sie umfassen zum einen die *direkten* Kosten einer Weiterbildungsmaßnahme, wie etwa Lehrgangsgebühren für externe Weiterbildung oder – im Falle einer hausintern organisierten und durchgeführten Weiterbildung – die Personalkosten für hauptamtliche Referenten und Dozenten. Zu den *unmittelbaren* Kosten sind alle Aufwendungen für Hotel- und Reisekosten der Teilnehmer und Dozenten sowie für Lehr- und Lernmittel zu rechnen. Diese Kosten fallen als variable Kosten an und sind direkt zurechenbar und damit wenig umstritten.

Davon abzugrenzen sind *indirekt zurechenbare* Kosten, die gemäß einem festzulegenden Verteilungsschlüssel einer Maßnahme zugeordnet werden müssen. Als *indirekte* Kosten bezeichnet man die Personalkosten der Teilnehmer und die für nebenberufliche Lehrkräfte, also die durch Ausfallzeiten verursachten Opportunitätskosten bei Löhnen und Gehältern sowie bei den zugehörigen Personalzusatzkosten. In beiden Fällen ist vom Gehalt der Mitarbeiter auszugehen, dieses auf Tagessätze herunter zu brechen und mit der Dauer einer Weiterbildungsmaßnahme zu multiplizieren. Auch Raum- und Sachkosten, die ausschließlich für Weiterbildungszwecke zur Verfügung stehen, oder die Personal- und Verwaltungskosten der Weiterbildungsabteilung können nach einem ähnlichen Schlüssel verrechnet werden. Noch schwieriger ist die Feststellung der sog. *mittelbaren* Weiterbildungskosten oder weiterverrechneten Personal- und Sachkosten. Hierzu zählen beispielsweise die Raum- und Sachkosten bei nur *teilweise* für Weiterbildungszwecke genutzten Einrichtungen und Gegenständen. So kann bei einer hausinternen Weiterbildung ein Besprechungsraum für Konferenzen genutzt werden. Zu klären ist dann, wie solche Raumkosten bestimmt und verrechnet werden. Ähnliches gilt für die Personalkosten einer Personalabteilung, die sich nicht nur auf Fragen der Weiterbildung konzentriert.

Gerade bei den mittelbaren Kosten stellt sich die Frage, ob sie überhaupt in die Berechnung einfließen sollen. Wenn es um die Registrierung der Gesamtkosten für Weiterbildung in einem Unternehmen geht, so ist eine solche Vollkostenbetrachtung angezeigt. Wenn es jedoch um die Ermittlung von Kosten-Nutzenrelationen einer Weiterbildungsmaßnahme geht, dann erscheint eine Teilkostenbetrachtung sinnvoller, denn die mittelbaren Kosten fallen auch dann an, wenn die Weiterbildungsmaßnahme nicht durchgeführt würde.

Nach einer Erhebung des Bundesinstituts für Berufsbildung aus dem Jahr 1999 (Herget/Beicht 2000, S. 62), beschränken sich die meisten Unternehmen darauf, Dozentenhonorare, Teilnehmergebühren sowie die Fahrt-, Übernachtungs- und Verpflegungskosten zu erfassen. Die Gehaltsfortzahlung von Teilnehmern wird bspw. nur von jedem vierten Großbetrieb (mit mind. 500 Mitarbeiter) und gerade einmal von jedem fünften mittelständischen Betrieb (100 bis 499 Mitarbeiter) erfasst.

4.7.3.3.2.3 Interne Verrechnung von Weiterbildungskosten

Eine Erhebung betrieblicher Weiterbildungskosten muss sich an den Kategorien der betrieblichen Kostenrechnung orientieren. Hier wird für gewöhnlich unterschieden zwischen: Kostenartenrechnung, Kostenstellenrechnung und Kostenträgerrechnung. Im Rahmen der betrieblichen Weiterbildung ist insbesondere die Kostenarten- und -stellenrechnung von Bedeutung (Weiß 1990, S. 19).

Während die Kostenartenrechnung fragt, welche Kosten entstanden sind, gibt die Kostenstellenrechnung Auskunft, wo, d. h. in welchen betrieblichen Funktionsbereich die Kosten angefallen sind. Bei den Kostenarten sind hierarchisch gegliederte Schemata gebräuchlich, wie etwa:

- *Personalkosten*
  - Kosten für Dozenten
  - Kosten für Weiterbildungskoordinator
  - Freistellungskosten
- *Sachkosten*
  - Teilnehmergebühren
  - Kosten für Lehr- und Lernmittel
  - Fahrt-, Übernachtungs- und Verpflegungskosten
  - Infrastrukturkosten
- *Sonstige Kosten*
  - Administrative Kosten

Bei der Kostenstellenrechnung geht es um die Umlegung der Weiterbildungskosten auf den internen Kunden, also auf die entsendende Abteilung. Durch die Verteilung der Weiterbildungskosten nach dem Verursacherprinzip kann die Kostenverantwortung der einzelnen Abteilung gesteigert werden. Die interne Abrechnung der Weiterbildungskosten im betrieblichen Rechnungswesen erfolgt in Form von *Einzel-* oder *Gemeinkosten.* Die Zuordnung ist deswegen so entscheidend, weil hier festgelegt wird, wie die Mittel für Weiterbildung beschafft werden sollen, wer die Kosten letztlich trägt und nach welchem Verfahren die Zurechnung erfolgt. An dieser Stelle sollen nur die beiden gängigsten Verfahren grob skizziert werden: die *Umlage nach einem Gemeinkostenschlüssel* und die *verursachungsgerechte Zuordnung durch interne Verrechnungspreise* (Sieber-Bethke 2003, S. 65). Beim Umlageverfahren nach einem *Gemeinkostenschlüssel* werden die Kosten der Weiterbildung am Ende des Geschäftsjahres nach einem Gemeinkostenschlüssel auf die Geschäftsbereiche umgelegt, meist unabhängig davon, inwieweit Bildungsleistungen tatsächlich nachgefragt wurden. Um eine größere Transparenz der Kosten zu erreichen, werden bei der *verursachungsgerechten* Verrechnung die Kosten den nachfragenden Geschäftsbereichen unmittelbar zugeordnet. Eine Zuordnung erfolgt mittels interner Verrechnungspreise, die entweder standardmäßig oder individuell kalkuliert werden. Neben den maßnahmebezogenen Einzelkosten enthalten sie auch Gemeinkostenanteile.

4.7.3.3.3 Nutzen und Nutzenmessung

Die betriebliche Weiterbildung verfolgt das Ziel, zur Wertschöpfung des Unternehmens beizutragen. Aus diesem Grund wird das betriebliche Bildungswesen auch an den Erfolgskriterien, Rentabilität und Wirtschaftlichkeit gemessen. Knappe Ressourcen veranlassen das Management dazu, Rechtfertigungen für Bildungsinvestitionen zu fordern, um weitere Förderungen begründen zu können. Bildungsarbeit ist so zu gestalten, dass deren Nutzen und Wirksamkeit optimiert werden. Hierfür ist ein striktes Kostenmanagement allein nicht ausreichend. Aus unternehmerischer Sicht geht es vielmehr darum, mit dem Bildungsaufwand einen möglichst großen ökonomischen Nutzen im Sinne eines ‚Return on Investment' zu erzielen. Mittels Kostenanalysen lassen sich keine hinreichenden Aussagen zu den bewirkten ökonomischen Leistungen des Weiterbildungsbereichs machen. Die Bestimmung der Kosten und des Nutzens des Bildungsgeschehens sind daher Kernaufgabe jeder ökonomischen Erfolgskontrolle (Herget/Beicht 2001, S. 63 f.).

Der Begriff des Nutzens hat in die Bildungsforschung und in das Konzept des Bildungscontrollings Eingang gefunden. Allerdings erweist sich die Klärung des Nutzenbegriffs als weitaus schwieriger als die Präzisierung des Kostenbegriffs, denn die Frage nach dem Nutzen von betrieblicher Weiterbildung ist vielschichtig und nicht eindeutig geklärt. Eine umfassende Definition nach Timmermann (1998, S. 75) lautet: Nutzen sind alle positiv bewerteten Wirkungen beruflicher Bildung. Obwohl diese Definition auch den Nutzen für das Individuum, den Staat bzw. die Gesellschaft beinhaltet, ist für das Bildungscontrolling nur jener Teil des Nutzens betrieblicher Bildungsmaßnahmen relevant, der in irgendeiner Weise auch zur Verwirklichung der Unternehmensziele beiträgt. In Anlehnung an den englischen Begriff *returns* wird in der Literatur synonym zum Begriff des Nutzens auch häufig von Erträgen gesprochen. Nicht selten wird auch der Begriff Weiterbildungserfolg verwendet.

Die Beurteilung des Nutzens von Weiterbildung darf sich indes nicht nur auf die leicht messbaren und quantifizierbaren Auswirkungen von Weiterbildung beschränken, sondern erfordert eine ganzheitliche Betrachtung, da sich auch Aktivitäten, die sich nicht rechnen lassen, lohnen können (v. Bardeleben/Herget 1999, S. 82). Diese Überlegungen zeigen, dass Nutzen nicht als eine absolute Größe betrachtet werden kann, sondern eine Präzisierung der Komponenten, die den Nutzen oder den Ertrag ausmachen, notwendig ist.

Die Messung des tatsächlichen Erfolgs von Weiterbildung wirft eine Reihe von messtechnischen Problemen auf, die den Nachweis eines ökonomischen Nutzens von Weiterbildungsmaßnahmen erschweren.

Mangel an geeigneten Daten

Häufig sind im Unternehmen die entsprechenden Daten über Weiterbildungsinvestitionen nur teilweise oder in unzureichendem Maße vorhanden. Obwohl die benötigten Outputgrößen, Kosten- und Umsatzzahlen häufig verfügbar sind, fehlt es an der entsprechenden Aufbereitung, damit eine valide Nutzenmessung möglich ist. Nicht selten beruhen Angaben auf unvollständigen Aufzeichnungen oder auf groben Schätzungen (Weiß 1996, S. 146).

Nachweis ursächlicher Zusammenhänge

Das Hauptproblem bezüglich der Beurteilung von Effekten der betrieblichen Bildungsarbeit liegt im Nachweis des Bildungsnutzens einer Maßnahme. Unmittelbare Zusammenhänge zwischen Weiterbildung und Unternehmenserfolg liegen nicht immer sofort auf der Hand, denn angesichts der Komplexität der Wirkungszusammenhänge haben auch andere Faktoren Einfluss auf den ökonomischen Erfolg. Die Isolierung der jeweiligen Wirkungsfaktoren ist häufig sehr aufwändig, so dass nicht selten ganz darauf verzichtet wird. So z. B. könnte eine Gewinnsteigerung einerseits auf die Weiterbildung des Vertriebspersonals zurückzuführen sein, ebenso könnte dies aber auch an einer gleichzeitig laufenden Werbemaßnahme liegen (Bardeleben/Herget 1999, S. 94).

Zeitliche Diskrepanzen

Ein weiteres Problem ist der Zeitaspekt bei der Bewertung des Weiterbildungsnutzens. Bei Bildungsaktivitäten handelt es sich um Prozesse, deren Wirkung sich in der Regel erst mittel- bis langfristig bemerkbar macht. Das Unternehmensmanagement fordert aber häufig von der Weiterbildungsabteilung, dass sich Bildungsinvestitionen noch innerhalb einer Investitionsperiode rechnen, d. h. Erträge erwirtschaften oder in irgendeiner Form Nutzen bringen. Die Frage ist also, mit welcher Erwartungshaltung man an betriebliche Weiterbildung herangeht. Sind Bildungsinvestitionen nur dann akzeptiert, wenn sie schnell zu Erfolgen führen oder werden sie als notwendige Investition in die Zukunft des Unternehmens verstanden, deren Nutzen nicht sofort zur Geltung kommt?

Fehlende Vergleichsgruppen

Um die Effekte von Weiterbildungsmaßnahmen tatsächlich nachweisen zu können, sind häufig Vergleichsgruppen notwendig (vgl. Abb. 4.7-10). Hierbei werden an der Kontroll- wie an der Experimentalgruppe Messungen vorgenommen. Aus dem Verhalten dieser beiden Gruppen wird zu ergründen versucht, ob und wie die Bildungsmaßnahme das Verhalten der Teilnehmer beeinflusst hat. Eine Bildungsmaßnahme könnte man als erfolgreich bezeichnen, wenn sich z. B. die Arbeitseffektivität der Versuchsgruppe (Besuch einer Bildungsveranstaltung) signifikant in positiver Richtung von der Arbeitseffektivität der Kontrollgruppe (kein Besuch der Bildungsveranstaltung) unterscheidet. Aus forschungstechnischen und zeitlichen

Gründen kann dieses Verfahren in der betrieblichen Praxis aber kaum eingesetzt werden. Innerbetriebliche Realitäten verhindern oft eine umfassende Versuchsplanung, die für eine exakte Durchführung notwendig wäre (Götz 1993, S. 132).

Nicht-monetärer Nutzen und Nebenfolgen

Betriebswirtschaftlich relevanter Nutzen entsteht für das weiterbildende Unternehmen erst dann, wenn durch die Weiterbildungsaktivitäten auch ein ‚Wert geschaffen wird', d. h. vor allem wenn es zu einer Verbesserung der Wettbewerbsfähigkeit kommt. Besonders geeignete Erfolgskriterien aus Sicht des Betriebes erscheinen hier operationalisierte und somit auch messbare Weiterbildungsziele, mit denen der ökonomische Beitrag der Weiterbildung zum Unternehmenserfolg objektiv belegt werden kann. Wie bereits deutlich wurde, lässt sich jedoch nicht jeder durch Weiterbildung entstehende Nutzen (beispielsweise der eines besseren Arbeitsklimas aufgrund einer entsprechenden Weiterbildungsmaßnahme) monetär quantifizieren. Den Nutzen von Weiterbildung ausschließlich am kurzfristigen ‚Return on Investment' zu messen, ist aber nicht nur kaum möglich, sondern auch theoretisch abzulehnen, weil solche weichen Faktoren auch zur Wettbewerbsfähigkeit des Unternehmens beitragen (Falk 2000, S. 491).

Aufwand und Ertrag der Nutzenmessung

Nicht zu unterschätzen ist der Aufwand für die Messung des Nutzens von Weiterbildungsmaßnahmen, der mit erheblichen Kosten verbunden sein kann. Insbesondere wenn das Ergebnis der Messung sehr zielgenau sein soll oder die Messkriterien sehr differenziert gestaltet sind, ist davon auszugehen, dass der damit verbundene Aufwand auch im entsprechenden Maße ansteigt. Damit stellt sich die Frage nach dem Verhältnis zwischen Erfolg einer Maßnahme und dem Messaufwand. Je höher der Grad an Perfektion, desto aufwändiger und kostenintensiver sind zumeist die Erhebungsinstrumente (Weiß 2001, S. 84).

4.7.3.3.4 Ansätze zur Nutzenmessung

Um Weiterbildung erfolgreich zu steuern und den jeweiligen Nutzen für das Unternehmen zu quantifizieren, benötigen Unternehmen ein Instrumentarium, das Prozesse datenmäßig abbildet und die zur Verfügung stehenden Informationen quantifiziert und systematisch aufbereitet. Betriebliche Bildungsprozesse werden mit Hilfe von Daten und Kennziffern transparenter und dadurch leichter steuerbar.

4.7.3.3.4.1 Theoretische Ansätze zur Nutzenmessung

In jüngster Zeit sind zahlreiche ‚Nutzenkonzepte' in der Theorie wie auch in der Unternehmenspraxis entwickelt worden, um den Nutzen von Bildungsinvestitionen zu erfassen. Eine trennscharfe Abgrenzung zwischen theoretischen und praxisbezogenen Ansätzen ist dabei nicht immer möglich. Im Folgenden soll – in Anlehnung an Weiß (2000) – auf einige dieser Ansätze eingegangen werden.

Ansatz des 'Human Resource Accounting'

Es ist unbestritten, dass die ‚Ressource Mensch' ganz entscheidend zur Sicherung und zur Verbesserung der Wettbewerbsfähigkeit von Unternehmen beiträgt. Angesichts dieser Erkenntnis ist es umso erstaunlicher, dass vom Standpunkt des traditionellen betrieblichen Rechnungswesens Investitionen in Humanressourcen im Wesentlichen nur als Ausgabe bzw. Aufwand verbucht, aber nicht als Vermögen und Aktivposten in der Bilanz ausgewiesen werden (Weiß 2000, S. 85). Im Rahmen des Human Ressource Accounting versucht man deshalb die ‚Ressource Mensch' systematisch und kontinuierlich zu erfassen und zu bewerten. Unter Humankapital eines Unternehmens versteht man dabei die Summe aller betrieblichen menschlichen Faktoren (z. B. Wissen, Ausbildungsstand), also den Wert der Belegschaft (Gerlich 1999, S. 29). Zwar erscheint diese Betrachtungsweise plausibel, aber aus betriebswirtschaftlicher bzw. steuerrechtlicher Sicht ist das Konzept wenig praktikabel. Demzufolge erfolgt die Bilanzierung des Humankapitals selten im Rahmen von Handels- und Steuerbilanzen, sondern vornehmlich im Rahmen ergänzender Rechenwerke (z. B. Sozialbilanzen, Humankapitalbilanzen) (Weiß 2000, S. 85).

Aber wie wird nun konkret mit Hilfe des Human Ressource Accounting der Beitrag des Humankapitals zum Erfolg des Unternehmens gemessen? Dies geschieht, indem der Wert des Wissenskapitals in monetären Größen erfasst und bilanziell ausgewiesen wird, beispielsweise in Form von Kennziffern über Personal- und Bildungsinvestitionen. Anschließend wird der Beitrag des Humankapitals zur Wertschöpfung des Unternehmens mit Hilfe der Differenz zwischen Buchwert und dem Marktwert (Börsenkurs) des Unternehmens ermittelt. Es wird also sozusagen der Marktpreis des Wissenskapitals bestimmt und mit dem unternehmensinternen Wert des Humankapitals verglichen.

Zwar ist der Ansatz von seinem Gedankengang her sinnvoll, gleichwohl erscheint er bei näherer Betrachtung für eine Nutzenmessung als eher ungeeignet. Es werden keinerlei Aussagen über Ursache-Wirkungs-Beziehungen getroffen. Des Weiteren erfolgt die Unternehmensbewertung über die Kapitalmärkte. Die spekulativen Einflüsse, die hierbei häufig mit eine Rolle spielen, haben mit dem tatsächlichen Wert des Wissenskapitals nur wenig zu tun.

Nutzenmessung durch Kennzahlenanalyse

Eine relativ einfache und in den Betrieben weit verbreitete Methode, um Prozesse zu steuern und ökonomische Erfolge zu ermitteln, besteht in der Ermittlung und Analyse von Kennzahlen. Sie besitzen den Vorteil, dass sie quantifizierbar und standardisierbar sind (Pawlowsky/Bäumer 1996, S. 176). Da andere Verfahren des Bildungscontrollings in der Praxis oft als zu aufwändig und teuer angesehen werden, greift man auch aus Kostengründen gerne auf Kennzahlen zurück. Im Allgemeinen liegt der Sinn von Kennzahlen darin, einen ‚Vorher-Nachher'-Vergleich oder einen Vergleich mit anderen Abteilungen, Werken oder Unternehmen durchzuführen, bei denen keine Weiterbildung durchgeführt wurde, um so den Erfolg bzw. Nutzen von Weiterbildung zu ermitteln.

Zwar gibt es eine Vielzahl möglicher Kennzahlen, aber noch keine allgemeingültige Systematisierung, so dass im Rahmen der Weiterbildung eine Grundsatzentscheidung getroffen werden muss, welche Kennzahlen erhoben und als Grundlage einer Erfolgsbewertung herangezogen werden sollen. Abbildung 4.7-21 gibt einen Überblick über mögliche Kennziffern nach Pawlowsky/Bäumer (1996, S. 177). Abbildung 4.7-22 visualisiert Ausschnitte aus einem komplexen Kennzahlensystem nach Schulte (1995, S. 270).

Betriebskennziffern	Personalkennziffern
• Produktionszahlen	• Fluktuation
• Fehlerrate	• Fehlzeiten
• Ausschussraten	• Absentismus
• Maschinenstillstandszeiten	• Abmahnungen
• Geschwindigkeitskennziffern	• Betriebsunfälle
• Qualitätskennziffern	

Abb. 4.7-21: Kennziffern zur Erfolgsermittlung betrieblicher Weiterbildung

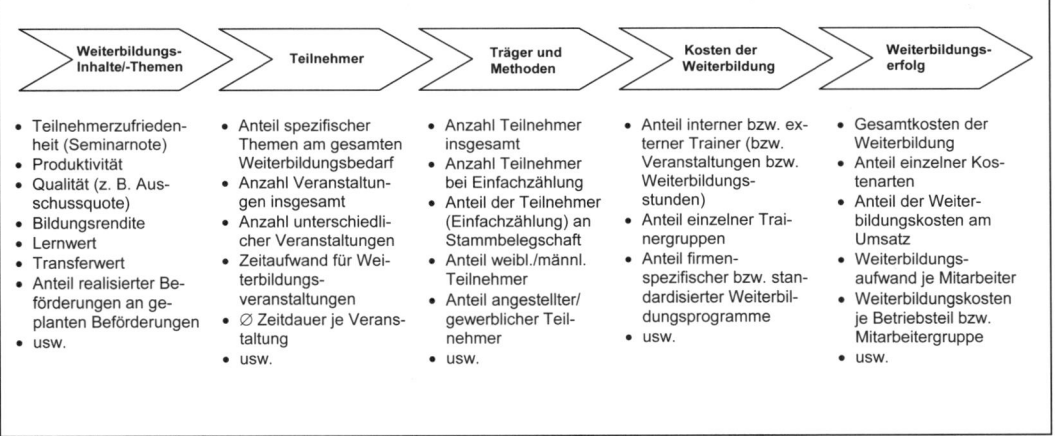

Abb. 4.7-22: Kennzahlensystem nach Schulte (Auszug)

Beide Abbildungen machen deutlich, dass sich viele unterschiedliche Kennzahlen finden lassen, mit denen man Soll-Ist-Vergleiche durchführen kann. Daher besteht die Gefahr, dass es zu einer Flut von Kennzahlen kommt, die letztendlich nicht mehr alle ausgewertet werden können. Zudem müssen die Kennzahlen regelmäßig auf Berechnungsfehler hin überprüft werden, weil sonst Entwicklungen nicht richtig wiedergegeben werden.

Das vorrangige Ziel des Kosten-Nutzen-Controllings besteht darin, die Wirtschaftlichkeit von Weiterbildung durch die Ermittlung von Nutzwerten, die Berechnung von Renditen oder die Abschätzung des monetären Nutzens von Weiterbildung zahlenmäßig nachzuweisen. Im Rahmen der Kennzahlenanalyse wird zur Bestimmung des Unternehmenserfolgs häufig die sog. ‚Weiterbildungsrendite' (W) bestimmt. In der einfachsten Form wird dabei folgende Formel angewandt (Pawlowsky/Bäumer 1996, S. 177):

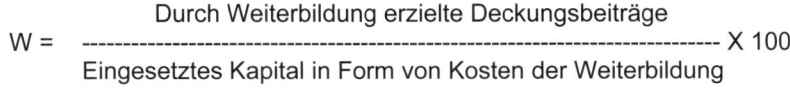

$$W = \frac{\text{Durch Weiterbildung erzielte Deckungsbeiträge}}{\text{Eingesetztes Kapital in Form von Kosten der Weiterbildung}} \times 100$$

Pawlowski/Bäumer machen die Berechnung der Weiterbildungsrendite anhand eines Beispiels deutlich (S. 178). Ein großes Handelsunternehmen möchte seine monatlichen Lieferrückstände im Wert von 1,2 Mio. Euro reduzieren. *Maßnahme:* Ein Seminar über Lagerbewirtschaftung führt zu einer neuen Konzeption der Lagerhaltung. *Daten:* Es entsteht ein zusätzlicher Umsatz von 6 Mio. €. Bei einer Handelspanne von 28 % ergibt sich ein zusätzlicher Deckungsbeitrag von 1,68 Mio. €. Zeitgleich steigen die Lagerkosten durch den Umsatzanstieg um 480.000. Die Seminarkosten betragen 16.000 €.

Rendite: Auf Basis obiger Daten ergibt sich für das Seminar folgende Rendite

W= (1,68 Mio. € - 480.000 €)/16.000 € * 100 = 7.500 %

Das Beispiel macht auf anschauliche Weise klar, wie sich prinzipiell der Nutzen von Weiterbildung monetär über eine Kennzahl quantifizieren lässt. Gleichzeit dürfen dabei aber nicht die Probleme aus dem Blickfeld geraten, die damit verbunden sind. Kam es tatsächlich durch die Weiterbildungsmaßnahme zu einer Steigerung des Umsatzes oder waren andere Veränderungen (z. B. Änderung der Verkaufsstrategie, Einstellung neuer Mitarbeiter etc.) hierfür ausschlaggebend? Derartige Berechnungen setzen demnach voraus, dass sich Leistungssteigerungen als Folge der Weiterbildung identifizieren und sich in Geldeinheiten bewerten lassen. Angesichts der Komplexität der Zusammenhänge sind entsprechende Ursache-Wirkungs-Beziehungen aber oft nicht eindeutig festzustellen.

Ein anderes verbreitetes Kennzahlenmodell stammt von Walsh (1987), das in Abbildung 4.7-23 visualisiert wird. Nach diesem Modell geht es um die Berechnung eines „Bildungswertes", der sich als Summe aus dem Lernwert und dem Transferwert eines Kurses ergibt. Der Lernwert bemisst den Lernnutzen einzelner Weiterbildungsziele, die zuvor definiert werden, monetär. Für jedes definierte Lernziel (z. B. „Besprechungen vorbereiten können") wird ein maximal zu erreichender Lernwert vergeben (z. B. 500 DM). Darüber hinaus ist am Ende des Kurses zu überprüfen, zu wie viel Prozent ein Teilnehmer dieses Ziel erreicht hat (z. B. 60 %, entspricht einem Erreichungsgrad von 0,6). Der erreichte Lernwert ergibt sich dann aus der Multiplikation des maximal zu erreichenden Lernwerts mit dem Erreichungsgrad (im Beispiel 500 * 0,6 = 300). Für jeden Teilnehmer sind danach alle Ist-Lernwerte über alle Lernziele zu summieren. Danach kann in einem zweiten Schritt über alle Teilnehmer summiert werden.

Ähnlich ist im Hinblick auf die Transferwerte zu verfahren. Für die Ermittlung der Transferwerte sind zunächst Transferziele zu definieren (z. B. kürzere Projektbesprechung), danach der jeweilige Nutzen monetär zu bewerten und der Erreichungsgrad zu ermitteln. Der Ist-Transferwert wird analog zur Berechnung des Lernwertes ermittelt.

Der Weiterbildungswert errechnet sich schließlich aus der über alle Teilnehmer gebildeten Summen aus Lern- und Transferwert, im Beispiel 20.800 DM. Zieht man davon die Weiterbildungskosten ab, so lässt sich im Beispiel ein (positiver) Weiterbildungserfolg von 7.300 DM errechnen.

1. Quantifizierung des Lern- und Transferwertes pro Teilnehmer

Bildungsmaßnahme: Besprechungstechnik						Nr.　Zeit:　Datum:					
Lernziele (LW = Lernwert)	Max. LW TDM	Erreichungsgrad			Ist-LW TDM	Transferziele (TW = Transferwert)	Max. TW TDM	Erreichungsgrad			Ist-TW TDM
		1	0,6	0,2				1	0,6	0,2	
Teilnehmer soll:						Angestrebt wird:					
- Besprechungen vorbereiten können	0,5		x		0,3	- kürzere Projekt-besprechung	1	x			1,0
- Besprechungen leiten können	0,8	x			0,8	- weniger Teilnehmer (keine Konferenzen)	3		x		1,8
- als Besprechungs-teilnehmer Werde-gang der Bespre-chung beeinflussen können	0,5		x		0,3	- konkrete Ergebnisse mit Maßnahmen und Zuständigkeiten	3		x		1,8
- simultan protokol-ieren können	0,4			x	0,1	- Umsetzungsver-folgung und Kontrolle	2			x	0,4
	2,2				1,5		9				5,0

Summe aller Teilnehmer

2. Wirtschaftlichkeitsberechnung
a) Nutzen

Teilnehmer	Lernwert (LW) TDM	Transferwert (TW) TDM	Weiterbildungs-wert (WW) TDM
Herr Nau (siehe 1.)	1,5	5,0	6,5
Herr Zinn	0,2	0,3	0,5
Herr Tander	0,3	0,4	0,7
Herr Hofmann	0,2	0,4	0,6
Herr Zapf	1,5	2,0	3,5
Herr Kiel	1,2	0,7	1,9
Herr Bergmann	1,0	1,5	2,5
Herr Damm	0,9	1,5	2,4
Frau Nahm	0,5	0,4	0,9
Herr Dill	0,6	0,7	1,3
Summe	**7,9**	**12,9**	**20,8**

b) Kosten (in TDM)

Weiterbildungsmaßnahme	6,5	
+ Kosten für bezahlte Arbeitszeit	7,0	
= **Weiterbildungskosten (WK)**	**13,5**	**13,5**

c) Ergebnis

Weiterbildungserfolg (WE) = a) - b)	Summe TDM	7,3
in Prozent (WW von WK)		154

Abb. 4.7-23: Weiterbildungswert nach Walsh (1987)

Übung:

10   Stellen Sie bitte Argumente zusammen, die die Aussagekraft der Zahlen relativieren!

Auf einen ähnlichen Ansatz, nämlich die *Wertvergleichsmethode*, verweist Merk (2006) in Anlehnung an Nagel (1995).

Ein anderer Ansatz, der zum Ziel hat, den Lernerfolg auf individueller Ebene zu quantifizieren, rekurriert auf die Berechnung einer so genannten *Lerneffizienzformel* (Hölterhoff/Becker 1986, S. 208). Dabei wird der Wissenszuwachs eines Mitarbeiters während einer Weiterbildungsmaßnahme (als Differenz des Wissensstandes zwischen Anfangs- und Endzustand) dividiert durch den maximal möglichen Wissenszuwachs. Der Wert liegt zwischen 0 und 1 und sollte – so die Empfehlung mindestens den Wert 0,7 erreichen. Allerdings ergibt sich auch hierbei ein Quantifizierungsproblem. Zur Berechnung wird empfohlen, die Ergebnisse von Eingangs- und Abschlusstests miteinander zu vergleichen. Fraglich bleibt auch hier, ob alle Lerneffekte berücksichtigt, ob diese durch diese Testergebnisse angemessen repräsentiert werden und wie der maximale Wissenszuwachs bestimmt wird.

Kalkulation von Opportunitätskosten

Im Rahmen der Opportunitätskostenrechnung wird die Frage gestellt, welche Kosten dem Unternehmen entstehen, wenn bestimmte Entwicklungsmaßnahmen nicht durchgeführt werden. Entscheidet sich ein Unternehmen also beispielsweise gegen eine bestimmte betriebliche Bildungsmaßnahme, so entsprechen dem Nutzen die eingesparten Aufwendungen im Vergleich zu den ökonomischen Folgewirkungen dieser Entscheidung. Die Formen des Nutzens wären dann beispielsweise entgangene Einsparungen, nicht realisierte Produktivitätsgewinne oder nicht ausgeschöpftes Wachstum. Man berechnet also, was es kosten würde, wenn die Ausschussproduktion hoch bleibt oder die Kundenzufriedenheit sinkt, im Vergleich zu den Weiterbildungskosten.

Obwohl eine Berechnung des Nutzens von Weiterbildung nach diesem Ansatz theoretisch machbar ist, würde man in der Praxis damit nur zu sehr vagen Aussagen gelangen. Kurzfristig wird der Verzicht auf Weiterbildung kaum zu nennenswerten Auswirkungen führen, insbesondere bei Maßnahmen deren Wirkung sich auf das Unternehmensergebnis ohnehin nur mittel- bis langfristig bemerkbar macht (z. B. Kommunikationsschulung von Kundenbetreuern im Back Office-Bereich). Somit haben diese Berechnungen stets den Anschein spekulativer Berechnungen und damit begrenzte Aussagekraft.

Nutzenmessung durch Teilnehmerzufriedenheit

Obwohl durch die Messung der Teilnehmerzufriedenheit nicht direkt etwas über den quantitativen Nutzen für das Unternehmen ausgesagt werden kann, handelt es sich dabei um eines der am weitesten verbreiteten Instrumente, wie Abb. 4.7-12 weiter oben verdeutlicht. Für gewöhnlich wird ein Fragebogen am Ende des Seminars eingesetzt, der eine erste Einschätzung zur Bewertung eines Seminars, vor allem der Bedeutung der Inhalte, der Qualität der Trainer und der Abläufe liefert. Der Vorteil von Teilnehmer-Fragebögen besteht darin, dass sie leicht einzusetzen und auszuwerten sind.

Trotz ihrer weiten Verbreitung im Bereich der Evaluation und Qualitätssicherung wird die Validität dieses Instruments kritisch eingeschätzt. Als problematisch wird erachtet, dass die Meinung der Teilnehmer direkt nach dem Seminar stark von unmittelbaren Stimmungen und sozialem Druck beeinflusst wird. Aus diesem Grund gehen eine Reihe von Unternehmen dazu über, zusätzlich oder alternativ mit einem zeitlichen Abstand von zwei bis acht Wochen eine Befragung durchzuführen (Gust/Weiß 2005, S. 39 f.).

Nutzenmessung durch Kundenzufriedenheit

Eine ganz andere Form zur Bewertung des Nutzens ist die Messung der Kundenzufriedenheit. Damit ist weniger die Zufriedenheit externer Kunden, als vielmehr die Zufriedenheit der internen Kunden gemeint, also der Organisationseinheiten im Unternehmen, von denen eine Maßnahme in Anspruch genommen wird. Grundlage für zufriedene Kunden sind jeweils zielgruppenspezifische Bedarfsanalysen. Nicht Standardseminare, sondern firmenspezifische und auf Mitarbeitergruppen zugeschnittene Seminare werden gewünscht.

Nach diesem Verständnis geht es weniger darum, wie groß der Nutzen war bzw. welchen Beitrag die Weiterbildung zum Erfolg des Unternehmens beigetragen hat, sondern inwieweit es gelang, durch Weiterbildung die Probleme des Kunden, also z. B. der jeweiligen Abteilung, zu lösen. Die Vorteile sind insbesondere darin zu sehen, dass der Nutzen von Seminaren, deren Inhalt und Gestalt die Teilnehmer selbst mitgestalten, für alle Beteiligten generell höher ist.

Nutzenmessung durch qualitative Analysen

Die meisten der bisher dargestellten Ansätze versuchen den Nutzen von Weiterbildung monetär zu bewerten. Neben dieser quantitativen Nutzenmessung bedarf es parallel dazu einer qualitativen Analyse. Anders ausgedrückt, neben ‚harten‘ Faktoren müssen auch ‚weiche‘ Faktoren, wie z. B. Einstellungen, Einschätzungen und Bewertungen mit in die Analyse einbezogen werden. Im Rahmen dieser Analyse müsste dann auch auf Fragen eingegangen werden, die nur indirekt in Zusammenhang mit dem Unternehmenserfolg stehen: Inwieweit haben sich betriebliche Weiterbildungsmaßnahmen positiv auf Arbeitszufriedenheit, Leistungsbereitschaft und Arbeitsmotivation ausgewirkt? Hat ein bestimmtes Projekt zu einer Verbesserung der Kooperationsbereitschaft zwischen den Abteilungen geführt? In welchem Umfang machen sich bestimmte Projekte in einer Verbesserung des Betriebsklimas deutlich?

Diese und andere Fragen wären bei einer qualitativen Nutzenanalyse zu klären. Freilich müssen hier andere Methoden der Nutzenmessung zum Einsatz kommen, (beispielsweise Gespräche, Workshops oder Befragungen der Mitarbeiter) als bei einer quantitativen Analyse.

4.7.3.3.4.2 Pragmatische Ansätze zur Nutzenmessung

Die Ausführungen zu den theoretischen Ansätzen der Nutzenmessung haben deutlich gemacht, dass zum Teil sehr komplexe Verfahren entwickelt wurden, um den geldwerten Nutzen von Weiterbildung zu quantifizieren. Für Unternehmen in der Praxis stellt sich allerdings die Frage, inwieweit diese Ansätze praktikabel sind und schließlich auch zu brauchbaren Aussagen über den Nutzen von Weiterbildung führen. Bislang ist die Reichweite dieser Ansätze in der Praxis sehr beschränkt. Angesichts der Komplexität und Unterschiedlichkeit unternehmerischen Handelns sind allerdings zahlreiche *pragmatische* Ansätze zur Nutzenmessung entwickelt worden, um den individuellen Ansprüchen des jeweiligen Unternehmens gerecht zu werden. Ein typisches Beispiel enthält die folgende Darstellung:

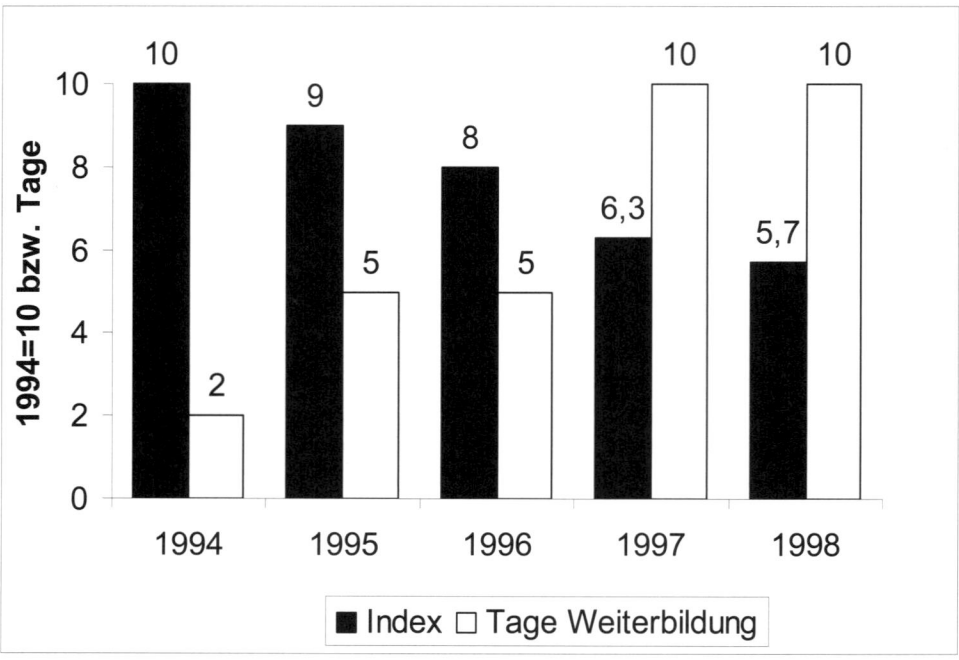

Abb. 4.7-24: *Gegenüberstellung von Reklamationsindex (1994=10) und Zahl der durchschnittlichen Weiterbildungstage pro Arbeiter und Jahr*

Übung:

11   Interpretieren Sie die Abbildung im Sinne des Bildungscontrollings im Hinblick auf den Nutzen der durchgeführten Weiterbildungsaktivitäten! Welche Probleme sehen Sie bei einer solchen Interpretation?

Die Aussagekraft solcher Einzelindikatoren zur Nutzenabschätzung ist – legt man strenge wissenschaftliche Kriterien zugrunde – allerdings begrenzt. Von Bardeleben und Herget (1999) schlagen vor diesem Hintergrund vor, Bildungscontrolling zu dezentralisieren und in die Hände von Vorgesetzten und Mitarbeitern zu legen. Im Rahmen von Seminarvorbereitungsgesprächen, die in Transferzielprotokolle münden können, wären Kennzahlen zu definieren, die sich mittelfristig ändern sollten. Die Erfolgsparameter hängen dabei stark vom zugrunde liegenden Problem sowie vom jeweiligen Weiterbildungskurs ab.

Modell der Nutzenkriterien nach v. Bardeleben/Herget (1999)

Eine Abschätzung der erwarteten Wirkungen, des Ertrags bzw. des Nutzens von Weiterbildung ist nach von Bardeleben/Herget ganz eng mit der Frage nach den jeweiligen Zielen der Weiterbildungsmaßnahme verbunden. Zur Ermittlung des Weiterbildungsbedarfs im Vorfeld und zur Bestimmung des Nutzens nach einer Maßnahme bedarf es klar formulierter Unternehmensziele. Nur wenn im Vorfeld von Weiterbildung festgelegt wird, was mit einer Maßnahme erreicht werden soll, lassen sich einerseits der Weiterbildungsbedarf festlegen und andererseits den Weiterbildungszielen geeignete Nutzenkriterien zuordnen. Anhand dieser Kriterien kann anschließend der Grad der Zielerreichung bzw. der Nutzen der Weiterbildung entweder exakt durch Messung oder durch Schätzungen ermittelt werden. Die Frage nach dem Nutzen ist nach dieser Auffassung also nicht eindeutig im Sinne einer klar definierten Form des Nutzens zu beantworten. Vielmehr kommt es darauf an, was im jeweiligen betrieblichen Kontext unter Nutzen verstanden wird.

Wie lassen sich nun geeignete Nutzenkriterien finden? Von Bardeleben/Herget haben hierzu ein komplexes Modell entwickelt (Abbildung 4.7-25).

Für jeden der genannten Erfolgsparameter, die je nach Problemlage festzulegen wären, wären dann mit Unterstützung der Weiterbildungsabteilung Erhebungen zu planen, die dem Erhebungsdesign vorher/nachher (Erhebungsdesign 2, besser 4 aus Abbildung 4.7-10) folgen. Vor einer Maßnahme wäre der Ist-Zustand zu messen sowie in Transferzielprotokollen zu vereinbaren, welche Werte erreicht werden sollen und welche Rahmenbedingungen dazu realisiert werden müssen. Nach Ende einer Weiterbildungsmaßnahme sind mit einem zuvor vereinbarten zeitlichen Abstand erneute Erhebungen zu den Kennwerten durchzuführen. Die Veränderungen sind dann Gegenstand eines Seminarnachbereitungsgespräches.

Bei den jeweiligen Erhebungen soll sowohl auf „harte" als auch auf „weiche" Erfolgsfaktoren zurückgegriffen werden. Wenn es etwa um Kundenberater geht, so können als „harte Erfolgsfaktoren" Daten über Umsatz und Kundenakquise (in Relation zum Marktwachstum) vorher und nachher verglichen werden. Als „weiche Erfolgsfaktoren" kommen – etwa im Hinblick auf die Problemstellung „Umgang mit Kunden" – 360°-Feedbacks im zeitlichen Vergleich in Frage. 360°-Feedbacks sind standardisierte Beurteilungsbögen zu einer bestimmten Thematik, die von Personen ausgefüllt werden, die den zu Beurteilenden „umgeben", wie etwa Vorgesetzte, Kollegen, Kunden, aber auch der Betroffene selbst (Selbstbeurteilung). Ein Vergleich solcher 360°-Feedbacks vor und nach einem Kurs dient der Nutzenabschätzung solcher weichen Faktoren.

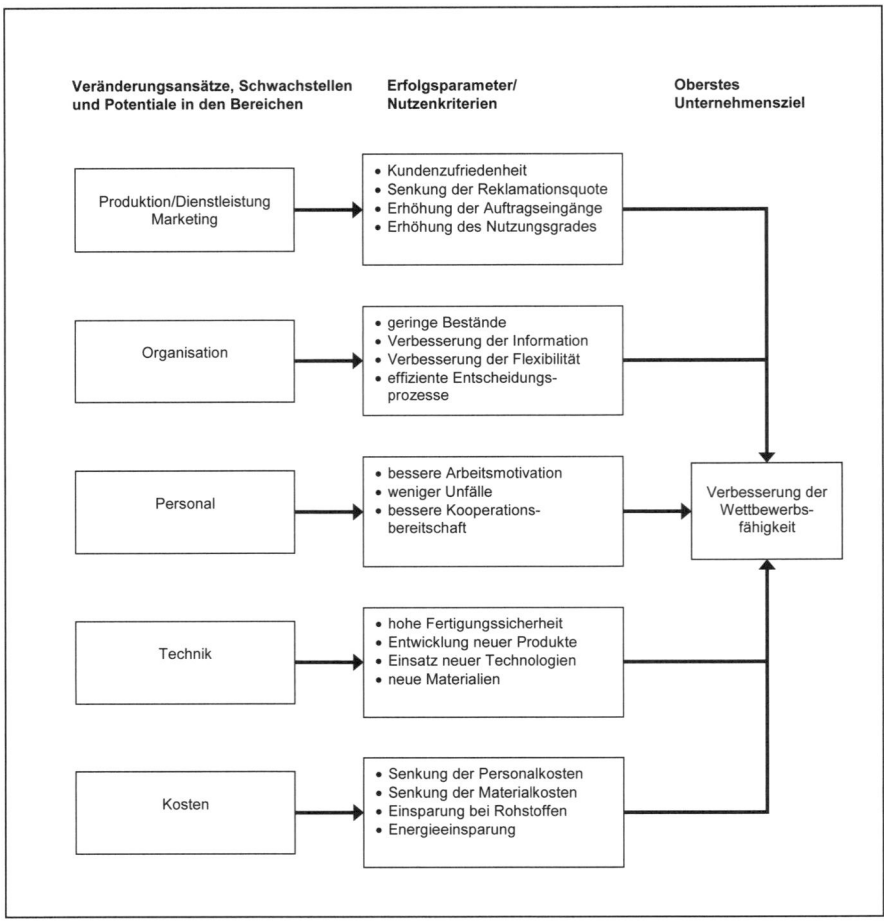

Abb. 4.7-25: Mögliche Erfolgsparameter und Nutzenkriterien für die Beurteilung betrieblicher Weiterbildung im Rahmen des Bildungscontrollings nach ausgewählten Bereichen nach v. Bardeleben/Herget

Nutzen der Weiterbildung von Customer-Service-Agenten (CSA) bei der BUW-Unternehmensgruppe (Hof/Rowold 2005, S. 30 - 32)

Das Berufsprofil der Call-Center-Agenten, unterliegt einem ständigen Wandel. Während anfangs das Bild des klassischen Telefonisten überwog, bedienen Call-Center-Agenten heute verschiedene Kommunikationskanäle: Neben der Bearbeitung von E-Mailanfragen wird heute auch die Betreuung von Chatrooms und Kunden ebenso erwartet. Aus diesen Gründen spricht man in vielen Unternehmen nicht mehr von Call-Center-Agenten, sondern von Customer-Service-Agenten (CSA). Wegen der rasanten Entwicklung in den Call-Centern bedarf es entsprechender Weiterbildungsprogramme und Maßnahmen im Rahmen der Personalentwicklung, die fortwährend auf ihren Erfolg hin überprüft werden müssen. Als Grundlage der Erfolgsmessung dient ein Fünf-Ebenen-Modell (Abb. 4.7-26):

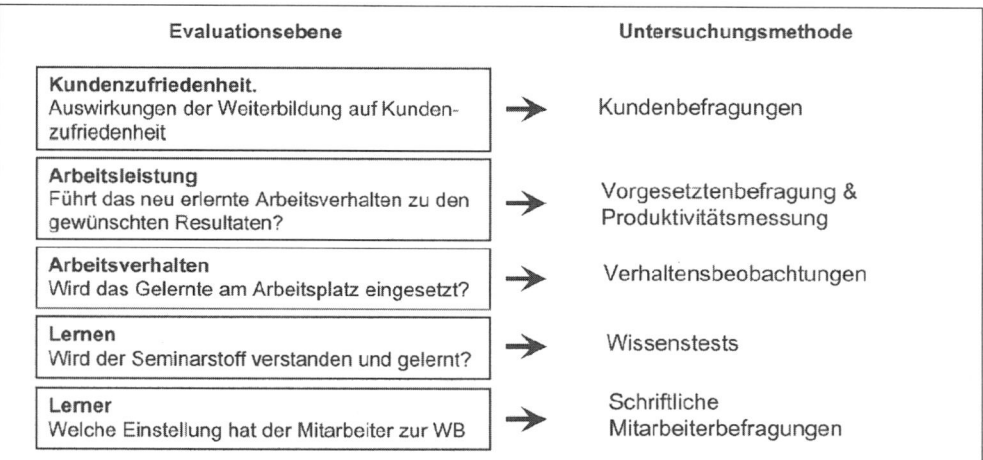

Abb. 4.7-26: Fünf-Ebenen-Modell der Seminarevaluation

Wie aus der Abbildung hervorgeht, wird auf der jeweiligen Ebene mit unterschiedlichen Methoden der Grad der Zielerreichung ermittelt. Der Beitrag der Weiterbildung zum übergeordneten Unternehmenserfolg wird nicht monetär erfasst, sondern man überprüft lediglich, ob es zu einer Steigerung der Kundenzufriedenheit kommt. Hierzu werden nach einem Zufallsprinzip 20 CSA ausgewählt und die durch sie betreuten Kunden nach ihrer Zufriedenheit mit der Beratung befragt.

Die Vorteile des Modells sind darin zu sehen, dass systematisch versucht wird, die Ursache-Wirkungs-Beziehungen zwischen Weiterbildungsmaßnahme und den Effekten auf Arbeitsleistung und -zufriedenheit, sowie Kundenzufriedenheit herzustellen. Aus den Ergebnissen lassen sich zielgerichtet Optimierungspotentiale ableiten. Als Nachteil ist insbesondere der hohe Zeit- und Kostenaufwand zu sehen, der bei derart umfangreichen Evaluationen sehr hoch sein dürfte.

Nutzenmessung von Führungskräfteseminaren bei Schott Glas (Setz/Voss 2002, S. 18 - 22)

Das Unternehmen Schott Glas ist davon überzeugt, dass es, um die Wettbewerbsfähigkeit zu erhalten und alle gesetzten Ziele zu erreichen, entscheidend auf die Motivation und Qualifikation sowie die Zusammenarbeit aller Mitarbeiter ankommt. Hierbei tragen die weltweit 800 Führungskräfte eine besondere Verantwortung, denn sie müssen Visionen und Ziele motivierend vermitteln. Aus diesem Grund hat man sich entschlossen, die betroffenen Mitarbeiter in ein Leadershipprogramm einzubinden, in dem überwiegend die Soft Skills der Personen gefördert werden sollen. Interessant ist die Frage der Messbarkeit. Wie lassen sich Veränderungen im Führungsverhalten messen? Wie lässt sich überprüfen, ob das Programm tatsächlich einen Beitrag zur Erreichung der gesetzten Unternehmensziele geleistet hat? Ist der erwartete Nutzen überhaupt quantifizierbar, also z. B. in Sinne von messbaren Umsatzsteigerungen?

Die Erfolgsmessung beginnt damit, dass bereits vor dem Auftaktworkshop alle Teilnehmer Feedbackfragebögen erhalten, die sie an ihr Umfeld verteilen. Die Führungskräfte erhalten so ein sehr subjektives Feedback, wie ihr Führungsverhalten im Alltag wahrgenommen wird. Aus den daraus gewonnenen Daten lassen sich Hinweise auf Stärken und Schwächen der jeweiligen Person erkennen. Anschließend wird ebenfalls noch vor dem eigentlichen Beginn der Maßnahme definiert, welche messbaren Veränderungen eintreten sollen, damit man von einem Erfolg sprechen kann und sich die Investition gelohnt hat. Als Beispiel seien genannt: verkürzte Durchlaufzeiten, Fehlzeiten oder Fluktuationsraten. Jede einzelne Führungskraft entscheidet also für sich, durch welches konkrete Leadershipverhalten sie welche Effekte erzielen will. Zum Abschluss dieser Einführungsveranstaltung verpflichtet sich jede Führungskraft mittels Transferkontrakten zur Einhaltung der gesetzten Ziele. Nach 12 - 15 Monaten erhalten die Führungskräfte ihr erstes Feedback. Mit Hilfe des gleichen Fragebogens oder 360°-Feedbacks wird das Umfeld der Personen auf Veränderungen im Führungsverhalten erneut befragt. Im selben Zeitraum trifft sich auch die ganze Gruppe der teilnehmenden Führungskräfte. Im Rahmen dieses Follow-Up-Workshops wird einzeln und in der Gruppe überprüft, inwieweit die gesetzten Ziele erreicht wurden. Schließlich lassen sich die individuellen Ergebnisse noch zu einem Gesamtergebnis aufsummieren, so dass der Gesamtnutzen für das Unternehmen insgesamt sichtbar wird.

Das Modell der Rentabilitätsermittlung

Ein weiteres Modell ist von Phillips (2000, S. 10 - 14) entwickelt worden. Sein Modell der Rentabilitätsermittlung geht der Frage nach, ob der monetäre Nutzen der Trainingsergebnisse die Kosten des Trainings übersteigt. Die Problematik des Modells liegt wie in den meisten Fällen darin, den monetären Nutzen von Weiterbildung zu bewerten. Zur Lösung dieses Problems hat man ein umfangreiches Verfahren konzipiert, auf das an dieser Stelle nicht ausführlich eingegangen werden kann. Im Wesentlichen geht es aber darum, dass die im Laufe des Evaluationsprozesses erhobenen Daten in Geldwerte umgewandelt werden. Hierzu schildert Phillips zahlreiche Möglichkeiten, beispielsweise indem man Trainingseffekte (z. B. Leistungssteigerungen in Prozent) von den Teilnehmern und ihren Vorgesetzten oder gar den Kunden monetär einschätzen lässt. Abschließend berechnet er dann aus den monetär bewerteten Veränderungen den ‚Return on Investment' der Weiterbildung.

Der ROI (die Verzinsung einer Trainingsinvestition) ist wie folgt definiert:

ROI = Nettonutzen eines Trainings / Kosten des Trainings x 100

Der Nettonutzen ist beispielsweise der zusätzliche Gewinn, den eine Trainingsmaßnahme erwirtschaftet, abzüglich der hierfür entstandenen Kosten. Pichler (2005) gibt ein Beispiel: Ein Verkaufstraining kostet 80.000 € und bringt dank erheblicher Zusatzverkäufe des Außendienstes eine Gewinnsteigerung von 240.000 €. Für den ROI ergibt sich dann folgendes Ergebnis:

ROI = 160.000 €: 80.000 € x 100 = 200 %

Mit Hilfe dieser Formel lässt sich sehr anschaulich und einfach der Nutzen von Weiterbildung quantifizieren. Als Nachteil ist allerdings zu sehen, dass allgemein zur Datenbestimmung sehr viele und teilweise auch aufwändige Evaluationsinstrumente eingesetzt werden müssen. Aber nur durch aufwändige Messungen und genaue monetäre Bewertung der Veränderungen liefert die Berechnung des ROI aussagekräftige Ergebnisse.

Statt einer Zusammenfassung: Integrativer Ansatz zur pragmatischen Nutzenabschätzung von Weiterbildung in Unternehmen

Der Erfolg von Weiterbildung lässt sich objektiv nicht berechnen. Gleichwohl ist es sinnvoll, im Unternehmen nicht nur ein Kosten-, sondern auch ein systematisches Nutzen-Controlling zu implementieren, um einerseits Investitionen in das Humankapital zu legitimieren, andererseits um den Erfolg durch die Zurverfügungstellung einer Informations-, Planungs- und Entscheidungsgrundlage zu steuern.

Im Folgenden wird dazu ein Modell vorgeschlagen, das gängige Instrumente in ein Gesamtkonzept integriert. Das Ebenenmodell von Kirkpatrick bietet hierzu einen geeigneten Strukturierungsrahmen (Abb. 4.7-27).

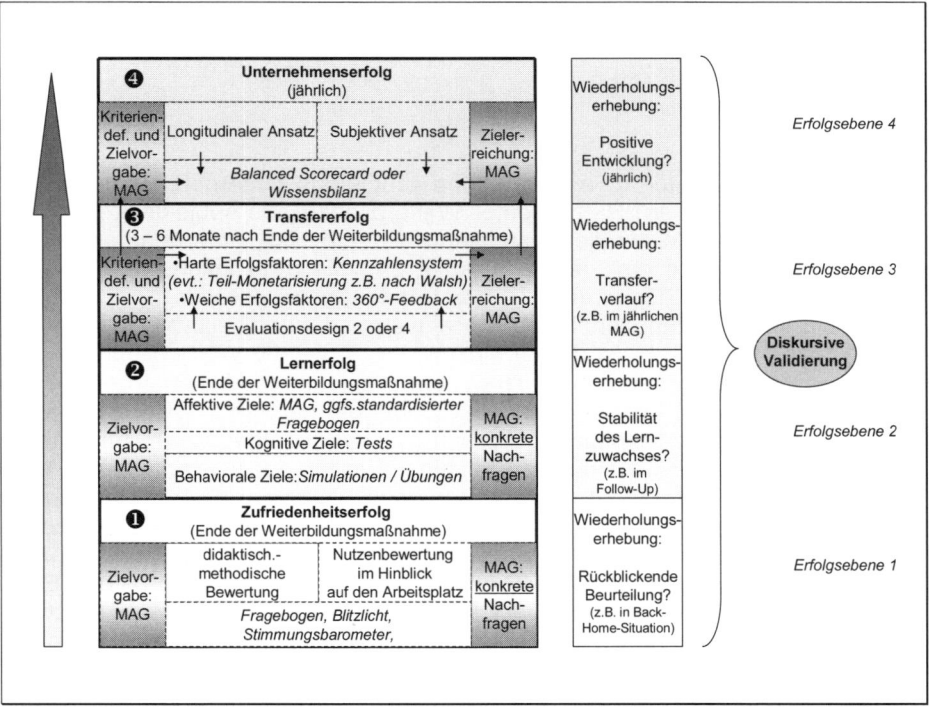

Abb. 4.7-27: *Integrativer Ansatz zur pragmatischen Nutzenabschätzung von Weiterbildung in Unternehmen*

Da die Zusammenhänge zwischen den einzelnen Erfolgsebenen allenfalls lose sind, sind soweit wie möglich auf allen vier Ebenen Informationen über den Nutzen von Weiterbildung einzuholen.

Ebene 1

Auf der ersten Ebene sollten die am Ende jeder Weiterbildungsveranstaltung auszufüllenden „Happiness-Sheets" systematisch ausgewertet werden. Dabei sollte darauf hingewirkt werden, dass es bei diesen Befragungen nicht nur um eine didaktisch-methodische Bewertung des Kurses geht, sondern auch um die Nutzen-perspektive für den jeweils eigenen Arbeitsplatz. Da solche Bewertungen sehr stark von aktuellen Stimmungslagen überlagert werden, empfiehlt es sich die Zu-friedenheitsbefragung zwei bis drei Monate nach Ende des Kurses zu wiederho-len. Ein Vergleich der beiden Befragungen kann Hinweise dafür liefern, ob der reale Nutzen dem antizipierten (am Ende des Kurses) entspricht.

Nach Ende des Weiterbildungskurses kommt dem Linienvorgesetzten eine wichti-ge Funktion zu. Auch er hat die subjektive Nutzeneinschätzung des Mitarbeiters aufzugreifen. Statt der üblichen allgemeinen Frage „Wie war denn der Kurs" sollte jedoch eine *konkrete* Nachfrage danach erfolgen, was im Kurs für den Arbeitsplatz relevant war, was davon eingesetzt werden soll und welche der im Vorfeld bspw. im Rahmen von Transferzielprotokollen vereinbarten Ziele erreicht bzw. nicht er-reicht worden sind. Dazu bieten sich kurze Seminar*nach*bereitungsgespräche an, die auf die Vereinbarungen von Seminar*vor*bereitungsgesprächen rekurrieren soll-ten.

Ebene 2

Auf der eben erläuterten ersten Ebene erhält das Unternehmen Informationen über den (potenziellen) Nutzen einer Weiterbildung aus subjektiver Sicht des je-weils betroffenen Weiterbildungsteilnehmers. Für das Unternehmen ist als Er-folgsmaßstab jedoch eine rein subjektive Einschätzung keineswegs zureichend. Zumindest sind auf der zweiten Ebene Informationen darüber zu gewinnen, wel-cher Binnenerfolg bei den Mitarbeitern während der Weiterbildungsmaßnahme stattgefunden hat. Dazu ist darauf hinzuwirken, dass die Weiterbildungsinstitution, dem intendierten Lernerfolg (Lernziele) durch geeignete Messinstrumente, wie et-wa Lernerfolgstests, Simulationen oder Übungen, nachgeht. Die Lernziele sollten dabei im Seminarvorbereitungsgespräch zwischen Vorgesetztem und Mitarbeiter vereinbart werden. Hinzuzuziehen ist ein Vertreter der Weiterbildungsinstitution, der darauf verpflichtet werden sollte, geeignete Tests zur Überprüfung der erhoff-ten Lerneffekte zu entwickeln und einzusetzen. Da mögliche Lernerfolge durch ei-ne Vergessenrate bedroht sind, sind Wiederholungstests, bspw. im Rahmen eines Follow-Ups sinnvoll. Die Tests liefern eine Informations-, Planungs- und Entschei-dungsgrundlage zur Steuerung des Lernerfolgs einer Weiterbildungsmaßnahme. Zugleich können diese Testergebnisse als Grundlage für den Aufbau von Kenn-zahlensystemen (z. B. nach Walsh) auf der dritten Ebene des Modells verwendet werden. Auch diese Ergebnisse sind in Seminarnachbereitungsgesprächen kom-munikativ zu validieren. Bspw. ist der Frage nachzugehen, warum spezifische be-absichtigte Lernerfolge evt. ausgeblieben sind.

Ebene 3

Auf den ersten beiden Ebenen des Modells wird eine Informationsbasis zum Lern-erfolg sowie zum (antizipierten) Arbeitsplatznutzen aus subjektiver Sicht, jeweils differenziert nach den intendierten Lerneffekten geliefert. Bereits diese Informatio-nen sind bedeutsam weil sie zumindest eine qualitative Einschätzung des Erfolges einer Weiterbildungsmaßnahme und eine Steuerung zur Erhöhung des Nutzens ermöglichen. Diese Informationsgrundlage ist auf der dritten Ebene um verobjekti-vierte Daten zur Anwendung des Gelernten am Arbeitsplatz zu ergänzen. Hier er-scheint es sinnvoll, das Nutzenmodell von Bardeleben/Herget (1999), das an anderer Stelle weiter oben beschrieben worden ist, zu verfolgen. Dabei sollte – ausgehend von der jeweiligen Thematik der Weiterbildungsveranstaltung – soweit wie möglich nach harten (objektiv messbaren) Erfolgskriterien, wie etwa Zahl der Kundenbeschwerden oder Krankheitstage, Auftragseingang o. ä. gesucht werden. Weder sollte es dabei zur Konzentration auf nur einen einzigen Kennwert (wie in Abb. 4.7-24) kommen noch zu einem Kennzahlenkonvolut. Die Abbildungen 4.7-22 und 4.7-25 können hier als ein strukturierender Rahmen möglicher Kennzahlen genommen werden. Sinnvoll ist die Entwicklung eines Kennzahlensystems, das zumindest erfolgskritische Faktoren umfasst, aber auch – wenn dies ohne großen Erfassungsaufwand möglich ist – Aussagen über Nebenfolgen von Weiterbildung zulässt. In Seminarvorbereitungsgesprächen sind Transferzielprotokolle mit entsprechenden Zielwerten für die Kennzahlen zu vereinbaren. Da nicht alle Erfolgskriterien quantitativer, sondern auch qualitativer Art sein können, ist auf der dritten Ebene auch nach den so genannten weichen Erfolgsfaktoren (verbesserte Teamfähigkeit, Führungsverhalten, Arbeitsmotivation o. ä.) zu suchen. Sie sind – unter Nutzung bereits erprobter Fragebatterien zu diesen Konstrukten – auf beobachtbare Kategorien herunter zu brechen.

Während es in den Seminarvorbereitungsgesprächen um die Vereinbarung von Zielwerten sowohl für die harten als auch für die weichen Faktoren geht, schließen sich nachfolgend die Messungen der Realwerte an. Dabei ist grundsätzlich das Evaluationsdesign 2, besser noch 4 anzuwenden (Abb. 4.7-10), um Erfolg durch Veränderungen im Vorher-Nachher-Vergleich zu messen. Im Bereich der Kennzahlensysteme kann dabei – etwa nach den Prinzipien des Walsh-Ansatzes (Abb. 4.7-23) oder der *Wertvergleichsmethode* (Nagel 1995) – eine Teil-Monetarisierung erfolgen. Für weiche Erfolgskriterien bietet sich vor allem die Methode des 360°-Feedbacks an (Betz/Voss 2002). Dabei kann auch durch Vorhalten offener Kategorien[225] den Nebenfolgen von Weiterbildung nachgegangen werden. Sowohl im Bereich der harten als auch der weichen Erfolgsfaktoren kann auch – soweit wie möglich – auf die Informationen der beiden unteren Ebenen des Modells zurückgegriffen werden. So spielen bspw. die Ergebnisse der Lerntests eine wichtige Rolle im Monetarisierungsmodell von Walsh. Im Seminarnachbereitungsgespräch sind – ausgehend von den Transferzielprotokollen – die Zielwerte mit den Realwerten auf individueller Ebene abzugleichen und nach Ursachen für eine eventuelle Zielverfehlung (z. B. Transferhemmnis Arbeitsumfeld) zu suchen. Zugleich ist aber auch der Frage nachzugehen, ob eine Zielerreichung aus Sicht des Betroffenen auf die Weiterbildungsmaßnahme oder auf andere Einflüsse zurückzuführen ist. Diese Thematik der „Effektisolierung" ist insbesondere dann sinnvoll, wenn – was in der Praxis die Regel sein dürfte – Evaluationsdesign 4 nicht realisierbar ist. Damit kann zumindest ein Stück weit dem *Problem der mangelnden Zurechenbarkeit* von (Miss-)Erfolgen zu Weiterbildungsaktivitäten (Kap. 4.7.3.3.3) entgegengewirkt werden. Die Effektisolierung erfolgt hier dann nicht über ein aufwändigeres Evaluationsdesign, sondern kommunikativ (qualitativ) über die Diskussion bezüglich möglicher Ursachen.

Die Bildungscontrolling-Aktivitäten zur Nutzenmessung auf der Ebene 3 des Modells liefern Informationen darüber, inwiefern sich bestimmte vorab definierte Kennzahlen infolge der Weiterbildung geändert haben und ob dabei die Zielwerte erreicht worden sind. Sie liefern ggfs. auch für eine Teilmenge von Kennzahlen eine Monetarisierung dieses Erfolges. Allerdings sind diese Ergebnisse aufgrund der weiter oben angesprochenen Bewertungsprobleme nur vorsichtig und im Kon-

---

[225] Welche weiteren Veränderungen sind Ihnen bei Ihrem Mitarbeiter/Kollegen/Vorgesetzten aufgefallen?

text der übrigen Ergebnisse zu interpretieren. Schließlich liefern die Erhebungen auch eine Informationsgrundlage darüber, inwiefern es zu Veränderungen bei Verhaltensweisen (weiche Faktoren) gekommen ist. Alle diese Daten liegen zunächst auf individueller Ebene vor, lassen sich prinzipiell aber in einem zweiten Schritt für Mitarbeitergruppen (etwa für die Teilnehmer eines Seminars) aggregieren.

Ebene 4

Die Erfolgsmessung auf der vierten Ebene bereitet die größten Schwierigkeiten. Auch wenn davon ausgegangen werden kann, dass Veränderungen bei bestimmten Kenngrößen (etwa rückläufige Reklamationsquote, gesunkener Krankenstand oder reduzierte Dauer von Besprechungen bzw. verbessertes Führungsverhalten) sich letztlich auch in einem gesteigerten Unternehmenserfolg niederschlagen dürften, so ist dies – wie bereits an anderer Stelle angesprochen – jedoch nicht zwangsläufig der Fall. Wie aber lässt sich der Beitrag der Weiterbildung zum Unternehmenserfolg zumindest abschätzen? Frietman/den Boer/Kraayvanger (2000) unterscheiden drei Ansätze, von denen allenfalls zwei praxisrelevant erscheinen.[226]

Beim Longitudinal-Ansatz werden auf der Grundlage vorliegender Unternehmensdaten zu bestimmten Kennzahlen (etwa Umsatz, Kundenzufriedenheit, Krankenstand etc.) Prognosen für deren zukünftigen Wert zu einem bestimmten Zukunftszeitpunkt abgeleitet. Bei diesen Prognosen kann es sich um mehr oder weniger aufwändige Verfahren (wie etwa Trendextrapolationen) handeln. Die berechneten Werte geben an, wie groß die entsprechende Kennzahl gewesen wäre, wenn keine Weiterbildung erfolgt wäre. Ein Vergleich mit dem realen Wert der Kennzahl kann dann als Beitrag der Weiterbildung interpretiert werden. Der Vorteil dieser Strategie ist darin zu sehen, dass keine zusätzlichen Daten im Zusammenhang einer Weiterbildungsmaßnahme erhoben werden müssen. Der Nachteil liegt allerdings darin, dass die Zuverlässigkeit der Prognose in Frage steht. So dürfte bspw. die Umsatzentwicklung von vielen weiteren Faktoren abhängig und nicht allein durch eine Vergangenheitsextrapolation berechenbar sein. Gleichwohl kann das Verfahren Indizien für den Weiterbildungserfolg liefern, zumal die Daten leicht zu berechnen sind.

Beim subjektiven Ansatz werden die Effekte durch die Weiterbildung nicht durch „scheinobjektive" Verfahren ermittelt, sondern der Bewertung der Betroffenen überlassen. Im Kern handelt es sich dabei um die Aufaddierung der in den Seminarnachbereitungsgesprächen erörterten Einzeleffekte. Während es in den Einzelgesprächen auf der Ebene 3 darum geht, für jeden Einzelnen zu eruieren, in welchem Umfang etwa ein verändertes Arbeitsverhalten auf eine Weiterbildung zurückgeführt werden kann, geht es auf der Ebene 4 um die Gesamtheit der Mitarbeiter, die in einer Periode an Weiterbildung teilgenommen haben. Dieser Ansatz greift damit auf die Informationsbasis der Ebene 3 des Modells zurück. Um das Ausmaß von Fehleinschätzungen durch die betroffenen Mitarbeiter und das Risiko der Beantwortung nach sozialer Erwünschtheit zu reduzieren, können ergänzende Beurteilungen durch die Vorgesetzten hinzugezogen werden.

---

[226] Beim dritten Ansatz handelt es sich um den so genannten experimentellen Ansatz, bei dem die Weiterbildungseffekte von anderen Einflüssen durch experimentelle Designs mit Mehrfachmessungen und Mehrfachkontrollgruppen extrahiert werden.

„Balanced Scorecard" als kennzahlenorientierter Ansatz auf Ebene 4

Der kennzahlenorientierte Ansatz, sei er durch die Longitudinalstrategie oder durch die subjektive Strategie fundiert, gewinnt im Kontext des in jüngerer Vergangenheit zunehmend diskutierten Ansatz der *„Balanced Scorecard"*, der von Kaplan und Norton (1997) entwickelt worden ist, an Bedeutung. Mit dieser Analyse- und Steuerungsmethode können auch immaterielle Einflussfaktoren als Zielgrößen im Unternehmen Berücksichtigung finden. Dieses Konzept sieht vor, dass für vier Bereiche (finanzielle Perspektiven, Kundenperspektiven, interne Prozessperspektiven sowie Lern- und Entwicklungsperspektiven) diskursiv Kennzahlen ausgewählt, jeweils Zielgrößen definiert und Maßnahmen zur Zielerreichung beschrieben werden (vgl. Abb. 4.7-28).

	Ziele	Kennzahlen (diskursiv zu bestimmen und zu operationalisieren)	Vorgaben	Maßnahmen
Finanzielle Perspektive		1. Eigenkapitalrendite 2. … 3. …		
Kunden-Perspektive		1. Kundenzufriedenheit 2. … 3. … 4. …		
Interne Prozess-Perspektive		1. Lieferzeit 2. … 3. …		
Lern- und Entwick-lungs-Perspektive		1. Mitarbeiter-Motivation 2. Kunden-Orientierung aller Mitarbeiter 3. Mitarbeiter-Bindung an das Unternehmen 4. Regelmäßige Teilnahme an Weiterbildung bei allen Mitarbeitern		

Abb. 4.7-28: Balanced Scorecard nach Kaplan/Norton (1997)

Die Kennzahlen sind zunächst zu operationalisieren. So könnten bspw. „Mitarbeitermotivation" und „Kundenorientierung" über einschlägige Fragebatterien operationalisiert und zu Kennzahlen gebündelt werden. Für die Mitarbeiterbindung an das Unternehmen könnte die Fluktuationsrate herangezogen werden und bezüglich der „regelmäßigen Teilnahme an Weiterbildung bei allen Mitarbeitern" könnten die absolvierten Weiterbildungstage pro Mitarbeiter Berücksichtigung finden. Für jede dieser Kennzahlen sind dann Zielwerte zu definieren und Maßnahmen zu beschreiben, die ergriffen werden sollen, um diese Ziele zu erreichen. Regelmäßig ist dann zu prüfen, ob die Zielwerte erreicht worden sind. Gegebenenfalls sind weitere Maßnahmen zu ergreifen.

„Wissensbilanz" als kennzahlenorientierter Ansatz auf Ebene 4

Ein alternativer kennzahlenorientierter Ansatz bildet die so genannte Wissensbilanz. Sie wurde entwickelt, um auch das immaterielle Vermögen des intellektuellen Kapitals eines Unternehmens transparent zu machen und bewerten zu können. Sie verfolgt das Ziel, Zusammenhänge zwischen den Zielen einer Organisation, dem intellektuellen Kapital, den jeweiligen Geschäftsprozessen und dem Geschäftserfolg durch ein Kennzahlensystem zu verdeutlichen. Insbesondere geht es dabei darum, die Verwendung des intellektuellen Kapitals sowie seiner Stärken und Schwächen zu verdeutlichen, um so Maßnahmen im Unternehmen ableiten zu können. Dazu werden drei Dimensionen unterschieden:

- *Humankapital:* Dabei geht es um die kennzahlenorientierte Darstellung des Wissens, der Fähigkeiten und Motivationen der Mitarbeiter. Beispielfragen sind: Wie werden Mitarbeiter rekrutiert und gehalten? Wie werden Mitarbeiter aus- und weitergebildet? Wie wird Mitarbeiterzufriedenheit gefördert? Usw.

- *Strukturkapital:* Hierbei geht es um die transparente Abbildung der Organisations- und Kommunikationsstrukturen sowie der technischen Infrastrukturen, die zu einer Entfaltung des Humankapitals erforderlich sind. Beispielfragen sind: Wie wird die Kommunikation zwischen den Mitarbeitern gefördert und gestaltet? Wie werden Wissen und Erfahrung geteilt? Wie unterstützt die IT die Kommunikationsabläufe? Usw.

- *Beziehungskapital:* Darstellung der Vernetzung mit Kunden und Geschäftspartnern. Beispielfragen sind: Wie werden die Leistungen den Kunden vermittelt? Wie werden Kundenwünsche erfasst? Wie werden externe Wissensquellen genutzt? Usw.

Das Ergebnis solcher Analysen wären zunächst rein qualitative Aussagen. Zu Bewertungszwecken sind solche Informationen zu quantifizieren. Dazu sind zwei sich ergänzende Wege möglich:

Zum einen kann das *Prinzip der Selbsteinstufung* im Rahmen von Befragungen einer repräsentativen Gruppe angewendet werden. Gefragt wird dann, ob der jeweilige Aspekt förderlich oder hemmend im Hinblick auf a) das operative Geschäft und b) die strategischen Ziele des Unternehmens sind. Also z. B.: Ist die Teilnahmequote an der Weiterbildung ausreichend für das aktuelle Tagesgeschäft bzw. für die Erreichung der strategischen Ziele des Unternehmens? Auch mehrstufige Bewertungsskalen sind dabei denkbar. Das Ergebnis einer solchen Bewertung stellt exemplarisch Abb. 4.7-29 dar.

	Quantität	Begründung	Qualität	Begründung	Systematik	Begründung
Mitarbeiter-qualifizierung	50 % (= ausreichend)	In Fertigung gut, bei Ingenieuren nicht ausreichend	60 % (= meist ausreichend)	Qualität muss im Bereich ... verbessert werden	60 % (= meist ausreichend)	Bei Schulungen keine Zielgruppen-orientierung
Mitarbeiter-zufriedenheit	55 % (= ausreichend)	Zufriedenheit der Mitarbeiter überall, vor allem in Fertigung zu verbessern	60% (meist ausreichend)	Mitarbeiter brauchen mehr Informationen	10 % (nicht vorhanden)	Keine systematische Herangehens weise zur Verbesserung der Zufriedenheit
Innovation	60 % (meist ausreichend)	Für die Zukunft reichen Innovationen nicht	90 % (absolut ausreichend)	Viele kleine Innovationen, aber auch einzelne große	80 % (meist ausreichend)	Innovationen werden systematisch geplant
Usw.	Usw.	Usw.	Usw.	Usw.	Usw.	Usw.

Abb. 4.7-29: Beispiel für die Bewertung von Einflussfaktoren[227]

Ergänzend zu den subjektiven Bewertungen werden in einem zweiten Schritt soweit wie möglich *messbare Indikatoren* ergänzt. Dabei kann es sich bspw. um folgende Daten handeln:

Für das Humankapital:
- Akademikerquote,
- Facharbeiterquote,
- Auszubildendenquote,
- Zahl der Weiterbildungstage,
- Weiterbildungskosten usw.

Für das Beziehungskapital:
- Zahl der Kunden
- Zahl der Neukunden
- Kundenzufriedenheit usw.

Die Beschreibung des intellektuellen Kapitals ist danach zu interpretieren, und zwar bezogen auf die Handlungsfelder eines Gesamtmodells (vgl. Abb. 4.7-30).

---

[227] In Anlehnung an: BMWA (2005, S. 26).

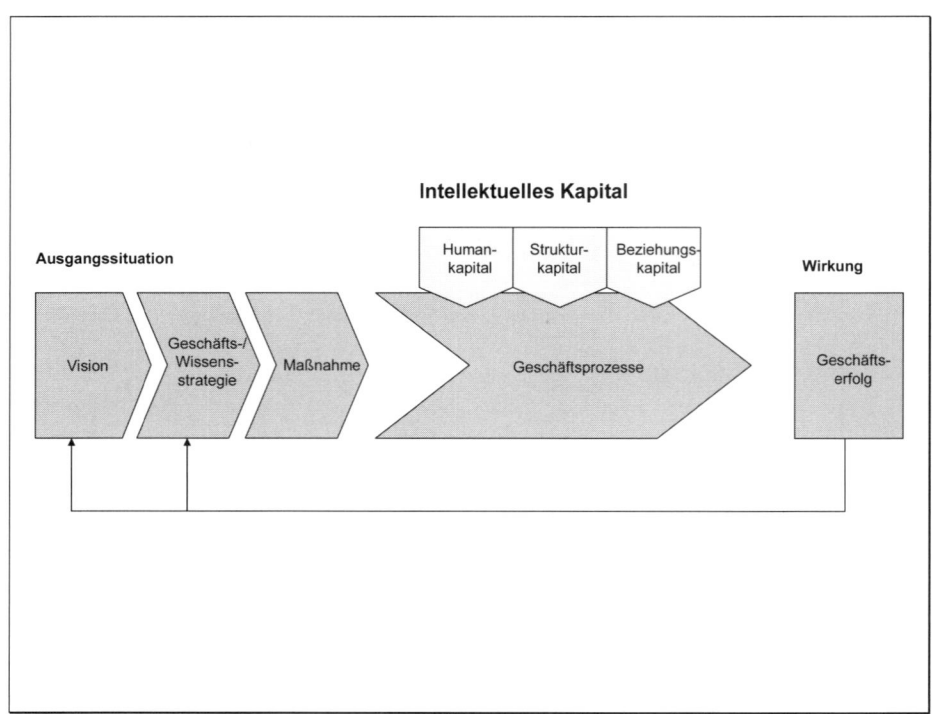

Abb. 4.7-30: Das Wissensbilanzmodell des Arbeitskreises Wissensbilanz (vereinfacht)[228]

Zum einen ist darauf Bezug zu nehmen, *inwiefern das intellektuelle Kapital den Visionen und abgeleiteten Wissensstrategien Rechnung trägt.* Auch ist der Blick darauf zu richten, *wie das intellektuelle Kapital in den Geschäftsprozessen genutzt wird* und welche *Konsequenzen dies für den Geschäftserfolg* hat. Dazu ist der Einsatz von Sensitivitätsanalysen möglich, die hier nicht weiter erörtert werden können (vgl. hierzu BMWA 2005)[229]. Interpretativ sind auf dieser Grundlage Stärken und Schwachstellen zu identifizieren und Maßnahmen abzuleiten. Ein Problem dieses Ansatzes ist darin zu sehen, dass „Datenfriedhöfe" produziert und Interpretationen „hemdsärmelig" vorgenommen werden. So ist nur schwer operationalisierbar, welchen Beitrag das intellektuelle Kapital zur Erfüllung der Geschäftsprozesse und zum Geschäftserfolg leistet. Sensitivitätsanalysen leisten auch hierzu nur eine Interpretationshilfe. Allerdings wird auch auf sie häufig verzichtet, wie das folgende reale Fallbeispiel, das zur Verdeutlichung des Konzepts der Wissensbilanz dienen soll, zeigt.

---

[228]   In Anlehnung an: BMWA (2005, S. 15).
[229]   Als Download verfügbar über:
     http://www.akwissenbilanz.org/Infoservice/Infomaterial/Leitfaden_deutsch.pdf (Stand 16.05.2008).

Info
Fallbeispiel Donau-Universität Krems

In Österreich sind nach dem Universitätsgesetz von 2002 alle Universitäten verpflichtet, Wissensbilanzen zu erstellen. Die Donau-Universität Krems veröffentlicht diese regelmäßig im Internet.[230] Auszüge daraus sollen das Konzept der Wissensbilanz am Beispiel einer Universität verdeutlichen:

1. Intellektuelles Kapital:
a) *Humankapital* (Daten und Interpretation auf der Folie der Universitätsziele):
- Zahl der Professoren,
- Zahl der habilitierten Mitarbeiter,
- Zahl der Lehrbeauftragten,
- Zahl der Auslandsaufenthalte des wissenschaftlichen Personals,
- Zahl der Gastwissenschaftler,
- Zahl der Berufungen,
- Zahl der Teilnehmer an Fort- und Weiterbildung usw.
- Exemplarische Interpretation: Das Ziel einer Internationalisierung der Universität ist erreicht worden (gestiegene Zahl an Gastwissenschaftler und Auslandsaufenthalte); das Ziel, qualifiziertes Personal vorzuhalten ist erreicht worden (Habilitationen, Teilnehmerzahl an Fort- und Weiterbildung).

b) *Strukturkapital* (Daten und Interpretation auf der Folie der Universitätsziele):
- Aufwendungen für Frauenförderung,
- Kosten für Datenbanken,
- Kosten für Zeitschriften,
- Aufwendungen für Großgeräte usw.
- Exemplarische Interpretation: Das Ziel der Frauenförderung ist konsequent verfolgt worden (Aufwendungen), das Ziel, dem Personal geeignete Infrastrukturen für die Arbeit zur Verfügung zu stellen, ist erreicht worden (gestiegene Ausgaben)

c) *Beziehungskapital* (Daten und Interpretation auf der Folie der Universitätsziele):
- Zahl der Personen mit Funktionen in wissenschaftlichen Gremien,
- Zahl der Personen in externen Berufungsverfahren,
- Zahl der Kooperationsverträge,
- Zahl der Personen mit Funktionen in wissenschaftlichen Zeitschriften usw.
- Exemplarische Interpretation: Das Ziel einer verstärkten Vernetzung der Wissenschaftler ist erreicht worden.

2. Geschäftsprozesse/Kernprozesse: Zwei Kernprozesse der Universität werden unterschieden: a) Tätigkeiten in Lehre und Weiterbildung sowie b) Tätigkeiten in Forschung und Entwicklung.
a) *Lehre/Weiterbildung* (Daten und Interpretation auf der Folie der Universitätsziele):
- Zeitvolumen in der Lehre,
- Zahl der eingereichten Studien,
- Durchschnittliche Studiendauer,
- Anzahl ausländischer Studierender usw.
- Exemplarische Interpretation: Das Ziel einer weiteren Internationalisierung der Universität ist erreicht worden (etwa belegt durch eine gestiegene Anzahl ausländischer Studierender), das Ziel, den Studierenden breitere modulare Angebote im Studium zu unterbreiten, ist erreicht worden usw.

b) *Forschung und Entwicklung* (Daten und Interpretation auf der Folie der Universitätsziele):
- Zahl der Wissenschaftler in Forschungsprojekten,
- Anzahl drittmittelfinanzierter Projekte,
- Anzahl universitätsintern finanzierter Projekte usw.
- Exemplarische Interpretation: Die Forschungsintensität der Universität ist gestiegen.

3. Geschäftserfolg (Output und Wirkungen der Kernprozesse)
a) *im Bereich der Lehre* (Daten und Interpretation auf der Folie der Universitätsziele):

---

[230] www.donau-uni.ac.at/jahresberichte.

- Anzahl der Studienabschlüsse,
- Drop-Out-Quoten
- Exemplarische Interpretation: Die Zahl der Studienabschlüsse ist gestiegen, die Drop-Out-Quoten zielgemäß gesunken.

b) im Bereich der Forschung und Entwicklung (Daten und Interpretation auf der Folie der Universitätsziele):

- Zahl der Veröffentlichungen,
- Zahl der Vorträge,
- Zahl der Patente usw.
- Exemplarische Interpretation: Die Universität ist im Wissenschaftsdialog zunehmend präsent geworden.

Auszug aus der Gesamtinterpretation und Ableitung von Handlungsempfehlungen:
„Des Weiteren wird daran gearbeitet vorhandene Schwerpunkte, etwa im biomedizinischen Bereich, klarer sichtbar zu machen. Die internationale und akademische Reputation der Schwerpunkte ist durch die Kennziffern der Wissensbilanz belegt. Zum anderen ist die … gewachsene sozialwissenschaftliche Forschungs- und Studienkompetenz stärker nach außen sichtbar zu machen und nach innen über Plattformen zu organisieren" (Donau-Universität Krems 2007, S. 55).

Gesamtmodell

Wie trägt der in Abb. 4.7-27 vorgeschlagene Ansatz den weiter oben genannten Problemen bei der Nutzenmessung Rechnung? Zum einen sollen die in der Abbildung aufgeführten Wiederholungserhebungen dazu dienen, dem weiter oben genannten Problem der „zeitlichen Diskrepanzen" Rechnung zu tragen. So kann – wie in diesem Lehrbuch an anderer Stelle angesprochen – der Transferverlauf sehr unterschiedlich aussehen und dementsprechend zu unterschiedlichen Zeitpunkten auch zu verschiedenen Nutzeneinschätzungen führen. Zum anderen soll der systematische Einbezug von Seminarvor- und Nachbereitungsgesprächen der diskursiven Validierung der Weiterbildungseffekte dienen. Dadurch soll dem Problem des „Nachweises ursächlicher Zusammenhänge" sowie dem des Fehlens von „Vergleichgruppen" ein Stück weit begegnet werden. Auch nicht-monetäre Nutzendimensionen sowie potenzielle Nebenfolgen von Weiterbildung können durch den Einbezug von 360°-Feedbacks sowie des Ansatzes der Balanced Scorecard berücksichtigt werden. Zwar handelt es sich auch dann durchweg noch nicht um empirisch unbestreitbare Erfolgsbeweise (im Sinne einer quantitativen Sozialforschung), jedoch um fundierte Indizien für einen Weiterbildungsnutzen (im Sinne einer eher qualitativen Sozialforschung).

4.7.4 Kurz und bündig

Fassen wir das bisher Gesagte zusammen: Als Forschungsthema wurde Bildungs-Controlling erst in jüngerer Zeit richtig entdeckt. 1990 wurde das Thema erstmals vom Institut der deutschen Wirtschaft andiskutiert. Doch was ist denn überhaupt Bildungs-Controlling? Worauf bezieht es sich? Was sind typische Tätigkeitsfelder? Vor allem ist der Bezug zu jenem Konzept unklar, das in den letzten Jahren die betriebliche Weiterbildung in starkem Maße geprägt hat und immer noch prägt, nämlich der Evaluation von Bildungsmaßnahmen. Was also ist Evaluation und wie unterscheiden sich evaluative Ansätze von Maßnahmen des Weiterbildungs-Controllings? Bildungs-Controlling und Evaluation werden dabei häufig im Zusammenhang mit anderen Begriffen verwendet, wie etwa mit denen in Abbildung 4.7-1 genannten.

Evaluation ist durch drei zentrale Merkmale gekennzeichnet: a) Eine Bewertung anhand empirischer Daten, b) eine Zielorientierung der Evaluation und c) ein Empfehlungscharakter der Evaluation. Im Kern beinhaltet Weiterbildungsevaluation ein umfassendes Informations-, Bewertungs- und Planungssystem zur Koordination der betrieblichen Weiterbildungsarbeit mit der Zielsetzung der Qualitätsverbesserung der Lehr-Lernprozesse unter Zugrundelegung pädagogischer Kriterien.

Dabei lassen sich fünf typische Handlungsfelder der Evaluation unterscheiden (Abb. 4.7-4). Will man eine Evaluation einer Weiterbildungsmaßnahme vorbereiten bzw. durchführen, so lassen sich dabei typische Phasen bzw. Unterphasen mit je spezifischen Aufgaben unterscheiden (Abb. 4.7-5). Um den Evaluationsgegenstand in diesem Prozess zu präzisieren, hat sich das in Abb. 4.7-6 wiedergegebene Raster bewährt. Eine zentrale Phase der Evaluation betrifft dabei die Operationalisierung. Dabei können unterschiedliche Evaluationsmodelle (Abb. 4.7-8) und Evaluationsdesigns (Abb. 4.7-10) zum Einsatz kommen.

Vergleicht man Definitionen zum Bildungscontrolling mit dem herausgearbeiteten Evaluationsverständnis, so werden Ähnlichkeiten deutlich. In beiden Bereichen geht es darum, ein Informations-, Bewertungs- und Planungssystem im Hinblick auf die betriebliche Weiterbildungsarbeit aufzubauen. Während jedoch Evaluationen vor allem mit der primären Zielsetzung durchgeführt werden, die Qualität von Lehr-Lern-Prozessen zu verbessern, geht es beim Weiterbildungscontrolling um die Optimierung unter Kosten-Nutzen-Aspekten.

Bildungscontrolling steht in einer betriebswirtschaftlichen, Evaluation hingegen eher in einer pädagogischen Tradition. Im Unterschied zum Bildungscontrolling ist Evaluation stärker „pädagogisch konnotiert". Vor dem Hintergrund erziehungswissenschaftlicher und didaktischer Theorien geht es vor allem um die Frage, wie sich Evaluationen so anlegen lassen, dass sie den Lehr- und Lernprozess beschreiben, bewerten und verbessern helfen. Bildungsmaßnahmen sind insbesondere in Bezug auf ihre Planung, Durchführung, ihre Ergebnisse im Lernfeld und besonders auf ihre Auswirkungen im Funktionsfeld hin zu überprüfen. Mit Hilfe der (betriebs-)pädagogischen Evaluationsansätze sollen demnach die Ziele der Bildungsarbeit besser erreicht werden. Im Gegensatz dazu bemüht sich das Bildungscontrolling vor meist betriebswirtschaftlichem Hintergrund, Aufschluss über die Rentabilität der durchgeführten Maßnahmen zu geben. Ökonomische Bewertungen ergänzen Messung und Steuerung des Lern- und Transfererfolgs.

In der Unternehmenspraxis haben allerdings bislang allenfalls einzelne Instrumente partiell Einsatz gefunden (Abb. 4.7-11 bis 4.7-13).

Betrachtet man vorliegende Ansätze des Bildungscontrollings dann lassen sich ebenenorientierte und phasenorientierte Ansätze unterscheiden. Bei den *ebenenorientierten* Ansätzen konzentriert man sich auf den Bereich der Wirkungsanalyse von Weiterbildung. Der Erfolg von Weiterbildung lässt sich demnach auf verschiedenen Ebenen untersuchen. Auf jeder Ebene werden Weiterbildung und deren Wirkungen aus einem speziellen Blickwinkel heraus untersucht (vgl. z. B. Abb. 4.7-14 und 4.7-15). Vor allem der Ansatz von Kirkpatrick hat dabei breite Verwendung gefunden. *Phasenorientierte* Ansätze orientieren sich dagegen am Funktionszyklus betrieblicher Bildungsarbeit und ordnen den Teilbereichen eigene Bildungscontrollingfunktionen zu, die durch Instrumente entsprechend auszugestalten sind (vgl. z. B. Abb. 4.7-16 bis 4.7-18). Auch das im vorliegenden Lehrbuch vertretene Verständnis orientiert sich am Phasenverlauf des Weiterbildungsmanagements (Abb. 4.7-19). Bildungscontrolling und Evaluation beinhalten demnach ein umfassendes Planungs-, Bewertungs- und Informationssystem zur Koordination der betrieblichen Bildungsprozesse. Während dabei beim Bildungscontrolling primär eine enge Abstimmung mit den Unternehmenszielen zur Erfassung und Darstellung der Effizienz und der Effektivität sowie der Kosten von Bildungsprozessen erfolgt, verfolgt die Evaluation primär die Zielsetzung der Qualitätsverbesserung der Lehr-Lernprozesse unter Zugrundelegung pädagogischer Kriterien. Bildungscontrolling und Evaluation bilden damit die informationelle Grundlage für die Etablierung von Regeln und Routinen beim betrieblichen Weiterbildungsmanagement.

Kritisch ist allerdings anzumerken, dass die unterschiedlichen Blickwinkel von Evaluation und Bildungscontrolling, die in der Praxis durchaus üblich sind, Zusammenhänge zwischen der pädagogischen und der ökonomischen Perspektive weitgehend ausblenden. Denn was pädagogisch fragwürdig ist, ist häufig auch ökonomisch problematisch. Wenn bspw. in einem Kurs lediglich „träges Wissen" vermittelt wird, dann wird auch – dem Ebenenansatz von Kirkpatrick folgend – der Transfererfolg und letztlich der ökonomische Erfolg gering bleiben. Die Unterscheidung zwischen Evaluation und Bildungscontrolling ist damit letztlich „künstlich", weil sie sich nur auf die *primären* Perspektiven der jeweiligen Ansätze bezieht. Bildungscontrolling setzt *primär* auf den ökonomischen Erfolg, muss aber *sekundär* danach fragen, wie Weiterbildungsmaßnahmen vor diesem Hintergrund pädagogisch sinnvoll zu gestalten sind, damit es überhaupt zu einem ökonomischen Erfolg kommen kann. Umgekehrt zielen Evaluationen *primär* auf die Verbesserung von Lehr-Lernprozessen. Da diese jedoch niemals in einem „luftleeren Raum" stattfinden, müssen Evaluationen immer die ökonomische Perspektive zumindest *sekundär* als Rahmenbedingungen mit bedenken.

Unter Controlling-Gesichtspunkten ist die Frage nach Kosten-Nutzen-Relationen zentral. Die Ausführungen machen deutlich, dass die Bestimmung der Kosten (vgl. z. B. Abb. 4.7-20) und des Nutzens von Weiterbildung nach wie vor mit erheblichen Problemen verbunden ist. Es gibt keine einheitliche Definition, was unter Kosten bzw. Nutzen zu verstehen ist. Als besonders problematisch erweist sich die Ermittlung des Nutzens von Weiterbildung. Zentrale Probleme sind dabei: a) Ein Mangel an geeigneten Daten, b) die Schwierigkeit einen ursächlichen Zusammenhang zwischen Weiterbildung und Folgen herzustellen, c) die zeitliche Diskrepanz zwischen Weiterbildung und Folgen, d) meist fehlende Vergleichsgruppen, e) das Ausblenden nicht-monetärer Nutzendimensionen und von Nebenfolgen sowie f) der Aufwand bei der Nutzenmessung.

Wie die bisherigen Nutzenmodelle gezeigt haben, gibt es sehr unterschiedliche Ansätze, um den Nutzen von Weiterbildung zu ermitteln. Die Unternehmen entscheiden jeweils individuell, welche Messmethode sie einsetzen und welche positiven Effekte von Weiterbildung sie unter dem Begriff Nutzen subsumieren. Theoretische Modelle zur Nutzenabschätzung sind zwar entwickelt worden (vgl. z. B. Abb. 4.7-21 bis 4.7-23), sind aber in der Praxis kaum praktikabel. Pragmatische Ansätze werden demgegenüber wissenschaftlichen Ansprüchen nicht gerecht (vgl. z. B. Abb. 4.7-24 bis 4.7-26). Abschließend wird in Abb. 4.7-27 ein Ansatz vorgeschlagen, der die in der Praxis gängigen Instrumente zu einem integrativen Gesamtkonzept verbindet. Es orientiert sich am Vier-Ebenen-Ansatz von Kirkpatrick, der als Strukturierungsraster fungiert. Verbreitete Instrumente werden dabei den jeweiligen Ebenen zugeordnet. Das Gesamtkonzept versucht durch die Verknüpfung verschiedener Instrumente, ein Stück weit der Kritik an der mangelnden Messbarkeit der Nutzendimension Rechnung zu tragen.

Allerdings handelt es sich auch im vorliegenden Fall (wie bei allen pragmatischen Ansätzen) letztlich nicht um empirisch unbestreitbare Erfolgsbeweise (im Sinne einer quantitativen Sozialforschung), vielmehr eher jedoch um fundierte Indizien für einen Weiterbildungsnutzen (im Sinne einer eher qualitativen Sozialforschung). Kritiker, wie zum Beispiel Rolf Arnold, sehen daher im Bildungscontrolling ein technokratisches Konzept, das suggeriert, dass der Prozess der Aneignung von Bildung kontrollierbar wäre. Sie stellen dies grundsätzlich in Abrede und plädieren daher auch für eine Beschränkung auf den Aspekt der Evaluation. Bei diesem Vorschlag wird allerdings übersehen, dass das Problem der Kontrollierbarkeit der Aneignung von Bildung grundsätzlich auch für den Bereich der Evaluation gilt, wie die Ausführungen zu den Evaluationskriterien in Abschnitt 4.7.2.3 verdeutlichen. Außerdem steht zu befürchten, dass Weiterbildung auch weiterhin lediglich unter Kostengesichtspunkten betrachtet würde, wenn aus methodischen Gründen auf jedwede Art von Nutzenabschätzung verzichtet wird.

Literatur

Alliger, G.M. u. a.: A meta-analysis of the relations among training criteria. Personnel Psychology 50(1997), S. 341 - 358.

Arnold, R.: Evaluierung und Qualitätssicherung in der Weiterbildung. In: Wittwer, F. W.: Transfersicherung in der beruflichen Weiterbildung. Frankfurt am Main 1999, S. 85 - 100.

Bank, V.: Bedarfs- und Zielcontrolling. In: Seeber, S./Krekel, E. M./Buer, J. v. (Hg.): Bildungscontrolling. Ansätze und kritische Diskussion zur Effizienzsteigerung von Bildungsarbeit. Frankfurt am Main 2000. S. 51 - 70.

Becker, M.: Bildungscontrolling. Möglichkeiten und Grenzen aus wissenschaftstheoretischer Perspektive. In: Landsberg G. v./Weiß, R. (Hg.): Bildungs-Controlling. 2. Auflage. Stuttgart 1995, S. 57 - 80.

Berthel, J.: Personal-Management. Gründzüge für Konzeptionen betrieblicher Bildungsarbeit. Stuttgart 1994.

Betz, G./Voss, A.: "Messen und sich messen lassen". In: management & training (März 2002), S. 18 - 21.

Beywl, W./Geiter, C.: Evaluation – Controlling - Qualitätsmanagement in der betrieblichen Weiterbildung. Kommentierte Auswahlbibliographie. Bielefeld 1996.

Braukmann, U./Diettrich, A.: Chancen und Risiken eines Bildungscontrollings für die Qualität und Qualitätssicherung von beruflichen Weiterbildungsmaßnahmen. In: Kölner Zeitschrift für „Wirtschaft und Pädagogik. Heft 17(1994). S. 81 - 107.

Buchhester, S.: Bildungscontrolling. Der Einfluss von individuellen und organisatorischen Faktoren auf den wahrgenommenen Weiterbildungserfolg. Hamburg 2003.

Bundesminister für Bildung und Wissenschaft (BMBW, Hg.): Betriebliche Weiterbildung – Forschungsstand und Forschungsperspektiven. Bonn 1990.

Bundesministerium für Wirtschaft und Arbeit (BMWA): Wissensbilanz – Made in Germany. Leitfaden. Berlin 2005. Als Download verfügbar: http://www.akwissensbilanz.org/Infoservice/Infomaterial/Leitfaden_deutsch.pdf (Stand 10.12.2007).

Donau-Universität Krems: Wissensbilanz 06. Krems 2007. Als Download verfügbar: http://www.donau-uni.ac.at/imperia/md/content/donau-uni/gb_und_wb/wissensbilanz2006.pdf (Stand 10.12.2007).

Ebbinghaus, M.: Controlling des Bildungserfolges. In: Seeber, S./Krekel, E. M./Buer, J. van (Hg.): Bildungscontrolling. Ansätze und kritische Diskussion zur Effizienzsteigerung von Bildungsarbeit. Frankfurt am Main 2000. S. 117 - 130.

Eichenberger, P.: Betriebliche Bildungsarbeit. Return on Investment und Erfolgscontrolling. Wiesbaden 1992.

Enderle, W.: Bildungscontrolling. Die fünf Phasen der Wertschöpfungskette Bildung. Bankinformation 7/1995, S. 29 - 33.

Falk, R.: Betriebliches Bildungsmanagement. Köln 2000.

Fehlau, E. G.: Im Rahmen des Messbaren? Evaluation und Transfer. In: managerSeminare. Heft 31(1998), S. 76 - 83.

Frietman, J./den Boer, P./Kraayvanger, G.: Es lohnt, den betrieblichen Nutzen von Weiterbildung zu messen. In: Bötel, C./Krekel, E. (Hg.): Bedarfsanalyse, Nutzenbewertung und Benchmarking – Zentrale Elemente des Bildungscontrollings. Bonn 2000, S. 99 - 114.

Geißler, H.: Management als Ausgangs- und Bezugspunkt für Bildungsmanagement. In: Geißler, H./Bruch, T. vom/Petersen, J. (Hg.): Bildungsmanagement. Frankfurt am Main 1994, S. 263 - 282.

Gerlich, P.: Controlling von Bildung, Evaluation oder Bildungs-Controlling? München und Mering 1999.

Gloger, A.: Vom Nutzen des Trainings. In: managerSeminare. Februar 2004. S. 18 - 26.

Gnahs, D./Krekel, E.M.: Betriebliches Bildungscontrolling in Theorie und Praxis: Begriffsabgrenzung und Forschungsstand. In: Krekel, E.M./Seusing, B. (Hg.): Bildungscontrolling – ein Konzept zur Optimierung der betrieblichen Weiterbildung. Berlin/Bonn 1999. S. 13 - 33.

Götz, K.: Zur Evaluierung beruflicher Weiterbildung – Band 1, Weinheim 1993.

Götz, K.: Zur Evaluierung beruflicher Weiterbildung – 2 Bde. Weinheim 1999.

Grünewald, U./Moraal, D.: Kosten der betrieblichen Weiterbildung in Deutschland. Berlin 1995.

Gütl, B./Orthey, F.M./Laske, S. (Hg.): Bildungsmanagement. München/Mering 2006.

Gust, M./Weiß, R.: Praxishandbuch Bildungscontrolling Wien 2005.

Heeg, F.-J./Jäger, C.: Konzeption und Einführung einer Bildungscontrolling-Systematik. In: Landsberg, G. v./Weiß, R. (Hg.): Bildungs-Controlling, 2. Aufl., Stuttgart 1995, S. 341 - 362.

Herget, H./Beicht, U.: Weiterbildung am Nutzen orientiert steuern – betriebliche Praxis und Perspektiven. In: Bötel, C./Krekel, E. (Hg.): Bedarfsanalyse, Nutzenbewertung und Benchmarking – Zentrale Elemente des Bildungscontrollings. Bonn 2000, S. 53 - 80.

Hof, A./Rowold, J.: Systematisches Weiterbildungscontrolling. In: Personalwirtschaft (Juli 2005), S. 30 - 32.

Holm, K. (Hg.): Die Befragung 1. Der Fragebogen – Die Stichprobe. 4. Auflage. Tübingen 1991.

Hölterhoff, H./Becker, M.: Aufgaben und Organisation der betrieblichen Weiterbildung. In: Jeserich, W. u. a. (Hg.): Handbuch der Weiterbildung für die Praxis in Wirtschaft und Verwaltung, Band 3. München/Wien 1986.

Hummel, T.: Erfolgreiches Bildungscontrolling – Praxis und Perspektiven. Heidelberg 2001.

Kaplan, R. S./Norton, D. P.: Balanced Scorecard. Stuttgart 1997.

Krekel, E./Bötel, C.: Bedarfsanalyse, Nutzungsbewertung und Benchmarking - zentrale Elemente des Bildungscontrollings. Bonn 2001.

Krekel, E./Seusing, B. (Hg.): Bildungscontrolling – ein Konzept zur Optimierung der betrieblichen Weiterbildung. Berlin/Bonn 1999.

Lamnek, S.: Qualitative Sozialforschung, 2 Bde., München 1988/1989.

Landsberg, G. v.: What is likely to go wrong? In: Landsberg, G. v./Weiß, R. (Hg.): Bildungscontrolling, 2. Aufl., Stuttgart (1995, S. 11 - 34).

Merk, R.: Weiterbildungs-Management. Augsburg 2006.

Münch, J.: Ökonomie betrieblicher Bildungsarbeit. Berlin 1996.

Münch, J./Müller, H. J.: Evaluation in der betrieblichen Weiterbildung als Aufgabe und Problem. In: Dürr, W. u. a. (Hg.): Personalentwicklung und Weiterbildung in der Unternehmenskultur. Baltmannsweiler 1988.

Nagel, K.: Praktische Unternehmensführung. Landsberg/Lech 1995.

Papmehl, A.: Personal-Controlling. Heidelberg 1990.

Pawlowsky, P./Bäumer, J.: Betriebliche Weiterbildung – Management von Qualifikation und Wissen. München 1996.

Pech, U.: Bildungscontrolling: Deskription, Klassifikation, Identitäten und Disparitäten. Aachen 2001.

Phillips, J.: Der finanzielle Erfolg von Weiterbildung ist messbar. In: management & training (Februar 2000), S. 10 - 14.

Pichler, M.: Vom Return-on-Investment zum Value-of-Investment. In: wirtschaft & weiterbildung (Mai 2005), S. 34 - 35.

Pieler, D.: Weiterbildungscontrolling - eine neue Perspektive. In: Sozialwissenschaften und Berufspraxis 2/1998.

Rabenstein, R./Reichel, R./Thannhoffer, M.: Das Methoden-Set. Band 4: Reflektieren, 9. Aufl., Münster 1998.

Rotering-Steinberg, S.: Evaluation und Bildungscontrolling als professionelle Handlungsfelder für BildungsmanagerInnen. In: Gütl, B./Orthey, F. M./Laske, S. 2006, S. 217 - 242.

Ruschel, A.: Die Transferproblematik bei der Erfolgskontrolle betrieblicher Weiterbildung. In: von Landsberg, G./Weiss, R. Bildungs-Controlling. Stuttgart 1995.

Ryschka, J./Solga, M./Mattenklott, A.: Praxishandbuch Personalentwicklung, Wiesbaden 2005.

Schmalen, H.: Grundlagen und Probleme der Betriebswirtschaft. Stuttgart 2001.

Schulte, C.: Kennzahlengestütztes Weiterbildungs-Controlling als Voraussetzung für den Weiterbildungserfolg. In: von Landsberg, G./Weiss, R.: Bildungs-Controlling. Stuttgart 1995.

Seeber, S./Krekel, E.M./Buer, J. van: Bildungscontrolling – ein interdisziplinärer Forschungsbereich in der Spannung von ökonomischen und pädagogischer Rationalität. In: Seeber, S./Krekel, E.M./Buer, J. van (Hg.): Bildungscontrolling. Ansätze und kritische Diskussion zur Effizienzsteigerung von Bildungsarbeit. Frankfurt am Main 2000. S. 7 - 18.

Seeber, S.: Benchmarking – Ein Ansatz zur Steigerung von Effektivität und Effizienz beruflicher Bildung. In: Krekel, E. M./Bötel, C. (Hg.): Bedarfsanalyse, Nutzungsbewertung und Benchmarking – zentrale Elemente des Bildungscontrollings. Berlin/Bonn 2001, S. 125 - 162.

Seeber, S.: Bildungscontrolling. Eine Einführung in Theorien und Modelle. In: Lehmann, R. H./Venter, Gy./Buer, J. van/Seeber, S./Peek, R. (Hg.): Erweiterte Autonomie für Schule. Bildungscontrolling und Evaluation. Berlin 1997. S. 25 - 68.

Seeber, S.: Stand und Perspektiven von Bildungscontrolling. In: Seeber, S./Krekel, E. M./Buer, J. van (Hg.): Bildungscontrolling. Ansätze und kritische Diskussion zur Effizienzsteigerung von Bildungsarbeit. Frankfurt am Main 2000. S. 19 - 50.

Setz, G./Voss, A.: Messen und sich messen lassen, in: management & training (März 2002), S. 18 - 22.

Sieber-Bethke, F.: Kompendium – Controlling, Evaluation und Reporting von Weiterbildung und Personalentwicklung. Bremen 2003.

Timmerman, D.: Nutzen aus der Sicht der Wissenschaft. In: Bundesinstitut für Berufsbildung. Nutzen der beruflichen Bildung (Dokumentation). Berlin 1998.

v. Bardeleben, R./Herget, H.: Nutzen und Erfolg betrieblicher Weiterbildung messen: Herausforderungen für das Weiterbildungs-Controlling. In: Krekel/Seusing 1999, S. 79 - 106.

Walden, G.: Kosten-Nutzen-Controlling. In: Seeber, S./Krekel, E./van Buer, J.: Bildungscontrolling – Ansätze und kritische Diskussionen zur Effizienzsteigerung von Bildungsarbeit. Frankfurt am Main 2000.

Walsh, J.: Instrumente und Verfahren des strategischen Personalmanagements. In: FPM (Hg.): Personal-Controlling - ökonomische Instrumente der Personalarbeit, Zürich 1987.

Weiß, R.: Ansätze und Schwierigkeiten einer Nutzenmessung in Betrieben. in: Krekel, E./Bötel, C.: Bedarfsanalyse, Nutzungsbewertung und Benchmarking - zentrale Elemente des Bildungscontrollings. Bonn 2001.

Weiß, R.: Arten, Strukturen und Entwicklungen der Weiterbildungskosten. In: Münch, J.: Ökonomie betrieblicher Bildungsarbeit. Berlin 1996.

Weiß, R.: Die 26-Mrd.-Investition - Kosten und Strukturen betrieblicher Weiterbildung. Köln 1990.

Weiß, R.: Elemente eines Bildungscontrollings. In: Ischbeck, W./Schusser, W. H./Söhnigen, B./Weiß, R. (Hg.): Qualität und Effizienz betrieblicher Bildungsarbeit. Köln 1994. S. 28 - 49.

Will, H./Winteler, A./Krapp, A.: Von der Erfolgskontrolle zur Evaluation. In: Will, H./Winteler, A./Krapp, A.(Hg.): Evaluation in der beruflichen Aus- und Weiterbildung. Konzepte und Strategien. Heidelberg 1987, S. 11 - 42.

Witzel, A.: Verfahren der qualitativen Sozialforschung, Frankfurt/New York 1982.

Wottawa, H./Thierau, H.: Lehrbuch Evaluation, 2. Aufl. Bern 1998.

Wunderer, R./Sailer, M.: Die Controllingfunktion im Personalwesen. In: Personalführung, Heft 7 (1987a), S. 505 - 509.

Wunderer, R./Sailer, M.: Instrumente und Verfahren des Personal-Controllings. In: Controller-Magazin. Heft 6 (1987b). S. 287 - 292.

5 Der Handlungsrahmen des betrieblichen Weiterbildungsmanagements

5.1 Der Unternehmensrahmen: Unternehmenskultur – Lernkultur (Monika Reemtsma-Theis)

Lernziele

- Die Entstehung der Diskussion um die Unternehmenskultur skizzieren können.
- Das Modell der drei Ebenen der Unternehmenskultur nach Schein erläutern können.
- Eine Vorstellung von *Lernkultur* auf den drei Ebenen der Unternehmenskultur ausweisen können.
- Die Grenzen der ‚Machbarkeit' von Unternehmenskultur begründen können.

5.1.1 Problembezug

Betriebliche Weiterbildung findet nicht im luftleeren Raum statt, sondern in einem sozialen, zweckorientierten System Unternehmen. Die Art und Weise, wie dieses System insgesamt funktioniert, hat Auswirkungen darauf, auf welche Weise und wie intensiv dort Weiterbildung – oder weiter gefasst – Lernen stattfindet. Dabei spielen sehr viele Faktoren eine Rolle, die z. T. bereits an anderer Stelle in diesem Buch thematisiert wurden oder noch werden, wie z. B. die Wettbewerbssituation des Unternehmens, die Organisation der PE- oder Weiterbildungsabteilung, ihre strategische Einbindung, die rechtlichen Rahmenbedingungen, die Mitarbeiterstruktur und vieles mehr.

Ein gleichermaßen ‚schwammiger', wie intuitiv einleuchtender Einflussfaktor für Lernprozesse ist zudem die *Kultur* des Unternehmens. Jeder kennt aus eigener Erfahrung unterschiedliche Institutionen oder Umfelder, die entweder anregenden und lernförderlichen Charakter haben oder eher hemmend auf Eigenaktivität, Experimentierfreude und Lernen wirken. Schon nach kurzem Nachdenken könnte man sicher einzelne Aspekte nennen, die etwa in der Familie, in der Schule, der Universität etc. dazu geführt haben, dass man besser oder schlechter lernen konnte und wollte. Dabei wird man an bestimmte Personen denken, die Anregungen schafften, an die Verfügbarkeit von interessanten Lernmitteln, aber vielleicht auch an so etwas, wie eine bestimmte Atmosphäre oder Grundhaltung, die für das Lernen und seinen Erfolg mit entscheidend waren. Bei den letztgenannten ‚weichen' Aspekten wird man sich auf Nachfrage wahrscheinlich schwerer tun zu präzisieren, was man genau darunter versteht und womöglich auf Formulierungen wie „so insgesamt die Stimmung" oder gar „alles eben" ausweichen.

Mit diesem Kapitel soll nun der Versuch unternommen werden, in das „alles eben" der Kultur eine gewisse Ordnung zu bringen, die es erlaubt, gezielter der Frage nachzugehen, was eine Kultur auszeichnet, die Lernen begünstigt. Die Fragestellung ist keineswegs neu, sie behält jedoch in einer Situation intensiven globalen Wettbewerbs ihre hohe Relevanz, da sie in Verbindung steht mit der Frage, wie man Innovations- und Wettbewerbsfähigkeit von Unternehmen sicher stellen kann. Auch die intensive Diskussion um informelles Lernen und Lernen am Arbeitsplatz (vgl. Kapitel 4.5) macht deutlich, wie wichtig ein lernförderliches Umfeld für die Lernmotivation sowie den Lern- und Anwendungserfolg ist. Einordnung und Argumentationverlauf finden Sie in den beiden nachfolgenden Abbildungen visualisiert.

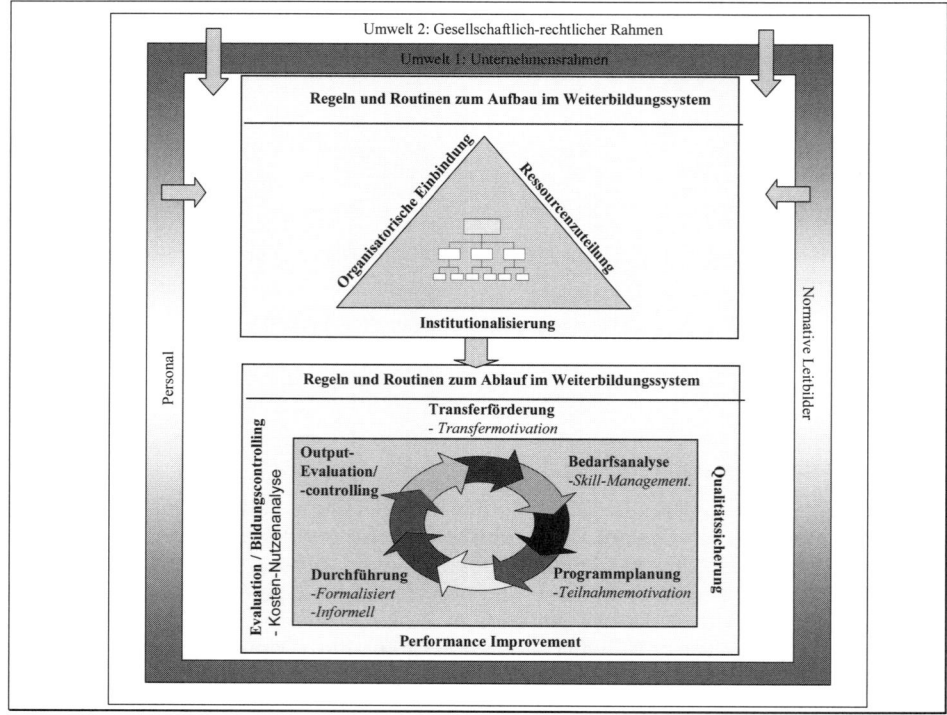

Abb. 5.1-1: Unternehmensrahmen
des betrieblichen Weiterbildungsmanagements

Nach einem kurzen Blick auf die Entwicklung der Unternehmenskulturdiskussion wird ein Modell der Ebenen von Unternehmenskultur vorgestellt, das als Rahmen dient, um relevante Faktoren einer Lernkultur auszuweisen und zu erläutern.

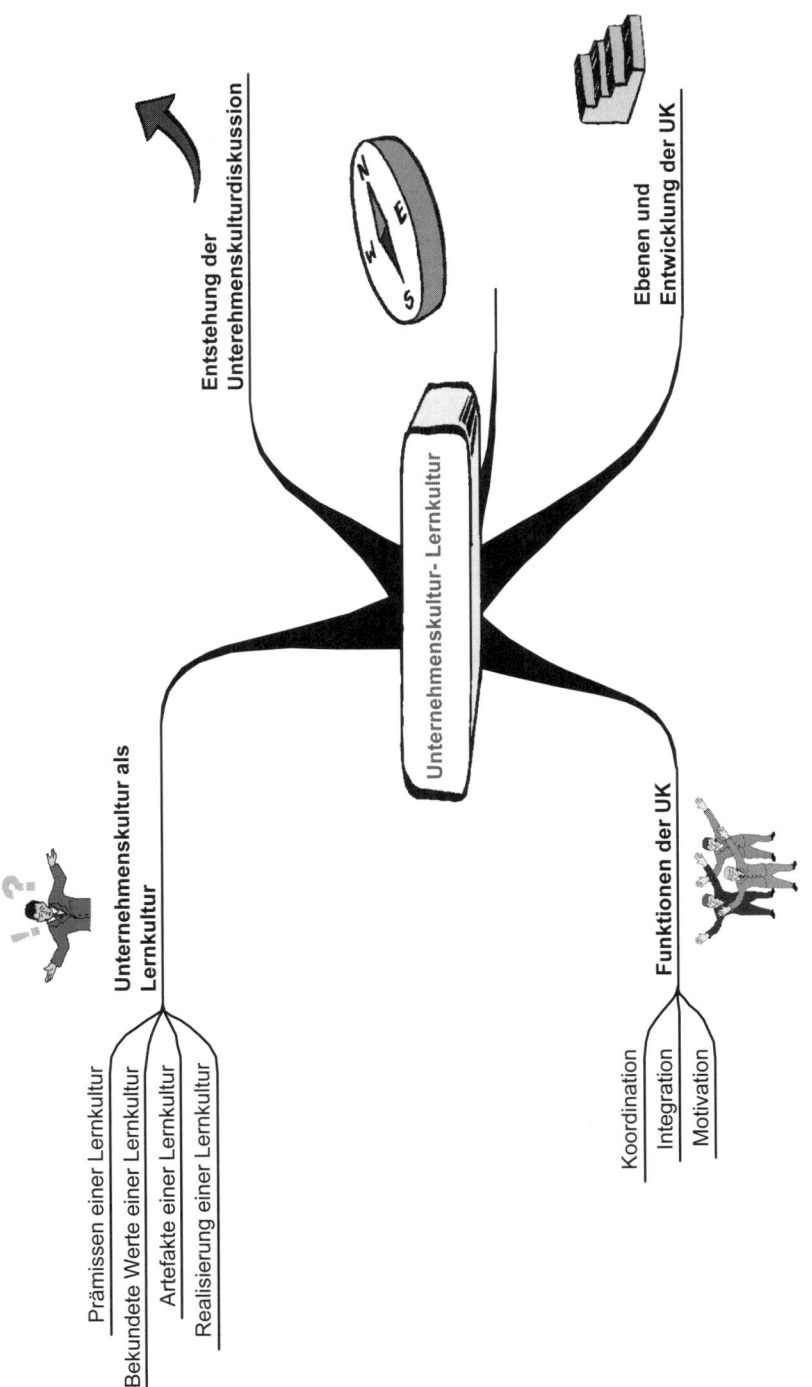

Abb. 5.1-2: Ablauf der Argumentationen

5.1.2 Entstehung der Unternehmenskulturdiskussion

Die Diskussion darüber, dass nicht nur Völker oder Gruppen innerhalb einer Gesellschaft eine Kultur aufweisen, die ihr Handeln prägt, sondern dass dies auch eine Kategorie zur Beschreibung und womöglich gar zur Gestaltung von Unternehmen sein könnte, begann in den 70er Jahren des letzten Jahrhunderts. Als Anstöße für eine vertiefte Beschäftigung mit diesem Phänomen lassen sich v. a. einige Veröffentlichungen aus der amerikanischen Managementliteratur benennen, die für Aufmerksamkeit und auch Aufregung sorgten. Anlass für diese Veröffentlichungen war die wirtschaftliche Situation in den USA der 70er und 80er Jahre, als japanische Unternehmen nach dem Photo- und Elektrobereich auch im Automobilsektor die amerikanischen und europäischen Unternehmen nicht nur ein- sondern auch teilweise überholten und man sich allerorten mit Sorge oder sogar Panik fragte, womit dieser Erfolg zu erklären sei.

Bereits Ende der 70er Jahre wurden erste Kultur vergleichende Untersuchungen zwischen japanischen und amerikanischen Unternehmen angestellt, die darauf hinwiesen, dass die vorgefundenen Unterschiede in Strukturen und Prozessen der untersuchten Unternehmen auf ‚tiefer liegende' Annahmen zu Koordination und Integration der im Unternehmen Tätigen zurückzuführen sind. Ouchi (1981) entwickelte in diesem Zusammenhang eine Typologie von Typ-A und Typ-Z-Unternehmen, wobei erstere als typische amerikanische Unternehmen auf eine hoch formalisierte Organisationsstruktur sowie ausgefeilte Steuerungs- und Überwachungssysteme setzen. Typ-Z-Unternehmen dagegen zeichnen sich – wie japanische Unternehmen – dadurch aus, dass über eine weitgehende Sozialisation der Unternehmensmitglieder in die unternehmensspezifischen Werte und Gepflogenheiten strukturelle Faktoren an Bedeutung verlieren. Es zeigte sich, dass sich unter den Typ-Z-Unternehmen nicht nur – wie erwartet – amerikanische Tochterfirmen japanischer Unternehmen finden ließen, sondern auch eine ganze Reihe ‚original-amerikanischer', sehr erfolgreicher Unternehmen (z. B. IBM, Levi Strauss, Procter and Gamble). Als Ursache dieser Unterschiede identifizierte Ouchi die in den Typ-Z-Unternehmungen vorfindlichen starken Unternehmenskulturen im Sinne von Traditionen und grundsätzlichen Werten, die die gemeinsame Grundlage des Handelns in diesen Unternehmen bilden.

Ein weiteres einflussreiches Werk im Kontext der ‚Entdeckung' von Unternehmenskultur stammt von den McKinsey-Beratern Peters und Waterman (1982) und trägt den Titel „In Search of Excellence".

Mit Blick auf die erfolgreichsten US-Unternehmen zeigten Peters/Waterman auf, dass man nicht, wie vielleicht vermutet, die japanischen Unternehmen kopieren, sondern sich vielmehr auf die eigenen Stärken konzentrieren müsse. Als Erfolgsfaktoren wiesen die Autoren sieben interdependente Kategorien im sog. „Mc-Kinsey-7S-Modell" aus. Dabei wurden „harte" und „weiche" Faktoren kombiniert. Zu den harten Elementen zählen die formale Organisationsstruktur („structure"), die Systeme („business systems") sowie die Unternehmensstrategie („strategy"). Als weiche Elemente werden das Personal („staff"), die Fähigkeiten („skills") der Stil („style") und die übergeordneten Ziele („superordinate goals") ausgewiesen. Neben den „übergeordneten Zielen" wurde vor allem mit dem „Stil" des Unternehmens ein bis dahin in der Managementliteratur weitestgehend unberücksichtigter Faktor aufgenommen, der eine weitere Dimension von Führung betonte: die Vermittlung von Bedeutungen und Werten, oder auch ‚Sinn' durch symbolhaftes Handeln. Damit waren Aspekte der Unternehmenskultur als ökonomisch relevante Erfolgsgrößen in einem Bestseller der Management-Literatur benannt und ihre gezielte Veränderung in die Diskussion gebracht worden.[231]

Eine aktuelle Studie des Bundesministeriums für Arbeit und Soziales mit dem Titel „Unternehmenskultur, Arbeitsqualität und Mitarbeiterengagement in den Unternehmen in Deutschland" (Hauser u. a. 2007) beansprucht, „den Status Quo von Unternehmenskultur" (ebd., S. 14) in Deutschland zu erheben und damit eine Forschungslücke zu schließen.[232] Die Studie zeigt für deutsche Unternehmen verschiedener Größen und Branchen auf, dass ein positiver Zusammenhang zwischen der Unternehmenskultur, dem Engagement der Mitarbeiter und dem Unternehmenserfolg besteht. Damit wird die Grundaussage der angeführten ,Klassiker' der Unternehmenskulturdiskussion auch für deutsche Unternehmen bestätigt: Kultur ist nichts Esoterisches, sondern ein nachweisbarer Erfolgsfaktor und stellt je nach Ausprägung einen Wettbewerbsvorteil von Unternehmen dar.

5.1.3 Ebenen und Entwicklung der Unternehmenskultur

1985 veröffentlichte Schein sein bis heute noch als Grundlagenwerk rezipiertes Buch „Organizational Culture and Leadership". Darin benannte er folgende drei Ebenen der Unternehmenskultur:

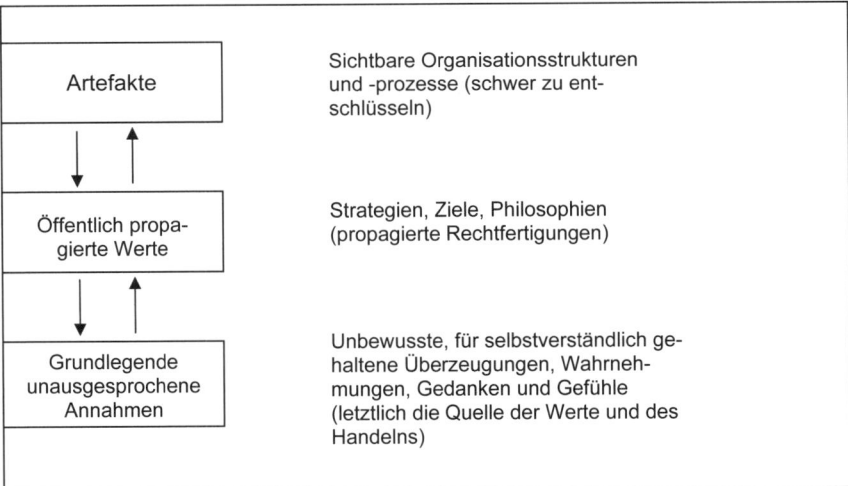

Abb. 5.1-3: Die drei Ebenen der Unternehmenskultur (aus Schein 2006, S. 31)

Auf der ersten Ebene der Artefakte ist all das angesiedelt, was man in einem Unternehmen sehen, hören und spüren kann. „Denken Sie zum Beispiel an Restaurants, Hotels, Geschäfte, Banken oder Autohäuser. Achten Sie auf Ihre Beobachtungen und emotionalen Reaktionen auf die Architektur, die Ausstattung und die Atmosphäre, das

---

231 Vgl. zur Geschichte der Unternehmenskulturdiskussion König (o. J.) und Heinen (1997, S. 4 ff.).

232 Im Rahmen der Studie wurde in einer Stichprobe von 314 Unternehmen aus den zwölf unternehmens- und mitarbeiterstärksten Branchen in Deutschland jeweils eine umfassende Mitarbeiterbefragung sowie eine Befragung eines Managementvertreters durchgeführt. Zu näheren Angaben bezüglich der Stichprobenauswahl vgl. Hauser u. a. (2007, S. 19).

heißt das Verhalten der Mitarbeiter Ihnen gegenüber und untereinander." (Schein 2006, S. 32)

Auf dieser Ebene ist Kultur sehr klar und scheinbar greifbar: Man sieht in einem Unternehmen beispielsweise sehr förmlich gekleidete Mitarbeiter, die in einem sachlichen und funktionalen Gebäude hinter geschlossenen Türen ihren Aufgaben nachgehen. Der Umgangston ist höflich und distanziert. Oder man sieht in einem anderen Unternehmen vor allem junge, lässig gekleidete Mitarbeiter in einer emsig wirkenden Atmosphäre ungezwungen in einer offenen Architektur in wechselnden Zusammensetzungen miteinander arbeiten.[233]

All dies kann man *beobachten* und es löst emotionale Reaktionen aus – was diese Beobachtungen *bedeuten*, kann man jedoch nicht unmittelbar erkennen. Dazu muss man nach Schein die darunter liegenden Ebenen analysieren, was nicht mehr allein durch Beobachtung möglich ist. Hierzu bedarf es der Erläuterung durch Insider, die begründen können, warum das Unternehmen in einer bestimmten Weise gestaltet ist und man sich in einer bestimmten Weise verhält.

Auf derartige Fragen nach dem „warum" wird man zunächst die öffentlich propagierten Werte und Begründungen zu hören und z. B. im Unternehmensleitbild zu lesen bekommen, etwa, dass man durch die beobachtete Arbeitsweise eine hohe Qualität sicher stellt und damit dem zentralen Ziel der Kundenorientierung nachkommt. Auch Mitarbeiterorientierung, so erfährt man, wird in beiden Unternehmen groß geschrieben, und man versucht daher, den Bedürfnissen der Mitarbeiter mit der Schaffung einer entsprechenden Arbeitsumgebung entgegen zu kommen.

Man kann sich also plötzlich in der merkwürdigen Situation befinden, dass zwei auf der Ebene der Artefakte sehr unterschiedlich anmutende Unternehmen auf der Ebene der propagierten Werte nahezu identisch sind.

Daher muss nach Schein die Untersuchung noch tiefer greifen und sich den unausgesprochenen gemeinsamen Annahmen der Mitarbeiter zuwenden. Dabei muss auch die historische Entwicklung des Unternehmens betrachtet werden. „Welche Werte, Überzeugungen und Annahmen der Gründer und bedeutendsten Leiter haben das Unternehmen in seiner Geschichte erfolgreich gemacht?" (Ebd., S. 34).

So können sich für die beiden beschriebenen Unternehmen unterschiedliche Grundannahmen herauskristallisieren, die sich über gemeinsame Lernerfahrungen und Erfolge etabliert haben.

Das erste Unternehmen hatte nämlich seine Erfolge einer Reihe von wissenschaftlichen Errungenschaften und Patenten zu verdanken, die von einzelnen „im stillen Kämmerlein" erarbeitet worden waren und dann effizient umgesetzt wurden. Folgende Grundannahmen können hier als handlungsleitend angenommen werden: „Wissenschaftliche Forschung ist die Quelle für Wahrheit und gute Ideen." „Die Stärke des Unternehmens liegt im Fachwissen jedes Stelleninhabers. Der Arbeitsbereich ist das eigene Revier." „Wir sind eine Familie, die alle ihre Mitglieder behütet, aber jede Familie hat ihre Hierarchie, und Kinder müssen gehorchen" (Schein 1995, S. 53).

Das zweite Unternehmen dagegen baute seinen Erfolg darauf auf, dass eine Gruppe kreativer Köpfe viele Ideen einbrachte, die von Anfang an intensiv in der Gruppe diskutiert wurden, und erst nach der Überzeugung der anderen Gruppenmitglieder realisiert wurden. Daraus ergaben sich grundlegende Prämissen, wie „der einzelne ist zwar die

---

[233]   Die Kennzeichnung der beiden beispielhaften Unternehmen erfolgt in Anlehnung an die weit ausführlichere Darstellung Scheins (1995, S. 38 ff.) der Unternehmen „Action" und „Multi".

Quelle aller guten Ideen", aber „die Wahrheit zeigt sich erst nach intensiver Diskussion in der Gruppe" (in Anlehnung an Schein 1995, S. 43).

An diesen Beispielen zeigt sich, dass oftmals die Überzeugungen der Gründer eines Unternehmens zu einer bestimmten Ausgestaltung des Unternehmens geführt haben. Ist das Unternehmen erfolgreich, übersteht man schwierige Situationen, so werden die gemeinsamen Grundprämissen, die daraus resultierenden Strukturen, Arbeitsweisen, das Erscheinungsbild etc. als die ‚richtige Art', ein Unternehmen zu sein, empfunden.

Die zum Verständnis des Unternehmens notwendigen Interpretationsmuster erwerben neue Mitglieder per Sozialisation, darüber, dass sie für das im Unternehmen Erlebte im Laufe der Zeit immer mehr Erklärungen und Begründungen erfahren, und sich damit ‚einen Reim' auf das Unternehmensgeschehen machen können. Ein zentraler Mechanismus derartiger Lernprozesse sind Belohnungen und Bestrafungen durch erfahrene Unternehmensmitglieder, v. a. die Führungskräfte, wenn die Neulinge mit verschiedenen Verhaltensweisen experimentieren. Das so im Laufe der Zeit erlangte Wissen über zugrunde liegende Annahmen und Werte ist oft nicht bewusst und direkt explizierbar, was Kulturanalysen zu einem aufwändigen Unterfangen werden lässt.[234] „Wenn man die Struktur der Grundprämissen einer Kultur nicht entschlüsselt, kann man auch die Artefakte nicht interpretieren und die Glaubwürdigkeit der artikulierten Werte nicht angemessen beurteilen" (Ebd., S. 33).

Schein betont in diesem Zusammenhang jedoch auch, dass Unternehmen mit ständig wechselnden Mitgliedern und Führungskräften und solche, in deren Geschichte keine gemeinsam zu bewältigenden Probleme auftraten, eben genau keine gemeinsamen Grundannahmen entwickeln, da die notwendige Geschichte gemeinsamer Lernerfahrungen fehlt. „Nicht jede Ansammlung von Menschen entwickelt eine Kultur" (Ebd., S. 28).

Entsprechend dieser Kennzeichnungen definiert Schein die Kultur einer Gruppe (auch eines Unternehmens) als: „Ein Muster gemeinsamer Grundprämissen, das die Gruppe bei der Bewältigung ihrer Probleme externer Anpassung und interner Integration erlernt hat, das sich bewährt hat und somit als bindend gilt; und das daher an neue Mitglieder als rational und emotional korrekter Ansatz für den Umgang mit diesen Problemen weitergegeben wird" (Ebd., S. 25).

Übung:

1   Versuchen Sie, für eine Gruppe oder Institution, der Sie angehören, grundlegende Prämissen zu formulieren.

2   Auf welche Artefakte würde ein neutraler Beobachter dieser Gruppe oder Institution stoßen? Was würde er wahrnehmen können?

Wird das Unternehmen im Laufe der Zeit größer, so bilden sich in der Regel Subkulturen heraus, die in bestimmten Grundannahmen sowie entsprechenden geäußerten Werten und Artefakten zumindest teilweise von der umgebenden Unternehmenskultur abweichen. So findet man etwa häufig, dass Innen- und Außendienste abweichende ‚Kul-

---

[234]   Ein Vorgehen zur Kulturanalyse beschreibt Schein (2006) in seinem Buch „Organisationskultur. The Ed Schein Corporate Culture Survival Guide". Die Ausführungen werden anhand von Praxisbeispielen aus der vielfältigen Beratungserfahrung des Autors veranschaulicht.

turen' entwickeln oder bestimmte Abteilungen, wie etwa Marketing- oder Entwicklungs-
abteilungen ein sehr eigenes Selbstverständnis und ein klar abgrenzbares Auftreten besitzen. Schein (1995, S. 207) nennt in diesem Zusammenhang folgende Differenzie-
rungskriterien, nach denen sich unterschiedliche Subkulturen etablieren bzw. aufeinander treffen können:

„1. Differenzierung nach Funktions-/Berufsgruppen

2. regionale Differenzierung

3. Differenzierung nach Produkten, Märkten oder Technologien

4. Bildung von Geschäftsbereichen

5. Differenzierung in hierarchische Ebenen

6. Fusionen und Übernahmen

7. Joint-Ventures, strategische Allianzen, unternehmensübergreifende Kooperationen

8. strukturelle Oppositionsgruppen"

Diese Subkulturen können für ihr jeweiliges Aufgabenfeld durchaus funktional sein,
wenn sie eine effiziente Aufgabenerfüllung ermöglichen und zum Gesamterfolg des Unternehmens beitragen. Unterscheiden sie sich jedoch zu stark und prägen sich Egois-
men zu sehr aus, so werden Subkulturen dysfunktional und schwächen die Organisation. Es wird daher eine wichtige Aufgabe der Führung in einem wachsenden Unternehmen, zu erkennen, dass Integration ein Problem der Abstimmung vielfältiger Subkulturen ist, um die Entwicklung gemeinsamer Ziele, einer gemeinsamen Sprache und gemeinsamer Ansätze für Problemlösungen zumindest zu begünstigen. Die positiven Potentiale einer übergreifenden, gemeinsamen Unternehmenskultur, sollen im Folgenden
anhand ihrer Funktionen erläutert werden.

5.1.4 Funktionen von Unternehmenskultur

In den eingangs zitierten Werken der Managementliteratur wurde als Vorteil von ‚starken' Unternehmenskulturen herausgestellt, dass sie eine stabile Grundlage für gemeinsames Handeln darstellen. Umgangssprachlich könnte man sagen „die Unternehmen
funktionieren besser". Worin genau der Beitrag der Unternehmenskultur am besseren
Funktionieren besteht, soll an den drei originären Funktionen der Unternehmenskultur,
der Koordination, der Integration und der Motivation erläutert werden.

Dill/Hügler (1997, S. 146 ff.) weisen in diesem Zusammenhang explizit darauf hin, dass
nur starke, funktionale Unternehmenskulturen diese positiven Funktionen ausprägen.
„Schwache, nicht funktionale und nur in geringem Maße systemkompatible Unternehmenskulturen hingegen „besitzen" diese Funktionen nicht. Bei ihnen muss vielmehr davon ausgegangen werden, dass die herrschenden unternehmenskulturellen Werte und
Normen dysfunktionale Folgen mit sich bringen können" (Ebd., S. 146).

- Koordinationsfunktion

In Unternehmen entsteht durch Arbeitsteilung und Spezialisierung ein Koordinationsbe-
darf der Aktivitäten der Unternehmensmitglieder. Das liegt daran, dass eine am Unternehmensziel orientierte Zusammenarbeit der Individuen und Gruppen nicht a priori gesichert ist, sondern immer durch partikuläre Ziele und Interessen gefährdet ist. Je mehr

Interdependenzen zwischen einzelnen Organisationseinheiten bestehen, desto größer wird die Notwendigkeit der Koordination, um ein abgestimmtes und zielorientiertes Handeln zu ermöglichen.

Daher werden formale Organisationsstrukturen geschaffen, um die Entscheidungen und Handlungen der Mitglieder in vorhersehbare und zielkompatible Bahnen zu lenken. Diese strukturellen Regelungen müssen jedoch von den Mitgliedern auch verstanden und jeweils situationsspezifisch interpretiert werden. Dies geschieht keineswegs automatisch in gewünschter Form: „Die Gefahr abweichender Interpretationen wird dabei um so größer, je abstrakter und genereller die strukturellen Koordinationsregelungen abgefasst sind. Auch sind die Individuen in ihrer Informationsverarbeitungskapazität durch zu detaillierte Regelungen in vielen Fällen überfordert (...)" (Ebd., S. 148). Zudem können zu detaillierte, ohne Partizipation der Betroffenen entworfene Regelungen zu Motivationsverlusten und Konformitätswiderständen führen. Eine weitere Gefahr besteht darin, dass zu detaillierte Handlungsanweisungen die situative Anpassungsfähigkeit und Flexibilität der Organisation geradezu ersticken. Das bedeutet, Organisationsstrukturen – egal, ob sie nun eher genereller oder sehr spezifischer Natur sind – können zwar einen gewissen Handlungsrahmen abstecken, gewünschte Handlungen jedoch nicht wirklich sicherstellen.

An dieser Stelle zeigt sich das Potential der Unternehmenskultur als nicht-strukturelles Koordinationsinstrument: Eine starke und systemkompatible Unternehmenskultur sichert einen tragfähigen Basiskonsens und ein gemeinsames Grundverständnis über grundlegende organisationale Fragen sowie ein kommunikatives Verständigungspotential, das auch in konfliktären und krisenhaften Situationen eine zielorientierte Zusammenarbeit gewährleistet.[235] Damit können strukturelle Koordinationsmechanismen ergänzt und teilweise sogar ersetzt werden.

- Integrationsfunktion

Systemdifferenzierungen, wie sie auch in Unternehmen etwa in Form von Bereichs- und Abteilungsbildungen notwendig sind, weisen prinzipiell gewisse zentrifugale Tendenzen auf, d. h. die einzelnen Teile oder Subsysteme können sich aufgrund von Egoismus und Konkurrenzdenken auseinander entwickeln, was die Erreichung des Gesamtsystemziels gefährden kann. Derartige Tendenzen werden z. B. noch dadurch bestärkt, dass die Erreichung des Subsystemziels als Kriterium für die Leistungsbeurteilung herangezogen wird, wie dies etwa bei divisionalisierten Profit-Center-Organisationen der Fall ist.

Eine starke, systemkompatible Unternehmenskultur kann derartigen zentrifugalen Tendenzen entgegenwirken, indem sie den Zusammenhalt der Subsysteme und die Ausrichtung auf ein Gesamtziel fördert. „Insbesondere die Entstehung von Subkulturen, die aufgrund der (...) Notwendigkeit zur Systemdifferenzierung kaum verhindert werden kann und wegen der damit verbundenen Kreativitäts- und Wandlungspotentiale auch nicht verhindert werden sollte, kann durch eine dominierende und integrative (Gesamt-)Kultur in erwünschte Bahnen gelenkt werden." (Ebd., S. 154)

---

[235] Der unternehmenskulturelle Basiskonsens entfaltet dabei seine Wirkung in zweifacher Weise: Zum einen bietet er eine *Motivationsgrundlage* für zielkonformes Handeln der Unternehmensmitglieder. Zum anderen bietet er in Entscheidungssituationen einen sicheren *Interpretationsrahmen*, innerhalb dessen die Mitglieder mit größerer Sicherheit adäquate, unternehmenszielkonforme Handlungen auswählen. (Vgl. Dill/Hügler 1997, S. 151).

- Motivationsfunktion

Die motivierende Funktion der Unternehmenskultur wird darauf zurückgeführt, dass die gemeinsamen Werte und Normen dazu beitragen, den Unternehmensmitgliedern den Sinnzusammenhang des unternehmerischen Handelns und auch ihres eigenen Beitrags dazu zu verdeutlichen. Durch die Identifikation mit den Unternehmenszielen wird ein Beitrag zur Bedürfnisbefriedigung der Mitarbeiter geleistet, was eine höhere Arbeitsmotivation erzeugt. Diese hier nur sehr verkürzt wiedergegebene Argumentation wird oftmals gestützt auf motivationstheoretische Arbeiten, etwa die Zwei-Faktoren Theorie Herzbergs (vgl. Herzberg et al. 1959) oder das ERG-Modell Alderfers (vgl. Alderfer 1969).

Die genannten positiven, zum Erfolg beitragenden Funktionen von Kultur können sich jedoch ins Gegenteil verkehren, wenn sich die Umwelt des Unternehmens stark verändert, die Kultur jedoch gleich bleibt. Schein (2006, S. 20) führt in diesem Zusammenhang DEC (Digital Equipment Corporation) an und weist zum Beleg für die Bedeutung der Unternehmenskultur darauf hin, „dass eben die Kultur, die für den bemerkenswerten Aufstieg des Unternehmens in so auffallend kurzer Zeit verantwortlich war, ins Gegenteil umschlug, als sich die Marktbedingungen, die Technologie und die Unternehmensgröße veränderten. Hinter den wirtschaftlichen Problemen, die das Unternehmen völlig umkrempelten und schließlich zu seiner Übernahme durch Compaq führten, stand die Unfähigkeit, die Kultur an die veränderten Umstände anzupassen. Obwohl man sich bei DEC der Kultur durchaus bewusst war, war das Unternehmen nicht in der Lage, sie von innen heraus zu verändern."

Dies zeigt, wie wichtig es ist, als Unternehmensführung eine möglichst klare Vorstellung von der Kultur des Unternehmens zu haben, um ihre Funktionalität für die jeweilige Situation und auch für zukünftige Herausforderungen erkennen und ggf. verändernd eingreifen zu können.

Mit Blick auf die aktuell vorherrschende Kennzeichnung von Unternehmensumwelten, die durch eine große Dynamik v. a. in Folge schnellen technologischen Wandels, zunehmender Globalisierung und verschärften Wettbewerbs gekennzeichnet sind, wird deutlich, dass eine Unternehmenskultur, die ständigen Wandel begünstigt, an Bedeutung gewinnt bzw. längst gewonnen hat. Die ‚lernende Organisation' oder ‚organisationales Lernen'[236] sind nur zwei der gängigen Metaphern, die diesen Anspruch widerspiegeln.

„Diese veränderten Rahmenbedingungen (technischer, organisatorischer, personaler und wettbewerbsbedingter Art) werden dann zum existentiellen Problem einer Organisation, wenn keine systematische, potentialorientierte Förderung der Mitarbeiter betrieben wird, die strategisch ausgerichtet ist: wertvolle Humanressourcen werden vergeudet, suboptimale Produktivität erreicht und entscheidende Wettbewerbsvorteile verspielt. Es ist daher erforderlich, eine neue Qualität von Personalentwicklung bzw. -förderung zu erreichen. Voraussetzung hierfür ist das Vorhandensein einer Lernkultur" (Sonntag 1996, S. 41).

Diesem Begriff der ‚Lernkultur' als Voraussetzung für permanenten Wandel soll im Folgenden nachgegangen werden.

---

[236] Vgl. hierzu etwa Sattelberger: Die lernende Organisation (1991), Argyris/Schön: Organizational Learning (1978). Probst/Büchel: Organisationales Lernen (1998); als vergleichende Analyse der Konstrukte etwa Kluge/Schilling (2000) oder Bigalk (2006, S. 93 ff.).

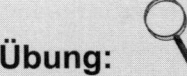

Übung:

3   Bevor Sie weiter lesen: Versuchen Sie anhand dessen, was Sie bereits über Unternehmenskultur wissen, eine Vorstellung von *Lernkultur* zu entwickeln.

Nehmen Sie dabei das Ebenenmodell von Schein zu Hilfe.

5.1.5 Unternehmenskultur als Lernkultur

Um eine Unternehmenskultur als Lernkultur ausweisen zu können, müsste es nach dem Modell der drei Kulturebenen von Schein zunächst einen Bezug der grundlegenden Prämissen zur Förderung von Lernprozessen im Unternehmen geben. Diese Prämissen müssten sich in den propagierten Werten und handlungsleitenden Strategien niederschlagen. Schließlich wären in Übereinstimmung mit diesen Normen und Werten Artefakte in lernförderlicher Weise zu gestalten.

Der folgende Blick auf Versuche der Definition von Lernkultur zeigt die Schwierigkeiten der begrifflichen Fassung dieses Konstrukts, denen oftmals durch die Benennung von vielfältigen Merkmalen begegnet wird. Hasanbegovic u. a. (2007) weisen darauf hin, dass der Begriff 'Lernkultur' nicht auf ein homogenes Begriffsverständnis oder gar eine allgemeingültige Definition zurückgreifen kann, sondern sich in der Literatur „ein Sammelsurium unterschiedlicher Lernkulturdimensionen" (ebd., S. 23) findet. Beispielhaft seien zwei Definitionsversuche vorgestellt:

In einer ersten Definition von Friebe (2005, S. 29, zitiert in Hasanbegovic u. a. 2007, S. 24) werden Aspekte aller drei Ebenen des Kulturmodells von Schein angesprochen:

- „Lernkultur bezeichnet den Stellenwert, den Lernen im Unternehmen besitzt.

- Lernkultur drückt sich in lernbezogenen Werten, Normen, Einstellungen und Erwartungen im Unternehmen und bei den Unternehmensmitgliedern aus.

- Die Gestaltung einer Lernkultur verfolgt mitarbeiter- und unternehmensbezogene Ziele. Dazu zählen die Kompetenzentwicklung, der Wissenserwerb und eine gesteigerte Innovations- und Veränderungsbereitschaft.

- Eine förderliche Lernkultur findet ebenso Ausdruck in neuen Lernformen und zeigt sich in förderlichen und unterstützenden Rahmenbedingungen für Lernen auf individueller, kollektiver und organisationaler Ebene.

- Lernkultur kann über lernförderliche organisationale Bedingungen bzw. Merkmale bestimmt werden."

Mit dem erstgenannten Merkmal, dem Stellenwert des Lernens im Unternehmen, dürfte eine grundlegende Prämisse angesprochen sein. Die beiden darauf folgenden Merkmale sprechen die Ebene der bekundeten Werte, Strategien und Ziele an, die letztgenannten dagegen die Ebene der sichtbaren Artefakte.

Sonntag (1996, S. 41 ff.) führt aus, dass Lernkultur nichts anderes bedeutet „als die Pflege („cultura") des Lernens im Unternehmen." Ob und in welchem Ausmaß diese Pflege des Lernens in einem Unternehmen betrieben wird, lässt sich anhand folgender konstituierender Merkmale einer Lernkultur erkennen:

- Entwicklungs- und lernorientierte Leitbilder

- Lernoberfläche des Unternehmens i. S. der Öffnung für und Gestaltung von lernförderlichen Außenkontakten

- Lernen als integraler Bestandteil der Unternehmensplanung

- Partizipation aller Organisationsmitglieder am Lernprozess

- Lern- und Entwicklungspotentiale in der Arbeit

- Lernen im Unternehmen als Forschungsgegenstand und interdisziplinärer Dialog

Hier wird mit den Leitbildern und dem Lernen als Bestandteil der Unternehmensplanung ebenfalls die Ebene der bekundeten Werte und Strategien angesprochen. Die weiteren Merkmale beziehen sich auf Artefakte. Grundlegende Prämissen werden nicht direkt thematisiert.

Bereits anhand dieser beiden Bestimmungsversuche, was unter Lernkultur zu verstehen ist bzw. worin sie sich äußert, zeigt sich, welch vielfältige Merkmale und Gestaltungselemente eine Lernkultur vor allem auf der Ebene der Artefakte aufweisen kann. Um nicht mit einer bloßen Aufzählung von möglichen Prämissen, propagierten Werten und Artefakten das komplexe Konstrukt der Lernkultur noch verwirrender, aber auch beliebiger darzustellen, wird im Folgenden der Versuch unternommen, anhand einiger Beispiele aufzuzeigen, wie sich eine Lernkultur konsistent auf den drei Ebenen konkretisieren ließe.

5.1.5.1 Grundlegende Prämissen einer Lernkultur

Wenden wir uns zunächst der tiefsten Ebene des Kulturmodells, den grundlegenden, unausgesprochenen Annahmen oder Prämissen, zu. Schein (1995, S. 296 ff.) kennzeichnet gemäß der von ihm eingeführten Kategorien zur Analyse von Unternehmenskulturen[237] bestimmte Ausprägungen dieser Prämissen als Merkmale einer *lernenden Kultur* (vgl. Abb. 5.1-4):

Nach dieser Kennzeichnung grundlegender Prämissen einer Lernkultur erscheint das Unternehmen als eine Organisation, die in einer komplexen Umwelt Gestaltungsspielräume ausnutzt, ihre Problemlösungen strategisch ausrichtet, jedoch in ihrer Umsetzung offen und pragmatisch orientiert vorgeht. Das Lernen der Organisationsmitglieder ist der grundlegende Prozess, um zu angemessenen Problemlösungen gelangen zu können. Um dies zu fördern, wird Vielfalt ermutigt und werden vernetzte Kommunikationsstrukturen geschaffen.

Diese Prämissen wirken auf den ersten Blick recht vage, aber wenn man sich an einigen Beispielen das jeweilige Gegenteil verdeutlicht, zeigt sich, welche Auswirkungen sie auf die Gestaltung des Unternehmens haben können: So wird ein Unternehmen, dass davon ausgeht, dass der Mensch (und demnach die Mitarbeiter) von Natur aus *nicht* gut ist, ein dichtes System von Kontrollen aufbauen, um die drohenden negativen Handlungsmöglichkeiten in Schach zu halten. Geht man ferner davon aus, dass der Mensch *nicht* lernfähig ist – oder nur einzelne, ausgewählte Menschen –, so wird man als Unternehmen nicht in eine dann sinnlos erscheinende Weiterbildung der Mitarbeiter investieren, sondern man wird sich auf die Auswahl der ,richtigen' Mitarbeiter beschränken.

---

[237] Zur allgemeinen Kennzeichnung der grundlegenden Prämissen vgl. Schein (1995, S. 91 ff.).

Kategorie	Ausprägung der grundlegenden Prämisse
Verhältnis zwischen Unternehmen und Umfeld	Das Umfeld des Unternehmens kann bis zu einem bestimmten Grad durch das Unternehmen beherrscht, bzw. zumindest gestaltet und beeinflusst werden.
Das Wesen menschlicher Handlungen	Die angemessene Handlungsweise für Menschen besteht in proaktiven Formen der Problembewältigung und des Lernens.
Das Wesen von Wirklichkeit und Wahrheit	Problemlösungen lassen sich aus einer pragmatischen Suche nach der Wahrheit herleiten und diese Wahrheit kann je nach der Natur des Problems überall zu finden sein.
Das Wesen des Menschen	Der Mensch ist im Grunde gut, und er ist wandelbar (lernfähig).
Das Wesen menschlicher Beziehungen	Je nach Problemstellung sollten individualistische oder gruppenorientierte Verfahren zum Einsatz kommen. Dabei kann situationsspezifisch sowohl eine kollegiale/partizipative, wie auch eine eher autoritäre Führung von Nutzen sein.
Das Wesen der Zeit/Zeiteinheiten	Das Denken sollte strategisch orientiert sein, jedoch die Wirksamkeit der Lösungen in der nahen Zukunft im Auge behalten.
Information und Kommunikation	Kommunikation und Information haben zentrale Bedeutung für das Wohlbefinden des Unternehmens. Daher ist eine umfassende Vernetzung der Mitglieder anzustreben.
Unterschiedlichkeit der Subkulturen	Ermutigung zu Vielfalt schafft Subkulturen, die den Ausgangspunkt für Innovationen bilden. Die Subkulturen müssen jedoch miteinander in wertschätzender Verbindung stehen, und kulturübergreifende verbindende Prämissen müssen Gültigkeit haben.
Aufgaben- vs. Beziehungsorientierung	Die für das Lernen günstigste Orientierung betont sowohl eine Aufgaben- als auch eine Beziehungsorientierung.
Feldlogik ('Art des Denkens')	Die Welt ist von Natur aus komplex, nichtlinear und überdeterminiert. Dem kann man nur mit systemischem, nicht mit linearem Denken begegnen.

Abb. 5.1-4: Merkmale einer lernenden Kultur (vgl. Schein 1995, S. 296 ff.)

Übung:

4   Skizzieren Sie, welche Auswirkungen es jeweils auf ein Unternehmen hätte, wenn die oben genannten Prämissen der *Vielfalt von Subkulturen* und der *Bedeutung von Information und Kommunikation* einmal positiv und einmal negativ ausgeprägt wären.

5.1.5.2 Bekundete Werte einer Lernkultur (Strategien, Ziele, Philosophie)

Die mittlere Ebene des Kulturmodells, die Ebene der bekundeten oder propagierten Werte, lässt sich zum einen daraus erschließen, wie Mitarbeiter begründen, was in ihrem Unternehmen geschieht und weshalb es in genau der vorliegenden Weise geschieht. Offiziellen Niederschlag finden derartige Werte auch in Unternehmensleitlinien und ähnlichen Veröffentlichungen, die die Funktion haben, nach innen, aber auch nach außen, also etwa den Geschäftspartnern und Kunden oder der interessierten Öffentlichkeit deutlich zu machen, welche Werte zählen (oder zumindest offiziell zählen sollen).

Als Beispiel seien hier einige der „Grundsätze zur gesellschaftlichen Verantwortung unseres Unternehmens" von Novartis[238] angeführt. Dabei wurden mit Blick auf das Thema Lernkultur jene Grundsätze herausgegriffen, die einen Bezug zu den Mitarbeitern und zur Förderung von Lernprozessen haben:

Info

Auszug aus den „Grundsätzen zur gesellschaftlichen Verantwortung" von Novartis

„Unsere MitarbeiterInnen tragen entscheidend bei zum Erfolg unseres Unternehmens. Die Personalpolitik orientiert sich an den Grundsätzen von Fairness, Offenheit und gegenseitiger Achtung.

- Wir zahlen wettbewerbsfähige und angemessene Gehälter, die deutlich über dem Minimum zur Deckung der Grundbedürfnisse liegen. Unsere MitarbeiterInnen sollen freie Zeit für Familie, gesellschaftliche Aktivitäten und private Interessen zur Verfügung haben.

- Wir wollen unseren MitarbeiterInnen eine interessante und herausfordernde Arbeitsatmosphäre sowie Möglichkeiten zur persönlichen und beruflichen Weiterentwicklung bieten. Dafür erwarten wir von ihnen hohe Leistungsbereitschaft und persönlichen Einsatz im Interesse von Novartis.

- Wir bejahen die kulturellen Unterschiede innerhalb der weltweiten Märkte. Wir sind bestrebt, diese Vielfalt zu fördern und zu erhalten. Deshalb suchen wir die besten Talente aus allen Kulturen für uns zu gewinnen, sie zu fördern und langfristig an uns zu binden. (...)

- Wir befürworten den konstruktiven Dialog zwischen Arbeitgeber und ArbeitnehmerInnen und das Recht zur Verbandsbildung. (...)

Die Grundsätze unserer gesellschaftlichen Verantwortung sind integraler Teil unserer Geschäftsstrategien.

- Wir sorgen für eine aktive, konsistente und wirksame Umsetzung dieser Grundsätze. Unsere Geschäftsbereiche schaffen dazu die geeigneten Strukturen und stellen hinreichende Mittel zur Verfügung. (...)

- Wir suchen unserer MitarbeiterInnen für diese Grundsätze zu gewinnen. Zu diesem Zweck stellen wir die erforderlichen Informationen zur Verfügung und sorgen für geeignete Weiterbildung.

- Alle MitarbeiterInnen sind aufgerufen, diesen Grundsätzen und den zugehörigen Richtlinien in ihrem Verantwortungsbereich Beachtung zu verschaffen."

Damit diese Grundsätze nicht als ‚Etikettenschwindel' empfunden werden, müssten sie in Übereinstimmung mit den grundlegenden Prämissen des Unternehmens stehen. Nehmen wir an, bei Novartis hätten die im vorangegangenen Kapitel erläuterten grundlegenden Prämissen einer Lernkultur nach Schein Geltung. Dann zeigten sich einige deutliche Übereinstimmungen, beispielsweise in der Förderung kultureller Vielfalt, der

---

[238] Die Grundsätze sind zu finden unter www.novartispharma.de.

Betonung der Lernmöglichkeiten im Unternehmen oder der Offenheit, die auf eine transparente Informations- und Kommunikationspolitik hindeutet.

Die Grundsätze von Novartis gehen allerdings in einigen Aspekten auch über das in den Prämissen von Schein unmittelbar Erkennbare hinaus und präzisieren Aufgaben des Unternehmens, wenn beispielsweise von der Schaffung geeigneter Strukturen, der Bereitstellung hinreichender Mittel oder der Schaffung von Möglichkeiten zur persönlichen und beruflichen Weiterentwicklung die Rede ist. Damit verweisen die Grundsätze bereits auf die dritte Ebene der Kultur, die Artefakte. Die realen Artefakte müssten dann ebenfalls in Übereinstimmung mit den Grundsätzen gestaltet werden, um letztere konkret und glaubwürdig werden zu lassen. Das bedeutet, ‚gelebte' propagierte Werte oder Grundsätze können grundlegende Werte explizit ausformulieren und damit leichter kommunizierbar machen. Sie stellen gleichzeitig einen Interpretationsrahmen für die im Unternehmen vorfindlichen Artefakte dar. Werden die Grundsätze jedoch nicht gelebt, d. h. haben die Mitarbeiter das Gefühl, dass eigentlich etwas ganz anderes wirklich gilt und umgesetzt wird, so tragen sie eher zur Verärgerung bei.

Denkbar wäre auch, dass ein Unternehmen explizit zum Aspekt der *Lernkultur* in seinen Leitlinien Stellung nimmt. Mit Blick auf die im nächsten Kapitel näher betrachteten Artefakte könnten beispielhaft folgende Werte und Strategien ausgewiesen werden:

- Unsere Mitarbeiter sind unsere wichtigste Ressource, um die Innovations- und Wettbewerbsfähigkeit unseres Unternehmens erhalten zu können. Daher sind wir bestrebt, ihre Lern- und Entwicklungsmöglichkeiten zu fördern.

- Dies tun wir, indem wir auf eine möglichst lernförderliche Gestaltung der Arbeitsplätze achten und förderliche Kommunikationsstrukturen schaffen. Zudem bieten wir all unseren Mitarbeitern ein umfangreiches Angebot an Bildungsmaßnahmen, das sowohl den aktuellen und zukünftigen Anforderungen ihres Arbeitsplatzes als auch ihren Entwicklungsinteressen gerecht werden soll.

- Die Führungskräfte stehen als Ansprechpartner in allen Fragen des Lernens und der beruflichen Entwicklung zur Verfügung und werden in ihren Bemühungen von der Personalentwicklung unterstützt.

- Wir pflegen eine offene Kommunikationskultur, in der Fehler keine Tabus, sondern gemeinsame Lerngelegenheiten darstellen. Experimentierfreude wird im Rahmen des Möglichen gefördert.

Im Folgenden wird nach einer Systematisierung eine Reihe von Artefakten dargestellt, die zur Umsetzung und Konkretisierung dieser Leitlinien einer Lernkultur als besonders relevant erscheinen.

5.1.5.3 Artefakte einer Lernkultur

Es ist bereits mehrfach angeklungen, dass unter Artefakten alle sicht-, hör- und fühlbaren Manifestationen der Kultur verstanden werden.

Schein (1995, S. 75) schlägt zur Identifizierung der relevanten Artefakte im Unternehmen die folgende Reihe von Kategorien vor:

- „Kleidungsvorschriften

- Wie formal sind die Autoritätsbeziehungen?

- Arbeitsstunden

- Konferenzen (wie oft, wie geleitet, Timing?)
- Wie werden Entscheidungen getroffen?
- Kommunikation: Wie erfährt man was?
- Gesellschaftliche Ereignisse
- Jargon, Uniformen, Identitätssymbole
- Riten und Rituale
- Meinungsverschiedenheiten und Konflikte: Wie wird damit umgegangen?
- Verhältnis von Arbeit und Familie"

Bei Neuberger/Kompa (1987, S. 57) findet sich eine etwas abstraktere Einteilung in

- sprachliche Äußerungen (Geschichten, Anekdoten, Legenden, Jargons, Slogans, Witze)
- Handlungen (Routineprozeduren, Traditionen, Bräuche, Rituale, „Spiele") und
- Kulturgüter (Gebäude, Statussymbole, Firmenlogos, Ehrennadeln).

Für die hier im Fokus des Interesses stehenden Aspekte einer *Lern*kultur wird als Raster zur Beschreibung relevanter Artefakte eine Einteilung von Hasanbegovic u. a. (2007, S. 25) herangezogen, die aus einem Modell der Autoren zur Analyse von Lernkulturen stammt.[239] In diesem Modell werden fünf Dimensionen einer Lernkultur unterschieden und über Indikatoren präzisiert:

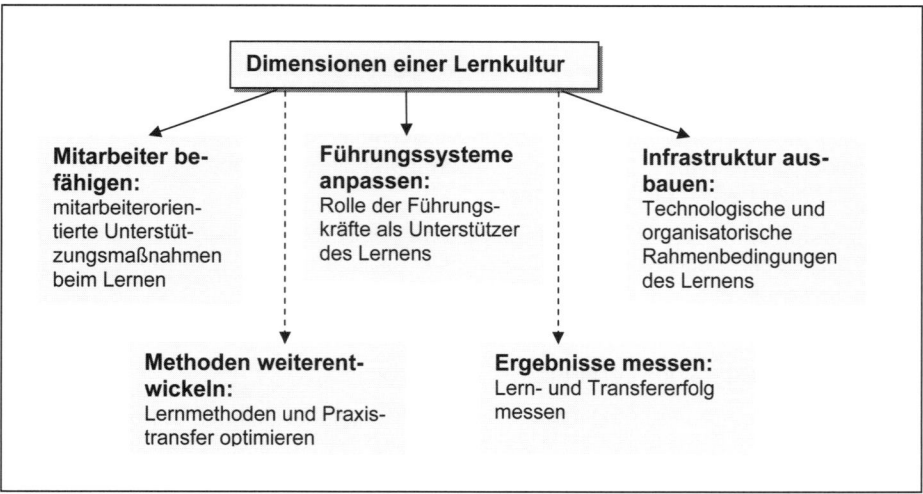

Abb. 5.1-5: Dimensionen einer Lernkultur
(eigene Abbildung nach Hasanbegovic u. a. 2007, S. 25)

---

[239] Die Autoren verdeutlichen anhand einer Fallstudie die Bedeutung der Analyse der bestehenden Lernkultur, um Bildungsinnovationen (hier: eine Lernplattform) einzuführen.

Da die beiden Dimensionen „Methoden weiterentwickeln" und „Ergebnisse messen" als Präzisierungen der Dimension „Mitarbeiter befähigen" gefasst werden können, werden sie hier, abweichend zu Hasanbegovic u. a. (2007) der letztgenannten Dimension zugeordnet. Daher werden im Folgenden als besonders relevant erachtete Artefakte zu den drei Dimensionen Mitarbeiterbefähigung, Führungssysteme und Infrastruktur vorgestellt. Damit wird keine umfassende Darstellung der für die Interpretation einer Lernkultur relevanten Artefakte angestrebt, sondern es soll anhand von Beispielen verdeutlicht werden, wie die o. g. zentralen Dimensionen einer Lernkultur auf der Ebene der Artefakte analysiert, aber auch förderlich gestaltet werden können.

Mitarbeiter befähigen

Bezüglich der mitarbeiterbezogenen Unterstützungsmaßnahmen werden im Folgenden zunächst die Potentiale für das Lernen am Arbeitsplatz in den Blick genommen. Die Gestaltung der Arbeitsplätze stellt im Unternehmen in gewisser Weise den ‚heimlichen Lehrplan' dar, insofern als über den jeweiligen Arbeitsplatz bestimmt wird, was ein Mitarbeiter in seinen täglichen Arbeitsvollzügen lernen kann – oder eben genau nicht. Überschneidungen zur später behandelten Dimension der Infrastruktur sind dabei nicht zu vermeiden.

Die Diskussion um arbeitsplatznahes Lernen oder lernförderliche Arbeitsgestaltung kann hier nicht im Einzelnen nachgezeichnet werden. Einige Aspekte wurden bereits im Kapitel „Durchführung der Weiterbildung" zum informellen Lernen angesprochen. Für eine detailliertere Beschäftigung sei auf die weiterführende Literatur verwiesen.[240] An dieser Stelle wird auf eine Übersicht Severings zurückgegriffen, die einen Überblick über förderliche und hinderliche Faktoren des Lernens am Arbeitsplatz gibt (vgl. Abb. 5.1-4).

Weitet man den Blick über die rein arbeitsplatzbezogenen Fördermöglichkeiten des Lernens auf weitere Lernorte und -arrangements aus, so werden all die in diesem Lehrbuch thematisierten Schwerpunkte des Zyklus' eines systematischen Weiterbildungsmanagements als „mitarbeiterorientierte Unterstützungsmaßnahmen" relevant.

Dies beginnt bei einer Bildungsbedarfsanalyse, die die Strategie des Unternehmens, aber auch die Potentiale und Entwicklungsinteressen der Mitarbeiter einbezieht (vgl. Kap. 4.1). Es setzt sich fort in einer lernziel- und zielgruppenorientierten Planung und Durchführung von Weiterbildung, die die Besonderheiten der jeweiligen Zielgruppe systematisch berücksichtigt und sinnvolle methodische Arrangements zur jeweiligen Lernunterstützung bietet (vgl. Kap. 4.4 und 4.5). Ein Konzept zur Transferförderung, das bereits vor der Bildungsmaßnahme ansetzt und gezielt Vorgesetzte sowie die Gestaltung der Arbeitssituation einbezieht, erscheint als zentrales Instrument, um den Mitarbeitern die Anwendung des Gelernten zu ermöglichen (vgl. Kap. 4.2). Eine systematische Transferförderung integriert dabei auch gezielt Aspekte der Teilnahme-, Durchhalte- und Transfermotivation der Mitarbeiter und sucht nach Wegen, diese im gesamten Lern- und Transferprozess zu unterstützen (vgl. Kap. 4.2.5, 4.4.3 und 4.5.7). Eine Evaluation der Bildungsmaßnahmen sorgt schließlich für die notwendigen Rückmeldungen, um den Lern- und Anwendungserfolg sicherstellen sowie Rückschlüsse für folgende Maßnahmen ziehen zu können (vgl. Kap. 4.7). Insofern sei bezüglich der systematischen Un-

---

[240] Die theoretischen Grundlagen sowie die Entwicklung eines Lernförderlichkeitsindexes werden beschrieben in Frieling u. a. (2006); eine vergleichende Analyse von Unternehmen mit hoch und gering lernförderlichen Arbeitsplätzen findet sich in Bigalk (2006).

terstützung von Lernprozessen der Mitarbeiter im Rahmen der betrieblichen Weiterbildung auf die entsprechenden Kapitel dieses Buches verwiesen.

Führungssysteme anpassen

In der Literatur zu Unternehmenskultur, aber auch in zahlreichen Schriften zur Frage der Lernförderung in Unternehmen (unabhängig davon, ob dies nun als Lernkultur oder etwa als lernende Organisation bezeichnet wird), wird die Rolle der Führungskräfte als Promotoren und Unterstützer des Lernens hervorgehoben.

Lernbedingungen am Arbeitsplatz		
Für Lernen am Arbeitsplatz gilt	*… als förderlich*	*… als hinderlich*
1. Anforderungen:		
1.1 Motorische Anforderungen	Komplexe, sich ändernde Bewegungsanforderungen, bewusst kontrolliert	Repetitive, einfache Tätigkeiten, schematisch ablaufend
1.2 Kognitive Anforderungen	Hohe kognitive Ansprüche; Handlungsplanungen und Koordination von Teilzielen notwendig	Einfache Tätigkeiten, ohne kognitive Teilnahme und tieferes Verständnis zu bearbeiten
2. Tätigkeitsstruktur, Umfeldbedingungen:		
2.1 Handlungsspielraum	Varianten der Arbeitserledigung freigestellt; selbstständige Definition von Zielen, Aufgaben und Abläufen; funktionale Positionsbestimmungen	Exakt einzuhaltende Arbeitsaufträge, von außen detailliert in Ablauf und Ergebnis festgelegt; hierarchische Positionsbestimmungen
2.2 Zeitabhängigkeit	Freie Zeiteinteilung; keine engen Zeitvorgaben; Werkbank- oder Werkstattfertigung	Vorgegebene Zeiteinteilung; enge Zeitvorgaben; kurze Arbeitstakte; Fließfertigung
2.3 Funktionsvielfalt	Vielfältige, wechselnde Funktionen am Arbeitsplatz; Einheit von Planungs-, Ausführungs- und Kontrollaufgaben	Eindimensionale Funktionen in stark zergliederter Arbeitsteilung
2.4 Interaktionsfelder	Kooperative Arbeit; kundennahe Arbeitsaufgaben; Kommunikationsmittel vorhanden	Partialisierte Arbeit; kundenferne Aufgaben; isolierte Arbeitsplätze
2.5 Anforderungsstruktur	Sequentielle Aufgabenerledigung	Unstrukturierte Anforderungen, oft zu unterbrechende Arbeitserledigung
2.6 Physische Arbeitsumgebung	Ruhige, belastungsfreie Arbeitsplätze mit Rückzugsmöglichkeiten	Belastende Arbeitsplätze, Lärm u. a. Beeinträchtigungen, keine Rückzugsmöglichkeiten
3. Lernausstattung		
3.1 Didaktische Potentiale des Arbeitsplatzes	Arbeitsprozess nachvollziehbar und anschaulich, Rückmeldungen der Ergebnisse	Arbeitsprozess in Vollzug nicht transparent, verborgen ablaufend
3.2 Lernmittel	Lern- und Informationsmittel (Bücher, Arbeitshinweise, CBT etc.) am Arbeitsplatz verfügbar	Lern- und Informationsmittel am Arbeitsplatz nicht verfügbar
3.3 Lehrpersonal	Trainer, Instruktoren, pädagogisch inspirierte Führungskräfte ansprechbar	Lehrpersonal vom Arbeitsplatz aus nicht verfügbar
3.4 Lernortkombination	Neben dem Arbeitsplatz sind andere, kooperierende Lernangebote (Seminar, Übungswerkstatt etc.) verfügbar	Der Arbeitsplatz ist der einzige verfügbare Lernort; oder: andere Lernangebote ohne Bezug zum Arbeitsplatz

Abb. 5.1-6: Lernbedingungen am Arbeitsplatz (Severing 1994, S. 184 f.)

Schein (1985, S. 308 ff.) erläutert die Rolle der Führung in den verschiedenen Phasen der Unternehmensgeschichte: Für die Phase der Schaffung von Kultur, also der Gründungs- und Wachstumsphase des Unternehmens, bestehen zentrale Aufgaben in der Verankerung der Kultur in der Mission, den Zielen, Strukturen und Prozessen des Unternehmens. Aber von Anfang an muss eine lernende Führungskraft nicht nur über die Fähigkeit zur Verankerung der Kultur, sondern über die Kompetenz zur dauernden Analyse und zur Überprüfung der Funktionalität der Kultur mit Blick auf die Unternehmensziele verfügen. In Zeiten von Krisen und des Wandels hebt Schein die Aufgabe hervor, die mit unvorhergesehenen Entwicklungen einhergehenden Ängste zu absorbieren, damit ein Mindestmaß an Stabilität und emotionaler Sicherheit zu gewähren, um eine Lösungssuche weiterhin zu ermöglichen. Mit zunehmender Größe des Unternehmens richtet sich die Aufmerksamkeit auf das Management von Vielfalt und die Integration von Subkulturen. „Führungspersönlichkeiten müssen (…) über ausgezeichnete diagnostische Fähigkeiten verfügen, um die Auswirkungen der Kultur und insbesondere ihren Einfluss auf die Lernbereitschaft und Wandlungsfähigkeit des Unternehmens zu ergründen." Dies erfordert die Fähigkeit, handlungsleitende Prämissen zu (er)kennen und mit Blick auf eine sich wandelnde Umwelt und die damit einhergehenden Herausforderungen zu hinterfragen, um „strategische Kurzsichtigkeit" aufgrund eines durch die Unternehmenskultur eingeengten Denk- und Wahrnehmungshorizonts zu vermeiden. Voraussetzung hierfür ist eine gut entwickelte Fähigkeit zur Selbsteinschätzung und eine emotionale Stärke, um sich auch von eigenen, nicht mehr angemessenen Prämissen lösen zu können.

Die strategischen Führungsaufgaben im Zusammenhang mit der Erhaltung der Lernfähigkeit des gesamten Unternehmens benennt Schein (ebd., S. 317 f.) daher folgendermaßen:

„1. genaue und erschöpfende Beobachtung der Ereignisse im Umfeld;

2. Vermittlung beunruhigender Informationen in einem Ausmaß, das das Unternehmen zu Veränderungen motiviert, ohne zu viel Ängste zu wecken;

3. Gewährleistung psychologischer Sicherheit entweder durch eine visionäre Vorgabe der neuen Orientierung oder durch die Schaffung eines Erkenntnisprozesses, mit dessen Hilfe das Unternehmen selbst den richtigen Weg findet;

4. Anerkennung der Unsicherheit;

5. Akzeptieren von Irrtümern während des Lernprozesses als unvermeidlich und sogar wünschenswert, und

6. Management aller Phasen des Veränderungsprozesses und Bewältigung vor allem der Ängste, die durch die Aufgabe einiger kultureller Prämissen und die neuen Lernerfahrungen ausgelöst werden."

Auch wenn sich diese Aufgaben mit strategischem Schwerpunkt für das Gesamtunternehmen tendenziell eher den obersten Führungskräften zuordnen lassen, so stellen sie sich (abgesehen vielleicht von Punkt 1) auch den Führungskräften auf der mittleren und unteren Ebenen, jeweils mit Bezug zu den Mitarbeitern ihres Verantwortungsbereichs, für die sie die Fähigkeit des Lernens fördern sollen. Mit den abschließenden Worten zum Kapitel „Lernende Kultur und lernende Führung" hebt Schein (ebd., S. 326) einige grundlegende Aspekte der Lernförderung durch Führungskräfte hervor. „Lernen und Wandel kann man den Menschen nicht einfach aufzwingen. Ihr Engagement und ihre Beteiligung sind Voraussetzung für eine Diagnose der Situation, für die Entwicklung von

Lösungsvorschlägen und die tatsächliche Umsetzung. Je stürmischer, ambivalenter und unkontrollierter die Welt wird, desto mehr wird der Lernprozeß von allen Angehörigen der betroffenen sozialen Gemeinschaft getragen werden müssen. Wenn heutige Führungspersönlichkeiten Unternehmenskulturen mit größerer Lernbereitschaft schaffen wollen, dann müssen sie mit gutem Beispiel vorangehen. Sie müssen selbst zu Lernenden werden und andere am Lernprozeß beteiligen."

Die Bedeutung der Einbindung der Führungskräfte im Kontext der Kulturgestaltung wurde auch in der Trendstudie 2008 des swiss centre for innovations in learning (scil) in Zusammenarbeit mit der Learntec bestätigt. In einer Befragung von 90 Bildungsverantwortlichen aus 84 meist international tätigen Unternehmen (aus der Schweiz und Deutschland) wird das Themengebiet der Kultur als das bedeutsamste herausgestellt.[241] Innerhalb des Themengebiets wird v. a. die Bedeutung der Führungskräfte und deren Einbindung in den gesamten Bildungsprozess hervorgehoben. „Führungskräfte werden immer stärker in die Pflicht genommen. Sie müssen das Lernen ihrer Mitarbeitenden vermehrt fördern. (…) Daneben sind sie die wichtigsten Multiplikatoren lernbezogener Werte, Erwartungen und Einstellungen im Unternehmen" (Diesner u. a. 2008, S. 2)[242].

Unter Einbeziehung der genannten Aspekte sowie der im Modell von Hasanbegovic u. a. hervorgehobenen Indikatoren werden folgende Anforderungen an Führungskräfte im Kontext der Schaffung einer Lernkultur ausgewiesen und näher betrachtet:

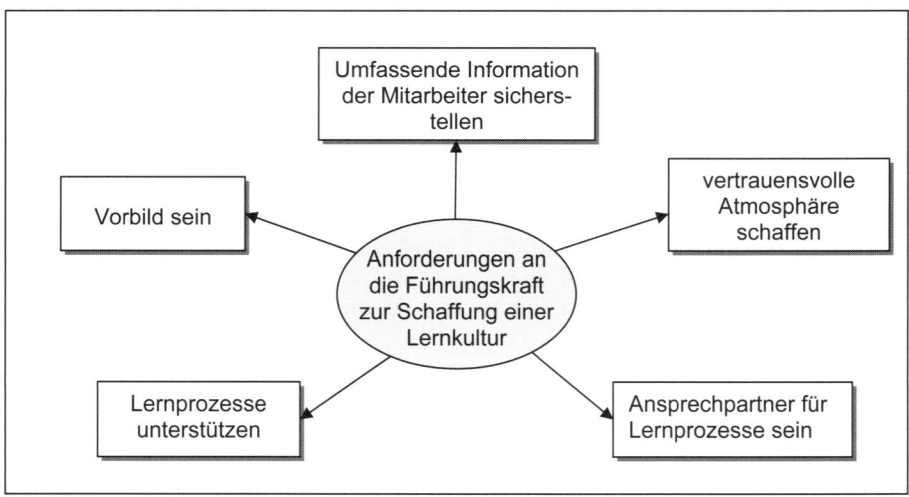

Abb. 5.1-7: Anforderungen an Führungskräfte

Umfassende Information der Mitarbeiter sicherstellen:

Zu einer umfassenden Information der Mitarbeiter zählen Erläuterungen bezüglich der Unternehmensziele, der aktuellen Strategie und auch wirtschaftlicher Daten, die diese Strategie begründen. Diese Informationen müssen von der Führungskraft nicht nur wei-

---

241   Zum methodischen Vorgehen und zur näheren Kennzeichnung der Stichprobe vgl. Diesner u. a. (2008, S. 8 ff.).

242   In der Studie finden sich auch zwei Fallbeispiele (aus den Unternehmen IBM und SICK), die Strategien zur gezielten Einbindung der Führungskräfte in die Lernförderung der Mitarbeiter verdeutlichen. Vgl. Diesner u. a. (2008, S. 73 ff.).

tergegeben, sondern mit Blick auf die Arbeit in der eigenen Abteilung oder Gruppe ‚herunter gebrochen' und gemeinsam diskutiert werden, damit ihre Handlungsrelevanz für die einzelnen Mitarbeiter deutlich wird. Dies dient der Reduzierung von Unsicherheit sowie (bei akzeptablen Zielen und Erwartungen) der Stärkung der Motivation, da die Mitarbeiter erkennen können, weshalb bestimmte Anstrengungen und ggf. auch neue Verhaltensweisen von ihnen gefordert werden, und sie umgekehrt ebenfalls sehen können, inwiefern sie einen Beitrag zur Umsetzung der Strategie leisten können.[243]

Negativbeispiele von Unternehmen in Krisensituationen zeigen, dass mangelnde Information zu Misstrauen, Gerüchten und Unsicherheiten führen, aber auch im positiven Sinne gibt es empirische Belege für den erfolgreichen Einsatz zeitnaher und umfassender Informationen, die zu besseren Leistungen, geringerer Stresswahrnehmung, höherer Arbeitszufriedenheit und einer stärkeren Identifikation mit dem Unternehmen führten (vgl. beispielsweise Schweiger/de Nisi 1991, S. 110 ff.).[244]

Vertrauensvolle Atmosphäre schaffen

Eine vertrauensvolle Atmosphäre erscheint notwendig, um möglichst angstfrei neue Handlungsalternativen diskutieren und auch ausprobieren zu können. Sie ist ebenso Voraussetzung, um ein für Lernprozesse unentbehrliches ehrliches, auch kritisches Feedback zu ermöglichen. Hier spielt die Führungskraft eine wichtige Rolle, da die Art, wie sie Feedback einfordert und entgegen nimmt, entscheidend die Atmosphäre prägt. Hier ergibt sich eine Überschneidung mit der Vorbildfunktion der Führungskraft.

In diesem Sinne nennt Whipple (2007, S. 88 f.) als Maßnahmen zur Vertrauensförderung in Organisationen

- die gemeinsame Bestimmung von Werten, klarer Vision, Strategie und Verhaltenserwartungen (was sich teilweise mit der bereits erwähnten Informationsfunktion deckt),

- die Ermunterung zu Feedback (gerade bei inkonsistentem Verhalten der Führungskraft wichtig),

- die angemessene Reaktion auf Feedback (entweder durch Korrektur unangemessenen Verhaltens oder einer besseren Erklärung des Verhaltens)[245],

- die Ermutigung zum Thematisieren von Fehlern und das Eingestehen von Fehlern auf Seiten der Führungskraft.

Der letztgenannte Aspekt des Umgangs mit Fehlern ist ebenfalls kaum zu unterschätzen, da die Analyse von Fehlern eine wichtige Quelle für Lernprozesse darstellt, die jedoch häufig nicht genutzt wird, da statt des Lernpotentials von Fehlern die Suche nach Schuldigen und die ‚Bestrafung' im Vordergrund stehen. Ein solch negativer Umgang mit Fehlern führt dazu, dass Mitarbeiter versuchen, möglichst keine Fehler zu machen, was die Innovationsbereitschaft stark einschränkt. Beim Vorliegen von Fehlern werden diese in einer nicht vertrauensvollen Atmosphäre möglichst ‚unter den Tisch gekehrt', was verhindert, dass sie zum Gegenstand gemeinsamer Lernprozesse werden können.

---

[243] Vgl. bspw. Köhler (2006, S. 20).

[244] Im Zusammenhang mit umfassender Information spielen auch strukturelle Fragen eine Rolle. So ist mit flachen Hierarchien und nicht all zu breiten Führungsspannen eine entsprechende Informationspolitik leichter durchzusetzen. Vgl. Bigalk (2006, S. 105 f.).

[245] Zur Gestaltung und zum Einsatz von Feedbackinstrumenten im Unternehmen vgl. bspw. Jöns/Bungard (2005).

Ansprechpartner für Lernprozesse sein

Mit diesem Aspekt wird die Bedeutung der Führungskraft als Berater für die Lernprozesse der Mitarbeiter hervorgehoben. In diesem Zusammenhang spielen Mitarbeitergespräche als Entwicklungs- und Zielvereinbarungsgespräche eine wichtige Rolle, um dem Mitarbeiter Entwicklungsmöglichkeiten aufzuzeigen sowie die dazu notwendigen Schritte und Lernprozesse zu ermitteln (vgl. hierzu das Kapitel zu Transferförderung in diesem Lehrbuch). Aber auch jenseits dieser institutionalisierten Gespräche ist die Führungskraft ein wichtiger Gesprächspartner, um Lernbedarfe und Möglichkeiten ihrer Deckung zu diskutieren. In diesem Sinne ist die Führungskraft entscheidend an der Aufgabe der Bedarfsermittlung und ggf. auch der Auswahl geeigneter Bildungsmaßnahmen beteiligt. Dies wird aktuell unter dem Stichwort „Führungskräfte als PEler vor Ort" diskutiert.

Lernprozesse unterstützen

Zielt der letztgenannte Aspekt „Ansprechpartner für Lernprozesse sein" eher auf die Beratung hinsichtlich bestimmter, auch längerfristig angelegter Entwicklungsmöglichkeiten, so ist hier eine konkretere Form der Lernunterstützung angesprochen, die sich z. B. in der Festlegung konkreter Lernziele für selbst gesteuertes Lernen am Arbeitsplatz niederschlagen kann oder in der Unterstützung des Lernprozesses selbst, etwa in Form einer Unterweisung am Arbeitsplatz oder eines Coachings durch die Führungskraft. Wie bereits im Kapitel zu Transferförderung ausführlich beschrieben wurde, spielt die Führungskraft ebenfalls eine wichtige Rolle im Transferprozess, der bereits mit der gemeinsamen Festlegung von Lern- und Transferzielen vor der Bildungsmaßnahme beginnt und mit der Schaffung geeigneter Bedingungen nach der Bildungsmaßnahme sowie der Betreuung des Transfers und seiner Erfolgsbeurteilung endet.[246]

Die Rolle als Unterstützer von Lernprozessen gewinnt besonders an Bedeutung, wenn Mitarbeiter über einen langen Zeitraum mit restriktiven, wenig herausfordernden Tätigkeiten betraut waren und nun mit einer Erweiterung des Handlungsspielraums und der Vielfalt von Aufgaben konfrontiert werden, was zu großer Verunsicherung und Widerständen führen kann (vgl. Bigalk 2006, S. 201).

Auch in Phasen der Umstrukturierung, die ebenfalls mit großer Unsicherheit einhergehen, ist die Führungskraft als Lernunterstützer, aber auch als ‚Angstreduzierer' gefragt. Über Informationen, was zukünftig von den Mitarbeitern erwartet wird, d. h. was von welchem Mitarbeiter gelernt werden soll und auf welche Weise dies geschehen kann, vermittelt die Führungskraft ein Mindestmaß an Sicherheit. Dies überschneidet sich wiederum mit der Funktion des Ansprechpartners für Lernprozesse.

Vorbild sein

Die Vorbildfunktion von Führungskräften ist im positiven wie im negativen unbestritten. „Durch sein Verhalten setzt das Management Kultursignale, was unabhängig von der konkreten Absicht zwangsläufig und meist unbewusst geschieht. Aspekte, die vom Management beachtet, gemessen, oder kontrolliert werden, Reaktionen des Managements auf kritische Ereignisse oder Verhaltensweisen – all dies sind wesentliche Einflussfaktoren, an denen sich Mitarbeiter orientieren." (Hungenberg/Wulf 2004, S. 98)

---

[246] In seiner Beschreibung der „Teaching Organization" als Voraussetzung einer lernenden Organisation bei Mc Cormick&Company stellt Frattali (2007, S. 38 f.) ebenfalls die Bedeutung der „Leader-teachers" für die Entwicklung seiner Mitarbeiter und den Transfererfolg heraus.

Auch bezüglich der Lernbereitschaft und der Gestaltung von Lernprozessen ist diese Vorbildfunktion nicht zu unterschätzen. Fordert eine Führungskraft beispielsweise eine ständige Lernbereitschaft ihrer Mitarbeiter, reagiert aber selbst auf neue Anforderungen abwehrend, so kann sich leicht eine Einstellung breit machen i. S. v.: „Wenn die das schon nicht macht, warum sollen wir dann...?"

Auch bezüglich der Gestaltung der Phasen von Lernprozessen wirkt eine Führungskraft als Vorbild, von der Bestimmung angemessener Lernziele, über die Auswahl sinnvoller Lernmethoden bis hin zur Kontrolle des Lernerfolgs. Für die Gestaltung einer vertrauensvollen Atmosphäre ist das Verhalten der Führungskraft als Vorbild ebenfalls sehr prägend, indem sie ihren Mitarbeitern einen Vertrauensvorschuss gewährt.

Übung:

5   Wenn Sie sich die hier erläuterten Anforderungen an Führungskräfte im Hinblick auf die Schaffung einer Lernkultur anschauen: Wie könnte das betriebliche Weiterbildungsmanagement dazu beitragen, dass die Führungskräfte diesen Anforderungen gerecht werden können?

Formulieren Sie die notwendigen Kompetenzen von Führungskräften als Lernziele und skizzieren Sie jeweils Möglichkeiten zu ihrer Förderung.

Infrastruktur ausbauen

Als Aspekte der Infrastruktur werden von Hasanbegovic u. a. (2007, S. 25) z. B. die Entwicklung von Anreizen für das Lernen, die Information über Lernangebote sowie die Lernortgestaltung genannt.

Der Frage, wie der Arbeitsplatz als Lernort förderlich gestaltet werden kann, wurde bereits unter der Dimension „Mitarbeiter befähigen" nachgegangen und dabei bestimmte Tätigkeitsstrukturen, Umgebungsbedingungen und die Lernausstattung des Arbeitsplatzes ausdifferenziert. Häufig findet sich in derartigen Betrachtungen zur Lernförderlichkeit ein enger Bezug zu gewerblichen Arbeitsplätzen in der Fertigung. Auf die Bedeutung der Bürogestaltung in kaufmännisch-verwaltenden Berufen weist in diesem Zusammenhang eine Studie des Fraunhofer Instituts für Arbeitsgestaltung (IAO) hin, in der sogar von Produktivitätssteigerungen durch entsprechende Gestaltungsmaßnahmen von bis zu 30 % die Rede ist (zitiert in Gillies 2007, S. 34). Besonders hervorgehoben wird dabei die Bedeutung einer Gestaltung, die der jeweiligen Tätigkeit entspricht, also etwa bei Bedarf ungestörtes Arbeiten ermöglicht. Um prinzipiell Kommunikation und damit auch Lernmöglichkeiten zu fördern, erscheinen Büros mit Besprechungsmöglichkeiten, kurzen Wegen und einer „Begegnungsqualität" (ebd., S. 35) am besten geeignet. Sie sollten jedoch durch bei Bedarf nutzbare Rückzugsmöglichkeiten ergänzt werden.[247]

Weitere infrastrukturelle Aspekte sind z. B. das Angebot an innerbetrieblichen Bildungsmaßnahmen, die Vielfalt von Lernorten, die nicht unmittelbar an den Arbeitsplatz gekoppelt sind, deren Gestaltung sowie die mediale und personelle ‚Ausstattung'. Eng an das Bildungsangebot gekoppelt ist die Frage, wie ‚gut' i. S. von ansprechend, informativ und zielgruppenübergreifend es im Unternehmen kommuniziert wird. Hierbei spie-

---

[247]   Als weitere die Performance steigernde „Design-Faktoren" werden in der Studie u. a. die ergonomische Qualität der Möblierung, die Qualität der klimatischen Bedingungen, die Attraktivität des Büroambientes insgesamt sowie die Qualität der Lichtverhältnisse genannt. All diese Faktoren erscheinen auch mit Blick auf Aufmerksamkeits- und Lernprozesse von Bedeutung.

len die Führungskräfte, wie bereits erwähnt, eine wichtige Rolle als Berater ihrer Mitarbeiter.

Der Aspekt der *Anreize* für das Lernen wurde schon in dem Kapitel zur Teilnahmemotivation behandelt, indem der Frage nachgegangen wurde, was Mitarbeiter prinzipiell dazu bewegen kann, an Weiterbildungsmaßnahmen teilzunehmen. Es wurde dort herausgestellt, dass der erwartete Nutzen einer Bildungsmaßnahme im beruflichen Kontext eine zentrale Rolle spielt.

Dieser erwartete Nutzen stellt auch eine Beziehung zur Infrastrukturmaßnahme der Anreizgestaltung des Unternehmens mit Blick auf erwünschte Lernprozesse her.

Anreizsysteme müssen sorgfältig unter Beachtung der unternehmensspezifischen Rahmenbedingungen entworfen werden. Festlegungen sind u. a. hinsichtlich folgender Teilfragen notwendig (vgl. Hungenberg/Wulf 2004, S. 278):

- Welche Anreize sollen überhaupt in das System aufgenommen werden?

  Es sind hier eine ganze Reihe verschiedener materieller und immaterieller Anreize denkbar, die das gewünschte Verhalten der Mitarbeiter positiv beeinflussen sollen.

  So könnte etwa mit der herausfordernden Gestaltung von Arbeitsaufgaben ein Anreiz geschaffen werden, der einen Bezug zum Leistungs- und Kompetenzmotiv herstellt.

  Über die Entlohnung können recht unterschiedliche Motive, wie etwa das Sicherheits- oder das Prestigemotiv angesprochen werden, und sie kann damit einen Anreiz für Arbeitsleistungen, aber auch für Lernprozesse darstellen.[248]

- Welche Bemessungsgrundlagen sollen der Anreizvergabe zugrunde gelegt werden?

  Mit Bemessungsgrundlagen sind diejenigen Größen gemeint, anhand derer über die Vergabe von Anreizen entschieden wird. Häufig sind dies Umsatz- oder Gewinngrößen, aber auch eher qualitative Aspekte, wie etwa die erfolgreiche Umorganisation eines Bereiches, können hier Geltung erlangen. Die erworbenen Qualifikationen oder Kompetenzen der Mitarbeiter können ebenso zur Bemessungsgrundlage für die Anreizgewährung (häufig der Entgeltdifferenzierung) werden.

  Derartige Systeme der qualifikationsabhängigen Entgeltdifferenzierung wurden in Deutschland erstmals Mitte der 80er Jahre bei der Volkswagen AG und der Vögele AG (einem mittelständischen Maschinenbauunternehmen) eingeführt. Gründe für ein solches Entgeltsystem liegen zum einen in der durch technologische Neuerungen bedingten Zunahme der Bedeutung von Mehrfachqualifikationen in der Fertigung sowie in einer schnelleren Anpassungsfähigkeit und Flexibilität durch mehrfach qualifizierte Mitarbeiter, die schneller auf Veränderungen reagieren können, da sie benötigte Qualifikationen bereits ‚vorhalten'. Das Spektrum der jeweils bemessungsrelevanten Qualifikationen ist je nach aktuellem und zukünftigem Bedarf des jeweiligen Arbeitsplatzes bzw. möglichen Aufgabengebietes abzugrenzen. Dass also ein Mitarbeiter beispielsweise fließend Spanisch spricht, wird erst dann zu einer entgeltrelevanten Qualifikation, wenn er diese für seine aktuellen oder möglichen zukünftigen Aufgaben nutzen kann.

---

[248] Zur Beziehung zwischen Motiven, Motivation und der Gestaltung von Anreizsystemen vgl. die durch ein durchgängiges Fallbeispiel veranschaulichten Ausführungen in Hungenberg/Wulf (2004, S. 245 ff).

Der Vorteil dieser qualifikationsabhängigen Entlohnung als Ausprägung eines Anreizsystems wird in der anregenden Wirkung für permanente Weiterbildung gesehen, was mit Blick auf das Thema „Lernkultur" von besonderer Relevanz ist. Schwierigkeiten werden bezüglich der Auswahl und Abstufung der relevanten Qualifikationen und in möglichen Motivationsproblemen gesehen, die dann auftreten, wenn bei gleicher Leistung ein unterschiedliches Entgelt aufgrund abweichender Qualifikationen resultiert (vgl. Holtbrügge 2005, S. 157 f.).

5.1.5.4   Realisierung einer Lernkultur

Auch wenn die vorliegenden Ausführungen zu einer Unternehmenskultur als Lernkultur das Thema keineswegs umfassend behandeln konnten, so zeigen sie doch bereits, dass sich ein strategisches Handlungsfeld auftut, das nicht mit einzelnen Ad-hoc-Aktionen umzusetzen ist. Auch die bloße Forderung einer Lernkultur oder die Veröffentlichung von Hochglanzbroschüren mit Unternehmensgrundsätzen kann nicht zielführend sein. Betrachtet man alleine die angesprochenen Anforderungen an Führungskräfte im Kontext einer Lernkultur, so wird deutlich, dass sie diesen nicht ‚einfach so' gerecht werden können. Zum einen bedarf es einer Reihe von *Kompetenzen*, v. a. sozialkommunikativer und didaktischer Natur, die nicht jede Führungskraft, deren Karrieren oft sehr fachorientiert ablaufen, einfach mitbringt. Das bedeutet, Führungskräfte müssen auf diese Anforderungen vorbereitet und entsprechend qualifiziert werden. Dies wiederum stellt eine Aufgabe der Personalentwicklung dar, die einen entsprechenden Fokus auf die Führungskräfteentwicklung und -förderung richten müsste. Eine ‚gute' Führungskräfteentwicklung gilt jedoch unter Personalentwicklern ohnehin als schwierige Aufgabe, ohne dass man dabei noch ergänzende Aufgabengebiete wie die genannte Lernunterstützung hinzunehmen müsste.

Zudem benötigen die Führungskräfte *Zeit*, um den beratenden und lernprozessfördernden Aufgaben nachkommen zu können. Das wiederum bedeutet, diese Aufgaben müssen gleichberechtigt neben fachlichen und Managementaufgaben in ihrer Stellenbeschreibung oder zumindest in Zielvereinbarungen zum Tragen kommen, damit sie das verbriefte Recht haben, sich ihnen widmen zu können. Dies weicht vielfach vom aktuellen Rollen- und Aufgabenverständnis von Führungskräften ab.

Auch die Anforderungen zur Schaffung einer vertrauensvollen Atmosphäre sind durchaus begründet und nachvollziehbar. Ihre Umsetzung in Form von Fehlertoleranz und konstruktivem Feedback in alle Richtungen rührt jedoch an grundlegende Einstellungen und Persönlichkeitsmerkmale, die nicht schnell in der gewünschten Richtung veränderbar sind.

Es zeigt sich daher bei genauerem Hinsehen, dass man es alleine auf der Ebene der Artefakte mit teilweise sehr komplexen, nicht einfach zu steuernden Phänomenen zu tun hat. Dass sich diese Problematik auf der Ebene der grundlegenden Prämissen noch verschärft, braucht nicht eigens betont zu werden. Daher sei abschließend mit Schein vor der Neigung von zu grober Vereinfachung kultureller Phänomene gewarnt, die eine ‚Machbarkeit' und einfache Steuerbarkeit suggeriert:

„In den nun über vierzig Jahren meiner Tätigkeit auf diesem Gebiet habe ich immer wieder festgestellt, wie stark der Wunsch nach Vereinfachung ist. Wenn jemand eine leichtere Methode zur Erhebung und Steuerung der Kultur anpreist, greifen wir sofort zu, nur um später festzustellen, dass wir uns mit Oberflächenphänomenen beschäftigt haben, die mit echten Kulturfragen nichts zu tun haben. Kultur ist tief, breit und stabil. Man kann sie nicht leicht nehmen" (Schein 2006, S. 173).

5.2 Der gesellschaftlich-rechtliche Rahmen der beruflichen Weiterbildung

Lernziele

- Steuerungsmerkmale in den verschiedenen Segmenten beruflicher Weiterbildung kennen und zu anderen Teilbereichen des Bildungssystems abgrenzen können.

- Probleme und Vorzüge des „offenen Weiterbildungsmarktes" erläutern können.

- Positionen zur Regulierung in der beruflichen Weiterbildung kennen und eine eigene Position begründet entwickeln.

- Den ersten, zweiten und dritten Weg bei der Regulierung der beruflichen Weiterbildung unterscheiden können.

- Formen der öffentlichen Verantwortung in der beruflichen Weiterbildung kennen und erläutern können.

- Kooperationsformen in der beruflichen Weiterbildung unterscheiden und bildungspolitisch sowie ökonomisch begründen können.

- Den Qualifizierungsnetzwerkansatz von der organisatorischen und Ziel- sowie Problemseite her skizzieren und den Stellenwert in der Diskussion um "mehr Markt" bzw. "mehr Staat" begründen können.

5.2.1 Problembezug: Mehr Markt oder mehr Staat in der beruflichen Weiterbildung?

5.2.1.1 Positionen

Nicht nur individuelle Nachfrager, sondern auch viele Unternehmen sind darauf angewiesen, geeignete Weiterbildungskurse für ihre Qualifizierungsanliegen zu finden. Dies ist kein triviales, sondern eher – wie im Rahmen der folgenden Ausführungen dargelegt wird – ein strukturelles Problem. Während sich im großbetrieblichen Bereich überwiegend eigene Weiterbildungsabteilungen finden, die auch für die Entwicklung geeigneter Weiterbildungsangebote zuständig sind, ist die Situation im kleinbetrieblichen bzw. mittelständischen Bereich, das rund 99 % aller Unternehmen umfasst, völlig anders. Solche Unternehmen und deren Beschäftigte sind bezüglich der Weiterbildung in der Regel auf den unternehmensexternen Weiterbildungsmarkt angewiesen. Damit sind spezifische Probleme verbunden, wie zwei einleitende Fallbeispiele exemplarisch verdeutlichen.

Im Forschungsprojekt „ReBIS" (Regionale Berufsbildungs-Informationssysteme) ging es um die Erfassung von Informationsbedürfnissen regionaler Akteure im Bereich der beruflichen Bildung. Dazu wurden unter anderem problemzentrierte Expertengespräche mit Vertretern aus Unternehmen und Bildungsanbietern in verschiedenen Regionen Nordrhein-Westfalens durchgeführt. Im Rahmen dieser Interviews erfolgte auch ein Gespräch mit der Personalbeauftragten eines mittelständischen Unternehmens aus dem Bereich der AV-Medien. Unter anderem wurde dabei ein ausgeprägter Informationsbedarf im Hinblick auf das (regional verfügbare) Weiterbildungsangebot artikuliert. So bestünde derzeit im Unternehmen ein dringender Weiterbildungsbedarf bezüglich eines spezifischen Medienprogramms. Man habe einige Anbieter angerufen, doch keinen Anbieter gefunden. Auch die teilweise verfügbaren „Weiterbildungs-Datenbanken" erwiesen sich zumindest als zu wenig funktional. Die frei zugänglichen seien alle völlig anders strukturiert, so dass der Einarbeitungsaufwand inakzeptabel hoch sei, für die Nutzung anderer wären Gebühren zu entrichten, ohne dass man im Vorhinein weiß, ob die Datenbank überhaupt geeignete Angebote enthält. Und schließlich: Wenn man dann doch einen Anbieter finden würde, bliebe unklar, ob es sich dann um einen qualitativ guten Kurs handeln würde.

Die angesprochene Problematik der mangelnden Transparenz wurde noch dadurch unterstrichen, dass die Projektmitarbeiter, die dieses Interview geführt haben, eine Woche zuvor ein Gespräch bei der VHS im selben Ort (Krefeld) geführt hatten, in dem deren Vertreter unter anderem auf einen Weiterbildungskurs in eben dem oben genannten Medienprogramm hingewiesen haben. Die Vertreterin des mittelständischen Unternehmens äußerte sich erstaunt, dass die VHS überhaupt solche Angebote unterbreiten würde. Ihr war auch nicht bekannt, dass diese VHS auch spezifische Angebote für einzelne Unternehmen offeriert. Die VHS ihrerseits beklagte, dass eben dieses Angebot bei der regionalen Wirtschaft bislang nicht auf große Resonanz gestoßen ist.

Die einführenden Fälle verweisen exemplarisch auf zwei Strukturprobleme im Weiterbildungsbereich, nämlich auf das Transparenzproblem und das Qualitätsproblem. Auf weitere Probleme wird weiter unten noch näher eingegangen. Vor dem Hintergrund dieser Probleme wird bildungspolitisch kontrovers diskutiert, inwiefern Regulierungen, wie sie sich etwa in den anderen Teilbereichen des Bildungssystems finden (etwa Lehrpläne, Mindestanforderungen an das pädagogische Personal), auch im Weiterbildungsbereich sinnvoll wären und wie umfassend solche Regulierungen gestaltet sein könnten. Diese Kontroverse lässt sich unter das Etikett „Mehr Markt oder mehr Staat?" in der beruflichen Weiterbildung subsumieren. Während die Arbeitgeberseite solche Regulierungen mit Hinweis auf Bürokratismus und Inflexibilität vehement ablehnen, plädieren gewerkschaftliche Vertreter, aber auch die meisten Wirtschaftspädagogen vor dem Hintergrund der angesprochenen Probleme für gewisse Formen der Regulierung. Allerdings gehen dabei die Vorstellungen, was sich denn nun inhaltlich hinter dem Etikett „Regulierung" verbirgt, weit auseinander.

Die folgenden Ausführungen zum institutionell-rechtlichen Rahmen der beruflichen Weiterbildung (Abb. 5.2-1) gewinnen vor dem Hintergrund dieses Disputes, der – wie die Fallbeispiele zeigen – nicht nur „akademischen" Charakter hat, an Bedeutung. Je nach Ausgestaltung dieses Rahmens wird die Weiterbildungspraxis sowohl auf der Angebotsseite als auch auf Nachfrageseite mit unterschiedlichen Problemen konfrontiert sein. Der Argumentationsverlauf ist Abb. 5.2-2 zu entnehmen. Nach einer begrifflichen Grundlegung und einer kurzen Erörterung der Vorzüge und Probleme des sog. „offenen Weiterbildungsmarktes" geht es um die derzeit vorfindliche institutionelle Gliederung im Weiterbildungsbereich. Dabei soll es nur um eine typisierende Betrachtungsweise gehen. Im Schlussteil wird dann ein neuerer Ansatz diskutiert, der einen „dritten Weg" zwischen einer rein marktwirtschaftlichen und einer staatlichen Regulierung sucht. Angesprochen sind damit Kooperationsmodelle, wie etwa so genannte Qualifizierungsnetzwerke.

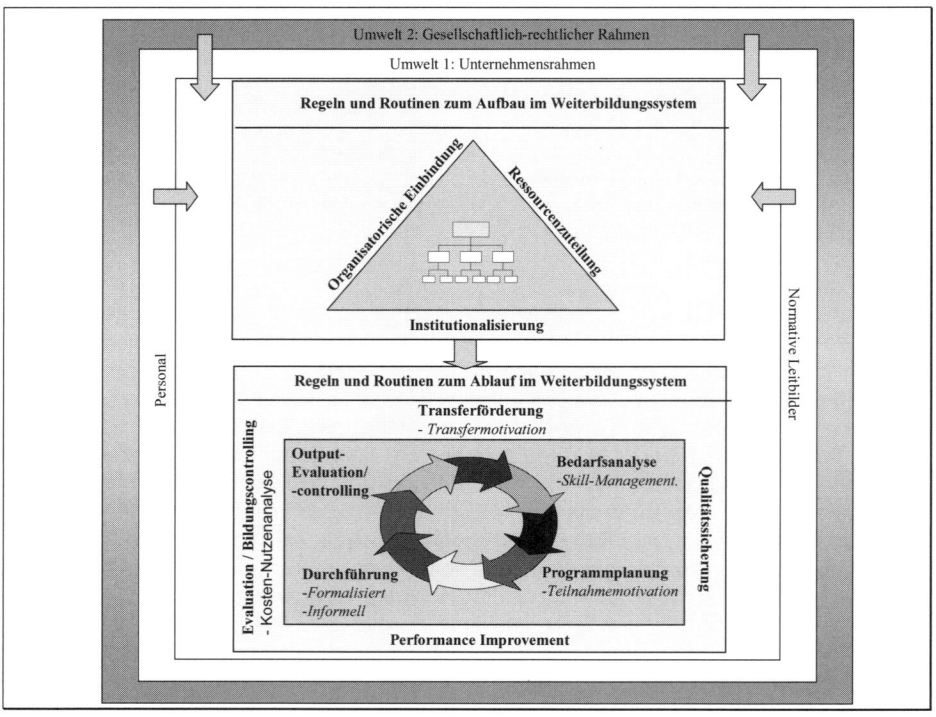

**Abb. 5.2-1: Gesellschaftlich-rechtlicher Rahmen
des betrieblichen Weiterbildungsmanagements**

5.2.1.2 Einordnung der Weiterbildung

Der Weiterbildungsbereich hat in den letzten Jahren quantitativ stark an Bedeutung gewonnen. Auch wenn die Weiterbildungsstatistik als desolat bezeichnet werden muss
und man auf Stichprobenerhebungen angewiesen ist, so deuten vorliegende Daten
doch darauf hin, dass – langfristig gesehen (vgl. Kap. 1.1) – kein anderer Bereich des
Bildungssystems so stark expandiert ist wie dieser.

Eine solche Formulierung unterstellt implizit, dass der Weiterbildungsbereich eindeutig
dem Bildungssystem zuzuordnen sei; manche sprechen hier vom so genannten „quartä-
ren Bereich" des Bildungssystems. Allerdings ist bereits dies umstritten (z. B. Meisel
2006). So wird teilweise auch die Position vertreten, dass die Weiterbildung eher als ein
Teil des Beschäftigungssystems zu verstehen sei. Begründet wird dies mit markanten
Unterschieden zu allen anderen Stufen des Bildungssystems in steuerungsrechtlicher
Hinsicht. Um dies zu verstehen, ist ein kurzer Blick auf die übrigen Stufen des Bildungssystems erforderlich. Eine schematische Übersicht finden Sie in Abbildung 5.2-3.

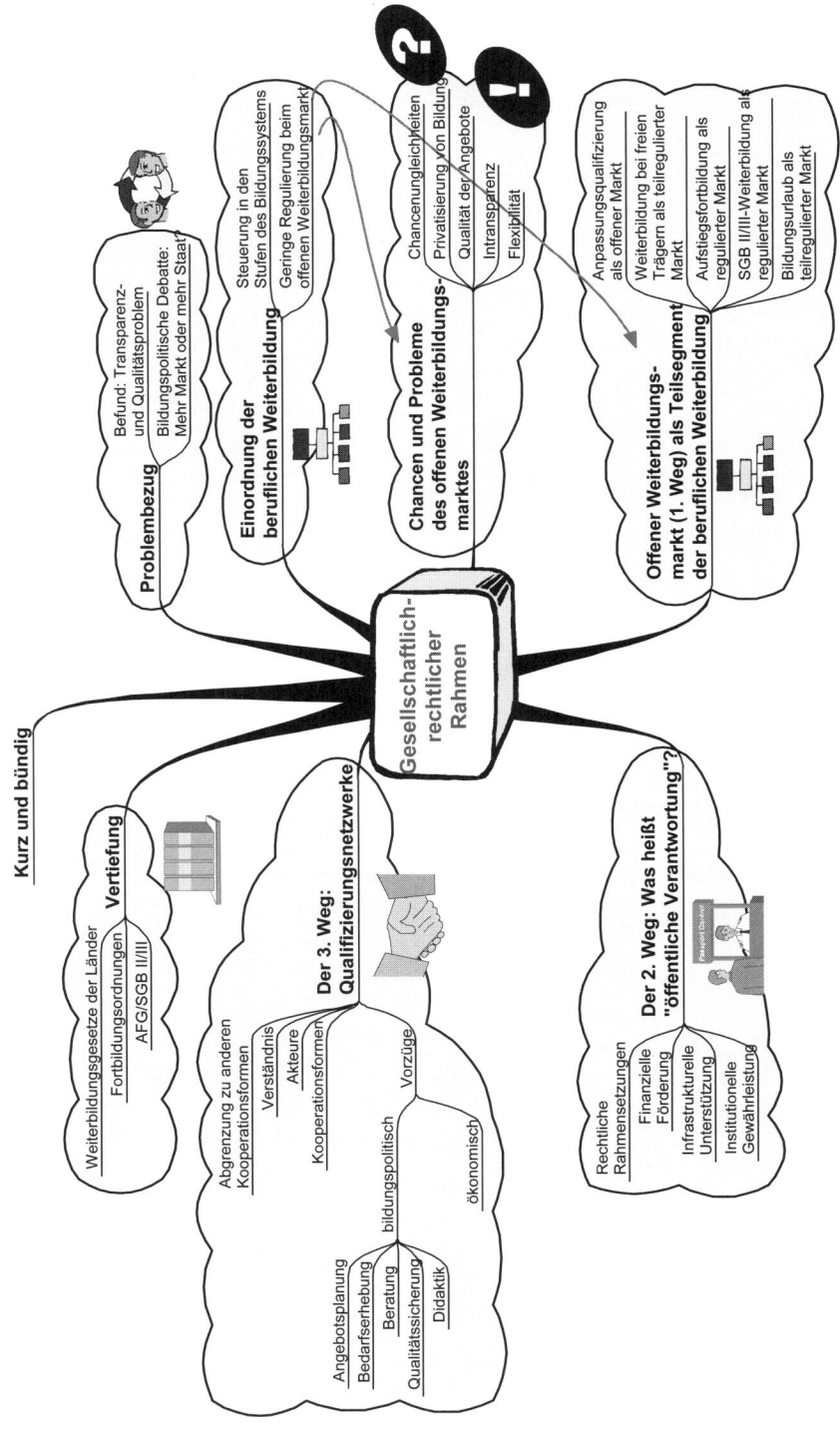

Kurz und bündig

Problembezug
- Befund: Transparenz- und Qualitätsproblem
- Bildungspolitische Debatte: Mehr Markt oder mehr Staat?

Einordnung der beruflichen Weiterbildung
- Steuerung in den Stufen des Bildungssystems
- Geringe Regulierung beim offenen Weiterbildungsmarkt

Chancen und Probleme des offenen Weiterbildungsmarktes
- Chancenungleichheiten
- Privatisierung von Bildung
- Qualität der Angebote
- Intransparenz
- Flexibilität

Offener Weiterbildungsmarkt (1. Weg) als Teilsegment der beruflichen Weiterbildung
- Anpassungsqualifizierung als offener Markt
- Weiterbildung bei freien Trägern als teilregulierter Markt
- Aufstiegsfortbildung als regulierter Markt
- SGB II/III-Weiterbildung als regulierter Markt
- Bildungsurlaub als teilregulierter Markt

Gesellschaftlich-rechtlicher Rahmen

Vertiefung
- Weiterbildungsgesetze der Länder
- Fortbildungsordnungen
- AFG/SGB II/III

Der 3. Weg: Qualifizierungsnetzwerke
- Abgrenzung zu anderen Kooperationsformen
- Verständnis
- Akteure
- Kooperationsformen
- Vorzüge
  - bildungspolitisch
    - Angebotsplanung
    - Bedarfserhebung
    - Beratung
    - Qualitätssicherung
    - Didaktik
  - ökonomisch

Der 2. Weg: Was heißt "öffentliche Verantwortung"?
- Rechtliche Rahmensetzungen
- Finanzielle Förderung
- Infrastrukturelle Unterstützung
- Institutionelle Gewährleistung

Abb. 5.2-2: Ablauf der Argumentationen

Grundstruktur des Bildungswesens in der Bundesrepublik Deutschland

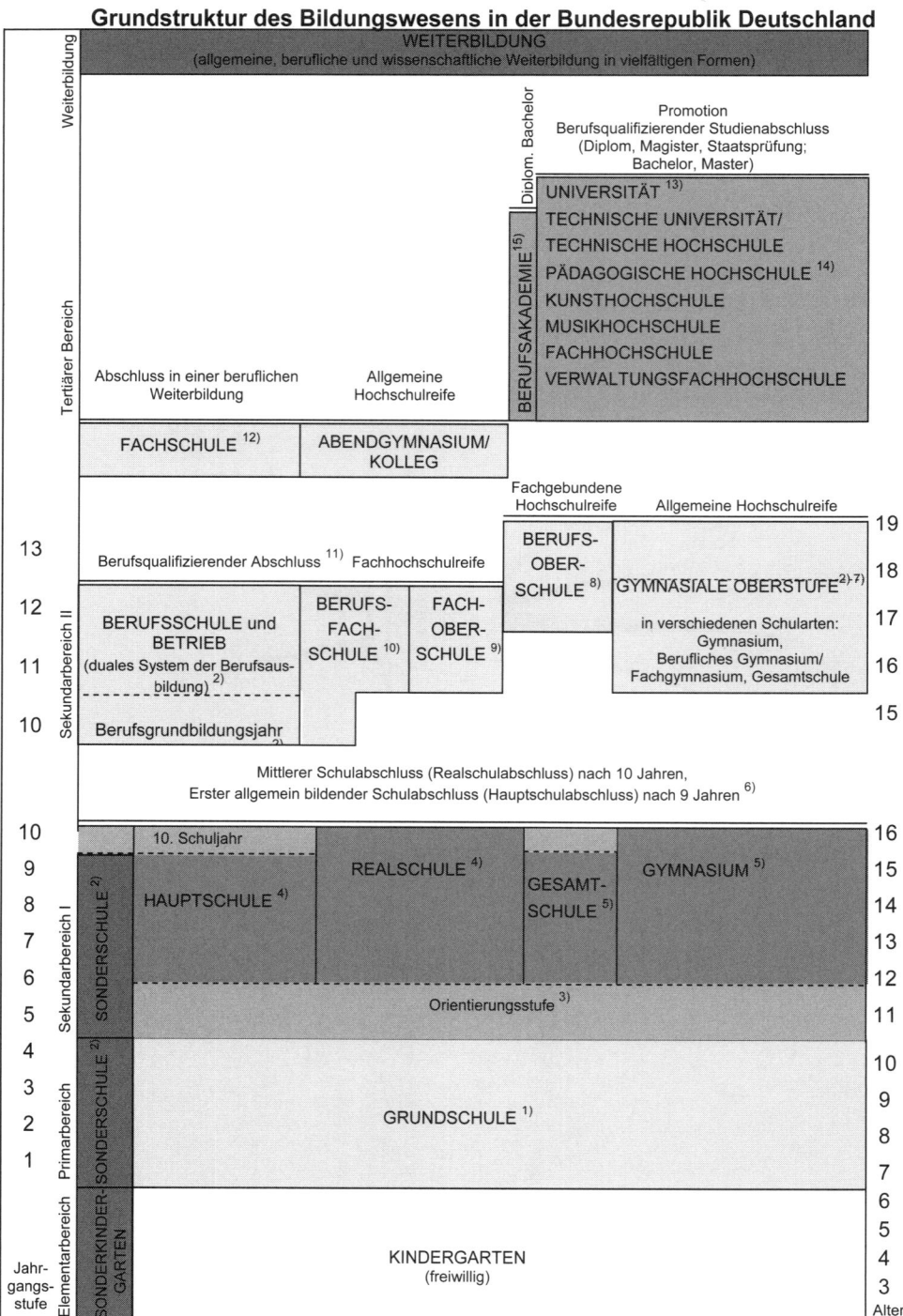

Herausgeber: Sekretariat der Ständigen Konferenz der Kultusminister der Länder in der Bundesrepublik Deutschland, Dokumentations- und Bildungsinformationsdienst. © KMK August 2005.

Anmerkungen der KMK zur vorangegangenen Abbildung

Schematisierte Darstellung des Bildungswesens. Die Verteilung der Schülerzahlen in der Jahrgangsstufe 8 für das Jahr 2003 stellt sich im Bundesdurchschnitt wie folgt dar: Hauptschule 22,8 %, Schularten mit mehreren Bildungsgängen 8,8 %, Realschule 24,6 %, Gymnasium 29,9 %, integrierte Gesamtschule 8,0 %, Sonderschulen 5,4 %.

Die Durchlässigkeit zwischen den Schularten und die Anerkennung der Schulabschlüsse ist bei Erfüllung der zwischen den Ländern vereinbarten Voraussetzungen grundsätzlich gewährleistet. Die Dauer der Vollzeitschulpflicht (allgemeine Schulpflicht) beträgt 9 Jahre, in 4 Ländern 10 Jahre, und die anschließende Teilzeitschulpflicht (Berufsschulpflicht) 3 Jahre.

1   In einigen Ländern bestehen besondere Formen des Übergangs vom Kindergarten in die Grundschule (Vorklassen, Schulkindergärten). In Berlin und Brandenburg umfasst die Grundschule 6 Jahrgangsstufen.

2   Beschulung von Behinderten entsprechend den Behinderungsarten in Sonderformen der allgemein bildenden und beruflichen Schulen, teilweise auch integrativ zusammen mit Nichtbehinderten. Schulbezeichnung nach Landesrecht unterschiedlich (Sonderschule/Schule für Behinderte/Förderschule).

3   Die Jahrgangsstufen 5 und 6 bilden unabhängig von ihrer organisatorischen Zuordnung eine Phase besonderer Förderung, Beobachtung und Orientierung über den weiteren Bildungsgang mit seinen fachlichen Schwerpunkten.

4   Die Bildungsgänge der Hauptschule und der Realschule werden auch an Schularten mit mehreren Bildungsgängen mit nach Ländern unterschiedlichen Bezeichnungen angeboten. Hierzu zählen die Mittelschule (Sachsen), Regelschule (Thüringen), Sekundarschule (Bremen, Sachsen-Anhalt), Erweiterte Realschule (Saarland), Integrierte Haupt- und Realschule (Hamburg), Verbundene Haupt- und Realschule (Hessen) und Regionale Schule (Rheinland-Pfalz, Mecklenburg-Vorpommern) sowie die Gesamtschule.

5   Der Bildungsgang des Gymnasiums wird auch an Gesamtschulen angeboten. In der kooperativen Gesamtschule sind drei Bildungsgänge (der Hauptschule, der Realschule und des Gymnasiums) pädagogisch und organisatorisch zusammengefasst, in der integrierten Gesamtschule bilden sie eine pädagogische und organisatorische Einheit. Die Einrichtung von Gesamtschulen ist nach dem Schulrecht der Länder unterschiedlich geregelt.

6   Die allgemein bildenden Schulabschlüsse nach Jahrgangsstufe 9 und 10 tragen in einzelnen Ländern besondere Bezeichnungen. Der nachträgliche Erwerb dieser Abschlüsse an Abendschulen und beruflichen Schulen ist möglich.

7   Zugangsvoraussetzung ist die formelle Berechtigung zum Besuch der gymnasialen Oberstufe, die in der Regel nach Jahrgangsstufe 10 erworben wird. Der Erwerb der Allgemeinen Hochschulreife erfolgt zurzeit in der Mehrzahl der Länder noch nach Jahrgangsstufe 13 (neunjähriges Gymnasium). Gegenwärtig findet jedoch in den meisten Ländern die Umstellung auf das achtjährige Gymnasium statt, in dem die Allgemeine Hochschulreife bereits nach Jahrgangsstufe 12 erworben wird.

8   Die Berufsoberschule besteht bisher nur in einigen Ländern und bietet Absolventen mit Mittlerem Schulabschluss und abgeschlossener Berufsausbildung bzw. fünfjähriger Berufstätigkeit die Möglichkeit zum Erwerb der Fachgebundenen Hochschulreife. Bei Nachweis von Kenntnissen in einer zweiten Fremdsprache ist der Erwerb der Allgemeinen Hochschulreife möglich.

9   Die Fachoberschule ist eine zweijährige Schulart, die aufbauend auf dem Mittleren Schulabschluss mit Jahrgangsstufe 11 und 12 zur Fachhochschulreife führt. Für Absolventen mit Mittlerem Schulabschluss und einer beruflichen Erstausbildung ist der unmittelbare Eintritt in Jahrgangsstufe 12 der Fachoberschule möglich.

10 Berufsfachschulen sind berufliche Vollzeitschulen verschiedener Ausprägung im Hinblick auf Zugangsvoraussetzungen, Dauer und Abschlüsse. In ein- oder zweijährigen Bildungsgängen wird eine berufliche Grundausbildung, in zwei- oder dreijährigen Bildungsgängen eine Berufsausbildung vermittelt. In Verbindung mit dem Abschluss eines mindestens zweijährigen Bildungsgangs kann unter bestimmten Voraussetzungen die Fachhochschulreife erworben werden.

11 Zusätzlich zum berufsqualifizierenden Abschluss ggf. Erwerb des Hauptschulabschlusses oder des Mittleren Schulabschlusses.

12 Fachschulen dienen der beruflichen Weiterbildung (Dauer 1 – 3 Jahre) und setzen grundsätzlich den Abschluss einer einschlägigen Berufsausbildung in einem anerkannten Ausbildungsberuf und eine entsprechende Berufstätigkeit voraus. Unter bestimmten Voraussetzungen ist zusätzlich der Erwerb der Fachhochschulreife möglich.

13 Einschließlich Hochschulen mit einzelnen universitären Studiengängen (z. B. Theologie, Philosophie, Medizin, Verwaltungswissenschaften, Sport).

14 An Pädagogischen Hochschulen (nur in Baden Württemberg) wird für verschiedene Lehrämter ausgebildet. Im Einzelfall ist auch ein Studium für Berufe im außerschulischen Bildungs- und Erziehungsbereich möglich.

15 Die Berufsakademie ist eine Einrichtung des tertiären Bereichs in einigen Ländern, die eine wissenschaftsbezogene und zugleich praxisorientierte berufliche Bildung durch die Ausbildung an einer Studienakademie und in einem Betrieb im Sinne des dualen Systems vermittelt.

Abb. 5.2-3: Grundstruktur des Bildungswesens in der Bundesrepublik Deutschland

Die Primärstufe und die Sekundarstufe I sind gekennzeichnet durch eine im Wesentlichen *staatliche* Trägerschaft. Dies bedeutet beispielsweise, dass eine Finanzierung aus öffentlichen Haushalten erfolgt. Aber auch die Inhalte der Bildungsgänge sowie Zugangswege und Berechtigungen werden staatlich reguliert. Auch bezüglich der Qualifikation des pädagogischen Personals werden Standards definiert (Lehrerbildung). Dies alles gilt prinzipiell auch für die Sekundarstufe II. Durchbrochen wird dies hier allerdings im Bereich des dualen Systems.

Übung: 🔍

Bevor Sie weiter lesen:

1 Was sind die 5 zentralen Steuerungsmerkmale der betrieblichen Berufsausbildung?

2 Welche Qualitätsstandards definiert der Staat für den Bereich der beruflichen Erstausbildung im betrieblichen Bereich? Geben Sie Beispiele!

Zwar findet man im Bereich des dualen Systems auch eine „staatliche Verantwortung", diese kommt aber eher durch eine Rahmengesetzgebung (wie etwa durch das Berufsbildungsgesetz) zum Ausdruck. Die Einhaltung dieser Vorschriften kontrolliert allerdings nicht der Staat selbst, sondern so genannte „Intermediäre" (Kammern). Man spricht hier von „mittelbarer Staatsverwaltung". Als drittes Steuerungsprinzip des dualen Systems ist die „Marktsteuerung" zu nennen.[249] Dies kommt darin zum Ausdruck, dass Ausbildungsverträge (im Rahmen der Rahmengesetzgebung staatlicher Institutionen) nach freiem Willen der Marktpartner geschlossen werden. Für die Finanzierung der Erstausbildung im dualen System sind in der Regel Einzelunternehmen zuständig.[250] Auch die Zugangswege zur Ausbildung werden im Wesentlichen durch private Unternehmen bestimmt. Auch bei den Qualitätsstandards gibt der Staat nur einen Rahmen vor. So sind die Vorgaben zur Eignung des betrieblichen Ausbildungspersonals deutlich schwächer als im Bereich der Lehrerbildung. Die Ausbildereignungsverordnung ist sogar vorübergehend außer Kraft gesetzt worden.

Es wird deutlich, dass die Regulierung des dualen Systems durch den Staat weitaus schwächer ist als in den übrigen Bereichen des Bildungssystems, allerdings findet sich noch eine Rahmengesetzgebung, über die der Staat (aus Sicht vieler Unternehmen noch viel zu stark) Einfluss nimmt. Im Bereich der beruflichen Weiterbildung – genauer: im Hauptsegment der betrieblichen Anpassungsqualifizierung – fehlen selbst solche Vorgaben weitgehend. Der Weiterbildungsbereich ist vor diesem Hintergrund niemals zu einer systematischen vierten Säule des Bildungssystems ausgebaut worden (Meisel 2006, S. 325). Man spricht hier vielmehr von einem „offenen Weiterbildungsmarkt".

5.2.2 Der „offene Weiterbildungsmarkt"

Der Begriff „offener Weiterbildungsmarkt" zielt auf die weitgehend fehlende öffentliche Regulierung in diesem Bereich. Er bezieht sich auf das Hauptsegment der beruf-

---

[249] Weitere Steuerungsprinzipien sind „sozialpartnerschaftliche Beteiligung" und „Konsenszwang". Zu allen Steuerungsprinzipien vgl. Stender (2006, S. 121 - 140).

[250] Durchbrochen wird dies beim Prinzip der Umlagefinanzierung oder bei der Gewährung von öffentlichen Zuschüssen.

lichen Weiterbildung, nämlich die betriebliche Anpassungsqualifizierung. Die *Finan-zierung* liegt hier in den Händen der Unternehmen bzw. der einzelnen Weiterbil-dungsnachfrager, Vorschriften über *Fortbildungsinhalte* existieren in diesem Bereich nicht, nur in anderen Teilbereichen der Weiterbildung (z. B. durch Fortbildungsord-nungen bei der *Aufstiegsfortbildung*) finden sich solche Vorgaben. Auch *Qualitäts-standards* werden nur ausnahmsweise gesetzt, nämlich dann, wenn eine öffentliche (Teil-)Finanzierung erfolgt (wie bspw. bei der *SGB-II/III-Weiterbildung* oder bei der Weiterbildung gemäß den *Weiterbildungsgesetzen* einzelner Länder, die im Vertie-fungsteil skizziert werden). Andere – marktkonforme – Regulierungen der Qualität ergeben sich teilweise aus ISO-9000-Regulierungen, die in Kapitel 4.6 angesprochen worden sind. Auch Zugangswege und *Berechtigungen* liegen zumindest für die be-triebliche Anpassungsqualifizierung in den Händen der Unternehmen. So besteht bspw. betrieblicherseits teilweise kein Interesse, für einen Weiterbildungskurs ein formales Zertifikat vergeben zu lassen, weil dies dann prinzipiell auch in anderen Un-ternehmen verwertbar wäre.

Die fehlende Regulierung der *Zugangswege* zur Weiterbildung hat zumindest sozial-politische Konsequenzen. Wenn Unternehmen über Zugangswege zu betrieblich veranlassten Weiterbildungsveranstaltungen entscheiden, dann ist es ökonomisch rational, dort zu investieren, wo der Nutzen für das Unternehmen am größten ist. Welche Folgen dies für die Weiterbildungsteilnahme unterschiedlicher Mitarbeiter-gruppen hat, ist bereits in Kap. 1.1 verdeutlicht worden.

Übung:

3   In bildungspolitischen Debatten wird zum Teil die Position vertreten, dass die Erstausbildung deutlich verkürzt und „verschlankt" werden müsste. Die „eliminierten" Ausbildungsinhalte (z. B. die Ausbildungsinhalte des letzten Ausbildungsjahres beim Bankkaufmann/der Bankkauf-frau) sollten dann der einzelbetrieblichen Weiterbildung überlassen werden. Welche steue-rungspolitischen Konsequenzen hätte dies? Vergleichen Sie hierzu die unterschiedlichen Regulierungsansätze in beiden Bereichen. Bildungspolitisch wird dabei das Risiko einer sin-kenden Qualität der Bildungsprozesse gesehen. Begründen Sie diese These!

Der offene, unregulierte Weiterbildungsmarkt wirft vielfältige Probleme für die Be-schäftigten, die nachfragenden Unternehmen und die Weiterbildung offerierenden In-stitutionen auf (vgl. bspw. Geißler/Heid 1987). Allerdings stehen diesen auch Vorzü-ge gegenüber. Die Hauptargumente fasst Abb. 5.2-4 zusammen.

Chancenungleichheiten

Vorliegende Daten aus der Weiterbildungsstatistik (vgl. Kap. 1.1) belegen, dass die beruflich-betriebliche Weiterbildung in diesem Bereich nicht Bildungsdifferenzen ab-baut, sondern nach dem Prinzip der Bildungsakkumulation funktioniert. Die betriebli-che Weiterbildung richtet sich vor allem auf Höherqualifizierte und Beschäftigte mit höherem beruflichem Status. Sie nehmen deutlich häufiger an betrieblicher Weiter-bildung teil als andere Gruppen. Dabei spielt hauptsächlich auch eine unterschiedli-che betriebliche Förderung eine Rolle. Dies ist auch – wie zuvor angesprochen – ökonomisch rational. Zum Teil wird Weiterbildung sogar als „incentive" gesehen. Bil-dungspolitisch wird hieraus – zumindest aus gewerkschaftlicher Sicht – die Forderung abgeleitet, rechtliche Ansprüche auf Teilhabe an Weiterbildung zu sichern. Aber auch aus betrieblicher Sicht dürfte angesichts der bevorstehenden demographischen Entwicklung zunehmend ein Interesse an einer umfassenden Weiterbildungs-Teilhabe bestehen. Einige Tarifverträge sehen dementsprechend – wie weiter unten noch dargelegt wird – solche Regelungen bereits vor.

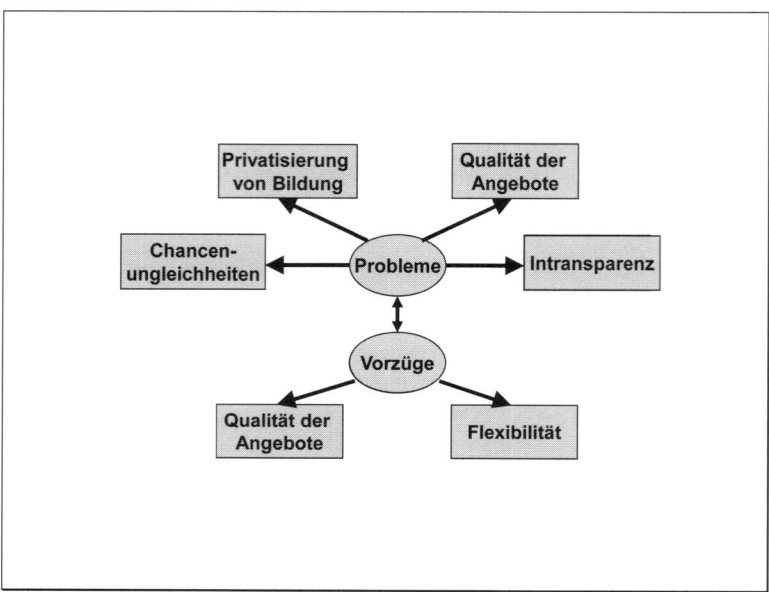

Abb. 5.2-4: Probleme und Vorzüge des offenen Weiterbildungsmarktes

Privatisierung von Bildung

Dieser Kritikpunkt umfasst zwei Argumentationsstränge:

- Lebens- und Erwerbschancen hängen sehr stark von formalisierten Abschlüssen ab, weniger von den tatsächlich erworbenen Kompetenzen. Für einen Betriebswechsel sind zumindest im Personalbeschaffungsprozess Zertifikate vergleichsweise bedeutsam. Gerade aber solche Zertifikate werden im Weiterbildungsbereich der öffentlichen Kontrolle entzogen, zum Teil wird sogar bewusst auf die Vergabe von Zertifikaten verzichtet. Werden jedoch Zertifikate vergeben, so bleibt allerdings die Qualität angesichts fehlender Kontrolle unklar. Gleichwohl können sie prägend für den weiteren Berufsweg sein.

- Zunehmend werden betriebliche Qualifizierungsprozesse in den Freizeitbereich verlagert, in den bereits vielfältige andere dienstliche Angelegenheiten verlagert worden sind. Dies gilt übrigens nicht nur für Beschäftigte in privaten Unternehmen, sondern auch für Diplom-Handelslehrer in Schulen, wie folgendes Fallbeispiel illustriert:

Fallbeispiel

In einem durch den Lehrstuhl für Wirtschaftspädagogik und Personalentwicklung der FAU Erlangen-Nürnberg (Stender/Brönner 2003) evaluierten E-Learning-Ansatz für Lehrer und Ausbilder in den IT-Berufen ergaben sich Akzeptanzprobleme vor allem auch aus einer bislang ungleichen Behandlung von E-Learning und traditioneller Lehrerfortbildung hinsichtlich der Anrechnung. Ein (stark frustrierter) Lehrer hierzu:

"Ich ... (bin) dagegen ... viele fanden (... den E-Learning-Kurs) gut und dann sagt das Kultusministerium, da brauchen wir jetzt in Zukunft die Leute nicht mehr nach Dillingen zu schicken und da sparen wir einen Haufen Geld, die Leute sollen das nebenbei machen. Da mache ich das nebenbei und mache (schon) die Computeradministration (sowieso) nebenbei ... Die ganze Sache (gemeint: E-Learning-Kurs in IT-FIT) ist gut durchdacht und gut gemacht, da brauchen wir nicht drüber reden, aber ich bin dagegen ... ich sehe die Gefahr, dass uns noch was aufs Auge gedrückt wird."

Akzeptanzprobleme ergaben sich – wie diese Aussage exemplarisch verdeutlicht – also vor allem auch durch die zur Verfügung stehenden Lernzeiten. Dies galt übrigens für Lehrer und Ausbilder gleichermaßen. Diese Problematik wurde an verschiedenen Stellen des Ansatzes deutlich. So halten die von uns befragten Lehrer und Ausbilder als Experten für die Gestaltung von Lehr-Lern-Prozessen prinzipiell das über die Plattform angebotene problemorientierte Lernen für gut, richtig und notwendig, gleichwohl wurde es für sie selbst angesichts ihrer jeweiligen zeitlichen Rahmenbedingungen abgelehnt und wurde auch kaum in Anspruch genommen.

Wenn wider besseren Wissens von pädagogischen Experten rein vermittlungsorientierte Strategien beim eigenen Lernen bevorzugt werden, dann macht dies Grenzen der Privatisierung von Weiterbildung deutlich. Zumindest steht der angezielte Transfer in den Unterricht und den Arbeitsalltag im Betrieb damit in Frage.

Qualität der Angebote

Wenn es keine rechtlich verbindlichen Qualitätsstandards für die Weiterbildung gibt, dann steht eben diese Qualität in Frage. Zumindest ergibt sich aus Sicht der Nachfrager das Problem, im Vorfeld von Weiterbildung die Qualität zu beurteilen. Daher spielen dann „eingespielte Kooperationen", eigene Erfahrungen oder Erfahrungen Dritter eine große Rolle. Der offene Weiterbildungsmarkt wirft in dieser Hinsicht aber auch Probleme für die Weiterbildungsanbieter auf. So sind angesichts der Pluralität der Anbieter die Infrastrukturkosten von jedem einzelnen Anbieter selbst zu tragen, was trägerübergreifend auch zu notwendigen Investitionen führen kann, die etwa durch Kooperationen vermieden werden könnten. Dazu weiter unten mehr.

Umgekehrt wird allerdings in der Qualität der Angebote auch ein Vorzug einer fehlenden Regulierung gesehen. Argumentiert wird hier mit dem „marktwirtschaftlichen" Argument, dass sich der Beste durchsetzen werde. Dies setzt allerdings Transparenz voraus und eben diese ist gerade im Weiterbildungsbereich nicht gegeben.

Transparenz

Wie das einleitende Fallbeispiel verdeutlicht, stellt die fehlende Transparenz auf dem Weiterbildungsmarkt ein wichtiges Hemmnis für die Weiterbildungsbeteiligung dar. Bildungspolitisch wird hier allseits eine große Herausforderung gesehen. Regional ist dieser Problematik mit verschiedenen Instrumenten begegnet worden. In den 80er und 90er Jahren sind kommunale Weiterbildungsbroschüren aufgelegt worden, in denen möglichst alle Weiterbildungsangebote der Region verzeichnet sein sollten. Allerdings hatten diese Instrumente eher den Charakter von Marketing-Instrumenten der Weiterbildungsanbieter. So war der Autor dieses Lehrbuches selbst an der Erstellung einer solchen Broschüre beteiligt, musste allerdings später feststellen, dass viele der offerierten Kurse gar nicht stattfanden. Auch wurde dieses Instrument den Bedürfnissen von Unternehmen nicht gerecht, weil der Suchaufwand als immer noch zu groß angesehen wurde. Neuere Instrumentarien versuchen, das Internet als Informationsmedium in diesem Bereich zu erschließen. Dazu weiter unten mehr.

Flexibilität

Dem offenen Weiterbildungsmarkt wird eine hohe inhaltliche und zeitliche Flexibilität bei den Angeboten zugesprochen. Eine öffentliche Regulierung – so die Kritik von Arbeitgeberseite – bedeutet Bürokratismus und Inflexibilität. Man stelle sich vor, für jeden Kurs einer Anpassungsqualifizierung solle – analog zu den Ausbildungsordnungen im dualen System – eine Fortbildungsordnung entwickelt werden! Dieser Einwand ist besonders gewichtig, da er die Fragen nach den möglichen Alternativen aufwirft. Die vorgenannten Probleme des offenen Weiterbildungsmarktes mögen sehr bedeutsam sein, ohne sinnvolle Alternativen verlieren die Argumente allerdings an Gewicht. Zu fragen ist daher, was denn genau eine öffentliche Regulierung als Alternative zu einer rein marktwirtschaftlichen Lösung bedeutet. Dazu finden Sie im Abschnitt 5.2.4 einige Überlegungen.

5.2.3 Institutionelle Gliederung der beruflichen Weiterbildung

In Abschnitt 5.2.2 wurden Vorzüge und Probleme des so genannten offenen Weiterbildungsmarkts besprochen. Es wurde dabei ausdrücklich darauf hingewiesen, dass dieser Begriff nur auf das quantitativ bedeutsamste Segment der beruflichen Weiterbildung, nämlich die betriebliche Anpassungsqualifizierung, zutrifft. Daneben lassen sich weitere Segmente des Weiterbildungsbereichs abgrenzen, für die durchaus Regulierungen vorgesehen sind. Zu nennen ist vor allem der Bereich der Aufstiegsfortbildung und der der Fortbildung nach SGB II/III, also insbesondere für Arbeitslose. Ein weiteres reguliertes Segment betrifft Maßnahmen der beruflichen Anpassungsqualifizierung im Rahmen der Bildungsurlaubsgesetze.

Betriebliche Anpassungsqualifizierung

Das Segment der betrieblichen Anpassungsqualifizierung ist das quantitativ bedeutsamste. Nach einer Umfrage des Instituts der Deutschen Wirtschaft von 2004[251] entfielen auf je 100 Beschäftigte 64 Teilnahmefälle an internen Lehrveranstaltungen, 27 an externen Lehrveranstaltungen und 31 an Informationsveranstaltungen. Für betriebliche Weiterbildungsaktivitäten – einschließlich der weichen Formen des informellen Lernens – wenden demnach die Betriebe jährlich etwa 26,8 Mrd. Euro auf. Gerade dieses Segment ist – wie im vorangegangenen Abschnitt dargelegt – allerdings weitgehend unreguliert, es sei denn, die betriebliche Weiterbildung wird bei externen Weiterbildungsanbietern durchgeführt, die nach den Weiterbildungsgesetzen einzelner Bundesländer gefördert werden (vgl. Kap. 5.2.6.1) oder sich bspw. nach ISO-9000 oder EFQM zertifizieren lassen (vgl. Kap. 4.6). Für interne betriebliche Anpassungsqualifizierungen werden etwa Qualitätsstandards nur im Rahmen selbst definierter Qualitätsmanagementsysteme gesetzt.

---

[251]   Quelle: http://www.iwkoeln.de/data/pdf/content/trends01_06_2.pdf (Stand 15.05.2008). In den angegebenen Zahlen sind auch Mehrfachteilnehmer enthalten.

Die Ausführungen in Kapitel 1.1. haben deutlich gemacht, dass gerade in diesem Segment die Grenzen zwischen Arbeiten und Lernen immer fließender geworden sind. Zunehmend werden Lernprozesse in die Arbeit integriert ("informelles Lernen"). Arbeit wird so organisiert, dass sie "lernhaltig" wird, d. h. den Einzelnen herausfordert, neue Kompetenzen zu erwerben. Dies ist nicht an allen Arbeitsplätzen gleichermaßen möglich. Tätigkeiten von Führungskräften und höheren Angestellten bieten diesbezüglich in der Regel ein höheres Lernpotenzial. Hinzu kommt die bereits weiter oben angesprochene betriebliche Förderung, die – aus ökonomischen Gründen – bislang primär auf diese Zielgruppe ausgerichtet ist. Damit verstärkt tendenziell das Konzept des informellen Lernens den empirischen Befund, dass sich die betriebliche Weiterbildung vor allem an Besserqualifizierte und höhere berufliche Statusgruppen richtet. Nach Angaben des Berichtssystem Weiterbildung IX (S. 35) nahmen 2003 etwa 20 % der ausführenden Angestellten, aber 45 % der qualifizierten und 47 % der leitenden Angestellten an beruflicher Weiterbildung teil, Un- bzw. Angelernte nur zu 13 %. Beschäftigte ohne betriebliche Förderung sind daher in hohem Maße darauf angewiesen, Weiterbildungsaktivitäten aus Eigeninitiative und auf eigene Rechnung bei freien (externen) Weiterbildungsanbietern zu ergreifen.

Weiterbildung bei freien Weiterbildungsträgern

Gerade dieser Bereich ist in rechtlich-organisatorischer Hinsicht außerordentlich heterogen. Unterscheiden lassen sich a) öffentliche, b) korporatistische und c) private/kommerzielle Anbieter.

Bei *"öffentlichen Weiterbildungseinrichtungen"* erfolgt die Finanzierung durch die öffentliche Hand. Auch bezüglich der Inhalte und der Qualitätsstandards erfolgen staatliche Regulierungen (etwa durch Bund, Länder oder Kommunen).

Mit *"korporatistischen Anbietern"* sind die Weiterbildungsangebote der Tarifvertragsparteien, Kammern oder "halb-öffentlicher" Anbieter, wie etwa kirchlicher Träger, gemeint. Auch sie legen als "Großorganisationen" für ihren Bereich spezifische Standards, aber auch Ziele fest. Diese normativen Grundlegungen der jeweiligen Großorganisationen prägen letztlich auch das pädagogische Design der jeweiligen Kurse bei diesen Institutionen. Ein und derselbe thematische Kurs wird so je nach korporatistischer Zugehörigkeit völlig anders gestaltet sein, weil eben andere Ziele damit verfolgt werden.

Mit "privaten Anbietern" sind vor allem betriebliche Weiterbildungsangebote gemeint, die als "profit-center" auf dem freien Weiterbildungsmarkt für Nachfrager (auch etwa im Bereich der SGB-II/III-Weiterbildung) geöffnet werden. Solche Angebote, die primär für die eigenen Beschäftigten konzipiert worden sind, ähneln – aus Sicht betriebsexterner Teilnehmer – jenen bei "kommerziellen Anbietern", die Weiterbildung zum Zwecke der Gewinnerzielung anbieten. Auch diese Zielsetzung führt letztlich zu spezifischen didaktisch-methodischen Arrangements, da das Kostenargument ein besonderes Gewicht erhält. Kommerzielle und private Anbieter wachsen zunehmend zusammen, lassen sich allenfalls noch von ihrer primären Zielsetzung her unterscheiden.

Übung:

4	Ordnen Sie folgende Weiterbildungsanbieter dem Schema zu:
a)	Weiterbildungsangebote der IHK
b)	Weiterbildungsangebote der Fachschule
c)	Sprachenschule
d)	Volkshochschule
e)	Weiterbildungsangebote der Gewerkschaften
f)	bfz
g)	Friedrich-Alexander-Universität Erlangen-Nürnberg
h)	Weiterbildungsangebote eines Großbetriebs für den freien Markt

Die Weiterbildungsangebote bei freien Weiterbildungsträgern können sowohl im Rahmen der betrieblichen Anpassungsqualifizierung (als betrieblich oder individuell veranlasste Maßnahme) oder auch im Kontext einer Aufstiegsfortbildung (z. B. bei den Kammern) frequentiert werden.

Bezüglich der Qualitätsstandards sind vor allem zwei Regulierungsbereiche von Bedeutung: a) Ggfs. die Weiterbildungsgesetze der Bundesländer und b) die Qualitätssiegel bei Qualitätsmanagementsystemen, wie etwa nach ISO-9000 oder EFQM. Beide Regulierungsbereiche werden an anderer Stelle vertiefend diskutiert (Kap. 5.2.6.1 und 4.6). Für den Bereich der Aufstiegsfortbildung gelten – wie gleich dargelegt wird – detaillierte Regulierungsvorschriften.

Die Angebote der freien Weiterbildungsträger richten sich – sofern sie nicht im Kontext einer betrieblich *finanzierten* Qualifizierungsmaßnahme frequentiert werden – zumeist an kaufkräftige Personen mit Aufstiegsambitionen, da die Kosten dann individuell getragen werden müssen. Eine Ausnahme bildet hier die VHS, die von ihrer Zielsetzung her auf soziale Integration und damit auch kostengünstige Kurse ausgerichtet ist. Gebührenanhebungen, zwischenzeitlich in nennenswertem Umfang auch bei vielen Volkshochschulen, werden gerade vor diesem Hintergrund kritisch diskutiert.

Aufstiegsfortbildung

Im Gegensatz zur Anpassungsqualifizierung sind Maßnahmen der beruflichen Aufstiegsqualifizierung, ähnlich wie im Bereich der beruflichen Erstausbildung, reguliert. So existieren Fortbildungsordnungen, die nach Berufsbildungsgesetz entweder auf Bundesebene oder auf regionaler Ebene durch die Kammern erlassen werden. Die Fortbildungsordnungen müssen wie Ausbildungsordnungen auch gemäß § 53 (2) bzw. § 54 BBiG zumindest Folgendes regeln:

- die Bezeichnung des Fortbildungsabschlusses,
- das Ziel, den Inhalt und die Anforderungen der Prüfung,
- die Zulassungsvoraussetzungen und
- die Prüfungsmodalitäten.

Für die Durchführung der Prüfungen im Rahmen der Aufstiegsfortbildung errichten die zuständigen Stellen Prüfungsausschüsse (§ 56 (1) BBiG).

Quantitativ ist dieses Segment der beruflichen Weiterbildung – gemessen an der quantitativen Bedeutung der Anpassungsqualifizierung – von geringer Bedeutung. Nähere Hintergründe finden Sie im Vertiefungsteil 5.2.6.2.

SGB-II/III-Weiterbildung

Sie richtet sich primär an Arbeitslose. Ziel ist die möglichst rasche Wiedereingliederung von Arbeitslosen in das Beschäftigungssystem. Die Qualitätskriterien resultieren hier aus den Regelungen des SGB II/III. Diese sind seit dem erstmaligen Erlass des Vorgängergesetzes (Arbeitsförderungsgesetz) im Jahr 1969 einem beständigen und umfassenden Wandel unterworfen worden. Während ursprünglich mit dem AFG ein präventiver Ansatz verfolgt worden ist, nämlich durch Weiterbildung, Arbeitslosigkeit zu vermeiden, ist angesichts der sich zuspitzenden Haushaltslage in den Folgejahren dieser Grundgedanke zugunsten eines eher kurativen Ansatzes (Heilung der Folgen von Arbeitslosigkeit) aufgegeben worden. Anspruchsberechtigungen, die Höhe der individuellen Förderungen, aber auch Qualitätskriterien, die die Weiterbildungsanbieter zu erfüllen haben (v. a. Kosten-Nutzen-Relationen), folgen streng diesem ökonomischen Kalkül. Eine Regulierung erfolgt über die SGB-II/III-Vorschriften. Ausführlichere Erläuterungen finden Sie in Kap. 5.2.6.3.

Weiterbildung nach den Bildungsurlaubsgesetzen

In den meisten westdeutschen Bundesländern – nicht aber in Bayern, Baden-Württemberg, Sachsen und Thüringen – sind Bildungsurlaubsgesetze erlassen worden. Der Kreis der Anspruchsberechtigten ist dabei von Land zu Land unterschiedlich. Generell sind Arbeiter und Angestellte anspruchsberechtigt, manchmal auch Beamte und Auszubildende. Der Anspruch auf Bildungsurlaub beträgt in der Regel fünf Arbeitstage pro Jahr. Dabei können meist die Ansprüche aus zwei, manchmal sogar aus vier Jahren zusammengefasst werden. Gewährt wird vom Arbeitgeber eine Freistellung für eine berufliche oder politische[252] Weiterbildung. Das Arbeitsentgelt wird weiter gezahlt. Die Kursgebühren trägt allerdings der Arbeitnehmer. Der Arbeitgeber muss dem vom Arbeitnehmer vorgeschlagenen Kurs zustimmen. Er kann begründet ablehnen, der Betriebs- oder Personalrat hat dabei eine Mitbestimmungsfunktion. Die Weiterbildungsgesetze der Länder bilden dabei den gesetzlichen Rahmen für die wählbaren Weiterbildungsinstitutionen.

Ziel dieser Gesetze war es, bislang unterrepräsentierte Gruppen für die Weiterbildung zu gewinnen, also jene, die weder betrieblich gefördert werden, noch über umfangreiche Finanzmittel verfügen, eigene Weiterbildungsaktivitäten bei freien Weiterbildungsträgern zu finanzieren. Allerdings zeigen die Erfahrungen, dass der Bildungsurlaub nur selten in Anspruch genommen wird – und wenn, dann vor allem durch Höherqualifizierte.

5.2.4 Zur Diskussion um eine verstärkte öffentliche Regulierung – was verbirgt sich hinter diesem Etikett?

Im einführenden Abschnitt wurde auf die bildungspolitische Diskussion hingewiesen, die unter dem Schlagwort „Mehr Markt oder mehr Staat?" geführt wird. Begründet wird die Forderung nach mehr öffentlicher Regulierung mit den angesprochenen

---

[252]   Dies resultiert aus dem Demokratiegebot des Grundgesetzes.

Problemfeldern des offenen Weiterbildungsmarktes. Hinzu kommt, dass sich auch aus dem Sozialstaatsgebot des Grundgesetzes eine staatliche Verantwortung auch für den Weiterbildungsbereich ableiten lässt.

Doch wie kann eine solche öffentliche Verantwortung aussehen? Was kann sich hinter dem Etikett einer stärkeren öffentlichen Regulierung verbergen? Ist notwendigerweise damit – wie Arbeitgeber-Vertreter befürchten – ein neuer Bürokratismus verbunden?

Wenn von öffentlicher Verantwortung geredet wird, dann ist damit keinesfalls eine staatliche Trägerschaft aller Weiterbildungsaktivitäten gemeint – angesichts der Mittel, die allein die private Wirtschaft dafür aufbringt (ca. 27 Mrd. Euro jährlich), wäre dies auch nicht finanzierbar. Die bildungspolitischen Diskussionen knüpfen an vier zentralen Ansatzpunkten an (vgl. Abb. 5.2-5), wobei je nach normativer bzw. politischer Grundlegung Schwerpunkte unterschiedlich gelegt werden.

Abb. 5.2-5: Formen öffentlicher Verantwortung für die Weiterbildung

Rechtliche Rahmensetzungen

In diesem Kontext wird diskutiert, ob bereits etablierte Instrumente verbessert oder breiter eingesetzt werden sollten. Dies gilt beispielsweise im Hinblick auf den Erlass von *Fortbildungsordnungen.* Diskutiert wird zum einen, inwiefern der regionale „Wildwuchs" mit kammerspezifischen Fortbildungsordnungen bundesweit vereinheitlicht werden kann, um Transparenz zu fördern. Hier sind bereits deutliche Fortschritte zu erkennen (vgl. Kap. 5.2.6.2). Diskutiert wird zum anderen aber auch, für welche Bereiche neue Fortbildungsordnungen zu entwickeln sind. An Fortbildungsordnungen im Rahmen von *Anpassungs*qualifizierungen wird nur *ausnahmsweise* im Kontext von Bausteinansätzen gedacht. Ein Beispiel sind Fortbildungsregelungen im IT-Bereich, bei denen Fortbildungsmodule, die auch *einzeln im Rahmen einer Anpassungsqualifizierung* besucht werden können, reguliert sind, weil sie *in ihrer Gesamtheit (Kombination von Modulen) als Aufstiegsfortbildung* konzipiert sind.

Weitere Diskussionslinien betreffen die Weiterentwicklung der Qualitäts-*Zertifizierungsverfahren* (vgl. Kap. 4.6) sowie der breiteren Anwendung der *Weiterbildungsgesetze* der Länder auf möglichst alle Weiterbildungsanbieter. Das Anerkennungsverfahren könnte ebenfalls zu einer Qualitätssteigerung der Weiterbildung führen. So enthalten alle Weiterbildungsgesetze, die in den letzten sieben Jahren erlassen worden sind, detaillierte Vorgaben zu Teilnehmerschutz, fachlicher und pädagogischer Eignung des Personals, den Einsatz eines Qualitätsmanagementsystems, Evaluation und Controlling sowie Kooperation mit anderen Anbietern. Landesmittel an die Institutionen werden nur nach Einsatz eines Anerkennungsverfahrens zu den genannten Kriterien vergeben.

Als ein zukünftiges Handlungsfeld im Kontext verstärkter „rechtlicher Rahmensetzungen" wird insbesondere gesehen, die zuvor genannten verschiedenen Instrumente der Regulierung gerade im Hinblick auf die Förderung von Qualität und Transparenz im Weiterbildungsbereich miteinander zu verknüpfen. Als ein langfristiges Ziel wird die *Vernetzung aller Aktivitäten zur Qualitätssicherung* gesehen.

Eine Regulierung der Weiterbildung muss aber nicht nur über staatliche Institutionen erfolgen. Vielmehr sind auch hier die Tarifvertragsparteien gefragt. In einer Reihe von *Tarifverträgen* findet man mittlerweile Regelungen zur beruflichen Weiterbildung. Vereinbart werden vor allem Zugangsmöglichkeiten zur beruflich-betrieblichen Weiterbildung (möglichst für *alle* Arbeitnehmer) sowie die Gestaltung von Arbeitsbedingungen.

Info

Im Jahr 2001 ist es in der Metallindustrie zum ersten *bundesweiten* Tarifvertrag zur Weiterbildung gekommen. Die Beschäftigten in der Branche erhalten dadurch einen Anspruch auf Mitsprache in Weiterbildungsfragen. So haben sie das Recht auf regelmäßige Gespräche über Qualifizierungsnotwendigkeiten und -wünsche. In Konfliktfällen sollen Arbeitgeber und Betriebsrat vermitteln. Als letzte Instanz fungiert eine gemeinsam gegründete Agentur, die auch für Weiterbildungsprogramme für ungelernte und ältere Arbeitnehmer entwickelt und vor allem auch KMU berät. Vereinbart wurde auch, dass persönliche Weiterbildung (wie etwa der Besuch einer Meisterschule) vom Arbeitnehmer selbst finanziert werden muss, allerdings erhält der Mitarbeiter einen Anspruch auf eine Teilzeitstelle oder Freistellung bei einer Garantie auf Rückkehr auf eine Vollzeitstelle.

(Süddeutsche Zeitung, Internetangebot vom 20. Juni 2001)

Tarifvertragliche Regelungen zielen nicht so sehr wie die vorangegangenen Instrumente auf die Förderung von Qualität und Transparenz, sondern auf die weiter oben angesprochene Problematik der unterschiedlichen Partizipation der Beschäftigten an der Weiterbildung.

Finanzielle Förderung

Nicht nur eine verstärkte rechtliche Regulierung als Ausdruck einer intensiveren öffentlichen Verantwortung wird diskutiert, sondern auch Möglichkeiten einer stärkeren finanziellen Förderung von Weiterbildung. Bislang konzentrieren sich öffentliche Zuschüsse auf eine institutionelle Förderung (etwa im Rahmen der Weiterbildungsgesetze der Länder) sowie auf eine individuelle Förderung (im Rahmen der SGB-II/III-Regelungen). Strittig ist, ob darüber hinaus weitere finanzielle Förderungen erforderlich und möglich sind. Angesichts der Haushaltsprobleme der Öffentlichen Hand ist hiervon in absehbarer Zeit kaum auszugehen. Als Tendenz zeichnet sich eher ab, solche Vereinbarungen den Tarifvertragsparteien zu überlassen.

Infrastrukturelle Unterstützung

Hier geht es um die breite *Etablierung von Beratungs- und Informationsangeboten*. Ziel ist insbesondere die Förderung von Transparenz im Weiterbildungsbereich. Die in der Einleitung aufgeführte Fallstudie repräsentiert hier nicht nur einen Einzelfall. Vielfältige Initiativen sind vor diesem Hintergrund auf die Implementierung von (regionalen) *Weiterbildungsdatenbanken* gerichtet. Die größte Datenbank wird derzeit mit KURSNET[253] bei der Bundesagentur für Arbeit geführt. Sie umfasst derzeit im Bereich der beruflichen Weiterbildung über 600.000 Kurse von über 20.000 Anbietern. Sie gibt einen Überblick über frei zugängliche Maßnahmen der beruflichen Aus- und Weiterbildung, der Berufsvorbereitung, schulischer Ausbildung und Weiterbildung. Die Nutzer können auf diese Datenbank bei den Berufsinformationszentren, über das Internet oder über CD-ROM zugreifen.

Ein Problem bei der Etablierung von Weiterbildungsdatenbanken ist darin zu sehen, dass mittlerweile über 100 unterschiedlich strukturierte Datenbanken im Internet zu finden sind. Durch diese hohe Zahl wird das Ziel der Förderung von Transparenz konterkariert. Eine Ist-Analyse (Bundesministerium für Bildung und Forschung 2001, S. 227 f.) hat ergeben, dass es für individuelle Nachfrager oder Betriebe sehr schwierig sei, ohne großen Aufwand relevante Informationen zu erschließen. Im Prinzip seien die Informationen zumeist im Internet verfügbar, aber es sei eher zufällig, was man findet. Daher ist vom BMBF der Aufbau einer interessenneutralen, zentralen Anlaufstelle im Internet gefördert worden. Entwickelt wurde dadurch die Metasuchmaschine www.iwwb.de.

Infrastrukturelle Unterstützung ist aber nicht nur auf die Verbesserung der informationellen Versorgung über Datenbanken gerichtet. Daneben sind in vielen Regionen *Weiterbildungsberatungsstellen* gegründet worden. Derzeit existieren mindestens 142 solcher Beratungsstellen (ebd., S. 226). Ihre Aufgabe ist es, eine trägerunabhängige Beratung von Bürgern oder Betrieben bei der Weiterbildung zu gewährleisten. Zum Teil werden auch Bildungsanbieter bei der Konzipierung von Kursen unterstützt. Die Aufgabenschwerpunkte dieser Beratungsstellen haben sich seit ihren Anfängen (in den 70er Jahren) beständig gewandelt. Nach einer Empfehlung des Arbeitskreises „Bildungs- und Weiterbildungsberatung" an den Deutschen Städtetag vom 10. Januar 2000 werden als zentrale Aufgaben der Weiterbildungsberatung die in Abb. 5.2-6 genannten Aspekte angesehen.

---

[253]   http://www.kursnet.arbeitsagentur.de/kurs/index.jsp.

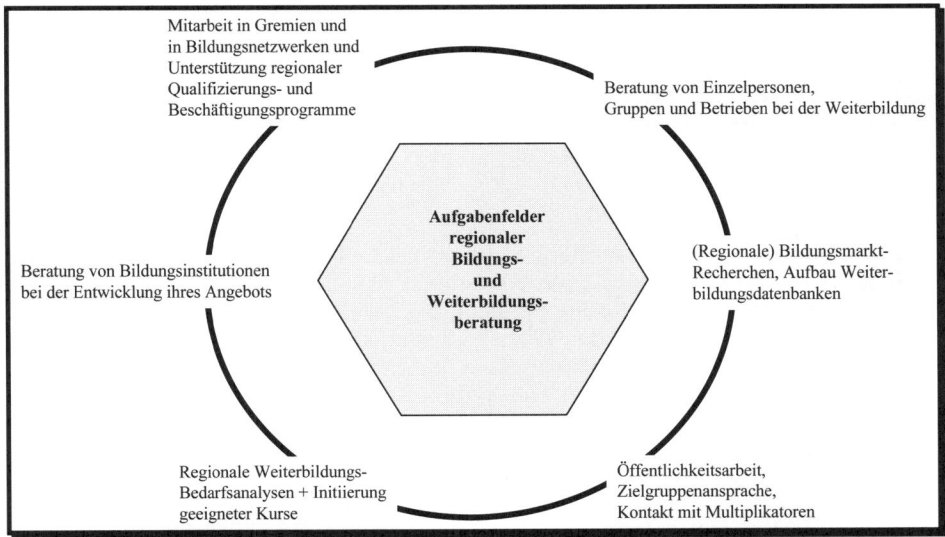

Abb. 5.2-6: Aufgabenfelder regionaler Bildungs- und Weiterbildungsberatungsstellen als infrastrukturelle Unterstützung der beruflichen Weiterbildung

Institutionelle Gewährleistung

Als letztes Handlungsfeld einer verstärkten öffentlichen Verantwortung in der beruflichen Weiterbildung wird diskutiert, ob und inwiefern öffentliche Institutionen ihrerseits *Weiterbildungsangebote* verstärkt sichern sollen. Dabei geht es vor allem um den Umfang öffentlich regulierter eigener Weiterbildungsangebote, wie etwa bei der VHS, bei Universitäten oder Fachhochschulen, bei Fachschulen oder bei regionalen Kompetenzzentren.

Übung: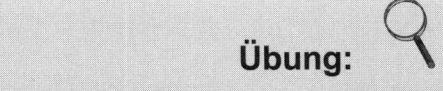

5   In Kapitel 5.2.2 dieses Buches sind zentrale Probleme des offenen Weiterbildungsmarktes thematisiert worden. Welche dieser Probleme lassen sich durch welche Strategien im Kontext einer stärkeren öffentlichen Verantwortung (wie sie in Kapitel 5.2.4 besprochen worden sind) bearbeiten? Begründen Sie Ihre Aussagen!

Daneben geht es aber auch um *Unterstützung der Arbeit in sog. „Qualifizierungsnetzwerken".* Was sind „Qualifizierungsnetzwerke"? Sie haben als relativ junger Ansatz im vergangenen Jahrzehnt bildungspolitisch und -praktisch stark an Bedeutung gewonnen. Hierüber informiert der folgende Abschnitt.

5.2.5 Kooperationsmodelle in der Weiterbildung

Im vorangegangenen Abschnitt sind mögliche Präzisierungen des Etiketts „öffentliche Verantwortung" in der beruflichen Weiterbildung vorgenommen worden. Sie machen deutlich, dass die Forderung nach „mehr Staat" in der Weiterbildung keinesfalls zwangsläufig mit mehr Bürokratismus konnotiert ist. Gleichwohl zeichnet sich neben einem rein marktwirtschaftlichen Weg bzw. einem staatlich reguliertem Weg ein sog. „dritter Weg" ab. Ein Grundgedanke hierbei besteht darin, dass viele Probleme des offenen Weiterbildungsmarktes vor allem auf die Vielzahl und Heterogenität der Anbieter zurückzuführen ist. Ein „marktkonformer" Ausweg, der gleichwohl die aufgezeigten Probleme reduziert, wird im Aufbau von Kooperationen im Rahmen von Qualifizierungsnetzwerken gesehen.

Bei Qualifizierungsnetzwerken handelt es sich um eine Form der Kooperation, bei der es um die Zusammenarbeit von Weiterbildungsanbietern geht. Davon abzugrenzen ist eine andere Form der Kooperation, die bereits in Kapitel 4.4.2.2 angesprochen worden ist, nämlich die des Weiterbildungsmarketings, bei der es um die Kooperation zwischen Weiterbildungsanbietern und Nachfragern von Weiterbildung (z. B. KMU) geht. Im zuletzt genannten Fall werden Kooperationen als eine Strategie begriffen, um zu einer „Kundenorientierung" in der Weiterbildung zu gelangen. Weiterbildungsanbieter wandeln sich dabei zu „Dienstleistungszentren im Weiterbildungsbereich".

Während Kooperationen (zwischen Anbietern und Nachfragern) im Bildungsmarketingansatz also einer Strategie zur Entwicklung einer kundenorientierten Herangehensweise und letztlich zur Gewinnung neuer Kunden dienen, stellen Kooperationen bei Qualifizierungsnetzwerken ein organisatorisches Kennzeichen dar. Eine gängige Definition von Qualifizierungsnetzwerken findet sich in Anlehnung an Wegge im folgenden Info-Kasten.

Info

Qualifizierungsnetzwerke

Sind "lockere, aber auch in Grenzen formalisierte Zusammenschlüsse (Vereinsgründungen) von unterschiedlichen kollektiven Akteuren ..., die im Bereich der beruflichen Weiterbildung auf regionaler Ebene zusammenarbeiten"

(Wegge, M.: Qualifizierungsnetzwerke - Netze oder lose Fäden? Opladen 1996, S. 20.)

Was besagt diese formale Definition? Zentral in dieser Definition sind die Begriffe Kooperation und Akteur. Wer ist also Akteur und was heißt Kooperation in Qualifizierungsnetzwerken? Als Akteure in Qualifizierungsnetzwerken kommen *zunächst* alle Weiterbildungsanbieter einer Region in Frage (vgl. Abb. 5.2-7).

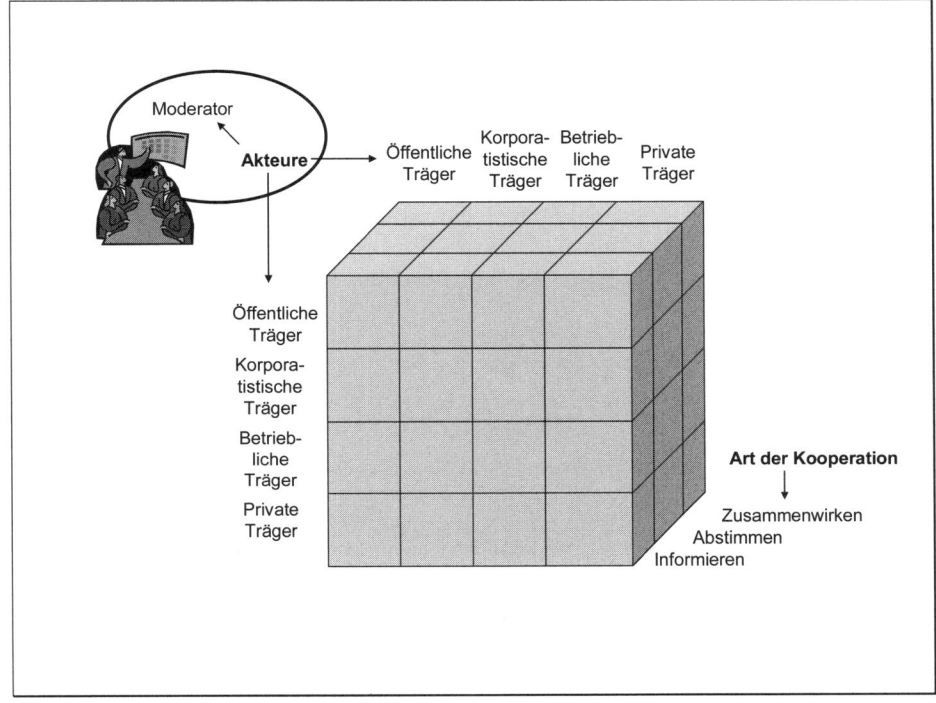

Abb. 5.2-7: Typisierung von Qualifizierungsnetzwerken

Hieraus lassen sich vielfältige Beispiele für Netzwerke ableiten. So kooperieren beispielsweise die VHS und das – gewerkschaftliche orientierte – bfw im Verein „Arbeiten und Lernen". Ziel dabei ist, durch die Kooperation die jeweiligen Weiterbildungskapazitäten besser auszuschöpfen, aber auch allgemeines, berufliches und politisches Lernen zu verbinden. Andere Kooperationen beziehen sich auf korporatistische, private und betriebliche Akteure. Dadurch wird versucht, systematisches (theorieorientiertes) Lernen bei Weiterbildungsanbietern mit kasuistischem Lernen in Betrieben zu verbinden. Wieder andere Kooperationen beziehen sich ausschließlich auf betriebliche Akteure. Ähnlich wie bei Ausbildungsverbünden im Bereich der dualen Erstausbildung werden hier bspw. Ressourcen eines (Groß-)Betriebs für Weiterbildungsaktivitäten bei KMU genutzt. In vielen Fällen kommen neben den in Abb. 5.2-7 genannten Anbieter-Akteuren weitere *Akteure aus dem regionalpolitischen Kontext* hinzu. Sie übernehmen vor allem Steuerungsfunktionen. Darauf wird weiter noch näher eingegangen.

Das Spektrum von Qualifizierungsnetzwerken ist also breit. Es gewinnt weiter an Komplexität durch die Berücksichtigung der *Art der Kooperationen*. In Anlehnung an Buschfeld/Euler/Reemtsma (1995), die ihre Typisierung im Hinblick auf die Thematik der Lernortkooperation im dualen System entwickelt haben, lassen sich drei Stufen der Kooperation unterscheiden und auf den Weiterbildungsbereich übertragen:

a) *„Information"* ist die seichteste Form der Kooperation. Man tauscht Informationen aus, jeder Weiterbildungsanbieter behält aber seine vollständige Autonomie. Die Information kann gegenseitig erfolgen, aber auch gemeinsam an Dritte gerichtet sein. Ein Beispiel für Kooperationen auf dieser Ebene ist der Austausch der jeweiligen Seminarprogramme oder die Durchführung von Regionalkonferenzen.

b) *„Abstimmen"*: Die Weiterbildungsangebote werden weiterhin zwar getrennt durchgeführt, aber man folgt beispielsweise gemeinsamen Grundprinzipien bei der Weiterbildung oder versucht Redundanzen im Angebot zu reduzieren.

c) *„Zusammenwirken"*: Hier geht es um die partiell gemeinsame Durchführung von Weiterbildungsangeboten. Die Weiterbildungsanbieter geben hier ein Stück weit ihre Autonomie auf. Ein Beispiel hierfür ist (aus dem universitären Bereich) der virtuelle Campus, bei dem man Angebote von verschiedenen Hochschulen kombinieren kann.

Übung: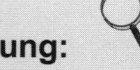

6   Grenzen Sie den Begriff „Qualifizierungsnetzwerk" vom Kooperationsansatz „Bildungsmarketing" ab.

7   Sie sind Mitarbeiter bei einem Weiterbildungsträger, der sich am Aufbau eines regionalen Qualifizierungsnetzwerkes beteiligen will. In einem ersten Schritt sollen in diesem Netzwerk ausschließlich öffentliche und korporatistische Akteure kooperieren. Für eine Gesprächsrunde zwischen den beteiligten Akteuren sollen Sie drei Konzeptentwürfe vorbereiten. Diese Konzeptentwürfe sollen auf unterschiedliche Kooperationsintensitäten (Informieren, Abstimmen, Zusammenwirken) abzielen. Skizzieren Sie drei solche Ansätze. Gehen Sie dabei auf die jeweiligen bildungspolitischen bzw. -theoretischen Vorzüge gegenüber einer rein marktwirtschaftlichen Lösung ein, die auf jede Form der regionalen Kooperation verzichtet!

Was sind die Vorzüge von Qualifizierungsnetzwerken? Zwei Perspektiven sind dabei zu unterscheiden: a) die bildungspolitische Sicht, b) die ökonomische Sicht.

Zunächst zur bildungspolitischen Sicht.

In Qualifizierungsnetzwerken wird der so genannte *„dritte Weg"* zwischen einer marktwirtschaftlichen und einer staatlich regulierten Lösung im Weiterbildungsbereich gesehen. Qualifizierungsnetzwerken wird das Potenzial zugesprochen, eigene Steuerungsleistungen jenseits des Staates zu übernehmen, um damit den aufgezeigten Problemen des offenen Weiterbildungsmarktes zu begegnen. Worin können diese Steuerungsleistungen bestehen? Folgende bildungspolitische Argumentationen werden dabei zentral betont:

- gemeinsame Angebotsplanung,
- gemeinsame Bedarfserhebung,
- trägerübergreifende Beratung,
- Qualitätssicherung,
- Verbindung unterschiedlicher didaktisch-methodischer Konzepte.

Eine gemeinsame *Angebotsplanung* zielt zum einen auf eine Erhöhung der Transparenz. Sie wird erreicht durch eine gemeinsame Veröffentlichung der Kursangebote in Form von Broschüren oder netzgestützten Weiterbildungsdatenbanken. Die kooperative Angebotsplanung ermöglicht aber auch eine bessere Ausnutzung der Ressourcen. Teure Investitionen in Infrastruktur hat nicht jeder einzelne Anbieter zu leisten.

Dadurch erhofft man sich zugleich, die Qualität der Weiterbildung im Qualifizierungsnetzwerk gegenüber einer individualistischen Lösung zu heben.

In Kapitel 4.4.2.1 ist bereits angesprochen worden, dass sich die Programmplanung bei Weiterbildungsanbietern nicht unproblematisch darstellt, weil es an Informationen über die regionalen *Weiterbildungsbedarfe* mangelt. Vorschläge, zuvor regionale Bedarfsanalysen durchzuführen, scheitern zumeist angesichts des Aufwandes, den jeder Weiterbildungsträger zu tragen hätte. Außerdem bestünde das Risiko, dass dieselben Unternehmen mehrfach durch unterschiedliche Weiterbildungsanbieter befragt würden. Im Rahmen von Qualifizierungsnetzwerken könnte der Aufwand kooperativ getragen und das Risiko von Mehrfachbefragungen reduziert werden.

Im Hinblick auf den Aspekt der *trägerübergreifenden Beratung* übernehmen hier Qualifizierungsnetzwerke eine ähnliche Funktion wie regionale Weiterbildungsberatungsstellen (vgl. hierzu Abb. 5.2-6).

Ein Kerngedanke der Qualifizierungsnetzwerke besteht daneben vor allem in der *Qualitätssicherung*. Im vorangegangenen Abschnitt ist bereits dargestellt worden, durch welche verschiedenen Instrumente versucht wird bzw. werden soll, Qualität in der beruflichen Weiterbildung zu sichern. Protagonisten der Qualifizierungsnetzwerke verweisen insbesondere auf das Potenzial, Qualitätsstandards für die beteiligten Anbieter einheitlich zu fixieren. Beispielsweise könnten netzwerkweite Standards bezüglich der fachlichen und pädagogischen Eignung definiert und dann auch für potenzielle Nachfrager transparent gemacht werden. Gerade hierin wird der „dritte Weg" gesehen. Nicht der Staat definiert Qualitätsvorgaben, aber auch nicht – wie bei ISO-9000 oder EFQM – jeder einzelne Anbieter seine eigenen Standards, die dann für Nachfrager völlig intransparent bleiben, sondern Netzwerke als Ganzes definieren über Institutionsgrenzen hinweg ihre Qualitätskriterien und tragen sie nach außen.

Ein weiterer bildungspolitischer Vorzug wird in der *Verbindung unterschiedlicher didaktisch-methodischer Konzepte* im Rahmen von Lernortkombinationen gesehen. So kann erreicht werden, dass kursbezogenes Lernen mit Lernen am Arbeitsplatz verbunden wird.

Neben bildungspolitischen Vorzügen werden aber auch *ökonomische Vorteile* in solchen Kooperationsmodellen gesehen. Eine Erklärung hierfür liefert der *Transaktionskostenansatz*: In der Praxis verbreitet sind vor allem zwei Modelle der betrieblichen Weiterbildung. Zum einen eine eigene betriebsinterne Weiterbildung („*interne Lösung*"). Eine solche Weiterbildung kann genau auf die jeweiligen betrieblichen Bedarfe hin zugeschnitten werden. Nachteilig sind dagegen die relativ hohen Kosten durch die gebundenen Ressourcen. Bei der „*externen Lösung*" wird dagegen auf externe Weiterbildungsanbieter zurückgegriffen. Die Kosten durch gebundene Ressourcen sind dabei vergleichsweise gering, allerdings treten in hohem Maße Such- und Anbahnungskosten und Kosten für die Anpassung an die betrieblichen Bedarfe auf. Hier bieten Qualifizierungsnetzwerke einen – theoretisch kostengünstigen (Wegge 1996) – Mittelweg an. Die Bindung eigener Ressourcen bleibt gering, zugleich werden aber die Transaktionskosten durch das Netzwerk reduziert. Nach dieser These sind Qualifizierungsnetzwerke demnach auch ökonomisch rational. Allerdings steht eine empirische Überprüfung dieser These noch aus.

Die bisherigen Erfahrungen mit Qualifizierungsnetzwerken sind ambivalent. Die meisten beschränken sich auf eine kooperative Informationspolitik, also auf die niedrigste Stufe der Kooperation. Zentral für die Etablierung und Persistenz von Qualifizierungsnetzwerken ist zum einen, dass möglichst jeder Akteur einen Nutzen aus der Kooperation ziehen muss, dass es sich also um win-win-Situationen handeln muss.

Dies ist bei einer gegenseitigen Konkurrenzlage nicht immer einfach zu realisieren. Zum anderen erweist sich – wie auch aus den Diskussionen um virtuelle Unternehmen bekannt (Schuh/Millag/Göransson 1998) – gegenseitiges Vertrauen als zentrale Voraussetzung. In der Netzwerkforschung spricht man von der Notwendigkeit eines *„Vertrauensmanagements"* in Netzwerken. Damit gemeint ist, dass vertrauensförderliche Rahmenbedingungen und Situationen geschaffen werden, damit sich Vertrauen (weiter-)entwickeln kann. Dazu gehört auch, dass der schwierige Kommunikationsprozess zwischen den Weiterbildungsanbietern durch einen Moderator organisiert werden muss. Dies ist der Grund, warum in Qualifizierungsnetzwerken häufig neben den Weiterbildungsanbietern als weiterer Akteur Vertreter aus dem (regional-)politischen Kontext einbezogen werden. Dieser Akteur darf – aus Vertrauensgesichtspunkten heraus – keine eigenen Interessen in die Kooperation mit einbringen. Deswegen hat es sich in der Praxis auch als schwierig erwiesen, Kammern in Qualifizierungsnetzwerken einzubeziehen, weil sie mit ihrem eigenen Angebot in der jeweiligen Region eine hohe Definitionsmacht haben. Das Interesse, sich in Qualifizierungsnetzwerke einzubinden, ist daher eher gering. Wenn es aber dazu kommt, dann besteht das Risiko einer Dominanz, was ebenfalls unter Vertrauensgesichtspunkten kritisch zu beurteilen ist.

Übung: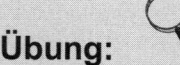

8   Erläutern Sie, warum Qualifizierungsnetzwerke als „dritte Weg" bezeichnet werden! Was ist der erste bzw. zweite Weg und welche Probleme sind damit jeweils verbunden?

5.2.6 Vertiefung: Rechtliche Regulierungen im Detail[254]

5.2.6.1 Weiterbildungsgesetze der Länder

Im Folgenden werden zunächst die Weiterbildungsgesetze der Länder thematisiert. Dabei soll es nicht um jede Detailregelung gehen, sondern eher um die Herausarbeitung der Strukturprinzipien und der in den Gesetzen verankerten Förderungsgrundsätze. Es sollen hier auch nicht alle Weiterbildungsgesetze der Länder erörtert werden, vielmehr erfolgt eine exemplarische Erörterung für Bayern[255] und NRW[256]. In den Ländern werden in diesem Kontext unterschiedliche Begrifflichkeiten verwendet, nämlich „Weiterbildungsgesetz" (z. B. NRW) oder „Erwachsenenbildungsgesetz" (z. B. Bayern. Die einzelnen länderspezifischen Regelungen weichen zumeist nur in Details und Formulierungen voneinander ab, was in der Praxis kaum Konsequenzen nach sich zieht.

Wie ist es zu den Weiterbildungsgesetzen gekommen? Die ersten gesetzlichen Regelungen wurden Ende der 60er/Anfang der 70er Jahre getroffen. NRW und Bayern haben ihre Gesetze im Jahr 1974/75 erlassen. Hintergrund waren die Diskussionen zur Weiterbildung in den 60er Jahren, insbesondere das „Gutachten des Deutschen Ausschusses für das Erziehungs- und Bildungswesen" von 1960 und der Struktur-

---

[254]   Auf den Einfluss der europäischen Berufsbildungspolitik wird hier aus Platzgründen nicht näher eingegangen. Vgl. hierzu Ant (2006).

[255]   In der zuletzt geänderten Fassung vom 10.03.2006. Quelle:
http://by.juris.de/by/gesamt/ErwBildFoerdG_BY.htm#ErwBildFoerdG_BY_Art10 (Stand: 15.05.2008).

[256]   In der zuletzt geänderten Fassung vom 14.04.2000. Quelle:
http://www.schulministerium.nrw.de/BP/Weiterbildung/Weiterbildungsgesetz.pdf (Stand 15.05.2008).

plan für das deutsche Bildungswesen von 1970. Diese Diskussionen haben einen entscheidenden Beitrag dazu geleistet, die öffentliche Förderung von Weiterbildung zu legitimieren. Infolge dessen ist die Förderung von Weiterbildungsträgern immer ein Kernbestandteil aller Weiterbildungsgesetze geblieben. Allerdings ist diese an Voraussetzungen gebunden.

Im Folgenden sollen drei Fragen erörtert werden:

1. Welche Voraussetzungen müssen Einrichtungen der Weiterbildung erfüllen, wenn sie gefördert werden wollen?

2. Welche Ziele und Inhalte sind für die Weiterbildung im Rahmen des Weiterbildungsgesetzes vorgeschrieben?

3. Welche Förderung ist vorgesehen?

Zunächst zur ersten Frage.

Auch hier sollen nicht alle Details angesprochen werden. In der folgenden Abbildung werden - zu Komplexen gebündelt - nur jene Bestimmungen aufgeführt, die länderübergreifend gelten.

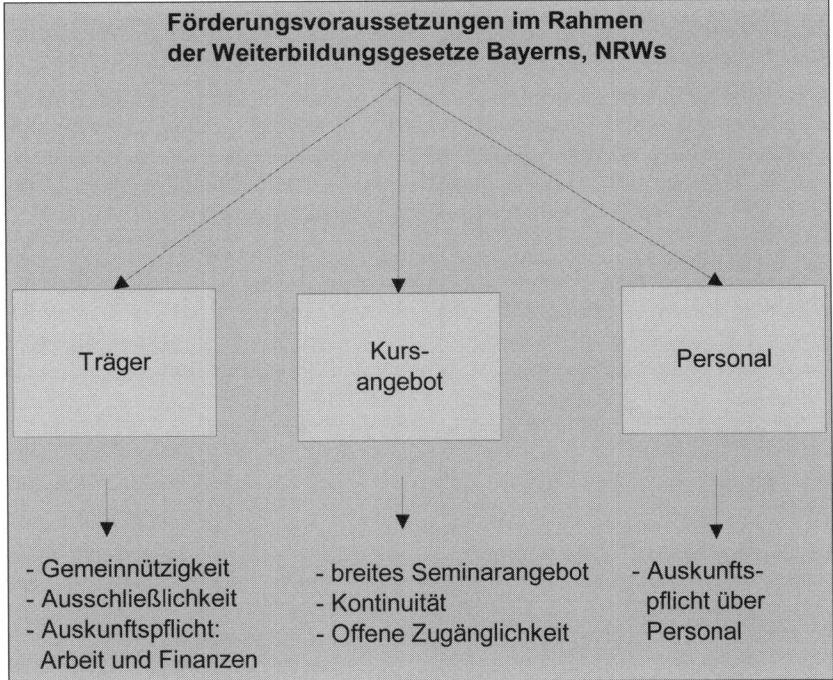

Abb. 5.2-8: Förderungsvoraussetzungen im Rahmen der Weiterbildungsgesetze der Ländern Bayern und Nordrhein-Westfalen

Gemeinnützigkeit

• Dieses Kriterium ist in allen Weiterbildungsgesetzen direkt oder indirekt genannt. Durch diese Regelung werden alle kommerziellen Weiterbildungsanbieter ausgeschlossen: Weiterbildungsträger dürfen also *keine Gewinnabsicht* verfolgen.

- In NRW wird zusätzlich gefordert, dass die Weiterbildung nicht vorrangig einem einzelnen Betrieb zugute kommen darf. Damit werden Institutionen ausgegrenzt, die ausschließlich betrieblichen Interessen dienen.

Ausschließlichkeit

Gefördert wird nur, wenn der Weiterbildungsträger *ausschließlich Weiterbildungsangebote* unterbreitet, eine Verkopplung mit anderen Geschäften ist unzulässig (z. B. Weiterbildung durch Softwarehäuser).

Auskunftspflicht

Die Weiterbildungsträger sind verpflichtet, über Arbeitsinhalte, aber auch über die Finanzierung Auskunft zu erteilen. Dabei ist darzulegen, dass – wie es in NRW heißt – die Mittel ordnungsgemäß verwendet worden sind. Auch ist über die durchgeführten Lehrveranstaltungen den staatlichen Behörden Bericht zu erstatten.

Breite des Angebots

- Dies ist nicht nur, aber auch *quantitativ* gemeint. Festgelegt wird in allen Weiterbildungsgesetzen, dass ein bestimmter Mindestumfang an Weiterbildung anzubieten ist. Während Bayern allgemein fordert, dass ein Mindestarbeitsumfang gegeben sein muss, konkretisiert NRW das quantitative Mindestangebot: Mindestens 2.800 Unterrichtsstunden[257] jährlich müssen angeboten werden.

- Bedeutsamer ist die *qualitative* Festlegung zur Breite des Angebots. Alle Weiterbildungsgesetze bestimmen, dass Weiterbildungseinrichtungen, die nur Spezialangebote offerieren, nicht gefördert werden. Direkt oder indirekt geht aus den Gesetzen auch hervor, dass Weiterbildungseinrichtungen, die überwiegend oder ausschließlich berufliche Fortbildung/Umschulung anbieten, ebenfalls nicht gefördert werden. Mit „Breite" ist also auch ein thematisches Feld gemeint. Darauf wird zurückzukommen sein.

Kontinuität

Nicht gewollt ist eine Förderung von Einrichtungen, die nur sporadisch Weiterbildungsangebote unterbreiten. NRW fordert daher, dass die Bildungsstätte „nach Art und Umfang ihrer Tätigkeit die Gewähr der Dauer" bietet (§ 15 (2), Satz 1). Bayern fordert, dass die Einrichtung eine planmäßige, *beständige* pädagogische Arbeit leistet.

Offene Zugänglichkeit

Eine entsprechende Regelung enthalten alle Weiterbildungsgesetze. Sie resultiert aus der staatlichen Verantwortung für die Weiterbildung, die sich aus dem Grundgesetz ergibt. In Bayern heißt es bspw. im Artikel 4 (2): „Einrichtungen der Erwachse-

---

[257]   In früheren Fassungen war diese Schwelle mit 600 Unterrichtsstunden noch deutlich niedriger.

nenbildung sind jedermann ohne Rücksicht auf schulische Vorbildungsnachweise, gesellschaftliche und berufliche Stellung, politische und weltanschauliche Zugehörigkeit offen, wobei dem Einzelnen die Auswahl unter den verschiedenen Angeboten vorbehalten bleibt".

Ausgeschlossen sind mit dieser Regelung wiederum alle betrieblichen oder betriebsbezogenen Weiterbildungseinrichtungen. Alle Einrichtungen, die sich exklusiv an bestimmte Gruppen richten (z. B. Weiterbildungsangebote der DATEV) fallen damit ebenfalls heraus.

Personal

Hier gibt es nur wenige explizite Vorschriften. NRW fordert, dass die Einrichtung der Weiterbildung von *pädagogischen* Mitarbeitern *geführt* werden muss (§ 12(3)); Bayern fordert ausdrücklich, dass die Einrichtung von einer nach Ausbildung, beruflichem Werdegang oder praktischer Erfahrung geeigneten Person geleitet werden muss und dass geeignete Lehrkräfte verwendet werden müssen.

In den meisten neueren Weiterbildungsgesetzen der Länder finden sich allerdings auch Vorschriften zur fachlichen und pädagogischen Eignung des Personals, zu erforderlichen Maßnahmen der Qualitätssicherung, zu Evaluation und Controlling und zur Kooperation mit anderen Institutionen.

Kommen wir zur *zweiten Frage*: Welche Ziele sollen verfolgt werden? Die meisten Weiterbildungsgesetze enthalten explizite Zielformulierungen, in NRW fehlt dies weitgehend. In § 1(1) heißt es lediglich: „Jede und jeder hat das Recht, die zur freien Entfaltung der Persönlichkeit und zur freien Wahl des Berufs erforderlichen Kenntnisse und Qualifikationen zu erwerben und zu vertiefen". Nach Absatz (2) haben Einrichtungen der Weiterbildung ein solches Angebot bereitzustellen. Die bayerischen Formulierungen sind konkreter und stehen symptomatisch für andere Weiterbildungsgesetze. Als Ziele werden hier formuliert: Förderung von Selbstverantwortung, Selbstbestimmung, Urteils-, Entscheidungsfähigkeit, Vertiefung und Erneuerung von Bildung, Abbau von Vorurteilen, Verständnis gesellschaftlicher und politischer Vorgänge sowie Förderung von Kreativität. An diesen Formulierungen wird deutlich, dass sich die Weiterbildungsgesetze vor allem auf den sog. Bereich der „allgemeinen Weiterbildung" beziehen. Dies schließt nicht aus, dass auch beruflich orientierte Kurse angeboten werden können.

Dies kommt auch in der Auflistung der Inhaltsbereiche der Weiterbildung zum Ausdruck: In Bayern wird neben der persönlichen, gesellschaftlichen und politischen auch die berufliche Weiterbildung genannt. In NRW ist von allgemeiner, politischer, beruflicher und kultureller Weiterbildung die Rede (§ 3 (1)).

In beiden Ländern wird also auch die berufliche Weiterbildung genannt. Ist dies ein Widerspruch zu den übergeordneten Zielsetzungen? Nein, denn in beruflich ausgerichteten Kursen sind immer nur diese übergeordneten Ziele mit zu berücksichtigen. In NRW heißt es: Die Vermittlung ist nach dem „Grundsatz der Einheit von Bildung zu planen und zu organisieren" (integrativer Aspekt, § 3(2)). Crash-Kurse sind von einem solchen Verständnis allerdings nicht abgedeckt.

Vor dem Hintergrund dieser Kriterien stehen insbesondere folgende Einrichtungen exemplarisch für die Förderung nach den Weiterbildungsgesetzen:

- VHS
- Akademie für politische Bildung und Information

- Arbeit und Leben des DGB
- Bildungswerke der Konrad-Adenauer-Stiftung
- DGB-Bildungswerk
- Friedrich-Ebert-Stiftung
- Theodor-Heuss-Akademie
- Landeszentralen für politische Bildung
- Familienbildungswerke der AWO
- Seniorenbildungswerke
- Kath. Bildungswerke
- Arbeiter-Bildungsvereine
- Bildungswerke der Wirtschaft
- Deutsche-Angestellten-Akademie
- Berufsbildungszentren der IHK (können anerkannt sein)

Häufig ist auch zu beobachten, dass Weiterbildungsträger fusionieren, um ein breites Angebot gemäß Weiterbildungsgesetz offerieren zu können. In Bonn hat bspw. der sog. Wissenschaftsladen e. V. (thematischer Schwerpunkt „Umwelt") ein Bildungszentrum für Gesundheit, Ökologie und Soziales übernommen. Dadurch wurde ein breites Angebot möglich (Elektrosmog, Gesundheit, Ökologie, Kunst als Medium der Umweltbildung usw.).

Mit der Anerkennung, die nach außen hin auch als Qualitätssiegel verwendet wird, ist zugleich eine Förderung verbunden. Wie sieht nun diese aus (*dritte Frage*)?

Generell handelt es sich um trägerbezogene Zuschüsse (also nicht an Teilnehmer, sondern an die Einrichtungen). Während NRW Personalkosten und Maßnahmen, die nach Unterrichtsstunden und Teilnehmertagen berechnet werden, bezuschusst (§ 7), wird in Bayern nicht zwischen Personal- und Sachkosten unterschieden. Die Zuschüsse werden in Bayern an die Landesorganisationen der Träger gerichtet. Diese leiten sie an die zugehörigen Einrichtungen weiter. Dabei soll der Umfang der Bildungsarbeit, aber auch die strukturelle Lage der Region (Versorgung ländlicher Gebiete) besonders berücksichtigt werden. Allerdings enthält das Erwachsenenbildungsgesetz in Bayern keinerlei Angaben zur Höhe der Zuschüsse. Sie stehen unter Haushaltsvorbehalt! In NRW gibt es explizite Vorgaben zu wie viel Prozent die Personalkosten bezuschusst werden (§ 16) Dabei wird die VHS (im Rahmen einer Grundversorgung) mit höheren Quoten gefördert. Für die dabei zugrunde zu legenden Durchschnittsbeträge erfolgt allerdings eine jährliche Festsetzung im Haushaltsgesetz.

Durch die Weiterbildungsgesetze ist es zu einer gewissen Kontinuität in der Planung und Durchführung von Bildungsveranstaltungen gekommen. Gleichwohl ist es noch nicht in allen Regionen zu einer Grundversorgung gekommen (ländliche Regionen sind in der Erwachsenenbildung noch deutlich zurück). Als ein wesentliches Problem erweist sich die Haushaltsabhängigkeit der Förderung. Im Zuge der sich zuspitzenden Haushaltslage werden Förderungen immer weiter reduziert, was wiederum zu Einschränkungen im Angebot oder zur Erhöhung von Teilnehmergebühren führt (wie bspw. auch bei der VHS). Gerade dies läuft dann wieder dem Prinzip der staatlichen Verantwortung für die Erwachsenenbildung entgegen.

5.2.6.2 Fortbildungsordnungen

Fortbildungsordnungen sind bislang nur für den Bereich der formalen Aufstiegsfortbildung erlassen worden. Der quantitative Anteil an der gesamten Weiterbildung ist gering. Auf die geschätzt 30 Mio. Teilnahmefälle in der Weiterbildung jährlich kommen gerade einmal rund 125.000 Prüfungsfälle in der Aufstiegsfortbildung (BMBF 2006, S. 253). Dabei ist diese Zahl in den vergangenen Jahren noch deutlich und beständig gesunken. Noch 1992 betrug die Zahl der Prüfungsfälle mehr als 171.000. Für diesen Rückgang war auch maßgeblich, dass – wie im folgenden Abschnitt 5.2.6.3 angesprochen wird – 1994 die finanzielle Basis für die Aufstiegsfortbildung verloren gegangen ist.

Fortbildungsordnungen umfassen – ähnlich wie Ausbildungsordnungen für die betriebliche Berufsausbildung – die Bezeichnung des Abschlusses, Inhalte und Ziele der Fortbildung, Zulassungsvoraussetzungen für die Prüfung sowie die Prüfungsanforderungen und -verfahren.

Den rechtlichen Rahmen für die Aufstiegsfortbildung bildet das Berufsbildungsgesetz, insbesondere die §§ 53 und 54 bzw. § 42 HwO.

Info

§ 53

Fortbildungsordnung
(1) Als Grundlage für eine einheitliche berufliche Fortbildung kann das Bundesministerium für Bildung und Forschung im Einvernehmen mit dem Bundesministerium für Wirtschaft und Arbeit oder dem sonst zuständigen Fachministerium nach Anhörung des Hauptausschusses des Bundesinstituts für Berufsbildung durch Rechtsverordnung, die nicht der Zustimmung des Bundesrates bedarf, Fortbildungsabschlüsse anerkennen und hierfür Prüfungsregelungen erlassen (Fortbildungsordnung).
(2) Die Fortbildungsordnung hat festzulegen
1. die Bezeichnung des Fortbildungsabschlusses,
2. das Ziel, den Inhalt und die Anforderungen der Prüfung,
3. die Zulassungsvoraussetzungen sowie
4. das Prüfungsverfahren.

§ 54
Fortbildungsprüfungsregelungen der zuständigen Stellen
Soweit Rechtsverordnungen nach § 53 nicht erlassen sind, kann die zuständige Stelle Fortbildungsprüfungsregelungen erlassen. Die zuständige Stelle regelt die Bezeichnung des Fortbildungsabschlusses, Ziel, Inhalt und Anforderungen der Prüfungen, die Zulassungsvoraussetzungen sowie das Prüfungsverfahren.

Übung:

9   Was sind die zuständigen Stellen und welche Funktionen haben sie im Kontext der beruflichen Erstausbildung?

10   Was sind die Mindestbestandteile einer Ausbildungsordnung für den betrieblichen Teil der Berufsausbildung?

Wie §§ 53 und 54 BBiG verdeutlichen, sind zwei Formen bei der Aufstiegsfortbildung zu unterscheiden, nämlich Kammer-Regelungen sowie bundesweite Regelungen.

Vor dem Hintergrund der ursprünglichen Zielsetzung beim Erlass des Berufsbildungsgesetzes von 1969, nämlich der Vereinheitlichung und Vergleichbarkeit in der beruflichen Weiterbildung, wäre zu erwarten gewesen, dass der quantitative Schwerpunkt bei den bundesweiten Regelungen gelegen hätte. Die Praxis in den vergangenen Jahren hatte jedoch gezeigt, dass die meisten Fortbildungsordnungen auf regionaler Ebene erlassen worden sind. 1996 existierten auf Kammerebene insgesamt 2.250 Regelungen, die sich im interregionalen Vergleich häufig mehr oder weniger ähnelten. Nach Angaben des Berufsbildungsberichts ließen sich dabei allenfalls 300 unterschiedliche Fortbildungsprofile unterscheiden. Dem standen lediglich ein gutes Dutzend bundesweiter Regelungen gegenüber.

Es stellt sich die Frage, warum so selten auf das Instrument bundeseinheitlicher Regelungen zurückgegriffen worden ist. Auch hier wurde das Prinzip „Mehr Markt statt mehr Staat" präferiert. Die Wirtschaftsverbände sperrten sich gegen einen zu großen Einfluss des Staates.

In den letzten Jahren hat sich hier jedoch ein vorsichtiger Umdenkprozess ergeben. Angesichts des wachsenden Bedarfs an transparenter Weiterbildung ist 1996 eine Vereinbarung zwischen den Tarifvertragsparteien geschlossen worden. Nach dieser Vereinbarung werden Kammerregelungen unter bestimmten Voraussetzungen in bundeseinheitliche Regelungen überführt. Folgende Voraussetzungen müssen erfüllt sein:

- Inhaltlich liegt eine Aufstiegsfortbildung vor.

- Die Regelungen bei den zuständigen Stellen müssen seit mindestens 5 Jahren bestehen und in mindestens 5 Bundesländern Anwendung finden.

- Die durchschnittliche Zahl der Prüfungsteilnehmer in den letzten 3 Jahren liegt bundesweit insgesamt über 500.

Auf dieser Grundlage ist eine Vielzahl von Fortbildungsprofilen bundeseinheitlich „überführt" worden. Beispielsweise ersetzt der „geprüfte Versicherungsfachwirt" 83 frühere Kammerregelungen. Nach der Neuordnung sollen etwa 90 % aller Teilnehmer an der geregelten Aufstiegsfortbildung nach bundeseinheitlichen Fortbildungsordnungen ausgebildet werden. Diese Neuordnung ist im Juli 2006 mit dem Erlass der Fortbildungsordnung für geprüfte Fachkaufleute für Marketing und für geprüfte Controller abgeschlossen worden.

In jüngerer Vergangenheit werden verstärkt auch Aktivitäten ergriffen, geregelte Weiterbildungssysteme für einzelne Branchen zu entwickeln. Dabei wird, z. T. auf verschiedenen Niveauebenen, eine Vielzahl von Fortbildungsberufen mit je spezifischen Schwerpunkten vorgehalten, die Absolventen dualer Ausbildungsgänge zur Verfügung stehen.

So ist es bspw. im IT-Bereich zum Aufbau eines eigenständigen „Berufsbildungssystems" aus beruflicher Erstausbildung und Weiterbildung gekommen, das – zumindest von der Intention her – Berufswege bis hin zur Führungsebene in Unternehmen eröffnet. Aufbauend auf die vier IT-Berufe[258] (Stender 2006) ist im Jahr 2002 ein eigenständiges dreistufiges IT-Weiterbildungssystem etabliert worden (vgl. folgende Abbildung).

---

[258]   Prinzipiell steht das IT-Weiterbildungssystem aber auch Seiteneinsteigern zur Verfügung.

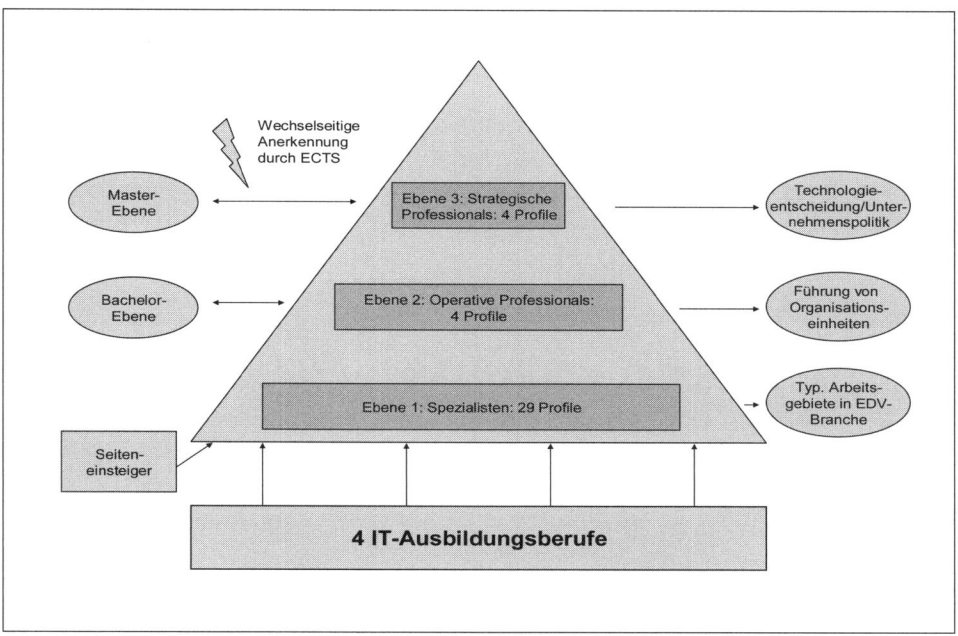

Abb. 5.2-9: Weiterbildungssystem im IT-Bereich

Auf der Ebene der *Spezialisten* sind insgesamt 29 Profile definiert worden, die sich auf zentrale am Arbeitsmarkt nachgefragte Tätigkeitsfelder und Arbeitsgebiete aus der Branche beziehen. Auf der nächsten Stufe der *Operativen Professionals* sind vier Profile vorgesehen. Eine Qualifizierung auf dieser Ebene soll dazu befähigen, größere Verantwortungsbereiche und Organisationseinheiten zu leiten. Dazu soll auch Personal- und Budgetverantwortung zählen. Auf der Ebene der *Strategischen Professionals* sind zwei Profile vorgesehen. In beiden Fällen soll dabei auf leitende Funktionen im Bereich der strategischen Produktentwicklung oder der Geschäftspolitik eingegangen werden. Auf den beiden zuletzt genannten Ebenen sind Kammerprüfungen vorgesehen. Neu ist auch die bei der Stufe zwei und drei intendierte Vergleichbarkeit mit Hochschulabschlüssen auf der Bachelor- oder Master-Ebene. Dies soll auch dadurch erreicht werden, dass das im Hochschulbereich verbreitete ECTS-Punktesystem übernommen und weiterentwickelt wird. Dies erfordert auch, dass die Fortbildungspläne und -inhalte und die jeweils zu erwerbenden Credits transparent gemacht werden.

Auch für den Bereich der Logistik ist zwischenzeitlich ein Weiterbildungssystem vorgeschlagen worden. Neu entwickelt wurde auch eine Fortbildungsordnung für den Handelsassistenten im Einzelhandel, der branchenbezogen auf gehobene Fach- und Führungsaufgaben vorbereiten soll. Handlungsbereiche dieses Fortbildungsberufs sind: Vertriebsmanagement, Kundenorientierung, Marketing im Einzelhandel, Visuelles Marketing, Führung/Kommunikation/Selbstmanagement, Personalmanagement, Volkswirtschaft. Es wird deutlich, dass diese Fortbildung anspruchsvoll gestaltet und niveaumäßig am Bachelor-Abschluss orientiert ist. Der DIHK hat dementsprechend auch einen Vorschlag für ein geregeltes und gestuftes Fortbildungssystem für Absolventen des dualen Systems entwickelt (vgl. Abb. 5.2-10). Entsprechend diesem

Grundgedanken wird derzeit darüber diskutiert, ob die Vergabe eines Abschlusses „Bachelor Professional" für solche Fortbildungsberufe sinnvoll ist oder nicht (Diekmann 2007, Kohlmann 2007).

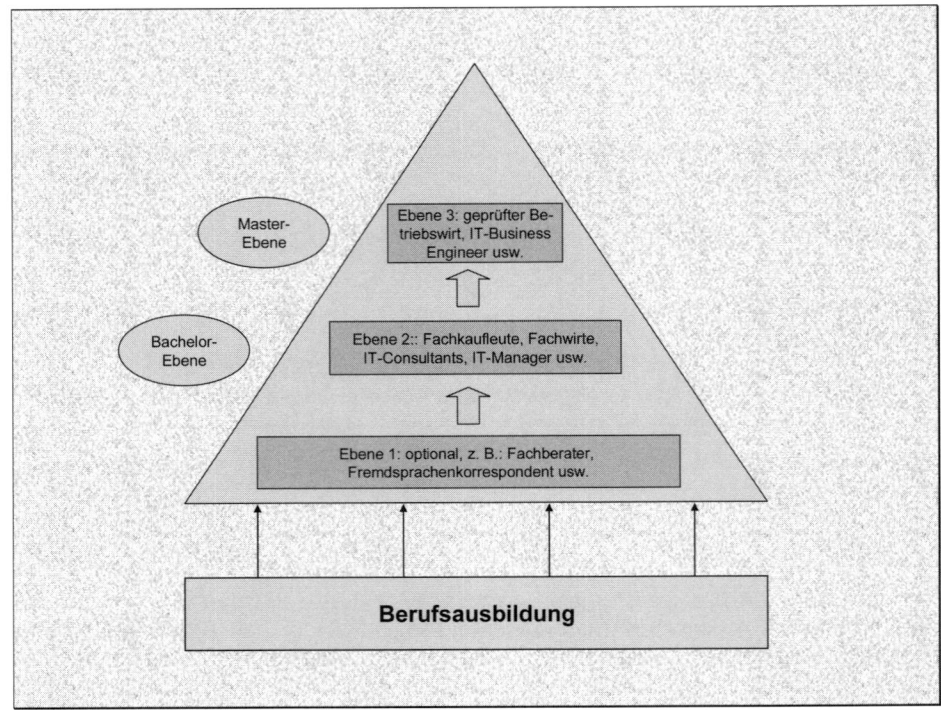

Abb. 5.2-10: Weiterbildungssystem nach dem DIHK-Modell (Diekmann 2007)

5.2.6.3 Weiterbildung nach AFG/SGB II/III

Die folgenden Ausführungen fassen nur kursorisch einige wichtige Aspekte der AFG/SGB II/III-Regelungen, soweit sie die Weiterbildung betreffen, zusammen. Für eine differenzierte Auseinandersetzung mit dieser Thematik sei auf die weiterführende Literatur verwiesen.

Die Ziele des Arbeitsförderungsgesetzes (AFG) von 1969 waren ursprünglich präventiver Art. So sollte Arbeitslosigkeit, unterwertige Beschäftigung, aber auch Arbeitskraftmangel vermieden werden. Das Gesetz zielte letztlich auf die Mobilisierung von Arbeitskräften und Wirtschaftswachstum durch berufliche Bildung. Die Aufstiegsfortbildung (vgl. Kap. 5.2.6.3) wurde dafür als ein geeignetes Mittel angesehen. Das Berufsbildungsgesetz von 1969 sollte dafür die Ordnungsgrundlagen schaffen, die finanzielle Absicherung solcher Maßnahmen das zeitgleich erlassene Arbeitsförderungsgesetz.

Berufliche Bildung wurde also als ein Mittel der aktiven vorausschauenden Arbeitsmarktpolitik angesehen. Diese Sichtweise hat sich im Zusammenhang der zunehmenden Verschärfung der Haushaltslage der öffentlichen Hand deutlich verändert.

Fasst man die Entwicklung spiegelstrichartig zusammen, so lassen sich folgende Trends markieren:

- *Reduzierung der Aufstiegs-Fortbildung*: 1994 wurde das Prinzip der „zweckmäßigen Förderung" gestrichen, es verblieb die „notwendige Weiterbildung" (§ 77 (1) SGB III)[259]. Damit verlor die Aufstiegs-Fortbildung zunächst ihre finanzielle Basis. Seit 1996 ist an diese Stelle das Aufstiegsfortbildungsförderungsgesetz (AFBG) getreten. Mit diesem Gesetz sollte ein individueller Rechtsanspruch auf Förderung von beruflicher Aufstiegs-Fortbildung, wie etwa Meisterkurse, wieder verankert werden. Angesichts einer vergleichsweise ungünstigen materiellen Ausstattung ist die Akzeptanz allerdings zunächst gering geblieben. Im Jahr 2000 erhielten rund 52.000 Personen eine Unterstützung nach diesem Gesetz. Der Unterhalt betrug im Durchschnitt 518 Euro, davon 374 als Darlehen. Im Jahr 2002 ist das AFBG vor diesem Hintergrund novelliert worden. Demnach wurde der Kreis der Anspruchsberechtigten wieder vergrößert und die Unterstützungsleistungen verbessert. Die seither vorliegenden Informationen belegen, dass die Teilnehmerzahlen seither wieder deutlich gestiegen sind, nämlich auf 141.000 im Jahr 2006.

- *Konzentration der Förderung auf die Beitragszahler*: Während es früher einen Rechtsanspruch für alle gab, wird seit 1994 nur noch gefördert, wer zuvor Beiträge entrichtet hat.

- *Einschränkung des Rechtsanspruchs auf Förderung*: Alle Leistungen sind in „Kann-Bestimmungen" umgewandelt worden (§ 77 (1) SGB III).

- *Größere regionale Entscheidungskompetenz der Arbeitsagenturen* mit Einführung von „Eingliederungsbilanzen" bei den Maßnahmen (§ 86 (3) SGB III).

- Größere Bedeutung von *Praktika (§ 85 SGB III).*

- *Konzentration auf Arbeitslose, von Arbeitslosigkeit Bedrohte und Ungelernte (§ 77 (1) SGB III).*

- *„Qualitätsprüfungen"* durch die BA (§ 86 SGB III).

Die in den zuletzt aufgeführten Spiegelstrichen genannten Aspekte sollen im Folgenden integrativ erläutert werden. Gerade der vorletzte Spiegelstrich macht deutlich, dass man sich vom ursprünglich präventiven Charakter des AFG verabschiedet hat. Heute entspricht das SGB II/III – vor dem Hintergrund der angespannten Haushalte – eher einem kurativen Ansatz, in dem nachträglich (im Falle der Arbeitslosigkeit) eventuelle Defizite beseitigt werden. Dabei werden die absolvierten Maßnahmen einer spezifischen Qualitätsprüfung unterzogen. Der folgende Info-Kasten weist die diesbezüglichen zentralen Regelungen aus.

Das zugrunde gelegte Qualitätsverständnis orientiert sich weniger an wirtschaftspädagogischen als vielmehr an arbeitsmarktpolitischen Zweckmäßigkeiten. Weniger eine langfristige Verwertbarkeit mit hohen Transferraten und der integrativen Vermittlung von Fach-, Methoden- und Sozialkompetenzen wird angestrebt als vielmehr eine kurzfristige Verwertbarkeit auf dem Arbeitsmarkt. Die arbeitsmarktpolitische Zweckdefinition birgt zumindest das Risiko in sich, dass Kurse kostengünstig und auf die Vermittlung von Faktenwissen orientiert sein müssen. Dazu tragen auch die Regelungen zu den Anforderungen an die Maßnahmen bei. Sie sind nach dem Grundsatz der Wirtschaftlichkeit und Sparsamkeit zu planen. Und dies bedeutet bspw., dass ei-

---

[259]   http://gesetze.bmas.de/Gesetze/gesetze.htm (Stand 15.05.2008).

ne Vollzeitmaßnahme, die zu einem Berufsabschluss führt um ein Drittel kürzer sein muss als in der Ausbildungsordnung vorgeschrieben.

Info

§ 86 SGB III
Qualitätsprüfung

(1) Die Agentur für Arbeit hat durch geeignete Maßnahmen die Durchführung der Maßnahme zu überwachen sowie den Erfolg zu beobachten. Sie kann insbesondere

1. von dem Träger der Maßnahme und den Teilnehmern Auskunft über den Verlauf der Maßnahme und den Eingliederungserfolg verlangen und

2. die Einhaltung der Voraussetzungen, die für die Zulassung des Trägers und der Maßnahme erfüllt sein müssen, durch Einsicht in alle die Maßnahme betreffenden Unterlagen des Trägers prüfen.

(...)

(3) Die Agentur für Arbeit und der Träger der Maßnahme erstellen nach Ablauf der Maßnahme gemeinsam eine Bilanz, die Aufschluss über die Eingliederung der Teilnehmer und die Wirksamkeit der Maßnahme gibt.

§ 85
Anforderungen an Maßnahmen

(1) Zugelassen für die Förderung sind Maßnahmen, bei denen eine fachkundige Stelle festgestellt hat, dass die Maßnahme

1. nach Gestaltung der Inhalte der Maßnahme sowie der Methoden und Materialien ihrer Vermittlung eine erfolgreiche berufliche Bildung erwarten lässt und nach Lage und Entwicklung des Arbeitsmarktes zweckmäßig ist,

2. angemessene Teilnahmebedingungen bietet,

3. mit einem Zeugnis abschließt, das Auskunft über den Inhalt des vermittelten Lehrstoffs gibt,

4. nach den Grundsätzen der Wirtschaftlichkeit und Sparsamkeit geplant und durchgeführt wird, insbesondere die Kosten und die Dauer angemessen sind.

Sofern es dem Wiedereingliederungserfolg förderlich ist, sollen Maßnahmen nach Möglichkeit betriebliche Lernphasen vorsehen.

(2) Die Dauer der Maßnahme ist angemessen, wenn sie sich auf den für das Erreichen des Bildungsziels erforderlichen Umfang beschränkt. Die Dauer einer Vollzeitmaßnahme, die zu einem Abschluss in einem allgemein anerkannten Ausbildungsberuf führt, ist angemessen, wenn sie gegenüber einer entsprechenden Berufsausbildung um mindestens ein Drittel der Ausbildungszeit verkürzt ist. Ist eine Verkürzung um mindestens ein Drittel der Ausbildungszeit auf Grund bundes- oder landesgesetzlicher Regelungen ausgeschlossen, so ist die Förderung eines Maßnahmeteils von bis zu zwei Dritteln der Maßnahme nicht ausgeschlossen, wenn bereits zu Beginn der Maßnahme die Finanzierung für die gesamte Dauer der Maßnahme gesichert ist.

Der Fokus auf kurzfristige Erfolge wird noch dadurch unterstrichen, dass jede Arbeitsagentur gemeinsam mit dem Träger für jede Maßnahme „Eingliederungsbilanzen" zu erstellen hat, in denen Aufwand und Erfolg auszuweisen sind.

Allerdings enthält das SGB-III auch Vorschriften, die aus Teilnehmersicht positiv zu beurteilen sind. So führen die Regelungen bezüglich der Betriebsphasen (Zeitanteil in der Regel 50 %) sowie die Forderung nach möglichst hohen Eingliederungsraten der Tendenz nach einer Verschulung entgegen. Die Weiterbildungsinstitutionen stehen damit vor der Aufgabe, verstärkt regionale Kooperationen mit Betrieben aufzubauen.

Die vielfältigen Verschärfungen der SGB II/III-Regelungen haben zu einem drasti-schen Einbruch bei den Teilnehmerzahlen geführt. Allein zwischen 2003 und 2005 ist die Zahl der Teilnehmer von rund 260.000 auf 114.000[260] gesunken (BMBF 2006, S. 249). Besonders drastisch ist dabei der Rückgang bei jenen Maßnahmen, die zu ei-nem (neuen) Berufsabschluss führen. Hier sank die Teilnehmerzahl allein zwischen 2004 und 2005 um 62 %!

Eine „Weiterentwicklung" hat wiederum am 1.1.2003 mit der Einführung sog. *„Bil-dungsgutscheine"* im Kontext der „Hartz-Gesetze 1 und 2" gegriffen. So wird nach § 77 (3) SGB III das Vorliegen der Förderungsvoraussetzungen mit der Erteilung von Bildungsgutscheinen bestätigt. Der Bildungsgutschein weist u. a. das Bildungsziel, die Dauer einer erforderlichen Maßnahme, den regionalen Geltungsbereich und die Gültigkeitsdauer des Gutscheins (3 Monate) aus. Die geförderten Personen können dann prinzipiell zwischen zugelassenen Anbietern wählen, sofern durch die jeweilige Maßnahme das Bildungsziel erreicht wird. Träger und Maßnahme müssen allerdings zugelassen sein, wenn der Gutschein eingelöst werden soll. Der Bildungsgutschein ist eine Zusicherung, dass die durch die Teilnahme an der Weiterbildung anfallenden Kosten übernommen werden. Der Inhaber des Bildungsgutscheins muss innerhalb des Geltungszeitraums des Gutscheins mit der Maßnahme beginnen, sonst verfällt der Gutschein.

Erwartet worden ist eine größere Transparenz auf dem Weiterbildungsmarkt, ein stärkeres Kostenbewusstsein bei den Trägern und größere Entscheidungsfreiheit bei den Teilnehmern. Die Arbeitsagentur verhandelt nun nicht mehr mit Bildungsträgern bilateral, sondern schreibt Bildungsziele offen aus, für die sich dann Träger bewerben können. An die Stelle einer Trägerfinanzierung tritt die Teilnehmerfinanzierung. Die Zulassung der Weiterbildungsinstitution erfolgt im Rahmen einer externen Zertifizie-rung über eine „fachkundige Stelle". Erwartet wurde auch eine größere Passgenauig-keit der Maßnahmen, weil die Weiterbildungsangebote genau den individuellen Be-dürfnissen angepasst werden sollen. Vorgegeben wird auch eine zu erreichende Vermittlungsquote von 70 %, so dass sich die Maßnahmen notwendigerweise auf die Leistungsstärksten bei den Arbeitslosen beziehen müssen.

Die ersten Erfahrungen sind ernüchternd. Die Eintrittszahlen sind um 60 % gesunken (Kühnlein 2003). Die Hälfte der ausgegebenen Bildungsgutscheine sind nicht einge-löst worden. Hintergrund ist, dass sich für alle Beteiligten die Planungsrisiken erhöht haben. Bis zum tatsächlichen Beginn einer Maßnahme bleibt unklar, ob ausreichen-de Teilnehmerzahlen zustande kommen. Dies wird durch die Vorgabe der Vermitt-lungsquote von 70 % noch verschärft, weil der potenzielle Teilnehmerkreis drastisch eingeschränkt wird. Teilweise verteilen sich wenige ausgegebene Bildungsgutschei-ne in einem Bereich auf mehrere Träger in einer Region. Teilweise sind Bildungsträ-ger bereits dazu übergegangen, sich gegenseitig Teilnehmer abzukaufen, um die wirtschaftliche Untergrenze von Maßnahmen zu erreichen. Aus Teilnehmersicht er-höht sich das Problem, angesichts der Intransparenz des Weiterbildungsmarktes ge-eignete Angebote zu finden – und wenn sie gefunden wurden, ist es unsicher, ob der Kurs tatsächlich stattfindet.

Die Bildungsträger verweisen darüber hinaus darauf, dass sie sich zusätzlich durch eine private Agentur zertifizieren lassen müssen, was voraussichtlich weitere Kosten von 1.000 EURO verursachen würde. Als besonders problematisch wird die Vorgabe einer Vermittlungsquote empfunden, weil damit Personalkapazitäten bei den Bil-dungsträgern vorgehalten werden müssen, um Stellenakquisition zu betreiben. Ver-

---

[260] Im Jahr 2006 waren es 119.000 Teilnehmer.

mittlungsarbeit, ein Kerngeschäft der Arbeitsämter, würde aus der Sicht der Träger so ein Stück weit in den Zuständigkeitsbereich der Weiterbildungsträger verlagert.

Auch eine Befragung des Bundesinstituts für Berufsbildung belegt eine durchaus nicht unproblematische Situation für die Weiterbildungsanbieter (BMBF 2006, S. 249 ff.): „Tatsächlich berichtete ein großer Teil der Weiterbildungsanbieter bei der Befragung 2004 im Rückblick auf das Jahr 2003 von solchen Belastungen und Anforderungen: 62 % konstatierten den Rückgang und 17 % den teilweisen Rückgang ihrer Auslastung, 45 % hatten den Ausfall und 11 % den teilweisen Ausfall bereits geplanter Kurse wegen fehlender Nachfrage zu verzeichnen, 38 % mussten die Dauer von Kursen verkürzen oder teilweise verkürzen (20 %) und für je rd. ein Drittel der Einrichtungen war die Überarbeitung (32 %) oder teilweise Überarbeitung (36 %) ihrer Angebotsstruktur notwendig" (BMBF 2006, S. 249).

Auch wenn eine abschließende Beurteilung des Erfolgs des Instruments „Bildungsgutscheine" noch nicht möglich ist, so wird doch eine massive „Bereinigung" auf dem Weiterbildungsmarkt befürchtet, da finanzstarke Anbieter den Ansprüchen eher gerecht werden können als kleine. Die Entwicklungen vom AFG hin zu „Hartz 1 und 2" machen deutlich, dass sich nicht nur die dabei verfolgten Ziele grundlegend geändert haben, sondern auch, dass die Weiterbildungsbedingungen für Weiterbildungsträger massiv verschärft worden sind. Die Folge hiervon ist, dass sich die Weiterbildungsträger neue Märkte suchen müssen, wenn sie überleben wollen. Daher ist der in Kapitel 4.4.2.2 angesprochene Bildungsmarketinggedanke konsequent. Schließlich kommt auch der Abschlussbericht einer Evaluation des Bildungsgutscheinkonzepts zu einem kritischen Resümee. Die Teilnehmerzahlen sind drastisch zurückgegangen, vor allem bei Älteren und Langzeitarbeitslosen, und die Weiterbildungsanbieter verzeichnen Umsatzrückgänge, Personalabbau und einen gestiegenen Aufwand bei der Telnehmerrekrutierung. Es wird angezweifelt, ob es bei einem vergleichsweise geringem Fördervolumen dauerhaft möglich sein wird, überhaupt ein qualitativ hochwertiges Angebot aufrecht zu erhalten.

5.3   Kurz und bündig

Die intensivere Auseinandersetzung mit kulturellen Faktoren von Unternehmen begann in den 70er Jahren des letzten Jahrhunderts und ist von Anfang an eng verknüpft mit der Frage, inwiefern eine bestimmte Kultur zum Erfolg des Unternehmens beitragen kann.

Mit dem Modell der drei Ebenen von Unternehmenskultur legte Schein einen Analyserahmen vor, der deutlich macht, wie umfassend das betrachtete Phänomen ‚Kultur' ist, und dass eine Betrachtung allein der Oberflächenmerkmale (Artefakte) zu kurz greift.

Die Unternehmenskultur ist einem permanenten Wandel unterworfen und kann mit Blick auf das Unternehmensziel funktional oder dysfunktional ausgeprägt sein. Die positiven Funktionen der Koordination, der Integration und der Motivation entfalten jedoch nur ‚starke' Unternehmenskulturen, die für die Mitglieder einen tragfähigen und überzeugenden Handlungsrahmen schaffen. Daher erscheint die Kenntnis der eigenen Unternehmenskultur als unabdingbare Voraussetzung, um in förderlicher Weise auf sie Einfluss nehmen zu können.

Mit Blick auf die Bedeutung von Lernen und Innovation für die Erhaltung der Wettbewerbsfähigkeit von Unternehmen erscheint eine Unternehmenskultur, die individuelle und organisationale Lernprozesse fördert, besonders wichtig. Gemäß dem Modell von Schein müssen daher die *grundlegenden Prämissen* der Kultur in lernförderlicher Weise ausgeprägt sein, diese müssen sich in den *propagierten Werten* niederschlagen und in relevanten *Artefakten* umgesetzt werden. Auf der Ebene der Artefakte können dabei die Dimensionen „Mitarbeiter befähigen", „Führungssysteme anpassen" und „Infrastruktur ausbauen" als besonders bedeutsam ausgewiesen werden. Ihre Realisierung erfordert jedoch umfassende Maßnahmen der Personal- und Organisationsentwicklung, die weder schnell noch leicht umzusetzen sind. Aktuelle Untersuchungen zeigen jedoch, dass sich entsprechende Anstrengungen durchaus aus Unternehmens- und aus Mitarbeitersicht auszahlen können, da es einen nachweisbaren Zusammenhang zwischen Unternehmenskultur, Mitarbeiterengagement und Erfolg zu geben scheint.

Bezüglich des gesellschaftlich-rechtlichen Rahmens der beruflichen Weiterbildung erfolgt seit einigen Jahren eine bildungspolitische Kontroverse, die sich unter das Etikett „Mehr Markt oder mehr Staat?" subsumieren lässt. Während die Arbeitgeberseite solche Regulierungen mit Hinweis auf Bürokratismus und Inflexibilität vehement ablehnen, plädieren gewerkschaftliche Vertreter, aber auch die meisten Wirtschaftspädagogen vor dem Hintergrund der angesprochenen Probleme für gewisse Formen der Regulierung. Allerdings gehen dabei die Vorstellungen, was denn nun inhaltlich sich hinter dem Etikett „Regulierung" verbirgt, weit auseinander.

Während die meisten Stufen des Bildungssystems (Abb. 5.2-3) einer staatlichen Regulierung unterworfen sind, ist das Hauptsegment der beruflichen Weiterbildung, nämlich die betriebliche Anpassungsqualifizierung, weitgehend unreguliert. Man spricht hier auch vom „offenen Weiterbildungsmarkt". Die *Finanzierung* liegt hier in den Händen der Unternehmen bzw. der einzelnen Weiterbildungsnachfrager, Vorschriften über *Fortbildungsinhalte* existieren in diesem Bereich nicht. Auch *Qualitätsstandards* werden nur ausnahmsweise gesetzt, nämlich dann, wenn eine öffentliche (Teil-)Finanzierung erfolgt. Auch Zugangswege und *Berechtigungen* liegen zumindest für die betriebliche Anpassungsqualifizierung in den Händen der Unternehmen. Der offene, unregulierte Weiterbildungsmarkt wirft vielfältige Probleme für die Beschäftigten, die nachfragenden Unternehmen und die Weiterbildung offerierenden Institutionen auf. Allerdings stehen diesen auch Vorzüge gegenüber. Die Hauptargumente fasst in Anlehnung an Geißler und Heid Abb. 5.2-4 zusammen.

Die Regulierungen sehen allerdings je nach Weiterbildungssegment unterschiedlich aus. Das Segment der betrieblichen Anpassungsqualifizierung ist das quantitativ bedeutsamste. Gerade dieses Segment ist allerdings weitgehend unreguliert, es sei denn, die betriebliche Weiterbildung wird bei externen (öffentlichen, korporatistischen oder privaten/kommerziellen) Weiterbildungsanbietern durchgeführt, die nach den Weiterbildungsgesetzen einzelner Bundesländer gefördert werden (vgl. Kap. 5.2.6.1) oder sich bspw. nach ISO-9000 oder EFQM zertifizieren lassen (vgl. Kap. 4.6). Für interne betriebliche Anpassungsqualifizierungen werden etwa Qualitätsstandards nur im Rahmen selbst definierter Qualitätsmanagementsysteme gesetzt. Im Gegensatz zur Anpassungsqualifizierung sind Maßnahmen der beruflichen Aufstiegsqualifizierung, die allerdings quantitativ von erheblich geringerem Gewicht sind, ähnlich wie im Bereich der beruflichen Erstausbildung, reguliert (vgl. Kap. 5.2.6.2). So existieren Fortbildungsordnungen, die nach Berufsbildungsgesetz entweder auf Bundesebene oder auf regionaler Ebene durch die Kammern erlassen werden. Auch für die SGB-III-Weiterbildung, die sich vor allem an Arbeitslose wendet, greifen Steuerungsmechanismen (vgl. Kap. 5.2.6.3). Die Qualitätskriterien resultieren hier aus den Regelungen des SGB-III. Dabei dominiert jedoch – im Gegensatz zu früher (AFG-Regelungen) – ein strenges Kosten-Nutzenkalkül und eine kurzfristige Verwertungsperspektive als Qualitätskriterium. Ein weiteres Weiterbildungssegment ist die Weiterbildung nach den Bildungsurlaubsgesetzen. Der Anspruch auf Bildungsurlaub beträgt in der Regel fünf Arbeitstage pro Jahr. Gewährt wird vom Arbeitgeber eine Freistellung für eine berufliche oder politische Weiterbildung. Das Arbeitsentgelt wird weiter gezahlt. Die Kursgebühren trägt allerdings der Arbeitnehmer. Die Weiterbildungsgesetze der Länder bilden dabei den gesetzlichen Rahmen für die wählbaren Weiterbildungsinstitutionen. Qualitätskriterien ergeben sich durch die Vorgaben an die Weiterbildungsinstitutionen. Nur jene Institutionen, die anerkannt sind, dürfen Weiterbildungsangebote im Zuge von Bildungsurlaub offerieren. Dafür erhalten sie eine finanzielle Förderung vom Land.

Mit Ausnahme der Aufstiegsfortbildung und der Weiterbildung für Arbeitslose bleiben allerdings die Steuerungsmechanismen im Bereich der beruflichen Weiterbildung insgesamt schwach. Dies wirft vor allem das Transparenz- und Qualitätsproblem im Weiterbildungsbereich auf. Beide Argumente dienen zentral als Ausgangspunkt der Forderung nach einer stärkeren öffentlichen Verantwortung im diesem Bildungsbereich. Doch wie kann eine solche öffentliche Verantwortung aussehen? Was kann sich hinter dem Etikett einer stärkeren öffentlichen Regulierung verbergen? Ist notwendigerweise damit – wie Arbeitgeber-Vertreter befürchten – ein neuer Bürokratismus verbunden? Die Antwort hängt davon ab, wie man das Etikett „öffentliche Verantwortung" inhaltlich füllt. Die bildungspolitischen Diskussionen knüpfen an vier zentralen Ansatzpunkten an (vgl. Abb. 5.2-5). Sie verdeutlichen, dass die Forderung nach „mehr Staat" keineswegs mehr Bürokratismus bedeuten muss. So kann „öffentliche Verantwortung" auch heißen, dass durch Weiterbildungsdatenbanken oder Weiterbildungsberatungsstellen (vgl. Abb. 5.2-6) die Transparenz auf dem Weiterbildungsmarkt gefördert wird.

Gleichwohl ist in den vergangenen Jahren regional zunehmend ein dritter Weg zwischen einer reinen Marktlösung (erster Weg) und einer „Staatslösung" (zweiter Weg) beschritten worden. Ein Grundgedanke hierbei besteht darin, dass viele Probleme des offenen Weiterbildungsmarktes vor allem auf die Vielzahl und Heterogenität der Anbieter zurückzuführen ist. Ein „marktkonformer" Ausweg, der gleichwohl die aufgezeigten Probleme reduziert, wird im Aufbau von Kooperationen im Rahmen von Qualifizierungsnetzwerken gesehen. Qualifizierungsnetzwerke sind dem Kern nach Kooperationen zwischen Weiterbildungsanbietern (Abb. 5.2-7) unter Hinziehung weiterer bildungspolitischer Akteure, die vor allem einem Vertrauensmanagement im Netzwerk dienen. Aus bildungspolitischer Sicht wird in Qualifizierungsnetzwerken der so genannte *„dritte Weg"* zwischen einer marktwirtschaftlichen und einer staatlich regulierten Lösung im Weiterbildungsbereich gesehen. Qualifizierungsnetzwerken wird das Potenzial zugesprochen, eigene Steuerungsleistungen jenseits des Staates zu übernehmen, um damit den aufgezeigten Problemen des offenen Weiterbildungsmarktes zu begegnen. Worin können diese Steuerungsleistungen bestehen? Folgende bildungspolitische Argumentationen werden dabei zentral betont: gemeinsame Angebotsplanung, gemeinsame Bedarfserhebung, trägerübergreifende Beratung, Qualitätssicherung sowie Verbindung unterschiedlicher didaktisch-methodischer Konzepte. Neben bildungspolitischen Vorzügen werden aber auch *ökonomische Vorteile* in solchen Kooperationsmodellen gesehen. Qualifizierungsnetzwerke binden einerseits weniger Ressourcen als bei Etablierung einer eigenen Weiterbildungsabteilung, andererseits verursachen sie weniger Transaktionskosten als bei einer externen Lösung, bei der Unternehmen sich einer Vielzahl von Einzelanbietern gegenübersehen.

Literatur

Alderfer, C. P.: An Empirical Test of a New Theory of Human Needs, in: Organizational Behavior and Human Performance, 1969, S. 142 - 175.

Ant, M.: Die Berufsbildungspolitik der Europäischen Kommission. In: Gütl/Orthey/Laske 2006, S. 351 - 386.

Argyris, C./Schön, S. A.: Organizational Learning: A Theory of Action Perspective. Reading/Mass. 1978.

Bigalk, D.: Lernförderlichkeit von Arbeitsplätzen – Spiegelbild der Organisation? Kassel 2006.

Bundesminister für Bildung, Wissenschaft, Forschung und Technologie (Hg.): Berufsbildungsbericht 1998, Rheinbach 1998.

Bundesministerium für Bildung und Forschung (BMBF, Hg.): Berichtssystem Weiterbildung VIII, Bonn 2001.

Bundesministerium für Bildung und Forschung (Hg.): Berufsbildungsbericht 2001, Rheinbach 2001.

Bundesministerium für Bildung und Forschung (Hg.): Berufsbildungsbericht 2006, Reheinbach 2006.

Buschfeld, D./Euler, D./Reemtsma, R.: Zwischen Möglichkeiten und Grenzen: Erfahrungen über die Lernortkooperation aus dem Modellversuch KOLORIT. In: Pätzold, G./Walden, G. (Hg.): Lernorte im dualen System der Berufsbildung, Bielefeld 1995, S. 395 - 407.

Diekmann, K.: Der Bachelor Professional – Chancen auf mehr. Wirtschaft und Berufserziehung 04/2007, S. 12 - 17.

Diesner, I./Seufert, S./Euler, D.: Trendstudie 2008. Herausforderungen für das Bildungsmanagement in Unternehmen. scil Arbeitsbericht 16. St. Gallen 2008.

Dill, P./Hügler, G.: Unternehmenskultur und Führung betriebswirtschaftlicher Organisationen – Ansatzpunkte für ein kulturbewusstes Management. In: Heinen/Fank: Unternehmenskultur. 2. bearbeitete und erweiterte Aufl., München, Wien 1997.

Frattali, R.: The company that teaches together performs together. In: Training and Development 7/2007, S. 36 - 39.

Friebe, J.: Merkmale unternehmensbezogener Lernkulturen und ihr Einfluss auf die Kompetenzen der Mitarbeiter. Heidelberg 2005.

Frieling, E./Bernard, H./Bigalk, D,/Müller, R. F.: Lernen durch Arbeit. Münster 2006.

Geißler, Kh./Heid, H.: Die Opfer der Qualifizierungsoffensive. In: Geißler/Petsch/Schneider-Grube (Hg.): Opfer der Qualifizierungsoffensive, München 1987, S. 11 - 20.

Gillies, J.-M.: Die Qualität eines Büros steigert auch die Leistung. In: wirtschaft + weiterbildung 6/2007, S. 34 - 37.

Gütl, B./Orthey, F.M./Laske, S. (Hg.): Bildungsmanagement. München/Mering 2006.

Hasanbegovic, J./Seufert, S./Euler, D.: Lernkultur als Ausgangspunkt für die Implementierung von Bildungsinnovationen. In: OrganisationsEntwicklung Nr. 2/2007, S. 22 - 30.

Hauser, F./Schubert, A./Aicher, M.: Unternehmenskultur, Arbeitsqualität und Mitarbeiterengagement in den Unternehmen in Deutschland. Hg. vom Bundesministerium für Arbeit und Soziales. Berlin 2007.

Heinen, E.: Unternehmenskultur als Gegenstand der Betriebswirtschaftslehre. In: Heinen/Fank: Unternehmenskultur. 2. bearbeitete und erweiterte Aufl., München, Wien 1997, S. 1 - 48.

Herzberg, F./Mausner, B. M./Snyderman, B. B.: The Motivation to Work, New York 1959.

Holtbrügge, D.: Personalmanagement. 2. Aufl., Berlin u. a. 2005.

Hungenberg, H./Wulf, T.: Grundlagen der Unternehmensführung. Berlin u. a. 2004.

Jöns, I./Bungard, W.: Feedbackinstrumente im Unternehmen. Wiesbaden 2005.

Kluge, A./Schilling, J.: Organisationales Lernen und lernende Organisation – ein Überblick zum Stand der Theorie und Empirie. In: Zeitschrift für Arbeits- und Organisationspsychologie, 44(2000), S. 179 - 191.

Köhler, I.: Zwischen Höhenflügen und Bodenhaftung. In: Personalwirtschaft 12/2006, S. 18 - 20.

Kohlmann, Y.: Der Bachelor Professional – Mehr Durchlässigkeit zwischen beruflicher und hochschulischer Bildung statt Titelwirrwarr. Wirtschaft und Berufserziehung 04/2007, S. 18 - 21.

König, R.: Tour de Kultur (o. J.). URL: http://www.feldnerkoenig.de/art-tour-cult1.pdf. Zugriff am 10.01.2008.

Kühnlein, G./Klein, B.: Bildungsgutscheine. In: berufsbildung 83/2003, S. 9 - 11.

Meisel, K.: Relevante Umwelten für Bildungsmanager/innen. In: Gütl/Orthey/Laske 2006, S. 321 - 350.

Neuberger, O./Kompa, A.: Wir, die Firma. Der Kult um die Unternehmenskultur. Weinheim, Basel 1987.

Ouchi, W. G.: Theory Z: How American Business can meet the Japanese Challenge. Reading/Mass. 1981.

Peters, T. G. /Waterman, R. M.: In Search of Excellence. New York 1982, dt: Auf der Suche nach Spitzenleistungen. Landsberg/Lech 1984.

Probst, G. J. B./Büchel, B. S. T.: Organisationales Lernen. 2., aktualisierte Aufl., Wiesbaden 1998.

Sattelberger, T.: Die lernende Organisation.: Konzepte für eine neue Qualität der Unternehmensentwicklung. Wiesbaden 1991.

Schein, E. H.: Organisationskultur. 2. Auflage. Bergisch Gladbach 2006.

Schein, E. H.: Organizational Culture and Leadership. San Francisco, Washington, London 1985, dt.: Unternehmenskultur: Ein Handbuch für Führungskräfte. Frankfurt am Main u. a. 1995.

Schuh, G./Millag, K./Göransson, A.: Virtuelle Fabrik. München/Wien 1998.

Schweiger, D./de Nisi, A.: Communication with employees following a merger: A longitudinal field experiment. In: AMJ, 34. Jg. 1991, S. 110 ff.

Severing, E.: Arbeitsplatznahe Weiterbildung. Neuwied 1994.

Sonntag, K.: Lernen im Unternehmen. Effiziente Organisation durch Lernkultur. München 1996.

Stender, J./Brönner, A.: Leitfaden E-Learning. München 2003.

Stender, J.: Berufsbildung in der Bundesrepublik Deutschland, 2 Bde., Stuttgart 2006.

Wegge, M.: Qualifizierungsnetzwerke – Netze oder lose Fäden? Opladen 1996.

Whipple, R.: Leaders Can Create or Destroy Trust. In: Training and Development 4/2007, S. 88 - 89.

Wuppertaler Kreis e. V. (Hg.): Qualitätsmanagement in der Weiterbildung nach DIN EN ISO-9000 ff., Köln 1996.

Lösungshinweise

Lösungshinweise zu Kap. 1:

1   Vgl. nachfolgender Text.

2   Denkbar wären bspw. regelmäßige Gesprächskreise oder gemeinsame „Kaffeeecken", in denen der Gesprächsaustausch erfolgen kann. Denkbar ist auch eine „Wissensdatenbank", in denen wichtige Informationen für alle zugänglich sind.

3   Vgl. nachfolgender Text.

4   Der Begriff „altersgerecht" bezieht sich auf das Lernen im Alter, beim alternsgerechten Lernen wird betont, dass Lernen im Alter auch ein Lernen in der Zeit davor bedarf, um „Lernentwöhnung" zu vermeiden.

Lösungshinweise zu Kap. 2:

1   Vgl. nachfolgender Text.

2   Vgl. nachfolgender Text.

3   a) Verhaltensorientierte PE,
     b) Schnittfeld Weiterbildung / Verhaltensorientierte PE,
     c) OE (kann aber auch in verhaltensorientierte PE übergehen).

4   a) Reflexives Lernen,
     b) Formalisiertes Lernen,
     c) Aufstiegsfortbildung,
     d) Umschulung,
     e) Implizites Lernen.

5   Hoher Praxisbezug einer Maßnahme, Einsatz von Stimmungsbarometer[261].

6   U. a.: Motivationsprobleme bei den Mitarbeitern, kein Einbezug von Gestaltungs-Know-how der Mitarbeiter bzgl. Arbeit und Technik, Nichtausschöpfen von Mitarbeiterpotenzialen.

7   Reduzierung der Problematik aus Aufgabe 6; durch Ausschöpfen der Potenziale der Mitarbeiter können unter Umstunden neue Geschäftsfelder erschlossen werden (vgl. hierzu Kap. 4.1.5.3).

8   Die traditionelle Form der Weiterbildungsbedarfsanalyse, weil alle Entscheidungen zu Organisation und Technik vorab (ohne Einbezug der Mitarbeiter) getroffen worden sind und Weiterbildung ex post als abhängige Größe der vorangegangenen Entscheidungen thematisiert wird.

9   Teilnahmemotivation ist die Bereitschaft und das Interesse, an einem Kurs teilzunehmen (im Vorfeld einer Weiterbildungsmaßnahme; vgl. hierzu Kap. 4.4.3); Transfermotivation ist die Bereitschaft und das Interesse, Gelerntes anzuwenden (vgl. Kap. 4.2.5). Davon abzugrenzen ist noch die Durchhaltemotivation, die sich auf die aufmerksame Zuwendung zum Lerninhalt während der Durchführung von Weiterbildung richtet (vgl. Kap. 4.5.7).

10   Der pädagogische Erfolg (Lernerfolg) ist Voraussetzung für den ökonomischen Erfolg, denn wenn nichts gelernt worden ist, dann kann ein Unternehmen auch nicht von einer Weiterbildungsmaßnahme profitieren.

---

[261]   Vgl. z. B. http://www.sowi-online.de/methoden/lexikon/stimmungsbarometer-boettger.htm; Stand: 06.06.2008.

Lösungshinweise zu Kap. 3:

1

- Argumente *für* externe Personalentwicklung bzw. Weiterbildung
  - falls Unternehmen zu klein, um eigenen Spezialisten zu beschäftigen
  - falls intern kein entsprechendes Know-how vorhanden ist
  - falls keine regelmäßigen Aktivitäten erforderlich sind
  - …
- Argumente *gegen* externe Personalentwicklung bzw. Weiterbildung
  - strategische Bedeutung der PE und Weiterbildung für Unternehmen
  - erfordert spezifisches internes Know-how
  - ist komplexe Tätigkeit (nicht rein administrativ)
  - …
- PE im Verbund
  → mit eigenen Worten erklären
  → Recherche im Internet

2   Vor- und Nachteile sowie Schwierigkeiten der Organisationsformen im Unternehmen; → vgl.
     Abb. 3.2-4: Vor- und Nachteile der Organisationsprinzipien
- *zentrale* bzw. *funktionale* Personalentwicklung bzw. Weiterbildung:
  + alle Spezialisten z. B. für PE arbeiten zusammen im Team
  + innerhalb der PE sind weitere Spezialisierungen denkbar
  + zentrale Ansprechpartner für Fragen im Unternehmen
  + bessere Verzahnung der PE-Aktivitäten untereinander
  - geringerer Bezug zu Fachabteilungen
  - Delegation der PE-Aufgaben von den Führungskräften an PE
  …

- *dezentrale* bzw. *objektbezogene* Personalentwicklung bzw. Weiterbildung:
  + Nähe zu den Fachbereichen
  + Rundum-Betreuung der Fachbereiche
  - weniger fachliche Spezialisierung möglich
  - Parallel- oder Doppelarbeit, Rad wird ggf. mehrmals neu erfunden
  …

- Matrix-Organisation
  + „best of both worlds", d. h. Kombination der Vorteile aus beiden
    Organisationsprinzipien
  - Konkurrenz, Reibungsverluste, hoher Abstimmungsaufwand
  …

3   Bitte machen Sie sich diesbezüglich eigene Gedanken!

4

- Warum haben KMU kein Budget für Weiterbildung
  - kein Ansprechpartner für das Thema
  - Thema und Umfang der Aktivitäten nicht im Voraus planbar
  - kein hoher Stellenwert des Themas und keine kontinuierliche Aktivität
  - durch „pragmatische" Abwicklung im Bedarfsfall keine Nachverfolgung
    der Ausgaben aus dem Vorjahr möglich
  …
- Zusammensetzung der Kosten für Weiterbildung
  - *direkte Kosten*: Kosten für Trainer (inhouse) oder Teilnahmegebühr
    (externe Veranstaltung), Reisekosten und -spesen, Kosten für Raum
    und Equipment, internes Weiterbildungspersonal etc.
  - *indirekte Kosten*: Personalausfallkosten (Gehalt während der
    Weiterbildungsmaßnahme)
- Anteile: direkte und indirekte Kosten
  → indirekte Kosten sind höher, betragen ca. 112 % der direkten Kosten
  → Pro Mitarbeiter und Jahr 237 (direkte) zu 267 Euro (indirekte Kosten)
  (Quelle: Statistisches Bundesamt 2008, S. 44)

- Anteil Weiterbildungs-Budget an Personalkosten
  → 1,3 % im Durchschnitt über alle deutschen Unternehmen gerechnet
  → 1,6 % im Durchschnitt der deutschen Unternehmen, die Weiterbildung betreiben
  (Quelle: Statistisches Bundesamt 2008, S. 50)

Lösungshinweise zu Kap. 4.1:

1   Soft-Skills, Gefahr unberücksichtigter Soll-Kompetenzen einerseits und schier endloser Listen andererseits, Problem der Operationalisierung der Soll-Kompetenzen.

2/3   Es soll hier gar nicht erst der Versuch gemacht werden, eine solche Liste zu erstellen (erfolgt auch in der Praxis nicht!). Man denke nur daran, welche Anforderungen Sie im Bereich der Lehre („pädagogische Eignung" in all ihren Unterfacetten) stellen würden. Auch hier ergäbe sich rasch die Gefahr endloser Listen, die am Ende nicht einmal auf Seiten der Ist-Kompetenzen überprüfbar wären, weil sie nirgends dokumentiert sind; Listen zu Publikationen, Vorträgen und Seminaren sind dazu keinesfalls aussagekräftig. Auch auf der Seite der Ist-Kompetenzen sind Soft-Skills nur schwer feststellbar. Allenfalls Handling-Kompetenzen sind gut dokumentierbar, Erfahrungswissen dagegen nur schwer.

4   Organisation ist offensichtlich (wie die Beispiele zeigen) gestaltbar und können damit auch ein Stück weit den Potenzialen und Interessen der Mitarbeiter angepasst werden. Darauf verzichtet man bei der traditionellen Vorgehensweise des technokratischen Planungsmusters.

5   zu a) Personalunterlagen der Mitarbeiter, Programmdokumentationen.
zu b) Die aufgeführten Fragen sind nur wenig geeignet, Weiterbildungsbedarf zu eruieren. Frage 1 enthält im Negativfall eine implizite Kritik am Vorstand; bei Fragen 3 und 4 hat ein Mitarbeiter eine Defizitzuschreibung bei sich selbst vorzunehmen, was erfahrungsgemäß eine Hürde darstellt; bei Frage 5 handelt es sich um eine Suggestivfrage.

6   Im vorliegenden Beispiel sind alle Planungsprozesse bezüglich Markt und Organisation vorgängig durchgeführt und abgeschlossen worden, erst im Nachhinein durften Mitarbeiter entscheiden, ob sie Weiterbildungsbedarf bezüglich ihrer neuen Aufgaben haben oder nicht. Eine Partizipation erfordert jedoch einen Einbezug der Mitarbeiter in alle Prozesse.

7   vgl. nachfolgender Text.

8   Zur Lernstatt vgl. bspw. ausführlich: http://server02.is.uni-sb.de/courses/wiki/Lernstatt (Stand 09.06.2008). Als Moderator käme es darauf an, Vorschläge der Teilnehmergruppe zum Themenbereich der Arbeits- und Technikgestaltung zu kanalisieren und darin eingebettet damit zusammenhängende Weiterbildungsbedarfe zu eruieren.

9   Bottom-Up-Ansatz

10 - 13 Die Erläuterung sollten Sie selbst geben. Wenn Ihnen das noch nicht ganz gelingen sollte, dann lesen Sie doch die entsprechenden Abschnitte noch einmal genau durch! Vgl. Kap. 4.1.1 bis 4.1.5.

14   Die Soll-Seite wird als gestaltbar begriffen: Die Arbeitsorganisation wird ein Stück weit den Interessen und Potenzialen der Mitarbeiter angepasst. Beim Findungsansatz ging es immer darum, die Ist-Seite an die Soll-Seite anzupassen.

15   Die Erläuterung sollten Sie selbst geben. Wenn Ihnen das noch nicht ganz gelingen sollte, dann lesen Sie doch den entsprechenden Abschnitt 4.1.5.3.1 noch einmal genau durch! Die Entscheidung für exklusive Ladenausstattungen, die den Interessen und Fähigkeiten der Mitarbeiter besser entsprechen als die Produktion von Fenstern sowie die Ausweitung der Produktpalette aufgrund der Unzufriedenheit des genannten Mitarbeiters sprechen für den potenzialorientierten Ansatz.

16   vgl. Aufgabe 7 aus Kap. 2.

17   Sie würden weiterhin – wie in der avantgardistischen Praxis vorgesehen – von der Marktseite planen, welche organisatorisch-technischen Veränderungen notwendig werden, um die Marktpotenziale zu bearbeiten, aber gleichzeitig würden Sie auch in Mitarbeitergesprächen versuchen, Mitarbeiterpotenziale und Interessen festzustellen. Sollten für das Unternehmen interessante Potenziale vorhanden sein, so würden Sie im Kontext Ihrer organisatorischen Überlegung (aus der avantgardistischen Praxis) auch überlegen, wie Sie diese Potenziale ausschöpfen können und ob diese Potenziale (schlummernden Kompetenzen) durch Weiterbildungsaktivitäten in manifeste Kompetenzen überführt werden können. Sie würden auch überlegen, ob Sie dadurch Ihre Produkt-/Dienstleistungspalette des Unternehmens ausweiten können. Dazu würden Sie erneut diesbezüglich Marktanalysen durchführen.

18   Zielgruppe sind alle Mitarbeiter, nicht einzelne. Bedeutung gewinnen dabei auch Strategien des informellen Lernens (etwa Coaching). Jeder einzelne Mitarbeiter wird dabei wiederum zum Multiplikator für andere.

19   Bereits während der Überlegungen zur Umstrukturierung des Unternehmens hätten die Mitarbeiter in Form von Mitarbeitergesprächen einbezogen werden müssen. Themen hätten u. a. sein können: Schwachstellen der Arbeitsorganisation, Verbesserungsvorschläge bezüglich der Kundenakquise und des Vertriebs, Interessen der Mitarbeiter, Potenziale der Mitarbeiter.

20   Eine Beobachtung im Arbeitsalltag würde wenig Sinn machen, da man so allenfalls manifeste Kompetenzen feststellen könnte. Es käme darauf an, die Mitarbeiter in neue Situationen zu bringen und zu beobachten, wie sie sich in diesen neuen Situationen bewähren.

21   a) 1. Neue Bildungsangebote jenseits des Kernauftrages (z. B. Durchführung von Weiterbildung), 2. Kooperation mit anderen Anbietern (um u. a. Punkt a) realisieren zu können), 3. Autonomie (z. B. in Fragen der Finanzen und des Personals).

       b) Beim potenzialorientierten Ansatz erfolgen – in mittel-/langfristiger Planungsperspektive – Planungen sowohl von der Marktseite her (Welche Erfordernisse ergeben sich aus dem Markt? – Welche organisatorischen Konsequenzen resultieren daraus? – Und welche Konsequenzen wird dies für unser Personal haben?) als auch von der Personalseite her (Über welche Potenziale verfügen unsere Mitarbeiter? – Wie können wir diese Potenziale durch Weiterbildung in Kompetenzen überführen und wie können wir diese Potenziale durch geeignete organisatorische Strukturen ausschöpfen? – Und ergeben sich daraus schließlich neue Geschäftsfelder für uns?)

       c) In einem potenzialorientierten Ansatz wären im Beispiel die Qualifikationspotenziale der Lehrer, aber auch die Interessen des Lehrpersonals als *zweiter* Ausgangspunkt der Planungsprozesse zu verstehen. Sie ersetzen nicht die Planungsperspektive von der Marktseite her, sondern sie ergänzen sie. Zu fragen ist bei einem solchen Ansatz nicht nur nach dem regionalen Bedarf, der über Instrumente der Programmplanung zu sondieren wäre (vgl. hierzu Abb. 4.4-3 und die nachfolgenden Erläuterungen in Abschnitt 4.4.2.1.2.1), sondern auch danach, über welche Potenziale die Lehrer in der jeweiligen Schule verfügen und ob bzw. ggfs. wie diese Potenziale zur Schulprofilierung beitragen können bzw. ihr auch Grenzen setzen. So können die ungenutzten Potenziale der Lehrer auch zur weiteren Schulprofilierung beitragen. Verwiesen sei hier exemplarisch nur auf die Weiterbildungsaktivitäten von Lehrern bei anderen Weiterbildungsanbietern, wie etwa der VHS. Für berufliche Schulen bzw. regionale Berufsbildungszentren stellt sich damit dieselbe Frage wie im betrieblichen Bereich: Wie können die Qualifikationspotenziale beim Personal - als *einem* Anknüpfungspunkt der Planungsprozesse - bestimmt und Anreize so gesetzt werden, dass Lehrer ihre Potenziale in Schulentwicklungsprozesse einbringen? Aus Kostengesichtspunkten kann im schulischen Kontext nur das Instrument des Mitarbeitergesprächs, das allerdings auch seinen Namen verdienen muss, eine realistische Perspektive sein.

22   ... in eigenen Worten erklären:
       o was Kompetenz- und Skill-Management (SKM) ist und
       o mögliche Schnittmenge mit der Definition von Personalentwicklung
          →es handelt sich auch bei SKM um *unternehmerischen Maßnahmen im weitesten Sinne*,
          → die darauf gerichtet sind, das *Arbeitsvermögen des Personals zu*

verändern oder zumindest zu erhalten,
- → SKM kann die Grundlage für Maßnahmen der Weiterbildung bilden
- → neben unternehmerischen Zielen kann SKM auch der Erreichung individueller Ziele dienen
- o Anknüpfungspunkte zu anderen Aspekten der Personalentwicklung
  - → Vgl. Abbildung 4.1-20

23 Mögliche Argumente gegen SKM sind z. B.
- *Perspektive Führungskräfte*
  - → Widerstand gegen zusätzlichen Aufwand, Angst vor Bürokratie
  - → hohe Kosten zur Erfassung der Daten
- *Perspektive Mitarbeiter*
  - → Befürchtung, „gläserner Mitarbeiter" zu sein
  - → Sorge vor Willkür bei der IST-Erfassung durch die Führungskraft und damit ggf. Nachteile bei Versetzungen etc.
- *Perspektive Personalmanagement*
  - → wenig Ressourcen zur zentralen Steuerung des Projekts
  - → hoher Aufwand bei der Ersterfassung und laufenden Aktualisierung
  - → kein spezifisches Know-how
  - → hohe Kosten für externe Beratung
  - → komplexe Datenbank
- *Perspektive Weiterbildungsanbieter bzw. Personalentwicklung*
  - → Daten im SKM nützen nur, wenn sie korrekt erhoben wurden und aktuell sind
  - → kein vorhandenes Kompetenzmodell
…

24 Notwendige Informationen für das Konzept sind z. B.
- Infos zu Trainees (Anzahl, Fachrichtung, Einsatzgebiete im Unternehmen),
- Infos zu nachfragenden Fachabteilungen (z. B. aus den vergangenen Trainee-Programmen)
- Infos zum Auswahlverfahren (z. B. Auswahlkriterien)
- Infos über die Personalplanung des Unternehmens (z. B. mögliche Einsatzgebiete für Trainees nach Übernahme)
- Strategie des Unternehmens und Infos zu künftig geforderten Kompetenzen
- Infos zum existierenden Beurteilungssystem und den dort bewerteten Kompetenzen
- …

25 Fortsetzung Trainee-Programm:
Ableitung Trainee-Kompetenzen aus der Unternehmensstrategie
- Künftige Anforderungen vom Markt/Wettbewerb erfassen
- Veränderungen für Personal antizipieren und Kompetenzen ableiten, z. B. vernetztes Denken und Handeln, Flexibilität und Veränderungsfähigkeit, Kundenorientierung, Ambiguitätstoleranz etc. (ggf. durch Critical Incident Technique mit Vertretern der Fachbereiche und Personal verfeinern)
- Skala: „Kenner, Könner, Experte" in leicht abgewandelter Form (passend zur Zielgruppe Berufseinsteiger), z. B. „theoretische Grundkenntnisse, erste Praxiserfahrung, vertiefte Praxiserfahrung"
  - → einfache Handhabung durch Dreierstufung
  - → umgangssprachliche Begriffe wählen
- Erfassung der Kompetenzen:
  - → erste Einschätzung erfolgt im Einstellungs-Assessment Center
  - → anschließend regelmäßige Selbst- und Fremdeinschätzung
  - → Einschätzung durch Trainee-Betreuer (Personal) und vorübergehende Führungskräfte bzw. Projektleiter bei den wechselnden Einsätzen
- Seminare und Trainings für Trainees an die (künftig geforderten) Kompetenzen anpassen und für die Einsätze in den Abteilungen entsprechend Ziele und Projekte vereinbaren

26 Fortsetzung Trainee-Programm:
Zustimmung und Akzeptanz der (künftigen) Trainees wichtig
- Skala und Vorgehen zur Bewertung (Selbst-/Fremdeinschätzung)
- Verknüpfung von individueller Förderung mit den Daten

- Turnus zur Erhebung der Daten
  → bei Berufseinsteigern lieber quartalsweise bzw. nach jedem Einsatz, bei erfahrenen Mitarbeitern einmal jährlich
- Einsehbarkeit der Daten
  (→ wer darf die bisherigen Bewertungen im System einsehen?)
- Verwendung für Entscheidungen
  → Nutzung der Daten für die Planung von Einsatzstationen?
  → Nutzung der Daten für die spätere Übernahme und Job-Angebote
- …

Weitere Zielgruppen für SKM:
- Führungskräfte
- Projektmitarbeiter
- Qualifizierte Sachbearbeiter (z. B. in Controlling, IT, Forschung und Entwicklung und Marketing)

27 Fortsetzung Praktikum Personal:
Empfehlung für Skill- und Kompetenzmanagement im Unternehmen mit 1.000 Mitarbeitern?
- Gute Grundlage für systematische Personalarbeit (insb. wenn die Daten von allen einzelnen Personalfunktionen genutzt werden)
  → dadurch bessere Verknüpfung der Personalarbeit und Image-Gewinn im Unternehmen
- Wird in Deutschland weiter an Bedeutung gewinnen, bisher insb. in großen Unternehmen verbreitet
- Muss nicht flächendeckend für alle 1.000 Mitarbeiter eingeführt werden (z. B. nicht in der Produktion), kann in Pilotbereichen getestet werden.
- …

Checkliste für das Gespräch mit dem Personalentwickler:
- Bedeutung von Expertenwissen für Unternehmen?
  → macht transparent, welches Expertenwissen und welche Kompetenzen im Hause vorhanden sind
  → umso wichtiger, je komplexer die Tätigkeiten/Produkte sind und je dynamischer und innovativer Markt und Unternehmen sind
- Bedeutung von Weiterbildung?
  → SKM liefert solide Datenbasis für systematische Weiterbildung in den für Unternehmen wichtigsten Themen
- Facharbeitermangel und Schwierigkeiten beim Recruiting?
  → SKM ist gute Grundlage, um interne Mitarbeiter gezielt weiter zu entwickeln
- Demographischer Wandel und Altersstruktur im Unternehmen?
  → SKM liefert ggf. gute Hinweise, wo Kompetenzen sind, die geplant übergeben werden sollten
- Bedeutung von Projektarbeit im Unternehmen?
  → SKM nützlich für das Staffing von Projekten

28 SKM/KOM im Mittelstand
- Nutzenargumentation vgl. Aufgabe 4.1-28
- bei der Einführung zu beachten
  → Betriebsrat frühzeitig einbinden
  → Projektgruppe zusammenstellen
  → Kompetenzmodell gemeinsam erarbeiten
  → frühe Entscheidung über IT-System
  → frühzeitig Mitarbeiter über Vorhaben und Nutzen informieren
    (z. B. über Intranet und Mitarbeiterzeitung)
  → Führungskräfte in der Handhabung schulen
  → Hotline für Fragen einrichten
  → unbedingt mit überschaubarem (freiwilligem) Pilotbereich starten und dort Erfahrungen sammeln
  → Betriebsvereinbarung abschließen und Datenschutz regeln
  …

Lösungshinweise zu Kap. 4.2:

1   a) Null-Transfer,
b) Vertikaler Transfer,
c) Hier kann nicht von Transfer geredet werden, da ein Lernerfolg die Voraussetzung für einen Transfererfolg ist.

2   Fall T: Seminarvorbereitungsgespräch im Vorfeld von Weiterbildung (zwischen Vorgesetztem und Teilnehmer),
Fall V(1): Vorabinformationen vom Seminaranbieter für den Teilnehmer im Vorfeld von Weiterbildung,
Fall V(2): Störungen vermeiden während der Weiterbildung (als Interaktion zwischen Vorgesetztem und Teilnehmer),
Fall M: Selbstkontrakt während eines Seminars (als Eigenaktivität eines Teilnehmers),
Fall V(3): Seminarnachbereitungsgespräch als Pendant zum Seminarvorbereitungsgespräch (s. Fall T).

3   Da Vorab-Infos und Vorab-Aufgaben angesichts des Arbeitsdrucks zumeist in der Freizeit bearbeitet werden müssen, sollten auch unterhaltsame Elemente (etwa Quizformen bei den Vorab-Aufgaben) eingebaut werden, um Anreize zur Bearbeitung zu setzen.

4 - 6   Die Erläuterung sollten Sie selbst geben. Wenn Ihnen das noch nicht ganz gelingen sollte, dann lesen Sie doch die entsprechenden Abschnitte 4.2.2 und 4.2.3 noch einmal genau durch!

7   External-stabil: Praxisferner Kurs
External-variabel: Man wurde angeblich im Kurs immer wieder durch Kundenanfragen gestört.
Internal-stabil: Man sieht einfach nicht in der Lage die Inhalte des Kurses zu verstehen, weil die gesamte Thematik (z. B. EDV) einem völlig fremd ist.
Internal-variabel: Man hat sich nur noch nicht richtig angestrengt, um das Gelernte anzuwenden.

8   Die Erläuterung sollten Sie selbst geben. Wenn Ihnen das noch nicht ganz gelingen sollte, dann lesen Sie doch den entsprechenden Abschnitt 4.2.4 noch einmal genau durch!

9   In den Transfermodulen werden Anfangserfolge gefördert, die für die Selbstwirksamkeit entscheidend sind. Eine Selbstwirksamkeit ist aber zentrale Voraussetzung, um eine externale Attribuierung zu vermeiden.

10   Selbstkontrakt. Die Erläuterung sollten Sie selbst geben. Wenn Ihnen das noch nicht ganz gelingen sollte, dann lesen Sie doch den entsprechenden Abschnitt 4.2.4 noch einmal genau durch!

11   Die Erläuterung sollten Sie selbst geben. Wenn Ihnen das noch nicht ganz gelingen sollte, dann lesen Sie doch den entsprechenden Abschnitt 4.2.4 noch einmal genau durch!

Lösungshinweise zu Kap. 4.3:

1   → Vgl. Definitionen und Begriffseingrenzung im Abschnitt 4.3.2

2

- geringe Verbreitung in Deutschland
  - → bisher sind Pädagogen und BWL'er getrennte Lager im Unternehmen
  - → noch relativ geringer Rechtfertigungsdruck, Erfolge der Weiterbildung sichtbar zu machen und Nutzen der PE zu errechnen
  - → Überzeugung, dass Weiterbildung wichtig (auch wenn nicht messbar)
  - → bisherige Erfolgsrechnung beschränkt sich in der Praxis oft auf Statistiken zu Teilnehmerzahlen und Weiterbildungstagen (keine Ergebnisse)
  - → streng arbeitsteilige Organisation in großen Unternehmen führt zu starker Spezialisierung von Tätigkeiten (z. B. Aufgabe Weiterbildner) –

dadurch werden immer nur Ausschnitte betrachtet und selten Wechselwirkungen
- Argumentation Personalleiter Mittelstand, z. B.
  → ggf. geringe Akzeptanz der Personaler bei Fachführungskräften
  → kein Know-how und keine Ressourcen für interne PIM-Beratung
  → bereits vorhandene Personalentwicklungs- und Weiterbildungs-Abteilung fürchtet „interne Konkurrenz" in dem Ansatz
- Vorbehalte Führungskräfte, z. B.
  → Unverständnis, warum Personaler sich in die Arbeit der Linienfunktionen „einmischen"
  → kein Interesse an einer vollen Transparenz über Ursachen oder Befürchtung, dass auch Führungsleistung Ursache sein könnte
  → Befürchtung, dass Analysen zu Konkurrenz unter Mitarbeiter führen
- Mögliche Reaktion Mitarbeiter und Betriebsrat, z. B.
  → ggf. Widerstand gegen genaue Problemanalysen
  → Befürchtung, dass Arbeitsplätze wegrationalisiert werden soll
  → Befürchtung, dass durch Analysen die Leistung von Kollegen untereinander verglichen werden kann

3 a.) klassisches Training
- Bedarfsanalyse mit Teilnehmern und Co-Trainer (aus dem Vertrieb)
- Planung der Maßnahme und didaktisches Feinkonzept entwickeln
- Durchführung des Trainings mit Co-Trainer (aus der Praxis des Unternehmens) inkl. Transferförderung
- während der Maßnahme und am Ende Feedback von Teilnehmern einholen

b.) PIM (hier Vorgehen analog Ziel-Strategie)
- Ziel bzw. SOLL festlegen
  → z. B. konkrete Anzahl an Schulungen, die jeder Außendienst'ler halten soll
- IST-Analyse:
  → Bestandsaufnahme (Umsatzzahlen, Anzahl der Produktschulungen, Analyse der positiven Abweichungen: was macht der vorbildliche Vertriebsmitarbeiter anders als seine Kollegen? ...)
- Analyse der Ursachen (z. B. Anreizsysteme überprüfen: welche Anreize gibt es für Vertriebsmitarbeiter Schulungen durchzuführen, welche Unterstützung gibt es dafür, welche Kompetenzen haben die Vertriebsmitarbeiter mit Blick auf Präsentation und Wissensvermittlung...?)
- Lösungen, z. B.
  - Anreizsysteme anpassen (z. B. pauschaler Bonus pro Schulung oder individuelle Zielvereinbarung für Anzahl X Schulungen einführen)
  - Seminar „Train the Trainer" für Vertriebsmitarbeiter und Follow-up, bei Bedarf auch individuelles Coaching anbieten
  - gemeinsames Laufwerk oder Pool bestehender Schulungs-Präsentationen (z. B. PowerPoint-Dateien zu verschiedenen Produkten)
  - Best Practice zu Produktschulungen im Rahmen der Vertriebs-Meetings (→ Thema Schulungen präsent halten und Erfahrungsaustausch)
  - zentraler Ansprechpartner für Schulungen im Vertrieb als Sparrings-Partner und interner Coach
  - Unterstützung bei der Erstellung von Schulungen (PowerPoint und Konzept) im Vertrieb als neue Funktion
  - Erfassung und Auswertung aller Schulungs-Akivitäten sowie Erfolgs-Monitoring (welche Auswirkung haben Produktschulungen auf den Umsatz?)
  - …
- Maßnahmen überprüfen
  → welche Ergebnisse (z. B. Steigerung der Anzahl Produktschulungen um X % pro Jahr) wurden damit erreicht?
  → Auswirkung auf Umsatzzahlen

4 Beispiel (vgl. Übung 4.3-3): Brillenglashersteller und Seminar für Vertriebs-Mitarbeiter zu Produktschulungen

- Bedarfsanalyse ist wichtig und gute Voraussetzung für zielgerichtete Trainings, aber bei PIM steht im Voraus noch gar nicht fest, ob Training eine geeignete Maßnahme ist
- Erst wird eine Analyse der Ursachen durchgeführt und dabei kann herauskommen, dass vor allem
    - operative Hektik,
    - fehlende Anreize und
    - fehlende interne Unterstützung
  dazu führen, dass die Außendienst-Mitarbeiter bisher wenig/keine Schulungen halten. Training würde daran nichts ändern.
- Allerdings Maßnahmen wie z. B.:
    - Freistellung für Produktschulungen (z. B. Erlass von einem Tag mit X Kontakten oder Erwerb eines freien bzw. Home Office Tags)
    - Bonus bei über X Schulungen pro Jahr oder Quartal
    - interner Ansprechpartner zur Erstellung von ppt-Dateien für Schulungen
  in Kombination mit einem Seminar könnten etwas bewirken.
- *Zusammenfassung*: PIM geht nicht davon aus, dass automatisch ein Training (alleine) die Lösung ist, sondern nimmt einen breiten Blick ein und untersucht vor allem das Zusammenspiel unterschiedlicher Faktoren
  (vgl. z. B. das Schema von Loren/Oppitz 2005, Abb. 4.3-8: Mögliche Ursachen für Gaps und Interventionsansätze)
- Vgl. auch die Abb. 4.3-6: Gegenüberstellung von Personalentwicklung bzw. Training und Performance Management

5   pragmatische Checkliste: Mitarbeitergespräche mit PIM
     Inhalte
- Thema *Rückblick auf das letzte Jahr*
    → statt einer bisherigen Verhaltens- oder Leistungsbewertung sollten die Ergebnisbeiträge ins Zentrum des Gesprächs rücken
      (nicht: „Hat sich der Mitarbeiter angestrengt und alles ihm Mögliche unternommen?", sondern: „Was war das Ergebnis mit Blick auf das Ziel?")
    → statt einer Bewertung des Verhaltens, sollten auch andere Ursachen in Betracht gezogen werden (insb. bei Nicht-Erreichen der Ziele)
    → wichtiger als objektive Wahrheit ist hier die Diskussion zwischen Mitarbeiter und Führungskraft über Aufgaben und Performance
- Thema *Führung und Zusammenarbeit*
    → hier unbedingt hinterfragen, ob die Führungskraft ihre Erwartungen klar formuliert und der Mitarbeiter alle Informationen (i. S. v. Feedback) für seine Arbeit hat
    → vgl. insb. die Hinweise zu „Interventionen bezogen auf Führung und Feedback" in Abschnitt 4.3.5
- Thema *Ausblick und Vereinbarungen*
    → sofern Weiterbildung thematisiert wird, sollte unbedingt festgelegt werden, was damit erreicht werden soll (Ziele vereinbaren)
    → ggf. auch eine Anpassung der Rahmenbedingungen vereinbaren

Organisatorisches
- Formulare und ggf. Bewertungskriterien anpassen (siehe oben)
- Führungskräfte informieren und für die neue Form der Mitarbeitergespräche schulen
- Mitarbeiter informieren und ggf. ebenfalls schulen
- Betriebsrat frühzeitig mit einbinden
- Unterlagen zur Vor- und Nachbereitung für Mitarbeiter und Führungskräfte zur Verfügung stellen (z. B. Leitfragen ausarbeiten)
…

6   Im Lehrbuch: gedankliche Querverbindungen, Anknüpfungspunkte und Zusammenhänge zu anderen Kapiteln
- Kapitel 1: „… Ein Plädoyer für ein professionelles Weiterbildungsmanagement"
    → Aufzeigen von Ansatzpunkten für eine Professionalisierung mit PIM
- Kapitel 2: „Handlungsfelder des betrieblichen Weiterbildungsmanagements"
    → Spektrum des Rahmenmodells noch erweitern um andere Aspekte wie z. B. Anreize, Ressourcen etc.

- - Kapitel 3: „Aufbauorganisation"
    → Problematik: arbeitsteilige Organisationsstrukturen begünstigen „gedanklichen Taylorismus" und widersprechen einer systemischen Sichtweise
  - Kapitel 4: „Ablauforganisation"
    → insb. Zusammenhang mit breiterer Perspektive der Bedarfsermittlung bei PIM im Gegensatz zur „Weiterbildungs-Brille"
    → insb. Zusammenhang mit der Transferproblematik bei klassischer Weiterbildung und Verbesserungen durch PIM (auch bei klassischer Weiterbildung, weil stärkere Zielorientierung gegeben)
    → Programmplanung: bei PIM breites Spektrum an Maßnahmen zur Auswahl berücksichtigen
    → Durchführung: auch bei Weiterbildung starker Anwendungsbezug durch PIM gegeben und daher höhere Transferierbarkeit
    → Qualitätsmanagement: parallele Fragestellung, ob Maßnahmen Unternehmenszielen dienen
    → insb. starke Anknüpfungspunkte beim Bildungscontrolling

    → Umsetzung im Schaubild (bitte individuell erstellen)

7   → Hinweise zur Bearbeitung finden Sie im Kapitel

Lösungshinweise zu Kap. 4.4:

1   Die traditionelle Programmplanung (*produkt*orientierter Ansatz) teilt sich in die vier großen Bereiche Bedarfsermittlung, *Grobplanung*, Feinplanung und Durchführung/*Evaluation*. Am Beginn des Weiterbildungsprozesses steht die *Bedarfsermittlung*. Diese kann mittels verschiedener Instrumente geschehen. Dazu gehören die *Material*analyse, Gespräche und die betrieblichen Bedarfs*meldungen*. Daran schließt sich die Grobplanung, in der es um die Festlegung der *Priorität*, der Form und die Erstellung einer *Themen*liste geht, an. In der *Fein*planung geht es dann darum, geeignetes *Personal* zu rekrutieren und eine detaillierte Zeit-, Raum- und *Finanz*planung vorzunehmen. Der letzte Schritt im Planungsprozess ist die *Durchführung*/Evaluation. Sie dient z. B. als Grundlage der Programmplanung des *Folge*jahres und als Anstoß des internen Qualitätsmanagementprozesses.

2   Einen Ausweg bieten modularisierte Angebote, so dass auf Module aus Standardangeboten – ergänzt um individuelle Module – zurückgegriffen werden kann.

3   *Marktsegment:* a) Zielgruppe: Personaler, vor allem aus KMU, b) Inhalte: Instrumente des betrieblichen Weiterbildungsmanagements und der Personalentwicklung, c) Methoden: Seminaristisches Lernen, Arbeitsgruppen, Leitfäden (kurze Praxisbroschüren mit einsetzbaren Instrumenten), Internet-Plattform.
      Marktabdeckungsstrategie: Spezialist für die genannten Themen und Zielgruppen.

4   Die Erläuterung sollten Sie selbst geben. Wenn Ihnen das noch nicht ganz gelingen sollte, dann lesen Sie doch den entsprechenden Abschnitt 4.4.2.2.4 noch einmal genau durch!

5   Ein Unternehmen hat in der Regel Interesse an kurzen (Freistellung!) und kostengünstigen Kursen. Dies erfordert der Tendenz nach verschulte Kurse, die aber nicht im Interesse der Teilnehmer liegen müssen.

Lösungshinweise zu Kap. 4.5

1   Bedeutung der Lernformen im Lebenslauf:
      Frühe Kindheit: Weitestgehend informelles Lernen (Sprechen, Laufen, mit Besteck essen, mit Freunden spielen, Erwachsene richtig begrüßen...)
      Ggf. einzelne formelle Angebote im Kindergarten oder außerhalb, z. B. Musikunterricht.
      Schulzeit: Inhalte der Lehrpläne werden durch formelles Lernen vermittelt (Schreiben, Rechnen etc.)

Die Aspekte des allgemeinen Verhaltens in der Schule dagegen werden informell erworben („heimlicher Lehrplan", z. B. Wie gehe ich mit welchem Lehrer um? Wie setze ich mich in der Klasse durch? etc.)

Außerhalb der Schule wird ebenfalls schwerpunktmäßig informell gelernt (Umgang im Freundeskreis und in der Familie, Spiele/Hobbys, mit öffentlichen Verkehrsmitteln fahren etc.)

2   Relation von formellem und informellem Lernen in der Berufsausbildung:
Formell: Berufsschule, ggf. interner Unterricht
Informell: Umgangsformen in den Abteilungen, Kleiderordnung, Pausenregelungen, Ansprechpartner finden, Einarbeitung/ Unterweisung am Arbeitsplatz, Lesen von Arbeitsanweisungen/ Handbüchern etc.
→ In der Regel deutliches Übergewicht von informellen Lernprozessen (sowohl zeitlich als auch bezüglich der Lernziele)

3   Beispiele für informelles Lernen im beruflichen Kontext:
-    sozialer Umgang im Unternehmen: wen spricht man wie an?
-    Werte, die im Unternehmen gelten (Unternehmenskultur)
-    Übernahme einer neuen Tätigkeit durch Einarbeitung
-    Gestaltung des Kontakts zu Lieferanten/Kunden (in diesem Zusammenhang sind allerdings auch häufig formelle Lernformen, wie z. B. Seminare zur Gesprächs- und Verhandlungsführung zu finden).
-    Aufbau von Routine bei Regelaufgaben

4   Bildungspolitische Kernargumente für informelles Lernen:
-    informelles Lernen als Chance, um Bildungsungleichheiten abzubauen
-    besserer Zugang zu Lernprozessen für „bildungsferne" Gruppen
-    informelles Lernen als Beitrag zur Sicherung der Beschäftigungsfähigkeit
Betriebliche Argumente für informelles Lernen:
-    bei informellen Lernprozessen am Arbeitsplatz entsteht keine Transferproblematik
-    mit informellen Lernprozessen kann man schneller auf neue Anforderungen reagieren
-    durch informelle Lernprozesse am Arbeitsplatz wird Erfahrungswissen aufgebaut, das für eine umfassende Handlungsfähigkeit unerlässlich ist.

5   Die angeführten Argumente sind alle nachvollziehbar und nicht von der Hand zu weisen. Ob die positiven Effekte des informellen Lernens im Unternehmen aber tatsächlich entstehen, hängt jedoch u. a. davon ab, ob die informellen Lernprozesse sinnvoll in den Arbeitsalltag eingebettet sind, ob die jeweilige Zielgruppe zu einem Mindestmaß an Selbststeuerung beim Lernen in der Lage ist und ob bei Schwierigkeiten im Lernprozess ein Unterstützungsangebot vorhanden ist. Voraussetzungslos ist auch informelles Lernen nicht erfolgreich.

6   Bei einer sehr starken Betonung informellen Lernens im Unternehmen besteht die Gefahr, dass die Systematik von Lernprozessen leidet und vieles nur zufällig gelingt (oder eben nicht). Es erscheint daher notwendig, jeweils mit Blick auf das Lernziel und die Lernvoraussetzungen der Zielgruppe zu entscheiden, welche Lernform den größtmöglichen Erfolg verspricht. Dies ist wiederum mit den vorhandenen Ressourcen abzugleichen.
Da informelles Lernen zudem stark an die jeweilige aktuelle Aufgabenerledigung geknüpft ist, ist ein zukunftsbezogenes, von der jetzigen Aufgabe unabhängiges Lernen nur schwer denkbar.
Eine weitere Gefahr kann darin gesehen werden, dass sich zumindest einzelne Mitarbeitergruppen überfordert fühlen mit der Anforderung, sich verstärkt ‚in Eigenregie' für den Beruf notwendige Inhalte anzueignen. Die Verantwortung, immer auf dem neuesten Stand zu sein, wird damit dem Mitarbeiter übertragen, der sich dazu wahrscheinlich nicht immer in der Lage sieht.

7   Bsp. Umsetzung von Lernstrategien zur Vorbereitung auf eine Klausur:

Lernrahmen	
Bestimmung der Lernziele	- Welche Inhalte sind besonders relevant? - Geht es primär um (Fakten-)Wissen oder eher um eigene Argumentation oder Transfer auf andere Felder?
Einschätzung der Lernvoraussetzungen	- verfügbares Vorwissen zum Thema - Präferenzen beim Lernen (z. B. kann mir Fakten gut merken, tue mir aber schwer mit dem Transfer) - Kann besser in der Gruppe lernen
Lernerfolgskontrolle	- Lerngruppe mit gegenseitiger Erfolgskontrolle
Lernprozess	
Stufe der Schwierigkeit	- Relevantes Gebiet abgrenzen - Kernfragen formulieren - Notwendigkeit ergänzender Literatur/Internetrecherche einschätzen
Stufe der Lösung	- Literatur/Infos beschaffen - Alte Klausuren zum Thema bearbeiten - Mögliche Klausurthemen selbst formulieren und in der Gruppe bearbeiten
Stufe des Behaltens/Einübens	- Zentrale Aspekte aus Übungsklausuren in einem Skript zusammenführen - Wiederholungen/Fragerunden in der Lerngruppe - Karteikarten für Fakten und Definitionen
Stufe des Transfers	- Gemeinsame Suche nach Transferfeldern des Gelernten in der Lerngruppe - Formulierung von förderlichen und hinderlichen Transferbedingungen
Lernbedingungen	
Lernumgebung	- Lerngruppen immer vormittags oder ab 18 Uhr - Treffen in privatem, ungestörtem Rahmen
Personale Bedingungen	- Ängste und Umgang damit in der Gruppe ansprechen und Strategien entwickeln - Zur Belohnung gemeinsam noch ein Bier trinken gehen

8   Erwerb von Lernstrategien an der Universität
-    Einführung zu Beginn des Studiums: „Lernen an der Uni – wie funktioniert das?"
-    Explizite Thematisierung von Lernstrategien in den Fach-Veranstaltungen (Tipps zum Umgang mit umfangreichen Fakten, Entwicklung von Problemlösungsstrategien für bestimmte Felder, Hinweise zur Informationsbeschaffung, Hinweise zur lernförderlichen Gestaltung eigener Skripten, Klausurtechniken etc.)
-    Veranstaltungen / Sprechstunden zu Lernthemen
-    Förderung der Vielfalt von Arbeitsformen in den Veranstaltungen (Gruppenarbeit mit Präsentation, Kurz-Statements in der Veranstaltung ausarbeiten, umfangreiche Projektarbeiten über längere Zeiträume, Vorträge gestalten, Gruppenarbeiten moderieren) mit jeweils anschließender Reflexion der Lernprozesse und –strategien

9   Lernziele für „Effektive Mitarbeit bei Gruppenarbeiten":
-    Der Kommilitone kann den Informationsbedarf einschätzen und eine gezielte Auswahl der Literatur vornehmen.
-    Er kann Aufgabenstellungen vor Beginn der Bearbeitung sinnvoll strukturieren und in aufeinander folgende Arbeitsschritte zerlegen.
-    Er kann sich konstruktiv in die Gruppendiskussion einbringen.
-    Er kann auf Nachfragen angemessen reagieren, eigene Unsicherheiten formulieren und damit einer konstruktiven Lösung zugänglich machen.

10   Determinanten der Lernfähigkeit
      Lernumgebung
-    förderlich: ruhige Umgebung ohne Störungen, Vorhandensein und ausreichend Platz für Hilfsmittel
-    hinderlich: ständige Störungen, schlechte Lichtverhältnisse, große Unordnung

Beruf
- förderlich: Anregungsgehalt der Tätigkeit, Förderung von Lernprozessen
- hinderlich: repetitive Tätigkeiten ohne Anregungsgehalt, ständiger Zeitdruck

Hobbys
- förderlich: Anregung oder sogar Notwendigkeit zum Lernen, Vermittlung von Erfolgserlebnissen
- hinderlich: abstumpfende, immer gleiche Tätigkeiten (teilweise bei Videospielen o. ä.)

Bezugspersonen
- förderlich: Personen mit positiver Einstellung zum Lernen
- hinderlich: Personen mit negativer Einstellung zum Lernen

11 Lernvoraussetzungen

a) Die Einstellungen der Teilnehmer zum Thema „Umgang mit Kritik" stellen eine wichtige Lernvoraussetzung dar. Sie bedingen, inwieweit sie sich überhaupt auf das Thema einlassen können/wollen. Dies ist nicht zuletzt durch den bisherigen Umgang mit Kritik der Abteilung beeinflusst.
Das Abstraktionsniveau der Teilnehmer ist v. a. relevant für die Art des theoretischen Inputs zum Thema (wie „theoretisch" darf dieser sein?)
Das Lerntempo muss ebenfalls beachtet werden, um Teilnehmer nicht zu überfordern.
Ganz zentral erscheinen bei dem Workshop die Voraussetzungen bezüglich des Methodeneinsatzes: inwiefern sind die Mitarbeiter bereits an Methoden des Rollenspiels gewöhnt? Schätzen sie diese Methode oder halten sie sie für Unfug? Können sie in Gruppen arbeiten? Sind sie mit Feedback vertraut oder besteht die Gefahr, dass sie sich gegenseitig ‚fertig machen'?

b) Hier erscheinen ebenfalls die Einstellungen der Teilnehmer zum Thema „Qualitätsmanagement" von Bedeutung, insofern dass diese bedingen, inwieweit sie bereit sind, sich überhaupt einzubringen. Wurden sie nicht angemessen vorinformiert und halten sie die Treffen z. B. für eine verkappte Kontrollmaßnahme, so kann nicht konstruktiv gearbeitet werden.
Ebenfalls bedeutsam erscheinen die Voraussetzungen mit Blick auf den Methodeneinsatz. Kann die Gruppe ihre Überlegungen selbst strukturieren und dokumentieren oder braucht sie (zumindest zu Beginn) Unterstützung durch einen Moderator? Hier fließen auch Lernvoraussetzungen mit Blick auf die Kommunikation in der Gruppe ein: Welcher Kommunikationsstil wurde dort gepflegt? Redet man sachlich miteinander, was geschieht bei Meinungsverschiedenheiten, spricht man über Probleme bei der Arbeit, etc.?

12 Einarbeitungsplan für Herrn Reinold

Groblernziel Einarbeitung: Herr Reinold ist am Ende der Einarbeitungsphase in der Lage, die neuen Aufgaben seiner Stelle selbständig zu bewältigen		
Teillernziele	**Unterstützungsform**	**Zeit**
Herr Reinold ist mit der Produktpalette im Bereich „hochwertige Küchenmaschinen" vertraut.	• Selbständige Einarbeitung anhand der Produktbeschreibungen • Vertiefendes Gespräch mit Herrn X (erfahrener Außendienst-Mitarbeiter des Bereichs)	1 Monat vor Übernahme der neuen Aufgabe
Er kennt die Kundenstruktur seines neuen Bereichs.	• Selbständige Einarbeitung anhand von Kundendaten und Absatzstatistiken • Einführung/Erläuterung durch den bisherigen Stelleninhaber • Vorstellung bei den Kunden (je nach Relevanz telefonisch oder vor Ort)	1 Monat vor Übernahme der neuen Aufgabe Mit Beginn der neuen Aufgabe
Er hat ein Verständnis für seine Führungsaufgabe ent-	• Gespräche mit dem bisherigen Stelleninhaber und	1 Monat vor Übernahme der neuen Aufgabe

wickelt und kann relevante Führungsinstrumente einsetzen.	seiner neuen Führungskraft (Vertriebsleiter) • Seminarreihe „Führung im Vertrieb"; währenddessen und im Anschluss Transfergespräche mit dem Vertriebsleiter, ggf. Vereinbarung weiterer Maßnahmen • Teilnahme am vierteljährlichen Treffen der Vertriebsführungskräfte	Beginn 2 Monate vor Übernahme (über 6 Monate) Nächstmöglicher Termin
Er kennt seine neuen Mitarbeiter und ihre Aufgabengebiete	• Gespräch mit bisherigem Stelleninhaber (Umsatzstatistiken, Gruppenstruktur etc.) • Einführung bei monatlichem Abteilungsmeeting • Einzelgespräche mit allen Mitarbeitern	1 Monat vor Übernahme 1 Monat vor Übernahme Im Laufe des ersten Monats
Er kennt seine Ansprechpartner in der Produktentwicklung	• Teilnahme an der Workshopreihe „Strategieentwicklung für die Kooperation Vertrieb-Produktentwicklung" • Anschlusstermin mit Ansprechpartner aus der Produktentwicklung	Nächstmöglicher Termin Nach Absprache

Aus der Begründung der gewählten Lernformen sollte jeweils hervorgehen, worin deren Leistungsvorteil besteht. So könnte man z. B. argumentieren, dass bezüglich der Übernahme einer Führungsaufgabe einerseits die unternehmensspezifischen Erläuterungen durch den eigenen Vorgesetzten notwendig sind (um etwa die Umsetzung der Führungsleitlinien im Vertrieb zu verdeutlichen). Andererseits erscheint ergänzend eine Seminarreihe sinnvoll, um grundlegende Aspekte der Führungsaufgabe sowie die Anwendung von Führungsinstrumenten in systematischer Form und in einem ‚geschützten Rahmen' kennen zu lernen und Anwendungsübungen durchzuführen (z. B. zum Thema Mitarbeitergespräche).

Lösungshinweise zu Kap. 4.6

1   Vgl. hierzu die vorangegangenen Ausführungen im Text

2   Bitte machen Sie sich hierzu eigene Überlegungen

3   Bitte machen Sie sich hierzu eigene Überlegungen

4   Argumente für Qualitätsmanagement in der Weiterbildung
     → Vgl. Abb. 4.6-3: Gegenüberstellung der Chancen von QM in der Weiterbildung für Anbieter und Nachfrager
     ▪ Perspektive der *Anbieter* (Weiterbildungsträger oder Trainer)
          -    Abgrenzung im Markt von „schwarzen Schafen",
          -    Glaubwürdigkeit und Vertrauen von Kunden
          -    Gestaltung von effizienten Abläufen und Strukturen
          -    Motivierte Mitarbeiter und Teilnehmer
          -    Kundenzufriedenheit
     ▪ Perspektive der *Nachfrager* (Unternehmen)
          -    Transparenz: Orientierung und gezielte Auswahl von Anbietern und Maßnahmen, mehr Sicherheit bei Auswahlentscheidungen
          -    Wirtschaftlichkeit: Nutzung effizienter (wirtschaftliche) und effektiver

(zielgerichtete) Weiterbildung
- besseres Ergebnis: Mehr Leistung, hohe Qualität

5   Bitte machen Sie sich hierzu eigene Überlegungen

6   Funktionszyklus Weiterbildung (vgl. Abschnitt 2.3.2 im Buch):
- <u>Bedarfsanalyse</u>
  → Teilnehmer und deren Führungskräfte einbinden,
  partizipative Bedarfserhebung
  → Bedarfe für Weiterbildung in Kompetenzen formulieren und nicht in
  „Überschriften" und „Kurstiteln" (wie z. B. „Rhetorik")
  → Lernziele vorher definieren (Vgl. Transferzielprotokoll und Seminar-Vor-
  und Nachgespräche im Abschnitt 4.2 zu Transfer)
  → ein QMS regelt ggf. die Art und Methode der Bedarfsanalyse
  (z. B. kann in einer Verfahrensanweisung festgelegt sein, wie die
  Ergebnisse der Mitarbeitergespräche in die Planung der Weiterbildung
  einfließen und wer dabei welche Aufgabe übernimmt)
- <u>Programmplanung</u>
  → Vgl. hierzu insb. Kapitel 4.4.2.2 zum Weiterbildungsmarketing
  → ein QMS (z. B. ISO) regelt u. a. den Prozess, wie (neue) Angebote und
  Trainings konzipiert werden
  → Einbeziehen der Kunden/Unternehmen in die Planung und Konzeption
  der Veranstaltung (z. B. durch gemeinsame Bedarfsanalyse)
  → z. B. fällt hierunter auch die Auswahl der Dozenten für eine
  Weiterbildung (ein QMS regelt z. B. welche Qualifikation erforderlich ist)
  → aus Nachfragersicht: hier ist wichtig, die Konzeption einer Weiterbildung
  eng an den Zielen auszurichten
- <u>Durchführung</u>
  → Vgl. hierzu insb. auch Kapitel 4.7.2.2: Kontext- und Prozessevaluation
  → neben allem QM ist hier vor allem die Flexibilität des Trainers gefragt;
  ggf. helfen Methoden der Prozessevaluation Klima und Lernfortschritt
  transparent zu machen, um ggf. das Konzept an die Teilnehmer
  anpassen zu können
  → Checklisten etc. (z. B. für alle Materialien und Equipment) aus einem
  QMS erleichtern einem Trainer die Vorbereitung und Durchführung
  einer Maßnahme
- <u>Output-Evaluation und -Controlling</u>
  → ein QMS regelt, in welcher Art Evaluation und Controlling statt finden
  und, ob z. B. nur eine Zufriedenheitsabfrage durchgeführt wird, oder
  auch Lernerfolg und Transfer überprüft werden
  → sofern z. B. die Zufriedenheit der Teilnehmer mit einem Trainer oder
  einem bestimmten Seminar auffallend kritisch bewertet wird, gibt ein
  QMS vor, welche Maßnahmen zu unternehmen sind (z. B. Gespräch
  zur Klärung mit dem Trainer ab Bewertung X);
  außerdem wird dokumentiert, welche Schritte unternommen wurden,
  um das „Qualitätsproblem" zu beheben

7   Annahmen:
- Widerwille gegen den Mehraufwand, die einzelnen Schritte zu dokumentieren
- Kein Commitment dem QMS gegenüber, wird als lästige Verpflichtung empfunden, die
  von der Zentrale auferlegt wurde; Nutzen für die eigene Organisation und Tätigkeit nicht
  erkannt.
- Lieber „informelle" und pragmatische Handhabung, ohne tatsächlich etwas unternehmen
  zu müssen
- Kostenaspekte: ggf. kostet die Umsetzung von Maßnahmen zur Behebung der Mängel
  Zeit und/oder Geld (dann wäre ein Ignorieren und nichts unternehmen müssen vorteilhaf-
  ter)
- Ggf. Bedenken mit Blick auf künftige Audits, wenn Mängel festgestellt und dokumentiert
  wurden – sieht ja so aus, als wäre in seiner Geschäftsstelle nicht alles in Ordnung und es
  müsste „nachgebessert" werden
- …

8   Mutmaßliche Intention: Dokumentation der Mängelbehebung
- Es wird dokumentiert und erfasst, welche Mängel mehrmals auftreten
  → so kann an einer dauerhaften Behebung gearbeitet werden, wenn es häufiger auftritt oder gewichtiger ist
- Fehler werden nicht nur bemerkt, sondern auch behoben – das ist der Grundgedanke des kontinuierlichen Verbesserungsprozesses. Analog soll dokumentiert werden, welche Maßnahmen ergriffen wurden
- Es kann überprüft und nachvollzogen werden, ob und welche Maßnahmen von wem zur Mängelbehebung eingeleitet wurden
  → sonst denkt jeder, der Andere kümmert sich darum!
- Es kann überprüft werden, ob die ergriffenen Maßnahmen einen Effekt erbracht haben
- Ggf. muss der Prozess überarbeitet werden oder andere Maßnahmen ergriffen werden (z. B. Checklisten, Formulare erstellt werden)
- …

9   Positiver Einfluss von ISO auf die Weiterbildungsqualität – aus Sicht eines Bildungsanbieters (Vgl. hierzu auch die Abb. 4.6-7: Chancen und Risiken einer ISO-Zertifizierung für Bildungsanbieter):
- Klarheit über Zuständigkeiten und Verantwortung in der Organisation:
  → wer macht was?
  → was wird vom einzelnen Mitarbeiter/Trainer erwartet?
- Höhere Kunden- und Teilnehmerorientierung – nicht der Initiative des Einzelnen überlassen, sondern festgeschrieben in den Prozessen
- Dokumentation und Optimierung der internen Prozesse und Überarbeitung der Abläufe
  → die vor einer Zertifizierung vermutlich gar nicht Thema waren
  → Abläufe und Organisationsstrukturen als Voraussetzung für verbesserte Produkt- und Dienstleistungsqualität
- Fehlerfrüherkennung und -vermeidung
  → Umsetzung des Gedankens der laufenden Verbesserung
- Kostensenkung sowie Reduzierung von Reklamationen und Nacharbeit
  → Ressourcen werden gezielter in Produkte gesteckt
  → klare Prozesse verhindern Doppelarbeit
  → optimierte Prozesse legen die „Best Practice" als Standard fest, es wird nicht von jedem immer wieder auf's Neue ausprobiert, welches Vorgehen sich bewährt
- Qualifikation und Information der Trainer
  → im QMS festgelegt sind Auswahlkriterien
  → der interne Infofluss wird verbessert

→ Bitte denken Sie sich noch ein eigenes Beispiel zur Erläuterung aus!

10   Nutzen von QM aus Anbieter- und Nachfragersicht (Vgl. Abb. 4.6-3: Gegenüberstellung der Chancen von QM in der Weiterbildung für Anbieter und Nachfrager sowie die „Kritische Diskussion" in Abschnitt 4.6.4)
- <u>Anbietersicht</u>:
  Chancen
  - Transparenz und Abgrenzung
  - Optimierung der Abläufe und Strukturen
  - Kunden- und Teilnehmerorientierung sowie Mitarbeitermotivation
  → kritische Einschränkung, dass Chancen nicht automatisch eintreten
- <u>Nachfragersicht</u>:
  Chancen
  - Transparenz zur Auswahl von Anbietern und Kursen
  - höhere Effektivität und Effizienz in der Weiterbildung
  - bessere Ergebnisse der Weiterbildungsmaßnahmen
  → kritische Einschränkung, dass Chancen nicht automatisch eintreten

11   Bitte machen Sie sich hierzu eigene Überlegungen

12   kurze Zusammenfassung
→ Vgl. Abschnitt 4.6.5 „Kurz und bündig" sowie
→ die „Kritische Diskussion" in Abschnitt 4.6.4

→ eigene Überlegungen und persönliches Fazit

Lösungshinweise zu Kap. 4.7:

1   Vgl. hierzu nachfolgenden Text.

2   Weiterbildungskontrolle ist eine Evaluation, die am Ende einer Weiterbildung oder danach stattfindet. Sie fragt in der Regel nach dem Erfolg einer Maßnahme.

3   Ein solcher Zusammenhang besteht nicht. Allerdings ist Zufriedenheit aus motivationalen Aspekten heraus eine günstige Voraussetzung für den Lernerfolg. Vgl. hierzu Kapitel 4.7.3.2.1.

4   Hier kann es sich um das Phänomen einer externalen Attribuierung handeln!

5   Die Erläuterung sollten Sie selbst geben. Wenn Ihnen das noch nicht ganz gelingen sollte, dann lesen Sie doch den entsprechenden Abschnitt 4.2.4 noch einmal genau durch!

6   *a) Output-Evaluation:* Wie zufrieden sind die Teilnehmer mit den angebotenen Kursen (Fragebogen)? Welchen Lernerfolg haben sie erzielt? Bei einem Powerpoint-Kurs könnte etwa die Erstellung einer Präsentation nach Vorgaben als Test fungieren.
b) Transferevaluation: Was wenden die ehemaligen Teilnehmer eines Kurses im FBZHL (z. B. Powerpoint) im Hochschulalltag in ihrer Lehre an? Welche Gründe sind für eine Nichtanwendung maßgeblich (z. B. kein Beamer vorhanden)? Hier bieten sich problemzentrierte Interviews an, aber auch der des Lern Transfer System Inventar (LTSI) nach Bates und Holton (vgl. z. B.: http://www.ifa.e-arbeit.biz/fg1/downloads/docs/LTSI_Beschreibung.pdf). Dieses Instrument wird beim FBZHL der Friedrich-Alexander-Universität Erlangen-Nürnberg in einer deutsch adaptierten Form eingesetzt.
c) Input-Evaluation: Welcher Weiterbildungsbedarf besteht bei den Mitarbeitern der Universität (Email-gestützte Befragung)? Sind die vorhandenen Materialien noch aktuell (Dokumentenanalyse)?
d) Prozess-Evaluation: Haben die Teilnehmer eines Kurses Lernprobleme (Befragung während der Pausen eines Seminars)? Sind die Teilnehmer aufmerksam oder langweilen sie sich (Beobachtung)?
e) Kontext-Evaluation: Stehen geeignete Räume und Technik für die Veranstaltungen zur Verfügung (Begehung im Vorfeld).

7   Output und Transfer-Evaluation.

8   *Evaluationsdesign 1:* Befragung von Schülern, die den *Truck* besuchen, zum Informationsgehalt und zur Zufriedenheit und zum Kenntnisstand der Schüler über die genannten Ausbildungsberufe.
Evaluationsdesign 2: a) Vor der Inanspruchnahme des Trucks: Vorabbefragung zum Kenntnisstand der Schüler zu den genannten Ausbildungsberufen, b) wie Evaluationsdesign 1 mit einer anschließenden Auswertung beider Befragungen hinsichtlich aufgetretener Veränderungen beim Kenntnisstand (Wie hoch war der Erkenntnisgewinn?).
Evaluationsdesign 3: a) Befragung von Schülern, die den *Bus* besuchen, zum Informationsgehalt und zur Zufriedenheit und zum Kenntnisstand der Schüler über die genannten Ausbildungsberufe, b) Befragung von Schülern, die den *Truck* besuchen, zum Informationsgehalt und zur Zufriedenheit und zum Kenntnisstand der Schüler über die genannten Ausbildungsberufe. Anschließende Auswertung: Wird der Informationsgehalt des Trucks höher eingeschätzt? Ist die Zufriedenheit und der Kenntnisstand von Schülern, die den Truck besucht haben höher als bei jenen, die den Bus besucht haben?
Evaluationsdesign 4: Wie Evaluationsdesign 2, jedoch jeweils mit einer Vorabbefragung, wie sie in Evaluationsdesign 2a skizziert worden ist. Auswertung: Ist der Anstieg beim Kenntnisstand über die Ausbildungsberufe bei den Truck-Besuchern höher als bei den Bus-Besuchern?

9   Zumindest sollte im Vorfeld Krankenstand und Reklamationen quantifiziert werden. Einige Monate nach Ende des Kurses sollten die entsprechenden Werte erneut erhoben und ausgewertet werden (Design 2). Zusätzlich wäre denkbar, nur eine Abteilung in die Maßnahme zu schicken, um die Veränderung mit/ohne Weiterbildung zu vergleichen (Design 4).

10   Wie errechnet sich der max. Lernwert von 500 DM für „Besprechungen vorbereiten können"? Wie kann der Erreichungsgrad gemessen werden, da selbst Lernerfolgs-Tests häufig eine subjektive Komponente bei der Beurteilung haben? Was ist eigentlich der Unterschied zwischen Lern- und Transferwert?

11   Je mehr die Arbeiter Weiterbildung absolviert haben, desto geringer ist die Zahl der Reklamationen. Ist dies aber ein ursächlicher Zusammenhang? Kann der Rückgang der Reklamationen auf die Weiterbildung zurückgeführt werden (oder ist bspw. das Auftragsvolumen generell zurückgegangen, so dass die gesunkene Zahl an Reklamationen auf die gesunkene Zahl an Aufträgen zurückgeführt werden könnte.

Lösungshinweise zu Kap. 5.1

1   Grundlegende Prämissen eines Freundeskreises:
      - Wir haben viel Spaß miteinander, stehen uns aber auch in schwierigen Situationen bei.
      - Wir sind sehr unterschiedliche Persönlichkeiten und das bereichert uns.
      - Vertrauliche Informationen über Freunde werden nicht an Dritte weiter gegeben.
      - Wir richten unsere Freizeit- und Wochenendplanungen so ein, dass wir genügend Zeit füreinander haben.
      - Neue Partner der Freunde werden wohlwollend begutachtet.

2   Artefakte der Gruppe
      - ähnlicher, sehr legerer Kleidungsstil
      - regelmäßige Treffen und umfangreicher Telefonkontakt
      - sehr vertrauter, herzlicher Umgang
      - eingespielte Sprache (Witze, alte Geschichten, Spitznamen etc.)
      - Rituale (bei Geburtstagen originelle, selbst gemachte Torten, gemeinsames Kochen, einmal im Jahr zusammen in Urlaub od. verlängertes Wochenende)

3   Vorstellung von Lernkultur:
      Die Antwort sollte erste Überlegungen dazu enthalten, inwiefern in den drei Ebenen der grundlegende Prämissen, der bekundeten Werte und der Artefakte eine Beziehung zu Lernprozessen im Unternehmen hergestellt werden kann. Am besten lässt sich dies anhand von Beispielen lösen (vgl. dazu die Ausführungen des folgenden Kapitels).

4   Auswirkungen der Ausprägung bestimmter Prämissen:
      Vielfalt von Subkulturen
      Wird die Vielfalt von Subkulturen positiv gewertet, so wird sich dies in der Rekrutierungspolitik des Unternehmens niederschlagen, indem Mitarbeiter aus vielfältigen Kontexten eingestellt werden. Andersartigkeit wird nicht ausgegrenzt, sondern der jeweilige Beitrag zur gemeinsamen Arbeit wird gewürdigt. Damit dies gelingen kann, werden wertschätzende Formen der Kommunikation gefördert. Das die Arbeit steuernde Regelwerk ist der Diskussion zugänglich und prinzipiell verhandelbar.
      Schätzt man keine Vielfalt der Subkulturen, so wird das Unternehmen bereits bei der Rekrutierung versuchen, in das Raster passende Mitarbeiter zu finden. In der täglichen Arbeit und im Umgang miteinander wird es klare, aufgrund der Homogenität wahrscheinlich weitgehend unhinterfragte Regeln geben. Abweichungen von diesen Regeln werden nicht toleriert und auf Dauer mit Ausschluss geahndet.

      Bedeutung von Information und Kommunikation
      Bei positiver Bewertung dieser Prämisse wird eine umfassende Information der Mitarbeiter angestrebt. Information gilt nicht als ‚Holschuld' der Mitarbeiter. Die Kommunikation erfolgt in offener und Vertrauen ermöglichender Form. Es wird Wert darauf gelegt, dass die Führungskräfte in dieser Hinsicht Vorbildfunktion wahrnehmen und sie werden dahingehend gefördert. Bei negativer Bewertung der Prämisse werden Informationen nur sehr zögerlich weiter gegeben, da dies eher als Machtverlust empfunden wird. Die Mitarbeiter sind nicht über mittel- und langfristige Ziele des Unternehmens informiert; Veränderungen erzeugen jedes Mal große Unsicherheit. Gespräche zwischen Führungskräften und Mitarbeitern finden selten statt; in der Regel dann, wenn es etwas zu beanstanden gibt.

5   Anforderungen an Führungskräfte zur Schaffung einer Lernkultur: Beitrag des Weiterbildungsmanagements
Beispielhafte Lernziele zu den Aspekten „Ansprechpartner für Lernprozesse sein" und „Lernprozesse unterstützen"
-   Die Führungskraft kann den Lernbedarf ihrer Mitarbeiter einschätzen.
-   Sie kann angemessene Gesprächssituationen schaffen, um den Mitarbeitern den Lernbedarf zu verdeutlichen bzw. ihn gemeinsam zu konkretisieren.
-   Sie kann in Zusammenarbeit mit der PE/dem Weiterbildungsmanagement geeignete Maßnahmen zur Deckung des Lernbedarfs ermitteln.
-   Sie kann für das Lernen am Arbeitsplatz gemeinsam mit den Mitarbeitern Lernziele formulieren, Lernprozesse begleiten und den Lernerfolg ermitteln.
-   Der Aspekt des Transfers des Gelernten wird von der Führungskraft bereits bei der Ermittlung der Lernziele mit beachtet und begleitet.

Das betriebliche Weiterbildungsmanagement könnte den Erwerb der angesprochenen Kompetenzen beispielsweise unterstützen, indem in einer Workshopreihe zunächst das Verständnis der Führungskraft als „Lernförderer" erläutert wird und die einzelnen Aufgaben der Führungskraft in diesem Kontext vorgestellt werden. Dann sollten konkrete Hilfestellungen/Instrumente angeboten und ihr Einsatz erläutert werden, z. B. zur Ermittlung des Lernbedarfs. Ferner kann die Gestaltung von Entwicklungs- oder Zielvereinbarungsgesprächen mit Blick auf die Vereinbarung von Lernzielen geübt werden. Ein Verständnis des Transferprozesses sollte ebenfalls grundgelegt und konkrete Gestaltungsmöglichkeiten verdeutlicht werden. Insgesamt müsste das Weiterbildungsmanagement als kompetenter Ansprechpartner deutlich werden und selbst aktiv den Kontakt zu den Führungskräften suchen, da für diese die Unterstützung von Lernprozessen immer nur eine Aufgabe unter vielen darstellt.

Lösungshinweise zu Kap. 5.2:

1   Marktsteuerung, staatliche Verantwortung, mittelbare Staatsverwaltung, sozialpartnerschaftliche Beteiligung, Konsensprinzip.

2   Die staatliche Verantwortung kommt in einer gesetzlichen Rahmengesetzgebung zum Ausdruck, wie z. B. beim Berufsbildungsgesetz, Jugendarbeitsschutzgesetz, Ausbildereignungsverordnung etc.

3   Steuerungspolitisch würde dies eine Verlagerung von einem Bildungsbereich mit staatlicher Verantwortung (s. Aufgabe 1) in einen Bereich mit reiner Marktsteuerung bedeuten. Angesichts einer fehlenden Regulierung wird eine sinkende Qualität befürchtet (s. Abb. 5.2-4 und die dazugehörigen Erläuterungen).

4   a) Weiterbildung bei korporatistischen Anbietern,
b) Weiterbildung bei öffentlichen Anbietern,
c) Weiterbildung bei kommerziellen Anbietern,
d) Weiterbildung bei öffentlichen Anbietern,
e) Weiterbildung bei korporatistischen Anbietern,
f) Weiterbildung bei korporatistischen Anbietern,
g) Weiterbildung bei öffentlichen Anbietern,
h) Weiterbildung bei privaten Anbietern.

5   *Chancenungleichheit:* finanzielle Förderung, um kostengünstige Angebote zu ermöglichen oder durch eine Unterstützung von Nachfragern Weiterbildungsangebote individuell erschwinglich zu machen, Abschluss von Tarifverträgen zur Förderung von Weiterbildungsteilnahmen während der Arbeitszeit und mit finanzieller Unterstützung durch das Unternehmen, Qualitätsstandards zur Vergabe von Zertifikaten;
Privatisierung von Bildung: Abschluss von Tarifverträgen zur Förderung von Teilhabe;
Transparenz: Aufbau von Weiterbildungsberatungsstellen und Weiterbildungsdatenbanken, um dadurch die informationelle Versorgung potenzieller Nachfrager zu verbessern;
Qualität: Durch rechtliche Rahmenregelungen kann die Qualität gesteigert werden (bspw. durch die Vorgabe von Qualitätsstandards wie etwa bei EFQM oder ISO 9000. Denkbar sind auch Fortbildungsordnungen für ausgewählte Themenspektren).

6   Bei Qualifizierungsnetzwerken handelt es sich um eine organisatorische Struktur, bei denen verschiedene Anbieter kooperieren. Beim Weiterbildungsmarketing handelt es sich um eine Strategie eines Weiterbildungsanbieters (oder eines Qualifizierungsnetzwerks), um Kunden zu gewinnen und in Kooperation mit diesem Kunden, geeignete Angebote zu entwickeln.

7   *Ebene der Information:* Regelmäßige Gesprächskreise der Weiterbildungsanbieter innerhalb des Qualifizierungsnetzwerks, um sich über die geplanten Angebote und individuellen Nachfragen zu informieren; Aufbau einer gemeinsamen Wissensdatenbank; Entwicklung einer gemeinsamen Programmbroschüre, Aufbau einer Internetplattform, auf der Kunden nach Angeboten recherchieren können (Förderung von Transparenz);
Ebene der Abstimmung: Vereinbarung, welcher Anbieter welche Kurse anbieten soll; Vereinbarung von Qualitätsstandards, die alle Mitglieder des Netzwerks einhalten müssen (Förderung von Qualität; Vermeidung von infrastrukturellen Kosten, da sich die Anbieter auf spezifische Angebote konzentrieren können);
Ebene des Zusammenwirkens: Durchführung eines gemeinsamen Kurses bei mehreren Anbietern, z. B. bei einem gewerkschaftlichen Anbieter ergänzt um thematische Ergänzungen etwa bei der VHS sowie in betrieblichen Lernfeldern (neue didaktische Konzepte, wie etwa Verbindung von Arbeiten und Lernen).

8   Erster Weg: Marktsteuerung; zweiter Weg: öffentliche Regulierung; dritter Weg: Qualifizierungsnetzwerke: Qualitätssteuerung und Transparenzförderung erfolgt hier auf der Ebene eines Qualifizierungsnetzwerks, also nicht rein individuell, wie bei der reinen Marktsteuerung (zu den Problemen vgl. den Haupttext), aber auch nicht durch Vorgabe staatlicher Stellen. Qualität wird so nicht durch bürokratische Vorgaben gewährleistet, aber auch nicht den ökonomischen Interessen einzelner Anbieter überlassen.

9   Zu den zuständigen Stellen und deren Funktionen vgl. §§ 71 – 81 BBiG; z. B. über: http://www.bmbf.de/pub/bbig_20050323.pdf (Stand: 09.06.2008).

10   Mindestbestandteile sind: Bezeichnung des Ausbildungsberufs, Ausbildungsdauer, Ausbildungsberufsbild, Ausbildungsrahmenplan, Prüfungsanforderungen.